Mathematische Leitfäden

Herausgegeben von Prof. Dr. Dr. h. c. mult. G. Köthe,
Prof. Dr. K.-D. Bierstedt, Universität-Gesamthochschule Paderborn,
und Prof. Dr. G. Trautmann, Universität Kaiserslautern

Stochastische Analysis

Eine Einführung in die Theorie der stetigen Semimartingale

Von Prof. Dr. Wolfgang Hackenbroch
und Dr. Anton Thalmaier
Universität Regensburg

Mit 16 Abbildungen

Springer Fachmedien Wiesbaden GmbH 1994

Die Deutsche Bibliothek – CIP-Einheitsaufnahme

Hackenbroch, Wolfgang:
Stochastische Analysis: eine Einführung in die Theorie der stetigen Semimartingale / Wolfgang Hackenbroch; Anton Thalmaier.
(Mathematische Leitfäden)
ISBN 978-3-519-02229-9 ISBN 978-3-663-11527-4 (eBook)
DOI 10.1007/978-3-663-11527-4

NE: Thalmaier, Anton:

Ursprünglich erschienen bei B.G. Teubner Stuttgart 1994

Vorwort

Dieses Buch will in das Gebiet der "Stochastischen Analysis" einführen. Was ist unter dieser Begriffsverbindung zu verstehen? Würde man die Stochastik beiseite lassen und nur den deterministischen Spezialfall der Theorie betrachten, so bliebe ein Stück klassischer Analysis für Funktionen einer reellen Variablen, vor allem Grenzwerttheorie, Differential- und Integralrechnung und die Theorie gewöhnlicher Differentialgleichungen. Nimmt man aber eine geeignete Zufallsabhängigkeit hinzu, so eröffnet sich ein moderner Zweig der Theorie der Stochastischen Prozesse mit neuartigen rechnerischen Möglichkeiten und unerwarteten Einsichten. Diese beschränken sich keineswegs auf stochastische Zusammenhänge, etwa ein tieferes Verständnis der Brownschen Bewegung und ihrer fundamentalen Rolle in der Beschreibung von Fluktuationsphänomenen. Vielmehr erlaubt die Einbeziehung des Zufalls als eines weiteren Freiheitsgrades in die Analysis Brückenschläge zu anderen Gebieten der Mathematik und Mathematischen Physik. So ergeben sich Querverbindungen zwischen partiellen Differentialgleichungen und stochastischen gewöhnlichen Differentialgleichungen; das Studium stochastischer Flüsse auf Mannigfaltigkeiten ist eng mit deren Geometrie (insbesondere Krümmung) verknüpft; Pfadintegraldarstellungen von Schrödinger-Halbgruppen präzisieren und begründen physikalische Betrachtungsweisen von Dirac und Feynman über den Zusammenhang von klassischer und Quantenmechanik – und vieles andere.

Ein kurzes Wort zu den Absichten dieses Textes. Zunächst sei eingestanden, daß unser Ausgangspunkt und damit auch die Argumentationsweise in erster Linie analytisch ist, was bedeuten soll, daß wir im Zweifel etwa einem detaillierten maßtheoretischen oder (im letzten Kapitel) differentialgeometrischen vor einem mehr intuitiven probabilistischen Argument den Vorzug gegeben haben. Dies geschah in der Hoffnung, daß auch ein Leser, der noch nicht über das berühmte "Fingerspitzengefühl" (vor allem das stochastische) verfügt, sich dennoch stets auf festem mathematischen Boden bewegt und mit Hilfe sorgfältiger Rückverweise im Text und eines ausführlichen Stichwortverzeichnisses jeden Ort des Buches erreichen kann.

Das vorliegende Buch ist aus einer Reihe von Vorlesungen und Seminaren hervorgegangen, die wir über die letzten zehn Jahre an der Universität Regensburg gehalten haben. So verdanken wir manchen nützlichen Hinweis nicht zuletzt der kritischen Aufmerksamkeit unserer Hörer. Teile des Manuskripts wurden von den Herren Dr. K. Barbey, Dr. W. Hensgen, Dr. M. Prechtel und Dipl.-Math. B. Rauscher durchgesehen. Wir sind ihnen für vielfältigen Rat und jedwede Kritik sehr dankbar. Ganz besonderer Dank gebührt dabei Herrn B. Rauscher, dessen kompetente Hilfe bei der Gestaltung des Textes wesentlich zum Erscheinungsbild des Buches beigetragen hat. Er hat insbesondere die Mehrzahl der Abbildungen angefertigt, die wo immer möglich in realistischer Computersimulation hergestellt wurden. Herzlich danken wir auch Frau Iris Herrmann und Frau Eli Salatmeier für die Unterstützung bei der mühevollen Umsetzung des komplizierten Textes in TeX; ihrer Tüchtigkeit und stets gleichbleibenden Geduld und Arbeitsfreude verdanken wir viel. Schließlich gilt unser Dank dem Teubner Verlag, namentlich Herrn Dr. P. Spuhler, für das Entgegenkommen und Verständnis, das er unserem Projekt stets entgegengebracht hat.

Regensburg, im August 1994

Wolfgang Hackenbroch
Anton Thalmaier

Inhaltsverzeichnis

Einleitung

Die Stochastische Analysis ist in den letzten Jahren ein großes, mit vielen Teilen der Mathematik verflochtenes Forschungsgebiet geworden. Ihre inzwischen solide fundierte heutige Gestalt wäre ohne die Beiträge vor allem der französischen Schule um P.A. Meyer nicht denkbar. Als Beispiele hervorragender monographischer Darstellungen, in welchen die grundlegenden Ideen und Methoden in angemessener Weise auch zu ihren Quellen zurückverfolgt werden, seien u.a. die Bücher von N. Ikeda und S. Watanabe [I-W 81], L.C.G. Rogers und D. Williams [R-W 87], I. Karatzas und S.E. Shreve [K-S 88] und D. Revuz und M. Yor [R-Y 91] besonders hervorgehoben.

In der vorliegenden Darstellung, die eher als einführendes Lehrbuch gedacht ist, verzichten wir deshalb weitgehend auf derartige Quellenangaben, haben aber diejenigen Texte ins Literaturverzeichnis aufgenommen, aus denen wir selbst gelernt und von deren Vorbild wir profitiert haben. In vielem neu und erstmals in Buchform ist der letzte Teil dieses Buches, der den bis dahin entwickelten stochastischen Kalkül auf das Niveau Riemannscher Mannigfaltigkeiten hebt und dort weiterführt.

Es versteht sich von selbst, daß ein einführender Text über Stochastische Analysis ohne den Mut zur Auswahl (und damit insbesondere zum Beiseitelassen) von Themen in einem annehmbaren Gesamtumfang gar nicht geschrieben werden kann. Die von uns getroffene Wahl, im einzelnen dem Inhaltverzeichnis zu entnehmen, sei hier kurz erläutert.

Da wir nur moderate maß- und wahrscheinlichkeitstheoretische Kenntnisse voraussetzen wollten, haben wir in einem einführenden Kapitel 1 alle diejenigen "vertieften Grundkenntnisse" bereitgestellt, auf die wir später als immer wieder benutztes Handwerkszeug zurückgreifen. Auch das 2. Kapitel ist vorbereitender Natur und behandelt die Grundkonstruktionen der Theorie der stochastischen Prozesse, dabei insbesondere Markovprozesse und Gaußprozesse, und die Brownsche Bewegung im Zentrum von beiden. Mit der Entwicklung der Martingaltheorie im 3. Kapitel beginnt die eigentliche stochastische "Analysis" mit der Grenzwerttheorie der Pfade von Prozessen. Sie erlaubt in der Regel, sich auf solche Repräsentanten zurückzuziehen, deren Pfade zumindest rechtsstetig sind und zu jedem Zeitpunkt einen linksseitigen Grenzwert besitzen, eine vielleicht bescheiden anmutende, aber für jede weitere Analysis fast unentbehrliche Regularitätseigenschaft. Dagegen wird schon am Beispiel der Brownschen Bewegung gezeigt, daß eine über Stetigkeit hinausgehende Regularität der Pfade nicht zu erwarten ist: Differenzierbarkeit oder lokale Rektifizierbarkeit liegen "fast sicher" an keiner Stelle vor. Das Kapitel schließt mit zwei Abschnitten über Diffusionen, die hier noch vom klassischen Feller-Dynkinschen Standpunkt der Halbgruppentheorie aus entwickelt werden.

Wir begegnen ihnen später in den Ergebnissen über Stochastische Differentialgleichungen erneut.

Mit Blick auf die fehlende Differenzierbarkeit der Pfade von Fluktuationsprozessen ist Kapitel 4 über stochastische Integration das eigentliche Herzstück der gesamten Theorie. Im hierin entwickelten Itô-Kalkül stochastischer Differentiale verbinden sich Differential- und Integralrechnung zu einem algebraischen System von Rechenregeln, auf deren geschickter Anwendung letztlich fast alles folgende beruht. Dabei trägt die von hier an generell vorausgesetzte pfadweise Stetigkeit der betrachteten Prozesse wesentlich zur Vereinfachung des Formalismus bei. Daß von der Klasse der Semimartingale drei ganz verschiedene Forderungen zugleich erfüllt werden, ist für den Mathematiker besonders befriedigend: Sie ist stochastisch reichhaltig, da sie sowohl Prozesse von beschränkter Variation (Driftprozesse) wie auch unbeschränkt fluktuierende Prozesse umfaßt; sie ist analytisch reichhaltig, nämlich stabil unter differenzierbaren Operationen; und sie ist funktionalanalytisch adäquat als Klasse der "guten Integratoren" für stochastische Integrale.

Im 5. Kapitel wird mit Hilfe des Itô-Kalküls die fundamentale Rolle der Brownschen Bewegung als des universellen Fluktuationsprozesses sichtbar, von dem sich alle anderen allein durch einen (allerdings vom jeweiligen Pfad abhängigen) Wechsel der Zeitskala unterscheiden. Daneben studieren wir auch, wie ein Prozeß unter einer geänderten Wahrscheinlichkeit erscheint (Girsanov-Transformation). Die Quasiinvarianz des Wienermaßes (Cameron-Martin-Formel), ein Nebenergebnis dieser Untersuchung, ist der Ausgangspunkt eines Exkurses über Abstrakte Wienerräume, der ebenso wie ein Abschnitt über Homogene Chaoszerlegungen zur Abrundung und Vertiefung dem 5. Kapitel angefügt wurde, ohne daß im weiteren hiervon Gebrauch gemacht wird.

Das 6. Kapitel ist der Theorie der stochastischen gewöhnlichen Differentialgleichungen gewidmet. Nach einem orientierenden Abschnitt über die grundlegende Itô-Differentialgleichung $dY = \beta(t,Y)\,dt + \sigma(t,Y)\,dB$ und ihre Zusammenhänge mit Martingalen und elliptischen partiellen Differentialoperatoren folgt die etwas mühselige Ableitung der Existenz und Eindeutigkeit von Lösungen (und ihrer Lebenszeit) unter globalen bzw. lokalen Lipschitzbedingungen. Ein Studium des Lösungsflusses zeigt insbesondere die fundamentale Bedeutung der Itô-Gleichung für die allgemeine Theorie der Markovprozesse, wobei ein eigener Abschnitt den Pfadintegraldarstellungen der Schrödinger-Halbgruppe (Feynman-Kac-Formeln) gilt. Wir beschließen das 6. Kapitel mit einer detaillierten Diskussion eindimensionaler stochastischer Differentialgleichungen.

Das 7. Kapitel schließlich, das vom Umfang her mehr als ein Drittel des gesamten Textes ausmacht, ist dem Kalkül der Stochastischen Analysis auf Mannigfaltigkeiten gewidmet. Es beginnt mit stochastischen Differentialgleichungen auf Mannigfaltigkeiten, die mittels Whitney-Einbettung auf die bereits im 6. Kapitel behandelte Theorie im euklidischen Raum zurückgeführt werden. In den nachfolgenden Paragraphen räumen wir der Martingaltheorie auf Mannigfaltigkeiten im allgemeinen, sowie der Theorie der Brownschen Bewegung auf Riemannschen Mannigfaltigkeiten im besonderen, als den zentralen Gegenständen dieses Kapitels breiten Raum ein. Den dabei auftretenden Schwierigkeiten, etwa daß es auf Mannigfaltigkeiten für das lineare Konzept der Erwartungswertbildung keine direkte Entsprechung gibt, oder daß es mühsam ist, Brownsche Bewegungen über lokale Koordinaten zu konstruieren, wird von Anfang an durch die konsequente Verwendung der Methode der stochastischen Abwicklung als einheitlichem Konstruktionsprinzip Rechnung getragen. Diese Methode (in der Differentialgeometrie für differenzierbare Kurven als Cartan-Abwicklung wohlbekannt) erlaubt es, zu Semimartingalen im gleichdimensionalen euklidischen Raum Semimartingale auf der Mannigfaltigkeit M zu konstruieren, so daß Brownsche Bewegungen in M-wertige Brownsche Bewegungen, Martingale in M-wertige Martingale, usw. übergehen. Technisch gesehen hat man dabei stochastische Differentialgleichungen auf dem Orthonormalbasenbündel über M zu lösen, deren Lösungsprozesse auf M projiziert werden. Dieser einheitliche Rahmen läßt unseres Erachtens klar die fundamentale Rolle von Martingalen auf Mannigfaltigkeiten als den driftfreien Bewegungen relativ zu einem linearen Zusammenhang zu Tage treten. Daneben diskutieren wir ausführlich die Integration von Einsformen und Bilinearformen längs Semimartingalen, den Paralleltransport längs Semimartingalen, das horizontale Liften von Semimartingalen, sowie das Verhalten von Brownschen Bewegungen und Martingalen unter Abbildungen; all dies erfährt einen natürlichen Rahmen innerhalb des übergeordneten Konzepts der stochastischen Abwicklung.

Die Darstellung in diesem Kapitel erfordert naturgemäß Hilfsmittel aus der Differentialgeometrie, etwa Grundbegriffe über Zusammenhänge in Prinzipalbündeln, ein Verständnis des Begriffs eines parallelen Schnitts, etc. Zwar haben wir uns bemüht, den verwendeten Begriffsapparat vollständig zu entwickeln und im allgemeinen auch Beweise komplett zu führen, wenngleich hier die Argumentation zugegebenermaßen gelegentlich knapp gehalten ist; jedenfalls dürfte das Heranziehen weiterer Quellen insbesondere für den differentialgeometrisch weniger versierten Leser manchmal hilfreich sein. Ein besonderes Anliegen war uns allerdings, stets die Sprache der modernen Differentialgeometrie zu verwenden und die Darstellung nicht durch neuartige Begriffsbildungen geometrischer Art zu erschweren. Wir hoffen, daß dadurch gerade der bereits geometrisch vorgebildete Leser leicht einen Zugang findet. Soweit möglich haben wir zudem zugunsten einer klaren Begrifflichkeit im Zweifelsfall stets einer koordinatenfreien Argumentation den Vorzug gegeben. Andererseits lag es nie in unserer Absicht, größtmögliche Allgemeinheit anzustreben.

Es ist verständlich, daß im Rahmen dieses einführenden Kapitels in die Stochastische Analysis auf Mannigfaltigkeiten vieles unerwähnt bleiben muß. Riemannsche Stochastische Geometrie im engeren Sinn wird eigentlich erst im letzten Abschnitt über Brownsche Bewegung und Krümmung angeschnitten. Dort betrachten wir insbesondere das Abstandsverhalten von Brownschen Bewegungen zu fixierten Punkten und erläutern, warum etwa hyperbolische Brownsche Bewegung einen asymptotischen Winkel anstrebt, während euklidische Brownsche Bewegung jeden Winkelsektor immer wieder verläßt. Den Abschluß bilden geometrische Vergleichssätze für das Langzeitverhalten von Brownschen Bewegungen auf metrisch vollständigen Riemannschen Mannigfaltigkeiten; dabei behandeln wir insbesondere transientes und rekurrentes Verhalten, die Existenz nichttrivialer zeitinvarianter Ereignisse, sowie das Problem der Lebenszeit von Brownschen Bewegungen.

1. Grundlagen

In diesem Buch sollen aus der Maß- und Wahrscheinlichkeitstheorie lediglich Grundbegriffe vorausgesetzt werden. Zwischen diesen und der von Kapitel 2 an ausführlich entwickelten Theorie der Stochastischen Prozesse, die den eigentlichen Gegenstand des Buches bilden, gibt es naturgemäß einen Bereich "vertiefter" Grundbegriffe, dem dieses vorbereitende Kapitel gewidmet ist, so daß wir später auch darauf bequem zurückgreifen können. Hierzu gehören insbesondere aus der Maßtheorie ein flexibles Monotone-Klasse-Argument, einiges über Maß und Topologie auf polnischen Räumen (einschließlich geeigneter Versionen des Kolmogorovschen Konsistenzsatzes) und der Begriff des Gaußschen Zylindermaßes; daneben aus der Wahrscheinlichkeitstheorie vor allem bedingte Erwartungen und ihre Verbindung mit Markovkernen.

1.1 Maßtheoretische Vorbereitungen

Die mathematische Sprache der Stochastik ist die Maßtheorie: jeder stochastischen Aussage liegt ein Wahrscheinlichkeits-Maßraum zugrunde. Der *deterministische* Spezialfall ordnet sich ein als derjenige eines Wahrscheinlichkeitsraums $(\Omega;\mathscr{F};P)$, dessen Wahrscheinlichkeitsmaß nur die Werte 0 oder 1 annimmt. Dieser Spezialfall ist auch bei allgemeinem Wahrscheinlichkeitsraum $(\Omega;\mathscr{F};P)$ stets als "Teil" vorhanden; offenbar gilt nämlich:

Bemerkung 1.1. Ist $(\Omega;\mathscr{F};P)$ ein Wahrscheinlichkeitsraum, so bildet

$$\mathscr{F}_0 := \{A \in \mathscr{F} : P(A) = 0 \text{ oder } 1\}$$

eine σ-Unteralgebra von $\mathscr{F}$.

Oft sind Ereignisse $A \in \mathscr{F}$ eines Wahrscheinlichkeitsraums $(\Omega;\mathscr{F};P)$ von vornherein durch eine *Zufallsvariable* X gegeben, d.h. von der Form

$$\{X \in B\} := X^{-1}(B); \quad B \in \mathscr{S},$$

für eine meßbare Abbildung $X\colon (\Omega;\mathscr{F}) \to (S;\mathscr{S})$. Die Gesamtheit dieser Ereignisse ist die *von X erzeugte* σ-Algebra

$$\sigma(X) := \{X^{-1}(B) : B \in \mathscr{S}\}.$$

Anstatt des hierauf eingeschränkten Wahrscheinlichkeitsraums $(\Omega;\sigma(X);P|\sigma(X))$ kann man ebensogut den Bild-Wahrscheinlichkeitsraum $(S;\mathscr{S};P \circ X^{-1})$ betrachten. Es gilt nämlich:

Satz 1.2. *Sei* $X\colon (\Omega;\mathscr{F}) \to (S;\mathscr{S})$ *eine meßbare Abbildung.*

i) (Faktorisierungssatz) *Eine Funktion* $f\colon \Omega \to \mathbb{R}^d$ *ist genau dann* $\sigma(X)$*-meßbar, wenn sie faktorisiert gemäß* $f = F \circ X$ *mit einer* $\mathscr{S}$*-meßbaren Funktion* $F\colon S \to \mathbb{R}^d$.

ii) (Transformationslemma) *Sei* $f := F \circ X\colon \Omega \to \mathbb{C}$ *mit* $\mathscr{S}$*-meßbarer Funktion* $F\colon S \to \mathbb{C}$ *gegeben; sei ferner* P *eine Wahrscheinlichkeit auf* $\mathscr{F}$. *Genau dann ist* f *bezüglich* P *integrierbar, wenn* F *bezüglich* $P \circ X^{-1}$ *integrierbar ist, und dann gilt*

$$\int f\,dP = \int F\,d(P \circ X^{-1}).$$

Beweis: i) Wir können $d = 1$ annehmen und betrachten $\mathcal{G} := \{G \circ X \mid G\colon S \to \mathbb{R}\ \mathscr{S}\text{-meßbar}\}$. Dies ist ein Vektorraum, der alle Indikatorfunktionen $1_{\{X \in A\}}$ für $A \in \mathscr{S}$ enthält. Es ist zu zeigen, daß für eine wachsende Folge nichtnegativer $G_n \circ X \in \mathcal{G}$ mit endlichem Supremum g dieses ebenfalls in $\mathcal{G}$ ist. Aber $H := \bigvee_n G_n\colon S \to \overline{\mathbb{R}}_+$ ist meßbar, und $g = G \circ X$ für $G := H \cdot 1_{\{H<\infty\}}$.

ii) Hier kann (nach Zerlegung von F in nichtnegative Summanden: $F = (\mathrm{Re}F)_+ - (\mathrm{Re}F)_- + i(\mathrm{Im}F)_+ - i(\mathrm{Im}F)_-$) ohne Einschränkung $F \geq 0$ angenommen werden. Da die Aussage des Transformationslemmas für Indikatorfunktionen F trivial ist, folgt sie zunächst für Stufenfunktionen F und dann durch monotone Konvergenz allgemein. □

Der deterministische Charakter eines Wahrscheinlichkeitsraums $(\Omega;\mathscr{F};P)$ mit $P(\mathscr{F}) \subset \{0,1\}$ drückt sich auch darin aus, daß Zufallsabhängigkeiten modulo P stets trivial sind:

Satz 1.3. *Sei* $(\Omega;\mathscr{F};P)$ *ein "deterministischer" Wahrscheinlichkeitsraum, d. h.* $P(A) = 0$ *oder* 1 *für alle* $A \in \mathscr{F}$. *Ist* $X\colon \Omega \to S$ *eine meßbare Abbildung mit Werten in einem topologischen Hausdorffraum mit einer abzählbaren Basis der Topologie, so ist* X P*-f.ü. konstant, d. h. es gibt ein* $c \in S$ *so, daß* $P\{X = c\} = 1$.

Beweis: Andernfalls wäre $P\{X = c\} = 0$ für alle $c \in S$. Ist $\mathscr{U}$ eine abzählbare Basis der Topologie von S, so ist offenbar

$$\{c\} = \bigcap \{U : c \in U,\ U \in \mathscr{U}\}.$$

$P\{X = c\} = 0$ impliziert also $P\{X \in U_c\} = 0$ für ein c enthaltendes $U_c \in \mathscr{U}$. Gilt dies für alle $c \in S$, so folgt $P(\Omega) = 0$, ein Widerspruch. □

Häufig gelingt es, den Gültigkeitsbereich maßtheoretischer Aussagen "monoton" zu erweitern. Wir wollen einige dieser *Monotone-Klasse-Argumente* in einem Satz zusammenfassen. – Zuvor einige

Bezeichnungen. Sei $\Omega \neq \emptyset$ eine Menge. $0 \leq f_n \nearrow f$ bedeutet für Funktionen $f_n \colon \Omega \to \mathbb{R}$, daß $0 \leq f_1 \leq f_2 \leq \ldots$ mit punktweise gebildetem Supremum $f := \bigvee_n f_n$ (also $f \colon \Omega \to \overline{\mathbb{R}}_+$).
$B(\mathscr{F})$ bezeichne den Raum der beschränkten $\mathscr{F}$-meßbaren Funktionen $f \colon \Omega \to \mathbb{R}$ (für eine σ-Algebra $\mathscr{F}$ auf Ω). Ein System $\mathscr{M}$ von Teilmengen von Ω heißt $\cap$-*stabil*, wenn

$$A, B \in \mathscr{M} \;\Rightarrow\; A \cap B \in \mathscr{M};$$

$\mathscr{M}$ heißt ein *Dynkin-System*, wenn $\Omega \in \mathscr{M}$, und außerdem gilt:

$$A, B \in \mathscr{M} \text{ mit } A \subset B \;\Rightarrow\; B \setminus A \in \mathscr{M},$$

$$A_1 \subset A_2 \subset \ldots \text{ mit } A_n \in \mathscr{M} \;\Rightarrow\; \bigcup_1^\infty A_n \in \mathscr{M}.$$

Schließlich bezeichnet stets $\sigma(\mathcal{F})$ die von $\mathcal{F}$ erzeugte σ-Algebra, also für eine Familie $\mathcal{F}$ von Teilmengen von Ω die kleinste σ-Algebra auf Ω, die alle $F \in \mathcal{F}$ enthält, und für eine Familie $\mathcal{F}$ von Abbildungen von Ω in beliebige Meßräume die kleinste σ-Algebra, in der alle $F \in \mathcal{F}$ meßbar werden. $\mathscr{B}(S)$ bezeichnet stets die von den offenen Teilmengen eines topologischen Raumes erzeugte σ-Algebra.

Satz 1.4. (Monotone-Klasse-Argument) *Sei $\Omega \neq \emptyset$ eine Menge.*

i) (Monotone Mengenklassen) *Ist $\mathscr{M}$ ein $\cap$-stabiles System von Teilmengen von Ω, so ist $\sigma(\mathscr{M})$ das kleinste $\mathscr{M}$ umfassende Dynkin-System.*

ii) (Monotone Funktionenklassen) *Seien $\mathcal{F} \subset \mathcal{G}$ Vektorräume von reellwertigen Funktionen auf Ω, welche die konstanten Funktionen enthalten und folgende Voraussetzungen erfüllen:*

   (a) $f \in \mathcal{F} \;\Rightarrow\; |f| \in \mathcal{F}$ *(alternativ: $f \in \mathcal{F} \;\Rightarrow\; f^2 \in \mathcal{F}$)*
   (b) $0 \leq g_n \nearrow g$ *mit $g_n \in \mathcal{G}$ und g beschränkt* $\Rightarrow\; g \in \mathcal{G}$.

   Dann enthält $\mathcal{G}$ alle beschränkten $\sigma(\mathcal{F})$-meßbaren Funktionen.

iii) (Monotone Fortsetzung) *Sei $\mathscr{F}$ eine σ-Algebra auf Ω und $\varphi \colon B(\mathscr{F}) \to \mathbb{R}$ linear; es gelte:*

$$0 \leq f_n \nearrow f \text{ mit } f_n, f \in B(\mathscr{F}) \;\Rightarrow\; \varphi(f_n) \nearrow \varphi(f).$$

   Dann ist $\mu \colon \mathscr{F} \to \mathbb{R}_+$, $\mu(A) = \varphi(1_A)$, ein Maß, das φ darstellt:

$$\varphi(f) = \int f \, d\mu; \quad f \in B(\mathscr{F}).$$

Beweis: i) Sei $\mathscr{D}$ das kleinste $\mathscr{M}$ umfassende Dynkin-System (d.h. der Durchschnitt aller solchen); wir müssen zeigen, daß $\mathscr{D}$ sogar σ-Algebra, also auch $\cap$-stabil ist. Zunächst ist offenbar

$$\mathscr{D}' := \{A \in \mathscr{D} : A \cap M \in \mathscr{D} \text{ für alle } M \in \mathscr{M}\}$$

wieder ein Dynkin-System, das nach Voraussetzung $\mathscr{M}$ enthält, also $\mathscr{D}' = \mathscr{D}$. Damit ist auch

$$\mathscr{D}'' := \{A \in \mathscr{D} : A \cap B \in \mathscr{D} \text{ für alle } B \in \mathscr{D}\}$$

ein Dynkin-System, das $\mathscr{M}$ enthält, also $\mathscr{D}'' = \mathscr{D}$, wie behauptet.

ii) Wir beginnen mit der ersten Version in Voraussetzung (a), also $f \in \mathfrak{F} \Rightarrow |f| \in \mathfrak{F}$. Dann enthält $\mathfrak{F}$ mit f und g auch

$$f \vee g = \tfrac{1}{2}\big(f + g + |f - g|\big), \quad f \wedge g = \tfrac{1}{2}\big(f + g - |f - g|\big).$$

Sei $\mathscr{M} := \big\{\{f \geq 1\} : f \in \mathfrak{F}\big\}$. $\mathscr{M}$ ist $\cap$-stabil, da $\{f \geq 1\} \cap \{g \geq 1\} = \{f \wedge g \geq 1\}$. Ferner gilt $\sigma(\mathscr{M}) = \sigma(\mathfrak{F})$, da $\mathscr{M}$ auch alle Mengen

$$\{f \geq \alpha\} = \{f + 1 - \alpha \geq 1\}; \quad \alpha \in \mathbb{R}$$

enthält. Andererseits ist, aufgrund der Voraussetzungen über $\mathfrak{G}$,

$$\mathscr{D} := \{A : 1_A \in \mathfrak{G}\}$$

ein Dynkin-System. Es gilt $\sigma(\mathscr{M}) \subset \mathscr{D}$; nach i) bedeutet dies nur, daß $\mathscr{M} \subset \mathscr{D}$ ist. Um dies zu sehen, fixieren wir eine Menge $\{f \geq 1\} \in \mathscr{M}$ mit $f \in \mathfrak{F}$ und bilden $g := (f \wedge 1) \vee 0 \in \mathfrak{F}$. Dann ist

$$0 \leq g \leq 1 \quad \text{und} \quad \{f \geq 1\} = \{g = 1\}.$$

Somit konvergiert die Folge g^n der Potenzen von g fallend gegen $1_{\{g=1\}}$. Die konvexe Funktion φ: $\varphi(t) = t^n$ auf $\mathbb{R}_+$ ist das punktweise Supremum einer Folge φ_ℓ: $\varphi_\ell(t) = a_\ell t + b_\ell$ von affinen Funktionen (cf. [AS 72]). Hierfür gilt $\varphi_\ell \circ g \in \mathfrak{F}$ und somit auch $\big(\vee_{1 \leq \ell \leq k} \varphi_\ell\big) \circ g \in \mathfrak{F}$; wegen (b) folgt hieraus schließlich

$$g^n = \lim_{k \to \infty} \Big(\bigvee_{1 \leq \ell \leq k} \varphi_\ell\Big) \circ g \in \mathfrak{G}.$$

Wiederum nach (b) folgt aus $1 - g^n \nearrow 1 - 1_{\{g=1\}}$, daß auch $1 - 1_{\{g=1\}} \in \mathfrak{G}$ und somit $\{g = 1\} = \{f \geq 1\} \in \mathscr{D}$ ist. Damit ist $\sigma(\mathfrak{F}) \subset \mathscr{D}$ gezeigt, und es folgt, daß $\mathfrak{G}$ alle $\sigma(\mathfrak{F})$-meßbaren Stufenfunktionen enthält. Nach (b) enthält $\mathfrak{G}$ dann auch alle (nichtnegativen und somit überhaupt alle) beschränkten $\sigma(\mathfrak{F})$-meßbaren Funktionen.

Nunmehr sei in (a) der zweite Fall betrachtet, daß $\mathfrak{F}$ mit einer Funktion f stets auch f^2 enthält, also mit f, g auch $fg = \frac{1}{2}\big((f + g)^2 - f^2 - g^2\big)$. $\mathfrak{F}$ bildet also eine Algebra von Funktionen. Ohne Beschränkung der Allgemeinheit sei $\mathfrak{G}$ bereits ein Teilraum der beschränkten Funktionen auf Ω. Wir zeigen die Vollständigkeit von $\mathfrak{G}$ in der Supremumsnorm $\|g\| := \sup\big|g(\Omega)\big|$. Dann ist nämlich auch der Abschluß $\bar{\mathfrak{F}}$ von $\mathfrak{F}$ in $\mathfrak{G}$ enthalten und erfüllt die Voraussetzung (a) (so daß nach dem bereits Gezeigten $\mathfrak{G}$ sogar alle $\sigma\big(\bar{\mathfrak{F}}\big)$-meßbaren beschränkten Funktionen enthält): ist $f \in \bar{\mathfrak{F}}$ und o. E. $\|f\| \leq 1$, so auch $|f| = \sqrt{1 - (1 - f^2)} \in \bar{\mathfrak{F}}$, da die Potenzreihe für $\sqrt{1 - x}$ gleichmäßig in $|x| \leq 1$ konvergiert.

Zum Nachweis der Vollständigkeit von $\mathcal{G}$ genügt es, für eine Folge (g_n) in $\mathcal{G}$ mit $\sum_1^\infty \|g_n\| < \infty$ noch $\sum_1^\infty g_n \in \mathcal{G}$ nachzuweisen. Aber

$$\sum_1^\infty g_n = \sum_1^\infty \|g_n\| - \sum_1^\infty \big(\|g_n\| - g_n\big),$$

und $\sum_1^k \big(\|g_n\| - g_n\big) \nearrow \sum_1^\infty \big(\|g_n\| - g_n\big) \in \mathcal{G}$ nach Voraussetzung (b).

iii) Aufgrund der Voraussetzungen über φ ist μ ein Maß auf $\mathscr{F}$. Anwendung von ii) auf

$$\mathcal{F} := \big\{f \in B(\mathscr{F}) : f(\Omega) \text{ endliche Menge}\big\},$$

$$\mathcal{G} := \big\{f \in B(\mathscr{F}) : \varphi(f) = \textstyle\int f\, d\mu\big\}$$

ergibt sofort $\mathcal{G} = B(\mathscr{F})$. □

Zum Schluß dieses Abschnitts sei noch kurz an einen Grenzwertbegriff erinnert, der innerhalb der Stochastik vor allem deshalb eine so natürliche und wichtige Rolle spielt, weil er unmittelbar von Wahrscheinlichkeiten handelt.

Definition 1.5. (Stochastische Konvergenz) Sei $(\Omega;\mathscr{F};P)$ ein Wahrscheinlichkeitsraum. Eine Folge $(f_n)_{n\in\mathbb{N}}$ von Zufallsvariablen $f_n\colon \Omega \to \mathbb{C}$ *konvergiert stochastisch* gegen eine meßbare Abbildung $f\colon \Omega \to \mathbb{C}$, wenn gilt

$$\lim_{n\to\infty} P\big\{|f_n - f| \geq \delta\big\} = 0 \quad \text{für alle } \delta > 0.$$

Die Beziehungen zur punktweisen Konvergenz sind aus der elementaren Wahrscheinlichkeitstheorie wohlbekannt (vgl. [BA 91], §5): Punktweise Konvergenz P-f.ü. impliziert stochastische Konvergenz, und diese wiederum ist äquivalent damit, daß jede Teilfolge eine P-f.ü. konvergierende Teilfolge besitzt.

Die Beziehung zwischen stochastischer und $\|\ \|_1$-Konvergenz sind etwas komplizierter. Zunächst hat man für meßbare $f,g\colon \Omega \to \mathbb{C}$ (über dem festen Wahrscheinlichkeitsraum $(\Omega;\mathscr{F};P)$) und $0 < \delta < 1$ die trivialen Abschätzungen

$$\delta P\big\{|f-g| \geq \delta\big\} = \delta P\big\{|f-g| \wedge 1 \geq \delta\big\} \leq \int \big(|f-g| \wedge 1\big)\, dP \leq P\big\{|f-g| \geq \delta\big\} + \delta.$$

Diese zeigen, daß stochastische Konvergenz durch die Semimetrik

$$\rho(f,g) := \int \big(|f-g| \wedge 1\big)\, dP$$

auf dem Vektorraum $M(\mathscr{F})$ aller $\mathscr{F}$-meßbaren komplexwertigen Funktionen auf Ω beschrieben wird. Man überlegt sich leicht (z.B. mit Hilfe obiger Reduktion auf P-f.ü. punktweise Konvergenz), daß die Vektorraumoperationen auf $M(\mathscr{F})$ stetig sind, und daß $M(\mathscr{F})$ bezüglich stochastischer Konvergenz vollständig ist.

Während die Tschebyschev- und Hölder-Ungleichung

$$(1.1) \qquad \delta P\big\{|f-g| \geq \delta\big\} \leq \|f-g\|_1 \leq \|f-g\|_p; \quad \delta > 0$$

zeigen, daß $\| \|_p$-Normkonvergenz ($p \geq 1$) stochastische Konvergenz nach sich zieht, benötigt man für die Umkehrung eine wichtige zusätzliche Eigenschaft neben der stochastischen Konvergenz.

Definition 1.6. (Gleichgradige Integrierbarkeit) Sei $(\Omega; \mathscr{F}; P)$ ein Wahrscheinlichkeitsraum. Eine Familie $\mathfrak{F}$ von integrierbaren komplexwertigen Funktionen heißt *gleichgradig integrierbar*, wenn gilt

$$\lim_{c\to\infty} \Big(\sup_{f\in\mathfrak{F}} \int_{\{|f|\geq c\}} |f|\, dP \Big) = 0 .$$

Satz 1.7. *Sei $\mathfrak{F}$ eine Familie von P-integrierbaren Funktionen auf einem Wahrscheinlichkeitsraum $(\Omega; \mathscr{F}; P)$.*

i) *$\mathfrak{F}$ ist genau dann gleichgradig integrierbar, wenn $\mathfrak{F}$ in der Norm $\| \|_1$ beschränkt und "gleichgradig P-stetig" ist, d. h. wenn gilt*

$$\lim_{P(A)\to 0} \Big(\sup_{f\in\mathfrak{F}} \int_A |f|\, dP \Big) = 0 .$$

ii) *$\mathfrak{F}$ ist gleichgradig integrierbar, wenn $\mathfrak{F}$ durch eine integrierbare Funktion h majoriert wird (also $|f| \leq h$ für alle $f \in \mathfrak{F}$), oder wenn $\sup_{f\in\mathfrak{F}} \|f\|_p < \infty$ für ein $p > 1$ gilt.*

Beweis: i) Die Notwendigkeit von $\| \|_1$-Beschränktheit und gleichgradiger P-Stetigkeit für die gleichgradige Integrierbarkeit von $\mathfrak{F}$ folgt direkt aus der Abschätzung

$$\int_A |f|\, dP \leq c \cdot P(A) + \int_{\{|f|\geq c\}} |f|\, dP; \quad A \in \mathscr{F};\ c > 0 .$$

Umgekehrt folgt aus der $\| \|_1$-Beschränktheit von $\mathfrak{F}$ zunächst

$$\sup_{f\in\mathfrak{F}} P\big\{|f| \geq c\big\} \leq \frac{1}{c} \sup_{f\in\mathfrak{F}} \|f\|_1 \to 0 \qquad \text{mit } c \to \infty ,$$

und damit aufgrund der gleichgradigen P-Stetigkeit von $\mathfrak{F}$ sofort die gleichgradige Integrierbarkeit.

ii) Existenz einer integrierbaren Majorante h für $\mathfrak{F}$ impliziert natürlich $\| \|_1$-Beschränktheit und gleichgradige P-Stetigkeit von $\mathfrak{F}$, also auch gleichgradige Integrierbarkeit. Ist $\mathfrak{F}$ $\| \|_p$-beschränkt, so folgt die gleichgradige Integrierbarkeit aus

$$\int_{\{|f|\geq c\}} |f|\, dP \leq \int_{\{|f|\geq c\}} \frac{|f|^p}{c^{p-1}}\, dP \leq \frac{1}{c^{p-1}} \sup_{f\in\mathfrak{F}} \|f\|_p^p ,$$

was für $p > 1$ mit wachsendem c gegen 0 strebt. □

Die Folge der $f_n := n \cdot 1_{[0,1/n]}$ auf $[0,1]$, versehen mit dem Lebesguemaß, ist offensichtlich $\| \|_1$-beschränkt, aber nicht gleichgradig integrierbar.

Der folgende Konvergenzsatz von Vitali gibt den genauen Zusammenhang zwischen $\| \|_1$-Konvergenz und stochastischer Konvergenz und verallgemeinert aufgrund von Satz 1.7 ii) den Lebesgueschen Satz von der majorierten Konvergenz.

Satz 1.8. (Vitalischer Konvergenzsatz) *Sei* $(\Omega;\mathscr{F};P)$ *ein Wahrscheinlichkeitsraum. Für eine Folge von meßbaren Funktionen* $f, f_1, f_2, \ldots : \Omega \to \mathbb{C}$ *sind folgende beiden Aussagen äquivalent:*

i) $f, f_1, f_2, \ldots$ *sind integrierbar und* $\|f - f_n\|_1 \to 0$

ii) $\{f_n : n \in \mathbb{N}\}$ *ist gleichgradig integrierbar, und* $f_n \to f$ *stochastisch.*

Beweis: i) $\Rightarrow$ ii): $\|f_n - f\|_1 \to 0$ impliziert $f_n \to f$ stochastisch nach der Abschätzung (1.1). Gleichgradige Integrierbarkeit von $\{f_n - f : n \in \mathbb{N}\}$ folgt wegen

$$\int_{\{|f_n - f| \geq c\}} |f_n - f| \, dP \leq \|f_n - f\|_1 \to 0; \quad c > 0$$

sofort aus Satz 1.7, wonach insbesondere endliche Familien von integrierbaren Funktionen gleichgradig integrierbar sind. Damit ist, wiederum nach Satz 1.7, auch $\{f_n : n \in \mathbb{N}\}$ selbst gleichgradig integrierbar.

ii) $\Rightarrow$ i): Zunächst ist auch f integrierbar, denn: $f_n \to f$ stochastisch impliziert $|f_n| \to |f|$ stochastisch und damit (gegebenenfalls nach Übergang zu einer Teilfolge) o.E. P-f.ü.; somit auch $F_n := \wedge_{k \geq n} |f_k| \nearrow |f|$ f.ü. Andererseits ist nach Satz 1.7 i)

$$\int F_n \, dP \leq \int |f_n| \, dP \leq \text{const} < \infty$$

und somit nach B. Levi auch $\int |f| \, dP \leq$ const.

Wie oben folgt nunmehr aus der gleichgradigen Integrierbarkeit der Folge $(f_n)_{n \in \mathbb{N}}$ auch diejenige von $(f_n - f)_{n \in \mathbb{N}}$. Bei fixiertem $\varepsilon > 0$ konvergiert nach Voraussetzung $P\{|f_n - f| \geq \varepsilon\} \to 0$ und somit nach Satz 1.7 i) auch $\int_{\{|f_n - f| \geq \varepsilon\}} |f_n - f| \, dP \to 0$; wegen

$$\|f_n - f\|_1 \leq \int_{\{|f_n - f| \geq \varepsilon\}} |f_n - f| \, dP + \varepsilon$$

folgt die Behauptung $\|f_n - f\|_1 \to 0$. □

1.2 Stochastische Abhängigkeit. Bedingte Erwartungen

Ist X eine Zufallsvariable auf einem Wahrscheinlichkeitsraum $(\Omega;\mathscr{F};P)$ mit Werten in einem beliebigen Meßraum $(S;\mathscr{S})$, so zeigt der Faktorisierungssatz 1.2, daß die $\sigma(X)$-Meßbarkeit die stärkste Form der Abhängigkeit einer Funktion $f: \Omega \to \mathbb{R}^d$ von X ausdrückt: dann nämlich ist bereits $f = F \circ X$ mit $F: S \to \mathbb{R}^d$ meßbar; alle Realisierungen $f(\omega)$ von f liegen durch die Realisierungen $X(\omega)$ von X fest, und entsprechend die Verteilung $P \circ f^{-1}$ von f durch die Verteilung $P \circ X^{-1}$ von X. Ist dagegen f nicht $\sigma(X)$-meßbar, so betrachtet man die je nach dem Grad der Unabhängigkeit der Funktion f von X mehr oder weniger von f abweichende "bedingte Erwartung von f unter der Hypothese X".

Definition 1.9. (Bedingte Erwartung) Sei $(\Omega;\mathscr{F};P)$ ein Wahrscheinlichkeitsraum und $\mathscr{B}$ eine σ-Unteralgebra von $\mathscr{F}$. Ist $f\colon \Omega \to \mathbb{R}$ P-integrierbar, so heißt eine P-integrierbare, $\mathscr{B}$-meßbare Funktion $g\colon \Omega \to \mathbb{R}$ eine Version der *bedingten Erwartung von f unter der Hypothese $\mathscr{B}$*, wenn gilt

$$\int_B f\,dP = \int_B g\,dP; \quad B \in \mathscr{B}. \tag{1.2}$$

Der folgende Satz stellt die Existenz und P-f.ü. eindeutige Bestimmtheit bedingter Erwartungen sicher. Wir haben damit einen Operator $E^{\mathscr{B}}\colon L^1(P) \to L^1(P)$, welcher der (Restklasse mod P einer) P-integrierbaren Funktion f die (Restklasse der) P-integrierbaren $\mathscr{B}$-meßbaren Funktion g zuordnet, die durch (1.2) festgelegt ist. Wir unterscheiden im allgemeinen nicht zwischen integrierbaren Funktionen und ihren Restklassen mod P und identifizieren entsprechend $E^{\mathscr{B}}f$ mit einer Version der bedingten Erwartung von f unter $\mathscr{B}$. Zu beachten ist bei dieser Schreibweise lediglich die Konvention, daß *Gleichungen oder Ungleichungen mit bedingten Erwartungen stets mod P, also punktweise P-f.ü., zu verstehen sind.*

Im Falle $\mathscr{B} = \sigma(X)$ mit einer meßbaren Abbildung $X\colon \Omega \to (S;\mathscr{S})$ schreiben wir auch

$$E(f|X) := E^{\sigma(X)}f$$

für die *bedingte Erwartung von f unter der Hypothese X.*
Jeder Repräsentant dieser Funktion faktorisiert gemäß Satz 1.2 über X, schreibt sich also mit einer $\mathscr{S}$-meßbaren Funktion $F\colon S \to \mathbb{R}$ in der Form $E(f|X) = F \circ X$. F ist hierdurch $P \circ X^{-1}$-f.ü. eindeutig bestimmt (da für eine beliebige weitere Faktorisierung F' gilt $P \circ X^{-1}\{F \neq F'\} = P\{F \circ X \neq F' \circ X\} = 0$) und heißt eine Version der *faktorisierten bedingten Erwartung von f unter der Hypothese X.* Man schreibt auch

$$F(x) =: E(f|X = x); \quad x \in S.$$

Dieser *bedingte Erwartungswert von f unter der Hypothese $X = x$* ist aber nach dem gerade Gesagten nur für solche $x \in S$ eindeutig bestimmt, für die $\{x\} \in \mathscr{S}$ und $P\{X = x\} > 0$ ist, und hat dann den Wert

$$E(f|X = x) = \frac{1}{P\{X = x\}} \int_{\{X=x\}} f\,dP.$$

Nach (1.2) gilt, da $\{X = x\} \in \sigma(X)$ ist,

$$\int_{\{X=x\}} f\,dP = \int_{\{X=x\}} E(f|X)\,dP = \int_{\{X=x\}} F \circ X\,dP = F(x)(P \circ X^{-1})(\{x\}).$$

Satz 1.10. (Existenz und Eindeutigkeit bedingter Erwartungen) *Sei* $(\Omega;\mathscr{F};P)$ *ein Wahrscheinlichkeitsraum,* $\mathscr{B}$ *eine* σ*-Unteralgebra von* $\mathscr{F}$ *und* $f\colon \Omega \to \mathbb{R}$ P*-integrierbar. Dann gibt es eine* P*-f.ü. eindeutig bestimmte Funktion* $g\colon \Omega \to \mathbb{R}$*,* $\mathscr{B}$*-meßbar und* P*-integrierbar, so daß gilt*

$$(1.2) \qquad \int_B f\,dP = \int_B g\,dP; \quad B \in \mathscr{B}.$$

Beweis: Offenbar kann ohne Einschränkung $f \geq 0$ angenommen werden. Das Maß $\mu\colon \mathscr{B} \to \mathbb{R}_+$, $\mu(B) = \int_B f\,dP$ ist P-absolutstetig (d.h. $P(B) = 0 \Rightarrow \mu(B) = 0$), besitzt also nach dem Satz von Radon-Nikodym (vgl. [HA 87], S. 82) eine *Dichte* g, d.h. eine $\mathscr{B}$-meßbare P-integrierbare Funktion $g\colon \Omega \to \mathbb{R}_+$, die (1.2) erfüllt. Ist $h\colon \Omega \to \mathbb{R}_+$ eine weitere $\mathscr{B}$-meßbare Funktion mit dieser Eigenschaft, so folgt für $B := \{g < h\} \in \mathscr{B}$ aus (1.2)

$$\|1_B(h-g)\|_1 = \int_B (h-g)\,dP = \int_B h\,dP - \int_B g\,dP = 0,$$

also $1_B(h-g) = 0$ P-f.ü., d.h. $h \leq g$ P-f.ü.; ebenso hat man $g \leq h$ P-f.ü. □

Eine gute Vorstellung von $E^{\mathscr{B}}$ als einer Mittelungsoperation gibt das folgende Beispiel:

Beispiel 1.11. i) Sei $(B_n)_{n\in\mathbb{N}}$ eine disjunkte Folge in $\mathscr{F}$ mit $\sum_{n=1}^{\infty} P(B_n) = 1$; dazu bilde $\mathscr{B} := \sigma\{B_n : n \in \mathbb{N}\}$. Dann gilt für $f \in L^1(P)$

$$E^{\mathscr{B}} f = \sum_{n:\,P(B_n)>0} \left(\frac{1}{P(B_n)} \int_{B_n} f\,dP\right) \cdot 1_{B_n} \quad P\text{-f.ü.}$$

Denn: Die rechte Seite der obigen Gleichung definiert eine $\mathscr{B}$-meßbare Funktion $g\colon \Omega \to \mathbb{R}$ mit $\int_{B_n} f\,dP = \int_{B_n} g\,dP$ für alle $n \in \mathbb{N}$. Hieraus folgt (1.2) durch Summation über $n \in L$ für $B = \bigcup_{n\in L} B_n$ und damit für alle $B \in \mathscr{B}$. □

ii) Ist $\mathscr{B} = \sigma(X)$ für eine reelle Zufallsvariable X und $f \in L^1(P)$ so, daß

$$\left(P \circ (X,f)^{-1}\right)(dx\,dy) = \rho(x,y)\,dx\,dy$$

gilt, wobei die Dichte ρ zusätzlich die Bedingung $\rho_0(x) := \int \rho(x,y)\,dy > 0$ für alle $x \in \mathbb{R}$ erfüllt, so ist, mit der *bedingten Dichte* $\rho(x|y) := \rho(x,y)/\rho_0(x)$,

$$E(f|X = x) = \int \rho(x|y)y\,dy$$

eine Version der faktorisierten bedingten Erwartung von f unter X.

Denn: Die Annahme der Existenz einer Lebesgue-Dichte ρ für die gemeinsame Verteilung $P \circ (X,f)^{-1}$ impliziert zunächst, daß $(P \circ X^{-1})(dx) = \rho_0(x)\,dx$ gilt.

Für eine Borelmenge $B \in \mathscr{B}(\mathbb{R})$ folgt

$$\begin{aligned}\int_{\{X\in B\}} f\,dP &= \int 1_B(x)\,y\,\big(P\circ(X,f)^{-1}\big)(dxdy)\\ &= \int 1_B(x)\,y\,\rho(x,y)\;dxdy\\ &= \int_B dx\,\rho_0(x)\int dy\,\rho(x|y)y\\ &= \int_B (P\circ X^{-1})(dx)\int dy\,\rho(x|y)y\,.\end{aligned}$$ □

Ist $\mathscr{B}=\{\emptyset,\Omega\}$ die triviale σ-Unteralgebra von $\mathscr{F}$, so wird natürlich

$$E^{\mathscr{B}}f = Ef := \int f\,dP$$

der Erwartungswert. Es mag auf den ersten Blick überraschen, daß sich, soweit überhaupt sinnvoll, die meisten Rechenregeln für den Erwartungswert (P-f.ü. punktweise) auf bedingte Erwartungen übertragen. Wir stellen die wichtigsten von ihnen im folgenden Satz zusammen.
Zuvor sei noch kurz an den Begriff der stochastischen Unabhängigkeit erinnert (vgl. [BA 91], §6):

Definition 1.12. (Stochastische Unabhängigkeit) Sei $(\Omega;\mathscr{F};P)$ ein Wahrscheinlichkeitsraum, $(\mathscr{M}_i)_{i\in I}$ eine Familie von Teilmengensystemen $\mathscr{M}_i\subset\mathscr{F}$. $(\mathscr{M}_i)_{i\in I}$ heißt (stochastisch) *unabhängig*, wenn für jede nichtleere endliche Teilmenge $J\subset I$ gilt

$$P\Big(\bigcap_{i\in J}B_i\Big)=\prod_{i\in J}P(B_i)\,;\quad B_i\in\mathscr{M}_i\,;\ i\in J\,.$$

Eine Familie meßbarer Abbildungen X_i: $(\Omega;\mathscr{F})\to(S_i;\mathscr{S}_i)$, $i\in I$, heißt *unabhängig*, wenn die zugehörige Familie $\big(\sigma(X_i)\big)_{i\in I}$ von σ-Unteralgebren unabhängig ist. Eine Familie $(B_i)_{i\in I}$ von Mengen aus $\mathscr{F}$ heißt *unabhängig*, wenn die Familie der (einelementigen) Mengensysteme $\big(\{B_i\}\big)_{i\in I}$ unabhängig ist (äquivalent dazu: wenn $(1_{B_i})_{i\in I}$ unabhängig ist).

Wesentlich für Anwendungen ist die Beobachtung, daß sich die Unabhängigkeit einer Familie $(\mathscr{M}_i)_{i\in I}$ von $\cap$-stabilen Mengensystemen bei beliebiger Partition $I=\bigcup_{t\in T}I_t$ zur Unabhängigkeit auch der σ-Algebren $\big(\sigma(\bigcup_{i\in I_t}\mathscr{M}_i)\big)_{t\in T}$ erweitert (siehe [BA 91], Satz 6.5).

Vor der Formulierung des folgenden Satzes sei nochmals an unsere Konvention erinnert, daß Gleichungen und Ungleichungen mit bedingten Erwartungen stets nur P-f.ü. zu verstehen sind.

Satz 1.13. (Rechenregeln für bedingte Erwartungen) *Sei* $(\Omega;\mathscr{F};P)$ *ein Wahrscheinlichkeitsraum,* $\mathscr{B}\subset\mathscr{F}$ *eine* σ*-Unteralgebra. Es gilt:*

i) $E^{\mathscr{B}}\colon L^1(P)\to L^1(P)$ *ist linear, positiv (d.h.* $f\geq 0\Rightarrow E^{\mathscr{B}}f\geq 0$*) und punktweise kontraktiv (d.h.* $|E^{\mathscr{B}}f|\leq E^{\mathscr{B}}|f|$*); insbesondere gilt* $\|E^{\mathscr{B}}f\|_1\leq\|f\|_1$.

ii) (Idempotenz) *Für* $\mathscr{B}\subset\mathscr{B}'\subset\mathscr{F}$ *ist* $E^{\mathscr{B}}\circ E^{\mathscr{B}'}=E^{\mathscr{B}'}\circ E^{\mathscr{B}}=E^{\mathscr{B}}$.

iii) (σ-Stetigkeit) *Sei* $(f_n)_{n\in\mathbb{N}}$ *eine wachsende Folge von nichtnegativen integrierbaren Funktionen mit punktweise gebildetem Supremum* $f:=\bigvee_n f_n\colon\Omega\to\overline{\mathbb{R}}_+$, *dazu (bei beliebigen Versionen)* $g:=\bigvee_n E^{\mathscr{B}}f_n\colon\Omega\to\overline{\mathbb{R}}_+$. *Dann ist*

$$\int_B f\,dP=\int_B g\,dP;\quad B\in\mathscr{B},$$

also ist insbesondere $g=E^{\mathscr{B}}f$, *falls* f *integrierbar ist (d.h. nach B. Levi, falls* $\sup_n Ef_n<\infty$*).*

iv) $E^{\mathscr{B}}(fg)=fE^{\mathscr{B}}g$ *für* f $\mathscr{B}$*-meßbar und* g *sowie* fg *integrierbar.*

v) $E^{\mathscr{B}}f=Ef$ *für* f *integrierbar und* $\sigma(f)$ *unabhängig von* $\mathscr{B}$.

vi) (Jensensche Ungleichung) $\varphi\circ(E^{\mathscr{B}}f)\leq E^{\mathscr{B}}(\varphi\circ f)$ *für* $\varphi\colon\mathbb{R}\to\mathbb{R}$ *konvex und* f *sowie* $\varphi\circ f$ *integrierbar.*

vii) $E^{\mathscr{B}}|L^2(P)$ *ist die Orthogonalprojektion auf den abgeschlossenen Untervektorraum* $L^2(P|\mathscr{B})$ *aller* $\mathscr{B}$*-meßbaren Funktionen aus* $L^2(P)$.

Beweis: i) Linearität und Positivität von $E^{\mathscr{B}}$ sind evident. Die Kontraktivität folgt hieraus:

$$|f|\pm f\geq 0\;\Rightarrow\;E^{\mathscr{B}}|f|\pm E^{\mathscr{B}}f\geq 0\;\Rightarrow\;|E^{\mathscr{B}}f|\leq E^{\mathscr{B}}|f|;$$

$$\|E^{\mathscr{B}}f\|_1=E\big(|E^{\mathscr{B}}f|\big)\leq E\big(E^{\mathscr{B}}|f|\big)=E|f|=\|f\|_1.$$

ii) Idempotenz folgt unmittelbar aus der definierenden Relation (1.2).

iii) Nach (1.2) mit B. Levi.

iv) Hier ist $fE^{\mathscr{B}}g\colon\Omega\to\mathbb{R}$ nach Voraussetzung $\mathscr{B}$-meßbar; zu zeigen bleibt

$$(*)\qquad fE^{\mathscr{B}}g\text{ ist integrierbar mit }\int_B fE^{\mathscr{B}}g\,dP=\int_B fg\,dP;\quad B\in\mathscr{B}.$$

Dies gilt zunächst für $f=1_A$, $A\in\mathscr{B}$, nach Definition der bedingten Erwartung, und damit auch für $\mathscr{B}$-Stufenfunktionen f. Ist $g\geq 0$, so folgt die Gültigkeit von $(*)$ weiter nach B. Levi, wenn f ebenfalls zusätzlich ≥ 0 angenommen wird. Hieraus folgt $(*)$ allgemein durch Zerlegung von f und g in nichtnegative Teile.

v) Sei $\mathscr{B}'$ eine σ-Unteralgebra von $\mathscr{F}$ unabhängig von $\mathscr{B}$. Für eine $\mathscr{B}'$-meßbare und integrierbare Funktion f ist nun zu zeigen

$$\int_B f\,dP=P(B)Ef;\quad B\in\mathscr{B}.$$

Dies ist nach Definition der Unabhängigkeit richtig für $f = 1_{B'}$, $B' \in \mathscr{B}'$, und verallgemeinert sich wie im Beweis von iv) zunächst auf $\mathscr{B}'$-Stufenfunktionen f, von dort auf $\mathscr{B}'$-meßbare $f \geq 0$ und zuletzt auf beliebige $\mathscr{B}'$-meßbare und integrierbare f.

vi) Wie schon im Beweis von Satz 1.4 ist $\varphi = \bigvee_n \varphi_n$ für eine Folge affiner Funktionen φ_n: $\varphi_n(t) = a_n t + b_n$. Da nach i) gilt

$$\varphi_n \circ (E^{\mathscr{B}} f) = E^{\mathscr{B}}(\varphi_n \circ f) \leq E^{\mathscr{B}}(\varphi \circ f),$$

folgt die Behauptung durch Supremumsbildung über $n \in \mathbb{N}$.

vii) Anwendung von vi) auf $\varphi(t) = t^2$ ergibt für $f \in L^2(P)$ zunächst $(E^{\mathscr{B}} f)^2 \leq E^{\mathscr{B}} f^2$, somit $E^{\mathscr{B}} f \in L^2(P)$ und $\mathscr{B}$-meßbar, d. h. $E^{\mathscr{B}} f \in L^2(P|\mathscr{B})$; zu zeigen bleibt, daß $f - E^{\mathscr{B}} f$ orthogonal zu $L^2(P|\mathscr{B})$ ist. Dies folgt aber sofort aus (1.2), wonach gilt

$$\langle f - E^{\mathscr{B}} f, 1_B \rangle_{L^2(P)} = \int_B (f - E^{\mathscr{B}} f)\, dP = 0; \quad B \in \mathscr{B}.$$

Da andererseits das Orthokomplement von $f - E^{\mathscr{B}} f$ in $L^2(P)$ ein abgeschlossener Untervektorraum ist, folgt die Behauptung. □

Die Aussage iii) des vorangehenden Satzes (angewandt auf die wachsende Folge $(\bigwedge_{k \geq n} f_k)_{n \in \mathbb{N}}$) impliziert unmittelbar das folgende Korollar.

Korollar. (Fatou) *Sei $(f_n)_{n \in \mathbb{N}}$ eine Folge nichtnegativer integrierbarer Funktionen mit $\liminf_{n \to \infty} E f_n < \infty$. Dann ist auch $\liminf_{n \to \infty} f_n$ integrierbar, und es gilt*

$$E^{\mathscr{B}}\big(\liminf_{n \to \infty} f_n\big) \leq \liminf_{n \to \infty} (E^{\mathscr{B}} f_n).$$

1.3 Markovkerne. Bedingte Verteilungen

Ein grundlegendes analytisches Hilfsmittel zur Handhabung bedingter Erwartungen (etwa bei der mathematischen Umsetzung des Prinzips der "Gedächtnislosigkeit" in der Konstruktion von Markovprozessen; vgl. 2.5) sind Kerne, auch Übergangswahrscheinlichkeiten genannt.

Wir beginnen mit einer naheliegenden Begriffsbildung:

Definition 1.14. (Markovkern) Seien $(S_1; \mathscr{S}_1)$ und $(S_2; \mathscr{S}_2)$ Meßräume. Ein *Markovkern von* $(S_1; \mathscr{S}_1)$ *nach* $(S_2; \mathscr{S}_2)$ (im Falle $(S_1; \mathscr{S}_1) = (S_2; \mathscr{S}_2) = (S; \mathscr{S})$ auch: *auf* $(S; \mathscr{S})$) ist eine Abbildung K: $S_1 \times \mathscr{S}_2 \to \mathbb{R}_+$ mit

(a) $K(x, \cdot)$ ist Wahrscheinlichkeitsmaß auf $\mathscr{S}_2$ für jedes $x \in S_1$;

(b) $K(\cdot, A)$ ist $\mathscr{S}_1$-meßbar auf S_1 für jedes $A \in \mathscr{S}_2$.

Ein Markovkern ist also eine meßbar parametrisierte Familie von Wahrscheinlichkeitsmaßen. Wir geben zunächst einige Beispiele.

Beispiel 1.15. i) Ist S eine abzählbare (d. h. endliche oder abzählbar unendliche) Menge mit der Potenzmenge $\mathbb{P}(S)$ als σ-Algebra, so entsprechen die Markovkerne auf S (bei Identifizierung von Maßen μ auf $\mathbb{P}(S)$ mit ihren Einschränkungen auf Atome $\{x\} \in \mathbb{P}(S)$ gemäß $\mu(A) = \sum_{x \in A} \mu(x)$) den *stochastischen Matrizen*

$$K\colon S \times S \to \mathbb{R}_+ \quad \text{mit} \sum_{y \in S} K(x,y) = 1;\ x \in S.$$

ii) Jedes Wahrscheinlichkeitsmaß μ auf einem beliebigen Meßraum $(S;\mathscr{S})$ definiert einen Markovkern K auf $(S;\mathscr{S})$ durch $K(x;A) := \mu(A)$ (also unabhängig von x).

iii) Jedes Wahrscheinlichkeitsmaß μ auf $\big(\mathbb{R}^d;\mathscr{B}(\mathbb{R}^d)\big)$ definiert hierauf auch einen Markovkern durch $K(x,A) := \mu(A-x)$. (Die Meßbarkeit in x bei festem $A \in \mathscr{B}(\mathbb{R}^d)$ ist Teilaussage des Satzes von Fubini).

iv) Jede meßbare Abbildung $\Phi\colon (\Omega;\mathscr{F}) \to (S;\mathscr{S})$ definiert einen (*deterministischen*) Markovkern K von $(\Omega;\mathscr{F})$ nach $(S;\mathscr{S})$ durch $K(x,A) := 1_A\big(\Phi(x)\big) = \delta_{\Phi(x)}(A)$ (Diracmaß).

Die Verbindung mit bedingten Erwartungen und damit stochastischer Abhängigkeit stellt folgender Begriff her:

Definition 1.16. (Bedingte Verteilung) Sei $(\Omega;\mathscr{F};P)$ ein Wahrscheinlichkeitsraum und $Y\colon (\Omega;\mathscr{F}) \to (S;\mathscr{S})$ eine Zufallsvariable. Ist $\mathscr{B} \subset \mathscr{F}$ eine σ-Unteralgebra, so heißt ein Markovkern K von $(\Omega;\mathscr{B})$ nach $(S;\mathscr{S})$ eine *bedingte Verteilung von Y unter* (der Hypothese) $\mathscr{B}$, wenn

$$(1.3) \qquad \int_B K(\omega,C)\,P(d\omega) = P\big(B \cap Y^{-1}(C)\big);\quad B \in \mathscr{B};\ C \in \mathscr{S}.$$

Ist $\mathscr{B} = \sigma(X)$ durch eine weitere Zufallsvariable $X\colon (\Omega;\mathscr{F}) \to (S';\mathscr{S}')$ gegeben, so heißt ein Markovkern L von $(S';\mathscr{S}')$ nach $(S;\mathscr{S})$ eine *faktorisierte bedingte Verteilung von Y unter* (der Hypothese) X, wenn

$$(1.4) \qquad \int_B L(x,C)\,(P \circ X^{-1})(dx) = P\big(X^{-1}(B) \cap Y^{-1}(C)\big);\quad B \in \mathscr{S}';\ C \in \mathscr{S}.$$

Ein Vergleich mit der definierenden Relation (1.2) bedingter Erwartungen zeigt, daß (1.3) bzw. (1.4) äquivalent sind mit (1.3′) bzw. (1.4′):

$$(1.3') \qquad K(\cdot\,,C) = E^{\mathscr{B}} 1_{\{Y \in C\}} \quad P\text{-f.ü.};\quad C \in \mathscr{S};$$

$$(1.4') \qquad L\big(X(\cdot),C\big) = E^{\sigma(X)} 1_{\{Y \in C\}} \equiv E\big(1_{\{Y \in C\}} | X\big) \quad P\text{-f.ü.};\quad C \in \mathscr{S}.$$

Dabei wurde die linke Seite von (1.4) nach dem Transformationslemma Satz 1.2 umgeschrieben als

$$\int_B L(x,C)\,P \circ X^{-1}(dx) = \int_{X^{-1}(B)} L\big(X(\omega),C\big)\,P(d\omega).$$

Während die in (1.3′) bzw. (1.4′) auftretenden bedingten Erwartungen aufgrund der Rechenregeln i) und iii) von Satz 1.13 nur mod P σ-additiv von C abhängen, wird dies von den Versionen K bzw. L wirklich punktweise für alle $\omega \in \Omega$ bzw. $x \in S'$ verlangt. Die Existenz solcher (sogenannter *regulärer*) Versionen für polnische Räume $\big(S;\mathscr{B}(S)\big)$ (siehe Abschnitt 1.4), unabhängig von $(\Omega;\mathscr{F})$ und $\mathscr{B}$ bzw. X, ist ein Resultat des Zusammenspiels von Maß und Topologie und z.B. in [BA 91] §44 bewiesen:

Satz 1.17. *Ist in der in Definition 1.16 fixierten Situation S ein polnischer Raum mit $\mathscr{S} = \mathscr{B}(S)$, so existiert für jede σ-Unteralgebra $\mathscr{B} \subset \mathscr{F}$ eine bedingte Verteilung von Y unter $\mathscr{B}$ und für jede $\mathbb{R}^d$-wertige Zufallsvariable X eine faktorisierte bedingte Verteilung von Y unter X.*

Daß bedingte Verteilungen (für $Y = \mathrm{id}_\Omega$) als "kontinuierliche" Verallgemeinerungen der klassischen bedingten Wahrscheinlichkeiten

$$P(A|B) := \frac{P(A \cap B)}{P(B)}; \quad A, B \in \mathscr{F} \text{ mit } P(B) > 0$$

anzusehen sind, zeigt Beispiel 1.11, das in der jetzigen Situation folgendes besagt:

Beispiel 1.18. Sei $Y\colon (\Omega;\mathscr{F}) \to (S;\mathscr{S})$ eine Zufallsvariable auf einem beliebigen Wahrscheinlichkeitsraum $(\Omega;\mathscr{F};P)$.

i) Ist $\mathscr{B} := \sigma(B_n : n \in \mathbb{N})$ von einer disjunkten Folge von Mengen $(B_n)_{n\in\mathbb{N}}$ in $\mathscr{F}$ mit $\sum_1^\infty P(B_n) = 1$ erzeugt, so ist

$$K(\omega, C) := \begin{Bmatrix} P\big(Y^{-1}(C)|B_n\big) & \text{für } \omega \in B_n \text{ mit } P(B_n) > 0;\ n \in \mathbb{N} \\ P\big(Y^{-1}(C)\big) & \text{sonst} \end{Bmatrix};$$

(für $\omega \in \Omega$, $C \in \mathscr{S}$) eine bedingte Verteilung von Y unter $\mathscr{B}$.

ii) Ist $X\colon \Omega \to S'$ mit einer abzählbaren Menge S' und $\mathscr{S}' = \mathbb{P}(S')$, so ist

$$L(x, C) := \begin{Bmatrix} P\big(Y^{-1}(C)|\{X = x\}\big) & \text{für } x \in S' \text{ mit } P\{X = x\} > 0 \\ P\big(Y^{-1}(C)\big) & \text{sonst} \end{Bmatrix};$$

(für $x \in S'$, $C \in \mathscr{S}$) eine faktorisierte bedingte Verteilung von Y unter X.

Denn: Daß die Relationen (1.3′) bzw. (1.4′) erfüllt sind, folgt aus Beispiel 1.11; daß K und L Markovkerne sind, ist evident. □

Während also $P(A|B)$ die (nur im Falle $P(B) > 0$ wohldefinierte) bedingte Wahrscheinlichkeit für $A \in \mathscr{F}$ ist, wenn die "Aussage" $B \in \mathscr{B}$ vorliegt, können wir die Werte $K(\cdot, A)$ der bedingten Verteilung von $Y = \mathrm{id}_\Omega\colon (\Omega;\mathscr{F}) \to (\Omega;\mathscr{B})$ als die bedingten Wahrscheinlichkeiten für $A \in \mathscr{F}$ ansehen, wenn die "Aussageform" $\mathscr{B}$ vorliegt.

1.4 Maße auf polnischen Räumen

Einige starke Resultate der Maßtheorie beruhen auf der Verbindung von Maß und Topologie, die besonders eng bei Borelmaßen auf polnischen Räumen ist. Wir können uns später in der Theorie der stochastischen Prozesse stets ohne wesentliche Einschränkung auf polnische Zustandsräume beschränken, zu denen separable Banachräume ebenso wie Mannigfaltigkeiten gehören.

Definition 1.19. (Polnischer Raum) Ein *polnischer Raum* ist ein topologischer Hausdorffraum Ω, dessen Topologie eine abzählbare Basis besitzt und sich durch eine Metrik beschreiben läßt, in welcher Ω vollständig ist.

Aus der Topologie entnehmen wir (vgl. [BA 90], §26), daß jeder kompakte Raum mit abzählbarer Basis polnisch ist; außerdem, daß nicht nur (trivialerweise) abgeschlossene, sondern auch offene Teilräume polnischer Räume wieder polnisch sind. Ebenso sieht man leicht, daß abzählbare topologische Produkte polnischer Räume wieder polnisch sind.

Ein vollständiger metrischer Raum $(\Omega;\rho)$ ist genau dann polnisch, wenn er separabel ist, denn: Ist $\Omega_0 \subset \Omega$ eine abzählbare und dichte Teilmenge, so ist offenbar (mit der Bezeichnung

$$V(a;r) := \{x \in \Omega : \rho(a,x) < r\}$$

für offene Kugeln) $\{V(a;1/n) : a \in \Omega_0;\ n \in \mathbb{N}\}$ eine abzählbare Basis der Topologie von Ω. Ist umgekehrt $\mathscr{U}$ eine abzählbare Basis der Topologie, so ist bei beliebiger Auswahl je eines $x_U \in U$ die abzählbare Menge $\{x_U : U \in \mathscr{U}\}$ dicht in Ω, wie man leicht verifiziert.

Ein für die Theorie stetiger stochastischer Prozesse wichtiges Beispiel wird gegeben durch

Satz 1.20. *Der Raum $C(\mathbb{R}_+;\mathbb{R}^d)$ aller stetigen Vektorfunktionen $f\colon \mathbb{R}_+ \to \mathbb{R}^d$, versehen mit der Topologie der gleichmäßigen Konvergenz auf kompakten Teilmengen von $\mathbb{R}_+$, ist polnisch.*

Beweis: Zunächst beschreibt die Metrik auf $C := C(\mathbb{R}_+;\mathbb{R}^d)$:

$$\rho(f,g) := \sum_{n=1}^{\infty} \frac{1}{2^n} \wedge \|f-g\|_n \quad \text{mit} \quad \|h\|_n := \sup_{0\le t\le n} |h(t)|; \quad f,g,h \in C$$

offensichtlich gerade die Topologie der gleichmäßigen Konvergenz auf kompakten Mengen von $\mathbb{R}_+$. Eine Folge $(f_\ell)_{\ell\in\mathbb{N}}$ in C ist genau dann ρ-Cauchy-Folge, wenn für jedes kompakte Intervall $I = [0,n]$ die Einschränkungen $f_\ell|I$ bezüglich gleichmäßiger Konvergenz eine Cauchy-Folge von stetigen Funktionen auf I bilden. Es gibt also eine stetige Grenzfunktion $g_I\colon I \to \mathbb{R}^d$ für jedes I, wobei für $I \subset J$

natürlich $g_I = g_J|I$ gelten muß. Somit ist $f\colon \mathbb{R}_+ \to \mathbb{R}^d$ mit $f(t) = g_I(t)$ für $t \in I$ wohldefiniert und stetig, und $\rho(f_n, f) \to 0$ nach Konstruktion. Damit ist die Vollständigkeit von C bezüglich ρ gezeigt. Schließlich ist C separabel. Zum Beweis dieser Aussage kann ohne Einschränkung $d = 1$ angenommen werden. Bezeichnet $\mathcal{P} \subset C$ die Teilmenge aller Polynome und $\mathcal{P}_0 \subset \mathcal{P}$ diejenige aller Polynome mit rationalen Koeffizienten, so ist $\mathcal{P}_0$ abzählbar. Um nachzuweisen, daß $\mathcal{P}_0$ dicht in C ist, bleibt zu fixiertem $f \in C$, $\varepsilon > 0$, $I = [0,n]$ ein $g \in \mathcal{P}_0$ mit $\|f - g\|_n < \varepsilon$ zu finden. Zunächst gibt es nach dem Satz von Stone-Weierstraß ein solches g in $\mathcal{P}$. Aufgrund der Abschätzung

$$\sup_{0\le t\le n}\left|\sum_{\ell=0}^{r} a_\ell t^\ell - \sum_{\ell=0}^{r} b_\ell t^\ell\right| \le \max_{0\le \ell\le r}|a_\ell - b_\ell| \sum_{k=0}^{r} n^k$$

können aber die Koeffizienten von g so durch rationale Koeffizienten ersetzt werden, daß $\|f - g\|_n < \varepsilon$ bleibt. □

Das glückliche Zusammenspiel von Maß und Topologie bei polnischen Räumen beruht vor allem auf der Tatsache, daß hier endliche Borelmaße automatisch regulär sind. Es gilt nämlich (vgl. [BA 90], Lemma 26.2):

Satz 1.21. *Sei S ein polnischer Raum mit Borelscher σ-Algebra $\mathcal{B}(S)$, und $\mu\colon \mathcal{B}(S) \to \mathbb{R}_+$ ein endliches Borelmaß auf S. Dann ist μ regulär, d.h.*

$$\mu(A) = \sup\{\mu(C) : C \subset A,\ C \text{ kompakt}\}; \quad A \in \mathcal{B}(S).$$

Als Anwendungsbeispiel für eine solche inhärente Kompaktheitseigenschaft von Borelmaßen auf polnischen Räumen wollen wir den für die Konstruktion stochastischer Prozesse fundamentalen Kolmogorovschen Konsistenzsatz beweisen. Hierzu zunächst einige Bezeichnungen:

Zu einem Meßraum $(S; \mathcal{S})$ und einer beliebigen Menge $T \neq \emptyset$ bezeichne

$$S^T := \{f\colon T \to S : f \text{ beliebige Abbildung}\}$$

das T-fache Cartesische Produkt von S mit sich selbst, und damit für $\emptyset \neq H \subset T$ die Einschränkungsprojektionen

$$\mathrm{pr}_H\colon S^T \to S^H, \quad \mathrm{pr}_H f = f|H;$$

insbesondere ist $\mathrm{pr}_t \equiv \mathrm{pr}_{\{t\}}\colon S^T \to S$ mit $\mathrm{pr}_t f = f(t)$ der Koordinatenprojektion. Ihre Gesamtheit erzeugt die *Produkt-σ-Algebra* $\mathcal{S}^T := \sigma(\mathrm{pr}_t : t \in T)$. (Wir verwenden die kurze Schreibweise $\mathcal{S}^T$ für die Produkt-σ-Algebra trotz ihrer Inkonsistenz mit unserer Bezeichnung für T-fache Cartesische Produkte).
Für endliches T ist dies natürlich die aus dem Satz von Fubini bekannte Bildung. Uns wird aber vor allem der Fall $T = \mathbb{R}_+$ interessieren, und für überabzählbares T birgt $\mathcal{S}^T$ einige Überraschungen:

Bemerkung 1.22. Jede Menge $A \in \mathscr{S}^T$ ist *abzählbar determiniert*, d. h. es gibt eine abzählbare Teilmenge $H \subset T$ (natürlich abhängig von A) so, daß

$$A = \mathrm{pr}_H^{-1}(\mathrm{pr}_H(A)).$$

Denn: Ist $A = \mathrm{pr}_H^{-1}(\mathrm{pr}_H(A))$, so auch $\complement A := S^T \setminus A = \mathrm{pr}_H^{-1}(\mathrm{pr}_H(\complement A))$; ist $A_n = \mathrm{pr}_{H_n}^{-1}(\mathrm{pr}_{H_n}(A_n))$ und $H := \bigcup_1^\infty H_n$, so $A := \bigcup_1^\infty A_n = \mathrm{pr}_H^{-1}(\mathrm{pr}_H(A))$. Damit bildet die Gesamtheit der abzählbar determinierten Mengen aus $\mathscr{S}^T$ selbst eine σ-Algebra, die natürlich $\mathrm{pr}_t^{-1}(\mathscr{S})$ für alle $t \in T$ enthält und somit gleich $\mathscr{S}^T$ ist. □

Bemerkung 1.23. Ist S polnischer Raum mit $\mathscr{S} = \mathscr{B}(S)$, so ist bei abzählbarem T auch S^T polnisch mit $\mathscr{B}(S^T) = \mathscr{S}^T$, wie leicht zu sehen ist. Bei überabzählbarem T stimmt dies aber nicht mehr: Hier ist z. B. die *“Diagonale”*

$$\Delta := \{f \in S^T : f \text{ konstante Funktion}\}$$

als abgeschlossene Menge (bezüglich der Produkttopologie) in $\mathscr{B}(S^T)$, aber nicht abzählbar determiniert, d. h. nicht in $\mathscr{B}(S)^T$.

Obwohl also $\mathscr{S}^T$ im Sinne von Bemerkung 1.22 nicht sehr reichhaltig ist, kann die Spur-σ-Algebra $E \cap \mathscr{S}^T$ für geeignete Teilmengen E von S^T durchaus groß sein:

Beispiel 1.24. Sei $S = \mathbb{R}^d$ mit $\mathscr{S} = \mathscr{B}(\mathbb{R}^d)$ und $T = \mathbb{R}_+$. Nach Satz 1.20 ist $C := C(\mathbb{R}_+; \mathbb{R}^d)$ mit der Topologie der gleichmäßigen Konvergenz auf Kompakten ein polnischer Raum. Für seine Borel-σ-Algebra gilt

$$\mathscr{B}(C) = C \cap \mathscr{B}(\mathbb{R}^d)^T.$$

Denn: Wir betrachten die im Beweis von Satz 1.20 eingeführte Metrik ρ auf C,

$$\rho(f,g) := \sum_{n=1}^{\infty} \frac{1}{2^n} \wedge \|f-g\|_n.$$

Da die Topologie von C eine abzählbare Familie $\mathscr{F}$ von Kugeln

$$V(f;r) := \{g \in C : \rho(f,g) < r\}$$

als Basis besitzt, ist $\mathscr{B}(C) = \sigma(\mathscr{F})$ die hiervon erzeugte σ-Algebra, und es genügt zu zeigen, daß jede Kugel $V(f;r)$ in der Spur-σ-Algebra $C \cap \mathscr{B}(\mathbb{R}^d)^T$ liegt; die umgekehrte Inklusion $C \cap \mathscr{B}(\mathbb{R}^d)^T \subset \mathscr{B}(C)$ ist ja wegen Stetigkeit der Punktevaluationen pr_t: $f \mapsto f(t)$ trivial. $V(f;r) \in \mathscr{B}(\mathbb{R}^d)^T$ bedeutet aber $C \cap \mathscr{B}(\mathbb{R}^d)^T$-Meßbarkeit der Abbildung $g \mapsto \rho(f,g)$ von C in $\mathbb{R}$, und diese folgt aus der entsprechenden Meßbarkeit der Halbnormen $\| \ \|_n$:

$$\|h\|_n = \sup_{0 \le t \le n} |h(t)| = \sup\{|h(t)| : 0 \le t \le n,\ t \text{ rational}\}. \qquad \square$$

Wir fahren nun mit den Bezeichnungen für Teilmengensysteme von S^T fort.

Für $\emptyset \neq H \subset T$ endlich sei $\mathscr{S}_H := \mathrm{pr}_H^{-1}(\mathscr{S}^H)$ die σ-Algebra der *Zylindermengen über* H. Hiermit bilden wir schließlich die Algebra aller Zylindermengen

$$\mathscr{S}_*^T := \bigcup\{\mathscr{S}_H : \emptyset \neq H \subset T \text{ endlich}\}.$$

Eine Abbildung μ: $\mathscr{S}_*^T \to \mathbb{R}_+$, deren Einschränkungen $\mu|\mathscr{S}_H$ für alle endlichen nichtleeren $H \subset T$ jeweils σ-additiv sind (womit μ selbst zumindest additiv auf $\mathscr{S}_*^T$ wird), heiße ein *Pro-Maß* auf $\mathscr{S}_*^T$ (entsprechend dem Bourbakischen Begriff "promesure" für das zugehörige projektive System der Maße $\mu \circ \mathrm{pr}_H^{-1}$ auf $\mathscr{S}^H$; [BO 69], Capt. IX §6).

In dieser Situation besagt der *Kolmogorovsche Konsistenzsatz* (diese Bezeichnung rührt daher, daß häufig μ in der Form $\mu \circ \mathrm{pr}_H^{-1} = \mu_H$ durch eine Familie von Maßen μ_H auf $\mathscr{S}^H$ gegeben ist, die in dem Sinne "konsistent" sein muß, daß μ auf diese Weise wohldefiniert ist):

Satz 1.25. *Ist S ein polnischer Raum und T eine beliebige nichtleere Menge, so ist jedes Pro-Maß μ: $\mathscr{B}(S)_*^T \to \mathbb{R}_+$ σ-additiv (und also nach Caratheodory eindeutig fortsetzbar zu einem Maß auf $\sigma(\mathscr{B}(S)_*^T) = \mathscr{B}(S)^T$).*

Beweis: Da μ endlich ist, bleibt nur die σ-Stetigkeit von oben zu zeigen, also für eine fallende Folge von Mengen $A_n \in \mathscr{B}(S)_*^T$ mit $\delta := \inf_n \mu(A_n) > 0$ nachzuweisen, daß $A := \bigcap_{n=1}^\infty A_n \neq \emptyset$. Wir wählen endliche $H_n \subset T$ und $B_n \in \mathscr{B}(S)^{H_n}$ so, daß $A_n = \mathrm{pr}_{H_n}^{-1}(B_n)$; dabei können wir ohne Einschränkung $H_n \subset H_{n+1}$ annehmen. Da die H_n endlich sind, ist S^{H_n} wieder polnisch und $\mathscr{B}(S^{H_n}) = \mathscr{B}(S)^{H_n}$. Als Borelmaß auf S^{H_n} ist $\mu \circ \mathrm{pr}_{H_n}^{-1}$ nach Satz 1.21 regulär, so daß wir kompakte $C_n \subset B_n$ finden, für die $(\mu \circ \mathrm{pr}_{H_n}^{-1})(B_n \setminus C_n) < \delta/2^n$ gilt. Hiermit bilden wir schließlich

$$D_n := \bigcap_{\ell=1}^{n} \mathrm{pr}_{H_\ell}^{-1}(C_\ell); \quad D := \bigcap_{1}^{\infty} D_n .$$

Dann gilt also $D_{n+1} \subset D_n \subset \mathrm{pr}_{H_n}^{-1}(C_n) \subset A_n$ und

$$\delta - \mu(D_n) \leq \mu(A_n \setminus D_n) \leq \sum_{\ell=1}^{n} \mu(A_\ell \setminus \mathrm{pr}_{H_\ell}^{-1}(C_\ell)) < \delta \sum_{\ell=1}^{n} \frac{1}{2^\ell} < \delta;$$

insbesondere ist daher $\mu(D_n) > 0$, somit $D_n \neq \emptyset$. Wir wählen jeweils ein $f_n \in D_n$. Dann ist $f_n|H_\ell \in C_\ell$ für $n \geq \ell$. Da $C_\ell \subset S^{H_\ell}$ kompakt ist, können wir sukzessiv konvergente Teilfolgen auswählen, d.h. es gibt streng wachsende Funktionen τ_ℓ: $\mathbf{N} \to \mathbf{N}$ mit $\tau_{\ell+1}(\mathbf{N}) \subset \tau_\ell(\mathbf{N})$ so, daß existiert

$$g_\ell := \lim_{n \to \infty} f_{\tau_\ell(n)}|H_\ell \in C_\ell; \quad \ell \in \mathbf{N}.$$

Dabei ist wegen $\tau_{\ell+1}(\mathbf{N}) \subset \tau_\ell(\mathbf{N})$ noch jeweils $g_{\ell+1}|H_\ell = g_\ell$. Definiert man also $g \in S^T$ durch $g(t) = g_\ell(t)$ für $t \in H_\ell$, $\ell \in \mathbf{N}$, und $g(t) = x$ mit beliebigem $x \in S$ für $t \notin \bigcup_{\ell \in \mathbf{N}} H_\ell$, so ist $g|H_\ell = g_\ell \in C_\ell$ für alle ℓ und somit $g \in D$. Wegen $D \subset A$ folgt damit auch $A \neq \emptyset$. □

Dieser Satz ist ein besonders einfach zu formulierender Spezialfall eines allgemeineren Konsistenzsatzes, aus dem sich auch die folgende Variante durch Spezialisierung ergeben würde. Wir bevorzugen jedoch auch hier eine für die spätere Verwendung geeignete konkretere Formulierung. Dabei betrachten wir anstelle von S^T den Raum $C(\mathbb{R}_+;\mathbb{R}^d)$, und statt der pr_H die Restriktionsabbildungen p_s: $f \mapsto f|[0,s]$ von $C(\mathbb{R}_+;\mathbb{R}^d)$ auf den jeweiligen Banachraum $C_s := C\big([0,s];\mathbb{R}^d\big)$, der mit seiner Borelschen σ-Algebra $\mathscr{B}(C_s)$ versehen ist. Wir haben dann auf $C(\mathbb{R}_+;\mathbb{R}^d)$ die aufsteigende Familie der σ-Algebren $\mathscr{F}_s := p_s^{-1}\big(\mathscr{B}(C_s)\big)$ und verstehen nun unter einem *Pro-Maß auf* $C(\mathbb{R}_+;\mathbb{R}^d)$ eine Abbildung μ: $\mathscr{F}_* := \bigcup_{s>0}\mathscr{F}_s \to \mathbb{R}_+$, die jeweils auf $\mathscr{F}_s$ σ-additiv ist. Nun gilt

Satz 1.25′. *Jedes Pro-Maß μ auf $C(\mathbb{R}_+;\mathbb{R}^d)$ ist σ-additiv.*

Beweis: Wir fixieren eine fallende Folge (A_n) in $\mathscr{F}_*$ mit $\delta := \inf_n \mu(A_n) > 0$ und haben hierfür nachzuweisen, daß $A := \bigcap_{n=1}^\infty A_n \neq \emptyset$. Hierzu wählen wir jeweils $s_n \geq n$ mit $s_n < s_{n+1} < \ldots$ sowie $B_n \in \mathscr{B}(C_{s_n})$ mit $A_n = p_{s_n}^{-1}(B_n)$. Regularität der Bildmaße $\mu_s := \mu \circ p_s^{-1}$ auf den polnischen Räumen C_s ergibt dann kompakte $K_n \subset B_n$, so daß $\mu_{s_n}(B_n \setminus K_n) < \delta/2^n$ gilt. Hiermit bilden wir schließlich die fallende Folge der

$$D_n := \bigcap_{\ell=1}^{n} p_{s_\ell}^{-1}(K_\ell) \subset A_n$$

mit $D := \bigcap_1^\infty D_n$. Nunmehr gilt

$$\delta - \mu(D_n) \leq \mu(A_n \setminus D_n) \leq \sum_{\ell=1}^{n} \mu\big(A_\ell \setminus p_{s_\ell}^{-1}(K_\ell)\big) = \sum_{\ell=1}^{n} \mu_{s_\ell}(B_\ell \setminus K_\ell) < \delta\,,$$

also insbesondere $D_n \neq \emptyset$. Wir wählen $f_n \in D_n$ für jedes $n \in \mathbb{N}$ und dann sukzessiv konvergente Teilfolgen der $(p_{s_\ell} f_n)_{n \geq \ell}$ in K_ℓ,

$$p_{s_\ell} f_{\tau_\ell(n)} \to g_\ell \text{ mit } n \to \infty; \quad \ell \in \mathbb{N}.$$

Für die so gefundenen $g_\ell \in C_{s_\ell}$ gilt also $g_\ell = g_{\ell+1}|[0,s_\ell]$ und daher wegen $s_\ell \to \infty$ auch $g_\ell = g|[0,s_\ell]$ für ein $g \in C(\mathbb{R}_+;\mathbb{R}^d)$. Hierfür ist dann offenbar $g \in D \subset A$, d.h. $A \neq \emptyset$, was zu zeigen war. □

1.5 Markov-Halbgruppen

Markovkerne auf einem Meßraum $(S;\mathscr{S})$ lassen sich nach Art der Matrixmultiplikation miteinander verknüpfen. Diese Multiplikation ist bei einer Interpretation als Übergangswahrscheinlichkeit von unmittelbarer stochastischer Bedeutung. Für Halbgruppen von Kernen auf polnischen Räumen erlaubt der Kolmogorovsche

Konsistenzsatz auch unendliche Produktbildung und liefert so die Grundlage für die Konstruktion der zugehörigen Markovprozesse.

Sei $(S;\mathscr{S})$ ein Meßraum. Jeder Markovkern K auf $(S;\mathscr{S})$ definiert durch

$$(1.5) \qquad (\mathbf{K}f)(x) := \int f(y)\,K(x,dy)\,; \quad x \in S$$

offensichtlich einen linearen Endomorphismus des $\mathbb{R}$-Vektorraumes $B(\mathscr{S})$ aller beschränkten $\mathscr{S}$-meßbaren Funktionen, dessen charakteristische Eigenschaften man abliest:

$$(1.6) \qquad 0 \le f_n \nearrow f \text{ in } B(\mathscr{S}) \Rightarrow 0 \le \mathbf{K}f_n \nearrow \mathbf{K}f; \quad \mathbf{K}1_S = 1_S\,.$$

Umgekehrt ist nach Satz 1.4 iii) jeder lineare Endomorphismus von $B(\mathscr{S})$ mit den Eigenschaften (1.6) durch einen eindeutig bestimmten Markovkern gemäß (1.5) gegeben.

Mit K und L ist auch

$$(1.7) \qquad K \cdot L\colon\ (K \cdot L)(x,A) = \int K(x,dy)\,L(y,A)$$

ein Markovkern, und für den so gebildeten *Produktkern* gilt

$$(1.8) \qquad \mathbf{K}(\mathbf{L}f)(x) = \int f(y)\,(K \cdot L)(x,dy); \quad f \in B(\mathscr{S})\,.$$

Daher ist die in (1.7) definierte Multiplikation von Markovkernen assoziativ; die Gesamtheit aller Markovkerne auf $(S;\mathscr{S})$ bildet somit eine Halbgruppe. Neutrales Element ist natürlich der *Einheitskern* E:

$$(1.9) \qquad E(x,A) = 1_A(x); \quad A \in \mathscr{S}; \ x \in S\,,$$

mit

$$(\mathbf{E}f)(x) = \int f(y)\,E(x,dy) = \int f(y)\,\delta_x(dy) = f(x)\,.$$

Interpretiert man $K(x,A)$ als Übergangswahrscheinlichkeit von x in A bei einem ersten Experiment und $L(y,B)$ entsprechend als Übergangswahrscheinlichkeit von y in B bei einem anschließend unabhängig vom vorangehenden ausgeführten zweiten Experiment, so ist $(K \cdot L)(x,A)$ die Übergangswahrscheinlichkeit von x in A bei dem aus beiden zusammengesetzten (zweistufigen) Experiment. Dieser Zusammenhang verallgemeinert sich bei Markovprozessen auf beliebige Produkte.

Definition 1.26. (Markov-Halbgruppe) Sei $(S;\mathscr{S})$ ein Meßraum, $T \subset \mathbb{R}$ eine nichtleere Menge. Eine Familie $(K_{s,t})_{s \le t \in T}$ von Markovkernen auf $(S;\mathscr{S})$ heißt eine *Markov-Halbgruppe*, wenn die sogenannten *Chapman-Kolmogorov-Gleichungen* gelten

$$(1.10) \qquad K_{s,t} = K_{s,u} \cdot K_{u,t}\,; \quad s \le u \le t \text{ in } T\,.$$

Ist $T = \mathbb{N}_0$ oder $\mathbb{R}_+$ und $K_{s,t} \mathrel{\hat=} K_{t-s}$ jeweils nur von $t-s$ abhängig, so heißt die Markov-Halbgruppe $(K_t)_{t \in T}$ *zeitlich homogen*.

Ist $S = \mathbb{R}^d$ und $K_{s,t}(x,A) \mathrel{\hat=} K_{s,t}(A-x)$, so heißt $(K_{s,t})_{s \le t \in T}$ *räumlich homogen*.

Wir greifen im folgenden Beispiel nochmals die Beispiele 1.15 für Markovkerne auf.

Beispiel 1.27. i) Ist S eine abzählbare Menge und Q eine stochastische $S \times S$-Matrix, so ist $(K_n := Q^n)_{n \in \mathbb{N}_0}$, mit Q^n der n-ten Matrixpotenz, $Q^0 := E$, eine zeitlich homogene Markov-Halbgruppe auf $\big(S; \mathbb{P}(S)\big)$.

ii) Ist $(\mu_t)_{t \in T}$ eine Familie von Wahrscheinlichkeitsmaßen auf dem Meßraum $(S; \mathscr{S})$, so bildet $\big(K_{s,t}(x, \cdot) := \mu_t\big)_{s \le t \in T}$ eine Markov-Halbgruppe auf $(S; \mathscr{S})$:

$$(K_{s,u} \cdot K_{u,t})(x, A) = \int \mu_u(dy)\, \mu_t(A) = \mu_t(A) = K_{s,t}(x, A).$$

iii) Ist $(\mu_t)_{t \in \mathbb{R}_+}$ eine *Faltungshalbgruppe* von Wahrscheinlichkeitsmaßen auf $\mathbb{R}^d$, d.h. gilt $\mu_{s+t} = \mu_s * \mu_t$ mit dem Faltungsprodukt

$$(\mu_s * \mu_t)(A) := \int \mu_s(dx)\, \mu_t(A - x); \quad A \in \mathscr{B}(\mathbb{R}^d),$$

so ist $(K_{s,t})_{s \le t \in \mathbb{R}_+}$ mit $K_{s,t}(x, A) := \mu_{t-s}(A - x)$ eine räumlich und zeitlich homogene Markov-Halbgruppe auf $\mathbb{R}^d$:

$$\begin{aligned}(K_{s,u} \cdot K_{u,t})(x, A) &= \int \mu_{u-s}(dy - x)\, \mu_{t-u}(A - y) \\ &= \int \mu_{u-s}(dz)\, \mu_{t-u}(A - z - x) = \mu_{t-s}(A - x) = K_{s,t}(x, A).\end{aligned}$$

iv) Sei $(\Phi_{s,t})_{s \le t \in T}$ ein *Fluß* auf dem Meßraum $(S; \mathscr{S})$, d.h. alle $\Phi_{s,t}\colon S \to S$ sind meßbar, und es gelten die *Flußgleichungen*

$$\Phi_{s,t} = \Phi_{u,t} \circ \Phi_{s,u}; \quad s \le u \le t \text{ in } T.$$

Dann bilden die deterministischen Kerne $\big(K_{s,t}(x, \cdot) = \delta_{\Phi_{s,t}(x)}\big)_{s \le t \in T}$ eine Markov-Halbgruppe:

$$\begin{aligned}(K_{s,u} \cdot K_{u,t})(x, A) &= \int K_{s,u}(x, dy)\, 1_A\big(\Phi_{u,t}(y)\big) \\ &= 1_A\big((\Phi_{u,t} \circ \Phi_{s,u})(x)\big) = 1_A\big(\Phi_{s,t}(x)\big).\end{aligned}$$

Eine Markov-Halbgruppe $(K_{s,t})_{s \le t \in T}$ auf einem polnischen Raum $\big(S; \mathscr{B}(S)\big)$ läßt sich zu *einem* Markovkern K von $\big(S; \mathscr{B}(S)\big)$ nach $\big(S^T; \mathscr{B}(S)^T\big)$ "integrieren", und umgekehrt hieraus durch "Desintegration" wiedergewinnen. Wir beschränken uns der Einfacheit halber auf die kanonischen Parameterbereiche $T = \mathbb{R}_+$ oder $\mathbb{N}_0$.

Zunächst führen wir folgende Bezeichnung ein: $(t_1, \ldots, t_r)$ bezeichne geordnete r-Tupel $0 \le t_1 \le \ldots \le t_r$ in T, $r \in \mathbb{N}$. Hierzu bilden wir die "geordneten Projektionen"

$$\mathrm{pr}_{(t_1, \ldots, t_r)}\colon S^T \to S^{r+1}, \quad f \mapsto \big(f(0), f(t_1), \ldots, f(t_r)\big).$$

Auf S^{r+1} betrachten wir die $(r+1)$-fache Produkt-σ-Algebra $\mathscr{B}(S)^{r+1}$ von $\mathscr{B}(S)$. Natürlich gilt (in der Bezeichnung vor Satz 1.25)

$$\mathscr{B}(S)_{\{0, t_1, \ldots, t_r\}} = \mathrm{pr}_{(t_1, \ldots, t_r)}^{-1}\big(\mathscr{B}(S)^{r+1}\big).$$

Satz 1.28. *Sei S ein polnischer Raum mit Borel-σ-Algebra $\mathscr{B}(S)$ und $T = \mathbb{R}_+$ oder $\mathbb{N}_0$. $(K_{s,t})_{s \le t \in T}$ bezeichne eine Markov-Halbgruppe auf $(S; \mathscr{B}(S))$. Es gibt einen eindeutig bestimmten Markovkern K von $(S; \mathscr{B}(S))$ nach $(S^T; \mathscr{B}(S)^T)$ mit*

$$K\big(x, \mathrm{pr}^{-1}_{(t_1,\ldots,t_r)}(A)\big) = \int K_{0,t_1}(x, dx_1) \int K_{t_1,t_2}(x_1, dx_2) \ldots \int K_{t_{r-1},t_r}(x_{r-1}, dx_r)\, 1_A(x, x_1, \ldots, x_r) \tag{1.11}$$

für $0 < t_1 < \ldots < t_r$ in T, $x \in S$ und $A \in \mathscr{B}(S)^{r+1}$; $r \in \mathbb{N}$. ((1.11) gilt für beliebige $0 \le t_1 \le \ldots \le t_r \in T$, wenn $K_{t,t}$ der Einheitskern ist für alle $t \in T$).

Beweis: Die Integrale der rechten Seite von (1.11) sind iterativ von rechts nach links zu verstehen, also so, daß die jeweilige Integration dx_ℓ über die rechts davon stehende Funktion von x_ℓ zu erstrecken ist. Die Gesamtheit der $A \in \mathscr{B}(S)^{r+1}$, für welche dieses iterierte Integral existiert und eine meßbare Funktion von $x \in S$ definiert, ist offenbar ein Dynkin-System, welches alle Zylindermengen $A = A_0 \times A_1 \times \ldots \times A_r$ mit $A_\ell \in \mathscr{B}(S)$ enthält. Nach Satz 1.4 i) definiert also die rechte Seite von (1.11) (in Abhängigkeit von (x, A)) jeweils einen Markovkern von $(S; \mathscr{B}(S))$ nach $(S^{r+1}; \mathscr{B}(S)^{r+1})$.
Wir zeigen nun, daß durch (1.11) für jedes $x \in S$ ein Pro-Maß $K(x, \cdot)$ auf $\mathscr{B}(S)^T_*$ gegeben wird. Nach dem bereits Gesagten bedeutet dies nur noch, daß die linke Seite von (1.11) durch die rechte wohldefiniert ist, d.h. nicht von der Darstellung der jeweiligen Menge aus $\mathscr{B}(S)^T_*$ als $\mathrm{pr}^{-1}_{(t_1,\ldots,t_r)}(A)$ abhängt. Bezeichnen wir die rechte Seite von (1.11) bei fixiertem $x \in S$ mit $\mu_{(t_1,\ldots,t_r)}(A)$, so besagt dies, daß aus $\mathrm{pr}^{-1}_{(t_1,\ldots,t_r)}(A) = \mathrm{pr}^{-1}_{(s_1,\ldots,s_k)}(B)$ folgt $\mu_{(t_1,\ldots,t_r)}(A) = \mu_{(s_1,\ldots,s_k)}(B)$. Hierbei kann offenbar o.E. $k > r$ und $\{t_1, \ldots, t_r\} \subset \{s_1, \ldots, s_k\}$ angenommen werden, und dann (induktiv) sogar $k = r + 1$. Wir betrachten etwa einen zusätzlichen Punkt t: $t_1 < t < t_2$ (jede andere Lage von t analog), also $(s_1, \ldots, s_{r+1}) = (t_1, t, t_2, \ldots, t_r)$. Dann ist nach Voraussetzung $1_B(x, x_1, y, x_2, \ldots, x_r) = 1_A(x, x_1, x_2, \ldots, x_r)$, und somit

$$\mu_{(t_1,t,t_2,\ldots,t_r)}(B) = \int K_{0,t_1}(x, dx_1) \int K_{t_1,t}(x_1, dy) \int K_{t,t_2}(y, dx_2) \ldots \int K_{t_{r-1},t_r}(x_{r-1}, dx_r)\, 1_A(x, x_1, \ldots, x_r),$$

und dies ist gleich $\mu_{(t_1,t_2,\ldots,t_r)}(A)$, da aufgrund der Halbgruppeneigenschaft (zunächst für Indikatorfunktionen $h = 1_C$, damit allgemein) für jede beschränkte meßbare Funktion h: $S \to \mathbb{R}$ gilt

$$\int K_{t_1,t}(x_1, dy) \int K_{t,t_2}(y, dx_2)\, h(x_2) = \int K_{t_1,t_2}(x_1, dx_2)\, h(x_2).$$

Damit ist gezeigt, daß $K(x, \cdot)$ ein Pro-Maß auf $\mathscr{B}(S)^T_*$ ist. Da S polnisch vorausgesetzt war, besitzt es eine eindeutige, weiterhin $K(x, \cdot)$ bezeichnete Fortsetzung zu einem Wahrscheinlichkeitsmaß auf $\mathscr{B}(S)^T$ nach dem Konsistenzsatz 1.25

(die "Konsistenz", d.h. Wohldefiniertheit durch (1.11) haben wir soeben gesehen). Schließlich ist $K(\cdot, B)$ $\mathscr{B}(S)$-meßbar zunächst, wie oben gezeigt wurde, für $B \in \mathscr{B}(S)^T_*$. Da aber die Gesamtheit der $B \in \mathscr{B}(S)^T$ mit meßbarem $K(\cdot, B)$ offenbar ein Dynkin-System bildet, folgt die Meßbarkeit endlich für alle $B \in \mathscr{B}(S)^T$ wiederum aus Satz 1.4 i). □

Der folgende Satz zeigt insbesondere in Aussage ii), in welchem Sinne die Kerne $K_{s,t}$ aus dem "integrierten" Kern K von Satz 1.28 zurückerhalten werden.

Satz 1.29. *Sei wieder* $(K_{s,t})_{s \le t \in T}$ ($T = \mathbb{R}_+$ *oder* $\mathbb{N}_0$) *eine Markov-Halbgruppe auf einem polnischen Raum* $(S; \mathscr{B}(S))$, *und* K *der nach* Satz 1.25 *zugehörige "integrierte" Markovkern von* $(S; \mathscr{B}(S))$ *nach* $(S^T; \mathscr{B}(S)^T)$. *Sei ferner* μ *ein beliebiges fixiertes Wahrscheinlichkeitsmaß auf* S;

$$P^\mu \colon \mathscr{B}(S)^T \to \mathbb{R}_+, \quad P^\mu(A) = \int \mu(dx)\, K(x, A)$$

bezeichne das von μ *und der Halbgruppe* $(K_{s,t})_{s \le t \in T}$ *auf* $(S^T; \mathscr{B}(S)^T)$ *induzierte Wahrscheinlichkeitsmaß. Hierfür gilt:*

i) *Ist* $F \colon S^{r+1} \to \mathbb{C}$ *meßbar und beschränkt oder* ≥ 0 ($r \in \mathbb{N}$), *so hat man für* $0 < t_1 < \ldots < t_r$ *in* T

$$\begin{aligned} &\int F \circ \mathrm{pr}_{(t_1, \ldots, t_r)}\, dP^\mu = \\ (1.12)\qquad &= \int \mu(dx) \int K_{0,t_1}(x, dx_1) \ldots \int K_{t_{r-1},t_r}(x_{r-1}, dx_r)\, F(x, x_1, \ldots, x_r). \end{aligned}$$

ii) *Für* $0 \le s < t$ *ist* $K_{s,t}$ *(unabhängig von* μ*) die bezüglich* P^μ *gebildete faktorisierte bedingte Verteilung von* pr_t *unter der Hypothese* pr_s *(vgl. Definition* 1.16*); ferner* $\mu = P^\mu \circ \mathrm{pr}_0^{-1}$.

Beweis: i) Dies folgt sofort aus (1.11) durch monotone Fortsetzung (Satz 1.4 iii)) für reellwertige beschränkte F und hieraus allgemein.

ii) Nach Gleichung (1.4) in Definition 1.16 besagt die Behauptung, daß für beliebige $B, C \in \mathscr{B}(S)$ gilt

$$\int_B (P^\mu \circ \mathrm{pr}_s^{-1})(dx)\, K_{s,t}(x, C) = P^\mu\big(\mathrm{pr}_s^{-1}(B) \cap \mathrm{pr}_t^{-1}(C)\big).$$

Für den Fall $s = 0$ beachten wir zunächst $P^\mu \circ \mathrm{pr}_0^{-1} = \mu$, nämlich

$$(P^\mu \circ \mathrm{pr}_0^{-1})(A) = \int \mu(dx) \int K_{0,t}(x, dy)\, 1_{A \times S}(x, y) = \mu(A); \quad A \in \mathscr{B}(S).$$

Daraus folgt nun für $0 = s < t$

$$\begin{aligned} \int_B (P^\mu \circ \mathrm{pr}_0^{-1})(dx)\, K_{0,t}(x, C) &= \int_B \mu(dx) \int_C K_{0,t}(x, dy) \\ &= P^\mu\big(\mathrm{pr}_0^{-1}(B) \cap \mathrm{pr}_t^{-1}(C)\big). \end{aligned}$$

Für $0 < s < t$ folgt analog aus $(P^\mu \circ \mathrm{pr}_s^{-1})(A) = \int \mu(dy) \int K_{0,s}(y,A)$

$$\int_B (P^\mu \circ \mathrm{pr}_s^{-1})(dx)\, K_{s,t}(x,C) = \int \mu(dy) \int_B K_{0,s}(y,dx)\, K_{s,t}(x,C) =$$
$$= P^\mu\big(\mathrm{pr}_s^{-1}(B) \cap \mathrm{pr}_t^{-1}(C)\big). \qquad \square$$

Daß die Bildung von K aus einer Halbgruppe $(K_{s,t})_{s \le t \in T}$ von Kernen ein Integrationsprozeß ist, wird aus der definierenden Formel (1.11) deutlich. Daß umgekehrt die Bildung faktorisierter bedingter Verteilungen als "Desintegration" aufzufassen ist, leuchtet vielleicht aus Gleichung (1.4) schon unmittelbar ein. Zu dem formalen Begriff einer Desintegration von Maßen vgl. [D-M 78], Kap. III. 70.

Abschließend betrachten wir K nochmals in den Beispielen 1.27 von Markov-Halbgruppen:

Beispiel 1.30. In den Situationen von Beispiel 1.27 ergibt sich für den integrierten Kern K:

i) S abzählbare Menge, $K_n = Q^n, n \in T = \mathbb{N}_0$: Hier ist K festgelegt durch

$$K(x; \mathrm{pr}_1 = x_1, \ldots, \mathrm{pr}_r = x_r) = Q(x,x_1)Q(x_1,x_2)\ldots Q(x_{r-1},x_r); \; x, x_\ell \in S; \; r \in \mathbb{N}.$$

ii) $(\mu_t)_{t\in T}$ beliebige Familie von Wahrscheinlichkeitsmaßen auf $\big(S; \mathscr{B}(S)\big)$ und $K_{s,t}(x,\cdot) = \mu_t$: Hier ist $K(x,\cdot) = \bigotimes_{t\in T} \mu_t$ (ebenfalls unabhängig von $x \in S$) das Produktmaß der μ_t, dessen Existenz also unter der (in diesem Falle allerdings überflüssigen; vgl. [BA 91], §9) Voraussetzung, daß S polnischer Raum ist, hier aus Satz 1.28 folgt.

iii) Im deterministischen Beispiel 1.27 iv) mit $K_{s,t}(x,\cdot) = \delta_{\Phi_{s,t}(x)}$ ist $K(x,\cdot)$ das Diracmaß der in $x \in S$ startenden Flußlinie $\big(\Phi_{0,t}(x)\big)_{t\in T}$, da z.B. für $r = 3$ in (1.11) folgt

$$\begin{aligned} K\big(x, \mathrm{pr}_{(t_1,t_2,t_3)}^{-1}(A)\big) &= \int \delta_{\Phi_{0,t_1}(x)}(dx_1) \int \delta_{\Phi_{t_1,t_2}(x_1)}(dx_2) \\ &\quad \cdot \int \delta_{\Phi_{t_2,t_3}(x_2)}(dx_3)\, 1_A(x,x_1,x_2,x_3) \\ &= 1_A\big(x, \Phi_{0,t_1}(x), (\Phi_{t_1,t_2} \circ \Phi_{0,t_1})(x), (\Phi_{t_2,t_3} \circ \Phi_{t_1,t_2} \circ \Phi_{0,t_1})(x)\big) \\ &= 1_A\big(x, \Phi_{0,t_1}(x), \Phi_{0,t_2}(x), \Phi_{0,t_3}(x)\big), \end{aligned}$$

letzteres aufgrund der Flußgleichungen.

iv) Hier ist $K_{s,t}(x,A) = \mu_{t-s}(A - x)$, mit einer Faltungshalbgruppe $(\mu_t)_{t\in\mathbb{R}_+}$ auf $\mathbb{R}^d$. In diesem (und allgemein im räumlich homogenen) Fall wird die definierende Relation (1.11) für K durchsichtiger nach einer einfachen Koordinatentransformation:

Satz 1.31. *Sei* $(\mu_t)_{t\in\mathbb{R}_+}$ *eine Faltungshalbgruppe von Wahrscheinlichkeitsmaßen auf* $\mathbb{R}^d$, μ *ein weiteres Wahrscheinlichkeitsmaß auf* $\mathbb{R}^d$, P^μ *das gemäß* Satz 1.29 *von* μ *und der Halbgruppe der Markovkerne* $K_{s,t}$: $K_{s,t}(x,A) = \mu_{t-s}(A-x)$, $0 \le s \le t$, *induzierte Wahrscheinlichkeitsmaß auf* $\mathscr{B}(\mathbb{R}^d)^{\mathbb{R}_+}$. *Ist, für ein* $r \in \mathbb{N}$, $F\colon (\mathbb{R}^d)^{r+1} \to \mathbb{C}$ *meßbar und beschränkt, so gilt bei beliebigen* $0 < t_1 < \ldots < t_r$

$$\begin{aligned}\int F \circ \mathrm{pr}_{(t_1,\ldots,t_r)}\, dP^\mu &= \int \mu(dx_0) \int \mu_{t_1}(dx_1) \\ &\ldots \int \mu_{t_r - t_{r-1}}(dx_r)\, F(x_0, x_0 + x_1, \ldots, x_0 + \ldots + x_r).\end{aligned} \tag{1.13}$$

Beweis: Sei L die lineare Bijektion des Vektorraums $(\mathbb{R}^d)^{r+1}$ auf sich mit

$$L(x_0, x_1, \ldots, x_r) = (x_0, x_1 - x_0, \ldots, x_r - x_{r-1}).$$

Dann ist $L^{-1}(y_0, y_1, \ldots, y_r) = (y_0, y_0 + y_1, \ldots, y_0 + \ldots + y_r)$. Nach dem Transformationslemma besagt (1.13), daß gilt

$$\int F \circ \mathrm{pr}_{(t_1,\ldots,t_r)}\, dP^\mu = \int (F \circ L^{-1})\, d(\mu \otimes \mu_{t_1} \otimes \ldots \otimes \mu_{t_r - t_{r-1}}).$$

Dies folgt durch monotone Fortsetzung (Satz 1.4), wenn

$$P^\mu \circ (L \circ \mathrm{pr}_{(t_1,\ldots,t_r)})^{-1} = \mu \otimes \mu_{t_1} \otimes \ldots \otimes \mu_{t_r - t_{r-1}} \tag{1.14}$$

gezeigt ist.

Nach (1.12) ist aber für $A_0, A_1, \ldots, A_r \in \mathscr{B}(\mathbb{R}^d)$

$$\begin{aligned} &P^\mu(L \circ \mathrm{pr}_{(t_1,\ldots,t_r)})^{-1}(A_0 \times \ldots \times A_r) = \\ &= \int 1_{A_0 \times \ldots \times A_r} \circ L \circ \mathrm{pr}_{(t_1,\ldots,t_r)}\, dP^\mu \\ &= \int \mu(dx_0) \int \mu_{t_1}(dx_1 - x_0) \\ &\qquad \ldots \int \mu_{t_r - t_{r-1}}(dx_r - x_{r-1})\, 1_{A_0 \times \ldots \times A_r}(x_0, x_1 - x_0, \ldots, x_r - x_{r-1}) \\ &= (\mu \otimes \mu_{t_1} \otimes \ldots \otimes \mu_{t_r - t_{r-1}})(A_0 \times A_1 \times \ldots \times A_r). \end{aligned}$$

□

1.6 Gaußmaße

Stochastische Prozesse korrespondieren, wie in Abschnitt 2.1 gezeigt wird, in eineindeutiger Weise mit Wahrscheinlichkeitsmaßen auf Produkträumen $(S^T; \mathscr{S}^T)$. Dabei lassen sich weitere Eigenschaften eines Prozesses, soweit sie "wesentlich" sind, grundsätzlich durch eine Konzentration der Wahrscheinlichkeit auf Teilräume

$(E; E \cap \mathscr{S}^T)$ von $(S^T; \mathscr{S}^T)$ ausdrücken. Für $S = \mathbb{R}^d$ treten hierbei im allgemeinen Untervektorräume $E \subset (\mathbb{R}^d)^T$ auf (z. B. der bereits in Abschnitt 1.4 betrachtete Raum $C(\mathbb{R}_+; \mathbb{R}^d)$). Wir verallgemeinern deshalb die Begriffe "Zylindermengen" und "Pro-Maß" (= Maß für $E = (\mathbb{R}^d)^T$ nach dem Konsistenzsatz von Kolmogorov, Satz 1.25) auf beliebige Vektorräume E, wobei wir unter Vermeidung lokalkonvexer Topologien auf E zur Festlegung der Zylindermengen von vornherein eine Dualität $\langle E, F\rangle$ fixieren. Dies erlaubt insbesondere eine leichte und direkte Einordnung der für die Anwendung wichtigsten Spezialfälle.

Definition 1.32. (Dualität) Eine *Dualität* $\langle E, F\rangle$ ist ein Paar von reellen Vektorräumen E, F in Verbindung mit einer nicht ausgearteten Bilinearform

$$\langle\ ,\ \rangle \colon E \times F \to \mathbb{R}.$$

Beispiel 1.33. i) Ist E versehen mit einem inneren Produkt $\langle\ ,\ \rangle \colon E \times E \to \mathbb{R}$ bzw. $\mathbb{C}$ ein unitärer $\mathbb{R}$-oder $\mathbb{C}$-Vektorraum (etwa $E = \mathbb{R}^d$ oder $\mathbb{C}^d$ mit dem euklidischen inneren Produkt), so ist natürlich $\mathrm{Re}\langle E, E\rangle$ eine Dualität.

ii) Ist $T \neq \emptyset$, $E = (\mathbb{R}^d)^T$, so erhält man eine kanonische Dualität $\langle E, F\rangle$ mit

$$F = (\mathbb{R}^d)^{(T)} := \{u \in (\mathbb{R}^d)^T : \{u \neq 0\} \subset T \text{ endlich}\}$$

durch

$$\langle f, u\rangle := \sum_{t \in T} \langle f(t), u(t)\rangle_d; \quad f \in (\mathbb{R}^d)^T;\ u \in (\mathbb{R}^d)^{(T)},$$

wobei $\langle\ ,\ \rangle_d$ das euklidische innere Produkt auf $\mathbb{R}^d$ bezeichnet.

In Verallgemeinerung der in Abschnitt 1.4 für Produkträume verwendeten Bezeichnungen schreiben wir in diesem Abschnitt, bei fixierter Dualität $\langle E, F\rangle$, für $\emptyset \neq H \subset F$

$$p_H \colon E \to \mathbb{R}^H, \quad (p_H(x))(y) = \langle x, y\rangle;$$

$$\mathscr{B}_H = p_H^{-1}(\mathscr{B}(\mathbb{R})^H) \equiv \sigma\{\langle \cdot, y\rangle : y \in H\};$$

$$\mathscr{B}_* := \bigcup\{\mathscr{B}_H : \emptyset \neq H \subset F;\ H \text{ endlich}\}.$$

Hierbei ist zu bemerken, daß $\mathscr{B}_H$ jeweils eine σ-Algebra von Teilmengen von E ist (die *Zylindermengen zur Basis* H), und daß für $H \subset K \subset F$ (mit $\operatorname{lin} H :=$ lineare Hülle von H in F) gilt

$$\mathscr{B}_H = \mathscr{B}_{\operatorname{lin} H} \subset \mathscr{B}_K,$$

so daß $\mathscr{B}_*$ eine Mengenalgebra auf E bildet.

Bemerkung 1.34. Im obigen Beispiel ii) ist offenbar $\mathscr{B}_* = \mathscr{B}(\mathbb{R}^d)^T_*$ in der alten Bezeichnung von Abschnitt 1.4 (und also nur bei endlichem T schon σ-Algebra; und nur bei abzählbarem T ist $\sigma(\mathscr{B}_*) = \mathscr{B}(E)$ die volle Borelsche σ-Algebra auf $E = (\mathbb{R}^d)^T$, versehen mit der Produkttopologie).

Ist im Beispiel 1.33 i) E ein separabler Hilbertraum, so gilt natürlich im endlichdimensionalen Falle wieder $\mathscr{B}_* = \mathscr{B}(E)$. Im allgemeinen gilt $\sigma(\mathscr{B}_*) = \mathscr{B}(E)$: Die Inklusion $\sigma(\mathscr{B}_*) \subset \mathscr{B}(E)$ folgt aus der Stetigkeit aller p_H, $\emptyset \neq H \subset E$ endlich; die umgekehrte Inklusion folgt (analog dem in Beispiel 1.24 für $E = C(\mathbb{R}_+;\mathbb{R}^d)$, $F = (\mathbb{R}^d)^{(\mathbb{R}_+)}$ und die kanonische Dualität $\langle E,F\rangle$ gegebenen Argument), wenn die $\sigma(\mathscr{B}_*)$-Meßbarkeit der Norm $\|x\| = \sqrt{\langle x,x\rangle}$ von E gezeigt ist. Diese folgt aber aus der evidenten Beziehung

$$\|x\| = \sup\{|\langle x,y\rangle| : y \in E_0 \text{ mit } \|y\| \leq 1\}$$

für eine beliebige abzählbare dichte Teilmenge E_0 von E.

Definition 1.35. (Zylindermaß) Sei $\langle E,F\rangle$ eine Dualität. Ein *Zylindermaß auf E* zur Dualität $\langle E,F\rangle$ ist eine Abbildung

$$\mu\colon \mathscr{B}_* \to \overline{\mathbb{R}}_+,$$

deren sämtliche Einschränkungen $\mu|\mathscr{B}_H$ für endliche $H \subset F$ σ-additiv sind.

Ein Zylindermaß μ ist also additiv; wir werden in einem Beispiel am Ende dieses Abschnitts sehen, daß es nicht-σ-additive Zylindermaße gibt. Dagegen ist für die kanonische Dualität $\langle (\mathbb{R}^d)^T; (\mathbb{R}^d)^{(T)}\rangle$ offenbar Zylindermaß und Pro-Maß dasselbe, und der Konsistenzsatz 1.25 sagt, daß hier jedes endliche Zylindermaß σ-additiv ist.

Für beliebige endliche Zylindermaße μ auf E bezüglich einer fixierten Dualität $\langle E,F\rangle$ beachte man, daß nach dem gerade Gesagten zwar das Bild-"Maß"

$$\mu \circ p_F^{-1}\colon \mathscr{B}(\mathbb{R})^F_* \to \mathbb{R}_+$$

σ-additiv ist und somit genau eine σ-additive Fortsetzung zu einem Maß ν auf $\mathscr{B}(\mathbb{R})^F$ besitzt. Man überlegt sich aber, daß μ selbst nur genau dann σ-additiv ist, wenn die Bildmenge $p_F(E) \subset \mathbb{R}^F$ von vollem ν-Maß ist, d.h. ν auf jeder hierzu disjunkten Menge aus $\mathscr{B}(\mathbb{R})^F$ verschwindet: Dann ist durch

$$\mu\big(p_F^{-1}(A)\big) := \nu(A); \quad A \in \mathscr{B}(\mathbb{R})^F$$

eine wohldefinierte σ-additive Fortsetzung von μ auf $\sigma(\mathscr{B}_*)$ gegeben.

Ist μ ein endliches Zylindermaß auf E bezüglich $\langle E,F\rangle$, und $f\colon E \to \mathbb{C}$ eine beschränkte Funktion, die "*zahm*", d.h. $\mathscr{B}_H$-meßbar für eine endliche Teilmenge $\emptyset \neq H \subset F$ ist, so ist

$$\int f\,d\mu := \int f\,d(\mu|\mathscr{B}_H)$$

wohldefiniert (d.h. unabhängig von der Wahl einer solchen Menge H). Insbesondere ist die *Fouriertransformierte* von μ:

$$\widehat{\mu}\colon F \to \mathbb{C}, \quad \widehat{\mu}(y) = \int e^{i\langle x,y\rangle}\,\mu(dx) \tag{1.15}$$

eine wohldefinierte Funktion. Sie legt μ eindeutig fest und ist folgendermaßen charakterisiert:

Satz 1.36. (Bochner) *Sei $\langle E,F\rangle$ eine Dualität. Eine Funktion φ: $F \to \mathbb{C}$ ist genau dann Fouriertransformierte eines (eindeutig bestimmten) Zylindermaßes μ auf E, wenn gilt*

(a) *φ ist positiv definite Funktion, d.h.*

$$\sum_{k,\ell=1}^{r} \alpha_k \overline{\alpha_\ell}\, \varphi(y_k - y_\ell) \geq 0; \quad \alpha_1,\dots,\alpha_r \in \mathbb{C};\ y_1,\dots,y_r \in F;\ r \in \mathbb{N}$$

(b) *φ ist stetig auf jedem endlichdimensionalen Untervektorraum von F (in der eindeutig bestimmten Hausdorffschen Vektorraumtopologie endlichdimensionaler Räume).*

Beweis: Für die kanonische Dualität $\langle \mathbb{R}^d, \mathbb{R}^d\rangle$ ist dies der klassische Satz von Bochner (ein besonders schöner Beweis steht in [DO 69], III. 37). Wir führen das allgemeine Resultat auf diesen Fall zurück. Die Voraussetzungen (a) und (b) zusammengenommen besagen offenbar genau, daß für jedes $d \in \mathbb{N}$ und jede lineare Abbildung p: $\mathbb{R}^d \to F$ die Funktion $\varphi \circ p$: $\mathbb{R}^d \to \mathbb{C}$ stetig und positiv definit ist, daß also nach dem d-dimensionalen Spezialfall gilt

$$(1.16) \qquad (\varphi \circ p)(u) = \widehat{\rho}_p(u) = \int e^{i\langle u,v\rangle_d}\, \rho_p(dv); \quad u \in \mathbb{R}^d$$

(mit $\langle\ ,\ \rangle_d$ dem euklidischen inneren Produkt auf $\mathbb{R}^d$); dabei ist das Maß ρ_p: $\mathscr{B}(\mathbb{R}^d) \to \mathbb{R}_+$ durch (1.16) stets eindeutig bestimmt.
Ist p: $\mathbb{R}^d \to F$ eine injektive lineare Abbildung, so bezeichne q: $E \to \mathbb{R}^d$ die (surjektive) duale Abbildung, eindeutig definiert durch

$$\langle u, q(x)\rangle_d := \langle x, p(u)\rangle; \quad x \in E,\ u \in \mathbb{R}^d.$$

Bezeichnet H das Bild von p, so ist also $\mathscr{B}_H = q^{-1}(\mathscr{B}(\mathbb{R}^d))$, und μ_H: $\mathscr{B}_H \to \mathbb{R}_+$, $\mu_H(q^{-1}(A)) := \rho_p(A)$ gibt zu jedem ρ_p ein (wegen Surjektivität von q wohldefiniertes) Maß auf $\mathscr{B}_H$. Hierfür ist dann

$$\int e^{i\langle u,v\rangle_d}\rho_p(dv) = \int e^{i\langle u,q(x)\rangle_d}\, \mu_H(dx) = \int e^{i\langle x,p(u)\rangle}\mu_H(dx).$$

Also besagt (1.16) für ρ_p gerade, daß für das zugehörige μ_H gilt

$$(1.17) \qquad \varphi(y) = \int e^{i\langle x,y\rangle}\mu_H(dx); \quad y \in H;$$

dabei ist das Maß μ_H: $\mathscr{B}_H \to \mathbb{R}_+$ durch (1.17) stets eindeutig bestimmt, da ρ_p durch (1.16) festliegt.

Da jeder d-dimensionale Untervektorraum H von F Bild einer injektiven linearen Abbildung p: $\mathbb{R}^d \to F$ ist, erhält man so unter den Voraussetzungen (a) und (b) für φ aus den ρ_p mit (1.16) jeweils wohlbestimmte Maße μ_H auf $\mathscr{B}_H$ mit (1.17). Deren Gesamtheit definiert dann das gesuchte Zylindermaß μ auf E mit $\mu|\mathscr{B}_H = \mu$, also $\widehat{\mu} = \varphi$, da aufgrund der Eindeutigkeit ja $\mu_K|\mathscr{B}_H = \mu_H$ für $H \subset K$ gilt.

Ist umgekehrt $\varphi = \widehat{\mu}$ die Fouriertransformierte eines Zylindermaßes μ auf E, so hat man für jede injektive lineare Abbildung p: $\mathbb{R}^d \to F$ (mit dazu dualem q: $E \to \mathbb{R}^d$) die Beziehung (1.16) für das Maß $\rho_p := \mu \circ q^{-1}$. Damit erfüllt φ die Voraussetzungen (a) und (b). □

Auch ohne Benutzung des Bochnerschen Satzes für den endlichdimensionalen Fall, nämlich durch explizite Konstruktion der Maße ρ_p von Gleichung (1.16) (aus denen ja im vorangehenden Beweis das Zylindermaß μ gewonnen wurde), zeigen wir nun die Existenz spezieller Zylindermaße:

Korollar. *Sei $\langle E,F\rangle$ eine Dualität und Q: $F \times F \to \mathbb{R}$ eine symmetrische, positiv semidefinite Bilinearform. Dann gibt es ein (eindeutig bestimmtes) Zylindermaß γ_Q auf E bezüglich $\langle E,F\rangle$ mit Fouriertransformierter*

(1.18) $$\widehat{\gamma}_Q(y) = e^{-Q(y,y)/2}; \quad y \in F.$$

(γ_Q heißt das "Gauß-Zylindermaß zur Kovarianz Q"; es hat die Gesamtmasse $\gamma_Q(E) = \widehat{\gamma}_Q(0) = 1$).

Beweis: Nach dem vorangehenden Beweis haben wir nur für jedes $d \in \mathbb{N}$ und jedes lineare p: $\mathbb{R}^d \to F$ die Existenz eines Maßes ρ_p auf $\mathbb{R}^d$ nachzuweisen mit

$$e^{-Q(p(u),p(u))/2} = \widehat{\rho}_p(u); \quad u \in \mathbb{R}^d.$$

Diese Aussage handelt nur noch von der (natürlich wieder symmetrischen und positiv semidefiniten) Bilinearform Q_p: $(u,v) \mapsto Q\big(p(u),p(v)\big)$ auf $\mathbb{R}^d$ sowie der kanonischen Dualität $\langle\mathbb{R}^d,\mathbb{R}^d\rangle$, d.h. wir können ohne Einschränkung $\langle E,F\rangle = \langle\mathbb{R}^d,\mathbb{R}^d\rangle$ annehmen. Außerdem genügt es, Q in Diagonalform zu betrachten:

(1.19) $$Q(x,y) = \sum_{k=1}^{d} \lambda_k x_k y_k; \quad x,y \in \mathbb{R}^d$$

mit $\lambda_1,\ldots,\lambda_d \geq 0$. Für eine beliebige positiv semidefinite symmetrische Bilinearform Q' auf $\mathbb{R}^d$ gibt es ja (Hauptachsentransformation) einen orthogonalen Endomorphismus U des $\mathbb{R}^d$ so, daß $Q(x,y) := Q'(Ux,Uy)$ von der Form (1.19) ist. Hat man also γ_Q, so ergibt sich $\gamma_{Q'}$ als Bildmaß $\gamma_Q \circ U^{-1}$, da

$$\begin{aligned}\int e^{i\langle x,y\rangle}(\gamma_Q \circ U^{-1})(dx) &= \int e^{i\langle Ux,y\rangle}\gamma_Q(dx)\\ &= \int e^{i\langle x,U^*y\rangle}\gamma_Q(dx) = e^{-Q(U^*y,U^*y)/2} = e^{-Q'(y,y)/2},\end{aligned}$$

wobei in der letzten Gleichung noch die Orthogonalität von U, also $U^* = U^{-1}$ für die adjungierte Abbildung U^* benutzt wurde. Für ein Q der Form (1.19) ist aber

$$\gamma_Q = \nu_{\lambda_1} \otimes \ldots \otimes \nu_{\lambda_d}$$

das Produkt der eindimensionalen Gaußverteilungen

$$\nu_\lambda(dx) := \frac{1}{\sqrt{2\pi\lambda}} e^{-x^2/2\lambda}\, dx; \quad \lambda > 0$$

bzw. $\nu_0 = \delta_0$ (Diracmaß zu $0 \in \mathbb{R}$), da hierfür bekanntlich (vgl. [HA 87], §15) $\widehat{\nu}_\lambda(x) = e^{-\lambda x^2/2}$ gilt, und somit

$$(\nu_{\lambda_1} \otimes \ldots \otimes \nu_{\lambda_d})\widehat{\ }(x) = \widehat{\nu}_{\lambda_1}(x_1) \ldots \widehat{\nu}_{\lambda_d}(x_d) = \exp\{-\tfrac{1}{2}\textstyle\sum_1^r \lambda_k x_k^2\} = e^{-Q(x,x)/2}.$$

□

Die folgende "eindimensionale" Charakterisierung von Gaußschen Zylindermaßen γ_Q erklärt auch die Bezeichnung "Kovarianz" für Q.

Satz 1.37. *Sei μ ein Zylindermaß auf E zu einer Dualität $\langle E, F\rangle$ und Q_0: $F \to \mathbb{R}_+$ eine Abbildung. Genau dann ist jede eindimensionale Verteilung normal mit Varianz Q_0, d. h.*

$$\mu \circ (\langle \cdot, y\rangle)^{-1} = \nu_{Q_0(y)} \quad \textit{für alle } y \in F,$$

wenn $\mu = \gamma_Q$ gilt für eine symmetrische positiv semidefinite Bilinearform Q auf F mit $Q(y,y) = Q_0(y)$; $y \in F$. Ist dies der Fall, so gilt außerdem noch

$$(1.20) \qquad \int \langle x, y\rangle\, \mu(dx) = 0; \quad \int \langle x, y\rangle \langle x, z\rangle\, \mu(dx) = Q(y,z); \quad y, z \in F.$$

(Diese Aussage beinhaltet zugleich die Integrierbarkeit bezüglich $\mu|\mathscr{B}_H$ für eine und damit jede der σ-Algebren $\mathscr{B}_H$, in welcher der Integrand meßbar ist).

Beweis: Ist $\mu = \gamma_Q$, so gilt natürlich für jedes $y \in F$, $t \in \mathbb{R}$

$$\begin{aligned}(\mu \circ (\langle \cdot, y\rangle)^{-1})\widehat{\ }(t) &= \int e^{it\langle x,y\rangle}\, \mu(dx) \\ &= \widehat{\mu}(ty) = e^{-t^2 Q(y,y)/2} = \widehat{\nu}_{Q(y,y)}(t),\end{aligned}$$

also wegen Injektivität der eindimensionalen Fouriertransformation $\mu \circ (\langle \cdot, y\rangle)^{-1} = \nu_{Q_0(y)}$. Nehmen wir umgekehrt dieses für alle $y \in F$ an, so folgt aus den bekannten Eigenschaften der eindimensionalen Gaußverteilung (vgl. [HA 87], §12)

$$\int t\, \nu_\lambda(dt) = 0 \quad \text{bzw.} \quad \int t^2\, \nu_\lambda(dt) = \lambda,$$

daß bei beliebigem $y \in F$ existiert und gilt

$$\begin{aligned}\int \langle x, y\rangle\, \mu(dx) &= \int t\, (\mu \circ (\langle \cdot, y\rangle)^{-1})(dt) = 0, \\ \int \langle x, y\rangle^2\, \mu(dx) &= \int t^2\, (\mu \circ (\langle \cdot, y\rangle)^{-1})(dt) = Q_0(y).\end{aligned}$$

Dies zeigt die Gültigkeit der ersten Gleichung (1.20) und zugleich auch, daß die linke Seite der zweiten Gleichung (1.20) eine symmetrische Bilinearform Q mit quadratischer Form Q_0 definiert; der Fall beliebiger $y, z \in F$ folgt wie üblich durch Polarisation der quadratischen Formen. Schließlich impliziert $\widehat{\nu}_\lambda(x) = e^{-\lambda x^2/2}$ auch $\mu = \gamma_Q$, nämlich

$$\begin{aligned}\widehat{\mu}(y) &= \int e^{i\langle x,y\rangle}\,\mu(dx) = \int e^{it}\left(\mu \circ (\langle\cdot,y\rangle)^{-1}\right)(dt)\\ &= \int e^{it}\,\nu_{Q_0(y)}(dt) = e^{-Q_0(y)/2} = e^{-Q(y,y)/2}; \quad y \in F. \qquad \square\end{aligned}$$

Die Frage der σ-Additivität von Zylindermaßen steht in engem Zusammenhang mit Stetigkeitseigenschaften ihrer Fouriertransformierten (vgl. etwa [BOU 69]). Wir zeigen zum Schluß dieses Abschnitts nur noch, daß das zu $Q = \langle\ ,\ \rangle$ gehörige "kanonische" Gaußsche Zylindermaß auf einem unendlichdimensionalen separablen Hilbertraum *nicht* σ-additiv ist. Sei nämlich E mit innerem Produkt $\langle\ ,\ \rangle$ ein separabler reeller Hilbertraum. Wäre das Gaußmaß γ zu $Q(x,y) = \langle x,y\rangle$, also mit

$$\int e^{i\langle x,y\rangle}\gamma(dy) = e^{-\|x\|^2/2}; \quad x \in E$$

σ-additiv, somit fortsetzbar zu einem Wahrscheinlichkeitsmaß γ auf $\sigma(\mathscr{B}_*) = \mathscr{B}(E)$ (Bemerkung 1.34), so ergäbe sich folgender Widerspruch: Für eine Orthonormalbasis $(e_n)_{n\in\mathbb{N}}$ für E konvergiert $\langle e_n, y\rangle \to 0$, $y \in E$, also $e^{i\langle e_n,y\rangle} \to 1$, majoriert durch 1. Es ergibt sich der Widerspruch

$$e^{-1/2} = \int e^{i\langle e_n,y\rangle}\,\gamma(dy) \to 1. \qquad \square$$

2. Stochastische Prozesse

Stochastische Prozesse beschreiben die (zeitliche) Evolution eines Phänomens unter einer zusätzlichen Zufallsabhängigkeit. Sie sind insofern also Funktionen von zwei in ihrem Charakter sehr verschiedenen Veränderlichen: einem deterministischen Parameter t aus einer Menge T und einem Zufallsparameter ω aus einem Wahrscheinlichkeitsraum $(\Omega; \mathscr{F}; P)$. Dabei sind hinsichtlich der t-Abhängigkeit neben den "pfadweisen" (für jeweils festgehaltenes $\omega \in \Omega$) vor allem globale stochastische Gesetze von Interesse, die sich häufig mittels bedingter Erwartungen formulieren, etwa die Markovsche Eigenschaft der "Gedächtnislosigkeit" oder die Martingal-Eigenschaft der "Konstanz im bedingten Mittel". Letztere wird im nächsten Kapitel eingehend behandelt. In diesem Kapitel untersuchen wir vor allem Markovprozesse, daneben aber auch Gaußprozesse und – als Beispiel zu beiden – die Brownsche Bewegung.

2.1 Der Begriff des stochastischen Prozesses

In diesem Abschnitt präzisieren wir zunächst den Begriff des stochastischen Prozesses, führen eine natürliche Äquivalenzrelation zwischen Prozessen ein und diskutieren Gesichtspunkte bei der Repräsentantenwahl.

Definition 2.1. (Stochastischer Prozeß) Sei $(\Omega; \mathscr{F}; P)$ ein Wahrscheinlichkeitsraum, $(S; \mathscr{S})$ ein Meßraum und T eine nichtleere Menge. Ein *stochastischer Prozeß* mit *Parameterbereich* T und *Zustandsraum* $(S; \mathscr{S})$ über $(\Omega; \mathscr{F}; P)$ ist eine Familie $X = (X_t)_{t \in T}$ von Zufallsvariablen (also: meßbaren Abbildungen)

$$X_t \colon (\Omega; \mathscr{F}; P) \to (S; \mathscr{S}); \quad t \in T.$$

Die zugehörige Abbildung

$$X_\bullet \colon (\Omega; \mathscr{F}; P) \to S^T, \quad \big(X_\bullet(\omega)\big)(t) = X_t(\omega)$$

heißt die *Pfadabbildung* von X, ihre Realisierungen $X_\bullet(\omega)$ die *Pfade* des Prozesses.

Wir bemerken, daß die Pfadabbildung $X_\bullet$ selbst $\mathscr{F}/\mathscr{S}^T$-meßbar und also eine Zufallsvariable ist, aus der sich der ganze Prozeß gemäß $X_t = \mathrm{pr}_t \circ X_\bullet$, $t \in T$, wiedergewinnen läßt. Alle stochastische Information über den Prozeß sollte also aus der Verteilung $P \circ X_\bullet^{-1}$ der Pfadabbildung kommen. Dieses Wahrscheinlichkeitsmaß auf $\mathscr{S}^T$ ist festgelegt durch seine Einschränkung auf den $\cap$-stabilen Erzeuger

$\mathscr{S}_*^T$ der Zylindermengen (vgl. Abschnitt 1.4), also auch durch die Gesamtheit aller *endlichdimensionalen Verteilungen* von X

$$P\{X_{t_1} \in A_1, \ldots, X_{t_r} \in A_r\}; \quad t_1, \ldots, t_r \in T; \quad A_1, \ldots, A_r \in \mathscr{S}.$$

Man nennt daher zwei stochastische Prozesse X_t: $(\Omega; \mathscr{F}; P) \to (S; \mathscr{S})$; $t \in T$ und X'_t: $(\Omega'; \mathscr{F}'; P') \to (S; \mathscr{S})$; $t \in T$ *äquivalent*, wenn sie die gleichen endlichdimensionalen Verteilungen besitzen (wenn also $P \circ X_\bullet^{-1} = P' \circ X'^{-1}_\bullet$ gilt).

Natürlich definiert dies eine Äquivalenzrelation unter den stochastischen Prozessen. Dabei enthält die Äquivalenzklasse eines Prozesses X_t: $(\Omega; \mathscr{F}; P) \to (S; \mathscr{S})$; $t \in T$ insbesondere stets als *kanonischen Repräsentanten* den Prozeß

$$\mathrm{pr}_t\colon (S^T; \mathscr{S}^T; P \circ X_\bullet^{-1}) \to (S; \mathscr{S}); \quad t \in T$$

mit den Koordinatenprojektionen $\mathrm{pr}_t f := f(t)$, $f \in S^T$. Dieser Repräsentant ist allein durch das Wahrscheinlichkeitsmaß $P \circ X_\bullet^{-1}$ auf $\mathscr{S}^T$ bestimmt (die Abbildungen pr_t sind unspezifisch); die Gesamtheit aller Äquivalenzklassen von stochastischen Prozessen mit gegebenem Parameterbereich T und Zustandsraum $(S; \mathscr{S})$ steht also in eineindeutiger Korrespondenz mit der Gesamtheit aller Wahrscheinlichkeitsmaße auf $\mathscr{S}^T$.

Der kanonische Repräsentant ist häufig die "Rohform", die sich bei der Konstruktion eines stochastischen Prozesses als erstes ergibt. Er hat den Nachteil, keinerlei Pfadeigenschaften erkennen zu lassen, da hier alle $f \in S^T$ als Pfade vorkommen (die Pfadabbildung des kanonischen Repräsentanten ist ja die Identität auf S^T). Eine Verfeinerung erhält man nach folgendem Prinzip:

Definition 2.2. (Wesentliche Menge) Sei X_t: $(\Omega; \mathscr{F}; P) \to (S; \mathscr{S})$; $t \in T$ ein stochastischer Prozeß. Eine Menge $E \subset S^T$ heißt eine *wesentliche Menge* von Pfaden für X, wenn das äußere Maß $(P \circ X_\bullet^{-1})^*(E) = 1$ ist.

Diese Eigenschaft hängt also nur von den endlichdimensionalen Verteilungen von X ab (nämlich von $P \circ X_\bullet^{-1}$). Wir erinnern zunächst an den Begriff des äußeren Maßes:

Bemerkung 2.3. Sei $(X; \mathscr{B}; \mu)$ ein Wahrscheinlichkeitsraum. Das *äußere Maß* μ^* ist die Mengenfunktion auf der Potenzmenge $\mathbb{P}(X)$, definiert durch

$$\mu^*(M) := \inf\{\mu(B) : B \in \mathscr{B};\ B \supset M\}.$$

Sie ist nurmehr σ-subadditiv. Natürlich ist

$$\mu^*(M) = 1 \Leftrightarrow \mu(B) = 0 \text{ für jedes } B \in \mathscr{B} \text{ mit } B \cap M = \emptyset.$$

Ferner gilt: Ist $E \subset X$ eine Menge mit $\mu^*(E) = 1$, so ist die "*Kontraktion von μ auf E*":

$$\mu_E\colon E \cap \mathscr{B} \to \mathbb{R}_+, \quad \mu_E(E \cap B) = \mu(B)$$

ein Wahrscheinlichkeitsmaß auf $(E; E \cap \mathscr{B})$.

Denn: μ_E ist wohldefiniert, da für $B, B' \in \mathscr{B}$

$$E \cap B = E \cap B' \Rightarrow (B \triangle B') \cap E = \emptyset \Rightarrow \mu(B \triangle B') = 0 \Rightarrow \mu(B) = \mu(B').$$

Ist $(E \cap B_n)_{n \in \mathbb{N}}$ eine disjunkte Folge und bezeichnet $(B'_n)_{n \in \mathbb{N}}$ die Folge der *disjunkten Verkleinerungen* der B_n, d.h. $B'_1 := B_1$, $B'_2 := B_2 \setminus B_1$, $B'_3 = B_3 \setminus (B_1 \cup B_2), \ldots$, so gilt $E \cap B_n = E \cap B'_n$ für alle n und somit

$$\mu_E\Big(\bigcup_{n=1}^{\infty} E \cap B_n\Big) = \mu_E\Big(E \cap \bigcup_{n=1}^{\infty} B'_n\Big) = \sum_{n=1}^{\infty} \mu(B'_n) = \sum_{n=1}^{\infty} \mu_E(E \cap B_n). \qquad \square$$

Satz 2.4. *Sei X_t: $(\Omega; \mathscr{F}; P) \to (S; \mathscr{S})$; $t \in T$ ein stochastischer Prozeß und $E \subset S^T$ eine Menge. E ist genau dann wesentliche Menge von Pfaden für X, wenn ein zu X äquivalenter Prozeß existiert, dessen Pfade sämtlich in E liegen. Ein solcher ist dann insbesondere der "kanonische Prozeß mit Pfaden in E"*

$$\mathrm{pr}_t\colon \big(E; E \cap \mathscr{S}^T; (P \circ X_\bullet^{-1})_E\big) \to (S; \mathscr{S}); \quad t \in T.$$

Beweis: Hat ein äquivalenter Prozeß X'_t: $(\Omega'; \mathscr{F}'; P') \to (S; \mathscr{S})$; $t \in T$ alle Pfade in E, so gilt für $B \in \mathscr{S}^T$ disjunkt zu E wegen $X'^{-1}(B) = \emptyset$

$$(P \circ X_\bullet^{-1})(B) = (P' \circ X'^{-1}_\bullet)(B) = 0,$$

so daß E wesentlich ist. Ist umgekehrt $E \subset S^T$ wesentlich für X, so zeigt obige Bemerkung, daß $(P \circ X_\bullet^{-1})_E$ ein Wahrscheinlichkeitsmaß auf $E \cap \mathscr{S}^T$ ist. Nach Definition von $(P \circ X_\bullet^{-1})_E$ ist dann der kanonische Prozeß mit Pfaden in E äquivalent zu X. $\square$

In Abschnitt 2.2 beschäftigen wir uns (für $T = \mathbb{R}_+$, $S = \mathbb{R}^d$) insbesondere mit Kriterien dafür, daß der Raum $C = C(\mathbb{R}_+; \mathbb{R}^d)$ wesentliche Menge von Pfaden eines Prozesses X ist. Da $C \cap \mathscr{B}(\mathbb{R}^d)^{\mathbb{R}_+} = \mathscr{B}(C)$ ist (siehe Beispiel 1.24), gilt dies jedenfalls nach Satz 2.4 genau dann, wenn X einen *stetigen kanonischen Repräsentanten*

$$\mathrm{pr}_t\colon \big(C; \mathscr{B}(C); Q\big) \to \mathbb{R}^d; \quad t \in \mathbb{R}_+$$

besitzt. Die Gesamtheit dieser Prozesse korrespondiert also eineindeutig mit der Gesamtheit aller Wahrscheinlichkeitsmaße auf $\mathscr{B}(C)$, deren prominentestes zweifellos das Wienermaß ist (siehe Abschnitt 2.3).

Die Analysis (pfadweise) stetiger stochastischer Prozesse

$$X_t\colon (\Omega; \mathscr{F}; P) \to \big(\mathbb{R}; \mathscr{B}(\mathbb{R})\big); \quad t \in \mathbb{R}_+$$

bildet das Hauptthema dieses Buches. Natürlich wird man als erstes versuchen, Operationen der klassischen Analysis pfadweise auszuführen, insbesondere also zu betrachten einerseits den differenzierten Prozeß $\dot{X}$: $\dot{X}_t(\omega) = \frac{d}{dt} X_t(\omega)$, andererseits "stochastische Integrale" $\int Y\,dX$: $(\int Y\,dX)_t(\omega) = \int_0^t Y_s(\omega)\,dX_s(\omega)$.

Unglücklicherweise erlauben nur wenige interessante Prozesse diese pfadweise gebildeten Operationen (die Pfade sind oft nicht von endlicher Variation). Einen Ausweg aus der Nicht-Differenzierbarkeit bilden distributionelle Ableitungen: Man betrachtet als Ableitung des stetigen Prozesses $(X_t)_{t\in\mathbb{R}_+}$ den Prozeß $(\dot{X}_v)_{v\in D}$ mit dem Schwartzschen Testraum D aller C^∞-Funktionen mit kompaktem Träger auf $]0,\infty[$ als Parameterbereich; dabei ist $\dot{X}_v(\omega)$ die distributionelle Ableitung des Pfades $X_\bullet(\omega)$, also

$$\dot{X}_v(\omega) = -\int_0^\infty \dot{v}(t)X_t(\omega)\,dt = \int_0^\infty v(t)\,dX_t(\omega)\,; \qquad v \in D$$

(mit pfadweisem Stieltjesintegral rechts; partielle Integration, vgl. [HA 87], §1). Hier war es also notwendig, den Parameterbereich (von $\mathbb{R}_+$ nach D) zu wechseln; dabei hängt $\dot{X}_v$ in stetiger linearer Weise von $v \in D$ ab, und die Meßbarkeit von $\omega \mapsto \dot{X}_v(\omega)$ ergibt sich leicht aus einer Approximation des Integrals durch Riemann-Summen. Solche Prozesse heißen auch *Zufallsfelder.*

Sehr viel schwieriger ist eine Definition stochastischer Integrale $\int Y dX$ für hinreichend allgemeine Prozesse X, Y; sie wird im Abschnitt 4 behandelt werden.

Eine große Klasse von Prozessen erhält man bereits aus den Ergebnissen von Abschnitt 1.5.

Definition 2.5. (Markovprozeß) Ist $(K_{s,t})_{s\le t\in T}$ ($T = \mathbb{R}_+$ oder $\mathbb{N}_0$) eine Markov-Halbgruppe auf einem polnischen Raum $(S;\mathscr{B}(S))$ und μ ein Wahrscheinlichkeitsmaß auf S, so heißt der nach Satz 1.29 wohldefinierte stochastische Prozeß

$$\mathrm{pr}_t\colon \big(S^T;\mathscr{B}(S)^T;P^\mu\big) \to \big(S;\mathscr{B}(S)\big)\,; \quad t \in T$$

der *kanonische Markovprozeß zur Halbgruppe* $(K_{s,t})_{s\le t}$ *mit Startwahrscheinlichkeit* μ, und jeder hiermit äquivalente stochastische Prozeß

$$X_t\colon (\Omega;\mathscr{F};P) \to \big(S;\mathscr{B}(S)\big)\,; \quad t \in T$$

ein Markovprozeß zu $(K_{s,t})_{s\le t}$ *und* μ. (Er ist nach Definition von P^μ in Satz 1.29 charakterisiert durch die endlichdimensionalen Verteilungen

$$\begin{aligned} &P\{X_0 \in A_0, X_{t_1} \in A_1, \dots, X_{t_r} \in A_r\} = \\ (2.1)\qquad &= \int_{A_0}\mu(dx)\int_{A_1}K_{0,t_1}(x,dx_1)\dots\int_{A_r}K_{t_{r-1},t_r}(x_{r-1},dx_r) \end{aligned}$$

für $0 < t_1 < \ldots < t_r$ in T und $A_0, A_1, \ldots, A_r \in \mathscr{B}(S)$).

Die Beispiele 1.30 für Markov-Halbgruppen (in Abschnitt 1.5) liefern sogleich wichtige Beispiele für Markovprozesse: Im diskreten Fall eines abzählbaren Zustandsraumes (Beispiel 1.30 i)) erhält man sogenannte Markovketten. – Beispiel 1.30 ii) zeigt, daß beliebige unabhängige Folgen $(X_n)_{n\in\mathbb{N}_0}$ von Zufallsvariablen als Markovprozesse (zur Halbgruppe $K_{n,m}(x,A) := P\{X_m \in A\}$; $n \le m \in \mathbb{N}_0$ und Startwahrscheinlichkeit $\mu := P\circ X_0^{-1}$) aufzufassen sind. – Durch Beispiel 1.30 iv) ordnen sich deterministische Flüsse $(\Phi_{s,t})_{s\leq t}$ als Familien von Markovprozessen (Markovsche Flüsse) über deterministischen Wahrscheinlichkeitsräumen ein. – Beispiel 1.30 iii) schließlich führt auf eine besonders wichtige Klasse von stochastischen Prozessen:

Definition 2.6. (Unabhängige und stationäre Zuwächse) Ein stochastischer Prozeß $X_t\colon (\Omega;\mathscr{F};P) \to \mathbb{R}^d$; $t \in T = \mathbb{R}_+$ oder $\mathbb{N}_0$ heißt *Prozeß mit unabhängigen Zuwächsen*, wenn für alle Tupel $0 < t_1 < \ldots < t_r$ in T das Tupel der Zuwächse

$$(X_0, X_{t_1} - X_0, \ldots, X_{t_r} - X_{t_{r-1}})$$

unabhängig ist. X heißt *Prozeß mit stationären Zuwächsen*, wenn für alle $s < t$ in T die Verteilung $P \circ (X_t - X_s)^{-1}$ des Zuwachses nur von $t - s$ abhängt.

Ist $(X_t)_{t\in\mathbb{R}_+}$ ein *Markovprozeß zu einer Faltungshalbgruppe* $(\mu_t)_{t\in\mathbb{R}_+}$ von Wahrscheinlichkeitsmaßen auf $\mathbb{R}^d$ (siehe Satz 1.31), also mit endlichdimensionalen Verteilungen der Form

$$\begin{aligned} P\{X_0 \in A_0, X_{t_1} \in A_1, \ldots, X_{t_r} \in A_r\} = \\ = \int_{A_0} \mu(dx_0) \int_{A_1} \mu_{t_1}(dx_1 - x_0) \ldots \int_{A_r} \mu_{t_r - t_{r-1}}(dx_r - x_{r-1}), \end{aligned} \tag{2.2}$$

so hat X unabhängige Zuwächse, die (stationär) gemäß $P \circ (X_t - X_s)^{-1} = \mu_{t-s}$ verteilt sind.

Denn: Dies ist die Aussage von Satz 1.31: Nach Gleichung (1.14) ist dann ja

$$\begin{aligned} P\{X_0 \in A_0, X_{t_1} - X_0 \in A_1, \ldots, X_{t_r} - X_{t_{r-1}} \in A_r\} = \\ = \mu(A_0)\mu_{t_1}(A_1) \ldots \mu_{t_r - t_{r-1}}(A_r) \end{aligned} \tag{2.3}$$

für $0 < t_1 < \ldots < t_r$ und $A_0, A_1, \ldots A_r \in \mathscr{B}(\mathbb{R}^d)$. □

Es gilt auch die Umkehrung:

Satz 2.7. *Sei $X_t\colon (\Omega;\mathscr{F};P) \to \mathbb{R}^d$; $t \in \mathbb{R}_+$ ein Prozeß mit unabhängigen und stationären Zuwächsen. Dann ist*

$$\mu_t := P \circ (X_t - X_0)^{-1}; \quad t \in \mathbb{R}_+$$

eine Faltungshalbgruppe von Wahrscheinlichkeitsmaßen auf $\mathbb{R}^d$, und $(X_t)_{t\in\mathbb{R}_+}$ ist äquivalent mit dem hierzu und der Startwahrscheinlichkeit $\mu := P \circ X_0^{-1}$ gehörigen Markovprozeß.

Beweis: Es gilt

$$\begin{aligned} \mu_{s+t} &= P \circ \big((X_{s+t} - X_t) + (X_t - X_0)\big)^{-1} \\ &= \big(P \circ (X_{s+t} - X_t)^{-1}\big) * \big(P \circ (X_t - X_0)^{-1}\big) = \mu_s * \mu_t; \end{aligned}$$

hierbei wurde in der zweiten Gleichheit die Unabhängigkeit, in der dritten Gleichheit die Stationarität der Zuwächse benutzt. Aus diesen beiden Voraussetzungen folgt auch sofort (2.3), und hieraus (2.2) wie im Beweis des Satzes 1.31 durch eine Variablentransformation. □

2.2 Stetige Modifikation

In diesem Abschnitt beweisen wir ein hinreichendes Kriterium dafür, daß die stetigen Pfade eines stochastischen Prozesses eine wesentliche Menge bilden.

Definition 2.8. (Stetige Modifikation) Ein stochastischer Prozeß X_t: $(\Omega;\mathscr{F};P) \to \big(S;\mathscr{B}(S)\big)$; $t \in \mathbb{R}_+$ mit topologischem Zustandsraum S heißt *stetig modifizierbar*, wenn es einen Prozeß X_t': $(\Omega;\mathscr{F};P) \to \big(S;\mathscr{B}(S)\big)$; $t \in \mathbb{R}_+$ gibt, dessen sämtliche Pfade $X'_\bullet(\omega) \in S^{\mathbb{R}_+}$ stetig sind, und der zugleich eine *Modifikation* von X ist, d. h.

$$P\{X_t \neq X_t'\} = 0 \quad \text{für alle } t \in \mathbb{R}_+ .$$

Offenbar sind Prozesse X, X', die Modifikationen voneinander sind, äquivalent; aber nicht unbedingt auch umgekehrt, z. B.:

$$\Omega = \{0,1\}\,;\ P\{0\} = P\{1\} = \tfrac{1}{2}\,;\ X_t(0) = 0, X_t(1) = 1\,;\ X_t'(0) = 1, X_t'(1) = 0 .$$

Dann ist sogar $\{X_t \neq X_t'\} = \Omega$, aber dennoch X äquivalent X', da

$$\begin{aligned} P\{X_{t_1} = a_1, \ldots, X_{t_r} = a_r\} &= P\{X'_{t_1} = a_1, \ldots, X'_{t_r} = a_r\} \\ &= \begin{Bmatrix} \tfrac{1}{2}\,, & \text{falls } a_1 = \ldots = a_r \in \{0,1\} \\ 0\,, & \text{sonst} \end{Bmatrix} . \end{aligned}$$

Obwohl äquivalent, können Modifikationen, was das pfadweise Verhalten angeht, sehr verschieden sein. Zum Beispiel sind auf dem Lebesgueschen Wahrscheinlichkeitsraum $(\Omega;\mathscr{F};P) = \big([0,1];\mathscr{B}([0,1]);\lambda\big)$ die beiden Prozesse $X_t(\omega) := 1$ für alle $(t,\omega) \in \mathbb{R}_+ \times \Omega$ bzw. $X_t'(\omega) := 1$ für $t-\omega$ irrational, und $:= 0$ sonst, Modifikationen voneinander; aber kein einziger Pfad von X' ist auch nur stetig.

Stetig modifizierbare Prozesse mit Zustandsraum $\mathbb{R}^d$ besitzen also nach Satz 2.4 stetige kanonische Repräsentanten

$$\mathrm{pr}_t\colon \big(C;\mathscr{B}(C);P\big) \to \mathbb{R}^d; \quad t \in \mathbb{R}_+$$

auf dem polnischen Raum $C = C(\mathbb{R}_+;\mathbb{R}^d)$. Die Bedeutung dieser Tatsache für die stochastische Analysis ergibt sich insbesondere aus Beobachtungen wie der, daß für fixiertes $t_0 \in \mathbb{R}_+$

$$\big\{f \in (\mathbb{R}^d)^{\mathbb{R}_+} : f \text{ differenzierbar bei } t_0\big\} \notin \mathscr{B}(\mathbb{R}^d)^{\mathbb{R}_+} ,$$

da offenbar nicht abzählbar determiniert (siehe Bemerkung 1.22). Dagegen ist

$$\{f \in C : f \text{ differenzierbar bei } t_0\} \in \mathscr{B}(C),$$

da Differenzierbarkeit für jede der d Komponentenfunktionen die Übereinstimmung von $\limsup\limits_{t \to t_0}$ und $\liminf\limits_{t \to t_0}$ der Differenzenquotienten bedeutet, und man sich hierbei für stetige Funktionen auf rationale t beschränken kann.

Zur Vorbereitung auf den Hauptsatz dieses Abschnitts beweisen wir zunächst ein technisches Lemma. Darin ist

$$D_n := \big\{(k_i/2^n)_{1 \le i \le d} : k_i \in \{1, 2, \ldots, 2^n\}\big\}; \quad n \in \mathbb{N}$$

und $D := \bigcup_1^\infty D_n$ die Gesamtheit der dyadisch rationalen Punkte des Würfels $]0,1]^d$ im $\mathbb{R}^d$. Wir verwenden die Norm $\|x\| := \max\big\{|x_i| : 1 \le i \le d\big\}$ für $x \in \mathbb{R}^d$ und nennen Punkte $x, y \in D_n$ mit $\|x - y\| \le 1/2^n$ kurz "*benachbart*". Jedes $x \in D_n$ hat offenbar höchstens 3^d benachbarte Punkte, und D_n selbst besteht aus genau $2^{n\,d}$ vielen Punkten.

Lemma 2.9. *Sei $f\colon D \to S$ eine Abbildung in einen metrischen Raum $(S;\rho)$, mit dem Stetigkeitsmodul*

$$\sigma(\delta) := \sup\big\{\rho\big(f(x), f(y)\big) : \|x - y\| < \delta\big\}; \quad \delta > 0.$$

Dann gilt, mit

$$\sigma_n := \sup\big\{\rho\big(f(x), f(y)\big) : x, y \in D_n \text{ benachbart}\big\},$$

die Abschätzung

$$\sigma(1/2^n) \le 3 \cdot \sum_{\ell=n}^{\infty} \sigma_\ell .$$

Beweis: Für $x \in D$ und $n \in \mathbb{N}$ sei $u_n(x) \in D_n$ definiert durch

$$\big(u_n(x)\big)_i := \max\{k/2^n : k \in \mathbb{N} \text{ mit } k/2^n \le x_i\}; \quad 1 \le i \le d.$$

Offensichtlich sind dann jeweils $u_n(x)$, $u_{n+1}(x)$ in D_n benachbart, ferner $u_n(x) \le u_{n+1}(x) \le x$ (in jeder Koordinate) mit $u_n(x) = x$ für $x \in D_n$, d.h. für hinreichend großes n. Es folgt

$$\rho\big(f(x), f\big(u_n(x)\big)\big) \le \sum_{\ell=n}^{\infty} \rho\big(f\big(u_\ell(x)\big), f\big(u_{\ell+1}(x)\big)\big) \le \sum_{\ell=n}^{\infty} \sigma_\ell .$$

Für $x, y \in D$ mit $\|x - y\| < 1/2^n$ ergibt sich

$$\rho\big(f(x), f(y)\big) \le \rho\big(f(x), f\big(u_n(x)\big)\big) + \rho\big(f\big(u_n(x)\big), f\big(u_n(y)\big)\big)$$

$$+ \rho\big(f\big(u_n(y)\big), f(y)\big) \le 2 \sum_{\ell=n}^{\infty} \sigma_\ell + \sigma_n \le 3 \sum_{\ell=n}^{\infty} \sigma_\ell ,$$

da auch $u_n(x)$, $u_n(y)$ offensichtlich benachbart sind. □

Die Abschätzung des vorigen Lemmas läßt sich benutzen, um aus einer "Lipschitzbedingung im a-ten Mittel" bereits auf fast sichere pfadweise gleichmäßige Stetigkeit eines Prozesses zu schließen. Wir verwenden weiter die obigen Notationen.

Lemma 2.10. *Sei* $U_x\colon (\Omega;\mathscr{F};P) \to S;\ x \in D$ *ein Prozeß mit Werten in einem metrischen Raum* $(S;\rho)$. *Mit Konstanten* $a,b,c > 0$ *gelte die Abschätzung*

$$\int \rho\big(U_x(\omega),U_y(\omega)\big)^a\,P(d\omega) \le c\,\|x-y\|^{d+b};\qquad x,y \in D. \tag{2.4}$$

Dann sind für alle ω *außerhalb einer Nullmenge* N *die Pfade* $x \mapsto U_x(\omega)$ *gleichmäßig stetig auf* D.

Beweis: Mit der Abkürzung $\rho_{x,y}(\omega) := \rho\big(U_x(\omega),U_y(\omega)\big)$ folgt aus (2.4) bei beliebigem $\gamma > 0$ aufgrund der Tschebyschevschen Ungleichung

$$\begin{aligned} P\{\rho_{x,y} \ge \|x-y\|^\gamma\} &\le \frac{1}{\|x-y\|^{\gamma a}}\int (\rho_{x,y})^a\,dP \\ &\le c\,\|x-y\|^{d+b-\gamma a};\qquad x \ne y. \end{aligned} \tag{2.5}$$

Wir definieren nun für jedes $n \in \mathbb{N}$ die Menge

$$A_n := \big\{\omega \in \Omega : \exists x,y \in D_n \text{ benachbart mit } \rho_{x,y}(\omega) \ge 1/2^{n\gamma}\big\}.$$

Da es (siehe oben) höchstens $2^{nd}3^d$ benachbarte Punkte in D_n gibt, und für benachbarte $x \ne y$ ja $\|x-y\| = 1/2^n$ ist, folgt mit (2.5)

$$\begin{aligned} P(A_n) &\le 2^{nd}3^d c(1/2^n)^{d+b-\gamma a} \\ &= c3^d 2^{n(d-d-b+\gamma a)} = c3^d 2^{-n\delta} \end{aligned}$$

mit $\delta := b - \gamma a$. Wir fixieren nun $\gamma > 0$ so klein, daß $\delta > 0$ ist. Dann ist also $\sum_{n=1}^\infty P(A_n) < \infty$ und somit

$$P(N) = 0 \quad \text{für } N := \limsup_{n\to\infty} A_n \equiv \bigcap_{k\in\mathbb{N}}\ \bigcup_{n\ge k} A_n$$

(Borel-Cantelli-Lemma).

Für $\omega \notin N$ zeigen wir nun die gleichmäßige Stetigkeit der Funktion $f\colon x \mapsto U_x(\omega)$. Dies bedeutet für den Stetigkeitsmodul σ von f, daß gilt $\sigma(\delta) \to 0$ mit $\delta \to 0$. Aber $\omega \notin N$ heißt, daß für schließlich alle n gilt $\omega \notin A_n$, d. h.

$$\rho_{x,y}(\omega) < 1/2^{n\gamma} \quad \text{für } x,y \in D_n \text{ benachbart},$$

also $\sigma_n \le 1/2^{n\gamma}$ in der Bezeichnung von Lemma 2.9. Dieses Lemma ergibt also schließlich

$$\sigma(1/2^n) \le 3\sum_{\ell=n}^\infty \sigma_\ell \to 0 \quad \text{mit } n \to \infty. \qquad \square$$

Ist der metrische Raum $(S;\rho)$ vollständig, so läßt sich jede gleichmäßig stetige Abbildung $f\colon D \to S$ eindeutig fortsetzen zu einer (gleichmäßig) stetigen Abbildung

$$\tilde{f}\colon \bar{D} \equiv [0,1]^d \to S$$

($\tilde{f}(x) = \lim_{n\to\infty} f(x_n)$ für $x_n \in D$ mit $x_n \to x$ ist offenbar wohldefiniert und leistet das Gewünschte). Anwendung auf die gleichmäßig stetigen Pfade $U_\bullet(\omega)$, $\omega \notin N$, eines Prozesses wie in Lemma 2.10 liefert also einen stetigen Prozeß $(\tilde{U}_x)_{x\in\bar{D}}$, der überdies eine Modifikation von U ist, wenn U_x bereits für jedes $x \in \bar{D}$ gegeben war und die Voraussetzung (2.4) des Lemmas für alle $x,y \in \bar{D}$ erfüllte. Wir geben im folgenden Satz die Einzelheiten im eindimensionalen Fall eines Prozesses mit Parameterbereich $\mathbb{R}_+$; alles geht aber genauso für einen Prozeß $(U_x)_{x\in\mathbb{R}^d}$ unter der Voraussetzung (2.4) für $x,y \in \mathbb{R}^d$.

Satz 2.11. (Kolmogorov-Prohorov) *Sei $(S;\rho)$ ein vollständiger metrischer Raum und $X_t\colon (\Omega;\mathscr{F};P) \to \big(S;\mathscr{B}(S)\big)$; $t \in \mathbb{R}_+$ ein stochastischer Prozeß, der folgende ("Lipschitz"-)Bedingung erfüllt: es gibt $a,b,c > 0$ mit*

$$\int \rho\big(X_s(\omega),X_t(\omega)\big)^a P(d\omega) \le c\,|t-s|^{1+b}; \quad s,t \in \mathbb{R}_+. \tag{2.4}$$

Dann ist X stetig modifizierbar.

Beweis: 1. Gemäß Lemma 2.10 (mit $D = \{k/2^n : k = 1,2,\dots,2^n;\ n \in \mathbb{N}\}$) hat zunächst die Einschränkung $(X_t)_{t\in D}$ außerhalb einer Nullmenge N gleichmäßig stetige Pfade. Bezeichnet für $\omega \notin N$ jeweils $\widetilde{X_\bullet(\omega)}\colon [0,1] \to S$ die stetige Fortsetzung des Pfades $X_\bullet(\omega)\colon D \to S$, so erhält man mit beliebig gewähltem $A \in S$ durch

$$\tilde{X}_t(\omega) := \begin{Bmatrix} \widetilde{X_\bullet(\omega)}(t) & \text{für } \omega \notin N,\ t \in [0,1] \\ A & \text{für } \omega \in N,\ t \in [0,1] \end{Bmatrix}$$

einen stetigen Prozeß $(\tilde{X}_t)_{t\in[0,1]}$. Hierfür gilt $\tilde{X}_t = X_t$ f.ü. für jedes $t \in [0,1]$: Für eine Folge $t_n \to t$, $t_n \in D$, konvergiert nämlich einerseits nach Definition von $\tilde{X}_t$ f.ü. (nämlich außerhalb N) $X_{t_n} \to \tilde{X}_t$. Andererseits gilt nach Voraussetzung für jedes $\varepsilon > 0$

$$P\{\omega : \rho\big(X_{t_n}(\omega),X_t(\omega)\big) \ge \varepsilon\} \le \frac{1}{\varepsilon^a}\,c\,|t_n - t|^{1+b} \to 0,$$

d.h. es konvergiert $X_{t_n} \to X_t$ stochastisch.

2. Die im ersten Teil des Beweises gegebene stetige Modifikation von $(X_t)_{t\in[0,1]}$ läßt sich natürlich genauso für jedes Intervall $[0,n]$ durchführen, d.h. für jedes $n \in \mathbb{N}$ gibt es einen stetigen Prozeß $(\tilde{X}_t^{(n)})_{t\in[0,n]}$ so, daß $X_t = \tilde{X}_t^{(n)}$ f.ü. für jedes $t \in [0,n]$ gilt. Damit ist auch

$$N := \bigcup_{n\in\mathbb{N}} \ \bigcup_{t\in[0,n]\cap\mathbb{Q}} \{\tilde{X}_t^{(n)} \ne \tilde{X}_t^{(n+1)}\}$$

eine Nullmenge, außerhalb welcher $\tilde{X}_t^{(n)}(\omega) = \tilde{X}_t^{(n+1)}(\omega)$ für jedes $n \in \mathbb{N}$ und für jedes (rationale; dann aber wegen Stetigkeit beider Seiten in t sogar für jedes reelle) $t \in [0,n]$ gilt. Der Prozeß X':

$$X_t'(\omega) := \begin{Bmatrix} \tilde{X}_t^{(n)}(\omega); & \omega \notin N,\, t \in [0,n],\, n \in \mathbb{N} \\ B \quad ; & \omega \in N,\, t \in \mathbb{R}_+ \end{Bmatrix}$$

mit beliebig gewähltem $B \in S$ ist daher stetig, und es gilt $X_t' = \tilde{X}_t^{(n)} = X_t$ f.ü. für $t \in [0,n]$ und $n \in \mathbb{N}$. Somit ist X' die gewünschte stetige Modifikation von X.

□

Völlig analog folgt aus Lemma 2.10, wenn wir für S den polnischen Raum $C(\mathbb{R}_+;\mathbb{R}^d)$ mit der in Satz 1.20 gegebenen Metrisierung der Vektorraumtopologie der gleichmäßigen Konvergenz auf kompakten Intervallen in $\mathbb{R}_+$ nehmen, die folgende Variante des vorangehenden Satzes:

Satz 2.11′. *Sei X^u: $(\Omega;\mathscr{F};P) \to C(\mathbb{R}_+;\mathbb{R}^n)$; $u \in \mathbb{R}^d$ ein Prozeß. Mit positiven Konstanten $a, b, c(t)$ gelte für $t \in \mathbb{R}_+$ jeweils*

$$\int \sup_{s\le t} |X_s^u - X_s^v|^a \, dP \le c(t)\, |u-v|^{d+b}; \quad u,v \in \mathbb{R}^d.$$

Dann gibt es einen stetigen Prozeß $(X')^u$: $\Omega \to C(\mathbb{R}_+;\mathbb{R}^n)$; $u \in \mathbb{R}^d$, so daß für alle $u \in \mathbb{R}^d$ gilt $X^u = (X')^u$ f.ü. Diese Aussage beinhaltet im einzelnen, daß $(X')_t^u(\omega)$ für jedes $\omega \in \Omega$ stetig von (u,t) und außerdem $\mathscr{B}(\mathbb{R}^d) \otimes \mathscr{B}(\mathbb{R}_+) \otimes \mathscr{F}$-meßbar von (u,t,ω) abhängt, und daß $(X')_t^u = X_t^u$ außerhalb einer nur von $u \in \mathbb{R}^d$ abhängigen Nullmenge gilt.

Beweis: Man hat zur Anwendung von Lemma 2.10 nur zu bemerken, daß sich die obige Abschätzung leicht in eine Abschätzung der Form (2.4) des Lemmas für die Metrik

$$\rho(f,g) := \sum_{\ell=1}^{\infty} \frac{1}{2^\ell} \wedge \big(\sup_{t\le \ell} |f(t) - g(t)|\big)$$

auf $C(\mathbb{R}_+;\mathbb{R}^n)$ umrechnen läßt. Im übrigen verfährt man wie im vorangehenden Beweis.

Daß die stetige Abhängigkeit von $(X')_t^u(\omega)$ bezüglich (u,t) zusammen mit der Meßbarkeit in ω die $\mathscr{B}(\mathbb{R}^d) \otimes \mathscr{B}(\mathbb{R}_+) \otimes \mathscr{F}$-Meßbarkeit von X': $(u,t,\omega) \mapsto (X')_t^u(\omega)$ impliziert, sieht man so:

Für $n \in \mathbb{N}$ bezeichne I_n: $\mathbb{R}^d \times \mathbb{R}_+ \to \mathbb{R}^d \times \mathbb{R}_+$ die Abbildung

$$I_n(u,t) = (k/2^n, \ell/2^n) \quad \text{für } k \in \mathbb{Z}^d, \ell \in \mathbb{N}_0: \begin{Bmatrix} k_i/2^n \le u_i < (k_i+1)/2^n \\ \ell/2^n \le t < (\ell+1)/2^n \end{Bmatrix}.$$

Dann ist $(u,t,\omega) \mapsto X'\big(I_n(u,t),\omega\big)$ natürlich $\mathscr{B}(\mathbb{R}^d) \otimes \mathscr{B}(\mathbb{R}_+) \otimes \mathscr{F}$-meßbar und konvergiert andererseits mit $n \to \infty$ gegen X'. □

2.3 Wienermaß und Brownsche Bewegung

Das Wienermaß und die hierdurch definierte Brownsche Bewegung stehen im Mittelpunkt der gesamten stochastischen Analysis. Wir folgern die Existenz dieses fundamentalen Prozesses aus den Ergebnissen des vorangehenden Abschnitts und leiten einige seiner einfachsten Eigenschaften ab. Diese Kenntnisse werden wir später mit den analytischen Hilfsmitteln der stochastischen Integration wesentlich vertiefen können und hierbei erst die universelle Rolle dieses fundamentalen Prozesses erkennen.

Wir beginnen mit einer Vorbemerkung über die *Fouriertransformation* von Maßen auf $\mathbb{R}^d$ (vgl. Abschnitt 1.6).
Ist μ ein Wahrscheinlichkeitsmaß auf $\mathbb{R}^d$, so bezeichnet die Funktion

$$\widehat{\mu}\colon \mathbb{R}^d \to \mathbb{C}, \quad \widehat{\mu}(x) = \int e^{i\langle x,y\rangle}\mu(dy)$$

seine *Fouriertransformierte*; hierbei bezeichnet natürlich $\langle\ ,\ \rangle$ das euklidische innere Produkt auf $\mathbb{R}^d$. $\widehat{\mu}$ ist offenbar eine stetige beschränkte Funktion; die Zuordnung $\mu \mapsto \widehat{\mu}$ ist überdies injektiv. Für Faltungsprodukte von Wahrscheinlichkeiten gilt

$$(\mu * \nu)^\frown = \widehat{\mu}\widehat{\nu}, \tag{2.6}$$

da nach Definition des Faltungsproduktes $\mu*\nu = (\mu\otimes\nu)\circ\sigma^{-1}$ (für $\sigma\colon \mathbb{R}^d\times\mathbb{R}^d \to \mathbb{R}^d$ die Additionsabbildung $\sigma(x,y) = x+y$) gilt, also nach dem Transformationslemma (Satz 1.2)

$$(\mu*\nu)^\frown(x) = \int e^{i\langle x,y\rangle}(\mu*\nu)(dy) = \int e^{i\langle x,y+z\rangle}(\mu\otimes\nu)(dydz) = \widehat{\mu}(x)\widehat{\nu}(x).$$

Das *d-dimensionale Gaußmaß* zur *Varianz* $t \geq 0$ ist das Wahrscheinlichkeitsmaß

$$\nu_t(dx) := \left\{ \begin{matrix} (2\pi t)^{-d/2}e^{-|x|^2/2t}\,dx; & t>0 \\ \delta_0 \quad ; & t=0 \end{matrix} \right\}.$$

Es ist offenbar das d-fache Produktmaß des eindimensionalen Gaußmaßes gleicher Varianz. Für seine Fouriertransformierte gilt (vgl. [HA 87], §15)

$$\widehat{\nu}_t(x) = e^{-t/2\,|x|^2}; \quad x \in \mathbb{R}^d;\ t \in \mathbb{R}_+. \tag{2.7}$$

Insbesondere folgt $\widehat{\nu}_{s+t} = \widehat{\nu}_s\,\widehat{\nu}_t$, so daß nach (2.6) $(\nu_t)_{t\in\mathbb{R}_+}$ eine Faltungshalbgruppe von Wahrscheinlichkeitsmaßen auf $\mathbb{R}^d$ bildet. Da die Dichte von ν_t eine gerade Funktion ist, gilt

$$\int (x_k)^{2\ell+1}\nu_t(dx) = 0; \quad 1 \leq k \leq d;\ \ell \in \mathrm{N}_0;\ t \in \mathbb{R}_+. \tag{2.8}$$

Für gerade Exponenten hat man dagegen

$$\int (x_k)^{2\ell}\nu_t(dx) = \frac{(2\ell)!}{2^\ell \ell!}t^\ell; \quad 1 \leq k \leq d;\ \ell \in \mathrm{N}_0;\ t \in \mathbb{R}_+. \tag{2.9}$$

Denn: Da ν_t das d-fache Produktmaß des eindimensionalen Gaußmaßes ist, kann $d = 1$ angenommen werden. Potenzreihenentwicklung der beiden Exponentialfunktionen in $\int e^{ixy}\,\nu_t(dy) = e^{t/2x^2}$ und Koeffizientenvergleich ergibt (2.9). □

Zu jedem $p > 0$ gibt es ein $c(p) > 0$ mit

$$\int |x|^{2p}\nu_t(dx) = c(p)\,t^p\,; \qquad t \in \mathbb{R}_+. \tag{2.10}$$

Denn: Für $t = 0$, $\nu_0 = \delta_0$, ist dies evident. Für $t > 0$ schreiben wir in d-dimensionalen Polarkoordinaten (mit ω_d der Oberfläche der d-dimensionalen Einheitskugel; vgl. [HA 87], §12)

$$\begin{aligned}\int |x|^{2p}\nu_t(dx) &= \omega_d\,\frac{1}{(2\pi t)^{d/2}}\int_0^\infty r^{2p}\,e^{-r^2/2t}\,r^{d-1}\,dr\\ &= \frac{\omega_d}{(2\pi)^{d/2}}\,t^p\int_0^\infty r^{2p+d-1}\,e^{-r^2/2}\,dr\,.\end{aligned}$$

Da das Integral endlich ist, folgt (2.10) mit einem expliziten Wert für $c(p)$. □

Mit Hilfe dieser Beziehung ergibt sich nun sofort aus dem Modifikationssatz 2.11:

Satz 2.12. *Sei X_t: $(\Omega;\mathscr{F};P) \to \mathbb{R}^d$; $t \in \mathbb{R}_+$ ein stochastischer Prozeß mit stationären, gemäß $P \circ (X_t - X_s)^{-1} = \nu_{t-s}$ für $0 \le s < t$ verteilten Zuwächsen. Dann ist X stetig modifizierbar.*

Beweis: Nach (2.10) gilt bei beliebigem $p > 0$

$$\int |X_t - X_s|^{2p}\,dP = c(p)\,|t-s|^p\,; \quad 0 \le s < t\,.$$

Damit ist die (Lipschitz-)Bedingung (2.4) des Satzes von Kolmogorov-Prohorov etwa für $a = 4$, $c = c(2)$, $b = 1$ erfüllt. □

Als Konsequenz ergibt sich die Existenz des Wienermaßes auf dem (als abgeschlossenem Teil von $C(\mathbb{R}_+;\mathbb{R}^d)$ wieder) polnischen Raum

$$C_0 := C_0(\mathbb{R}_+;\mathbb{R}^d) := \{f \in C : f(0) = 0\}\,.$$

Korollar. *Es gibt genau ein Wahrscheinlichkeitsmaß ν auf $\mathscr{B}(C_0)$ mit*

$$\begin{aligned}&\nu\{f \in C_0 : (f(t_1),\dots,f(t_r)) \in A\}\\ &= \int \nu_{t_1}(dx_1)\int \nu_{t_2-t_1}(dx_2 - x_1)\dots\int \nu_{t_r-t_{r-1}}(dx_r - x_{r-1})\,1_A(x_1,\dots,x_r)\end{aligned} \tag{2.11}$$

für alle $0 \le t_1 < \dots < t_r$; $A \in \mathscr{B}((\mathbb{R}^d)^r)$; $r \in \mathbb{N}$.

Beweis: Sei X ein Markovprozeß zur Faltungshalbgruppe $(\nu_t)_{t\in\mathbb{R}_+}$ mit Startwahrscheinlichkeit δ_0. X hat also die endlichdimensionalen Verteilungen (2.2):

$$\begin{aligned} P\{(X_0,X_{s_1},\ldots,X_{s_r})\in A\} \\ &= \int \delta_0(dx_0)\int \nu_{s_1}(dx_1-x_0)\ldots\int \nu_{s_r-s_{r-1}}(dx_r-x_{r-1})\,1_A(x_0,x_1,\ldots,x_r) \\ &= \int \nu_{s_1}(dx_1)\ldots\int \nu_{s_r-s_{r-1}}(dx_r-x_{r-1})\,1_A(0,x_1,\ldots,x_r) \end{aligned}$$

für beliebige $A\in\mathscr{B}\big((\mathbb{R}^d)^{r+1}\big)$, $0<s_1<\ldots<s_r$. Dies ist wegen $\nu_0=\delta_0$ gleichbedeutend mit

$$P\{(X_{t_1},\ldots,X_{t_r})\in A\}=\int \nu_{t_1}(dx_1)\ldots\int \nu_{t_r-t_{r-1}}(dx_r-x_{r-1})\,1_A(x_1,\ldots,x_r)$$

für $A\in\mathscr{B}\big((\mathbb{R}^d)^r\big)$, $0\le t_1<\ldots<t_r$.
Da insbesondere die Zuwächse von X gemäß $P\circ(X_t-X_s)^{-1}=\nu_{t-s}$ verteilt sind, ist X nach Satz 2.12 stetig modifizierbar, besitzt also (Satz 2.4) einen äquivalenten stetigen kanonischen Repräsentanten

$$\mathrm{pr}_t\colon \big(C;\mathscr{B}(C);Q\big)\to\mathbb{R}^d;\quad t\in\mathbb{R}_+.$$

Für Q gilt daher bei $0\le t_1<\ldots<t_r$ und $A\in\mathscr{B}\big((\mathbb{R}^d)^r\big)$

$$\begin{aligned} Q\{f\in C:\big(f(t_1),\ldots,f(t_r)\big)\in A\} \\ &= \int \nu_{t_1}(dx_1)\int \nu_{t_2-t_1}(dx_2-x_1)\ldots\int \nu_{t_r-t_{r-1}}(dx_r-x_{r-1})\,1_A(x_1,\ldots,x_r). \end{aligned}$$

Insbesondere ist (mit $r=1$, $t_1=0$, $A=\{0\}$) $Q(C_0)=1$, womit die Kontraktion ν von Q auf C_0 (also $\nu(C_0\cap B)=Q(B)$, $B\in\mathscr{B}(C)$) die Behauptung des Korollars erfüllt. □

Definition 2.13. (Wienermaß und Brownsche Bewegung) Das Wahrscheinlichkeitsmaß ν auf $\mathscr{B}(C_0)$ mit den gemäß (2.11) festgelegten Werten auf Zylindermengen heißt das *d-dimensionale Wienermaß*. Der zugehörige Prozeß

$$\mathrm{pr}_t\colon \big(C_0;\mathscr{B}(C_0);\nu\big)\to\mathbb{R}^d;\quad t\in\mathbb{R}_+$$

heißt die kanonische d-dimensionale Brownsche Bewegung, jeder dazu äquivalente Prozeß mit stetigen Pfaden eine *d-dimensionale* (*Standard*) *Brownsche Bewegung* (abgekürzt BM: Brownian Motion).

Bemerkung 2.14. Eine d-dimensionale BM ist also ein stochastischer Prozeß $X_t\colon(\Omega;\mathscr{F};P)\to\mathbb{R}^d$; $t\in\mathbb{R}_+$, der durch folgende drei Eigenschaften charakterisiert ist:

(a) Alle Pfade $X_\bullet(\omega)$, $\omega\in\Omega$, sind stetig;

(b) X ist ein Prozeß mit unabhängigen und stationären Zuwächsen, die gemäß $P\circ(X_t-X_s)^{-1}=\nu_{t-s}$ verteilt sind;

(c) X startet fast sicher in $0\in\mathbb{R}^d$, d.h. $P\circ X_0^{-1}=\delta_0$.

Nach Satz 2.7 liegt X durch (b) und (c) bis auf Äquivalenz fest, aber keineswegs pfadweise: Auch die aus X gebildeten Prozesse

$$(X_{t+\delta} - X_\delta)_{t\in\mathbb{R}_+} \text{ für } \delta > 0 \quad \text{bzw.} \quad (\sigma X_{t/\sigma^2})_{t\in\mathbb{R}_+} \text{ für } \sigma \neq 0$$

erfüllen (a), (b), (c), sind also ebenfalls d-dimensionale BM; für letzteren beachte

$$\nu_{t/\sigma^2}(1/\sigma\, A) = \frac{|\sigma|^d}{(2\pi t)^{d/2}} \int 1_A(\sigma x) e^{\sigma^2 |x|^2/2t}\, dx = \nu_t(A)\,; \quad t > 0,\ A \in \mathscr{B}(\mathbb{R}^d)\,.$$

Wir stellen einige grundlegende Eigenschaften der BM zusammen:

Satz 2.15. *Sei* X_t: $(\Omega;\mathscr{F};P) \to \mathbb{R}^d$; $t \in \mathbb{R}_+$ *eine* d*-dimensionale* BM.

i) *Die Komponentenprozesse* $(X_t^k)_{t\in\mathbb{R}_+}$ $(k = 1,\dots,d)$ *sind voneinander unabhängige (d. h.* $(X_\bullet^1,\dots,X_\bullet^d)$ *unabhängige Zufallsvariable) eindimensionale* BM.

ii) $EX_t^k = 0$, $E(X_s^k X_t^\ell) = (s \wedge t)\cdot \delta_{k\ell}$ *für* $1 \le k,\ \ell \le d$ *und* $s,t \in \mathbb{R}_+$.

iii) $\int |X_t - X_s|^{2p}\, dP = c(p)\, |t-s|^p$ *für* $p > 0$ *und* $s,t \in \mathbb{R}_+$ *(mit einer Konstanten* $c(p) > 0$*).*

iv) $P\{|X_t| \le R\} \le c\,(2\pi t)^{-d/2} R^d$ *für* $t \in \mathbb{R}_+$ *und* $R > 0$ *(mit einer Konstanten* $c > 0$*).*

Beweis: i) Sei I der topologische Isomorphismus von $C(\mathbb{R}_+;\mathbb{R}^d)$ auf das d-fache direkte Produkt $\big(C(\mathbb{R}_+;\mathbb{R})\big)^d$, welcher $f \in C(\mathbb{R}_+;\mathbb{R}^d)$ das d-Tupel der Komponenten $f^1,\dots,f^d$ von f zuordnet. Direkt aus Gleichung (2.11) ersieht man, daß das Bildmaß $\nu \circ I^{-1}$ des Wienermaßes ν auf $C(\mathbb{R}_+;\mathbb{R}^d)$ das d-fache Produktmaß des Wienermaßes auf $C(\mathbb{R}_+;\mathbb{R})$ mit sich selbst ist (da das Gaußmaß ν_t auf $\mathbb{R}^d$ jeweils das d-fache Produktmaß des Gaußmaßes ν_t auf $\mathbb{R}$ mit sich selbst ist). Dies zeigt die Behauptung. Das gleiche Argument liefert darüber hinaus: Mit $X_\bullet^1,\dots,X_\bullet^d$ unabhängigen eindimensionalen BM ist umgekehrt $(X_\bullet^1,\dots,X_\bullet^d)$ eine d-dimensionale BM.

ii) $EX_t^k = \int x_k\, \nu_t(dx) = 0$. Ferner gilt für $s \le t$ bei $k \neq \ell$ wegen Unabhängigkeit von (X_s^k, X_t^ℓ)

$$E(X_s^k X_t^\ell) = (EX_s^k)(EX_t^\ell) = 0\,;$$

für $k = \ell$ ist wegen Unabhängigkeit der Zuwächse

$$\begin{aligned} E(X_s^k X_t^k) &= E\big(X_s^k(X_s^k + X_t^k - X_s^k)\big) = E(X_s^k)^2 + (EX_s^k)\big(E(X_t^k - X_s^k)\big) \\ &= E(X_s^k)^2 = \int x_k^2\, \nu_s(dx) = s \quad \text{(nach (2.9))}. \end{aligned}$$

iii) $\int |X_t - X_s|^{2p}\, dP = \int |x|^{2p}\, \nu_{t-s}(dx) = c(p)\, |t-s|^p$ nach (2.10).

iv) Bezeichnet U die abgeschlossene Einheitskugel in $\mathbb{R}^d$, so gilt

$$\begin{aligned} P\{|X_t| \le R\} &= \frac{1}{(2\pi t)^{d/2}} \int_{\{|x|\le R\}} e^{|x|^2/2t}\, dx \\ &\le \frac{1}{(2\pi t)^{d/2}} \operatorname{Volumen}(R\cdot U) = \frac{R^d}{(2\pi t)^{d/2}} \operatorname{Volumen}(U)\,. \end{aligned}$$

□

Der folgende Satz zeigt, warum es unmöglich ist, einen typischen Brownschen Pfad exakt zu zeichnen: er ist zwar stetig, besteht aber nur aus "Ecken" (eine einigermaßen realistische Darstellung zeigt die nachstehende Figur; der abgebildete Pfad wurde durch Computersimulation eines Prozesses mit unabhängigen, gemäß ν_1 verteilten Zuwächsen gewonnen).

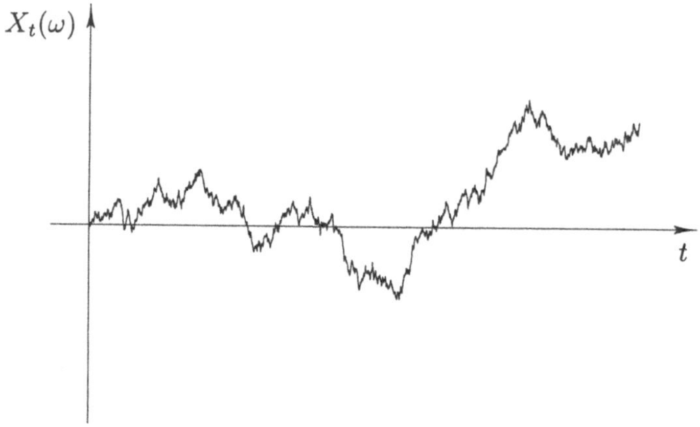

Satz 2.16. *Brownsche Pfade sind fast sicher nirgends differenzierbar; genauer gilt für eine d-dimensionale* BM X:

$$P^*\{\omega : X_\bullet(\omega) \text{ ist an mindestens einer Stelle rechtsseitig differenzierbar}\} = 0\,.$$

Beweis: Da auch $(\sigma X_{t/\sigma^2})_{t\in\mathbb{R}_+}$ wieder eine BM ist für jedes $\sigma > 0$, genügt der Nachweis, daß

$$N := \{X_\bullet \text{ ist an mindestens einer Stelle in } [0,1] \text{ rechtsseitig differenzierbar}\}$$

eine P-Nullmenge ist. Für ein fixiertes $\omega \in N$ sei $X_\bullet(\omega)$ rechtsseitig differenzierbar bei $t \in [0,1]$. Dann ist jedenfalls $|X_t(\omega) - X_s(\omega)|/(t-s)$ beschränkt bei $s \to t+$, so daß es $r, m \in \mathbf{N}$ gibt mit

$$\text{(2.12)} \qquad \frac{|X_t(\omega) - X_s(\omega)|}{4/n} < \frac{r}{4}; \qquad \text{für alle } n \geq m;\ s \in [t, t+4/n]\,.$$

Wir setzen für $n \geq m$ jeweils $i := \min\{k \in \mathbf{N} : k/n \geq t\}$; dann ist also $i \leq n$ (da $t \leq 1$) und $t \leq i/n \leq t + 1/n$, somit für $j = i, i+1, i+2$

$$\begin{aligned} &|X_{(j+1)/n}(\omega) - X_{j/n}(\omega)| \\ &\leq |X_{(j+1)/n}(\omega) - X_t(\omega)| + |X_{j/n}(\omega) - X_t(\omega)| < \frac{2r}{n} \quad \text{(nach (2.12))}. \end{aligned}$$

Insgesamt haben wir also gezeigt:

$$N \subset \bigcup_{r\in\mathbb{N}} \bigcup_{m\in\mathbb{N}} \bigcap_{n\geq m} \bigcup_{1\leq i\leq n} \bigcap_{j\in\{i,i+1,i+2\}} \{|X_{(j+1)/n} - X_{j/n}| < 2r/n\}\,.$$

Setzen wir zur Abkürzung noch $A_{j,n,r} := \{|X_{(j+1)/n} - X_{j/n}| < 2r/n\}$, so gilt

$$P(A_{j,n,r}) = \nu_{1/n}(2r/n \cdot U) \leq \text{const} \cdot n^{-d/2} \quad \text{(nach Satz 2.15 iv))}$$

(mit $U \subset \mathbb{R}^d$ der Einheitskugel und nur von r abhängiger Konstante). Da ferner die $(A_{j,n,r})_{j=i,i+1,i+2}$ unabhängig sind, folgt $P\big(\bigcap_{j\in\{i,i+1,i+2\}} A_{j,n,r}\big) \leq \text{const} \cdot n^{-3/2d}$, damit

$$P\Big(\bigcup_{1\leq i\leq n} \bigcap_{j\in\{i,i+1,i+2\}} A_{j,n,r}\Big) \leq \text{const} \cdot n^{1-3/2d};$$

hieraus folgt

$$P^*(N) \leq \sum_{r,m\in\mathbb{N}} P\Big(\bigcap_{n\geq m} \bigcup_{1\leq i\leq n} \bigcap_{j\in\{i,i+1,i+2\}} A_{j,n,r}\Big) = 0. \qquad \square$$

Betrachtet man statt einer pfadweise gebildeten "Brownschen Geschwindigkeit" (die es nach dem vorigen Satz nicht gibt) die distributionelle Ableitung einer eindimensionalen BM X, so erhält man das "Zufallsfeld" (vgl. Abschnitt 2.1)

$$\text{(2.13)} \qquad \dot{X}_v\colon (\Omega;\mathscr{F};P) \to \mathbb{R}; \quad v \in D,$$
$$\text{mit} \quad \dot{X}_v(\omega) = -\int_0^\infty \dot{v}(t)\, X_t(\omega)\, dt =: \int_0^\infty v(t)\, dX_t(\omega)$$

über dem Schwartzschen Raum

$$D := \{v\colon]0,\infty[\to \mathbb{R} : v\ C^\infty\text{-Funktion mit kompaktem Träger}\}.$$

Dieser stochastische Prozeß, also die distributionell gebildete *Brownsche Geschwindigkeit*, heißt auch "*Weißes Rauschen*". Die Bezeichnung stammt aus der Spektraltheorie schwach stationärer Prozesse; wir wollen sie kurz erläutern.

Ist etwa $R_t\colon (\Omega;\mathscr{F};P) \to \mathbb{C}$; $t \in \mathbb{R}_+$ ein stochastischer Prozeß mit quadratisch integrierbaren R_t, *schwach stationär* in dem Sinne, daß

$$\langle R_s, R_t\rangle_{L^2(P)} = \langle R_{t-s}, R_0\rangle_{L^2(P)}; \quad s \leq t,$$

so folgt aus dem Satz von Bochner die Existenz eines endlichen Maßes μ auf $\mathbb{R}$ mit Fouriertransformierter

$$\widehat{\mu}(t-s) = \langle R_s, R_t\rangle_{L^2(P)}; \quad s \leq t$$

(wir nehmen zusätzlich Stetigkeit der Abbildung $t \mapsto R_t$ von $\mathbb{R}_+$ in $L^2(P)$ an); μ heißt die *Spektralverteilung* von $(R_t)_{t\in\mathbb{R}_+}$.

Aufgrund der Reichhaltigkeit der Testfunktionen und ihrer Fouriertransformierten (vgl. [HA 87], §14,15) ist μ festgelegt durch die Gesamtheit aller Integrale $\int \widehat{v}(x)\overline{\widehat{w}(x)}\,\mu(dx)$ für $v, w \in D$ (mit $\widehat{v}(x) = \int_{-\infty}^{\infty} e^{ixt} v(t)\, dt$ der Fouriertransformierten der *Funktion* v). Hierfür ergibt sich (da $v, w \in D$ reellwertig sind und kompakten Träger in $\mathbb{R}_+$ haben)

$$\text{(2.14)} \qquad \begin{aligned} \int \widehat{v}(x)\overline{\widehat{w}(x)}\,\mu(dx) &= \int \mu(dx) \int_{-\infty}^{\infty} dt\, v(t)\, e^{itx} \int_{-\infty}^{\infty} ds\, w(s)\, e^{-isx} \\ &= \int_0^\infty dt\, v(t) \int_0^\infty ds\, w(s)\, \widehat{\mu}(t-s) = \langle R_v, R_w\rangle_{L^2(P)}, \end{aligned}$$

wobei R_v: $(\Omega;\mathcal{F};P) \to \mathbb{R}$ die für $v \in D$ durch

$$R_v(\omega) := \int_0^\infty R_t(\omega)v(t)\,dt$$

definierte distributionelle "Fortsetzung" von $(R_t)_{t\in\mathbb{R}_+}$ ist. Ist $\mu(dx) = \rho(x)\,dx$, so heißt ρ die *Spektraldichte* des Prozesses R, und dieser ist um so "weißer", je gleichmäßiger alle Frequenzen vertreten sind, d.h. je mehr $\rho \approx 1$ gilt. Der "weiße" Grenzfall $\rho = 1$, also $\mu =$ Lebesguemaß, ist allerdings nicht mehr durch einen schwach stationären Prozeß $(R_t)_{t\in\mathbb{R}}$ obiger Form zu modellieren, da hierfür ja μ ein *endliches* Maß sein muß.
Er wird aber durch die distributionelle Brownsche Geschwindigkeit (2.13) als Zufallsfeld gegeben:

$$\begin{aligned}\langle \dot{X}_v, \dot{X}_w\rangle_{L^2(P)} &= \int P(d\omega)\int_0^\infty ds\,\dot{v}(s)\,X_s(\omega)\int_0^\infty dt\,\dot{w}(t)\,X_t(\omega)\\ &= \int_0^\infty ds\,\dot{v}(s)\int_0^\infty dt\,\dot{w}(t)\,E(X_sX_t)\,.\end{aligned}$$

Hier ist $E(X_sX_t) = s\wedge t$ (nach Satz 2.15 ii)); schreibt man auch dies als Integral,

$$s\wedge t = \int_0^\infty 1_{[0,s]}(x)1_{[0,t]}(x)\,dx\,,$$

so folgt weiter

$$\begin{aligned}\langle \dot{X}_v, \dot{X}_w\rangle_{L^2(P)} &= \int_0^\infty ds\,\dot{v}(s)\int_0^\infty dt\,\dot{w}(t)\int_0^\infty dx\,1_{[0,s]}(x)\,1_{[0,t]}(x)\\ &= \int_0^\infty dx\int_x^\infty ds\,\dot{v}(s)\int_x^\infty dt\,\dot{w}(t)\\ &= \int_0^\infty dx\,v(x)\,w(x)\\ &= \frac{1}{2\pi}\int_0^\infty dx\,\widehat{v}(x)\,\overline{\widehat{w}(x)}\,;\end{aligned}$$

dabei ist die letzte Gleichung die Plancherel-Formel (vgl. [HA 87], §15). Dies ist (2.14) für $\mu(dx) = \frac{1}{2\pi}dx$, d.h. $\dot{X}$ hat konstante Spektraldichte. In (symbolisch zu verstehender) "funktionaler" Notation der Distributionen,

$$\dot{X}_v \mathrel{\widehat{=}} \int_0^\infty \dot{X}_t v(t)\,dt\,,$$

würde diese Charakterisierung des Weißen Rauschens sich offenbar schreiben als

$$\langle \dot{X}_s, \dot{X}_t\rangle_{L^2(P)} = \delta(t-s)\,; \quad s,t\in\mathbb{R}_+\,.$$

Zum Schluß dieses Abschnitts geben wir – mit einem Vorgriff auf ein in Abschnitt 5 bewiesenes Resultat der Martingaltheorie – eine sehr allgemeine "physikalische" Charakterisierung der BM, in der die (Normal-)Verteilung der Zuwächse nicht mehr von vornherein mit postuliert wird.

Satz 2.17. *Sei* X_t: $(\Omega; \mathscr{F}; P) \to \mathbb{R}$; $t \in \mathbb{R}_+$ *ein quadratisch integrierbarer stochastischer Prozeß (d. h.* $X_t \in L^2(P)$ *für alle* $t \in \mathbb{R}_+$*), welcher überdies den folgenden Bedingungen genügt:*

(a) *Alle Pfade* $X_\bullet(\omega)$ *sind stetig;*

(b) X *hat unabhängige und stationäre Zuwächse;*

(c) $X_0 = 0$;

(d) $\mathrm{Var}(X_t)$ $(:= E(X_t - EX_t)^2) > 0$ *für alle* $t > 0$.

Dann ist X *eine* BM *mit Drift* a *und Varianz* b*, d. h. es gibt* $a \in \mathbb{R}$, $b > 0$ *so, daß*

$$\left(\frac{1}{\sqrt{b}}(X_t - at)\right)_{t \in \mathbb{R}_+}$$

eine eindimensionale BM *ist. Dabei sind* a *und* b *eindeutig bestimmt durch*

$$EX_t = at; \quad \mathrm{Var}\, X_t = bt; \quad t \in \mathbb{R}_+. \tag{2.15}$$

Beweis: Die letzten beiden Gleichungen folgen sofort aus Satz 2.15 ii), wonach $E\big(\frac{1}{\sqrt{b}}(X_t - at)\big) = 0$ und $\mathrm{Var}\big(\frac{1}{\sqrt{b}}(X_t - at)\big) = t$ sein muß. Für den Prozeß X selbst folgt aus (b) $P \circ (X_t - X_s)^{-1} = P \circ (X_{t-s} - X_0)^{-1} = P \circ X_{t-s}^{-1}$; $s \leq t$. Hiermit ergibt sich weiter für $s \leq t$

$$EX_t = EX_s + E(X_t - X_s) = EX_s + EX_{t-s}; \tag{2.16}$$

$$\mathrm{Var}\, X_t = \mathrm{Var}\, X_s + \mathrm{Var}(X_t - X_s) = \mathrm{Var}\, X_s + \mathrm{Var}\, X_{t-s}, \tag{2.17}$$

wobei in der letzten Zeile zunächst die Unabhängigkeit der Zuwächse benutzt wurde. Da nach Voraussetzung (a) auch $t \mapsto X_t$ in der Norm $\| \ \|_2$ stetig ist (die hierzu benötigte Majorante ergibt sich später (Satz 4.25) aus einem Argument der Martingaltheorie), hängen EX_t und $\mathrm{Var}\, X_t = \|X_t - EX_t\|_2^2$ stetig von $t \in \mathbb{R}_+$ ab. Die einzigen stetigen Lösungen der Funktionalgleichung $\varphi(s+t) = \varphi(s) + \varphi(t)$ auf $\mathbb{R}_+$ sind aber von der Form $\varphi(t) = c \cdot t$, so daß (2.16) und (2.17) äquivalent mit (2.15) sind, wobei wegen $\mathrm{Var}\, X_t > 0$ noch $b > 0$ gilt.

Für den Prozeß Y_t: $= \frac{1}{\sqrt{b}}(X_t - at)$: $\Omega \to \mathbb{R}$; $t \in \mathbb{R}_+$ wissen wir damit:

$$Y_0 = 0, \quad EY_t = 0, \quad \mathrm{Var}\, Y_t = t;$$

außerdem ist Y pfadweise stetig, mit unabhängigen Zuwächsen. Aus der Lévy-Charakterisierung werden wir später (in Abschnitt 5.1) folgern, daß Y dann eine BM ist. □

2.4 Gaußprozesse

Die in Abschnitt 1.6 eingeführten Zylindermaße führen auf weitere Beispiele stochastischer Prozesse, von denen wir in diesem Abschnitt speziell die Gaußprozesse betrachten. Zu ihnen gehört wiederum auch die Brownsche Bewegung.

Definition 2.18. (Gaußprozeß) Ein stochastischer Prozeß X_t: $(\Omega;\mathscr{F};P) \to \mathbb{R}^d$; $t \in T$ (beliebige nichtleere Indexmenge) heißt ein *Gaußprozeß*, wenn jede der reellen Zufallsvariablen aus der linearen Hülle $\operatorname{lin}\{X_t^k : t \in T;\ 1 \leq k \leq d\}$ zentriert normalverteilt ist.

Eine reelle Zufallsvariable Y: $(\Omega;\mathscr{F};P) \to \mathbb{R}$ heißt dabei *zentriert normalverteilt*, wenn $P \circ Y^{-1} = \nu_{\sigma^2}$ für ein $\sigma \neq 0$ gilt, oder, äquivalent dazu (vgl. Abschnitt 2.3), wenn für die Fouriertransformierte ihrer Verteilung gilt

$$Ee^{isY} = (P \circ Y^{-1})^\frown(s) = e^{-\sigma^2/2s^2}; \quad s \in \mathbb{R}.$$

Insbesondere folgt dann $\sigma^2 = \operatorname{Var} Y$ und $0 = EY$.

Jeder Gaußprozeß X_t: $(\Omega;\mathscr{F};P) \to \mathbb{R}^d$; $t \in T$ besitzt also eine *Kovarianzfunktion* K: $T \times T \to \operatorname{Lin}(\mathbb{R}^d)$ mit linearen Endomorphismen des $\mathbb{R}^d$ als Werten, deren Matrix bezüglich der Standardbasis gegeben ist durch

$$K(s,t)_{k\ell} = E(X_s^k X_t^\ell); \quad s,t \in T;\ 1 \leq k,\ \ell \leq d. \tag{2.18}$$

Beispiel 2.19. Die d-dimensionale Brownsche Bewegung ist ein Gaußprozeß mit Kovarianzfunktion $K(s,t)_{k\ell} = (s \wedge t) \cdot \delta_{k\ell}$.

Beweis: Die Kovarianzfunktion wurde bereits in Satz 2.15 ii) ausgerechnet. Sei X_t: $(\Omega;\mathscr{F};P) \to \mathbb{R}^d$; $t \in \mathbb{R}_+$ eine BM. Für eine beliebige reelle Zufallsvariable

$$Y \in \operatorname{lin}\{X_t^k : t \in \mathbb{R}_+;\ 1 \leq k \leq d\},$$

also (mit $\langle\ ,\ \rangle$ dem euklidischen inneren Produkt in $\mathbb{R}^d$)

$$Y = \sum_{k=1}^r \langle y_k, X_{t_k}\rangle \quad \text{mit } y_1,\dots,y_r \in \mathbb{R}^d;\ 0 \leq t_1 < \dots < t_r,$$

ist zu zeigen, daß Y zentriert normalverteilt ist. Nach Satz 1.31 (mit $(\mu_t := \nu_t)_{t\in\mathbb{R}_+}$ der Gaußschen Halbgruppe) ergibt sich für die Fouriertransformierte

$$Ee^{isY} = \int \nu_{t_1}(dx_1) \int \nu_{t_2-t_1}(dx_2) \dots \int \nu_{t_r-t_{r-1}}(dx_r)\, e^{is\varphi(x_1,\dots,x_r)}$$

mit

$$\begin{aligned}\varphi(x_1,\dots,x_r) &= \langle y_1,x_1\rangle + \langle y_2, x_1+x_2\rangle + \dots + \langle y_r, x_1 + \dots + x_r\rangle \\ &= \langle y_1 + \dots + y_r, x_1\rangle + \langle y_2 + \dots + y_r, x_2\rangle + \dots + \langle y_r, x_r\rangle.\end{aligned}$$

Es folgt

$$Ee^{isY} = \widehat{\nu}_{t_1}\big(s(y_1 + \ldots + y_r)\big)\,\widehat{\nu}_{t_2-t_1}\big(s(y_2 + \ldots + y_r)\big)\ldots\widehat{\nu}_{t_r-t_{r-1}}(sy_r) = e^{-\sigma^2/2s^2}$$

für $\sigma^2 = t_1|y_1 + \ldots + y_r|^2 + (t_2 - t_1)|y_2 + \ldots + y_r|^2 + \ldots + (t_r - t_{r-1})|y_r|^2$. □

Die Kovarianzfunktion K eines Prozesses X läßt sich durch

$$\widetilde{K}(u,v) := \sum_{s,t\in T} \langle K(s,t)u(s), v(t)\rangle \tag{2.19}$$

zu einer Bilinearform auf dem $\mathbb{R}$-Vektorraum

$$(\mathbb{R}^d)^{(T)} := \{v \in (\mathbb{R}^d)^T : \{v \neq 0\} \subset T \text{ endlich}\}$$

“fortsetzen”. $\widetilde{K}$ ist offensichtlich symmetrisch, und auch positiv semidefinit:

$$\widetilde{K}(v,v) = \sum_{\substack{s,t\in T\\ 1\le k,\ell\le d}} v(s)_k v(t)_\ell E(X_s^k X_t^\ell) = E\Big(\sum_{t\in T}\langle v(t), X_t(\cdot)\rangle\Big)^2 \geq 0$$

für $v \in (\mathbb{R}^d)^{(T)}$.

Es ergibt sich folgender Zusammenhang zwischen Gaußprozessen und Gaußschen Zylindermaßen auf $(\mathbb{R}^d)^T$ bezüglich der kanonischen Dualität $\langle(\mathbb{R}^d)^T, (\mathbb{R}^d)^{(T)}\rangle$: $\langle f, v\rangle = \sum_{t\in T}\langle f(t), v(t)\rangle_{\mathbb{R}^d}$ (vgl. Abschnitt 1.6):

Satz 2.20. *Ein stochastischer Prozeß X_t: $(\Omega;\mathscr{F};P) \to \mathbb{R}^d$; $t \in T$ ist genau dann ein Gaußprozeß mit Kovarianzfunktion K, wenn seine Verteilung $P\circ X_\bullet^{-1}|\mathscr{B}(\mathbb{R}^d)^T_*$ ein Gauß-Zylindermaß zur Kovarianz $\widetilde{K}$ ist. Insbesondere ist ein Gaußprozeß durch seine Kovarianzfunktion bis auf Äquivalenz eindeutig bestimmt.*

Beweis: Dies liest man leicht als Spezialfall von Satz 1.37 ab. Aus der eindeutigen Bestimmtheit Gaußscher Zylindermaße durch ihre Kovarianz folgt insbesondere, daß die endlichdimensionalen Verteilungen eines Gaußprozesses durch seine Kovarianzfunktion festliegen. □

Wir haben Gaußprozesse über beliebigen Indexmengen T definiert: Im Gegensatz zu den später genauer untersuchten Markovprozessen bzw. Semimartingalen wird keine weitere Struktur von T (etwa die Ordnungsstruktur von $T = \mathbb{R}_+$) benötigt. Insbesondere macht “Zeitumkehr” hier keine Probleme: Ist etwa $(X_t)_{t\in\mathbb{R}_+}$ ein Gaußprozeß, so auch $Y_t := X_{1/t}$ für $t > 0$, $:= X_0$ für $t = 0$. Ebenso sind natürlich gewisse Transformationen im Wertebereich zulässig.

Ist etwa B eine eindimensionale BM, so sind die beiden Prozesse X bzw. Y:

$$X_t := B_t - tB_1 \quad \text{bzw.} \quad Y_t := \left\{\begin{matrix} (1-t)\,B_{t/(1-t)}\,; & 0 \le t < 1 \\ 0 \quad ; & t = 1 \end{matrix}\right\}$$

Gaußprozesse über $0 \le t \le 1$ mit derselben Kovarianzfunktion $K(s,t) = s \wedge t - st$ und somit äquivalent. Der Prozeß X ist offensichtlich (mit B) stetig, ebenso Y zunächst auf $[0,1[$. Hieraus folgt $\lim_{t\to 1-} Y_t = 0$ außerhalb einer Nullmenge N (so daß, nach eventueller Abänderung von B auf N, d.h. bis auf Nicht-Unterscheidbarkeit, auch ganz Y stetig angenommen werden kann). Denn für jedes $\delta > 0$ ist

$$P\{\limsup_{t\to 1-} |Y_t| > \delta\} = \lim_{n\to\infty} P\{\sup_{1-1/n \le t < 1} |Y_t| > \delta\}$$
$$= \lim_{n\to\infty} P\{\sup_{1-1/n \le t < 1} |X_t| > \delta\} = 0,$$

wobei in der zweiten Gleichheit, nach Beschränkung auf rationale t aufgrund der Stetigkeit von X und Y auf $[0,1[$, die Äquivalenz der beiden Prozesse benutzt wurde, und in der letzten natürlich noch die Aussage $\lim_{t\to 1-} X_t = 0$.
X und Y heißen (Versionen der) *Brownschen Brücke* (nach 0), da sie in 0 starten und für $t = 1$ wieder nach 0 zurückkehren. Ist umgekehrt $(X_t)_{0\le t\le 1}$ eine beliebige Brownsche Brücke, so hat der Gaußprozeß

$$\big((1+t)\,X_{t/(1+t)}\big)_{t\in\mathbb{R}_+}$$

offenbar wieder Kovarianz $s \wedge t$: durch diese Transformation findet man also aus der Brownschen Brücke die Brownsche Bewegung zurück.

Als interessante Konsequenz aus Satz 2.20 ergibt sich auch folgendes Korollar, das uns erlauben wird, aus dem Konvergenzverhalten einer BM bei $t \to 0$ auf das bei $t \to \infty$ zu schließen.

Korollar. *Ist B eine d-dimensionale* BM, *so auch*

$$X_t = \begin{Bmatrix} t B_{1/t}, & t > 0 \\ 0 \;\;\;, & t = 0 \end{Bmatrix}.$$

Beweis: Offensichtlich ist X ein Gaußprozeß mit Kovarianzfunktion $E(X_s^k X_t^\ell) = \delta_{k\ell} \cdot (s \wedge t)$, also nach Satz 2.20 in Verbindung mit Beispiel 2.19 äquivalent zu B. Weiter ist X pfadweise stetig auf $]0,\infty[$; wie vorhin bei der Brownschen Brücke folgt (nach eventueller Abänderung auf einer Nullmenge) die Stetigkeit von X auf ganz $\mathbb{R}_+$. □

Ist die Indexmenge T eines Gaußprozesses X etwa gleich $\mathbb{R}$ (oder $\mathbb{R}_+$), so folgt aus Satz 2.20 insbesondere, daß X genau dann *stationär* ist (d.h. äquivalent mit $(X_{t_0+t})_{t\in T}$ für jedes $t_0 \in T$), wenn X *schwach stationär* ist, d.h. wenn für die Kovarianzfunktion K von X gilt $K(s,t) = K(t_0+s, t_0+t)$; $t_0, s, t \in T$.

Da jedes Zylindermaß auf $(\mathbb{R}^d)^T$ bezüglich der Dualität $\langle(\mathbb{R}^d)^T, (\mathbb{R}^d)^{(T)}\rangle$ (als Pro-Maß auf $\mathscr{B}(\mathbb{R}^d)^T_*$) nach dem Kolmogorovschen Konsistenzsatz 1.25 σ-additiv und damit zu einem Wahrscheinlichkeitsmaß auf $\mathscr{B}(\mathbb{R}^d)^T$ fortsetzbar ist, liefert das Korollar von Satz 1.36 zu jedem $K\colon T \times T \to \mathrm{Lin}(\mathbb{R}^d)$ mit positiv semidefiniter bilinearer Fortsetzung $\widetilde{K}$ auf $(\mathbb{R}^d)^{(T)}$ ein Wahrscheinlichkeitsmaß P auf $\mathscr{B}(\mathbb{R}^d)^T$, Fortsetzung von $\gamma_{\widetilde{K}}$, so daß der kanonische Prozeß

$$\mathrm{pr}_t\colon \big((\mathbb{R}^d)^T;\mathscr{B}(\mathbb{R}^d)^T;P\big) \to \mathbb{R}^d; \quad t \in T$$

nach Satz 2.20 Gaußprozeß zur Kovarianzfunktion K ist. Es folgt insbesondere:

Korollar. *Sei Q eine positiv semidefinite symmetrische Bilinearform auf einem reellen Vektorraum F. Dann gibt es ein* Gaußsches Zufallsfeld *$(X_y)_{y\in F}$ zur Kovarianzfunktion Q (d.h. einen durch F parametrisierten reellen Gaußprozeß mit Kovarianz Q, so daß $y \mapsto X_y$ linear ist).*

Beweis: Mit $T \subset F$ einer maximalen linear unabhängigen Teilmenge wird

$$\Phi\colon \mathbb{R}^{(T)} \to F, \quad \Phi(u) = \sum_{y\in T} u(y)y$$

eine lineare Bijektion. Mit $K := Q|T \times T$ wird offenbar

$$\widetilde{K}(u,v) = Q\big(\Phi(u),\Phi(v)\big); \quad u,v \in \mathbb{R}^{(T)}.$$

Damit ist $\widetilde{K}$ also positiv semidefinit, und wir haben den kanonischen Gaußprozeß $\mathrm{pr}_t\colon \big(\mathbb{R}^T;\mathscr{B}(\mathbb{R})^T;P\big) \to \mathbb{R}$ zur Kovarianzfunktion K. Dessen "lineare Fortsetzung" $Y_u := \sum_{t\in T} u(t)\,\mathrm{pr}_t$, $u \in \mathbb{R}^{(T)}$, ist also ein Gaußsches Zufallsfeld zur Kovarianz $\widetilde{K}$, und daher $X_{\Phi(u)} := Y_u$ das gewünschte Zufallsfeld zur Kovarianz Q. □

Lemma 2.21. *Sei $(Y_n)_{n\in\mathbb{N}}$ eine Folge zentriert normalverteilter reeller Zufallsvariabler auf einem Wahrscheinlichkeitsraum $(\Omega;\mathscr{F};P)$. Konvergiert $(Y_n)_{n\in\mathbb{N}}$ stochastisch gegen die Zufallsvariable Y, so ist auch Y zentriert normalverteilt, mit* $\operatorname{Var} Y = \lim_{n\to\infty} \operatorname{Var} Y_n$.

Beweis: Nach Satz 1.8 in Verbindung mit Satz 1.7 (und $|e^{isY_n}| = 1$) gilt

$$e^{-s^2/2\operatorname{Var} Y_n} = Ee^{isY_n} \to Ee^{isY}; \quad s \in \mathbb{R}.$$

Logarithmieren auf der linken Seite zeigt, daß $\sigma^2 := \lim_{n\to\infty} \operatorname{Var} Y_n$ existiert und daß $Ee^{isY} = e^{-\sigma^2/2s^2}$ für alle $s \in \mathbb{R}$ ist, wie behauptet. □

Für den zu einem eindimensionalen Gaußprozeß $X_t\colon (\Omega;\mathscr{F};P) \to \mathbb{R}$; $t \in T$ gehörigen *Gaußraum* $\mathfrak{L}(X) = \overline{\mathrm{lin}}\{X_t : t \in T\}$ (Abschluß in $L^2(P)$) ergibt sich als Konsequenz:

Satz 2.22. *Alle $Y \in \mathfrak{L}(X)$ sind zentriert normalverteilt, und eine Familie $(Y_i)_{i\in I}$ von Zufallsvariablen in $\mathfrak{L}(X)$ ist genau dann unabhängig, wenn sie ein Orthogonalsystem im Hilbertraum $\mathfrak{L}(X)$ bildet.*

Beweis: Da alle $Y \in \text{lin}\{X_t : t \in T\}$ nach Definition eines Gaußprozesses zentriert normalverteilt sind, und weil $\| \|_2$-Grenzwerte insbesondere auch stochastische Grenzwerte sind, ist jedes $Y \in \mathcal{L}(X)$ nach Lemma 2.21 zentriert normalverteilt. Da weiter eine unabhängige Familie von zentrierten, quadratisch integrierbaren Funktionen stets ein Orthogonalsystem im Raum $L^2(P)$ bildet, bleibt nur noch umgekehrt zu zeigen, daß für paarweise orthogonale $Y_1, \ldots, Y_r$, für welche jede Linearkombination $Y := \sum_{k=1}^r \alpha_k Y_k$ zentriert normalverteilt ist, das Tupel $(Y_1, \ldots, Y_r)$ unabhängig ist. Dies ergibt aber sofort eine Berechnung der Fouriertransformierten der gemeinsamen Verteilung: Mit $Y := \sum_{k=1}^r \alpha_k Y_k$ ist

$$\begin{aligned}
\big(P \circ (Y_1, \ldots, Y_r)^{-1}\big)\hat{}(\alpha_1, \ldots, \alpha_r) &= E e^{iY} = e^{-1/2\, EY^2} \\
&= \exp\Big\{-\tfrac{1}{2} \sum_{k=1}^r \alpha_k^2 E(Y_k)^2\Big\} = \Big(\bigotimes_{k=1}^r P \circ Y_k^{-1}\Big)\hat{}(\alpha_1, \ldots, \alpha_r).
\end{aligned}$$

Da dies für alle $\alpha_1, \ldots, \alpha_r \in \mathbb{R}$ gilt, folgt aus der Injektivität der Fouriertransformation

$$P \circ (Y_1, \ldots, Y_r)^{-1} = \bigotimes_{k=1}^r (P \circ Y_k^{-1}),$$

wie behauptet. □

Zum Schluß dieses Abschnitts wollen wir noch einmal auf die Rolle des Wienermaßes ν: $\mathscr{B}(C_0) \to \mathbb{R}_+$ (mit $C_0 = C_0(\mathbb{R}_+; \mathbb{R}^d)$; Definition 2.13) als Gaußmaß zurückkommen. Nach Beispiel 2.19 in Verbindung mit Satz 2.20 ist zunächst ν ein Gaußmaß (d.h. σ-additiv fortgesetztes Gauß-Zylindermaß) bezüglich der auf $\langle C_0, (\mathbb{R}^d)^{(\mathbb{R}_+)}\rangle$ eingeschränkten kanonischen Dualität $\langle (\mathbb{R}^d)^{\mathbb{R}_+}, (\mathbb{R}^d)^{(\mathbb{R}_+)}\rangle$, zur Kovarianz

$$\widetilde{K}(u, v) = \sum_{s,t \in \mathbb{R}_+} (s \wedge t)\, \langle u(s), v(t)\rangle_{\mathbb{R}^d}; \quad u, v \in (\mathbb{R}^d)^{(\mathbb{R}_+)}.$$

Dies bedeutet, daß für alle $u \in (\mathbb{R}^d)^{(\mathbb{R}_+)}$ gilt

$$\int_{C_0} \exp\Big\{i \sum_{t \in T} \langle u(t), f(t)\rangle_{\mathbb{R}^d}\Big\}\, \nu(df) = e^{-1/2\, \widetilde{K}(u,u)}. \tag{2.20}$$

Da ν sogar σ-additiv auf $\mathscr{B}(C_0)$ ist, läßt sich diese Relation auf die volle Dualität $\langle C_0, C_0' \rangle$ mit C_0' dem topologischen Dual von C_0 “fortsetzen”.

Wir wollen dies – der Einfachheit halber für $d = 1$ – kurz skizzieren. Der Raum C_0' besteht nach dem Rieszschen Satz (vgl. [BA 90], §29) aus allen linearen Funktionalen φ: $C_0 \to \mathbb{R}$ der Form

$$\varphi(f) = \int f\, d\mu; \quad f \in C_0$$

mit einem eindeutig bestimmten signierten Borelmaß μ auf $\mathbb{R}_+$ mit kompaktem Träger.

Satz 2.23. (Wienermaß als Gaußmaß) *Das Wienermaß* ν *ist Gaußmaß bezüglich der kanonischen Dualität* $\langle C_0, C_0' \rangle$ *(definiert durch* $\langle f, \mu \rangle = \int f\, d\mu$*) zur Kovarianz* Q*:*

$$(2.21) \qquad Q(\mu,\mu') = \int_0^\infty dt\, \mu\big([t,\infty[\big)\, \mu'\big([t,\infty[\big)$$

für alle signierten Borelmaße μ, μ' *auf* $\mathbb{R}_+$ *mit kompaktem Träger.*

Beweis: Sei μ ein signiertes Borelmaß auf $\mathbb{R}_+$ mit Träger in $[0,c]$. Mit den Punkten

$$t_k^n := ck/2^n; \quad k = 0,1,\ldots,2^n; \ n \in \mathbb{N}$$

bilden wir die diskreten signierten Maße μ_n auf $\mathbb{R}_+$:

$$\mu_n = \sum_{k=0}^{2^n-1} \mu\big(]t_k^n, t_{k+1}^n]\big) \cdot \delta_{t_k^n}; \quad n \in \mathbb{N}.$$

Dann konvergiert aufgrund der gleichmäßigen Stetigkeit auf $[0,c]$ (beachte hierbei $\mu(]c,\infty[) = 0$)

$$\int f\, d\mu_n = \sum_{k=0}^{2^n-1} f(t_k^n)\, \mu\big(]t_k^n, t_{k+1}^n]\big) \to \int_0^\infty f d\mu; \quad f \in C_0.$$

Nach (2.20) (für $d = 1$) sind die Zufallsvariablen

$$Y_n\colon \big(C_0; \mathscr{B}(C_0); \nu\big) \to \mathbb{R}, \quad Y_n(f) = \int_0^\infty f d\mu_n; \quad n \in \mathbb{N}$$

zentriert normalverteilt. Lemma 2.21 impliziert daher, daß auch die punktweisen Grenzwerte

$$Y\colon C_0 \to \mathbb{R}, \quad Y(f) = \lim_{n\to\infty} Y_n(f) = \int_0^\infty f d\mu$$

zentriert normalverteilt sind. Für die Varianz folgt

$$\begin{aligned} \operatorname{Var} Y &= \int_{C_0} \nu(df) \Big(\int_0^\infty \mu(ds)\, f(s) \int_0^\infty \mu(dt)\, f(t) \Big) \\ &= \int_0^\infty \mu(ds) \Big(\int_0^\infty \mu(dt) \int_{C_0} \nu(df)\, f(s)\, f(t) \Big) \end{aligned}$$

(μ hat kompakten Träger, so daß der Integrand beschränkt ist). Hierin ist (siehe Beispiel 2.19)

$$\int \nu(df)\, f(s)\, f(t) = s \wedge t = \int_0^\infty dx\, 1_{[0,s]}(x)\, 1_{[0,t]}(x).$$

Setzt man dies ein und schreibt $1_{[0,s]}(x) = 1_{[x,\infty[}(s)$ (und analog für t), so folgt $\operatorname{Var} Y = \int_0^\infty dx \big(\mu([x,\infty[)\big)^2$. Damit ergibt sich die Behauptung aus Satz 1.37.

□

2.5 Markovprozesse

Bereits in Abschnitt 2.1 wurden Markovprozesse zu einer gegebenen Halbgruppe von Kernen und einer gegebenen Startwahrscheinlichkeit eingeführt. In diesem Abschnitt gehen wir von einer intrinsischen Charakterisierung der Zeitabhängigkeit solcher Prozesse aus, der (elementaren) Markoveigenschaft, die besagt, daß der Prozeß in dem Sinne "gedächtnislos" verläuft, daß zu jedem Zeitpunkt Vergangenheit und Zukunft des Prozesses bedingt unabhängig sind unter der vorliegenden Gegenwart als Hypothese.

Wir stellen einige technische Aussagen über bedingte Erwartungen voran, mit deren Hilfe wir dann mehrere formal verschiedene, aber inhaltlich äquivalente Formulierungen der Markoveigenschaft geben können.

Lemma 2.24. *Sei $(\Omega;\mathscr{F};P)$ ein Wahrscheinlichkeitsraum.*

i) *Sind $\mathscr{B} \subset \mathscr{C} \subset \mathscr{F}$ σ-Unteralgebren und $\mathscr{C}_*$ ein $\cap$-stabiler Erzeuger für $\mathscr{C}$, so ist für eine P-integrierbare Funktion $f\colon \Omega \to \mathbb{R}$ genau dann $E^{\mathscr{B}}f = E^{\mathscr{C}}f$ (P-f.ü. für fixierte Versionen der bedingten Erwartungen), wenn $E^{\mathscr{C}}f$ schon P-f.ü. gleich einer $\mathscr{B}$-meßbaren Funktion ist, oder auch, wenn gilt*

$$\int_C E^{\mathscr{B}} f\, dP = \int_C f\, dP \quad \text{für jedes } C \in \mathscr{C}_*.$$

ii) *Sind $\mathscr{B},\mathscr{C},\mathscr{D} \subset \mathscr{F}$ σ-Unteralgebren, so gilt $E^{\mathscr{B}}f = E^{\mathscr{C}}f$ (P-f.ü.) schon dann für jede $\mathscr{D}$-meßbare P-integrierbare Funktion f, wenn dies für $f = 1_D$, $D \in \mathscr{D}_*$ gilt, wo $\mathscr{D}_*$ ein $\cap$-stabiler Erzeuger von $\mathscr{D}$ ist.*

Beweis: Beide Aussagen ergeben sich fast unmittelbar aus der Definition bzw. den Rechenregeln für bedingte Erwartungen (Satz 1.13), wobei noch zu beachten ist, daß in i)

$$\{C \in \mathscr{C} : \textstyle\int_C E^{\mathscr{B}} f\, dP = \int_C f\, dP\}$$

bzw. in ii)

$$\{D \in \mathscr{D} : E^{\mathscr{B}} 1_D = E^{\mathscr{C}} 1_D \text{ f.ü.}\}$$

jeweils Dynkin-Systeme bilden, nach Satz 1.4 (und Voraussetzung) also $= \mathscr{C}$ bzw. $= \mathscr{D}$ sind. □

Definition 2.25. (Bedingte Unabhängigkeit) Sind $\mathscr{B},\mathscr{C},\mathscr{D} \subset \mathscr{F}$ σ-Unteralgebren in einem Wahrscheinlichkeitsraum $(\Omega;\mathscr{F};P)$, so heißen $(\mathscr{B},\mathscr{C})$ *bedingt unabhängig unter der Hypothese $\mathscr{D}$*, wenn (P-f.ü.) gilt

$$E^{\mathscr{D}} 1_{B\cap C} = (E^{\mathscr{D}} 1_B)(E^{\mathscr{D}} 1_C); \quad B \in \mathscr{B};\ C \in \mathscr{C}. \tag{2.22}$$

Lemma 2.26. *Seien $\mathcal{B}, \mathcal{C}, \mathcal{D} \subset \mathcal{F}$ σ-Unteralgebren in einem Wahrscheinlichkeitsraum $(\Omega; \mathcal{F}; P)$ mit $\mathcal{D} \subset \mathcal{B}$. Genau dann sind $(\mathcal{B}, \mathcal{C})$ bedingt unabhängig unter $\mathcal{D}$, wenn (P-f.ü.) gilt*

$$E^{\mathcal{B}} 1_C = E^{\mathcal{D}} 1_C; \quad C \in \mathcal{C}. \tag{2.23}$$

Beweis: Aus (2.22) folgt für $B \in \mathcal{B}$, $C \in \mathcal{C}$

$$\begin{aligned}\int_B (E^{\mathcal{D}} 1_C)\, dP &= E(1_B E^{\mathcal{D}} 1_C) = (E \circ E^{\mathcal{D}})(1_B E^{\mathcal{D}} 1_C) \\ &= E\big((E^{\mathcal{D}} 1_B)(E^{\mathcal{D}} 1_C)\big) = E(E^{\mathcal{D}} 1_{B \cap C}) = P(B \cap C).\end{aligned}$$

Hier wurde in der dritten Gleichheit die Rechenregel 1.13 iv) für bedingte Erwartungen benutzt, in der vierten Gleichheit (2.22). Wegen $\mathcal{D} \subset \mathcal{B}$ folgt (2.23) aus dem vorangehenden Lemma i).

Umgekehrt folgt aus (2.23) für $B \in \mathcal{B}$, $C \in \mathcal{C}$

$$\begin{aligned} E^{\mathcal{D}} 1_{B \cap C} &= (E^{\mathcal{D}} \circ E^{\mathcal{B}})(1_{B \cap C}) = E^{\mathcal{D}}\big(1_B (E^{\mathcal{B}} 1_C)\big) \\ &= E^{\mathcal{D}}\big(1_B (E^{\mathcal{D}} 1_C)\big) = E^{\mathcal{D}}(1_B) E^{\mathcal{D}}(1_C),\end{aligned}$$

wobei in der zweiten und vierten Gleichheit wiederum Satz 1.13 iv) benutzt wurde. □

Definition 2.27. (Elementare Markoveigenschaft) Ein stochastischer Prozeß X_t: $(\Omega; \mathcal{F}; P) \to (S; \mathcal{S})$; $t \in T$ mit $T = \mathbb{R}_+$ oder $\mathbb{N}_0$ hat die *elementare Markoveigenschaft*, wenn (P-f.ü.) für alle $A \in \mathcal{S}$ und $0 \leq s_1 < \ldots < s_r < s < t$ in T gilt

$$E(X_t \in A | X_s) = E(X_t \in A | X_{s_1}, \ldots, X_{s_r}, X_s). \tag{2.24}$$

Hierbei bezeichnet wie üblich $E(X_t \in A | X_{s_1}, \ldots, X_{s_r}, X_s)$ die bedingte Erwartung $E^{\sigma(X_{s_1}, \ldots, X_{s_r}, X_s)} 1_{\{X_t \in A\}}$.

Diese Formulierung ist eine "Minimalform" der Markoveigenschaft. (2.24) verallgemeinert sich natürlich sofort auf beliebige Zeitpunkte $0 \leq s_1 \leq \ldots \leq s_r \leq s \leq t$. Mit Hilfe der vorangehenden beiden Lemmata ergeben sich aber noch wesentlich stärkere Formulierungen.

Wir bezeichnen für einen stochastischen Prozeß $(X_t)_{t \in T}$, $T = \mathbb{R}_+$ oder $\mathbb{N}_0$, mit

$$\mathcal{F}_t^X := \sigma(X_s : s \leq t) \quad \text{bzw.} \quad \mathcal{B}_t^X := \sigma(X_s : s \geq t)$$

die σ-Algebren der durch X definierten *Ereignisse bis t bzw. ab t* (für $t \in T$), und deren $\cap$-stabile Erzeuger mit

$$\begin{aligned}(\mathcal{F}_t^X)_* &:= \big\{\{X_{s_1} \in A_1, \ldots, X_{s_r} \in A_r\} : s_i \leq t;\ A_i \in \mathcal{S};\ 1 \leq i \leq r \in \mathbb{N}\big\}, \\ (\mathcal{B}_t^X)_* &:= \big\{\{X_{s_1} \in A_1, \ldots, X_{s_r} \in A_r\} : s_i \geq t;\ A_i \in \mathcal{S};\ 1 \leq i \leq r \in \mathbb{N}\big\}\end{aligned}$$

($(S; \mathcal{S})$ ist der Zustandsraum des Prozesses X).

Die im folgenden Satz gegebenen beiden Charakterisierungen der elementaren Markoveigenschaft drücken auf verschiedene Weisen die "*Gedächtnislosigkeit*" des Prozesses aus:

Satz 2.28. *Die elementare Markoveigenschaft eines stochastischen Prozesses* $(X_t)_{t\in T}$ $(T = \mathbb{R}_+$ *oder* $\mathbb{N}_0)$ *ist äquivalent zu jeder der beiden folgenden Aussagen:*

(2.25) $E^{\sigma(X_t)}f = E^{\mathscr{F}_t^X} f$ *für jedes* $f \in L^1(P|\mathscr{B}_t^X)$; $t \in T$;

(2.26) *Die* σ*-Algebren* $(\mathscr{F}_t^X, \mathscr{B}_t^X)$ *sind bedingt unabhängig unter der Hypothese* $\sigma(X_t)$; $t \in T$.

Beweis: Die Äquivalenz von (2.25) und (2.26) wurde in Lemma 2.26 in Verbindung mit Lemma 2.24 ii) gezeigt. Da offenbar (2.25) die elementare Markoveigenschaft formal verschärft, setzen wir umgekehrt diese voraus. Nach Lemma 2.24 ii) genügt es, (2.25) für $f = 1_{\{X_{t_1}\in A_1,\ldots,X_{t_r}\in A_r\}}$ mit $t \le t_1 < \ldots < t_r \in T$ und $A_i \in \mathscr{S}$ zu zeigen ($(S;\mathscr{S})$ ist wieder der Zustandsraum von X). Für $r = 1$ ist dies nach Lemma 2.24 i) eine direkte Konsequenz der Voraussetzung (2.24). Wir schließen nun induktiv von $r-1$ auf r:

$$\begin{aligned} E^{\mathscr{F}_t^X} f &= E^{\mathscr{F}_t^X}(E^{\mathscr{F}_{t_1}^X} f) = E^{\mathscr{F}_t^X}\big(1_{\{X_{t_1}\in A_1\}} E^{\mathscr{F}_{t_1}^X} 1_{\{X_{t_2}\in A_2,\ldots,X_{t_r}\in A_r\}}\big) \\ &= E^{\mathscr{F}_t^X}\big(1_{\{X_{t_1}\in A_1\}} E^{\sigma(X_{t_1})} 1_{\{X_{t_2}\in A_2,\ldots,X_{t_r}\in A_r\}}\big) \\ &= E^{\sigma(X_t)}\big(1_{\{X_{t_1}\in A_1\}} E^{\sigma(X_{t_1})} 1_{\{X_{t_2}\in A_2,\ldots,X_{t_r}\in A_r\}}\big); \end{aligned}$$

dabei wurde in der zweiten Zeile die Induktionsvoraussetzung und in der dritten Zeile der Fall $r = 1$ (in Verbindung mit Lemma 2.24 ii)) benutzt. Damit folgt (2.25) aus Lemma 2.24 i). □

Als kanonische Beispiele von stochastischen Prozessen mit elementarer Markoveigenschaft erhalten wir Markovprozesse zu einer gegebenen Halbgruppe von Übergangskernen und gegebener Startwahrscheinlichkeit. Etwas allgemeiner gilt nämlich folgender Zusammenhang:
Zu einem stochastischen Prozeß $X_t\colon (\Omega;\mathscr{F};P) \to (S,\mathscr{S})$; $t \in T$ $(= \mathbb{R}_+$ oder $\mathbb{N}_0)$ beziehungsweise einer Familie $(K_{s,t})_{s<t}$ (mit $s,t \in T$) von Markovkernen auf $(S;\mathscr{S})$ zusammen mit einem Wahrscheinlichkeitsmaß μ auf $(S;\mathscr{S})$ betrachten wir folgende beiden verknüpfenden Aussagen:

$$\begin{aligned} &P\{X_0 \in A_0, X_{t_1} \in A_1, \ldots, X_{t_r} \in A_r\} = \\ (2.27)\qquad &= \int_{A_0} \mu(dx_0) \int_{A_1} K_{0,t_1}(x_0, dx_1) \ldots \int_{A_r} K_{t_{r-1},t_r}(x_{r-1}, dx_r) \end{aligned}$$

für alle $0 < t_1 < \ldots < t_r$ in T und $A_0, A_1, \ldots, A_r \in \mathscr{S}$; und

$$(2.28)\qquad E^{\mathscr{F}_s^X} 1_{\{X_t\in A\}} = K_{s,t}\big(X_s(\cdot), A\big) \quad P\text{-f.ü.}$$

für alle $0 \le s < t$ in T und $A \in \mathscr{S}$ (die sogenannte *schwache Markoveigenschaft* für X).

Gleichung (2.27) legt also die endlichdimensionalen Verteilungen von X durch die Kerne $K_{s,t}$ beziehungsweise μ fest. Ein Prozeß X mit diesen endlichdimensionalen Verteilungen existiert etwa, wenn die Familie $(K_{s,t})_{s<t}$ als Markov-Halbgruppe auf einem polnischen Raum $(S;\mathscr{B}(S))$ gegeben ist (siehe Definition 2.5 des Markovprozesses zu einer Markov-Halbgruppe und gegebener Startwahrscheinlichkeit). Wir setzen die Halbgruppeneigenschaft der Familie $(K_{s,t})_{s<t}$ hier jedoch nicht voraus, bemerken aber, daß sie immerhin "modulo P" für das Bestehen einer Verknüpfung der Form (2.27) mit einem stochastischen Prozeß X auch notwendig ist; aus (2.27) folgt nämlich für $s<u<t$ und $A \in \mathscr{S}$

$$K_{s,t}(\cdot,A) = (K_{s,u}\cdot K_{u,t})(\cdot,A) \quad (P\circ X_s^{-1})\text{-f.ü.} \tag{2.29}$$

Denn zunächst ist $P\circ X_s^{-1}$ nach (2.27) für $s>0$ gegeben als

$$(P\circ X_s^{-1})(B) = P\{X_0\in S, X_s\in B\} = \int \mu(dx_0)\, K_{0,s}(x_0,B).$$

Hiermit folgt aus (2.27) für beliebige $C\in\mathscr{S}$ und $0<s<u<t$

$$\begin{aligned}\int_C (P\circ X_s^{-1})(dx)\, K_{s,t}(x,A) &= \int \mu(dx_0)\int_C K_{0,s}(x_0,dx)\, K_{s,t}(x,A)\\ &= P\{X_0\in S, X_s\in C, X_t\in A\} = P\{X_0\in S, X_s\in C, X_u\in S, X_t\in A\}\\ &= \int \mu(dx_0)\int_C K_{0,s}(x_0,dx)\int K_{s,u}(x,dy)\, K_{u,t}(y,A)\\ &= \int_C (P\circ X_s^{-1})(dx)\,(K_{s,u}\cdot K_{u,t})(x,A);\end{aligned}$$

analog für $s=0$. Da $C\in\mathscr{S}$ beliebig war, ist dies äquivalent mit (2.29).
Gleichung (2.28) besagt, daß X die elementare Markoveigenschaft hat (denn die rechte Seite ist $\sigma(X_s)$-meßbar) und dabei die Kerne $K_{s,t}$ faktorisierte bedingte Verteilungen von X_t unter X_s sind (Definition 1.16):

$$E^{\mathscr{F}_s^X} 1_{\{X_t\in A\}} = E(X_t\in A|X_s) = K_{s,t}(X_s(\cdot),A)\,; \quad s<t;\ A\in\mathscr{S}.$$

Anders ausgedrückt (vgl. Abschnitt 1.2): $K_{s,t}(x,A) = E(X_t\in A|X_s=x)$ ist die bedingte Wahrscheinlichkeit für $X_t\in A$, wenn $X_s=x$ ist (auch *Übergangswahrscheinlichkeit* von $X_s=x$ nach $X_t\in A$ genannt). Wiederum existiert (nach Satz 1.17) für polnischen Zustandsraum S von X eine Familie von Kernen $(K_{s,t})_{s<t}$ mit (2.28), wenn X die elementare Markoveigenschaft hat.

Nach dem folgenden Satz sind nun die Beziehungen (2.27) bzw. (2.28) zwischen einem Prozeß X und einer Familie $(K_{s,t})_{s<t}$ von Kernen äquivalent. In diesem Sinne sind also auch Prozesse mit der elementaren Markoveigenschaft und Markovprozesse zu einer Halbgruppe von Kernen im wesentlichen dasselbe.

Satz 2.29. *Ein stochastischer Prozeß X_t: $(\Omega;\mathscr{F};P)\to(S;\mathscr{S})$; $t\in T$ besitzt genau dann die durch eine Familie $(K_{s,t})_{s<t\in T}$ von Markovkernen auf $(S;\mathscr{S})$ gegebenen endlichdimensionalen Verteilungen* (2.27), *wenn er die schwache Markoveigenschaft* (2.28) *hat.*

Beweis: (2.27) ⇒ (2.28): Dies folgt zunächst für $s = 0$, wo ja $\mathscr{F}_0^X = \sigma(X_0)$ ist, sofort aus

$$\begin{aligned}\int_{X_0^{-1}(B)} 1_{\{X_t \in A\}} dP &= P\{X_0 \in B, X_t \in A\} \\ &= \int_B \mu(dx) K_{0,t}(x, A) \\ &= \int_{X_0^{-1}(B)} P(d\omega) K_{0,t}(X_0(\omega), A); \quad B \in \mathscr{S};\end{aligned}$$

dabei wurde in der zweiten und dritten Gleichheit (2.27) benutzt. Für $s > 0$ ist (vgl. Lemma 2.24) für beliebige $0 < s_1 < \ldots < s_r < s < t$ und beliebige B_0, $B_1, \ldots, B_r, B \in \mathscr{S}$ zu zeigen, daß gilt

$$P(M \cap \{X_t \in A\}) = \int_M K_{s,t}(X_s(\cdot), A) dP,$$

mit $M := \{X_0 \in B_0, X_{s_1} \in B_1, \ldots, X_{s_r} \in B_r, X_s \in B\}$. Mit der Funktion

$$h\colon h(x_0, x_1, \ldots, x_r, x) = 1_{B_0}(x_0) 1_{B_1}(x_1) \ldots 1_{B_r}(x_r) 1_B(x) K_{s,t}(x, A)$$

ist aber nach (2.27) (mittels Satz 1.4 iii), erweitert von Indikatorfunktionen auf beschränkte meßbare Funktionen)

$$\begin{aligned}\int_M K_{s,t}(X_s(\cdot), A)\, dP &= \int h \circ (X_0, X_{s_1}, \ldots, X_{s_r}, X_s)\, dP \\ &= \int \mu(dx_0) \int K_{0,s_1}(x_0, dx_1) \ldots \int K_{s_r,s}(x_r, dx)\, h(x_0, x_1, \ldots, x_r, x) \\ &= \int_{B_0} \mu(dx_0) \int_{B_1} K_{0,s_1}(x_0, dx_1) \ldots \int_B K_{s_r,s}(x_r, dx)\, K_{s,t}(x, A) \\ &= P(M \cap \{X_t \in A\}).\end{aligned}$$

(2.28) ⇒ (2.27): Wir haben (2.27) mit $\mu = P \circ X_0^{-1}$ nachzuweisen und beschränken uns der Übersichtlichkeit halber auf den Fall $r = 2$. Zunächst verallgemeinert sich (wieder mittels Satz 1.4 iii)) Gleichung (2.28) von Indikatorfunktionen 1_A auf beschränkte meßbare $f\colon S \to \mathbb{R}$ zu

$$E^{\mathscr{F}_s^X}(f \circ X_t) = \int K_{s,t}(X_s(\cdot), dx) f(x) = E(f \circ X_t | X_s) \quad P\text{-f.ü.} \tag{2.30}$$

Wir haben

$$\begin{aligned}P\{X_0 \in A_0, X_{t_1} \in A_1, X_{t_2} \in A_2\} &= E[(1_{A_0} \circ X_0)(1_{A_1} \circ X_{t_1})(1_{A_2} \circ X_{t_2})] \\ &= E \circ E^{\sigma(X_0)}[(1_{A_0} \circ X_0)(1_{A_1} \circ X_{t_1})(1_{A_2} \circ X_{t_2})] \\ &= E[(1_{A_0} \circ X_0) E^{\sigma(X_0)}((1_{A_1} \circ X_{t_1})(1_{A_2} \circ X_{t_2}))].\end{aligned}$$

Nun ist

$$
\begin{aligned}
E^{\sigma(X_0)}\big[(1_{A_1}\circ X_{t_1})(1_{A_2}\circ X_{t_2})\big] &= E^{\sigma(X_0)}\circ E^{\mathscr{F}^X_{t_1}}\big[(1_{A_1}\circ X_{t_1})(1_{A_2}\circ X_{t_2})\big]\\
&= E^{\sigma(X_0)}\big[(1_{A_1}\circ X_{t_1})E^{\mathscr{F}^X_{t_1}}(1_{A_2}\circ X_{t_2})\big]\\
&= E^{\sigma(X_0)}\big[(1_{A_1}\circ X_{t_1})K_{t_1,t_2}(X_{t_1}(\cdot),A_2)\big]\\
&= \int_{A_1} K_{0,t_1}(X_0(\cdot),dx)K_{t_1,t_2}(x,A_2)
\end{aligned}
$$

wobei in der dritten Zeile (2.28) und in der vierten Zeile (2.30) für $s=0$, $t=t_1$ benutzt wurde. Setzt man dies in die vorherige Beziehung ein, so folgt (2.27):

$$
\begin{aligned}
P\{X_0\in A_0, X_{t_1}\in A_1, X_{t_2}\in A_2\} &=\\
&= \int P(d\omega)(1_{A_0}\circ X_0)(\omega)\int_{A_1} K_{0,t_1}(X_0(\omega),dx)\,K_{t_1,t_2}(x,A_2)\\
&= \int_{A_0}(P\circ X_0^{-1})(dy)\int_{A_1} K_{0,t_1}(y,dx)\,K_{t_1,t_2}(x,A_2)\,. \qquad \square
\end{aligned}
$$

Nach Satz 2.29 erscheint es sinnvoll, generell einen stochastischen Prozeß X_t: $(\Omega;\mathscr{F};P)\to(S;\mathscr{S})$; $t\in T$ mit der elementaren Markoveigenschaft als *Markovprozeß* zu bezeichnen. Zumindest bei polnischem Zustandsraum gibt es dann eine Familie von Kernen $K_{s,t}$ auf S, mit denen der Prozeß die schwache Markoveigenschaft (2.28) und also auch die endlichdimensionalen Verteilungen (2.27) besitzt. Insbesondere ist also auch jeder zu X äquivalente Prozeß dann ein Markovprozeß.

Bemerkung 2.30. Nach Satz 2.28 ist mit X auch jeder Prozeß $(F_t\circ X_t)_{t\in T}$ Markovprozeß, bei dem jeweils F_t: $(S;\mathscr{S})\to(S';\mathscr{S}')$ eine Abbildung des Zustandsraumes $(S;\mathscr{S})$ von X in einen weiteren Meßraum $(S';\mathscr{S}')$ ist, für die $F_t^{-1}(\mathscr{S}')=\mathscr{S}$ gilt; hierbei ändern sich nämlich die σ-Algebren $\sigma(X_t),\mathscr{F}_t^X$ und $\mathscr{B}_t^X$ nicht. Gleichfalls aus Satz 2.28 ist die Invarianz der elementaren Markoveigenschaft unter monotonen Zeittransformationen zu erkennen. Ist $(X_t)_{t\in T}$ (mit $T=\mathbb{R}_+$ oder $\mathbb{N}_0$) ein Markovprozeß, ferner ρ: $T'\to T$ monoton wachsend bzw. fallend (mit T' ebenfalls $=\mathbb{R}_+$ oder $\mathbb{N}_0$), dazu $Y_t:=X_{\rho(t)}$, $t\in T'$, so ist auch Y ein Markovprozeß: Bei wachsendem ρ ist nämlich $\mathscr{F}_t^Y\subset\mathscr{F}_{\rho(t)}^X$ und $\mathscr{B}_t^Y\subset\mathscr{B}_{\rho(t)}^X$, $t\in T'$ und die Behauptung folgt aus der Charakterisierung (2.26) der elementaren Markoveigenschaft. Bei fallendem ρ ist dagegen $\mathscr{F}_t^Y\subset\mathscr{B}_{\rho(t)}^X$ und $\mathscr{B}_t^Y\subset\mathscr{F}_{\rho(t)}^X$, $t\in T'$, und wieder überträgt sich die elementare Markoveigenschaft in der Form (2.26) von X auf Y. Beispiele sind etwa (für fixiertes $t_0\in T$) $\rho(t):=t_0\wedge t$ (Y entsteht aus X durch "Stoppung bei t_0") oder $\rho(t)=(t_0-t)_+:=(t_0-t)\vee 0$ (Y ist der von t_0 ab "rückwärts durchlaufene" Prozeß X; für die allgemeinere Theorie der Zeitumkehr bei Markovprozessen vgl. [CH-W 69]).

Bemerkung 2.31. Die elementare Markoveigenschaft führt, wie wir gesehen haben, (bei polnischem Zustandsraum) auf die Halbgruppengleichungen (2.29) für die Übergangswahrscheinlichkeiten, aus denen sich wiederum die endlichdimensionalen Verteilungen berechnen. Ist ein Markovprozeß zugleich ein Gaußprozeß, so sind seine endlichdimensionalen Verteilungen auch durch die Kovarianzfunktion festgelegt (Satz 2.20). Die elementare Markoveigenschaft sollte sich also auch in einer Funktionalgleichung für diese Funktion niederschlagen. Wir wollen dies im einfachsten Fall eines stationären reellen *Gauß-Markov-Prozesses* $(X_t)_{t\in\mathbb{R}_+}$ andeuten. Hier ist also die Kovarianzfunktion gemäß

$$E(X_s X_{s+t}) = K(t); \quad s,t \in \mathbb{R}_+$$

durch eine Funktion $K\colon \mathbb{R}_+ \to \mathbb{R}$ von nur einer Variablen gegeben. Der Fall $K(0) = 0$ ist uninteressant, da hier $E(X_s)^2 = 0$ für alle s, also $X = 0$ ist. Wir setzen also jetzt $K(0) > 0$ voraus.

Ebenso hängen aufgrund der Stationarität die zweidimensionalen Verteilungen $Q_t = P \circ (X_s, X_{s+t})^{-1}$ nur von t ab und sind zweidimensional Gauß-verteilt; nach Satz 1.37 ist nämlich

$$\widehat{Q}_t(x) = e^{-\frac{1}{2}\langle C(t)x,x\rangle}; \quad x \in \mathbb{R}^2,$$

mit der positiv-semidefiniten Matrix

$$C(t) = \begin{pmatrix} K(0) & K(t) \\ K(t) & K(0) \end{pmatrix} = K(0)\begin{pmatrix} 1 & k(t) \\ k(t) & 1 \end{pmatrix}; \quad t \in \mathbb{R}_+$$

mit $k(t) := K(t)/K(0)$. Im definiten Fall ist die Determinante von $C(t)$ größer als 0, d.h. $|k(t)| < 1$. Hier läßt sich Q_t selbst aus $\widehat{Q}_t$ berechnen:

$$Q_t(dx) = \frac{1}{2\pi\sqrt{\det C(t)}}\, e^{-\frac{1}{2}\langle C(t)^{-1}x,x\rangle}\, dx$$

(wie eine einfache Variablensubstitution in der Berechnung der Fouriertransformierten zeigt). Explizite Auswertung dieser Dichte erlaubt es, gemäß Beispiel 1.11 ii) die faktorisierte bedingte Verteilung $E(X_{s+t}|X_s = x)$ zu berechnen: es ergibt sich hierfür der Wert $k(t)x$, d.h. also

$$E(X_{s+t}|X_s) = k(t)X_s \quad P\text{-f.ü.}$$

Diese Beziehung bleibt auch für $|k(t)| = 1$ richtig (vgl. [BA 91], §43). Aufgrund der elementaren Markoveigenschaft ist andererseits gemäß Satz 2.28

$$E(X_{s+t}|X_s) = E(X_{s+t}|X_0, X_s)$$

und damit auch

$$\begin{aligned} E(X_0 X_{s+t}) &= E\big[E^{\sigma(X_0,X_s)}(X_0 X_{s+t})\big] \\ &= E\big[X_0 (E^{\sigma(X_0,X_s)} X_{s+t})\big] = k(t)\, E(X_0 X_s), \end{aligned}$$

also $k(s+t) = k(s)k(t)$. Dies liefert die gesuchte Funktionalgleichung für die Kovarianzfunktion $K(t) = K(0)\,k(t)$. Sind etwa noch die Pfade von X stetig, so hängt (majorierte Konvergenz) auch

$$\widehat{Q}_t(x) = \int e^{i\langle x,(X_0(\omega),X_t(\omega))\rangle}\, P(d\omega) = e^{-\frac{1}{2}\langle C(t)x,x\rangle}$$

und damit $k(t)$ stetig von $t \in \mathbb{R}_+$ ab, und die Lösung der gewonnenen Funktionalgleichung für k ist (wegen $|k(t)| \leq k(0) = 1$) bekanntlich $k(t) = e^{-\alpha t}$ mit $\alpha \geq 0$. Wir erhalten damit das Ergebnis: Jeder nichtkonstante stetige stationäre reelle Gauß-Markov-Prozeß ist äquivalent zu

$$e^{-\alpha t} B_{\beta e^{2\alpha t}}\,; \quad t \in \mathbb{R}_+,$$

mit positiven Konstanten α, β und einer eindimensionalen BM B. (Denn hierfür erhält man als Kovarianz gerade $K(s,t) = \beta e^{-\alpha|t-s|}$).

2.6 Stochastische Flüsse

Bezeichnet $Y^{s,x}$: $[s,\infty[\, \to S$ die zur Zeit s in $x \in S$ startende Lösung einer Differentialgleichung $\dot{y}(t) = f\big(t, y(t)\big)$, so ergeben sich (als Konsequenz der eindeutigen Lösbarkeit) für den zugehörigen Fluß $\Phi_{s,t}$: $\Phi_{s,t}(x) = Y^{s,x}(t)$ für $s \leq t$ und $x \in S$, die "Flußgleichungen"

$$\Phi_{s,t} = \Phi_{u,t} \circ \Phi_{s,u}\,; \quad s \leq u \leq t\,.$$

In Abschnitt 1.5 hatten wir allgemein Flüsse $\Phi_{s,t}$: $S \to S$; $0 \leq s \leq t$ auf einem Meßraum $(S;\mathscr{S})$ durch diese Gleichungen definiert und damit deterministische Beispiele von Markov-Halbgruppen

$$K_{s,t}(x,A) = \delta_{\Phi_{s,t}(x)}(A) \equiv 1_A\big(\Phi_{s,t}(x)\big)\,; \quad s \leq t;\ x \in S;\ A \in \mathscr{S}$$

auf $(S;\mathscr{S})$ erhalten.

In der Lösungstheorie stochastischer Differentialgleichungen werden wir in analoger Weise auf stochastische Flüsse geführt. Wir wollen schon an dieser Stelle, unabhängig von Differentialgleichungen, den Begriff eines stochastischen Flusses in abstrakter Form einführen.

Wir beginnen mit einem Begriff, der unmittelbar an Satz 2.29 und die Diskussion der Markoveigenschaft anschließt:

Definition 2.32. (Markovsche Familie) Sei $(S;\mathscr{S})$ ein Meßraum, $T = \mathbb{R}_+$ oder $\mathbb{N}_0$. Für jedes $t_0 \in T$, $x \in S$ sei $(\Omega;\mathscr{F};P^x_{t_0})$ ein Wahrscheinlichkeitsraum. Eine Familie von stochastischen Prozessen X_t: $(\Omega;\mathscr{F};P^x_{t_0}) \to (S;\mathscr{S})$; $t \in T$; $(t_0,x) \in T \times S$ (bei der also nur die zugrundeliegenden Wahrscheinlichkeiten $P^x_{t_0}$, nicht aber die Pfade vom Parameter $(t_0,x) \in T \times S$ abhängen) heiße *Markovsche Familie* von Prozessen, wenn gilt

a) $(x,A) \mapsto P^x_{t_0}(A)$ ist für jedes $t_0 \in T$ ein Markovkern von $(S;\mathscr{S})$ nach $(\Omega;\mathscr{F})$.
b) $P^x_{t_0} \circ X_0^{-1} = \delta_x$ für alle $(t_0,x) \in T \times S$.
c) (*Schwache Markoveigenschaft*): Für die jeweils bezüglich $P^x_{t_0}$ gebildeten bedingten Erwartungen (mit $(t_0,x) \in T \times S$) gilt

(2.31) $$E^{\mathscr{F}^X_s} 1_{\{X_t \in A\}} = P^{X_s(\cdot)}_{t_0+s}\{X_{t-s} \in A\} \quad P^x_{t_0}\text{-f.ü.}; \ s \leq t\,.$$

Der folgende Satz gibt eine äquivalente Charakterisierung Markovscher Familien von Prozessen, die insbesondere (mit Satz 1.28) zeigt, daß jede Markov-Halbgruppe $(K_{s,t})_{s\le t}$ auf einem polnischen Raum S eine (kanonische) Markov-Familie X definiert, deren Maße $P^x_{t_0}$ mit K verknüpft sind durch

$$\begin{aligned}(2.32)\quad &P^x_{t_0}\{X_0 \in A_0, X_{t_1} \in A_1, \ldots, X_{t_r} \in A_r\}\\ &= 1_{A_0}(x)\int_{A_1} K^{t_0}_{0,t_1}(x,dx_1)\int_{A_2} K^{t_0}_{t_1,t_2}(x_1,dx_2)\ldots\int_{A_r} K^{t_0}_{t_{r-1},t_r}(x_{r-1},dx_r)\end{aligned}$$

für alle Tupel $0 < t_1 < \ldots < t_r$ in T und $A_0, A_1, \ldots, A_r \in \mathscr{B}(S)$; hierbei bezeichnet K^{t_0} die Familie der "zeitverschobenen" Kerne $K^{t_0}_{s,t} := K_{t_0+s,t_0+t}$ (die natürlich wieder eine Markov-Halbgruppe bilden).

Satz 2.33. *Sei* X_t: $(\Omega;\mathscr{F};P^x_{t_0}) \to (S;\mathscr{S})$; $t \in T$; $(t_0,x) \in T \times S$ *eine Familie von Prozessen, deren zugrundeliegende Wahrscheinlichkeiten* $P^x_{t_0}(A)$ *für jedes* $A \in \mathscr{F}$ *meßbar von* $x \in S$ *abhängen. Dann sind also die*

$$(2.33)\qquad K_{s,t}\colon K_{s,t}(x,A) := P^x_s\{X_{t-s} \in A\};\quad x \in S;\ A \in \mathscr{S};\ s \le t$$

Markovkerne auf $(S;\mathscr{S})$. *Genau dann ist* X *eine Markovsche Familie, wenn für jedes* $(t_0,x) \in T \times S$ *jeweils* X *bezüglich* $P^x_{t_0}$ *ein Markovprozeß mit den endlichdimensionalen Verteilungen* (2.32) *ist. In diesem Fall bildet außerdem* $(K_{s,t})_{s\le t}$ *eine Markov-Halbgruppe.*

Beweis: Aus (2.33) folgt zunächst

$$P^x_{t_0+s}\{X_{t-s} \in A\} = K_{t_0+s,t_0+t}(x,A) = K^{t_0}_{s,t}(x,A).$$

Die schwache Markoveigenschaft (2.31) bezüglich $P^x_{t_0}$ ist also gerade die Relation (2.28) für die Kerne $K^{t_0}_{s,t}$. Diese ist nach Satz 2.29 mit den Relationen (2.27) (mit den Kernen $K^{t_0}_{s,t}$ statt $K_{s,t}$) äquivalent, wobei die zusätzliche Forderung $X_0 = x$ natürlich der Wahl $\mu = \delta_x$ entspricht. Damit ist die behauptete Äquivalenz der Eigenschaften (b) und (c) in Definition 2.32 mit Gleichung (2.32) gezeigt. Wir weisen nun noch die Halbgruppeneigenschaft $K_{s,t} = K_{s,u} \cdot K_{u,t}$, $s \le u \le t$, für die Kerne $(K_{s,t})_{s\le t}$ nach. Für $s < u < t$ folgt aus (2.32) mit $t_0 = s$

$$\begin{aligned}K_{s,t}(x,A) &= P^x_s\{X_0 \in S,\ X_{u-s} \in S,\ X_{t-s} \in A\}\\ &= \int K_{s,u}(x,dy)\,K_{u,t}(y,A);\quad A \in \mathscr{S}.\end{aligned}$$

Für $s = u$ bzw. $t = u$ ist die Behauptung nach Eigenschaft b) der Definition evident. □

Die Schwache Markoveigenschaft (2.31) läßt sich aufgrund dieses Satzes auch in einer formal stärkeren Weise ausdrücken. Wir fixieren hierzu bei gegebener Markovscher Familie von Prozessen noch eine Teilmenge $D \subset S^T$, in welcher (nach eventueller Modifikation) alle Pfade $X_\bullet$ verlaufen (also etwa $D = S^T$, oder, wenn bei topologischem Zustandsraum S für $T = \mathbb{R}_+$ alle $X_\bullet$ stetig angenommen werden können, $D = C(\mathbb{R}_+; S)$). D trägt die von den Koordinatenprojektionen pr_t: $S^T \to S$, $t \in T$, erzeugte (Produkt-)σ-Algebra $\sigma(\mathrm{pr}_t : t \in T)$. Dann ist also für jede meßbare Funktion F: $D \to \mathbb{R}$ auch $F \circ X_\bullet$: $\Omega \to \mathbb{R}$ meßbar. Sei F zusätzlich beschränkt, so daß der bezüglich eines $P_{t_0}^x$ gebildete Erwartungswert $E_{t_0,x}(F \circ X_\bullet) \equiv \int (F \circ X_\bullet) dP_{t_0}^x$ jeweils existiert, und nach Voraussetzung a) in Definition 2.32 meßbar von $x \in X$ abhängt. Bei fixiertem $s \in T$ ist daher $\omega \mapsto E_{t_0+s, X_s(\omega)}(F \circ X_\bullet)$ aufgrund der schwachen Markoveigenschaft, Gleichung (2.31) für $F = 1_A \circ \mathrm{pr}_t$, eine Version der bezüglich $P_{t_0}^x$ gebildeten bedingten Erwartung $E^{\mathscr{F}_s^X}(F \circ X_{s+\bullet})$. Dies gilt bei beliebigem F, also:

Korollar. (Markoveigenschaft) *Sei X_t: $(\Omega; \mathscr{F}; P_{t_0}^x) \to (S; \mathscr{S})$ eine Markovsche Familie von Prozessen, deren Pfade $X_\bullet$ in einer Teilmenge $D \subset S^T$ verlaufen. Für jede beschränkte meßbare Funktion F: $D \to \mathbb{R}$ ist dann*

$$E_{t_0+s, X_s(\cdot)}(F \circ X_\bullet) = E^{\mathscr{F}_s^X}(F \circ X_{s+\bullet}),$$

eine Version der bezüglich $P_{t_0}^x, (t_0, x) \in T \times S$, gebildeten bedingten Erwartung unter $\mathscr{F}_s^X \equiv \sigma(X_t : t \leq s)$, $s \in T$.

Beweis: Da $F \circ X_{s+\bullet}$ meßbar bezüglich der σ-Algebra $\mathscr{B}_s^X = \sigma(X_t : t \geq s)$ ist, genügt es nach Satz 2.28 und dem üblichen Monotone-Klasse-Argument, für $A_1, \ldots, A_r, B \in \mathscr{S}$ und $0 \leq t_1 < \ldots < t_r \in T$ zu zeigen

$$E_{t_0,x}\big[(1_B \circ X_s) \cdot E_{t_0+s, X_s(\cdot)}\big((1_{A_1} \circ X_{t_1}) \cdot \ldots \cdot (1_{A_r} \circ X_{t_r})\big)\big] =$$
$$= E_{t_0,x}\big[(1_B \circ X_s)(1_{A_1} \circ X_{s+t_1}) \cdot \ldots \cdot (1_{A_r} \circ X_{s+t_r})\big].$$

Schreibt man hier die linke Seite nach dem Transformationslemma als

$$\int_B (P_{t_0}^x \circ X_s^{-1})(dy)\, P_{t_0+s}^y\{X_{t_1} \in A_1, \ldots, X_{t_r} \in A_r\},$$

so zeigt Gleichung (2.32) (mit den Kernen $K_{s,t}$ aus (2.33)), daß beide Seiten gleich

$$\int_B K_{0,s}^{t_0}(x, dx_1) \int_{A_1} K_{s,s+t_1}^{t_0}(x_1, dx_2) \ldots \int_{A_r} K_{s+t_{r-1}, s+t_r}^{t_0}(x_{r-1}, dx_r)$$

sind. □

In der nach diesem Satz durch Gleichung (2.33) gegebenen Korrespondenz zwischen Markovschen Familien von Prozessen und Markov-Halbgruppen entsprechen offenbar zeitlich homogene Halbgruppen (mit nur von $t - s$ zeitabhängigen Kernen $K_{s,t}$) den *zeitlich homogenen Markov-Familien*, wo $P_{t_0}^x$ unabhängig von $t_0 \in T$ ist. Auf diesen Fall kann man sich, wie in Abschnitt 2.8 gezeigt wird, grundsätzlich zurückziehen.

Ist $(S;\mathscr{S})$ ein Meßraum und $\Phi_{s,t}\colon S \to S$, $s \le t$, eine Familie von meßbaren Abbildungen, so erhält man die kanonische Familie von stochastischen Prozessen $X_t = \mathrm{pr}_t\colon (S^T;\mathscr{S}^T;P_{t_0}^x) \to S$; $t \in T$ mit $P_{t_0}^x$ dem Diracmaß des jeweiligen Pfades $\Phi_{t_0,t_0+\bullet}(x) \in S^T$. Hierfür ist zunächst Forderung (a) von Definition 2.32 erfüllt. Gelten für Φ die Flußgleichungen

$$\Phi_{s,t} = \Phi_{u,t} \circ \Phi_{s,u}\,; \quad \Phi_{t,t} = \mathrm{id}_S\,; \quad s \le u \le t\,, \tag{2.34}$$

so bilden nach Beispiel 1.27 iv) die deterministischen Kerne

$$K_{s,t}(x,\cdot\,) = \delta_{\Phi_{s,t}(x)}\,; \quad s \le t$$

eine Markov-Halbgruppe, und hiermit gilt offenbar (2.32). Nach Satz 2.33 ist also dann X eine Markovsche Familie. Als stochastische Verallgemeinerung definieren wir:

Definition 2.34. (Stochastischer Fluß) Sei $(S;\mathscr{S})$ ein Meßraum und $T = \mathbb{R}_+$ oder $\mathbb{N}_0$. Ein *stochastischer Fluß* (auf S) ist ein stochastischer Prozeß

$$\Phi_{s,t}\colon (\Omega;\mathscr{F};P) \to (S^S;\mathscr{S}^S)\,; \quad s \le t \text{ in } T\,,$$

welcher pfadweise die Flußgleichungen (2.34) erfüllt, genauer gilt für alle $\omega \in \Omega$

$$\Phi_{s,t}(\omega) = \Phi_{u,t}(\omega) \circ \Phi_{s,u}(\omega)\,; \quad \Phi_{t,t}(\omega) = \mathrm{id}_S\,; \quad s \le u \le t\,. \tag{2.35}$$

In der Schreibweise $\Phi_{s,t}(x,\omega) := \big(\Phi_{s,t}(\omega)\big)(x)$ bedeutet dies also

$$\Phi_{s,t}(x,\omega) = \Phi_{u,t}\big(\Phi_{s,u}(x,\omega),\omega\big)\,; \quad \Phi_{t,t}(x,\omega) = x$$

für alle $x \in S$.

Es bezeichne $\big(X_t^{t_0,x} := \Phi_{t_0,t_0+t}(x,\cdot\,)\big)_{t\in T}$ die einem stochastischen Fluß Φ assoziierte Familie von stochastischen Prozessen, $(t_0,x) \in T \times S$; $P_{t_0}^x := P \circ \big((X^{t_0,x})_\bullet\big)^{-1}$ sei die jeweilige Verteilung der Pfade. Φ heißt *Markovscher Fluß*, wenn die zugehörige Familie der kanonischen Prozesse $\mathrm{pr}_t\colon (S^T;\mathscr{S}^T;P_{t_0}^x) \to S$; $t \in T$; $(t_0,x) \in T \times S$ Markovsch ist.

Korollar. *Es sei Φ (in den Bezeichnungen der vorangehenden Definition) ein stochastischer Fluß mit $(\mathscr{S} \otimes \mathscr{F})/\mathscr{S}$-meßbaren Abbildungen $\Phi_{s,t}\colon S \times \Omega \to S$. Dann sind folgende Eigenschaften äquivalent:*

i) *Φ ist Markovscher Fluß.*

ii) *Die Kerne $K_{s,t}$: $K_{s,t}(x,A) = P\big\{\Phi_{s,t}(x,\cdot\,) \in A\big\}$, $s \le t$, bilden eine Markov-Halbgruppe auf $(S;\mathscr{S})$. Die assoziierten Prozesse $\big(X_t^{t_0,x} := \Phi_{t_0,t_0+t}(x,\cdot\,)\big)_{t\in T}$ sind Markovprozesse mit den endlichdimensionalen Verteilungen*

$$\begin{aligned} &P\{X_{t_1}^{t_0,x} \in A_1,\dots,X_{t_r}^{t_0,x} \in A_r\} \\ &\quad = \int_{A_1} K_{0,t_1}^{t_0}(x,dx_1)\dots\int_{A_r} K_{t_{r-1},t_r}^{t_0}(x_{r-1},dx_r) \end{aligned} \tag{2.36}$$

(für $0 \le t_1 < \dots < t_r$ in T und $A_1,\dots,A_r \in \mathscr{S}$); dabei bezeichnet wieder $K_{s,t}^{t_0} = K_{t_0+s,t_0+t}$ den um t_0 zeitverschobenen Kern.

iii) *Mit den zu P gebildeten bedingten Erwartungen gilt für die assoziierten Prozesse $Y := X^{t_0,x}$ und ihre Verteilungen $P^x_{t_0}$ jeweils P-f.ü.*

$$E^{\mathscr{F}^Y_s} 1_{\{Y_t \in A\}} = P\{X_t^{t_0+s, Y_s(\cdot)} \in A\}; \quad s \leq t. \tag{2.37}$$

Beweis: Dies ist nur eine Umformulierung von Satz 2.33, wenn man folgendes beachtet: Aufgrund der zusätzlich vorausgesetzten Produkt-Meßbarkeit der $\Phi_{s,t}$ sind die Verteilungen $P^x_{t_0}$ Markovkerne, nämlich noch (nach Fubini)

$$P^x_{t_0}(A) = \int P(d\omega)\, 1_A\big(\Phi_{t_0,t_0+\bullet}(x,\omega)\big)$$

$\mathscr{S}$-meßbar in x für jedes $A \in \mathscr{S}^T$. Damit sind die Eigenschaften (a) und (wegen $\Phi_{t,t} = \mathrm{id}_S$) auch (b) der Definition 2.32 automatisch erfüllt. Ferner gilt für die Kerne $K_{s,t}$ nach ihrer Definition

$$K_{s,t}(x,A) = P^x_s\{\mathrm{pr}_{t-s} \in A\}; \quad K_{t,t}(x,\cdot) = \delta_x.$$

Da $X^{t_0,x}$ und der kanonische Prozeß pr_t: $(S^T; \mathscr{S}^T; P^x_{t_0}) \to S$ äquivalent sind, folgt die Äquivalenz von i) und ii) unmittelbar aus Satz 2.33. Äquivalenz von i) mit iii) ergibt sich durch Umrechnung der schwachen Markoveigenschaft (2.31) für die kanonischen Prozesse auf (2.37) für $Y := X^{t_0,x}$ gemäß

$$E^{\mathscr{F}^Y_s} 1_{\{Y_t \in A\}} = \big(E^{\mathscr{F}^{\mathrm{pr}}_s} 1_{\{\mathrm{pr}_t \in A\}}\big) \circ Y_\bullet \quad P\text{-f.ü.};$$

hierbei steht links die bezüglich P gebildete bedingte Erwartung zur σ-Unteralgebra $\mathscr{F}^Y_s := \sigma(Y_u : u \leq s)$, und rechts die bezüglich $P^x_{t_0}$ gebildete bedingte Erwartung zu $\mathscr{F}^{\mathrm{pr}}_s := \sigma(\mathrm{pr}_u : u \leq s)$, faktorisiert über die Pfadabbildung $Y_\bullet: \Omega \to S^T$. Die Gleichheit folgt unmittelbar aus den Definitionen, weil $P^x_{t_0} = P \circ (Y_\bullet)^{-1}$ ist.

□

Der folgende Satz gibt ein in der Theorie der stochastischen Differentialgleichungen wichtiges Beispiel Markovscher Flüsse.

Satz 2.35. *Sei $\Phi_{s,t}$: $(\Omega; \mathscr{F}; P) \to (S^S; \mathscr{S}^S)$; $s \leq t$ ein stochastischer Fluß. Wir definieren die σ-Algebren*

$$\mathscr{F}_{s,t} := \sigma(\Phi_{u,v} : s \leq u \leq v \leq t)$$

für $s \leq t$ und setzen voraus, daß $\Phi_{s,t}$: $S \times \Omega \to S$ jeweils $\mathscr{S} \otimes \mathscr{F}_{s,t}/\mathscr{S}$-meßbar ist, und für $s \leq t \leq s' \leq t'$ die σ-Algebren $\mathscr{F}_{s,t}$ und $\mathscr{F}_{s',t'}$ unabhängig sind (Φ hat "unabhängige Zuwächse"). Dann ist Φ ein Markovscher Fluß.

Beweis: Wir fixieren $(t_0, x) \in T \times S$, $A \in \mathscr{S}$ und $s \leq t$ in T; nach dem vorangehenden Korollar ist Gleichung (2.37) zu verifizieren. Mit der Funktion h: $S \times \Omega \to \mathbb{R}$, $h(x,\omega) = (1_A \circ \Phi_{t_0+s,t_0+t})(x,\omega)$ heißt dies, daß die Relation

$$E^{\mathscr{F}^Y_s} 1_{\{Y_t \in A\}} = \int P(d\omega)\, h(Y_s(\cdot),\omega) \quad P\text{-f.ü.} \tag{2.38}$$

zu zeigen ist; hierin ist also wie in obigem Korollar $Y_t = \Phi_{t_0,t_0+t}(x,\cdot)$ gesetzt.

Aufgrund der Voraussetzungen über Φ wissen wir von h:

i) $h(Y_s(\omega),\omega) = (1_A \circ Y_t)(\omega)$ P-f.ü. (Flußgleichungen);

ii) h ist $\mathscr{S} \otimes \mathscr{F}_{t_0+s,t_0+t}$-meßbar.

Wir betrachten die Menge

$$\mathcal{G} := \{g\colon S \times \Omega \to \mathbb{R} : g \text{ beschränkt, } \mathscr{S} \otimes \mathscr{F}_{t_0+s,t_0+t}\text{-meßbar; } g \text{ erfüllt } (*)\}$$

mit

$$(*) \qquad \left(E^{\mathscr{F}_s^Y} g(Y_s(\cdot),\cdot)\right)(\omega) = \int P(d\omega')\, g(Y_s(\omega),\omega'); \quad P\text{-fast alle } \omega.$$

Dies ist ein $\mathbb{R}$-Vektorraum, stabil gegen majorierte monotone Grenzwertbildung, welcher den Vektorraum

$$\mathcal{F} := \{f\colon f \text{ Stufenfunktion zur Algebra der } \mathscr{S} \otimes \mathscr{F}_{t_0+s,t_0+t}\text{-Zylindermengen}\}$$

enthält: Jedes $f \in \mathcal{F}$ ist eine endliche Summe

$$f(x,\omega) = \sum \alpha_k 1_{S_k}(x) 1_{A_k}(\omega) \quad \text{mit } \alpha_k \in \mathbb{R};\ S_k \in \mathscr{S};\ A_k \in \mathscr{F}_{t_0+s,t_0+t},$$

so daß gilt

$$\begin{aligned} E^{\mathscr{F}_s^Y} f(Y_s(\cdot),\cdot) &= \sum \alpha_k E^{\mathscr{F}_s^Y}\left[(1_{S_k} \circ Y_s) 1_{A_k}\right] \\ &= \sum \alpha_k (1_{S_k} \circ Y_s) E 1_{A_k} = \int P(d\omega') f(Y_s(\cdot),\omega'); \end{aligned}$$

hierbei wurde in der zweiten Gleichung die Unabhängigkeit der A_k von $\mathscr{F}_s^Y$ benutzt, welche ja aus der Unabhängigkeit der Zuwächse von Φ folgt. Da mit f auch f^2 in $\mathcal{F}$ liegt, enthält $\mathcal{G}$ alle beschränkten $\mathscr{S} \otimes \mathscr{F}_{t_0+s,t_0+t}$-meßbaren Funktionen (Satz 1.4). Insbesondere gilt nach Eigenschaft ii) die Gleichung $(*)$ für h. Dies ist wegen i) gerade die zu beweisende Relation (2.38). □

Die Konstruktion eines Markovschen Flusses zu einer Halbgruppe $(K_{s,t})_{s\le t}$ erfordert eine sehr spezielle Repräsentantenwahl der zugehörigen Markovprozesse $X^{t_0,x}$ mit (2.36), um die Flußgleichungen für $\left(\Phi_{s,t}(x,\cdot) := X_{t-s}^{s,x}\right)_{s\le t}$ zu erfüllen. Eine einfache Situation, wo dies immer möglich ist, liegt im räumlich homogenen Falle vor:

Beispiel 2.36. Wir betrachten eine beliebige räumlich homogene Markov-Halbgruppe auf $\mathbb{R}^d$, also mit Kernen $K_{s,t}(x,A) \equiv K_{s,t}(A-x)$, die durch Wahrscheinlichkeitsmaße $K_{s,t}$ auf $\mathbb{R}^d$ gegeben sind. Sei X ein Markovprozeß zu $(K_{s,t})_{s\le t}$ (mit beliebiger Startwahrscheinlichkeit). Die räumliche Homogenität hat zur Folge, daß dann $(X_t - X_0 + x)_{t\in T}$ ebenfalls Markovprozeß zu $(K_{s,t})_{s\le t}$ ist, startend in $x \in \mathbb{R}^d$. Daher ist

$$\Phi_{s,t}\colon \Phi_{s,t}(x,\cdot) = X_t - X_s + x; \quad s \le t;\ x \in \mathbb{R}^d$$

ein Markovscher Fluß mit $K_{s,t}(A-x) = P\{\Phi_{s,t}(x,\cdot) \in A\}$; die Flußgleichungen sind in diesem Falle in trivialer Weise erfüllt.

Interessante Beispiele liefern die Lösungsflüsse stochastischer Differentialgleichungen in Kapitel 6.5.

2.7 Markovprozesse mit endlicher Lebenszeit

Die maximale, zur Zeit s in x startende Lösung $y^{s,x}$ einer gewöhnlichen Differentialgleichung $\dot{y} = f(t,y)$ (etwa für eine stetig differenzierbare Funktion $f: \mathbb{R}_+ \times U \to \mathbb{R}^d$; $U \subset \mathbb{R}^d$ offen) hat ein Definitionsintervall $[s, \tau(s,x)[$ mit einer "Lebenszeit" $\tau(s,x) \in \overline{\mathbb{R}}_+$, die dann endlich ist, wenn die $y^{s,x}(t)$ mit $t \to \tau(s,x)-$ den Definitionsbereich U der Differentialgleichung verlassen. Erst etwa nach Übergang zur Einpunktkompaktifizierung $\widehat{U} := U \cup \{\Delta\}$ (durch Hinzunahme eines "unendlich fernen Punktes" $\Delta \notin U$) ergibt sich ein (deterministischer) Fluß Φ auf $\widehat{U}$ im Sinne von Abschnitt 2.6 durch

$$\Phi_{s,t}(x) := \begin{Bmatrix} y^{s,x}(t) & \text{für } x \in U;\ s \leq t < \tau(s,x) \\ \Delta & \text{sonst} \end{Bmatrix}.$$

Dies folgt aus dem Existenz- und Eindeutigkeitssatz für gewöhnliche Differentialgleichungen. Aus Φ erhält man zunächst die Lebenszeit

$$\tau(s,x) = \inf\{t \geq s : \Phi_{s,t}(x) = \Delta\}$$

und damit die jeweilige Lösung $y_t^{s,x} = \Phi_{s,t}(x)$, $s \leq t < \tau(s,x)$, durch Einschränkung zurück.

Faßt man, entsprechend der Diskussion vor Definition 2.34, Φ als deterministischen Spezialfall eines stochastischen Flusses auf $\widehat{U}$ auf, so führt die Einschränkung auf U der zugehörigen Markov-Halbgruppe

$$\left(K_{s,t}(x,\cdot\,) = \delta_{\Phi_{s,t}(x)}\right)_{s \leq t}$$

zu einer Halbgruppe $\left(K_{s,t}(x, U \cap \cdot\,)\right)_{s \leq t}$ von nurmehr Sub-Markovkernen (Definition 2.37), da ja $K_{s,t}(x,U) = 0$ ist für $x \in U$, $t \geq \tau(s,x)$. Für eine stochastische Verallgemeinerung haben wir also von einer Halbgruppe von Sub-Markovkernen auszugehen. Sie wird durch eine "Einpunkterweiterung" in eine Markov-Halbgruppe überführt, aus deren stochastischem Fluß sich dann durch Einschränkung bis zur jeweiligen Lebenszeit der Fluß der ursprünglich gegebenen Halbgruppe ergibt.

Definition 2.37. (Sub-Markovkern) Ein *Sub-Markovkern* K auf einem Meßraum $(S;\mathscr{S})$ ist eine Abbildung $K\colon S \times \mathscr{S} \to \mathbb{R}_+$ so, daß $K(x,\cdot)\colon \mathscr{S} \to \mathbb{R}_+$ für jedes $x \in S$ σ-additiv ist, mit $K(x,S) \leq 1$, und $K(\cdot\,,A)\colon S \to \mathbb{R}_+$ für jedes $A \in \mathscr{S}$ eine $\mathscr{S}$-meßbare Funktion ist. Eine *Halbgruppe von Sub-Markovkernen* auf $(S;\mathscr{S})$ ist eine Familie $(K_{s,t})_{s \leq t}$ (mit $s,t \in T$, $T = \mathbb{R}_+$ oder $\mathbb{N}_0$) von Sub-Markovkernen auf $(S;\mathscr{S})$, die durch die Chapman-Kolomogorov-Gleichungen verknüpft sind:

$$K_{s,t} = K_{s,u} \cdot K_{u,t}\,; \quad s \leq u \leq t$$

mit der auch für Sub-Markovkerne sinnvollen Multiplikation von Kernen gemäß Gleichung (1.7).

Beispiel 2.38. Sei $(K_{s,t})_{s\le t}$ eine Markov-Halbgruppe auf $(S;\mathscr{S})$ und $a \in S$ ein *absorbierender Punkt* der Halbgruppe, d.h. ein Punkt mit $K_{s,t}(a,\cdot) = \delta_a$ für alle $s \le t$. Dann ist die Einschränkung auf

$$S' := S \setminus \{a\}, \quad \mathscr{S}' := S' \cap \mathscr{S},$$

also $(K_{s,t}|S' \times \mathscr{S}')_{s\le t}$, eine Halbgruppe von Sub-Markovkernen auf $(S';\mathscr{S}')$. (Wir setzen hierbei $\{a\} \in \mathscr{S}$ voraus).

Denn: Offensichtlich sind alle $K'_{s,t}$ Sub-Markovkerne, und für $s \le u \le t$ haben wir bei beliebigen $x \in S', A \in \mathscr{S}'$

$$\begin{aligned}(K'_{s,u} \cdot K'_{u,t})(x,A) &= \int_{S'} K_{s,u}(x,dy)\, K_{u,t}(y,A) \\ &= \int_S K_{s,u}(x,dy)\, K_{u,t}(y,A) - K_{s,u}(x,\{a\})\, K_{u,t}(a,A);\end{aligned}$$

hierin ist $K_{u,t}(a,A) = \delta_a(A) = 0$, da A in $\mathscr{S}'$ ist; andererseits ist das Integral gleich $K_{s,t}(x,A) = K'_{s,t}(x,A)$. □

Von der Form dieses Beispiels sind letztlich alle Sub-Markov-Halbgruppen, da sie sich stets durch Hinzunahme eines absorbierenden Punktes zu Markov-Halbgruppen erweitern lassen:

Satz 2.39. *Sei $(K_{s,t})_{s\le t}$ eine Halbgruppe von Sub-Markovkernen auf $(S;\mathscr{S})$ und $\Delta \notin S$ ein fixierter Punkt. Wir setzen*

$$\widehat{S} := S \cup \{\Delta\}; \quad \widehat{\mathscr{S}} := \{A \subset \widehat{S} : A \cap S \in \mathscr{S}\};$$

$$\widehat{K}_{s,t}(x,A) := \begin{cases} K_{s,t}(x, A\cap S) + 1_A(\Delta)\big(1 - K_{s,t}(x,S)\big); & x \in S \\ 1_A(\Delta) & ; \quad x = \Delta \end{cases}$$

für $s \le t$, $x \in \widehat{S}$, $A \in \widehat{\mathscr{S}}$. Dann ist $(\widehat{K}_{s,t})_{s\le t}$ eine Markov-Halbgruppe auf $(\widehat{S};\widehat{\mathscr{S}})$.

Beweis: Daß die $\widehat{K}_{s,t}$ Markovkerne auf $(\widehat{S};\widehat{\mathscr{S}})$ sind, liest man unmittelbar aus ihrer Definition ab. Die Halbgruppenverknüpfungen ergeben sich durch leichte Rechnungen: Für $x \in S$, $A \in \widehat{\mathscr{S}}$ ist

$$\begin{aligned}(\widehat{K}_{s,u} \cdot \widehat{K}_{u,t})(x,A) &= \int_S \widehat{K}_{s,u}(x,dy)\, \widehat{K}_{u,t}(y,A) + \widehat{K}_{s,u}(x,\{\Delta\})\, \widehat{K}_{u,t}(\Delta,A) \\ &= K_{s,t}(x, A\cap S) + \int_S K_{s,u}(x,dy)\, \widehat{K}_{u,t}(y, A\setminus S) + \big(1 - K_{s,u}(x,S)\big) 1_A(\Delta);\end{aligned}$$

hierin ist das Integral in der Mitte gleich

$$1_A(\Delta) \int_S K_{s,u}(x,dy)\big(1 - K_{u,t}(y,S)\big) = 1_A(\Delta)\big(K_{s,u}(x,S) - K_{s,t}(x,S)\big),$$

so daß sich insgesamt ergibt

$$(\widehat{K}_{s,u} \cdot \widehat{K}_{u,t})(x,A) = K_{s,t}(x, A\cap S) + 1_A(\Delta)\big(1 - K_{s,t}(x,S)\big) = \widehat{K}_{s,t}(x,A).$$

Für $x = \Delta$ ist diese Beziehung trivial. □

Bemerkung 2.40. Ist S ein polnischer Raum mit $\mathscr{S} = \mathscr{B}(S)$, so kann (offenbar) die Topologie von S so auf $\widehat{S}$ erweitert werden, daß auch $\widehat{S}$ polnischer Raum bleibt (vgl. das folgende Beispiel der Einpunktkompaktifizierung eines lokalkompakten polnischen Raumes). Dann ist $\widehat{\mathscr{S}} = \mathscr{B}(\widehat{S})$, da $S = \widehat{S} \setminus \{\Delta\}$ offen in $\widehat{S}$ ist.

Beispiel 2.41. (Einpunktkompaktifizierung) Sei S ein lokalkompakter Raum mit abzählbarer Basis seiner Topologie $\mathscr{T}$. Auf $\widehat{S} := S \cup \{\Delta\}$ mit beliebigem $\Delta \notin S$ betrachten wir folgende Topologie $\widehat{\mathscr{T}}$:

$$\widehat{\mathscr{T}} := \{U \subset \widehat{S} : U \in \mathscr{T} \text{ oder } U = \widehat{S} \setminus C \text{ mit } C \subset S \text{ kompakt}\}.$$

Hierfür verifiziert man leicht, daß $\widehat{\mathscr{T}}$ wiederum eine Hausdorfftopologie mit abzählbarer Basis ist, deren Einschränkung $S \cap \widehat{\mathscr{T}}$ auf S mit $\mathscr{T}$ übereinstimmt, und in welcher $\widehat{S}$ kompakt wird. Insbesondere ist also die *Einpunktkompaktifizierung* $(\widehat{S}; \widehat{\mathscr{T}})$ und damit auch der offene Teilraum $(S; \mathscr{T})$ polnisch (vgl. [BA 90], §26).

Satz 2.39 in Verbindung mit Bemerkung 2.40 gibt die Möglichkeit, zu einer Halbgruppe $(K_{s,t})_{s \le t}$ von Sub-Markovkernen auf einem polnischen Raum $\big(S; \mathscr{B}(S)\big)$ zunächst eine Markov-Halbgruppe $(\widehat{K}_{s,t})_{s \le t}$ auf der (polnischen) Einpunkterweiterung $\big(\widehat{S}; \mathscr{B}(\widehat{S})\big)$ zu konstruieren. Fixiert man noch eine Startwahrscheinlichkeit μ auf $\widehat{S}$, so gibt es also einen Markovprozeß $\widehat{X}_t$: $(\Omega; \mathscr{F}; P) \to \widehat{S}$; $t \in T$ zur Halbgruppe $(\widehat{K}_{s,t})_{s \le t}$ mit Startwahrscheinlichkeit μ. Bildet man hierzu die *Lebenszeit* ζ: $\Omega \to \overline{T}$,

$$\zeta(\omega) := \inf\big\{t \in T : \widehat{X}_t(\omega) = \Delta\big\}$$

(mit der üblichen Konvention $\inf \emptyset := \infty$), so erhält man, wenn überall $\zeta(\cdot) > 0$ ist, durch Einschränkung des Parameters einen S-wertigen Prozeß $X = (\widehat{X}_t)_{t<\zeta}$ (also: $X_t(\omega) = \widehat{X}_t(\omega)$ für $0 \le t < \zeta(\omega)$) als *Markovprozeß zur Halbgruppe* $(K_{s,t})_{s \le t}$ *mit Startwahrscheinlichkeit* μ.

2.8 Übergang zu zeithomogenen Halbgruppen

Um die Ergebnisse der analytischen Halbgruppentheorie benutzen zu können, werden wir durch eine einfache Konstruktion von zweiparametrigen Halbgruppen $(K_{s,t})_{s \le t}$ zu einparametrigen auf dem durch Hinzunahme des Parameterbereichs erweiterten Zustandsraum übergehen. Dies entspricht bei gewöhnlichen Differentialgleichungen $\dot{y} = f(t, y)$ dem Übergang zum autonomen Fall $\dot{y} = g(y)$. Dabei lassen sich die zugehörigen Prozesse bzw. stochastischen Flüsse leicht umrechnen, so daß wir uns im folgenden oft ohne Einschränkung auf zeitlich homogene, d.h. einparametrige Halbgruppen beschränken werden.

Wir betrachten eine Markov-Halbgruppe $(K_{s,t})_{s\leq t}$ auf einem Meßraum $(S;\mathscr{S})$, mit $T=\mathbb{R}_+$ oder $\mathbb{N}_0$. Hinsichtlich der Parameterabhängigkeit sei (im Falle $T=\mathbb{R}_+$) zusätzlich angenommen, daß für jedes $A\in\mathscr{S}$ gilt:

$$(*)\qquad (s,t,x)\mapsto K_{s,t}(x,A)\quad \text{ist } \mathscr{B}(T)\otimes\mathscr{B}(T)\otimes\mathscr{S}\text{-meßbar.}$$

Lemma 2.42. *Die Familie* $(L_u)_{u\in T}$ *mit*

$$L_u\big((t,x),\cdot\big):=\delta_{t+u}\otimes K_{t,t+u}(x,\cdot);\quad (t,x)\in T\times S \tag{2.39}$$

definiert eine Markov-Halbgruppe auf $\big(T\times S;\mathscr{B}(T)\otimes\mathscr{S}\big)$.

Beweis: Die rechte Seite von (2.39) ist ein Produktmaß auf $\mathscr{B}(T)\otimes\mathscr{S}$. Da die Gesamtheit der Mengen $M\in\mathscr{B}(T)\otimes\mathscr{S}$, für welche $(t,x)\to\big(\delta_{t+u}\otimes K_{t,t+u}(x,\cdot)\big)(M)$ meßbar von (t,x) abhängt, ein Dynkin-System bildet, genügt es nach Satz 1.4 i), Zylindermengen $M=A\times B$ zu betrachten. Hierfür ist

$$\big(\delta_{t+u}\otimes K_{t,t+u}(x,\cdot)\big)(A\times B)=1_A(t+u)\,K_{t,t+u}(x,B),$$

und dies hängt wegen $(*)$ meßbar ab von (t,x). Ebenso genügt es beim Nachweis der Halbgruppeneigenschaft, Zylindermengen einzusetzen. Hierfür gilt

$$\begin{aligned}
L_{u+v}\big((s,x),A\times B\big)&=1_A(s+u+v)\,K_{s,s+u+v}(x,B)\\
&=1_A(s+u+v)(K_{s,s+u}\cdot K_{s+u,s+u+v})(x,B)\\
&=\int\delta_{s+u}(dt)\int K_{s,s+u}(x,dy)\,1_A(t+v)\,K_{t,t+v}(y,B)\\
&=\int L_u\big((s,x),dtdy\big)L_v\big((t,y),A\times B\big)\\
&=(L_u\cdot L_v)\big((s,x),A\times B\big).
\end{aligned}$$

□

Die endlichdimensionalen Verteilungen eines Markovprozesses Z zur Halbgruppe $(L_u)_{u\in T}$ mit Startwahrscheinlichkeit $\delta_s\otimes\mu$ (für ein $s\in T$ und eine Wahrscheinlichkeit μ auf $(S;\mathscr{S})$) lauten:

$$\begin{aligned}
&P\{Z_0\in A_0\times B_0,Z_{t_1}\in A_1\times B_1,\dots,Z_{t_r}\in A_r\times B_r\}\\
&=\int_{A_0\times B_0}\delta_s(ds_0)\,\mu(dx_0)\int_{A_1\times B_1}L_{t_1}\big((s_0,x_0),ds_1dx_1\big)\\
&\qquad\dots\int_{A_r\times B_r}L_{t_r-t_{r-1}}\big((s_{r-1},x_{r-1}),ds_rdx_r\big)\\
&=1_{A_0}(s)1_{A_1}(s+t_1)\dots 1_{A_r}(s+t_r)\int_{B_0}\mu(dx_0)\int_{B_1}K_{s,s+t_1}(x_0,dx_1)\\
&\qquad\dots\int_{B_r}K_{s+t_{r-1},s+t_r}(x_{r-1},dx_r);
\end{aligned}\tag{2.40}$$

$0<t_1<\dots<t_r$ in T; $A_0,\dots,A_r\in\mathscr{B}(T)$; $B_0,\dots,B_r\in\mathscr{S}$. Dies ergibt sich unmittelbar durch Einsetzung der definierenden Formel (2.39) für L.

Der Spezialfall $s = 0$ von Gleichung (2.40) ist in der ersten Aussage des folgenden Satzes nochmals formuliert. Der Fall $\mu = \delta_x$ drückt den Zusammenhang zwischen Flüssen zu $(L_u)_{u\in T}$ bzw. $(K_{s,t})_{s\leq t}$ aus. Dabei verstehen wir unter einem *Markovschen Fluß zur Halbgruppe* $(K_{s,t})_{s\leq t}$ natürlich einen Markovschen Fluß Φ im Sinne der Definition 2.34 mit den zur gegebenen Halbgrupe K gehörigen endlichdimensionalen Verteilungen (2.36) der assoziierten Prozesse $\big(X_t^{t_0,x} := \Phi_{t_0,t_0+t}(x,\cdot)\big)_{t\in T}$. Entsprechend ist ein Markovscher Fluß zur Halbgruppe $(L_u)_{u\in T}$ eine einparametrige Familie von Abbildungen $\Psi_u\colon \Omega \to (T\times S)^{(T\times S)}$; $u \in T$, so, daß $(\Psi_{t-s})_{s\leq t}$ ein Markovscher Fluß zur Halbgruppe $(L_{t-s})_{s\leq t}$ ist. Explizit bedeutet dies also nach Definition 2.34, daß Ψ die Flußgleichungen

$$\Psi_0(\omega) = \mathrm{id}, \quad \Psi_{u+v}(\omega) = \Psi_v(\omega)\circ\Psi_u(\omega); \quad u,v\in T;\ \omega\in\Omega$$

erfüllt, und die zugehörigen Prozesse $\big(Z_t^{s,x} := \Psi_t\big((s,x),\cdot\big)\big)_{t\in T}$ Markovprozesse zur Halbgruppe $(L_u)_{u\in T}$ mit Start in (s,x) sind, also die in Gleichung (2.40) für den Fall $\mu = \delta_x$ aufgeschriebenen endlichdimensionalen Verteilungen haben.

Satz 2.43. *Sei weiterhin $(K_{s,t})_{s\leq t}$ eine Markov-Halbgruppe auf einem Meßraum $(S;\mathscr{S})$ mit der obigen Meßbarkeitseigenschaft $(*)$ und $(L_u)_{u\in T}$ ihre durch (2.39) gegebene zeitliche "Homogenisierung" auf $\big(T\times S;\mathscr{B}(T)\otimes\mathscr{S}\big)$.*

i) *Ein stochastischer Prozeß $X_t\colon (\Omega;\mathscr{F};P)\to S$; $t\in T$ ist genau dann ein Markovprozeß zur Halbgruppe $(K_{s,t})_{s\leq t}$ mit Startwahrscheinlichkeit μ, wenn der Prozeß*

$$(t,X_t)\colon (\Omega;\mathscr{F};P)\to T\times S; \quad t\in T$$

ein Markovprozeß zur Halbgruppe $(L_u)_{u\in T}$ mit Startwahrscheinlichkeit $\delta_0\otimes\mu$ ist.

ii) *Ein stochastischer Fluß $\Phi_{s,t}\colon (\Omega;\mathscr{F};P)\to S^S$; $s\leq t$ in T ist genau dann ein Markovscher Fluß zur Halbgruppe $(K_{s,t})_{s\leq t}$, wenn*

$$\Psi\colon (\Omega;\mathscr{F};P)\to (T\times S)^{T\times S},$$

(2.41)

$$\Psi_t\big((s,x),\cdot\big) := \big(s+t,\Phi_{s,s+t}(x,\cdot)\big)\colon \Omega\to T\times S; \quad t\in T$$

ein Markovscher Fluß zur Halbgruppe $(L_u)_{u\in T}$ ist.

Beweis: i) Dies ist genau der Inhalt von (2.40) für $s = 0$.

ii) Die Zuordnung der zu Φ bzw. Ψ assoziierten Prozesse $X^{s,x}$ bzw. $Z^{s,x}$ zu den Halbgruppen $(K_{s,t})_{s\leq t}$ bzw. $(L_u)_{u\in T}$ ist wiederum in (2.40) enthalten. Es bleibt die Äquivalenz der Flußgleichungen für Φ bzw. Ψ zu zeigen, wenn beide durch (2.41) miteinander verknüpft sind. Diese liest man ab aus

$$\begin{aligned}\Psi_v\big(\Psi_u\big((s,x),\omega\big),\omega\big) &= \Psi_v\big(\big(s+u,\Phi_{s,s+u}(x,\omega)\big),\omega\big)\\ &= \big(s+u+v,\Phi_{s+u,s+u+v}\big(\Phi_{s,s+u}(x,\omega),\omega\big)\big);\\ \Psi_{u+v}\big((s,x),\omega\big) &= \big(s+u+v,\Phi_{s,s+u+v}(x,\omega),\omega\big),\end{aligned}$$

jeweils gültig für beliebige $s,u,v\in T$, $x\in S$, $\omega\in\Omega$. □

3. Martingaltheorie

Wir haben im letzten Abschnitt bereits zwei große Klassen von stochastischen Prozessen kennengelernt: Gaußprozesse und Markovprozesse. Erstere sind durch eine Verteilungsklasse (die Gaußmaße; Abschnitt 1.6) definiert, während Markovprozesse durch ein stochastisches Prinzip (die "Gedächtnislosigkeit", in Abschnitt 2.5 in verschiedenen Varianten als elementare bzw. schwache Markoveigenschaft präzisiert) charakterisiert sind. In diesem Kapitel wird für reellwertige Prozesse ein weiteres fundamentales Aufbauprinzip formuliert, die "Konstanz (bzw. Monotonie) im bedingten Mittel". Diese wiederum mit Hilfe bedingter Erwartungen ausgedrückte Gesetzmäßigkeit hat weitgehende Folgen für das pfadweise Konvergenzverhalten des Prozesses: es garantiert die Existenz einseitiger Grenzwerte für fast alle Pfade. So lassen sich insbesondere die starken Gesetze großer Zahlen, aber ebenso die Möglichkeit rechtsstetiger Modifikationen von Markovprozessen, auf die starken (d. h. pfadweisen) Grenzwertsätze der Martingaltheorie zurückführen. Die Brownsche Bewegung, schon als prominentestes Beispiel für Gauß- und Markovprozesse erkannt, ist – trotz "wildester" Fluktuation ihrer Pfade (vgl. Satz 2.16) – dennoch konstant im bedingten Mittel und damit ein hervorragendes Beispiel auch dieser Klasse von stochastischen Prozessen. Das Kapitel schließt mit einem Blick auf Diffusionen – ihre Pfadeigenschaften, infinitesimale Erzeuger und über Martingaltheorie ihre Verbindung mit dem Dirichletproblem elliptischer Differentialoperatoren.

3.1 Filtrierungen

Jedem stochastischen Prozeß $(X_t)_{t\in T}$ ist eine natürliche "Filtrierung" $(\mathscr{F}_t^X)_{t\in T}$ durch $\mathscr{F}_t^X := \sigma(X_s : s \le t)$ assoziiert. Dabei drückt die σ-Algebra $\mathscr{F}_t^X$ die Gesamtheit der durch X definierten Ereignisse bis zum Zeitpunkt t aus. Für feinere maßtheoretische Argumente ist es oft vorteilhaft, diese σ-Algebren noch etwas zu erweitern. Wir abstrahieren deshalb zunächst ganz vom Prozeß X und betrachten beliebige aufsteigend indizierte Familien $(\mathscr{F}_t)_{t\in T}$ von σ-Unteralgebren auf einem Meßraum $(\Omega; \mathscr{F})$. Statt wie bisher nur $\mathscr{F}$-Meßbarkeit, betrachten wir dann (feiner) an $(\mathscr{F}_t)_{t\in T}$ "adaptierte" Meßbarkeitsformen, insbesondere für einen Prozeß X die $\mathscr{F}_t$-Meßbarkeit von X_t für jedes t. Dies bedeutet (etwa im Sinne der in Satz 1.2 gegebenen Präzisierung der Meßbarkeit bezüglich σ-Unteralgebren) eine fundamentale Verknüpfung eines Prozesses X mit der durch die Filtrierung $(\mathscr{F}_t)_{t\in T}$ vorgegebenen "Geschichte" (die im Spezialfall $\mathscr{F}_t = \mathscr{F}_t^X$ seine eigene Geschichte ist).

Definition 3.1. (Filtrierung) Sei $(\Omega;\mathscr{F})$ ein Meßraum, $T = \mathbb{R}_+$ oder $\mathbb{N}_0$. Eine *Filtrierung* $(\mathscr{F}_t)_{t\in T}$ von $(\Omega;\mathscr{F})$ ist eine aufsteigend indizierte Familie von σ-Unteralgebren von $\mathscr{F}$: $\mathscr{F}_s \subset \mathscr{F}_t \subset \mathscr{F}$ für $s \le t$. Ein *filtrierter Wahrscheinlichkeitsraum* $(\Omega;\mathscr{F};P;(\mathscr{F}_t)_{t\in T})$ besteht aus einem Wahrscheinlichkeitsraum $(\Omega;\mathscr{F};P)$ und einer Filtrierung $(\mathscr{F}_t)_{t\in T}$ des Meßraums $(\Omega;\mathscr{F})$.

Neben der (trivialen) konstanten Filtrierung $\mathscr{F}_t = \mathscr{F}_0$ eines Wahrscheinlichkeitsraumes $(\Omega;\mathscr{F};P)$ und den einem gegebenen stochastischen Prozeß $(X_t)_{t\in T}$ *assoziierten* Filtrierungen $\mathscr{F}_t^X = \sigma(X_s : s \le t)$ erhält man wichtige weitere Beispiele von Filtrierungen durch gewisse Erweiterungen einer Ausgangsfiltrierung:

Beispiel 3.2. Sei $(\Omega;\mathscr{F};P;(\mathscr{F}_t)_{t\in T})$ ein filtrierter Wahrscheinlichkeitsraum, $\mathscr{F}$ der Definitionsbereich von P.

i) $(\mathscr{F}_{t+})_{t\in T}$ mit $\mathscr{F}_{t+} = \bigcap_{s>t}\mathscr{F}_s$ ist eine Filtrierung.

ii) Ist $\mathscr{N}$ ein *σ-Ideal* von P-Nullmengen (d.h. $P^*(N) = 0$ für alle $N \in \mathscr{N}$, und $\mathscr{N}$ enthält mit einer Menge N auch alle Teilmengen von N und ist stabil gegen abzählbare Vereinigungsbildung), so ist die von $\mathscr{F}_t$ und $\mathscr{N}$ erzeugte σ-Algebra

(3.1) $$\sigma(\mathscr{F}_t,\mathscr{N}) = \{B \subset \Omega : \exists A \in \mathscr{F}_t \text{ mit } B \triangle A \in \mathscr{N}\}.$$

Damit ist $(\sigma(\mathscr{F}_t,\mathscr{N}))_{t\in T}$ eine Filtrierung des Meßraums $(\Omega;\sigma(\mathscr{F},\mathscr{N}))$; dabei läßt sich P durch $\bar{P}(B) = P(A)$ für $A \in \mathscr{F}$ mit $B \triangle A \in \mathscr{N}$ eindeutig zu einem Wahrscheinlichkeitsmaß auf $\sigma(\mathscr{F},\mathscr{N})$ fortsetzen. (Beide Aussagen sind leicht zu verifizieren).

Definition 3.3. (Rechtsstetige, vollständige Filtrierung) Sei $(\Omega;\mathscr{F};P;(\mathscr{F}_t)_{t\in T})$ ein filtrierter Wahrscheinlichkeitsraum. Die Filtrierung heißt *rechtsstetig*, wenn gilt $\mathscr{F}_t = \mathscr{F}_{t+}$ für alle $t \in T$; sie heißt *vollständig*, wenn gilt $\mathscr{F}_0 = \bar{\mathscr{F}}_0 := \sigma(\mathscr{F}_0,\mathscr{N})$ für das σ-Ideal $\mathscr{N}$ aller P-Nullmengen (und damit also auch $\mathscr{F}_t = \bar{\mathscr{F}}_t$, $\mathscr{F} = \bar{\mathscr{F}}$, $P = \bar{P}$). Ist die Filtrierung rechtsstetig und vollständig, so heißt $(\Omega;\mathscr{F};P;(\mathscr{F}_t)_{t\in T})$ *standard* filtrierter Wahrscheinlichkeitsraum (er "genügt den üblichen Bedingungen").

Rechtsstetigkeit einer Filtrierung $(\mathscr{F}_t)_{t\in T}$ bedeutet für $T = \mathbb{N}_0$ offenbar schon ihre Konstanz, da hier $\mathscr{F}_{t+} = \mathscr{F}_{t+1}$ ist. Diese Forderung wird also nur im kontinuierlichen Fall $T = \mathbb{R}_+$ gestellt. In diesem Falle ist bei beliebiger Ausgangsfiltrierung $(\mathscr{F}_t)_{t\in\mathbb{R}_+}$ offenbar $(\mathscr{F}_{t+})_{t\in\mathbb{R}_+}$ rechtsstetig. Die *Standard-Erweiterung* $(\Omega;\bar{\mathscr{F}};\bar{P};(\bar{\mathscr{F}}_{t+})_{t\in\mathbb{R}_+})$ von $(\Omega;\mathscr{F};P;(\mathscr{F}_t)_{t\in\mathbb{R}_+})$ ist daher sogar standard.

Definition 3.4. (Adaptierter Prozeß) Sei X_t: $(\Omega;\mathscr{F};P) \to (S;\mathscr{S})$; $t \in T$ (mit $T = \mathbb{R}_+$ oder $\mathbb{N}_0$) ein stochastischer Prozeß und $(\mathscr{F}_t)_{t\in T}$ eine Filtrierung von $(\Omega;\mathscr{F})$. Wir fassen diese Situation zusammen in der Schreibweise

$$X_t\colon (\Omega;\mathscr{F};P;(\mathscr{F}_t)_{t\in T}) \to (S;\mathscr{S}); \quad t \in T.$$

X heißt (an $(\mathscr{F}_t)_{t\in T}$) *adaptierter Prozeß*, wenn X_t jeweils $\mathscr{F}_t$-meßbar ist für alle $t \in T$ (also wenn $\mathscr{F}_t^X \subset \mathscr{F}_t$ gilt für alle $t \in T$).

Jeder stochastische Prozeß X ist also an die ihm assoziierte Filtrierung $(\mathscr{F}_t^X)_{t\in T}$ und damit auch an jede Erweiterung dazu, etwa an die Standard-Erweiterung, adaptiert.

Ein anderes Beispiel eines an eine vorgegebene Filtrierung $(\mathscr{F}_t)_{t\in T}$ adaptierten Prozesses X erhält man in der Form $X_t := E^{\mathscr{F}_t} f$ für jede integrierbare Funktion f (und beliebig gewählte Version der bedingten Erwartungen $E^{\mathscr{F}_t} f$); hier ist offenbar im allgemeinen $\mathscr{F}_t^X \underset{\neq}{\subset} \mathscr{F}_t$. Solche Prozesse sind spezielle Martingale und werden in Satz 3.37 charakterisiert.

Eine verstärkte Form der Adaptiertheit eines Prozesses wird in folgender Definition gegeben:

Definition 3.5. (Progressive Meßbarkeit) Ein stochastischer Prozeß

$$X_t\colon \big(\Omega;\mathscr{F};P;(\mathscr{F}_t)_{t\in T}\big) \to (S;\mathscr{S}); \quad t \in T \ (= \mathbb{R}_+ \text{ oder } \mathbb{N}_0)$$

heißt *progressiv meßbar*, wenn für jedes $t \in T$ die Einschränkung $X|\big([0,t]\cap T\big)\times\Omega$ jeweils $\mathscr{B}\big([0,t]\cap T\big)\otimes\mathscr{F}_t$-meßbar ist.

Trivialerweise ist jeder progressiv meßbare Prozeß adaptiert; im Falle $T = \mathbb{N}_0$ gilt offenbar auch die Umkehrung. Für $T = \mathbb{R}_+$ haben wir die folgende Umkehrung; wir nennen dabei einen Prozeß $(X_t)_{t\in\mathbb{R}_+}$ mit Werten in einem topologischen Raum *rechtsstetig* (r.c.) bzw. *linksstetig* (l.c.) bzw. *stetig* (c.), wenn seine Pfade $t \mapsto X_t(\omega)$ diese Eigenschaften haben.

Satz 3.6. *Sei $X_t\colon \big(\Omega;\mathscr{F};P;(\mathscr{F}_t)_{t\in\mathbb{R}_+}\big) \to S$; $t \in \mathbb{R}_+$ ein adaptierter Prozeß mit einem topologischen Zustandsraum S (versehen mit seiner Borelschen σ-Algebra $\mathscr{B}(S)$). Ist X r.c. oder l.c., so ist X progressiv meßbar.*

Beweis: Wir betrachten z.B. den rechtsstetigen Fall. Hier konvergieren also mit $n \to \infty$ die Diskretisierungen $X^{(n)}$ von X:

$$X_t^{(n)}(\omega) := X_{(k+1)/n}(\omega) \quad \text{für } \tfrac{k}{n} \le t < \tfrac{k+1}{n}; \ k \in \mathbb{N}_0$$

für jedes (t,ω) gegen $X_t(\omega)$. Andererseits ist $X^{(n)}$ progressiv meßbar bezüglich der Filtrierung $(\mathscr{F}_{t+1/n})_{t\in\mathbb{R}_+}$, denn

$$\big\{(s,\omega)\in[0,t]\times\Omega : X_s^{(n)}(\omega)\in B\big\} = \bigcup_{k\in\mathbb{N}_0}\big([\tfrac{k}{n},\tfrac{k+1}{n}[\,\cap[0,t]\big)\times\{X_{(k+1)/n}\in B\};$$

da die Mengen der rechten Seite für $k/n > t$ leer sind und X adaptiert ist, ist die Vereinigungsmenge in $\mathscr{B}[0,t]\otimes\mathscr{F}_{t+1/n}$. Mit $n\to\infty$ folgt also aus $X^{(n)}\to X$, daß X progressiv meßbar ist bezüglich der Filtrierung $(\mathscr{F}_{t+\varepsilon})_{t\in\mathbb{R}_+}$ für alle $\varepsilon > 0$; damit aber auch für $\varepsilon = 0$, da

$$\begin{aligned}&\big\{(s,\omega)\in[0,t]\times\Omega : X_s(\omega)\in B\big\}\\ &\quad= \bigcup_{n\in\mathbb{N}}\big\{(s,\omega)\in[0,t-\tfrac{1}{n}]\times\Omega : X_s(\omega)\in B\big\}\cup\big(\{t\}\times\{X_t\in B\}\big),\end{aligned}$$

wobei also die Vereinigungsmenge über $n \in \mathbb{N}$ in $\mathscr{B}[0,t] \otimes \mathscr{F}_t$ liegt, während $\{X_t \in B\} \in \mathscr{F}_t$ aufgrund der vorausgesetzten Adaptiertheit von X gilt. □

Ist $(\Omega;\mathscr{F};P;(\mathscr{F}_t)_{t\in\mathbb{R}_+})$ ein filtrierter Wahrscheinlichkeitsraum, so ändern sich beim Übergang zur vervollständigten Filtrierung $(\bar{\mathscr{F}}_t)_{t\in\mathbb{R}_+}$ bedingte Erwartungen $E^{\mathscr{F}_t} f$ integrierbarer Funktionen (die ja ohnehin nur P-f.ü. bestimmt sind) nicht. Dies kann aber beim Übergang zur Standard-Erweiterung $(\bar{\mathscr{F}}_{t+})_{t\in\mathbb{R}_+}$ der Filtrierung nicht mehr geschlossen werden. Deshalb ist es von Interesse, von einer Filtrierung $(\mathscr{F}_t)_{t\in\mathbb{R}_+}$ zu wissen, ob die Vervollständigung $(\bar{\mathscr{F}}_t)_{t\in\mathbb{R}_+}$ schon rechtsstetig und damit eine Standard-Filtrierung ist (vgl. Satz 3.8).

Um den Unterschied der σ-Algebren $\mathscr{F}_t^X$ und $\mathscr{F}_{t+}^X$ zu würdigen, sei daran erinnert, daß $\mathscr{F}_t^X$ die Geschichte des Prozesses X bis zum Zeitpunkt t beinhaltet, während $\mathscr{F}_{t+}^X$ auch noch asymptotische Information über X nach t enthält. So ist z.B. für einen reellwertigen r.c. Prozeß X die Zufallsvariable $\limsup\limits_{s\to t+} \frac{X_s - X_t}{s-t}$ noch $\mathscr{F}_{t+}^X$-meßbar, da aufgrund der Rechtsstetigkeit der Pfade gilt

$$\limsup_{s\to t+} \tfrac{X_s - X_t}{s-t} = \inf_k \sup\left\{ \tfrac{X_s - X_t}{s-t} : t < s < t + \tfrac{1}{k};\ s \in \mathbb{Q} \right\}.$$

Wir wollen das Gesagte am Beipiel der Brownschen Bewegung X illustrieren. Hierfür gilt, wie in Satz 3.8 viel allgemeiner gezeigt wird, stets $\overline{\mathscr{F}_t^X} = \overline{\mathscr{F}_{t+}^X}$. Wir benötigen nur eine Konsequenz hieraus für $t = 0$, die vor allem in der stochastischen Behandlung des Dirichlet-Problems der Potentialtheorie von Bedeutung ist.

Satz 3.7. (Blumenthalsches 0-1-Gesetz) *Sei* $X_t\colon (\Omega;\mathscr{F};P) \to (S;\mathscr{S})$; $t \in \mathbb{R}_+$ *ein in einem Punkt* $a \in S$ *startender Prozeß, für dessen assoziierte Filtrierung gilt* $\overline{\mathscr{F}_0^X} = \overline{\mathscr{F}_{0+}^X}$. *Dann ist* $P|\mathscr{F}_{0+}^X$ *deterministisch (d.h.* $P(B) = 0$ *oder* 1 *für* $B \in \mathscr{F}_{0+}^X$*); insbesondere ist (nach Satz 1.3) jede* $\mathscr{F}_{0+}^X$*-meßbare Zufallsvariable mit Werten etwa in einem polnischen Raum* P*-f.ü. konstant.*

Beweis: Da $\mathscr{F}_{0+}^X$ in $\overline{\mathscr{F}_0^X}$ enthalten ist, gibt es zu jedem $B \in \mathscr{F}_{0+}^X$ ein $A \in \mathscr{S}$ mit $P\big(B \triangle X_0^{-1}(A)\big) = 0$. Somit gilt $P(B) = (P \circ X_0^{-1})(A) = \delta_a(A) \in \{0,1\}$. □

Korollar. *Für die eindimensionale Brownsche Bewegung* X *gilt f.ü.*

$$\liminf_{t\to 0+} \frac{1}{\sqrt{t}} X_t = -\infty; \qquad \limsup_{t\to 0+} \frac{1}{\sqrt{t}} X_t = +\infty;$$
$$\liminf_{t\to \infty} \frac{1}{\sqrt{t}} X_t = -\infty; \qquad \limsup_{t\to \infty} \frac{1}{\sqrt{t}} X_t = +\infty.$$

Beweis: Da nach dem Korollar zu Satz 2.20 auch $Y_t := t X_{1/t}$, $t > 0$, $Y_0 := 0$, eine BM ist, ergeben sich die beiden Aussagen für $t \to \infty$ aus den entsprechenden für $t \to 0+$, angewandt auf Y statt auf X. Wir brauchen also nur den Fall $t \to 0+$ zu untersuchen. Wegen pfadweiser Stetigkeit der Brownschen Bewegung genügt es, $(X_t)_{t\in\mathbb{Q}_+}$ zu betrachten; da auch $-X$ eine BM ist, braucht nur eine der beiden Aussagen gezeigt zu werden. Für die Mengen $A_{t,n} := \{\frac{1}{\sqrt{t}}X_t > n\}$ (zu $n \in \mathbb{N}$; $t > 0$ rational) gilt

$$P(A_{t,n}) = \frac{1}{\sqrt{2\pi t}}\int_{n\sqrt{t}}^{\infty} e^{-x^2/2t}\,dx = \frac{1}{\sqrt{2\pi}}\int_{n}^{\infty} e^{-x^2/2}\,dx > 0$$

und damit nach Fatou für $A_n := \limsup_{t\in\mathbb{Q};\,t\to 0+} A_{t,n}$ auch $P(A_n) \geq \limsup P(A_{t,n}) > 0$. Da $A_n \in \mathscr{F}^X_{0+}$, heißt dies nach dem 0-1-Gesetz sogar $P(A_n) = 1$, also auch $P(\bigcap_{n\in\mathbb{N}} A_n) = 1$. Andererseits ist offenbar

$$\{\limsup_{t\in\mathbb{Q}_+;\,t\to 0} \tfrac{1}{\sqrt{t}}X_t = \infty\} = \bigcap_{n\in\mathbb{N}} A_n\,. \qquad \square$$

Die Rechtsstetigkeit der Lebesgue-vervollständigten Filtrierung, d.h. die Beziehung $\overline{\mathscr{F}^X_{t+}} = \overline{\mathscr{F}^X_t}$, $t \in \mathbb{R}_+$, gilt für eine große Klasse von Markovprozessen (Feller-Dynkin-Prozesse; vgl. Abschnitt 3.7). Wir geben die im Beweis benötigten Voraussetzungen explizit an und zeigen anschließend, daß sie z.B. für Prozesse mit stationären und unabhängigen Zuwächsen erfüllt sind.

Satz 3.8. *Sei X_t: $(\Omega;\mathscr{F};P) \to S$; $t \in \mathbb{R}_+$ ein r.c. Markovprozeß zu einer Markov-Halbgruppe $(K_t)_{t\in\mathbb{R}_+}$; der Zustandsraum S sei lokalkompakt mit einer abzählbaren Basis der Topologie. Hierüber sei vorausgesetzt, daß konvergiert*

$$\int K_t(x,dy)\,h(y) \to \int K_{t_0}(x_0,dy)\,h(y) \qquad \textit{mit } t \to t_0+ \textit{ und } x \to x_0$$

für jede stetige Funktion h: $S \to \mathbb{R}$ mit kompaktem Träger. Dann ist $\overline{\mathscr{F}^X_{t+}} = \overline{\mathscr{F}^X_t}$ für alle $t \in \mathbb{R}_+$.

Beweis: Wir haben zu zeigen, daß (bei im folgenden fixiertem $t \in \mathbb{R}_+$) gilt

$$E^{\mathscr{F}^X_{t+}} f = E^{\mathscr{F}^X_t} f \tag{3.2}$$

für beschränkte meßbare Funktion f: $\Omega \to \mathbb{R}$. Anwendung auf $f = 1_B$ für ein $B \in \mathscr{F}^X_{t+}$ liefert dann nämlich (zu fest gewählter Version der bedingten Erwartung) eine Menge $A := \{E^{\mathscr{F}^X_t} 1_B > 0\} \in \mathscr{F}^X_t$ mit

$$P(B \,\triangle\, A) \leq P\{1_B \neq E^{\mathscr{F}^X_t} 1_B\} = 0\,,$$

da $E^{\mathscr{F}^X_t} 1_B = E^{\mathscr{F}^X_{t+}} 1_B = 1_B$ f.ü. ist. Wir können uns beim Nachweis von (3.2) mit Hilfe eines Monotone-Klasse-Arguments (Satz 1.4 ii)) auf Funktionen f der Form

$$f = (h_1 \circ X_{t_1}) \cdot \ldots \cdot (h_r \circ X_{t_r}) \quad \text{mit } h_i\text{: } S \to \mathbb{R} \text{ beschränkt, meßbar}$$

(für beliebige $0 \leq t_1 < \ldots < t_r$) zurückziehen, da Gleichung (3.2) einen gegen wachsende Grenzwertbildung stabilen Untervektorraum des Raumes aller beschränkten, meßbaren Funktionen definiert. Wir zeigen (3.2) durch Induktion nach r. Für $f = h_1 \circ X_{t_1}$ ist (3.2) trivialerweise erfüllt, solange $t_1 \leq t$ ist. Für $t_1 > t$ bemerken wir zuvor, daß o.E. $h_1\colon S \to \mathbb{R}$ sogar stetig und mit kompaktem Träger genommen werden kann, da dann

$$\mathcal{G} := \{g\colon S \to \mathbb{R} : g \text{ beschränkt, meßbar; } E^{\mathscr{F}^X_{t+}}(g \circ X_{t_1}) = E^{\mathscr{F}^X_t}(g \circ X_{t_1})\}$$

zusammen mit $\mathcal{F} := \{g\colon S \to \mathbb{R} : g \text{ stetig mit kompaktem Träger}\}$ wiederum die Voraussetzungen des Monotone-Klasse-Arguments (Satz 1.4) erfüllt, und andererseits für einen lokalkompakten Raum S mit abzählbarer Basis $\sigma(\mathcal{F}) = \mathscr{B}(S)$ ist. Um (3.2), also nach Satz 2.29

$$E^{\mathscr{F}^X_{t+}}(h_1 \circ X_{t_1}) = \int K_{t_1-t}(X_t(\cdot), dy)\, h_1(y) \tag{3.3}$$

nachzuweisen, fixieren wir eine beliebige Menge $A \in \mathscr{F}^X_{t+}$. Dann gilt für $t < s < t_1$ also (da $A \in \mathscr{F}^X_s$)

$$\int_A (h_1 \circ X_{t_1})\, dP = \int_A E^{\mathscr{F}^X_s}(h_1 \circ X_{t_1})\, dP = \int_A P(d\omega)\, K_{t_1-s}(X_s(\omega), dy)\, h_1(y).$$

Mit $s \to t+$ konvergiert nun $X_s(\omega) \to X_t(\omega)$, da X r.c. ist, und damit nach Voraussetzung über die Halbgruppe

$$\int K_{t_1-s}(X_s(\omega), dy) h_1(y) \to \int K_{t_1-t}(X_t(\omega), dy) h_1(y).$$

Durch majorierte Konvergenz folgt

$$\int_A (h_1 \circ X_{t_1})\, dP = \int_A P(d\omega)\, K_{t_1-t}(X_t(\omega), dy)\, h_1(y);$$

da $A \in \mathscr{F}^X_{t+}$ beliebig war, ist (3.3) bewiesen.

Für den Induktionsschluß $r-1 \to r$ sei nun $f = (h_1 \circ X_{t_1}) \cdot \ldots \cdot (h_r \circ X_{t_r})$ mit beliebigen beschränkten meßbaren $h_i\colon S \to \mathbb{R}$ gegeben. Da sich beim Nachweis von (3.2) die Faktoren mit $t_i \leq t$ ohnehin aus den bedingten Erwartungen herausziehen lassen, können wir von vornherein $t_1 > t$ annehmen. Wir haben dann

$$E^{\mathscr{F}^X_{t+}} f = (E^{\mathscr{F}^X_{t+}} \circ E^{\mathscr{F}^X_{t_1}}) f = E^{\mathscr{F}^X_{t+}}\left[(h_1 \circ X_{t_1}) \cdot E^{\mathscr{F}^X_{t_1}}\left((h_2 \circ X_{t_2}) \cdot \ldots \cdot (h_r \circ X_{t_r})\right)\right].$$

Aufgrund der elementaren Markoveigenschaft in der in Satz 2.28 gegebenen Verschärfung (2.25) ist (mit Satz 1.2 i))

$$E^{\mathscr{F}^X_{t_1}}\left((h_2 \circ X_{t_2}) \cdot \ldots \cdot (h_r \circ X_{t_r})\right) = E^{\sigma(X_{t_1})}\left((h_2 \circ X_{t_2}) \cdot \ldots \cdot (h_r \circ X_{t_r})\right) = h \circ X_{t_1}$$

(mit einer beschränkten meßbaren Funktion $h\colon S \to \mathbb{R}$). Daher ist weiter nach dem schon bewiesenen Fall $r = 1$

$$E^{\mathscr{F}^X_{t+}} f = E^{\mathscr{F}^X_{t+}}\left((h_1 \cdot h) \circ X_{t_1}\right) = E^{\mathscr{F}^X_t}\left((h_1 \cdot h) \circ X_{t_1}\right).$$

Dies zeigt, daß, wie behauptet, gilt

$$E^{\mathscr{F}^X_{t+}} f = E^{\mathscr{F}^X_t} \circ E^{\mathscr{F}^X_{t+}} f = E^{\mathscr{F}^X_t} f. \qquad \square$$

Als Beispiel betrachten wir einen r.c. Prozeß X_t: $(\Omega;\mathscr{F};P) \to \mathbb{R}^d$ mit stationären und unabhängigen Zuwächsen (Definition 2.6). Dies sind Markovprozesse zur Faltungshalbgruppe $(\mu_t)_{t\in\mathbb{R}_+}$ der Verteilungen $\mu_t = P\circ(X_t - X_0)^{-1}$. Es gilt also

$$\int K_t(x,dy)\,h(y) = \int \mu_t(dy-x)\,h(y) = \int P(d\omega)\,h\big(X_t(\omega) - X_0(\omega) + x\big)\,,$$

woraus man aufgrund der Rechtsstetigkeit der Pfade von X sofort abliest, daß die Voraussetzung von Satz 3.8 erfüllt ist.

3.2 Stopzeiten

Stopzeiten bilden eines der wichtigsten Hilfsmittel sowohl in der Diskussion des Pfadverhaltens von Prozessen als auch in ihrer mathematischen Behandlung im Rahmen der stochastischen Analysis. Sie werden in diesem Abschnitt, unabhängig von einem gegebenen Prozeß, bezüglich einer beliebigen Filtrierung definiert und in ihren rechnerischen Eigenschaften studiert. Die einfachen und wichtigen Beispiele von Eintrittszeiten vermeiden den erheblichen maßtheoretischen Aufwand, der für allgemeinere Resultate notwendig ist, und sind für die Bedürfnisse dieses Buches meist völlig ausreichend.

Die grundlegende Definition ist

Definition 3.9. (Stopzeit) Sei $(\mathscr{F}_t)_{t\in T}$ (mit $T = \mathbb{R}_+$ oder $\mathbb{N}_0$) eine Filtrierung des Meßraums $(\Omega,\mathscr{F})$. Eine *Stopzeit* auf $\big(\Omega;\mathscr{F};(\mathscr{F}_t)_{t\in T}\big)$ ist eine Abbildung τ: $\Omega \to \bar{T}$ $(:= T\cup\{\infty\})$, für die gilt

$$\{\tau \le t\} \in \mathscr{F}_t; \quad t\in T.$$

Gilt nur $\{\tau \le t\} \in \mathscr{F}_{t+}$ für alle t, so heißt τ *Stopzeit im weiteren Sinne.*

Der Unterschied entfällt also bei rechtsstetiger Filtrierung. Im allgemeinen gilt aber:

Bemerkung 3.10. Bei beliebiger Filtrierung $(\mathscr{F}_t)_{t\in T}$ ist τ: $\Omega \to \bar{T}$ genau dann Stopzeit im weiteren Sinne, wenn $\{\tau < t\} \in \mathscr{F}_t$ für alle $t\in T$.

Denn: Für $T = \mathbb{N}_0$ ist dies klar. Sei nun $T = \mathbb{R}_+$; $\{\tau < t\} \in \mathscr{F}_t$ für alle $t\in T$ impliziert

$$\{\tau \le t\} = \bigcap_{n\in\mathbb{N}} \{\tau < t + \tfrac{1}{n}\} \in \bigcap_{n\in\mathbb{N}} \mathscr{F}_{t+1/n} = \mathscr{F}_{t+}\,.$$

Umgekehrt ist für eine Stopzeit im weiteren Sinne

$$\{\tau < t\} = \bigcup_{n\in\mathbb{N}} \{\tau \le t - \tfrac{1}{n}\} \in \mathscr{F}_t; \quad t\in T. \qquad \square$$

Bemerkung 3.11. Natürlich ist τ genau dann Stopzeit (bzw. Stopzeit im weiteren Sinne) auf $(\Omega;\mathscr{F};(\mathscr{F}_t)_{t\in T})$, wenn $\tau^{-1}\mathscr{B}([0,t]) \subset \mathscr{F}_t$ (bzw. $\mathscr{F}_{t+}$) für alle $t \in T$. Für $T = \mathbb{N}_0$ ist τ genau dann Stopzeit, wenn $\{\tau = t\} \in \mathscr{F}_t$ für alle $t \in T$.

Letztlich sind alle Stopzeiten auf einem filtrierten Raum $(\Omega;\mathscr{F};(\mathscr{F}_t)_{t\in T})$ *Eintrittszeiten* eines adaptierten stochastischen Prozesses $X_t\colon \Omega \to (S;\mathscr{S})$, d.h. von der Form $\tau = \tau_A$:

$$\tau_A(\omega) := \inf\{t \in T : X_t(\omega) \in A\}$$

für eine Menge $A \in \mathscr{S}$; dabei gilt, wie immer, die Konvention $\inf\emptyset = \infty$. (Hierzu hat man nur bei gegebener Stopzeit τ den Prozeß X_t: $X_t(\omega) = 1$ für $t < \tau(\omega)$, und $= 0$ sonst zu nehmen: dieser ist adaptiert, und seine Eintrittszeit in $\{0\}$ ist gerade τ).

Umgekehrt ist es (im nichttrivialen Falle $T = \mathbb{R}_+$) von großem Interesse zu wissen, welche Eintrittszeiten eines gegebenen Prozesses Stopzeiten sind. Eine maßtheoretisch tiefliegende Antwort gibt das *"Début-Theorem"* (τ_A heißt auch "début" der Menge $X^{-1}(A) := \{(t,\omega) : X_t(\omega) \in A\}$): Ist $(\mathscr{F}_t)_{t\in\mathbb{R}_+}$ eine Standard-Filtrierung und der Prozeß X_t: $(\Omega;\mathscr{F};P;(\mathscr{F}_t)_{t\in\mathbb{R}_+}) \to (S;\mathscr{S})$; $t \in \mathbb{R}_+$ progressiv meßbar, so ist jede Eintrittszeit τ_A für $A \in \mathscr{S}$ eine Stopzeit. Wir beweisen diesen Satz nicht (siehe z.B. [D-M 78], Kapitel IV, Theorem 50), sondern begnügen uns mit einigen für das folgende ausreichenden Spezialfällen:

Satz 3.12. *Sei X_t: $(\Omega;\mathscr{F};P;(\mathscr{F}_t)_{t\in T}) \to (S;\mathscr{S})$; $t \in T$ ein adaptierter stochastischer Prozeß; $\tau_A := \inf\{t \in T : X_t \in A\}$ bezeichne die Eintrittszeit in $A \in \mathscr{S}$.*

i) *Ist $T = \mathbb{N}_0$, so ist τ_A Stopzeit für alle $A \in \mathscr{S}$.*

ii) *Ist $T = \mathbb{R}_+$ und X stetig (d.h. pfadweise stetig) sowie S metrischer Raum, so sind Eintrittszeiten in abgeschlossene Mengen Stopzeiten. Jede Eintrittszeit in eine F_σ-Menge A (d.h. $A = \bigcup_{n\in\mathbb{N}} A_n$ mit abgeschlossenen A_n) ist Stopzeit im weiteren Sinne.*

iii) *Ist $T = \mathbb{R}_+$ und X r.c. oder l.c. (also pfadweise rechts- bzw. linksseitig stetig mit Werten in einem topologischen Raum), so sind Eintrittszeiten in offene Mengen Stopzeiten im weiteren Sinne.*

iv) *Ist $T = \mathbb{R}_+$, $S = \mathbb{R}$ und X r.c. und wachsend (d.h. $s \le t \Rightarrow X_s(\omega) \le X_t(\omega)$ für alle $\omega \in \Omega$), so ist $\tau := \tau_{[\alpha,\infty[}$, also*

$$\tau(\omega) = \inf\{t \in \mathbb{R}_+ : X_t(\omega) \ge \alpha\}$$

(für beliebiges $\alpha \in \mathbb{R}$) Stopzeit.

Beweis: i) Trivial.

ii) Ist A abgeschlossen, so hat man

$$\{\tau_A > t\} = \{X_s \notin A : 0 \le s \le t\} = \{\omega : \operatorname{dist}(X_s(\omega),A) > 0;\ 0 \le s \le t\}.$$

Da die Pfade von X und damit auch $s \mapsto \operatorname{dist}(X_s(\omega), A)$ stetig sind, gilt

$$\begin{aligned} &\operatorname{dist}(X_s(\omega), A) > 0 \text{ für } 0 \le s \le t \\ &\qquad \iff \exists \delta > 0 \text{ mit } \operatorname{dist}(X_s(\omega), A) \ge \delta \text{ für } 0 \le s \le t \\ &\qquad \iff \exists \delta > 0 \text{ mit } \operatorname{dist}(X_s(\omega), A) \ge \delta \text{ für } 0 \le s \le t,\ s \text{ rational}. \end{aligned}$$

Damit folgt

$$\{\tau_A > t\} = \bigcup_{n \in \mathbb{N}} \bigcap_{s \in \mathbb{Q} \cap [0,t]} \{\operatorname{dist}(X_s(\cdot), A) \ge \tfrac{1}{n}\} \in \mathscr{F}_t.$$

Also ist τ_A Stopzeit für abgeschlossenes A. Weiter gilt für einen beliebigen Prozeß X und beliebiges A

$$\{\tau_A \ge t\} = \{X_s \notin A : 0 \le s < t\}. \tag{3.4}$$

Ist $A = \bigcup_{n \in \mathbb{N}} A_n$, so folgt $\{\tau_A \ge t\} = \bigcap_{n \in \mathbb{N}} \{\tau_{A_n} \ge t\}$. Sind alle τ_{A_n} Stopzeiten (im weiteren Sinne), so ist also auch τ_A Stopzeit im weiteren Sinne.

iii) Ist X r.c. oder l.c. und A offen, so folgt aus (3.4)

$$\{\tau_A \ge t\} = \{X_s \notin A : 0 \le s < t;\ s \text{ rational}\} \in \mathscr{F}_t.$$

Also ist τ_A Stopzeit im weiteren Sinne.

iv) In diesem Falle ist offenbar $\{\tau \le t\} = \{X_t \ge \alpha\}$ und also $\{\tau \le t\} \in \mathscr{F}_t$. □

Im nächsten Satz sind einige Rechenregeln für Operationen mit Stopzeiten zusammengestellt.

Satz 3.13. *Sei $(\mathscr{F}_t)_{t \in T}$ eine Filtrierung.*

i) *Sind σ und τ Stopzeiten, so auch die punktweise gebildeten $\sigma + \tau$, $\sigma \vee \tau$, $\sigma \wedge \tau$ sowie $\alpha \circ \tau$ für jede meßbare Funktion $\alpha\colon \bar{T} \to \bar{T}$ mit $\alpha(t) \ge t$ für alle $t \in T$.*

ii) *Ist $(\tau_n)_{n \in \mathbb{N}}$ eine Folge von Stopzeiten, so ist $\sup \tau_n$ wieder Stopzeit und $\inf \tau_n$ Stopzeit im weiteren Sinne.*

iii) *Zu einer Stopzeit τ bilde die Folge $(\tau_n)_{n \in \mathbb{N}}$ mit*

$$\tau_n := (k+1)/2^n \text{ auf } \{k/2^n \le \tau < (k+1)/2^n\},\ k \in \mathbb{N}_0; \quad \tau_n = \infty \text{ sonst}. \tag{3.5}$$

Alle τ_n sind Stopzeiten, und

$$\tau + 1/2^n \ge \tau_n \ge \tau_{n+1} \ge \tau;$$

dabei $\tau_n > \tau$ auf $\{\tau < \infty\}$.

Beweis: i) $\{\sigma \vee \tau \le t\} = \{\sigma \le t\} \cap \{\tau \le t\} \in \mathscr{F}_t$; $\{\sigma \wedge \tau \le t\} = \{\sigma \le t\} \cup \{\tau \le t\} \in \mathscr{F}_t$; $\{\alpha \circ \tau \le t\} = \tau^{-1}(\alpha^{-1}[0,t])$, dabei $\alpha^{-1}[0,t] \in \mathscr{B}([0,t])$ nach Voraussetzung, somit $\{\alpha \circ \tau \le t\} \in \mathscr{F}_t$. Für die Summe zerlegen wir

$$\begin{aligned} \{\sigma + \tau > t\} &= \{\tau > t\} \cup \{\tau \le t, \sigma + \tau > t\} \\ &= \{\tau > t\} \cup \bigcup_{q \in \mathbb{Q}:\, 0 \le q \le t} \{q \le \tau \le t, \sigma + q > t\}; \end{aligned}$$

hierin sind $\{\tau > t\}$, $\{\tau \geq q\}$, $\{\tau \leq t\}$, $\{\sigma > t - q\}$ für $0 \leq q \leq t$ alle in $\mathscr{F}_t$ enthalten, also auch $\{\sigma + \tau > t\} \in \mathscr{F}_t$.

ii) $\{\sup \tau_n \leq t\} = \bigcap\{\tau_n \leq t\} \in \mathscr{F}_t$; $\{\inf \tau_n < t\} = \bigcup\{\tau_n < t\} \in \mathscr{F}_t$.

iii) Da τ Stopzeit ist, gilt $\{\tau_n = t\} \in \mathscr{F}_t$ für alle $t \in T$. Da $\tau_n(\Omega)$ abzählbar ist, ist also τ_n Stopzeit. Die behaupteten Abschätzungen sind klar. □

Definition 3.14. (σ-Algebra der Ereignisse vor τ) Sei $(\mathscr{F}_t)_{t \in T}$ eine Filtrierung, dazu $\mathscr{F}_\infty := \sigma(\bigcup_{t \in T} \mathscr{F}_t)$ die kleinste alle $\mathscr{F}_t$ umfassende σ-Algebra. Für eine beliebige Stopzeit τ (bezüglich $(\mathscr{F}_t)_{t \in T}$) heißt dann

$$\mathscr{F}_\tau := \{A \in \mathscr{F}_\infty : A \cap \{\tau \leq t\} \in \mathscr{F}_t \text{ für alle } t \in T\}$$

die *σ-Algebra der Ereignisse vor τ*.

Wir bemerken zunächst, daß die Notation $\mathscr{F}_\tau$ für konstante Stopzeiten $\tau = t \in \bar{T}$ konsistent ist. Ferner ist offensichtlich, daß $\mathscr{F}_\tau$ eine σ-Algebra bildet. Da die $A \in \mathscr{F}_t$ (in Verallgemeinerung der Filtrierungen $\mathscr{F}_t^X = \sigma(X_s : s \leq t)$ zu Prozessen X) als die Ereignisse vor (bis) t zu betrachten waren, erscheint es sinnvoll, die $A \in \mathscr{F}_\tau$ als Ereignisse vor τ (nämlich auf $\{\tau \leq t\}$ jeweils vor t) zu bezeichnen. Trivialerweise ist τ selbst $\mathscr{F}_\tau$-meßbar. Der folgende Satz zeigt die Abhängigkeit der σ-Algebra $\mathscr{F}_\tau$ von τ. Ebenso verallgemeinert er die triviale Feststellung, daß für $A \in \mathscr{F}_\tau$ auch $A \cap \{\tau < t\}$ und damit auch $A \cap \{\tau = t\}$ in $\mathscr{F}_t$ sind, auf beliebige Stopzeiten anstelle der konstanten Stopzeit t.

Satz 3.15. *Sei $(\mathscr{F}_t)_{t \in T}$ eine Filtrierung des Meßraums $(\Omega; \mathscr{F})$, und seien σ, τ zwei Stopzeiten. Es gilt*

i) $\mathscr{F}_{\sigma \wedge \tau} = \mathscr{F}_\sigma \cap \mathscr{F}_\tau$.

ii) *Für $A \in \mathscr{F}_\sigma$ sind $A \cap \{\sigma \leq \tau\}$ und $A \cap \{\sigma < \tau\} \in \mathscr{F}_{\sigma \wedge \tau}$.*

iii) *Ist P ein Wahrscheinlichkeitsmaß auf $\mathscr{F}$, so gilt für die bedingten Erwartungsoperatoren*

$$E^{\mathscr{F}_{\sigma \wedge \tau}} = E^{\mathscr{F}_\sigma} \circ E^{\mathscr{F}_\tau}. \tag{3.6}$$

Beweis: i) Ist $A \in \mathscr{F}_\sigma \cap \mathscr{F}_\tau$, so auch aus $\mathscr{F}_{\sigma \wedge \tau}$, da

$$A \cap \{\sigma \wedge \tau \leq t\} = (A \cap \{\sigma \leq t\}) \cup (A \cap \{\tau \leq t\}).$$

Umgekehrt ist für $A \in \mathscr{F}_{\sigma \wedge \tau}$ auch $A \in \mathscr{F}_\sigma$ (und ebenso auch $\mathscr{F}_\tau$), da

$$A \cap \{\sigma \leq t\} = A \cap \{\sigma \wedge \tau \leq t\} \cap \{\sigma \leq t\}.$$

ii) Zunächst ist $\{\sigma \leq \tau\} \in \mathscr{F}_\sigma$. Denn da $\sigma \wedge \tau$ $\mathscr{F}_{\sigma \wedge \tau}$-meßbar und daher nach i) auch $\mathscr{F}_\sigma$-meßbar ist, gilt $\{\sigma \leq \tau\} = \{\sigma = \sigma \wedge \tau\} \in \mathscr{F}_\sigma$. Ist nun noch $A \in \mathscr{F}_\sigma$ gegeben, so wissen wir also schon $A \cap \{\sigma \leq \tau\} \in \mathscr{F}_\sigma$. Nach i) bleibt $A \cap \{\sigma \leq \tau\} \in \mathscr{F}_\tau$ zu zeigen. Diese Aussage folgt aus

$$A \cap \{\sigma \leq \tau\} \cap \{\tau \leq t\} = (A \cap \{\sigma \leq t\}) \cap \{\tau \leq t\} \cap \{\sigma \wedge t \leq \tau \wedge t\} \in \mathscr{F}_t.$$

Hiernach ist ferner auch $\{\sigma < \tau\} = \Omega \setminus \{\tau \leq \sigma\} \in \mathscr{F}_{\sigma\wedge\tau} \subset \mathscr{F}_\sigma$ und also nach dem bereits Bewiesenen schließlich auch

$$A \cap \{\sigma < \tau\} = \big(A \cap \{\sigma < \tau\}\big) \cap \{\sigma \leq \tau\} \in \mathscr{F}_{\sigma\wedge\tau}.$$

iii) Nach i) ist schon $E^{\mathscr{F}_{\sigma\wedge\tau}} = E^{\mathscr{F}_{\sigma\wedge\tau}} \circ E^{\mathscr{F}_\sigma}$. Wir haben also für eine beliebige beschränkte $\mathscr{F}_\sigma$-meßbare Funktion f noch $E^{\mathscr{F}_{\sigma\wedge\tau}} f = E^{\mathscr{F}_\tau} f$ zu zeigen. Nach ii) sind $f\,1_{\{\sigma\leq\tau\}}$ und $(E^{\mathscr{F}_\tau} f)\,1_{\{\tau<\sigma\}}$ schon $\mathscr{F}_{\sigma\wedge\tau}$-meßbar. Daher ist

$$\begin{aligned} E^{\mathscr{F}_\tau} f &= E^{\mathscr{F}_\tau}\big(f\,1_{\{\sigma\leq\tau\}} + f\,1_{\{\sigma>\tau\}}\big) = f\,1_{\{\sigma\leq\tau\}} + E^{\mathscr{F}_\tau}\big(f\,1_{\{\sigma>\tau\}}\big) \\ &= f\,1_{\{\sigma\leq\tau\}} + (E^{\mathscr{F}_\tau} f)\,1_{\{\sigma>\tau\}}, \end{aligned}$$

also ebenfalls $\mathscr{F}_{\sigma\wedge\tau}$-meßbar. Somit ist $E^{\mathscr{F}_\tau} f = E^{\mathscr{F}_{\sigma\wedge\tau}}(E^{\mathscr{F}_\tau} f) = E^{\mathscr{F}_{\sigma\wedge\tau}} f$. □

Wir schließen diesen Abschnitt mit einer grundsätzlichen Bemerkung über Eintrittszeiten τ_A eines Prozesses $(X_t)_{t\in\mathbb{R}_+}$ in A. τ_A ist eine Zufallsvariable, deren Verteilung etwa durch die Funktion $t \mapsto P\{\tau_A \geq t\}$ (oder auch $P\{\tau_A > t\}$) gegeben ist. Diese ist aber nicht unabhängig von der Wahl des Repräsentanten X! (Man betrachte etwa auf dem Wahrscheinlichkeitsraum $\big([0,1], \mathscr{B}([0,1]); P\big)$, P das Lebesguemaß, die Prozesse $X = 0$ und X': $X'_t(s) = \delta_{st}$: X ist offenbar eine stetige Modifikation von X', aber für die zugehörigen Eintrittszeiten τ bzw. τ' in $A = \{1\}$ ist $\tau = \infty$, $\tau'(s) = s$ und daher $P\{\tau \geq t\} = 1$, $P\{\tau' \geq t\} = 1 - t \wedge 1$, also $= 0$ für $t \geq 1$). Erst wenn X r.c. oder l.c. ist, kann man sich in Gleichung (3.4) bei offenem A auf rationale $s \in [0,t[$ beschränken, so daß $P\{\tau_A \geq t\}$ hierfür durch die endlichdimensionalen Verteilungen von X allein schon festliegt. Entsprechendes gilt bei stetigem X auch für abgeschlossene A, wie der Beweis von Satz 3.12 zeigt. Die Eintrittszeiten τ_A sind im allgemeinen nur Stopzeiten im weiteren Sinne, und für solche ist die Aussage $\overline{\mathscr{F}^X_{t+}} = \overline{\mathscr{F}^X_t}$ von Satz 3.8 von besonderem Interesse: Startet X (deterministisch) in einem Punkt, so ist nach dem 0-1-Gesetz (Satz 3.7) auch $P|\mathscr{F}^X_{0+}$ deterministisch und so insbesondere $P\{\tau = 0\} = 0$ oder 1 für jede $(\mathscr{F}^X_t)$-Stopzeit im weiteren Sinne. Wir geben ein Beispiel für diese interessante Dichotomie: Sei $U \subset \mathbb{R}^d$ offen, a ein Randpunkt von U und X eine in a startende BM (also $X = a + B$ mit B einer d-dimensionalen BM). Dann ist

$$\tau := \inf\{t > 0 : X_t \notin U\} = \inf_{n\in\mathbb{N}} \inf\{t \geq \tfrac{1}{n} : X_t \notin U\}$$

eine $(\mathscr{F}^X_t)$-Stopzeit im weiteren Sinne (nach Satz 3.12 ii)), da die

$$\tau_n := \inf\{t \geq \tfrac{1}{n} : X_t \notin U\} = \inf\{t \in \mathbb{R}_+ : (t, X_t) \in [\tfrac{1}{n}, \infty[\times \complement U\}$$

Stopzeiten sind. Entweder ist also fast sicher $\tau = 0$, d.h. X verläßt U "sofort" (solche Randpunkte a heißen in der Potentialtheorie auch *regulär*), oder fast sicher $\tau > 0$, d.h. fast alle Pfade verweilen für eine positive Zeit in U. Für die potentialtheoretische Deutung dieser Dichotomie für Randpunkte sei etwa auf [B-G 68], [P-S 78] oder [CH 82] verwiesen.

3.3 Stoppung von stochastischen Prozessen

Ist $\tau_A = \inf\{t \in \mathbb{R}_+ : X_t \in A\}$ die Eintrittszeit eines Prozesses in eine Menge A und weiß man, daß τ_A (fast sicher) endliche Werte hat und $X_{\tau_A}\colon \omega \mapsto X_{\tau_A(\omega)}(\omega)$ meßbar ist, so wird die Verteilung $P \circ X_{\tau_A}^{-1}$ unter Umständen eine interessante Wahrscheinlichkeit auf A sein. Ist etwa $A = \partial U$ der Rand einer beschränkten offenen Menge $U \subset \mathbb{R}^d$ und X eine im Punkte $x \in U$ startende Brownsche Bewegung, so erhält man auf diese Weise das zu x gehörige harmonische Randmaß der Potentialtheorie. Ebenso ist es oft von Interesse, einen Prozeß X nach Erreichen einer Menge A zu "stoppen", d.h. zum Prozeß $(X_{\tau_A \wedge t})_{t\in T}$ überzugehen.
Wir beginnen mit der Meßbarkeitsfrage und legen wieder eine beliebige Filtrierung zugrunde.

Satz 3.16. *Sei* $X_t\colon \big(\Omega;\mathscr{F};P;(\mathscr{F}_t)_{t\in T}\big) \to (S;\mathscr{S})$; $t \in T$ $(= \mathbb{R}_+$ *oder* $\mathbb{N}_0)$ *ein progressiv meßbarer stochastischer Prozeß und* $\tau\colon \Omega \to \bar{T}$ *eine Stopzeit.*

i) $X_\tau\colon \{\tau < \infty\} \to S$ *mit* $X_\tau(\omega) = X_{\tau(\omega)}(\omega)$ *ist* $\mathscr{F}_\tau$*-meßbar.*

ii) *Der bei* τ *gestoppte Prozeß* $X^\tau\colon X_t^\tau = X_{\tau\wedge t}$ *ist ebenfalls progressiv meßbar.*

Beweis: i) Da τ $\mathscr{F}_\tau$-meßbar ist, folgt, daß $\tilde{\tau}\colon \Omega \to \bar{T}\times\Omega$ mit $\tilde{\tau}(\omega) = \big(\tau(\omega),\omega\big)$ auf $\{\tau \le t\}$ jeweils $\big(\mathscr{F}_t \cap \{\tau \le t\}\big)/\big(\mathscr{B}(t)\otimes\mathscr{F}_t\big)$-meßbar ist, wobei $\mathscr{B}(t) := \mathscr{B}\big(T\cap[0,t]\big)$ ist. Bei beliebigem $B \in \mathscr{B}(t)$, $A \in \mathscr{F}_t$ gilt nämlich

$$\{\tau \le t\} \cap \{\tilde{\tau} \in B \times A\} = \{\tau \le t\} \cap \{\tau \in B\} \cap A \in \{\tau \le t\} \cap \mathscr{F}_t$$

(beachte $\{\tau \in B\} \in \mathscr{F}_\tau$ und also $\{\tau \le t\} \cap \{\tau \in B\} \in \mathscr{F}_t$). Faßt man X als Abbildung $T\times\Omega \to S$ auf, so ist $X_\tau = X \circ \tilde{\tau}$ auf $\{\tau \le t\}$. Progressive Meßbarkeit von X bedeutet $\mathscr{B}(t)\otimes\mathscr{F}_t$-Meßbarkeit von $X|\big(T\cap[0,t]\big)\times\Omega$. X_τ ist also auf $\{\tau \le t\}$ $\mathscr{F}_t$-meßbar für alle $t \in T$. Dies ist gerade die Aussage i).

ii) Hier ist bei fixiertem $t \in T$ die $\mathscr{B}(t)\otimes\mathscr{F}_t$-Meßbarkeit von $X^\tau|\big(T\cap[0,t]\big)\times\Omega$ nachzuweisen. Nach i) ist zunächst wieder $\widetilde{\tau\wedge t}\colon \Omega \to \big(T\cap[0,t]\big)\times\Omega$ mit $\widetilde{\tau\wedge t}(\omega) = \big(\tau(\omega)\wedge t,\omega\big)$ $\mathscr{F}_t/\big(\mathscr{B}(t)\otimes\mathscr{F}_t\big)$-meßbar. Daher ist auch

$$\tau_t\colon \big(T\cap[0,t]\big)\times\Omega \to \big(T\cap[0,t]\big)\times\Omega \quad \text{mit } \tau_t(s,\omega) = \big(\tau(\omega)\wedge t\wedge s,\omega\big)$$

$\mathscr{B}(t)\otimes\mathscr{F}_t$-meßbar. Da X progressiv meßbar ist, folgt nun die gewünschte $\mathscr{B}(t)\otimes\mathscr{F}_t/\mathscr{S}$-Meßbarkeit von

$$(s,\omega) \mapsto (X\circ\tau_t)(s,\omega) = X_{\tau_t(s,\omega)}(\omega) = X_s^\tau(\omega). \qquad \square$$

Die Pfade $(X^\tau)_\bullet(\omega)$ des durch τ gestoppten Prozesses stimmen also auf dem Intervall $\big[0,\tau(\omega)\big]$ mit denen von X überein und sind danach konstant. In diesem Sinne besteht eine Analogie zwischen der Stoppung eines Prozesses und der Abschneidung einer Funktion durch Multiplikation mit Urysohn-Funktionen. Wie dabei etwa Multiplikation mit stetigen bzw. C^∞-Urysohn-Funktionen den stetigen oder differenzierbaren Charakter der abgeschnittenen Funktion erhält, so sind wesentliche stochastische Eigenschaften von Prozessen *stop-invariant*, d.h. übertragen sich von X auf X^τ für beliebige Stopzeiten τ. Dies gilt zunächst für pfadweise Eigenschaften wie ein- oder zweiseitige Stetigkeit bzw. Konvergenz der Pfade, ebenso natürlich für Beschränktheit oder beschränkte Variation der Pfade. Ferner ist nach Satz 3.16 die progressive Meßbarkeit und, in Verbindung mit Satz 3.6, auch Adaptiertheit zusammen mit Rechts- oder Linksstetigkeit der Pfade eine stop-invariante Eigenschaft. Auch tiefe nicht pfadweise Eigenschaften wie Konstanz im bedingten Mittel (=Martingal-Eigenschaft) u.a. sind stop-invariant, wie in 3.5 gezeigt wird. Andere, wie etwa die Markoveigenschaft, sind dagegen im allgemeinen nicht stop-invariant.

Mit Hilfe von Stopzeiten läßt sich das Studium von Prozessen mit einer Eigenschaft E auf solche Prozesse erweitern, welche die Eigenschaft E nur lokal besitzen:

Definition 3.17. (Lokale Eigenschaft) Sei X_t: $\big(\Omega;\mathscr{F};P;(\mathscr{F}_t)_{t\in T}\big) \to (S;\mathscr{S})$; $t \in T$ ($=\mathbb{R}$ oder $\mathbb{N}_0$) ein progressiv meßbarer Prozeß und E eine Eigenschaft für stochastische Prozesse. Wir sagen, *X hat die Eigenschaft E lokal*, wenn eine (*E lokalisierende*) Folge $\tau_n \nearrow \infty$ von Stopzeiten existiert so, daß jeder der gestoppten Prozesse X^{τ_n} die Eigenschaft E besitzt.

Hat X selbst die Eigenschaft E, so auch lokal (man nehme $\tau_n := \infty$). Hat X zwei Eigenschaften E bzw. F jeweils lokal, und sind beide Eigenschaften stop-invariant, so hat X auch die Eigenschaft "E und F" lokal (aus lokalisierenden Folgen $\sigma_n \nearrow \infty$ für E und $\tau_n \nearrow \infty$ für F bilde man die Folge der Stopzeiten $\sigma_n \wedge \tau_n \nearrow \infty$; dann hat nach Voraussetzung $X^{\sigma_n\wedge\tau_n} = (X^{\sigma_n})^{\tau_n}$ beide Eigenschaften zugleich).

Ein nützliches Beispiel zu Definition 3.17 gibt folgender Satz:

Satz 3.18. *Sei* X_t: $\big(\Omega;\mathscr{F};P;(\mathscr{F}_t)\big) \to \mathbb{R}^d$; $t \in \mathbb{R}_+$ *adaptiert und stetig. Dann ist* $(X_t - X_0)_{t\in\mathbb{R}_+}$ *lokal beschränkt.*

Beweis: Da auch $(X_t - X_0)_{t\in\mathbb{R}_+}$ stetig und adaptiert ist, kann $X_0 = 0$ angenommen werden. Die Folge der Stopzeiten (nach Satz 3.12 ii))

$$\tau_n := \inf\big\{t \in \mathbb{R}_+ : |X_t| \geq n\big\}; \quad n \in \mathbb{N}$$

leistet das Gewünschte: $\tau_n \nearrow \infty$ gilt, da X als stetiger Prozeß pfadweise lokal (d.h. auf jedem Teilintervall $[0,\alpha] \subset \mathbb{R}_+$) beschränkt ist. Ferner ist offensichtlich auf $\{\tau_n > 0\}$ jeweils $|X_{\tau_n\wedge t}| \leq n$, und auf $\{\tau_n = 0\}$ $X_{\tau_n\wedge t} = X_0 = 0$. Also gilt $|X_t^{\tau_n}| \leq n$ auf Ω. □

Allgemein gilt für die hier definierten Stopzeiten τ_n offenbar

$$|X^{\tau_n}| \leq |X_0| \vee n\,.$$

Benutzt man (wie z.B. in der stochastischen Integration) eine Lokalisierung zur Konstruktion eines neuen Prozesses, so muß dies am Ende durch eine "Globalisierung" wieder rückgängig gemacht werden. Dabei ist zu beachten, daß sich bei nicht mehr punktweise definierten Operationen mit Prozessen (wie etwa bei einem nicht pfadweise konvergierenden stochastischen Integral $\int_0^t X\,dY$) der resultierende Prozeß nicht unbedingt eindeutig ergibt, wohl aber im allgemeinen bis auf "Nicht-Unterscheidbarkeit":

Definition 3.19. (Nicht-Unterscheidbarkeit) Zwei stochastische Prozesse X_t bzw. Y_t: $(\Omega;\mathscr{F};P) \to (S;\mathscr{S})$; $t \in T$ heißen *nicht unterscheidbar*, wenn ihre Pfadabbildungen $X_\bullet$ bzw. $Y_\bullet$: $\Omega \to S^T$ P-f.ü. gleich sind, also:

$$P^*\Big(\bigcup_{t\in T}\{X_t \neq Y_t\}\Big) = 0\,.$$

Wir erinnern nochmals an den schwächeren Modifikationsbegriff (Definition 2.8): X ist eine *Modifikation* von Y, wenn $P\{X_t \neq Y_t\} = 0$ für jedes (einzelne) $t \in T$. Bei abzählbarem T ist dies natürlich dasselbe wie Nicht-Unterscheidbarkeit. Für $T = \mathbb{R}_+$ gilt immerhin:

Bemerkung 3.20. Sind X und Y Modifikationen voneinander und beide r.c. bzw. beide l.c. (mit Hausdorff-topologischem Zustandsraum), so sind sie schon nicht unterscheidbar.

Denn: $N := \bigcup_{t\in\mathbb{Q}_+}\{X_t \neq Y_t\}$ ist nach Voraussetzung eine Nullmenge, und für $\omega \notin N$ stimmen die Pfade $X_\bullet(\omega)$ und $Y_\bullet(\omega)$ auf $\mathbb{Q}_+$ überein. Wegen der vorausgesetzten einseitigen Stetigkeit stimmen sie dann aber auf ganz $\mathbb{R}_+$ überein. □

Der folgende Satz *"globalisiert"* eine lokal konsistente Familie von Prozessen:

Satz 3.21. *Sei $X^{(n)}$, $n \in \mathbb{N}$, eine Familie von progressiv meßbaren Prozessen $X_t^{(n)}$: $(\Omega;\mathscr{F};P;(\mathscr{F}_t)_{t\in\mathbb{R}_+}) \to (S;\mathscr{S})$; $t \in \mathbb{R}_+$, und $\tau_n \nearrow \infty$ eine Folge von Stopzeiten. Die Filtrierung $(\mathscr{F}_t)_{t\in\mathbb{R}_+}$ sei vollständig, und folgende Verträglichkeitsbedingungen seien erfüllt: Für jedes $n \in \mathbb{N}$ sind die gestoppten Prozesse $(X^{(n)})^{\tau_n}$ und $(X^{(n+1)})^{\tau_n}$ nicht unterscheidbar. Dann gibt es einen bis auf Nicht-Unterscheidbarkeit eindeutig bestimmten progressiv meßbaren Prozeß X so, daß X^{τ_n} und $(X^{(n)})^{\tau_n}$ nicht unterscheidbar sind für alle $n \in \mathbb{N}$.*

Beweis: Nach Voraussetzung sind die Mengen $\bigcup_{t\in\mathbb{R}_+}\{X^{(n)}_{\tau_n\wedge t} \neq X^{(n+1)}_{\tau_n\wedge t}\} =: N_n$ und damit auch $N := \bigcup_{n\in\mathbb{N}} N_n$ P-Nullmengen. Da für $\omega \notin N$ nach Definition $X^{(n)}_{\tau_n\wedge t}(\omega) = X^{(n+1)}_{\tau_n\wedge t}(\omega)$ für alle $t \in \mathbb{R}_+$ ist und überdies $\tau_n \nearrow \infty$ gilt, ist (bei beliebig gewähltem $a \in S$) der Prozeß X,

$$X_t(\omega) := \lim_{n\to\infty} X^{(n)}_{\tau_n\wedge t}(\omega) \text{ für } \omega \notin N\,; \quad X_t(\omega) := a \text{ für } \omega \in N$$

wohldefiniert. X ist progressiv meßbar als punktweiser Grenzwert von progressiv meßbaren Prozessen und hat offensichtlich die behaupteten Eigenschaften. □

Ist X ein r.c. adaptierter Prozeß und seine Eintrittszeit τ_A in eine abgeschlossene Menge A Stopzeit (also z. B. X sogar stetig, oder die Filtrierung standard, so daß man das Début-Theorem heranziehen kann), so folgt aus $\tau_A(\omega) < \infty$ natürlich $X_{\tau_A}(\omega) \in A$. Ist $\tau_A < \infty$ P-f.ü., so erhält man eine oft interessante Eintrittsverteilung $P \circ X_{\tau_A}^{-1}$ auf A. Wir geben ein einfaches hinreichendes Kriterium sogar für die stärkere Integrierbarkeit von τ_A.

Satz 3.22. *Sei $X_t\colon (\Omega;\mathscr{F};P) \to (S;\mathscr{S})$; $t \in \mathbb{R}_+$ ein Markovprozeß zur Halbgruppe $(K_t)_{t\in\mathbb{R}_+}$, und sei $A \in \mathscr{S}$ so, daß die Eintrittszeit*

$$\tau_{\complement A} := \inf\{t \in \mathbb{R}_+ : X_t \notin A\}\colon\ \Omega \to \overline{\mathbb{R}}_+$$

meßbar ist. Gibt es ein $\beta < 1$ und ein $t > 0$ so, daß $K_t(x, A) \le \beta$ für alle $x \in A$ gilt, so ist der Erwartungswert $E\tau_{\complement A} < \infty$.

Beweis: Für $n \in \mathbb{N}$ gilt einerseits (mit dem in der Voraussetzung fixierten $t > 0$) nach Gleichung (3.4)

$$\{\tau_{\complement A} \ge nt\} = \{X_s \in A : 0 \le s < nt\} \subset \{X_{kt} \in A : k = 0, 1, \dots, n-1\}.$$

Andererseits gilt für die endlichdimensionalen Verteilungen

$$P\{X_{kt} \in A : k = 0, 1, \dots, n-1\} = \int_A \mu(dx) \int_A K_t(x, dx_1) \dots \int_A K_t(x_{n-2}, dx_{n-1})$$

(mit der Startwahrscheinlichkeit $\mu := P \circ X_0^{-1}$), und dies ist $\le \beta^{n-1}$ nach Voraussetzung. Es folgt

$$E\tau_{\complement A} = \int_0^\infty P\{\tau_{\complement A} \ge s\}\, ds \le t \sum_{n=0}^{\infty} P\{\tau_{\complement A} \ge nt\} \le t\Big(1 + \sum_{n=1}^{\infty} \beta^{n-1}\Big) < \infty,$$

wobei in der ersten Gleichung eine bekannte Umrechnung abstrakter Integrale mit nichtnegativen Integranden auf Lebesgueintegrale ihrer Verteilung benutzt wurde (vgl. [HA 87], S. 75), und die zweite Ungleichung dieses Integral zu einer Obersumme vergrößert. □

Die Voraussetzung von Satz 3.22 über die Halbgruppe ist z. B. erfüllt für beschränkte A bei Faltungshalbgruppen $(\mu_t)_{t\in\mathbb{R}_+}$ auf $\mathbb{R}^d$, wenn zu jeder beschränkten Menge $B \in \mathscr{B}(\mathbb{R}^d)$ ein $t > 0$ mit $\mu_t(B) < 1$ existiert: dann ist für beschränkte A (mit dem so zu $B := A - A$ gehörigen t) $K_t(y, A) := \mu_t(A - y) \le \mu_t(A - A) < 1$ für $y \in A$.

Insbesondere ist z. B. für die d-dimensionale Brownsche Bewegung X und beliebige beschränkte offene $U \subset \mathbb{R}^d$ also $E\tau < \infty$ für

$$\tau := \inf\{t \in \mathbb{R}_+ : X_t + x \notin U\},$$

die Austrittszeit der in x startenden Brownschen Bewegung $(X_t + x)_{t\in\mathbb{R}_+}$ aus U.

3.4 Martingale

Wir präzisieren nun die durch Konstanz (bzw. monotones Wachstum) “im bedingten Mittel” angedeutete stochastische Zeitabhängigkeit von Prozessen und erläutern den weiten Anwendungsbereich dieses Begriffes durch eine Reihe typischer Beispiele.

Definition 3.23. (Martingal) Ein adaptierter Prozeß X_t: $(\Omega;\mathcal{F};P;(\mathcal{F}_t)_{t\in T}) \to \mathbb{R}$; $t \in T$ (mit $T = \mathbb{R}_+$ oder $\mathbb{N}_0$) mit integrierbaren X_t heißt ein *Martingal* bzw. *Submartingal* bezüglich der Filtrierung $(\mathcal{F}_t)_{t\in T}$ (ohne Spezifizierung einer Filtrierung ist stets die X assoziierte Filtrierung $(\mathcal{F}_t^X)_{t\in T} := \sigma(X_s : s \le t)$ gemeint), wenn gilt (P-f.ü.)

$$X_s = E^{\mathcal{F}_s} X_t \quad (\text{bzw. } X_s \le E^{\mathcal{F}_s} X_t) \quad \text{für } s \le t \text{ in } T.$$

Ist $(-X_t)_{t\in\mathbb{R}_+}$ ein Submartingal, so heißt X ein *Supermartingal.*

Da (Sub-)Martingale hier stets reellwertig sind, fassen wir die wesentlichen Daten kurz als Tripel $(X_t;\mathcal{F}_t;P)_{t\in T}$ zusammen.

Da bedingte Erwartungen $E^{\mathcal{F}_s}$ bei Übergang zur vervollständigten Filtrierung $(\bar{\mathcal{F}}_t)_{t\in T}$ ungeändert bleiben, können wir in diesem Abschnitt *vollständige Filtrierungen* zugrundelegen. – Weitere Vergrößerungen $\mathcal{B}_t \supset \mathcal{F}_t$ würden aber im allgemeinen die Martingal-Eigenschaft zerstören; z.B. ist ja ein Martingal bezüglich einer konstanten Filtrierung $(\mathcal{F}_t = \mathcal{F})_{t\in T}$ schon bis auf Modifikation (und damit etwa im rechtsstetigen Fall bis auf Nicht-Unterscheidbarkeit) konstant: $X_0 = E^{\mathcal{F}} X_t = X_t$ f.ü. Umgekehrt bleibt natürlich ein (Sub-)Martingal $(X_t;\mathcal{F}_t;P)_{t\in T}$ ein solches bezüglich jeder Filtrierung $(\mathcal{B}_t)_{t\in T}$ mit $\mathcal{B}_t \subset \mathcal{F}_t$, solange X an $(\mathcal{B}_t)$ adaptiert ist: Dann ist ja für $s \le t$

$$X_s = E^{\mathcal{B}_s} X_s \underset{(\le)}{=} E^{\mathcal{B}_s} \circ E^{\mathcal{F}_s} X_t = E^{\mathcal{B}_s} X_t .$$

Beispiel 3.24. i) Ist $(\Omega;\mathcal{F};P;(\mathcal{F}_t)_{t\in T})$ ein beliebiger filtrierter Wahrscheinlichkeitsraum und f: $\Omega \to \mathbb{R}$ P-integrierbar, so erhält man ein (gleichgradig integrierbares) Martingal $(E^{\mathcal{F}_t} f;\mathcal{F}_t,P)_{t\in T}$. Es wird sich zeigen (Satz 3.37), daß man so jedes gleichgradig integrierbare Martingal X (als $X_t = E^{\mathcal{F}_t} X_\infty$ mit $X_\infty = \lim_{t\to\infty} X_t$) erhält. (Man beachte, daß sogar $\{E^{\mathcal{B}} f : \mathcal{B} \subset \mathcal{F}\ \sigma\text{-Algebra}\}$ gleichgradig integrierbar ist:

$$\int_{\{|E^{\mathcal{B}} f|\ge c\}} |E^{\mathcal{B}} f|\, dP \le \int_{\{|E^{\mathcal{B}} f|\ge c\}} E^{\mathcal{B}} |f|\, dP = \int_{\{|E^{\mathcal{B}} f|\ge c\}} |f|\, dP$$

und $P\{|E^{\mathcal{B}} f| \ge c\} \le \frac{1}{c}\|f\|_1$; somit gilt $\int_{\{|E^{\mathcal{B}} f|\ge c\}} |f|\, dP \to 0$ mit $c \to \infty$).

ii) Sei X_t: $(\Omega;\mathcal{F};P;(\mathcal{F}_t)_{t\in T}) \to \mathbb{R}^d$ ein *Prozeß mit $(\mathcal{F}_t)$-unabhängigen Zuwächsen*, d.h. X ist adaptiert, und die Zuwächse $X_t - X_s$ sind jeweils unabhängig von $\mathcal{F}_s$;

$s \leq t$ in T. Die bisher, ohne Fixierung einer Filtrierung, betrachteten Prozesse X mit unabhängigen Zuwächsen (Definition 2.6) sind offenbar in obiger Terminologie die Prozesse mit $(\mathscr{F}_t^X)$-unabhängigen Zuwächsen). Ist X *integrierbar* (d.h. natürlich X_t^k P-integrierbar für $1 \leq k \leq d$ und $t \in T$), so sind die Komponentenprozesse $(X_t^k)_{t \in T}$ genau dann (Sub-)Martingale, wenn $t \mapsto EX_t^k$ konstant (bzw. wachsend) ist. Denn für $s \leq t$ ist ja

$$E^{\mathscr{F}_s} X_t^k = E^{\mathscr{F}_s} X_s^k + E^{\mathscr{F}_s}(X_t^k - X_s^k) = X_s^k + EX_t^k - EX_s^k .$$

Insbesondere sind also die Komponenten einer d-dimensionalen Brownschen Bewegung Martingale.

iii) Wir betrachten ein Spiel, das durch eine Folge $(Y_n)_{n \in \mathbb{N}}$ von unabhängigen, identisch verteilten Zufallsvariablen auf einem Wahrscheinlichkeitsraum $(\Omega; \mathscr{F}; P)$ gesteuert wird, welche mit Wahrscheinlichkeiten p, q, r jeweils die Werte 1 (Gewinn), -1 (Verlust) bzw. 0 (Unentschieden) annehmen. Der Spieler startet mit einem konstanten Vermögen X_0, das sich aufgrund seiner Einsatzstrategien

$$b_n \colon \{1, 0, -1\}^n \to \mathbb{R}_+$$

bis zum n-ten Spiel schrittweise auf ($b_0 :=$ const ≥ 0)

$$X_n = X_{n-1} + Y_n \cdot \big(b_{n-1} \circ (Y_1, \ldots, Y_{n-1})\big) \colon \Omega \to \mathbb{R}; \quad n \in \mathbb{N}$$

vergrößert oder verkleinert. Da hiernach $\mathscr{F}_n^X := \sigma(X_k : k \leq n) \subset \sigma(Y_k : k \leq n)$ ist, folgt aus den Rechenregeln für bedingte Erwartungen (Satz 1.13)

$$\begin{aligned} E^{\mathscr{F}_n^X} X_{n+1} &= E^{\mathscr{F}_n^X} \circ E^{\sigma(Y_1, \ldots, Y_n)} X_{n+1} \\ &= E^{\mathscr{F}_n^X} \big[X_n + (EY_{n+1}) \cdot \big(b_n \circ (Y_1, \ldots, Y_n)\big)\big] \\ &= X_n + (EY_{n+1}) \cdot E^{\mathscr{F}_n^X} b_n \circ (Y_1, \ldots, Y_n) . \end{aligned}$$

Hierin ist $EY_{n+1} = p - q$, und $E^{\mathscr{F}_n^X} b_n \circ (Y_1, \ldots, Y_n) \geq 0$, also $(X_n; \mathscr{F}_n^X; P)$ ein (Sub-)Martingal, wenn $p = q$ (bzw. $p \geq q$) gilt. Von Interesse für den Spieler ist letztlich seine Gewinnerwartung EX_τ, wobei wir zulassen, daß er das Spiel zu einer vom Spielverlauf abhängigen Stopzeit τ beendet, etwa der Austrittszeit $\tau = \tau_{\mathbb{R} \setminus [0,c]}$ aus einem Intervall $[0, c]$ (man beachte, daß dann bei endlichem τ entweder $X_\tau \leq 0$, d.h. der Spieler ruiniert ist, oder $X_\tau \geq c$, d.h. ein angestrebter Gewinn c erreicht ist).

Nimmt man an, daß das Spiel *fair* ist, d.h. $p = q$ gilt, und die Einsätze $b_n \geq \delta > 0$ eine Mindesthöhe nicht unterschreiten, so wird sich zeigen, daß (wie zu erwarten?) $\tau < \infty$ f.ü. und $EX_\tau = X_0$ gilt (siehe Abschnitt 3.7).

iv) Eine Verbindung zwischen allgemeinen Markovprozessen und Martingaltheorie ergibt sich nach geeigneter "Skalarisierung": Sei $X_t \colon (\Omega; \mathscr{F}; P) \to (S; \mathscr{S})$; $t \in \mathbb{R}_+$ ein Markovprozeß zur Halbgruppe $(K_t)_{t \in \mathbb{R}_+}$ mit beliebiger Startwahrscheinlichkeit.Eine meßbare Funktion $f \colon S \to \mathbb{R}_+$ heißt (für einen Parameter $\lambda > 0$) λ-*supermedian*, wenn gilt

$$e^{-\lambda t} \int K_t(x, dy) \, f(y) \leq f(x); \quad x \in S; \ t > 0 .$$

Ist nun f beschränkt und λ-supermedian, so ist $(-e^{-\lambda t} \cdot f \circ X_t)_{t\in\mathbb{R}_+}$ ein Submartingal (bezüglich der Filtrierung $(\mathscr{F}_t^X)_{t\in\mathbb{R}_+}$).

Denn: Für $s,t \in \mathbb{R}_+$ gilt aufgrund der elementaren Markoveigenschaft, Gleichung (2.30),

$$E^{\mathscr{F}_s^X} e^{-\lambda(s+t)} f \circ X_{s+t} = e^{-\lambda(s+t)} \int K_t(X_s(\cdot), dy)\, f(y) \le e^{-\lambda s} \cdot f \circ X_s. \quad \square$$

Die (Sub-)Martingal-Eigenschaft von integrierbaren Prozessen ist stabil unter linearen (konvexen) Operationen und $\| \, \|_1$-Konvergenz; es gilt nämlich folgender Permanenzsatz:

Satz 3.25. *Sei $(\Omega;\mathscr{F};P;(\mathscr{F}_t)_{t\in T})$ ein filtrierter Wahrscheinlichkeitsraum.*

i) *Sind X und Y Martingale, so auch jede Linearkombination $\alpha X + \beta Y$ $\big(:= (\alpha X_t + \beta Y_t)_{t\in T}\big)$.*

ii) *Sind X und Y Submartingale, so auch jede Linearkombination $\alpha X + \beta Y$ mit Koeffizienten $\alpha, \beta \ge 0$, sowie das Supremum $X \vee Y$ $\big(:= (X_t \vee Y_t)_{t\in T}\big)$. Insbesondere ist $X_+ := X \vee 0$ ein Submartingal.*

iii) *Ist φ: $\mathbb{R} \to \mathbb{R}$ konvexe Funktion und X ein Submartingal so, daß $\varphi \circ X$ $(:= (\varphi \circ X_t)_{t\in T})$ integrierbar ist, so ist $\varphi \circ X$ ein Submartingal, wenn entweder X sogar ein Martingal oder φ zusätzlich monoton wachsend ist. Insbesondere sind für ein Martingal X die Prozesse $|X|$ $\big(:= (|X_t(\cdot)|)_{t\in T}\big)$ und im quadratisch integrierbaren Fall auch $\big(X_t(\cdot)^2\big)_{t\in T}$ Submartingale.*

iv) *Ist $X^{(n)}$ eine Folge von (Sub-)Martingalen mit $\| \, \|_1$-Grenzwert X (also: $X_t = \lim_{n\to\infty} X_t^{(n)}$ für jedes $t \in T$), so ist auch X ein (Sub-)Martingal (wenn o.E. jeweils X_t noch $\mathscr{F}_t$-meßbar gewählt wird).*

Beweis: Alle Aussagen ergeben sich mit Hilfe der in Satz 1.13 zusammengestellten Rechenregeln für bedingte Erwartungen. Dabei ist i) evident. Bei ii) folgt für $s \le t$

$$(X \vee Y)_s = X_s \vee Y_s \le (E^{\mathscr{F}_s} X_t) \vee (E^{\mathscr{F}_s} Y_t) \le E^{\mathscr{F}_s}(X_t \vee Y_t),$$

letzteres aus der Monotonie der bedingten Erwartungswert-Operatoren. In iii) benutzt man die Jensensche Ungleichung $\varphi \circ E^{\mathscr{F}_s} X_t \le E^{\mathscr{F}_s}(\varphi \circ X_t)$ und beachtet in den beiden Spezialfällen, daß $\varphi(x) = |x|$ und $\varphi(x) = x^2$ konvexe Funktionen sind. In Aussage iv) folgt zunächst aus der P-f.ü. Konvergenz einer Teilfolge von $X_t^{(n)}$, daß X_t jeweils $\mathscr{F}_t$-meßbar angenommen werden kann (etwa, indem man $X_t = 0$ setzt außerhalb der Konvergenzmenge der Teilfolge). Da wegen Kontraktivität von $E^{\mathscr{F}_s}$ auch $E^{\mathscr{F}_s} X_t^{(n)} \to E^{\mathscr{F}_s} X_t$ mit $n \to \infty$ in $\| \, \|_1$ und damit für eine Teilfolge auch P-f.ü. gilt, überträgt sich die (Sub-)Martingal-Eigenschaft auf X. $\square$

3.5 Martingal-Ungleichungen

Im Mittelpunkt der gesamten Martingaltheorie steht das Optional Sampling Theorem, welches die definierenden Gleichungen (bzw. Ungleichungen) eines (Sub-)Martingals auf Stopzeiten verallgemeinert. Erst sie erlauben die volle Ausnutzung der Martingal-Eigenschaft. Als eine erste Anwendung werden hiermit die für den Aufbau der stochastischen Integrationstheorie grundlegenden Maximal-Ungleichungen bewiesen. Wir beginnen mit einem Spezialfall.

Lemma 3.26. (Doob) *Sei* $X = (X_t; \mathscr{F}_t; P)_{t \in T}$ *ein Submartingal, und seien* $\sigma \leq \tau$ *zwei Stopzeiten mit endlichen Wertemengen. Dann gilt*

$$X_\sigma \leq E^{\mathscr{F}_\sigma} X_\tau .$$

Beweis: Wir fixieren $B \in \mathscr{F}_\sigma$ und haben $\int_B X_\sigma \, dP \leq \int_B X_\tau \, dP$ nachzuweisen. Da $\sigma(\Omega) \cup \tau(\Omega) =: \{t_1, \ldots, t_r\}$ mit $t_1 < \ldots < t_r$ in T als endliche Menge vorausgesetzt wurde, folgt die Integrierbarkeit von X_σ bzw. X_τ aus der aller X_t:

$$X_\sigma = \sum_1^r 1_{\{\sigma = t_k\}} X_{t_k} ; \qquad X_\tau = \sum_1^r 1_{\{\tau = t_k\}} X_{t_k} .$$

Mit $B_k := B \cap \{\sigma = t_k\} = \big(B \cap \{\sigma \leq t_k\}\big) \setminus \big(B \cap \{\sigma < t_k\}\big) \in \mathscr{F}_{t_k}$ ist B die disjunkte Vereinigung der B_k, so daß es genügt, $\int_{B_k} X_\sigma \, dP \leq \int_{B_k} X_\tau \, dP$ für jedes k nachzuweisen. Es gilt aber

$$\int_{B_k} X_\sigma = \int_{B_k} X_{t_k} = \int_{B_k} X_{\tau \wedge t_k} = \int_{B_k \cap \{\tau \leq t_k\}} X_\tau + \int_{B_k \cap \{\tau > t_k\}} X_{t_k} \leq \int_{B_k} X_{\tau \wedge t_{k+1}} ;$$

dabei folgt die letzte Ungleichung wegen $B_k \cap \{\tau > t_k\} \in \mathscr{F}_{t_k}$ aus der Submartingal-Eigenschaft, wonach gilt

$$\int_{B_k \cap \{\tau > t_k\}} X_{t_k} \leq \int_{B_k \cap \{\tau > t_k\}} X_{t_{k+1}} .$$

Aus dem gleichen Grunde gilt weiter

$$\begin{aligned} \int_{B_k} X_{\tau \wedge t_{k+1}} &= \int_{B_k \cap \{\tau \leq t_{k+1}\}} X_\tau + \int_{B_k \cap \{\tau > t_{k+1}\}} X_{t_{k+1}} \\ &\leq \int_{B_k} X_{\tau \wedge t_{k+2}} \leq \cdots \leq \int_{B_k} X_{\tau \wedge t_r} = \int_{B_k} X_\tau . \end{aligned}$$ □

Dieses Lemma enthält schon den diskreten Spezialfall $T = \mathbb{N}_0$ des nun folgenden Hauptsatzes. Für $T = \mathbb{R}_+$ muß zusätzlich Rechtsstetigkeit der Pfade vorausgesetzt werden, um eine Diskretisierung durchführen zu können. Für $T = \mathbb{N}_0$ ist eine solche Voraussetzung natürlich leer.

Satz 3.27. (Optional Sampling Theorem) *Sei* $(X_t;\mathscr{F}_t;P)_{t\in T}$ *ein r.c. Submartingal. Dann existiert und gilt für beschränkte Stopzeiten* σ,τ *mit* $\sigma \leq \tau$ *(P-f.ü.)*

$$X_\sigma \leq E^{\mathscr{F}_\sigma} X_\tau \quad (\textit{mit Gleichheit, falls } X \textit{ ein Martingal ist}).$$

Für das Submartingal X_+ $(:= X \vee 0)$ *ist außerdem für jedes* $c > 0$ *die Menge*

$$\big\{(X_+)_\tau : \tau \textit{ Stopzeit mit } \tau \leq c\big\}$$

gleichgradig integrierbar; also bei X *Martingal auch* $\{X_\tau : \tau \textit{ Stopzeit mit } \tau \leq c\}$.

Beweis: Wir führen den Beweis in mehreren Schritten. Natürlich interessiert nach Lemma 3.26 nur noch der Fall $T = \mathbb{R}_+$.

i) Für ein beliebiges Submartingal $Y \geq 0$ und jedes $t_0 > 0$ ist

$$\{Y_\tau : \tau \text{ Stopzeit} \leq t_0 \text{ mit } Y_\tau \leq E^{\mathscr{F}_\tau} Y_{t_0}\}$$

gleichgradig integrierbar, da (Beispiel 3.24.i)) sogar $\{E^{\mathscr{F}_\tau} Y_{t_0} : \tau \text{ Stopzeit}\}$ gleichgradig integrierbar ist.

ii) Seien nun $\sigma \leq \tau$ beschränkte Stopzeiten. Wir betrachten die in Satz 3.13 gegebenen oberen Approximationen durch Stopzeiten mit endlichen Wertebereichen für σ bzw. τ, also

$$\sigma_n = (k+1)/2^n \text{ auf } \{k/2^n \leq \sigma < (k+1)/2^n\}; \quad k \in \mathbb{N}_0$$

und analog τ_n. Hierfür gilt also $\sigma_n \searrow \sigma$ und $\tau_n \searrow \tau$, und daher wegen der vorausgesetzten Rechtsstetigkeit von X punktweise

$$X_{\sigma_n} \to X_\sigma, \quad (X_+)_{\sigma_n} \to (X_+)_\sigma \quad (\text{und analog für } \tau).$$

Da nach i) in Verbindung mit dem Doobschen Lemma $\big\{(X_+)_{\sigma_n} : n \in \mathbb{N}\big\}$ gleichgradig integrierbar ist, folgt aus dem Vitalischen Konvergenzsatz (Satz 1.8) die $\|\ \|_1$-Konvergenz $(X_+)_{\sigma_n} \to (X_+)_\sigma$ (und analog für τ). Da $\sigma \leq \sigma_n \leq \tau_n$ gilt, haben wir nach dem Doobschen Lemma

$$\int_B (X_+)_{\sigma_n} \leq \int_B (X_+)_{\tau_n}; \quad B \in \mathscr{F}_\sigma.$$

Mit $n \to \infty$ folgt $\int_B (X_+)_\sigma \leq \int_B (X_+)_\tau$ für $B \in \mathscr{F}_\sigma$. Damit ist die erste Behauptung des Satzes für $X \geq 0$ gezeigt; aus ihr folgt dann die zweite Behauptung nach i) allgemein.

iii) Anwendung des bisherigen auf das Submartingal $X - \text{const}$ für ein beliebiges Submartingal $X \geq \text{const}$ zeigt, daß die erste Behauptung schon für nach unten beschränkte Submartingale X gezeigt ist. Sei nun X ein beliebiges Submartingal. Dann ist jeweils $X \vee (-n)$ ein nach unten beschränktes Submartingal. Wir haben also

$$\text{(3.7)} \qquad \int_B (X \vee (-n))_\sigma = \int_B X_\sigma \vee (-n) \leq \int_B X_\tau \vee (-n) \leq \int_B (X_+)_\tau < \infty$$

für $B \in \mathscr{F}_\sigma$ (die Endlichkeit des letzten Integrals folgt aus der bereits bewiesenen zweiten Aussage des Satzes).

Anwendung auf die konstante Stopzeit 0 und $B = \Omega \in \mathscr{F}_0$ ergibt insbesondere noch $\int_\Omega X_0 \leq \int_\Omega X_\sigma \vee (-n)$. Die Folge $(-(X_\sigma \vee (-n)))_{n\in\mathbb{N}}$ in $L^1(P)$ ist wachsend, mit $\int -(X_\sigma \vee (-n)) \leq -\int X_0 < \infty$, und strebt mit $n \to \infty$ punktweise gegen $-X_\sigma$. Nach dem Satz von Beppo Levi folgt also $X_\sigma \vee (-n) \to X_\sigma$ (und ebenso $X_\tau \vee (-n) \to X_\tau$) in $\| \; \|_1$. Damit sind X_σ und X_τ integrierbar, und nach (3.7) gilt $\int_B X_\sigma \leq \int_B X_\tau$ für alle $B \in \mathscr{F}_\sigma$. Dies ist gleichbedeutend mit $X_\sigma \leq E^{\mathscr{F}_\sigma} X_\tau$. Das Gleichheitszeichen im Martingalfall ergibt sich natürlich aus der entsprechenden, dann auch für $-X$ richtigen Ungleichung. □

Als Korollar halten wir die Stop-Invarianz der (Sub-)Martingal-Eigenschaft fest:

Korollar 1. *Sei X ein r.c. (Sub-)Martingal. Dann ist für jede Stopzeit τ auch der gestoppte Prozeß X^τ ein r.c. (Sub-)Martingal.*

Beweis: Rechtsstetigkeit von X^τ ist natürlich trivial. Für $s \leq t$ gilt

$$\begin{aligned}(X^\tau)_s = X_{s\wedge\tau} &\underset{(\leq)}{=} E^{\mathscr{F}_{s\wedge\tau}} X_{t\wedge\tau} && \text{(Optional Sampling Theorem)}\\ &= E^{\mathscr{F}_s} \circ E^{\mathscr{F}_\tau} X_{t\wedge\tau} && \text{(Satz 3.15 iii))}\\ &= E^{\mathscr{F}_s} X_{t\wedge\tau} && \text{(Satz 3.16 i))}\end{aligned}$$ □

Für nichtpositive Submartingale gilt die Ungleichung in Satz 3.27 sogar für beliebige Stopzeiten:

Korollar 2. Sei $X \leq 0$ ein r.c. Submartingal und $\sigma \leq \tau$ Stopzeiten. Dann sind die nichtnegativen Funktionen $Y_\sigma := -X_\sigma \cdot 1_{\{\sigma<\infty\}}$ und $Y_\tau := -X_\tau \cdot 1_{\{\tau<\infty\}}$ integrierbar, und $Y_\sigma \geq E^{\mathscr{F}_\sigma} Y_\tau$ f.ü.

Beweis: Für beschränkte Stopzeiten ist dies die erste Aussage des Optional Sampling Theorems. Insbesondere ist also nach dem Fatouschen Lemma

$$EY_\sigma \leq \liminf_{n\to\infty} EY_{\sigma\wedge n} \leq EY_0 < \infty\,.$$

Sei nun ein $A \in \mathscr{F}_\sigma$ fixiert. Wiederum aus dem beschränkten Fall (man beachte $A \cap \{\sigma \leq n\} \in \mathscr{F}_{\sigma\wedge n}$ nach Satz 3.15 ii)) folgt dann

$$\begin{aligned}\int_{A\cap\{\sigma\leq n\}} Y_\sigma\, dP = \int_{A\cap\{\sigma\leq n\}} Y_{\sigma\wedge n}\, dP &\geq \int_{A\cap\{\sigma\leq n\}} Y_{\tau\wedge n}\, dP\\ &\geq \int_{A\cap\{\tau\leq n\}} Y_{\tau\wedge n}\, dP = \int_{A\cap\{\tau\leq n\}} Y_\tau\, dP\,.\end{aligned}$$

Mit $n \to \infty$ strebt aber wegen Integrierbarkeit von Y_σ bzw. Y_τ die linke Seite gegen $\int_{A\cap\{\sigma<\infty\}} Y_\sigma\, dP = \int_A Y_\sigma\, dP$, und ebenso die rechte Seite gegen $\int_A Y_\tau\, dP$. □

Die beiden folgenden Doobschen "*Maximal-Ungleichungen*" sind wesentliche Abschätzungen für das pfadweise gebildete Supremum

$$X^*\colon \Omega \to \overline{\mathbb{R}}_+, \quad X^*(\omega) = \sup_{t\in T_0} X_t(\omega)$$

über abzählbare Teilmengen T_0 von T (um die Meßbarkeit sicherzustellen; bei r.c. X und $T = \mathbb{R}_+$ ist natürlich $\sup_{t\in\mathbb{Q}_+} X_t(\omega) = \sup_{t\in\mathbb{R}_+} X_t(\omega)$).

Satz 3.28. (Maximal-Ungleichungen) *Sei X ein Submartingal, $T_0 \subset T$ abzählbar und $X^* = \sup_{t\in T_0} X_t$. Es gelten die Abschätzungen:*

i) $c \cdot P\{X^* \geq c\} \leq \sup_{t\in T_0} E(X_+)_t$ $(\in \overline{\mathbb{R}}_+)$; $c > 0$.

ii) *Ist entweder $X \geq 0$ oder X sogar ein Martingal, so ist für jedes $p > 1$*

$$\|X^*\|_p \leq \frac{p}{p-1} \sup_{t\in T_0} \|X_t\|_p \quad (\in \overline{\mathbb{R}}_+).$$

Beweis: Geht man gegebenenfalls in i) von X zu X_+ bzw. in ii) von X zu $|X|$ (das für ein Martingal X ja wieder Submartingal ist) über, wobei sich offenbar die linke Seite beider Abschätzungen höchstens vergrößert, so sieht man, daß o.E. X als nichtnegatives Submartingal angenommen werden kann. Außerdem können wir T_0 als endlich annehmen, da sich dann der allgemeine Fall ($T_0 \subset T$ abzählbar) durch Supremumsbildung über die (abzählbar vielen) endlichen Teilmengen von T_0 leicht durch monotone Grenzwertbildung ergibt. Sei also $T_0 = \{t_0, t_1, \ldots, t_r\}$ mit $t_0 < t_1 < \ldots < t_r$. Zum Beweis der ersten Aussage fixieren wir noch $c > 0$ und bilden hierzu

$$\tau(\omega) := \min\{t \in T_0 : X_t(\omega) \geq c\}, \text{ falls } X^*(\omega) \geq c; \quad \tau(\omega) = t_r \text{ sonst}.$$

Dann ist τ eine Stopzeit, da $\{\tau \leq t\} = \bigcup_{k:t_k\leq t}\{\tau = t_k\}$ und

$$\{\tau = t_0\} = \{X_{t_0} \geq c\} \in \mathscr{F}_{t_0}; \quad \{\tau = t_1\} = \{X_{t_0} < c, X_{t_1} \geq c\} \in \mathscr{F}_{t_1}, \ldots,$$
$$\{\tau = t_r\} = \{X_{t_0} < c, \ldots, X_{t_{r-1}} < c\} \in \mathscr{F}_{t_r}.$$

Ferner ist $\{X^* \geq c\} = \{X_\tau \geq c\} \in \mathscr{F}_\tau$ und mit Lemma 3.26 folgt

$$c \cdot P\{X^* \geq c\} \leq \int_{\{X^*\geq c\}} X_\tau \leq \int_{\{X^*\geq c\}} X_{t_r} \leq \sup_{t\in T_0} EX_t.$$

Abschätzung ii) ergibt sich aus dem nachfolgenden Lemma und der gerade gezeigten Ungleichung $c \cdot P\{X^* \geq c\} \leq \int_{\{X^*\geq c\}} X_{t_r}\, dP$. □

Lemma 3.29. *Seien $f, g\colon \Omega \to \mathbb{R}_+$ meßbar, mit*

$$c \cdot P\{f \geq c\} \leq \int_{\{f\geq c\}} g\, dP; \quad c \geq 0.$$

Dann gilt

$$\int f^p\, dP \leq \left(\frac{p}{p-1}\right)^p \int g^p\, dP; \quad p > 1.$$

Beweis:

$$\begin{aligned}
\int f^p \, dP &= \int P(d\omega) \int_0^{f(\omega)} dt \, p t^{p-1} = \int P(d\omega) \int_0^\infty dt \, 1_{\{f \geq t\}}(\omega) p t^{p-1} \\
&= \int_0^\infty dt \, p t^{p-1} P\{f \geq t\} \leq p \int_0^\infty dt \, t^{p-2} \int_{\{f \geq t\}} g \, dP \\
&= p \int P(d\omega) g(\omega) \int_0^{f(\omega)} dt \, t^{p-2} = \frac{p}{p-1} \int P(d\omega) g(\omega) f(\omega)^{p-1} \\
&\leq \frac{p}{p-1} \|g\|_p \|f^{p-1}\|_q
\end{aligned}$$

(nach der Hölderschen Ungleichung mit $q = \frac{p}{p-1}$). Mit

$$\|f^{p-1}\|_q = \Big(\int f^{(p-1)q} \, dP \Big)^{1/q} = (\|f\|_p)^{p-1}$$

folgt die Behauptung. □

Korollar. *Sei X r.c. und entweder ein Martingal oder ein nichtnegatives Submartingal. Dann sind äquivalent:*

i) $\{X_t : t \in T\}$ $\| \ \|_2$*-beschränkt;*

ii) $\{|X_t| : t \in T\}$ *durch eine L^2-Funktion majoriert;*

iii) $\{X_t(\cdot)^2 : t \in T\}$ *gleichgradig integrierbar.*

Beweis: i) $\Rightarrow$ ii): Nach dem gerade bewiesenen Satz ist $X^* := \sup_{t \in T} |X_t|$ eine Majorante in $L^2(P)$.

ii) $\Rightarrow$ iii): Nach Voraussetzung besitzt $\{X_t(\cdot)^2 : t \in T\}$ eine integrierbare Majorante und ist damit gleichgradig integrierbar (Satz 1.7 ii)).

iii) $\Rightarrow$ i): Dies folgt sofort aus der in Satz 1.7 i) gegebenen Beschreibung gleichgradiger Integrierbarkeit. □

3.6 Martingal-Konvergenz

Obwohl die Martingal-Eigenschaft der "Konstanz im bedingten Mittel", wie das Beispiel der Brownschen Bewegung zeigt, mit einem extremen Oszillationsverhalten der Pfade durchaus vereinbar ist (genaueren Aufschluß hierüber wird der Begriff der "quadratischen Variation" in Abschnitt 4.3 geben), haben Submartingale das pfadweise Konvergenzverhalten monoton wachsender Funktionen: Sie konvergieren fast überall für $t \to \infty$, wenn $\sup_{t \in T} \|X_t\|_1 < \infty$. Wir beweisen diese fundamentale Konvergenzaussage, indem wir zunächst das Oszillationsverhalten reellwertiger Funktionen genauer analysieren.

Für eine Funktion $f\colon D \to \mathbb{R}$, $\emptyset \neq D \subset \mathbb{R}$, und $a < b$ in $\mathbb{R}$ bezeichne $\gamma_{a,b}(f) \in \overline{\mathbb{N}}_0$ die Anzahl der "*absteigenden Überquerungen*" von $[a,b]$ durch f:

$$\gamma_{a,b}(f) := \sup\{n \in \mathbb{N}_0 : \exists t_1 < t_2 < \ldots < t_{2n} \text{ in } D \text{ mit}$$
$$f(t_1) > b,\ f(t_2) < a,\ \ldots,\ f(t_{2n-1}) > b,\ f(t_{2n}) < a\}.$$

Die Bedeutung dieser Größe für das Konvergenzverhalten von f ist ziemlich offensichtlich. Wir notieren nur:

Lemma 3.30. *Sei $D = \mathbb{N}_0$ oder $D \subset \mathbb{R}_+$ dichte Teilmenge. Für $f\colon D \to \mathbb{R}$ gelte $\gamma_{a,b}(f) < \infty$ für alle $a < b$ in $\mathbb{R}$. Dann existieren in $\overline{\mathbb{R}}$ die folgenden einseitigen Grenzwerte:*

$$\lim_{t\to\infty} f(t); \quad \lim_{\substack{t\to t_0\\ t>t_0}} f(t) \textit{ für } t_0 \geq 0; \quad \lim_{\substack{t\to t_0\\ t<t_0}} f(t) \textit{ für } t_0 > 0.$$

Beweis: Der Grenzwert $\lim_{t\to\infty} f(t)$ (in $\overline{\mathbb{R}}$) existiert genau dann nicht, wenn

$$\alpha := \liminf_{t\to\infty} f(t) < \limsup_{t\to\infty} f(t) =: \beta$$

gilt. Dies impliziert aber für $\alpha < a < b < \beta$, daß $\gamma_{a,b}(f) = \infty$ gilt (nämlich $f(t) < a$ und $f(t) > b$ immer wieder bei $t \to \infty$). Analog schließt man etwa für den rechtsseitigen Grenzwert bei $t_0 \geq 0$: $\lim_{t\to t_0+} f(t)$ existiert nicht in $\overline{\mathbb{R}}$ genau dann, wenn

$$\alpha := \liminf_{t\to t_0+} f(t) < \limsup_{t\to t_0+} f(t) =: \beta$$

gilt, woraus für $\alpha < a < b < \beta$ wiederum folgt $\gamma_{a,b}(f) = \infty$. □

Sei nun wieder ein Submartingal $(X_t; \mathscr{F}_t; P)_{t\in T}$ fixiert, dazu $X_\bullet\colon \Omega \to \mathbb{R}^T$ die Pfadabbildung. Wir definieren seine *Überquerungsfunktion* $\gamma_{a,b}\colon \Omega \to \overline{\mathbb{N}}_0$ durch

$$\gamma_{a,b}(\omega) := \gamma_{a,b}\big(X_\bullet(\omega)|T \cap \mathbb{Q}\big),$$

also für $T = \mathbb{N}_0$ die Anzahl der absteigenden Überquerungen der jeweiligen Pfade, während für $T = \mathbb{R}_+$ diese auf rationale Punkte eingeschränkt werden. Ist X r.c. oder l.c., so gilt offensichtlich auch hier $\gamma_{a,b}(\omega) = \gamma_{a,b}\big(X_\bullet(\omega)\big)$.
Die Überquerungsfunktion ist meßbar, denn

$$\{\omega : \gamma_{a,b}\big(X_\bullet(\omega)\big) \geq n\} = \bigcup \{X_{t_1} > b, X_{t_2} < a, \ldots, X_{t_{2n}} < a\},$$

wobei die Vereinigungsmenge über alle Tupel $t_1, \ldots, t_{2n}$ mit $t_1 < \ldots < t_{2n}$ in $T \cap \mathbb{Q}$ zu erstrecken ist, und dies sind nur abzählbar viele.

Lemma 3.31. *Sei $(X_t; \mathscr{F}_t; P)_{t\in T}$ ein Submartingal. Für die Überquerungsfunktion gilt bei beliebigem $a < b$ (mit $b_- = (-b)_+ = (-b) \vee 0$)*

$$(b-a)\,E(\gamma_{a,b}) \leq \sup_{t\in T} E(X_t - b)_+ \leq \sup_{t\in T} E(X_+)_t + b_- \leq \sup_{t\in T} \|X_t\|_1 + b_- .$$

Beweis: Da für beliebige $\alpha, \beta \in \mathbb{R}$ (mit $\alpha_+ := \alpha \vee 0$, $\alpha_- := (-\alpha)_+$) gilt $(\alpha - \beta)_+ \le \alpha_+ + \beta_- \le |\alpha| + \beta_-$, sind die beiden letzten Ungleichungen trivial. Bei der ersten genügt es (B. Levi) wieder, für endliches $H := \{t_1, \ldots, t_r\} \subset T$ zu zeigen, daß

$$(b-a)\,E\big(\gamma_{a,b}(X_\bullet|H)\big) \le \sup_{t\in T} E\big((X_t - b)_+\big).$$

Ist $t_1 < \ldots < t_r$ (aufsteigend indiziert) und $t_{r+1} > t_r$ noch ein beliebiger weiterer Punkt aus T, so definieren wir

$$\begin{aligned} \tau_1 &:= \inf\{t \in H : X_t > b\}, \\ \tau_2 &:= \inf\{t \in H : t > \tau_1, X_t < a\}, \\ \tau_3 &:= \inf\{t \in H : t > \tau_2, X_t > b\}, \ \ldots \end{aligned}$$

stets mit der Konvention $\inf \emptyset := t_{r+1}$. Man überzeugt sich leicht, daß $\{\tau_n = t_k\} \in \mathscr{F}_{t_k}$ für alle $n \in \mathbb{N}$ und $1 \le k \le r+1$ gilt ($\{\tau_1 = t_1\} = \{X_{t_1} > b\}$, $\{\tau_1 = t_2\} = \{X_{t_1} \le b, X_{t_2} > b\}, \ldots, \{\tau_2 = t_1\} = \emptyset$, $\{\tau_2 = t_2\} = \{\tau_1 = t_1, X_{t_2} < a\} \ldots$). Damit sind alle τ_n Stopzeiten, da $\{\tau_n \le t\} = \bigcup_{k: t_k \le t}\{\tau_n = t_k\} \in \mathscr{F}_t$. Außerdem ist natürlich $\tau_1 \le \tau_2 \le \ldots \le \tau_{r+1} = \tau_{r+2} = \ldots = t_{r+1}$ und somit für $\Omega_n := \{\tau_n < t_{r+1}\}$ also $\Omega_1 \supset \Omega_2 \supset \ldots \supset \Omega_{r+1} = \emptyset$. Weiter gilt

$$X_{\tau_n}|\Omega_n > b \text{ für } n \text{ ungerade}, \ < a \text{ für } n \text{ gerade}.$$

Damit folgt für $k \in \mathbb{N}$

$$\begin{aligned} 0 &\le \int_{\Omega_{2k-1}} (X_{\tau_{2k-1}} - b) \le \int_{\Omega_{2k-1}} (X_{\tau_{2k}} - b) \qquad \text{(Doob-Lemma 3.26)} \\ &= \int_{\Omega_{2k}} (X_{\tau_{2k}} - b) + \int_{\Omega_{2k-1}\setminus\Omega_{2k}} (X_{\tau_{2k}} - b) \\ &\le (a-b)\,P(\Omega_{2k}) + \int_{\Omega_{2k-1}\setminus\Omega_{2k}} (X_{t_{r+1}} - b) \qquad (\text{da } \tau_{2k}|\complement\Omega_{2k} = t_{r+1}). \end{aligned}$$

Es ergibt sich

$$(b-a)\,P(\Omega_{2k}) \le \int_{\Omega_{2k-1}\setminus\Omega_{2k}} (X_{t_{r+1}} - b) \le \int_{\Omega_{2k-1}\setminus\Omega_{2k}} (X_{t_{r+1}} - b)_+; \quad k \in \mathbb{N}.$$

Setzen wir noch $f := \gamma_{a,b}(X_\bullet|H)\colon \Omega \to \mathbb{N}_0$ so ist

$$\Omega_{2k} = \{\tau_{2k} < t_{r+1}\} = \{f \ge k\}.$$

Aus der Identität $\int f\,dP = \sum_{n\in\mathbb{N}} nP\{f = n\} = \sum_{k\in\mathbb{N}} P\{f \ge k\}$ folgt somit

$$(b-a)\int f\,dP = (b-a)\sum_{k\in\mathbb{N}} P(\Omega_{2k}) \le \int (X_{t_{r+1}} - b)_+\,dP,$$

wie behauptet. □

Das folgende Lemma ist im wesentlichen eine Konsequenz des vorangehenden:

Lemma 3.32. *Für ein Submartingal* $(X_t;\mathscr{F}_t;P)_{t\in T}$ *gelten die folgenden Implikationen (a)* $\Longleftrightarrow$ *(b)* $\Longrightarrow$ *(c):*

(a) $\sup_{t\in T} E(X_+)_t < \infty$

(b) $\sup_{t\in T} \|X_t\|_1 < \infty$

(c) *Es gibt eine P-Nullmenge* $N \in \mathscr{F}$ *so, daß für* $\omega \notin N$ *gilt:* $\gamma_{a,b}(\omega) < \infty$ *für alle* $a < b$ *in* $\mathbb{R}$.

Beweis: Natürlich folgt (a) aus (b). Für die umgekehrte Implikation beachte man, daß für $\alpha \in \mathbb{R}$ stets gilt $|\alpha| = \alpha_+ + \alpha_- = 2\alpha_+ - \alpha$. Da andererseits für ein Submartingal stets $EX_0 \le EX_t$ ist, folgt

$$\|X_t\|_1 = 2E(X_+)_t - EX_t \le 2E(X_+)_t - EX_0 .$$

Schließlich impliziert (a) nach dem vorangehenden Lemma $E\gamma_{a,b} < \infty$ und damit $\gamma_{a,b}(\omega) < \infty$ außerhalb einer Nullmenge $N_{a,b} \in \mathscr{F}$ für jedes $a < b$. Da $\gamma_{a,b} \le \gamma_{a',b'}$ für $a < a' < b' < b$, gilt also $\gamma_{a,b}(\omega) < \infty$ für alle $a < b$ in $\mathbb{R}$ außerhalb der Nullmenge $N := \bigcup_{a,b\in\mathbb{Q}:\,a<b} N_{a,b}$. □

Nunmehr ergeben sich die Konvergenzsätze leicht aus dem bisherigen. Wir beginnen mit der Konvergenz bei $t \to t_0\pm$:

Satz 3.33. (Konvergenz bei $t \to t_0\pm$) *Sei* $(X_t;\mathscr{F}_t;P)_{t\in\mathbb{R}_+}$ *ein Submartingal. Es gibt eine P-Nullmenge N so, daß für* $\omega \notin N$ *die einseitigen Grenzwerte*

$$X_{t_0+}(\omega) = \lim_{\substack{t\to t_0\\ \mathbb{Q}_+\ni t>t_0}} X_t(\omega) \quad \text{für jedes } t_0 \ge 0$$

$$X_{t_0-}(\omega) = \lim_{\substack{t\to t_0\\ \mathbb{Q}_+\ni t<t_0}} X_t(\omega) \quad \text{für jedes } t_0 > 0$$

in $\mathbb{R}$ *existieren. Die so definierten Funktionen* $X_{t_0\pm}$ *sind (etwa durch den Wert* 0 *auf N fortgesetzt) integrierbar. Diese punktweise Konvergenz findet überdies in der* L^1*-Norm statt, wenn X nach unten beschränkt oder sogar ein Martingal ist.*

Beweis: Bildet man für $n \in \mathbb{N}$ jeweils den gestoppten Prozeß $X^n = (X_{n\wedge t})_{t\in\mathbb{R}_+}$, so ist dieser offensichtlich wieder ein Submartingal, also auch sein Positivteil $X_+^n := X^n \vee 0$. Insbesondere gilt daher $E(X_+^n)_t \nearrow E(X_+^n)_n < \infty$ mit $t \to \infty$. Anwendung von Lemma 3.32 auf X^n liefert jeweils eine Nullmenge N_n so, daß für die zu X^n gehörigen Übergangsfunktionen $\gamma_{a,b}^n$ gilt

$$\gamma_{a,b}^n(\omega) < \infty \text{ für } \omega \notin N_n\,; \quad a < b .$$

Nach Lemma 3.30 impliziert dies die Existenz der einseitigen Grenzwerte $X_{t_0\pm}^n(\omega)$ in $\overline{\mathbb{R}}$ für alle $t_0 \ge 0$ bzw. > 0. Nach dem Fatouschen Lemma ist für eine beliebige Folge $t_\ell \to t_0+$ in $\mathbb{Q}$ überdies

$$\int |X_{t_0+}^n|\,dP \le \liminf_{\ell\to\infty} \int |X_{t_\ell}^n|\,dP \le \sup_{t\in\mathbb{R}_+} \|X_t^n\|_1 < \infty ,$$

letzteres nach Lemma 3.32. Damit ist $X^n_{t_0+}$ (und analog $X^n_{t_0-}$) integrierbar, insbesondere f.ü. reellwertig. Da definitionsgemäß $X^n_t = X_t$ für $t \le n$ gilt, folgt die Existenz der einseitigen Grenzwerte $X_{t_0\pm}(\omega)$ für $\omega \notin N := \bigcup_1^\infty N_n$, und ihre Integrierbarkeit, wie behauptet.
Daß schließlich die gezeigte punktweise Konvergenz f.ü. gegen $X_{t_0\pm}$ auch in $\| \ \|_1$ stattfindet, folgt nach dem Vitalischen Konvergenzsatz (Satz 1.8) aus der gleichgradigen Integrierbarkeit von $\{X_t : t \le c\}$. Wir können $X \ge 0$ annehmen, da entweder $X \ge$ const oder X Martingal vorausgesetzt ist: Im ersten Fall betrachte man das Submartingal $X -$ const ≥ 0 (welches dasselbe Konvergenzverhalten bei $t \to t_0\pm$ hat wie X selbst), im zweiten Fall das Submartingal $|X|$ (da gleichgradige Integrierbarkeit ohnehin nur den Betrag der Funktionen betrifft). Dann ist aber die gleichgradige Integrierbarkeit von $\{X_t : t \le c\}$ wegen $0 \le X_t \le E^{\mathscr{F}_t} X_c$ klar. □

Bemerkung 3.34. Die Beschränkung auf $t \in \mathbb{Q}_+$ in den Konvergenzaussagen des Satzes entfällt natürlich, wenn sie in der Definition der Überquerungsfunktion $\gamma_{a,b}$ entbehrlich ist, wenn also $\gamma_{a,b}(\omega) = \gamma_{a,b}(X_\bullet(\omega))$ für alle Pfade gilt. Dies ist z.B. dann der Fall, wenn X r.c. oder l.c. ist. (Uneingeschränkte Konvergenz hat man auch für separable (Sub-)Martingale, vgl. [NE 69], Abschnitt 4.5). Bei einer Standard-Filtrierung (Definition 3.3) ist dies keine wesentliche Einschränkung:

Korollar. *Sei $(X_t;\mathscr{F}_t;P)_{t\in\mathbb{R}_+}$ ein Martingal, dabei $(\mathscr{F}_t)$ eine Standard-Filtrierung. Dann besitzt X eine Modifikation zu einem r.c.l.l. Martingal, d.h. zu einem Martingal, dessen Pfade rechtsstetig sind und an jeder Stelle $t > 0$ einen linksseitigen Grenzwert haben.*

Beweis: Mit der Nullmenge N aus Satz 3.33 setze $X'_t(\omega) := X_{t+}(\omega)$ für $\omega \notin N$, und $= 0$ sonst.
Wir zeigen $X'_t = X_t$ f.ü. und wissen dann (da nach Voraussetzung eine Standard-Filtrierung zugrundeliegt), daß auch X' ein Martingal ist, dazu Modifikation von X, nach Definition ferner r.c., und nach der vorangehenden Bemerkung auch mit linksseitigen Limiten. Für eine beliebige gegen t konvergierende Folge rationaler $t_n > t$ gilt aber nach dem vorigen Satz $X_{t_n} \to X'_t$ in $\| \ \|_1$ und damit

$$X_t = E^{\mathscr{F}_t} X_{t_n} \to E^{\mathscr{F}_t} X'_t = X'_t;$$

letzteres, da X'_t nach Definition $(\mathscr{F}_{t+})$-meßbar und damit $\mathscr{F}_t$-meßbar ist. □

Bemerkung 3.35. Umgekehrt hat man auch: Ist $(X_t;\mathscr{F}_t;P)_{t\in\mathbb{R}_+}$ ein r.c. Martingal oder ein nach unten beschränktes r.c. Submartingal, so gilt dies auch noch bezüglich der Standard-Erweiterung $(\bar{\mathscr{F}}_{t+})_{t\in\mathbb{R}_+}$.

Denn: Nach dem Optional Sampling Theorem ist für jedes $c > 0$ die Menge $\{X_t : t \leq c\}$ gleichgradig integrierbar. Daher konvergiert für $s < t$, $A \in \mathscr{F}_{s+}$ in der (Un-)Gleichung

$$\int_A X_{s+\varepsilon} dP \underset{(\leq)}{=} \int_A X_t dP; \quad s + \varepsilon \leq t$$

die linke Seite mit $\varepsilon \to 0$ gegen $\int_A X_s dP$, da X r.c. vorausgesetzt ist. □

Wie bei monoton wachsenden Funktionen bedarf Konvergenz mit $t \to \infty$ in $\mathbb{R}$ einer Beschränkungsvoraussetzung.

Satz 3.36. (Konvergenz bei $t \to \infty$) *Sei $(X_t; \mathscr{F}_t; P)_{t \in T}$ ein Submartingal mit $\sup_{t \in T} E(X_+)_t < \infty$. Dann existiert $\lim_{T \cap \mathbb{Q} \ni t \to \infty} X_t =: X_\infty$ f.ü. und definiert eine Funktion $X_\infty \in L^1(P)$. (Ist X r.c., so konvergiert sogar $X_t \to X_\infty$ f.ü. mit $t \to \infty$, ohne Einschränkung auf rationale t). Ist X gleichgradig integrierbar, so gilt außerdem $X_t \to X_\infty$ in $\| \ \|_1$.*

Beweis: Die Aussage über punktweise Konvergenz folgt sofort aus Lemma 3.30 in Verbindung mit Lemma 3.32; die Integrierbarkeit von X_∞ ergibt sich dabei wieder aus dem Fatouschen Lemma:

$$\int |X_\infty| dP \leq \liminf_{\mathbb{Q} \cap T \ni t \to \infty} \int |X_t| dP \leq \sup_{t \in T} \|X_t\|_1 < \infty .$$

Die Aussage über Normkonvergenz $X_t \to X_\infty$ bedeutet, daß für jede Folge $t_n \to \infty$ in T gilt $X_{t_n} \to X_\infty$ in $\| \ \|_1$. Dies ergibt sich für (t_n) in $\mathbb{Q} \cap T$ aus der punktweisen Konvergenz f.ü. nach dem Vitalischen Konvergenzsatz (Satz 1.8). Ist $T = \mathbb{R}_+$ und nicht notwendig $t_n \in \mathbb{Q}$, so beachte man, daß nach dem Beweis von Lemma 3.31 auch für die abzählbare Menge $D := \mathbb{Q}_+ \cup \{t_n : n \in \mathbb{N}\}$ und $\gamma'_{a,b}(\omega) := \gamma_{a,b}(X_\bullet(\omega)|D)$ die Abschätzung $E\gamma'_{a,b} < \infty$ gilt. Also konvergiert auch $X_t(\omega)$ bei $D \ni t \to \infty$ für fast alle ω, wobei der Grenzwert dort, wo er existiert, natürlich mit $X_\infty(\omega)$ übereinstimmt. Insbesondere konvergiert dort (und also f.ü.) auch $X_{t_n}(\omega) \to X_\infty(\omega)$. Normkonvergenz $X_{t_n} \to X_\infty$ folgt nun wieder aus dem Vitalischen Konvergenzsatz. □

Satz 3.37. *Sei $(X_t; \mathscr{F}_t; P)_{t \in T}$ ein r.c. und $\| \ \|_1$-beschränktes Submartingal; $X_\infty := \lim_{t \to \infty} X_t$ (existiert f.ü. gemäß Satz* 3.36). *Für die Aussagen* (a), (b), (c):

(a) *X gleichgradig integrierbar*

(b) *$X_t \to X_\infty$ in $\| \ \|_1$ bei $t \to \infty$*

(c) *Für jede Stopzeit τ gilt P-f.ü. die Stopformel*

(3.8) $$X_\tau \leq E^{\mathscr{F}_\tau} X_\infty \quad (\textit{mit} = \textit{, falls } X \textit{ ein Martingal ist}),$$

gelten die Implikationen (a) $\Rightarrow$ (b) $\Rightarrow$ (c); außerdem gilt (c) $\Rightarrow$ (a), falls X nach unten beschränkt oder ein Martingal ist.

Beweis: "(a) $\Rightarrow$ (b)" ist in Satz 3.36 enthalten. Zum Nachweis von "(b) $\Rightarrow$ (c)" sei eine beliebige Stopzeit τ fixiert. Nach dem Optional Sampling Theorem (Satz 3.27) ist dann für jedes $n \in \mathbb{N}$

$$X_{\tau \wedge n} \leq E^{\mathscr{F}_{\tau \wedge n}} X_n = E^{\mathscr{F}_\tau} X_n ,$$

wobei in der Gleichheit die Rechenregel iii) von Satz 3.15 benutzt wurde. Läßt man $n \to \infty$ streben, so konvergiert $X_{\tau \wedge n} \to X_\tau$ f.ü. (nämlich überall auf $\{\tau < \infty\}$, und f.ü. auf $\{\tau = \infty\}$ nach Satz 3.36). Andererseits konvergiert $X_n \to X_\infty$ in $\| \; \|_1$ nach Voraussetzung, somit auch $E^{\mathscr{F}_\tau} X_n \to E^{\mathscr{F}_\tau} X_\infty$ in $\| \; \|_1$ und damit für eine Teilfolge auch f.ü. Somit gilt auch $X_\tau \leq E^{\mathscr{F}_\tau} X_\infty$ f.ü. Für ein Martingal liefert die gleiche Überlegung für das Submartingal $-X$ sogar $X_\tau = E^{\mathscr{F}_\tau} X_\infty$.
Sei nun die Gültigkeit der Stopformel (3.8) für konstante Stopzeiten $\tau = t$ angenommen. Ist X ein Martingal, so also $X_t = E^{\mathscr{F}_t} X_\infty$, somit $\{X_t : t \in T\}$ gleichgradig integrierbar nach Beispiel 3.24 i). Ist X ein nach unten beschränktes Submartingal, also für eine Konstante $c \in \mathbb{R}$ auch $X_t - c \geq 0$ ein Submartingal, so folgt aus (3.8)

$$0 \leq X_t - c \leq E^{\mathscr{F}_t} X_\infty - c; \quad t \in T .$$

Die gleichgradige Integrierbarkeit von $\{E^{\mathscr{F}_t} X_\infty - c : t \in T\}$ impliziert daher die von $\{X_t - c : t \in T\}$ und also die von X selbst. □

Martingale der Form $\{E^{\mathscr{F}_t} f : t \in T\}$ für eine integrierbare Funktion f heißen auch *geschlossen* (durch f). Solche Martingale sind also gleichgradig integrierbar. Umgekehrt ist jedes gleichgradig integrierbare r.c. Martingal X nach (3.8) durch X_∞ geschlossen.

Wir haben uns in der Martingaldefinition auf die Parameterbereiche $T = \mathbb{N}_0$ bzw. $T = \mathbb{R}_+$ festgelegt. Andere Bereiche lassen sich oft leicht hierauf reduzieren. Eine Sonderrolle spielt aber aus einsichtigen Gründen der Fall $T = -\mathbb{N}_0$ oder $T = -\mathbb{R}_+$: hier hat der Parameterbereich ein letztes, aber kein erstes Element. Geht man durch die Transformation $t \to -t$ wieder zu $\mathbb{N}_0$ bzw. $\mathbb{R}_+$ über, so ist die Filtrierung fallend indiziert. Wir wählen diesen Standpunkt und definieren:

Definition 3.38. (Inverses Martingal) Ein *inverses (Sub-)Martingal*

$$(X_t; \mathscr{F}_t; P)_{t \in T}, \quad T = \mathbb{N}_0 \text{ oder } \mathbb{R}_+ ,$$

besteht aus einem Wahrscheinlichkeitsraum $(\Omega; \mathscr{F}; P)$, einer *inversen Filtrierung* $(\mathscr{F}_t)_{t \in T}$ des Meßraumes $(\Omega; \mathscr{F})$ (d.h. $\mathscr{F}_s \subset \mathscr{F}_t \subset \mathscr{F}$ σ-Unteralgebren für $s \geq t$) und einem adaptierten stochastischen Prozeß X_t: $(\Omega; \mathscr{F}; P; (\mathscr{F}_t)_{t \in T}) \to \mathbb{R}$; $t \in T$, für den alle X_t integrierbar sind und gilt

$$X_s = E^{\mathscr{F}_s} X_t \text{ (bzw. } X_s \leq E^{\mathscr{F}_s} X_t) \quad \text{f.ü.}; \quad s \geq t .$$

Eine Reduktion auf den (Sub-)Martingalfall erhält man durch folgende Beobachtung:

Lemma 3.39. *Sei* $(X_t;\mathscr{F}_t;P)_{t\in T}$ *ein inverses (Sub-)Martingal.*

i) *Für jedes* $n \in \mathbb{N}$ *ist* $({}^nX_t;{}^n\mathscr{F}_t;P)_{t\in T}$ *mit* ${}^nX_t := X_{(n-t)_+}$, ${}^n\mathscr{F}_t := \mathscr{F}_{(n-t)_+}$ *ein (Sub-)Martingal.*

ii) *Für die Überquerungsfunktion* $\gamma_{a,b}$: $\gamma_{a,b}(\omega) := \gamma_{a,b}(X_\bullet(\omega)|T\cap\mathbb{Q})$ *ist* $E\gamma_{a,b} < \infty$ *für alle* $a < b$ *in* $\mathbb{R}$.

Beweis: i) Dies ist eine triviale Verifikation, da für $s \leq t$ ja $(n-s)_+ \geq (n-t)_+$ ist.

ii) Bezeichnet $\gamma_{a,b;n}$ die Überquerungsfunktionen der Prozesse ${}^nX$, so gilt offenbar $\gamma_{a,b;n} \leq \gamma_{a,b;n+1}$ und $\sup_n \gamma_{a,b;n} = \gamma_{a,b}$. Aus Lemma 3.31 folgt nunmehr

$$(b-a)\,E\gamma_{a,b;n} \leq \sup_{t\in T} E\big(({}^nX)_+\big)_t + b_- = E(X_+)_0 + b_- ;$$

dabei wurde zum Schluß die Submartingal-Eigenschaft von ${}^nX$ und damit auch ${}^nX_+ \equiv {}^nX \vee 0$ benutzt. Mit $n \to \infty$ ergibt sich $E\gamma_{a,b} < \infty$. □

Schon aus der ersten Aussage dieses Lemmas folgt, daß Satz 3.33 (über Konvergenz bei $t \to t_0\pm$) genauso für inverse Submartingale gilt. Der Satz 3.36 (über Konvergenz bei $t \to \infty$) gilt für inverse Submartingale sogar ohne die Beschränktheitsvoraussetzung, da nach Lemma 3.39 ii) ohnehin $E\gamma_{a,b} < \infty$ ist.

Man kann darüberhinaus zeigen, daß die für die $\|\ \|_1$-Konvergenz $X_t \to X_\infty$ bei $t \to \infty$ benötigte gleichgradige Integrierbarkeit für inverse Submartingale schon mit $\inf_{t\in T} EX_t > -\infty$ äquivalent ist (vgl. [BA 90], §19); für inverse Martingale ist $EX_t = EX_0$, $t \in T$, sie sind also automatisch gleichgradig integrierbar. – Wir verzichten auf diese Aussage, die für das im nächsten Abschnitt behandelte Beispiel (Starkes Gesetz der großen Zahlen) nicht erforderlich ist.

3.7 Einige Anwendungen der Martingal-Konvergenz

Die Konvergenzsätze 3.33 bzw. 3.36 der Martingaltheorie handeln von fast sicherer Konvergenz. Eine Anwendung von grundsätzlicher Bedeutung ist die Möglichkeit der Pfadregularisierung von Prozessen, wie sie im Korollar zu Satz 3.33 bereits angedeutet ist. Zuvor geben wir einige Beispiele interessanter Konsequenzen für die Wahrscheinlichkeitstheorie.

Nach Beispiel 3.24 ii) bildet, für eine unabhängige Folge $(X_n)_{n\in\mathbb{N}}$ von integrierbaren reellen Zufallsvariablen, die Folge der zentrierten Partialsummen

$$S_n := \sum_{k=1}^{n}(X_k - EX_k)$$

(bezüglich der assoziierten Filtrierung $\big(\sigma(S_k : k \leq n)\big)_{n\in\mathbb{N}}$) ein Martingal. Es konvergiert aber im allgemeinen nicht. Nehmen wir etwa den Spezialfall identisch verteilter, nicht konstanter X_n, und setzen $EX_1 =: c$. Aufgrund der evidenten Inklusion

$$\{\omega : (S_n(\omega))_{n\in\mathbb{N}} \text{ konvergiert in } \mathbb{R}\} \subset \{\omega : X_n(\omega) \to c\}$$

würde Konvergenz von (S_n) auf einer Menge positiven Maßes schon $X_n \to c$ f.ü. implizieren (denn $P(\{X_n \to c\}) = 0$ oder 1 nach dem 0-1-Gesetz). Für beliebiges $\delta > 0$ bilden die Mengen $A_n := \{|X_n - c| > \delta\}$ eine unabhängige Folge, mit $P(\limsup_{n\to\infty} A_n) = 0$, wenn $X_n \to c$ f.ü. gilt. Nach dem Borel-Cantelli-Lemma folgt daraus $\sum_1^\infty P(A_n) < \infty$. Aber für identisch verteilte (X_n) ist $P(A_n) = P(A_1)$ für alle n, somit $P(A_1) = 0$. Da dies für alle $\delta > 0$ so ist, müßte entgegen der Voraussetzung doch $X_n = c$ f.ü. gelten.

Hat man dagegen eine unabhängige Folge (X_n) mit $\sum_{n=1}^\infty \frac{\operatorname{Var} X_n}{\beta_n^2} < \infty$ für eine Zahlenfolge $0 < \beta_n \nearrow \infty$, so ist das Martingal

$$M_n := \sum_{k=1}^n \frac{1}{\beta_k}(X_k - EX_k); \quad n \in \mathbb{N}$$

in der Norm $\| \, \|_2$ beschränkt: $\|M_n\|_2^2 = \sum_{k=1}^n \frac{\operatorname{Var} X_k}{\beta_k^2} \le \sum_{k=1}^\infty \frac{\operatorname{Var} X_k}{\beta_k^2} < \infty$. Es konvergiert also nach Satz 3.36 mit $n \to \infty$. Nach dem bekannten Kronecker-Lemma hat dies zur Folge, daß gilt

$$\frac{1}{\beta_n}\sum_{k=1}^n (X_k - EX_k) = \frac{1}{\beta_n} S_n \to 0 \quad \text{f.ü.}$$

Etwas schwieriger ist der Fall des klassischen Kolmogorovschen *Starken Gesetzes der großen Zahlen* einzuordnen:

Satz 3.40. *Sei $(X_n)_{n\in\mathbb{N}}$ eine unabhängige Folge von identisch verteilten integrierbaren reellen Zufallsvariablen über einem Wahrscheinlichkeitsraum $(\Omega; \mathscr{F}; P)$. $S_n := \sum_{k=1}^n (X_k - EX_k)$ bezeichne die zugehörige zentrierte Partialsummenfolge, und $\mathscr{F}_n := \sigma(S_k : k \ge n)$; $n \in \mathbb{N}$ die assoziierte inverse Filtrierung. Dann ist $(\frac{1}{n}S_n; \mathscr{F}_n; P)_{n\in\mathbb{N}}$ ein (gleichgradig integrierbares) inverses Martingal. Insbesondere genügt (X_n) dem starken Gesetz der großen Zahlen: $\frac{1}{n}S_n \to 0$ f.ü. mit $n \to \infty$.*

Beweis: Wir rechnen nach, daß $\frac{1}{n}S_n = E^{\mathscr{F}_n} X_1 - EX_1$ gilt. Damit ist dann $(\frac{1}{n}S_n)_{n\in\mathbb{N}}$ als gleichgradig integrierbares inverses Martingal nachgewiesen, welches, wie am Ende des vorangehenden Abschnitts gezeigt wurde, f.ü. und in $\| \, \|_1$ konvergiert, und zwar wegen $ES_n = 0$ nach dem 0-1-Gesetz notwendig gegen den Grenzwert 0. Die Identität $\frac{1}{n}S_n = E^{\mathscr{F}_n} X_1 - EX_1$ folgt natürlich sofort aus

$$E^{\mathscr{F}_n} X_k = E^{\mathscr{F}_n} X_1; \quad 1 \le k \le n.$$

Offenbar kann $EX_k = 0$ angenommen werden, da die Folge identisch verteilt ist. Da die Mengen der Form

$$A = \{S_n \in A_0, S_{n+1} \in A_1, \ldots, S_{n+\ell} \in A_\ell\}$$

mit $A_0, \ldots, A_\ell \in \mathscr{B}(\mathbb{R})$, $\ell \in \mathbb{N}$, einen $\cap$-stabilen Erzeuger von $\mathscr{F}_n$ bilden, genügt es, hierfür $\int_A X_1 = \int_A X_k$ für $1 \leq k \leq n$ nachzuweisen. Wir haben aber (mit $\mu = P \circ X_1^{-1}$ der gemeinsamen Verteilung der X_k)

$$\begin{aligned}\int_A X_1 \, dP &= \int X_1 (1_{A_0} \circ S_n)(1_{A_1} \circ S_{n+1}) \cdot \ldots \cdot (1_{A_\ell} \circ S_{n+\ell}) \, dP \\ &= \int x_1 \, 1_{A_0}(x_1 + \ldots + x_n) \, 1_{A_1}(x_1 + \ldots + x_{n+1}) \\ &\qquad \ldots 1_{A_\ell}(x_1 + \ldots + x_{n+\ell}) \, \mu(dx_1) \ldots \mu(dx_{n+\ell}) \, .\end{aligned}$$

Hier kann (Fubini) für $1 \leq k \leq n$ der erste Faktor x_1 im Integranden offensichtlich durch x_k ersetzt werden. Dies besagt aber, daß $\int_A X_1 = \int_A X_k$ ist. □

Als nächstes kommen wir noch einmal kurz auf das Beispiel 3.24 iii) eines *fairen Spiels* zurück, also ein Martingal der Form

$$X_n = X_{n-1} + Y_n \big(b_{n-1} \circ (Y_1, \ldots, Y_{n-1})\big) \, ; \quad X_0 = \text{const} \, ,$$

das durch eine unabhängige Folge Y_n mit Verteilung

$$P\{Y_n = 1\} = P\{Y_n = -1\} = \tfrac{1}{2}$$

gesteuert wird; $b_n \colon \big(\{1, -1\}\big)^n \to \mathbb{R}_+$ bezeichnet den Einsatz im $(n+1)$-ten Spiel, der durch positive Werte α, β nach unten und oben beschränkt angenommen sei, $0 < \alpha \leq b_n \leq \beta < \infty$. Ist τ die Austrittszeit von X aus einem gegebenen Intervall $[0, c]$, welches den Startwert X_0 enthält, so folgt $-\beta \leq X^\tau \leq c + \beta$. Aufgrund der Stop-Invarianz der Martingal-Eigenschaft ist also X^τ ein beschränktes Martingal, das nach dem Martingalsatz 3.36 f.ü. und in $\| \ \|_1$ konvergiert. Da andererseits $b_n \geq \alpha$ und damit $|X_{n+1}^\tau - X_n^\tau| \geq \alpha$ auf $\{\tau = \infty\}$ gilt, folgt $P\{\tau = \infty\} = 0$ aus der f.ü.-Konvergenz und $EX_\tau = \lim_{n \to \infty} EX_n^\tau = EX_0 = X_0$ aus der Normkonvergenz. Gleiches hätte sich natürlich für jede Stopzeit τ ergeben, für welche X^τ gleichgradig integrierbar ist: das Spiel endet stets nach endlicher Zeit, und die Gewinnerwartung verbessert sich durch Anwendung einer solchen Stopregel nicht.

Als letzte Anwendung der Martingaltheorie betrachten wir die Frage der Regularisierbarkeit der Pfade von Markovprozessen. Wir gehen aus von einer Halbgruppe $(K_t)_{t \in \mathbb{R}_+}$ von Sub-Markovkernen auf einem lokalkompakten Raum S mit abzählbarer Basis der Topologie (Definition 2.37). Für die zugehörigen Operatoren (wir verwenden der Einfachheit halber die gleiche Notation wie für die definierenden Kerne selbst)

$$K_t \colon (K_t f)(x) = \int K_t(x, dy) \, f(y) \, ; \quad f \in C_0$$

auf dem Raum C_0 aller stetigen $f\colon S \to \mathbb{R}$, die "im Unendlichen verschwinden", d. h. mit für jedes $\varepsilon > 0$ kompakter Menge $\{|f| \geq \varepsilon\}$, setzen wir voraus:

(a) $K_t f \in C_0$ und $K_0 f = f$; $f \in C_0$

(b) $(K_t f)(x) \to f(x)$ mit $t \to 0+$ für $f \in C_0$, $x \in S$.

Solche Halbgruppen $(K_t)_{t\in\mathbb{R}_+}$ heißen auch *Feller-Dynkin-Halbgruppen* (im folgenden kurz: FD-Halbgruppen). Ein triviales Beispiel ist etwa die Faltungshalbgruppe $(\nu_t)_{t\in\mathbb{R}_+}$ auf $\mathbb{R}^d$ der Brownschen Bewegung (vgl. Abschnitt 2.3), wie man sofort mit majorierter Konvergenz erkennt. Der Operator $A := \lim_{t\to 0+} \frac{1}{t}(K_t - \mathbf{1})$ mit seinem natürlichen Definitionsbereich

$$D := \left\{f \in C_0 : \forall x \in S\ \exists F(x) := \lim_{t\to 0+} \tfrac{1}{t}\big((K_t f)(x) - f(x)\big), \text{und es gilt } F \in C_0\right\}$$

und somit $Af = F$ für $f \in D$ heißt der *Erzeuger* der Halbgruppe $(K_t)_{t\in\mathbb{R}_+}$. Man kann zeigen (vgl. [WI 79], Kap. III), daß die punktweise Konvergenz in D und damit auch in der Stetigkeitsforderung (b) sogar gleichmäßig in $x \in S$ stattfindet und damit für FD-Halbgruppen den Anschluß an die funktionalanalytische Halbgruppentheorie auf Banachräumen herstellen; hierüber vgl. etwa die Monographie [DA 80]. Für die Ziele dieses Abschnitts benötigen wir aber nur wenig über den Erzeuger A. Er ist natürlich ein linearer Operator $A\colon D \to C_0$. Wir betrachten zu seiner analytischen Beschreibung die folgende *Resolventendarstellung*:

Satz 3.41. *Sei $A\colon D \to C_0$ der Erzeuger einer FD-Halbgruppe $(K_t)_{t\in\mathbb{R}_+}$ auf S. Für jedes $\lambda > 0$ ist dann $\lambda\mathbf{1} - A\colon D \to C_0$ bijektiv, und für die "Resolvente" $(\lambda\mathbf{1} - A)^{-1}\colon C_0 \to C_0$ gilt die Integraldarstellung $(\lambda\mathbf{1} - A)^{-1} = R_\lambda$ mit*

$$(R_\lambda f)(x) = \int_0^\infty e^{-\lambda t}(K_t f)(x)\,dt; \quad f \in C_0. \tag{3.9}$$

R_λ ist stetig mit $\|R_\lambda f\| \leq \frac{1}{\lambda}\|f\|$ ($\|\ \|$ die Supremumsnorm in C_0), und

$$AR_\lambda f = R_\lambda A f = \lambda R_\lambda f - f; \quad f \in D. \tag{3.10}$$

Beweis: Zunächst ist für $f \in C_0$, $x \in S$, die Funktion $t \mapsto (K_t f)(x)$ rechtsstetig (und damit meßbar, beschränkt durch $\|f\|$, so daß das Integral in Gleichung (3.9) existiert): Nach (b) ist Rechtsstetigkeit bei $t = 0$ vorausgesetzt; bei beliebigem $t_0 > 0$ folgt sie dann aus

$$(K_{t_0+t} f)(x) - (K_{t_0} f)(x) = \big(K_{t_0}(K_t f - f)\big)(x) \to 0 \quad \text{mit } t \to 0+$$

(letzteres mit majorierter Konvergenz). Weiter sieht man sofort, daß für $f \in C_0$ (wegen $K_t f \in C_0$) auch $R_\lambda f \in C_0$ gilt. Aus $\int_0^\infty \lambda e^{-\lambda t}\,dt = 1$ folgt ferner

$$\big|\lambda (R_\lambda f)(x)\big| \leq \sup_t \big|(K_t f)(x)\big| \leq \|f\|,$$

also die Stetigkeit der Operatoren R_λ mit der behaupteten Normabschätzung.

Die verbleibenden Aussagen des Satzes ergeben sich offensichtlich, wenn für beliebiges $\lambda > 0$ gezeigt ist, daß gilt

i) $f \in C_0 \Rightarrow R_\lambda f \in D$ und $AR_\lambda f = \lambda R_\lambda f - f$,
ii) $f \in D \Rightarrow R_\lambda Af = \lambda R_\lambda f - f$.

Hierzu rechnen wir um (für $f \in C_0$):

$$\begin{aligned}(K_s R_\lambda f)(x) = (R_\lambda K_s f)(x) &= \int_0^\infty e^{-\lambda t}(K_{s+t}f)(x)\,dt \\ &= e^{\lambda s}\int_s^\infty e^{-\lambda t}(K_t f)(x)\,dt \\ &= e^{\lambda s}\Big[(R_\lambda f)(x) - \int_0^s e^{-\lambda t}(K_t f)(x)\,dt\Big].\end{aligned}$$

Für die Differenzenquotienten $A_s := \frac{1}{s}(K_s - \mathbf{1})$, $s > 0$, heißt dies

$$(A_s R_\lambda f)(x) = (R_\lambda A_s f)(x) = \frac{e^{\lambda s}-1}{s}(R_\lambda f)(x) - \frac{e^{\lambda s}}{s}\int_0^s e^{-\lambda t}(K_t f)(x)\,dt.$$

Mit $s \to 0+$ streben

$$\frac{e^{\lambda s}-1}{s} \to \lambda \quad \text{und} \quad \frac{e^{\lambda s}}{s}\int_0^s e^{-\lambda t}(K_t f)(x)\,dt \to f(x),$$

letzteres majoriert durch die Konstante $e^\lambda \|f\|$ (für $0 < s < 1$). Hieraus folgt zunächst i), ferner auch ii) für solche $f \in D$, für welche $A_s f \to Af$ sogar majoriert durch eine konstante Funktion gilt. Sei $D_0 \subset D$ diese Teilmenge, $A_0 := A|D_0$. Wir zeigen noch $D_0 = D$. Wie gerade gezeigt, ist für $f \in C_0$ sogar $R_\lambda f \in D_0$, d.h. auch $\lambda\mathbf{1} - A_0$ ist schon surjektiv nach i). Wir haben daher nur noch die Injektivität der Fortsetzung $\lambda\mathbf{1} - A$ zu zeigen. Sei also für ein $f \in D$ angenommen, daß $Af = \lambda f$ gilt. Wir zeigen $f \leq 0$; ebenso gilt dann auch $f \geq 0$. Andernfalls gäbe es (da sich $f \in C_0$ durch den Wert 0 bei unendlich stetig auf die Einpunktkompaktifizierung fortsetzt) eine Maximalstelle $x_0 \in S$ von f mit $f(x_0) > 0$, also $0 < \lambda f(x_0) = (Af)(x_0)$. Aber

$$(K_s f)(x_0) = \int K_s(x_0, dy)\, f(y) \leq f(x_0) K_s(x_0, S) \leq f(x_0)$$

(die erste Ungleichung, da x_0 Maximalstelle von f ist, die zweite Ungleichung wegen $f(x_0) > 0$ und $K_s(x_0, S) \leq 1$), und hieraus folgt

$$0 \geq (A_s f)(x_0) \to (Af)(x_0) \quad \text{mit } s \to 0+,$$

da $f \in D$ war. Dies widerspricht $(Af)(x_0) = \lambda f(x_0) > 0$. □

Für die Pfadregularisierung benötigen wir die Konvergenzaussage

(3.11) $$\|\lambda R_\lambda f - f\| \to 0 \quad \text{mit } \lambda \to \infty; \quad f \in C_0.$$

Für $f \in D$ ist dies unmittelbar aus Gleichung (3.10) abzulesen:

$$\|\lambda R_\lambda f - f\| = \|R_\lambda Af\| \leq \frac{1}{\lambda}\|Af\|.$$

Von hier aus verallgemeinert sich (3.11) (wegen $\|\lambda R_\lambda f\| \le \|f\|$) sofort auf $f \in \bar{D}$. Wir zeigen deshalb mit einem direkten Argument das auch für sich selbst wichtige Resultat $\bar{D} = C_0$:

Satz 3.42. *Der Erzeuger A einer* FD-*Halbgruppe ist dicht definiert, d.h. der Abschluß seines Definitionsbereichs D ist ganz C_0.*

Beweis: Nach dem Satz von Hahn-Banach gäbe es andernfalls ein von 0 verschiedenes stetiges lineares Funktional φ auf C_0, das auf D verschwindet. Nach dem Rieszschen Darstellungssatz (vgl. [BA 90], §29) ist (nach Zerlegung von φ in eine Differenz positiver Funktionale) φ von der Form

$$\varphi(f) = \int f\, d\mu_1 - \int f\, d\mu_2\,; \qquad f \in C_0$$

mit endlichen Maßen μ_1, μ_2 auf S; dabei bedeuten $\varphi \neq 0$ bzw. $\varphi|D = 0$, daß $\mu_1 \neq \mu_2$, aber $\int f\, d\mu_1 = \int f\, d\mu_2$ für $f \in D$. Insbesondere haben wir

$$\int \lambda(R_\lambda g)\, d\mu_1 = \int \lambda(R_\lambda g)\, d\mu_2\,; \quad \lambda > 0\,;\ g \in C_0\,, \tag{3.12}$$

da nach Satz 3.41 ja $R_\lambda g = (\lambda \mathbf{1} - A)^{-1} g \in D$ gilt.
Nun impliziert die Stetigkeitsforderung (b) der FD-Halbgruppe, daß die Normkonvergenzaussage (3.11) immerhin punktweise gilt:

$$(\lambda R_\lambda g)(x) = \int_0^\infty e^{-t} (K_{t/\lambda} g)(x)\, dt \to \int_0^\infty e^{-t} g(x)\, dt = g(x)$$

mit $\lambda \to \infty$ für jedes $g \in C_0$, und dies wegen $\big|(K_t g)(x)\big| \le \|g\|$ majoriert durch die Konstante $\|g\|$. Damit folgt aus (3.12) mit $\lambda \to \infty$, daß $\int g\, d\mu_1 = \int g\, d\mu_2$ für alle $g \in C_0$ gilt, also doch $\mu_1 = \mu_2$ sein müßte. □

Die für das folgende entscheidende Beobachtung ist nun, daß für $0 \le f \in C_0$ die Funktionen $R_\lambda f$ für $\lambda > 0$ λ-supermedian sind (vgl. Beispiel 3.24 iv) in Abschnitt 3.4):

$$\begin{aligned} e^{-\lambda t}\big(K_t(R_\lambda f)\big)(x) &= \int_0^\infty e^{-\lambda(s+t)} (K_{s+t} f)(x)\, ds \\ &= \int_t^\infty e^{-\lambda s} (K_s f)(x)\, ds \le (R_\lambda f)(x)\,, \end{aligned}$$

letzteres wegen $f \ge 0$.

Wir setzen nun zunächst voraus, daß (sogar) S kompakt ist und die Sub-Markovkerne K_t Markovsch sind, also $K_t(x, S) = 1$ für alle $t \in \mathbb{R}_+$ und $x \in S$ gilt. Der allgemeine Fall wird später hierauf reduziert. Dann existiert also ein (bis auf Äquivalenz eindeutig bestimmter) Markovprozeß

$$X_t \colon (\Omega; \mathscr{F}; P) \to \big(S; \mathscr{B}(S)\big)\,; \quad t \in \mathbb{R}_+$$

zur Halbgruppe $(K_t)_{t\in\mathbb{R}_+}$ und vorgegebener Anfangsverteilung $P\circ X_0^{-1}$ (siehe Definition 2.5). Wir wollen zeigen, daß X *r.c.l.l.-modifizierbar* ist, also eine Modifikation besitzt, deren Pfade rechtsstetig sind mit linksseitigen Limiten an jedem $t>0$. Wir erreichen dies durch eine "Skalarisierung" von X und anschließender Anwendung des Konvergenzsatzes 3.33 folgendermaßen: Zunächst wissen wir nach obiger Beobachtung und Beispiel 3.24 iv), daß, immer bezüglich der dem Prozeß X assoziierten Filtrierung $\mathscr{F}_t^X := \sigma(X_s : s\leq t)$, die Prozesse

$$\left(-e^{-\lambda t}(R_\lambda f)\circ X_t\right)_{t\in\mathbb{R}_+}; \quad \lambda>0;\ f\geq 0 \text{ stetig}$$

(solange S kompakt ist, ist $C_0 = C := \{f\colon S\to\mathbb{R} : f \text{ stetig }\}$) Submartingale sind. Dies gilt dann natürlich auch für die (nach Satz 3.41 durch $\|f\|$ beschränkten) Prozesse $\left(-\lambda e^{-\lambda t}(R_\lambda f)\circ X_t\right)_{t\in\mathbb{R}_+}$. Der Konvergenzsatz 3.33 impliziert daher für jedes $f\in C$ (die Einschränkung $f\geq 0$ entfällt in dieser Aussage nachträglich) und jedes $\lambda>0$ die Existenz der einseitigen Grenzwerte

$$\left(\lambda(R_\lambda f)\circ X\right)_{t_0\pm}(\omega) := \lim_{\substack{t\to t_0\pm\\ t\in\mathbb{Q}}} \left(\lambda(R_\lambda f)\circ X\right)_t(\omega); \quad t_0 \underset{[>]}{\geq} 0$$

für ω außerhalb einer nur von f und λ abhängigen Nullmenge $N(f;\lambda)$. Für die Nullmenge $N(f) := \bigcup_{\ell\in\mathbb{N}} N(f;\ell)$ existiert daher $\left(\ell(R_\ell f)\circ X\right)_{t_0\pm}(\omega)$ außerhalb $N(f)$. Da nach Gleichung (3.11) mit $\ell\to\infty$ andererseits $\ell(R_\ell f)(x)\to f(x)$ sogar gleichmäßig in $x\in S$ konvergiert, folgt schließlich auch die Existenz der einseitigen Limiten

$$(f\circ X)_{t_0\pm}(\omega) := \lim_{\substack{t\to t_0\pm\\ t\in\mathbb{Q}}} (f\circ X_t)(\omega); \quad t_0 \underset{[>]}{\geq} 0;\ \omega\notin N(f)$$

für beliebige $f\in C$. Um von hier aus auf X selbst zu schließen, beweisen wir folgendes wohlbekannte

Lemma 3.43. *Sei $(S;\rho)$ ein kompakter metrischer Raum. Es gibt abzählbare Teilmengen $\mathcal{H}\subset C$ so, daß für eine Folge (x_n) in S gilt:*

$$x_n\to x \iff h(x_n)\to h(x); \quad \text{für alle } h\in\mathcal{H}.$$

Beweis: Als kompakter metrischer Raum ist S separabel, d.h. es gibt abzählbare dichte Teilmengen $S_0\subset S$. Die hiermit gebildete abzählbare Teilmenge stetiger Funktionen

$$\mathcal{H} := \left\{\rho(a,\cdot) : a\in S_0\right\}$$

leistet das Gewünschte: Sei (x_n) eine Folge mit $\rho(a,x_n)\to\rho(a,x)$ für jedes $a\in S_0$ und ein $x\in S$. Würde nicht auch x_n gegen x konvergieren, so gäbe es, da S kompakt ist, eine Teilfolge $(x_{\tau(n)})_{n\in\mathbb{N}}$, die gegen ein $y\neq x$ konvergierte. Es folgt

$$\rho(a,y) = \lim_{n\to\infty}\rho(a,x_{\tau(n)}) = \rho(a,x); \quad a\in S_0,$$

und damit doch $x=y$, da im Falle $\rho(x,y) =: \delta>0$ für $a\in S_0$ mit $\rho(a,x)<\delta/2$ notwendig $\rho(a,y)>\delta/2$ wäre, damit $\rho(x,y)\leq\rho(a,x)+\rho(a,y)$ wird. □

Nunmehr ergibt sich der Modifikationssatz für FD-Prozesse (d.h. Markovprozesse zu FD-Halbgruppen):

Satz 3.44. (Pfadregularisierung von FD-Prozessen) *Sei* $(K_t)_{t\in\mathbb{R}_+}$ *eine* FD-*Halbgruppe von Markovkernen auf einem kompakten Raum S mit abzählbarer Basis. Dann ist jeder zugehörige* FD-*Prozeß X r.c.l.l.-modifizierbar.*

Beweis: S ist polnischer Raum und also metrisierbar. Wir fixieren eine Metrik ρ und erhalten nach Lemma 3.43 eine die Konvergenz in S beschreibende abzählbare Teilmenge $\mathcal{H} \subset C$. Wir wissen bereits, daß die einseitigen Grenzwerte $(f \circ X)_{t_0\pm}(\omega)$ für alle $t_0 \underset{[>]}{\geq} 0$ außerhalb einer Nullmenge $N(f)$ existieren. Damit existieren nach dem Lemma auch $X_{t_0\pm}(\omega) := \lim_{t\to t_0, t\in\mathbb{Q}} X_t(\omega)$ für $\omega \notin N := \bigcup_{f\in\mathcal{H}} N(f)$. Mit einem beliebig fixierten Punkt $a \in S$ ist daher der Prozeß

$$X'_t\colon (\Omega;\mathcal{F};P) \to S, \quad X'_t(\omega) = X_{t+}(\omega) \text{ für } \omega \notin N, \text{ und } = a \text{ für } \omega \in N$$

wohldefiniert. Offensichtlich existieren die Grenzwerte und gilt

$$\lim_{t\to t_0+} X'_t(\omega) = X_{t_0+}(\omega) = X'_{t_0}(\omega) \quad \text{und} \quad \lim_{t\to t_0-} X'_t(\omega) = X_{t_0-}(\omega)$$

für $\omega \notin N$, d.h. X' ist r.c.l.l. Nachzuweisen bleibt, daß X' eine Modifikation von X ist. Betrachtet man das Bildmaß $\mu := P \circ (X_t, X'_t)^{-1}$ auf $S \times S$, so ist also hierfür $\mu(\{\rho > 0\}) = 0$ zu zeigen. Da $S \times S$ (wie S selbst) eine abzählbare Basis der (Produkt-)Topologie besitzt, muß nur zu $a \neq b$ in S eine stetige Funktion $F\colon S \times S \to \mathbb{R}_+$ mit $F(a,b) > 0$ und $\int F\,d\mu = 0$ gefunden werden: dann besitzt schon jeder Punkt $(a,b) \in \{\rho > 0\}$ eine Umgebung W mit $\mu(W) = 0$, und abzählbar viele solcher W überdecken die ganze Menge $\{\rho > 0\}$. Eine solche Funktion F erhalten wir aber in der Form $F(x,y) = f(x)g(y)\big(h(y) - h(x)\big)$ mit stetigen $f, g, h\colon S \to \mathbb{R}$: man nehme etwa $h(y) = \rho(a,y)$, so daß zunächst $h(y) - h(x)$ für $(x,y) = (a,b)$ gleich $\rho(a,b) > 0$ wird, und also auch noch für offene Umgebungen U von a bzw. V von b $h(y) - h(x) > 0$ für $x \in U$, $y \in V$ bleibt; sodann setze man $f(x) := \operatorname{dist}(x, \complement U)$ und $g(y) := \operatorname{dist}(y, \complement V)$.
Nun bleibt zu zeigen, daß $\int F\,d\mu = 0$ ist, also daß (nach Rücktransformation von μ auf P) gilt

$$E\big[(f \circ X_t)\big((g \cdot h) \circ X'_t\big)\big] = E\big[\big((f \cdot h) \circ X_t\big)(g \circ X'_t)\big].$$

Dies ist bewiesen, wenn für beliebige stetige $u, v\colon S \to \mathbb{R}$

$$\text{(3.13)} \qquad E\big[(u \circ X_t)(v \circ X'_t)\big] = E\big[(u \circ X_t)(v \circ X_t)\big]$$

gezeigt ist. Da $X'_t = X_{t+}$ f.ü. gilt, ist zunächst

$$E\big[(u \circ X_t)(v \circ X'_t)\big] = \lim_{\substack{s\to t+\\ s\in\mathbb{Q}}} E\big[(u \circ X_t)(v \circ X_s)\big].$$

Unter Benutzung der Markoveigenschaft in der Form von Gleichung (2.30) von Abschnitt 2.5 ist für $t < s$

$$E^{\mathcal{F}_t^X}(v \circ X_s) = (K_{s-t}v) \circ X_t \quad \text{f.ü.},$$

und dies konvergiert mit $s \to t+$ aufgrund der Stetigkeitsforderung (b) für FD-Prozesse gegen $v \circ X_t$, majoriert durch $\|v\|$. Damit ergibt sich endlich auch (3.13):

$$E\big[(v \circ X_t)(v \circ X_s)\big] = E\big[(u \circ X_t)\, E^{\mathscr{F}_t^X}(v \circ X_s)\big] \to E\big[(u \circ X_t)(v \circ X_t)\big]$$

mit $s \to t+$, $s \in \mathbb{Q}$. □

Nachdem die Pfadregularisierung für FD-Prozesse zu Markovschen Halbgruppen auf kompakten Räumen gelungen ist, lassen sich die Ergebnisse auch auf den allgemeinen Fall übertragen. Sei also wieder S lokalkompakt mit abzählbarer Basis der Topologie und $(K_t)_{t \in \mathbb{R}_+}$ eine beliebige FD-Halbgruppe von Sub-Markovkernen auf S. Bezeichnet $\widehat{S} := S \cup \{\Delta\}$ die Einpunktkompaktifizierung von S, so definiert nach Satz 2.39

$$\widehat{K}_t(x, A) = \begin{cases} K_t(x, A \cap S) + 1_A(\Delta)\big(1 - K_t(x, S)\big); & x \in S \\ 1_A(\Delta) & ; \quad x = \Delta \end{cases}$$

eine Markov-Halbgruppe $(\widehat{K}_t)_{t \in \mathbb{R}_+}$ auf $\widehat{S}$. Sie ist wieder FD-Halbgruppe, da für $f \in C(\widehat{S})$, mit $f_0 := f - f(\Delta)$, gilt

$$(3.14) \qquad (\widehat{K}_t f)(x) = \big(K_t(f_0|S)\big)(x) + f(\Delta);\ x \in S; \quad (\widehat{K}_t f)(\Delta) = f(\Delta);$$

hierin ist $f_0|S \in C_0(S)$, also nach Forderung (a) auch $K_t(f_0|S) \in C_0(S)$, und damit $\widehat{K}_t f \in C(\widehat{S}) = C_0(\widehat{S})$ (womit (a) auch für $(\widehat{K}_t)$ erfüllt ist), und mit $t \to 0+$ gilt (b), d. h.

$$(\widehat{K}_t f)(x) \to f(x) = (\widehat{K}_0 f)(x); \quad x \in \widehat{S}.$$

Nach Satz 3.44 gibt es daher einen r.c.l.l.-Repräsentanten $\widehat{X}_t\colon (\Omega; \mathscr{F}; P) \to \widehat{S}$; $t \in \mathbb{R}_+$ des Markovprozesses zur Halbgruppe $(\widehat{K}_t)_{t \in \mathbb{R}_+}$ bei beliebiger Startwahrscheinlichkeit μ auf S.

$$\zeta\colon \Omega \to \overline{\mathbb{R}}_+, \quad \zeta(\omega) = \inf\big\{t \in \mathbb{R}_+ : \widehat{X}_t(\omega) = \Delta \text{ oder } \widehat{X}_{t-}(\omega) = \Delta\big\}$$

(mit $\widehat{X}_{0-} := \widehat{X}_0$) heißt die *Lebenszeit* des Prozesses $\widehat{X}$. Dies ist zunächst eine Stopzeit bezüglich der Filtrierung $(\mathscr{F}_t^{\widehat{X}})_{t \in \mathbb{R}_+}$, da offenbar für $t \in \mathbb{R}_+$ gilt

$$\{\zeta \le t\} = \{\widehat{X}_t = \Delta\} \cup \Big(\bigcap_{n \in \mathbb{N}} \bigcup_{\substack{s<t \\ s \in \mathbb{Q}}} \{\rho(\widehat{X}_s(\cdot), \Delta) < \tfrac{1}{n}\}\Big)$$

(wobei ρ eine beliebige Metrisierung von $\widehat{S}$ bezeichnet); hieraus ist ersichtlich $\{\zeta \le t\} \in \mathscr{F}_t^{\widehat{X}}$.

Die Bezeichnung "Lebenszeit" ist durch folgenden Satz weiter gerechtfertigt:

Satz 3.45. *Sei* $(K_t)_{t\in\mathbb{R}_+}$ *eine* FD-*Halbgruppe von Sub-Markovkernen auf einem lokalkompakten Raum* S *mit abzählbarer Basis der Topologie.* $\widehat{X}_t$: $(\Omega;\mathscr{F};P)\to\widehat{S}$; $t\in\mathbb{R}_+$ *sei ein r.c.l.l.-Repräsentant des Markovprozesses zur erweiterten Markov-Halbgruppe* $(\widehat{K}_t)$ *auf der Einpunktkompaktifizierung* $\widehat{S}$ *von* S, *startend auf* S *(also* $P\circ\widehat{X}_0^{-1}(S)=1$*);* ζ *bezeichne die Lebenszeit von* $\widehat{X}$. *Dann ist*

$$\Omega_0 := \{\omega : \zeta(\omega)=\infty \text{ oder } \widehat{X}_t(\omega)=\Delta \text{ für } \zeta(\omega)\le t<\infty\}$$

eine Menge in $\mathscr{F}$ *mit* $P(\Omega_0)=1$ *(und natürlich* $\zeta(\omega)=\inf\{t\in\mathbb{R}_+ : \widehat{X}_t(\omega)=\Delta\}$ *für* $\omega\in\Omega_0$*). Im "konservativen" Fall einer Markov-Halbgruppe* $(K_t)_{t\in\mathbb{R}_+}$ *ist* $\zeta=\infty$ *f.ü.*

Beweis: Da $\widehat{X}$ rechtsstetige Pfade hat und ζ eine Stopzeit ist, gilt $\Omega_0\in\mathscr{F}$. Setze $f:=-\rho(\Delta,\cdot)$. Dies ist eine stetige Funktion auf $\widehat{S}$, $f<0$ auf S, und damit aufgrund der Stetigkeitseigenschaft (b) von K_t (nämlich: $K_t(f|S)(x)\to f(x)$ mit $t\to 0$ für alle $x\in S$) auch $K_t(f|S)(x)<0$ für $0\le t\le t_0(x)$ mit hinreichend kleinem $t_0(x)>0$; im übrigen ist natürlich $K_t(f|S)\le 0$. Für die Resolvente R_λ, $\lambda=1$, folgt aus Gleichung (3.14) wegen $f(\Delta)=0$

$$(R_1 f)(x) := \int_0^\infty e^{-t}(\widehat{K}_t f)(x)\,dt = \int_0^\infty e^{-t}\big(K_t(f|S)\big)(x)\,dt<0$$

für $x\in S$, und $(R_1 f)(\Delta)=0$. Ferner ist, wie wir wissen, Y mit $Y_t=e^{-t}(R_1 f)\circ\widehat{X}_t$ ein (durch $\|f\|$ beschränktes) r.c.l.l. Submartingal, wofür also außerdem $Y\le 0$ mit $Y_t(\omega)=0\Leftrightarrow \widehat{X}_t(\omega)=\Delta$, und $Y_{t-}(\omega)=0\Leftrightarrow\widehat{X}_{t-}(\omega)=\Delta$ gilt. Daher ist $\zeta=\inf\{t\in\mathbb{R}_+ : Y_t=0 \text{ oder } Y_{t-}=0\}$ (setze noch $Y_{0-}:=Y_0$), und $\Omega_0=\{\omega:\zeta(\omega)=\infty$ oder $Y_t=0$ für $\zeta(\omega)\le t<\infty\}$. Die Aussage $P(\Omega_0)=1$ ergibt sich damit aus nachfolgendem Lemma. Ferner hat man im konservativen Fall $\widehat{K}_t(x,\{\Delta\})=0$ für alle $(t,x)\in\mathbb{R}_+\times S$ und daher auch

$$P\{\widehat{X}_t=\Delta\}=\int(P\circ\widehat{X}_0^{-1})(dx)\,\widehat{K}_t(x,\{\Delta\})=0;\quad t\in\mathbb{R}_+.$$

Andererseits ist offenbar $\Omega_0\cap\{\zeta<\infty\}\subset\bigcup_{t\in\mathbb{Q}_+}\{\widehat{X}_t=\Delta\}$, und damit $P(\{\zeta<\infty\})$ $=P(\Omega_0\cap\{\zeta<\infty\})=0$. □

Lemma 3.46. *Sei* $Y\le 0$ *ein nach unten beschränktes r.c.l.l. Submartingal (bezüglich einer beliebigen Filtrierung* $(\mathscr{F}_t)_{t\in\mathbb{R}_+}$*). Dann ist für die Stopzeit*

$$\tau:=\inf\{t\in\mathbb{R}_+ : Y_t=0 \text{ oder } Y_{t-}=0\}\quad(\text{mit } Y_{0-}:=Y_0)$$

fast sicher $Y_t=0$ *auf* $\{t\ge\tau\}$, *also*

$$P\big(\{\omega:\tau(\omega)=\infty \text{ oder } Y_t(\omega)=0 \text{ für } \tau(\omega)\le t<\infty\}\big)=1.$$

Beweis: Für ein beliebig fixiertes $\varepsilon>0$ sei $\sigma:=\inf\{t : Y_t>-\varepsilon\}$. Dies ist eine Stopzeit im weiteren Sinne: Für $t\in\mathbb{R}_+$ gilt

$$\{\sigma\ge t\}=\{Y_s\le-\varepsilon : 0\le s<t;\ s \text{ rational}\}\in\mathscr{F}_t, \tag{3.15}$$

wobei die Beschränkung auf rationale s wegen Rechtsstetigkeit der Pfade von Y erlaubt ist. Es ist $\sigma \le \tau$, da für ein ω mit $\tau(\omega) < \sigma(\omega)$ ja einerseits nach Definition von τ für eine Folge $t_n \searrow \tau(\omega)$, $t_n > \tau(\omega)$, gilt $Y_{t_n}(\omega) = 0$ oder $Y_{t_n-}(\omega) = 0$; andererseits nach (3.15) aber $Y_{t_n}(\omega) \le -\varepsilon$ und $Y_{t_n-}(\omega) \le -\varepsilon$ für schließlich alle n, ein Widerspruch.
Die Rechtsstetigkeit von Y impliziert $Y_\sigma \ge -\varepsilon$ auf $\{\sigma < \infty\}$. Aus $Y \le 0$ folgt nun

$$0 \le -\int_{\{\tau<t\}} Y_t \le -\int_{\{\sigma<t\}} Y_t = -\int_{\{\sigma\wedge t<t\}} Y_t\,.$$

Nach Bemerkung 3.35 ist Y auch Submartingal bezüglich der rechtsstetigen Filtrierung $(\mathscr{F}'_t := \mathscr{F}_{t+})_{t\in\mathbb{R}_+}$, in der auch σ eine Stopzeit ist. Da $\{\sigma < t\} = \{\sigma \wedge t < t\} \in \mathscr{F}'_{\sigma\wedge t}$ ist, folgt aus dem Optional Sampling Theorem

$$-\int_{\{\sigma\wedge t<t\}} Y_t \le -\int_{\{\sigma\wedge t<t\}} Y_{\sigma\wedge t} = -\int_{\{\sigma\wedge t<t\}} Y_\sigma \le \varepsilon\,.$$

Zusammen mit der vorangehenden Abschätzung ergibt sich bei $\varepsilon \to 0$, daß $\int_{\{\tau<t\}} Y_t\,dP = 0$ sein muß. Da andererseits $Y \le 0$ vorausgesetzt war, ist also $N_t := \{\tau < t \text{ und } Y_t \ne 0\}$ und damit auch $N := \bigcup_{t\in\mathbb{Q}_+} N_t$ eine Nullmenge (aus $\mathscr{F}$). Aber

$$\begin{aligned}\complement N &= \{\omega : Y_t(\omega) = 0 \text{ für jedes rationale } t > \tau(\omega)\}\\ &= \{\omega : Y_t(\omega) = 0 \text{ für jedes reelle } t \ge \tau(\omega)\}\\ &= \{\omega : \tau(\omega) = \infty \text{ oder } Y_t(\omega) = 0 \text{ für } \tau(\omega) \le t < \infty\},\end{aligned}$$

wobei in der zweiten Gleichung die Rechtsstetigkeit von Y benutzt wurde. □

Ist $(K_t)_{t\in\mathbb{R}_+}$ eine FD-Halbgruppe von Markovkernen auf dem lokalkompakten Raum S mit abzählbarer Basis, so haben wir also nach Satz 3.45 zu jedem $x \in S$ den kanonischen Prozeß mit Startpunkt x

$$\mathrm{pr}_t\colon (D;\mathscr{F};P^x) \to S;\quad t \in \mathbb{R}_+$$

zur Halbgruppe $(K_t)_{t\in\mathbb{R}_+}$ über dem Pfadraum D aller r.c.l.l.-Funktionen $h\colon \mathbb{R}_+ \to S$, versehen mit der σ-Algebra $\mathscr{F} = \sigma(\mathrm{pr}_t : t \in \mathbb{R}_+)$. Dies ist nach Satz 2.33 eine (zeitlich homogene) Markovsche Familie von Prozessen (Definition 2.32); die meßbare Abhängigkeit der Wahrscheinlichkeiten $P^x(A)$, $A \in \mathscr{F}$, von $x \in S$ wurde in Satz 1.28 gezeigt. Wir fixieren nun noch eine nichtleere offene Menge $U \subset S$ und betrachten die Austrittszeit $\sigma := \inf\{t \in \mathbb{R}_+ : \mathrm{pr}_t \notin U\}$ des kanonischen Prozesses aus U. Dies ist eine Stopzeit bezüglich der Standarderweiterung der Filtrierung $\mathscr{F}_t := \sigma(\mathrm{pr}_s : s \le t)$, $t \in \mathbb{R}_+$, und also nach Satz 3.8 (dessen Voraussetzungen für FD-Halbgruppen offensichtlich erfüllt sind) bereits bezüglich der Lebesgue-Vervollständigung $(\bar{\mathscr{F}}_t)_{t\in\mathbb{R}_+}$ nach P^x. Dies folgt allgemein aus dem Début-Theorem, bei stetig modifizierbarem kanonischen Prozeß sogar direkt aus Satz 3.12 ii). In dieser Situation gilt

Satz 3.47. *Die bei Austritt aus einer offenen Menge U gestoppte Familie*

$$\mathrm{pr}_t^\sigma\colon (D;\mathscr{F};P^x) \to S;\quad t \in \mathbb{R}_+;\ x \in S$$

der kanonischen Markovprozesse zur FD-*Halbgruppe* $(K_t)_{t\in\mathbb{R}_+}$ *ist wiederum eine Markovsche Familie von Prozessen. Die zugehörige Halbgruppe von Markovkernen auf* S *ist* $(\widetilde{K}_t)_{t\in\mathbb{R}_+}$*:*

$$\widetilde{K}_t(x,B) = 1_{B\setminus U}(x) + 1_U(x)\, E_x 1_B \circ \mathrm{pr}_t^\sigma\,;\quad x \in S;\ B \in \mathscr{B}(S)\,.$$

Beweis: Der Beweis beruht auf einigen bemerkenswerten rechnerischen Eigenschaften des gestoppten kanonischen Prozesses pr^σ:

i) Für $r \in \mathbb{R}_+$ gilt $r < \sigma$ genau dann, wenn $\mathrm{pr}_r^\sigma \in U$ ist. Dies liegt daran, daß U offen ist und die Pfade von pr rechtsstetig sind.

ii) Mit $\Theta_s\colon D \to D$, $(\Theta_s h)(t) = h(s+t)$ dem Zeit-Shift um $s \in \mathbb{R}_+$ gilt offensichtlich auf $\{s < \sigma\}$

$$\sigma = s + \sigma\circ\Theta_s \quad\text{und}\quad \mathrm{pr}_{s+t}^\sigma = \mathrm{pr}_t^\sigma \circ \Theta_s\,.$$

iii) $1_B \circ \mathrm{pr}_{s+t}^\sigma = 1_{B\setminus U} \circ \mathrm{pr}_s^\sigma + 1_{\{s<\sigma\}} 1_B \circ \mathrm{pr}_t^\sigma \circ \Theta_s$.
Dies folgt mit ii) aus der disjunkten Zerlegung

$$\begin{aligned}\{\mathrm{pr}_{s+t}^\sigma \in B\} &= \{s \geq \sigma, \mathrm{pr}_{s+t}^\sigma \in B\} \cup \{s < \sigma, \mathrm{pr}_{s+t}^\sigma \in B\}\\ &= \{\mathrm{pr}_s^\sigma \in B\setminus U\} \cup \{s<\sigma, \mathrm{pr}_{s+t}^\sigma \in B\}\,,\end{aligned}$$

wobei in der zweiten Gleichheit i) benutzt wurde.

iv) $E_x 1_B \circ \mathrm{pr}_t^\sigma = 1_{B\setminus U}(x) + 1_U(x)\, E_x 1_B \circ \mathrm{pr}_t^\sigma$; $x \in S$; $B \in \mathscr{B}(S)$.
Dies folgt durch Integration der Identität iii) für $s = 0$ unter Berücksichtigung der Tatsache, daß $\sigma > 0$ P^x-f.ü. für $x \in U$, und $\sigma = 0$, also $\mathrm{pr}_t^\sigma = x$ P^x-f.ü., für $x \notin U$ gilt.

Nach diesen Vorbemerkungen ergibt sich nun die Behauptung des Satzes folgendermaßen. Bei fixiertem $x \in S$ ist zunächst, wie bereits oben festgehalten, σ eine Stopzeit bezüglich der nach P^x vervollständigten Filtrierung $(\bar{\mathscr{F}}_t)_{t\in\mathbb{R}_+}$. Bilden wir in iii) auf beiden Seiten die bedingte Erwartung (bezüglich P^x), so folgt also

$$E^{\bar{\mathscr{F}}_s} 1_B \circ \mathrm{pr}_{s+t}^\sigma = 1_{B\setminus U} \circ \mathrm{pr}_s^\sigma + 1_{\{s<\sigma\}} E^{\bar{\mathscr{F}}_s} 1_B \circ \mathrm{pr}_t^\sigma \circ \Theta_s \quad P^x\text{-f.ü.}$$

Die Markoveigenschaft des kanonischen Prozesses pr selbst besagt aber nach dem Korollar zu Satz 2.33, daß P^x-f.ü. gilt

$$E^{\bar{\mathscr{F}}_s} 1_B \circ \mathrm{pr}_t^\sigma \circ \Theta_s = E^{\mathscr{F}_s} 1_B \circ \mathrm{pr}_t^\sigma \circ \Theta_s = E_{\mathrm{pr}_s(\cdot)} 1_B \circ \mathrm{pr}_t^\sigma\,.$$

Damit ist (P^x-f.ü.)

$$\begin{aligned}E^{\bar{\mathscr{F}}_s} 1_B \circ \mathrm{pr}_{s+t}^\sigma &= 1_{B\setminus U} \circ \mathrm{pr}_s^\sigma + 1_{\{s<\sigma\}} E_{\mathrm{pr}_s(\cdot)} 1_B \circ \mathrm{pr}_t^\sigma\\ &= 1_{B\setminus U} \circ \mathrm{pr}_s^\sigma + 1_{\{s<\sigma\}} E_{\mathrm{pr}_s^\sigma(\cdot)} 1_B \circ \mathrm{pr}_t^\sigma\\ &= 1_{B\setminus U} \circ \mathrm{pr}_s^\sigma + (1_U \circ \mathrm{pr}_s^\sigma)\, E_{\mathrm{pr}_s^\sigma(\cdot)} 1_B \circ \mathrm{pr}_t^\sigma\\ &= E_{\mathrm{pr}_s^\sigma(\cdot)} 1_B \circ \mathrm{pr}_t^\sigma\,,\end{aligned}$$

wobei in der letzten Gleichheit iv), in der vorletzten i) benutzt wurde. Da die rechte Seite eine meßbare Funktion von pr_s^σ ist, andererseits pr_s^σ selbst $\bar{\mathscr{F}}_s$-meßbar ist, darf links $\bar{\mathscr{F}}_s$ durch $\sigma(\mathrm{pr}_r^\sigma : r \leq s)$ ersetzt werden. Dies ist aber die schwache Markoveigenschaft Gleichung (2.31) für den Prozeß pr^σ. Damit ist $\mathrm{pr}_t^\sigma\colon (D;\mathscr{F};P^x) \to S$ als (zeitlich homogene) Markovsche Familie von Prozessen nachgewiesen. Die zugehörigen Übergangskerne $\widetilde{K}_t(x,B) = P^x(\{\mathrm{pr}_t^\sigma \in B\})$ ergeben sich aus iv). □

Man beachte, daß die auf $U \times \mathscr{B}(U)$ eingeschränkten Kerne $\widetilde{K}_t$ gegeben sind durch (für $x \in U$, $B \in \mathscr{B}(U)$)

$$\widetilde{K}_t(x,B) = E_x(1_B \circ \mathrm{pr}_t^\sigma) = E_x(1_{B\cap U} \circ \mathrm{pr}_t^\sigma) = E_x(1_{\{t<\sigma\}} 1_B \circ \mathrm{pr}_t).$$

Sie bilden (im Gegensatz zu den $K_t|U \times \mathscr{B}(U)$ selbst) eine Halbgruppe von Sub-Markovkernen auf U:

$$\begin{aligned}\int_U \widetilde{K}_s(x,dy)\,\widetilde{K}_t(y,B) &= \int_S \widetilde{K}_s(x,dy)\,\widetilde{K}_t(y,B) - \int_{S\setminus U} \widetilde{K}_s(x,dy)\,\widetilde{K}_t(y,B)\\ &= \widetilde{K}_{s+t}(x,B);\quad x \in U;\ B \in \mathscr{B}(U).\end{aligned}$$

Eine Konsequenz dieses Satzes ist das folgende Resultat:

Satz 3.48. *Sei X_t: $(\Omega;\mathscr{B};P) \to S$; $t \in \mathbb{R}_+$ ein r.c.l.l.-regularisierter Markovprozeß zu einer* FD*-Halbgruppe von Markovkernen auf S, U eine nichtleere offene Teilmenge von S und*

$$\tau := \inf\{t \in \mathbb{R}_+ : X_t \notin U\}$$

die Austrittszeit von X aus U. Dann ist auch der gestoppte Prozeß X^τ ein Markovprozeß, und zwar zur Halbgruppe $(\widetilde{K}_t)_{t\in\mathbb{R}_+}$ aus Satz 3.47.
Bezeichnet ferner $\widehat{U} := U \cup \{\Delta\}$ die Einpunktkompaktifizierung von U, so ist auch der bei Austritt aus U "gekillte" Prozeß

$$Y_t\colon (\Omega;\mathscr{B};P) \to \widehat{U},\quad Y_t = \left\{\begin{matrix} X_t & \textit{auf}\,\{t<\tau\} \\ \Delta & \textit{auf}\,\{t \geq \tau\}\end{matrix}\right\};\quad t \in \mathbb{R}_+$$

ein Markovprozeß, und zwar zur Halbgruppe $(\widehat{K}_t)_{t\in\mathbb{R}_+}$ auf $\widehat{U}$:

$$\widehat{K}_t(x,B) = 1_{B\setminus U}(x) + 1_U(x)\big[\widetilde{K}_t(x,U\cap B) + 1_B(\Delta)\big(1-\widetilde{K}_t(x,U)\big)\big].$$

Beweis: Wir betrachten neben X und τ wieder die Familie der kanonischen Prozesse $\mathrm{pr}_t\colon(D;\mathscr{F};P^x) \to S$; $t \in \mathbb{R}_+$; $x \in S$, sowie die Austrittszeit $\sigma := \inf\{t \in \mathbb{R}_+ : \mathrm{pr}_t \notin U\}$. Dann ist $X_t^\tau = \mathrm{pr}_t^\sigma \circ X_\bullet$, also X^τ unter P äquivalent pr^σ unter $P \circ X_\bullet^{-1}$, wobei

$$P \circ X_\bullet^{-1} = P^\mu,\quad P^\mu(A) = \int \mu(dx)\,P^x(A);\quad A \in \mathscr{F},$$

mit $\mu := P \circ X_0^{-1}$ der Startwahrscheinlichkeit von X.

Nach Satz 2.29 haben wir die schwache Markoveigenschaft (Gleichung 2.28) für die Halbgruppe $(\widetilde{K}_t)_{t\in\mathbb{R}_+}$ von Satz 3.47 nachzuweisen, also gemäß der Bemerkung iv) im vorangehenden Beweis für die Kerne

$$\widetilde{K}_t(x,B) = E_x 1_B \circ \mathrm{pr}_t^\sigma .$$

Bedenkt man $\mathscr{F}_s^{X^\tau} := \sigma(X_s^\tau : r \leq s) = X_\bullet^{-1}(\mathscr{F}_s^{\mathrm{pr}^\sigma})$, so bedeutet dies in integrierter Form, daß für $A \in \mathscr{F}_s^{\mathrm{pr}^\sigma}$ gilt (bei beliebigen $s,t \in \mathbb{R}_+$ und $B \in \mathscr{B}(S)$)

$$\int_{X_\bullet^{-1}(A)} 1_{\{X_{s+t}^\tau \in B\}}\, dP = \int_{X_\bullet^{-1}(A)} (E_{X_s^\tau(\omega)} 1_B \circ \mathrm{pr}_t^\sigma)\, P(d\omega).$$

Dies ergibt sich aus der schwachen Markoveigenschaft für pr^σ (bezüglich aller P^x), wenn man links zum kanonischen Prozeß übergeht:

$$\begin{aligned}\int_{X_\bullet^{-1}(A)} 1_{\{X_{s+t}^\tau \in B\}}\, dP &= \int_A 1_{\{\mathrm{pr}_{s+t}^\sigma \in B\}}\, dP^\mu = \int \mu(dx) \int_A 1_{\{\mathrm{pr}_{s+t}^\sigma \in B\}}\, dP^x \\ &= \int \mu(dx) \int_A (E_{\mathrm{pr}_s^\sigma(\omega)} 1_B \circ \mathrm{pr}_t^\sigma)\, P^x(d\omega) \\ &= \int_A (E_{\mathrm{pr}_s^\sigma(\omega)} 1_B \circ \mathrm{pr}_t^\sigma)\, P^\mu(d\omega) = \int_{X_\bullet^{-1}(A)} (E_{X_s^\tau(\omega)} 1_B \circ \mathrm{pr}_t^\sigma)\, P(d\omega).\end{aligned}$$

Wir betrachten nun den gekillten Prozeß Y. Die Kerne $\widehat{K}_t$ entstehen durch die in Satz 2.39 beschriebene "Einpunkterweiterung" der auf $U \times \mathscr{B}(U)$ eingeschränkten $\widetilde{K}_t$ und bilden wiederum eine Halbgruppe von Markovkernen auf $\widehat{U}$. Mit der offenbar stetigen Abbildung

$$\varphi\colon S \to \widehat{U}, \quad \varphi(x) = \left\{\begin{matrix} x, & x \in U \\ \Delta, & x \notin U \end{matrix}\right\}$$

schreibt sich Y ersichtlich als $Y = \varphi \circ X^\tau$. Wir haben für $B \in \mathscr{B}(\widehat{U})$

$$E^{\mathscr{F}_s^Y} 1_{\{Y_{s+t} \in B\}} = \widehat{K}_t(Y_s(\cdot), B) \quad P\text{-f.ü.}$$

nachzuweisen.

Da wir bereits wissen, daß X^τ Markovprozeß zur Halbgruppe $(\widetilde{K}_t)_{t\in\mathbb{R}_+}$ ist, haben wir vorerst

$$E^{\mathscr{F}_s^{X^\tau}} 1_{\{X_{s+t}^\tau \in \varphi^{-1}(B)\}} = \widetilde{K}_t\big(X_s^\tau(\cdot), \varphi^{-1}(B)\big); \quad B \in \mathscr{B}(\widehat{U}).$$

Nun ist aber

$$\begin{aligned}\widetilde{K}_t\big(x, \varphi^{-1}(B)\big) &= 1_{\varphi^{-1}(B)\setminus U}(x) + 1_U(x)\, E_x 1_{\varphi^{-1}(B)} \circ \mathrm{pr}_t^\sigma \\ &= 1_{B\setminus U}\big(\varphi(x)\big) + 1_U\big(\varphi(x)\big)\, E_x 1_B \circ \varphi \circ \mathrm{pr}_t^\sigma \\ &= \widehat{K}_t\big(\varphi(x), B\big),\end{aligned}$$

da für $x \in U$ ja $x = \varphi(x)$ ist, und da gilt

$$\begin{aligned} E_x 1_B \circ \varphi \circ \mathrm{pr}_t^\sigma &= E_x\big(1_{\{\mathrm{pr}_t^\sigma \in B, t<\sigma\}} + 1_{\{\varphi\circ\mathrm{pr}_t^\sigma \in B, t\geq\sigma\}}\big) \\ &= E_x 1_{\{\mathrm{pr}_t^\sigma \in B\cap U\}} + 1_B(\Delta) E_x 1_{\{t\geq\sigma\}} \\ &= \widetilde{K}_t(x, B\cap U) + 1_B(\Delta)(1 - E_x 1_{\{\mathrm{pr}_t^\sigma \in U\}}) \\ &= \widetilde{K}_t(x, B\cap U) + 1_B(\Delta)\big(1 - \widetilde{K}_t(x,U)\big). \end{aligned}$$

Damit ist gezeigt, daß P-f.ü. gilt

$$E^{\mathscr{F}_s^{X^\tau}} 1_{\{Y_{s+t}\in B\}} = \widehat{K}_t\big(Y_s(\cdot), B\big).$$

Da die rechte Seite $\sigma(Y_s)$-meßbar und wegen $Y = \varphi \circ X^\tau$ noch $\mathscr{F}_s^Y \subset \mathscr{F}_s^{X^\tau}$ ist, darf links $\mathscr{F}_s^{X^\tau}$ durch $\mathscr{F}_s^Y$ ersetzt werden, was noch zu zeigen war. □

Zum Schluß werfen wir nochmals einen Blick auf die Argumentation im Beweis von Satz 3.47. Dort war unter ii) festgehalten, daß σ (wie jede Eintrittszeit) eine *terminale Stopzeit* ist, d. h. die Relation

$$\sigma = s + \sigma \circ \Theta_s \quad \text{auf } \{s < \sigma\}$$

erfüllt. Für eine terminale Stopzeit σ ist, wie man leicht verifiziert, der Prozeß

$$M\colon M_t := 1_{\{t<\sigma\}}$$

ein *multiplikatives Funktional* (bezüglich der Markovschen Familie der Prozesse $\mathrm{pr}_t\colon (D;\mathscr{F};P^x) \to S$; $t \in \mathbb{R}_+$, $x \in S$), d. h. bei jeweils fixiertem x adaptiert an die P^x-vervollständigte Filtrierung $(\bar{\mathscr{F}}_t)_{t\in\mathbb{R}_+}$, und es gilt

$$M_{s+t} = M_s\,(M_t \circ \Theta_s); \quad s,t \in \mathbb{R}_+.$$

Bildet man zu einem multiplikativen Funktional M die Kerne L_t auf S mit

$$L_t(x,B) := E_x\big((1_B \circ \mathrm{pr}_t)\, M_t\big),$$

so erhält man stets eine Halbgruppe von Sub-Markovkernen, denn

$$\begin{aligned} L_{s+t}(x,B) &= E_x\big(M_s\,(M_t\circ\Theta_s)\,(1_B\circ \mathrm{pr}_t \circ \Theta_s)\big) \\ &= E_x\big(M_s\, E^{\bar{\mathscr{F}}_s}\big(M_t\,(1_B\circ\mathrm{pr}_t)\big)\circ\Theta_s\big) \\ &= E_x\big(M_s\, E_{\mathrm{pr}_s(\cdot)}\big(M_t\,(1_B\circ\mathrm{pr}_t)\big)\big) \\ &= E_x\big(M_s\, L_t\big(\mathrm{pr}_s(\cdot), B\big)\big) \\ &= \int L_s(x,dy)\, L_t(y,B). \end{aligned}$$

Ist speziell $\sigma = \sigma_a := \inf\{t \in \mathbb{R}_+ : \mathrm{pr}_t \neq a\}$ die *Haltezeit in* $a \in S$, so ist für $s < \sigma_a$ also $\mathrm{pr}_s = a$ und deshalb nach der vorletzten Gleichung $L_{s+t}(a,B) = L_s(a,S)\, L_t(a,B)$. Für $B = S$ ist dies die bekannte Cauchysche Funktionalgleichung $F(s+t) = F(s)F(t)$ über $\mathbb{R}_+$ für die (rechtsstetige) Verteilungsfunktion $F(t) =$

$P^a\{\sigma_a > t\}$ der Haltezeit. Diese Funktionalgleichung ist leicht zu lösen: Wenn F nicht identisch verschwindet, ist notwendig $F(t) > 0$ für alle t, und $f := \log \circ F$ ist additiv und monoton fallend. Schreibt man f in der Form

$$f(s) = \int_0^1 f(s+t)\,dt - \int_0^1 f(t)\,dt = \int_s^{s+1} f(t)\,dt - \int_0^1 f(t)\,dt,$$

so erkennt man, daß f stetig sein muß, und folgert dann in der üblichen Weise aus der Additivität die Linearität von f. Somit ist die Haltezeit stets exponentiell verteilt, d.h. entweder gilt $\sigma_a = 0$ P^a-f.ü., oder, mit einer Konstanten $\lambda \in \mathbb{R}_+$,

$$P^a\big(\{\sigma_a > t\}\big) = e^{-\lambda t}; \quad t \in \mathbb{R}_+.$$

3.8 Diffusionen

Für einen Feller-Dynkin-Prozeß X mit Erzeuger A ist, bei beliebigem g im Definitionsbereich von A, der Prozeß $M(g)_t := g \circ X_t - g \circ X_0 - \int_0^t (Ag) \circ X_s\,ds$ ein Martingal. Wir werden dieser fundamentalen "Martingal-Eigenschaft" aus der (Dynkinschen) Theorie der Markovprozesse später in der (Itôschen) Theorie stochastischer Differentialgleichungen wiederbegegnen. In diesem Abschnitt benutzen wir die Martingal-Eigenschaft lediglich in naheliegender Weise zur Gewinnung von Randintegraldarstellungen A-harmonischer Funktionen (d.h. Funktionen im Kern von A). Die Verbindung mit dem klassischen Dirichlet-Problem wird offensichtlich bei Diffusionsprozessen X, wo A auf C^∞-Funktionen durch einen elliptischen Differentialoperator gegeben ist (bei der d-dimensionalen Brownschen Bewegung $\frac{1}{2}\Delta$, $\Delta = \sum_1^d \left(\frac{\partial}{\partial x_k}\right)^2$ der Laplaceoperator). Für diese potentialtheoretischen Aspekte der Theorie der Markovprozesse sei insbesondere auf [DY 65] und [B-G 68] verwiesen.

Wir greifen nochmals die Situation und Notation des vorangehenden Abschnitts auf, betrachten also eine FD-Halbgruppe $(K_t)_{t\in\mathbb{R}_+}$ von Sub-Markovkernen auf einem lokalkompakten Raum S mit abzählbarer Basis. $\widehat{S} = S \cup \{\Delta\}$ bezeichnet wieder die Einpunktkompaktifizierung von S, und X_t: $(\Omega; \mathscr{F}; P) \to \widehat{S}$; $t \in \mathbb{R}_+$ sei ein *Feller-Dynkin-Prozeß* zur Halbgruppe $(K_t)_{t\in\mathbb{R}_+}$, d.h. eine r.c.l.l.-Version des zur erweiterten Markov-Halbgruppe $(\widehat{K}_t)_{t\in\mathbb{R}_+}$ auf $\widehat{S}$ gehörigen Markovprozesses (Satz 3.44); $\mu = P \circ X_0^{-1}$ bezeichne die Startwahrscheinlichkeit von X. Wir können dann für $f \in C_0(S)$ (durch $f(\Delta) := 0$ stetig fortgesetzt auf $\widehat{S}$) pfadweise bilden $f_\lambda := \int_0^\infty e^{-\lambda s} f \circ X_s\,ds$; $\lambda > 0$. Dies liefert beschränkte meßbare Funktionen auf Ω mit Erwartungswert

$$(3.16) \quad Ef_\lambda = \int_0^\infty e^{-\lambda s} E(f \circ X_s)\,ds$$
$$= \int_0^\infty ds\, e^{-\lambda s} \int \mu(dx) \int \widehat{K}_s(x,dy) f(y) = \int \mu(dx)\,(R_\lambda f)(x).$$

(Beachte für $f \in C_0(S)$, daß $\int \widehat{K}_s(x,dy)f(y) = \int K_s(x,dy)f(y) \equiv (K_s f)(x)$ gilt; R_λ ist die in Gleichung (3.9) definierte Resolvente). Schließlich ist wieder $A\colon D \to C_0(S)$,

$$(Af)(x) := \lim_{t\to 0+} \frac{1}{t}\big((K_t f)(x) - f(x)\big)\,; \quad x \in S$$

der Erzeuger der Halbgruppe $(K_t)_{t\in\mathbb{R}_+}$, mit dem (vor Satz 3.41 beschriebenen) natürlichen Definitionsbereich D.

Satz 3.49. *Sei $(K_t)_{t\in\mathbb{R}_+}$ eine* FD-*Halbgruppe von Sub-Markovkernen auf dem lokalkompakten Raum S mit abzählbarer Basis, und $X_t\colon (\Omega;\mathscr{F};P) \to \widehat{S}$; $t \in \mathbb{R}_+$ ein zugehöriger Feller-Dynkin-Prozeß. Dann ist für jedes $\lambda > 0$ und jedes g im Definitionsbereich D des Erzeugers A der Halbgruppe $(K_t)_{t\in\mathbb{R}_+}$*

$$M(\lambda,g)_t := e^{-\lambda t} g\circ X_t - g\circ X_0 + \int_0^t e^{-\lambda s}\big((\lambda\mathbf{1} - A)g\big)\circ X_s\,ds\,; \quad t \in \mathbb{R}_+$$

ein gleichgradig integrierbares (r.c.l.l.) Martingal bezüglich der Filtrierung $\big(\mathscr{F}_t^X := \sigma(X_s : s \le t)\big)_{t\in\mathbb{R}_+}$ (und damit nach Bemerkung 3.5 *auch bezüglich ihrer Standard-Erweiterung).*

Beweis: Wir zeigen für beliebige $f \in C_0(S)$ die Beziehung

$$E^{\mathscr{F}_t^X} f_\lambda = \int_0^t e^{-\lambda s} f\circ X_s\,ds + e^{-\lambda t}(R_\lambda f)\circ X_t \quad \text{f.ü.}; \quad t \in \mathbb{R}_+,$$

aus der sich die Behauptung sofort für $f := (\lambda\mathbf{1} - A)g$, also $R_\lambda f = g$, ergibt, da auf der linken Seite ein gleichgradig integrierbares Martingal steht. Zerlegt man f_λ gemäß

$$f_\lambda = \int_0^t e^{-\lambda s} f\circ X_s\,ds + e^{-\lambda t}\int_0^\infty e^{-\lambda s} f\circ X_{t+s}\,ds\,,$$

so bleibt aufgrund der $\mathscr{F}_t^X$-Meßbarkeit des ersten Summanden nur zu zeigen, daß gilt

$$E^{\mathscr{F}_t^X}\int_0^\infty e^{-\lambda s} f\circ X_{t+s}\,ds = (R_\lambda f)\circ X_t \quad \text{f.ü.} \tag{3.17}$$

Dies folgt aus der Markoveigenschaft:

Zunächst ist die Aussage nicht von der Wahl des (r.c.l.l.) Repräsentanten abhängig, denn sie besagt, daß für jede Menge der Form $B = \{X_{t_1} \in A_1, \ldots, X_{t_r} \in A_r\}$ mit $0 \le t_1 < \ldots < t_r \le t$ und $A_1, \ldots, A_r \in \mathscr{B}(\widehat{S})$ gilt

$$\int_B (R_\lambda f)\circ X_t\,dP = \int_B dP \int_0^\infty ds\, e^{-\lambda s} f\circ X_{s+t}\,; \tag{3.18}$$

schreibt man die rechte Seite (nach Fubini) als $\int_0^\infty ds\, e^{-\lambda s} \int_B dP\, f \circ X_{s+t}$, so sieht man, daß diese Aussage nur von den endlichdimensionalen Verteilungen des Prozesses abhängt. Wir können also von vornherein mit dem kanonischen Repräsentanten $X_t = \mathrm{pr}_t \colon (\Omega; \mathscr{F}; P) \to \widehat{S}$ argumentieren, wobei (gemäß Satz 3.44)

$$\Omega = \{h \in \widehat{S}^{\mathbb{R}_+} : h \text{ r.c.l.l.}\}; \qquad \mathscr{F} = \Omega \cap \mathscr{B}(\widehat{S})^{\mathbb{R}_+}$$

genommen ist. Hierfür ist offenbar die zu $f \in C_0(S)$ gebildete Funktion

$$F \colon \Omega \to \mathbb{R}, \quad F(h) = \int_0^\infty e^{-\lambda s} f\big(h(s)\big)\, ds$$

beschränkt und meßbar. Mit ihr lautet (3.17) nunmehr

$$(3.19) \qquad E^{\mathscr{F}_t^X}(F \circ X_{t+\bullet}) = (R_\lambda f) \circ X_t \quad \text{f.ü.}$$

Nun ist nach Gleichung (3.16)

$$(R_\lambda f)(x) = E_x(f_\lambda) = E_x(F \circ X_\bullet); \quad x \in S,$$

wenn E_x den Erwartungswert bezüglich des Maßes P^x auf $\mathscr{F}$ bezeichnet, das den in $x \in S$ startenden kanonischen Prozeß beschreibt. Gleichung (3.19) ist also gerade die im Korollar zu Satz 2.33 gegebene Form der Markoveigenschaft für den in einem beliebigen Punkt $x \in S$ startenden Prozeß, und gilt P^x-f.ü. für jedes x. Dies bedeutet, daß Gleichung (3.18) für jedes P^x gilt. Sie gilt dann auch für $P = P^\mu$:

$$P^\mu(B) = \int \mu(dx)\, P^x(B); \quad B \in \mathscr{F}$$

mit beliebiger Startwahrscheinlichkeit μ auf S. □

Die Tatsache, daß $M(\lambda, g)$ ein gleichgradig integrierbares Martingal bezüglich $(\mathscr{F}_{t+}^X)_{t \in \mathbb{R}_+}$ ist, hat nach Satz 3.37 die Gültigkeit der *Dynkin-Formel*

$$(3.20) \qquad E(g \circ X_0) = E\big(e^{-\lambda\tau} g \circ X_\tau\big) + E \int_0^\tau e^{-\lambda s}\big((\lambda \mathbf{1} - A)g\big) \circ X_s\, ds; \quad g \in D;\ \lambda > 0$$

für alle endlichen $(\mathscr{F}_t^X)$-Stopzeiten τ im weiteren Sinne zur Folge. Ist sogar $E\tau < \infty$, so kann in (3.20) der Grenzwert $\lambda \to 0+$ unter dem Integralzeichen vollzogen werden: dies ist für den ersten Erwartungswert trivial; der zweite ist ein Integral über $\mathbb{R}_+ \times \Omega$ bezüglich $\lambda \otimes P$ mit λ dem Lebesguemaß auf $\mathbb{R}_+$, dessen Integrand

$$\mathbf{1}_{[0,\tau]}(s, \omega)\, e^{-\lambda s}\big((\lambda \mathbf{1} - A)g\big) \circ X_s(\omega)$$

für $0 < \lambda < 1$ majoriert ist durch $1_{[0,\tau]}\big(\|g\| + \|Ag\|\big)$, und

$$\int 1_{[0,\tau]}\, d(\lambda \otimes P) = E\tau < \infty.$$

Der Grenzübergang $\lambda \to 0+$ in (3.20) ergibt die *Dynkin-Formel* für *integrierbare Stopzeiten*

$$E(g \circ X_0) = E(g \circ X_\tau) - E\int_0^\tau (Ag) \circ X_s \, ds\,, \tag{3.21}$$

gültig für alle $g \in D$ und alle Stopzeiten τ im weiteren Sinne mit $E\tau < \infty$. Dabei ist also X ein beliebiger FD-Prozeß wie in Satz 3.49 beschrieben.

Ebenso sieht man mit majorierter Konvergenz sofort, daß $M(\lambda, g)_t$ mit $\lambda \to 0+$ in der Norm $\| \; \|_1$ konvergiert gegen das Martingal (Satz 3.25) $M(g)$:

$$M(g)_t := g \circ X_t - g \circ X_0 - \int_0^t (Ag) \circ X_s \, ds\,; \quad t \in \mathbb{R}_+\,;\; g \in D\,. \tag{3.22}$$

Beispiel 3.50. Sei $U \subset S$ eine offene Menge so, daß für ein $t > 0$ und ein $\beta < 1$ gilt

$$K_t(x, U) \leq \beta\,; \quad x \in U\,. \tag{3.23}$$

Dann ist für jeden stetigen FD-Prozeß X zur Halbgruppe $(K_t)_{t \in \mathbb{R}_+}$ die Austrittszeit aus U, $\tau := \inf\{t \in \mathbb{R}_+ : X_t \notin U\}$, nach Satz 3.12 ii) eine $(\mathscr{F}_t^X)$-Stopzeit im weiteren Sinne, für die nach Satz 3.22 sogar $E\tau < \infty$ gilt. Aus der Rechtsstetigkeit von X folgt insbesondere $X_\tau \in \complement U$; ist X stetig, so zeigt Gleichung (3.4), daß sogar $X_\tau \in \bar{U} \setminus U =: \partial U$ gilt, falls der Prozeß in U startet und also $\tau > 0$ ist.

Das folgende Lemma zeigt, daß die Bedingung (3.23) für hinreichend "kleine" offene Mengen im allgemeinen erfüllt ist. Sie kann natürlich nicht für offene Mengen U gelten, die einen *absorbierenden Punkt* enthalten, d. h. einen Punkt a mit $K_t(a, \{a\}) = 1$ für alle $t \in \mathbb{R}_+$. Andernfalls gilt aber:

Lemma 3.51. *Sei $a \in S$ ein nicht absorbierender Punkt der* FD-*Halbgruppe* $(K_t)_{t \in \mathbb{R}_+}$. *Dann gilt* (3.23) *für jede hinreichend kleine Umgebung U von a.*

Beweis: Wir fixieren ein $t \in \mathbb{R}_+$ mit $K_t(a, \{a\}) < 1$. Dann gilt auch $K_t(a, V) < 1$ für eine hinreichend kleine Kugel V um a, denn es ist $\{a\} = \bigcap_{n=1}^\infty V(a; \frac{1}{n})$ mit den offenen Kugeln $V(a; \frac{1}{n})$ um a vom Radius $\frac{1}{n}$ bezüglich einer Metrisierung von S und aus der σ-Additivität von $K_t(a, \cdot)$ folgt $K_t(a, V(a; \frac{1}{n})) \searrow K_t(a, \{a\})$. Wir wählen eine (Urysohn-)Funktion $f \in C_0(S)$ mit

$$0 \leq f \leq 1_V \text{ und } f = 1 \text{ auf einer Umgebung } U' \text{ von } a\,.$$

Dann ist also $(K_t f)(a) \leq K_t(a, V)$ und damit wegen Stetigkeit von $K_t f$ für ein beliebiges β mit $K_t(a, V) < \beta < 1$ auch noch $(K_t f)(x) < \beta$ für x aus einer Umgebung U'' von a. Es folgt

$$K_t(x, U) \leq (K_t f)(x) < \beta \quad \text{für } x \in U := U' \cap U''\,. \qquad \square$$

Wir wenden uns nun speziell stetigen FD-Prozessen zu. Hier führt Gleichung (3.21) in Verbindung mit dem obigen Beispiel zu einem Satz über Randintegraldarstellungen für "*A-harmonische*" Funktionen g (d.h. g aus dem Kern von A):

Satz 3.52. *Sei $(K_t)_{t\in\mathbb{R}_+}$ eine* FD*-Halbgruppe auf S und $U \subset S$ eine offene Menge, welche die Bedingung* (3.23) *für ein $t > 0$ und ein $\beta < 1$ erfüllt. Gibt es für ein $x \in U$ eine stetige Version X_t: $(\Omega; \mathscr{F}; P) \to \widehat{S}$; $t \in \mathbb{R}_+$ des in x startenden* FD*-Prozesses zur Halbgruppe $(K_t)_{t\in\mathbb{R}_+}$, so definiert (mit τ der zugehörigen Austrittszeit von X aus U)*

$$\mu^x := P \circ X_\tau^{-1}$$

ein Wahrscheinlichkeitsmaß auf dem Rand ∂U von U, für welches gilt

$$g(x) = \int_{\partial U} g\, d\mu^x; \quad g \in D \textit{ mit } Ag = 0.$$

Beweis: Nach dem Beispiel ist $X_\tau(\cdot) \in \partial U$, so daß μ^x ein Wahrscheinlichkeitsmaß auf ∂U definiert. Da X in x startet, ist $Eg \circ X_0 = g(x)$. Daher folgt die Behauptung nach dem Transformationslemma unmittelbar aus Gleichung (3.21). □

Wir fixieren jetzt zur Untersuchung der Stetigkeit der Pfade von FD-Prozessen eine Metrik ρ auf $\widehat{S}$, welche die Topologie von $\widehat{S}$ beschreibt. $V(a;r) := \{x \in \widehat{S} : \rho(a,x) < r\}$ bezeichne die offene Kugel um a vom Radius r. Wählt man zu $V = V(y;r)$ eine stetige (Urysohn-)Funktion f auf $\widehat{S}$ mit $1_{\{y\}} \leq f \leq 1_V$, so gilt (da auch $(\widehat{K}_t)_{t\in\mathbb{R}_+}$ eine FD-Halbgruppe ist) $(\widehat{K}_t f)(y) \to f(y) = 1$ mit $t \to 0+$ und daher

$$\text{(3.24)} \qquad 0 \leq \widehat{K}_t(y, \widehat{S} \setminus V) = 1 - \widehat{K}_t(y, V) \leq 1 - (\widehat{K}_t f)(y) \to 0.$$

Wir betrachten folgende schärfere Forderung:

$$(*) \qquad \frac{1}{t}\widehat{K}_t(y, \widehat{S} \setminus V(y;r)) \to 0 \text{ mit } t \to 0+; \quad \forall y \in S, \forall r > 0.$$

Bemerkung 3.53. Diese Differenzierbarkeitsforderung an $(K_t)_{t\in\mathbb{R}_+}$ hat die wichtige Konsequenz, daß der Erzeuger A: $D \to C_0(S)$ ein *lokaler Operator* ist, d.h. ($f \in D$ und $f = 0$ auf einer offenen Menge $U \subset S$) $\Rightarrow Af = 0$ auf U. Es gilt sogar $Af = 0$ auf U, wenn f konstant ist auf U, denn offensichtlich impliziert $(*)$ ja für $f \in D$ bereits

$$(Af)(y) = \lim_{t\to 0+} \frac{1}{t} \int_{V(y;r)} \widehat{K}_t(y, dx)\big(f(x) - f(y)\big); \quad y \in S;\ r > 0.$$

Eine weitere überraschende Konsequenz ist

Satz 3.54. *Für eine* FD-*Halbgruppe* $(K_t)_{t\in\mathbb{R}_+}$ *gelte die Bedingung* $(*)$ *gleichmäßig in* $y \in S$, *also*

$$\lim_{t\to 0+} \sup_{y\in S} \frac{1}{t} \widehat{K}_t\big(y, \widehat{S} \setminus V(y;r)\big) = 0; \quad r > 0.$$

Dann hat jeder FD-*Prozeß* X *zu* $(K_t)_{t\in\mathbb{R}_+}$ *bereits (fast sicher) stetige Pfade.*

Beweis: Da $X_t\colon (\Omega;\mathscr{F};P) \to \widehat{S}$; $t \in \mathbb{R}_+$ bereits r.c.l.l. angenommen ist, bleibt zu zeigen

$$P\big\{\omega : \exists t > 0 \text{ mit } \rho\big(X_{t-}(\omega), X_t(\omega)\big) > 0\big\} = 0.$$

Dies ist offensichtlich gleichbedeutend mit $P\big(N(\ell,r)\big) = 0$ für alle $\ell \in \mathbb{N}$, $r > 0$, wobei

$$N(\ell,r) = \big\{\omega : \exists t \in \,]0,\ell] \text{ mit } \rho\big(X_{t-}(\omega), X_t(\omega)\big) \geq r\big\}$$

gesetzt ist. Wir fixieren $\ell \in \mathbb{N}$ und $r > 0$ und bilden die Mengen

$$M(\delta) = \big\{(t,\omega) \in \mathbb{R}_+ \times \Omega : \rho\big(X_t(\omega), X_{t+\delta}(\omega)\big) \geq \tfrac{r}{2}\big\}; \quad \delta > 0$$

mit den Schnittmengen

$$M^t(\delta) := \big\{\omega : (t,\omega) \in M(\delta)\big\} \text{ und } M_\omega(\delta) := \big\{t : (t,\omega) \in M(\delta)\big\}.$$

Hierfür gilt

$$\begin{aligned} P\big(M^t(\delta)\big) &= \int \mu(dx) \int \widehat{K}_t(x,dy)\, \widehat{K}_\delta\big(y, \widehat{S} \setminus V(y;\tfrac{r}{2})\big) \\ &\leq \delta \sup_{y\in S} \frac{1}{\delta}\, \widehat{K}_\delta\big(y, \widehat{S} \setminus V(y;\tfrac{r}{2})\big) \end{aligned}$$

(beachte noch $\widehat{K}_\delta\big(\Delta, \widehat{S} \setminus V(\Delta;\tfrac{r}{2})\big) = 0$), also $(1/\delta)\, P\big(M^t(\delta)\big) \to 0$ mit $\delta \to 0$ gleichmäßig in t nach Voraussetzung. Damit konvergiert auch

$$\frac{1}{\delta} \int P(d\omega)\, \lambda\big(M_\omega(\delta) \cap [0,\ell]\big) = \frac{1}{\delta} \int_0^\ell dt\, P\big(M^t(\delta)\big) \to 0$$

mit $\delta \to 0$. Wir wählen eine Folge $\delta_n \to 0$ so, daß gilt

$$\frac{1}{\delta_n} \lambda\big(M_\omega(\delta_n) \cap [0,\ell]\big) \to 0 \quad \text{für } P\text{-fast alle } \omega \in \Omega.$$

Andererseits zeigen wir nun für $\omega \in N(\ell,r)$, daß $(1/\delta_n)\lambda\big(M_\omega(\delta_n) \cap [0,\ell]\big) \geq 1$ für hinreichend große n gilt (womit schließlich $P\big(N(\ell,r)\big) = 0$ bewiesen ist). Nach Definition von $N(\ell,r)$ wählen wir ein $t \in \,]0,\ell]$ mit $\rho\big(X_{t-}(\omega), X_t(\omega)\big) \geq r$, hierzu $\delta > 0$ so, daß

$$\rho\big(X_{t-}(\omega), X_s(\omega)\big) < \frac{r}{4}; \quad t - \delta < s < t$$

und (wegen Rechtsstetigkeit von X) zugleich

$$\rho\big(X_t(\omega), X_s(\omega)\big) < \frac{r}{4}; \quad t < s < t + \delta.$$

Zusammengenommen ergeben diese drei Ungleichungen also

$$\rho\big(X_s(\omega), X_{s+\delta}(\omega)\big) \geq \frac{r}{2}; \quad t-\delta < s < t.$$

Es folgt $\lambda\big(M_\omega(\delta) \cap [0,\ell]\big) \geq \delta$; andererseits ist $\delta \geq \delta_n$ für hinreichend große n, wie behauptet. □

Zum Abschluß dieses Abschnitts betrachten wir folgende etwas speziellere Situation:

Definition 3.55. (Diffusion) Sei $U \subset \mathbb{R}^d$ eine nichtleere offene Menge. Ist $(K_t)_{t\in\mathbb{R}_+}$ eine FD-Halbgruppe von Sub-Markovkernen auf U, so daß

$$D(U) := \{f\colon U \to \mathbb{R} : f \ C^\infty\text{-Funktion mit kompaktem Träger in } U\}$$

im Definitionsbereich D des Erzeugers A der Halbgruppe enthalten ist, und außerdem A lokal operiert (vgl. Bemerkung 3.53), so heißt $(K_t)_{t\in\mathbb{R}_+}$ eine *Diffusions-Halbgruppe* und jeder hierzu gehörige stetige FD-Prozeß eine FD-*Diffusion* auf U.

Lemma 3.56. *Der Erzeuger A einer Diffusions-Halbgruppe auf U ist "lokal dissipativ": Hat $f \in D(U)$ ein lokales Maximum an einer Stelle $x \in U$ und ist $f(x) \geq 0$, so gilt $(Af)(x) \leq 0$.*

Beweis: Zunächst gilt eine Variante dieser Aussage sogar für jede FD-Halbgruppe: Hat $f \in D$ bei $x \in U$ ein *globales* Maximum, so gilt $(Af)(x) \leq 0$. Denn es ist $f \in C_0(U)$, somit $f(x) \geq 0$, und es gilt

$$(K_t f)(x) = \int K_t(x,dy)\, f(y) \leq f(x)\, K_t(x,U) \leq f(x).$$

Daher ist

$$(Af)(x) = \lim_{t\to 0+} \frac{1}{t}\big((K_t f)(x) - f(x)\big) \leq 0.$$

Sei nun $x \in U$ nurmehr eine lokale Maximalstelle von $f \in D(U)$ mit $f(x) \geq 0$, also $f(x) \geq f(y)$ für $y \in V$, einer Umgebung von x. Wir wählen eine "*C^∞-Urysohn-Funktion*" $u \in D(U)$ mit

$$1_W \leq u \leq 1_V$$

für eine Umgebung $W \subset V$ von x (vgl. [HA 87], S. 107). Dann hat $g := u\cdot f \in D(U)$ bei x ein globales Maximum, nämlich $g(y) = f(y)u(y) \leq f(x)u(y) \leq f(x) = g(x)$ für $y \in V$ und $g(y) = 0 \leq g(x)$ für $y \notin V$. Nach dem oben Gezeigten gilt $(Ag)(x) \leq 0$. Da A lokal und $f - g = 0$ auf W ist, gilt auch $(Af)(x) = (Ag)(x) \leq 0$. □

Der folgende Satz gilt nach diesem Lemma insbesondere für den (auf $D(U)$ eingeschränkten) Erzeuger einer Diffusions-Halbgruppe:

Satz 3.57. *Jeder lokal dissipative lineare Operator $A\colon D(U) \to C_0(U)$ ist ein "elliptischer Differentialoperator", d. h. von der Form*

$$
(3.25) \qquad Af = \frac{1}{2}\sum_{k,\ell=1}^{d} a_{k\ell}\frac{\partial^2 f}{\partial x_k \partial x_\ell} + \sum_{k=1}^{d} b_k \frac{\partial f}{\partial x_k} - c \cdot f
$$

mit Koeffizientenfunktionen $a_{k\ell}, b_k, c\colon U \to \mathbb{R}$ so, daß die Matrix $\big(a_{k\ell}(x)\big)_{1\le k,\ell\le d}$ an jeder Stelle $x \in U$ positiv semidefinit und $c \ge 0$ ist.

Beweis: Zunächst ist A natürlich auch ein lokaler Operator: Verschwindet $f \in D(U)$ auf einer offenen Menge $V \subset U$, so ist jedes $x \in V$ lokale Maximalstelle für f und für $-f$ und somit $\pm Af(x) \le 0$ aufgrund der lokalen Dissipativität von A. Zur Definition der Koeffizientenfunktionen fixieren wir eine Stelle $x \in U$ und wählen hierzu eine beliebige C^∞-Funktion

$$
u \in D(U) \text{ mit } u = 1 \text{ auf einer Umgebung von } x\,.
$$

Dann sind auch die $v_k\colon U \to \mathbb{R}$,

$$
v_k(y) := u(y)\,(y_k - x_k)\,; \quad 1 \le k \le d
$$

Funktionen in $D(U)$. Wir definieren hiermit

$$
c(x) := -(Au)(x)\,; \quad b_k(x) := (Av_k)(x)\,; \quad a_{k\ell}(x) := \big(A(v_k v_\ell)\big)(x)
$$

für $1 \le k,\ell \le d$. Da A lokal operiert, hängen diese Zahlen nicht von der Wahl von u (mit $u = 1$ auf einer Umgebung von x) ab; insbesondere ist c stetig. Aus der lokalen Dissipativität folgen nun die behaupteten Positivitätseigenschaften der Koeffizienten: Da u bei x das lokale Maximum $u(x) = 1$ hat, ist $c(x) \ge 0$. Für beliebige $\lambda_1, \ldots, \lambda_d \in \mathbb{R}$ ist $g := -\big(\sum_{k=1}^{d} \lambda_k v_k\big)^2 \in D(U)$ mit dem lokalen Maximum $g(x) = 0$ bei x, es ist also

$$
(Ag)(x) = -\sum_{k,\ell=1}^{d} a_{k\ell}(x)\,\lambda_k\lambda_\ell \le 0\,;
$$

dies ist die positive Semidefinitheit der Matrix $\big(a_{k\ell}(x)\big)$. Mit den so definierten Koeffizientenfunktionen bilden wir den Differentialoperator L:

$$
Lf = \frac{1}{2}\sum_{k,\ell=1}^{d} a_{k\ell}\frac{\partial^2 f}{\partial x_k \partial x_\ell} + \sum_{k=1}^{d} b_k \frac{\partial f}{\partial x_k} - c \cdot f\,; \quad f \in D(U)\,.
$$

Es bleibt $(Lf)(x) = (Af)(x)$ nachzuweisen. Bildet man (zu f und x)

$$
g(y) := u(y)f(x) + \sum_{k=1}^{d} v_k(y)\frac{\partial f}{\partial x_k}(x) + \frac{1}{2}\sum_{k,\ell=1}^{d} (v_k v_\ell)(y)\frac{\partial^2 f}{\partial x_k \partial x_\ell}(x)\,,
$$

so erhält man eine neue Funktion $g \in D(U)$, für welche nach Definition gilt $(Ag)(x) = (Lf)(x)$. Andererseits ist nach Taylor

$$
f(y) - g(y) = \sum_{k=1}^{d} v_k(y)^2\,\varepsilon(y - x)\,; \quad y \in U\,,
$$

wobei $\varepsilon(y-x)$ mit $y \to x$ gegen 0 strebt. Für jedes $\eta > 0$ hat demnach

$$h_\eta := f - g - \eta \sum_{k=1}^{d} v_k^2 \in D(U)$$

bei x das lokale Maximum $h_\eta(x) = 0$. Lokale Dissipativität von A impliziert jetzt

$$(Af)(x) - (Ag)(x) - \eta \sum_{k=1}^{d} a_{kk}(x) = (Ah_\eta)(x) \le 0\,; \quad \eta > 0\,.$$

Mit $\eta \to 0$ folgt $(Af)(x) \le (Ag)(x) = (Lf)(x)$. Wir haben also $(Af)(x) \le (Lf)(x)$ für jedes $f \in D(U)$ und somit auch $(Af)(x) = (Lf)(x)$, was zu zeigen war. □

Natürlich sind die Koeffizienten $a_{k\ell}, b_k$ und c in Gleichung (3.25) durch A eindeutig festgelegt, wie man durch Einsetzen geeigneter $f \in D(U)$ leicht erkennt (vgl. den obigen Beweis). Ist A der Erzeuger einer FD-Diffusion auf U, so heißt $(a_{k\ell})_{1\le k,\ell\le d}$ die *Kovarianzmatrix* (auch *Diffusionsmatrix*) und $(b_k)_{1\le k\le d}$ der *Driftvektor* der Diffusion. Gilt Bedingung $(*)$, so ist nach Bemerkung 3.53 offenbar $c = 0$.

Beispiel 3.58. Sei $(K_t)_{t\in\mathbb{R}_+}$ eine FD-Halbgruppe von Sub-Markovkernen auf der offenen Menge $U \subset \mathbb{R}^d$. Wir setzen voraus, daß die obige Bedingung $(*)$ erfüllt ist, also für jedes $x \in U$ und $r > 0$ gilt

$$(*) \qquad \lim_{t\to 0+} \frac{1}{t} \int_{\widehat{U}\setminus V(x;r)} \widehat{K}_t(x,dy) = 0\,.$$

Darüber hinaus sollen für $x \in U$ und $r > 0$ mit $V(x;r) \subset U$ jeweils die Grenzwerte

$$(3.26) \qquad \begin{cases} b_k(x) := \lim\limits_{t\to 0+} \dfrac{1}{t} \displaystyle\int_{|y-x|<r} (y_k - x_k)\, K_t(x,dy)\,; & 1 \le k \le d \\[2ex] a_{k\ell}(x) := \lim\limits_{t\to 0+} \dfrac{1}{t} \displaystyle\int_{|y-x|<r} (y_k - x_k)(y_\ell - x_\ell)\, K_t(x,dy)\,; & 1 \le k,\ell \le d \end{cases}$$

existieren (sie sind wegen $(*)$ unabhängig von r). Dann ist $(K_t)_{t\in\mathbb{R}_+}$ eine Diffusions-Halbgruppe, und der Erzeuger A hat die Gestalt (3.25) mit $c = 0$ und b_k, $a_{k\ell}$ aus Gleichung (3.26).

Beweis: Nach Bemerkung 3.53 ist A ein lokaler Operator. Wir haben nachzuweisen, daß jedes $f \in D(U)$ im Definitionsbereich von A liegt und Af die behauptete Form hat. Bei fixiertem $x \in U$ schreibt sich für jedes $r > 0$

$$\begin{aligned} \frac{1}{t}\big((K_t f)(x) - f(x)\big) &= \frac{1}{t} \int \widehat{K}_t(x,dy)\big(f(y) - f(x)\big) \\ &= \frac{1}{t} \int_{|y-x|<r} \widehat{K}_t(x,dy)\big(f(y) - f(x)\big) + \frac{1}{t} \int_{|y-x|\ge r} \widehat{K}_t(x,dy)\big(f(y) - f(x)\big)\,. \end{aligned}$$

Hierin strebt der zweite Summand mit $t \to 0+$ gegen 0 nach Voraussetzung $(*)$. Ist $r > 0$ so klein gewählt, daß $V(x;r) \subset U$ gilt, so können wir im ersten Summanden $\widehat{K}_t$ durch K_t ersetzen und haben zu zeigen (denn dann ist insbesondere auch $f \in D$)

$$\lim_{t \to 0+} \frac{1}{t} \int_{|y-x|<r} K_t(x,dy)\big(f(y) - f(x)\big)$$
$$= \sum_{k=1}^{d} b_k(x) \frac{\partial f}{\partial x_k}(x) + \frac{1}{t} \sum_{k,\ell=1}^{d} a_{k\ell}(x) \frac{\partial^2 f}{\partial x_k \partial x_\ell}(x).$$

Nach Taylor ist aber

$$f(y) - f(x) = \sum_{k=1}^{d} \frac{\partial f}{\partial x_k}(x)(y_k - x_k)$$
$$+ \frac{1}{2} \sum_{k,\ell=1}^{d} \frac{\partial^2 f}{\partial x_k \partial x_\ell}(x)(y_k - x_k)(y_\ell - x_\ell) + |y-x|^2 \varepsilon(y-x)$$

mit $\varepsilon(y-x) \to 0$ für $y \to x$. Setzen wir dies in das Integral ein und benutzen die Existenz der Grenzwerte (3.26), so folgt die Behauptung, da gilt

$$\limsup_{t \to 0+} \left| \frac{1}{t} \int_{|y-x|<r} |y-x|^2 \varepsilon(y-x)\, K_t(x,dy) \right| \le$$
$$\le \sup_{|y-x|<r} \big|\varepsilon(y-x)\big| \cdot \lim_{t \to 0+} \frac{1}{t} \int_{|y-x|<r} |y-x|^2 K_t(x,dy)$$
$$= \sup_{|y-x|<r} \big|\varepsilon(y-x)\big| \sum_{k=1}^{d} a_{kk}(x),$$

was mit $r \to 0$ gegen 0 strebt. □

Die Konvergenzvoraussetzungen dieses Beispiels sind z. B. erfüllt für die Brownsche Halbgruppe auf $\mathbb{R}^d$:

$$K_t(x,A) = \nu_t(A-x) = \left(\tfrac{1}{2\pi t}\right)^{d/2} \int_{A-x} e^{-|y|^2/2t} dy; \quad A \in \mathscr{B}(\mathbb{R}^d).$$

Für beliebige $p, q \ge 0$ gilt nämlich zunächst

$$\text{(3.27)} \qquad \frac{1}{t} \int_{|z| \ge r} |z|^q \nu_t(dz) \le \frac{1}{t} \int_{|z| \ge r} \left(\frac{|z|}{r}\right)^p |z|^q \nu_t(dz)$$
$$\le \frac{1}{t} \frac{1}{r^p} \int_{\mathbb{R}^d} |z|^{p+q} \nu_t(dz) \le c \cdot t^{(p+q)/2-1},$$

letzteres nach Gleichung (2.10). Mit $q = 0$, $p = 3$ folgt $(*)$, nämlich (sogar gleichmäßig in $y \in \mathbb{R}^d$)

$$\frac{1}{t} \int_{|y-x| \ge r} K_t(x,dy) = \frac{1}{t} \int_{|z| \ge r} \nu_t(dz) \to 0 \quad \text{mit } t \to 0+.$$

Wegen $\int (y_k - x_k)\, K_t(x,dy) = \int z_k\, \nu_t(dz) = 0$ gilt weiter

$$\frac{1}{t}\int_{|y-x|<r} (y_k - x_k)\, K_t(x,dy) = \frac{1}{t}\int_{|z|\geq r} z_k\, \nu_t(dz)\,,$$

und dies ist abgeschätzt durch $\frac{1}{t}\int_{|z|\geq r} |z|\, \nu_t(dz)$, was nach (3.27) (mit $q = 1$, $p = 2$) für $t \to 0+$ gegen 0 strebt. Also ist $b_k(x) = 0$. Schließlich gilt nach Gleichung (2.9)

$$\int (y_k - x_k)(y_\ell - x_\ell)\, \nu_t(dy - x) = \int z_k z_\ell\, \nu_t(dz) = t \cdot \delta_{k\ell}$$

und somit

$$\left|\frac{1}{t}\int_{|y-x|<r} (y_k - x_k)(y_\ell - x_\ell)\, K_t(x,dy) - \delta_{k\ell}\right|$$

$$= \left|\frac{1}{t}\int_{|z|\geq r} z_k z_\ell\, \nu_t(dz)\right| \leq \frac{1}{t}\int_{|z|\geq r} |z|^2 \nu_t(dz)\,,$$

was wiederum nach Gleichung (3.27) (mit $q = 2$, $p = 1$) für $t \to 0+$ gegen 0 strebt. Also gilt $a_{k\ell}(x) = \delta_{k\ell}$.

Insgesamt zeigt also Beispiel 3.58, daß der Erzeuger der Brownschen Halbgruppe $A = \frac{1}{2}\Delta$ (Laplaceoperator) ist.

3.9 Die h-Transformation und Konditionierung von Diffusionsprozessen

Wir haben bereits im vorigen Abschnitt erkannt, daß für Funktionen g im Kern des Erzeugers einer Diffusion X der Prozeß $(g \circ X_t)_{t\in\mathbb{R}_+}$ ein Martingal ist, und daraus in Satz 3.52 Randintegraldarstellungen für g gewonnen. Dies ist nur der Anfang einer "probabilistischen Potentialtheorie", wie sie etwa in [DO 84] für die Brownsche Bewegung und unter etwas anderem Blickwinkel in [B-G 68] für allgemeinere Markovprozesse dargestellt ist. Will man z.B. (um bei der BM zu bleiben) das Verhalten einer nur in einer offenen Menge U harmonischen Funktion g bei Annäherung an einen Randpunkt $a \in \partial U$ studieren, so ist es naheliegend, g "längs Brownscher Pfade" zu betrachten, d.h. Martingalkonvergenz auf $g \circ X_t$ für $t \to \sigma$, die Austrittszeit von X aus U, anzuwenden. Allerdings wird dieser Austritt nicht unbedingt an der ins Auge gefaßten Stelle a erfolgen. Um dies zu erreichen, ist die BM zunächst so zu "konditionieren", daß dies für fast alle Pfade der Fall ist. Das analytische Hilfsmittel für solche und ähnliche Konditionierungen von Markovprozessen ist die von Doob eingeführte h-Transformation. Die eher technischen Ergebnisse dieses Abschnitts werden im folgenden nicht mehr benötigt.

In diesem Abschnitt bezeichne $\mathcal{W}^d = C(\mathbb{R}_+; \mathbb{R}^d)$ den (polnischen, vgl. Satz 1.20) Raum der stetigen $\mathbb{R}^d$-wertigen Vektorfunktionen, $d \geq 2$, versehen mit seiner Borelschen σ-Algebra $\mathscr{B}(\mathcal{W}^d)$. Wir fixieren eine Markovsche Familie (Definition 2.32)

$$\mathrm{pr}_t\colon \big(\mathcal{W}^d;\mathscr{B}(\mathcal{W}^d);P^x\big) \to \mathbb{R}^d;\quad t \in \mathbb{R}_+;\ x \in \mathbb{R}^d$$

von kanonischen stetigen Prozessen, so daß $(\mathrm{pr}_t)_{t\in\mathbb{R}_+}$ unter P^x jeweils eine in x startende FD-Diffusion auf $\mathbb{R}^d$ ist (Definition 3.55); am Ende dieses Abschnitts spezialisieren wir diese Situation auf den Fall einer d-dimensionalen BM. Der Erzeuger A der zugehörigen Diffusions-Halbgruppe

$$(x,B) \mapsto P^x\{\mathrm{pr}_t \in B\}$$

auf $\mathbb{R}^d$ hat dann zumindest auf C^∞-Funktionen $f\colon \mathbb{R}^d \to \mathbb{R}$ mit kompaktem Träger die Gestalt eines elliptischen Differentialoperators (Satz 3.57): $Af = Lf$ für

$$Lf = \frac{1}{2}\sum_{k,\ell=1}^{d} a_{k\ell}\frac{\partial^2 f}{\partial x_k \partial x_\ell} + \sum_{k=1}^{d} b_k \frac{\partial f}{\partial x_k};$$

wir beschränken uns auf den Fall $c = 0$ in Gleichung (3.25). Wie am Ende von Abschnitt 3.7 sei nun noch eine nichtleere offene Menge $U \subset \mathbb{R}^d$ fixiert; die zugehörige Austrittszeit heiße

$$\sigma := \inf\{t \in \mathbb{R}_+ : \mathrm{pr}_t \notin U\}.$$

Nach Satz 3.47 ist dann auch der gestoppte Prozeß $X := \mathrm{pr}^\sigma$, also

$$X_t\colon \big(\mathcal{W}^d;\mathscr{B}(\mathcal{W}^d);P^x\big) \to \mathbb{R}^d;\quad t \in \mathbb{R}_+;\ x \in \mathbb{R}^d$$

eine Markovsche Familie von Prozessen; dazu gehört die Halbgruppe $(K_t)_{t\in\mathbb{R}_+}$:

$$\text{(3.28)}\qquad K_t(x,B) = P^x\{X_t \in B\} = P^x\{\mathrm{pr}_t \in B, t < \sigma\};\quad x \in U;\ B \in \mathscr{B}(U)$$

von Sub-Markovkernen auf U. Schließlich bezeichne $(\mathscr{F}_t)_{t\in\mathbb{R}_+}$:

$$\text{(3.29)}\qquad \mathscr{F}_t = \sigma(X_s : s \leq t) \equiv \big\{(X^t_\bullet)^{-1}(A) : A \in \mathscr{B}(\mathcal{W}^d)\big\}$$

die zu X assozierte Filtrierung.

Es ist klar, daß man X_t in Funktionen f auf U nur für solche t einsetzen kann, für die X_t in U ist, also für $t < \sigma$. Die für das folgende zweckmäßigste Art, diese Nebenbedingung loszuwerden, ist die, f durch Nullsetzen außerhalb U auf ganz $\mathbb{R}^d$ fortzusetzen. Wir setzen also für meßbare $f\colon U \to \mathbb{R}$

$$\tilde{f}\colon \mathbb{R}^d \to \mathbb{R},\quad \tilde{f}|U = f \text{ und } \tilde{f}|\mathbb{R}^d \setminus U = 0.$$

Dann ist der Prozeß $(\tilde{f} \circ X_t)_{t\in\mathbb{R}_+}$ wohldefiniert, und dabei

$$\tilde{f} \circ X_t = 0 \quad \text{auf } \{t \geq \sigma\}.$$

Bezeichnet wieder E_x den bezüglich P^x gebildeten Erwartungswert, so wird also für eine meßbare Funktion $f\colon U \to \mathbb{R}_+$

$$\text{(3.30)}\qquad E_x \tilde{f} \circ X_t = \left\{\begin{array}{ll} \int f(y)\,K_t(x,dy) =: (K_t f)(x); & x \in U \\ 0 & ;\ x \in \mathbb{R}^d \setminus U \end{array}\right\};$$

dabei beachte man, daß $\sigma = 0$ und daher auch $\tilde{f} \circ X_t = 0$ P^x-f.ü. gilt für $x \notin U$.

Die schwache Markoveigenschaft des Prozesses X, Gleichung (2.31), besagt (nach trivialer monotoner Erweiterung von Indikatorfunktionen auf beliebige meßbare Funktionen $f\colon U \to \overline{\mathbb{R}}_+$), daß

$$E_x^{\mathscr{F}_s} \tilde{f} \circ X_{s+t} = E_{X_s(\cdot)} \tilde{f} \circ X_t \quad P^x\text{-f.ü.}; \quad s,t \in \mathbb{R}_+; \; x \in \mathbb{R}^d \tag{3.31}$$

(im Sinne der Gleichheit $\int_A \tilde{f} \circ X_{s+t}\, dP^x = \int_A (E_{X_s(\cdot)} \tilde{f} \circ X_t)\, dP^x$ in $\overline{\mathbb{R}}_+$ für alle $A \in \mathscr{F}_s$).
Die Austrittszeit $\sigma\colon \mathcal{W}^d \to \overline{\mathbb{R}}_+$ des Prozesses $(\mathrm{pr}_t)_{t\in\mathbb{R}_+}$ aus U ist natürlich auch die Austrittszeit von $X = \mathrm{pr}^\sigma$ aus U und also wegen Stetigkeit von X eine $(\mathscr{F}_t)$-Stopzeit. Ist

$$C_n \subset \operatorname{int} C_{n+1} \nearrow U$$

mit kompakten C_n eine *"kompakte Ausschöpfung"* von U, und definiert man ebenso die Stopzeiten

$$\sigma_n := \inf\{t \in \mathbb{R}_+ : X_t \notin \operatorname{int} C_n\},$$

so folgt

Lemma 3.59. *$\sigma_n \nearrow \sigma$ und $0 < \sigma_n < \sigma$ auf $\{\sigma < \infty\} \cap \{X_0 \in \operatorname{int} C_n\}$.*

Beweis: Natürlich gilt $\sigma_n \leq \sigma_{n+1} \leq \sigma$ und also $\sigma_\infty \leq \sigma$ für $\sigma_\infty := \bigvee_{n\in\mathbb{N}} \sigma_n$. Auf $\{\sigma_\infty < \sigma\}$ müßte einerseits wegen Linksstetigkeit von X gelten $X_{\sigma_\infty} = \lim_{n\to\infty} X_{\sigma_n}$, andererseits wegen Rechtsstetigkeit auch $X_{\sigma_n} \notin \operatorname{int} C_n$ für jedes n. Da jeder Punkt aus U bereits in $\operatorname{int} C_n$ für schließlich alle n liegt, würde $X_{\sigma_\infty} \notin U$ und damit doch $\sigma \leq \sigma_\infty$ folgen. Mithin gilt $\sigma_\infty = \sigma$. Sei schließlich $\omega \in \{\sigma < \infty\} \cap \{X_0 \in \operatorname{int} C_n\}$, also $0 < \sigma_n(\omega) < \infty$. Wiederum wegen Stetigkeit von X ist dann $X_{\sigma_n}(\omega) \in \partial(\operatorname{int} C_n) \subset C_n$, andererseits $X_\sigma(\omega) \notin U$, und daher $\sigma_n(\omega) < \sigma(\omega)$. □

Wir greifen nun den zu Anfang dieses Abschnitts bereits erwähnten potentialtheoretischen Zusammenhang wieder auf.

Satz 3.60. *Sei $h \in C^\infty(U)$ L-harmonisch (d.h. $Lh = 0$) und $x \in U$. Dann gilt auf dem filtrierten Wahrscheinlichkeitsraum $\big(\mathcal{W}^d; \mathscr{B}(\mathcal{W}^d); P^x; (\mathscr{F}_t)_{t\in\mathbb{R}_+}\big)$:*

i) *Ist $V \subset \bar{V} \subset U$ eine beschränkte offene Teilmenge und*

$$\tau := \inf\{t \in \mathbb{R}_+ : X_t \notin V\}$$

die Austrittszeit aus V, so ist $(h \circ X_t^\tau)_{t\in\mathbb{R}_+}$ ein Martingal.

ii) *Ist $h \geq 0$, so ist $(\tilde{h} \circ X_t)_{t\in\mathbb{R}_+}$ ein Supermartingal, d.h. es gilt P^x-f.ü.*

$$E^{\mathscr{F}_s} \tilde{h} \circ X_t \leq \tilde{h} \circ X_s; \quad s \leq t$$

(einschließlich P^x-Integrierbarkeit von $\tilde{h} \circ X_t$ für alle $t \in \mathbb{R}_+$).

Beweis: i) Nach Multiplikation von h mit einer C^∞-Urysohnfunktion (siehe [HA 87], §13), die kompakten Träger in U hat und auf $\bar{V}$ gleich 1 ist, erhalten wir eine C^∞-Funktion g mit kompaktem Träger in U, die auf $\bar{V}$ mit h übereinstimmt. Für g gilt also weiterhin $Lg = 0$ auf V. Andererseits liegt g im Definitionsbereich des Erzeugers A, und es ist $Ag = Lg$. Nach Gleichung (3.22) ist nun

$$M(g)_t := g \circ \mathrm{pr}_t - g(x) - \int_0^t (Ag) \circ \mathrm{pr}_s \, ds$$

bezüglich P^x jeweils ein Martingal bezüglich der Filtrierung $(\mathscr{G}_t)_{t\in\mathbb{R}_+}$, $\mathscr{G}_t = \sigma(\mathrm{pr}_s : s \leq t)$. Da τ eine $(\mathscr{G}_t)$-Stopzeit ist, erhalten wir nach dem Korollar zu Satz 3.27 durch Stoppung das $(\mathscr{G}_t)$-Martingal $M(g)^\tau$:

$$M(g)_t^\tau = g \circ \mathrm{pr}_t^\tau - g(x) - \int_0^{t\wedge\tau} (Ag) \circ \mathrm{pr}_s \, ds .$$

Da $\tau \leq \sigma$ ist, darf hierin pr durch X ersetzt werden; da ferner für $s < \tau$ gilt $X_s \in V$, ist $(Ag) \circ X_s = (Lg) \circ X_s = 0$, $s < \tau$. Damit wird

$$M(g)_t^\tau = g \circ X_t^\tau - g(x) = h \circ X_t^\tau - g(x) .$$

Dies zeigt, daß $(h \circ X_t^\tau)_{t\in\mathbb{R}_+}$ ein $(\mathscr{G}_t)$-Martingal ist. Da τ aber ebenso eine $(\mathscr{F}_t)$-Stopzeit und also $h \circ X_t^\tau$ sogar $\mathscr{F}_t$-meßbar ist, folgt schließlich, daß $h \circ X^\tau$ auch ein $(\mathscr{F}_t)$-Martingal ist. Man beachte hierbei, daß σ eine $(\mathscr{G}_t)$-Stopzeit, also X $(\mathscr{G}_t)$-adaptiert und damit $\mathscr{F}_t \subset \mathscr{G}_t$ ist.

ii) Wendet man i) auf $V = \mathrm{int}\, C_n$ für die Mengen C_n einer kompakten Ausschöpfung von U an, so erhält man, mit den zugehörigen Austrittszeiten σ_n, Martingale $h \circ X^{\sigma_n}$; dabei gilt für die Folge (σ_n) Lemma 3.59 (in diesem Sinne nennt man $(h \circ X_t)_{t<\sigma}$ auch ein *lokales Martingal mit Lebenszeit* σ). Mit $n \to \infty$ folgt aus $\sigma_n \nearrow \sigma$ zunächst $h \circ X_t^{\sigma_n} \to h \circ X_t$ auf $\{t < \sigma\}$ und daher nach Fatou (Korollar zu Satz 1.13; man beachte, daß $\int 1_{\{t<\sigma\}} (h \circ X_t^{\sigma_n}) dP^x \leq \int h \circ X_t^{\sigma_n} dP^x = h(x) < \infty$ ist) für $s \leq t$

$$E^{\mathscr{F}_s} \tilde{h} \circ X_t = E^{\mathscr{F}_s}\big(1_{\{t<\sigma\}} (h \circ X_t)\big) \leq \liminf_{n\to\infty} E^{\mathscr{F}_s} h \circ X_t^{\sigma_n} = \liminf_{n\to\infty} h \circ X_s^{\sigma_n} .$$

Multipliziert man beide Seiten dieser Ungleichung mit $1_{\{s<\sigma\}}$, so erhält man rechts $\tilde{h} \circ X_s$, während die linke Seite ungeändert bleibt, da $\{s < \sigma\} \in \mathscr{F}_s$ gilt und somit

$$1_{\{s<\sigma\}} E^{\mathscr{F}_s} \tilde{h} \circ X_t = E^{\mathscr{F}_s}\big(1_{\{s<\sigma\}} (\tilde{h} \circ X_t)\big) = E^{\mathscr{F}_s} \tilde{h} \circ X_t . \qquad \square$$

Eine meßbare Funktion h: $U \to \mathbb{R}_+$ mit $K_t h \leq h$ für alle $t \in \mathbb{R}_+$ heißt *supermedian*; ist sogar $K_t h = h$ für alle t, so heißt h *invariant*.

Natürlich ist jede L-harmonische C^∞-Funktion h mit kompaktem Träger in U invariant, da hierfür ja nach dem vorangehenden Satz i) $h \circ X^{\sigma_n}$ für jedes n sogar ein Martingal ist, das mit $n \to \infty$ majoriert gegen $\tilde{h} \circ X^\sigma = \tilde{h} \circ X$ strebt. Also ist auch $\tilde{h} \circ X$ ein Martingal, insbesondere $h(x) = E_x \tilde{h} \circ X_t = (K_t h)(x)$. Ohne die Voraussetzung eines kompakten Trägers ist h zumindest noch supermedian, wie die folgende Charakterisierung dieser Eigenschaft in Verbindung mit Aussage ii) des vorigen Satzes zeigt.

Lemma 3.61. *Eine meßbare Funktion $h: U \to \mathbb{R}_+$ ist genau dann supermedian, wenn $(\tilde{h} \circ X_t)_{t\in\mathbb{R}_+}$ ein Supermartingal auf $(\mathcal{W}^d; \mathscr{B}(\mathcal{W}^d); P^x; (\mathscr{F}_t)_{t\in\mathbb{R}_+})$ ist für alle $x \in U$. Dabei ist $(\tilde{h} \circ X_t)_{t\in\mathbb{R}_+}$ genau im invarianten Fall sogar ein Martingal.*

Beweis: Sei h supermedian (bzw. invariant). Wir haben für $A \in \mathscr{F}_s$ und $s \leq t$ zu zeigen

$$\int_A (\tilde{h} \circ X_t)\, dP^x \underset{(=)}{\leq} \int_A (\tilde{h} \circ X_s)\, dP^x; \tag{3.32}$$

da die rechte Seite für supermedianes h stets $\leq h(x)$ ist, folgt insbesondere auch die Integrierbarkeit von $\tilde{h} \circ X_t$ für alle t. Aufgrund der schwachen Markoveigenschaft, Gleichung (3.31), schreibt sich die linke Seite

$$\int_A (\tilde{h} \circ X_t)\, dP^x = \int_A E_{X_s(\cdot)}(\tilde{h} \circ X_{t-s})\, dP^x .$$

Hierin ist nach Gleichung (3.30) der Integrand für supermedianes h

$$E_{X_s(\cdot)}\tilde{h} \circ X_{t-s} = (K_{t-s}h)^{\sim} \circ X_s \leq \tilde{h} \circ X_s ,$$

womit sich (3.32) (mit Gleichheit im invarianten Fall) ergibt. Umgekehrt impliziert Gleichung (3.32) für $s = 0$, $A = \mathcal{W}^d$ und $x \in U$ sofort wieder $(K_t h)(x) \leq h(x)$ (bzw. $= h(x)$). □

Wir fixieren im folgenden eine L-harmonische Funktion $h: U \to]0, \infty[$ und bilden hierzu die *h-konditionierten Kerne* K_t^h auf U,

$$K_t^h(x, B) := \frac{1}{h(x)} \int_B K_t(x, dy)\, h(y) .$$

Lemma 3.62. *Die h-konditionierten Kerne K_t^h, $t \in \mathbb{R}_+$, bilden eine Halbgruppe von Sub-Markovkernen auf U.*

Beweis: Da h (wie bereits vor Lemma 3.61 bemerkt) supermedian ist, gilt $K_t h \leq h$, die K_t^h sind also Sub-Markovkerne. Ferner gilt für $s, t \in \mathbb{R}_+$

$$\begin{aligned}(K_s^h \cdot K_t^h)(x, B) &= \int K_s^h(x, dy)\, K_t^h(y, B) \\ &= \frac{1}{h(x)} \int K_s(x, dy)\, h(y) \frac{1}{h(y)} \int_B K_t(y, dz)\, h(z) \\ &= \frac{1}{h(x)} \int_B K_{s+t}(x, dz)\, h(z) = K_{s+t}^h(x, B) .\end{aligned}$$

□

Mit $\widehat{U} := U \cup \{\Delta\}$ der Einpunktkompaktifizierung von U erweitern wir (gemäß Satz 2.39) die Halbgruppe $(K_t^h)_{t\in\mathbb{R}_+}$ auf U zur Halbgruppe der Markovkerne

$$\widehat{K}_t^h(x,A) := \begin{cases} K_t^h(x,A\cap U) + 1_A(\Delta)\big(1 - \frac{1}{h(x)}(K_t h)(x)\big)\,; & x \in U \\ 1_A(\Delta) & ; \quad x = \Delta \end{cases}$$

auf $\widehat{U}$. Es bezeichne Y_t: $(\Omega;\mathscr{F};P) \to \widehat{U}$; $t \in \mathbb{R}_+$ einen in $x \in U$ startenden Markovprozeß zu dieser Halbgruppe, dazu $\zeta := \inf\{t \in \mathbb{R}_+ : Y_t = \Delta\}$ die Lebenszeit. Nach Satz 2.4 können wir annehmen, daß die Pfade von Y in der Menge

$$E := \big\{u \in \widehat{U}^{\mathbb{R}_+} : u(s) = \Delta \;\Rightarrow\; u(t) = \Delta \text{ für alle } t \geq s\big\}$$

liegen, denn

Lemma 3.63. *E ist wesentliche Menge für Y, d. h.*

$$P^*\{Y_\bullet \in E\} = 1\,.$$

Beweis: Für eine beliebige Menge $A \supset E$ in $\mathscr{B}(\widehat{U})^{\mathbb{R}_+}$ ist $(P \circ Y_\bullet^{-1})(A) = 1$ nachzuweisen. A ist abzählbar determiniert (Bemerkung 1.22), d.h. es gibt eine abzählbare Teilmenge $H := \{t_1, t_2, \ldots\} \subset \mathbb{R}_+$ so, daß für $u \in \widehat{U}^{\mathbb{R}_+}$ genau dann $u \in A$ gilt, wenn es eine Funktion $v \in A$ gibt, die auf H mit u übereinstimmt. Zu H bilden wir die Funktion

$$q\colon \widehat{U}^{\mathbb{R}_+} \to \overline{\mathbb{R}}_+, \quad q(u) = \sum_{i,j:\, t_i < t_j} 1_\Delta\big(u(t_i)\big)\, 1_U\big(u(t_j)\big)\,.$$

Offensichtlich ist q $\mathscr{B}(\widehat{U})^{\mathbb{R}_+}$-meßbar. Da für $s < t$

$$P\{Y_s = \Delta, Y_t \in U\} = \widehat{K}_s^h(x,\Delta)\widehat{K}_{t-s}^h(\Delta,U) = 0$$

gilt, ist

$$\{q \circ Y_\bullet > 0\} = \bigcup_{i,j:\, t_i < t_j} \{Y_{t_i} = \Delta, Y_{t_j} \in U\}$$

eine P-Nullmenge; es genügt daher, $\complement A \subset \{q > 0\}$ zu zeigen. Andernfalls gäbe es ein $u \notin A$ mit $q(u) = 0$. Finden wir hierzu ein $v \in E$ mit $v|H = u|H$, so folgt $v \notin A$, ein Widerspruch zu $E \subset A$. Hierzu sei

$$t_0 := \inf\big\{t \in H : u(t) = \Delta\big\}$$

gesetzt. Mit beliebig fixiertem $a \in U$ definieren wir v: $\mathbb{R}_+ \to \widehat{U}$ durch $v|H = u|H$, und für $t \notin H$

$$v(t) = a \text{ für } t \leq t_0\,, \quad v(t) = \Delta \text{ für } t > t_0\,.$$

Dann ist wegen $q(u) = 0$ offenbar $v \in E$, wie gewünscht. □

Als erste Konsequenz unserer Wahl von Y (mit Pfaden in E) folgt sofort

$$\{t < \zeta\} \subset \{Y_t \in U\} = \{Y_s \in U : 0 \leq s \leq t\} \subset \{t \leq \zeta\}\,. \tag{3.33}$$

Lemma 3.64. *Für jedes $t \in \mathbb{R}_+$ gilt*

$$P\{Y_t \in U, t \geq \zeta\} = 0;$$

insbesondere ist $\zeta > 0$ P-f.ü.

Beweis: Die zweite Aussage ergibt sich aus der ersten mit $t = 0$, da $Y_0 \in U$ ist. Zum Nachweis der ersten beachten wir zunächst, daß gilt $\{t \geq \zeta\} = \bigcap_{n\in\mathbb{N}}\{Y_{t+1/n} = \Delta\}$ und somit

$$\begin{aligned} P\{Y_t \in U, t \geq \zeta\} &\leq P\{Y_t \in U, Y_{t+1/n} = \Delta\} \\ &= \frac{1}{h(x)} \int_U K_t(x,dy)\, h(y)\big(1 - \tfrac{1}{h(y)}(K_{1/n}h)(y)\big) \\ &= \frac{1}{h(x)} \int_U K_t(x,dy)\,\big(h(y) - (K_{1/n}h)(y)\big); \quad n \in \mathbb{N}. \end{aligned}$$

Es genügt also, die Konvergenz $(K_t h)(y) \to h(y)$ mit $t \to 0+$ zu zeigen. Setzen wir bei festem $y \in U$ noch $h_y := h \wedge h(y)$, so konvergiert $(K_t h_y)(y) = E_y(\tilde{h}_y \circ X_t)$ gegen $h(y)$, da $\tilde{h}_y \circ X_t \to h(y)$ P^y-f.ü. und majoriert durch die Konstante $h(y)$ gilt. Andererseits ist $(K_t h_y)(y) \leq (K_t h)(y) \leq h(y)$. □

Wir zeigen nun, daß der Prozeß $(Y_t)_{t<\zeta}$ stetig angenommen werden kann:

Satz 3.65. *Es gibt einen in $x \in U$ startenden rechtsstetigen Markovprozeß $Y_t^h\colon (\Omega;\mathscr{F};P) \to \widehat{U}$; $t \in \mathbb{R}_+$ zur Halbgruppe $(K_t^h)_{t\in\mathbb{R}_+}$ mit Lebenszeit ζ so, daß für jedes $\omega \in \Omega$ gilt:*

i) *$Y_t^h(\omega) = \Delta$ für alle $t \geq \zeta(\omega)$;*

ii) *$Y_\bullet^h(\omega)$ ist stetig mit Werten in U auf $\big[0,\zeta(\omega)\big[$.*

Beweis: Wir gehen aus von einer Version für Y, deren Pfade in der wesentlichen Menge E von Lemma 3.63 liegen und wollen diese geeignet modifizieren. Für $0 < t_1 < \ldots < t_r =: t$ und Borelmengen $B_1, \ldots, B_r \in \mathscr{B}(U)$ ist

$$\begin{aligned} &P\{Y_{t_1} \in B_1, \ldots, Y_{t_r} \in B_r\} = \\ &\quad = \int_{B_1} K_{t_1}^h(x,dx_1) \int_{B_2} K_{t_2-t_1}^h(x_1,dx_2) \cdots \int_{B_r} K_{t_r-t_{r-1}}^h(x_{r-1},dx_r) \\ &\quad = \frac{1}{h(x)} \int_{B_1} K_{t_1}(x,dx_1)\, h(x_1) \frac{1}{h(x_1)} \int_{B_2} K_{t_2-t_1}(x_1,dx_2) \\ &\qquad\qquad \cdots h(x_{r-1}) \frac{1}{h(x_{r-1})} \int_{B_r} K_{t_r-t_{r-1}}(x_{r-1},dx_r)\, h(x_r) \\ &\quad = \frac{1}{h(x)} \int_{B_1} K_{t_1}(x,dx_1) \int_{B_2} K_{t_2-t_1}(x_1,dx_2) \cdots \int_{B_r} K_{t_r-t_{r-1}}(x_{r-1},dx_r)\, h(x_r) \\ &\quad = \frac{1}{h(x)} E_x\big((1_{B_1} \circ X_{t_1})(1_{B_2} \circ X_{t_2}) \cdot \ldots \cdot (1_{B_r} \circ X_{t_r})(\tilde{h} \circ X_{t_r})\big). \end{aligned}$$

Mit dem Maß

$$Q_t^x\colon \mathscr{B}(\mathbb{W}^d) \to \mathbb{R}_+, \quad Q_t^x(A) = \frac{1}{h(x)} E_x(1_A \tilde{h} \circ X_t)$$

ist also für beliebige $B_1, \dots, B_r \in \mathscr{B}(\mathbb{R}^d)$ gezeigt

$$P\{Y_{t_1} \in B_1 \cap U, \dots, Y_{t_r} \in B_r \cap U\} = Q_t^x\{X_{t_1} \in B_1 \cap U, \dots, X_{t_r} \in B_r \cap U\}.$$

Aufgrund von (3.33) schreibt sich hierin die linke Seite als

$$P\{Y_t \in U, Y_{t_1} \in B_1, \dots, Y_{t_r} \in B_r\} = P\{t < \zeta, Y_{t_1} \in B_1, \dots, Y_{t_r} \in B_r\},$$

letzteres nach Lemma 3.64. Da andererseits $\tilde{h} \circ X_t = 0$ auf $\{t \geq \sigma\}$ gilt, ist Q_t^x auf $\{t < \sigma\}$ konzentriert, und wir können rechts auch $Q_t^x\{X_{t_1} \in B_1, \dots, X_{t_r} \in B_r\}$ schreiben. Insgesamt ist somit für jedes $t > 0$ gezeigt (wobei der obere Index t Stoppung mit der konstanten Stopzeit t bezeichnet)

$$\text{(3.34)} \qquad P\{t < \zeta, Y_\bullet^t \in B\} = Q_t^x\{X_\bullet^t \in B\}; \quad B \in \mathscr{B}(\mathbb{R}^d)^{\mathbb{R}_+}.$$

Hieraus folgt zunächst, für eine beliebige Folge $0 \leq t_n \to t-$,

$$P\{t < \zeta, \text{es gilt nicht } \lim_{n\to\infty} Y_{t_n} = Y_t\} = Q_t^x\{\lim_{n\to\infty} X_{t_n} \neq X_t\} = 0,$$

d.h. es existiert der Grenzwert Y_{t-} P-f.ü. auf $\{t < \zeta\}$ und ist dort f.ü. gleich Y_t. U ist als offener Teil eines polnischen Raumes selbst polnisch; es gibt also eine Metrik ρ auf U, welche dort die Topologie beschreibt, und in der U vollständig ist. Wir definieren hiermit die Stetigkeitsmoduln

$$\sigma_t^Y(\delta, \omega) := \sup\{\rho(Y_r(\omega), Y_s(\omega)) : 0 \leq r, s \leq t;\ r, s \in \mathbb{Q};\ |r - s| \leq \delta\}$$

für $\omega \in \{t < \zeta\}$, bzw.

$$\sigma_t^X(\delta, u) := \sup\{\rho(X_r(u), X_s(u)) : 0 \leq r, s \leq t;\ r, s \in \mathbb{Q};\ |r - s| \leq \delta\}$$

für $u \in \{t < \sigma\}$. Wiederum aus Gleichung (3.34) folgt, daß für

$$N_t := \{t < \zeta, \lim_{n\to\infty} \sigma_t^Y(1/n, \cdot) > 0\}$$

gilt

$$P(N_t) = Q_t^x\{\lim_{n\to\infty} \sigma_t^X(1/n, \cdot) > 0\} = 0,$$

letzteres wegen Stetigkeit von X. Damit ist auch $N := \bigcup_{t\in\mathbb{Q}} N_t$ eine P-Nullmenge, und für $\omega \in \{t < \zeta\} \setminus N$ ist der Pfad $Y_\bullet(\omega)$ bezüglich ρ gleichmäßig stetig auf $[0, t] \cap \mathbb{Q}$ und damit wegen Vollständigkeit von $(U; \rho)$ eindeutig (ρ-stetig, also) stetig fortsetzbar auf $[0, t]$. Es existiert also in U der Grenzwert

$$\tilde{Y}_t(\omega) := \lim_{s\to t-,\, s\in\mathbb{Q}_+} Y_s(\omega); \quad \omega \in \{t < \zeta\} \setminus N,$$

und für jedes $\omega \notin N$ ist $t \mapsto \tilde{Y}_t(\omega)$ stetig auf $[0, \zeta(\omega)[$. Mit beliebig fixiertem $a \in U$ ist damit $Y_t^h\colon \Omega \to \widehat{U}$,

$$Y_t^h(\omega) := \begin{Bmatrix} \tilde{Y}_t(\omega) & \text{für } \omega \notin N,\ t < \zeta(\omega) \\ a & \text{für } \omega \in N,\ t < \zeta(\omega) \\ \Delta & \text{für } t \geq \zeta(\omega) \end{Bmatrix}$$

rechtsstetig und hat die Eigenschaften i) und ii) des Satzes. Darüberhinaus ist Y^h eine Modifikation von Y, da für festes $t \in \mathbb{R}_+$ ja $\tilde{Y}_t = Y_t$ P-f.ü. auf $\{t < \zeta\}$ und nach Lemma 3.64 ebenso auf $\{t \geq \zeta\}$ gilt. □

Der in diesem Satz konstruierte Markovprozeß Y_t^h: $(\Omega; \mathscr{F}; P) \to \widehat{U}$; $t \in \mathbb{R}_+$ heißt auch die (durch die positive L-harmonische Funktion h auf U) *h-konditionierte Diffusion* mit Startpunkt $x \in U$. Ihre Verteilung hängt gemäß Gleichung (3.34) mit der Verteilung P^x der unkonditionierten Diffusion zusammen.

Diese Beziehung läßt sich noch verschärfen, wenn wir auch den h-konditionierten Prozeß kanonisch wählen, also – unter Berücksichtigung des vorigen Satzes – setzen

$$Y_t := \mathrm{pr}_t \colon (\Omega; \mathscr{H}; P^{h,x}) \to \widehat{U}\,; \quad t \in \mathbb{R}_+$$

mit der Wahrscheinlichkeit $P^{h,x} := P \circ (Y_\bullet^h)^{-1}$ auf dem Pfadraum

$$\Omega := \left\{ u \in \widehat{U}^{\mathbb{R}_+} : u \text{ r.c.; } u(t) \in U \Rightarrow u \text{ bildet } [0,t] \text{ stetig in } U \text{ ab} \right\},$$

und $\mathscr{H} := \Omega \cap \mathscr{B}(\widehat{U})^{\mathbb{R}_+}$. Wir fixieren außerdem die zugehörige Filtrierung $\mathscr{H}_t := \sigma(Y_s : s \leq t)$ auf Ω.

Um auch aus X einen $\widehat{U}$-wertigen Prozeß zu machen, gehen wir zum "gekillten" Prozeß $\widehat{X} = \varphi \circ X$ über, mit der stetigen Abbildung

$$\varphi \colon \mathbb{R}^d \to \widehat{U}, \quad \varphi(x) = \begin{Bmatrix} x & \text{für } x \in U \\ \Delta & \text{für } x \notin U \end{Bmatrix}.$$

$\widehat{X}$ hat dann (sogar stetige) Pfade in Ω, und wir erhalten neben $P^{h,x}$ das Wahrscheinlichkeitsmaß $\widehat{P^x} := P^x \circ \widehat{X}_\bullet^{-1}$ auf Ω; $\widehat{E}_x$ bezeichne den hierzu gehörigen Erwartungswert. Setzen wir schließlich h durch $\hat{h}(\Delta) := 0$ zu einer (meßbaren) Funktion $\hat{h}$ auf $\widehat{U}$ fort, so wird also $\tilde{h} \circ X_t = \hat{h} \circ \widehat{X}_t$.

Aus Gleichung (3.34) folgt nun für $B \in \mathscr{B}(U)^{\mathbb{R}_+}$

$$\begin{aligned} P^{h,x}\{t < \zeta, Y_\bullet^t \in B\} &= \frac{1}{h(x)} E_x\big((\tilde{h} \circ X_t) 1_{\{X_\bullet^t \in B\}}\big) \\ &= \frac{1}{h(x)} E_x\big((\hat{h} \circ \widehat{X}_t) 1_{\{\widehat{X}_\bullet^t \in B\}}\big) \\ &= \frac{1}{h(x)} E_x\Big[\big((\hat{h} \circ Y_t) 1_{\{Y_\bullet^t \in B\}}\big) \circ \widehat{X}_\bullet\Big] \\ &= \frac{1}{h(x)} \widehat{E}_x\big((\hat{h} \circ Y_t) 1_{\{Y_\bullet^t \in B\}}\big), \end{aligned}$$

wobei in der vorletzten Gleichung $\widehat{X}_t = Y_t \circ \widehat{X}_\bullet$ benutzt wurde.

Die äußere Gleichheit, also

$$P^{h,x}\{t < \zeta, Y_\bullet^t \in B\} = \frac{1}{h(x)} \widehat{E}_x\big((\hat{h} \circ Y_t) 1_{\{Y_\bullet^t \in B\}}\big),$$

gilt ebenso für jedes $B \in \mathscr{B}(\widehat{U})^{\mathbb{R}_+}$, da auf beiden Seiten nur über Pfade $Y_\bullet^t(u)$ mit $t < \zeta(u)$, also mit Werten in U integriert wird, so daß ohne Änderung der Werte auf beiden Seiten B durch $B \cap U^{\mathbb{R}_+} \in \mathscr{B}(U)^{\mathbb{R}_+}$ ersetzt werden kann. Da $(Y_\bullet^t)^{-1}(\mathscr{B}(\widehat{U})^{\mathbb{R}_+}) = \mathscr{H}_t$ ist, haben wir damit gezeigt

$$P^{h,x}(\{t < \zeta\} \cap A) = \frac{1}{h(x)} \widehat{E}_x\big((\hat{h} \circ Y_t) 1_A\big); \quad A \in \mathscr{H}_t. \tag{3.35}$$

Diese Formel verallgemeinert sich auf beliebige $(\mathscr{H}_t)$-Stopzeiten τ anstelle von t. Dazu sei vorausgeschickt, daß

$$\widehat{X}_\bullet^{-1}(\mathscr{H}_t) = \sigma\Big(\bigcup_{s\le t}(\widehat{X}_\bullet^{-1}\sigma(Y_s))\Big) = \sigma(\widehat{X}_s : s \le t)$$
$$= \sigma(\varphi \circ X_s : s \le t) \subset \sigma(X_s : s \le t) = \mathscr{F}_t .$$

Ist $\tau \colon \Omega \to \overline{\mathbb{R}}_+$ eine $(\mathscr{H}_t)$-Stopzeit, so ist $\tau' := \tau \circ \widehat{X}_\bullet$ eine $(\mathscr{F}_t)$-Stopzeit (da $\{\tau' \le t\} = \widehat{X}_\bullet^{-1}\{\tau \le t\} \in \mathscr{F}_t$), und für $A \in \mathscr{H}_\tau$ ist $\widehat{X}_\bullet^{-1}(A) \in \mathscr{F}_{\tau'}$, nämlich

$$\widehat{X}_\bullet^{-1}(A) \cap \{\tau' \le t\} = \widehat{X}_\bullet^{-1}\big(A \cap \{\tau \le t\}\big) \in \mathscr{F}_t .$$

Satz 3.66. *Ist $\tau \colon \Omega \to \overline{\mathbb{R}}_+$ eine $(\mathscr{H}_t)$-Stopzeit, so gilt für die Verteilung $P^{h,x}$ der in $x \in U$ startenden h-konditionierten Diffusion*

$$P^{h,x}\big(\{\tau < \zeta\} \cap A\big) = \frac{1}{h(x)} E_x\big((\tilde{h} \circ X_{\tau'}) 1_{\{\tau' < \sigma\} \cap A'}\big); \quad A \in \mathscr{H}_\tau . \tag{3.36}$$

Dabei ist $\tau' := \tau \circ \widehat{X}_\bullet$ (insbesondere $\zeta' = \zeta \circ \widehat{X}_\bullet \equiv \sigma$) und $A' := \widehat{X}_\bullet^{-1}(A)$ gesetzt.

Beweis: Ist zunächst $\tau = t$ konstant, so gilt nach (3.35)

$$P^{h,x}\big(\{t < \zeta\} \cap A\big) = \frac{1}{h(x)} E_x\big((\hat{h} \circ Y_t \circ \widehat{X}_\bullet)(1_A \circ \widehat{X}_\bullet)\big)$$
$$= \frac{1}{h(x)} E_x\big((\tilde{h} \circ X_t) 1_{A'}\big) = \frac{1}{h(x)} E_x\big((\tilde{h} \circ X_t) 1_{A' \cap \{t < \sigma\}}\big),$$

letzteres, da $\tilde{h} \circ X_t$ auf $\{t \ge \sigma\}$ ohnehin verschwindet. Damit ist (3.36) für konstante τ bewiesen.

Als nächstes sei der Wertebereich von τ abzählbar angenommen, also $\tau(\Omega) = \{t_1, t_2, \ldots\}$ bzw. $= \{t_1, t_2, \ldots\} \cup \{\infty\}$ mit paarweise verschiedenen $t_1, t_2, \ldots \in \mathbb{R}_+$. Dann ist für $A \in \mathscr{H}_\tau$ jeweils $A_\ell := A \cap \{\tau = t_\ell\} \in \mathscr{H}_{t_\ell}$, und aus dem ersten Fall folgt

$$P^{h,x}\big(\{\tau < \zeta\} \cap A\big) = \sum_{\ell=1}^{\infty} P^{h,x}\big(\{t_\ell < \zeta\} \cap A_\ell\big)$$
$$= \frac{1}{h(x)} \sum_{\ell=1}^{\infty} E_x\big((\tilde{h} \circ X_{t_\ell}) 1_{A'_\ell \cap \{t_\ell < \sigma\}}\big)$$
$$= \frac{1}{h(x)} E_x\big((\tilde{h} \circ X_{\tau'} 1_{\{\tau' < \sigma\} \cap A'}\big).$$

Bei beliebiger Stopzeit τ fixieren wir gemäß Satz 3.13 iii) eine fallend gegen τ konvergierende Folge von Stopzeiten τ_n mit abzählbaren Wertebereichen. Dann gilt also für $A \in \mathscr{H}_\tau$ $(\subset \mathscr{H}_{\tau_n})$ bereits

$$P^{h,x}\big(\{\tau_n < \zeta\} \cap A\big) = \frac{1}{h(x)} E_x\big((\tilde{h} \circ X_{\tau'_n}) 1_{\{\tau'_n < \sigma\} \cap A'}\big).$$

Mit $n \to \infty$ strebt die linke Seite wachsend gegen die linke Seite von (3.36). Der Integrand der rechten Seite strebt zunächst punktweise gegen $(\tilde{h} \circ X_{\tau'}) 1_{\{\tau' < \sigma\} \cap A'}$, da X stetige Pfade hat und $\tilde{h}$ auf U stetig ist. Es genügt also, noch die gleichgradige Integrierbarkeit von $(\tilde{h} \circ X_{\tau'_n}) 1_{\{\tau'_n < \infty\}}$ (und damit von $(\tilde{h} \circ X_{\tau'_n}) 1_{\{\tau'_n < \sigma\} \cap A'}$) nachzuweisen.
Nach Satz 3.60 ist $\tilde{h} \circ X$ ein nichtnegatives Supermartingal, das offenbar auch rechtsstetig ist. Nach dem zweiten Korollar zum Optional Sampling Theorem, Satz 3.27, folgt daher für

$$S_n := (\tilde{h} \circ X_{\tau'_n}) 1_{\{\tau'_n < \infty\}}$$

zum einen $E_x S_n \leq h(x) < \infty$, zum andern

$$S_n \geq E^{\mathscr{F}_{\tau'_n}} S_m \quad P^x\text{-f.ü.}; \quad n \geq m. \tag{3.37}$$

Zu fixiertem $\varepsilon > 0$ sei nun $m \in \mathbb{N}$ so groß gewählt, daß bereits

$$E_x S_m \geq \sup_{n \in \mathbb{N}} E_x S_n - \varepsilon$$

gilt, so daß die (nach (3.37) positiven) Maße

$$\mu_n \colon \mathscr{F}_{\tau'_n} \to \mathbb{R}_+, \quad \mu_n(M) = \int_M (S_n - S_m)\, dP^x; \quad n \geq m$$

eine Gesamtmasse $\leq \varepsilon$ haben. Für $M := \{S_n \geq c\}$, $c > 0$, heißt dies, daß

$$\int_{\{S_n \geq c\}} S_m\, dP^x \leq \int_{\{S_n \geq c\}} S_n\, dP^x \leq \int_{\{S_n \geq c\}} S_m\, dP^x + \varepsilon; \quad n \geq m.$$

Nach der Tschebyschevschen Ungleichung ist $c P^x\{S_n \geq c\} \leq E_x S_n \leq h(x)$, so daß $\int_{\{S_n \geq c\}} S_m\, dP^x \to 0$ mit $c \to \infty$, gleichmäßig in n, $n \geq m$. Damit ist auch

$$\limsup_{c \to \infty} \sup_{n \in \mathbb{N}} \int_{\{S_n \geq c\}} S_n\, dP^x \leq \varepsilon$$

für jedes $\varepsilon > 0$ gezeigt, d. h. die gleichgradige Integrierbarkeit der Folge $(S_n)_{n \in \mathbb{N}}$ bewiesen. □

Wir wollen im folgenden das Randverhalten der in $x \in U$ startenden h-konditionierten Diffusion Y studieren und nehmen dabei an, daß der unkonditionierte (also der mit $h = 1$ konditionierte) Prozeß X nach endlicher Zeit P^x-fast sicher aus U austritt:

$$P^x\{\sigma < \infty\} = 1.$$

Dies gilt z. B., wie am Ende von Abschnitt 3.3 gezeigt wurde, für die d-dimensionale BM, wenn U beschränkt ist. Unter dieser Annahme können wir zeigen, daß sowohl die Pfade von X als auch die von Y fast sicher jedes Kompaktum $C \subset U$ schließlich verlassen. Für X ist dies klar, da aufgrund der Stetigkeit von X auf $\{0 < \sigma < \infty\}$, also P^x-f.ü., einerseits $X_\sigma \in \partial U$ gilt, andererseits $X_t \to X_\sigma$ für $t \to \sigma$, $t < \sigma$.

Um die entsprechende Aussage für Y zu zeigen, bilden wir zu einer kompakten Ausschöpfung $C_n \nearrow U$ die Austrittszeiten $\tau_n := \inf\{t : Y_t \notin \operatorname{int} C_n\}$ und *Wiedereintrittszeiten* in das fixierte Kompaktum C nach Austritt aus C_n,

$$\tau_C^n := \inf\{t : t \geq \tau_n\,, Y_t \in C\} \wedge \zeta\,.$$

Dies sind $(\mathscr{H}_t)$-Stopzeiten: Zunächst gilt $\tau_n \leq \zeta$ und

$$\{\tau_n > t\} = \{\zeta > t\} \cap \{Y_s \in \operatorname{int} C_n \text{ für } 0 \leq s \leq t\}\,;$$

ebenso (wegen $t \geq \tau_n \Leftrightarrow Y_t^{\tau_n} \notin \operatorname{int} C_n$, da Y rechtsstetig ist)

$$\tau_C^n = \inf\bigl\{t \in \mathbb{R}_+ : (Y_t^{\tau_n}, Y_t) \in (\complement \operatorname{int} C_n) \times C =: A\bigr\} \wedge \zeta\,,$$

also $\{\tau_C^n > t\} = \{\zeta > t\} \cap \bigl\{(Y_s^{\tau_n}, Y_s) \notin A \text{ für } 0 \leq s \leq t\bigr\}$.
Wie im Beweis von Satz 3.12 ii) folgt nun aus der Stetigkeit der Pfade $Y_\bullet(\omega)$ auf $[0, \zeta(\omega)[$, daß $\{\tau_n > t\}$ und $\{\tau_C^n > t\}$ jeweils Mengen in $\mathscr{H}_t^\circ$ sind.
Bildet man die entsprechenden Austrittszeiten $\sigma_n = \tau_n \circ \widehat{X}_\bullet$ bzw. Wiedereintrittszeiten $\sigma_C^n = \tau_C^n \circ \widehat{X}_\bullet$ für X, so besagt wegen $\sigma_n \nearrow \sigma = \zeta \circ \widehat{X}_\bullet$ die Aussage, daß X_t bei $t \nearrow \sigma$ das Kompaktum C fast sicher schließlich verläßt, offenbar dasselbe wie

$$P^x\Bigl(\bigcup_{n \in \mathbb{N}} \{\sigma_C^n = \sigma\}\Bigr) = 1\,. \tag{3.38}$$

Nunmehr können wir zeigen:

Lemma 3.67. *Ist $\sigma < \infty$ P^x-f.ü., so konvergiert $P^{h,x}$-f.ü. in der Topologie von $\widehat{U}$*

$$Y_t \to \Delta \quad \textit{mit } t \to \zeta,\ t < \zeta\,.$$

Beweis: Dies folgt aus (3.38) mit Hilfe von Satz 3.66. Nach Gleichung (3.36) ist nämlich

$$\begin{aligned} P^{h,x}\{\tau_C^n < \zeta\} &= \frac{1}{h(x)} E_x\bigl((\tilde{h} \circ X_{\sigma_C^n}) 1_{\{\sigma_C^n < \sigma\}}\bigr) \\ &\leq \frac{1}{h(x)} \bigl(\sup\nolimits_{y \in C} h(y)\bigr)\, P^x\{\sigma_C^n < \sigma\}\,, \end{aligned}$$

wobei in der Abschätzung die Tatsache benutzt wurde, daß die Werte von $X_{\sigma_C^n}$ auf $\{\sigma_C^n < \sigma\}$ in C liegen. Nach (3.38) konvergiert aber $P^x\{\sigma_C^n < \sigma\} \searrow 0$ mit $n \to \infty$, womit auch

$$P^{h,x}\bigl(\bigcup\nolimits_{n \in \mathbb{N}} \{\tau_C^n = \zeta\}\bigr) = 1$$

gezeigt ist. Das bedeutet, daß auch die Pfade von Y bei $t \to \zeta$, $t < \zeta$, schließlich das Kompaktum C verlassen. Dies gilt für jedes Kompaktum $C \subset U$ und heißt nach Definition der Topologie der Einpunktkompaktifizierung $\widehat{U}$ von U, daß $Y_t \to \Delta$ mit $t \to \zeta$, $t < \zeta$, konvergiert. □

Für den nächsten Satz benötigen wir noch einen Spezialfall des folgenden einfachen Lemmas.

Lemma 3.68. *Ist* $f\colon U \to]0,\infty[$ *L-harmonisch,* $g = f/h$, *und bezeichnet* $\widehat{g}\colon \widehat{U} \to \mathbb{R}_+$ *die durch* $\widehat{g}(\Delta) := 0$ *gegebene Fortsetzung von* g *auf ganz* $\widehat{U}$, *so ist* $(\widehat{g} \circ Y_t)_{t\in\mathbb{R}_+}$ *ein Supermartingal auf* $\big(\Omega; \mathscr{H}; P^{h,x}; (\mathscr{H}_t)_{t\in\mathbb{R}_+}\big)$.

Beweis: Y ist Markovprozeß zur Halbgruppe $(\widehat{K}_t^h)_{t\in\mathbb{R}_+}$ auf $\widehat{U}$. Die schwache Markoveigenschaft (Gleichung (2.28), monoton erweitert von Indikatorfunktionen auf meßbare nichtnegative Funktionen auf $\widehat{U}$) ergibt für eine beliebige Menge $A \in \mathscr{H}_s$, $s < t$,

$$\int_A \widehat{(g \circ Y_t)}\, dP^{h,x} = \int_A dP^{h,x} \int \widehat{K}_{t-s}^h(Y_s(\cdot), dy)\, \widehat{g}(y).$$

Andererseits ist für $z \in U$

$$\begin{aligned}\int \widehat{K}_{t-s}^h(z,dy)\,\widehat{g}(y) &= \frac{1}{h(z)} \int K_{t-s}(z,dy)\, h(y) g(y) \\ &= \frac{1}{h(z)} \int K_{t-s}(z,dy)\, f(y) \le \widehat{g}(z),\end{aligned}$$

da f L-harmonisch und also supermedian ist. Setzt man dies in obige Gleichung ein, so folgt

$$\int_A (\widehat{g} \circ Y_t)\, dP^{h,x} \le \int_A (\widehat{g} \circ Y_s)\, dP^{h,x}; \quad s \le t. \qquad \square$$

Aus den Konvergenzsätzen 3.33 (zusammen mit Bemerkung 3.34) und 3.36 der Martingaltheorie, angewandt auf das Submartingal $(-\widehat{g} \circ Y_t)_{t\in\mathbb{R}_+}$, entnehmen wir insbesondere die Existenz der linksseitigen Grenzwerte

$$\lim_{s\to t,\, s<t} \widehat{g} \circ Y_s(\omega) \in \mathbb{R}_+; \quad 0 < t \le \infty$$

für ω außerhalb einer von t unabhängigen Nullmenge.

Der nächste Satz zeigt, daß man durch geeignete h-Transformation tatsächlich fast sichere Konvergenz gegen einen vorgegebenen Randpunkt erreicht:

Satz 3.69. *Es sei* U *beschränkt, und die Austrittszeit* σ *der unkonditionierten Diffusion* X *aus* U *sei* P^x*-fast sicher endlich. Zu dem Randpunkt* $a \in \partial U$ *gebe es eine L-harmonische Funktion* $h\colon U \to]0,\infty[$ *mit*

$$\lim_{U\ni y\to b} h(y) = 0 \quad \textit{für jeden Randpunkt } b \ne a.$$

Dann gilt für die h-konditionierte Diffusion $Y_t\colon (\Omega; \mathscr{H}; P^{h,x}) \to \widehat{U}$ *(mit Lebenszeit* ζ*) in* $\mathbb{R}^d$ *die Konvergenzaussage*

$$\lim_{t\to\zeta,\, t<\zeta} Y_t = a \quad P^{h,x}\textit{-f.ü.}$$

Beweis: Anwendung des gerade Gesagten auf $g := 1/h$ zeigt die Existenz des Grenzwertes

$$\lim_{t\to\zeta(\omega),\, t<\zeta(\omega)} \frac{1}{h\circ Y_t(\omega)} \in \mathbb{R}_+$$

für alle ω außerhalb einer $P^{h,x}$-Nullmenge N. Andererseits konvergiert nach Lemma 3.67, außerhalb einer weiteren $P^{h,x}$-Nullmenge N', $Y_t(\omega) \to \Delta$ mit $t \to \zeta(\omega)$, $t < \zeta(\omega)$; diese Konvergenz findet in $\widehat{U}$ statt. Wir wollen zeigen, daß für fixiertes $\omega \notin N \cup N'$ und eine beliebige Folge $t_n \to \zeta(\omega)$, $t_n < \zeta(\omega)$, gilt

$$y_n := Y_{t_n}(\omega) \to a \quad (\text{in } \mathbb{R}^d).$$

Andernfalls würde aber, da U beschränkt ist, eine Teilfolge $(y_{\tau(n)})_{n\in\mathbb{N}}$ gegen einen Grenzwert $b \neq a$ in $\bar{U}$ streben, der sogar im Rand von U liegen muß, da die ganze Folge $(y_n)_{n\in\mathbb{N}}$ ja in $\widehat{U}$ gegen Δ strebt. Nach der über h gemachten Voraussetzung würde $h(y_{\tau(n)}) \to 0$ folgen, im Widerspruch dazu, daß $\big(1/h(y_n)\big)_{n\in\mathbb{N}}$ einen endlichen Grenzwert besitzt. □

Zum Schluß wollen wir für das Beispiel der d-dimensionalen BM zeigen, daß durch die h-Transformation von Satz 3.69 mit geeignetem h tatsächlich eine "Konditionierung" (im Sinne bedingter Wahrscheinlichkeiten) zum ersten Austritt aus U im Randpunkt a erreicht wird. Dabei sei jetzt $U := \{x \in \mathbb{R}^d : |x| < 1\}$ die offene Einheitskugel im $\mathbb{R}^d$. X ist also die bei Austritt aus U (zur fast sicher endlichen Zeit σ) gestoppte kanonische d-dimensionale BM

$$X_t\colon \big(\mathcal{W}^d; \mathscr{B}(\mathcal{W}^d); P^x\big) \to \mathbb{R}^d; \quad t \in \mathbb{R}_+;\ x \in U\,.$$

P^0 steht demnach für das Wienermaß ν auf $\mathcal{W}^d$, und allgemein ist für $x \in U$, wenn $\bar{x} \in \mathcal{W}^d$ die konstante Funktion mit dem Wert x bezeichnet,

$$P^x(A) := \nu(A - \bar{x}); \quad A \in \mathscr{B}(\mathcal{W}^d)\,.$$

Wir verwenden die Abkürzung

$$k_x(a) := \frac{1-|x|^2}{|a-x|^d}; \quad x \in U;\ a \in \partial U$$

für den Poissonkern und wissen aus der Potentialtheorie (vgl. [HE 73], [P-S 78]), daß $x \mapsto k_x(a)$ harmonisch ist und damit für eine beliebige stetige Randfunktion $f\colon \partial U \to \mathbb{R}$ die "harmonische Fortsetzung" $F\colon \bar{U} \to \mathbb{R}$ mit

$$F|\partial U = f \quad \text{und} \quad F(x) = \int k_x(v) f(v) m(dv),\ x \in U$$

(m ist das $(d-1)$-dimensionale Lebesguemaß auf ∂U) das *Dirichletproblem* zur Randfunktion f löst, d.h. daß $F|U$ harmonisch ist und $\lim_{U\ni x\to a} F(x) = f(a)$ für alle $a \in \partial U$ gilt.

Lemma 3.70. *Das Bildmaß $P^x \circ X_\sigma^{-1}$ auf ∂U hat die m-Dichte k_x.*

Beweis: Dies besagt, daß für beliebige stetige $f\colon \partial U \to \mathbb{R}$ gilt

$$E_x f \circ X_\sigma = \int k_x(v) f(v) m(dv) \equiv F(x); \quad x \in U.$$

Da F harmonisch auf U ist und auf ∂U mit f übereinstimmt, wissen wir aber nach Satz 3.60 bzw. Lemma 3.59, daß mit $n \to \infty$ gilt

$$F(x) = E_x(F \circ X_{\sigma_n}) \to E_x(F \circ X_\sigma) = E_x(f \circ X_\sigma). \qquad \square$$

Die Funktionen h_a: $h_a(x) = k_x(a)$ sind harmonisch in U für $a \in \partial U$, wobei noch $h_a(x) \to 0$ für $x \to b \in \partial U \setminus \{a\}$ offensichtlich ist. Wir können hiermit (bei fixiertem $a \in \partial U$) Satz 3.69 anwenden und erhalten eine $P^{h_a,x}$-Nullmenge $N \in \mathscr{H}$, außerhalb welcher der h_a-konditionierte Prozeß Y_t bei $t \to \zeta$, $t < \zeta$, gegen a strebt. Setzen wir

$$Z_t^a := \begin{Bmatrix} Y_t & \text{auf } \{t < \zeta\} \setminus N \\ a & \text{auf } \{t \geq \zeta\} \setminus N \\ x & \text{auf } N \end{Bmatrix},$$

so erhalten wir einen stetigen, in $x \in U$ startenden $\mathbb{R}^d$-wertigen Prozeß über $(\Omega; \mathscr{H}; P^{h_a,x})$ und hieraus das Wahrscheinlichkeitsmaß auf $\mathscr{B}(\mathcal{W}^d)$

$$P_x^a := P^{h_a,x} \circ (Z_\bullet^a)^{-1}.$$

Nach Definition von Z^a und $\widehat{X}$ gilt $Y_\bullet = \widehat{X}_\bullet \circ Z_\bullet^a$ auf $\complement N$ und damit für $A \in \mathscr{H}$

$$P^{h_a,x}(A) = P^{h_a,x}(Y_\bullet^{-1}(A)) = P_x^a(A')$$

mit $A' = \widehat{X}_\bullet^{-1}(A)$. Speziell für $\tau_n := \inf\{t \in \mathbb{R}_+ : Y_t \notin \operatorname{int} C_n\}$ und $A \in \mathscr{H}_{\tau_n}$ folgt wegen

$$\tau_n \circ \widehat{X}_\bullet = \sigma_n := \inf\{t : X_t \notin \operatorname{int} C_n\}$$

$$\begin{aligned} P_x^a(\{\sigma_n < \sigma\} \cap A') &= (P_x^a \circ \widehat{X}_\bullet^{-1})(\{\tau_n < \zeta\} \cap A) \\ &= P^{h_a,x}(\{\tau_n < \zeta\} \cap A) = \frac{1}{h_a(x)} E_x\big((\tilde{h}_a \circ X_{\sigma_n}) 1_{\{\sigma_n < \sigma\} \cap A'}\big), \end{aligned}$$

letzteres nach (3.36). Für $A = \Omega$, also $A' = \mathcal{W}^d$, folgt, da nach Lemma 3.59 $\sigma_n < \sigma$ P^x-f.ü. gilt,

$$P_x^a(\{\sigma_n < \sigma\}) = \frac{1}{h_a(x)} E_x(\tilde{h}_a \circ X_{\sigma_n}) = \frac{1}{h_a(x)} E_x(h_a \circ X_{\sigma_n}) = 1.$$

Für beliebiges $A \in \mathscr{H}_{\tau_n}$ ist also

$$P_x^a(A') = \frac{1}{h_a(x)} E_x\big((h_a \circ X_{\sigma_n}) 1_{A'}\big). \tag{3.39}$$

Dies gilt sogar für jedes $A' \in \mathscr{F}_{\sigma_n}$. Denn die Maße P_x^a und P^x sind beide konzentriert auf $\{X_0 \in U\}$, und dort ist $X_\bullet^{\sigma_n} = Y_\bullet^{\tau_n} \circ \widehat{X}_\bullet$; nach dem folgenden Lemma ist andererseits für $A' \in \mathscr{F}_{\sigma_n}$

$$A' \cap \{X_0 \in U\} = (X_\bullet^{\sigma_n})^{-1}(A') \cap \{X_0 \in U\} = \widehat{X}_\bullet^{-1}(A) \cap \{X_0 \in U\}$$

mit $A := (Y_\bullet^{\tau_n})^{-1}(A') \in \mathscr{H}_{\tau_n}$.

Lemma 3.71. *Für eine beliebige $(\mathscr{F}_t)$-Stopzeit τ ist eine Borel-meßbare Funktion $F\colon \mathcal{W}^d \to \mathbb{R}$ genau dann $\mathscr{F}_\tau$-meßbar, wenn sie gemäß $F = F \circ X^\tau_\bullet$ über $X^\tau_\bullet$ faktorisiert. Insbesondere ist $\mathscr{F}_\tau = \sigma(X^\tau_\bullet)$ und $\mathscr{F}_\sigma = \bigvee_1^\infty \mathscr{F}_{\sigma_n}$.*

Beweis: Zunächst ist $X^\tau_\bullet\colon \mathcal{W}^d \to \mathcal{W}^d$ natürlich $\mathscr{F}_\tau/\mathscr{B}(\mathcal{W}^d)$-meßbar, da für jedes t ja $\mathrm{pr}_t \circ X^\tau_\bullet = X_{\tau\wedge t}$ $\mathscr{F}_\tau$-meßbar ist (Satz 3.16). Ist also die Faktorisierung für $\mathscr{F}_\tau$-meßbare F bewiesen, so ergibt sich insbesondere $\mathscr{F}_\tau = \sigma(X^\tau_\bullet)$. Da aus $\sigma_n \to \sigma$ offenbar $X^{\sigma_n}_\bullet \to X^\sigma_\bullet$ punktweise auf $\mathcal{W}^d$ (in der Topologie von $\mathcal{W}^d$) folgt, ist dann auch $X^\sigma_\bullet$ meßbar bezüglich $\bigvee_1^\infty \mathscr{F}_{\sigma_n}$, also $\mathscr{F}_\sigma \subset \bigvee_1^\infty \mathscr{F}_{\sigma_n}$; die umgekehrte Inklusion ergibt sich aus Satz 3.15 i).
Die behauptete Faktorisierungsaussage gilt zunächst für konstante Stopzeiten $\tau = t \in \overline{\mathbb{R}}_+$: Da $\mathscr{F}_t = \sigma(X^t_\bullet)$ ist, gilt für $\mathscr{F}_t$-meßbares F nach Satz 1.2 i) zunächst $F = G \circ X^t_\bullet$ mit einer meßbaren Funktion $G\colon \mathcal{W}^d \to \mathbb{R}$, wegen $X^t_\bullet \circ X^t_\bullet = X^t_\bullet$ also $F \circ X^t_\bullet = G \circ X^t_\bullet = F$. Bei beliebiger Stopzeit τ und $\mathscr{F}_\tau$-meßbarem F folgt dann, da $F\,1_{\{\tau=t\}}$ ebenso wie $1_{\{\tau=t\}}$ selbst $\mathscr{F}_t$-meßbar ist,

$$F\,1_{\{\tau=t\}} = (F\,1_{\{\tau=t\}}) \circ X^t_\bullet = (F \circ X^t_\bullet)\,1_{\{\tau=t\}} = (F \circ X^\tau_\bullet)\,1_{\{\tau=t\}}$$

für jedes t, also $F = F \circ X^\tau_\bullet$, wie behauptet. □

Der nächste Satz zeigt, daß wirklich (für festes $x \in U$) die Funktion $(v, A) \mapsto P^v_x(A)$ auf $\partial U \times \mathscr{F}_\sigma$ eine Version der faktorisierten bedingten Verteilung der Identität auf $(\mathcal{W}^d; \mathscr{F}_\sigma; P^x)$ unter X_σ ist (Definition 1.16).

Satz 3.72. *Für jedes $x \in U$ gilt*

$$\begin{aligned} P^x\big(A \cap X_\sigma^{-1}(B)\big) &= \int_B P^v_x(A)\,(P^x \circ X_\sigma^{-1})(dv) \\ &= \int_B P^v_x(A)\,k_x(v)\,m(dv)\,; \qquad A \in \mathscr{F}_\sigma\,;\ B \in \mathscr{B}(\partial U)\,. \end{aligned}$$

Beweis: Zunächst ist nach Gleichung (3.39) bei festem $x \in U$ und $A \in \mathscr{F}_{\sigma_n}$ jeweils $v \mapsto P^v_x(A)$ eine meßbare Funktion auf ∂U. Da $\mathscr{F}_\sigma = \bigvee_1^\infty \mathscr{F}_{\sigma_n}$ ist, verallgemeinert sich dies durch ein einfaches Monotone-Klasse-Argument auf beliebige $A \in \mathscr{F}_\sigma$. Ebenso genügt der Nachweis der behaupteten Gleichungen (deren zweite direkt mittels Lemma 3.70 aus der ersten folgt) für $A \in \mathscr{F}_{\sigma_n}$. Hierfür gilt zunächst

$$P^x\big(A \cap X_\sigma^{-1}(B)\big) = E_x\big(1_A\,(1_B \circ X_\sigma)\big) = E_x\big(1_A\,E_x^{\mathscr{F}_{\sigma_n}} 1_B \circ X_\sigma\big)\,.$$

Hier kann natürlich statt X auch die BM selbst, also der Prozeß pr, eingesetzt werden, da $X = \mathrm{pr}^\sigma$ ist. Schreiben wir noch

$$\Theta_{\sigma_n} := \mathrm{pr}_{\sigma_n + \bullet}\colon \{\sigma_n < \infty\} \to \mathcal{W}^d$$

für die Abbildung $u \mapsto u\big(\sigma_n(u) + \cdot\,\big)$, so sieht man unmittelbar, daß auf $\{\sigma < \infty\}$, also P^x-f.ü. gilt

$$\sigma = \sigma_n + \sigma \circ \Theta_{\sigma_n}$$

und damit $\mathrm{pr}_\sigma = \mathrm{pr}_\sigma \circ \Theta_{\sigma_n}$, nämlich

$$(\mathrm{pr}_\sigma \circ \Theta_{\sigma_n})(u) = (\Theta_{\sigma_n} u)\big(\sigma(\Theta_{\sigma_n} u)\big) = u\big(\sigma_n(u) + \sigma(u) - \sigma_n(u)\big) = \mathrm{pr}_\sigma(u).$$

Nun können wir die Berechnung von $P^x\big(A \cap X_\sigma^{-1}(B)\big)$ mit einem Vorgriff auf die starke Markoveigenschaft der BM zu Ende führen. Nach Satz 5.23 (mit $H := 1_B \circ \mathrm{pr}_\sigma$ und $\tau := \sigma_n$) ist nämlich P^x-f.ü.

$$\begin{aligned} E_x^{\mathscr{F}_{\sigma_n}} 1_B \circ \mathrm{pr}_\sigma &= E_x^{\mathscr{F}_{\sigma_n}} \big((1_B \circ \mathrm{pr}_\sigma) \circ \mathrm{pr}_{\sigma_n + \bullet}\big) = E_{\mathrm{pr}_{\sigma_n}(\cdot)} 1_B \circ \mathrm{pr}_\sigma \\ &= \int_B k_{\mathrm{pr}_{\sigma_n}(\cdot)}(v)\, m(dv) = \int_B (h_v \circ X_{\sigma_n})\, m(dv) \end{aligned}$$

(die letzte Zeile nach Lemma 3.70 wegen $\mathrm{pr}_\sigma = X_\sigma$ und $\mathrm{pr}_{\sigma_n} = X_{\sigma_n}$). Damit folgt

$$\begin{aligned} P^x\big(A \cap X_\sigma^{-1}(B)\big) &= E_x\Big(1_A \int_B (h_v \circ X_{\sigma_n})\, m(dv)\Big) \\ &= \int_B m(dv)\, E_x\big((h_v \circ X_{\sigma_n}) 1_A\big) = \int_B m(dv)\, k_x(v)\, P_x^v(A), \end{aligned}$$

wobei in der letzten Gleichheit Gleichung (3.39) eingesetzt wurde. □

Satz 3.72 identifiziert also $P_x^v(A)$ als die Wahrscheinlichkeit für einen Verlauf des in $x \in U$ startenden Brownschen Pfades in $A \in \mathscr{F}_\sigma$ unter der Hypothese, daß der erstmalige Austritt aus U (zur Zeit σ) in $v \in \partial U$ erfolgt: $P_x^v(A) = E_x(1_A | X_\sigma = v)$. Dies präzisiert nochmals das Ergebnis von Satz 3.69, das ja für die BM besagt, daß für $x \in U$, $v \in \partial U$ gilt

$$\lim_{t \to \sigma,\, t < \sigma} X_t = v \quad P_x^v\text{-f.ü.}$$

4. Stochastische Integration

Die im vorangehenden Abschnitt entwickelte Martingaltheorie bildet das Fundament einer "stochastischen Analysis" der Pfade von Prozessen. Dies gilt zunächst in offensichtlicher Weise für die (pfadweisen) Konvergenzsätze von Abschnitt 3.6. Eine Quelle wichtiger Abschätzungen bilden andererseits die Maximal-Ungleichungen. Vor allem aber erlauben die Aussagen des Optional Sampling Theorems den wirkungsvollen Einsatz von Stopzeiten zur Kontrolle des Pfadverhaltens.
Wie irregulär dieses sein kann, wurde bereits am Beispiel der Brownschen Bewegung festgestellt (Satz 2.16). Im folgenden wird deshalb die Integrationstheorie zugleich die Rolle einer "stochastischen Differentialrechnung" mit zu übernehmen haben. Aber auch hier wird, wegen fehlender Rektifizierbarkeit der Pfade, erst die Berücksichtigung ihrer "quadratischen Variation" den Aufbau eines befriedigenden Integralbegriffs ermöglichen. Sie findet schließlich im Itô-Kalkül, einer Art Differentialkalkül zweiter Ordnung, ihren formalen Abschluß. Schon einfache Rechnungen mit Itô-Differentialen decken oft erstaunliche Zusammenhänge auf, etwa den zwischen Brownscher Bewegung und klassischer Potentialtheorie bzw. der Wärmeleitungsgleichung. Ein besonderer Vorzug der Theorie liegt darin, daß man mit der für eine wirkungsvolle Analysis stochastischer Prozesse wünschenswerten Erweiterung der zugelassenen Prozesse von den Martingalen zur Klasse der (in diesem Buch immer stetig angenommenen) Semimartingale gleich drei Ziele erreicht: Diese Klasse entspricht in einem genauen Sinne den Erfordernissen einer auch vom funktionalanalytischen Standpunkt aus wünschenswerten Integrationstheorie. Sie ist stabil unter differenzierbaren Operationen. Sie umfaßt ebenso unbeschränkt fluktuierende Prozesse (Martingale) wie solche mit Pfaden von beschränkter Variation und erlaubt zugleich rechnerisch stets eine Reduktion auf den einen oder den anderen Typ.

4.1 Stieltjesintegral, Variation und quadratische Variation

Die rechnerischen Eigenschaften von Integralen erhält man in der Regel als Eigenschaften von endlichen Summen, die bei einer Approximation des Integrals durch Summen erhalten bleiben. Erstreckt sich, wie bei stochastischen Integralen, die Integration über die Zeitachse, so ist verständlicherweise eine Approximation durch Zerlegungssummen zu Intervallzerlegungen von besonderem Interesse. Dies entspricht dem klassischen Stieltjesintegral, das in diesem Abschnitt nochmals kurz rekapituliert werden soll.

Unter einer *Zerlegung des Intervalls* $[0,t]$, $t>0$, sei eine endliche, aufsteigend indizierte Folge von Zwischenpunkten verstanden, $\mathscr{Z}$: $0=t_0<t_1<\ldots<t_r=t$. $|\mathscr{Z}|:=\max_{1\leq k\leq r}(t_k-t_{k-1})$ heißt das *Feinheitsmaß* von $\mathscr{Z}$.

Sind f,g: $[0,t]\to\mathbb{R}$ Funktionen, so betrachten wir die zugehörigen Zerlegungssummen

$$\sum_{\mathscr{Z}} f\,dg := \sum_{k=1}^{r} f(t_{k-1})\big(g(t_k)-g(t_{k-1})\big)$$

$$\sum_{\mathscr{Z}} df\,dg := \sum_{k=1}^{r} \big(f(t_k)-f(t_{k-1})\big)\big(g(t_k)-g(t_{k-1})\big)$$

$$\sum_{\mathscr{Z}} |df| := \sum_{k=1}^{r} \big|f(t_k)-f(t_{k-1})\big|$$

Wir nennen f *g-integrierbar von* 0 *bis* t, wenn der Grenzwert

$$\int_0^t f\,dg := \lim_{|\mathscr{Z}|\to 0} \sum_{\mathscr{Z}} f\,dg$$

(in $\mathbb{R}$) existiert; $\int_0^0 f\,dg:=0$. Ist

$$\text{Variation von } f \text{ auf } [0,t] := \sup\Big\{\textstyle\sum_{\mathscr{Z}} |df| : \mathscr{Z} \text{ Zerlegung von } [0,t]\Big\}$$

endlich, so heißt f *von beschränkter Variation* auf $[0,t]$. Wir erinnern an folgende Zusammenhänge aus der reellen Analysis:

Satz 4.1. *Sei f von beschränkter Variation auf $[0,t]$. Dann ist f auf jedem Teilintervall $[0,s]$ von beschränkter Variation, und die Funktion*

$$V_f\colon s\mapsto \text{Variation von } f \text{ auf } [0,s]$$

ist wachsend auf $[0,t]$, ebenso wie V_f-f. Ferner existieren die einseitigen Grenzwerte von V_f bzw. f, und es gilt

$$\big|V_f(s)-V_f(s\pm)\big| = \big|f(s)-f(s\pm)\big|.$$

Insbesondere ist f genau dann von beschränkter Variation und (rechts-)stetig, wenn f Differenz zweier (rechts-)stetiger, monoton wachsender Funktionen ist.

Beweis: Der Zusatz ergibt sich sofort aus den vorangehenden Aussagen. Für die erste von diesen vergleiche [HA 87], S. 9. Wir zeigen diejenige über die einseitigen Grenzwerte. Zunächst sieht man, daß $\sum_{\mathscr{Z}}|df|$ bei Verfeinerung von $\mathscr{Z}$ (durch Hinzunahme weiterer Punkte) höchstens zunehmen kann. Zu fixiertem $\varepsilon>0$ wähle man eine Zerlegung $\mathscr{Z}$: $0=t_0<\ldots<t_r=t$ so, daß

$$\Big|V_f(t)-\sum_{\mathscr{Z}'}|df|\Big|<\varepsilon \quad \text{für alle } \mathscr{Z}' \text{ feiner } \mathscr{Z}.$$

Für fixierte u, v mit $t_\ell \le u < v \le t_{\ell+1}$ (für ein $\ell \in \{0, \dots, r-1\}$) ist dann für die durch Hinzunahme der Punkte u, v zu $\mathscr{Z}$ entstehende Zerlegung $\mathscr{Z}'$

$$\begin{aligned}\varepsilon &> V_f(t) - \sum_{\mathscr{Z}'} |df| \\ &= \Big[V_f(t) - V_f(v) - \big(\big|f(t_{\ell+1}) - f(v)\big| + \ldots + \big|f(t_r) - f(t_{r-1})\big|\big)\Big] \\ &\quad + \Big[V_f(v) - V_f(u) - \big|f(v) - f(u)\big|\Big] \\ &\quad + \Big[V_f(u) - \big(\big|f(t_1) - f(t_0)\big| + \ldots + \big|f(u) - f(t_\ell)\big|\big)\Big].\end{aligned}$$

Hierin ist offensichtlich jede der drei eckigen Klammern ≥ 0, so daß insbesondere $0 \le V_f(v) - V_f(u) - \big|f(v) - f(u)\big| < \varepsilon$ folgt. Mit $u \to v$ bzw. $v \to u$ folgen die behaupteten Aussagen, da $\varepsilon > 0$ beliebig war, und V_f als wachsende Funktion einseitige Grenzwerte besitzt. □

Jede rechtsstetige (= r.c.) wachsende Funktion $g\colon \mathbb{R}_+ \to \mathbb{R}$ definiert ein eindeutig bestimmtes Borelmaß μ_g auf $\mathbb{R}_+$ mit

$$\mu_g[0,t] = g(t) - g(0)\,; \quad t \ge 0$$

(vgl. [HA 87], S. 53).

Satz 4.2. *Sei* $g\colon \mathbb{R}_+ \to \mathbb{R}$ *r.c. und wachsend, ferner* $f\colon \mathbb{R}_+ \to \mathbb{R}$ *l.c. und lokal (d. h. auf jedem* $[0,t]$*) beschränkt. Dann ist* f g*-integrierbar von* 0 *bis* t *mit*

$$\int_0^t f\,dg = \int_{[0,t]} f\,d\mu_g\,; \quad t \ge 0\,.$$

Beweis: Für $\mathscr{Z}\colon 0 = t_0 < \ldots < t_r = t$ sei $f_{\mathscr{Z}} := \sum_{k=1}^r f(t_{k-1})\,1_{]t_{k-1},t_k]}$. Bei beliebiger Zerlegungsfolge $(\mathscr{Z}_n)$ mit $|\mathscr{Z}_n| \to 0$ konvergiert dann

$$f_{\mathscr{Z}_n}(s) \to f(s)\,; \quad 0 < s \le t\,,$$

majoriert durch jede Konstante $\ge \sup_{s \le t} \big|f(s)\big|$; dies folgt aus der Linksstetigkeit von f. Damit ergibt sich, wie behauptet,

$$\sum_{\mathscr{Z}_n} f\,dg = \int_{[0,t]} f_{\mathscr{Z}_n}\,d\mu_g \to \int_{[0,t]} f\,d\mu_g\,.$$

Für $t = 0$ ist wegen $\mu_g\big(\{0\}\big) = 0$ die Behauptung trivial. □

Bemerkung 4.3. Ist nur g r.c., lokal von beschränkter Variation auf $\mathbb{R}_+$, so bleiben gemäß Satz 4.1 l.c., lokal beschränkte Funktionen f noch g-integrierbar von 0 bis t. Ist dagegen g nicht von beschränkter Variation auf $[0,t]$, so sind nicht einmal alle stetigen $f\colon [0,t] \to \mathbb{R}$ mehr g-integrierbar.

Denn: Sei $\mathscr{Z}_n$: $0 = t_0^n < \ldots < t_{r_n}^n = t$ eine Zerlegungsfolge mit $|\mathscr{Z}_n| \to 0$. Sie definiert die stetigen linearen Funktionale φ_n auf $C([0,t];\mathbb{R})$:

$$\varphi_n(f) = \sum_{\mathscr{Z}_n} f\,dg; \quad n \in \mathbb{N}.$$

Für die durch lineare Interpolation zu $f_n \in C([0,t];\mathbb{R})$ fortgesetzten Funktionen mit

$$f_n(t_{k-1}^n) = \frac{|g(t_k^n) - g(t_{k-1}^n)|}{g(t_k^n) - g(t_{k-1}^n)}, \text{ falls } g(t_k^n) \neq g(t_{k-1}^n); \quad f_n(t_{k-1}^n) := 0 \text{ sonst}$$

hat man offenbar

$$\varphi_n(f_n) = \sum_{\mathscr{Z}_n} f_n\,dg = \sum_{\mathscr{Z}_n} |dg| \to V_g(t) = \infty.$$

$\{\varphi_n(f_n) : n \in \mathbb{N}\}$ müßte andererseits nach dem uniform boundedness theorem (vgl. [D-S 58], S. 54) beschränkt sein, wenn jede stetige Funktion f g-integrierbar wäre, d.h. $(\varphi_n(f))_{n\in\mathbb{N}}$ konvergieren würde. □

Zwischen den beiden ersten Arten von Zerlegungssummen vom Anfang dieses Abschnitts besteht ein trivialer Zusammenhang:

$$\sum_{\mathscr{Z}} f\,dg + \sum_{\mathscr{Z}} g\,df + \sum_{\mathscr{Z}} df\,dg = f(t)g(t) - f(0)g(0)$$

für beliebige Zerlegungen $\mathscr{Z}$ von $[0,t]$. Hieraus lesen wir ab:

Bemerkung 4.4. Von den Funktionen f, g: $[0,t] \to \mathbb{R}$ sei sowohl f g-integrierbar als auch g f-integrierbar. Dann existiert auch die *quadratische Kovariation*

$$[f,g]_t := \lim_{|\mathscr{Z}|\to 0} \sum_{\mathscr{Z}} df\,dg,$$

und es gilt

$$\int_0^t f\,dg + \int_0^t g\,df + [f,g]_t = f(t)g(t) - f(0)g(0).$$

Man sieht, daß $[f,g]_t$ symmetrisch positiv semidefinit von f, g abhängt und genau dann verschwindet, wenn die partielle Integrationsformel gilt, also etwa, wenn f stetig und g von beschränkter Variation ist.

Insbesondere verschwindet die *quadratische Variation* von f

$$[f]_t := [f,f]_t = f(t)^2 - f(0)^2 - 2\int_0^t f\,df,$$

wenn f stetig und von beschränkter Variation auf $[0,t]$ ist.

Ist dagegen f etwa nur r.c. und wachsend, so kann $[f]_t$ auch kleiner oder größer als $V_f(t)$ sein, wie schon das Beispiel $f(s) = 0$, $0 \leq s < \frac{1}{2}t$, und $= \alpha > 0$ für $\frac{1}{2}t \leq s \leq t$ zeigt, wofür ja $[f]_t = \alpha^2$, aber $V_f(t) = \alpha$ ist.

4.2 Pfadweise stochastische Integrale

Die Ausführungen von 4.1 lassen sich sofort auf stochastische Integrale $\int_0^t Y\,dX$ übertragen, solange der Integrator X auf $[0,t]$ pfadweise von beschränkter Variation ist. Dies ist allerdings für stetige Martingale X, die nicht konstant sind, nie der Fall, wie in Satz 4.8 gezeigt wird.

Wir betrachten folgende Vektorräume von reellwertigen stochastischen Prozessen auf einem filtrierten Wahrscheinlichkeitsraum $\big(\Omega;\mathcal{F};P;(\mathcal{F}_t)_{t\in\mathbb{R}_+}\big)$:

$$\begin{aligned}
\mathcal{B} &:= \big\{X : X \text{ adaptiert, l.c., pfadweise lokal (d.h. auf jedem Intervall } [0,t]) \\
&\qquad\qquad \text{beschränkt}\big\} \\
\mathcal{C} &:= \big\{X : X \text{ adaptiert, pfadweise stetig}\big\} \\
\mathcal{A} &:= \big\{X \in \mathcal{C} : X \text{ pfadweise lokal von beschränkter Variation}\big\} \\
\mathcal{M} &:= \big\{X \in \mathcal{C} : X - X_0 \equiv (X_t - X_0)_{t\in\mathbb{R}_+} \text{ ist lokales Martingal}\big\} \\
\mathcal{S} &:= \mathcal{A} + \mathcal{M}\,.
\end{aligned}$$

Die $X \in \mathcal{S}$ heißen *stetige Semimartingale.* $\mathcal{B}_0 \subset \mathcal{B}, \ldots, \mathcal{S}_0 \subset \mathcal{S}$ bezeichnen die entsprechenden Untervektorräume aller X mit $X_0 = 0$. Wir identifizieren im übrigen *nichtunterscheidbare* Prozesse X,Y (d.h. mit $P\{X_\bullet \neq Y_\bullet\} = 0$; da alle betrachteten Prozesse mindestens l.c. Pfade besitzen, bedeutet dies dasselbe wie $P\{X_t \neq Y_t\} = 0$ für alle $t \in \mathbb{R}_+$, siehe Bemerkung 3.20).

Neben "pfadweise lokalen" Eigenschaften kommen in der Definition der obigen Räume "lokale" Eigenschaften im Sinne von Definition 3.17 vor. So ist X ein *lokales Martingal*, wenn für eine (die Martingal-Eigenschaft "lokalisierende") Folge $\tau_n \nearrow \infty$ von Stopzeiten jeweils X^{τ_n} ein Martingal ist. – Aufgrund der Stop-Invarianz der Martingal-Eigenschaft (siehe Abschnitt 3.5) ist $\mathcal{M}$ ein Vektorraum. $X \in \mathcal{M}$ ist genau dann ein lokales Martingal, wenn X_0 integrierbar ist.
Nennt man $X \in \mathcal{C}$ *lokal von beschränkter Variation*, wenn der *Variationsprozeß* V_X von X:

$$(V_X)_t(\omega) = \sup\Big\{\textstyle\sum_{\mathcal{Z}} \big|dX_\bullet(\omega)\big| : \mathcal{Z} \text{ Zerlegung von } [0,t]\Big\} \;\big(\equiv V_{X_\bullet(\omega)}(t)\big)$$

lokal beschränkt ist (im Sinne von Definition 3.17), so zeigt der folgende Satz unter anderem, daß dies mit $X \in \mathcal{A}$ äquivalent ist.

Für den Rest dieses Abschnitts sei $\big(\Omega;\mathcal{F};P;(\mathcal{F}_t)_{t\in\mathbb{R}_+}\big)$ standard filtriert vorausgesetzt.

Satz 4.5. i) $\mathcal{A} \cup \mathcal{M} \subset \mathcal{S} \subset \mathcal{C} \subset \mathcal{B}$.

ii) *Ein adaptierter l.c. Prozeß X ist genau dann lokal beschränkt, wenn X pfadweise lokal beschränkt und X_0 beschränkt ist.*

iii) *$X \in \mathcal{C}$ ist genau dann lokal von beschränkter Variation, wenn X in $\mathcal{A}$ ist (also $(V_X)_t(\omega) < \infty$ für alle $(t,\omega) \in \mathbb{R}_+ \times \Omega$, oder wenn $X = X' - X''$ mit $X',X'' \in \mathcal{C}$ wachsend; z.B. $X' := V_X$).*

iv) *$X \in \mathscr{C}$ ist genau dann in $\mathscr{M}$, wenn eine "reduzierende Folge" $\tau_n \nearrow \infty$ von Stopzeiten existiert, d.h. so, daß $X^{\tau_n} 1_{\{\tau_n > 0\}}$ jeweils ein beschränktes Martingal ist.*

Beweis: i) Evident.

ii) Ist X lokal beschränkt, also für eine Folge $\tau_n \nearrow \infty$ von Stopzeiten $|X^{\tau_n}| \le c_n$, so folgt $|X_0| \le c_n$ und $|X_t(\omega)| \le c_n$ für $0 \le t \le \tau_n(\omega)$. Ist umgekehrt X_0 beschränkt und $X \in \mathscr{B}$, so bilden wir

$$\tau_n \colon \Omega \to \overline{\mathbb{R}}_+, \quad \tau_n(\omega) = \inf\{t \in \mathbb{R}_+ : |X_t(\omega)| > n\}.$$

Hierfür ist offenbar (da X l.c. ist, genügt es, rationale s zu betrachten)

$$\{\tau_n \ge t\} = \{|X_s| \le n : 0 \le s < t;\ s \text{ rational}\}$$

($:= \Omega$ für $t = 0$). Damit sind zunächst die τ_n Stopzeiten, ferner $|X_t^{\tau_n}| \le n$ für $t \ne 0$ auf $\{\tau_n > 0\}$, also $|X^{\tau_n}| \le n + c$ für $c \ge |X_0|$. Da

$$\forall t > 0 \ \ \forall n \in \mathbb{N} \text{ mit } \tau_n(\omega) < t \ \ \exists t_n < t \text{ mit } |X_{t_n}(\omega)| > n,$$

wäre für $t > \sup_n \tau_n(\omega)$ der Pfad $X_\bullet(\omega)$ auf $[0, t]$ unbeschränkt. Dies widerspricht $X \in \mathscr{B}$, so daß auch $\tau_n \nearrow \infty$ gilt. Somit ist X lokal beschränkt.

iii) Dies folgt sofort aus ii), angewandt auf V_X, da $(V_X)_0 = 0$, also beschränkt ist.

iv) Wir setzen $Y = X - X_0$. Offenbar ist, für eine beliebige Stopzeit τ,

$$Y^\tau = X^\tau 1_{\{\tau > 0\}} - X_0 1_{\{\tau > 0\}},$$

also $X^\tau 1_{\{\tau>0\}}$ Martingal genau dann, wenn $X_0 1_{\{\tau>0\}}$ integrierbar und Y^τ Martingal ist. Insbesondere sind also für eine X reduzierende Folge $\tau_n \nearrow \infty$ die Y^{τ_n} (beschränkte) Martingale, somit $X \in \mathscr{M}$. Sei umgekehrt $X \in \mathscr{M}$. Wähle eine lokalisierende Folge $\sigma_n \nearrow \infty$ so, daß jeweils Y^{σ_n} Martingal ist, ferner $\sigma_n' \nearrow \infty$ nach Satz 3.18 so, daß $Y^{\sigma_n'}$ beschränkt ist, und

$$\sigma_n'' := 0 \text{ auf } \{|X_0| > n\}, \text{ und } = \infty \text{ auf } \{|X_0| \le n\}.$$

Dann gilt auch $\sigma_n'' \nearrow \infty$ und $|X_0| 1_{\{\sigma_n''>0\}} \le n$. Für die Folge von Stopzeiten $\tau_n := \sigma_n \wedge \sigma_n' \wedge \sigma_n'' \nearrow \infty$ ist damit Y^{τ_n} Martingal, also auch $X^{\tau_n} 1_{\{\tau_n>0\}} = Y^{\tau_n} + X_0 1_{\{\tau_n>0\}}$ Martingal, und offenbar beschränkt. Also ist (τ_n) eine X reduzierende Folge. □

Das Hauptziel dieses Kapitels 4 ist eine sinnvolle Definition von $\int_0^t F\,dX$ für $X \in \mathscr{S}$ und $F \in \mathscr{B}$. Ist $X \in \mathscr{A}$, also nach vorigem Satz $X = X' - X''$ mit wachsenden $X', X'' \in \mathscr{C}$, so existiert nach Satz 4.2 das pfadweise gebildete Stieltjesintegral

$$\int_0^t F\,dX \colon \omega \mapsto \int_0^t F_s(\omega)\,dX_s(\omega) = \lim_{|\mathscr{Z}| \to 0} \Big(\sum_{\mathscr{Z}} F\,dX\Big)(\omega)$$

mit den Zerlegungssummen (für $\mathscr{Z}$: $0 = t_0 < \ldots < t_r = t$)

$$\Big(\sum_{\mathscr{Z}} F\,dX\Big)(\omega) = \sum_{k=1}^{r} F_{t_{k-1}}(\omega)\big(X_{t_k}(\omega) - X_{t_{k-1}}(\omega)\big).$$

Definition 4.6. (Stochastisches Integral) Für Prozesse $X \in \mathscr{A}$, $F \in \mathscr{B}$ heißt die Zufallsvariable $\int_0^t F\,dX$ das *stochastische Integral* von 0 bis t mit *Integrand* F und *Integrator* X.

Wir kürzen den Prozeß des *unbestimmten stochastischen Integrals* gelegentlich ab mit $F \bullet X := (\int_0^t F\,dX)_{t \in \mathbb{R}_+}$.

Daß $\int_0^t F\,dX$ bilinear von $F \in \mathscr{B}$, $X \in \mathscr{A}$ abhängt, ist offensichtlich. Der folgende Satz stellt einige weitere Rechenregeln zusammen, die später auf beliebige Integratoren $X \in \mathscr{S}$ verallgemeinert werden.

Satz 4.7. *Sei $X \in \mathscr{A}$, $F \in \mathscr{B}$. Dann ist $F \bullet X \in \mathscr{A}_0$, und es gilt:*

i) (Stopformel) *Bezeichnet* $[0,\tau] = \{(t,\omega) \in \mathbb{R}_+ \times \Omega : 0 \le t \le \tau(\omega)\}$ *das zu einer Stopzeit τ: $\Omega \to \overline{\mathbb{R}}_+$ gehörige stochastische Intervall, so ist*
$$(F \bullet X)^\tau = (F 1_{[0,\tau]}) \bullet X = F \bullet X^\tau = F^\tau \bullet X^\tau .$$

ii) (Assoziativität) $(FG) \bullet X = F \bullet (G \bullet X)$; $F, G \in \mathscr{B}$.

Beweis: Die Gleichung $(F \bullet X)_0 = 0$ sowie die Stetigkeit des pfadweise gebildeten Integrals sind evident. Adaptiertheit von $F \bullet X$, also die $\mathscr{F}_t$-Meßbarkeit von $\int_0^t F\,dX$ für alle $t \in \mathbb{R}_+$, folgt aus der entsprechenden Eigenschaft der Zerlegungssummen $\sum_{\mathscr{Z}} F\,dX$, $\mathscr{Z}$ Zerlegung von $[0,t]$. Da diese gemäß
$$\Big|\Big(\sum_{\mathscr{Z}} F\,dX\Big)(\omega)\Big| \le \sup_{0 \le s \le t} |F_s(\omega)| \Big(\sum_{\mathscr{Z}} |dX|\Big)(\omega)$$
abgeschätzt werden können, folgt auch
$$(V_{F \bullet X})_t(\omega) \le \sup_{0 \le s \le t} |F_s(\omega)| (V_X)_t(\omega) < \infty ,$$
also $F \bullet X \in \mathscr{A}_0$. Die Stopformel ergibt sich aus der Konstanz von $t \mapsto X_t^\tau(\omega)$ für $t \ge \tau(\omega)$:
$$(F \bullet X)_t^\tau(\omega) = \int_0^{t \wedge \tau(\omega)} F_s(\omega)\,dX_s(\omega) = \Big(\int_0^t (F 1_{[0,\tau]})\,dX\Big)(\omega) = \int_0^t F_s(\omega)\,dX_s^\tau(\omega),$$
wobei der mittlere Ausdruck zeigt, daß F durch F^τ ersetzt werden kann. Beim Nachweis der Assoziativitätsregel nehmen wir (gemäß Satz 4.5) o.E. zusätzlich X wachsend an und bezeichnen mit μ_X^ω das Borelmaß auf $\mathbb{R}_+$: $\mu_X^\omega([0,t]) = X_t(\omega) - X_0(\omega)$. Dann ist nach Satz 4.2
$$\Big(\int_0^t F\,dX\Big)(\omega) = \int_{[0,t]} F_s(\omega)\,\mu_X^\omega(ds) .$$
Ebenso sei o.E. $G \ge 0$, so daß folgt $\mu_{G \bullet X}^\omega(dt) = G_t(\omega)\,\mu_X^\omega(dt)$. Nun ist die behauptete Assoziativität eine bekannte (vgl. [HA 87], S. 70) Formel über das Rechnen mit Dichten. □

Für die Existenz des pfadweise definierten Intgrals $\int_0^t F\,dX$ bei beliebigen Integranden $F \in \mathscr{C}$ ist nach Bemerkung 4.3 die bisherige Voraussetzung $(V_X)_t(\omega) < \infty$ für alle $\omega \in \Omega$ notwendig. Dies schließt stetige Martingale X als Integratoren eines *pfadweisen* Integralbegriffs aus, wie der folgende Satz zeigt. Wir werden aber unter Ausnutzung der Martingal-Eigenschaft eines Integrators schließlich doch noch die *stochastische* Konvergenz der Zerlegungssummen $\sum_{\mathscr{Z}} F\,dX$ mit $|\mathscr{Z}| \to 0$ zeigen (und damit also $\int_0^t F\,dX$ für beliebige $F \in \mathscr{B}$, $X \in \mathscr{S}$ definieren können).

Satz 4.8. *$\mathscr{M}_0 \cap \mathscr{A} = \{0\}$, also $\mathscr{S} = \mathscr{M}_0 \oplus \mathscr{A}$ (direkte Summe).*

Beweis: Sei $X \in \mathscr{M}_0 \cap \mathscr{A}$ zunächst sogar ein Martingal und $(V_X)_t \leq c(t) < \infty$. Wir zeigen, daß dann schon $X = 0$ ist und reduzieren anschließend den allgemeinen Fall auf diesen Spezialfall. Zunächst folgt durch pfadweise partielle Integration

$$\tfrac{1}{2} X_t^2 = \int_0^t X\,dX = \lim_{n\to\infty} \sum_{\mathscr{Z}_n} X\,dX$$

für eine beliebig fixierte Folge $(\mathscr{Z}_n)_{n\in\mathbb{N}}$ von Zerlegungen des Intervalls $[0,t]$ mit $|\mathscr{Z}_n| \to 0$. Diese Konvergenz gilt für jedes $\omega \in \Omega$ und ist majoriert durch

$$\Big|\Big(\sum_{\mathscr{Z}_n} X\,dX\Big)(\omega)\Big| \leq \big(\sup_{0\leq s\leq t} |X_s(\omega)|\big)(V_X)_t(\omega) \leq c(t)^2$$

(da $X_0 = 0$). Insbesondere folgt $\frac{1}{2}EX_t^2 = \lim_{n\to\infty} E(\sum_{\mathscr{Z}_n} X\,dX)$. Andererseits ist $E(\sum_{\mathscr{Z}} X\,dX) = 0$ für $\mathscr{Z}$: $0 = t_0 < \ldots < t_r = t$ beliebige Zerlegung, da

$$\begin{aligned} E\big[X_{t_{k-1}}(X_{t_k} - X_{t_{k-1}})\big] &= (E \circ E^{\mathscr{F}_{t_{k-1}}})[\ldots] \\ &= E\big[X_{t_{k-1}} E^{\mathscr{F}_{t_{k-1}}}(X_{t_k} - X_{t_{k-1}})\big] = 0, \end{aligned}$$

da X ein Martingal ist. Damit ist $EX_t^2 = 0$ (für alle $t \in \mathbb{R}_+$) und also $X = 0$ (bis auf Nicht-Unterscheidbarkeit) gezeigt.
Der Fall beliebiger $X \in \mathscr{M}_0 \cap \mathscr{A}$ reduziert sich auf den bisherigen: Nach Voraussetzung gibt es lokalisierende Folgen $\tau_n \nearrow \infty$ mit X^{τ_n} Martingal und (mit Hilfe von Satz 4.5) $\sigma_n \nearrow \infty$ mit $(V_{X^{\sigma_n}})_t \leq c_n(t) < \infty$, woraus nach dem bereits Gezeigten folgt $X_\bullet^{\sigma_n \wedge \tau_n} = 0$ außerhalb einer Nullmenge N_n. Für $\omega \notin \bigcup_1^\infty N_n$ gilt demnach wegen $\sigma_n(\omega) \wedge \tau_n(\omega) \nearrow \infty$ auch $X_\bullet(\omega) = 0$, wie behauptet. □

Die direkte Zerlegung $X = A + M$ eines Prozesses $X \in \mathscr{S}$ in einen eindeutig bestimmten *"rektifizierbaren Teil"* $A \in \mathscr{A}$ und einen *"Martingalteil"* $M \in \mathscr{M}_0$ heißt auch *Doob-Meyer-Zerlegung* von X.

4.3 Lokale Martingale und ihre quadratische Variation

Wir legen wieder einen standard filtrierten Wahrscheinlichkeitsraum $(\Omega; \mathscr{F}; P; (\mathscr{F}_t)_{t\in\mathbb{R}_+})$ zugrunde, auf den sich die im vorigen Abschnitt definierten Vektorräume von reellwertigen Prozessen beziehen. Für einen linksstetigen Prozeß X bezeichnet

$$X_t^*: \Omega \to \overline{\mathbb{R}}_+, \quad X_t^*(\omega) = \sup_{0\le s\le t} |X_s(\omega)|$$

den zugehörigen "*$*$-Prozeß*". Mit X ist offenbar auch X^* linksstetig und adaptiert, außerdem natürlich wachsend; $\sup_t X_t^* =: X_\infty^*$.

Definition 4.9. (Konvergenzformen von Prozeßfolgen) Eine Folge $(X^{(n)})_{n\in\mathbb{N}}$ von pfadweise linksstetigen, lokal beschränkten Prozessen konvergiert *gleichmäßig stochastisch* (bzw. *gleichmäßig im quadratischen Mittel* bzw. *gleichmäßig f.ü.*) gegen einen ebensolchen Prozeß X, wenn $(X^{(n)} - X)_\infty^*$ stochastisch (bzw. in $\| \|_2$, bzw. f.ü.) gegen 0 konvergiert; gilt nur $(X^{(n)} - X)_t^* \to 0$ stochastisch (bzw. in $\| \|_2$, bzw. f.ü.) für jedes $t \ge 0$, so konvergiert $X^{(n)}$ gegen X *lokal gleichmäßig stochastisch* (bzw. *im quadratischen Mittel* bzw. *f.ü.*).

Bemerkung 4.10. Für beliebige Stopzeiten τ ist natürlich $(X^*)^\tau = (X^\tau)^*$, damit auch

$$\{X_t^* > \delta\} \subset \{(X^\tau)_t^* > \delta\} \cup \{t > \tau\},$$

woraus man abliest: $X^{(n)} \to X$ lokal gleichmäßig stochastisch mit $n \to \infty$ genau dann, wenn eine Folge $\tau_\ell \nearrow \infty$ von Stopzeiten existiert, so daß $(X^{(n)})^{\tau_\ell} \to X^{\tau_\ell}$ gleichmäßig stochastisch mit $n \to \infty$ für jedes $\ell \in \mathbb{N}$.

Bemerkung 4.11. Konvergiert $X^{(n)} \to X$ lokal gleichmäßig stochastisch, so gibt es eine Teilfolge $(X^{(n_k)})_{k\in\mathbb{N}}$ und eine Nullmenge N so, daß $(X^{(n_k)} - X)_t^*(\omega) \to 0$ mit $k \to \infty$ für jedes $\omega \notin N$ und jedes $t \ge 0$.

Denn: Wegen der Monotonie des *-Prozesses genügt es, dies für jedes $t \in \mathbb{N}$ zu zeigen. Zunächst gibt es für jedes $t = \ell$ eine Nullmenge N_ℓ und eine von ℓ abhängige Teilfolge so, daß mit $k \to \infty$

$$(X^{(m_k^\ell)} - X)_\ell^*(\omega) \to 0; \quad \omega \notin N_\ell.$$

Wählt man o.E. $(m_k^{\ell+1})_{k\in\mathbb{N}}$ als Teilfolge von $(m_k^\ell)_{k\in\mathbb{N}}$, so folgt mit $N := \bigcup_1^\infty N_\ell$ für die Diagonalfolge (mit $n_k = m_k^k$) bei $k \to \infty$

$$(X^{(n_k)} - X)_\ell^*(\omega) \to 0; \quad \omega \notin N; \ \ell \in \mathbb{N}. \qquad \square$$

Die für $X \in \mathscr{B}$ definierten

$$\|X\|_{2,t} := \|X_t^*\|_2 \in \overline{\mathbb{R}}_+; \quad t \in \overline{\mathbb{R}}_+$$

hängen offenbar subadditiv und positiv-homogen von X ab:

$$\|X+Y\|_{2,t} \leq \|X\|_{2,t} + \|Y\|_{2,t}; \quad \|\lambda X\|_{2,t} = |\lambda| \|X\|_{2,t}$$

für $X, Y \in \mathscr{B}$, $\lambda \in \mathbb{R}$. Daher sind die Räume $\mathscr{C}^2$ und $\mathscr{C}^2_{\text{loc}}$:

$$\mathscr{C}^2 = \{X \in \mathscr{C} : \|X\|_{2,\infty} < \infty\}; \quad \mathscr{C}^2_{\text{loc}} = \{X \in \mathscr{C} : \|X\|_{2,t} < \infty, \forall t \in \mathbb{R}_+\}$$

Untervektorräume von $\mathscr{C}$. Da wir ohnehin nichtunterscheidbare Prozesse in $\mathscr{C}$ identifizieren, ist $\| \ \|_{2,\infty}$ eine Norm auf $\mathscr{C}^2$, die gerade die gleichmäßige Konvergenz im quadratischen Mittel beschreibt. Entsprechend beschreibt die Familie der Halbnormen $\| \ \|_{2,t}$, $t \in \mathbb{R}_+$, im Raume $\mathscr{C}^2_{\text{loc}}$ die lokal gleichmäßige Konvergenz im quadratischen Mittel.

Satz 4.12. $(\mathscr{C}^2; \| \ \|_{2,\infty})$ *ist vollständig; ebenso ist* $(\mathscr{C}^2_{\text{loc}}; \| \ \|_{2,t}, t \in \mathbb{R}_+)$ *(als topologischer Vektorraum) vollständig.*

Beweis: Die zweite Aussage bedeutet folgendes: Ist $(X^{(n)})_{n\in\mathbb{N}}$ eine Cauchy-Folge in $\mathscr{C}^2_{\text{loc}}$ (gilt also $\|X^{(n)} - X^{(m)}\|_{2,t} \to 0$ mit $n, m \to \infty$ für jedes $t \in \mathbb{R}_+$), so gibt es ein $X \in \mathscr{C}^2_{\text{loc}}$ mit $X^{(n)} \to X$ (also $\|X^{(n)} - X\|_{2,t} \to 0$ für jedes $t \in \mathbb{R}_+$). Bemerkt man, daß $\|X\|_{2,t} = \|X^t\|_{2,\infty}$ gilt, wobei X^t der durch t gestoppte Prozeß $(X_{t\wedge s})_{s\in\mathbb{R}_+}$ ist, so reduziert sich der lokale Fall leicht auf die erste Aussage des Satzes.
Zum Beweis der Vollständigkeit von $(\mathscr{C}^2; \| \ \|_{2,\infty})$ modifizieren wir den bekannten Vollständigkeitsbeweis für L^p-Räume.
Für eine Cauchy-Folge $(X^{(n)})_{n\in\mathbb{N}}$ sei (nach eventuellem Übergang zu einer Teilfolge) von vornherein o. E. $\|X^{(n+1)} - X^{(n)}\|_{2,\infty} < 2^{-n}$ angenommen. Da (Höldersche Ungleichung) $E(X^{(n+1)} - X^{(n)})^*_\infty \leq \|X^{(n+1)} - X^{(n)}\|_{2,\infty}$ gilt, folgt

$$E\Big(\sum_{n=1}^{\infty} (X^{(n+1)} - X^{(n)})^*_\infty\Big) = \sum_{n=1}^{\infty} E(X^{(n+1)} - X^{(n)})^*_\infty \leq 1.$$

Somit ist zunächst $N := \{\sum_{n=1}^{\infty} (X^{(n+1)} - X^{(n)})^*_\infty = \infty\}$ eine Nullmenge, und dann

$$\sum_{n=1}^{\infty} \big|X_t^{(n+1)}(\omega) - X_t^{(n)}(\omega)\big| < \infty; \quad \omega \notin N; \ t \in \mathbb{R}_+.$$

Dies zeigt die punktweise Konvergenz mit $n \to \infty$ von

$$X_t^{(n)}(\omega) \to: X_t(\omega); \quad \omega \notin N; \ t \in \mathbb{R}_+.$$

Da sogar gilt

$$|X_t - X_t^{(n)}| \leq \sum_{k=n}^{\infty} |X_t^{(k+1)} - X_t^{(k)}| \leq \sum_{k=n}^{\infty} (X^{(k+1)} - X^{(k)})^*_\infty,$$

ist die Konvergenz $X_t^{(n)}(\omega) \to X_t(\omega)$ für $\omega \notin N$ sogar gleichmäßig in $t \in \mathbb{R}_+$, womit $t \mapsto X_t(\omega)$ stetig ist. Setzt man noch $X_t(\omega) = 0$ für $\omega \in N$, so ist also $X \in \mathscr{C}$. Schließlich folgt aus obiger Ungleichung auch

$$\|X - X^{(n)}\|_{2,\infty} \leq \Big\| \sum_{k=n}^{\infty} (X^{(k+1)} - X^{(k)})^*_\infty \Big\|_2 \leq \sum_{k=n}^{\infty} \|X^{(k+1)} - X^{(k)}\|_{2,\infty} \leq 1/2^{n-1}.$$

Damit ist gezeigt, daß auch $X \in \mathscr{C}^2$ ist und $X^{(n)} \to X$ in $\| \ \|_{2,\infty}$ gilt. □

Wir kehren nun zu Martingalen zurück. Zunächst ein einfaches Kriterium dafür, daß ein lokales Martingal X sogar ein Martingal ist (wofür nicht etwa nur zusätzlich Integrierbarkeit zu verlangen ist):

Satz 4.13. *Sei $X \in \mathscr{M}$.*

i) *X ist genau dann ein Martingal, wenn jede der Mengen*

$$\{X_\tau : \tau \text{ Stopzeit}; \tau \leq c\}, \quad c > 0,$$

gleichgradig integrierbar ist.

ii) *X ist genau dann ein L^2-Martingal (d. h. Martingal und $X_t \in L^2(P)$ für alle $t \geq 0$), wenn $X_t^* \in L^2(P)$ für alle $t \geq 0$.*

Beweis: i) Die Notwendigkeit der genannten Bedingung für Martingale X ist Teilaussage des Optional Sampling Theorems (Satz 3.27), angewandt auf das Submartingal $|X|$. Sei umgekehrt $\tau_n \nearrow \infty$ eine lokalisierende Folge so, daß X^{τ_n} ein Martingal ist. Dann konvergiert für festes $t \in \mathbb{R}_+$ (da $\tau_n(\omega) \geq t$ schließlich ist für jedes ω) $X_{\tau_n \wedge t} \to X_t$ punktweise, und damit auch in $\| \ \|_1$, wenn $\{X_{\tau_n \wedge t} : n \in \mathbb{N}\}$ gleichgradig integrierbar angenommen ist. Da die X^{τ_n} Martingale sind, ist also auch X ein Martingal nach Aussage iv) des Permanenzsatzes Satz 3.25.

ii) Ist X L^2-Martingal, so ist aufgrund der Doobschen Maximal-Ungleichung (Satz 3.28) für das durch t gestoppte Martingal X^t

$$\|X_t^*\|_2 = \big\|(X^t)^*_\infty\big\|_2 \leq 2 \sup_{s \in \mathbb{R}_+} \|X_{t \wedge s}\|_2 = 2\|X_t\|_2 . \tag{4.1}$$

Also ist $X_t^* \in L^2(P)$ für $t \in \mathbb{R}_+$. Gilt umgekehrt dieses, so wird $\{X_\tau : \tau$ Stopzeit; $\tau \leq t\}$ durch X_t^* majoriert, ist also gleichgradig integrierbar. Somit ist nach i) X ein Martingal, mit $|X_t| \leq X_t^* \in L^2(P)$. □

Für die Konstruktion des quadratischen Variationsprozesses benötigen wir einige Bezeichnungen.

Ist $\mathscr{Z}$: $0 = t_0 < \ldots < t_r$ eine Zerlegung (von $[0, t_r]$), so erhält man für jedes $t > 0$ eine induzierte Zerlegung $\mathscr{Z}(t)$ von $[0,t]$ durch $\mathscr{Z}(t)$: $0 = t_0 < \ldots < t_n < t$; hierbei ist $n = n(t)$ der größte Index $k \in \{0, \ldots, r\}$ mit $t_k < t$. Zu $X \in \mathscr{C}$ und $\mathscr{Z}$ einer Zerlegung wie oben setze $[X]_{\mathscr{Z}} := \sum_{k=1}^r (X_{t_k} - X_{t_{k-1}})^2$. Mit Hilfe der von $\mathscr{Z}$

induzierten Zerlegung erhält man dann als die zu $\mathscr{Z}$ gehörige *"quadratische Prä-Variation"* den stetigen Prozeß $T_{\mathscr{Z}}X := \big([X]_{\mathscr{Z}(t)}\big)_{t\in\mathbb{R}_+}$, wobei noch $[X]_{\mathscr{Z}(0)} = 0$ gesetzt ist. Explizit ist also

$$[X]_{\mathscr{Z}(t)} = \sum_{k=1}^{n}(X_{t_k} - X_{t_{k-1}})^2 + (X_t - X_{t_n})^2$$

für $n = n(t)$.

Lemma 4.14. *Ist X ein stetiges L^2-Martingal, so ist $\big(X_t^2 - [X]_{\mathscr{Z}(t)}\big)_{t\in\mathbb{R}_+}$ ein Martingal.*

Beweis: Da $[X]_{\mathscr{Z}(t)}$ jeweils $\mathscr{F}_t$-meßbar ist, haben wir für $s \le t$ zu zeigen

$$E^{\mathscr{F}_s}[X]_{\mathscr{Z}(t)} - [X]_{\mathscr{Z}(s)} = E^{\mathscr{F}_s}X_t^2 - X_s^2.$$

Allgemein ist für $s \le u \le v$

$$E^{\mathscr{F}_s}(X_v - X_u)^2 = E^{\mathscr{F}_s}(X_v^2 - X_u^2), \tag{4.2}$$

nämlich $(E^{\mathscr{F}_s}\circ E^{\mathscr{F}_u})(X_v^2 + X_u^2 - 2X_uX_v) = E^{\mathscr{F}_s}(E^{\mathscr{F}_u}X_v^2 - X_u^2) = E^{\mathscr{F}_s}(X_v^2 - X_u^2)$. Mit $n := n(s) \le m := n(t)$ ergibt sich nun die Behauptung in den beiden Fällen $n = m$ bzw. $n < m$: Für $n = m$ ist $t_n < s \le t \le t_{n+1}$, also

$$\begin{aligned}[X]_{\mathscr{Z}(t)} - [X]_{\mathscr{Z}(s)} &= (X_t - X_{t_n})^2 - (X_s - X_{t_n})^2\\ &= (X_t - X_s)^2 + 2(X_t - X_s)(X_s - X_{t_n}).\end{aligned}$$

Mit (4.2) folgt wegen $E^{\mathscr{F}_s}\big((X_t - X_s)(X_s - X_{t_n})\big) = (X_s - X_{t_n})\,E^{\mathscr{F}_s}(X_t - X_s) = 0$ die Behauptung. Im anderen Falle ($n < m$) ist $t_n < s \le t_{n+1} < \ldots < t_m < t \le t_{m+1}$, also

$$\begin{aligned}&[X]_{\mathscr{Z}(t)} - [X]_{\mathscr{Z}(s)} =\\ &\quad= (X_t - X_{t_m})^2 + (X_{t_m} - X_{t_{m-1}})^2 + \ldots + (X_{t_{n+1}} - X_{t_n})^2 - (X_s - X_{t_n})^2\\ &\quad= (X_t - X_{t_m})^2 + (X_{t_m} - X_{t_{m-1}})^2 + \ldots + (X_{t_{n+1}} - X_s)^2\\ &\qquad + 2(X_{t_{n+1}} - X_s)(X_s - X_{t_n}).\end{aligned}$$

Wiederum folgt aus Gleichung (4.2)

$$\begin{aligned}E^{\mathscr{F}_s}[X]_{\mathscr{Z}(t)} - [X]_{\mathscr{Z}(s)} &= E^{\mathscr{F}_s}X_t^2 - E^{\mathscr{F}_s}X_{t_m}^2 + E^{\mathscr{F}_s}X_{t_m}^2 - E^{\mathscr{F}_s}X_{t_{m-1}}^2\\ &\quad \pm \ldots - X_s^2 + 2E^{\mathscr{F}_s}\big((X_{t_{n+1}} - X_s)(X_s - X_{t_n})\big)\\ &= E^{\mathscr{F}_s}X_t^2 - X_s^2.\end{aligned}$$

□

Lemma 4.15. *Sei $X \in \mathscr{M}$ beschränkt durch eine Konstante $c > 0$. Ist $\mathscr{Z}$ eine beliebige Zerlegung, so gilt*

$$E[X]_{\mathscr{Z}} \le c^2; \quad E[X]_{\mathscr{Z}}^2 \le 8c^4.$$

Beweis: Fixiere $\mathscr{Z}$: $0 = t_0 < \ldots < t_r$ und setze $Y_t := [X]_{\mathscr{Z}(t)}$. Nach Satz 4.13 ist X ein L^2-Martingal, nach Lemma 4.14 somit $X^2 - Y$ ein Martingal. Insbesondere folgt $E[X]_{\mathscr{Z}} = EY_{t_r} = EX_{t_r}^2 - EX_0^2 \le c^2$.
Zur Berechnung von $E[X]_{\mathscr{Z}}^2 = EY_{t_r}^2$ formen wir zunächst um:

$$\begin{aligned} Y_{t_r}^2 &= \Big(\sum_1^r (X_{t_k} - X_{t_{k-1}})^2\Big)^2 = \sum_1^r (X_{t_k} - X_{t_{k-1}})^4 \\ &\quad + 2\sum_1^{r-1} (X_{t_k} - X_{t_{k-1}})^2 \left[(X_{t_{k+1}} - X_{t_k})^2 + \ldots + (X_{t_r} - X_{t_{r-1}})^2\right] \\ &= \sum_1^r (X_{t_k} - X_{t_{k-1}})^4 + 2\sum_1^{r-1} (X_{t_k} - X_{t_{k-1}})^2 (Y_{t_r} - Y_{t_k}). \end{aligned}$$

Hieraus folgt

$$EY_{t_r}^2 \le E\big[\big(\max_{1\le k\le r} (X_{t_k} - X_{t_{k-1}})^2\big) Y_{t_r}\big] + 2E\sum_{k=1}^{r-1} E^{\mathscr{F}_{t_k}}\left[(X_{t_k} - X_{t_{k-1}})^2 (Y_{t_r} - Y_{t_k})\right].$$

Hierin ist (nach Lemma 4.14)

$$\begin{aligned} E^{\mathscr{F}_{t_k}}\left[(X_{t_k} - X_{t_{k-1}})^2 (Y_{t_r} - Y_{t_k})\right] &= (X_{t_k} - X_{t_{k-1}})^2 E^{\mathscr{F}_{t_k}}(Y_{t_r} - Y_{t_k}) \\ &= (X_{t_k} - X_{t_{k-1}})^2 (E^{\mathscr{F}_{t_k}} X_{t_r}^2 - X_{t_k}^2) = E^{\mathscr{F}_{t_k}}\left[(X_{t_k} - X_{t_{k-1}})^2 (X_{t_r}^2 - X_{t_k}^2)\right]. \end{aligned}$$

Insgesamt folgt

$$\begin{aligned} EY_{t_r}^2 &\le 4c^2 EY_{t_r} + 2E\sum_1^{r-1} (X_{t_k} - X_{t_{k-1}})^2 (X_{t_r}^2 - X_{t_k}^2) \\ &\le 4c^2 EY_{t_r} + 2E\big[\big(\max_{1\le k\le r} |X_{t_r}^2 - X_{t_k}^2|\big) Y_{t_r}\big] \\ &\le 8c^2 EY_{t_r} \le 8c^4. \end{aligned}$$

□

Im folgenden Lemma verstehen wir (wie üblich) unter *Verfeinerung* einer Zerlegung $\mathscr{Z}$ von $[0,t]$ eine Zerlegung $\mathscr{Z}'$ von $[0,t]$, welche alle Zerlegungspunkte von $\mathscr{Z}$ enthält.

Lemma 4.16. *Sei $X \in \mathscr{M}$ beschränkt; $\mathscr{Z}$ bezeichne jeweils eine Zerlegung eines festen Intervalls $[0,t]$. Dann konvergiert mit $|\mathscr{Z}| \to 0$*

$$\sup\{E[T_{\mathscr{Z}} X]_{\mathscr{Z}'} : \mathscr{Z}' \text{ Verfeinerung von } \mathscr{Z}\} \to 0.$$

Beweis: Wir fixieren zunächst ein $\mathscr{Z}$: $0 = t_0 < \ldots < t_r = t$ und $\mathscr{Z}'$: $0 = s_0 < \ldots < s_n = t$. Da $\mathscr{Z}'$ die Zerlegung $\mathscr{Z}$ verfeinert, gibt es zu jedem $k \in \{1,\ldots,n\}$ ein $\ell \in \{1,\ldots,r\}$ mit $t_{\ell-1} \le s_{k-1} < s_k \le t_\ell$. Es folgt für $Y := T_{\mathscr{Z}} X$

$$\begin{aligned} Y_{s_k} - Y_{s_{k-1}} &= (X_{s_k} - X_{t_{\ell-1}})^2 - (X_{s_{k-1}} - X_{t_{\ell-1}})^2 \\ &= (X_{s_k} - X_{s_{k-1}})(X_{s_k} + X_{s_{k-1}} - 2X_{t_{l-1}}), \end{aligned}$$

und hiermit die Abschätzung

$$[Y]_{\mathscr{Z}'} \leq \max_{1\leq k\leq n}(X_{s_k} + X_{s_{k-1}} - 2X_{t_{\ell-1}})^2[X]_{\mathscr{Z}'}.$$

Schreiben wir zur Abkürzung $\max_{1\leq k\leq n}(X_{s_k} + X_{s_{k-1}} - 2X_{t_{\ell-1}})^2 =: h(\mathscr{Z}, \mathscr{Z}')$, so konvergiert aufgrund der gleichmäßigen Stetigkeit der Pfade $X_\bullet(\omega)$ auf $[0,t]$ also $g(\mathscr{Z})(\omega) := \sup\{h(\mathscr{Z},\mathscr{Z}')(\omega) : \mathscr{Z}' \text{ Verfeinerung von } \mathscr{Z}\} \to 0$ mit $|\mathscr{Z}| \to 0$, offensichtlich majoriert durch $16c^2$ (für $c \geq |X|$). Damit gilt auch $E\big(g(\mathscr{Z})\big)^2 \to 0$ mit $|\mathscr{Z}| \to 0$. Da nach Lemma 4.15 außerdem $E[X]^2_{\mathscr{Z}'} \leq 8c^4$ ist, folgt mit der Hölderschen Ungleichung

$$E[T_{\mathscr{Z}}X]_{\mathscr{Z}'} \leq \sqrt{E\big(g(\mathscr{Z})\big)^2}\sqrt{E[X]^2_{\mathscr{Z}'}} \leq \sqrt{8c^4}\sqrt{E\big(g(\mathscr{Z})\big)^2}$$

für beliebige Verfeinerungen $\mathscr{Z}'$ von $\mathscr{Z}$, wobei also die rechte Seite unabhängig von $\mathscr{Z}'$ ist und mit $|\mathscr{Z}| \to 0$ gegen 0 strebt. □

Im nächsten Lemma fixieren wir eine beliebige Folge $(\mathscr{Z}_n)_{n\in\mathbb{N}}$ von Zerlegungen

$$\mathscr{Z}_n\colon 0 = t_0^n < \ldots < t_{r_n}^n \text{ mit } t_{r_n}^n \nearrow \infty \text{ und } |\mathscr{Z}_n| \to 0.$$

(Für die induzierten Zerlegungen $\mathscr{Z}_n(t)$ von $[0,t]$ strebt dann natürlich ebenfalls das Feinheitsmaß $\big|\mathscr{Z}_n(t)\big|$ nach 0).

Lemma 4.17. *Sei $X \in \mathscr{M}$ beschränkt. Dann ist die Folge der quadratischen Prä-Variationen $(T_{\mathscr{Z}_n}X)_{n\in\mathbb{N}}$ eine Cauchy-Folge im topologischen Vektorraum $\mathscr{C}^2_{\text{loc}}$.*

Beweis: Zunächst ist für eine beliebige Zerlegung $\mathscr{Z}\colon 0 = t_0 < \ldots < t_r$ der zugehörige Prozeß $T_{\mathscr{Z}}X \in \mathscr{C}^2_{\text{loc}}$, da offenbar $\sup_{s\leq t}[X]_{\mathscr{Z}(s)} \leq (r+1)X_t^*$ gilt. Die Folge $(Y^{(n)} := T_{\mathscr{Z}_n}X)_{n\in\mathbb{N}}$ in $\mathscr{C}^2_{\text{loc}}$ ist außerdem Cauchy-Folge. Hierzu fixieren wir ein $t > 0$ und vorerst auch $n, m \in \mathbb{N}$. Nach Lemma 4.14 ist $Y^{(n)} - Y^{(m)}$ ein Martingal (in $\mathscr{C}^2_{\text{loc}}$, also L^2-wertig). Nochmalige Anwendung von Lemma 4.14 zeigt, daß auch $(Y^{(n)} - Y^{(m)})^2 - T_{\mathscr{Z}}(Y^{(n)} - Y^{(m)})$ ein Martingal ist für jede Zerlegung $\mathscr{Z}$. Da es für $s = 0$ verschwindet, besitzt es den Erwartungswert 0. Damit haben wir die Abschätzung

$$\begin{aligned}\|Y^{(n)} - Y^{(m)}\|^2_{2,t} &\leq 4E(Y_t^{(n)} - Y_t^{(m)})^2 = 4E[Y^{(n)} - Y^{(m)}]_{\mathscr{Z}} \\ &\leq 8E\big([Y^{(n)}]_{\mathscr{Z}} + [Y^{(m)}]_{\mathscr{Z}}\big)\end{aligned}$$

für eine beliebige Zerlegung $\mathscr{Z}$ von $[0,t]$. Dabei ist die erste Ungleichung wieder die Maximal-Ungleichung (4.1), und die letzte trivial (wegen $(a-b)^2 \leq 2(a^2+b^2)$ für reelle Zahlen a, b). Mit $\mathscr{Z}_{n,m}$ einer gemeinsamen Verfeinerung von $\mathscr{Z}_n(t)$ und $\mathscr{Z}_m(t)$ konvergiert aber nach Lemma 4.16 $E[Y^{(n)}]_{\mathscr{Z}_{n,m}}$ gegen 0 für $n \to \infty$, gleichmäßig in $m \in \mathbb{N}$; ebenso $E[Y^{(m)}]_{\mathscr{Z}_{n,m}} \to 0$ für $m \to \infty$ gleichmäßig in $n \in \mathbb{N}$. Es folgt $\|Y^{(n)} - Y^{(m)}\|_{2,t} \to 0$ mit $n, m \to \infty$. Da $t > 0$ beliebig war, ist dies die Behauptung. □

Aufgrund der in Satz 4.12 bewiesenen Vollständigkeit des Raumes $\mathscr{C}^2_{\text{loc}}$ von Prozessen ist damit zunächst für beschränkte $X \in \mathscr{M}$ der Grenzwert

$$[X] := \lim_{n\to\infty} T_{\mathscr{Z}_n} X$$

in $\mathscr{C}^2_{\text{loc}}$ wohldefiniert.

Lemma 4.18. *Für $X \in \mathscr{M}$ beschränkt ist $X^2 - [X]$ ein Martingal. $[X]$ ist ein stetiger wachsender Prozeß und unabhängig von der approximierenden Zerlegungsfolge $(\mathscr{Z}_n)$.*

Beweis: Da nach Lemma 4.14 die $X^2 - T_{\mathscr{Z}_n} X$ Martingale sind und, für jedes $t \in \mathbb{R}_+$, $X_t^2 - (T_{\mathscr{Z}_n} X)_t \to X_t^2 - [X]_t$ in $\| \ \|_2$ konvergiert (sogar lokal gleichmäßig in t), ist nach Satz 3.25 auch $X^2 - [X]$ ein Martingal. Zum Nachweis der pfadweisen Monotonie von $[X]$ fixieren wir $0 < s < t$. Ist $\mathscr{Z}$: $0 = t_0 < \ldots < t_r = t$ beliebig, und dazu $m = m(\mathscr{Z}) := \max\{k \in \{0, \ldots, r\} : t_k < s\}$, so wird

$$[X]_{\mathscr{Z}} - [X]_{\mathscr{Z}(s)} = (X_{t_r} - X_{t_{r-1}})^2 + \ldots + (X_{t_{m+1}} - X_{t_m})^2 - (X_s - X_{t_m})^2 .$$

Für $\mathscr{Z} := \mathscr{Z}_n(t)$ wird $\mathscr{Z}(s) = \mathscr{Z}_n(s)$, und wegen $|\mathscr{Z}_n(t)| \to 0$ konvergiert $m(\mathscr{Z}_n(t)) \to s$, so daß der letzte Term wegen Stetigkeit von X punktweise gegen 0 strebt. Wir haben also

$$[X]_{\mathscr{Z}_n(t)} - [X]_{\mathscr{Z}_n(s)} = U_n - V_n \quad \text{mit } U_n, V_n \geq 0 \text{ und } V_n \to 0 .$$

Da die linke Seite stochastisch gegen $[X]_t - [X]_s$ strebt, ist dies ≥ 0 außerhalb einer Nullmenge $N_{s,t}$. Für $\omega \notin \bigcup_{s,t \in \mathbb{Q}:\, s<t} N_{s,t}$ ist dann $[X]_\bullet(\omega)$ wachsend zunächst auf $\mathbb{Q}_+$, damit wegen Stetigkeit auf ganz $\mathbb{R}_+$. Also ist $[X]$ ein wachsender Prozeß in $\mathscr{A}_0$. Alles dies gilt ebenso für $[X]' := \lim_{n\to\infty} T_{\mathscr{Z}'_n} X$ mit einer anderen Zerlegungsfolge $(\mathscr{Z}'_n)$ der gleichen Art. Damit ist

$$[X] - [X]' = X^2 - [X]' - \big(X^2 - [X]\big) \in \mathscr{A}_0 \cap \mathscr{M}$$

und daher gleich 0 nach Satz 4.8, also $[X] = [X]'$, unabhängig von der approximierenden Zerlegungsfolge. □

Im folgenden Satz wird die quadratische Variation $[X]$ eines beliebigen $X \in \mathscr{M}$ etabliert. Sie ist der fundamentale "Begleitprozeß", der das Fluktuationsverhalten von X kontrolliert.

Satz 4.19. *Sei $X \in \mathscr{M}$. Dann existiert ein eindeutig bestimmter wachsender Prozeß $[X] \in \mathscr{A}_0$ mit $X^2 - [X] \in \mathscr{M}$. Bezeichnet $(\mathscr{Z}_n)$ eine beliebige Folge von Zerlegungen*

$$\mathscr{Z}_n\colon 0 = t_0^n < t_1^n < \ldots < t_{r_n}^n \ \textit{mit}\ t_{r_n}^n \nearrow \infty \ \textit{und}\ |\mathscr{Z}_n| \to 0 ,$$

so konvergiert die Folge $(T_{\mathscr{Z}_n} X)_{n\in\mathbb{N}}$ (der zugehörigen quadratischen Prä-Variationen) lokal gleichmäßig stochastisch gegen $[X]$.

Beweis: Aus Satz 4.8 folgt zunächst die Eindeutigkeit eines Prozesses $[X] \in \mathscr{A}_0$ mit $X^2 - [X] \in \mathscr{M}$. Ist $X \in \mathscr{M}$ zusätzlich beschränkt, so leistet der vor Lemma 4.18 definierte Prozeß $[X]$ das Verlangte, sogar mit Konvergenz in $\mathscr{C}^2_{\text{loc}}$, d.h. lokal gleichmäßig im quadratischen Mittel. Für eine beliebige Stopzeit τ ist dann natürlich auch X^τ ein beschränktes Martingal, und $[X^\tau] = [X]^\tau$ wegen Eindeutigkeit, da $(X^\tau)^2 - [X]^\tau = \left(X^2 - [X]\right)^\tau$ ebenfalls ein Martingal ist. Ebenso folgt (da $1_{\{\tau>0\}}$ $\mathscr{F}_0$-meßbar ist) auch noch

$$
(4.3) \qquad [X^\tau 1_{\{\tau>0\}}] = [X]^\tau 1_{\{\tau>0\}} .
$$

Sei nun $X \in \mathscr{M}$ beliebig. Wir wählen eine reduzierende Folge $\tau_\ell \nearrow \infty$ von Stopzeiten gemäß Satz 4.5 und wenden das Bisherige auf die beschränkten Martingale $X^{(\ell)} := X^{\tau_\ell} 1_{\{\tau_\ell>0\}}$ an. Aus Gleichung (4.3) folgt dann (natürlich außerhalb einer Nullmenge N_ℓ)

$$
[X^{(\ell+1)}]^{\tau_\ell} 1_{\{\tau_\ell>0\}} = [X^{(\ell)}]; \qquad \ell \in \mathbb{N}.
$$

Deshalb ist $[X]_t := \lim_{\ell\to\infty}[X^{(\ell)}]_t$ wohldefiniert (nämlich $= [X^{(\ell)}]_t$ auf $\{t < \tau_\ell\}$ außerhalb der Nullmenge $\cup_\ell N_\ell$), und zunächst einmal ein wachsender Prozeß in $\mathscr{A}_0$. Aus der Definition folgt unmittelbar $[X]^{\tau_\ell} 1_{\{\tau_\ell>0\}} = [X^{(\ell)}]$ und daher

$$
\left(X^2 - [X]\right)^{\tau_\ell} 1_{\{\tau_\ell>0\}} = (X^{(\ell)})^2 - [X^{(\ell)}];
$$

dies ist jeweils ein Martingal, also $X^2 - [X] \in \mathscr{M}$. Wiederum ist $[X]$ durch diese Eigenschaft eindeutig bestimmt.
Schließlich konvergiert (wie schon zu Anfang des Beweises bemerkt) $T_{\mathscr{Z}_n} X^{(\ell)} \to [X^{(\ell)}]$ mit $n \to \infty$ lokal gleichmäßig stochastisch für jedes ℓ. Nach Definition der quadratischen Prä-Variation ist offenbar $T_{\mathscr{Z}_n} X^{(\ell)} = 1_{\{\tau_\ell>0\}} (T_{\mathscr{Z}_n} X)^{\tau_\ell}$. Daraus folgt

$$
\begin{aligned}
\left\{\left(T_{\mathscr{Z}_n} X - [X]\right)^*_t > \delta\right\} &\subset \left\{\left(\left(T_{\mathscr{Z}_n} X - [X]\right)^{\tau_\ell}\right)^*_t 1_{\{\tau_\ell>0\}} > \delta\right\} \cup \{t > \tau_\ell\} \\
&= \left\{\left(T_{\mathscr{Z}_n} X^{(\ell)} - [X^{(\ell)}]\right)^*_t > \delta\right\} \cup \{t > \tau_\ell\}
\end{aligned}
$$

bei beliebigem $\delta > 0$, also

$$
P\left\{\left(T_{\mathscr{Z}_n} X - [X]\right)^*_t > \delta\right\} \le P\left\{\left(T_{\mathscr{Z}_n} X^{(\ell)} - [X^{(\ell)}]\right)^*_t > \delta\right\} + P\{t > \tau_\ell\} + P\{\tau_\ell = 0\}.
$$

Hierin konvergiert also der ersten Summand rechts für jedes $\ell \in \mathbb{N}$ mit $n \to \infty$ gegen 0, während die beiden anderen wegen $\tau_\ell \nearrow \infty$ mit $\ell \to \infty$ nach 0 konvergieren. Beides zusammen ergibt die Konvergenz nach 0 der linken Seite, wie behauptet. □

Definition 4.20. (Quadratische Variation) Der nach Satz 4.19 für $X \in \mathscr{M}$ eindeutig existierende wachsende Prozeß $[X] \in \mathscr{A}_0$ mit der Eigenschaft $X^2 - [X] \in \mathscr{M}$ heißt die *quadratische Variation* von X.

Diese Bezeichnung ist insofern konsistent mit der am Ende von Abschnitt 4.1 (im nicht stochastischen Fall) vorweggenommenen Sprechweise, als, für jede Zerlegungsfolge $(\mathscr{Z}_n)$ wie in Satz 4.19, die Folge der Zerlegungssummen $\sum_{\mathscr{Z}_n(t)} dX dX =$

$[X]_{\mathscr{Z}_n(t)} = (T_{\mathscr{Z}_n} X)_t$ zwar nicht unbedingt punktweise auf Ω, aber doch (in $t \in \mathbb{R}_+$) lokal gleichmäßig stochastisch (und damit eine Teilfolge nach Bemerkung 4.11 auch lokal gleichmäßig punktweise außerhalb einer Nullmenge) gegen $[X]_t$ konvergiert. Schließlich rundet der folgende Satz die Charakterisierung von L^2-Martingalen in $\mathscr{M}$ (Satz 4.13) ab:

Satz 4.21. *Für $X \in \mathscr{M}$ mit $X_0 \in L^2(P)$ ist genau dann X ein L^2-Martingal, wenn $E[X]_t < \infty$ für alle $t \in \mathbb{R}_+$ ist. In diesem Falle ist $X^2 - [X]$ ebenfalls ein Martingal, und wir haben folgende Übereinstimmung "quadratischer Zuwächse":*

$$E^{\mathscr{F}_s}(X_t - X_s)^2 = E^{\mathscr{F}_s} X_t^2 - X_s^2 = E^{\mathscr{F}_s}[X]_t - [X]_s\,; \quad s \le t\,.$$

Beweis: Da $X_0 \in L^2$ vorausgesetzt wurde, ist X ein L^2-Martingal genau dann, wenn $X - X_0$ ein L^2-Martingal ist, und dann $X^2 - [X]$ offenbar ein Martingal genau dann, wenn $(X - X_0)^2 - [X] = (X - X_0)^2 - [X - X_0]$ ein Martingal ist; denn beide Ausdrücke unterscheiden sich um das Martingal $X_0^2 - 2XX_0$. Daher sei o.E. $X_0 = 0$ angenommen. Dann ist für eine fixierte reduzierende Folge $\tau_n \nearrow \infty$ also X^{τ_n} jeweils ein beschränktes Martingal. Nach Lemma 4.18 ist außerdem jeweils auch

$$(X^{\tau_n})^2 - [X^{\tau_n}] = (X^{\tau_n})^2 - [X]^{\tau_n}\,; \quad n \in \mathbb{N}$$

(beachte $T_{\mathscr{Z}}(X^\tau) = (T_{\mathscr{Z}} X)^\tau$ für jede Zerlegung $\mathscr{Z}$, also auch $[X^\tau] = [X]^\tau$ für $X \in \mathscr{M}$, τ Stopzeit; diese Stopregel wird im Korollar zu Satz 4.22 noch etwas verallgemeinert) ein Martingal, das für $t = 0$ verschwindet, also insbesondere verschwindenden Erwartungswert hat. Daher gilt

$$E(X_{\tau_n \wedge t})^2 = E[X]_{\tau_n \wedge t}\,; \quad n \in \mathbb{N},\ t \in \mathbb{R}_+\,.$$

Mit $n \to \infty$ strebt hierin die rechte Seite nach Beppo Levi gegen $E[X]_t$, also

$$\sup_n E(X_{\tau_n \wedge t})^2 = E[X]_t\,.$$

Ist nun X ein L^2-Martingal, so nach Satz 4.13 jeweils $X_t^* \in L^2$ und damit $E(X_{\tau_n \wedge t})^2 \le E(X_t^*)^2 < \infty$, also auch $E[X]_t < \infty$.
Umgekehrt ist bei festem t auch $(X_{\tau_n \wedge t})_{n \in \mathbb{N}}$ ein Martingal bezüglich $(\mathscr{F}_{\tau_n \wedge t})_{n \in \mathbb{N}}$, da für $k \le \ell \le n$ gilt

$$X_{\tau_k \wedge t} = X^{\tau_n}_{\tau_k \wedge t} = E^{\mathscr{F}_{\tau_k \wedge t}} X^{\tau_n}_{\tau_\ell \wedge t} = E^{\mathscr{F}_{\tau_k \wedge t}} X_{\tau_\ell \wedge t}\,;$$

hier wurde in der mittleren Gleichheit das Optional Sampling Theorem benutzt. Gilt nun $E[X]_t < \infty$, so ist nach der Doobschen Maximal-Ungleichung (Satz 3.28)

$$\big\|\sup_n |X_{\tau_n \wedge t}|\big\|_2 \le 2 \sup_n \|X_{\tau_n \wedge t}\|_2 = 2\sqrt{E[X]_t} < \infty\,.$$

Wegen $\tau_n \nearrow \infty$ gilt nun trivialerweise $X_{\tau_n \wedge t} \to X_t$ punktweise für jedes t und diese Konvergenz ist majoriert durch die L^2-Funktion $\sup_n |X_{\tau_n \wedge t}|$. Damit ist $X_t \in L^2$ und $X_{\tau_n \wedge t} \to X_t$ gilt in $\|\ \|_2$. Da alle X^{τ_n} Martingale sind, ist schließlich auch X ein Martingal.
Die erste Aussage über die quadratischen Zuwächse ist Gleichung (4.2), die zweite drückt gerade die Martingal-Eigenschaft von $X^2 - [X]$ aus. □

4.4 Der Klammerprozeß (Quadratische Kovariation)

Bevor mit Hilfe des quadratischen Variationsprozesses das allgemeine stochastische Integral aufgebaut wird, soll in diesem Abschnitt die quadratische Variation selbst noch etwas eingehender untersucht werden. Aufgrund ihrer Konstruktion hängt $[X]$ "quadratisch" von X ab. Es liegt deshalb nahe, etwas allgemeiner ihre bilineare Erweiterung durch Polarisation zu betrachten. Wir beginnen hiermit schon bei den Zerlegungssummen selbst. Wie bisher ist ein standard filtrierter Wahrscheinlichkeitsraum $(\Omega; \mathscr{F}; P; (\mathscr{F}_t)_{t\in\mathbb{R}_+})$ zugrundegelegt.

Bezeichnung. In Verallgemeinerung der Bezeichnungen des vorangehenden Abschnitts setzen wir für eine beliebige Zerlegung $\mathscr{Z}$: $0 = t_0 < \ldots < t_r$ und beliebige $X, Y \in \mathscr{C}$

$$[X,Y]_{\mathscr{Z}}\colon \Omega \to \mathbb{R}, \quad [X,Y]_{\mathscr{Z}} := \sum_{\mathscr{Z}} dX\,dY := \sum_{1}^{r} (X_{t_k} - X_{t_{k-1}})(Y_{t_k} - Y_{t_{k-1}})$$

und definieren hiermit den Prozeß

$$T_{\mathscr{Z}}(X,Y)\colon T_{\mathscr{Z}}(X,Y)_t = [X,Y]_{\mathscr{Z}(t)} \quad (:= 0 \text{ für } t = 0),$$

wobei wieder für beliebiges $t > 0$ die Zerlegung $\mathscr{Z}(t)$ von $[0,t]$ aus $\mathscr{Z}$ durch

$$\mathscr{Z}(t)\colon 0 = t_0 < \ldots < t_n < t$$

induziert ist, für n den größten Index $k \in \{0, \ldots, r\}$ mit $t_k < t$. Für $X = Y$ ist also $T_{\mathscr{Z}}(X,X) = T_{\mathscr{Z}}(X)$, und allgemein nach der *Polarisationsgleichung*

$$T_{\mathscr{Z}}(X,Y) = \tfrac{1}{2}\big(T_{\mathscr{Z}}(X+Y) - T_{\mathscr{Z}}(X) - T_{\mathscr{Z}}(Y)\big). \tag{4.4}$$

Satz 4.22. *Sei $(\mathscr{Z}_n)$ eine Folge von Zerlegungen*

$$\mathscr{Z}_n\colon t_0^n < t_1^n < \ldots < t_{r_n}^n \text{ mit } t_{r_n}^n \nearrow \infty \text{ und } |\mathscr{Z}_n| \to 0.$$

Dann konvergiert für beliebige $X, Y \in \mathscr{S}$ die Folge $T_{\mathscr{Z}_n}(X,Y)$ lokal gleichmäßig stochastisch gegen einen Prozeß $[X,Y] \in \mathscr{A}_0$. Ist X oder Y in $\mathscr{A}$, so gilt $[X,Y] = 0$. Sind X und Y beide in $\mathscr{M}$, so gilt

$$[X,Y] = \tfrac{1}{2}\big([X+Y] - [X] - [Y]\big),$$

und $[X,Y]$ ist der einzige Prozeß in $\mathscr{A}_0$, für welchen $XY - [X,Y] \in \mathscr{M}$ ist; insbesondere gilt $[X,X] = [X]$ für $X \in \mathscr{M}$.

Beweis: Alle Aussagen für $X, Y \in \mathscr{M}$ folgen (wegen Gleichung (4.4)) aus Satz 4.19, die Eindeutigkeit wieder aus $\mathscr{M} \cap \mathscr{A}_0 = \{0\}$ (Satz 4.8). Ist $X \in \mathscr{A}$, so haben wir bei beliebiger Zerlegung $\mathscr{Z}$: $0 = t_0 < \ldots < t_r = t$

$$\big|[X,Y]_{\mathscr{Z}}\big| \leq (V_X)_t \cdot \max\big\{|Y_{t_k} - Y_{t_{k-1}}| : 1 \leq k \leq r\big\},$$

worin der zweite Faktor wegen gleichmäßiger Stetigkeit der Pfade von Y auf $[0,t]$ punktweise gegen 0 strebt mit $|\mathscr{Z}| \to 0$. Da der Variationsprozeß V_X wachsend ist, folgt $T_{\mathscr{Z}_n}(X,Y) \to 0$ sogar lokal gleichmäßig f.ü. □

Bemerkung 4.23. Ist bei festem $t > 0$ $(\mathscr{Z}'_n)$ eine beliebige Zerlegungsfolge des Intervalls $[0,t]$ mit $|\mathscr{Z}'_n| \to 0$, so folgt natürlich ebenfalls die stochastische Konvergenz $[X,Y]_{\mathscr{Z}'_n(s)} \to [X,Y]_s$ gleichmäßig in $0 \le s \le t$. (Man braucht nur $\mathscr{Z}'_n$ jeweils durch Hinzunahme der Punkte $t + k/n$, $1 \le k \le n^2$, zu einer Zerlegung $\mathscr{Z}_n$ zu erweitern; hierfür ist offensichtlich $\mathscr{Z}_n(s) = \mathscr{Z}'_n(s)$ für $0 \le s \le t$, und $(\mathscr{Z}_n)$ erfüllt natürlich die Voraussetzungen von Satz 4.22.)

Definition 4.24. (Klammerprozeß) Der nach Satz 4.22 für $X,Y \in \mathscr{S}$ wohldefinierte Prozeß $[X,Y] \in \mathscr{A}_0$ heißt *Klammerprozeß zu X,Y* oder auch *quadratische Kovariation von X und Y*.

Die folgenden Rechenregeln für die Kovariation sind für die approximierenden Prozesse $T_{\mathscr{Z}_n}(X,Y)$ trivial und übertragen sich offensichtlich beim Grenzübergang $n \to \infty$. Man beachte, daß dieser nach Bemerkung 4.11 für eine Teilfolge sogar (lokal gleichmäßig bezüglich $t \in \mathbb{R}_+$) punktweise außerhalb einer Nullmenge stattfindet.

Korollar. *Der Klammerprozeß $[X,Y]$ hängt symmetrisch, bilinear und positiv semidefinit von $X,Y \in \mathscr{S}$ ab. Für eine beliebige Stopzeit τ gilt die Stopformel*

$$[X,Y]^\tau = [X^\tau,Y] = [X,Y^\tau] = [X^\tau,Y^\tau]; \quad X,Y \in \mathscr{S}. \tag{4.5}$$

Der nächste Satz gibt ein grundlegend wichtiges Beispiel für den quadratischen Variationsprozeß:

Satz 4.25. *Sei $X \in \mathscr{C}$ ein L^2-wertiger Prozeß mit $(\mathscr{F}_t)$-unabhängigen Zuwächsen (also $X_t - X_s$ unabhängig zu $\mathscr{F}_s$ für $s \le t$). Dann ist der zentrierte Prozeß Y: $Y_t = X_t - EX_t$ ein stetiges Martingal mit quadratischer Variation*

$$[Y]_t = \text{Varianz von } (X_t - X_0) \equiv E(Y_t - Y_0)^2$$

(sogar unabhängig von $\omega \in \Omega$).

Beweis: Zunächst ist Y ein L^2-Martingal, da für $s \le t$ gilt

$$E^{\mathscr{F}_s}Y_t = Y_s + E^{\mathscr{F}_s}(Y_t - Y_s) = Y_s + E(Y_t - Y_s) = Y_s$$

(beachte, daß $Y_t - Y_s$ unabhängig von $\mathscr{F}_s$ ist).

Weiter ist $\{EX_s : 0 \le s \le t\}$ für festes t beschränkt: Sonst gäbe es o.E. eine Folge $s_n \to s-$ (bzw. $s_n \to s+$) für ein $s \le t$ so, daß $\{EX_{s_n} : n \in \mathbb{N}\}$ unbeschränkt wäre, obwohl nach dem Martingalsatz 3.33 (wo offenbar $\mathbb{Q}_+$ durch jede andere abzählbare dichte Teilmenge von $\mathbb{R}_+$, also etwa durch $\mathbb{Q}_+ \cup \{s_n : n \in \mathbb{N}\}$, ersetzt werden kann) $\big(Y_{s_n}(\omega) = X_{s_n}(\omega) - EX_{s_n}\big)_{n\in\mathbb{N}}$ für fast alle ω in $\mathbb{R}$ konvergiert, und $X_{s_n}(\omega) \to X_s(\omega)$ nach Voraussetzung gilt.

Da Y^2 ein Submartingal ist, ist $s \mapsto EY_s^2$ wachsend und damit $\{Y_s : s \leq t\}$ $\| \ \|_2$-beschränkt, insbesondere gleichgradig integrierbar (Satz 1.7). Damit ist auch $\{X_s = Y_s + EX_s : s \leq t\}$ gleichgradig integrierbar. Da X pfadweise stetig ist, folgt aus dem Vitalischen Konvergenzsatz (Satz 1.8) nunmehr die Stetigkeit von $s \mapsto EX_s$ und damit von Y.

Weiter ergibt jetzt das Optional Sampling Theorem auch die gleichgradige Integrierbarkeit von $\{Y_s^2 : 0 \leq s \leq t\}$ und also wiederum nach Vitali, die Stetigkeit der Funktion f: $s \mapsto E(Y_s - Y_0)^2$. Da auch $Y_s - Y_0$ ein L^2-Martingal und also $(Y_s - Y_0)^2$ ein Submartingal ist, folgt ferner die Monotonie von f; $f(0) = 0$ gilt ohnehin. Damit bleibt nur noch zu zeigen, daß $Y^2 - f$ ein Martingal ist: dann ist $f = [Y]$ aufgrund der Eindeutigkeitsaussage in Satz 4.19. Aber für $s \leq t$ gilt

$$E^{\mathscr{F}_s} Y_t^2 - Y_s^2 = E^{\mathscr{F}_s}(Y_t - Y_s)^2 = E(Y_t - Y_s)^2 = f(t) - f(s),$$

wobei die erste und dritte Gleichheit allgemein für L^2-Martingale gilt (siehe Gleichung (4.2)) und die zweite Gleichheit aus der Unabhängigkeit des Zuwachses $Y_t - Y_s$ von $\mathscr{F}_s$ folgt. □

Beispiel 4.26. Für die Komponenten einer d-dimensionalen $(\mathscr{F}_t)$-BM

$$X = (X^1, \ldots, X^d)$$

(also: X d-dimensionale Brownsche Bewegung und Prozeß mit $(\mathscr{F}_t)$-unabhängigen Zuwächsen) hat man $[X^k, X^\ell]_t = \delta_{k\ell}\, t$; $t \in \mathbb{R}_+$.

Denn: Jede Komponente ist eine eindimensionale $(\mathscr{F}_t)$-BM, hat also nach Satz 4.25 die quadratische Variation $[X^k]_t = E(X_t^k)^2 = t$.
Um für $k \neq \ell$ noch $[X^k, X^\ell] = 0$ zu zeigen, genügt der Nachweis, daß das Produkt $X^k X^\ell$ ein Martingal ist: Da $X^k X^\ell - [X^k, X^\ell]$ ebenfalls ein lokales Martingal ist, folgt dann $[X^k, X^\ell] \in \mathscr{M}_0 \cap \mathscr{A} = \{0\}$. Wir fixieren $s \leq t$ und setzen zur Abkürzung $U := X^k$, $V := X^\ell$. Dann sind also $\big(\mathscr{F}_s, \sigma(U_t - U_s), \sigma(V_t - V_s)\big)$ unabhängig und daher

$$E^{\mathscr{F}_s}\big[(U_t - U_s)(V_t - V_s)\big] = E(U_t - U_s)\, E(V_t - V_s) = 0.$$

Es folgt

$$\begin{aligned} E^{\mathscr{F}_s}(U_t V_t) &= E^{\mathscr{F}_s}\big[U_s V_s + U_s(V_t - V_s) + V_s(U_t - U_s) + (U_t - U_s)(V_t - V_s)\big] \\ &= U_s V_s + U_s E^{\mathscr{F}_s}(V_t - V_s) + V_s E^{\mathscr{F}_s}(U_t - U_s) = U_s V_s. \end{aligned}$$ □

Wie die Abschätzung

$$[X]_{\mathscr{Z}} \leq (V_X)_t \cdot \max\big\{|X_{t_k} - X_{t_{k-1}}| : 1 \leq k \leq r\big\}$$

für beliebige Zerlegungen $\mathscr{Z}$: $0 = t_0 < \ldots < t_r = t$ von $[0,t]$ zeigt, gilt für $X \in \mathscr{S}$ stets $[X]_t = 0$ f.ü. auf $\big\{(V_X)_t < \infty\big\}$. Für die eindimensionale BM impliziert dies wegen $[X]_t = t$ also $(V_X)_t = \infty$, $t > 0$. Nach dem folgenden Satz ist andererseits bei $X \in \mathscr{M}$ für fast alle $\omega \in \big\{[X]_t = 0\big\}$ der Pfad $X_\bullet(\omega)$ konstant von 0 bis t und daher $(V_X)_t(\omega) = 0$. Insgesamt ist also $N_t := \{0 < (V_X)_t < \infty\}$ für $X \in \mathscr{M}$ und jedes $t \geq 0$ eine Nullmenge, damit auch $N := \bigcup_{t \in \mathbb{Q}_+} N_t$. Mit

$$\tau := \inf\{t \in \mathbb{R}_+ : (V_X)_t = \infty\}$$

ist dann für $\omega \notin N$ der Pfad $X_\bullet(\omega)$ konstant auf $[0, \tau(\omega)] \cap \mathbb{R}_+$, aber $(V_X)_t(\omega) = \infty$ für $t > \tau(\omega)$, falls $\tau(\omega) < \infty$. Der Variationsprozeß V_X eines $X \in \mathscr{M}$ ist also ein zu grobes Instrument zur Kontrolle der Pfade von X; dagegen leistet die quadratische Variation $[X]$ das Gewünschte, wie schon aus den beiden nächsten Sätzen (und später in der stochastischen Integrationstheorie) ersichtlich ist.

Satz 4.27. *Zu $X \in \mathscr{M}$ gibt es stets eine Nullmenge N so, daß für $\omega \notin N$ und beliebige reelle $r < s$ gilt*

$$[X]_r(\omega) = [X]_s(\omega) \;\Leftrightarrow\; X_r(\omega) = X_t(\omega) \quad \textit{für } r \leq t \leq s.$$

Beweis: Es genügt, für jedes $r < s$ zu zeigen, daß sich die Mengen $\{[X]_r = [X]_s\}$ und $\{X_r = X_t \text{ für } r \leq t \leq s\}$ höchstens um eine Nullmenge $N_{r,s}$ unterscheiden. Ist N die Vereinigung aller $N_{r,s}$ für rationale $r < s$, so folgt hierfür leicht die Behauptung des Satzes aus der Stetigkeit der Prozesse X bzw. $[X]$. Es genügt weiter, den Fall $r = 0$ mit $X_0 = 0$ zu betrachten, auf den sich der allgemeine Fall nach Übergang von $(\mathscr{F}_t)$ nach $(\mathscr{F}_{t+r})$, von X nach $Y := (X_{t+r} - X_r)_{t \in \mathbb{R}_+}$ und damit offenbar $[Y]_t = [X]_{t+r} - [X]_r$ reduziert.

Daß $[X]_s = 0$ f.ü. auf $\{X_t = X_0 \text{ für } 0 \leq t \leq s\}$, ist evident aus der Approximation von $[X]_s$ durch Zerlegungssummen. Umgekehrt setze $\tau := \inf\{t \in \mathbb{R}_+ : [X]_t > 0\}$. Für $0 \leq t < \tau$ ist dann $[X]_t = 0$; da $[X]$ stetig und $[X]_0 = 0$ ist, folgt somit $[X]^\tau = 0$, also $[X^\tau] = 0$. Dies impliziert $X^\tau = 0$, nämlich nach Satz 4.21 (wegen $X_0 = 0$) $E(X_t^\tau)^2 = E[X^\tau]_t = 0$ für alle $t \in \mathbb{R}_+$. Da auf $\{[X]_s = 0\}$ aber $\tau \geq s$ ist, ergibt sich schließlich $X_t = 0$ für $t \leq s$ (f.ü.) auf $\{[X]_s = 0\}$. □

Der folgende Satz gibt eine Art asymptotisches Analogon des vorangehenden. Wir werden in Abschnitt 5.4 (durch Reduktion auf die Asymptotik der Brownschen Bewegung mittels eines "Zeitwechsels") auch die Umkehrung der Aussage beweisen.

Satz 4.28. *Für $X \in \mathscr{M}$ setzen wir $[X]_\infty := \sup\{[X]_t : t \in \mathbb{R}_+\} \colon \Omega \to \overline{\mathbb{R}}_+$. Es existiert dann $\lim_{t\to\infty} X_t(\omega)$ (in $\mathbb{R}$) für fast alle $\omega \in \{[X]_\infty < \infty\}$.*

Beweis: Für die Stopzeiten $\tau_n := \inf\{t \in \mathbb{R}_+ : [X]_t > n\}$ gilt $[X]^{\tau_n} \leq n$, sowie $\tau_n \nearrow \infty$ (wie üblich). Setzen wir (nach eventuellem Übergang zu $X - X_0$, was die Aussage nicht ändert) o.E. $X_0 = 0$ voraus, so ist nach Satz 4.21 also X^{τ_n} jeweils ein Martingal mit $E(X^{\tau_n})^2 = E[X]^{\tau_n} \leq n$. Nach dem Martingalsatz existiert also $\lim_{t\to\infty} X_{\tau_n \wedge t}$ jeweils außerhalb einer Nullmenge N_n. Andererseits ist $\tau_n = \infty$ auf $\{[X]_\infty \leq n\}$. Damit existiert $\lim_{t\to\infty} X_t(\omega)$ für $\omega \in \{[X]_\infty < \infty\} \setminus \bigcup_1^\infty N_n$, da $\{[X]_\infty < \infty\} = \bigcup_1^\infty \{[X]_\infty \leq n\}$ ist. □

4.5 Stochastische Integrale nach lokalen Martingalen

Ziel dieses Abschnitts ist die Etablierung eines stochastischen Integrals $\int_0^t F\,dX$ für $X \in \mathscr{M}$ und eine hinreichend große (also etwa, im Hinblick auf 4.2, mindestens alle $F \in \mathscr{B}$ zulassende) Klasse von Integranden. Wir gehen dabei zunächst auf einem etwas allgemeineren funktionalanalytischen Weg und konkretisieren den hierbei gewonnenen abstrakten Integralbegriff im nächsten Abschnitt in einem zur Definition der Kovariation (Definition 4.24) analogen Approximationssatz durch Zerlegungssummen $\sum_{\mathscr{Z}} F\,dX$ im Sinne lokal gleichmäßiger stochastischer Konvergenz.

Auch diesem Abschnitt liegt wieder ein standard filtrierter Wahrscheinlichkeitsraum $\big(\Omega; \mathscr{F}; P; (\mathscr{F}_t)_{t\in\mathbb{R}_+}\big)$ zugrunde; $\mathscr{F}_\infty := \sigma(\mathscr{F}_t : t \in \mathbb{R}_+)$. Jedes $X \in \mathscr{M}$ definiert ein eindeutig bestimmtes Maß (auch *Doléansmaß* zu X genannt)

$$\mu_X\colon \mathscr{B}(\mathbb{R}_+) \otimes \mathscr{F}_\infty \to \overline{\mathbb{R}}_+, \quad \mu_X\big([0,t] \times A\big) = E\big(1_A[X]_t\big).$$

Hierzu gehen wir aus von den für jeden Pfad $[X]_\bullet(\omega)$ als Verteilungsfunktion definierten Borelmaßen

$$m_X(\cdot\,,\omega)\colon m_X\big([0,t],\omega\big) = [X]_t(\omega); \quad t \in \mathbb{R}_+.$$

Da $[X]_t$ jeweils meßbar ist, folgt durch ein einfaches Monotone-Klasse-Argument die $\mathscr{F}_\infty$-Meßbarkeit von $m_X(B,\cdot\,)$ für alle $B \in \mathscr{B}(\mathbb{R}_+)$. Damit ist μ_X in expliziter Weise gegeben durch

$$\text{(4.6)} \qquad \mu_X(M) = \int P(d\omega) \int m_X(dt,\omega)\, 1_M(t,\omega); \quad M \in \mathscr{B}(\mathbb{R}_+) \otimes \mathscr{F}_\infty.$$

Für die eindimensionale BM X ist $[X]_t = t$ und also das Doléansmaß $\mu_X = dt \otimes P$. Ist $F \in L^1(\mu_X)$, so verallgemeinert sich natürlich (4.6) zu

$$\text{(4.7)} \qquad \int F\,d\mu_X = \int P(d\omega) \int m_X(dt,\omega)\, F(t,\omega).$$

Ist dabei $F \in \mathscr{B}$ (also l.c., adaptiert, pfadweise lokal beschränkt), so wissen wir nach Satz 4.2, daß $\int_0^t F(s,\omega)\, m_X(ds,\omega) = \big(\int_0^t F\,d[X]\big)(\omega)$ das pfadweise als Stieltjesintegral definierte stochastische Integral ist (Definition 4.6), also

$$\text{(4.8)} \qquad \int_{[0,t]\times\Omega} F\,d\mu_X = E\int_0^t F\,d[X]; \quad t \in \mathbb{R}_+;\ F \in \mathscr{B} \cap L^1(\mu_X).$$

Ist τ eine Stopzeit mit zugehörigem stochastischen Intervall

$$[0,\tau] = \big\{(t,\omega) \in \mathbb{R}_+ \times \Omega : 0 \le t \le \tau(\omega)\big\},$$

so folgt aus Gleichung (4.6) sofort $\mu_X[0,\tau] = E[X]_\tau$ oder, anders ausgedrückt,

$$\text{(4.9)} \qquad \mu_{X^\tau} = \mu_X\big([0,\tau] \cap \cdot\big) = \mu_X\big(]0,\tau] \cap \cdot\big).$$

Weiter gilt $\mu_X = \mu_{X-X_0}$ (da $[X] = [X - X_0]$); ist o.E. $X_0 = 0$, so haben wir für die Folge der Stopzeiten $\tau_n := \inf\{t \in \mathbb{R}_+ : [X]_t > n\}$ neben $\tau_n \nearrow \infty$ also $[X]^{\tau_n} \le n$, und damit $\mu_X[0,\tau_n] \le n$. Dies zeigt, daß μ_X stets σ-endlich ist. Dabei ist die

Gesamtmasse $\mu_X(\mathbb{R}_+ \times \Omega) = E[X]_\infty$ (mit $[X]_\infty = \sup_{t\in\mathbb{R}_+}[X]_t$) nach Satz 4.21 genau dann endlich, wenn X ein in der Norm $\| \ \|_2$ beschränktes (und damit nach dem Korollar zum Doobschen Maximalsatz sogar durch die *$L^2(P)$-Funktion* $X^* := \sup_{t\in\mathbb{R}_+} |X_t|$ majoriertes) Martingal ist. In diesem Falle konvergiert nach dem Martingalsatz (Satz 3.36) X_t gegen eine Funktion X_∞ f.ü. und in $\| \ \|_2$.

Die Forderung der Endlichkeit des Maßes μ_X führt also auf die Klasse der $\| \ \|_2$-beschränkten Martingale. Wir führen deshalb den Raum

$$\mathscr{M}_0^2 := \{X \in \mathscr{M}_0 : E[X]_\infty < \infty\}$$

ein und haben hierfür

Lemma 4.29. *$\mathscr{M}_0^2$ ist ein Hilbertraum bezüglich des inneren Produktes*

$$\langle X,Y\rangle_{\mathscr{M}_0^2} := E(X_\infty Y_\infty) = \lim_{t\to\infty}\langle X_t, Y_t\rangle_{L^2(P)} = E[X,Y]_\infty .$$

Beweis: Nach dem soeben Bemerkten konvergiert für $X \in \mathscr{M}_0^2$ ja $X_t \to X_\infty$ f.ü. und durch $X^* \in L^2(P)$ majoriert. Dabei ist nach der Maximal-Ungleichung (Satz 3.28) noch

$$\begin{aligned} \|X\|_{2,\infty} := \|X^*\|_2 &\le 2 \sup_{t\in\mathbb{R}_+} \|X_t\|_2 \\ &= 2 \lim_{t\to\infty} \|X_t\|_2 = 2\big(\langle X,X\rangle_{\mathscr{M}_0^2}\big)^{1/2} \le 2\|X\|_{2,\infty} < \infty . \end{aligned}$$

Insbesondere ist also $\langle X,Y\rangle_{\mathscr{M}_0^2}$ (wir identifizieren ja nichtunterscheidbare Prozesse!) ein inneres Produkt, und $\mathscr{M}_0^2 \subset \mathscr{C}^2$, dem nach Satz 4.12 bezüglich $\| \ \|_{2,\infty}$ vollständigen Raum *aller* stetigen Prozesse mit endlicher $\| \ \|_{2,\infty}$-Norm. Da Konvergenz in dieser Norm nach obiger Abschätzung trivialerweise die Martingal-Eigenschaft erhält (Satz 3.25), ist $\mathscr{M}_0^2 \subset \mathscr{C}^2$ abgeschlossen und damit ebenfalls vollständig. Die Gleichheit $E(X_\infty Y_\infty) = E[X,Y]_\infty$ folgt aus Satz 4.21 für $X = Y$, und daraus allgemein durch Polarisation, wobei natürlich

$$[X,Y]_\infty = \tfrac{1}{2}\big([X+Y]_\infty - [X]_\infty - [Y]_\infty\big) = \lim\nolimits_{t\to\infty}[X,Y]_t$$

gilt. □

Setzen wir noch $\mathscr{M}^2 := \{X \in \mathscr{M} : X - X_0 \in \mathscr{M}_0^2\}$, so ist also $X \in \mathscr{M}$ genau dann in $\mathscr{M}^2$, wenn $\mu_X(\mathbb{R}_+ \times \Omega) < \infty$ ist. Für $X, Y \in \mathscr{M}^2$ können wir daher auch das "signierte" Maß $\mu_{X,Y} := \frac{1}{2}(\mu_{X+Y} - \mu_X - \mu_Y)$ auf $\mathscr{B}(\mathbb{R}_+) \otimes \mathscr{F}_\infty$ betrachten; natürlich ist hierfür das Integral durch $\int F\,d\mu_{X,Y} := \frac{1}{2}(\int F\,d\mu_{X+Y} - \int F\,d\mu_X - \int F\,d\mu_Y)$ etwa für beschränkte meßbare F wohldefiniert. Insbesondere haben wir in Verallgemeinerung von Gleichung (4.8) für F l.c., adaptiert und beschränkt

$$\text{(4.10)} \qquad \int_{[0,t]\times\Omega} F\,d\mu_{X,Y} = E\int_0^t F\,d[X,Y] = E\big(F \bullet [X,Y]\big)_t ; \quad t \in \mathbb{R}_+$$

mit pfadweisem Stieltjesintegral $\int_0^t F\,d[X,Y]$ rechts.

Da $[X,Y]$ bilinear, symmetrisch und positiv semidefinit von $X,Y \in \mathscr{M}^2$ abhängt, gilt – außerhalb einer (wegen pfadweiser Stetigkeit von $s,t \in \mathbb{R}_+$ unabhängig wählbaren) Nullmenge –

$$(4.11) \qquad \left|[X,Y]_t - [X,Y]_s\right|^2 \leq \left([X]_t - [X]_s\right)\left([Y]_t - [Y]_s\right); \quad s \leq t.$$

Dies folgt nämlich zunächst für $s = 0$ aus der Schwarzschen Ungleichung. Der allgemeine Fall reduziert sich hierauf (vgl. den Beweis von Satz 4.27) durch Zeittranslation: Ist $Z \in \mathscr{M}$, so

$$[Z]_t - [Z]_s = [U]_{t-s} \quad \text{für } U := (Z_{s+r} - Z_s)_{r \in \mathbb{R}_+}.$$

Entscheidend für die Anwendung eines Hilbertraumschlusses in der Definition des stochastischen Integrals ist nun folgendes

Lemma 4.30. *Für $X \in \mathscr{M}^2$, $Y \in \mathscr{M}_0^2$ und F beschränkt und $\mathscr{B}(\mathbb{R}_+) \otimes \mathscr{F}_\infty$-meßbar gilt die Abschätzung*

$$\left|\int F \, d\mu_{X,Y}\right| \leq \|F\|_{L^2(\mu_X)} \cdot \|Y\|_{\mathscr{M}_0^2}.$$

Beweis: Da die Mengen $[0,t] \times A$, $t \in \mathbb{R}_+$ und $A \in \mathscr{F}_\infty$ einen $\cap$-stabilen Erzeuger von $\mathscr{B}(\mathbb{R}_+) \otimes \mathscr{F}_\infty$ bilden, genügt es, spezielle F der Form

$$F = f_0 1_{\{0\}} + \sum_1^r f_k 1_{]t_{k-1},t_k]}$$

(mit $0 = t_0 < \ldots < t_r$; $f_0, \ldots, f_r$ $\mathscr{F}_\infty$-meßbar, beschränkt) zu nehmen. Hierfür ergibt Gleichung (4.10)

$$\int F \, d\mu_{X,Y} = E \sum_{k=1}^r f_k \left([X,Y]_{t_k} - [X,Y]_{t_{k-1}}\right).$$

Für die Summe folgt aus (4.11) und der Schwarzschen Ungleichung im $\mathbb{R}^r$

$$\left|\sum_{k=1}^r f_k \left([X,Y]_{t_k} - [X,Y]_{t_{k-1}}\right)\right| \leq \left(\sum_1^r f_k^2 \left([X]_{t_k} - [X]_{t_{k-1}}\right)\right)^{1/2} \left([Y]_{t_r}\right)^{1/2}.$$

Bildet man den Erwartungswert und wendet dabei auf das Produkt rechts die Höldersche Ungleichung an, so folgt die behauptete Abschätzung

$$\begin{aligned}\left|\int F \, d\mu_{X,Y}\right| &\leq \left(E \sum_{k=1}^r f_k^2 \left([X]_{t_k} - [X]_{t_{k-1}}\right)\right)^{1/2} E[Y]_{t_r}^{1/2} \\ &\leq \|F\|_{L^2(\mu_X)} \left(E[Y]_\infty\right)^{1/2} = \|F\|_{L^2(\mu_X)} \|Y\|_{\mathscr{M}_0^2}. \qquad \square\end{aligned}$$

Die Abschätzung des Lemmas zeigt zunächst, daß $F \mapsto \int F \, d\mu_{X,Y}$ bei festen $X,Y \in \mathscr{M}_0^2$ stetig bezüglich $\| \ \|_{L^2(\mu_X)}$ von F abhängt und also eindeutig stetig auf

$L^2(\mu_X)$ fortgesetzt werden kann. Wir schreiben weiterhin $\int F\, d\mu_{X,Y}$ und haben die fortbestehende Abschätzung

$$(4.12) \qquad \left| \int F\, d\mu_{X,Y} \right| \le \|F\|_{L^2(\mu_X)} \|Y\|_{\mathscr{M}_0^2}; \quad F \in L^2(\mu_X);\ Y \in \mathscr{M}_0^2 .$$

Sie zeigt weiter, daß bei festem $X \in \mathscr{M}^2$ und $F \in L^2(\mu_X)$ die Zuordnung $Y \mapsto \int F\, d\mu_{X,Y}$ ein stetiges lineares Funktional auf dem Hilbertraum $\mathscr{M}_0^2$ ist. Nach dem Rieszschen Satz gibt es also ein eindeutig bestimmtes $Z \in \mathscr{M}_0^2$ mit $\int F\, d\mu_{X,Y} = \langle Z, Y\rangle_{\mathscr{M}_0^2}$, d. h. wir können definieren:

Definition 4.31. (Unbestimmtes stochastisches Integral) Zu jedem $X \in \mathscr{M}^2$ und $F \in L^2(\mu_X)$ gibt es einen eindeutig bestimmten Prozeß $F \bullet X \in \mathscr{M}_0^2$ so, daß gilt

$$\int F\, d\mu_{X,Y} = \langle F \bullet X, Y\rangle_{\mathscr{M}_0^2}; \quad Y \in \mathscr{M}_0^2 .$$

$F \bullet X$ heißt das *unbestimmte stochastische Integral von F zum Integrator X.*

Dies ist ein sehr abstrakter Integralbegriff, der den Namen "Integral" eigentlich erst für speziellere ("vorhersagbare") Integranden F verdient. So ist etwa für einen Prozeß $F = f\, 1_{]r,s]}$ mit $0 \le r < s$ und f beschränkt, $\mathscr{F}_\infty$-meßbar, wo $\int_0^t F\, dX$ auch als pfadweises Stieltjesintegral existiert (mit dem Wert $f \cdot (X_{t\wedge s} - X_{t\wedge r})$), der Prozeß $(\int_0^t F\, dX)_{t\in\mathbb{R}_+}$ im allgemeinen nicht einmal adaptiert, wenn nicht f etwa $\mathscr{F}_r$-meßbar ist. Insbesondere kann also hier $(F \bullet X)_t$ nicht mit dem pfadweise definierten $\int_0^t F\, dX$ übereinstimmen. Wir werden dieses Beispiel in Kürze wieder aufgreifen. Als adäquate zusätzliche Meßbarkeitsvoraussetzung an stochastische Integranden erweist sich ihre Vorhersagbarkeit in folgendem Sinne:

Definition 4.32. (Vorhersagbarer Prozeß) Ein Prozeß F heißt *vorhersagbar*, wenn er meßbar ist (als Funktion von $(t,\omega) \in \mathbb{R}_+ \times \Omega$) bezüglich der σ-Algebra $\sigma(\mathscr{C})$, erzeugt von der Gesamtheit $\mathscr{C}$ aller stetigen adaptierten Prozesse. Wir schreiben bei gegebenem $X \in \mathscr{M}$ kurz $L^2(X)$ für den abgeschlossenen Teilraum aller vorhersagbaren $F \in L^2(\mu_X)$, und damit weiter

$$L^2_{\mathrm{loc}}(X) = \{F : F \in L^2(X^{\tau_n}) \text{ für eine Folge } \tau_n \nearrow \infty \text{ von Stopzeiten}\}.$$

(Wegen $[X^\tau] = [X]^\tau$ kann hierbei o. E. $[X^{\tau_n}] \le n$ und also $X^{\tau_n} \in \mathscr{M}^2$ angenommen werden. Solche Stopzeiten τ mit $X^\tau \in \mathscr{M}^2$ und $F \in L^2(X^\tau)$ mögen kurz "*reduzierend*" für $F \in L^2_{\mathrm{loc}}(X)$" heißen).

Vor einem weiteren Ausbau des Integralbegriffes charakterisieren wir die Vorhersagbarkeit in folgendem Satz, der insbesondere zeigt, daß *stochastische Intervalle* der Form

$$]\rho,\sigma] = \{(t,\omega) \in \mathbb{R}_+ \times \Omega : \rho(\omega) < t \le \sigma(\omega)\}; \quad \rho, \sigma \text{ beliebige Stopzeiten}$$

wie auch $[0,\tau]$ für jede Stopzeit τ vorhersagbare Mengen (d. h. in $\sigma(\mathscr{C})$) sind. Hierbei kann nämlich o. E. $\rho = 0$ angenommen werden, da $]\rho,\sigma] =]\rho \wedge \sigma, \sigma] = [0,\sigma] \setminus [0, \rho\wedge\sigma]$; andererseits ist $1_{[0,\tau]} \in \mathscr{B}$.

Satz 4.33. *$\sigma(\mathscr{C}) = \sigma(\mathscr{B}) = \sigma(\mathscr{R})$ für $\mathscr{R}$ die Gesamtheit aller "adaptierten Rechtecke" in $\mathbb{R}_+ \times \Omega$ der Form $\{0\} \times A$, $A \in \mathscr{F}_0$ bzw. $]s,t] \times A$, $A \in \mathscr{F}_s$.*

Beweis: Für $X \in \mathscr{B}$ konvergiert wegen der Linksstetigkeit der Pfade von X die Folge der Prozesse $X^{(n)}$:

$$X_t^{(n)} := X_0 1_{\{0\}}(t) + \sum_{k=1}^{n^2} X_{(k-1)/n} 1_{](k-1)/n,k/n]}(t) \to X_t$$

punktweise. Hier ist jeder Summand von $X^{(n)}$ offenbar $\sigma(\mathscr{R})$-meßbar, da X adaptiert ist. Es folgt $\sigma(\mathscr{B}) = \sigma(\mathscr{R})$. Natürlich gilt auch $\sigma(\mathscr{C}) \subset \sigma(\mathscr{B})$. Wir zeigen nun noch umgekehrt, daß adaptierte Rechtecke stets in $\sigma(\mathscr{C})$ liegen und stellen hierzu etwa $1_{]s,t]\times A}$, $A \in \mathscr{F}_s$, als punktweisen Grenzwert einer Folge $(Y^{(n)})_{n\in\mathbb{N}}$ in $\mathscr{C}$ dar. Hierzu genügt es, die stückweise linearen Funktionen χ_n auf $\mathbb{R}_+$ mit $\chi_n = 1$ auf $[s+1/n, t]$, $= 0$ außerhalb $[s, t+1/n]$ und linear von $(s,0)$ nach $(s+1/n, 1)$ bzw. von $(t,1)$ nach $(t+1/n, 0)$ zu betrachten. Sie sind stetig und konvergieren punktweise gegen $1_{]s,t]}$, so daß die $Y_r^{(n)}(\omega) := \chi_n(r) 1_A(\omega)$, $(r,\omega) \in \mathbb{R}_+ \times \Omega$, das Gewünschte leisten; die Adaptiertheit der $Y^{(n)}$ folgt dabei gerade aus der Voraussetzung $A \in \mathscr{F}_s$. □

Ohne in feinere Unterscheidungen der Meßbarkeit einzutreten, sei doch bemerkt, daß die von nurmehr rechtsstetigen, adaptierten Prozessen erzeugte σ-Algebra echt größer als $\sigma(\mathscr{C})$ ist; schon stochastische Intervalle der Form $[0,\tau[$ (mit rechtsstetigen Indikatorfunktionen) brauchen nicht mehr in $\sigma(\mathscr{C})$ zu liegen! Vorhersagbarkeit ist also eine einschneidende Voraussetzung an die im folgenden betrachteten Integranden F. Da alle $F \in \mathscr{C}$ bekanntlich (siehe Satz 3.6) *progressiv* meßbar sind, gilt dies auch für vorhersagbare F.

Der Schlüssel für die geplante Erweiterung des stochastischen Integrals durch "Lokalisierung" liegt in seinem Verhalten unter Stoppung; es gilt nämlich

$$(4.13) \qquad F \bullet X^\tau = (F \bullet X)^\tau; \quad X \in \mathscr{M}^2,\ F \in L^2(\mu_X);\ \tau \text{ Stopzeit}.$$

Denn: Zunächst ist für $X, Y \in \mathscr{M}^2$

$$(4.14) \qquad \mu_{X^\tau,Y} = \mu_{X,Y}\big([0,\tau] \cap \cdot\big) = \mu_{X,Y^\tau},$$

wie sich leicht aus (4.5) zusammen mit der $\mu_{X,Y}$ definierenden Relation

$$\mu_{X,Y}\big([0,t] \times A\big) = E\big(1_A [X,Y]_t\big); \quad A \in \mathscr{F}_\infty,$$

ergibt. Unter Berücksichtigung der Stopregel, Gleichung (4.5), für den Klammerprozeß folgt dann

$$\begin{aligned}\langle F \bullet X^\tau, Y\rangle_{\mathscr{M}_0^2} &= \int F\, d\mu_{X^\tau,Y} = \int F\, d\mu_{X,Y^\tau} \\ &= E[F \bullet X, Y^\tau]_\infty = E\big[(F \bullet X)^\tau, Y\big]_\infty = \big\langle (F \bullet X)^\tau, Y\big\rangle_{\mathscr{M}_0^2}\end{aligned}$$

für jedes $Y \in \mathscr{M}_0^2$, also (4.13). □

Sei nun $X \in \mathscr{M}$ und $F \in L^2_{\mathrm{loc}}(X)$ fixiert, mit einer reduzierenden Folge $\tau_n \nearrow \infty$. Dann existieren also für jedes $n \in \mathbb{N}$ die unbestimmten stochastischen Integrale $F \bullet X^{\tau_n}$, und nach Gleichung (4.13) ist (außerhalb einer Nullmenge)

$$F \bullet X^{\tau_n} = (F \bullet X^{\tau_m})^{\tau_n}\,; \quad n \leq m\,.$$

Durch $(F \bullet X)_t := \lim_{n\to\infty}(F \bullet X^{\tau_n})_{\tau_n \wedge t}$ erhalten wir somit einen (bis auf Nicht-Unterscheidbarkeit) eindeutig definierten Prozeß $F \bullet X \in \mathscr{M}_0$ mit $(F \bullet X)^{\tau_n} = F \bullet X^{\tau_n}$ für alle $n \in \mathbb{N}$ (vgl. Satz 3.21). Die Konstruktion über eine andere reduzierende Folge $\sigma_n \nearrow \infty$ führt auf denselben Prozeß $F \bullet X$, da nach Gleichung (4.13) hierfür gilt

$$(F \bullet X)^{\tau_n \wedge \sigma_\ell} = \big((F \bullet X)^{\sigma_\ell}\big)^{\tau_n} = (F \bullet X^{\sigma_\ell})^{\tau_n}\,; \qquad n, \ell \in \mathbb{N}\,,$$

also mit $n \to \infty$ $(F \bullet X)^{\sigma_\ell} = F \bullet X^{\sigma_\ell}$ für alle $\ell \in \mathbb{N}$. Insbesondere haben wir Konsistenz in der Bezeichnung $F \bullet X$ mit Definition 4.31 und können diese nun verallgemeinern.

Definition 4.34. (Unbestimmtes stochastisches Integral) Der soeben für $X \in \mathscr{M}$ und $F \in L^2_{\mathrm{loc}}(X)$ definierte Prozeß $F \bullet X \in \mathscr{M}_0$ heißt *unbestimmtes stochastisches Integral von F zum Integrator X*. Für Stopzeiten $\sigma \leq \tau$ schreiben wir auch

$$\int_\sigma^\tau F\,dX := (F \bullet X)_\tau - (F \bullet X)_\sigma\,; \qquad \text{insbesondere} \int_0^t F\,dX := (F \bullet X)_t\,.$$

Nach Gleichung (4.9) ist $\mu_{X,Y}\big(\{0\} \times \Omega\big) = 0$, so daß Integrierbarkeit (d.h. also $F \in L^2_{\mathrm{loc}}(X)$) und Wert des stochastischen Integrals weder von F_0 noch von X_0 abhängen:

(4.15) $$F \bullet X = F \bullet (X - X_0) = (F\,1_{]0,\infty]}) \bullet X\,.$$

Insbesondere sieht man (mit Satz 4.5 ii)), daß $\mathscr{B} \subset L^2_{\mathrm{loc}}(X)$ für alle $X \in \mathscr{M}$.

4.6 Rechenregeln für stochastische Integrale nach lokalen Martingalen

Weiterhin sei ein standard filtrierter Wahrscheinlichkeitsraum $\big(\Omega; \mathscr{F}; P; (\mathscr{F}_t)_{t\in\mathbb{R}_+}\big)$ zugrundegelegt. Die folgende Stopregel verallgemeinert (4.13).

Satz 4.35. (Stopregel) *Sei $X \in \mathscr{M}$ und $F \in L^2_{\mathrm{loc}}(X)$. Ferner sei τ eine beliebige Stopzeit. Dann gilt*

$$(F \bullet X)^\tau = F \bullet X^\tau = (F\,1_{[0,\tau]}) \bullet X = F^\tau \bullet X^\tau\,.$$

Beweis: Da Stoppung von Prozessen natürlich mit punktweiser Grenzwertbildung vertauscht und $\mathscr{C}$ invariant läßt, folgt zunächst mit einem einfachen Monotone-Klasse-Argument, daß mit F auch F^τ (und $F\,1_{[0,\tau]}$) vorhersagbare Prozesse sind.

Ferner ist für eine Stopzeit σ mit $X^\sigma \in \mathscr{M}^2$ und $F \in L^2(X^\sigma)$ natürlich auch $X^{\tau\wedge\sigma} \in \mathscr{M}^2$ und F^τ sowie $F\,1_{[0,\tau]} \in L^2(X^{\tau\wedge\sigma})$ (siehe Gleichung (4.9)). Damit sind alle stochastischen Integrale der Stopformel wohldefiniert, und die letzte Gleichheit folgt sofort aus den beiden vorangehenden. Wir zeigen diese zunächst für $X \in \mathscr{M}^2$ und $F \in L^2(X)$. Dann haben wir für $Y \in \mathscr{M}_0^2$ nach Gleichung (4.13), (4.14)

$$\big\langle (F\bullet X)^\tau, Y\big\rangle_{\mathscr{M}_0^2} = \langle F\bullet X^\tau, Y\rangle_{\mathscr{M}_0^2} = \int F\,d\mu_{X^\tau,Y} = \int (F\,1_{[0,\tau]})\,d\mu_{X,Y}\,,$$

also $(F\bullet X)^\tau = F\bullet X^\tau = (F\,1_{[0,\tau]})\bullet X$ gemäß Definition 4.31.
Im allgemeinen Falle wählen wir eine Folge $\tau_n \nearrow \infty$ von reduzierenden Stopzeiten für $F \in L^2_{\mathrm{loc}}(X)$ und damit auch für $F\,1_{[0,\tau]} \in L^2_{\mathrm{loc}}(X)$ und für $F \in L^2_{\mathrm{loc}}(X^\tau)$. Nach Definition 4.34 und dem gerade im Spezialfall Gezeigten haben wir dann für jedes $n \in \mathbb{N}$

$$(F\bullet X^\tau)^{\tau_n} = F\bullet X^{\tau\wedge\tau_n} = (F\bullet X^{\tau_n})^\tau = (F\bullet X)^{\tau_n\wedge\tau} = \big((F\bullet X)^\tau\big)^{\tau_n};$$

$$(F\bullet X^\tau)^{\tau_n} = (F\,1_{[0,\tau]})\bullet X^{\tau_n} = \big((F\,1_{[0,\tau]})\bullet X\big)^{\tau_n}.$$

Mit $n \to \infty$ folgt hieraus die Behauptung. □

Im nächsten Beispiel (vgl. die nach Definition 4.31 hierzu gemachte Bemerkung) wird die Bezeichnung "stochastisches Integral" gerechtfertigt.

Beispiel 4.36. Sei F ein *elementarer Prozeß*, d.h. von der Form

$$F = f_0 1_{\{0\}\times\Omega} + \sum_1^r f_k\,1_{]\sigma_k,\tau_k]}$$

mit f_0 $\mathscr{F}_0$-meßbar, f_k $\mathscr{F}_{\sigma_k}$-meßbar und $\sigma_k \le \tau_k$ beliebige Stopzeiten. Dann ist, für jedes $X \in \mathscr{M}$, $F \in L^2_{\mathrm{loc}}(X)$, und

$$(F\bullet X)_t = \sum_{k=1}^r f_k\,(X^{\tau_k} - X^{\sigma_k})_t\,.$$

Die rechte Seite stimmt mit dem für elementares F offensichtlich auch pfadweise existierenden Stieltjesintegral $\int_0^t F\,dX$ überein.

Beweis: Zunächst ist natürlich $F \in \mathscr{B} \subset L^2_{\mathrm{loc}}(X)$, und o.E. $F_0 = f_0 = 0$ nach (4.15). Aufgrund der (im nächsten Satz nochmals begründeten, aber auch ziemlich offensichtlichen) linearen Abhängigkeit des Integrals $F\bullet X$ von F beschränken wir uns auf einen Summanden, nehmen also $F = f\,1_{]\rho,\sigma]}$ mit $\rho \le \sigma$ Stopzeiten und f $\mathscr{F}_\rho$-meßbar. Wir haben zu zeigen $F\bullet X = f\cdot(X^\sigma - X^\rho)$. Wir können dabei zusätzlich annehmen, daß f beschränkt und $X \in \mathscr{M}^2$ ist: Für die Stopzeiten $\tau_n := \inf\{t \in \mathbb{R}_+ : |F_t| > n\}$ gilt $F^{\tau_n} = (f\,1_{\{|f|\le n\}})\,1_{]\rho,\sigma]}$ und $\tau_n \nearrow \infty$, insbesondere $|F^{\tau_n}| \le n$; mit $\sigma_n := \inf\{t \in \mathbb{R}_+ : [X]_t > n\}$ ist auch $[X]^{\sigma_n} \le n$, insbesondere $X^{\tau_n\wedge\sigma_n} \in \mathscr{M}^2$, und es gilt dann

$$(F\bullet X)^{\tau_n\wedge\sigma_n} = F^{\tau_n}\bullet X^{\tau_n\wedge\sigma_n} = \big(f\,1_{\{|f|\le n\}}\big)\big(X^{\tau_n\wedge\sigma_n\wedge\sigma} - X^{\tau_n\wedge\sigma_n\wedge\rho}\big),$$

woraus mit $n \to \infty$ die allgemeine Behauptung folgt.

Ist schließlich f beschränkt und $X \in \mathscr{M}^2$, so ist für $Z := f \cdot (X^\sigma - X^\rho)$ zu zeigen $Z \in \mathscr{M}_0^2$ und $\langle Z, Y\rangle_{\mathscr{M}_0^2} = \int F \, d\mu_{X,Y}$ für alle $Y \in \mathscr{M}_0^2$. Zum ersten Punkt beachte man, daß für eine beliebige Stopzeit τ gilt

$$EZ_\tau = (E \circ E^{\mathscr{F}_\rho})(Z_\tau) = E\big(fE^{\mathscr{F}_\rho}(X^\sigma - X^\rho)_\tau\big) = 0,$$

da $X \in \mathscr{M}^2$ und also (nach Satz 3.15 iii))

$$E^{\mathscr{F}_\rho} X_\tau^\sigma = (E^{\mathscr{F}_\rho} \circ E^{\mathscr{F}_{\sigma\wedge\tau}})X_\infty = E^{\mathscr{F}_\rho} X_\tau^\rho .$$

Dies impliziert $Z \in \mathscr{M}_0^2$ nach folgendem Lemma 4.37. Für $\langle Z, Y\rangle_{\mathscr{M}_0^2}$ ergibt sich nun die letzte Behauptung gemäß

$$\begin{aligned}
\langle Z, Y\rangle_{\mathscr{M}_0^2} &= E[Z,Y]_\infty \\
&= E\big(f[X^\sigma - X^\rho, Y]_\infty\big) \\
&= \lim_{t\to\infty} E\big(f \cdot ([X,Y]_t^\sigma - [X,Y]_t^\rho)\big) \\
&= \lim_{t\to\infty} E \int_0^t F \, d[X,Y] = \int F \, d\mu_{X,Y} ;
\end{aligned}$$

hierbei wurde in der zweiten Gleichheit die nach Definition 4.24 evidente Umformung $[Z,Y] = f[X^\sigma - X^\rho, Y]$ für den Klammerprozeß benutzt, in der dritten Gleichheit majorierte Konvergenz und Gleichung (4.5), und in der letzten zusätzlich Gleichung (4.10). □

Das folgende einfache Lemma gibt eine nützliche rechnerische Kennzeichnung von Martingalen:

Lemma 4.37. *Ein integrierbarer adaptierter Prozeß X ist genau dann ein Martingal, wenn $EX_\tau = EX_0$ für jede Stopzeit τ mit endlichem Wertebereich $\tau(\Omega) \subset \mathbb{R}_+$ gilt.*

Beweis: Die Notwendigkeit folgt unmittelbar aus dem Doobschen Lemma 3.26 und Erwartungswertbildung. Umgekehrt ist für $s \le t$ und $A \in \mathscr{F}_s$ zu zeigen $\int_A X_s = \int_A X_t$. Aber mit der Stopzeit $\tau := s$ auf A und $= t$ auf $\complement A$ (also mit nur zwei Werten!) ist nach Voraussetzung

$$\int_A X_s + \int_{\complement A} X_t = EX_\tau = EX_0 = EX_t = \int_A X_t + \int_{\complement A} X_t . \qquad \square$$

Für $X \in \mathscr{M}$ ist $\mathscr{B} \subset L^2_{\mathrm{loc}}(X)$, wie schon im Anschluß an Gleichung (4.15) festgehalten wurde. Nach der zweiten Aussage des folgenden Satzes ist sogar $\mathscr{B} \cap L^2(X)$ dicht in $L^2(X)$. Deshalb ist die Handhabung stochastischer Integrale $\int_0^t F \, dX$ mit $F \in \mathscr{B}$ besonders wichtig. Die Assoziativitätsregel (4.16) legt das stochastische Integral $F \bullet X$ fest, nämlich die Gesamtheit aller Klammerprozesse $[F \bullet X, Y]$, $Y \in \mathscr{M}$, jeweils durch die Stieltjesintegrale $F \bullet [X,Y]$.

Satz 4.38. i) *Die Abbildung* $(F,X) \mapsto F \bullet X$ *von* $\mathscr{B} \times \mathscr{M}$ *in* $\mathscr{M}_0$ *ist bilinear.*

ii) $\mathscr{B} \cap L^2(X)$ *ist dicht in* $L^2(X)$ *für beliebiges* $X \in \mathscr{M}$.

iii) *Für* $X,Y \in \mathscr{M}$ *und* $F,G \in \mathscr{B}$ *gelten die beiden Assoziativitätsregeln*

$$[F \bullet X, Y] = F \bullet [X,Y] = [X, F \bullet Y]; \tag{4.16}$$

$$F \bullet (G \bullet X) = (FG) \bullet X. \tag{4.17}$$

Beweis: i) $(F+G) \bullet X = F \bullet X + G \bullet X$ und $F \bullet (X+Y) = F \bullet X + F \bullet Y$ folgen für $F,G \in \mathscr{B}$ beschränkt und $X,Y \in \mathscr{M}^2$ sofort aus Definition 4.31 und reduzieren sich allgemein auf diesen Fall durch Stoppung mit geeigneten reduzierenden Stopzeiten.

ii) $\mathscr{B} \cap L^2(X)$ ist ein Untervektorraum von $L^2(X)$, der insbesondere die Indikatorfunktionen eines $\cap$-stabilen Erzeugers von $\sigma(\mathscr{C})$ enthält (etwa der Gesamtheit aller vorhersagberer Rechtecke, Satz 4.33). Ist $F \in L^2(X)$ orthogonal $\mathscr{B} \cap L^2(X)$, so würden (mit $F_\pm$ den Positiv- bzw. Negativteilen von F) die Maße $F_+ \cdot \mu_X$ und $F_- \cdot \mu_X$ also auf einem solchen Erzeuger und damit überhaupt auf $\sigma(\mathscr{C})$ übereinstimmen. Damit wiederum wäre F orthogonal zu ganz $L^2(X)$, also $F = 0$.

iii) Beim Nachweis von (4.16) sei zunächst $X,Y \in \mathscr{M}_0^2$ und F beschränkt durch eine Konstante $c > 0$ angenommen. Wir haben $F \bullet [X,Y] \in \mathscr{A}_0$ und

$$\left|(F \bullet [X,Y])_t\right| = \left|\int_0^t F\, d[X,Y]\right| \le c\left(V_{[X,Y]}\right)_t \le c\left([X]_\infty [Y]_\infty\right)^{1/2},$$

letzteres nach Gleichung (4.11) für $s = 0$.

Damit ist $F \bullet [X,Y]$ auch integrierbar. Die erste Gleichung (4.16) (die zweite folgt daraus aufgrund der Symmetrie der Klammer) besagt nunmehr nach Satz 4.22, daß $(F \bullet X)Y - F \bullet [X,Y]$ ein Martingal ist. Zum Nachweis zeigen wir gemäß Lemma 4.37, daß für eine beschränkte Stopzeit τ gilt $E\big((F \bullet X)Y\big)_\tau = E\big(F \bullet [X,Y]\big)_\tau$. Wir haben

$$\begin{aligned} E\big((F \bullet X)_\tau Y_\tau\big) &= \big\langle (F \bullet X)^\tau, Y^\tau \big\rangle_{\mathscr{M}_0^2} \\ &= \langle F \bullet X^\tau, Y^\tau \rangle_{\mathscr{M}_0^2} \\ &= \int F\, d\mu_{X^\tau, Y^\tau} = E\big(F \bullet [X,Y]\big)_\tau, \end{aligned}$$

letzteres nach Gleichung (4.10) mit $t \ge \tau$ beliebig.

Es bleibt der allgemeine Fall $X,Y \in \mathscr{M}$ und $F \in \mathscr{B}$ auf das bisherige zurückzuführen. Da (4.16) sich beim Übergang von X,Y,F nach $X - X_0$, $Y - Y_0$, $F 1_{]0,\infty]}$ nicht ändert, sei noch $X_0 = Y_0 = F_0 = 0$ angenommen. Dann gibt es also eine Folge $\tau_n \nearrow \infty$ von Stopzeiten mit $X^{\tau_n}, Y^{\tau_n} \in \mathscr{M}_0^2$ und F^{τ_n} beschränkt. Nach dem bereits Gezeigten und den Stopregeln ist

$$\begin{aligned} [F \bullet X, Y]^{\tau_n} &= [F^{\tau_n} \bullet X^{\tau_n}, Y^{\tau_n}] \\ &= F^{\tau_n} \bullet [X^{\tau_n}, Y^{\tau_n}] = \big(F \bullet [X,Y]\big)^{\tau_n}, \end{aligned}$$

woraus mit $n \to \infty$ wieder $[F \bullet X, Y] = F \bullet [X, Y]$ folgt; aufgrund der Symmetrie des Klammerprozesses ist dies auch $= [X, F \bullet Y]$.
Auch beim Nachweis von Gleichung (4.17) kann $F_0 = G_0 = X_0 = 0$ und dann durch Stoppung auch noch $X \in \mathscr{M}_0^2$ und F, G beschränkt angenommen werden. Dann ist also auch $G \bullet X \in \mathscr{M}_0^2$, und für beliebiges $Y \in \mathscr{M}_0^2$ wird nach (4.16)

$$\langle F \bullet (G \bullet X), Y \rangle_{\mathscr{M}_0^2} = E\big([F \bullet (G \bullet X), Y]_\infty\big) = E\big(F \bullet [G \bullet X, Y]\big)_\infty .$$

Darin ist aufgrund der Assoziativitätsregel für pfadweise Stieltjesintegrale, Satz 4.7, und Gleichung (4.16) noch

$$F \bullet [G \bullet X, Y] = (FG) \bullet [X, Y] = \big[(FG) \bullet X, Y\big],$$

und damit insgesamt

$$\langle F \bullet (G \bullet X), Y \rangle_{\mathscr{M}_0^2} = \langle (FG) \bullet X, Y \rangle_{M_0^2}; \quad Y \in \mathscr{M}_0^2 .$$

Dies ist die behauptete Relation (4.17). □

Als Konsquenz ergibt sich zunächst folgende *fundamentale Isometrie*:

Satz 4.39. *Für $X \in \mathscr{M}$ und $F \in L^2_{\text{loc}}(X)$ ist genau dann $F \in L^2(X)$, wenn $F \bullet X \in \mathscr{M}_0^2$ ist; in diesem Falle gilt*

$$\|F \bullet X\|_{\mathscr{M}_0^2} = \|F\|_{L^2(X)} \equiv \Big(\int F^2 \, d\mu_X\Big)^{1/2} . \tag{4.18}$$

Beweis: Sei zunächst $X \in \mathscr{M}^2$. Für $F \in L^2(X)$ ist nach Definition 4.31 dann $F \bullet X \in \mathscr{M}_0^2$, und nach Lemma 4.30 gilt

$$\|F \bullet X\|^2_{\mathscr{M}_0^2} = \int F \, d\mu_{X, F \bullet X} \le \|F\|_{L^2(X)} \|F \bullet X\|_{\mathscr{M}_0^2} .$$

Damit ist die Abbildung $F \mapsto F \bullet X$ von $L^2(X)$ in $\mathscr{M}_0^2$ kontraktiv. Insbesondere genügt es zum Nachweis ihrer Isometrie, $F \in \mathscr{B} \cap L^2(X)$ zu betrachten (Satz 4.38 ii)). Hierfür ist aber nach den Assoziativitätsregeln

$$\begin{aligned} [F \bullet X] &= F \bullet [X, F \bullet X] \\ &= F \bullet \big(F \bullet [X]\big) = F^2 \bullet [X] \end{aligned} \tag{4.19}$$

(letzteres nach Satz 4.7), und daher nach Gleichung (4.8)

$$\begin{aligned} \|F \bullet X\|^2_{\mathscr{M}_0^2} &= E[F \bullet X]_\infty = E\big((F^2 \bullet [X])_\infty\big) \\ &= \lim_{t \to \infty} E \int_0^t F^2 \, d[X] = \int F^2 \, d\mu_X = \|F\|^2_{L^2(X)} . \end{aligned}$$

Damit ist (4.18) für $X \in \mathscr{M}^2$ und $F \in L^2(X)$ gezeigt. Ist nur $X \in \mathscr{M}$ und $F \in L^2(X)$, so wählen wir eine lokalisierende Folge $\tau_n \nearrow \infty$ mit $X^{\tau_n} \in \mathscr{M}^2$. Nach dem Gezeigten ist dann

$$\|F \bullet X^{\tau_n}\|^2_{\mathscr{M}_0^2} = \|F\|^2_{L^2(X^{\tau_n})} = \|F \, 1_{[0,\tau_n]}\|^2_{L^2(X)} , \tag{4.20}$$

letzteres nach Gleichung (4.9). Hierin konvergiert mit $n \to \infty$ die rechte Seite gegen $\|F\|^2_{L^2(X)} < \infty$; für die linke Seite gilt nach B. Levi

$$\|F \bullet X^{\tau_n}\|^2_{\mathscr{M}_0^2} = E\big([F \bullet X]^{\tau_n}_\infty\big) = E\big([F \bullet X]_{\tau_n}\big) \nearrow E\big([F \bullet X]_\infty\big)$$

Dies zusammengenommen bedeutet aber $F \bullet X \in \mathscr{M}_0^2$ und $\|F \bullet X\|_{\mathscr{M}_0^2} = \|F\|_{L^2(X)}$. Sei nun noch umgekehrt für $X \in \mathscr{M}$ und $F \in L^2_{\text{loc}}(X)$ vorausgesetzt, daß $F \bullet X \in \mathscr{M}_0^2$ ist. Für eine reduzierende Folge $\tau_n \nearrow \infty$ mit $X^{\tau_n} \in \mathscr{M}^2$ und $F \in L^2(X^{\tau_n})$ gilt dann nach dem bisher Gezeigten wieder (4.20), und mit $n \to \infty$ ergibt sich wie eben monotone Konvergenz beider Seiten gegen $\|F \bullet X\|^2_{\mathscr{M}_0^2} = \|F\|^2_{L^2(X)}$, insbesondere also $F \in L^2(X)$, wie behauptet. □

Sei wieder $X \in \mathscr{M}$, und F vorhersagbar (also insbesondere $\mathscr{B}(\mathbb{R}_+) \otimes \mathscr{F}_\infty$-meßbar). Wir knüpfen nochmals an die Bezeichnung zu Anfang von Abschnitt 4.5 an und schreiben $m_X(dt,\omega)$ für das Maß auf $\mathscr{B}(\mathbb{R}_+)$ mit Verteilungsfunktion $[X]_\bullet(\omega)$. Da (nach Fubini) alle Pfade $F(\cdot,\omega)$ von F meßbar sind, existiert (in $\overline{\mathbb{R}}_+$)

$$\int_0^\infty F^2\, d[X](\omega) := \int_{\mathbb{R}_+} F^2(t,\omega)\, m_X(dt,\omega),$$

und hängt meßbar von $\omega \in \Omega$ ab. Nach Gleichung (4.7) ist (in $\overline{\mathbb{R}}_+$)

$$E\Big(\int_0^\infty F^2\, d[X]\Big) = \int F^2\, d\mu_X. \tag{4.21}$$

Da bei beliebiger Stopzeit τ auch $1_{[0,\tau]}$ vorhersagbar ist, haben wir auch

$$\int_0^\tau F^2\, d[X] := \int_0^\infty (1_{[0,\tau]} F^2)\, d[X] = \int_0^\infty F^2\, d[X]^\tau. \tag{4.22}$$

Insbesondere ist $(\int_0^t F^2\, d[X])_{t \in \mathbb{R}_+}$ ein adaptierter (da F als vorhersagbarer Prozeß progressiv meßbar ist) $\overline{\mathbb{R}}_+$-wertiger Prozeß, der überdies monoton wächst und (majorierte Konvergenz!) stetig von t abhängt.

Der folgende Satz, ein "desintegriertes" Analogon von Satz 4.39, ist uns für $F \in \mathscr{B}$ bereits in Gleichung (4.19) begegnet. Der allgemeine Fall zeigt in eindrucksvoller Weise die Adäquatheit der Klasse $L^2_{\text{loc}}(X)$ der zugelassenen Integranden.

Satz 4.40. *Sei $X \in \mathscr{M}$ und F vorhersagbar. Genau dann ist $F \in L^2_{\text{loc}}(X)$, wenn*

$$\int_0^t F^2\, d[X] < \infty \quad \textit{f.ü.}$$

für jedes $t \in \mathbb{R}_+$. In diesem Falle gilt für das lokale Martingal $F \bullet X$ noch

$$[F \bullet X]_t = \int_0^t F^2\, d[X] \quad \text{(f.ü.)}; \quad t \in \mathbb{R}_+. \tag{4.23}$$

Beweis: Ist $A_t := \int_0^t F^2\,d[X] < \infty$ f.ü., so definiert A einen wachsenden Prozeß in $\mathscr{C}_0$. Dann ist $\tau_n := \inf\{t \in \mathbb{R}_+ : A_t > n\}$ eine Folge von Stopzeiten mit $\tau_n \nearrow \infty$ und $A^{\tau_n} \le n$, also auch

$$n \ge EA^{\tau_n} = E\int_0^{\tau_n} F^2\,d[X] = E\int_0^\infty F^2\,d[X^{\tau_n}] = \|F\|^2_{L^2(X^{\tau_n})}.$$

Also ist $F \in L^2(X^{\tau_n})$ für jedes n, d.h. $F \in L^2_{\text{loc}}(X)$.

Im umgekehrten Falle $F \in L^2_{\text{loc}}(X)$ bleibt die Formel (4.23) nachzuweisen. Wir beginnen mit $X \in \mathscr{M}^2$, $F \in L^2(X)$. Ist zusätzlich $F \in \mathscr{B}$, so wurde (4.23) schon in Gleichung (4.19) gezeigt. Sonst wählen wir gemäß Satz 4.38 ii) eine Folge $F^{(n)}$ in $\mathscr{B} \cap L^2(X)$, die in der Norm $\|\ \|_{L^2(X)}$ gegen F konvergiert. Wir zeigen, daß dann mit $n \to \infty$ sowohl $\int_0^{\cdot} (F^{(n)})^2\,d[X] \to \int_0^{\cdot} F^2\,d[X]$ wie auch $[F^{(n)} \bullet X] \to [F \bullet X]$ (in t) gleichmäßig stochastisch konvergieren; da zumindest eine Teilfolge dann auch (in t) gleichmäßig außerhalb *einer* Nullmenge konvergiert, überträgt sich (4.23) von den $F^{(n)}$ auf F.

Im ersten Fall folgt dies aus (beachte $\int_0^\infty H^2\,d[X] < \infty$ f.ü. für $H \in L^2(X)$ nach (4.21))

$$\begin{aligned} E\Big(\sup_t\Big|\int_0^t (F^{(n)})^2\,d[X] - \int_0^t F^2\,d[X]\Big|\Big) &\le E\Big(\int_0^\infty \big|(F^{(n)})^2 - F^2\big|\,d[X]\Big) \\ &= \int \big|(F^{(n)})^2 - F^2\big|\,d\mu_X = \int |F^{(n)} + F|\,|F^{(n)} - F|\,d\mu_X \\ &\le \|F^{(n)} + F\|_{L^2(X)}\,\|F^{(n)} - F\|_{L^2(X)}, \end{aligned}$$

letzteres nach der Hölderschen Ungleichung; da $F^{(n)} \to F$ in $L^2(X)$, strebt die rechte Seite offensichtlich gegen 0.

Um auch die Konvergenz $[F^{(n)} \bullet X] \to [F \bullet X]$ zu zeigen, setzen wir zur Abkürzung $U^{(n)} := (F^{(n)} + F) \bullet X$, $V^{(n)} := (F^{(n)} - F) \bullet X \in \mathscr{M}_0^2$. Damit wird wegen Bilinearität und Symmetrie des Klammerprozesses

$$\big|[F^{(n)} \bullet X]_t - [F \bullet X]_t\big| = \big|[U^{(n)}, V^{(n)}]_t\big| \le \big([U^{(n)}]_t\big)^{1/2}\big([V^{(n)}]_t\big)^{1/2}$$

(Schwarzsche Ungleichung) und also

$$\begin{aligned} E\big(\sup_t\big|[F^{(n)} \bullet X]_t - [F \bullet X]_t\big|\big) &\le E\big([U^{(n)}]_\infty\,[V^{(n)}]_\infty\big)^{1/2} \\ &\le \big(E[U^{(n)}]_\infty\big)^{1/2}\big(E[V^{(n)}]_\infty\big)^{1/2} \end{aligned}$$

(Höldersche Ungleichung). Aufgrund der Isometrie (4.18) steht auf der rechten Seite

$$\|U^{(n)}\|_{\mathscr{M}_0^2}\,\|V^{(n)}\|_{\mathscr{M}_0^2} = \|F^{(n)} + F\|_{L^2(X)}\,\|F^{(n)} - F\|_{L^2(X)} \to 0.$$

Schließlich sei allgemein $X \in \mathscr{M}$ und $F \in L^2_{\text{loc}}(X)$. Wir wählen eine reduzierende Folge $\tau_n \nearrow \infty$ mit $X^{\tau_n} \in \mathscr{M}^2$ und $F \in L^2(X^{\tau_n})$. Für die X^{τ_n} ist also (4.23) bereits bewiesen. Es folgt nach den Stopregeln für den Klammerprozeß bzw. das stochastische Integral (f.ü.)

$$[F \bullet X]_{\tau_n \wedge t} = [F \bullet X^{\tau_n}]_t = \int_0^t F^2 \, d[X^{\tau_n}] = \int_0^{\tau_n \wedge t} F^2 \, d[X]$$

und daraus mit $n \to \infty$ wieder (4.23). □

Auch stochastische Integrale $F \bullet X$ hängen fast sicher nur pfadweise von F und X ab:

Korollar 1. *Sei $X \in \mathscr{M}$ und $F \in L^2_{\mathrm{loc}}(X)$. Sind die Pfade $X_\bullet(\omega)$ jeweils konstant oder ist $F_\bullet(\omega) = 0$ für $\omega \in A$, so gilt $(F \bullet X)_\bullet = 0$ f.ü. auf A.*

Beweis: Nach dem vorangehenden Satz ist $[F \bullet X]_\bullet = \big(F^2 \bullet [X]\big)_\bullet$, und dies verschwindet auf $\big\{[X]_\bullet = 0\big\} \cup \{F_\bullet = 0\}$. Andererseits gibt es nach Satz 4.27 eine Nullmenge N so, daß gilt

$$A \subset \big\{[X]_\bullet = 0\big\} \cup \{F_\bullet = 0\} \cup N .$$

Damit ist $[F \bullet X]_\bullet = 0$ auf $A \setminus N$ und also, wiederum nach Satz 4.27, $(F \bullet X)_\bullet = 0$ f.ü. auf A. □

Korollar 2. *Für $X \in \mathscr{M}$ und $F \in L^2_{\mathrm{loc}}(X)$ sind die Doléansmaße $\mu_{F \bullet X}$ und μ_X auf $\sigma(\mathscr{C})$ durch die Dichte F^2 verknüpft:*

$$\mu_{F \bullet X}(M) = \int_M F^2 \, d\mu_X ; \quad M \in \sigma(\mathscr{C}) . \tag{4.24}$$

Beweis: Für jede Stopzeit τ ist nach den Gleichungen (4.8), (4.21), (4.22), (4.23)

$$\mu_{F \bullet X}[0,\tau] = E[F \bullet X]_\tau = E \int_0^\tau F^2 \, d[X] = \int_{[0,\tau]} F^2 \, d\mu_X .$$

Andererseits genügt es, solche Intervalle zu betrachten: Für $M \subset \{0\} \times \Omega$ ist (4.24) trivialerweise richtig, und für $M =]s,t] \times A$, $A \in \mathscr{F}_s$ ein vorhersagbares Rechteck, hat man die Darstellung $M =]\sigma,\tau] = [0,\tau] \setminus [0,\sigma]$ mit den Stopzeiten $\sigma := s$ (konstant) und $\tau := s$ auf $\complement A$ und $:= t$ auf A. Daher gilt (4.24) auf dem $\cap$-stabilen Erzeuger $\mathscr{R}$ von $\sigma(\mathscr{C})$ und deshalb auf ganz $\sigma(\mathscr{C})$ (Satz 4.33). □

Die Isometrie (4.18) zeigt eine stetige Abhängigkeit des stochastischen Integrals $F \bullet X$ für $X \in \mathscr{M}$ von $F \in L^2(X)$ bezüglich der Normen $\|F\|_{L^2(X)}$ bzw. $\|F \bullet X\|_{\mathscr{M}_0^2}$ (und damit nach der Maximal-Ungleichung sogar bezüglich $\|F \bullet X\|_{2,\infty}$, d.h. gleichmäßig im quadratischen Mittel). Wir verallgemeinern dies sofort auf $L^2_{\mathrm{loc}}(X)$ und sagen dabei, eine Folge $(F^{(n)})_{n \in \mathbb{N}}$ in $L^2_{\mathrm{loc}}(X)$ *konvergiert in* $L^2_{\mathrm{loc}}(X)$ *gegen* $F \in L^2_{\mathrm{loc}}(X)$, wenn für eine Folge $\tau_\ell \nearrow \infty$ von Stopzeiten bei festem $\ell \in \mathbb{N}$ jeweils $F^{(n)}, F \in L^2(X^{\tau_\ell})$ und $\|F^{(n)} - F\|_{L^2(X^{\tau_\ell})} \to 0$ mit $n \to \infty$ gilt.

Satz 4.41. *Sei $X \in \mathscr{M}$ und $F^{(n)}, F \in L^2_{\text{loc}}(X)$; $n \in \mathbb{N}$. Konvergiert $(F^{(n)})$ gegen F in $L^2_{\text{loc}}(X)$, so konvergieren $F^{(n)} \bullet X \to F \bullet X$ lokal gleichmäßig stochastisch (in $\mathscr{M}_0$). Die Voraussetzung ist insbesondere dann erfüllt, wenn $F^{(n)} \to F$ punktweise und durch ein $H \in L^2_{\text{loc}}(X)$ majoriert konvergiert.*

Beweis: Aufgrund der vorangehenden Bemerkung konvergiert ja für festes ℓ jeweils

$$(F^{(n)} \bullet X)^{\tau_\ell} = F^{(n)} \bullet X^{\tau_\ell} \to F \bullet X^{\tau_\ell} = (F \bullet X)^{\tau_\ell}$$

sogar in $\mathscr{M}_0^2$, erst recht gleichmäßig stochastisch. Nach Bemerkung 4.10 gilt dann für die ungestoppte Folge $F^{(n)} \bullet X \to F \bullet X$ lokal gleichmäßig stochastisch.

□

Das folgende Korollar zieht aus Satz 4.41 eine Konsequenz für die meßbare Abhängigkeit stochastischer Integrale vom Integranden.
$\sigma(\mathscr{C})$ bezeichnet wieder die σ-Algebra der vorhersagbaren Mengen auf $\mathbb{R}_+ \times \Omega$ (Definition 4.32).

Korollar 1. *Sei $(S;\Sigma)$ ein beliebiger Meßraum und $X \in \mathscr{M}$. Durch eine $\Sigma \otimes \sigma(\mathscr{C})$-meßbare Abbildung $F\colon S \times \mathbb{R}_+ \times \Omega \to \mathbb{R}$ sei die "meßbare Familie" von Integranden $F^a := F(a,\cdot) \in L^2_{\text{loc}}(X)$, $a \in S$, gegeben. Dann gibt es Versionen der stochastischen Integrale $F^a \bullet X$, für die*

$$(a,t,\omega) \mapsto (F^a \bullet X)_t(\omega)$$

eine $\Sigma \otimes \mathscr{B}(\mathbb{R}_+) \otimes \mathscr{F}_\infty$-meßbare Funktion ist. Ist F beschränkt, so gilt nach Fubini die gleiche Behauptung auch für $X \in \mathscr{A}$ und damit also sogar für $X \in \mathscr{S}$.

Beweis: Es bezeichne $\mathcal{G}$ die Menge derjenigen beschränkten $\Sigma \otimes \sigma(\mathscr{C})$-meßbaren $F\colon S \times \mathbb{R}_+ \times \Omega \to \mathbb{R}$, welche die Aussage des Korollars erfüllen. $\mathcal{G}$ ist offenbar ein Vektorraum, der aufgrund von Satz 4.41 und dem nachfolgenden Lemma 4.42 stabil ist gegen punktweise, durch eine Konstante majorierte Grenzwertbildung: $F_n \in \mathcal{G}$, $|F_n| \leq C$ und $F_n \to F$ impliziert $F \in \mathcal{G}$. Andererseits enthält $\mathcal{G}$ trivialerweise alle Funktionen der Form $F(a,t,\omega) = g(a)H(t,\omega)$ mit g beschränkt, Σ-meßbar und H beschränkt, $\sigma(\mathscr{C})$-meßbar. Diese erzeugen einen Vektorraum $\mathcal{F} \subset \mathcal{G}$, der die konstanten Funktionen und mit F auch $F(\cdot)^2$ enthält. Nach dem Monotone-Klasse-Argument Satz 1.4 gehören also alle beschränkten $\sigma(\mathcal{F})(= \Sigma \otimes \sigma(\mathscr{C}))$-meßbaren F zu $\mathcal{G}$.
Ist schließlich F nicht notwendig beschränkt, so sind nach dem bisher Gezeigten die $F_n := F 1_{\{|F| \leq n\}}$ in $\mathcal{G}$. Da $F_n^a \to F^a$ in $L^2_{\text{loc}}(X)$ gilt, folgt $F_n^a \bullet X \to F^a \bullet X$ lokal gleichmäßig stochastisch nach Satz 4.41.
Das folgende Lemma zeigt wiederum, daß F die Behauptung des Korollars erfüllt.

□

Lemma 4.42. *Sei* $(G_n)_{n\in\mathbb{N}}$ *eine Folge* $\Sigma \otimes \mathscr{B}(\mathbb{R}_+) \otimes \mathscr{F}_\infty$*-meßbarer Funktionen* $G_n\colon S \times \mathbb{R}_+ \times \Omega \to \mathbb{R}$*, so daß für jedes feste* $x \in S$ *gilt: Die Prozesse* $G_n(x,\cdot)$ *haben stetige Pfade und konvergieren lokal gleichmäßig stochastisch mit* $n \to \infty$*. Dann gibt es eine* $\Sigma \otimes \mathscr{B}(\mathbb{R}_+) \otimes \mathscr{F}_\infty$*-meßbare Abbildung*

$$G\colon S \times \mathbb{R}_+ \times \Omega \to \mathbb{R},$$

so daß für jedes $x \in S$ *der Prozeß* $G(x,\cdot)$ *stetige Pfade hat und lokal gleichmäßiger stochastischer Grenzwert der Folge* $\big(G_n(x,\cdot)\big)_{n\in\mathbb{N}}$ *ist. Sind alle* $G_n(x,\cdot)$ *adaptiert, so ist also auch* $G(x,\cdot)$ *adaptiert, da eine vollständige Filtrierung zugrundeliegt.*

Beweis: Die vorausgesetzte Produkt-Meßbarkeit der G_n sowie die Tatsache, daß die $G_n(x,\cdot)$ stetige Prozesse sind, hat zur Folge, daß für Mengen der Form (mit $n, j \in \mathbb{N}$; $x \in S$)

$$A_{n,j}(x) := \Big\{ \sup_{k,\ell\ge n} \sup_{t\le j} \big|G_k(x,t,\cdot) - G_\ell(x,t,\cdot)\big| > 1/2^j \Big\}$$

die Indikatorfunktionen $(x,\omega) \to 1_{A_{n,j}(x)}(\omega)$ noch $\Sigma \otimes \mathscr{F}_\infty$-meßbar sind. Damit wird $x \mapsto P\big(A_{n,j}(x)\big)$ Σ-meßbar und strebt nach Voraussetzung mit $n \to \infty$ gegen 0. Deshalb ist bei festem $j \in \mathbb{N}$

$$n_j(x) := \inf\big\{n \in \mathbb{N}:\ n \ge j;\ P\big(A_{n,j}(x)\big) < 1/2^j\big\}$$

endlich, Σ-meßbar in x, mit $n_j(x) \nearrow \infty$ für $j \to \infty$. Wir bilden nun die Mengen (bei festem $x \in S$)

$$A_j(x) := A_{n_j(x),j}(x); \quad j \in \mathbb{N},$$

deren Indikatorfunktionen $(x,\omega) \mapsto 1_{A_j(x)}(\omega)$ also ebenfalls $\Sigma \otimes \mathscr{F}_\infty$-meßbar sind. Wegen $P\big(A_j(x)\big) < 1/2^j$ ist nach dem Borel-Cantelli-Lemma

$$P\big(N(x)\big) = 0 \quad \text{für } N(x) := \limsup_{j\to\infty} A_j(x).$$

Außerdem bleibt $(x,\omega) \mapsto 1_{N(x)}(\omega)$ natürlich $\Sigma \otimes \mathscr{F}_\infty$-meßbar. Für $\omega \notin N(x)$ gilt nun bei hinreichend großem $j \in \mathbb{N}$

$$\sup_{k,\ell\ge n_j(x)} \sup_{t\le j} \big|G_k(x,t,\omega) - G_\ell(x,t,\omega)\big| \le 1/2^j.$$

Es existiert also der Grenzwert

$$G(x,t,\omega) := \lim_{j\to\infty} \big(1 - 1_{N(x)}(\omega)\big) G_{n_j(x)}(x,t,\omega)$$

für alle $(x,t,\omega) \in S \times \mathbb{R}_+ \times \Omega$, lokal gleichmäßig in $t \in \mathbb{R}_+$.
G ist damit $\Sigma \otimes \mathscr{B}(\mathbb{R}_+) \otimes \mathscr{F}_\infty$-meßbar, und für jedes $x \in S$ hat $G(x,\cdot)$ stetige Pfade. Da $P\big(N(x)\big) = 0$ gilt, ist schließlich der lokal gleichmäßig stochastisch existierende Grenzwert der ganzen Folge $\big(G_n(x,\cdot)\big)_{n\in\mathbb{N}}$ auch gleich $G(x,t,\cdot)$ f.ü., wie behauptet. □

Wir geben nun eine einfache Version eines Satzes von Fubini mit einer stochastischen Integration.

Korollar 2. (Stochastischer Satz von Fubini) *Sei* $(S; \Sigma; \mu)$ *ein endlicher Maßraum. Sei ferner* $F\colon S \times \mathbb{R}_+ \times \Omega \to \mathbb{R}$ *beschränkt und* $\Sigma \otimes \sigma(\mathscr{C})$*-meßbar, und* $X \in \mathscr{S}$. *Es bezeichne* $(\int_0^t F^a \, dX)_{a \in S, t \in \mathbb{R}_+}$ *eine* $\Sigma \otimes \mathscr{B}(\mathbb{R}_+) \otimes \mathscr{F}_\infty$*-meßbare Version (gemäß Korollar* 1) *der stochastischen Integrale. Dann gilt (bis auf Nicht-Unterscheidbarkeit)*

$$\int \mu(da) \int_0^t F^a \, dX = \int_0^t \Big(\int \mu(da) \, F(a, \cdot) \Big) \, dX \, ; \qquad t \in \mathbb{R}_+ .$$

Beweis: Da $\int \mu(da) \, F(a, \cdot)$ wieder $\sigma(\mathscr{C})$-meßbar und beschränkt ist, existiert das stochastische Integral der rechten Seite. Gleichheit beider Seiten ist für $X \in \mathscr{A}$ nach dem klassischem Satz von Fubini gegeben, so daß wir nurmehr den Fall $X \in \mathscr{M}_0$ zu betrachten haben. Da sich Stoppung von X nach der Stopregel (Satz 4.35) durch beide Integrationen hindurchzieht, kann $[X]$ zusätzlich beschränkt angenommen werden, also insbesondere $\|X\|^2_{\mathscr{M}_0^2} = E[X]_\infty < \infty$. Es bezeichne nun wieder $\mathcal{G}$ die Gesamtheit derjenigen beschränkten, $\Sigma \otimes \sigma(\mathscr{C})$-meßbaren F, die die Aussage des Satzes erfüllen. Diese bilden einen Vektorraum, der trivialerweise alle F der Form $F(a,t,\omega) = g(a) H(t,\omega)$ enthält, wo g beschränkt, Σ-meßbar und H beschränkt und $\sigma(\mathscr{C})$-meßbar ist. Die lineare Hülle dieser Funktionen bildet einen Vektorraum $\mathcal{F} \subset \mathcal{G}$, der mit F auch das Quadrat $F(\cdot)^2$ enthält und die σ-Algebra $\Sigma \otimes \sigma(\mathscr{C})$ erzeugt. Um mit Hilfe des Monotone-Klasse-Arguments Satz 1.4 zu schließen, daß $\mathcal{G}$ jede beschränkte $\Sigma \otimes \sigma(\mathscr{C})$-meßbare Funktion enthält, bleibt für eine beschränkte Folge (F_n) in $\mathcal{G}$, die punktweise gegen eine Funktion F konvergiert, noch $F \in \mathcal{G}$ nachzuweisen. Zunächst konvergiert dann $H_n := \int \mu(da) \, F_n(a, \cdot) \to H := \int \mu(da) \, F(a, \cdot)$ punktweise und durch eine Konstante majoriert, somit in $L^2(X)$. Wir haben also nach Satz 4.39 die Konvergenz $H_n \bullet X \to H \bullet X$ (wie auch $F_n^a \bullet X \to F^a \bullet X$ für jedes $a \in S$) in der Topologie von $\mathscr{M}_0^2$. Da nach Voraussetzung gilt $\int \mu(da) \, (F_n^a \bullet X) = H_n \bullet X$, folgt die Behauptung (also: $\int \mu(da) \, (F^a \bullet X) = H \bullet X$) aus

$$\begin{aligned}
&\Big\| \int \mu(da) \, (F_n^a \bullet X - F^a \bullet X) \Big\|^2_{\mathscr{M}_0^2} \leq \\
&\quad \leq E\Big(\int \mu(da) \sup_{t \in \mathbb{R}_+} \big| (F_n^a \bullet X)_t - (F^a \bullet X)_t \big| \Big)^2 \\
&\quad \leq E\Big(\mu(S) \int \mu(da) \sup_{t \in \mathbb{R}_+} \big| (F_n^a \bullet X)_t - (F^a \bullet X)_t \big|^2 \Big) \\
&\quad \leq 4 \mu(S) \int \mu(da) \, \| F_n^a \bullet X - F^a \bullet X \|^2_{\mathscr{M}_0^2} .
\end{aligned}$$

Hierbei ist das vorletzte $\leq$-Zeichen die Höldersche Ungleichung, das letzte die Maximal-Ungleichung, und der letzte Ausdruck strebt mit $n \to \infty$ gegen 0, da der Integrand, durch $\text{const} \cdot \|X\|^2_{\mathscr{M}_0^2}$ majoriert, für jedes a gegen 0 strebt. □

Als weitere Anwendung von Satz 4.41 zeigen wir, daß auch das stochastische Integral $F \bullet X \in \mathscr{M}_0$ (ebenso wie der Klammerprozeß $[X,Y] \in \mathscr{A}_0$ nach Satz 4.22) durch Zerlegungssummen zu einer Folge von Intervallzerlegungen lokal gleichmäßig stochastisch approximiert wird. Wir nehmen die frühere Notation wieder auf und fixieren eine Zerlegung $\mathscr{Z}$: $0 = t_0 < \ldots < t_r$ (des Intervalls $[0, t_r]$). Sie induziert

— zu $t \in \mathbb{R}_+$ eine Zerlegung $\mathscr{Z}(t)$ von $[0,t]$ durch

$$\mathscr{Z}(t) = \begin{Bmatrix} 0 = t_0 < \ldots < t_{k-1} < t, & \text{falls } t_{k-1} < t \leq t_k \text{ für ein } k \leq r \\ 0 = t_0 < \ldots < t_r < t \ , & \text{falls } t_r < t \end{Bmatrix};$$

— zu $F \in \mathscr{B}$ einen elementaren Prozeß (siehe Beispiel 4.36) $F_{\mathscr{Z}}$:

$$F_{\mathscr{Z}} = \sum_{k=1}^{r} F_{t_{k-1}} 1_{]t_{k-1}, t_k]}.$$

Für $X \in \mathscr{M}$ ist dann nach Beispiel 4.36 das stochastische Integral $(F_{\mathscr{Z}} \bullet X)_t$ gleich dem pfadweise gebildeten Stieltjesintegral

$$\int_0^t F_{\mathscr{Z}}\, dX = \sum_{k=1}^{r} F_{t_{k-1}} (X_{t_k \wedge t} - X_{t_{k-1} \wedge t}) = \sum_{\mathscr{Z}(t)} F\, dX, \quad \text{letzteres für } t \leq t_r.$$

Satz 4.43. (Approximation stochastischer Integrale durch Zerlegungssummen) *Sei* $X \in \mathscr{M}$ *und* $F \in \mathscr{B}$. *Für eine beliebige Zerlegungsfolge* $\mathscr{Z}_n$: $0 = t_0^n < \ldots < t_{r_n}^n \nearrow \infty$ *mit Feinheitsmaß* $|\mathscr{Z}_n| \to 0$ *konvergiert*

$$F_{\mathscr{Z}_n} \bullet X \to F \bullet X \quad \textit{lokal gleichmäßig stochastisch.}$$

Insbesondere konvergiert bei fixiertem $T > 0$ *für eine beliebige Zerlegungsfolge* $\mathscr{Z}_n$ *von* $[0,T]$ *mit* $|\mathscr{Z}_n| \to 0$

$$\sum_{\mathscr{Z}_n(t)} F\, dX \to \int_0^t F\, dX \quad \textit{gleichmäßig stochastisch in } 0 \leq t \leq T.$$

Beweis: Der Zusatz folgt aus der Hauptaussage des Satzes wegen $\sum_{\mathscr{Z}_n(t)} F\, dX = F_{\mathscr{Z}_n} \bullet X$, wenn man die Zerlegung $\mathscr{Z}_n$ von $[0,T]$ jeweils durch Hinzunahme der Punkte $T + k/n$, $1 \leq k \leq n^2$, zu einer Zerlegung von $[0, T+n]$ ergänzt, was ja $\mathscr{Z}_n(t)$ für $t \leq T$ nicht ändert.

Zum Beweis der ersten Ausage genügt es nach Satz 4.41 zu sehen, daß $F_{\mathscr{Z}_n} \to F$ in $L^2_{\text{loc}}(X)$ konvergiert. Da $F \in \mathscr{B}$ linksstetig ist, haben wir zunächst $F_{\mathscr{Z}_n} \to F$ punktweise auf $\mathbb{R}_+ \times \Omega$ (beachte $|\mathscr{Z}_n(t)| \to 0$ für jedes $t \in \mathbb{R}_+$ wegen $|\mathscr{Z}_n| \to 0$ und $t_{r_n}^n \nearrow \infty$). Da die Behauptung nur von $F 1_{]0,\infty]}$ abhängt, sei noch $F_0 = 0$ angenommen. Dann können wir also eine lokalisierende Folge $\tau_\ell \nearrow \infty$ von Stopzeiten finden mit $|F^{\tau_\ell}| \leq \ell$ und $X^{\tau_\ell} \in \mathscr{M}^2$. Es folgt $F \in L^2(X^{\tau_\ell})$ und, wegen $(F_{\mathscr{Z}_n})^{\tau_\ell} = \big((F^{\tau_\ell})_{\mathscr{Z}_n}\big)^{\tau_\ell}$, auch $\big|(F_{\mathscr{Z}_n})^{\tau_\ell}\big| \leq \ell$, also auch $F_{\mathscr{Z}_n} \in L^2(X^{\tau_\ell})$. Da somit

$$(F_{\mathscr{Z}_n})^{\tau_\ell} \to F^{\tau_\ell} \quad \text{mit } n \to \infty$$

punktweise auf $\mathbb{R}_+ \times \Omega$ und majoriert durch ℓ für jedes $\ell \in \mathbb{N}$ gilt und $\mu_{X^{\tau_\ell}}$ ein endliches, auf $[0, \tau_\ell]$ konzentriertes Maß ist (Gleichung (4.9)), folgt schließlich $F_{\mathscr{Z}_n} \to F$ in $L^2(X^{\tau_\ell})$ für jedes ℓ und damit $F_{\mathscr{Z}_n} \to F$ in $L^2_{\text{loc}}(X)$. □

Ein einfacher Spezialfall von Satz 4.41 ist der, daß für $X \in \mathscr{M}$ und $F^{(n)}, F \in L^2_{loc}(X)$ gilt $F^{(n)} \to F$ gleichmäßig auf $\mathbb{R}_+ \times \Omega$. Dann konvergiert nämlich auch $F^{(n)} \to F$ in $L^2_{loc}(X)$, da ja für eine lokalisierende Folge $\tau_\ell \nearrow \infty$ mit $X^{\tau_\ell} \in \mathscr{M}^2$ das Maß $\mu_{X^{\tau_\ell}}$ endlich ist.
Insbesondere ist jedes $X \in \mathscr{M}$, und ebenso offenbar auch jedes $X \in \mathscr{A}$, damit schließlich jedes $X \in \mathscr{S}$ ein *stochastischer Integrator*, d.h. ein stetiger adaptierter Prozeß so, daß für jede Folge $(F^{(n)})_{n \in \mathbb{N}}$ elementarer Prozesse, die gleichmäßig gegen 0 konvergiert, auch die (offenbar sogar pfadweise als Stieltjesintegral bildbaren) $\int_0^t F^{(n)}\, dX$ wenigstens stochastisch gegen 0 konvergieren.

Ein Resultat von Dellacherie [DE 80] und Bichteler [BI 81] sagt umgekehrt, daß jeder stochastische Integrator schon zu $\mathscr{S}$ gehört. Dies ist nicht nur vom systematischen Standpunkt einer möglichst allgemeinen funktionalanalytischen Theorie stochastischer Integrale sehr befriedigend, sondern hat auch praktische Konsequenzen. Es zeigt zum Beispiel, daß ein Prozeß $X \in \mathscr{S}$ ein Semimartingal bleibt, wenn wir das zugrundeliegende Wahrscheinlichkeitsmaß P durch ein anderes Wahrscheinlichkeitsmaß Q mit denselben Nullmengen wie P ersetzen; denn dabei ändern sich nicht die Konvergenz f.ü. und damit (Teilfolgen-Charakterisierung der stochastischen Konvergenz) auch nicht die stochastische Konvergenz.

4.7 Der Itô-Kalkül

Der in Abschnitt 4.5 aufgebaute Begriff des stochastischen Integrals $\int_0^t F\, dX$ nach einem lokalen Martingal $X \in \mathscr{M}$ heißt (nach seinem Begründer K. Itô [IT 44]) auch *Itô-Integral*, im Gegensatz zu einer Variante, dem *Stratonovich-Integral*, auf das wir ebenfalls kurz eingehen, da es sich für eine (gegen Kartenwechsel invariante) Formulierung der stochastischen Analysis auf Mannigfaltigkeiten besonders eignet. Wir führen in diesem Abschnitt zunächst die suggestiv-knappe Schreibweise der Itô-Differentiale und ihrer Verknüpfungen ein und stellen hierin nochmals die wichtigsten "algebraischen" Rechenregeln aus Abschnitt 4.6 zusammen. Sie werden dann ergänzt durch die Itô-Formel als "Hauptsatz der stochastischen Differential- und Integralrechnung", welche die Invarianz der Klasse $\mathscr{S}$ aller stetigen Semimartingale unter differenzierbaren Operationen f zeigt und zugleich eine Zerlegung von $f(X) \in \mathscr{S}$ gemäß $\mathscr{S} = \mathscr{A} \oplus \mathscr{M}_0$ (Satz 4.8) in expliziter stochastischer Integraldarstellung angibt.

Wir legen wieder einen standard filtrierten Wahrscheinlichkeitsraum $(\Omega; \mathscr{F}; P; (\mathscr{F}_t)_{t \in \mathbb{R}_+})$ zugrunde und hierzu die $\mathbb{R}$-Vektorräume $\mathscr{A}, \mathscr{B}, \mathscr{C}, \mathscr{M}$ und $\mathscr{S}$ von reellwertigen stochastischen Prozessen (Abschnitt 4.2).

Für $X := A + M \in \mathscr{S}$ (mit $A \in \mathscr{A}$, $M \in \mathscr{M}_0$) und $F \in \mathscr{B}$ haben wir dann den Prozeß $F \bullet X := F \bullet A + F \bullet M \in \mathscr{S}$ des unbestimmten stochastischen Integrals:

In Definition 4.6 für den Integrator A als pfadweises Stieltjesintegral definiert; in Definition 4.34 für den Integrator M (nach Lokalisierung) durch einen Hilbertraum-Schluß zunächst etwas allgemeiner für $F \in L^2_{\mathrm{loc}}(M)$ abstrakt definiert, nach Satz 4.43 aber für $F \in \mathscr{B}$ wiederum als ein Stieltjesintegral bei nurmehr stochastischer Konvergenz der Zerlegungssummen aufzufassen. In beiden Fällen gilt jedenfalls eine Approximation durch Zerlegungssummen

$$\sum_{\mathscr{Z}_n(t)} F\,dX \to \int_0^t F\,dX$$

für eine *geeignet gewählte* Zerlegungsfolge $(\mathscr{Z}_n)$ mit $|\mathscr{Z}_n| \to 0$ außerhalb einer von t unabhängig wählbaren P-Nullmenge (vgl. Bemerkung 4.11).

Anders als in einem Kalkül differenzierbarer Abbildungen, wo Differentiale in mehr oder weniger abstrakter Form als lokale Größen *punktweise* definiert sind und punktweise mit Funktionen multipliziert werden, verstehen wir im folgenden unter dem *(Itô-)Differential* eines Prozesses $X \in \mathscr{S}$ die *Intervallfunktion* dX, die einem Intervall in $\mathbb{R}_+$ mit den Endpunkten $s \leq t$ die Zufallsvariable $X_t - X_s$ zuordnet. (Wir betrachten nur stetige Prozesse und haben deshalb keine relevanten Unterscheidungen hinsichtlich der Intervallendpunkte zu beachten.)

Wesentlich sind die beiden folgenden *Verknüpfungen* von:

a) Prozeß mit Differential: $F\,dX := d(F \bullet X)$; $F \in \mathscr{B}$; $X \in \mathscr{S}$
(also insbesondere $(F\,dX)[0,t] = \int_0^t F\,dX = (F \bullet X)_t$);

b) Differential mit Differential: $dX dY := d[X,Y]$; $X, Y \in \mathscr{S}$
(also insbesondere $dXdX = d[X]$ und $dXdY = 0$ für $X \in \mathscr{A}$ oder $Y \in \mathscr{A}$, vgl. Satz 4.22)

Die in Satz 4.38 bewiesenen Rechenregeln schreiben sich damit (wir bezeichnen generell mit $F, G \in \mathscr{B}$ Integranden und mit $X, Y \in \mathscr{S}$ Integratoren):

(4.25) $$(F+G)\,dX = F\,dX + G\,dX; \quad F\,d(X+Y) = F\,dX + F\,dY;$$

(4.26) $$F(G\,dX) = (FG)\,dX \equiv FG\,dX;$$

(4.27) $$(F\,dX)(G\,dY) = (FG)\,dXdY \equiv FG\,dXdY;$$

Weiter zeigt das Korollar zu Satz 4.22 über den Klammerprozeß

(4.28) $$dXdY = dYdX; \quad d(X+Y)\,dZ = dXdZ + dYdZ.$$

Aus Satz 4.22 selbst folgt noch

(4.29) $$dXdY = 0 \quad \text{für } X \in \mathscr{A} \text{ oder } Y \in \mathscr{A};$$

da $[X,Y]$ selbst für alle $X, Y \in \mathscr{S}$ schon in $\mathscr{A}$ ist, gilt insbesondere

(4.30) $$dX(dYdZ) = (dXdY)\,dZ = 0.$$

Der folgende Satz über partielle Integration nimmt in der Differential-Schreibweise die prägnante Form einer *Produktregel* an:

(4.31) $$d(XY) = X\,dY + Y\,dX + dXdY.$$

Satz 4.44. (Partielle Integration) *Für $X, Y \in \mathscr{S}$ gilt f.ü.*

$$\int_0^t X\,dY + \int_0^t Y\,dX = X_tY_t - X_0Y_0 - [X,Y]_t\,; \quad t \in \mathbb{R}_+. \tag{4.32}$$

Insbesondere ist auch das Produkt XY in $\mathscr{S}$, und sogar in $\mathscr{A}$, wenn X und Y in $\mathscr{A}$ sind.

Beweis: Der Zusatz folgt sofort aus der Formel selbst, da stets $[X,Y] \in \mathscr{A}$ ist und unbestimmte stochastische Integrale $F \bullet X$ nach ihrer Definition für $X \in \mathscr{M}$ bzw. $\mathscr{A}$ einen Prozeß in $\mathscr{M}$ bzw. $\mathscr{A}$ darstellen. Formel (4.32) ist für X (oder Y) in $\mathscr{A}$ die partielle Integrationsformel für (pfadweise) Stieltjesintegrale, da in diesem Falle nach Satz 4.22 auch $[X,Y] = 0$ ist (vgl. Bemerkung 4.4). Wir nehmen nun $X, Y \in \mathscr{M}$ an, und betrachten eine Zerlegungsfolge $(\mathscr{Z}_n)$ gemäß Satz 4.43 mit der Folge von induzierten Zerlegungen $\mathscr{Z}_n(t)$ von $[0,t]$ wie dort beschrieben. Dann gilt, als trivial nachzurechnende Vorstufe von (4.32) für Summen, jeweils (vgl. Abschnitt 4.1)

$$\sum_{\mathscr{Z}_n(t)} X\,dY + \sum_{\mathscr{Z}_n(t)} Y\,dX = X_tY_t - X_0Y_0 - \sum_{\mathscr{Z}_n(t)} dX\,dY.$$

Nach Satz 4.43 konvergiert hier die linke Seite stochastisch gegen $\int_0^t X\,dY + \int_0^t Y\,dX$, nach Satz 4.22 ebenso die Zerlegungssumme der rechten Seite gegen $[X,Y]_t$. Damit gilt (4.32) f.ü. für jedes $t \in \mathbb{R}_+$. Da beide Seiten stetige Prozesse definieren, kann die Ausnahme-Nullmenge sogar unabhängig von t gewählt werden, d.h. es gilt bis auf Nicht-Unterscheidbarkeit

$$X \bullet Y + Y \bullet X = XY - X_0Y_0 - [X,Y]. \qquad \square$$

Bemerkung 4.45. Definiert man, mit $F \in \mathscr{B}$ und $X, Y \in \mathscr{S}$, für eine beliebige Zerlegung $\mathscr{Z}$: $0 = t_0 < \ldots < t_r = t$ von $[0,t]$ auch noch die Zerlegungssumme $\sum_{\mathscr{Z}} F\,dX\,dY := \sum_{k=1}^r F_{t_{k-1}}(X_{t_k} - X_{t_{k-1}})(Y_{t_k} - Y_{t_{k-1}})$, so hat man, wie leicht nachzurechnen, die Identität

$$\sum_{\mathscr{Z}} F\,dX\,dY = \sum_{\mathscr{Z}} F\,d(XY) - \sum_{\mathscr{Z}} (FX)\,dY - \sum_{\mathscr{Z}} (FY)\,dX.$$

Setzt man hierin für $\mathscr{Z}$ die induzierten Zerlegungen $\mathscr{Z}_n(t)$ einer Zerlegungsfolge $(\mathscr{Z}_n)$ gemäß Satz 4.43 ein, so ergibt sich (da wir gesehen haben, daß auch $XY \in \mathscr{S}$, und natürlich $FX, FY \in \mathscr{B}$ ist) lokal gleichmäßige stochastische Konvergenz der rechten Seite mit $n \to \infty$:

$$\sum_{\mathscr{Z}_n(t)} F\,dX\,dY \to \int_0^t F\,d(XY) - \int_0^t (FX)\,dY - \int_0^t (FY)\,dX.$$

Wir schreiben die rechte Seite als das für das Intervall $[0,t]$ ausgewertete Itô-Differential $F\,d(XY) - (FX)\,dY - (FY)\,dX$ und rechnen unter Benutzung unserer Rechenregeln um:

$$F\,d(XY) = F(X\,dY + Y\,dX + dX\,dY) = (FX)\,dY + (FY)\,dX + F\,dX\,dY.$$

Es folgt also (in Verallgemeinerung der Definition des Klammerprozesses)

$$(4.33)\qquad \sum_{\mathscr{Z}_n(t)} F\,dX\,dY \to (F\,dX\,dY)[0,t] = \int_0^t F\,d[X,Y].$$

Die partielle Integrationsregel, d. h. die Produktregel (4.31) des Itô-Kalküls, ist nur ein einfacher Spezialfall (nämlich der für die C^∞-Funktion $f(x,y) = xy$ auf $\mathbb{R}^2$) der folgenden *Itô-Formel*, dem Hauptergebnis dieses Abschnittes. In differentieller Schreibweise sieht sie aus wie der Anfang einer Taylor-Entwicklung, ist aber der verallgemeinerte Hauptsatz der Differential-/Integralrechnung der stochastischen Analysis und geht natürlich sofort in dessen klassische Versionen über, wenn man differenzierbar von $t \in \mathbb{R}_+$ abhängige Prozesse (allgemeiner Prozesse aus $\mathscr{A}$) einsetzt. In diesem Satz ist nicht nur die Formel selbst von Interesse, sondern ebenso die erstaunliche (man denke nur an die entsprechende Fragestellung bezüglich der Markoveigenschaft eines Prozesses) Invarianz der Klasse $\mathscr{S}$ unter differenzierbaren Operationen: Während man die Klasse $\mathscr{M}$ der lokalen Martingale schon bei einfachsten nichtlinearen Operationen verläßt, bleibt $\mathscr{M} + \mathscr{A} = \mathscr{S}$ invariant, wobei die eigentliche Itô-Formel (4.34) zugleich die *"Doob-Meyer-Zerlegung"* des Ergebnisses der Operation in seine eindeutig bestimmten Bestandteile aus $\mathscr{M}_0$ (Martingalteil) bzw. $\mathscr{A}$ (rektifizierbarer Teil; Drift) mit angibt.

Wir nennen im folgenden Satz einen vektorwertigen Prozeß $X = (X^1,\dots,X^n)$ auf dem zugrundeliegenden Raum $(\Omega;\mathscr{F};P;(\mathscr{F}_t)_{t\in\mathbb{R}_+})$ ein stetiges Semimartingal, wenn $X^k \in \mathscr{S}$ für jeden Komponentenprozeß X^k, $1 \le k \le n$, gilt. Wir sagen, X habe *Werte in* einer offenen Teilmenge U des $\mathbb{R}^n$, wenn gilt $X_t(\omega) \in U$ außerhalb einer von $t \in \mathbb{R}_+$ unabhängigen Nullmenge von Ω.

Satz 4.46. (Itô-Formel) *Sei $X = (X^1,\dots,X^n)$ ein stetiges Semimartingal mit Werten in einer offenen Menge U des $\mathbb{R}^n$; dabei seien die ersten $r-1$ Komponenten $(1 \le r \le n+1)$ $X^1,\dots,X^{r-1} \in \mathscr{A}$. Die Funktion $f\colon U \to \mathbb{R}$ sei stetig differenzierbar, in den letzten $n-r+1$ Variablen $(x_r,\dots,x_n)$ sogar zweimal stetig partiell differenzierbar. Dann ist auch der Prozeß $f(X) := (f \circ X_t)_{t\in\mathbb{R}_+}$ ein Semimartingal, mit dem Differential*

$$(4.34)\qquad df(X) = \sum_{k=1}^n \frac{\partial f}{\partial x_k}(X)\,dX^k + \frac{1}{2}\sum_{k,\ell=r}^n \frac{\partial^2 f}{\partial x_k \partial x_\ell}(X)\,dX^k dX^\ell.$$

Beweis: (Die Grenzfälle $r = 1$ bzw. $r = n+1$ sind sinngemäß zu verstehen: Für $r = 1$ entfällt die Voraussetzung $X^1,\dots,X^{r-1} \in \mathscr{A}$, für $r = n+1$ entfällt die Doppelsumme in Gleichung (4.34)).

Bei $x, x+\xi \in U$ gilt für das Taylor-Restglied

$$r(x,\xi) := f(x+\xi) - f(x) - \sum_{k=1}^n \frac{\partial f}{\partial x_k}(x)\xi_k - \frac{1}{2}\sum_{k,\ell=r}^n \frac{\partial^2 f}{\partial x_k \partial x_\ell}(x)\xi_k\xi_\ell$$

eine Darstellung

$$r(x,\xi)=\varepsilon(x,\xi)\Big(\sum_{k=1}^{r-1}|\xi_k|+\sum_{k=r}^{n}|\xi_k|^2\Big), \tag{4.35}$$

worin für jedes kompakte $K\subset U$ gilt $\sup_{x\in K}|\varepsilon(x,\xi)|\to 0$ mit $\xi\to 0$, $\xi\neq 0$ so, daß $x+\xi\in U$. Um diese Aussage für die durch (4.35) für $\xi\neq 0$ wohldefinierte Funktion ε nachzuweisen, wähle man zunächst zu K ein $\delta>0$ so, daß gilt

$$V(K;\delta):=\{y\in\mathbb{R}^n:\operatorname{dist}(K;y)<\delta\}\subset U.$$

Wir schreiben $\xi=(\xi',\xi'')$ mit $\xi'=(\xi_1,\ldots,\xi_{r-1})$, $\xi''=(\xi_r,\ldots,\xi_n)$ und betrachten nurmehr $\xi\in\mathbb{R}^n$ mit $|\xi|<\delta$. Dann ist also für $x\in K$ das ganze Segment $[x,x+\xi]\subset V(K;\delta)\subset U$. Nach Taylor gilt

$$\begin{aligned}f(x+\xi)-f(x)&=f(x+\xi)-f\big(x+(0,\xi'')\big)+f\big(x+(0,\xi'')\big)-f(x)\\&=\sum_{k=1}^{r-1}\frac{\partial f}{\partial x_k}(\bar{x})\xi_k+\sum_{k=r}^{n}\frac{\partial f}{\partial x_k}(x)\xi_k+\frac{1}{2}\sum_{k,\ell=r}^{n}\frac{\partial^2 f}{\partial x_k\partial x_\ell}(\tilde{x})\xi_k\xi_\ell,\end{aligned}$$

mit geeigneten Zwischenpunkten $\bar{x}\in\big[x+(0,\xi''),x+\xi\big]$ bzw. $\tilde{x}\in\big[x,x+(0,\xi'')\big]$. Es folgt

$$\big|r(x,\xi)\big|\leq\sum_{k=1}^{r-1}\Big|\frac{\partial f}{\partial x_k}(\bar{x})-\frac{\partial f}{\partial x_k}(x)\Big|\,|\xi_k|+\frac{1}{2}\sum_{k,\ell=r}^{n}\Big|\frac{\partial^2 f}{\partial x_k\partial x_\ell}(\tilde{x})-\frac{\partial^2 f}{\partial x_k\partial x_\ell}(x)\Big|\,|\xi_k|\,|\xi_\ell|.$$

Die hier vorkommenden partiellen Ableitungen sind nach Voraussetzung alle stetig in U und daher gleichmäßig stetig in $V(K;\delta/2)$; somit gilt aufgrund der ξ-Abhängigkeit von $\bar{x}$ bzw. $\tilde{x}$

$$\max_{1\leq k\leq r}\Big|\frac{\partial f}{\partial x_k}(\bar{x})-\frac{\partial f}{\partial x_k}(x)\Big|\to 0 \quad\text{mit } |\xi|\to 0,\ \text{gleichmäßig für } x\in K;$$

$$\max_{r\leq k,\ell\leq n}\Big|\frac{\partial^2 f}{\partial x_k\partial x_\ell}(\tilde{x})-\frac{\partial^2 f}{\partial x_k\partial x_\ell}(x)\Big|\to 0 \quad\text{mit } |\xi|\to 0,\ \text{gleichmäßig für } x\in K.$$

Schätzt man nach der Schwarzschen Ungleichung ab

$$\sum_{k,\ell=r}^{n}|\xi_k|\,|\xi_\ell|=\Big(\sum_{k=r}^{n}|\xi_k|\Big)^2\leq(n-r+1)^2\sum_{k=r}^{n}|\xi_k|^2,$$

so folgt $\sup_{x\in K}\varepsilon(x,\xi)\to 0$ mit $\xi\to 0$, $\xi\neq 0$.

Wir kehren nun zur Situation des Satzes zurück und haben für fixiertes $t\in\mathbb{R}_+$ zu zeigen

$$f\circ X_t-f\circ X_0=\sum_{k=1}^{n}\int_0^t\frac{\partial f}{\partial x_k}(X)\,dX^k+\frac{1}{2}\sum_{k,\ell=r}^{n}\int_0^t\frac{\partial^2 f}{\partial x_k\partial x_\ell}(X)\,d[X^k,X^\ell]\quad\text{f.ü.}$$

Für eine beliebige Zerlegung $\mathscr{Z}$: $0 = t_0 < \ldots < t_v = t$ von $[0,t]$ ist, nach Definition von $r(x,\xi)$,

$$\begin{aligned} f \circ X_t - f \circ X_0 &= \sum_{\mathscr{Z}} df(X) \\ &= \sum_{k=1}^{n} \sum_{\mathscr{Z}} \frac{\partial f}{\partial x_k}(X)\, dX^k + \frac{1}{2} \sum_{k,\ell=r}^{n} \sum_{\mathscr{Z}} \frac{\partial^2 f}{\partial x_k \partial x_\ell}(X)\, dX^k dX^\ell \\ &\quad + \sum_{i=1}^{v} r(X_{t_{i-1}}, X_{t_i} - X_{t_{i-1}}). \end{aligned}$$

Mit $|\mathscr{Z}| \to 0$ konvergiert hierin stochastisch

$$\sum_{\mathscr{Z}} \frac{\partial f}{\partial x_k}(X)\, dX^k \to \int_0^t \frac{\partial f}{\partial x_k}(X)\, dX^k \quad \text{(nach Satz 4.43)}$$

und

$$\sum_{\mathscr{Z}} \frac{\partial^2 f}{\partial x_k \partial x_\ell}(X)\, dX^k dX^\ell \to \int_0^t \frac{\partial^2 f}{\partial x_k \partial x_\ell}(X)\, d[X^k, X^\ell] \quad \text{(nach Bemerkung 4.45).}$$

Es bleibt also nur noch zu zeigen, daß auch

$$\sum_{i=1}^{v} r(X_{t_{i-1}}, X_{t_i} - X_{t_{i-1}}) \to 0 \quad \text{stochastisch mit } |\mathscr{Z}| \to 0.$$

Gleichung (4.35) gibt für jeden Summanden bei festem $\omega \in \Omega$ eine Darstellung, die wir in die Summe einsetzen und dann abschätzen:

$$\begin{aligned} \Big|\sum_{i=1}^{v} r\big(X_{t_{i-1}}(\omega), X_{t_i}(\omega) - X_{t_{i-1}}(\omega)\big)\Big| &\le \max_{1 \le i \le v} \big|\varepsilon\big(X_{t_{i-1}}(\omega), X_{t_i}(\omega) - X_{t_{i-1}}(\omega)\big)\big| \cdot \\ &\quad \Big(\sum_{k=1}^{r-1} \sum_{\mathscr{Z}} |dX^k|(\omega) + \sum_{k=r}^{n} \sum_{\mathscr{Z}} dX^k dX^k(\omega)\Big). \end{aligned}$$

Hierin konvergiert also, für jedes kompakte $K \subset U$, $\varepsilon(x,\xi) \to 0$ gleichmäßig in K mit $|\xi| \to 0$. Wählt man $K = \{X_s(\omega) : 0 \le s \le t\}$, so folgt mit $|\mathscr{Z}| \to 0$ also $\max_{1 \le i \le v} \big|\varepsilon\big(X_{t_{i-1}}(\omega), X_{t_i}(\omega) - X_{t_{i-1}}(\omega)\big)\big| \to 0$. Andererseits konvergieren die Zerlegungssummen mit $|\mathscr{Z}| \to 0$: Für $k = 1, \ldots, r-1$ gilt

$$\sum_{\mathscr{Z}} |dX^k|(\omega) \to (V_{X^k})_t(\omega) \quad \text{punktweise für jedes } \omega$$

(mit $(V_{X^k})_t(\omega)$ der Variation des Pfades $X^k_\bullet(\omega)$ von 0 bis t), und für $k = r, \ldots, n$

$$\sum_{\mathscr{Z}} dX^k dX^k \to [X^k]_t \quad \text{stochastisch.}$$

Insgesamt ergibt sich damit die behauptete stochastische Konvergenz

$$\sum_{i=1}^{v} r(X_{t_{i-1}}, X_{t_i} - X_{t_{i-1}}) \to 0 \quad \text{mit } |\mathscr{Z}| \to 0. \qquad \square$$

Bemerkung 4.47. i) In der Situation des Satzes sind also (da $F \bullet X \in \mathscr{A}$ bzw. $\mathscr{M}$ für $X \in \mathscr{A}$ bzw. $\mathscr{M}$, und $[X^k, X^\ell] \in \mathscr{A}$ ist)

$$\sum_{k=r}^{n} \frac{\partial f}{\partial x_k}(X) \bullet X^k \quad \text{bzw.} \quad \sum_{k=1}^{r-1} \frac{\partial f}{\partial x_k}(X) \bullet X^k + \frac{1}{2} \sum_{k,\ell=r}^{n} \frac{\partial^2 f}{\partial x_k \partial x_\ell}(X) \bullet [X^k, X^\ell]$$

der Martingal- bzw. rektifizierbare Teil von $f(X) - f(X_0)$, wenn $X^1, \ldots, X^{r-1} \in \mathscr{A}$ und $X^r, \ldots, X^n \in \mathscr{M}$ sind (*Doob-Meyer-Zerlegung* von $f(X)$).

ii) Hängt f zusätzlich stetig differenzierbar von $t \in \mathbb{R}_+$ ab (d. h. f stetig differenzierbar fortsetzbar auf eine offene Menge der Form $]-\varepsilon, \infty[\times U$ für ein $\varepsilon > 0$), so liefert die Anwendung des Satzes auf den erweiterten Prozeß (t, X) in (4.34) für $df(t, X)$ den Zusatzterm $\frac{\partial f}{\partial t}(t, X)\,dt$.

Beispiel 4.48. Sei $X = (X^1, \ldots, X^d)$ eine d-dimensionale $(\mathscr{F}_t)$-BM (vgl. Beispiel 4.26). Dann gilt für jede C^2-Funktion $f \colon \mathbb{R}^d \to \mathbb{R}$

$$df(X) = \sum_{k=1}^{d} \frac{\partial f}{\partial x_k}(X)\,dX^k + \tfrac{1}{2} \Delta f(X)\,dt. \tag{4.35}$$

(Dies folgt direkt aus Gleichung (4.34), da $[X^k, X^\ell]_t = \delta_{k\ell} t$ ist). Die Formel weist auf den fundamentalen Zusammenhang, der zwischen Brownscher Bewegung und Potentialtheorie besteht. Insbesondere sind also harmonische Funktionen f (mit $\Delta f = 0$) von BM lokale Martingale.

Beispiel 4.49. (Exponentielle lokale Martingale) Für $X \in \mathscr{M}$ ist auch

$$\mathscr{E}(X) := e^{X - \frac{1}{2}[X]} \in \mathscr{M}.$$

Genauer gilt $d\mathscr{E}(X) = \mathscr{E}(X)\,dX$, und $\mathscr{E}(X)$ ist die eindeutige Lösung (in $\mathscr{S}$) der *"stochastischen Differentialgleichung"* $dY = Y\,dX$ zum *Anfangswert* $Y_0 = e^{X_0}$.

Denn: Anwendung der Itô-Formel auf $f(x, y) := e^{x - \frac{1}{2} y}$ auf $\mathbb{R}^2$ und das Semimartingal $\big(X, [X]\big)$ ergibt

$$d\mathscr{E}(X) = \mathscr{E}(X)\,dX - \tfrac{1}{2} \mathscr{E}(X)\,d[X] + \tfrac{1}{2}\big(\mathscr{E}(X)\,dX\,dX\big) = \mathscr{E}(X)\,dX.$$

Sei Y eine beliebige weitere Lösung von $dY = Y\,dX$. Dann folgt

$$d\big(Y/\mathscr{E}(X)\big) = Y\,d\big(\mathscr{E}(X)^{-1}\big) + \big(\mathscr{E}(X)^{-1}\big)\,dY + dY\,d\big(\mathscr{E}(X)^{-1}\big).$$

Andererseits ist

$$\begin{aligned} d\big(\mathscr{E}(X)^{-1}\big) &= de^{-X + \frac{1}{2}[X]} \\ &= -\big(\mathscr{E}(X)^{-1}\big)\,dX + \tfrac{1}{2}\big(\mathscr{E}(X)^{-1}\big)\,d[X] + \tfrac{1}{2}\big(\mathscr{E}(X)^{-1}\big)\,dX\,dX \\ &= \big(\mathscr{E}(X)^{-1}\big)\big(-dX + d[X]\big), \end{aligned}$$

und damit wegen $dY = Y\,dX$

$$d\big(Y/\mathscr{E}(X)\big) = \big(\mathscr{E}(X)^{-1}\big)\big(-Y\,dX + Y d[X] + dY - dY\,dX + dY d[X]\big) = 0.$$

Also ist $Y_t/\mathscr{E}(X)_t = Y_0/\mathscr{E}(X_0) = 1$, wie behauptet. □

Die dem Itô-Kalkül zugrundeliegende Verknüpfung eines Prozesses $X \in \mathscr{S}$ mit einem Differential von $Y \in \mathscr{S}$ ist das stochastische Integral: $X\,dY := d(X \bullet Y)$. Der Vorzug dieser Verknüpfung ist der, daß der Charakter des Differentials erhalten bleibt, also für $Y \in \mathscr{A}$ bzw. $\mathscr{M}$ auch $X\,dY \in d\mathscr{A}$ bzw. $d\mathscr{M}$ (d.h. Differential eines Prozesses aus $\mathscr{A}$ bzw. $\mathscr{M}$) ist. Der Nachteil liegt (etwa in einer stochastischen Differentialgeometrie) in dem Auftreten von Differentialen zweiter Ordnung in der Itô-Formel. Diese lassen sich aber formal "wegtransformieren", wenn man eine andere Verknüpfung zwischen Prozeß und Differential wählt:

Definition 4.50. (Stratonovich-Verknüpfung)

$$X * dY := X\,dY + \tfrac{1}{2} dX\,dY$$

heißt die *Stratonovich-Verknüpfung* (entsprechend

$$\int_0^t X * dY := (X * dY)[0,t]$$

das *Stratonovich-Integral*) von $X \in \mathscr{S}$ mit $dY \in d\mathscr{S}$. (Natürlich ist nach Gleichung (4.29) $X * dY = X\,dY$, wenn X oder Y in $\mathscr{A}$ ist).

Bemerkung 4.51. Schreibt man für eine Zerlegung $\mathscr{Z}$: $0 = t_0 < \ldots < t_r = t$ von $[0,t]$ entsprechend

$$\sum_{\mathscr{Z}} X * dY := \sum_{\mathscr{Z}} X\,dY + \tfrac{1}{2} \sum_{\mathscr{Z}} dX\,dY = \sum_{k=1}^{r} \tfrac{1}{2}(X_{t_{k-1}} + X_{t_k})(Y_{t_k} - Y_{t_{k-1}}),$$

so konvergiert also $\sum_{\mathscr{Z}} X * dY \to \int_0^t X * dY$ stochastisch mit $|\mathscr{Z}| \to 0$. Dabei zeigt die zweite Gleichheit, daß beim Stratonovich-Integral in den approximierenden Zerlegungssummen $\sum_{\mathscr{Z}} X * dY$ lediglich im Integranden, statt des Wertes am linken Endpunkt des Zerlegungsintervalls $]t_{k-1}, t_k]$ (wie beim Itô-Integral), das arithmetische Mittel der Werte am linken und am rechten Endpunkt genommen ist. Ebenso würden andere Festlegungen zu stochastisch konvergenten Folgen von Zerlegungssummen führen, aber weder die Vorzüge der Itô-Verknüpfung (Erhaltung des Charakters des Integrators) noch die der Stratonovich-Verknüpfung (Wegfall der Differentiale zweiter Ordnung in der Itô-Formel) haben.

Die Rechenregeln (4.25) – (4.27) übertragen sich leicht auf die Stratonovich-Verknüpfung. Für $X, Y, Z, W \in \mathscr{S}$ gilt:

(4.36) $(X + Y) * dZ = X * dZ + Y * dZ\,;\ X * d(Y + Z) = X * dY + X * dZ\,;$

(4.37) $$X * (Y * dZ) = (XY) * dZ\,;$$

denn man hat:

$$\begin{aligned} X * (Y * dZ) &= X(Y * dZ) + \tfrac{1}{2} dX (Y * dZ) \\ &= X(Y\,dZ) + \tfrac{1}{2} X (dY\,dZ) + \tfrac{1}{2} dX (Y\,dZ) + \tfrac{1}{4} dX\,dY\,dZ \\ &= (XY)\,dZ + \tfrac{1}{2}(X\,dY + Y\,dX)\,dZ = (XY) * dZ\,. \end{aligned}$$

Weiter ist

$$(4.38)\qquad (X * dY)(Z * dW) = (XZ) * dY dW = (XZ)dY dW\,;$$

denn die zweite Gleichheit gilt nach Definition und die erste folgt so:

$$(X * dY)(Z * dW) = (X dY + \tfrac{1}{2}dXdY)(Z dW + \tfrac{1}{2}dZdW) = (XZ)dYdW\,.$$

Die Produktregel vereinfacht sich von (4.31) zu

$$(4.39)\qquad d(XY) = X * dY + Y * dX\,.$$

Schließlich lautet eine handliche Version von Satz 4.46 in Stratonovich-Schreibweise nun so:

Satz 4.52. (Itô-Stratonovich-Formel) *Sei* $X = (X^1, \ldots, X^n)$ *ein stetiges Semimartingal mit Werten in einer offenen Menge* U *des* $\mathbb{R}^n$. *Dann gilt für* $f\colon U \to \mathbb{R}$, f *dreimal stetig differenzierbar,*

$$(4.40)\qquad df(X) = \sum_{k=1}^{n} \frac{\partial f}{\partial x_k}(X) * dX^k\,.$$

Beweis: Da f dreimal stetig differenzierbar vorausgesetzt war, ist nach Satz 4.46 auch noch $\frac{\partial f}{\partial x_k}(X) \in \mathscr{S}$, mit

$$d\frac{\partial f}{\partial x_k}(X) = \sum_{\ell=1}^{n} \frac{\partial^2 f}{\partial x_k \partial x_\ell}(X)\,dX^\ell + \frac{1}{2}\sum_{\ell,m=1}^{n} \frac{\partial^3 f}{\partial x_k \partial x_\ell \partial x_m}(X)\,dX^\ell dX^m\,.$$

Somit gilt, nach Definition der Strotonovich-Verknüpfung,

$$\sum_{k=1}^{n} \frac{\partial f}{\partial x_k}(X) * dX^k = \sum_{k=1}^{n} \frac{\partial f}{\partial x_k}(X)\,dX^k + \frac{1}{2}\sum_{k,\ell=1}^{n} \frac{\partial^2 f}{\partial x_k \partial x_\ell}(X)\,dX^k dX^\ell$$

(+ Terme mit $dX^k dX^\ell dX^m = 0$). Nach Gleichung (4.34) ist dies die Behauptung. □

4.8 Vektorwertige Semimartingale

Wir setzen Kapitel 4 mit einer koordinatenfreien Formulierung des Itô-Kalküls für vektorwertige Prozesse fort. E, G, H bezeichnen endlichdimensionale $\mathbb{R}$-Vektorräume. Ist $(a_1, \ldots, a_n)$ eine Basis für E und $X = \sum_1^n X^k a_k$ ein E-wertiger Prozeß über $(\Omega; \mathscr{F}; P; (\mathscr{F}_t)_{t\in\mathbb{R}_+})$, so bedeute – offenbar unabhängig von der Wahl der Basis –

$$X \in \mathscr{A}(E)\ \big(\text{bzw. } \mathscr{B}(E), \mathscr{C}(E), \mathscr{M}(E), \mathscr{S}(E)\big) \iff X^k \in \mathscr{A}\ (\text{bzw. } \mathscr{B}, \mathscr{C}, \mathscr{M}, \mathscr{S})$$

für $k = 1, \ldots, n$.

Sei weiter eine bilineare Abbildung ("*Multiplikation*")

$$E \times G \to H\,, \quad (x,y) \mapsto xy$$

fixiert. Wählen wir auch noch eine Basis $(b_1, \dots, b_m)$ für G, so sind ebenso die Verknüpfungen

$$F \bullet Y := \sum\nolimits_{k,\ell} (F^k \bullet Y^\ell)\, a_k b_\ell \in \mathscr{S}(H)$$

$$[X,Y] := \sum\nolimits_{k,\ell} [X^k, Y^\ell]\, a_k b_\ell \in \mathscr{A}_0(H)$$

für $F = \sum_{k=1}^n F^k a_k \in \mathscr{B}(E)$, $X = \sum_{k=1}^n X^k a_k \in \mathscr{S}(E)$, $Y = \sum_{\ell=1}^m Y_\ell b_\ell \in \mathscr{S}(G)$ basisunabhängig wohldefiniert. Hiermit wiederum definieren wir die Itô-Differentiale dX sowie ihre Verknüpfungen

$$dX + dY := d(X+Y)\,, \text{ falls } E = G \text{ gilt};$$

$$F\,dY := d(F \bullet Y); \quad dXdY := d[X,Y]; \quad X * dY := X\,dY + \tfrac{1}{2} dXdY$$

wie zu Anfang dieses Abschnitts. Es übertragen sich dann die Rechenregeln Gleichung (4.25) – (4.31) bzw. (4.36) – (4.39) (natürlich unter den entsprechenden Kommutativitäts- und Assoziativitätsvoraussetzungen der jeweiligen Multiplikation). Die Itô-Formel lautet jetzt:

Satz 4.46′. *Sei $X \in \mathscr{S}(E)$ mit Werten in einer offenen Menge $U \subset E$ und $f \in C^2(U;F)$. Dann ist $f(X) \in \mathscr{S}(F)$, und*

$$df(X) = (Df)(X)\,dX + \tfrac{1}{2}(D^2 f)(X)\,dXdX\,. \tag{4.41}$$

Hierin bedeutet $Df\colon U \to \mathrm{Lin}(E;F)$ (lineare Abbildungen von E in F) die erste und $D^2 f\colon U \to \mathrm{Lin}(E \otimes E; F)$ die zweite Ableitung von f, und es sind folgende "kanonischen" Verknüpfungen zugrundegelegt: Für $\mathrm{Lin}(E;F) \times E \to F$ (und analog $\mathrm{Lin}(E \otimes E, F) \times E \otimes E \to F$) die Evaluationsabbildung $(A,x) \mapsto Ax$; für $E \times E \to E \otimes E$ die Tensormultiplikation $(x,y) \mapsto x \otimes y$.
Mit diesen Bezeichnungen ist (4.41) eine bloße Übersetzung von Gleichung (4.34).

Wir erläutern Satz 4.46′ an einem Fall, wo die koordinatenfreie Schreibung jedermann vertraut ist: $E = F = \mathbb{C}$, aufgefaßt als zweidimensionaler $\mathbb{R}$-Vektorraum mit der üblichen Multiplikation komplexer Zahlen als Verknüpfung

$$\mathbb{C} \times \mathbb{C} \to \mathbb{C}\,, \quad (z,w) \mapsto zw\,.$$

Korollar. *Sei $U \subset \mathbb{C}$ offen, $f\colon U \to \mathbb{C}$ holomorph, und $Z \in \mathscr{S}(\mathbb{C})$ ein Semimartingal mit Werten in U. Dann ist auch $f(Z) \in \mathscr{S}(\mathbb{C})$, und*

$$df(Z) = f'(Z)\,dZ + \tfrac{1}{2} f''(Z)\,dZdZ$$

Beweis: Aufgrund der Holomorphie von f wird $(Df)(a)z = f'(a)z$ und daher

$$(D^2 f)(a)(z \otimes w) = \big(f'(\cdot)z\big)'(a)\,w = f''(a)\,zw\,.$$

Damit ergibt sich die Behauptung aus Satz 4.46′. □

Beispiel 4.53. Wir greifen nochmals Beispiel 4.49 exponentieller lokaler Martingale auf und bilden zu $Z \in \mathscr{M}(\mathbb{C})$ das komplexe Semimartingal $\mathscr{E}(Z) := \exp\big(Z - \frac{1}{2}[Z]\big)$. Nach dem Korollar gilt hierfür wieder die "stochastische Differentialgleichung" $d\mathscr{E}(Z) = \mathscr{E}(Z)dZ$, und man sieht wie in Beispiel 4.49, daß $W = \mathscr{E}(Z)$ die einzige Lösung in $\mathscr{S}(\mathbb{C})$ von $dW = W\,dZ$ mit $W_0 = \exp(Z_0)$ ist. Insbesondere gilt also $\mathscr{E}(Z) \in \mathscr{M}(\mathbb{C})$, und die Werte von $\mathscr{E}(Z)$ sind $\neq 0$.
Ist umgekehrt $W \in \mathscr{M}(\mathbb{C})$ mit Werten in $\mathbb{C} \setminus \{0\}$ und $W_0 = 1$ gegeben, und definiert man hierzu $Z \in \mathscr{M}_0(\mathbb{C})$ als stochastisches Integral $dZ = \frac{1}{W}dW$, so folgt wegen Assoziativität $dW = W\,dZ$, also aufgrund der festgestellten Eindeutigkeit der Lösung dieser Gleichung $W = \mathscr{E}(Z)$. Z ist also das *logarithmische lokale Martingal* längs W (entsprechend der Bezeichnung *exponentielles lokales Martingal* für $\mathscr{E}(Z)$).

Natürlich ist die bezüglich der Multiplikation in $\mathbb{C}$ gebildete quadratische Variation $[Z,Z]$ nicht mehr ≥ 0, vielmehr gilt

$$[Z,Z]_t = [X]_t - [Y]_t + 2i\,[X,Y]_t\,.$$

Ist etwa Z eine *komplexe* $(\mathscr{F}_t)$-BM, d.h. $Z = X + iY$ mit (X,Y) einer zweidimensionalen $(\mathscr{F}_t)$-BM, so folgt mit Beispiel 4.26

$$[Z,Z]_t = t - t + 2i\,[X,Y]_t = 0\,.$$

In diesem Falle ist also $\mathscr{E}(Z) = \exp(Z)$, und allgemeiner für eine beliebige auf ganz $\mathbb{C}$ holomorphe Funktion f der Prozeß $f(Z)$ in $\mathscr{M}(\mathbb{C})$, nämlich $df(Z) = f'(Z)dZ$ (und $Z \in \mathscr{M}(\mathbb{C})$). Da $\operatorname{Re} f$ und $\operatorname{Im} f$ harmonisch sind, erhält man dieses Ergebnis natürlich auch aus Beispiel 4.48 in Verbindung mit den Cauchy-Riemannschen Differentialgleichungen.

Analog zu 4.46′ hat man als vektorwertige Verallgemeinerung der Itô-Stratonovich-Formel sofort

Satz 4.52′. *Hat $X \in \mathscr{S}(E)$ Werte in einer offenen Teilmenge U von E und ist $f \in C^3(U;F)$, so gilt*

$$df(X) = (Df)(X) * dX$$

bezüglich der kanonischen Verknüpfung $\operatorname{Lin}(E;F) \times E \to F$, $(A,x) \mapsto Ax$.

4.9 Verallgemeinerte Itô-Formel und Lokalzeit

Die Itô-Formel, Gleichung (4.34), gibt für eine C^2-Funktion $f(X)$ eines stetigen Semimartingals X (wir betrachten in diesem Abschnitt den eindimensionalen Fall) den von den Fluktuationen des Martingalteils von X herrührenden Anteil

$$f(X_t) - f(X_0) - \int_0^t f'(X)\,dX = \tfrac{1}{2}\int_0^t f''(X)\,d[X]$$

in expliziter Form durch die zweite Ableitung von f. Wir werden die rechte Seite zu $\frac{1}{2}\int_{-\infty}^{\infty} L_t^a f''(a)\,da$ "desintegrieren", mit dem X assoziierten Prozeß $(L_t^a)_{t\in\mathbb{R}_+}$ der "lokalen Zeit von X bei $a \in \mathbb{R}$", in welchem nunmehr das Fluktuationsverhalten von X enthalten ist. In dieser Form kommt die zweite Ableitung von f nur noch als (signiertes) Maß $f''(a)\,da$ vor, und die Itô-Formel verallgemeinert sich auf solche Funktionen f, deren zweite distributionelle Ableitung durch ein signiertes Borelmaß gegeben ist. Dies sind genau die Differenzen konvexer Funktionen. Wir beginnen deshalb mit einigen Vorbemerkungen über konvexe Funktionen.

Definition 4.54. (Konvexität) Sei $J \subset \mathbb{R}$ ein Intervall. Eine Funktion $f\colon J \to \mathbb{R}$ heißt *konvex*, wenn für jedes Tripel $x < y < z$ in J gilt

$$f(y) \le \frac{z-y}{z-x} f(x) + \frac{y-x}{z-x} f(z). \tag{4.42}$$

Diese Ungleichung läßt sich in äquivalenter Form auch als Abschätzung für Differenzenquotienten von f schreiben: f ist konvex, wenn gilt

$$\frac{f(z)-f(x)}{z-x} \le \frac{f(z)-f(y)}{z-y}; \quad x<y<z \text{ in } J, \tag{4.43}$$

bzw. wenn gilt

$$\frac{f(y)-f(x)}{y-x} \le \frac{f(z)-f(y)}{z-y}; \quad x<y<z \text{ in } J. \tag{4.44}$$

Das folgende Lemma gibt eine Charakterisierung, aus der die analytischen Eigenschaften konvexer Funktionen ablesbar sind.

Lemma 4.55. *Sei $J \subset \mathbb{R}$ ein offenes Intervall. Die Funktion $f\colon J \to \mathbb{R}$ ist genau dann konvex, wenn eine monoton wachsende Funktion $g\colon J \to \mathbb{R}$ existiert, so daß gilt*

$$f(y) = f(x) + \int_x^y g(t)\,dt; \quad x, y \in J. \tag{4.45}$$

Ist dies der Fall, so ist f einseitig differenzierbar, und zwischen g und der linksseitigen Ableitung $D_- f$ besteht der Zusammenhang

$$(D_- f)(t) := \lim_{\substack{s\to t\\ s<t}} \frac{f(t)-f(s)}{t-s} = g(t-) := \lim_{\substack{s\to t\\ s<t}} g(s).$$

Insbesondere ist $D_- f$ linksstetig, und in Gleichung (4.45) *kann g durch $D_- f$ ersetzt werden.*

Beweis: Gilt die Darstellung (4.45), so folgt die Konvexität von f in der Form (4.44) aus der angenommenen Monotonie von g:

$$\begin{aligned}\frac{f(y)-f(x)}{y-x} &= \frac{1}{y-x}\int_x^y g(s)\,ds \le g(y)\\ &\le \frac{1}{z-y}\int_y^z g(s)\,ds \le \frac{f(z)-f(y)}{z-y}.\end{aligned}$$

Sei umgekehrt f konvex. Gleichung (4.43) zeigt mit $x \nearrow z$ die monotone Konvergenz (in $\overline{\mathbb{R}}_+$) der Differenzenquotienten $\frac{f(z)-f(x)}{z-x}$. Aus (4.44) ergibt sich weiter zunächst

$$\frac{f(u)-f(x)}{u-x} \le \frac{f(v)-f(y)}{v-y}; \quad x<u<y<v$$

und damit, daß der Grenzwert

$$D_-f(z) := \lim_{\substack{x\to z\\ x<z}} \frac{f(z)-f(x)}{z-x}$$

endlich und wachsend in $z \in J$ ist. Insbesondere folgt daraus auch die Linksstetigkeit von f, und aus Symmetriegründen dann sogar die Stetigkeit.
Wir fixieren nun ein beliebiges kompaktes Teilintervall $[\alpha,\beta] \subset J$. Die Folge der stetigen Funktionen

$$g_n\colon [\alpha,\beta] \to \mathbb{R}, \quad g_n(t) = n\big(f(t) - f(t-\tfrac{1}{n})\big)$$

konvergiert wachsend gegen D_-f auf $[\alpha,\beta]$ und damit nach B. Levi

$$\int_\alpha^\beta g_n(t)\,dt \to \int_\alpha^\beta (D_-f)(t)\,dt.$$

Andererseits konvergiert auch

$$\int_\alpha^\beta g_n(t)\,dt = n\Big(\int_{\beta-1/n}^{\beta} - \int_{\alpha-1/n}^{\alpha}\Big) f(t)\,dt \to f(\beta)-f(\alpha)$$

mit $n\to\infty$. Damit ist die Darstellung (4.45) von f mit $g = D_-f$ bewiesen.
Hat man Gleichung (4.45) zunächst mit einer beliebigen wachsenden Funktion g, so kann g durch die Funktion $h\colon t \mapsto g(t-)$ ersetzt werden, die sich ja von g nur an höchstens abzählbar vielen Stellen unterscheidet. Hierfür konvergiert aber

$$\frac{1}{y-x}\int_x^y h(t)\,dt \to h(y)$$

mit $x \nearrow y$, d.h. es ist $h = D_-f$. □

Beispiel 4.56. Mit der linksstetigen *Vorzeichenfunktion* $\operatorname{sign} := -1_{]-\infty,0]} + 1_{]0,\infty[}$ gilt offenbar

$$|t-a| = \int_a^t \operatorname{sign}(s-a)\,ds; \quad a,t\in\mathbb{R}. \tag{4.46}$$

Die Funktion $f(t) := |t-a|$ ist also konvex, mit $(D_-f)(t) = \operatorname{sign}(t-a)$.

Ist $f\colon J\to\mathbb{R}$ konvex auf dem offenen Intervall J, so definiert D_-f ein eindeutig bestimmtes Borelmaß ρ_f auf J:

$$\rho_f\big([s,t[\big) = (D_-f)(t) - (D_-f)(s); \quad s\le t. \tag{4.47}$$

Ist v eine Testfunktion aus dem Schwartzschen Raum $D(J)$, und schreibt man $\int v(t)\,\rho_f(dt)$ zunächst als Stieltjesintegral (vgl. Satz 4.2), so sieht man mit partieller Integration, daß gilt

$$\begin{aligned}\int v(t)\,\rho_f(dt) &= -\int v'(t)(D_-f)(t)\,dt\\ &= \int v''(t)f(t)\,dt,\end{aligned}$$

letzteres nach Gleichung (4.45) mit $g = D_-f$. Dies bedeutet, daß das Maß ρ_f die zweite distributionelle Ableitung von f repräsentiert.

Umgekehrt ist jedes Borelmaß ρ auf J von der Form $\rho = \rho_f$, mit einer konvexen Funktion f auf J, deren linksseitige Ableitungsfunktion durch (4.47) bis auf eine additive *Konstante* gegeben ist, womit sich f selbst nach Gleichung (4.45) (mit $g = D_-f$) bis auf Addition einer *affinen* Funktion eindeutig aus ρ ergibt. Auf jedem kompakten Teilintervall $[\alpha,\beta] \subset J$ erhält man f (bis auf eine affine Funktion) auch direkt aus ρ gemäß

$$f(t) = \tfrac{1}{2}\int_\alpha^\beta |t-s|\,\rho(ds)\ \ (+at+b); \quad t \in [\alpha,\beta]. \tag{4.48}$$

Denn nach dem obigen Beispiel ist f eine konvexe Funktion, deren linksseitige Ableitung sich durch Grenzübergang unter dem Integralzeichen ergibt:

$$\begin{aligned}(D_-f)(t) &= \tfrac{1}{2}\int_\alpha^\beta \operatorname{sign}(t-s)\,\rho(ds) + a\\ &= \tfrac{1}{2}\big(\rho([\alpha,t[) - \rho([t,\beta])\big) + a;\end{aligned}$$

also gilt $(D_-f)(t) - (D_-f)(s) = \rho\big([s,t[\big)$, und mit (4.47) folgt $\rho = \rho_f$.

Gleichung (4.48) zeigt die besondere Bedeutung der Schar der konvexen Funktionen $t \mapsto |t-a|$ bzw. ihrer Ableitungen $t \mapsto \operatorname{sign}(t-a)$ gemäß Beispiel 4.56. Wir nehmen dies zum Anlaß, für ein beliebiges Semimartingal $X \in \mathscr{S}$ (beachte, daß $(a,t,\omega) \mapsto X_t(\omega) - a$ und damit auch $(a,t,\omega) \mapsto \operatorname{sign}\big(X_t(\omega) - a\big)$ $\mathscr{B}(\mathbb{R}) \otimes \sigma(\mathscr{C})$-meßbar ist) zu definieren:

Definition 4.57. (Lokalzeit) Für $X \in \mathscr{S}$, $a \in \mathbb{R}$ heißt der Prozeß

$$L_t^a := |X_t - a| - |X_0 - a| - \int_0^t \operatorname{sign}(X_s - a)\,dX_s; \quad t \in \mathbb{R}_+ \tag{4.49}$$

die *Lokalzeit von X bei a.* (Dabei sei stets gemäß Korollar 1 zu Satz 4.41 eine Version für die stochastischen Integrale gewählt, für welche $(a,t,\omega) \mapsto L_t^a(\omega)$ eine $\mathscr{B}(\mathbb{R}) \otimes \mathscr{B}(\mathbb{R}_+) \otimes \mathscr{F}_\infty$-meßbare Funktion ist).

Der folgende Satz zeigt zunächst (für $f(t) = |t-a|$), daß L^a ein wachsender (stetiger, adaptierter) Prozeß ist. Damit ist insbesondere mit X auch $|X| \in \mathscr{S}$, d.h. der Raum $\mathscr{S}$ der stetigen Semimartingale bildet einen Vektorverband: für $X, Y \in \mathscr{S}$ ist auch das punktweise über $\mathbb{R}_+ \times \Omega$ gebildete Supremum

$$X \vee Y = \tfrac{1}{2}\big(|X-Y| + X + Y\big) \in \mathscr{S}.$$

Satz 4.58. *Für jede konvexe Funktion $f\colon \mathbb{R} \to \mathbb{R}$ und alle $X \in \mathscr{S}$ ist der (stetige, adaptierte) Prozeß*

$$A_t := f(X_t) - f(X_0) - \int_0^t (D_- f)(X)\, dX$$

pfadweise monoton wachsend.

Beweis: Ist f sogar eine konvexe C^2-Funktion, so erhält man nach der Itô-Formel explizit

$$A_t - A_s = \tfrac{1}{2} \int_s^t f''(X)\, d[X] \geq 0,$$

da nach Lemma 4.55 $f'' \geq 0$ ist. Wir wollen dieses Ergebnis durch geeignete Glättung auf allgemeine konvexe f übertragen. Hierzu wählen wir eine beliebige C^∞-Funktion $g\colon \mathbb{R} \to \mathbb{R}_+$ mit $\{g \neq 0\} \subset [0,1]$ und $\int_{-\infty}^{\infty} g(t)\, dt = 1$ und bilden die Folge der $g_n\colon g_n(t) = n g(nt)$. Es ist also $g_n \geq 0$ eine C^∞-Funktion mit $\{g_n \neq 0\} \subset [0, 1/n]$ und $\int g_n(t)\, dt = 1$.

Ist f konvex, so sind die Faltungsprodukte $f_n = f * g_n$, also (mit Integrationen von $-\infty$ bis ∞)

$$f_n(t) := \int f(s) g_n(t-s)\, ds = \int f(t-s) g_n(s)\, ds; \quad n \in \mathbb{N},$$

C^∞-Funktionen und konvex, wie die erste bzw. zweite Darstellung zeigt. Aus der Stetigkeit von f folgt die punktweise Konvergenz $f_n \to f$; für die Ableitung ergibt sich

$$\begin{aligned} f_n'(t) &= \int f(s) g_n'(t-s)\, ds = \int g_n(t-s)\, df(s) \\ &= \int g_n(t-s)(D_- f)(s)\, ds = \int g_n(s)(D_- f)(t-s)\, ds \\ &= \int g(s)(D_- f)(t - \tfrac{s}{n})\, ds \end{aligned}$$

(wobei in der dritten Gleichheit die Darstellung von f gemäß Lemma 4.55 benutzt wurde). Da $D_- f$ wachsend und linksstetig ist, konvergiert also $f_n' \nearrow D_- f$. Ist nun zunächst X beschränkt, $|X| \leq c$, so ergibt die Anwendung der Itô-Formel für die C^∞-Funktion $h_n(x,y) := f_n(x+y)$ und eine zunächst beliebige $\mathscr{F}_0$-meßbare Funktion H (aufgefaßt als zeitlich konstanter Prozeß in $\mathscr{S}$)

$$h_n(X_t, H) - h_n(X_0, H) = \int_0^t \frac{\partial h_n}{\partial x}(X_s, H)\, dX_s + \tfrac{1}{2} \int_0^t \frac{\partial^2 h_n}{\partial x^2}(X_s, H)\, d[X]_s.$$

Einsetzen von f_n ergibt

$$\tfrac{1}{2}\int_0^t f_n''(X_s+H)\,d[X]_s = f_n(X_t+H) - f_n(X_0+H) - \int_0^t f_n'(X_s+H)\,dX_s .$$

Hierin ist die linke Seite monoton in t. Andererseits strebt die rechte Seite mit $n \to \infty$ gegen

$$f(X_t+H) - f(X_0+H) - \int_0^t (D_-f)(X_s+H)\,dX_s ; \tag{4.50}$$

denn $f_n' \nearrow D_-f$, und wegen Monotonie von f_n' und D_-f gilt (mit der oberen Schranke c für $|X|$)

$$f_1'(-c+H) \le f_n'(-c+H) \le f_n'(X_s+H) \le (D_-f)(c+H),$$

also $\left|f_n'(X_s+H)\right| \le \left|(D_-f)(c+H)\right| + \left|f_1'(-c+H)\right| \in \mathscr{B} \subset L^1_{\mathrm{loc}}(X)$, und es ist Satz 4.41 über majorierte Konvergenz stochastischer Integrale anwendbar.
Damit ist bei beschränktem X (mit $H=0$) die Behauptung bewiesen. Bei beliebigem $X \in \mathscr{S}$ mit $X_0 = 0$ sei $\tau_n \nearrow \infty$ eine Folge von Stopzeiten so, daß X^{τ_n} jeweils beschränkt ist. Dann ist

$$f(X_t^{\tau_n}+H) - f(H) - \int_0^t (D_-f)(X_s^{\tau_n}+H)\,dX_s^{\tau_n} =$$

$$= f(X_{\tau_n\wedge t}+H) - f(H) - \int_0^{\tau_n\wedge t} (D_-f)(X_s+H)\,dX_s$$

nach dem soeben Gezeigten also wachsend in t und konvergiert mit $n \to \infty$ gegen den Ausdruck (4.50). Mit $H=0$ folgt somit auch in diesem Fall die Behauptung. Ist schließlich auch X_0 beliebig, so ergibt das bisher Gesagte für $X - X_0$ statt X und $H = X_0$ die behauptete Monotonie von A. □

Wie drückt sich das Fluktuationsverhalten von X in der zugehörigen Lokalzeit aus? Ist $X \in \mathscr{A}$, so daß das stochastische Integral $\int_0^t \mathrm{sign}(X-a)\,dX$ pfadweise berechnet werden kann, so ist leicht zu sehen, daß der Pfad $L^a_\bullet(\omega)$ konstant ist auf Intervallen $[\alpha,\beta] \subset \mathbb{R}_+$, die keine a-Stellen von $X_\bullet(\omega)$ enthalten. Dieses Ergebnis wird zunächst verschärft; weitere Aspekte, die insbesondere den Ausdruck "Lokalzeit" rechtfertigen, ergeben sich später (siehe Gleichung (4.64)).

Satz 4.59. *Für die Lokalzeit* $L_t^0 =: \ell_t$ *bei* 0 *eines Prozesses* $X \in \mathscr{S}$, *gegeben gemäß Definition* 4.57 *durch die "Tanaka-Formel"*

$$\ell_t = |X_t| - |X_0| - \int_0^t (\mathrm{sign}X)\,dX ,$$

gilt f.ü.

$$\int_0^\infty 1_{\{|X_s|\neq 0\}}\,d\ell_s = 0 .$$

Beweis: Aus der Tanaka-Formel und der Beziehung $a_\pm = \frac{1}{2}(|a| \pm a)$ für Positiv- bzw. Negativteil einer Zahl a ergibt sich zunächst für die Prozesse $(X_\pm)_t(\omega) := (X_t(\omega))_\pm$ die Darstellung

(4.51)
$$\begin{aligned}(X_\pm)_t - (X_\pm)_0 &= \tfrac{1}{2}\big(|X_t| - |X_0| \pm (X_t - X_0)\big) \\ &= \tfrac{1}{2}\ell_t \pm \int_0^t 1_{\underset{[\le]}{\{X_s>0\}}}\,dX_s\,.\end{aligned}$$

Ist auf einem stochastischen Intervall $[\sigma,\tau]$ überall $X \le 0$, also $X_+ = 0$, so folgt mit Gleichung (4.51) und der Stopregel Satz 4.35

$$\begin{aligned}0 = (X_+)_\tau - (X_+)_\sigma &= \tfrac{1}{2}(\ell_\tau - \ell_\sigma) + \int_\sigma^\tau 1_{\{X>0\}}dX \\ &= \tfrac{1}{2}(\ell_\tau - \ell_\sigma) + \int_0^\tau 1_{]\sigma,\tau]\cap\{X>0\}}\,dX = \tfrac{1}{2}(\ell_\tau - \ell_\sigma) \quad \text{f.ü.}\end{aligned}$$

Wir bilden für jedes $s \in \mathbb{R}_+$ die Stopzeit

$$\sigma_s := s \text{ auf } \{X_s < 0\},\ \sigma_s := \infty \text{ auf } \{X_s \ge 0\}$$

und hiermit

$$\tau_s := \inf\{t > \sigma_s : X_t \ge 0\}\,.$$

Dann ist offenbar für jedes $s \in \mathbb{R}_+$

$$\{\tau_s \ge t\} = \bigcap_{\substack{0\le r<t\\ r\in\mathbb{Q}}} \big(\{r \le \sigma_s\} \cup \{X_r < 0\}\big) \in \mathscr{F}_t\,,$$

also einerseits τ_s Stopzeit, andererseits auch (nach Definition von σ_s)

$$[\sigma_s,\tau_s[\ \subset \{X < 0\} \subset \bigcup_{r\in\mathbb{Q}_+} [\sigma_r,\tau_r[\,; \quad s \in \mathbb{R}_+,$$

wobei die zweite Inklusion deshalb gilt, weil wegen Stetigkeit von X aus $X_s(\omega) < 0$ folgt $X_t(\omega) < 0$ für alle $t \in [r,r']$ mit geeigneten rationalen r,r': $r \le s < r'$ und somit $\sigma_r(\omega) \le s < \tau_r(\omega)$. Da bereits $\ell_{\sigma_r} = \ell_{\tau_r}$ f.ü. gezeigt wurde, folgt

$$\int_0^\infty 1_{\{X_s<0\}}d\ell_s \le \sum_{r\in\mathbb{Q}_+} \int_{\sigma_r}^{\tau_r} 1_{\{X_s<0\}}d\ell_s = 0 \quad \text{f.ü.}$$

Ebenso zeigt man $\int_0^\infty 1_{\{X_s>0\}}d\ell_s = 0$ und damit die Behauptung. □

Lemma 4.60. *Sei $X \in \mathscr{S}$ mit zugehöriger Lokalzeit $(L_t^a)_{t\in\mathbb{R}_+,a\in\mathbb{R}}$. Für die Folge der Stopzeiten $\tau_n := \inf\{t \in \mathbb{R}_+ : |X_t| \ge n\}$ gilt dann $\tau_n \nearrow \infty$ und für jedes $n \in \mathbb{N}$*

(4.52) $$|X_t| \le n \text{ für } 0 \le t \le \tau_n \text{ auf } \{\tau_n > 0\} = \{|X_0| < n\};$$

(4.53) $$L_{\tau_n}^a = 0 \text{ für } |a| \ge n \ (\text{mit } L_\infty^a := \sup\nolimits_{t\in\mathbb{R}_+} L_t^a);$$

(4.54) $$\int_{-\infty}^\infty L_t^a\,\rho(da) = \int_{-n}^n L_t^a\,\rho(da) \text{ auf } \{\tau_n \ge t\}$$

für beliebige Borelmaße ρ auf $\mathbb{R}$.

Beweis: Zunächst ist nach Definition der τ_n natürlich $|X_t| < n$ für $0 \le t < \tau_n$. Hieraus folgt einerseits (4.52), da X stetige Pfade hat; andererseits ist für $|a| \ge n$ also $X_t \neq a$ für $0 \le t < \tau_n$ und daher nach Satz 4.59 (für $X_t - a$ statt X_t) $L^a_{\tau_n} = 0$ auf $\{\tau_n > 0\}$, trivialerweise aber auch auf $\{\tau_n = 0\}$. Damit ist Gleichung (4.53) gezeigt, aus der sofort auch (4.54) folgt. □

Aus Lemma 4.55 entnehmen wir, daß $f\colon \mathbb{R} \to \mathbb{R}$ genau dann Differenz zweier konvexer Funktionen ist, wenn sich f in der Form

$$f(y) = f(0) + \int_0^y g(x)\,dx; \quad y \in \mathbb{R}$$

schreiben läßt mit einer Funktion $g\colon \mathbb{R} \to \mathbb{R}$, die lokal von beschränkter Variation ist. In diesem Falle kann g linksstetig gewählt werden und ist dann gleich der linksseitigen Ableitung D_-f. Insbesondere ist also jede C^2-Funktion f Differenz konvexer Funktionen, da f' als stetig differenzierbare Funktion lokal von beschränkter Variation ist.

Ist $f = f_1 - f_2$ mit konvexen f_1, f_2, so erhält man nach Gleichung (4.47) das signierte Borelmaß $\rho_f := \rho_{f_1} - \rho_{f_2}$ zur Verteilungsfunktion D_-f, aus dem sich f durch zweimalige Integration zurückgewinnen läßt. Natürlich ist ρ_f im allgemeinen nur auf beschränkten Borelmengen (wo ρ_{f_1} und ρ_{f_2} endliche Werte annehmen) explizit gegeben. Nach Gleichung (4.54) ist aber $\int_{-\infty}^{\infty} L^a_t\,\rho_f(da)$ für jede Lokalzeit pfadweise wohldefiniert.

Nach diesen Vorbemerkungen gibt der folgende Satz eine Verallgemeinerung der eindimensionalen Itô-Formel (Satz 4.46):

Satz 4.61. (Itô-Meyer-Formel) *Sei $X \in \mathscr{S}$ mit Lokalzeit $(L^a_t)_{t\in\mathbb{R}_+, a\in\mathbb{R}}$. Sei ferner $f\colon \mathbb{R} \to \mathbb{R}$ Differenz konvexer Funktionen und hierzu ρ_f:*

$$\rho_f\big([s,t[\big) = (D_-f)(t) - (D_-f)(s); \quad s \le t$$

das signierte Borelmaß auf $\mathbb{R}$. Dann gilt (bis auf Nicht-Unterscheidbarkeit)

$$f(X_t) - f(X_0) = \int_0^t (D_-f)(X_s)\,dX_s + \tfrac{1}{2}\int_{-\infty}^{\infty} L^a_t\,\rho_f(da). \tag{4.55}$$

Dabei ist für beschränkte meßbare $h\colon \mathbb{R} \to \mathbb{R}$ f.ü.

$$\int_{-\infty}^{\infty} L^a_t\,h(a)\,da = \int_0^t h(X)\,d[X]; \quad t \in \mathbb{R}_+. \tag{4.56}$$

Beweis: Gleichung (4.56) folgt zunächst für stetige h aus einem Vergleich von (4.55) mit der Itô-Formel für eine C^2-Funktion f mit $f'' = h$ (und also $\rho_f(da) = h(a)\,da$). Ein einfaches Monotone-Klasse-Argument liefert dann die Verallgemeinerung auf beliebige beschränkte meßbare h, da die Integrale beider Seiten pfadweise definiert sind. (4.56) gilt außerhalb einer von t unabhängig wählbaren Nullmenge, da beide Seiten in t stetig sind. Beim Beweis von Gleichung (4.55) können wir uns auf konvexe f beschränken. Nach Gleichung (4.48) gibt es $a_n, b_n \in \mathbb{R}$ zu jedem $n \in \mathbb{N}$, so daß gilt

$$f(t) = \tfrac{1}{2}\int_{-n}^{n} |t-s|\,\rho_f(ds) + a_n t + b_n\,; \quad -n \le t \le n\,. \tag{4.57}$$

Differentiation (unter dem Integralzeichen) ergibt

$$(D_-f)(t) = \tfrac{1}{2}\int_{-n}^{n} \operatorname{sign}(t-s)\,\rho_f(ds) + a_n\,; \quad -n \le t \le n\,. \tag{4.58}$$

Mit den Stopzeiten $\tau_n := \inf\{t \in \mathbb{R}_+ : |X_t| \ge n\}$ gilt also nach (4.52) für $0 \le t \le \tau_n$ auf $\{\tau_n > 0\}$, wenn man in (4.57) für t einmal X_t, dann X_0 nimmt und subtrahiert,

$$f(X_t) - f(X_0) = \tfrac{1}{2}\int_{-n}^{n} \big(|X_t - a| - |X_0 - a|\big)\,\rho_f(da) + a_n\,(X_t - X_0)\,.$$

Setzt man hier im Integranden die Definition von L_t^a aus Gleichung (4.49) ein, so ist die rechte Seite gleich

$$\tfrac{1}{2}\int_{-n}^{n} \rho_f(da)\,L_t^a + \tfrac{1}{2}\int_{-n}^{n} \rho_f(da)\int_0^t \operatorname{sign}(X_s - a)\,dX_s + a_n\,(X_t - X_0)\,.$$

Hier kann in dem Doppelintegral nach dem stochastischen Satz von Fubini (Korollar 2 zu Satz 4.41) die Integrationsfolge vertauscht werden:

$$\begin{aligned}\tfrac{1}{2}\int_{-n}^{n} \rho_f(da)\int_0^t \operatorname{sign}(X_s - a)\,dX_s &= \int_0^t \Big(\tfrac{1}{2}\int_{-n}^{n} \rho_f(da)\operatorname{sign}(X_s - a)\Big)\,dX_s \\ &= \int_0^t \big((D_-f)(X_s) - a_n\big)\,dX_s\,,\end{aligned}$$

letzteres wieder nurmehr für $0 \le t \le \tau_n$ auf $\{\tau_n > 0\}$. Denn nach Gleichung (4.58) gilt auf $[0, \tau_n]$

$$1_{\{\tau_n > 0\}}\big((D_-f)(X) - a_n\big) = 1_{\{\tau_n > 0\}}\,\tfrac{1}{2}\int_{-n}^{n} \rho_f(da)\operatorname{sign}(X - a)\,,$$

so daß nach der Stopregel Satz 4.35 auch die stochastischen Integrale auf $[0, \tau_n]$ übereinstimmen.

Insgesamt ist damit für $0 \le t \le \tau_n$ auf $\{\tau_n > 0\}$ gezeigt:

$$\begin{aligned}f(X_t) - f(X_0) &= \tfrac{1}{2}\int_{-n}^{n} L_t^a\,\rho_f(da) + \int_0^t \big((D_-f)(X) - a_n\big)\,dX + a_n\,(X_t - X_0) \\ &= \tfrac{1}{2}\int_{-\infty}^{\infty} L_t^a\,\rho_f(da) + \int_0^t (D_-f)(X)\,dX\,,\end{aligned}$$

wobei zuletzt noch Gleichung (4.54) benutzt wurde. Wegen $\tau_n \nearrow \infty$ folgt nunmehr die Behauptung (f.ü.) auf ganz Ω mit $n \to \infty$. □

Speziell für $h = 1_M$ Indikatorfunktion einer Borelmenge $M \subset \mathbb{R}$ lautet (4.56)

(4.59) $$\int_M L_t^a \, da = \int_0^t 1_M(X) \, d[X] \quad \text{f.ü.}$$

Dies zeigt, daß bei festem $t \in \mathbb{R}_+$ die Lokalzeit $a \mapsto L_t^a(\omega)$ fast aller Pfade als Lebesgue-Dichte der *Verweildauer* des Pfades bis zum Zeitpunkt t, d. h. des Maßes

$$M \mapsto \int_0^t 1_M\big(X_s(\omega)\big) \, d[X]_s(\omega)$$

ist. Für eine eindimensionale BM X steht rechts das Lebesguemaß

$$\lambda\big(\{s : s \leq t, X_s(\omega) \in M\}\big),$$

mithin wirklich die Zeitdauer vor t, welche der Pfad in M verweilt (M "besetzt"; deshalb wird L_t^a hier auch "*occupation time density*" genannt).

Wir wollen nun noch die pfadweise Abhängigkeit der Lokalzeit $L_t^a(X)$ eines Prozesses $X \in \mathscr{S}$ von $(a,t) \in \mathbb{R} \times \mathbb{R}_+$ studieren. Nach Definition 4.57 ist wegen

$$\operatorname{sign}(t-a) = 1_{]a,\infty[}(t) - 1_{]-\infty,a]}(t) = 2 \cdot 1_{]a,\infty[}(t) - 1$$

$L_t^a(X)$ gegeben durch

(4.60) $$L_t^a(X) - \big(|X_t - a| - |X_0 - a| + (X_t - X_0)\big) = -2 \int_0^t (1_{]a,\infty[} \circ X_s) \, dX_s .$$

Mit der Zerlegung $X = M + A$, $M \in \mathscr{M}_0$, $A \in \mathscr{A}$ ist also die pfadweise Abhängigkeit von $(a,t) \in \mathbb{R} \times \mathbb{R}_+$ der stochastischen Integrale

$$\int_0^t (1_{]a,\infty[} \circ X_s) \, dA_s =: I_t^a,$$

$$\int_0^t (1_{]a,\infty[} \circ X_s) \, dM_s =: J_t^a$$

zu untersuchen. Das pfadweise Integral I_t^a läßt sich leicht überblicken:

Lemma 4.62. *Die einseitigen Grenzwerte $I_t^{a\pm}$ existieren pfadweise und lokal gleichmäßig in $t \in \mathbb{R}_+$; dabei ist $I_t^{a+} = I_t^a$.*

Beweis: Offenbar kann o. E. A wachsend angenommen werden. Für $a < b$ in $\mathbb{R}$ ist dann (pfadweise)

$$0 \leq I_t^a - I_t^b = \int_0^t (1_{]a,b]} \circ X_s) \, dA_s ; \quad t \in \mathbb{R}_+ .$$

Die rechte Seite konvergiert (majorierte Konvergenz; Satz 4.2) mit $b \searrow a$ gegen $\int_0^t (1_{]a,a]} \circ X_s) \, dA_s = 0$ und mit $a \nearrow b$ gegen

(4.61) $$I_t^{b-} - I_t^b = \int_0^t (1_{\{b\}} \circ X_s) \, dA_s = \int_0^t 1_{\{X_s = b\}} \, dA_s .$$

Da $I_t^a - I_t^b$ (wie A_t) in t wächst, findet diese Konvergenz lokal gleichmäßig in $t \in \mathbb{R}_+$ statt. □

Um schließlich zu zeigen, daß J_t^a sogar eine in (a,t) stetige Version besitzt, benötigen wir eine Variante der Doobschen Maximal-Ungleichung, die sich für $p = 2$ sofort aus dieser in Verbindung mit Satz 4.21 ergibt, und für $p \geq 2$ ebenfalls leicht mit Hilfe der Itô-Formel gewinnen läßt; wir beschränken uns auf diesen Fall, obwohl wesentlich umfassendere Abschätzungen gelten (vgl. [R-W 87], S. 93).

Lemma 4.63. (Burkholder-Ungleichung) *Sei $X \in \mathscr{M}_0$ und $2 \leq p < \infty$, dazu $q = p/(p-1)$. Dann gilt für jede Stopzeit τ die Abschätzung*

$$E\big((X_\tau^*)^p\big) \leq \Big(q^p \frac{p(p-1)}{2}\Big)^{p/2} E\big(([X]_\tau)^{p/2}\big) \tag{4.62}$$

(mit $X_\tau^* = \sup_{t\leq\tau} |X_t|$ und $[X]_\tau = \sup_{t\leq\tau}[X]_t$).

Beweis: Da beide Seiten monoton wachsend in τ sind, kann o. E. angenommen werden, daß τ sowie X^τ, $[X]^\tau$ beschränkt sind. Dann ist insbesondere X^τ ein Martingal, und Anwendung der Maximal-Ungleichung Satz 3.28 ii) auf das Submartingal $|X^\tau|$ ergibt wegen $X_\tau^* = (X^\tau)^*$ die Abschätzung

$$E\big((X_\tau^*)^p\big) \leq q^p \sup_{t\in\mathbb{R}_+} \|X_t^\tau\|_p^p = q^p E\big(|X_\tau|^p\big)\,; \tag{4.63}$$

hierbei haben wir die Tatsache benutzt, daß auch (Satz 3.25 iii)) $|X^\tau|^p$ ein Submartingal ist.

Andererseits ist für $p \geq 2$ die Funktion f: $f(x) = |x|^p$ zweimal stetig differenzierbar mit den Ableitungen

$$f'(x) = p|x|^{p-1}\operatorname{sign}(x)\,;$$
$$f''(x) = p(p-1)\,|x|^{p-2}.$$

Aus der Itô-Formel folgt daher

$$|X_\tau|^p = p\int_0^\tau |X|^{p-1}\operatorname{sign}(X)\,dX + \frac{p(p-1)}{2}\int_0^\tau |X|^{p-2}\,d[X]\,.$$

Da der erste Term rechts ein Martingal ist und τ beschränkt angenommen werden konnte, ergibt sich

$$\begin{aligned} E\big(|X_\tau|^p\big) &= \frac{p(p-1)}{2} E\Big(\int_0^\tau |X|^{p-2}\,d[X]\Big) \\ &\leq \frac{p(p-1)}{2} E\big((X_\tau^*)^{p-2}[X]_\tau\big) \\ &\leq \frac{p(p-1)}{2} \big(E(X_\tau^*)^p\big)^{1-2/p}\big(E\big([X]_\tau\big)^{p/2}\big)^{2/p}, \end{aligned}$$

letzteres nach der Hölderschen Ungleichung. Kombination mit (4.63) ergibt nun die Behauptung. □

Lemma 4.64. *Sei $Z = B + N \in \mathscr{S}$ mit $B \in \mathscr{A}$, $N \in \mathscr{M}_0$ derart, daß $Z - Z_0$ wie auch der Variationsprozeß V_B von B und die quadratische Variation $[N]$ von N beschränkt sind. Dann gilt für*

$$K_t^a := \int_0^t (1_{]a,\infty[} \circ Z)\, dN$$

eine Abschätzung (mit einer Konstanten $C > 0$) der Form

$$E\big(\sup_{t \in \mathbb{R}_+} |K_t^a - K_t^b|^4\big) \le C\,(b-a)^2; \quad a, b \in \mathbb{R}.$$

Beweis: Wir können $a < b$ annehmen. Anwendung von Lemma 4.63 auf $X_t := \int_0^t (1_{]a,b]} \circ Z)\, dN$ ergibt für beliebiges fixiertes $t > 0$ mit einer von t unabhängigen Konstanten D

$$E\big(\sup_{s \le t} |K_s^a - K_s^b|^4\big) \le D\, E\big(([X]_t)^2\big).$$

Darin ist nach Gleichung (4.23)

$$\begin{aligned}[X]_t &= \int_0^t (1_{]a,b]} \circ Z)\, d[N] = \int_0^t (1_{]a,b]} \circ Z)\, d[Z] \\ &= \int_a^b L_t^u(Z)\, du,\end{aligned}$$

letzteres nach Gleichung (4.56) mit der zu Z gehörigen Lokalzeit $L_t^u(Z)$. Mit der Schwarzschen Ungleichung folgt $[X]_t^2 \le (b-a) \int_a^b \big(L_t^u(Z)\big)^2 du$ und damit

$$E\big([X]_t^2\big) \le (b-a)^2 \sup\big\{E\big(L_t^u(Z)^2\big) : a \le u \le b\big\}.$$

Zu zeigen bleibt lediglich die Abschätzung $E\big(L_t^u(Z)^2\big) \le c$ mit einer von $u \in \mathbb{R}$ und $t \in \mathbb{R}_+$ unabhängigen Konstanten c. Nach Gleichung (4.49) gilt

$$E\big(L_t^u(Z)^2\big) \le 2\Big[E\big(|Z_t - Z_0|^2\big) + E\Big(\Big(\int_0^t \operatorname{sign}(Z-u)\, dZ\Big)^2\Big)\Big].$$

Hierin ist aufgrund der gemachten Beschränktheitsvoraussetzungen für Z, mit Konstanten $c_1, c_2 > 0$, einerseits $E\big(|Z_t - Z_0|^2\big) \le c_1$, andererseits

$$\begin{aligned} E\Big(\Big(\int_0^t \operatorname{sign}(Z-u)\, dZ\Big)^2\Big) &\le \\ &\le 2\Big[E\Big(\Big(\int_0^t \operatorname{sign}(Z-u)\, dB\Big)^2\Big) + E\Big(\Big(\int_0^t \operatorname{sign}(Z-u)\, dN\Big)^2\Big)\Big] \\ &\le 2\big[E\big((V_B)_t^2\big) + E[N]_t\big] \le c_2, \end{aligned}$$

wobei in der vorletzten Ungleichung die Isometrie Gleichung (4.18) benutzt wurde. Damit ist alles gezeigt. □

Satz 4.65. *Sei $X = A + M \in \mathscr{S}$ (mit $A \in \mathscr{A}$, $M \in \mathscr{M}_0$). Die zugehörige Lokalzeit $(L_t^a)_{t\in\mathbb{R}_+, a\in\mathbb{R}}$ sei gemäß Gleichung (4.60) zerlegt in*

$$L_t^a - \big(|X_t - a| - |X_0 - a| + (X_t - X_0)\big) = -2\,(I_t^a + J_t^a);$$

$$I_t^a := \int_0^t (1_{]a,\infty[} \circ X)\,dA; \quad J_t^a := \int_0^t (1_{]a,\infty[} \circ X)\,dM.$$

Dann gilt für die Pfade von I_t^a die Aussage von Lemma 4.62, während die stochastischen Integrale J_t^a sogar eine Modifikation mit stetigen Pfaden $(a,t) \mapsto J_t^a(\omega)$ besitzen. Die Lokalzeit selbst besitzt also eine Modifikation, für welche $(a,t) \mapsto L_t^a$ simultan r.c.l.l. in a und stetig in t ist. Hierfür ist dann $(a,t,\omega) \mapsto L_t^a(\omega)$ auch $\mathscr{B}(\mathbb{R}) \otimes \sigma(\mathscr{C})$-meßbar. (Eine solche Version wird im folgenden stets zugrundegelegt).

Beweis: Die Meßbarkeitsaussage folgt sofort aus der Tatsache, daß $(L_t^a)_{t\in\mathbb{R}_+}$ ein Prozeß in $\mathscr{C}$ ist und rechtsstetig von a abhängt: Setzt man $I_n(a) := (k+1)/2^n$ für $k/2^n \le a < (k+1)/2^n$, mit $(k,n) \in \mathbb{Z} \times \mathbb{N}$, so sind die $(a,t,\omega) \mapsto L_t^{I_n(a)}(\omega)$ natürlich $\mathscr{B}(\mathbb{R}) \otimes \sigma(\mathscr{C})$-meßbar und konvergieren mit $n \to \infty$ gegen $L_t^a(\omega)$. Es bleibt nur noch zu zeigen, daß $(J_t^a)_{t\in\mathbb{R}_+, a\in\mathbb{R}}$ eine in (a,t) stetige Modifikation besitzt. Sind zunächst $X - X_0$, der Variationsprozeß V_A von A und die quadratische Variation $[M] = [X]$ von X beschränkt, so folgt dies aus dem Kolmogorovschen Satz 2.11′ in Abschnitt 2.2, dessen Voraussetzungen in diesem Falle nach Lemma 4.64 erfüllt sind. Ohne diese Beschränktheitsaussagen wählen wir eine Folge $\tau_n \nearrow \infty$ von Stopzeiten so, daß $X^{\tau_n} - X_0$, $(V_A)^{\tau_n} \equiv V_{A^{\tau_n}}$ und $[X]^{\tau_n} = [X^{\tau_n}]$ beschränkt sind. Das zu $X^{\tau_n} = A^{\tau_n} + M^{\tau_n}$ gehörige $J(X^{\tau_n})^a$:

$$J(X^{\tau_n})_t^a = \int_0^t (1_{]a,\infty[} \circ X^{\tau_n})\,dM^{\tau_n}$$

ist aufgrund der Stopregel (Satz 4.35) gleich $(J^a)^{\tau_n}$. Für jedes $n \in \mathbb{N}$ gibt es also einen Prozeß $(J_t^{(n)a})_{t\in\mathbb{R}_+, a\in\mathbb{R}}$, so daß jeder Pfad $(a,t) \mapsto J_t^{(n)a}(\omega)$ stetig ist und für jeweils eine Nullmenge $N(n,a,t)$ gilt

$$J_t^{(n)a}(\omega) = (J^a)_t^{\tau_n}(\omega); \quad \omega \notin N(n,a,t).$$

Mit der Nullmenge $N := \bigcup_{n\in\mathbb{N};\, a\in\mathbb{Q};\, t\in\mathbb{Q}_+} N(n,a,t)$ ist also $J_t^{(n+1)a}(\omega) = J_t^{(n)a}(\omega)$ für $\omega \notin N$ und (wegen Stetigkeit beider Seiten in (a,t)) für alle $a \in \mathbb{R}$, $t \in [0, \tau_n(\omega)]$, $n \in \mathbb{N}$. Daher ist $\bar{J}_t^a$:

$$\bar{J}_t^a(\omega) = J_t^{(n)a}(\omega) \text{ für } \omega \notin N,\ t \le \tau_n(\omega),\ n \in \mathbb{N} \quad \text{bzw.} = 0 \text{ für } \omega \in N$$

die gewünschte Modifikation. □

Korollar 1. *Für die Lokalzeit $(L_t^a)_{t\in\mathbb{R}_+, a\in\mathbb{R}}$ von $X = A + M \in \mathscr{S}$ gilt*

$$L_t^a - L_t^{a-} = 2\int_0^t 1_{\{X_s = a\}}\,dA_s; \quad a \in \mathbb{R},\ t \in \mathbb{R}_+.$$

Beweis: Nach dem Satz gilt

$$L_t^a - L_t^{a-} = -2(I_t^a - I_t^{a-}) = 2\int_0^t 1_{\{X_s = a\}}\, dA_s\,,$$

letzteres nach Gleichung (4.61). □

Nach Satz 4.65 ist insbesondere der Prozeß $(L_t^a)_{a\in\mathbb{R}}$ (bei festem $t \in \mathbb{R}_+$) r.c.l.l. Dies erlaubt eine explizitere Formulierung der schon in Gleichung (4.59) gegebenen Interpretation der Lokalzeit als "occupation time density":

Korollar 2. *Die Lokalzeit L_t^a bzw. ihr linksseitiger Grenzwert L_t^{a-} eines Semimartingals $X \in \mathscr{S}$ hat P-f.ü. die Darstellung*

$$(4.64)\quad L_t^a = \lim_{\delta\to 0+} \tfrac{1}{\delta}\int_0^t (1_{[a,a+\delta]}\circ X)\, d[X]\,; \quad L_t^{a-} = \lim_{\delta\to 0+} \tfrac{1}{\delta}\int_0^t (1_{[a-\delta,a]}\circ X)\, d[X]\,.$$

Beweis: Dies ergibt sich sofort aus der r.c.l.l.-Abhängigkeit der Pfade $u \mapsto L_t^u(\omega)$ und Gleichung (4.59) für $M = [a, a+\delta]$ bzw. $M = [a-\delta, a]$. □

Korollar 3. *Für $X \in \mathscr{M}$ ist $|X| \in \mathscr{S}$ mit quadratischer Variation $[|X|] = [X]$. Die Lokalzeit $L_t^a(X)$ von X ist stetig in $(a,t) \in \mathbb{R}\times\mathbb{R}_+$, und es gilt f.ü.*

$$L_t^a(X) = \lim_{\delta\to 0+} \tfrac{1}{2\delta}\int_0^t (1_{[a-\delta,a+\delta]}\circ X)\, d[X]\,;$$

$$L_t^a(|X|) = \begin{Bmatrix} L_t^a(X) + L_t^{-a}(X); & a \geq 0 \\ 0 \quad ; & a < 0 \end{Bmatrix}.$$

Beweis: Da L^0 in $\mathscr{A}$ liegt, ist nach Gleichung (4.23) und (4.49)

$$[|X|]_t = \int_0^t \big(\mathrm{sign}(X_s)\big)^2 d[X]_s = [X]_t\,.$$

Nach Satz 4.65 ist ferner L_t^a pfadweise stetig in (a,t). Aus Korollar 2 mit $L_t^{a-} = L_t^a$ ergibt sich daher die behauptete (symmetrische) Darstellung für $L_t^a(X)$. Ebenso folgt für $a \geq 0$

$$\begin{aligned} L_t^a(X) + L_t^{-a}(X) &= \lim_{\delta\to 0+} \tfrac{1}{\delta}\int_0^t \big((1_{[a,a+\delta]} + 1_{[-a-\delta,-a]})\circ X\big)\, d[X] \\ &= \lim_{\delta\to 0+} \tfrac{1}{\delta}\int_0^t \big(1_{[a,a+\delta]}\circ |X|\big)\, d[X]\,, \end{aligned}$$

und dies ist wegen $[X] = [|X|]$ gerade $L_t^a\big(|X|\big)$. Dagegen ist für $a < a+\delta < 0$ natürlich $1_{[a,a+\delta]}\circ |X| = 0$ und daher $L_t^a\big(|X|\big) = 0$. □

Ist etwa X eine BM, so ist aufgrund der im nächsten Abschnitt (Satz 5.3) gegebenen Lévy-Charakterisierung Brownscher Bewegungen wegen

$$\big[|X| - L^0(X)\big]_t = [X]_t = t$$

das lokale Martingal $|X|_t - L_t^0(X) = \int_0^t \mathrm{sign}(X)\, dX$ ebenfalls eine BM.

5. Weiterentwicklung und erste Anwendungen des stochastischen Kalküls

Ziel dieses Abschnitts ist vor allem ein wesentlich tiefer gehendes Studium der Brownschen Bewegung. Dies beginnt mit der (bereits in einem Beweisargument zu Satz 2.17 vorweggenommenen) Charakterisierung der BM als lokales Martingal durch seine quadratische Variation nach P. Lévy. Die Ausführungen über Zeitwechsel bei Semimartingalen erlauben sodann einen Einblick in die fundamentale Rolle der BM als "universeller" Fluktuationsprozeß: Jedes $X \in \mathscr{M}$ ist, nach einem geeigneten Zeitwechsel, eine (gestoppte) Brownsche Bewegung.
Schließlich untersuchen wir neben dem Zeitwechsel auch das Verhalten lokaler Martingale unter einem Wechsel des zugrundeliegenden Wahrscheinlichkeitsmaßes.

5.1 Die Brownsche Bewegung als Martingal

Als erste Anwendung des stochastischen Kalküls geben wir in diesem Abschnitt eine einfache rechnerische Ableitung der Lévy-Charakterisierung der Brownschen Bewegung als lokales Martingal – Schlüssel zum Verständnis der universellen Rolle, die dieser Fluktuationsprozeß in der gesamten Theorie stochastischer Prozesse spielt. Wir wollen in diesem Abschnitt ausnahmsweise einen *beliebigen* filtrierten Wahrscheinlichkeitsraum $(\Omega; \mathscr{F}; P; (\mathscr{F}_t)_{t\in\mathbb{R}_+})$ zugrundelegen; hierauf beziehen sich dann die in Abschnitt 4.2 festgelegten Bezeichnungen $\mathscr{A}, \mathscr{M}, \mathscr{S}$ für die entsprechenden Räume von an die Filtrierung $(\mathscr{F}_t)_{t\in\mathbb{R}_+}$ adaptierten Prozessen. Bezeichnen $\mathscr{F}' := \bar{\mathscr{F}}$ und $\mathscr{F}'_t := \bar{\mathscr{F}}_{t+}$, $t \in \mathbb{R}_+$, die Standard-Erweiterungen (Abschnitt 3.1) und $\mathscr{A}', \mathscr{M}', \mathscr{S}'$ die entsprechenden hierzu gehörigen Räume von stetigen $(\mathscr{F}'_t)$-Semimartingalen, so gelten die Inklusionen

$$\mathscr{A} \subset \mathscr{A}', \ \mathscr{M} \subset \mathscr{M}', \ \mathscr{S} \subset \mathscr{S}'.$$

Hiervon ist nur die mittlere nicht unmittelbar klar. Sei $X \in \mathscr{M}$; ist $\tau_n \nearrow \infty$ eine lokalisierende Folge von $(\mathscr{F}_t)$-Stopzeiten, so daß $(X - X_0)^{\tau_n}$ jeweils ein $(\mathscr{F}_t)$-Martingal ist, so sind die τ_n erst recht $(\mathscr{F}'_t)$-Stopzeiten und nach Bemerkung 3.35 die $(X - X_0)^{\tau_n}$ auch $(\mathscr{F}'_t)$-Martingale.
Natürlich werden die Operationen der stochastischen Analysis im allgemeinen aus $\mathscr{S}$ herausführen: für $X, Y \in \mathscr{S}$ sind $X \bullet Y$ bzw. $[X, Y]$ Prozesse in $\mathscr{S}'$ bzw. $\mathscr{A}'$ und nur dann in $\mathscr{S}$ bzw. $\mathscr{A}$, wenn sie an $(\mathscr{F}_t)_{t\in\mathbb{R}_+}$ adaptiert sind (vgl. die eingehenderen Überlegungen dazu in Abschnitt 5.6).

Wie in Beispiel 4.26 verstehen wir (auch bei beliebiger Filtrierung) unter einer *d-dimensionalen $(\mathscr{F}_t)$-Brownschen Bewegung* eine d-dimensionale BM $X =$

$(X^1,\dots,X^d)$, welche zusätzlich ein Prozeß mit $(\mathscr{F}_t)$-unabhängigen Zuwächsen ist, also adaptiert an $(\mathscr{F}_t)$ mit $X_t - X_s$ unabhängig von $\mathscr{F}_s$ für $s \le t$. Wir beginnen mit einer elementaren *"Fourier-Charakterisierung"*; hier und im folgenden ist natürlich die bedingte Erwartung integrierbarer komplexwertiger Funktionen (wie der Erwartungswert selbst) durch Zerlegung in Real- und Imaginärteil erklärt, und ein komplexwertiger Prozeß Z heißt ein *komplexwertiges Martingal*, wenn $\operatorname{Re} Z$ und $\operatorname{Im} Z$ Martingale sind. Dies entspricht den Bezeichnungen am Ende von Abschnitt 4.8, wo bereits komplexwertige lokale Martingale betrachtet wurden.

Satz 5.1. *Ein stetiger adaptierter Prozeß $X_t\colon (\Omega;\mathscr{F};P;(\mathscr{F}_t)) \to \mathbb{R}^d$, $t \in \mathbb{R}_+$, ist eine $(\mathscr{F}_t)$-BM genau dann, wenn $X_0 = 0$ ist und für jedes $\xi \in \mathbb{R}^d$ gilt*

$$E^{\mathscr{F}_s} e^{i\langle \xi, X_t - X_s\rangle} = e^{-(t-s)|\xi|^2/2} \quad (= \widehat{\nu}_{t-s}(\xi)) \quad \textit{für } 0 \le s \le t \tag{5.1}$$

(d.h. $(e^{i\langle\xi,X_t\rangle + \frac{1}{2}|\xi|^2 t})_{t\in\mathbb{R}_+}$ ist ein komplexwertiges Martingal).

Beweis: Die Notwendigkeit der angegebenen Bedingung ist klar, da auf der linken Seite von (5.1) aufgrund der Unabhängigkeit des Zuwachses $X_t - X_s$ (und damit auch $e^{i\langle\xi,X_t-X_s\rangle}$) von $\mathscr{F}_s$ die Fouriertransformierte der Verteilung $P\circ(X_t - X_s)^{-1}$ steht. Wird umgekehrt (5.1) angenommen, so folgt einerseits aus dem nächsten Lemma die Unabhängigkeit des Zuwachses $X_t - X_s$ von $\mathscr{F}_s$; andererseits ergibt sich $P\circ(X_t - X_s)^{-1} = \nu_{t-s}$ durch Erwartungswertbildung. Nach Bemerkung 2.14 ist daher X eine $(\mathscr{F}_t)$-BM. □

Lemma 5.2. *Sei $(\Omega;\mathscr{F};P)$ ein beliebiger Wahrscheinlichkeitsraum, $\mathscr{B} \subset \mathscr{F}$ eine σ-Unteralgebra und $f\colon \Omega \to \mathbb{R}^d$ $\mathscr{F}$-meßbar. Genau dann ist f (also $\sigma(f)$) unabhängig von $\mathscr{B}$, wenn gilt*

$$E^{\mathscr{B}} e^{i\langle\xi,f\rangle} = E e^{i\langle\xi,f\rangle} \quad \textit{für alle } \xi \in \mathbb{R}^d.$$

Beweis: Wie oben ist die Notwendigkeit der Bedingung evident. Umgekehrt ist aus ihr die Unabhängigkeit von (f,g) für jede $\mathscr{B}$-meßbare Funktion $g\colon \Omega \to \mathbb{R}$ zu folgern, also für die gemeinsame Verteilung zu zeigen, daß

$$P\circ(f,g)^{-1} = (P\circ f^{-1}) \otimes (P\circ g^{-1})$$

richtig ist. Wir zeigen die Übereinstimmung der Fouriertransformierten dieser beiden Maße auf $\mathscr{B}(\mathbb{R}^{d+1})$: Für $\xi \in \mathbb{R}^d$ und $\eta \in \mathbb{R}$ gilt nämlich

$$\begin{aligned}(P\circ(f,g)^{-1})\widehat{\ }(\xi,\eta) &= E e^{i(\langle\xi,f\rangle + \eta g)} = E\circ E^{\mathscr{B}}(e^{i(\langle\xi,f\rangle+\eta g)}) \\ &= E(e^{i\eta g} E^{\mathscr{B}} e^{i\langle\xi,f\rangle}) = (E e^{i\eta g})(E e^{i\langle\xi,f\rangle}) \\ &= (P\circ g^{-1})\widehat{\ }(\eta)(P\circ f^{-1})\widehat{\ }(\xi).\end{aligned}$$

□

Wir ziehen schon hier eine leichte Konsequenz (die für $\mathscr{F}_t := \mathscr{F}_t^X \equiv \sigma(X_s : s \le t)$ auch schon in Abschnitt 3.1 mit anderen Mitteln begründet wurde).

Korollar. *Sei X eine d-dimensionale $(\mathscr{F}_t)$-BM. Dann ist X sogar $(\mathscr{F}'_t)$-BM.*

Beweis: Für $A \in \mathscr{F}'_s$ ($\subset \bar{\mathscr{F}}_{s+\varepsilon}$ für jedes $\varepsilon > 0$) folgt aus Gleichung (5.1) zunächst

$$\int_A e^{i\langle \xi, X_t - X_{s+\varepsilon}\rangle}\, dP = P(A)\, e^{-(t-(s+\varepsilon))\,|\xi|^2/2}; \quad s+\varepsilon \le t.$$

Da X stetige Pfade hat, ergibt sich mit $\varepsilon \to 0+$

$$\int_A e^{i\langle \xi, X_t - X_s\rangle}\, dP = P(A)\, e^{-(t-s)\,|\xi|^2/2}.$$

Damit ist $E^{\mathscr{F}'_s} e^{i\langle \xi, X_t - X_s\rangle} = e^{-(t-s)\,|\xi|^2/2}$ und also nach Satz 5.1 die Behauptung gezeigt. □

Das Hauptresultat dieses Abschnitts ist die folgende Charakterisierung (aus der man ebenfalls das vorangehende Korollar abliest):

Satz 5.3. (P. Lévy) *Sei $X \in \mathscr{M}_0(\mathbb{R}^d)$. Genau dann ist X eine $(\mathscr{F}_t)$-BM, wenn für die quadratische Covariation gilt*

$$[X^k, X^\ell]_t = \delta_{k\ell} \cdot t; \quad t \in \mathbb{R}_+;\ 1 \le k, \ell \le d.$$

Beweis: Wegen $\mathscr{M}(\mathbb{R}^d) \subset \mathscr{M}'(\mathbb{R}^d)$ ist natürlich der Klammerprozeß $[X^k, X^\ell]$ definiert und hat für eine $(\mathscr{F}'_t)$-BM (also nach obigem Korollar auch für eine $(\mathscr{F}_t)$-BM) die behauptete Form, wie in Beispiel 4.26 ausgerechnet wurde. Wir nehmen nun umgekehrt für $X \in \mathscr{M}_0(\mathbb{R}^d)$ dies an und verifizieren Gleichung (5.1). Zu fixiertem $\xi \in \mathbb{R}^d$ betrachten wir den Prozeß $M(\xi)_t \colon \Omega \to \mathbb{C}$,

$$M(\xi)_t = e^{i\langle \xi, X_t\rangle + \frac{1}{2}|\xi|^2 t}$$

Nach Satz 5.1 ist zu zeigen, daß $M(\xi)$ ein (komplexwertiges) Martingal ist. Dies folgt aber sofort aus Beispiel 4.53 (mit $Z := i\langle \xi, X\rangle$ ist $M(\xi) = \mathscr{E}(Z)$ hiernach zunächst in $\mathscr{M}(\mathbb{C})$, wegen Satz 4.13 i) aber dann auch Martingal), da nach Voraussetzung $(\langle \xi, X_t\rangle)_{t\in\mathbb{R}_+}$ in $\mathscr{M}'$ ist und als quadratischen Variationsprozeß $(|\xi|^2 t)_{t\in\mathbb{R}_+}$ hat. □

Insbesondere ist also eine BM X genau dann sogar $(\mathscr{F}_t)$-BM, wenn X ein (lokales) $(\mathscr{F}_t)$-Martingal ist. Die vielfältige Anwendbarkeit der Lévy-Charakterisierung einer BM beruht auf den einfachen Rechenregeln für den Klammerprozeß $d[X,Y] = dX\,dY$ (insbesondere Gleichungen (4.27)–(4.31)).

Beispiel 5.4. Ist X eine d-dimensionale $(\mathscr{F}_t)$-BM und $\Phi \in \mathscr{B}(\mathrm{Lin}(\mathbb{R}^d))$ ein Prozeß mit orthogonalen Endomorphismen $\Phi_t(\omega)$ als Werten, so ist das stochastische Integral $Y := \Phi \bullet X$ eine $(\mathscr{F}'_t)$-BM. Denn $Y \in \mathscr{M}'_0(\mathbb{R}^d)$, mit Covariation

$$[Y^k, Y^\ell]_t = \int_0^t \sum_{i,j=1}^d \Phi_{ki}\Phi_{\ell j}\, d[X^i, X^j] = \int_0^t \sum_{i=1}^d \Phi_{ki}\Phi_{\ell i}\, dt = t\,\delta_{k\ell},$$

letzteres aufgrund der Orthogonalität der Matrizen $(\Phi_{ki})_t(\omega)$; in der ersten Gleichheit wurde die Assoziativitätsregel Gleichung (4.27) verwendet.

Bemerkung 5.5. Wir wollen an dieser Stelle einmal auf die Bedeutung der Stetigkeitsvoraussetzung hinweisen, die dem in diesem Buch entwickelten Teil der stochastischen Analysis stets zugrundeliegt. Es sei hierzu Z ein *Poissonprozeß* zum Parameter $\lambda = 1$; also Z r.c. wachsender Prozeß mit $Z_0 = 0$ und unabhängigen Zuwächsen, die gemäß $P \circ (Z_t - Z_s)^{-1} = \pi_{t-s}$ mit

$$\pi_t = e^{-t} \sum_{n=0}^{\infty} \frac{t^n}{n!} \delta_n\,; \quad t \in \mathbb{R}_+$$

der Poissonverteilung auf $\mathbf{N}$ verteilt sind (δ_n bezeichnet dabei das Diracmaß im Punkte n). Man verifiziert leicht $EZ_t = \mathrm{Var} Z_t = t$. Dann sind also (vgl. Satz 4.25) $Y_t := Z_t - t$ wie auch $Y_t^2 - t$, $t \in \mathbb{R}_+$, Martingale. Für einen stetigen Prozeß Z mit dieser Eigenschaft würde aus der Lévy-Charakterisierung folgen, daß Y eine BM wäre. Zugleich würde Satz 4.8 bei wachsendem Z auch noch $Y \in \mathscr{A}_0 \cap \mathscr{M} = \{0\}$ implizieren!

Brownsche Bewegung wie Poissonprozeß sind typische Beispiele aus der Klasse der *Lévyprozesse*: Prozesse mit stationären, $(\mathscr{F}_t)$-unabhängigen Zuwächsen (vgl. Definition 2.6), deren Pfade $t \mapsto X_t$ zumindest noch r.c.l.l. sind.

Stetige reelle quadratisch integrierbare Lévyprozesse sind, wie (mit einem Vorgriff auf Satz 5.3) schon in Satz 2.17 gezeigt wurde, bis auf Normierung der Varianz und Abzug eines Driftterms, Brownsche Bewegungen.

Mit der folgenden Begriffsbildung erweitern wir nochmals die Anwendbarkeit von Satz 5.3.

Definition 5.6. (Gestoppte BM) Sei $X \in \mathscr{M}_0(\mathbb{R}^d)$ mit

$$[X^k, X^\ell]_t = \delta_{k\ell} \cdot t \wedge \tau \quad \text{für } 1 \le k, \ell \le d\,;\ t \in \mathbb{R}_+.$$

(Dabei ist die hierdurch definierte Funktion $\tau \colon \Omega \to \overline{\mathbb{R}}_+$ wegen

$$\{\tau < t\} = \{\tau \wedge t < t\} = \big\{[X^1, X^1]_t < t\big\} \in \mathscr{F}'_t$$

eine $(\mathscr{F}'_t)$-Stopzeit). Dann heißt X eine *durch* τ *gestoppte* d-dimensionale $(\mathscr{F}_t)$-*Brownsche Bewegung.*

Ein Beispiel hierfür ist natürlich $X = B^\tau$ mit B einer d-dimensionalen $(\mathscr{F}_t)$-BM. Die Umkehrung stimmt erst nach einer geeigneten Erweiterung des zugrundeliegenden Wahrscheinlichkeitsraumes. Wir geben eine möglichst explizite Beschreibung dieses Resultats:

Satz 5.7. *Sei X eine durch τ gestoppte d-dimensionale* $(\mathscr{F}_t)$-BM. *Mit einer beliebig gewählten d-dimensionalen* $(\mathscr{F}^*_t)$-BM Y *über einem standard filtrierten Wahr-*

scheinlichkeitsraum $(\Omega^*;\mathscr{F}^*;P^*;(\mathscr{F}_t^*))$ *bilde man folgende Wahrscheinlichkeitsräume und Prozesse:*

$$\begin{aligned}
&\tilde\Omega := \Omega\times\Omega^*;\quad \tilde{\mathscr{F}} := \mathscr{F}'\otimes\mathscr{F}^*;\quad \tilde P := P\otimes P^*;\quad \tilde{\mathscr{F}}_t := \mathscr{F}_t'\otimes\mathscr{F}_t^*;\\
&\tilde X_t\colon \big(\tilde\Omega;\tilde{\mathscr{F}};\tilde P;(\tilde{\mathscr{F}}_t)\big)\to\mathbb{R}^d,\quad \tilde X_t(\omega,\omega^*) = X_t(\omega);\\
&\tilde Y_t\colon \big(\tilde\Omega;\tilde{\mathscr{F}};\tilde P;(\tilde{\mathscr{F}}_t)\big)\to\mathbb{R}^d,\quad \tilde Y_t(\omega,\omega^*) = Y_t(\omega^*);\\
&\tilde\tau\colon \tilde\Omega\to\overline{\mathbb{R}}_+,\quad \tilde\tau(\omega,\omega^*) = \tau(\omega);\\
&B_t\colon \big(\tilde\Omega;\tilde{\mathscr{F}};\tilde P;(\tilde{\mathscr{F}}_t)\big)\to\mathbb{R}^d,\quad B = \tilde X + \tilde Y - \tilde Y^{\tilde\tau}.
\end{aligned}$$

Dann ist B *eine* $(\tilde{\mathscr{F}}_t)$-BM *mit* $\tilde X = B^{\tilde\tau}$.

Beweis: Schon in der obigen Definition wurde bemerkt, daß τ eine $(\mathscr{F}_t')$-Stopzeit und damit natürlich $\tilde\tau$ eine $(\tilde{\mathscr{F}}_t)$-Stopzeit ist. Ebenso ist offensichtlich $\tilde Y$ auch eine $(\tilde{\mathscr{F}}_t)$-BM, und damit sind $\tilde Y$ und $\tilde Y^{\tilde\tau}$ in $\tilde{\mathscr{M}}_0(\mathbb{R}^d)$, d.h. stetige (lokale) Martingale bezüglich der Filtrierung $(\tilde{\mathscr{F}}_t)_{t\in\mathbb{R}_+}$. Da ebenso offenbar $\tilde X$ eine durch $\tilde\tau$ gestoppte $(\tilde{\mathscr{F}}_t)$-BM ist (denn $[\tilde X^k,\tilde X^\ell]_t(\omega,\omega^*) = [X^k,X^\ell]_t(\omega) = \delta_{k\ell}\cdot t\wedge\tilde\tau(\omega,\omega^*)$ folgt unmittelbar aus der Definition 4.24 des Klammerprozesses), ist $B\in\tilde{\mathscr{M}}_0(\mathbb{R}^d)$, mit $B^{\tilde\tau} = \tilde X^{\tilde\tau}$. Weiter ist $\tilde X^{\tilde\tau} = \tilde X$. Sei nämlich $Z = \tilde X^k$ eine beliebige Komponente von $\tilde X$. Wir wissen, daß $[Z]_t = t\wedge\tilde\tau = [Z]_t^{\tilde\tau}$. Aus der Stopformel für den Klammerprozeß (Korollar zu Satz 4.22) folgt daher

$$[Z - Z^{\tilde\tau}] = [Z] + [Z^{\tilde\tau}] - 2[Z,Z^{\tilde\tau}] = [Z]^{\tilde\tau} + [Z^{\tilde\tau}] - 2[Z]^{\tilde\tau} = 0,$$

also $Z = Z^{\tilde\tau}$ nach Satz 4.27.

Schließlich bleibt B als $(\tilde{\mathscr{F}}_t)$-BM nachzuweisen, also nach Satz 5.3 zu zeigen, daß $[B^k,B^\ell]_t = \delta_{k\ell}\cdot t$ gilt. Wir setzen noch $U := \tilde Y - \tilde Y^{\tilde\tau}$ und erhalten aus $\tilde X = \tilde X^{\tilde\tau}$, $U^{\tilde\tau} = 0$ nach der Stopformel $[\tilde X^k,U^\ell] = \big[(\tilde X^{\tilde\tau})^k,U^\ell\big] = \big[\tilde X^k,(U^{\tilde\tau})^\ell\big] = 0$ und damit schließlich

$$\begin{aligned}
[B^k,B^\ell]_t &= [\tilde X^k + U^k,\tilde X^\ell + U^\ell]_t = \delta_{k\ell}\cdot t\wedge\tilde\tau + [U^k,U^\ell]_t\\
&= \delta_{k\ell}\cdot t\wedge\tilde\tau + \delta_{k\ell}\cdot t + \delta_{k\ell}\cdot t\wedge\tilde\tau - 2\delta_{k\ell}\cdot t\wedge\tilde\tau\\
&= \delta_{k\ell}\cdot t;\quad 1\le k,\ell\le d;\ t\in\mathbb{R}_+.
\end{aligned}$$

□

5.2 Zeitwechsel

Wir untersuchen in diesem Abschnitt das Transformationsverhalten stochastischer Integrale $\int_0^t Y_s\,dX_s$ unter einem Wechsel der "Zeitvariablen" s. Natürlich wird sich unter einem Zeitwechsel auch die quadratische Variation eines lokalen Martingals ändern, und es besteht die Möglichkeit, mit Hilfe der Lévy-Charakterisierung einen Zusammenhang beliebiger stetiger lokaler Martingale mit Brownschen Bewegungen herzustellen.

Es sei wieder ein standard filtrierter Wahrscheinlichkeitsraum $(\Omega; \mathscr{F}; P; (\mathscr{F}_t)_{t\in\mathbb{R}_+})$ zugrundegelegt.

Definition 5.8. (Zeitwechsel) Ein *Zeitwechsel* $\langle\tau\rangle$ ist ein wachsender r.c. Prozeß $\tau_t: \Omega \to \overline{\mathbb{R}}_+$ mit τ_t einer Stopzeit für jedes $t \in \mathbb{R}_+$; hierzu sei noch $\tau_\infty := \sup_{t\in\mathbb{R}_+} \tau_t$.

Beispiel 5.9. i) Naheliegende Beispiele für stetige Zeitwechsel sind (mit σ einer beliebigen Stopzeit) $\tau_t := \sigma \wedge t$ bzw. $\tau_t := \sigma + t$.

ii) Ist $X \in \mathscr{S}_0$, so ist $\langle\tau\rangle$ mit $\tau_t := \inf\{s \in \mathbb{R}_+ : X_s > t\}$ ein Zeitwechsel. Aus der Stetigkeit von X folgt noch

$$X_{\tau_t} = t \quad \text{auf } \{\tau_t < \infty\}. \tag{5.1}$$

Dieses Beispiel zeigt einerseits die Bedeutung auch nurmehr rechtsstetiger Zeitwechsel; andererseits sieht man, daß (obwohl ein Erschwernis bei der Einsetzung von τ_t für t) der Wert ∞ zuzulassen ist. Ist etwa X ein gleichgradig integrierbares Martingal mit $X_0 = 0$, so folgt aus Satz 3.37 (c), daß auch $(X_{\tau_t}; \mathscr{F}_{\tau_t}; P)_{t\in\mathbb{R}_+}$ ein Martingal ist. Insbesondere kann also für kein $t > 0$ gelten $\tau_t < \infty$ f.ü., da sonst nach Gleichung (5.1) f.ü. $X_{\tau_s} = s$ für $0 \leq s \leq t$ wäre, was $EX_{\tau_s} = EX_0 = 0$ widerspricht.
Ist auf der anderen Seite X eine BM, so gilt (wie in Bemerkung 5.22 im nächsten Abschnitt gezeigt wird) $\tau_t < \infty$ f.ü., so daß $(X_{\tau_t} = t)_{t\in\mathbb{R}_+}$ nicht einmal mehr ein lokales Martingal ist.

iii) Eine interessante Variante des letzten Beispiels ist der einem $X \in \mathscr{S}$ *assoziierte Zeitwechsel*

$$\tau_t := \inf\{s \in \mathbb{R}_+ : [X]_s > t\}; \quad t \in \mathbb{R}_+.$$

Setzt man noch $[X]_\infty := \sup_{t\in\mathbb{R}_+} [X]_t: \Omega \to \overline{\mathbb{R}}_+$, so folgt

$$[X]_{\tau_t} = t \wedge [X]_\infty, \tag{5.2}$$

denn es gilt $t < [X]_\infty(\omega) \Leftrightarrow \tau_t(\omega) < \infty \Rightarrow [X]_{\tau_t}(\omega) = t$, letzteres nach Gleichung (5.1).

Wir wollen natürlich einen Zeitwechsel $\langle\tau\rangle$ in den Zeitparameter von Prozessen bzw. Filtrierungen einsetzen:

Definition 5.10. (Zeittransformierte Filtrierung) Sei $\langle\tau\rangle$ ein Zeitwechel. Die Filtrierung $(\mathscr{F}_{\tau_t})_{t\in\mathbb{R}_+}$ heißt die aus der gegebenen Filtrierung $(\mathscr{F}_t)_{t\in\mathbb{R}_+}$ gebildete *zeittransformierte Filtrierung.*

Lemma 5.11. $(\mathscr{F}_{\tau_t})_{t\in\mathbb{R}_+}$ *ist (wie* $(\mathscr{F}_t)_{t\in\mathbb{R}_+}$*) wieder eine Standard-Filtrierung.*

Beweis: Es sei zunächst an die Definition 3.14 der σ-Algebren

$$\mathscr{F}_{\tau_t} = \{A \in \mathscr{F}_\infty \equiv \sigma(\mathscr{F}_s : s \in \mathbb{R}_+) : A \cap \{\tau_t \leq r\} \in \mathscr{F}_r;\ \forall r \in \mathbb{R}_+\}$$

erinnert. Hiernach ist ersichtlich $(\mathscr{F}_{\tau_t})$ wieder vollständig. Zum Nachweis der Rechtsstetigkeit fixieren wir ein $A \in \bigcap_{s>t} \mathscr{F}_{\tau_s}$. Dann gilt für jedes $r \in \mathbb{R}_+$

$$A \cap \{\tau_t < r\} = \bigcup_{n\in\mathbb{N}} A \cap \{\tau_{t+1/n} < r\} \in \mathscr{F}_r ,$$

da τ ein r.c. Prozeß ist. Damit ist aber auch

$$A \cap \{\tau_t \le r\} = \bigcap_{n=k}^{\infty} A \cap \{\tau_t < r + \tfrac{1}{n}\} \in \mathscr{F}_{r+1/k}$$

für jedes $k \in \mathbb{N}$, also $A \cap \{\tau_t \le r\} \in \mathscr{F}_{r+} = \mathscr{F}_r$, d.h. $A \in \mathscr{F}_{\tau_t}$. □

Kein Problem bereitet zunächst das Einsetzen von $\langle\tau\rangle$ in einen Prozeß X, wenn τ ein *endlicher Zeitwechsel* ist, d.h. wenn $\tau_t < \infty$ f.ü. für jedes $t \in \mathbb{R}_+$ ist. Dann ist nämlich $\bigcup_{t\in\mathbb{R}_+}\{\tau_t = \infty\} = \bigcup_{t\in\mathbb{N}}\{\tau_t = \infty\} =: N$ eine Nullmenge (τ ist ein wachsender Prozeß), außerhalb welcher der *durch* $\langle\tau\rangle$ *zeittransformierte Prozeß* $X_{\langle\tau\rangle} := (X_{\tau_t})_{t\in\mathbb{R}_+}$ wohldefiniert ist; auf N selbst sei $X_{\langle\tau\rangle}$ beliebig (etwa konstant) festgesetzt. Ist dagegen τ ein beliebiger Zeitwechsel, so werden wir $X_{\langle\tau\rangle} := (X_{\tau_t})_{t\in\mathbb{R}_+}$ nur für solche Prozesse X betrachten, für welche $X_\infty := \lim_{t\to\infty} X_t$ f.ü. auf $\bigcup_{t\in\mathbb{R}_+}\{\tau_t = \infty\}$ definiert ist. Dies ist insbesondere nach Satz 4.28 für $X \in \mathscr{M}$ und den oben definierten assoziierten Zeitwechsel $\langle\tau\rangle$ der Fall, da hierfür ja $\bigcup_{t\in\mathbb{R}_+}\{\tau_t = \infty\} = \{[X]_\infty < \infty\}$ ist. Setzt man einen Zeitwechsel zugleich in einen Prozeß X, der $(\mathscr{F}_t)$-progressiv meßbar ist, und in die Filtrierung $(\mathscr{F}_t)_{t\in\mathbb{R}_+}$ ein, so bleibt die Adaptiertheit erhalten: Nach Satz 3.16 ist $X_{\tau_t} \cdot 1_{\{\tau_t<\infty\}}$ und also auch X_{τ_t} selbst (wenn es im oben ausgeführten Sinne definiert ist) $\mathscr{F}_{\tau_t}$-meßbar, d.h. $X_{\langle\tau\rangle}$ ist $(\mathscr{F}_{\tau_t})$-adaptiert. Hinsichtlich der Stetigkeitseigenschaften haben wir:

Lemma 5.12. *Sei $\langle\tau\rangle$ ein endlicher Zeitwechsel und X $\langle\tau\rangle$-stetig, d.h. fast sicher jeder Pfad $X_\bullet(\omega)$ konstant auf jedem Sprungintervall $[\tau_{t-}(\omega), \tau_t(\omega)]$ von $\langle\tau\rangle$. Dann ist mit X auch $X_{\langle\tau\rangle}$ l.c. bzw. c. Ist $X \in \mathscr{A}$ (bzw. $X \in \mathscr{B}$, $X \in \mathscr{C}$), so ist (mit den bezüglich $(\mathscr{F}_{\tau_t})_{t\in\mathbb{R}_+}$ gebildeten Räumen $\mathscr{A}_{\langle\tau\rangle}, \mathscr{B}_{\langle\tau\rangle}, \mathscr{C}_{\langle\tau\rangle}$) zudem $X_{\langle\tau\rangle} \in \mathscr{A}_{\langle\tau\rangle}$ (bzw. $X_{\langle\tau\rangle} \in \mathscr{B}_{\langle\tau\rangle}$, $X_{\langle\tau\rangle} \in \mathscr{C}_{\langle\tau\rangle}$).*

Beweis: Evident. □

Schwieriger zu durchschauen sind entsprechende Aussagen für $X \in \mathscr{M}$. Wir beginnen mit dem Fall $X \in \mathscr{M}^2$, d.h. $\|\ \|_2$-beschränktes stetiges Martingal (bezüglich $(\mathscr{F}_t)_{t\in\mathbb{R}_+}$). Hierfür existiert nach dem Martingal-Konvergenzsatz Satz 3.37 der Grenzwert X_∞, und für jede Stopzeit τ gilt $X_\tau = E^{\mathscr{F}_\tau} X_\infty$.

Satz 5.13. *Sei $\langle\tau\rangle$ ein beliebiger Zeitwechsel und $X \in \mathscr{M}^2$; außerdem sei X $\langle\tau\rangle$-stetig. Dann ist $X_{\langle\tau\rangle} \in \mathscr{M}^2_{\langle\tau\rangle}$ (also ein stetiges $\|\ \|_2$-beschränktes Martingal bezüglich $(\mathscr{F}_{\tau_t})_{t\in\mathbb{R}_+}$), mit quadratischem Variationsprozeß*

$$[X_{\langle\tau\rangle}] = [X]_{\langle\tau\rangle} - [X]_{\tau_0} .$$

Beweis: Zunächst folgt aus Satz 4.27, daß mit X auch der quadratische Variationsprozeß $[X]$ $\langle\tau\rangle$-stetig ist. Damit sind also $X_{\langle\tau\rangle}$ und $[X]_{\langle\tau\rangle}$ Prozesse in $\mathscr{C}_{\langle\tau\rangle}$. Die für $X \in \mathscr{M}^2$ quadratisch integrierbare Majorante $X^* := \sup_{t\in\mathbb{R}_+} |X_t|$ von X majoriert auch $X_{\langle\tau\rangle}$, so daß wegen $X_{\tau_t} = E^{\mathscr{F}_{\tau_t}} X_\infty$ also $X_{\langle\tau\rangle}$ sogar in $\mathscr{M}^2_{\langle\tau\rangle}$ enthalten ist. Nach Satz 4.21 ist $X^2 - [X]$ ein Martingal, majoriert durch die L^1-Funktion $(X^*)^2 + [X]_\infty$. Wiederum mit Satz 3.37 folgt nun

$$X^2_{\tau_t} - [X]_{\tau_t} = E^{\mathscr{F}_{\tau_t}}\big(X^2 - [X]\big)_\infty\,; \quad t \in \mathbb{R}_+,$$

so daß $X^2_{\langle\tau\rangle} - [X]_{\langle\tau\rangle}$ und daher auch $X^2_{\langle\tau\rangle} - \big([X]_{\langle\tau\rangle} - [X]_{\tau_0}\big)$ ein Martingal für die transformierte Filtrierung $\mathscr{F}_{\langle\tau\rangle}$ ist. Damit ist (vgl. Definition 4.20) $[X]_{\langle\tau\rangle} - [X]_{\tau_0}$ die quadratische Variation von $X_{\langle\tau\rangle}$. □

Zur Verallgemeinerung auf lokale Martingale ist das Zusammenspiel von Zeitwechsel und Stoppung eines Prozesses genauer zu studieren. Wir schicken einige Bemerkungen über monoton wachsende Funktionen und ihre verallgemeinerten Umkehrfunktionen voraus.

Sei α: $\mathbb{R}_+ \to \mathbb{R}_+$ wachsend und rechtsseitig stetig. Wir betrachten die links- bzw. rechtsstetigen Verteilungsfunktionen

$$\underline{\alpha}(t) := \text{Lebesguemaß}\big(\{\alpha < t\}\big)\,; \quad \bar{\alpha}(t) := \text{Lebesguemaß}\big(\{\alpha \le t\}\big)$$

für $t \in \mathbb{R}_+$.

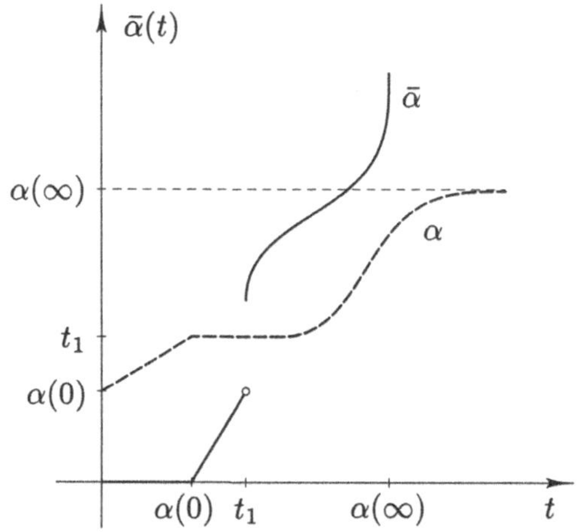

Dies sind also wieder wachsende Funktionen, mit Werten in $\overline{\mathbb{R}}_+$, die sich offensichtlich auch schreiben lassen als

$$\underline{\alpha}(t) = \sup\{s \in \mathbb{R}_+ : \alpha(s) < t\} = \inf\{s \in \mathbb{R}_+ : \alpha(s) \ge t\}\,, \tag{5.3}$$
$$\bar{\alpha}(t) = \sup\{s \in \mathbb{R}_+ : \alpha(s) \le t\} = \inf\{s \in \mathbb{R}_+ : \alpha(s) > t\}\,.$$

Aus diesen Darstellungen liest man die folgenden einfachen Inklusionen ab: $\underline{\alpha} \le \bar{\alpha}$ und (wegen Rechtsstetigkeit von α)

(5.4) $$\big[\underline{\alpha}(s), \bar{\alpha}(s)\big[\subset \{\alpha = s\} \subset \big[\underline{\alpha}(s), \bar{\alpha}(s)\big]; \quad s \in \mathbb{R}_+.$$

Die Menge $\{\alpha = s\}$ ist also stets ein linksabgeschlossenes Intervall mit linkem Endpunkt $\underline{\alpha}(s)$. Ist es abgeschlossen (also etwa α streng wachsend, oder α stetig), so folgt

(5.5) $$\{\alpha = s\} = \big[\underline{\alpha}(s), \bar{\alpha}(s)\big] \cap \mathbb{R}_+; \quad s \in \alpha(\mathbb{R}_+).$$

Dies zeigt die Rolle von $\underline{\alpha}$ und $\bar{\alpha}$ als kleinste und größte verallgemeinerte Rechtsinverse von α.

Setzt man $\alpha(\infty) = \sup \alpha(\mathbb{R}_+)$ $(\in \overline{\mathbb{R}}_+)$, so wird offensichtlich noch

(5.6) $$\bar{\alpha}(s) = 0 \text{ für } 0 \le s < \alpha(0) \quad \text{und} \quad \bar{\alpha}(s) = \infty \text{ für } s \ge \alpha(\infty).$$

Insbesondere folgt für stetiges α aus (5.5) allgemein

(5.7) $$(\alpha \circ \bar{\alpha})(t) = \big(t \wedge \alpha(\infty)\big) \vee \alpha(0); \quad t \in \mathbb{R}_+.$$

Lemma 5.14. *Sei α: $\mathbb{R}_+ \to \mathbb{R}_+$ wachsend, r.c., und f: $\mathbb{R}_+ \to \mathbb{R}$ α-stetig (also f konstant auf Sprungintervallen $\big[\alpha(t-), \alpha(t)\big]$ von α).*

Dann gilt bei beliebigem $t \in \mathbb{R}_+$

$$f\big(\alpha(\underline{\alpha}(s) \wedge t)\big) = \left\{ \begin{matrix} f\big(s \wedge \alpha(t)\big) & \text{für } s \ge \alpha(0) \\ f\big(\alpha(0)\big) & \text{für } 0 \le s \le \alpha(0) \end{matrix} \right\}.$$

Beweis: Wir entnehmen leicht aufgrund der Rechtsstetigkeit von α aus (5.3), daß gilt

(5.8) $$s \le \alpha(t) \iff \underline{\alpha}(s) \le t; \quad s, t \in \mathbb{R}_+.$$

Damit ergibt sich

(5.9) $$\alpha\big(\underline{\alpha}(s)-\big) \le s \le \alpha\big(\underline{\alpha}(s)\big) \quad \text{für } s \in \mathbb{R}_+ \cap \big[\alpha(0), \alpha(\infty)\big].$$

Da f α-stetig vorausgesetzt war, folgt hieraus

$$f\big(\alpha(\underline{\alpha}(s) \wedge t)\big) = \left\{ \begin{matrix} f\big(\alpha(0)\big) & \text{für } 0 \le s < \alpha(0) \\ f(s) & \text{für } \alpha(0) \le s \le \alpha(t) \\ f\big(\alpha(t)\big) & \text{für } \alpha(t) < s \end{matrix} \right\}. \qquad \square$$

Im folgenden Lemma bezeichne (wie in Abschnitt 4.1) für eine rechtsstetige wachsende Funktion h: $\mathbb{R}_+ \to \mathbb{R}$ wieder μ_h das durch

$$\mu_h[0,t] = h(t) - h(0); \quad t \in \mathbb{R}_+$$

festgelegte Borelmaß auf $\mathbb{R}_+$.

Lemma 5.15. *Sei* $\alpha\colon \mathbb{R}_+ \to \mathbb{R}_+$ *wachsend, r.c., und* $g\colon \mathbb{R}_+ \to \mathbb{R}$ *wachsend, r.c. und* α*-stetig. Dann gilt für die zugehörigen Borelmaße auf* $\mathbb{R}_+$ *die Transformationsformel*

$$(5.10) \qquad (\mu_{g\circ\alpha}) \circ \alpha^{-1} = \mu_g\big([\alpha(0), \alpha(\infty)] \cap \cdot\,\big).$$

Insbesondere (existiert und) gilt für μ_g*-integrierbares* $f\colon \mathbb{R}_+ \to \mathbb{R}$

$$(5.11) \qquad \int_0^t (f\circ\alpha)\, d\mu_{g\circ\alpha} = \int_{\alpha(0)}^{\alpha(t)} f\, d\mu_g\,; \quad t \in \mathbb{R}_+.$$

Beweis: Nach (5.8) ist $\{\alpha < t\} = [0, \underline{\alpha}(t)[$ für alle $t \in \mathbb{R}_+$. Somit wird

$$\mu_{g\circ\alpha}\{\alpha < t\} = \mu_{g\circ\alpha}[0, \underline{\alpha}(t)[= (g\circ\alpha)\big(\underline{\alpha}(t)-\big) - g\big(\alpha(0)\big).$$

Trivialerweise ist $\mu_{g\circ\alpha}\{\alpha = t\} = 0$, wenn das Intervall $\{\alpha = t\}$ leer oder nicht ausgeartet ist. Andernfalls ist aber nach (5.4) $\{\alpha = t\} = \{s\}$ für $s = \underline{\alpha}(t)$, somit $\mu_{g\circ\alpha}\{\alpha = t\} = (g\circ\alpha)(s) - (g\circ\alpha)(s-) = g(t) - (g\circ\alpha)\big(\underline{\alpha}(t)-\big)$, also ebenfalls $= 0$, da aus (5.9) und der α-Stetigkeit von g folgt

$$(g\circ\alpha)\big(\underline{\alpha}(t)-\big) = g(t) \quad \text{für } t \in \mathbb{R}_+ \cap [\alpha(0), \alpha(\infty)].$$

Damit gilt

$$\mu_{g\circ\alpha}\{\alpha \le t\} = \mu_g\big([\alpha(0), \alpha(\infty)] \cap [0,t]\big)$$

zunächst für $t \le \alpha(\infty)$. Für $t > \alpha(\infty)$ ist aber $\{\alpha \le t\} = \{\alpha \le \alpha(\infty)\}$, so daß auch hierfür obige Gleichheit gilt. Damit ist (5.10) bewiesen. Hieraus ergibt sich (5.11) durch Umrechnung nach dem Transformationslemma (Satz 1.2):

$$\int_{\alpha(0)}^{\alpha(t)} f\, d\mu_g = \int_0^\infty (1_{[\alpha(0),\alpha(t)]}\circ\alpha)(f\circ\alpha)\, d\mu_{g\circ\alpha} = \int_0^\infty 1_{\{\alpha\le\alpha(t)\}}\cdot(f\circ\alpha)\, d\mu_{g\circ\alpha}$$
$$= \int_0^t (f\circ\alpha)\, d\mu_{g\circ\alpha} + \int_{\{\alpha=\alpha(t)\}\setminus[0,t]} (f\circ\alpha)\, d\mu_{g\circ\alpha}\,;$$

da aber, wie schon bemerkt, $\mu_{g\circ\alpha}\{\alpha = \alpha(t)\} = 0$ gilt, ist dies die behauptete Identität (5.11). □

Satz 5.16. *Sei* $\langle\tau\rangle$ *ein endlicher Zeitwechsel und* $X \in \mathscr{M}$ $\langle\tau\rangle$*-stetig. Dann ist* $X_{\langle\tau\rangle} \in \mathscr{M}_{\langle\tau\rangle}$*, mit der quadratischen Variation* $[X_{\langle\tau\rangle}] = [X]_{\langle\tau\rangle} - [X]_{\tau_0}$.

Beweis: Da beim Übergang von X nach $X - X_0$ auch $X_{\langle\tau\rangle}$ in $(X - X_0)_{\langle\tau\rangle} = X_{\langle\tau\rangle} - X_0$ geht, können wir von vornherein $X_0 = 0$ annehmen.

Sei zunächst σ eine Stopzeit so, daß $X^\sigma \in \mathscr{M}^2$ gilt. Wir bilden

$$\sigma' := \inf\{t \in \mathbb{R}_+ : \tau_t \ge \sigma\}.$$

Bezeichnet, für ein fixiertes $\omega \in \Omega$, α die wachsende r.c. Funktion $t \mapsto \tau_t(\omega)$, so ist also $\sigma'(\omega) = \underset{\sim}{\alpha}(\sigma(\omega))$ in der vorangehenden Notation. Aus Gleichung (5.8) lesen wir daher $\{\sigma' \le t\} = \{\sigma \le \tau_t\}$ ab, und diese Menge liegt in $\mathscr{F}_{\tau_t}$ nach Satz 3.15. Damit ist zunächst σ' als $\mathscr{F}_{\langle\tau\rangle}$-Stopzeit erkannt. Da X $\langle\tau\rangle$-stetig vorausgesetzt wurde, ergibt weiter die Anwendung von Lemma 5.14 auf den jeweiligen Pfad $X_\bullet(\omega) =: f$ die Beziehung

$$(X_{\langle\tau\rangle})_t^{\sigma'} \equiv X_{\tau_{\sigma'\wedge t}} = \left\{ \begin{array}{ll} X_{\sigma\wedge\tau_t} & \text{auf } \{\sigma \ge \tau_0\} \\ X_{\tau_0} & \text{auf } \{\sigma \le \tau_0\} \end{array} \right\},$$

oder also

$$(X_{\langle\tau\rangle})^{\sigma'} - X_{\tau_0} = (X^\sigma)_{\langle\tau\rangle} - (X^\sigma)_{\tau_0}. \tag{5.12}$$

Nach Satz 5.13 ist nun $(X^\sigma)_{\langle\tau\rangle} - (X^\sigma)_{\tau_0} \in \mathscr{M}^2_{\langle\tau\rangle}$, mit quadratischer Variation

$$[X^\sigma]_{\langle\tau\rangle} - [X^\sigma]_{\tau_0} = [X]^\sigma_{\langle\tau\rangle} - [X]^\sigma_{\tau_0} = \left([X]_{\langle\tau\rangle}\right)^{\sigma'} - [X]_{\tau_0};$$

dabei folgt die letzte Gleichung, da mit X auch $[X]$ $\langle\tau\rangle$-stetig ist, völlig analog zu (5.12) aus Lemma 5.14, diesmal für $f = [X]_\bullet(\omega)$.
Wenden wir das bisher Gesagte auf die Stopzeiten

$$\sigma_n := \inf\{t \in \mathbb{R}_+ : |X_t| > n\}; \quad n \in \mathbb{N}$$

an, so wissen wir also, mit den zugehörigen $(\mathscr{F}_{\tau_t})$-Stopzeiten

$$\sigma'_n := \inf\{t \in \mathbb{R}_+ : \tau_t \ge \sigma_n\}; \quad n \in \mathbb{N},$$

folgendes: Für jedes $n \in \mathbb{N}$ ist $(X_{\langle\tau\rangle})^{\sigma'_n} - X_{\tau_0}$ und also auch $(X_{\langle\tau\rangle})^{\sigma'_n}$ selbst in $\mathscr{M}^2_{\langle\tau\rangle}$ und hat die quadratische Variation

$$\left[(X_{\langle\tau\rangle})^{\sigma'_n}\right] = \left[(X_{\langle\tau\rangle})^{\sigma'_n} - X_{\tau_0}\right] = \left([X]_{\langle\tau\rangle}\right)^{\sigma'_n} - [X]_{\tau_0}.$$

Die linke Seite ist nach der Stopformel gleich $[X_{\langle\tau\rangle}]^{\sigma'_n}$. Da mit $n \to \infty$ auch $\sigma'_n \nearrow \infty$ gilt, ist die Behauptung bewiesen. □

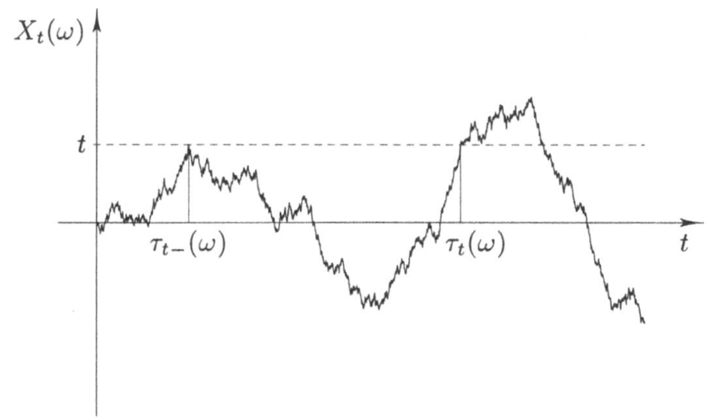

Ist X eine BM und $\langle\tau\rangle$ der Zeitwechsel von Beispiel 5.9 ii), so ist X nicht $\langle\tau\rangle$-stetig, wie man leicht aus Satz 2.16 schließt (vgl. obige Figur). Vielmehr ist ja nach Gleichung (5.1) $X_{\tau_t} = t$, und die Schlußfolgerung von Satz 5.16 gilt für diesen Zeitwechsel nicht.

Als letztes untersuchen wir nun das Transformationsverhalten stochastischer Integrale unter einem Zeitwechsel im Integranden und im Integrator. Für pfadweise zu berechnende Integrale ist das Ergebnis bereits in Gleichung (5.11) enthalten.

Satz 5.17. *Sei $\langle\tau\rangle$ ein endlicher Zeitwechsel. $X \in \mathscr{S}$ und $F \in \mathscr{B}$ seien $\langle\tau\rangle$-stetige Prozesse (und damit nach Lemma 5.12 bzw. Satz 5.16 auch $X_{\langle\tau\rangle} \in \mathscr{S}_{\langle\tau\rangle}$ und $F_{\langle\tau\rangle} \in \mathscr{B}_{\langle\tau\rangle}$, so daß alle in der folgenden Aussage vorkommenden stochastischen Integrale existieren). Dann gilt*

$$F_{\langle\tau\rangle} \bullet X_{\langle\tau\rangle} = (F \bullet X)_{\langle\tau\rangle} - (F \bullet X)_{\tau_0}. \tag{5.13}$$

Beweis: Ist $X \in \mathscr{A}$, so erhält man (5.13) pfadweise für jedes $\omega \in \Omega$ durch Anwendung von (5.11) auf $f = F_\bullet$, $\alpha = \tau_\bullet$, $g = X_\bullet$ (nach Zerlegung von X in eine Differenz wachsender Prozesse aus $\mathscr{A}$). Es bleibt der Fall $X \in \mathscr{M}$ zu betrachten. Zum Beweis von (5.13) zeigen wir $\left[F_{\langle\tau\rangle} \bullet X_{\langle\tau\rangle} - \left((F \bullet X)_{\langle\tau\rangle} - (F \bullet X)_{\tau_0}\right)\right] = 0$, da nach Satz 4.27 ein $M \in \mathscr{M}_0$ mit $[M] = 0$ bereits verschwindet.
Es gilt

$$\begin{aligned}\left[F_{\langle\tau\rangle} \bullet X_{\langle\tau\rangle} - \left((F \bullet X)_{\langle\tau\rangle} - (F \bullet X)_{\tau_0}\right)\right] &= \\ = \left[F_{\langle\tau\rangle} \bullet X_{\langle\tau\rangle}\right] + \left[(F \bullet X)_{\langle\tau\rangle}\right] &- 2\left[F_{\langle\tau\rangle} \bullet X_{\langle\tau\rangle}, (F \bullet X)_{\langle\tau\rangle}\right].\end{aligned}$$

Hierin ist nach Gleichung (4.19) und Satz 5.16

$$\begin{aligned}\left[F_{\langle\tau\rangle} \bullet X_{\langle\tau\rangle}\right] &= F^2_{\langle\tau\rangle} \bullet \left[X_{\langle\tau\rangle}\right] = F^2_{\langle\tau\rangle} \bullet [X]_{\langle\tau\rangle} \\ &= \left(F^2 \bullet [X]\right)_{\langle\tau\rangle} - \left(F^2 \bullet [X]\right)_{\tau_0} = \left[(F \bullet X)_{\langle\tau\rangle}\right],\end{aligned}$$

wobei in der vorletzten Gleichheit der pfadweise Spezialfall von (5.13) (d.h. Gleichung (5.11)) benutzt wurde. Wir müssen also noch einsehen, daß auch

$$\left[F_{\langle\tau\rangle} \bullet X_{\langle\tau\rangle}, (F \bullet X)_{\langle\tau\rangle}\right] = F^2_{\langle\tau\rangle} \bullet [X]_{\langle\tau\rangle}$$

ist. Nach Gleichung (4.16) und Satz 5.16 (bilinear auf die Kovariation erweitert), ist aber

$$\begin{aligned}\left[F_{\langle\tau\rangle} \bullet X_{\langle\tau\rangle}, (F \bullet X)_{\langle\tau\rangle}\right] &= F_{\langle\tau\rangle} \bullet \left[X_{\langle\tau\rangle}, (F \bullet X)_{\langle\tau\rangle}\right] \\ &= F_{\langle\tau\rangle} \bullet [X, F \bullet X]_{\langle\tau\rangle} = F_{\langle\tau\rangle} \bullet \left(F \bullet [X]\right)_{\langle\tau\rangle} = F^2_{\langle\tau\rangle} \bullet [X]_{\langle\tau\rangle},\end{aligned}$$

wobei in der letzten Gleichheit (gemäß dem pfadweisen Spezialfall von Gleichung (5.13)) $\left(F \bullet [X]\right)_{\langle\tau\rangle} = F_{\langle\tau\rangle} \bullet [X]_{\langle\tau\rangle} + \left(F \bullet [X]\right)_{\tau_0}$ eingesetzt wurde. □

Mit Hilfe eines stetigen Zeitwechsels ist es möglich, ein stochastisches Intervall $[0,\sigma[$ mit $\sigma\colon \Omega \to \overline{\mathbb{R}}_+ \setminus \{0\}$ einer Stopzeit auf (das stochastische Intervall) $\mathbb{R}_+ \times \Omega$

zu „strecken“: Ist zusätzlich eine Folge $\sigma_n \nearrow \sigma$ von Stopzeiten vorgegeben, so definieren wir (mit $\sigma_0 := 0$) für $t \in \mathbb{R}_+, \omega \in \Omega$

$$\tau_t(\omega) := \left\{ \begin{array}{ll} t-n \quad, & \text{wenn } n+\sigma_n(\omega) \le t < n+\sigma_{n+1}(\omega) \text{ ist,} \\ \sigma_{n+1}(\omega), & \text{wenn } n+\sigma_{n+1}(\omega) \le t < n+1+\sigma_{n+1}(\omega) \text{ ist.} \end{array} \right\}$$

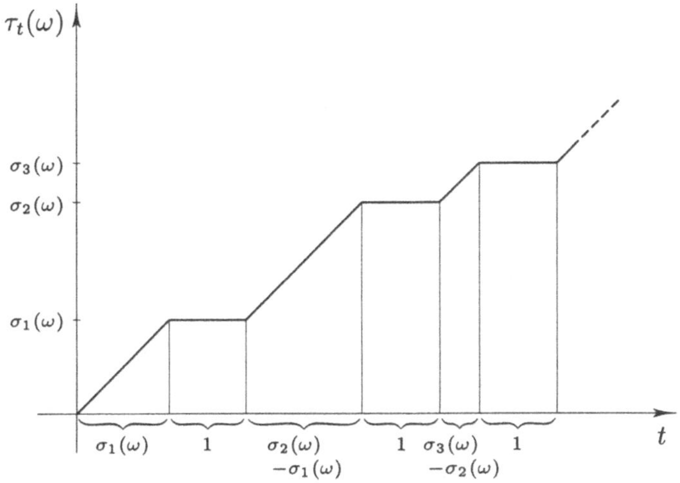

Man liest unmittelbar ab, daß $t \mapsto \tau_t(\omega)$ stetig und wachsend ist, dabei $\tau_t \le t$ und $\tau_{n+\sigma_n} = \sigma_n$ (und folglich auch $\tau_\infty = \sigma$) gilt, und für $\sigma_n \le s < \sigma_{n+1}$ genau dann $\tau_t \le s$ ist, wenn $t \le \sigma_n + n + (s - \sigma_n) = n + s$ gilt. Es folgt für $s \in \mathbb{R}_+$

$$\{\tau_t \le s\} = \{\sigma \le s\} \cup \bigcup_{n:n \ge t-s} \{\sigma_n \le s < \sigma_{n+1}\} \in \mathscr{F}_s.$$

Damit ist $\langle\tau\rangle = (\tau_t)_{t\in\mathbb{R}_+}$ ein stetiger Zeitwechsel, der also durch "*Streckung*" der Folge $\sigma_n \nearrow \sigma$ entsteht. Er erlaubt es, wenn alle $\sigma_n < \sigma$ und damit auch alle $\tau_t < \sigma$ sind, statt eines nur auf dem stochastischen Intervall $[0,\sigma[$ (als Abbildung $X\colon [0,\sigma[\to \mathbb{R}^d$) gegebenen Prozesses $(X_t)_{t<\sigma}$ den zeittransformierten Prozeß $X_{\langle\tau\rangle} = (X_{\tau_t})_{t\in\mathbb{R}_+}$ zu betrachten (aus dem man X durch den inversen Zeitwechsel $\langle\bar\tau\rangle$ gemäß Gleichung (5.7) wiedergewinnt: $X_t = X_{\tau_{\bar\tau_t}}$ auf $\{t < \sigma\}$).
Ist $(X_t)_{t<\sigma}$ ein stetiges lokales Martingal, d.h. gibt es eine "reduzierende Folge" von Stopzeiten $\sigma_n \nearrow \sigma, \sigma_n < \sigma$, so daß jeweils $X^{\sigma_n}\colon X_t^{\sigma_n}(\omega) = X_{\sigma_n(\omega)\wedge t}(\omega)$ ein Martingal ist, so ist $X_{\langle\tau\rangle}$ ein stetiges Martingal bezüglich der transformierten Filtrierung $(\mathscr{F}_{\tau_t})_{t\in\mathbb{R}_+}$. Denn zu $0 \le s \le t$ wähle man ein beliebiges $n \ge t$; dann ist $\tau_s \le \tau_t \le \tau_{n+\sigma_n} = \sigma_n$ und somit nach dem Optional Sampling Theorem (beachte $\tau_s \le s$)

$$X_{\tau_s} = X_{\tau_s}^{\sigma_n} = E^{\mathscr{F}_{\tau_s}} X_{\tau_t}^{\sigma_n} = E^{\mathscr{F}_{\tau_s}} X_{\tau_t}.$$

Aufgrund der Stopformel Gleichung (4.5) für die quadratische Variation gilt $[X^{\sigma_n}] = [X^{\sigma_{n+1}}]^{\sigma_n}$ (bis auf Nicht-Unterscheidbarkeit), so daß wir dem lokalen Martingal $(X_t)_{t<\sigma}$ die durch

$$[X]^{\sigma_n} := [X^{\sigma_n}]; \quad n \in \mathbb{N}$$

(unabhängig von der Wahl der reduzierenden Folge) wohldefinierte *quadratische Variation* $\big([X]_t\big)_{t<\sigma}$ zuordnen können. Sie ist mit dem durch Streckung der reduzierenden Folge $\sigma_n \nearrow \sigma$ gebildeten Zeitwechsel verträglich, $[X]_{\langle\tau\rangle} = [X_{\langle\tau\rangle}]$. Wählt man nämlich zu fixiertem $t \geq 0$ ein $n \geq t$, so folgt wegen $\tau_t \leq \sigma_n$

$$[X]_{\tau_t} = [X]^{\sigma_n}_{\tau_t} = [X^{\sigma_n}]_{\tau_t} = \big[(X^{\sigma_n})_{\langle\tau\rangle}\big]_t,$$

letzteres nach Satz 5.5; mit n, aufgefaßt als konstanter Stopzeit, gilt weiter wegen $t \leq n$

$$\begin{aligned}\big[(X^{\sigma_n})_{\langle\tau\rangle}\big]_t &= \big[(X^{\sigma_n})_{\langle\tau\rangle}\big]^n_t = \Big[\big((X^{\sigma_n})_{\langle\tau\rangle}\big)^n\Big]_t \\ &= \big[(X_{\langle\tau\rangle})^n\big]_t = [X_{\langle\tau\rangle}]^n_t = [X_{\langle\tau\rangle}]_t .\end{aligned}$$

Hat man allgemeiner ein *stetiges Semimartingal* $(X_t)_{t<\sigma}$ *mit Lebenszeit* σ über $[0,\sigma[$, d. h. gibt es eine Folge $\sigma_n \nearrow \sigma$, $\sigma_n < \sigma$, so daß $X^{\sigma_n} \in \mathscr{S}$ für alle $n \in \mathbb{N}$ ist, so zeigt die Eindeutigkeit der Doob-Meyer-Zerlegung, daß $X = M + A$ gilt mit einem stetigen lokalen Martingal $(M_t)_{t<\sigma}$ und einen Prozeß $(A_t)_{t<\sigma}$, pfadweise lokal von beschränkter Variation. Nach eventueller Verkleinerung der σ_n kann dabei offenbar ohne Einschränkung angenommen werden, daß jeweils M^{σ_n} ein Martingal ist. Mit dem zugehörigen Zeitwechsel $\langle\tau\rangle$ ist dann also $M_{\langle\tau\rangle}$ ein Martingal und $A_{\langle\tau\rangle} \in \mathscr{A}_{\langle\tau\rangle}$, somit $X_{\langle\tau\rangle} \in \mathscr{S}_{\langle\tau\rangle}$.

5.3 Reflexionsprinzip und starke Markoveigenschaft der Brownschen Bewegung

Wir zeigen zunächst, daß eine BM von jeder endlichen Stopzeit aus neu als BM startet. Dieses fundamentale Resultat ergibt sich leicht mit Hilfe einer einfachen Zeittransformation und der Lévy-Charakterisierung der BM, und es ist Ausgangspunkt vieler feinerer Untersuchungen über das Pfadverhalten von Brownschen Bewegungen. Obwohl die starke Markoveigenschaft in Abschnitt 6.5 für eine weit größere Klasse von Prozessen nochmals bewiesen wird, geben wir auch hierfür im Falle der BM eine einfache Herleitung aus dem obigen Prinzip.

In diesem Abschnitt können wir einen beliebigen filtrierten Wahrscheinlichkeitsraum $\big(\Omega; \mathscr{F}; P; (\mathscr{F}_t)_{t\in\mathbb{R}_+}\big)$ zugrundelegen, da nach dem Korollar zu Satz 5.1 jede $(\mathscr{F}_t)$-BM auch $(\mathscr{F}'_t)$-BM ist ($(\mathscr{F}'_t)_{t\in\mathbb{R}_+}$ die Standard-Erweiterung von $(\mathscr{F}_t)_{t\in\mathbb{R}_+}$).

Satz 5.18. *Sei X eine d-dimensionale $(\mathscr{F}_t)$-BM und τ eine endliche Stopzeit. Dann ist B: $B_t = X_{\tau+t} - X_\tau$ eine $(\mathscr{F}_{\tau+t})$-BM.*

Beweis: Anwendung des Satzes 5.16 auf den stetigen endlichen Zeitwechsel $\tau_t := \tau + t$ zeigt, daß $X_{\langle\tau\rangle}$ und damit auch B ein stetiges lokales $(\mathscr{F}_{\tau+t})$-Martingal ist. Die quadratische Variation lautet

$$[B^k, B^\ell]_t = [X^k_{\langle\tau\rangle}, X^\ell_{\langle\tau\rangle}]_t = [X^k, X^\ell]_{\tau+t} - [X^k, X^\ell]_\tau = \delta_{k\ell} \cdot t.$$

B genügt also der Lévy-Charakterisierung einer BM. □

Bemerkung 5.19. Ist allgemeiner X ein stetiger, quadratisch integrierbarer reeller Prozeß mit stationären $(\mathscr{F}_t)$-unabhängigen Zuwächsen und positiver Varianz, so ist nach Satz 2.17 der (mit geeigneten Konstanten $a \in \mathbb{R}, b > 0$) "standardisierte" Prozeß $\big(\frac{1}{\sqrt{b}}(X_t - X_0 - at)\big)_{t\in\mathbb{R}_+}$ eine $(\mathscr{F}_t)$-BM. Für endliche Stopzeiten τ ist also nach dem vorigen Satz

$$B\colon B_t = \frac{1}{\sqrt{b}}(X_{\tau+t} - X_\tau - at)$$

eine $(\mathscr{F}_{\tau+t})$-BM und somit auch $(X_{\tau+t} - X_\tau)_{t\in\mathbb{R}_+}$ selbst ein stetiger Prozeß mit stationären $(\mathscr{F}_{\tau+t})$-unabhängigen Zuwächsen. Insbesondere ist $\sigma(X_{\tau+t} - X_\tau : t \geq 0)$ unabhängig von $\mathscr{F}_\tau$.

Der folgende Satz gibt ein fundamentales Symmetrieprinzip der BM (vgl. untenstehende Figur).

Satz 5.20. (Reflexionsprinzip) *Sei B eine d-dimensionale* $(\mathscr{F}_t)$-BM *und τ eine beliebige Stopzeit. Dann ist auch X:*

$$X_t = \left\{\begin{matrix} B_{\tau\wedge t} - (B_{\tau\vee t} - B_\tau) & \textit{auf } \{\tau < \infty\} \\ B_t & \textit{auf } \{\tau = \infty\} \end{matrix}\right\} \tag{5.15}$$

eine BM.

Beweis: Es ist $B^\tau_t - X_t = B_t - B^\tau_t$ auf $\{\tau \leq t\}$, und $= 0$ sonst. Da B und B^τ $(\mathscr{F}_t)$-adaptiert sind, gilt dies also auch für X. Wir betrachten nun zunächst den Fall einer endlichen Stopzeit τ. Da $(B_{\tau+t} - B_\tau)_{t\in\mathbb{R}_+}$ nach dem vorigen Satz eine $(\mathscr{F}_{\tau+t})$-BM ist, sind insbesondere die meßbaren Abbildungen

$$B_{\tau+\bullet} - B_\tau\colon \Omega \to C_0(\mathbb{R}_+;\mathbb{R}^d) \quad \text{und} \quad (\tau, B^\tau_\bullet)\colon \Omega \to \mathbb{R}_+ \times C_0(\mathbb{R}_+;\mathbb{R}^d)$$

unabhängig (die erste ist $\sigma(B_{\tau+t} - B_\tau : t \geq 0)$-meßbar, die zweite $\mathscr{F}_\tau$-meßbar; auf dem Wienerraum $C_0(\mathbb{R}_+;\mathbb{R}^d)$ ist, wie üblich, die Borelsche σ-Algebra zugrundegelegt). Es folgt für Mengen $A \in \mathscr{B}(\mathbb{R}_+)$ und $B, C \in \mathscr{B}\big(C_0(\mathbb{R}_+;\mathbb{R}^d)\big)$

$$P\big\{(\tau, B^\tau_\bullet, B_{\tau+\bullet} - B_\tau) \in A \times B \times C\big\} = P\big\{(\tau, B^\tau_\bullet) \in A \times B\big\}\, P\{B_{\tau+\bullet} - B_\tau \in C\}.$$

Da $-(B_{\tau+\bullet} - B_\tau)$ natürlich ebenfalls eine BM ist, sehen wir, daß $(\tau, B^\tau_\bullet, B_{\tau+\bullet} - B_\tau)$ und $\big(\tau, B^\tau_\bullet, -(B_{\tau+\bullet} - B_\tau)\big)$ dieselbe Verteilung besitzen.

Andererseits ist, mit $h\colon \mathbb{R}_+ \times C_0(\mathbb{R}_+;\mathbb{R}^d) \times C_0(\mathbb{R}_+;\mathbb{R}^d) \to C_0(\mathbb{R}_+;\mathbb{R}^d)$,

$$h(s,u,v)(t) = u(s \wedge t) + 1_{[s,\infty[}(t) \cdot v\big(|t - s|\big),$$

offenbar gerade $B_t = h(\tau, B^\tau_\bullet, B_{\tau+\bullet} - B_\tau)(t)$ und $X_t = h\big(\tau, B^\tau_\bullet, -(B_{\tau+\bullet} - B_\tau)\big)(t)$. Daher sind B und X äquivalente Prozesse und also auch X eine BM. Damit ist die Behauptung für endliche Stopzeiten bewiesen. Bei beliebigem τ wende man dies zunächst auf die endlichen $\tau \wedge n$ an: die hierzu gehörigen BM $X^{(n)}$ stimmen nach ihrer Definition mit X auf $\{\tau \leq n\}$ überein, und wir erhalten für Borelmengen C in $C_0(\mathbb{R}_+;\mathbb{R}^d)$

$$\begin{aligned}(P \circ X_\bullet^{-1})(C) &= P\big(X_\bullet^{-1}(C) \cap \{\tau = \infty\}\big) + \lim_{n\to\infty} P\big((X_\bullet^{(n)})^{-1}(C) \cap \{\tau \leq n\}\big)\\ &= P\big(B_\bullet^{-1}(C) \cap \{\tau = \infty\}\big) + \lim_{n\to\infty} P\big(B_\bullet^{-1}(C) \cap \{\tau \leq n\}\big)\\ &= (P \circ B_\bullet^{-1})(C),\end{aligned}$$

also auch hier die Äquivalenz von B und X. □

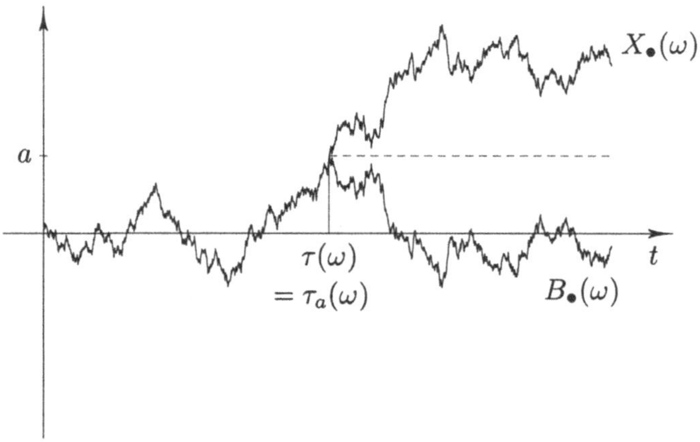

Bevor wir uns der starken Markoveigenschaft zuwenden, ziehen wir einige Folgerungen aus dem Reflexionsprinzip für eine eindimensionale $(\mathscr{F}_t)$-BM B. Wir bilden zunächst den *Maximumprozeß* $M_t := \max_{s\leq t} B_s$. Dieser ist natürlich stetig, wachsend und ebenfalls $(\mathscr{F}_t)$-adaptiert. Er hängt eng zusammen mit der Stopzeit

$$\tau_a := \inf\{t \in \mathbb{R}_+ : B_t \geq a\} = \inf\{t \in \mathbb{R}_+ : M_t \geq a\},$$

der sogenannten *ersten Durchgangszeit* von B durch $a \in \mathbb{R}_+$. Nach Gleichung (5.8) (angewandt auf $\alpha = M_\bullet(\omega)$, also $\underline{\alpha} = \tau_\bullet(\omega)$) ist nämlich

$$\{a \leq M_t\} = \{\tau_a \leq t\}. \tag{5.16}$$

Bezeichnet X die gemäß (5.15) zu τ_a konstruierte BM äquivalent B, so ist natürlich auch $\tau_a = \inf\{t : X_t \geq a\}$ und daher offenbar

$$P\{\tau_a \leq t, B_t < b\} = P\{\tau_a \leq t, X_t < b\}; \quad a \in \mathbb{R}_+,\ b \in \mathbb{R}.$$

Auf $\{\tau_a \leq t\}$ ist $B_{\tau_a} = a$ und also $X_t = 2a - B_t$. Es folgt für $b \leq a$

$$P\{a \leq M_t, B_t < b\} = P\{a \leq M_t, 2a - B_t < b\} = P\{B_t > 2a - b\}, \tag{5.17}$$

letzteres, da für $b \leq a$ ohnehin schon $B_t > 2a - b$ impliziert, daß $M_t \geq a$ ist.

Auch die erste Aussage der folgenden Konsequenz aus (5.17) wird Reflexionsprinzip genannt:

Satz 5.21. *Sei B eine eindimensionale $(\mathscr{F}_t)$-BM mit zugehörigem Maximumprozeß M und erster Durchgangszeit τ_a durch $a \geq 0$. Es gilt*

i) $P\{\tau_a \leq t\} = P\{M_t \geq a\} = P\{|B_t| \geq a\} = 2P\{B_t \geq a\}$;

ii) $P\{B_t \leq x, M_t \leq y\} = P\{B_t \leq x\} - P\{B_t > 2y - x\}$ *für* $y \geq x, 0$.

Beweis: i) Aus (5.17) für $a = b \geq 0$ folgt

$$\begin{aligned} P\{M_t \geq a\} &= P\{M_t \geq a, B_t < a\} + P\{M_t \geq a, B_t \geq a\} \\ &= P\{B_t > a\} + P\{B_t \geq a\} = 2P\{B_t \geq a\} = P\{|B_t| \geq a\}; \end{aligned}$$

hierbei wurde $P\{B_t = a\} = 0$ und die Symmetrie der Normalverteilung benutzt.

ii) Dies folgt sofort aus Gleichung (5.17), wieder wegen $P\{B_t = x\} = 0$ und deshalb nach i) auch

$$P\{M_t = y\} = P\{M_t \geq y\} - \lim_{n \to \infty} P\{M_t \geq y + 1/n\} = 2P\{B_t = y\} = 0. \quad \square$$

Bemerkung 5.22. i) Die erste Aussage dieses Satzes impliziert $\tau_a < \infty$ f.ü., nämlich

$$P\{\tau_a > t\} = 1 - P\{|B_t| \geq a\} = \frac{1}{\sqrt{2\pi t}} \int_{-a}^{a} e^{-x^2/2t}\, dx \to 0$$

mit $t \to \infty$ (Natürlich folgt dies auch aus $\limsup_{t \to \infty} B_t = \infty$ f.ü.).

ii) Die zweite Aussage des Satzes zeigt, daß die gemeinsame Verteilung von B_t und M_t gegeben ist durch

$$P\{B_t \leq x, M_t \leq y\} = \frac{1}{\sqrt{2\pi t}} \Big(\int_{-\infty}^{x} - \int_{2y-x}^{\infty} \Big) e^{-z^2/2t}\, dz; \quad y \geq x, 0.$$

Diese Verteilung hat die zweidimensionale Dichte

$$f(x,y) = \begin{Bmatrix} \sqrt{\frac{2}{\pi}} (2y - x) t^{-3/2} e^{-(2y-x)^2/2t}; & y \geq x, 0 \\ 0 \qquad ; & \text{sonst} \end{Bmatrix},$$

d.h. es gilt (wie man leicht nachrechnet)

$$\int_{-\infty}^{u} dx \int_{-\infty}^{v} dy\, f(x,y) = \frac{1}{\sqrt{2\pi t}} \Big(\int_{-\infty}^{u} - \int_{2v-u}^{\infty} \Big) e^{-z^2/2t}\, dz; \quad v \geq u, 0.$$

In der folgenden Formulierung der starken Markoveigenschaft bezeichnet $\mathcal{W}^d$ den Wienerraum $C(\mathbb{R}_+; \mathbb{R}^d)$, versehen mit der Topologie der gleichmäßigen Konvergenz auf kompakten Intervallen (vgl. Satz 1.20) und zugehöriger σ-Algebra der Borelschen Mengen, ν hierauf das Wienermaß (aufgefaßt als auf $C_0(\mathbb{R}_+;\mathbb{R}^d)$ konzentriertes Wahrscheinlichkeitsmaß auf ganz $\mathcal{W}^d$). Jede beschränkte meßbare Funktion $H\colon \mathcal{W}^d \to \mathbb{R}$ definiert dann eine beschränkte meßbare Funktion

$$\tilde{\nu}(H)\colon \mathbb{R}^d \to \mathbb{R}, \quad \tilde{\nu}(H)(x) = \int H(x+u)\,\nu(du).$$

(Man sieht leicht die Stetigkeit der Additionsabbildung $(x,u) \mapsto x+u$ von $\mathbb{R}^d \times \mathcal{W}^d$ in $\mathcal{W}^d$; daraus folgt insbesondere die Meßbarkeit von $(x,u) \mapsto H(x+u)$ und dann nach dem Satz von Fubini auch die Meßbarkeit von $\tilde{\nu}(H)$).
In dieser Notation haben wir folgende Formulierung der starken Markoveigenschaft (wobei wir uns der Einfachheit halber auf endliche Stopzeiten beschränken, da der allgemeinere Fall ohnehin in Abschnitt 6.5 nochmals behandelt wird).

Satz 5.23. (Starke Markoveigenschaft der BM) *Sei B eine d-dimensionale $(\mathcal{F}_t)$-BM und $H\colon \mathcal{W}^d \to \mathbb{R}$ beschränkt und meßbar. Dann gilt für jede Stopzeit $\tau\colon \Omega \to \mathbb{R}_+$*

$$E^{\mathcal{F}_\tau}(H \circ B_{\tau+\bullet}) = \tilde{\nu}(H) \circ B_\tau \quad P\text{-f.ü.} \tag{5.18}$$

(natürlich mit $B_{\tau+\bullet}\colon \Omega \to \mathcal{W}^d$ der Pfadabbildung des Prozesses $(B_{\tau+t})_{t\in\mathbb{R}_+}$).

Beweis: Mit der beschränkten, $\mathcal{B}(\mathbb{R}^d) \otimes \mathcal{B}(\mathcal{W}^d)$-meßbaren Funktion

$$G\colon \mathbb{R}^d \times \mathcal{W}^d \to \mathbb{R}, \quad G(x,u) = H(x+u)$$

schreibt sich (5.18) in der Form

$$E^{\mathcal{F}_\tau}\big(G(B_\tau, B_{\tau+\bullet} - B_\tau)\big) = \int G\big(B_\tau(\cdot),u\big)\,\nu(du).$$

Ein evidentes Monotone-Klasse-Argument (mittels Satz 1.4 ii)) zeigt, daß diese Relation bereits für beliebige beschränkte meßbare $G\colon \mathbb{R}^d \times \mathcal{W}^d \to \mathbb{R}$ gilt, wenn sie für solche der Form $G(x,u) = g(x)F(u)$ mit beschränkten meßbaren $g\colon \mathbb{R}^d \to \mathbb{R}$ und $F\colon \mathcal{W}^d \to \mathbb{R}$ nachgewiesen ist. Nach Satz 5.18 ist aber $F \circ (B_{\tau+\bullet} - B_\tau)$ unabhängig von $\mathcal{F}_\tau$ und somit

$$E^{\mathcal{F}_\tau}\big((g \circ B_\tau)\cdot\big(F \circ (B_{\tau+\bullet} - B_\tau)\big)\big) = (g \circ B_\tau)\cdot E\big(F \circ (B_{\tau+\bullet} - B_\tau)\big).$$

Da außerdem nach Satz 5.18 gilt $P \circ (B_{\tau+\bullet} - B_\tau)^{-1} = \nu$, ist die rechte Seite gleich

$$(g \circ B_\tau)\cdot \int F\,d\nu = \int G\big(B_\tau(\cdot),u\big)\,\nu(du).$$

Dies war aber gerade zu zeigen. □

Ist speziell $H = 1_A \circ \mathrm{pr}_t$ mit $A \in \mathcal{B}(\mathbb{R}^d)$, so geht (5.18) über in die folgende Grundform der starken Markoveigenschaft:

$$E^{\mathcal{F}_\tau} 1_{\{B_{\tau+t}\in A\}} = \nu_t\big(A - B_\tau(\cdot)\big) \quad \text{f.ü.} \tag{5.19}$$

(mit ν_t der Normalverteilung zur Varianz t). Für konstante Stopzeiten $\tau = s$ ist dies die schwache Markoveigenschaft (2.28) der Brownschen Bewegung.

5.4 Lokale Martingale als zeittransformierte Brownsche Bewegungen

Drückt man die Pfade $X_\bullet(\omega)$ eines beliebigen stetigen lokalen Martingals X als Funktion ihrer quadratischen Variation $[X]_\bullet(\omega)$ aus, so erhält man eine (gestoppte) Brownsche Bewegung (Definition 5.6). Dieser Satz (und seine mehrdimensionale Verallgemeinerung) erlaubt wichtige Rückschlüsse auf das asymptotische Verhalten lokaler Martingale.

Diesem Abschnitt liegt wieder ein standard filtrierter Wahrscheinlichkeitsraum $\big(\Omega;\mathscr{F};P;(\mathscr{F}_t)_{t\in\mathbb{R}_+}\big)$ zugrunde. Der folgende Satz von Dubins und Schwarz [D-S 65] präzisiert zunächst die oben erwähnte Rolle der BM als universellem Fluktuationsprozeß.

Satz 5.24. *Sei $X \in \mathscr{M}$, mit dem assoziierten Zeitwechsel $\langle\tau\rangle$:*

$$\tau_t := \inf\{s \in \mathbb{R}_+ : [X]_s > t\}\,; \quad t \in \mathbb{R}_+ .$$

Dann ist $B := X_{\langle\tau\rangle} - X_0$ eine durch $[X]_\infty := \sup_{t\in\mathbb{R}_+}[X]_t$ gestoppte $(\mathscr{F}_{\tau_t})$-BM. *Aus ihr gewinnt man X zurück gemäß*

$$X_t = X_0 + B_{[X]_t}\,; \quad t \in \mathbb{R}_+ .$$

$\big(([X]_t)_{t\in\mathbb{R}_+}$ ist ein Zeitwechsel für die transformierte Filtrierung $(\mathscr{F}_{\tau_t})_{t\in\mathbb{R}_+}\big)$.

Beweis: Wie bereits vor Lemma 5.12 ausgeführt wurde, ist (als Konsequenz des Konvergenzsatzes 4.28) für den zu $X \in \mathscr{M}$ assoziierten Zeitwechsel $\langle\tau\rangle$ der zeittransformierte Prozeß $X_{\langle\tau\rangle}$ (und damit B) wohldefiniert. Er ist auch stetig: Nach Gleichung (5.2) gilt nämlich $[X]_{\tau_t} = t \wedge [X]_\infty$, so daß zunächst $[X]$, damit aber nach Satz 4.27 auch X selbst $\langle\tau\rangle$-stetig ist (also der Pfad $X_\bullet(\omega)$ jeweils konstant auf Sprungintervallen $[\tau_{t-}(\omega),\tau_t(\omega)]$). Zugleich folgt so $[X]_{\tau_0} = 0$ und somit $X_{\tau_0} = X_0$, also $B_0 = 0$.
Wir fixieren nun ein beliebiges $s > 0$ und betrachten $Y := X^{\tau_s} \in \mathscr{M}$. Für die quadratische Variation folgt

$$E[Y]_\infty = E[X]_{\tau_s} \le s < \infty$$

und somit nach Satz 4.21 also $Y - Y_0 \in \mathscr{M}^2$. Satz 5.13 ergibt daher weiter $(Y - Y_0)_{\langle\tau\rangle} \in \mathscr{M}^2_{\langle\tau\rangle}$ mit

$$\begin{aligned}\big[(Y - Y_0)_{\langle\tau\rangle}\big]_t &= [Y - Y_0]_{\tau_t} - [Y - Y_0]_{\tau_0} = \big([X]^{\tau_s}\big)_{\tau_t} - \big([X]^{\tau_s}\big)_{\tau_0} \\ &= [X]_{\tau_s\wedge\tau_t} - [X]_{\tau_s\wedge\tau_0} = [X]_{\tau_{s\wedge t}} - [X]_{\tau_0} = s \wedge t \wedge [X]_\infty .\end{aligned}$$

Nun ist aber

$$(Y - Y_0)_{\tau_t} = X_{\tau_s\wedge\tau_t} - X_0 = X_{\tau_{s\wedge t}} - X_0 = B_{s\wedge t} = B^s_t .$$

Dies heißt, daß für jedes $s > 0$ der bei s gestoppte Prozeß B^s eine durch $s \wedge [X]_\infty$ gestoppte eindimensionale BM und damit B selbst eine durch $[X]_\infty$ gestoppte BM ist.
Setzt man (bei fixiertem $\omega \in \Omega$) $\alpha := [X]_\bullet(\omega)$, so ist nach Gleichung (5.3) $\bar{\alpha}(t) = \tau_t(\omega)$, und nach (5.5) ist α konstant auf $\big[t, \bar{\alpha}\big(\alpha(t)\big)\big] \cap \mathbb{R}_+$. Nach Satz 4.27 bedeutet dies, daß (für fast alle ω) auch $X_\bullet(\omega)$ konstant ist auf den Intervallen $\big[t, \tau_{[X]_t}(\omega)\big]$, d.h. es gilt

$$X_t = X_{\tau_{[X]_t}} = B_{[X]_t} + X_0 \quad \text{f.ü.}; \quad t \in \mathbb{R}_+ .$$

Schließlich ist noch

$$[X]_t = \inf\{s : \tau_s > t\}. \tag{5.20}$$

Dies bedeutet nämlich, daß $\alpha(t) = (\bar{\alpha})^-(t) := \inf\{s \in \mathbb{R}_+ : \bar{\alpha}(s) > t\}$ gilt. Da nach Definition für $s < \alpha(t)$ gilt $\bar{\alpha}(s) \le t$, folgt $(\bar{\alpha})^-(t) \ge \alpha(t)$. Würde sogar $(\bar{\alpha})^-(t) > \alpha(t)$ gelten, so gäbe es aufgrund der Stetigkeit von α ein $u \in \mathbb{R}$ und $r > t$ so, daß auch noch $(\bar{\alpha})^-(t) > u > \alpha(r)$ wäre, damit $\bar{\alpha}(u) \ge r > t$, also $u \ge (\bar{\alpha})^-(t)$, ein Widerspruch.
Gleichung (5.20) zeigt in Verbindung mit Satz 3.12 iii) (da nach Lemma 5.11 auch $(\mathscr{F}_{\tau_t})_{t\in\mathbb{R}_+}$ eine Standard-Filtrierung ist), daß $[X]_t$ jeweils $(\mathscr{F}_{\tau_t})$-Stopzeit ist und damit $\big([X]_t\big)_{t\in\mathbb{R}_+}$ ein Zeitwechsel bezüglich der transformierten Filtrierung. □

In Satz 5.7 wurde explizit gemacht, in welchem Sinne eine "gestoppte BM" tatsächlich (nach geeigneter Erweiterung des zugrundeliegenden Wahrscheinlichkeitsraums) als BM aufzufassen ist. Wir benutzen dies zusammen mit dem vorigen Satz, die in Satz 4.28 gegebene hinreichende Bedingung für die Konvergenz mit $t \to \infty$ von $X \in \mathscr{M}$ auch als notwendig zu erkennen:

Korollar. *Für $X \in \mathscr{M}$ gilt*

$$\liminf_{t\to\infty} X_t = -\infty \quad \textit{und} \quad \limsup_{t\to\infty} X_t = \infty \quad \textit{f.ü. auf } \big\{[X]_\infty = \infty\big\}$$

(und gemäß Satz 4.28

$$\liminf_{t\to\infty} X_t = \limsup_{t\to\infty} X_t \in \mathbb{R} \quad \textit{f.ü. auf } \big\{[X]_\infty < \infty\big\}\ ).$$

Insbesondere unterscheiden sich die Mengen

$$\big\{[X]_\infty < \infty\big\}, \quad \{\lim_{t\to\infty} X_t \text{ existiert in } \mathbb{R}\}, \quad \big\{\sup_{t\in\mathbb{R}_+} |X_t| < \infty\big\}$$

höchstens um Nullmengen voneinander.

Beweis: Wir betrachten die durch $[X]_\infty$ gestoppte BM B von Satz 5.24 und hierzu nach Satz 5.7 die (ungestoppte) BM $\tilde{B}$ auf dem erweiterten Wahrscheinlichkeitsraum $(\Omega \times \Omega^*; P \otimes P^*)$, aus welcher B durch Stoppung mit $\widetilde{[X]_\infty}$: $\widetilde{[X]_\infty}(\omega, \omega^*) = [X]_\infty(\omega)$ hervorgeht. Da auch X gemäß $\tilde{X}_t(\omega, \omega^*) := X_t(\omega)$ als Prozeß auf $\Omega \times \Omega^*$

aufgefaßt werden kann, sehen wir, daß von vornherein $B = \tilde{B}^{[X]_\infty}$ mit einer BM $\tilde{B}$ auf dem Ausgangsraum angenommen werden kann. Damit wird

$$\liminf_{t\to\infty}(X_t - X_0) = \liminf_{t\to\infty} \tilde{B}_{[X]_t} = \left\{ \begin{array}{ll} \tilde{B}_{[X]_\infty} & \text{auf } \{[X]_\infty < \infty\} \\ \liminf\limits_{t\to\infty} \tilde{B}_t & \text{auf } \{[X]_\infty = \infty\} \end{array} \right\}.$$

Entsprechendes gilt für $\limsup\limits_{t\to\infty}(X_t - X_0)$. Die Behauptung des Korollars ergibt sich nunmehr aus der Tatsache (Korollar zum Blumenthalschen 0-1-Gesetz, Satz 3.7), daß für eine beliebige eindimensionale BM $\tilde{B}$ gilt $\liminf\limits_{t\to\infty} \tilde{B}_t = -\infty$ bzw. $\limsup\limits_{t\to\infty} \tilde{B}_t = \infty$. □

Bemerkung 5.25. Ist $X \in \mathscr{M}$ auch nur nach unten oder nach oben beschränkt, oder konvergiert $X_t(\omega)$ mit $t \to \infty$ in $\overline{\mathbb{R}}$ für fast alle ω, so folgt aus der ersten Aussage des Korollars ebenfalls schon $[X]_\infty < \infty$ f.ü. und damit auch Konvergenz von $X_t(\omega)$ in $\mathbb{R}$ für fast alle ω.

Bemerkung 5.26. Wir benutzen die Gelegenheit, auf eine andere Eigenschaft nichtnegativer lokaler Martingale hinzuweisen: Ist $X \geq 0$ ein (nicht notwendig stetiges) lokales Martingal (bezüglich einer beliebigen Filtrierung), so ist X auch ein Supermartingal. Insbesondere folgt aus $X_0 = 0$ schon $X_t = 0$ f.ü. für alle t; außerdem existiert nach Satz 3.36 der Grenzwert X_∞ f.ü. und ist integrierbar.

Denn: Sei $\tau_n \nearrow \infty$ eine lokalisierende Folge, so daß X^{τ_n} ein Martingal ist. Dann gilt natürlich $X_t = \lim_{n\to\infty} X_{\tau_n \wedge t}$, und aus dem Fatouschen Lemma (Korollar zu Satz 1.13) folgt für $s \leq t$

$$E^{\mathscr{F}_s} X_t \leq \liminf_{n\to\infty} E^{\mathscr{F}_s} X_{\tau_n \wedge t} = \liminf_{n\to\infty} X_{\tau_n \wedge s} = X_s\,,$$

also X Supermartingal; für $s = 0$ zeigt letzteres insbesondere $X_t \in L^1(P)$. □

Satz 5.24 erlaubt eine Umrechnung stochastischer Integrale nach lokalen Martingalen auf solche nach Brownschen Bewegungen.

Satz 5.27. *Sei $X \in \mathscr{M}$ mit $[X]_\infty = \infty$; $\tau_t := \inf\{s \in \mathbb{R}_+ : [X]_s > t\}$ bezeichne den (wegen $[X]_\infty = \infty$ endlichen) assoziierten Zeitwechsel; $F \in \mathscr{B}$ sei $\langle\tau\rangle$-stetig. Dann ist also (nach Lemma* 5.12*) $F_{\langle\tau\rangle} \in \mathscr{B}_{\langle\tau\rangle}$ und (nach Satz* 5.24*) $B := X_{\langle\tau\rangle} - X_0$ eine $(\mathscr{F}_{\tau_t})$-*BM*; für die stochastischen Integrale gilt*

$$\int_0^{\tau_t} F\,dX = \int_0^t F_{\langle\tau\rangle}\,dB\,; \quad t \in \mathbb{R}_+\,.$$

Beweis: Wegen $[X]_{\tau_0} = 0$ ist $X^{\tau_0} = X_0$ (unabhängig von t) und also $(F \bullet X)^{\tau_0} = F \bullet X^{\tau_0} = 0$. Nach Satz 5.17 folgt

$$\int_0^t F_{\langle\tau\rangle}\,dB = (F_{\langle\tau\rangle} \bullet X_{\langle\tau\rangle})_t = (F \bullet X)_{\tau_t} = \int_0^{\tau_t} F\,dX\,; \quad t \in \mathbb{R}_+\,. \qquad \square$$

Wir untersuchen nun auch mehrdimensionale Verallgemeinerungen von Satz 5.24 und fixieren ein $X \in \mathscr{M}(\mathbb{R}^d)$. Der Einfachheit halber sei von vornherein für die Komponentenprozesse $[X^k]_\infty = \infty$, $1 \le k \le d$, angenommen. Eine direkte Konsequenz von Satz 5.24 ist zunächst

Satz 5.28. *Sei* $X \in \mathscr{M}_0(\mathbb{R}^d)$ *mit* $[X^k, X^\ell]_t = \delta_{k\ell} \cdot \sigma_t$, $t \in \mathbb{R}_+$, *und außerdem* $\sigma_\infty \equiv \sup_{t \in \mathbb{R}_+} \sigma_t = \infty$. $\tau_t := \inf\{s \in \mathbb{R}_+ : \sigma_s > t\}$ *bezeichne den assoziierten Zeitwechsel. Dann ist* $B := X_{\langle\tau\rangle}$ *eine d-dimensionale* $(\mathscr{F}_{\tau_t})$-BM *und* $X = B_{\langle\sigma\rangle}$.

Beweis: Nach Satz 5.24 sind die Komponentenprozesse $B^k = X^k_{\langle\tau\rangle}$ (ungestoppte) eindimensionale $(\mathscr{F}_{\tau_t})$-BM und $X^k = B^k_{\langle\sigma\rangle}$, $1 \le k \le d$. Für die quadratische Kovariation der Komponenten von B gilt andererseits nach Satz 5.16 (und Polarisation; der Zeitwechsel $\langle\tau\rangle$ ist endlich, da $\sigma_\infty = \infty$ angenommen ist)

$$[B^k, B^\ell] = [X^k, X^\ell]_{\langle\tau\rangle} - [X^k, X^\ell]_{\tau_0} = 0 \quad \text{für } k \neq \ell.$$

Aufgrund der Lévy-Charakterisierung ist also B eine d-dimensionale $(\mathscr{F}_{\tau_t})$-BM. □

Schon der zweidimensionale Fall in Satz 5.28 erlaubt erste interessante Einsichten in das asymptotische Verhalten mehrdimensionaler Brownscher Bewegungen. In komplexer Schreibweise handelt es sich hier um konforme lokale Martingale:

Definition 5.29. (Konformes lokales Martingal) $Z = X + iY \in \mathscr{M}(\mathbb{C})$ heißt *konformes lokales Martingal*, wenn für die quadratische Kovariation von Realteil bzw. Imaginärteil von Z gilt $[X] = [Y]$ und $[X, Y] = 0$. (Für die komplexe quadratische Variation bedeutet dies also gerade $[Z] = [X] - [Y] + 2i[X, Y] = 0$).

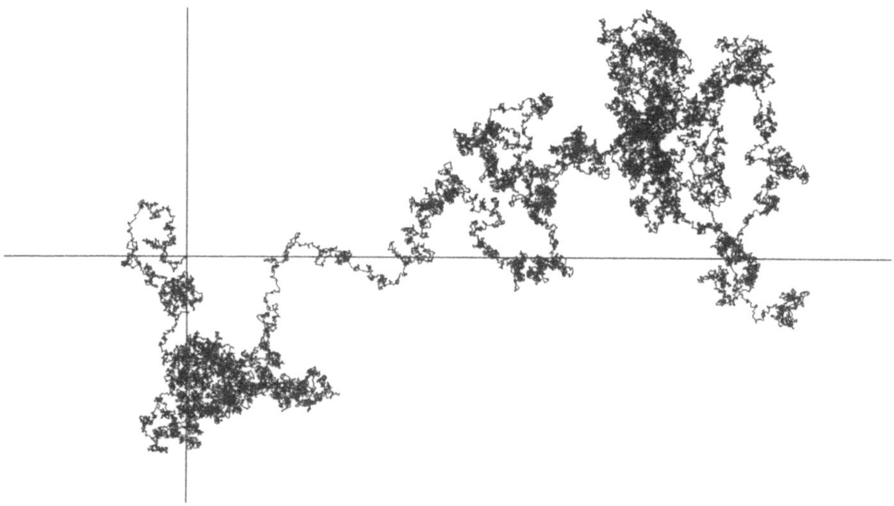

Das kanonische Beispiel konformer lokaler Martingale ist die komplexe BM $Z = B^1 + iB^2$ mit B einer zweidimensionalen BM. (Die obige Figur zeigt einen durch Simulation gewonnenen Pfad einer zweidimensionalen BM). Nach Satz 5.28 ist umgekehrt jedes konforme lokale Martingal $Z = X + iY$ mit $[X]_\infty$ $(= [Y]_\infty) = \infty$ bis auf Zeitwechsel eine komplexe BM. Konforme lokale Martingale durchlaufen also "*Brownsche Pfade*". Und analytische Funktionen "*erhalten Brownsche Pfade*":

Satz 5.30. *Sei $Z = X + iY$ ein konformes lokales Martingal mit Werten in einer offenen Menge $W \subset \mathbb{C}$, und sei $f\colon W \to \mathbb{C}$ holomorph. Dann ist auch $f(Z) =: U + iV$ ein konformes lokales Martingal, mit*

$$[U]_t = [V]_t = \int_0^t \left|f'(Z)\right|^2 d[X]; \quad t \in \mathbb{R}_+.$$

Beweis: Dies folgt sofort aus dem Korollar der zweidimensionalen Itô-Formel Satz 4.46′: Hiernach ist wegen $[Z] = 0$

$$df(Z) = f'(Z)\,dZ + \tfrac{1}{2}f''(Z)\,dZdZ = f'(Z)\,dZ,$$

also im einzelnen

$$\begin{aligned} dU &= \operatorname{Re} f'(Z)\,dX - \operatorname{Im}\, f'(Z)\,dY, \\ dV &= \operatorname{Im}\, f'(Z)\,dX + \operatorname{Re} f'(Z)\,dY. \end{aligned}$$

Es folgt nach den Regeln des Itô-Kalküls

$$\begin{aligned} dUdV &= \operatorname{Re} f'(Z) \operatorname{Im}\, f'(Z)\,dXdX - \operatorname{Re} f'(Z) \operatorname{Im}\, f'(Z)\,dYdY = 0, \\ dUdU &= \left(\operatorname{Re} f'(Z)\right)^2 dXdX + \left(\operatorname{Im}\, f'(Z)\right)^2 dYdY \\ &= \left|f'(Z)\right|^2 d[X] = dVdV. \end{aligned}$$

□

Die Rechnung in diesem Beweis zeigt etwas allgemeiner, daß für ein konformes $Z \in \mathscr{M}(\mathbb{C})$ und beliebiges $F \in \mathscr{B}(\mathbb{C})$ das stochastische Integral $F \bullet Z \in \mathscr{M}(\mathbb{C})$ ebenfalls konform ist. Es ist also (vgl. Beispiel 4.53) nicht nur für konformes $Z \in \mathscr{M}(\mathbb{C})$ auch das exponentielle lokale Martingal e^Z wieder konform, sondern ebenso für konformes $W \in \mathscr{M}(\mathbb{C})$ mit Werten in $\mathbb{C} \setminus \{0\}$ auch das logarithmische lokale Martingal $\left(\int_0^t (1/W)\,dW\right)_{t \in \mathbb{R}_+}$ selbst konform.

Die eindimensionale BM X hat ein starkes *Rekurrenzverhalten*: aus

$$\liminf_{t\to\infty} X_t = -\infty \quad \text{und} \quad \limsup_{t\to\infty} X_t = +\infty$$

und der Stetigkeit der Pfade folgt nach dem Zwischenwertsatz, daß für jedes $a \in \mathbb{R}$ fast sicher $X_t = a$ immer wieder vorkommt, d.h. für fast alle ω ist die Menge $\{t \in \mathbb{R}_+ : X_t(\omega) = a\}$ unbeschränkt. Das Gegenteil ist für höherdimensionale Brownsche Bewegungen der Fall:

Satz 5.31. *Sei X eine d-dimensionale* BM, $d \geq 2$. *Dann ist für jedes $a \in \mathbb{R}^d$*

$$P\{\omega : X_t(\omega) = a \text{ für ein } t > 0\} = 0.$$

Beweis: Zunächst ist diese Menge meßbar und ihre Wahrscheinlichkeit durch die endlichdimensionalen Verteilungen von X festgelegt, d.h. unabhängig von der Wahl der BM: Wegen Stetigkeit von X gilt nämlich

$$\{\omega : X_t(\omega) = a \text{ für ein } t > 0\} = \bigcup_{n\in\mathbb{N}} \{\omega : \inf_{t\in[1/n,n]\cap\mathbb{Q}} |X_t(\omega) - a| = 0\}.$$

Natürlich genügt es, die Aussage des Satzes für $d = 2$ zu beweisen. Nach dem folgenden Lemma gilt für eine zweidimensionale $(\mathscr{F}_t)$-BM B und $f: \Omega \to \mathbb{R}^2$ $\mathscr{F}_0$-meßbar mit $P\{f = 0\} = 0$

$$P\{\omega : B_t(\omega) = f(\omega) \text{ für ein } t \geq 0\} = 0.$$

Hieraus folgt die Behauptung mit $f = a$ zunächst für $a \neq 0$. Ist $a = 0$, so fixieren wir ein beliebiges $\varepsilon > 0$ und müssen zeigen, daß gilt

$$P\{\omega : X_t(\omega) = 0 \text{ für ein } t \geq \varepsilon\} = 0.$$

Nimmt man jetzt im Lemma die $(\mathscr{F}^X_{t+\varepsilon})_{t\in\mathbb{R}_+}$-BM $B_t := X_{t+\varepsilon} - X_\varepsilon$ und die $\mathscr{F}^X_\varepsilon$-meßbare Funktion $f := -X_\varepsilon$ (beachte $P\{X_\varepsilon = 0\} = \frac{1}{2\pi\varepsilon}\int_{\{0\}} e^{-\frac{|x|^2}{2\varepsilon}}dx = 0$), so folgt auch in diesem Fall die Behauptung. □

Lemma 5.32. *Sei B eine zweidimensionale* $(\mathscr{F}_t)$-BM *und $f: \Omega \to \mathbb{R}^2$ $\mathscr{F}_0$-meßbar mit $P\{f = 0\} = 0$. Dann ist*

$$P\{\omega : B_t(\omega) = f(\omega) \text{ für ein } t \geq 0\} = 0.$$

Beweis: Wie im vorigen Beweis hängt diese Wahrscheinlichkeit nur von den endlichdimensionalen Verteilungen von B ab. Daher können wir eine beliebige BM zugrundelegen. Wir gehen von $f = (f^1, f^2)$ über zu $G := f^1 + if^2$ und fixieren außerdem eine komplexe $(\mathscr{F}_t)$-BM $Z = X + iY$. Dann ist nach Satz 5.30 $e^Z =: U + iV$ ein konformes lokales Martingal. Es gilt $[U]_\infty = \infty$ f.ü.; denn wegen $[U] = [V]$ konvergieren sowohl U_t als auch V_t, also auch $|U_t + iV_t| = e^{X_t}$ f.ü. auf $\{[U]_\infty < \infty\}$ mit $t \to \infty$ (Satz 4.28), was aber für eine BM X höchstens auf einer Nullmenge der Fall sein kann. Multiplikation mit G (aufgefaßt als zeitlich konstanter Prozeß) ergibt also ein konformes lokales Martingal $Ge^Z =: \tilde{U} + i\tilde{V}$ mit

$$[\tilde{U}] = [f^1U - f^2V] = (f^1)^2[U] + (f^2)^2[V] = |G|^2[U];$$

insbesondere ist (da nach Voraussetzung $G \neq 0$ f.ü. gilt) auch $[\tilde{U}]_\infty = \infty$ f.ü. Es gibt also nach Satz 5.28 eine komplexe BM B mit

$$G - Ge^{Z_t} = B_{[\tilde{U}]_t}; \quad t \in \mathbb{R}_+.$$

Nun ist, wiederum wegen $[\tilde{U}]_\infty = \infty$,

$$\begin{aligned}&\{\omega : \exists t \geq 0 \text{ mit } B_t(\omega) = G(\omega)\}\\ &\quad = \{\omega : \exists t \geq 0 \text{ mit } B_{[\tilde{U}]_t}(\omega) = G(\omega)\} = \{\omega : G(\omega) = 0\},\end{aligned}$$

also nach Voraussetzung eine Nullmenge. Dies ist, in komplexer Schreibweise, die Behauptung des Lemmas für die hier konstruierte spezielle BM. □

Satz 5.31 erlaubt es, eine d-dimensionale BM für $d \geq 2$ auch in solche C^2-Funktionen $f \colon \mathbb{R}^d \setminus \{a\} \to \mathbb{R}$ einzusetzen, die an einer Stelle $a \in \mathbb{R}^d$ singulär werden; es ist lediglich der Zeitpunkt $t = 0$ auszunehmen. Von besonderem Interesse sind dabei aufgrund der Itô-Formel harmonische Funktionen, also etwa $f(x) = \log|x|$ für $d = 2$ bzw. $f(x) = |x|^{2-d}$ für $d \geq 3$.

Korollar. *Sei X eine d-dimensionale $(\mathscr{F}_t)$-BM, $d \geq 2$, und $a \in \mathbb{R}^d$ beliebig. Für jede harmonische Funktion $f \colon \mathbb{R}^d \setminus \{a\} \to \mathbb{R}$ ist dann $\big(f(X_{t+1})\big)_{t\in\mathbb{R}_+}$ ein stetiges lokales Martingal bezüglich der Filtrierung $(\mathscr{F}_{t+1})_{t\in\mathbb{R}_+}$.*

Beweis: Da (nach Satz 5.18) der Prozeß $(X_{t+1} - X_1)_{t\in\mathbb{R}_+}$ wieder eine d-dimensionale BM ist, folgt für Y: $Y_t := X_{t+1}$ insbesondere $[Y^k, Y^\ell]_t = t\,\delta_{k\ell}$. Somit ist Y ein stetiges lokales Martingal bezüglich $(\mathscr{F}_{t+1})_{t\in\mathbb{R}_+}$ mit Werten in $\mathbb{R}^d \setminus \{a\}$ nach Satz 5.31 (gegebenenfalls nach Abänderung auf einer Nullmenge). Die Itô-Formel ergibt

$$df(Y) = \sum_{k=1}^{d} \frac{\partial f}{\partial x_k}(Y)\, dY^k + \tfrac{1}{2}(\Delta f)(Y)\, dt = \sum_{k=1}^{d} \frac{\partial f}{\partial x_k}(Y)\, dY^k .$$

Dies zeigt, daß auch $f(Y)$ ein stetiges lokales Martingal bezüglich $(\mathscr{F}_{t+1})_{t\in\mathbb{R}_+}$ ist. □

Beispiel 5.33. Für X eine dreidimensionale BM ist also Z:

$$Z_t = \frac{1}{|X_{t+1}|}; \quad t \in \mathbb{R}_+$$

ein stetiges lokales Martingal (bezüglich $(\mathscr{F}^X_{t+1})_{t\in\mathbb{R}_+}$). Hierfür gilt ferner:

i) $Z_t \to 0$ f.ü. mit $t \to \infty$.

Denn: Konvergenz f.ü. folgt aus Bemerkung 5.25. Daß der Grenzwert gleich 0 sein muß, sieht man mit $t \to \infty$ aus folgender Rechnung:

$$\begin{aligned}\|Z_t\|_2^2 &= \frac{1}{(2\pi(t+1))^{3/2}} \int_0^\infty \frac{1}{r^2}\, 4\pi r^2 e^{-\frac{r^2}{2(t+1)}}\, dr\\ &= \frac{4\pi}{2\pi(t+1)} \int_0^\infty \frac{1}{\sqrt{2\pi(t+1)}} e^{-\frac{r^2}{2(t+1)}}\, dr = \frac{1}{t+1}.\end{aligned}$$

ii) Z ist also nach i) ein $\| \|_2$-beschränktes, mit $t \to \infty$ f.ü. konvergierendes *lokales* Martingal, aber dennoch kein Martingal (und damit ein Gegenbeispiel im Zusammenhang mit Satz 4.13; vgl. [J-H 63]). Andernfalls müßte wegen $\|Z_t\|_2 \to 0$ nach Satz 3.37 gelten $Z_t = 0$ für alle $t \in \mathbb{R}_+$, was der Definition von Z widerspricht.

Für einen $\mathbb{R}^d$-wertigen Prozeß X und $A \in \mathscr{B}(\mathbb{R}^d)$ heißt

$$\sigma_A := \inf\{t > 0 : X_t \in A\}$$

die *Treffzeit* von A, und die Menge A *polar* (für X), wenn $\sigma_A = \infty$ fast sicher gilt. Nach Satz 5.31 sind also für die mehrdimensionale BM einpunktige Mengen polar. Dagegen wurde in Satz 3.22 für $A = \complement U$, U offen und beschränkt, bei beliebiger BM sogar $\sigma_A < \infty$ f.ü. gezeigt.
Um auch das Wiederkehrverhalten einer d-dimensionalen BM studieren zu können, betrachten wir statt σ_A auch die

$$\sigma_A^s := \inf\{t \geq s : X_t \in A\}; \quad s \geq 0.$$

Hierfür ist offensichtlich

$$\{\sigma_A^s \geq r\} = \{X_t \notin A : s \leq t < r\}, \tag{5.21}$$

wobei man sich für offene A auf rationale $t \in [s,r[$ beschränken kann. Wir betrachten nur solche A und sehen also, daß die σ_A^s Stopzeiten sind, deren Verteilung unabhängig von der Wahl der BM X ist.
Definiert man auch noch die *letzte Austrittszeit* aus A durch

$$\rho_A := \sup\{t \in \mathbb{R}_+ : X_t \in A\} \quad (\text{mit } \sup\emptyset := 0),$$

so wird $\{\rho_A \leq s\} = \{X_t \notin A : \text{jedes } t > s\}$, insbesondere also

$$\{\rho_A = \infty\} = \bigcap_{n\in\mathbb{N}} \{\sigma_A^n < \infty\} = \{\omega : X_t(\omega) \in A \text{ immer wieder}\}. \tag{5.28}$$

Dies ist also eine meßbare Menge, deren P-Maß nicht von der Wahl der BM X abhängt.
Geht man von X zu der BM (vgl. das Korollar zu Satz 2.20) Y:

$$Y_t := \begin{Bmatrix} tX_{1/t}; & t > 0 \\ 0 \;\; ; & t = 0 \end{Bmatrix}$$

über, so wird

$$\{\omega : X_t(\omega) \in A \text{ immer wieder}\} = \bigcap_{n\in\mathbb{N}} \; \bigcup_{t\in\mathbb{Q}:0<t\leq 1/n} \{\tfrac{1}{t}Y_t \in A\} \in \mathscr{F}_{0+}^Y.$$

Nach dem 0-1-Gesetz (Satz 3.7) folgt somit die Dichotomie

$$P\{\rho_A = \infty\} = 0 \text{ oder } = 1.$$

Im ersten Fall heißt A *transient* (da der Prozeß fast sicher die Menge A nach endlicher Zeit endgültig verläßt), im zweiten Fall *rekurrent* (da er fast sicher immer wieder nach A zurückkehrt). Die BM X selbst heißt *rekurrent*, wenn jede nichtleere offene Menge rekurrent ist, und *transient*, wenn jede kompakte Menge transient ist.

Satz 5.34. *Sei X eine d-dimensionale* BM. *Für $d = 1$ und $d = 2$ ist X rekurrent; für $d \geq 3$ gilt $|X_t| \to \infty$ f.ü. mit $t \to \infty$, und X ist also transient.*

Beweis: Schon für $d = 3$ (erst recht für $d > 3$) konvergiert nach Beispiel 5.33 fast sicher $|X_t| \to \infty$ mit $t \to \infty$. Insbesondere ist keine beschränkte offene Menge dann rekurrent. Für $d = 1$ wurde bereits vor Satz 5.31 bemerkt, daß selbst einpunktige Mengen $A = \{a\}$ rekurrent sind. Wir haben uns also nur noch mit dem zweidimensionalen Fall zu befassen. Nehmen wir an, es gebe eine transiente offene Menge $A \neq \emptyset$. Sie enthält eine offene Kugel $V(a;r)$ mit Mittelpunkt $a \neq 0$, die also erst recht transient wäre. Da für jedes $\sigma > 0$ auch $(\sigma X_{t/\sigma^2})_{t \in \mathbb{R}_+}$ eine zweidimensionale BM ist, wäre auch $V(\sigma a; \sigma r)$ transient. Da für eine beliebige Drehung D des $\mathbb{R}^d$ (nach Beispiel 5.4) auch $\big(D(X_t)\big)_{t \in \mathbb{R}_+}$ eine BM ist, wäre damit für *jedes* $a \neq 0$ und ein geeignet hierzu gewähltes $r > 0$ die Kugel $V(a;r)$ transient. Da offensichtlich endliche Vereinigungen transienter Mengen immer noch transient sind, wäre schließlich jede kompakte Menge A transient, d.h. $P\{\rho_A < \infty\} = 1$. Nach Gleichung (5.21) heißt dies, daß fast sicher $X_t \notin A$ für hinreichend große t gilt. Insgesamt führt also die Annahme, es gebe auch nur eine transiente offene Menge $A \neq \emptyset$, schon zu der Konsequenz $|X_t| \to \infty$ f.ü. mit $t \to \infty$. Dies kann aber für $d = 2$ nicht sein. Sei nämlich $Y_t := \log|X_{t+1}|$ das im Zusammenhang mit dem vorigen Korollar schon erwähnte stetige lokale Martingal. Es würde also ebenfalls mit $t \to \infty$ fast sicher gegen ∞ konvergieren. Nach Bemerkung 5.25 ist das unmöglich. □

Wir schließen diesen Abschnitt mit einer auf Knight [KN 70] zurückgehenden Verallgemeinerung von Satz 5.28.

Satz 5.35. *Sei $X \in \mathscr{M}_0(\mathbb{R}^d)$ mit $[X^k, X^\ell] = 0$ für $k \neq \ell$ und $[X^k]_\infty = \infty$, $1 \leq k \leq d$; es bezeichne $\tau_t^k := \inf\{s \in \mathbb{R}_+ : [X^k]_s > t\}$ den jeweils zu X^k assoziierten Zeitwechsel. Dann bilden die in Satz 5.24 beschriebenen eindimensionalen* BM $B^k := X^k_{\langle \tau^k \rangle}$ *die Komponenten einer d-dimensionalen* BM $B := (B^1, \ldots, B^d)$.

Beweis: Obwohl "nur" aus $[X^k, X^\ell] = 0$ für $k \neq \ell$ auch $[B^k, B^\ell] = 0$ für $k \neq \ell$ zu folgern wäre, erscheint es einfacher, direkt nachzuweisen, daß B die endlichdimensionalen Verteilungen einer d-dimensionalen BM besitzt. Dies bedeutet für beliebige t_j: $0 = t_0 < t_1 < \ldots < t_r$, daß

$$P \circ (B_{t_1} - B_{t_0}, \ldots, B_{tr} - B_{tr-1})^{-1} = \bigotimes_{j=1}^{r} \nu_{t_j - t_{j-1}}$$

gilt mit ν_t der d-dimensionalen Gaußverteilung zur Varianz $t \geq 0$. Geht man zu Fouriertransformierten über, so ist also zu zeigen, daß

$$E \exp\big\{i \textstyle\sum_{j=1}^r \langle \xi_j, B_{t_j} - B_{t_{j-1}} \rangle_{\mathbb{R}^d}\big\} = \exp\big\{-\frac{1}{2} \sum_{j=1}^r |\xi_j|^2 (t_j - t_{j-1})\big\} \tag{5.22}$$

für alle $\xi_1, \ldots, \xi_r \in \mathbb{R}^d$ gilt.

Wir fixieren $0 = t_0 < t_1 < \ldots < t_r$ und $\xi_1, \ldots, \xi_r \in \mathbb{R}^d$ und setzen

$$h := \sum_{j=1}^{r} \xi_j 1_{]t_{j-1}, t_j]} : \mathbb{R}_+ \to \mathbb{R}^d.$$

Mit den Komponentenfunktionen h^k von h bilden wir die (beschränkten, linksstetigen, adaptierten) Prozesse $F^k := h^k \circ [X^k]$ und hiermit das stochastische Integral

$$Z := \sum_{k=1}^{d} F^k \bullet X^k = \sum_{k=1}^{d} (h^k \bullet B^k)_{[X^k]},$$

(letzteres nach Satz 5.17, da $X^k = B^k_{[X^k]}$ nach Satz 5.24 gilt). Für die quadratische Variation folgt nach Voraussetzung

$$[Z] = \sum_{k,\ell=1}^{d} (F^k F^\ell) \bullet [X^k, X^\ell] = \sum_{k=1}^{d} (F^k)^2 \bullet [X^k],$$

also nach der Transformationsformel Gleichung (5.11)

$$[Z]_s = \sum_{k=1}^{d} \int_0^{[X^k]_s} (h^k)^2(t)\, dt = \sum_{k=1}^{d} \sum_{j=1}^{r} (\xi_j^k)^2 \big(t_j \wedge [X^k]_s - t_{j-1} \wedge [X^k]_s\big).$$

Mit $s \to \infty$ strebt also (wegen $[X^k]_\infty = \infty$) punktweise

$$[Z]_s \to \sum_{j=1}^{r} |\xi_j|^2 (t_j - t_{j-1});$$

ebenso konvergiert mit $s \to \infty$ auch

$$Z_s \to \sum_{j=1}^{r} \langle \xi_j, B_{t_j} - B_{t_{j-1}} \rangle_{\mathbb{R}^d}.$$

Nach Definition (als stochastisches Integral nach einem lokalen Martingal) ist $Z \in \mathscr{M}$, nach Beispiel 4.53 also $e^{iZ + \frac{1}{2}[Z]}$ ein komplexwertiges Martingal. Wir benötigen lediglich die Konsequenz $1 = E \exp\{iZ_0 + \frac{1}{2}[Z]_0\} = E \exp\{iZ_s + \frac{1}{2}[Z]_s\}$. Mit $s \to \infty$ geht nämlich die rechte Seite (majorierte Konvergenz) gegen

$$E \exp\big\{i \textstyle\sum_{j=1}^{r} \langle \xi_j, B_{t_j} - B_{t_{j-1}} \rangle + \frac{1}{2} \sum_{j=1}^{r} |\xi_j|^2 (t_j - t_{j-1})\big\},$$

womit Gleichung (5.22) bewiesen ist. □

5.5 Brownsche Filtrierungen und stochastische Integraldarstellung

Im letzten Abschnitt haben wir untersucht, inwieweit ein lokales Martingal durch Zeitwechsel aus einer BM hervorgeht. Wir wollen nun sehen, welche lokalen Martingale X sich in der Form $X = F \bullet B$ als stochastische Integrale nach einer BM gewinnen lassen.

Es bezeichne B eine im ganzen Abschnitt fixierte d-dimensionale BM auf einem Wahrscheinlichkeitsraum $(\Omega; \mathscr{F}; P)$ und $(\mathscr{F}_t)_{t\in\mathbb{R}_+}$ eine zugehörige *Brownsche Filtrierung*, d.h. eine Filtrierung zwischen der "Rohfiltrierung" $\mathscr{F}_t^B = \sigma(B_s : s \leq t)$ und ihrer Standard-Erweiterung: $\mathscr{F}_t^B \subset \mathscr{F}_t \subset \overline{\mathscr{F}_{t+}^B}$.
Aus den Vorbemerkungen zu Abschnitt 5.1 wissen wir bereits, daß jedes stetige lokale Martingal bezüglich $(\mathscr{F}_t)$ auch ein solches für $\big(\overline{\mathscr{F}_{t+}^B}\big)$ ist, und daß B auch $\big(\overline{\mathscr{F}_{t+}^B}\big)$-BM ist. Wir setzen deshalb von vornherein ohne wesentliche Einschränkung $\mathscr{F}_t = \overline{\mathscr{F}_{t+}^B}$ voraus. Nach dem 0-1-Gesetz (Satz 3.7) ist das zugrundeliegende Wahrscheinlichkeitsmaß P auf $\mathscr{F}_0$ extremal, d.h. $\{0,1\}$-wertig. $\mathscr{F}_\infty$ bezeichne die von $\bigcup_{t\in\mathbb{R}_+} \mathscr{F}_t$ erzeugte σ-Algebra.
Jede Komponente B^k, $1 \leq k \leq d$, hat als eindimensionale BM das Doléansmaß $\mu_{B^k} = dt \otimes P$ (Abschnitt 4.5) und den Raum $L^2(B^k)$ der vorhersagbaren Prozesse in $L^2(\mu_{B^k})$. Entsprechend bezeichne in diesem Abschnitt $L^2(B)$ den Hilbertraum aller $\mathbb{R}^d$-wertigen Prozesse F mit Komponenten $F^k \in L^2(B^k)$, $1 \leq k \leq d$, und später $L^2_{\text{loc}}(B)$ den Raum aller F mit $F^k \in L^2_{\text{loc}}(B^k)$, $1 \leq k \leq d$.
Wir haben dann nach den Ergebnissen von 4.5 für $F \in L^2_{\text{loc}}(B)$ das stochastische Integral $F \bullet B := \sum_{k=1}^d F^k \bullet B^k \in \mathscr{M}_0$. Ist $F \in L^2(B)$, so gilt sogar nach Satz 4.39 $F \bullet B \in \mathscr{M}_0^2$; dabei ist, zunächst für $F \in \mathscr{B}(\mathbb{R}^d) \cap L^2(B)$, nach Lemma 4.29 und der Assoziativitätsregel Gleichung (4.27)

$$\begin{aligned}\langle F^k \bullet B^k, F^\ell \bullet B^\ell \rangle_{\mathscr{M}_0^2} &= E\big((F^k F^\ell) \bullet [B^k, B^\ell]\big)_\infty \\ &= \delta_{k\ell} \cdot E \int_0^\infty (F^k)_t^2 \, dt = \delta_{k\ell} \, \|F^k\|^2_{L^2(dt\otimes P)}; \quad 1 \leq k, \ell \leq d.\end{aligned}$$

Die äußere Gleichung setzt sich aber nach Satz 4.38 ii) auf beliebige $F \in L^2(B)$ stetig fort, und wir erhalten

$$\text{(5.23)} \qquad \big\|(F \bullet B)_\infty\big\|_{L^2(P)} = \|F \bullet B\|_{\mathscr{M}_0^2} = \|F\|_{L^2(B)} := \Big(\sum_1^d \|F^k\|^2_{L^2(dt\otimes B)}\Big)^{1/2}.$$

Dies zeigt, daß die Abbildung $F \mapsto (F \bullet B)_\infty$ eine Isometrie von $L^2(B)$ auf einen abgeschlossenen Untervektorraum R von $L^2(P)$ definiert. Daß hierfür sogar

$$\text{(5.24)} \qquad R = \big\{h \in L^2(P) : h \ \mathscr{F}_\infty\text{-meßbar und } Eh = 0\big\}$$

gilt, ist bereits die Hauptaussage des folgenden Satzes 5.37, wenn man $h \in R$ jeweils mit einer r.c.l.l.-Version des Martingals $(E^{\mathscr{F}_t} h)_{t\in\mathbb{R}_+}$ aus $\mathscr{M}_0^2$ identifiziert.

Zum Beweis der in (5.24) gegebenen Charakterisierung von R ziehen wir ein Lemma über Gaußprozesse heran (das später nochmals benötigt wird, um eine Verschärfung unserer Beschreibung von R in Gestalt der berühmten Wienerschen Chaos-Zerlegung von $L^2(P|\mathscr{F}_\infty) := \{f \in L^2(P) : f\ \mathscr{F}_\infty\text{-meßbar}\}$ zu gewinnen). – Wir erinnern an Definition 2.18 eines Gaußprozesses, wie auch an die Tatsache, daß nach Beispiel 2.19 jede d-dimensionale BM B ein d-dimensionaler Gaußprozeß und also $(B_t^k)_{1 \le k \le d;\, t \in \mathbb{R}_+}$ ein eindimensionaler Gaußprozeß über der Indexmenge $T = \{1, \dots, d\} \times \mathbb{R}_+$ ist.

Lemma 5.36. *Sei X_t: $(\Omega; \mathscr{F}; P) \to \mathbb{R}$; $t \in T$ ein reeller Gaußprozeß mit beliebiger Indexmenge T, dazu $\mathfrak{L}(X) := \overline{\text{lin}}\{X_t : t \in T\}$ (Abschluß in $L^2(P)$) der zugehörige Gaußraum (Satz 2.22).*

i) *Für $Y \in \mathfrak{L}(X)$ ist $e^{|Y|} \in L^2(P)$ (und damit auch $|Y|^n \in L^2(P)$ für alle $n \in \mathbb{N}$).*

ii) *Sei $T_0 \subset T$ so, daß $\sigma(X_t : t \in T_0) = \sigma(X_t : t \in T) =: \mathscr{G}_\infty$ gilt. Dann ist*

$$\overline{\text{lin}}\{e^Y : Y \in \text{lin}\{X_t : t \in T_0\}\} = L^2(P|\mathscr{G}_\infty).$$

Beweis: i) Nach Satz 2.22 ist jedes $Y \in \mathfrak{L}(X)$ zentriert normalverteilt, d.h.

$$P \circ Y^{-1} = \nu_{\sigma^2} \quad \text{mit } \sigma^2 = EY^2.$$

Ist $\sigma^2 = 0$, also $\nu_{\sigma^2} = \delta_0$, so ist $\int e^{|Y|}\,dP = \int e^{|t|}\,\delta_0(dt) = 1 < \infty$. Sonst hat man ebenso

$$\int e^{|Y|}\,dP = \int e^{|t|}\,\nu_{\sigma^2}(dt) = \frac{1}{\sqrt{2\pi}\sigma} \int e^{|t| - t^2/2\sigma^2}\,dt < \infty.$$

Anwendung auf $2Y$ zeigt dann, daß $e^{|Y|} \in L^2(P)$ gilt.

ii) Für ein fixiertes $f \in L^2(P|\mathscr{G}_\infty)$, das zu allen e^Y mit Y Linearkombination der X_t, $t \in T_0$, orthogonal ist, muß $f = 0$ gezeigt werden.
Zunächst gibt es eine abzählbare Teilmenge $\{t_1, t_2, \dots\} \subset T_0$ so, daß f schon $\sigma(X_{t_k} : k \in \mathbb{N})$-meßbar ist. Denn die Menge $\mathcal{G}$ aller beschränkten Funktionen g: $\Omega \to \mathbb{R}$, die bereits $\sigma(X_t : t \in T(g))$-meßbar sind für eine abzählbare Teilmenge $T(g) \subset T_0$, enthält offenbar für jede beschränkte und punktweise konvergente Folge $(g_n)_{n \in \mathbb{N}}$ in $\mathcal{G}$ auch den Grenzwert $\lim g_n$; ebenso gehört mit g auch $|g|$ zu $\mathcal{G}$. Daher zeigt das Monotone-Klasse-Argument Satz 1.4 ii) (mit $\mathcal{F} = \mathcal{G}$), daß $\mathcal{G}$ bereits alle beschränkten $\mathscr{G}_\infty$-meßbaren Funktionen enthält.
Für die Folge der σ-Algebren $\mathscr{B}_n := \sigma(X_{t_k} : k \le n)$ genügt es, $E^{\mathscr{B}_n} f = 0$ f.ü. zu zeigen; dann gilt $\int_B f\,dP = 0$ für alle $B \in \bigcup_1^\infty \mathscr{B}_n$ und damit $f = 0$ f.ü., da f $\sigma(\bigcup_1^\infty \mathscr{B}_n)$-meßbar ist. Wir fixieren also zusätzlich ein $n \in \mathbb{N}$, und betrachten die offenbar in jeder Variablen $z_k \in \mathbb{C}$ holomorphe Funktion h: $\mathbb{C}^n \to \mathbb{C}$,

$$\begin{aligned} h(z_1, \dots, z_n) :=& E\big[\exp\big(\textstyle\sum_1^n z_k X_{t_k}\big) f\big] \\ =& E\big[\exp\big(\textstyle\sum_1^n z_k X_{t_k}\big) E^{\mathscr{B}_n} f\big] \\ =& \int_{\mathbb{R}^n} \exp\big(\textstyle\sum_1^n z_k x_k\big)\, g(x_1, \dots, x_n)\, \mu(dx_1, \dots, dx_n); \end{aligned}$$

hierbei haben wir $\mu = P \circ (X_{t_1}, \ldots, X_{t_n})^{-1}$ und (entsprechend Satz 1.2) $E^{\mathscr{B}_n} f = g \circ (X_{t_1}, \ldots, X_{t_n})$ mit $g \in L^2(\mathbb{R}^n; \mu; \mathbb{R})$ gesetzt.
Ist $z \in \mathbb{R}^n$ ($\subset \mathbb{C}^n$), so also $Y := \sum_{k=1}^n z_k X_{t_k} \in \text{lin}\{X_t : t \in T_0\}$ und nach obiger Annahme über f dann $h(z) = 0$. Nach dem Identitätssatz folgt hieraus $h(z) = 0$ für alle $z \in \mathbb{C}^n$. Insbesondere für $z = iy \in i \cdot \mathbb{R}^n$ ist aber $h(iy)$ die Fouriertransformierte des (signierten) Maßes $g \cdot \mu$, also $h = (g \cdot \mu)^\wedge = 0$. Aus der Injektivität der Fouriertransformation folgt somit $g \cdot \mu = 0$, d.h. $g = 0$ μ-f.ü., also $E^{\mathscr{B}_n} f = 0$ P-f.ü. □

Ist $X = (B_s^k)_{1 \le k \le d;\, s \in \mathbb{R}_+}$ der zu einer d-dimensionalen BM B gehörige reelle Gaußprozeß über $T := \{1, \ldots, d\} \times \mathbb{R}_+$, so schreibt sich natürlich jedes $Y \in \text{lin}\{X_t : t \in T\}$ trivialerweise als stochastisches Integral $Y = \int_0^\infty F\, dB$ mit einem deterministischen elementaren Prozeß $F\colon \mathbb{R}_+ \to \mathbb{R}^d$ der Form

$$F = \sum_{k=1}^r y_k 1_{]t_{k-1}, t_k]}; \quad 0 = t_0 < \ldots < t_r;\ y_1, \ldots, y_r \in \mathbb{R}^d.$$

Für das exponentielle lokale Martingal $\mathscr{E}(F \bullet B)$ wird dann

$$\big(\mathscr{E}(F \bullet B)\big)_\infty = \exp\big(Y - \tfrac{1}{2} \textstyle\sum_{k=1}^r |y_k|^2 (t_k - t_{k-1})\big) = \text{const} \cdot e^Y.$$

Aufgrund des Lemmas ist daher

$$\overline{\text{lin}}\big\{\mathscr{E}(F \bullet B)_\infty : F \text{ deterministisch und elementar}\big\} = L^2(P|\mathscr{F}_\infty).$$

Um Gleichung (5.24) nachzuweisen, also zu sehen, daß $\{h \in L^2(P|\mathscr{F}_\infty) : Eh = 0\} \subset R$ (und damit $= R$; die umgekehrte Inklusion ist trivial) gilt, bleibt für deterministische elementare F zu zeigen, daß $\mathscr{E}(F \bullet B) \in \mathscr{M}^2$ ist (somit insbesondere $E\big(\mathscr{E}(F \bullet B)_\infty\big) = E\big(\mathscr{E}(F \bullet B)_0\big) = 1$), und daß $\mathscr{E}(F \bullet B)_\infty - 1 \in R$ gilt.
Für eine beliebige Stopzeit $\tau \le c$, $c \in \mathbb{R}_+$, ist wegen

$$(F \bullet B)_\tau - \tfrac{1}{2}[F \bullet B]_\tau \le \max_{t \le c} (F \bullet B)_t$$

und der Maximal-Ungleichung Satz 3.28 ii), angewandt auf das Submartingal $\exp \circ (F \bullet B)$ (vgl. Satz 3.25 iii) in Verbindung mit Lemma 5.36 i)),

$$\begin{aligned} \big\|\mathscr{E}(F \bullet B)_\tau\big\|_2 &\le \|\max_{t \le c} e^{(F \bullet B)_t}\|_2 \le 2\,\|e^{(F \bullet B)_c}\|_2, \\ &= 2\,\|e^{(F \bullet B)_\infty}\|_2 < \infty \end{aligned}$$

für c so groß, daß $\{F \neq 0\} \subset [0, c]$ gilt. Nach Satz 4.13 i) zusammen mit Satz 1.7 ii) folgt, daß $\mathscr{E}(F \bullet B)$ ein Martingal ist; da seine $L^2(P)$-Norm beschränkt ist, gilt sogar $\mathscr{E}(F \bullet B) \in \mathscr{M}^2$.

Nach Beispiel 4.49 in Verbindung mit der Assoziativitätsregel für Itô-Differentiale ist andererseits

$$d\mathscr{E}(F \bullet B) = \sum_{k=1}^d \big(\mathscr{E}(F \bullet B) F^k\big)\, dB^k.$$

Wir haben also

$$\mathscr{E}(F \bullet B)_t - 1 = \big((\mathscr{E}(F \bullet B)F) \bullet B\big)_t; \quad t \in \mathbb{R}_+.$$

Da schließlich

$$\|\mathscr{E}(F \bullet B)F\|^2_{L^2(B)} = \int_0^c dt\,|F(t)|^2 E\big(\mathscr{E}(F \bullet B)_t\big)^2 < \infty$$

gilt, folgt mit $t \to \infty$

$$\mathscr{E}(F \bullet B)_\infty - 1 = \big((\mathscr{E}(F \bullet B)F) \bullet B\big)_\infty \in R.$$

Damit ist (5.24) nachgewiesen.

Wir kommen nun zum eigentlichen Hauptergebnis dieses Abschnitts:

Satz 5.37. (Itô) *Sei B eine d-dimensionale* BM *und* $(\mathscr{F}_t = \overline{\mathscr{F}^B_{t+}})_{t \in \mathbb{R}_+}$ *die zugehörige (standard) Brownsche Filtrierung. Ist ein Prozeß Y r.c.l.l. und ein lokales Martingal (bezüglich $(\mathscr{F}_t)_{t\in\mathbb{R}_+}$), so ist Y sogar schon stetig und besitzt eine "Brownsche Integraldarstellung"*

$$Y_t = Y_0 + \int_0^t F\,dB; \quad t \in \mathbb{R}_+,$$

mit eindeutig bestimmtem $F \in L^2_{\mathrm{loc}}(B)$.

Beweis: Offenbar kann o.E. $Y_0 = 0$ angenommen werden. Wir beginnen mit dem Spezialfall, daß Y ein beschränktes Martingal ist. Dann konvergiert also $Y_t \to Y_\infty$ mit $t \to \infty$ in $\|\ \|_2$, und wir haben natürlich $Y_\infty \in L^2(P|\mathscr{F}_\infty)$ und $EY_\infty = EY_0 = 0$, also $Y_\infty \in R$ nach Gleichung (5.24). Somit wird $Y_\infty = (F \bullet B)_\infty$ mit einem aufgrund der Isometrie, Gleichung (5.23), durch Y_∞ eindeutig bestimmten Prozeß $F \in L^2(B)$ dargestellt. Hierfür gilt dann auch, da $F \bullet B$ ein Martingal ist, wie behauptet, P-f.ü. die Darstellung

$$Y_t = E^{\mathscr{F}_t} Y_\infty = E^{\mathscr{F}_t}(F \bullet B)_\infty = \int_0^t F\,dB; \quad t \in \mathbb{R}_+.$$

Um den allgemeinen Fall durch Stoppung auf diesen Spezialfall zurückzuführen, zeigen wir zunächst, daß Y stetig ist. Da nach Voraussetzung eine Folge $\tau_n \nearrow \infty$ von Stopzeiten existiert, für welche jeweils Y^{τ_n} ein r.c. Martingal und somit nach Satz 3.27 (angewandt auf das Submartingal $|Y^{\tau_n}|$) $Y^{\tau_n \wedge n}$ ein gleichgradig integrierbares Martingal ist, genügt es, die Stetigkeit für ein gleichgradig integrierbares r.c.l.l. Martingal Y (bezüglich der Brownschen Filtrierung $(\mathscr{F}_t)_{t\in\mathbb{R}_+}$) zu zeigen; dann sind im allgemeinen Falle die gestoppten Prozesse $Y^{\tau_n \wedge n}$ für jedes n und damit auch Y selbst stetig.
Für gleichgradig integrierbares Y findet nach dem Martingal-Konvergenzsatz 3.37 die Konvergenz $Y_t \to Y_\infty$ auch in $\|\ \|_1$ statt. Wir wählen eine Folge $(G^{(n)})_{n\in\mathbb{N}}$ in $L^2(P|\mathscr{F}_\infty)$ mit $G^{(n)} \to Y_\infty$ in $\|\ \|_1$; da dann auch $EG^{(n)} \to EY_\infty = EY_0 = 0$ gilt,

können wir (nötigenfalls nach Übergang zu $G^{(n)} - EG^{(n)}$) zusätzlich $EG^{(n)} = 0$ annehmen. Nach Gleichung (5.24) gibt es hierzu jeweils $F^{(n)} \in L^2(B)$ derart, daß $G^{(n)} = (F^{(n)} \bullet B)_\infty$ gilt. Nach der Maximal-Abschätzung Satz 3.28 i) ist für beliebiges $c > 0$

$$\begin{aligned} c \cdot P\{\sup_{t \in \mathbb{R}_+} |(F^{(n)} \bullet B)_t - Y_t| \geq c\} &\leq \sup_{t \in \mathbb{R}_+} E|(F^{(n)} \bullet B)_t - Y_t| \\ &= \lim_{t \to \infty} E|(F^{(n)} \bullet B)_t - Y_t| = \|G^{(n)} - Y_\infty\|_1 ; \end{aligned}$$

dabei wurde beim Übergang vom Supremum zum Limes die Tatsache benutzt, daß $|F^{(n)} \bullet B - Y|$ ein Submartingal ist. Aus $\|G^{(n)} - Y_\infty\|_1 \to 0$ mit $n \to \infty$ schließen wir also, daß $F^{(n)} \bullet B \to Y$ gleichmäßig stochastisch und also nach Bemerkung 4.11 eine Teilfolge auch gleichmäßig f.ü. gilt. Dadurch überträgt sich die pfadweise Stetigkeit der $F^{(n)} \bullet B$ auf Y.
Damit ist also $Y \in \mathscr{M}_0$ gezeigt, und die mit den Stopzeiten

$$\tau_n = \inf\{t \in \mathbb{R}_+ : |Y_t| \geq n\}; \quad n \in \mathbb{N}$$

gebildeten Y^{τ_n} sind nun beschränkte Martingale. Für diese ist die Brownsche Integraldarstellung

$$Y^{\tau_n} = F^{(n)} \bullet B; \quad n \in \mathbb{N}$$

mit eindeutig bestimmten $F^{(n)} \in L^2(B)$ bereits gezeigt. Aus der Eindeutigkeit und der Stopregel Satz 4.35, also

$$Y^{\tau_n} = (Y^{\tau_m})^{\tau_n} = (F^{(m)} \bullet B)^{\tau_n} = (F^{(m)} 1_{[0,\tau_n]}) \bullet B; \quad n \leq m,$$

folgt $F^{(n)} = F^{(m)} 1_{[0,\tau_n]}$ für $n \leq m$ und somit $F^{(n)} = F 1_{[0,\tau_n]}$ mit einem wohlbestimmten Prozeß $F \in L^2_{\text{loc}}(B)$. Hierfür gilt dann $Y = F \bullet B$. □

5.6 Maßwechsel und zugehörige Girsanov-Transformation

Hat man auf einem filtrierten Wahrscheinlichkeitsraum $(\Omega; \mathscr{F}; P; (\mathscr{F}_t)_{t \in \mathbb{R}_+})$ ein Martingal $D \geq 0$ mit $\int D_0 \, dP = 1$, so ist die Familie der Wahrscheinlichkeitsmaße $Q_t := D_t \cdot P$ auf $\mathscr{F}_t$ mit D_t als Dichte *konsistent* (d.h. $Q_s = Q_t|\mathscr{F}_s$ für $s \leq t$) aufgrund der Martingal-Eigenschaft; sie definiert also ein *Pro-Maß* Q_* auf der Mengenalgebra $\mathscr{F}_* := \bigcup_{t \in \mathbb{R}_+} \mathscr{F}_t$ durch $Q_*|\mathscr{F}_t = Q_t$, $t \in \mathbb{R}_+$ (diese Sprechweise entspricht der von Abschnitt 1.4 bzw. 1.6 im Zusammenhang mit Zylindermaßen). Ist Q_* σ-additiv, so erhalten wir ein Wahrscheinlichkeitsmaß Q auf $\mathscr{F}_\infty = \sigma(\mathscr{F}_*)$ durch Maßfortsetzung von Q_*, so daß ein Semimartingal auf $(\Omega; \mathscr{F}; P; (\mathscr{F}_t))$ auch unter der neuen Wahrscheinlichkeit Q studiert werden kann. Ist die Dichte D dieses Maßwechsels strikt positiv, so zeigt sich – einmal mehr – die Stabilität der Klasse der Semimartingale: Wie aufgrund der funktionalanalytischen Charakterisierung als stochastische Integratoren (siehe die Schlußbemerkung von Abschnitt 4.6) nicht

anders zu erwarten, sind P-Semimartingale auch Q-Semimartingale; Änderungen treten nur innerhalb der beiden Bestandteile der Doob-Meyer-Zerlegung auf. Wie die neu entstehenden Driftterme mit der Dichte D des Maßwechsels zusammenhängen, beschreibt die Girsanov-Transformation, ein Hauptergebnis dieses Abschnitts (Satz 5.45). Ein weiteres ist das Kriterium von Novikov (Satz 5.50) dafür, wann ein exponentielles lokales Martingal sogar ein Martingal ist. Der Abschnitt schließt mit einer Anwendung auf Brownsche Bewegungen mit Drift und die Cameron-Martin-Formel für die Transformation des Wienermaßes bei Translation der Variablen (Satz 5.53).
Würden wir in diesem Abschnitt von vornherein eine vollständige Filtrierung zugrundelegen (würde also $\mathscr{F}_0$ bereits alle P-Nullmengen enthalten), so wäre $Q \ll P$ (d. h. Q verschwindet auf P-Nullmengen), und also P-f.ü. $D_t = E^{\mathscr{F}_t}(dQ/dP)$: das Dichte-Martingal D müßte somit gleichgradig integrierbar sein. Dies schlösse interessante Fälle wie $D = \mathscr{E}(B)$, B eine Brownsche Bewegung, von der Betrachtung aus. Wir begnügen uns deshalb in diesem Abschnitt mit einer wesentlich schwächeren Voraussetzung an die zugrundeliegende Filtrierung.

Es sei $(\Omega; \mathscr{F}; P; (\mathscr{F}_t)_{t\in\mathbb{R}_+})$ ein filtrierter Wahrscheinlichkeitsraum; der Definitionsbereich von P sei $\mathscr{F} = \mathscr{F}_\infty := \sigma(\mathscr{F}_*)$, mit $\mathscr{F}_* := \bigcup_{t\in\mathbb{R}_+} \mathscr{F}_t$. Hierzu bilden wir das σ-Ideal von P-Nullmengen

$$\mathscr{N} := \{N \subset \textstyle\bigcup_1^\infty N_n \text{ für eine beliebige Folge von } P\text{-Nullmengen } N_n \in \mathscr{F}_*\}$$

Dann ist also (vgl. [D-M 78], S. 30)

$$\tilde{\mathscr{F}}_t := \{B \subset \Omega : \exists A \in \mathscr{F}_t \text{ mit } B \vartriangle A \in \mathscr{N}\} = \sigma(\mathscr{F}_t, \mathscr{N})$$

die von $\mathscr{F}_t$ und $\mathscr{N}$ erzeugte σ-Algebra, $t \in \mathbb{R}_+$; analog ist $\tilde{\mathscr{F}} = \sigma(\mathscr{F}, \mathscr{N})$ gegeben. Durch

$$\tilde{P}(B) := P(A) \quad \text{für } A \in \mathscr{F} \text{ mit } B \vartriangle A \in \mathscr{N}$$

wird P zu dem eindeutig bestimmten Wahrscheinlichkeitsmaß $\tilde{P}$ auf $\tilde{\mathscr{F}}$ fortgesetzt, das auf $\mathscr{N}$ verschwindet.
Wir nennen den filtrierten Wahrscheinlichkeitsraum $(\Omega; \tilde{\mathscr{F}}; \tilde{P}; (\tilde{\mathscr{F}}_t)_{t\in\mathbb{R}_+})$ die *lokale Vervollständigung* von $(\Omega; \mathscr{F}; P; (\mathscr{F}_t)_{t\in\mathbb{R}_+})$, und letzteren selbst *lokal vollständig*, wenn er mit seiner lokalen Vervollständigung übereinstimmt, also $\mathscr{N} \subset \mathscr{F}_0$ gilt.
Daneben haben wir natürlich, um die Ergebnisse des in Abschnitt 4.4 entwickelten stochastischen Kalküls anwenden zu können, auch die Standard-Erweiterung $(\Omega; \mathscr{F}'; P'; (\mathscr{F}'_t)_{t\in\mathbb{R}_+})$ zu betrachten. Für die in Abschnitt 4.2 definierten Räume von an $(\mathscr{F}_t)_{t\in\mathbb{R}_+}$ bzw. $(\mathscr{F}'_t)_{t\in\mathbb{R}_+}$ adaptierten Prozessen gelten dann die Inklusionen

$$\mathscr{A} \subset \mathscr{A}', \; \mathscr{B} \subset \mathscr{B}', \; \mathscr{C} \subset \mathscr{C}', \; \mathscr{M} \subset \mathscr{M}', \; \mathscr{S} \subset \mathscr{S}'$$

(wovon die einzige nicht ganz triviale, $\mathscr{M} \subset \mathscr{M}'$, bereits zu Beginn von Abschnitt 5.1 begründet wurde). Umgekehrt ist offenbar ein Prozeß aus einem der auf $(\mathscr{F}'_t)_{t\in\mathbb{R}_+}$ bezogenen Räume $\mathscr{A}', \ldots, \mathscr{S}'$ bereits in dem entsprechenden $\mathscr{A}, \ldots, \mathscr{S}$,

wenn er $(\mathscr{F}_t)$-adaptiert ist (entsprechende lokalisierende Folgen lassen sich dann stets als $(\mathscr{F}_t)$-Stopzeiten wählen).
Entscheidend für die Einführung der lokalen Vervollständigung $(\tilde{\mathscr{F}}_t)_{t\in\mathbb{R}_+}$ der Filtrierung ist:

Bemerkung 5.38. Ist $(X^{(n)})_{n\in\mathbb{N}}$ eine Folge in $\mathscr{C}$, die lokal gleichmäßig stochastisch (Definition 4.9) in $\mathscr{C}'$ konvergiert, und hierzu (nach Bemerkung 4.11) $(X^{(n_k)})_{k\in\mathbb{N}}$ eine f.ü. lokal gleichmäßig konvergente Teilfolge, so ist offensichtlich die Nullmenge

$$N := \{\omega : X^{(n_k)}(\omega) \text{ konvergiert nicht lokal gleichmäßig}\}$$

in $\mathscr{N}$, und also X:

$$X_t(\omega) = \begin{Bmatrix} \lim X_t^{(n_k)}(\omega) & \text{für } \omega \notin N \\ 0 & \text{für } \omega \in N \end{Bmatrix}; \quad t \in \mathbb{R}_+$$

ein stetiger $(\tilde{\mathscr{F}}_t)$-adaptierter Prozeß, gegen den auch $(X^{(n)})_{n\in N}$ stochastisch konvergiert. Insbesondere ist (bei geeigneter Wahl des Repräsentanten) nach Satz 4.22 für $X,Y \in \mathscr{S}$ der Klammerprozeß $[X,Y]$ also $(\tilde{\mathscr{F}}_t)$-adaptiert. Ebenso ist nach Satz 4.43 für $X \in \mathscr{S}$, $F \in \mathscr{B}$ das stochastische Integral $F \bullet X \in \tilde{\mathscr{S}}$ (d.h. in $\mathscr{S}'$ und $(\tilde{\mathscr{F}}_t)$-adaptiert).

Um eine prägnante Sprechweise für die in diesem Abschnitt betrachteten Situationen zu haben, schreiben wir (bei weiterhin beliebigem filtrierten Wahrscheinlichkeitsraum $(\Omega;\mathscr{F};P;(\mathscr{F}_t)_{t\in\mathbb{R}_+})$ wie oben): "*$Q_* \ll P_*$ mit Dichte D*", wenn D ein nichtnegatives stetiges Martingal mit $\int D_0\,dP = 1$ ist und Q_* das durch die Gesamtheit der P-stetigen Maße $Q_t := D_t \cdot P$ auf $\mathscr{F}_t$ definierte Pro-Maß auf $\mathscr{F}_*$ bedeutet.
In dieser Situation bezeichnet D_∞ den nach dem Martingalsatz 3.36 P-fast sicher existierenden Grenzwert $\lim_{t\to\infty} D_t$ des nichtnegativen Martingals D.
Häufig wird das Pro-Maß Q_* σ-additiv sein und also eine eindeutige Fortsetzung zu einem Wahrscheinlichkeitsmaß Q auf $\mathscr{F}$ besitzen. Obwohl $Q_* \ll P_*$, d.h. $Q_t \ll P_t := P|\mathscr{F}_t$ für alle t angenommen ist, braucht nicht $Q \ll P$ zu sein. Bevor wir im nächsten Satz diese Situation klären, sei aber angemerkt, daß Q zumindest alle $N \in \mathscr{N}$ annulliert. Wir können daher stets zur lokalen Vervollständigung übergehen:

Bemerkung 5.39. Sei $Q_* \ll P_*$ mit Dichte D, und dabei das Pro-Maß Q_* σ-additiv; $\tilde{P}$ und $\tilde{Q}$ seien die eindeutigen Maßfortsetzungen von P bzw. Q auf $\tilde{\mathscr{F}} = \sigma(\mathscr{F} \cup \mathscr{N})$, welche $\mathscr{N}$ annullieren. $(\Omega;\tilde{\mathscr{F}};\tilde{P};(\tilde{\mathscr{F}}_t)_{t\in\mathbb{R}_+})$ bezeichne die lokale Vervollständigung des zugrundeliegenden filtrierten Wahrscheinlichkeitsraums $(\Omega;\mathscr{F};P;(\mathscr{F}_t)_{t\in\mathbb{R}_+})$, und $\tilde{P}_*,\tilde{Q}_*$ die durch Einschränkung auf

$$\tilde{\mathscr{F}}_* := \bigcup_{t\in\mathbb{R}_+} \tilde{\mathscr{F}}_t$$

gebildeten Pro-Maße. Dann gilt auch: $\tilde{Q}_* \ll \tilde{P}_*$ mit Dichte D. Denn D ist in offensichtlicher Weise auch $(\tilde{\mathscr{F}}_t)$-Martingal bezüglich $\tilde{P}$, und $D_t \cdot \tilde{P}_t$ annulliert $\mathscr{N}$, ist also gleich $\tilde{Q}_t$.

Satz 5.40. *Bei beliebigem filtrierten Wahrscheinlichkeitsraum* $(\Omega;\mathscr{F};P;(\mathscr{F}_t))$ *sei* $Q_* \ll P_*$ *mit Dichte* D. *Dann sind folgende Aussagen äquivalent:*

i) Q_* *ist* σ*-additiv (mit Maßfortsetzung* Q *auf* $\mathscr{F} = \mathscr{F}_\infty$*) und* $Q \ll P$.

ii) D *ist bezüglich* P *gleichgradig integrierbar.*

iii) $\int D_\infty \, dP = 1$.

Gelten diese Aussagen, so ist $Q = D_\infty \cdot P$.

Beweis: i) $\Rightarrow$ ii): Hier ist ja $D_t = E^{\mathscr{F}_t}(dQ/dP)$ P-f.ü., also $\{D_t : t \in \mathbb{R}_+\}$ gleichgradig integrierbar bezüglich P.

ii) $\Rightarrow$ iii): In diesem Falle konvergiert nach Satz 3.36 auch $D_n \to D_\infty$ in $\| \ \|_{L^1(P)}$, so daß gilt

$$\int D_\infty \, dP = \lim_{n\to\infty} \int D_n \, dP = 1 \, .$$

iii) $\Rightarrow$ i): $Q' := D_\infty \cdot P$ ist ein Wahrscheinlichkeitsmaß auf $\mathscr{F}$, $Q' \ll P$. Wir zeigen $Q'_t = Q_t$ für jedes t (also $Q'_* = Q_*$, und somit $Q' = Q$).
Zunächst gilt nach dem Fatouschen Lemma

$$Q'_t(A) \le \liminf_{n\to\infty} \int_A D_n \, dP = Q_t(A); \quad A \in \mathscr{F}_t \, .$$

Andererseits hat aber das Maß $Q_t - Q'_t$ auf $\mathscr{F}_t$ Gesamtmasse 0 aufgrund der Voraussetzung von iii) und verschwindet somit. □

Dieser Satz liefert also nur P-stetige Maßfortsetzungen von Q_* und ist deshalb oft zu eng. Für spätere Anwendungen ausreichend ist aber das folgende Resultat. Hierin ist Ω der "d-dimensionale" *Wienerraum* $\Omega = C(\mathbb{R}_+;\mathbb{R}^d)$, versehen mit der natürlichen Filtrierung $\mathscr{F}_t = \sigma(\mathrm{pr}_s : s \le t)$ (mit $\mathrm{pr}_s \colon \Omega \to \mathbb{R}^d$ der Koordinatenprojektion $h \mapsto h(s)$). Hier ist nach Beispiel 1.24 $\mathscr{F}_\infty = \mathscr{B}(C(\mathbb{R}_+;\mathbb{R}^d))$ die Borelsche σ-Algebra bezüglich der üblichen Topologie in $C(\mathbb{R}_+;\mathbb{R}^d)$ der gleichmäßigen Konvergenz auf kompakten Teilmengen von $\mathbb{R}_+$. Nach dem Konsistenzsatz 1.25' wissen wir dann, daß jedes Pro-Maß Q_* auf dem filtrierten Wienerraum $(\Omega;\mathscr{F}_\infty;(\mathscr{F}_t)_{t\in\mathbb{R}_+})$ σ-additiv ist.

Wir betrachten im folgenden nur noch die Situation "$Q_* \ll P_*$ mit Dichte D" für σ-additive Q_*. Mit Q der (eindeutigen) Fortsetzung zu einem Wahrscheinlichkeitsmaß auf $\mathscr{F} \equiv \sigma(\mathscr{F}_*)$ schreiben wir hierfür kurz:

$$Q \ll_{\mathrm{loc}} P \text{ mit Dichte } D.$$

Lemma 5.41. *Über dem filtrierten Wahrscheinlichkeitsraum* $(\Omega;\mathscr{F};P;(\mathscr{F}_t)_{t\in\mathbb{R}_+})$ *gelte* $Q \ll_{\text{loc}} P$ *mit Dichte* D *für ein weiteres Wahrscheinlichkeitsmaß* Q *auf* $\mathscr{F}$. *Ist* $\tau\colon \Omega \to \overline{\mathbb{R}}_+$ *eine Stopzeit, so ist*

$$Q = D_\tau \cdot P \text{ auf } \mathscr{F}_\tau \cap \{\tau < \infty\}. \tag{5.25}$$

Ist insbesondere $\tau < \infty$ *P-f.ü. und zugleich Q-f.ü., so folgt* $\int D_\tau \, dP = 1$ *(und daher nach Satz* 5.40 *die gleichgradige Integrierbarkeit des gestoppten Martingals* D^τ *bezüglich* P*).*

Beweis: Ist $A \in \mathscr{F}_\tau \cap \{\tau < \infty\}$ fixiert, so sind nach Satz 3.15 ii) für jedes $n \in \mathbb{N}$ die Mengen $A_n := A \cap \{\tau \le n\}$ in $\mathscr{F}_{\tau\wedge n}$. Aus dem optional sampling theorem folgt also

$$Q(A_n) = \int_{A_n} D_n \, dP = \int_{A_n} D_{\tau\wedge n} \, dP = \int_{A_n} D_\tau \, dP .$$

Mit $n \to \infty$ ergibt sich

$$Q(A) = \lim_{n\to\infty} Q(A_n) = \lim_{n\to\infty} \int_{A_n} D_\tau \, dP = \int_A D_\tau \, dP .$$

Damit ist (5.25) nachgewiesen. Ist $\{\tau = \infty\}$ zugleich P-und Q-Nullmenge, so folgt aus (5.25) weiter

$$\int D_\tau \, dP = \int_{\{\tau<\infty\}} D_\tau \, dP = Q\{\tau < \infty\} = 1 . \qquad \square$$

Bemerkung 5.42. Es gelte (bei beliebiger Filtrierung) $Q \ll_{\text{loc}} P$ mit Dichte D. Dann ist für jedes $n \in \mathbb{N}$

$$\inf_{0\le t\le n} D_t > 0 \quad Q\text{-f.ü.}$$

Denn: $\tau := \inf\{t \in \mathbb{R}_+ : D_t = 0\}$ ist eine $(\mathscr{F}_t)$-Stopzeit (nach Satz 3.12, denn D ist stetig vorausgesetzt), und $D_\tau = 0$ auf $\{\tau < \infty\}$. Nach Gleichung (5.25) ist also $Q(\{\tau < \infty\}) = 0$, und auf $\{\tau = \infty\}$ (also Q-f.ü.) gilt $D_t > 0$ für alle t. Da D stetige Pfade hat, folgt die Behauptung. $\square$

Satz 5.43. *Es sei* $(\Omega;\mathscr{F};P;(\mathscr{F}_t)_{t\in\mathbb{R}_+})$ *ein beliebiger filtrierter Wahrscheinlichkeitsraum mit lokaler Vervollständigung* $(\Omega;\tilde{\mathscr{F}};\tilde{P};(\tilde{\mathscr{F}}_t)_{t\in\mathbb{R}_+})$. *Es gelte* $Q \ll_{\text{loc}} P$ *mit Dichte* D, *und zusätzlich* $P_t \ll Q_t$ *(insgesamt also* $P_t \sim Q_t$*) für alle* $t \in \mathbb{R}_+$. *Dann gibt es ein eindeutig bestimmtes* $Z \in \tilde{\mathscr{M}}$ *(also* Z *stetiges lokales Martingal auf* $(\Omega;\tilde{\mathscr{F}};\tilde{P};(\tilde{\mathscr{F}}_t)_{t\in\mathbb{R}_+})$*), so daß das exponentielle lokale Martingal*

$$\mathscr{E}(Z) := e^{Z-\frac{1}{2}[Z]}$$

eine Modifikation von D *ist. Hierfür gilt also*

$$\tilde{Q} \ll_{\text{loc}} \tilde{P} \text{ mit Dichte } \mathscr{E}(Z) \text{ und } \tilde{P} \ll_{\text{loc}} \tilde{Q} \text{ mit Dichte } 1/\mathscr{E}(Z).$$

Beweis: Die Mengen $N_n := \{\inf_{0\le t\le n} D_t = 0\} \in \mathscr{F}_n$, $n \in \mathbb{N}$, sind nach Bemerkung 5.42 Q-Nullmengen. Da $P_n \sim Q_n$ vorausgesetzt war, folgt $P(N_n) = 0 = Q(N_n)$ und daher auch $P(N) = 0 = Q(N)$ für $N := \bigcup_1^\infty N_n$.
N ist also in $\mathscr{N}$ enthalten, dem bei Übergang zur lokalen Vervollständigung adjungierten σ-Ideal. Daher ist der stetige Prozeß $\tilde{D}$:

$$\tilde{D}_t(\omega) := \begin{Bmatrix} D_t(\omega) & \text{für } \omega \notin N \\ 1 & \text{für } \omega \in N \end{Bmatrix}$$

$(\tilde{\mathscr{F}}_t)$-adaptiert, und im übrigen überall > 0 und eine Modifikation von D. $\tilde{D}$ ist damit ein $(\tilde{\mathscr{F}}_t)$-Martingal mit $\tilde{Q}_t = \tilde{D}_t \cdot \tilde{P}_t$ und (da $P_t \sim Q_t$ und also auch $\tilde{P}_t \sim \tilde{Q}_t$ gilt) ebenso $\tilde{P}_t = (1/D_t)\cdot\tilde{Q}_t$ für alle $t \in \mathbb{R}_+$. Es bleibt lediglich $\tilde{D}$ als exponentielles Martingal $\tilde{D} = \mathscr{E}(Z)$ darzustellen. Nach Beispiel 4.49 ist hierfür (in $\mathscr{S}'$) notwendig und hinreichend, daß gilt

$$\tilde{D}\,dZ = d\tilde{D} \quad \text{mit } e^{Z_0} = \tilde{D}_0 .$$

Nach der Assoziativitätsregel (Gleichung (4.26)) des Itô-Kalküls bedeutet dies $dZ = (1/\tilde{D})\,d\tilde{D}$, also zusammen mit der Anfangsbedingung

$$Z_t = \log \tilde{D}_0 + \int_0^t (1/\tilde{D})\,d\tilde{D}; \quad t \in \mathbb{R}_+ .$$

Nach Bemerkung 5.38 ist das so definierte $Z \in \mathscr{M}'$ sogar in $\tilde{\mathscr{M}}$. □

Als sinnvolle Abkürzung für die in diesem Satz betrachtete Situation "$Q \ll_{\text{loc}} P$ mit Dichte D und $P_t \sim Q_t$ für alle $t \in \mathbb{R}_+$" schreiben wir

$$Q \sim_{\text{loc}} P \textit{ mit Dichte } D .$$

Diese Relation bleibt beim Übergang zur lokalen Vervollständigung (Bemerkung 5.39) erhalten: $\tilde{Q} \sim_{\text{loc}} \tilde{P}$ mit Dichte D. Der vorangehende Satz sagt darüber hinaus, daß dann D zu einem exponentiellen Martingal $\tilde{D} = \mathscr{E}(Z)$ über der lokalen Vervollständigung modifiziert werden kann. Da $\tilde{D}$ keine Nullstellen hat, ist "$\tilde{Q} \sim_{\text{loc}} \tilde{P}$ mit Dichte $\tilde{D}$" äquivalent mit ($\tilde{Q} \ll_{\text{loc}} \tilde{P}$ mit Dichte $\tilde{D}$ und $\tilde{P} \ll_{\text{loc}} \tilde{Q}$ mit Dichte $1/\tilde{D}$).

Satz 5.44. *Sei $Q \ll_{\text{loc}} P$ mit Dichte D über einem beliebigen filtrierten Wahrscheinlichkeitsraum $(\Omega; \mathscr{F}; P; (\mathscr{F}_t)_{t\in\mathbb{R}_+})$ und $X \in \mathscr{C}$. Genau dann ist X in $\mathscr{M}_Q$ (d.h. stetiges lokales Martingal bezüglich Q), wenn das Produkt $D \cdot X$ in $\mathscr{M}$ ist.*

Beweis: Wir können (nach Übergang zu $X - X_0$) offenbar $X_0 = 0$ annehmen. Für die $(\mathscr{F}_t)$-Stopzeiten $\tau_n := \inf\{t \in \mathbb{R}_+ : |X_t| \ge n\}$ gilt dann $|X^{\tau_n}| \le n$ für jedes $n \in \mathbb{N}$ und $\tau_n \nearrow \infty$. Für jede endliche Stopzeit σ existiert und gilt nach Lemma 5.41

$$\int X_\sigma^{\tau_n}\,dQ = \int X_{\tau_n\wedge\sigma} \cdot D_{\tau_n\wedge\sigma}\,dP = \int (D\cdot X)_\sigma^{\tau_n}\,dP .$$

Daher zeigt Lemma 4.37, daß X^{τ_n} genau dann ein Q-Martingal ist, wenn $(D\cdot X)^{\tau_n}$ ein P-Martingal ist. □

Satz 5.45. (Girsanov) *Über dem lokal vollständigen filtrierten Wahrscheinlichkeitsraum* $(\Omega; \mathscr{F}; P; (\mathscr{F}_t)_{t\in\mathbb{R}_+})$ *sei* $Q \sim_{\text{loc}} P$ *mit Dichte* D*, dabei (nach Satz* 5.43 *ohne Einschränkung)* $D = \mathscr{E}(Z)$ *mit (eindeutig bestimmtem)* $Z \in \mathscr{M}$*. Dann ist für* $X \in \mathscr{M}$ *das Semimartingal*

$$\bar{X} := X - \frac{1}{D} \bullet [X, D] = X - [X, Z]$$

in $\mathscr{M}_Q$*.*

Beweis: Zunächst ist nach Bemerkung 5.38 für $X \in \mathscr{S}$ der Prozeß $\bar{X} := X - (1/D) \bullet [X, D]$ $(\mathscr{F}_t)$-adaptiert, also ebenfalls in $\mathscr{S}$. Anwendung des Itô-Kalküls (in $\mathscr{S}'$) ergibt

$$\begin{aligned} d(D \cdot \bar{X}) &= D d\bar{X} + \bar{X} dD + dDd\bar{X} \\ &= D dX - d[X, D] + \bar{X} dD + dDd\bar{X} \\ &= D dX + \bar{X} dD, \end{aligned}$$

da $dDd\bar{X} = dDdX = d[D, X]$ ist. Ist $X \in \mathscr{M}$, so zeigt dies, daß auch $D \cdot \bar{X} \in \mathscr{M}$ und also nach Satz 5.44 $\bar{X} \in \mathscr{M}_Q$ gilt. Aus $D = \mathscr{E}(Z)$ folgt weiter $dD = D dZ$, also nach Gleichung (4.27)

$$\frac{1}{D} d[X, D] = \frac{1}{D} dX dD = dX dZ. \qquad \square$$

Die mit Satz 5.45 gegebene Abbildung

$$\mathcal{G}(Q, P) \colon \mathscr{S} \to \mathscr{S}, \quad X \mapsto X - \frac{1}{D} \bullet [X, D]$$

heißt die *Girsanov-Transformation* des Maßwechsels $P \to Q$ für $Q \sim_{\text{loc}} P$ mit Dichte D. Sie besteht also in der Addition eines geeigneten *Driftterms*

$$-(1/D) \bullet [X, D] \in \mathscr{A}$$

zu X, so daß die Martingal-Eigenschaft von X beim Übergang von P nach Q erhalten bleibt. Ein solcher Driftterm zu $X \in \mathscr{M}$ ist eindeutig bestimmt:

$$(X \in \mathscr{M}; A, B \in \mathscr{A} \text{ mit } X + A \in \mathscr{M}_Q \text{ und } X + B \in \mathscr{M}_Q) \Rightarrow A = B,$$

denn $A - B = (X + A) - (X + B) \in \mathscr{A}_0 \cap \mathscr{M}_Q = \{0\}$ (bis auf Nicht-Unterscheidbarkeit modulo Q, was aber bei lokal vollständigem $(\Omega; \mathscr{F}; P; (\mathscr{F}_t)_{t\in\mathbb{R}_+})$ und $Q \sim_{\text{loc}} P$ gleichbedeutend mit Nicht-Unterscheidbarkeit modulo P ist).

Bemerkung 5.46. Sei $(\Omega; \mathscr{F}; P; (\mathscr{F}_t)_{t\in\mathbb{R}_+})$ lokal vollständig, und für zwei weitere Wahrscheinlichkeitsmaße Q, Q' auf $\mathscr{F} = \mathscr{F}_\infty$ gelte $Q \sim_{\text{loc}} P$ mit Dichte D und $Q' \sim_{\text{loc}} Q$ mit Dichte D'. Dann ist auch $Q' \sim_{\text{loc}} P$ mit Dichte $D \cdot D'$, und für $X \in \mathscr{S}$ ist

$$\frac{1}{D D'} \bullet [X, D D'] = \frac{1}{D} \bullet [X, D] + \frac{1}{D'} \bullet [X, D']. \tag{5.26}$$

Für die zugehörigen Girsanov-Transformationen gilt

$$\mathcal{G}(Q',P) = \mathcal{G}(Q',Q) \circ \mathcal{G}(Q,P). \tag{5.27}$$

Denn: $Q' \sim_{\text{loc}} P$ mit Dichte $D\,D'$ folgt unmittelbar aus der Definition dieser Relation. Man beachte, daß D' ein Martingal bezüglich Q ist, das sich aber nach Satz 5.45 (angewandt auf die ja ebenfalls gültige Relation $P \sim_{\text{loc}} Q$ mit Dichte $1/D$) von einem P-Martingal nur um einen Driftterm aus $\mathscr{A}_0$ unterscheidet; insbesondere ist also $D' \in \mathscr{S}$. Die Gleichung (5.26) läßt sich nun entweder unmittelbar mit dem Itô-Kalkül nachrechnen, oder aus der Eindeutigkeit des zu dem jeweiligen Maßwechsel gehörigen Driftterms ablesen. Aus ihr ergibt sich auch Gleichung (5.27): Mit $\bar{X} = \mathcal{G}(Q,P)X$ ist

$$\begin{aligned}\mathcal{G}(Q',P)X &= X - \frac{1}{D\cdot D'} \bullet [X, D\cdot D'] = \bar{X} - \frac{1}{D'} \bullet [X,D'] \\ &= \bar{X} - \frac{1}{D'} \bullet [\bar{X},D'] = \mathcal{G}(Q',Q)\bar{X}. \end{aligned}$$ □

Korollar. *Sei* $(\Omega;\mathscr{F};P;(\mathscr{F}_t)_{t\in\mathbb{R}_+})$ *lokal vollständig,* $Q \sim_{\text{loc}} P$ *mit Dichte* D *und* $\mathcal{G}\colon = \mathcal{G}(Q,P)\colon \mathscr{S} \to \mathscr{S}$ *die zugehörige Girsanov-Transformation.* $\mathcal{G}$ *ist eine lineare Bijektion, die* $\mathscr{M}$ *auf* $\mathscr{M}_Q$ *abbildet (und auf* $\mathscr{A}$ *die Identität ist; insbesondere ist* $\mathscr{S} = \mathscr{S}_Q$*). Die Inverse ist gegeben durch*

$$\mathcal{G}^{-1}X = X + \frac{1}{D} \bullet [X,D] = X - D \bullet [X, 1/D]. \tag{5.28}$$

$\mathcal{G}$ *ist verträglich mit stochastischer Integration gemäß*

$$\mathcal{G}(F \bullet X) = F \bullet (\mathcal{G}X); \quad X \in \mathscr{S};\ F \in \mathscr{B}. \tag{5.29}$$

Beweis: Daß $\mathcal{G}$ eine (offensichtlich lineare) Bijektion von $\mathscr{S}$ ist, folgt aus Gleichung (5.27) für $Q' = P$, ebenso die Formeln (5.28) für $\mathcal{G}^{-1}$ aus Gleichung (5.26). Nach Satz 5.45 bildet $\mathcal{G}$ den Raum $\mathscr{M}$ in $\mathscr{M}_Q$, und ebenso also $\mathcal{G}^{-1}$ den Raum $\mathscr{M}_Q$ in $\mathscr{M}$ ab; somit ist $\mathcal{G}(\mathscr{M}) = \mathscr{M}_Q$. Schließlich gilt

$$\mathcal{G}(F\bullet X) = F \bullet X - \frac{1}{D} \bullet [F\bullet X, D] = F\bullet X - F \bullet \Big(\frac{1}{D}\bullet [X,D]\Big) = F \bullet (\mathcal{G}X),$$

wobei in der mittleren Gleichheit die Assoziativitätsregeln von Satz 4.38 benutzt wurden. □

Für die Anwendungen der Girsanov-Transformation ist es wichtig, zu erkennen, ob ein exponentielles lokales Martingal $\mathscr{E}(Z)$ auch ein Martingal ist. Bevor wir ein starkes hinreichendes Kriterium (die Integrierbarkeit von $\exp\big(\frac{1}{2}[Z]_t\big)$ für alle t, Satz 5.50) ableiten, geben wir ein interessantes Beispiel, das nur die Charakterisierung von Satz 4.13 i) benutzt: Hiernach ist $X \in \mathscr{M}$ bereits ein Martingal, wenn für jedes $c > 0$ die Menge

$$\{X_\tau : \tau \text{ Stopzeit};\ \tau \le c\}$$

gleichgradig integrierbar, also etwa $\| \ \|_2$-beschränkt ist.

Beispiel 5.47. Wir betrachten eine $(\mathscr{F}_t)$-BM B über einem beliebigen filtrierten Wahrscheinlichkeitsraum $\left(\Omega;\mathscr{F};P;(\mathscr{F}_t)_{t\in\mathbb{R}_+}\right)$. Dann ist $\mathscr{E}(B)$ ein L^2-Martingal (bezüglich $(\mathscr{F}_t)$), und für ein Wahrscheinlichkeitsmaß Q auf $\mathscr{F} = \mathscr{F}_\infty$ mit $Q \sim_{\text{loc}} P$ und Dichte $\mathscr{E}(B)$ ist $\bar{B}$: $\bar{B}_t = B_t - t$ eine $(\mathscr{F}_t)$-BM bezüglich Q.

Denn: Für $c > 0$ und eine beliebige Stopzeit $\tau \leq c$ ist wegen $B_\tau - \frac{1}{2}[B]_\tau \leq \max_{t\leq c} B_t$

$$\left\|\mathscr{E}(B)_\tau\right\|_2 \leq \|\max_{t\leq c} e^{B_t}\|_2 \leq 2\max_{t\leq c}\|e^{B_t}\|_2 = 2\|e^{B_c}\|_2 < \infty .$$

Zur Begründung der zweiten Ungleichung (aus der Maximal-Ungleichung, Satz 3.28 ii)) und der anschließenden Gleichheit muß man nur wissen, daß e^B bzw. e^{2B} Submartingale sind. Dies folgt aber nach Satz 3.25 iii) aus der Konvexität der Exponentialfunktion und

$$\int e^{aB_t}\,dP = \int e^{ax}\,\nu_t(dx) = \frac{1}{\sqrt{2\pi t}}\int e^{ax-x^2/2t}\,dx < \infty\,; \qquad a > 0\,.$$

Ist $Q \sim_{\text{loc}} P$ mit Dichte $\mathscr{E}(B)$, so ist die (in der lokalen Vervollständigung gebildete, aber wiederum $(\mathscr{F}_t)$-adaptierte) Girsanov-Transformierte $\bar{B}$:

$$\bar{B}_t = B_t - [B,B]_t = B_t - t$$

nach Satz 5.45 in $\mathscr{M}_Q$, mit quadratischer Variation $[\bar{B}]_t = [B]_t = t$, also eine $(\mathscr{F}_t)$-BM (bezüglich Q) gemäß der Lévy-Charakterisierung Satz 5.3. □

Bemerkung 5.48. Betrachtet man in diesem Beispiel etwa die kanonische BM auf dem Wienerraum, so ist die Existenz von Q, wie bereits vor Lemma 5.41 festgehalten, nach dem Konsistenzsatz Satz 1.25′ sichergestellt. Q ist übrigens *nicht* absolut-stetig nach P (auf ganz $\mathscr{F}$): Sonst müßte nach Satz 5.40 gelten $\int \mathscr{E}(B)_\infty\,dP = 1$. Es ist aber $\mathscr{E}(B)_\infty = 0$ P-f.ü., da $\liminf_{t\to\infty} B_t = -\infty$ f.ü. gilt.

Lemma 5.49. *Sei X eine* BM *auf einem Wahrscheinlichkeitsraum $(S;\Sigma;\mu)$, $\Sigma_t^X := \sigma(X_s : s \leq t)$, $t \in \mathbb{R}_+$, die zugehörige Filtrierung. Für jedes $n \in \mathbb{N}$ bezeichne ρ_n die (Σ_t^X)-Stopzeit*

$$\rho_n := \inf\{t \in \mathbb{R}_+ : X_t \leq t - n\}\,.$$

Hierfür gilt

i) *$\rho_n < \infty$ mit $\rho_n \nearrow \infty$ für $n \to \infty$ μ-f.ü.*

ii) *$\mathscr{E}(X)^{\rho_n}$ ist ein gleichgradig integrierbares Martingal.*

Beweis: i) Da für eine BM X gilt $\liminf_{t\to\infty} X_t = -\infty$ μ-f.ü., folgt $\rho_n < \infty$ μ-f.ü. Da die (stetigen) Pfade von X auf jedem kompakten Intervall nach unten beschränkt sind, konvergiert andererseits $\rho_n \nearrow \infty$.

ii) Sei $\left(\Omega;\mathscr{F};P;(\mathscr{F}_t)_{t\in\mathbb{R}_+}\right)$ der filtrierte Wienerraum mit $P = \mu\circ X_\bullet^{-1}$ dem Wienermaß, und hierauf B: $B_t(h) = h(t)$ die kanonische BM. Nach dem vorangehenden

Beispiel ist $\mathscr{E}(X)$ ein Martingal (bezüglich μ), ebenso $\mathscr{E}(B)$ ein solches bezüglich P. Nach Satz 1.25′ gibt es ein Wahrscheinlichkeitsmaß Q auf $\mathscr{F} = \mathscr{F}_\infty$ so, daß gilt $Q \sim_{\text{loc}} P$ mit Dichte $\mathscr{E}(B)$. Wie im obigen Beispiel gezeigt wurde, ist $\bar{B}$: $\bar{B}_t = B_t - t$ eine BM bezüglich Q, so daß auch gilt

$$\liminf_{t\to\infty}(B_t - t) = -\infty \quad Q\text{-f.ü.}$$

Für die $(\mathscr{F}_t)$-Stopzeiten

$$\sigma_n := \inf\{t \in \mathbb{R}_+ : B_t \leq t - n\}$$

haben wir deshalb nicht nur $\sigma_n < \infty$ P-f.ü. (wie oben für die ρ_n), sondern auch $\sigma_n < \infty$ Q-f.ü. Nach Lemma 5.41 ist daher das Martingal $\mathscr{E}(B)^{\sigma_n}$ jeweils gleichgradig integrierbar (bezüglich P). Schließlich gilt aber $X_t = B_t \circ X_\bullet$ und damit auch $\rho_n = \sigma_n \circ X_\bullet$, also $\mathscr{E}(X)_t^{\rho_n} = \exp\big(X_{\rho_n \wedge t} - \frac{1}{2}(\rho_n \wedge t)\big) = \mathscr{E}(B)_t^{\sigma_n} \circ X_\bullet$; folglich ist $\mathscr{E}(X)^{\rho_n}$ gleichgradig integrierbar bezüglich μ. □

Das folgende Martingal-Kriterium für exponentielle lokale Martingale zeigt insbesondere, daß für $Z \in \mathscr{M}_0$ mit beschränktem $[Z]_t$ (für jedes t) $\mathscr{E}(Z)$ ein Martingal ist.

Satz 5.50. (Novikov) *Sei* $\big(\Omega;\mathscr{F};P;(\mathscr{F}_t)_{t\in\mathbb{R}_+}\big)$ *ein standard filtrierter Wahrscheinlichkeitsraum und* $Z \in \mathscr{M}_0$. *Gilt*

$$\int e^{\frac{1}{2}[Z]_t}\,dP < \infty, \quad t \in \mathbb{R}_+ \quad \Big(\textit{bzw.} \int e^{\frac{1}{2}[Z]_\infty}\,dP < \infty\Big),$$

so ist $\mathscr{E}(Z)$ *ein Martingal (bzw. ein gleichgradig integrierbares Martingal).*

Beweis: Nach einer eventuellen “Erweiterung” von $\big(\Omega;\mathscr{F};P;(\mathscr{F}_t)_{t\in\mathbb{R}_+}\big)$ (wie in Satz 5.7 explizit beschrieben) können wir annehmen, daß $Z_t = X_{[Z]_t}$ durch den Zeitwechsel $\big([Z]_t\big)_{t\in\mathbb{R}_+}$ aus einer BM X auf $(\Omega;\mathscr{F};P)$ hervorgeht. Hiermit sei ρ_n die im vorangehenden Lemma untersuchte lokalisierende Folge für $\mathscr{E}(X)$, so daß also $\mathscr{E}(X)^{\rho_n} = \mathscr{E}(X^{\rho_n})$ ein gleichgradig integrierbares Martingal wird. Nach dem Optional Sampling Theorem folgt

$$\int \mathscr{E}(X)^{\rho_n}_{[Z]_t}\,dP = 1; \quad t \in \mathbb{R}_+. \tag{5.30}$$

Mit $n \to \infty$ strebt der Integrand gegen $\mathscr{E}(X)_{[Z]_t}$; wir zeigen, daß auch für jedes $t \in \mathbb{R}_+$ gilt

$$1 = \int \mathscr{E}(X)^{\rho_n}_{[Z]_t}\,dP \to \int \mathscr{E}(X)_{[Z]_t}\,dP \ \Big(= \int \mathscr{E}(Z)_t\,dP\Big)$$

und folgern in einem kleinen Lemma, daß dies bereits die Martingal-Eigenschaft von $\mathscr{E}(Z)$ impliziert.

Zunächst konvergiert nach B. Levi wegen $\rho_n \nearrow \infty$

$$\int_{\{\rho_n > [Z]_t\}} \mathscr{E}(X)^{\rho_n}_{[Z]_t}\,dP = \int_{\{\rho_n > [Z]_t\}} \mathscr{E}(X)_{[Z]_t}\,dP$$

gegen $\int \mathscr{E}(X)_{[Z]_t}\, dP$. Andererseits impliziert die Stetigkeit der Pfade von X, daß auf $\{\rho_n < \infty\}$ gilt $X_{\rho_n} = \rho_n - n$, also

$$\mathscr{E}(X)_{\rho_n} = e^{X_{\rho_n} - \frac{1}{2}\rho_n} = e^{-n+\frac{1}{2}\rho_n} \le e^{\frac{1}{2}\rho_n},$$

so daß auf $\{\rho_n \le [Z]_t\}$ der Integrand $\mathscr{E}(X)^{\rho_n}_{[Z]_t} \le e^{\frac{1}{2}[Z]_t}$ nach Voraussetzung bei festem t eine integrierbare Majorante besitzt. Es folgt daher mit $n \to \infty$

$$\int_{\{\rho_n \le [Z]_t\}} \mathscr{E}(X)^{\rho_n}_{[Z]_t}\, dP \le \int_{\{\rho_n \le [Z]_t\}} e^{\frac{1}{2}[Z]_t}\, dP \to 0\,.$$

Insgesamt ist damit $\int \mathscr{E}(Z)_t\, dP = 1$ für alle $t \in \mathbb{R}_+$ gezeigt.
Ist sogar $\int e^{\frac{1}{2}[Z]_\infty}\, dP < \infty$, so gilt zunächst $[Z]_\infty < \infty$ f.ü. und damit (5.30) auch für $t = \infty$. Auch die weiteren Schlüsse gelten unverändert für $t = \infty$ und liefern in diesem Fall also $\int \mathscr{E}(Z)_\infty\, dP = 1$. Für ein Martingal $\mathscr{E}(Z)$ bedeutet dies nach Satz 5.40 gleichgradige Integrierbarkeit.
Die Martingal-Eigenschaft für $\mathscr{E}(Z)$ ergibt sich nun aus dem folgenden Lemma.

□

Lemma 5.51. *Ein nichtnegatives lokales Martingal D ist bereits ein Martingal, wenn es konstanten Erwartungswert hat.*

Beweis: Nach Bemerkung 5.26 ist D ein Supermartingal, also integrierbar (da nach Definition eines lokalen Martingals D_0 integrierbar ist), mit

$$\int_A (D_s - D_t)\, dP \ge 0 \quad \text{für } s \le t,\ A \in \mathscr{F}_s\,.$$

Damit ist jeweils $A \mapsto \int_A (D_s - D_t)\, dP$ ein (nichtnegatives) Maß auf $\mathscr{F}_s$, das aber nach Voraussetzung Gesamtmasse 0 hat und damit überhaupt gleich 0 ist. □

Viel leichter als im vorangehenden Satz sieht man übrigens direkt aus Satz 4.13 i), daß (für $Z \in \mathscr{M}_0$) das *komplexe* exponentielle lokale Martingal (Beispiel 4.53)

$$\mathscr{E}(iZ) = e^{iZ+\frac{1}{2}[Z]}$$

genau dann ein Martingal ist, wenn $\int e^{\frac{1}{2}[Z]_t}\, dP < \infty$ für alle $t \in \mathbb{R}_+$.

Wir beschließen diesen Abschnitt mit einigen Resultaten über Brownsche Bewegungen mit Drift und die Quasiinvarianz des Wienermaßes.
Beispiel 5.47 läßt sich zunächst auf Prozesse der Form $Z = F \bullet B$, $F \in L^2_{\text{loc}}(B)$ verallgemeinern: Wir fixieren einen beliebigen filtrierten Wahrscheinlichkeitsraum $(\Omega; \mathscr{F}; P; (\mathscr{F}_t)_{t\in\mathbb{R}_+})$ und hierüber eine der Einfachheit halber eindimensionale $(\mathscr{F}_t)$-BM B. Weiter sei $F \in L^2_{\text{loc}}(B)$ (bezüglich der Standard-Erweiterung $(\mathscr{F}'_t)_{t\in\mathbb{R}_+}$; Definition 4.32), so daß wir $Z := F \bullet B \in \mathscr{M}'$ und $\mathscr{E}(Z) \in \mathscr{M}'$ bilden können. Nach Satz 4.40 ist dabei

$$[Z]_t = \int_0^t F_s^2\, ds$$

und damit wegen $[B,Z] = \frac{1}{2}\big([B+Z]-[B]-[Z]\big)$ auch

$$(5.31) \qquad [B,Z]_t = \tfrac{1}{2}\Big(\int_0^t (F_s+1)^2\,ds - t - \int_0^t F_s^2\,ds\Big) = \int_0^t F_s\,ds.$$

Setzt man Beschränktheit von $[Z]_t$ für jedes $t \in \mathbb{R}_+$ voraus, so ist nach Satz 4.21 zunächst Z, nach Novikov ebenso $\mathscr{E}(Z)$ ein Martingal bezüglich $(\mathscr{F}'_t)_{t\in\mathbb{R}_+}$ und also auch bezüglich $(\mathscr{F}_t)_{t\in\mathbb{R}_+}$, wenn Z und $\mathscr{E}(Z)$ $(\mathscr{F}_t)$-adaptiert sind. Dies ist z. B. dann der Fall, wenn $(\mathscr{F}_t)_{t\in\mathbb{R}_+}$ lokal vollständig und F zusätzlich $(\mathscr{F}_t)$-adaptiert ist: Für $F \in \mathscr{B}$ wurde dies bereits in Bemerkung 5.38 festgehalten und läßt sich von hier durch ein Dichtheitsargument (Satz 4.38 ii)) zunächst auf $F \in L^2(B)$ und schließlich auch auf $F \in L^2_{\mathrm{loc}}(B)$ ausdehnen. In dieser Situation haben wir zunächst folgende Verallgemeinerung von Beispiel 5.47:

Satz 5.52. *Sei B eine eindimensionale $(\mathscr{F}_t)$-BM über dem (beliebig) filtrierten Wahrscheinlichkeitsraum $(\Omega;\mathscr{F};P;(\mathscr{F}_t)_{t\in\mathbb{R}_+})$. Sei ferner $F \in L^2_{\mathrm{loc}}(B)$ $(\mathscr{F}_t)$-adaptiert, und $\int_0^t F_s^2\,ds \le c_t$ mit Konstanten $c_t < \infty$; dann ist also (nach Satz 5.50) $D = \mathscr{E}(F \bullet B)$ ein $(\tilde{\mathscr{F}}_t)$-Martingal. Das zugehörige Pro-Maß sei σ-additiv, d. h. für ein (eindeutig bestimmtes) Wahrscheinlichkeitsmaß Q auf $\mathscr{F} = \mathscr{F}_\infty$ gelte $Q \sim_{\mathrm{loc}} P$ mit Dichte D. Dann ist die "Brownsche Bewegung mit Drift $(-\int_0^t F_s\,ds)$", also*

$$\bar{B}_t := B_t - \int_0^t F_s\,ds\,,$$

eine $(\mathscr{F}_t)$-BM bezüglich Q.

Beweis: Wir können (nach trivialer Fortsetzung von P und Q auf $\tilde{\mathscr{F}}$; vgl. Bemerkung 5.39) Satz 5.45 auf die lokale Vervollständigung anwenden und erhalten so, daß der Girsanov-transformierte Prozeß

$$\bar{B}_t = B_t - \Big(\frac{1}{D}\bullet[B,D]\Big)_t = B_t - \int_0^t F_s\,ds$$

ein lokales $(\tilde{\mathscr{F}}_t)$-Martingal bezüglich Q ist; in der zweiten Gleichheit wurde Gleichung (5.31) eingesetzt. $\bar{B}$ ist überdies (mit F) $(\mathscr{F}_t)$-adaptiert, d. h. $\bar{B} \in \mathscr{M}_Q$. Da der Drift-Term $\int_0^t F_s\,ds$ die quadratische Variation nicht ändert, gilt $[\bar{B}]_t = t$. Aus der Lévy-Charakterisierung folgt damit, daß $\bar{B}$ eine $(\mathscr{F}_t)$-BM bezüglich Q ist.

□

Der Satz verallgemeinert sich übrigens fast unmittelbar auf den vektorwertigen Fall einer d-dimensionalen BM $B = (B^1,\dots,B^d)$ und $F = (F^1,\dots,F^d)$, wenn die Komponenten jeweils die Voraussetzungen des Satzes 5.52 erfüllen und $F \bullet B = \sum_{k=1}^d F^k \bullet B^k$ gesetzt wird.

Im Spezialfall einer BM mit "deterministischer Drift":

$$\bar{B}_t = B_t - \int_0^t f(s)\,ds\,, \quad f \in L^2_{\text{loc}}(\mathbb{R}_+;dt)$$

(B eine eindimensionale BM auf $(\Omega;\mathscr{F};P)$) ist

$$P \circ \bar{B}_\bullet^{-1} = \nu \circ \tau_h^{-1}\,,$$

wenn ν das Wienermaß auf $C_0 \equiv C_0(\mathbb{R}_+;\mathbb{R})$ bezeichnet und τ_h: $C_0 \to C_0$, $\tau_h v = v - h$ die Translation um h: $h(t) = \int_0^t f(s)\,ds$ ist.
Im allgemeinen können Wahrscheinlichkeitsmaße auf unendlichdimensionalen topologischen Vektorräumen nicht translationsinvariant sein (vgl. dazu die Ausführungen zu Beginn des folgenden Abschnitts). Nach Bemerkung 5.48 ist für $h(t) = t$ nicht einmal $\nu \circ \tau_h^{-1}$ absolut-stetig bezüglich ν. Dagegen gilt folgende "lokale" Aussage:

Satz 5.53. (Cameron-Martin) *Sei ν das Wienermaß auf C_0 und $f \in L^2_{\text{loc}}(\mathbb{R}_+;\mathbb{R})$. Mit B der kanonischen* BM *auf C_0 sei Z das durch $Z_t = \int_0^t f\,dB$ definierte Martingal auf $\big(C_0;\mathscr{B}(C_0);\nu;(\mathscr{F}_t)_{t\in\mathbb{R}_+}\big)$; $\mathscr{F}_t = \sigma(B_s : s \leq t)$ bezeichnet die natürliche Filtrierung auf C_0. Dann gilt für die Translation τ_h um $h(t) = \int_0^t f(s)\,ds$*

$$\nu \circ \tau_h^{-1} \sim_{\text{loc}} \nu \ \textit{mit Dichte}\ \mathscr{E}(-Z)\,.$$

Beweis: Nach dem Konsistenzsatz 1.25′ existiert das Wahrscheinlichkeitsmaß Q auf C_0, für welches gilt $Q \sim_{\text{loc}} \nu$ mit Dichte $\mathscr{E}(Z)$. Nach Satz 5.52 ist die BM mit Drift, $\bar{B}_t = B_t - \int_0^t f(s)\,ds$, eine $(\mathscr{F}_t)$-BM bezüglich Q. Wegen $\bar{B}_\bullet = \tau_h \circ B_\bullet = \tau_h$ bedeutet dies, daß $Q \circ \tau_h^{-1} = \nu$ gilt. Also ist

$$\nu\big(\tau_h(A)\big) = Q(A) = \int_A \mathscr{E}(Z)\,d\nu\,; \quad A \in \mathscr{F}_t\,,$$

d.h. $\nu \circ \tau_h \sim_{\text{loc}} \nu$ mit Dichte $\mathscr{E}(Z)$. Weil $\tau_h^{-1} = \tau_{-h}$ ist, war dies gerade zu zeigen. □

Der Unterschied zwischen lokaler Äquivalenz und Äquivalenz entfällt natürlich, wenn man statt C_0 nur den Wienerraum über einem kompakten Intervall betrachtet, also etwa den (Banach-)Raum

$$C_{0,1} := \{u\colon [0,1] \to \mathbb{R} : u \text{ stetig; } u(0) = 0\}\,,$$

versehen mit dem hierauf eingeschränkten Wienermaß ν (genauer: dem Wahrscheinlichkeitsmaß $\nu \circ R^{-1}$ auf $\mathscr{B}(C_{0,1})$ zur Restriktionsabbildung R: $u \mapsto u|[0,1]$ von C_0 auf $C_{0,1}$). Hier geht Satz 5.53 über in die folgende Aussage über die "*Quasiinvarianz*" des Wienermaßes (wobei für $h \in C_{0,1}$ nunmehr τ_h: $C_{0,1} \to C_{0,1}$ die Translation $u \mapsto u - h$ und $(B_t = \text{pr}_t)_{0\leq t\leq 1}$ die kanonische BM über dem Zeitintervall [0,1] bezeichnet).

Korollar. *Sei $h \in C_{0,1}$ gegeben als unbestimmtes Integral*

$$h(t) = \int_0^t f(s)\,ds \quad \textit{mit } f \in L^2\big([0,1];dt\big).$$

Dann sind die Maße ν und $\nu \circ \tau_h^{-1}$ auf $C_{0,1}$ äquivalent (d. h. wechselseitig absolutstetig), mit Radon-Nikodym-Dichte

$$\frac{d\nu \circ \tau_h^{-1}}{d\nu} = \exp\big(-\textstyle\int_0^1 f\,dB - \frac{1}{2}\int_0^1 f^2(s)\,ds\big) \quad \nu\text{-}f.\ddot{u}.$$

Beweis: Dies ist die Aussage des vorigen Satzes, eingeschränkt auf die σ-Algebra $\mathscr{F}_1 = R^{-1}\big(\mathscr{B}(C_{0,1})\big)$. □

5.7 Abstrakter Wienerraum

Die Integrationsabbildung I: $f \mapsto \int_0^{\cdot} f(s)\,ds$ von $L^2\big([0,1];dt\big)$ in $C_{0,1}$ ist eine stetige Einbettung des Hilbertraums $L^2(dt)$ in den Banachraum $C_{0,1}$, deren (in $C_{0,1}$ dichte) Bildmenge eine ausgezeichnete Rolle im Transformationsverhalten des Wienermaßes ν auf $C_{0,1}$ spielt: ν ist quasiinvariant unter Translationen If mit der durch die Cameron-Martin-Formel gegebenen Dichte $\exp\big(-\int_0^1 f\,dB - \frac{1}{2}\|f\|_2^2\big)$, wie am Ende des letzten Abschnitts gezeigt wurde.
Dieses Ergebnis wird im vorliegenden Abschnitt vertieft und verallgemeinert, wobei wir anstelle von ν (als Gaußmaß auf $C_{0,1}$; vgl. Satz 2.23) beliebige Gaußmaße μ auf separablen Banachräumen zulassen. Wir benutzen dabei gelegentlich tieferliegende funktionalanalytische Schlußweisen und beweisen die hierbei benötigte starke Integrabilitätsaussage von Fernique, daß

$$\int e^{\alpha\|x\|^2}\,\mu(dx) < \infty$$

für ein hinreichend kleines $\alpha > 0$ gilt. – Andererseits werden die Ergebnisse dieses Abschnitts im folgenden nicht mehr benötigt.

Wir beginnen mit einer motivierenden Vorbemerkung über das *kanonische Gaußmaß* γ auf einem endlich-(n-)dimensionalen Hilbertraum $\big(E;\langle\ ,\ \rangle\big)$. γ ist (als Zylindermaß bezüglich der kanonischen Dualität $\langle E,E\rangle$; vgl. Abschnitt 1.6) definiert als das Gaußmaß auf $\mathscr{B}(E)$ mit der Fouriertransformierten ($\|x\|^2 := \langle x,x\rangle$)

$$\widehat{\gamma}(x) := \int e^{i\langle x,y\rangle}\gamma(dy) = e^{-\frac{1}{2}\|x\|^2}.$$

Überträgt man das n-dimensionale Lebesguemaß λ^n durch eine unitäre Abbildung $U\colon \mathbb{R}^n \to E$ gemäß $\lambda := \lambda^n \circ U^{-1}$ auf E, so zeigen die Invarianzeigenschaften von λ^n

(vgl. [HA 87], §12) sofort, daß λ nicht von der Wahl von U abhängt und ein translationsinvariantes Maß auf E ist: $\lambda(dx+e) = \lambda(dx)$ für alle $e \in E$. Mit diesem *metrischen Lebesguemaß auf E* schreibt sich γ in der vertrauten Form

$$\gamma(dx) = \frac{1}{(2\pi)^{n/2}} e^{-\frac{1}{2}\|x\|^2} \lambda(dx),$$

wie man mit Hilfe von Gleichung (2.7) sofort bestätigt. Aus der Translationsinvarianz von λ folgt so die Quasiinvarianz von γ:

$$\gamma(dx+e) = \frac{1}{(2\pi)^{n/2}} e^{-\frac{1}{2}\|x+e\|^2} \lambda(dx) = e^{-\langle e,x\rangle - \frac{1}{2}\|e\|^2} \gamma(dx). \tag{5.32}$$

Wir wollen die Cameron-Martin-Formel des Korollars am Ende des vorigen Abschnitts als unendlichdimensionale Verallgemeinerung von (5.32) erkennen.
Zunächst ist klar, daß weder λ noch γ sinnvolle Verallgemeinerungen zu (σ-additiven) Maßen auf einem unendlichdimensionalen separablen Hilbertraum E zulassen: Daß das kanonische Gauß-Zylindermaß γ nicht σ-additiv sein kann, folgt bereits aus der definierenden Eigenschaft

$$\int e^{i\langle x,e_n\rangle} \gamma(dx) = \widehat{\gamma}(e_n) = e^{-\frac{1}{2}\|e_n\|^2} = e^{-1/2};$$

für eine Orthonormalbasis (e_n) müßte wegen $\langle x, e_n\rangle \to 0$ die linke Seite gegen 1 streben. – Ein translationsinvariantes Maß $\lambda \neq 0$ auf $\mathscr{B}(E)$ müßte dagegen auf jeder nichtleeren offenen Menge W bereits den Wert $\lambda(W) = \infty$ haben (und könnte deshalb nicht lokal endlich sein). Andernfalls gäbe es nämlich auch eine Kugel B um 0 mit Radius $r > 0$ und $\lambda(B) < \infty$, und für eine Orthonormalbasis $(e_n)_{n\in\mathbb{N}}$ würde B jede der paarweise disjunkten Kugeln mit Mittelpunkt $\frac{r}{2}e_n$ und Radius $r/4$ enthalten. Da jede von ihnen dasselbe Maß wie die Kugel B' um 0 mit Radius $r/4$ hat, folgt aus $\lambda(B) < \infty$ schon $\lambda(B') = 0$. Da für eine beliebige in E dichte Folge $(x_n)_{n\in\mathbb{N}}$ gilt $E = \bigcup_1^\infty (x_n + B')$, ergäbe sich $\lambda(E) = 0$.
Jedes Zylindermaß ρ auf E (oder allgemeineren Dualitäten $\langle E, F\rangle$) besitzt zumindest *radonifizierende Erweiterungen* K (etwa die kanonische injektive lineare Abbildung $K\colon E \to \mathbb{R}^E$ mit $x \mapsto \langle\cdot, x\rangle$), so daß $\rho \circ K^{-1}$ σ-additiv wird (in diesem Falle aufgrund des Kolmogorovschen Satzes 1.25). Der folgende Begriff verschärft diese Idee:

Definition 5.54. (Abstrakter Wienerraum) Ein *abstrakter Wienerraum* ist ein Tripel $(I; E; F)$, bestehend aus einem separablen reellen Hilbertraum E, einem separablen reellen Banachraum F und einer injektiven stetigen linearen Abbildung $I\colon E \to F$ mit in F dichtem Bild, so daß das Bildmaß $\gamma \circ I^{-1}$ des kanonischen Gauß-Zylindermaßes γ auf E (als Zylindermaß auf F zur kanonischen Dualität $\langle F, F'\rangle$) σ-additiv ist.

Da F separabel sein soll, erzeugen die Zylindermengen bereits die ganze Borel-σ-Algebra $\mathscr{B}(F)$ (vgl. Bemerkung 1.34), und $\gamma \circ I^{-1}$ besitzt also eine eindeutige

σ-additive Fortsetzung zu einem Wahrscheinlichkeitsmaß μ auf $\mathscr{B}(F)$, die durch $(I;E;F)$ gegebene *Radonifizierung* von γ. Dieses ist natürlich wieder ein Gaußmaß bezüglich $\langle F,F'\rangle$:

$$\begin{aligned}\widehat{\mu}(\varphi) &= \int e^{i\varphi(x)}\,\mu(dx) = \int e^{i\varphi(x)}\,(\gamma\circ I^{-1})(dx)\\ &= \int e^{i\langle y,I'\varphi\rangle}\gamma(dy) = e^{-\frac{1}{2}\|I'\varphi\|^2}\,; \quad \varphi\in F'\,;\end{aligned}$$

dabei bezeichnet $I'\colon F'\to E$ die zu I duale Abbildung, $\langle y,I'\varphi\rangle = \varphi(Iy)$.
Die Existenz eines abstrakten Wienerraumes $(I;E;F)$ zu gegebenem Hilbertraum E ist bei endlichdimensionalem E evident (z.B. mit $F=E$, $I=\mathrm{id}$). Hat man *ein* Beispiel mit unendlichdimensionalem separablen E, so erhält man hieraus bei beliebigem weiteren unendlichdimensionalen separablen Hilbertraum G zu jeder unitären Abbildung $U\colon G\to E$ den abstrakten Wienerraum $(I\circ U;G;F)$.
Man kann durch direktes Nachrechnen bestätigen (vgl. Satz 2.23), daß das Tripel $\big(I;L^2([0,1];dt);C_{0,1}\big)$ mit $C_{0,1}$ dem Banachraum aller stetigen $h\colon [0,1]\to\mathbb{R}$ mit $h(0)=0$ (versehen mit der Supremumsnorm) und $I\colon L^2\big([0,1];dt\big)\to C_{0,1}$:

$$(If)(t) = \int_0^t f(s)\,ds \tag{5.33}$$

ein abstrakter Wienerraum ist; $\gamma\circ I^{-1}$ ist dabei das (auf Zylindermengen in $C_{0,1}$ eingeschränkte) Wienermaß ν. Wir werden dieses Beispiel aber noch einfacher als Spezialfall des folgenden allgemeinen Satzes wiedergewinnen.
Zuvor stellen wir einen grundlegenden Zusammenhang zwischen obigem I, bzw. der dualen Abbildung $I'\colon C'_{0,1}\to L^2\big([0,1];dt\big) =: L^2(dt)$, und der kanonischen BM $B_t\equiv \mathrm{pr}_t\colon \big(C_{0,1};\mathscr{B}(C_{0,1});\nu\big)\to\mathbb{R}$ her:

Lemma 5.55. *Sei $\varphi\in C'_{0,1}$ gemäß $\varphi(h)=\int_0^1 h\,d\varphi$, $h\in C_{0,1}$, identifiziert mit einem signierten Maß auf $[0,1]$, und*

$$\psi\colon [0,1]\to\mathbb{R},\quad \psi(s)=\varphi\big(]s,1]\big)$$

die zugehörige ("Verteilungs-")Funktion von beschränkter Variation. Hiermit gilt $I'\varphi=\psi$ (aufgefaßt als Element aus $L^2(dt)$) und

$$\varphi(h) = \Big(\int_0^1 \psi\,dB\Big)(h)\,;\quad h\in C_{0,1}. \tag{5.34}$$

Beweis: Beide Aussagen folgen durch partielle Integration. In (5.34) kann das stochastische Integral rechts pfadweise berechnet werden, da ψ von beschränkter Variation ist, und hat dann den Wert $(\int_0^1\psi\,dB)(h)=\int_0^1\psi\,dh$. Da $h(0)=0=\psi(1)$ ist, folgt durch partielle Integration

$$\int_0^1 \psi\,dh = -\int_0^1 h\,d\psi = \int_0^1 h\,d\varphi = \varphi(h)\,.$$

Ebenso ergibt sich für $f \in L^2(dt)$

$$\begin{aligned}\langle f, \psi\rangle_{L^2} &= \int_0^1 ds\, f(s) \int_0^1 \varphi(dt)\, 1_{]s,1]}(t) = \int_0^1 \varphi(dt) \int_0^1 ds\, 1_{[0,t[}(s)\, f(s) \\ &= \int_0^1 \varphi(dt)\, (If)(t) = \varphi(If) = \langle f, I'\varphi\rangle .\end{aligned}$$

Dies bedeutet aber, daß ψ als Element von $L^2(dt)$ gleich $I'\varphi$ ist. □

Aus Lemma 5.55 lesen wir insbesondere ab, daß für $\varphi \in C'_{0,1}$ (aufgefaßt als Teilmenge von $L^2(\nu)$) gilt

$$\|I'\varphi\|_{L^2(dt)} = \|\psi\|_{L^2(dt)} = \Big\|\int_0^1 \psi\, dB\Big\|_{L^2(\nu)} = \|\varphi\|_{L^2(\nu)},$$

wobei in der mittleren Gleichheit Satz 4.39 (für $X = B$, also $\mu_X(dtd\omega) = dt\, P(d\omega)$) benutzt wurde. Durch $\|\ \|_{L^2(\nu)}$-stetige Fortsetzung wird I' also zu einer Isometrie des Abschlusses von $C'_{0,1}$ in $L^2(\nu)$ auf $L^2(dt)$, deren Umkehrung nach dem Lemma in der Form

$$(I')^{-1}\colon L^2(dt) \to L^2(\nu), \quad f \mapsto \int_0^1 f\, dB$$

durch das (für beliebige $f \in L^2(dt)$ natürlich nicht mehr notwendig pfadweise konvergierende) stochastische Integral nach B gegeben ist. Wir haben dies nur deshalb hervorgehoben, weil sich nunmehr die am Ende des letzten Abschnitts als Korollar aus der Cameron-Martin-Formel gezogene Aussage über die Quasiinvarianz des Wienermaßes allein durch die (in diesem Falle durch Gleichung (5.33) gegebene) Abbildung I des abstrakten Wienerraums $(I; E; F)$ ausdrücken läßt:

$$\nu(dx + If) = \exp\big[-\big((I')^{-1}f\big)(x) - \tfrac{1}{2}\|f\|^2\big] \cdot \nu(dx); \quad f \in E.$$

Sie gilt in dieser Form (mit ν der σ-additiven Fortsetzung von $\gamma \circ I^{-1}$) allgemein und geht im endlichdimensionalen Fall mit $E = F$, $I = \mathrm{id}$, in Gleichung (5.32) über.

Der folgende Satz zeigt, daß nicht nur das Wienermaß auf $C_{0,1}$, sondern jedes Gaußmaß μ auf einem beliebigen separablen Banachraum F mit Träger$(\mu) = F$ (d.h. $\mu(U) > 0$ für jede nichtleere offene Menge U in F) in kanonischer Weise als *Radonifizierung* (d.h. σ-additive Fortsetzung von $\gamma \circ I^{-1}$) in einem abstrakten Wienerraum $(I; E; F)$ auftritt. Dabei ist E als Abschluß von F' in $L^2(\mu)$ gegeben. Daß für jedes $\varphi \in F'$ das Integral $\int \varphi(x)^2\, \mu(dx) < \infty$ ist, liegt daran, daß μ ein Gaußmaß (zur Dualität $\langle F, F'\rangle$) ist. Nach dem nachgestellten Lemma 5.57 von Fernique [FE 70] gibt es sogar ein $\alpha > 0$, so daß $\int e^{\alpha\|x\|^2}\, \mu(dx) < \infty$ ist; erst recht gilt $\int \|x\|^2\, \mu(dx) < \infty$. Dies ist entscheidend für den Beweis des folgenden Satzes.

Satz 5.56. *Sei μ ein Gaußmaß bezüglich der kanonischen Dualität $\langle F, F'\rangle$ auf einem separablen Banachraum F, mit der Eigenschaft, daß $\varphi = 0$ gilt für jedes $\varphi \in F'$ mit $\int \varphi(x)^2 \mu(dx) = 0$ (also z.B. mit* Träger$(\mu) = F$). *Sei $E := \overline{F'}$ der Abschluß von F' in $L^2(\mu)$. Durch*

$$I\colon E \to F, \quad \varphi(If) = \langle f, \varphi\rangle_{L^2(\mu)}; \quad \varphi \in F'$$

erhält man dann eine wohldefinierte Abbildung I so, daß $(I; E; F)$ ein abstrakter Wienerraum und $\gamma \circ I^{-1} = \mu$ auf Zylindermengen ist.

Beweis: Daß zunächst I wohldefiniert ist, bedeutet, daß das Funktional $\varphi \mapsto \langle f, \varphi\rangle_{L^2(\mu)}$ auf F' für jedes $f \in E$ schwach*-stetig ist und deshalb durch Evaluation von φ an einer (nach Hahn-Banach durch f wohlbestimmten) Stelle $If \in F$ gegeben ist. Eine Konsequenz des Grothendieckschen Vollständigkeitssatzes (vgl. [AL 71], S. 6) sagt, daß es genügt, die Stetigkeit in der Form $\langle f, \varphi_n\rangle_{L^2(\mu)} \to 0$ für jede normbeschränkte Folge (φ_n) in F' mit $\varphi_n(x) \to 0$ für alle $x \in F$ nachzuweisen; dabei genügt es, Folgen zu betrachten, da die Einheitskugel von F' aufgrund der Separabilität von F ein in der schwach*-Topologie kompakter metrisierbarer Raum ist. Dann ist aber $\varphi_n(x)^2 \le \|\varphi_n\|^2 \|x\|^2$ durch ein konstantes Vielfaches der integrablen Funktion (siehe oben) $\|\ \|^2$ majoriert, und es folgt sogar $\|\varphi_n\|_2^2 \to 0$. Damit ist $I\colon E \to F$ eine wohldefinierte lineare Abbildung, deren weitere Eigenschaften wir nun nachweisen:

i) I ist stetig: Nach dem Closed Graph Theorem bedeutet dies, daß

$$(f_n \to f \text{ in } E \text{ und } If_n \to x \text{ in } F) \;\Rightarrow\; If = x.$$

Aber nach Definition von I gilt für alle $\varphi \in F'$

$$\varphi(x) = \lim \varphi(If_n) = \lim \langle f_n, \varphi\rangle_{L^2(\mu)} = \langle f, \varphi\rangle_{L^2(\mu)} = \varphi(If).$$

ii) I ist injektiv, denn für $f \in E$ gilt

$$If = 0 \;\Leftrightarrow\; \langle f, \varphi\rangle_{L^2(\mu)} = 0, \forall \varphi \in F' \;\Leftrightarrow\; f = 0$$

(da F' in E dicht liegt).

iii) $I(E)$ ist dicht in F: Nach Hahn-Banach bedeutet dies $\varphi = 0$ für jedes $\varphi \in F'$, welches das Bild von I annulliert. Für ein solches φ ist aber insbesondere $0 = \varphi(I\varphi) = \langle \varphi, \varphi\rangle_{L^2(\mu)}$ und also $\varphi = 0$ nach der vorausgesetzten Trägereigenschaft von μ.

iv) E ist separabel: Da die Einheitskugel von F' als kompakter metrisierbarer Raum separabel ist, gibt es eine abzählbare Menge $M \subset F'$ von Funktionalen φ mit $\|\varphi\| \le 1$, so daß

$$\forall \varphi \in F' \text{ mit } \|\varphi\| \le 1 \; \exists (\varphi_n) \text{ in } M \text{ mit } \varphi_n(x) \to \varphi(x), \qquad \forall x \in F.$$

Wegen $|\varphi_n| \le \|\ \| \in L^2(\mu)$ (siehe oben) folgt hieraus $\varphi_n \to \varphi$ in $L^2(\mu)$. Dies zeigt, daß die lineare Hülle $\operatorname{lin} M$ dicht in E, dem Abschluß von F' in $L^2(\mu)$, ist. (Schmidtsche Orthonormalisierung von M bezüglich $\langle\ ,\ \rangle_{L^2(\mu)}$ ergibt sogar eine Orthonormalbasis für E bestehend aus Elementen aus F').

v) Es gilt: $\gamma \circ I^{-1} = \mu$. Wir zeigen die Gleichheit der Fouriertransformierten: Für $\varphi \in F'$ ist

$$\begin{aligned}(\gamma \circ I^{-1})\hat{}(\varphi) &= \int e^{i\varphi(If)}\,\gamma(df)\\ &= \int e^{i\langle f,\varphi\rangle_{L^2(\mu)}}\,\gamma(df)\\ &= e^{-\frac{1}{2}\|\varphi\|^2_{L^2(\mu)}} = \widehat{\mu}(\varphi),\end{aligned}$$

letzteres nach Definition von μ als Gaußmaß und Satz 1.37. □

Es bleibt das Lemma von Fernique nachzutragen.

Lemma 5.57. (Fernique) *Sei μ ein Gaußmaß auf einem separablen Banachraum F. Dann ist für hinreichend kleines $\alpha > 0$*

$$\int e^{\alpha\|x\|^2}\,\mu(dx) < \infty .$$

Beweis: i) Sind X_1, X_2: $(\Omega;\mathscr{F};P) \to F$ unabhängige Zufallsvariable mit Verteilung μ (also $P \circ (X_1,X_2)^{-1} = \mu \otimes \mu$), so gilt dasselbe für $Y_1 := \frac{1}{\sqrt{2}}(X_1 + X_2)$ und $Y_2 := \frac{1}{\sqrt{2}}(X_1 - X_2)$.
Denn dies bedeutet, daß für beliebige $\varphi, \psi \in F'$ die Fouriertransformierten der gemeinsamen Verteilungen übereinstimmen:

$$\int e^{i(\varphi\circ Y_1 + \psi\circ Y_1)}\,dP = \widehat{\mu}(\varphi)\,\widehat{\mu}(\psi) = e^{-\frac{1}{2}(\|\varphi\|^2_{L^2(\mu)} + \|\psi\|^2_{L^2(\mu)})} .$$

Nach Voraussetzung gilt dies zunächst für X_1, X_2 anstelle von Y_1, Y_2. Aber

$$\begin{aligned}\varphi\circ Y_1 + \psi\circ Y_2 &= \tfrac{1}{\sqrt{2}}(\varphi+\psi)\circ X_1 + \tfrac{1}{\sqrt{2}}(\varphi-\psi)\circ X_2\\ &=: \varphi'\circ X_1 + \psi'\circ X_2 ,\end{aligned}$$

und

$$\begin{aligned}\|\varphi'\|^2_{L^2(\mu)} + \|\psi'\|^2_{L^2(\mu)} &= \int \left(\varphi'(x)^2 + \psi'(x)^2\right)\mu(dx)\\ &= \int \left(\varphi(x)^2 + \psi(x)^2\right)\mu(dx) .\end{aligned}$$

ii) Es gilt $\mu\{\|\cdot\| \le s\}\,\mu\{\|\cdot\| > t\} \le \left(\mu\{\|\cdot\| > (t-s)/\sqrt{2}\}\right)^2$; $s,t \in \mathbb{R}$.
Denn man wähle X_1, X_2 wie in i) und bilde dazu wieder Y_1, Y_2. Dann ist also

$$\begin{aligned}\mu\{\|\cdot\| \le s\}\,\mu\{\|\cdot\| > t\} &= P\{\|Y_2(\cdot)\| \le s,\ \|Y_1(\cdot)\| > t\}\\ &\le P\{\big|\|X_1(\cdot)\| - \|X_2(\cdot)\|\big| \le \sqrt{2}\,s,\ \|X_1(\cdot)\| + \|X_2(\cdot)\| > \sqrt{2}\,t\}\\ &\le P\{\|X_1(\cdot)\| > (t-s)/\sqrt{2},\ \|X_2(\cdot)\| > (t-s)/\sqrt{2}\}\\ &= \left(\mu\{\|\cdot\| > (t-s)/\sqrt{2}\}\right)^2; \quad s,t \in \mathbb{R}.\end{aligned}$$

iii) Für den Rest des Beweises fixieren wir ein $s > 0$ so groß, daß $M := \mu\{\|\cdot\| \leq s\} > 1/2$ und damit $L := \log\big(\mu\{\|\cdot\| \leq s\}/\mu\{\|\cdot\| > s\}\big) > 0$ gilt. Definiert man noch rekursiv

$$t_0 := s\,,\; t_{n+1} = \sqrt{2}t_n + s\,; \quad n \in \mathbb{N}_0\,,$$

so schreibt sich die in ii) bewiesene Abschätzung (mit $t = t_{n+1}$)

$$\frac{\mu\{\|\cdot\| > t_{n+1}\}}{M} \leq \Big(\frac{\mu\{\|\cdot\| > t_n\}}{M}\Big)^2; \quad n \in \mathbb{N}_0\,.$$

Es folgt

$$\frac{\mu\{\|\cdot\| > t_n\}}{M} \leq \Big(\frac{\mu\{\|\cdot\| > s\}}{M}\Big)^{2^n} = e^{-2^n L}. \tag{5.35}$$

Die t_n ergeben sich darin aufgrund ihrer rekursiven Definition als

$$\begin{aligned} t_n &= s + \sqrt{2}t_{n-1} = s + \sqrt{2}(s + \sqrt{2}t_{n-2}) = \ldots \\ &= s + \sqrt{2}s + (\sqrt{2})^2 s + \ldots + (\sqrt{2})^n s \\ &= s\frac{(\sqrt{2})^{n+1} - 1}{\sqrt{2} - 1} = s((\sqrt{2})^{n+1} - 1)(\sqrt{2} + 1)\,. \end{aligned}$$

iv) Für $t \geq s$ sei $n := \max\{\ell \in \mathbb{N}_0 : t_\ell/s \leq t/s\}$. Hierfür ist also $t_n/s \leq t/s < t_{n+1}/s$, insbesondere

$$\begin{aligned} (t/s)^2 < (t_{n+1}/s)^2 &= \big((\sqrt{2})^{n+2} - 1\big)^2(\sqrt{2} + 1)^2 \\ &\leq \big((\sqrt{2})^n(2\sqrt{2} + 2)\big)^2 = 2^n(2\sqrt{2} + 2)^2 < 24 \cdot 2^n\,. \end{aligned}$$

Damit folgt aus Gleichung (5.35)

$$\begin{aligned} \mu\{\|\cdot\| > t\} \leq \mu\{\|\cdot\| > t_n\} &\leq M e^{-L\, 2^n} \\ &\leq M e^{-(L/24)\,(t/s)^2}; \quad t \geq s\,. \end{aligned}$$

Darin sind also s und L die in iii) fixierten positiven Zahlen. Vergrößert man M gegebenenfalls noch etwas, so gilt diese Abschätzung für beliebige $t \geq 0$, und wir erhalten bei beliebigem $\alpha > 0$ zunächst (vgl. [HA 87], S. 75)

$$\begin{aligned} \int e^{\alpha\|x\|^2}\,\mu(dx) &= \int_0^\infty \mu\{e^{\alpha\|\cdot\|^2} > t\}\,dt \\ &\leq 1 + \int_1^\infty \mu\{\|\cdot\|^2 > \tfrac{1}{\alpha}\log t\}\,dt \\ &\leq 1 + M\int_1^\infty e^{-L/(24\,s^2\alpha)\,\log t}\,dt \\ &= 1 + M\int_1^\infty t^{-L/(24\,s^2\alpha)}\,dt\,. \end{aligned}$$

Dies ist endlich für hinreichend kleines $\alpha > 0$. □

Beispiel 5.58. $\big(J; L^2([0,1];dt); C_{0,1}\big)$ mit $(Jf)(t) := \int_0^t f(s)\,ds$ ist ein abstrakter Wienerraum, mit dem Wienermaß ν auf $\mathscr{B}(C_{0,1})$ als Radonifizierung von γ auf $L^2(dt) := L^2\big([0,1];dt\big)$.
Um dies aus Satz 5.56 abzuleiten, gehen wir auf die in Lemma 5.55 gegebene Beschreibung des Duals $C'_{0,1}$ zurück: Das stochastische Integral

$$K\colon L^2(dt) \to L^2(\nu), \quad Kf = \int_0^1 f\,dB$$

definiert einen isometrischen Isomorphismus von $L^2(dt)$ auf $E := \overline{C'_{0,1}}$; dabei ist für $\varphi \in C'_{0,1}$ explizit $\varphi = K\psi$ mit $\psi(s) = \varphi\big(]s,1]\big)$. Damit folgt zunächst, daß ν der Trägerbedingung von Satz 5.56 genügt: Ist für $\varphi \in C'_{0,1}$ das Integral $\langle\varphi,\varphi\rangle_{L^2(\nu)} = 0$, so also auch $\langle\psi,\psi\rangle_{L^2(dt)} = 0$, also $\psi = 0 \in L^2(dt)$ und damit

$$\varphi(h) = \Big(\int_0^1 \psi\,dB\Big)(h) = \int_0^1 \psi\,dh = 0; \quad h \in C_{0,1},$$

da hier das stochastische Integral als pfadweises Stieltjesintegral berechnet werden kann.
Mit der Abbildung $I\colon E \to C_{0,1}$ von Satz 5.56 gilt nun für $f \in L^2(dt)$, $\varphi = K\psi \in C'_{0,1}$ beliebig

$$\begin{aligned}\varphi\big((I \circ K)(f)\big) &= \langle Kf,\varphi\rangle_{L^2(\nu)} = \langle Kf, K\psi\rangle_{L^2(\nu)}\\ &= \langle f,\psi\rangle_{L^2(dt)} = \varphi(Jf),\end{aligned}$$

wobei in der letzten Gleichheit die Aussage $J'\varphi = \psi$ von Lemma 5.55 benutzt wurde. Also ist $J = I \circ K$ und daher mit $(I;E;C_{0,1})$ auch $\big(J;L^2(dt);C_{0,1}\big)$ ein abstrakter Wienerraum. □

Bemerkung 5.59. Für einen unendlichdimensionalen abstrakten Wienerraum $(I;E;F)$ (mit Gaußmaß μ als Maßfortsetzung von $\gamma \circ I^{-1}$) ist zwar $I(E)$ normdicht in F, aber dennoch eine μ-Nullmenge. Um dies zu sehen, wähle man eine Orthonormalfolge (φ_n) in F' bezüglich $\langle\ ,\ \rangle_{L^2(\mu)}$. Nach Satz 2.22 ist dann (φ_n) und daher ebenso $\big(\varphi_n(\cdot)\big)^2_{n\in\mathbb{N}}$ eine unabhängige, identisch verteilte Folge von Zufallsvariablen auf $\big(F;\mathscr{B}(F);\mu\big)$ mit Erwartungswert 1. Nach dem Gesetz der Großen Zahlen folgt

$$\frac{1}{n}\sum_{k=1}^{n} \varphi_k^2 \to 1 \quad \mu\text{-f.ü.}$$

Andererseits gilt (mit $I'\colon F' \to E$ der zu I dualen Abbildung)

$$\langle\varphi_n,\varphi_m\rangle_{L^2(\mu)} = \int \varphi_n(Ix)\,\varphi_m(Ix)\,\gamma(dx) = \langle I'\varphi_n, I'\varphi_m\rangle_E,$$

so daß $(I'\varphi_n)_{n\in\mathbb{N}}$ ein Orthonormalsystem in E ist. (In der ersten Gleichheit wurde die Tatsache benutzt, daß μ eine Fortsetzung von $\gamma \circ I^{-1}$ ist; in der zweiten natürlich die Tatsache, daß γ das kanonische Gauß-Zylindermaß auf E ist). Nach der Besselschen Ungleichung folgt $\sum_1^\infty \langle I'\varphi_n, x\rangle^2 \leq \|x\|^2$ für jedes $x \in E$, und daher auch

$$\frac{1}{n}\sum_{k=1}^{n}\langle I'\varphi_k, x\rangle^2 = \frac{1}{n}\sum_{k=1}^{n}\big(\varphi_k(Ix)\big)^2 \to 0; \quad x \in E.$$

$I(E)$ liegt also in der μ-Nullmenge von F, auf welcher $(\frac{1}{n}\sum_{k=1}^{n}\varphi_k^2)_{n\in\mathbb{N}}$ nicht gegen 1 konvergiert.

5.8 Homogenes Chaos

Ist X_t: $(\Omega;\mathscr{F};P) \to \mathbb{R}$; $t \in T$ ein Gaußprozeß, so ist der zugehörige Gaußraum $C_1 := \mathfrak{L}(X) \equiv \overline{\mathrm{lin}}\{X_t : t \in T\}$ nur der Anfang einer orthogonalen Zerlegung

$$L^2\big(P|\sigma(X_t : t \in T)\big) = \bigoplus_{n\in\mathbb{N}_0} C_n\,,$$

deren n-ter Summand C_n (das n-te "homogene Chaos" zu X) in kanonischer Weise isomorph zur n-ten symmetrischen Tensorpotenz von $\mathfrak{L}(X)$ ist.
Eine an diese Zerlegung adaptierte Orthonormalbasis läßt sich mit Hilfe der Hermite-Polynome h_n angeben. Die aus ihnen gemäß $H_n(t,x) = t^{n/2}h_n(x/\sqrt{t})$ gebildeten Hermite-Polynome in zwei Variablen stehen aufgrund ihrer Differentialgleichungen zugleich in enger Beziehung zur Martingalstruktur: Für $X \in \mathscr{M}_0$ ist $H_n\big([X],X\big) \in \mathscr{M}_0$, und das exponentielle lokale Martingal $\mathscr{E}(X)$ schreibt sich auch als $\mathscr{E}(X) = \sum_{n=0}^{\infty} H^n\big([X],X\big)$. In diesem Sinne ist $n!\,H_n\big([X],X\big)$ als n-te "Martingalpotenz" von X anzusehen.
Für eine BM X (also Gaußprozeß und Martingal zugleich), verbinden sich diese beiden Strukturen zu einer Darstellung der $Y \in C_n$ in der Form

$$Y = \int_0^\infty dX_{s_1}\int_0^{s_1} dX_{s_2}\int_0^{s_2}\cdots\int_0^{s_{n-1}} dX_{s_n} f(s_1,\ldots,s_n)$$

als n-fach iterierte stochastische Integrale nach X.

Wir fixieren in diesem Abschnitt zunächst einen beliebigen reellen Gaußprozeß X_t: $(\Omega;\mathscr{F};P) \to \mathbb{R}$; $t \in T$, und setzen von vornherein (ohne wesentliche Einschränkung) $\mathscr{F} = \sigma(X_t : t \in T)$ voraus. $\mathfrak{L}(X) := \overline{\mathrm{lin}}\{X_t : t \in T\}$ (Abschluß in $L^2(P)$) sei der zugehörige Gaußraum. Wir erinnern an Lemma 5.36, wonach die lineare Hülle aller e^Y mit $Y \in \mathrm{lin}\{X_t : t \in T\}$ bereits dicht in $L^2(P)$ liegt. Da $(\sum_{k=0}^{n}\frac{1}{k!}Y^k)_{n\in\mathbb{N}}$ punktweise und durch $e^{|Y|} \in L^2(P)$ majoriert gegen e^Y konvergiert, liegt auch die Gesamtheit aller *polynomialen Funktionen von X*, d.h. der Funktionen der Form

$$g \circ (X_{t_1},\ldots,X_{t_r}) \text{ mit } g(x) = \sum_{|\alpha|\leq n} c_\alpha x^\alpha; \quad r,n \in \mathbb{N}$$

($\alpha = (\alpha_1, \dots, \alpha_r) \in \mathbb{N}_0^r$; $|\alpha| = \sum_1^r \alpha_k$; $x^\alpha = x_1^{\alpha_1} \cdot \dots \cdot x_r^{\alpha_r}$; $c_\alpha \in \mathbb{R}$) bereits dicht in $L^2(P)$. Erst recht ist $\bigcup_{n \in \mathbb{N}_0} P_n$ dicht in $L^2(P)$ für

$$P_n := \{g \circ (Y_1, \dots, Y_r) : Y_1, \dots, Y_r \in \mathfrak{L}(X);$$
$$g(x) = \textstyle\sum_{|\alpha| \le n} c_\alpha x^\alpha \text{ mit } c_\alpha \in \mathbb{R};\ \alpha \in \mathbb{N}_0^r;\ r \in \mathbb{N}\}.$$

Mit

$$C_0 := \mathbb{R}; \quad C_n := \bar{P}_n \ominus \bar{P}_{n-1} \text{ für } n \in \mathbb{N}$$

(Abschluß und Orthokomplement in $L^2(P)$) dem n-ten *homogenen Chaos* des Prozesses X ergibt sich also die *Chaos-Zerlegung*

$$L^2(P) = \bigoplus_{n \in \mathbb{N}_0} C_n \equiv \{\textstyle\sum_{n=0}^\infty f_n : f_n \in C_n;\ \sum_0^\infty \|f_n\|_2^2 < \infty\}.$$

Um eine an diese Zerlegung adaptierte Orthonormalbasis zu finden, nutzen wir die Orthogonalitätseigenschaft der Hermite-Polynome bezüglich des Gaußmaßes ν_1 ($= P \circ Y^{-1}$ für jedes $Y \in \mathfrak{L}(X)$ mit $\|Y\|_2 = 1$; Satz 2.22) aus. Dabei ist das n-te *Hermite-Polynom* $h_n(x)$ für $n \in \mathbb{N}_0$ definiert durch

(5.36) $$h_n(x) := \frac{(-1)^n}{n!} e^{\frac{1}{2}x^2} \frac{d^n}{dx^n} e^{-\frac{1}{2}x^2}; \quad x \in \mathbb{R}.$$

Wegen $e^{xy - \frac{1}{2}y^2} = e^{-\frac{1}{2}(x-y)^2 + \frac{1}{2}x^2}$ ist h_n auch durch

$$h_n(x) = \frac{1}{n!} \left(\frac{\partial^n}{\partial y^n}\right)_{y=0} e^{xy - \frac{1}{2}y^2}$$

gegeben, oder also durch die Taylorreihe

(5.37) $$e^{xy - \frac{1}{2}y^2} = \sum_{n=0}^\infty h_n(x) y^n.$$

Es ist klar, daß eine Reihendarstellung der Form

$$f(x,y) = \sum_{n=0}^\infty u_n(x) y^n$$

einer C^∞-Funktion f: $\mathbb{R} \times \mathbb{R} \to \mathbb{R}$, für die jeweils $y \mapsto f(x,y)$ analytisch ist, gliedweise nach x differenziert werden darf, wenn auch $y \mapsto \frac{\partial f}{\partial x}(x,y)$ analytisch ist. Ebenso darf sie gliedweise $\nu_1(dx)$-integriert werden, wenn auch $y \mapsto \int f(x,y)\, \nu_1(dx)$ analytisch ist und unter dem Integral differenziert werden darf, d. h. wenn gilt

$$\frac{d^n}{dy^n} \int f(x,y)\, \nu_1(dx) = \int \frac{\partial^n f}{\partial y^n}(x,y)\, \nu_1(dx); \quad n \in \mathbb{N}_0.$$

Dies folgt aus der Eindeutigkeit der Koeffizienten der entsprechenden Potenzreihen.
Gliedweise Differentiation von (5.37) nach x ergibt auf diese Weise

(5.38) $$h_n' = h_{n-1}; \quad n \in \mathbb{N}.$$

Hieraus folgt weiter mit partieller Integration (und der Abkürzung $e(x) := e^{-\frac{1}{2}x^2}$)

$$\begin{aligned}\sqrt{2\pi}(-1)^n n!\,\langle h_n, h_{n+\ell}\rangle_{L^2(\nu_1)} &= \int_{-\infty}^{\infty} e^{(n)}(x) h_{n+\ell}(x)\,dx \\ &= -\int_{-\infty}^{\infty} e^{(n-1)}(x)\,h'_{n+\ell}(x)\,dx = \sqrt{2\pi}(-1)^n(n-1)!\,\langle h_{n-1}, h_{n+\ell-1}\rangle_{L^2(\nu_1)} \\ &= \ldots = \text{const}\cdot\langle h_0, h_\ell\rangle_{L^2(\nu_1)} = 0; \quad \ell \in \mathbb{N},\end{aligned}$$

also $\langle h_n, h_m\rangle_{L^2(\nu_1)} = 0$ für $n \neq m$. Andererseits ergibt Quadrierung beider Seiten in (5.37)

$$e^{2xy-y^2} = \sum_{\ell=0}^{\infty}\Big(\sum_{n,m:n+m=\ell} h_n(x)\,h_m(x)\Big)\,y^\ell .$$

Gliedweise Integration nach $\nu_1(dx)$ ergibt weiter

$$\begin{aligned}e^{y^2} &= e^{y^2}\frac{1}{\sqrt{2\pi}}\int_{-\infty}^{\infty} e^{-\frac{1}{2}(x-2y)^2}\,dx = \int e^{2xy-y^2}\,\nu_1(dx) \\ &= \sum_{\ell=0}^{\infty}\Big(\sum_{n,m:n+m=\ell}\langle h_n, h_m\rangle_{L^2(\nu_1)}\Big)\,y^\ell = \sum_{k=0}^{\infty}\langle h_k, h_k\rangle_{L^2(\nu_1)}\,y^{2k} .\end{aligned}$$

Koeffizientenvergleich mit der Exponentialreihe zeigt nun $\langle h_k, h_k\rangle_{L^2(\nu_1)} = 1/k!$. Damit haben wir die Orthogonalitätsrelationen

$$\langle h_n, h_m\rangle_{L^2(\nu_1)} = \frac{1}{n!}\delta_{nm}; \quad n, m \in \mathbb{N}_0. \tag{5.39}$$

Wir nehmen von nun ab an, daß der Gaußraum $\mathfrak{L}(X)$ separabel ist. Dies gilt insbesondere für die eindimensionale BM X, wo $t \mapsto X_t$ stetig in der L^2-Norm ist, so daß $\mathfrak{L}(X)$ bereits von den X_t, $t \in \mathbb{Q}_+$, erzeugt wird.

Lemma 5.60. *Sei $(Y_n)_{n\in\mathbb{N}}$ eine Orthonormalbasis für $\mathfrak{L}(X)$ und hierzu $\mathscr{B}_n := \sigma(Y_1, \ldots, Y_n)$; $n \in \mathbb{N}$. Dann ist für $Z \in \mathfrak{L}(X)$*

$$E^{\mathscr{B}_n} Z = \sum_{k=1}^{n}\langle Z, Y_k\rangle\cdot Y_k; \quad n \in \mathbb{N}.$$

Für beliebige $Z_1, \ldots, Z_r \in \mathfrak{L}(X)$ konvergiert mit $n \to \infty$ in der Norm von $L^2(P)$

$$(E^{\mathscr{B}_n} Z_1)\cdot\ldots\cdot(E^{\mathscr{B}_n} Z_r) \to Z_1\cdot\ldots\cdot Z_r .$$

Beweis: Nach Satz 2.22 sind $Y_1, \ldots, Y_n$ und $Y := Z - \sum_{k=1}^{n}\langle Z, Y_k\rangle\cdot Y_k$ unabhängig und somit $E^{\mathscr{B}_n} Y = EY = 0$, also

$$E^{\mathscr{B}_n} Z = E^{\mathscr{B}_n}\Big(\sum_{k=1}^{n}\langle Z, Y_k\rangle\cdot Y_k\Big) = \sum_{k=1}^{n}\langle Z, Y_k\rangle\cdot Y_k .$$

Mit $n \to \infty$ konvergiert nun die linke Seite nach dem Martingalsatz P-f.ü. gegen Z.

Wir fixieren nun $Z_1, \ldots, Z_r \in \mathfrak{L}(X)$ und bilden

$$U_n := (E^{\mathscr{B}_n} Z_1) \cdot \ldots \cdot (E^{\mathscr{B}_n} Z_r) - Z_1 \cdot \ldots \cdot Z_r .$$

Dann wissen wir also bereits $U_n \to 0$ P-f.ü. Um Konvergenz in $\| \ \|_2$ zu zeigen, genügt nach dem Vitalischen Konvergenzsatz (Satz 1.8) der Nachweis der gleichgradigen Integrierbarkeit der Folge $(U_n^2)_{n \in \mathbb{N}}$, also etwa (Satz 1.7) der Beschränktheit von $\big(\|U_n\|_4\big)_{n \in \mathbb{N}}$. Nach der Jensenschen Ungleichung (Satz 1.13 vi)) gilt zunächst

$$\|E^{\mathscr{B}_n} Z\|_p \leq \|Z\|_p ; \quad p, n \in \mathbb{N}; \ Z \in \mathfrak{L}(X).$$

Wiederholte Anwendung der Hölderschen Ungleichung ergibt für $F_1, \ldots, F_r \in \mathfrak{L}(X)$ andererseits

$$\begin{aligned} E\big(|F_1 \cdot \ldots \cdot F_r|\big) &\leq \|F_1\|_2 \, \|F_2 \cdot \ldots \cdot F_r\|_2 \\ &\leq \|F_1\|_2 \, \|F_2\|_4 \, \|F_3 \cdot \ldots \cdot F_r\|_4 \leq \ldots \\ &\leq \|F_1\|_2 \, \|F_2\|_4 \cdot \ldots \cdot \|F_r\|_{2^r} . \end{aligned}$$

Damit folgt schließlich

$$\begin{aligned} \|U_n\|_4 &\leq \big\|(E^{\mathscr{B}_n} Z_1) \cdot \ldots \cdot (E^{\mathscr{B}_n} Z_r)\big\|_4 + \|Z_1 \cdot \ldots \cdot Z_r\|_4 \\ &\leq 2 \prod_{k=1}^{r} \|Z_k\|_{2^{k+2}} < \infty , \end{aligned}$$

worin die rechte Seite, wie gewünscht, nicht mehr von n abhängt. □

Satz 5.61. *Sei $X_t \colon (\Omega; \mathscr{F}; P) \to \mathbb{R}$; $t \in T$ ein Gaußprozeß mit separablem Gaußraum $\mathfrak{L}(X)$, und $\mathscr{F} = \sigma(X_t : t \in T)$. $(Y_n)_{n \in \mathbb{N}}$ sei eine beliebige fixierte Orthonormalbasis für $\mathfrak{L}(X)$. Für $\alpha \in \mathbb{N}_0^r$ (mit $\alpha! := \alpha_1! \cdot \ldots \cdot \alpha_r!$) setzen wir*

$$h_\alpha := \sqrt{\alpha!} \prod_{k=1}^{r} (h_{\alpha_k} \circ Y_k) \colon \Omega \to \mathbb{R}.$$

Dann ist $(h_\alpha)_{\alpha \in \bigcup_{r \in \mathbb{N}} \mathbb{N}_0^r}$ eine Orthonormalbasis für $L^2(P)$, und jeweils $(h_\alpha)_{|\alpha| = n}$ eine solche für C_n. (Um eine injektive Indizierung zu erreichen, wird dabei $\alpha \in \mathbb{N}_0^r$ mit jedem $(\alpha_1, \ldots, \alpha_r, 0, \ldots 0) \in \mathbb{N}_0^{r+\ell}$ identifiziert).

Beweis: Da die Hermite-Polynome h_n jeweils Grad n haben, ist zunächst jedes $g \circ (Y_1, \ldots, Y_r)$, $g(x) = \sum_{|\alpha| \leq n} c_\alpha x^\alpha$ Polynom in r Variablen, eine Linearkombination der $(h_\alpha)_{|\alpha| \leq n}$. Mit dem vorangehenden Lemma folgt $P_n \subset \overline{\text{lin}}\{h_\alpha : |\alpha| \leq n\}$ und also $\bar{P}_n = \overline{\text{lin}}\{h_\alpha : |\alpha| \leq n\}$. Es bleibt offenbar nurmehr die Orthonormalität der h_α nachzuweisen. Da die Y_n unabhängig und ν_1-verteilt sind, ergibt sich für $\alpha = (\alpha_1, \ldots, \alpha_r)$, $\beta = (\beta_1, \ldots, \beta_{r+\ell})$ mit $\beta_{r+\ell} \neq 0$ für $\langle h_\alpha, h_\beta \rangle_{L^2(P)}$ der Wert

$$\begin{aligned} &\sqrt{\alpha! \, \beta!} \int h_{\alpha_1}(t_1) \cdot \ldots \cdot h_{\alpha_r}(t_r) \, h_{\beta_1}(t_1) \cdot \ldots \cdot h_{\beta_{r+\ell}}(t_{r+\ell}) \, \nu_1(dt_1) \ldots \nu_1(dt_{r+\ell}) \\ &\quad = \sqrt{\alpha! \, \beta!} \, \langle h_{\alpha_1}, h_{\beta_1} \rangle_{L^2(\nu_1)} \cdot \ldots \cdot \langle h_{\alpha_r}, h_{\beta_r} \rangle_{L^2(\nu_1)} \cdot \int h_{\beta_{r+1}} \, d\nu_1 \ldots \int h_{\beta_{r+\ell}} \, d\nu_1 . \end{aligned}$$

Dies ist (wegen $\int h_n\,d\nu_1 = 0$ für $n \neq 0$) zunächst $= 0$ für $\ell > 0$. Für $\ell = 0$ folgt die Behauptung aus Gleichung (5.39). □

Die in diesem Satz angegebene Basis (h_α) realisiert, für jedes $n \in \mathbb{N}$, einen kanonischen Isomorphismus von C_n mit der n-fachen symmetrischen Tensorpotenz des Hilbertraums $\mathcal{L}(X)$. Wir wollen dies kurz erläutern:

Es sei H ein separabler Hilbertraum; $(e_n)_{n\in\mathbb{N}}$ bezeichne eine fixierte Orthonormalbasis (von deren Wahl die folgenden Begriffe aber nicht abhängen). Mit

$$\ell^2(\mathbb{N}^n) := \left\{c\colon \mathbb{N}^n \to \mathbb{R} : \textstyle\sum_{k\in\mathbb{N}^n} |c(k)|^2 < \infty\right\}$$

läßt sich dann die n-te Hilbertraum-Potenz von H schreiben als

$$H^{\otimes n} = \left\{\textstyle\sum_{k\in\mathbb{N}^n} c(k)\, e_{k_1} \otimes \ldots \otimes e_{k_n} \colon c \in \ell^2(\mathbb{N}^n)\right\};$$

dabei ist das innere Produkt auf $H^{\otimes n}$ gegeben durch

$$\Big\langle \sum_{k\in\mathbb{N}^n} c(k)\, e_{k_1} \otimes \ldots \otimes e_{k_n}, \sum_{k\in\mathbb{N}^n} d(k)\, e_{k_1} \otimes \ldots \otimes e_{k_n} \Big\rangle_n := \sum_{k\in\mathbb{N}^n} c(k)\, d(k).$$

Der Symmetrisierungsoperator $P_n\colon H^{\otimes n} \to H^{\otimes n}$, festgelegt durch

$$P_n(e_{k_1} \otimes \ldots \otimes e_{k_n}) = \frac{1}{n!} \sum_\pi e_{k_{\pi(1)}} \otimes \ldots \otimes e_{k_{\pi(n)}},$$

(wobei π alle Permutationen der Menge $\{1, \ldots, n\}$ durchläuft), definiert offensichtlich eine Orthogonalprojektion auf $H^{\otimes n}$. Das Bild $S_n(H) := P_n(H^{\otimes n})$ ist also ein abgeschlossener Teilraum und damit selbst Hilbertraum bezüglich $\langle\ ,\ \rangle_n$. $S_n(H)$ heißt die *n-fache symmetrische Potenz* von H; die orthogonale direkte Summe der $S_n(H)$ (mit $S_0(H) := \mathbb{R}$), also der Hilbertraum

$$S(H) := \bigoplus_{n\in\mathbb{N}_0} S_n(H),$$

heißt der *symmetrische Hilbertraum* über H, in der Vielteilchenphysik bzw. Feldtheorie auch als *Bosonen-Fockraum* bekannt (vgl. [GU 72]). Wir konstruieren aus der fixierten Basis $(e_n)_{n\in\mathbb{N}}$ für H eine Orthonormalbasis für $S_n(H)$:

Zunächst ist natürlich $(e_{k_1} \otimes \ldots \otimes e_{k_n})_{k\in\mathbb{N}^n}$ eine Orthonormalbasis von $H^{\otimes n}$; die $P_n(e_{k_1} \otimes \ldots \otimes e_{k_n})$, $k \in \mathbb{N}^n$, erzeugen also $S_n(H)$. Um eine injektive Indizierung zu erhalten, bilden wir zu $k \in \mathbb{N}^n$ den Multiindex $\alpha \in \mathbb{N}_0^r$:

$$\alpha_\ell = \text{Anzahl der } i \text{ mit } k_i = \ell; \quad \ell = 1, \ldots, r := \max_{1\le i\le n} k_i.$$

Dann ist natürlich (wobei Faktoren $e^{\otimes 0}$ wegzulassen sind)

$$P_n(e_{k_1} \otimes \ldots \otimes e_{k_n}) = P_n(e_1^{\otimes \alpha_1} \otimes \ldots \otimes e_r^{\otimes \alpha_r}),$$

und $n!\,P_n(e_1^{\otimes \alpha_1} \otimes \ldots \otimes e_r^{\otimes \alpha_1})$ ist die Summe von $n!/\alpha!$ verschiedenen (und damit sogar paarweise orthogonalen) Tensoren, deren jeder $\alpha!$ mal vorkommt. Also ist, für jedes $\alpha \in \mathbb{N}_0^r$ mit $|\alpha| = n$,

$$f_\alpha := \sqrt{\frac{n!}{\alpha!}}\, P_n(e_1^{\otimes \alpha_1} \otimes \ldots \otimes e_r^{\otimes \alpha_1})$$

ein Einheitsvektor in $S_n(H)$. Ist $\beta = (\alpha_1, \ldots, \alpha_r, 0, \ldots, 0) \in \mathbb{N}_0^{r+\ell}$, so wird $f_\alpha = f_\beta$; identifiziert man aber soche Tupel α, β, so wird für $\alpha \neq \beta$ offenbar f_α orthogonal zu f_β. Die $(f_\alpha)_{|\alpha|=n}$ bilden damit eine Orthonormalbasis für $S_n(H)$.
Die Zuordnung $h_\alpha \mapsto f_\alpha$ mit der in Satz 5.61 angegebenen Orthonormalbasis für C_n definiert dann (zu jeder festen Wahl einer Orthonormalbasis $(Y_k)_{k\in\mathbb{N}}$ von $\mathfrak{L}(X) \equiv H$) einen isometrischen Isomorphismus von C_n auf $S_n\big(\mathfrak{L}(X)\big)$ und damit auch von $L^2(P)$ auf den Fockraum $S\big(\mathfrak{L}(X)\big)$.

Die bisherigen Ergebnisse dieses Abschnitts wurden für beliebige Gaußprozesse abgeleitet. Für die Brownsche Bewegung gibt es einen interessanten alternativen Weg zur Chaos-Zerlegung, der auf Wiener [WI 30] zurückgeht. Ausgangspunkt ist hier die BM als ein stetiges Martingal

$$B_t\colon \big(\Omega; \mathscr{F}; P; (\mathscr{F}_t)_{t\in\mathbb{R}_+}\big) \to \mathbb{R}; \quad t \in \mathbb{R}_+$$

(bezüglich der von B erzeugten Standard-Filtrierung $(\mathscr{F}_t)_{t\in\mathbb{R}_+}$) mit der quadratischen Variation $[B]_t = t$. Für jeden Prozeß $F \in L^2(B)$ (Definition 4.32), also F vorhersagbar und

$$E\int_0^\infty F_s^2\, ds \equiv \int_0^\infty (EF_s^2)\, ds < \infty,$$

definiert dann das stochastische Integral den Prozeß $F \bullet B \in \mathscr{M}_0^2$. Wir haben die Isometrie (Satz 4.39)

$$\big\|(F \bullet B)_t\big\|^2_{L^2(P)} = E\int_0^t F_s^2\, ds; \quad t \in \overline{\mathbb{R}}_+. \tag{5.40}$$

Im einfachsten Falle $F_t(\omega) = f(t)$ mit $f \in L^2(\mathbb{R}_+; dt) =: L^2(\mathbb{R}_+)$ zeigt dies wieder, daß $I_1\colon f \mapsto \int_0^\infty f\, dB$ eine Isometrie von $L^2(\mathbb{R}_+)$ auf den Gaußraum $\mathfrak{L}(B) \equiv C_1$ definiert. Wir werden sie zu einer Isometrie $I_n : S_n\big(L^2(\mathbb{R}_+)\big) \cong C_n$ für jedes $n \in \mathbb{N}$ erweitern und den Zusammenhang mit der Basis von Satz 5.61 herstellen.

Lemma 5.62. *Für $f_1, \ldots, f_n \in L^2(\mathbb{R}_+)$ existieren die iterierten stochastischen Integrale*

$$J_1(f_1) := f_1 \bullet B, \; J_2(f_1, f_2) := \big(f_1 \cdot J_1(f_2)\big) \bullet B,$$
$$\ldots, \; J_n(f_1, \ldots, f_n) := \big(f_1 \cdot J_{n-1}(f_2, \ldots, f_n)\big) \bullet B$$

als Prozesse in $\mathscr{M}_0^2$, also

$$J_n(f_1, \ldots, f_n)_t = \int_0^t dB_{s_1}\, f_1(s_1) \int_0^{s_1} dB_{s_2}\, f_2(s_2) \int_0^{s_2} \cdots \int_0^{s_{n-1}} dB_{s_n}\, f_n(s_n).$$

Es gilt für $t \in \overline{\mathbb{R}}_+$

$$\begin{aligned} &\big\|J_n(f_1, \ldots, f_n)_t\big\|_2^2 \\ &= \int_0^t ds_1\, f_1(s_1)^2 \int_0^{s_1} ds_2\, f_2(s_2)^2 \int_0^{s_2} \cdots \int_0^{s_{n-1}} ds_n f_n(s_n)^2. \end{aligned} \tag{5.41}$$

Beweis: Die Behauptung folgt durch Induktion über n, wobei der Fall $n = 1$ Spezialfall von Gleichung (5.40) ist. Für den Schritt von $n-1$ auf n ist der Prozeß F: $F_s = f_1(s)\,J_{n-1}(f_2,\dots,f_n)_s$ nach Induktionsvoraussetzung vorhersagbar mit

$$EF_{s_1}^2 = f_1(s_1)^2 \int_0^{s_1} ds_2\, f(s_2)^2 \int_0^{s_2} \dots \int_0^{s_{n-1}} ds_n\, f_n(s_n)^2 .$$

Also ist $F \in L^2(B)$ und damit auch $J_n(f_1,\dots,f_n) = F \bullet B \in \mathscr{M}_0^2$ und hat nach Gleichung (5.40) die in (5.41) behauptete Norm. □

Bedenkt man, daß die n-fache symmetrische Potenz von $L^2(\mathbb{R}_+)$ in offensichtlicher Weise mit dem Unterraum von $L^2(\mathbb{R}_+^n)$ (versehen mit dem n-dimensionalen Lebesguemaß) der symmetrischen Funktionen auf $\mathbb{R}_+^n$ zu identifizieren ist, und jede solche durch ihre Einschränkung auf

$$\Delta_n := \{s \in \mathbb{R}_+^n : s_1 \geq s_2 \geq \dots \geq s_n\}$$

festliegt, so wird die Bedeutung von Gleichung (5.41) ersichtlich: auf der rechten Seite steht (für $t = \infty$) gerade das $L^2(\Delta_n)$-Normquadrat (bezüglich des auf Δ_n eingeschränkten n-dimensionalen Lebesguemaßes) der Funktion

$$f_1 \otimes \dots \otimes f_n \colon \Delta_n \to \mathbb{R}, \quad s \mapsto f_1(s_1) \cdot \ldots \cdot f_n(s_n) .$$

Lemma 5.63. *Für eine beliebige in $L^2(\mathbb{R}_+)$ fundamentale abzählbare Menge M (d. h. $\overline{\operatorname{lin}} M = L^2(\mathbb{R}_+)$) ist $\{f_1 \otimes \dots \otimes f_n : f_k \in M\}$ fundamental in $L^2(\Delta_n)$.*

Beweis: Für ein zu allen $f_1 \otimes \dots \otimes f_n$ mit $f_k \in M$ orthogonales $g \in L^2(\Delta_n)$ ist $g = 0$ f.ü. zu zeigen. Aus

$$\begin{aligned} 0 &= \langle f_1 \otimes \dots \otimes f_n, g\rangle_{L^2(\Delta_n)} \\ &= \int_0^\infty ds_1\, f_1(s_1) \int_0^{s_1} ds_2\, f_2(s_2) \int_0^{s_2} \dots \int_0^{s_{n-1}} ds_n\, f_n(s_n)\, g(s_1,\dots,s_n) \end{aligned}$$

für alle $f_k \in M$ folgt (da M in $L^2(\mathbb{R}_+)$ fundamental ist) zunächst

$$0 = \int_0^{s_1} ds_2\, f_2(s_2) \int_0^{s_2} \dots \int_0^{s_{n-1}} ds_n\, f_n(s_n)\, g(s_1,\dots,s_n)$$

für alle s_1 außerhalb einer Nullmenge $N \subset \mathbb{R}_+$ und alle $f_k \in M$.
Für jedes $s_1 \notin N$ ergibt sich sodann

$$0 = \int_0^{s_2} ds_3\, f_3(s_3) \int_0^{s_3} \dots \int_0^{s_{n-1}} ds_n\, f_n(s_n)\, g(s_1, s_2,\dots,s_n)$$

für alle s_2 außerhalb einer Nullmenge $N(s_1) \subset [0, s_1]$ und alle $f_k \in M$, usw. Wir erhalten so schließlich $g(s_1, s_2,\dots,s_n) = 0$ für alle $s_1 \notin N$, $s_2 \notin N(s_1)$, …, $s_n \notin N(s_1,\dots,s_{n-1})$ mit Nullmengen N, $N(s_1)$, …, $N(s_1,\dots,s_{n-1})$ und somit

$$\|g\|_{L^2(\Delta_n)}^2 = \int_{\complement N} ds_1 \int_{[0,s_1]\setminus N(s_1)} \dots \int_{[0,s_{n-1}]\setminus N(s_1,\dots,s_{n-1})} ds_n\, g(s_1,\dots,s_n)^2 = 0 . \quad \square$$

Da $J_n(f_1,\dots,f_n)_t$ offenbar n-linear von $f_1,\dots,f_n \in L^2(\mathbb{R}_+)$ abhängt, ist es eine lineare Funktion von $f_1 \otimes \dots \otimes f_n$. Wir setzen

$$I_n(f_1 \otimes \dots \otimes f_n) := J_n(f_1,\dots,f_n)_\infty; \quad f_k \in L^2(\mathbb{R}_+)$$

und erhalten aufgrund von Lemma 5.63 durch stetige lineare Fortsetzung eine Isometrie (nach Gleichung (5.41)) I_n: $L^2(\Delta_n) \to L^2(P)$, deren Bild wir als das n-te homogene Chaos C_n der BM (auch n-tes *Wiener-Chaos* genannt) identifizieren werden.

Es ist zweckmäßig, hierzu neben den in Gleichung (5.36) definierten Hermite-Polynomen h_n auch die *Hermite-Polynome in zwei Variablen* H_n zu definieren:

$$\text{(5.42)} \qquad H_n(t,x) := \frac{1}{n!}\Big(\frac{\partial}{\partial y}\Big)^n_{y=0} e^{xy-\frac{t}{2}y^2}; \quad x,t \in \mathbb{R};\ n \in \mathbb{N}_0.$$

Es ist also

$$e^{xy-\frac{t}{2}y^2} = \sum_{n=0}^{\infty} H_n(t,x)\, y^n,$$

woraus durch Vergleich mit (5.37) der Zusammenhang mit den h_n folgt:

$$H_n(t,x) = t^{n/2} h_n\big(x/\sqrt{t}\big); \quad x \in \mathbb{R},\ t > 0.$$

Da h_n ein Polynom n-ten Grades ist, und H_n nach Definition nur ganzzahlige Potenzen von t enthalten kann, ist also auch H_n ein Polynom in (t,x).

Durch gliedweises Differenzieren der obigen Potenzreihe folgt weiter

$$\text{(5.43)} \qquad \frac{\partial}{\partial x} H_n(t,x) = H_{n-1}(t,x); \quad n \in \mathbb{N},$$

sowie (wegen $(\frac{\partial}{\partial t} + \frac{1}{2}\frac{\partial^2}{\partial x^2}) e^{xy-\frac{t}{2}y^2} = 0$)

$$\text{(5.44)} \qquad \Big(\frac{\partial}{\partial t} + \frac{1}{2}\frac{\partial^2}{\partial x^2}\Big) H_n(t,x) = 0; \quad n \in \mathbb{N}_0.$$

Als Konsequenz notieren wir

Satz 5.64. *Für ein stetiges lokales Martingal $X \in \mathscr{M}_0$ ist auch $H_n\big([X],X\big) \in \mathscr{M}_0$, und es gilt*

$$H_n\big([X]_t, X_t\big) = \int_0^t H_{n-1}\big([X]_s, X_s\big)\, dX_s; \quad n \in \mathbb{N}.$$

Beweis: Es genügt, die Integralbeziehung nachzuweisen: als stochastisches Integral nach $X \in \mathscr{M}_0$ ist dann auch $H_n\big([X],X\big) \in \mathscr{M}_0$. Da nach Gleichung (5.42) $H_n(0,0) = 0$ für $n \in \mathbb{N}$ gilt, lautet unsere Behauptung in differentieller Form

$$dH_n\big([X],X\big) = H_{n-1}\big([X],X\big)\, dX.$$

Aufgrund von Gleichung (5.43) und (5.44) ist dies aber richtig nach der Itô-Formel. □

Nach diesem Satz erscheint es sinnvoll, für $X \in \mathcal{M}_0$ den Prozeß

$$\mathfrak{X}^n := n!\, H_n\big([X], X\big) \in \mathcal{M}_0$$

als *n-te Martingalpotenz* von X zu bezeichnen: Es gilt nämlich $\mathfrak{X}^0 = 1$ und weiter nach Satz 5.64 (in Analogie zu $t^n = \int_0^t ns^{n-1}\,ds$)

$$\mathfrak{X}_t^n = \int_0^t n\mathfrak{X}^{n-1}\,dX\,; \quad n \in \mathbb{N}.$$

Überdies folgt aus $e^{x-\frac{t}{2}} = \sum_{n=0}^{\infty} H_n(t,x)$ für das exponentielle lokale Martingal

$$\mathscr{E}(X) \equiv e^{X-\frac{1}{2}[X]} = \sum_{n=0}^{\infty} \frac{1}{n!}\mathfrak{X}^n$$

(mit punktweise auf $\mathbb{R}_+ \times \Omega$ konvergenter Reihe).

Wir kehren wieder zum Wiener-Chaos zurück und fixieren eine eindimensionale BM B.

Lemma 5.65. *Für $f \in L^2(\mathbb{R}_+)$ gilt*

$$I_n(f^{\otimes n}) = H_n\Big(\|f\|^2_{L^2(\mathbb{R}_+)}, \int_0^\infty f\,dB\Big).$$

Beweis: Aus Satz 5.64 folgt induktiv wegen $H_0(t,x) = 1$

$$H_n\Big(\int_0^t f^2\,ds, \int_0^t f\,dB\Big)$$
$$= \int_0^t dB_{s_1}\, f(s_1) \int_0^{s_1} dB_{s_2}\, f(s_2) \int_0^{s_2} \cdots \int_0^{s_{n-1}} dB_{s_n}\, f(s_n)\,; \quad t \in \mathbb{R}_+.$$

Hier steht rechts das Martingal $J_n(f,\ldots,f) \in \mathcal{M}_0^2$, das mit $t \to \infty$ nach Definition von I_n f.ü. gegen $I_n(f^{\otimes n})$ strebt, während die linke Seite f.ü. gegen $H_n(\int_0^\infty f^2\,ds, \int_0^\infty f\,dB)$ konvergiert. □

Ist in diesem Lemma insbesondere $\|f\|_{L^2(\mathbb{R}_+)} = 1$, so folgt (wegen $H_n(1,x) = h_n(x)$) für $Y := \int_0^\infty f\,dB$ also

$$I_n(f^{\otimes n}) = h_n \circ Y.$$

Etwas allgemeiner gilt

Lemma 5.66. *Sei $0 = t_0 < \ldots < t_r$ eine Zerlegung. Gilt für $f_1,\ldots,f_r \in L^2(\mathbb{R}_+)$ mit $\|f_k\|_{L^2(\mathbb{R}_+)} = 1$ jeweils $\{f_k \neq 0\} \subset [t_{k-1}, t_k]$, so bilden (aufgrund der Isometrie von I_1) die $Y_k := \int_0^\infty f_k\,dB$ ein Orthonormalsystem im Gaußraum $\mathfrak{L}(B)$, und für $\alpha \in \mathbb{N}_0^r$ ist*

$$\prod_{k=1}^r h_{\alpha_k} \circ Y_k = I_{|\alpha|}(f_r^{\otimes\alpha_r} \otimes \ldots \otimes f_1^{\otimes\alpha_1}).$$

Beweis: Unmittelbar aus der Definition der I_n als iterierte Integrale folgt unter der angenommenen Trägerbedingung für die f_k, daß gilt

$$I_{|\alpha|}(f_r^{\otimes\alpha_r} \otimes \ldots \otimes f_1^{\otimes\alpha_1}) = I_{\alpha_1}(f_1^{\otimes\alpha_1}) \cdot \ldots \cdot I_{\alpha_r}(f_r^{\otimes\alpha_r}).$$

Zusammen mit dem vorangehenden Lemma ergibt sich die Behauptung. □

Zum Abschluß können wir zeigen:

Satz 5.67. *Sei B eine eindimensionale* BM *über* $(\Omega;\mathscr{F};P)$ *und* I_n: $L^2(\Delta_n) \to L^2(P)$ *die Isometrie, die festgelegt ist durch*

$$I_n(f_1 \otimes \ldots \otimes f_n) = \int_0^\infty dB_{s_1}\, f_1(s_1) \int_0^{s_1} dB_{s_2}\, f_2(s_2) \int_0^{s_2} \ldots \int_0^{s_{n-1}} dB_{s_n}\, f_n(s_n)$$

für $f_1, \ldots, f_n \in L^2(\mathbb{R}_+)$. *Dann ist das Bild* $I_n\big(L^2(\Delta_n)\big) = C_n$, *das n-te homogene Chaos des Gaußprozesses B.*

Beweis: Da $I_n(f_1 \otimes \ldots \otimes f_n)$ stetig von jedem der f_k abhängt, genügt es wegen Lemma 5.63 für den Nachweis der Inklusion $I_n\big(L^2(\Delta_n)\big) \subset C_n$, Intervall-Stufenfunktionen f_k zu betrachten. Nach eventuellem Übergang zu einer gemeinsamen Verfeinerung fixieren wir eine Zerlegung $0 = t_0 < \ldots < t_r$ und betrachten

$$f_k = \sum_{\ell=1}^{r} c_{\ell k}\, e_\ell\,; \quad 1 \le k \le n$$

mit dem Orthonormalsystem der

$$e_\ell = \frac{1}{\sqrt{t_\ell - t_{\ell-1}}} 1_{]t_{\ell-1},t_\ell]}\,; \quad 1 \le \ell \le r$$

in $L^2(\mathbb{R}_+)$. Dann wird also

$$I_n(f_1 \otimes \ldots \otimes f_n) = \sum_{k_1,\ldots,k_n=1}^{r} c_{1k_1} \cdot \ldots \cdot c_{nk_n}\, I_n(e_{k_1} \otimes \ldots \otimes e_{k_n}).$$

Hierin ist aber $I_n(e_{k_1} \otimes \ldots \otimes e_{k_n}) \in C_n$ für $1 \le k_1 \le \ldots \le k_n \le r$ nach dem vorigen Lemma, und sonst offenbar (nach Definition als iteriertes Integral) gleich 0. Damit ist die Inklusion $I_n\big(L^2(\Delta_n)\big) \subset C_n$ für jedes $n \in \mathbb{N}$ gezeigt. Da andererseits nach Lemma 5.65 gilt

$$\mathscr{E}\Big(\int_0^\infty f\,dB\Big) = \sum_{n=0}^{\infty} H_n\Big(\|f\|^2_{L^2(\mathbb{R}_+)}, \int_0^\infty f\,dB\Big) = \sum_{n=0}^{\infty} I_n(f^{\otimes n}),$$

und $\big\{\mathscr{E}(\int_0^\infty f\,dB) : f \in L^2(\mathbb{R}_+)\big\}$ bereits fundamental in $L^2(P) = \bigoplus_{n=0}^\infty C_n$ ist (nach Lemma 5.36), folgt (mit $I_0\big(L^2(\Delta_0)\big) := \mathbb{R}$) auch

$$\bigoplus_{n=0}^{\infty} I_n\big(L^2(\Delta_n)\big) = \bigoplus_{n=0}^{\infty} C_n$$

und damit die Gleichheit der einzelnen Summanden. □

6. Stochastische Differentialgleichungen

Ein deterministisches dynamisches System (etwa auf $\mathbb{R}^d$) wird beschrieben durch eine Differentialgleichung $\dot{y} = \beta(t,y)$ oder auch durch deren Lösungsfluß, also eine Familie von Abbildungen

$$\Phi_{s,t}\colon \mathbb{R}^d \to \mathbb{R}^d, \quad s \leq t,$$

so daß $y^{s,x}(t) := \Phi_{s,t}(x)$ die zur Zeit s in x startende Lösung der Differentialgleichung ist. Unterliegt das System zufälligen äußeren Einflüssen, so bieten sich alternative stochastische Beschreibungen an. Einerseits wissen wir nach Beispiel 1.27 iv), daß als Folge der Flußgleichungen die (deterministischen) Markovkerne $K_{s,t}(x,\cdot) = \delta_{\Phi_{s,t}(x)}$ eine Halbgruppe auf $\mathbb{R}^d$ bilden, so daß allgemeine Markovprozesse, insbesondere Diffusionen, als stochastische Verallgemeinerungen dynamischer Systeme anzusehen sind. Andererseits ist es naheliegend, die deterministische Differentialgleichung $\dot{y} = \beta(t,y)$ durch Addition eines Fluktuationstermes $\sigma(t,y)\,W_t$ mit einem geeigneten "Rauschprozeß" W zu ergänzen. Wählt man im Hinblick auf die (in Kapitel 5 dargelegte) universelle Rolle der Brownschen Bewegung für W das "weiße Rauschen", also die Brownsche Geschwindigkeit (vgl. Abschnitt 2.3), so schreibt sich die fundamentale stochastische Differentialgleichung in Integralform als

$$Y_t = Y_0 + \int_0^t \beta(s,Y_s)\,ds + \int_0^t \sigma(s,Y_s)\,dB_s\,,$$

mit dem stochastischen Integral nach der BM B im Rauschterm. Es ist Itô's Verdienst [IT 51], den Zusammenhang der Lösungen dieser Gleichung mit Diffusionen erkannt zu haben und damit eine Möglichkeit zur pfadweisen Konstruktion von Diffusionsprozessen ohne den Umweg über die Markov-Halbgruppe ihrer Übergangswahrscheinlichkeiten gefunden zu haben.

Wir geben in diesem Kapitel Existenz-, Eindeutigkeits- und Abhängigkeitssätze für die Lösung stochastischer Differentialgleichungen, konstruieren den Lösungsfluß (als stochastischen Fluß im Sinne von Abschnitt 2.6), weisen die starke Markoveigenschaft der Lösungen nach und stellen den Zusammenhang mit Diffusionsprozessen her. Ein eigener Abschnitt ist dabei verschiedenen Versionen der Feynman-Kac-Formel zur Darstellung der Schrödinger-Halbgruppe $e^{(\frac{1}{2}\Delta+v)t}$ gewidmet.

6.1 Gewöhnliche Differentialgleichung mit Rauschterm

In diesem Abschnitt diskutieren wir, ohne auf die Fragen der Existenz und Eindeutigkeit von Lösungen allgemein schon einzugehen, die Itôsche Differentialgleichung $dY = \beta(t,Y)\,dt + \sigma(t,Y)\,dB$.

Es liegt ein standard filtrierter Wahrscheinlichkeitsraum $(\Omega;\mathscr{F};P;(\mathscr{F}_t)_{t\in\mathbb{R}_+})$ zugrunde. Hierüber betrachten wir die stochastische Differentialgleichung (abgekürzt SDGL)

$$dY = \beta(t,Y)\,dt + \sigma(t,Y)\,dB\,. \tag{6.1}$$

Dabei sind β: $\mathbb{R}_+ \times \mathbb{R}^d \to \mathbb{R}^d$ und σ: $\mathbb{R}_+ \times \mathbb{R}^d \to \mathrm{Lin}(\mathbb{R}^N,\mathbb{R}^d)$ (mit $\mathrm{Lin}(\mathbb{R}^N,\mathbb{R}^d)$ der Gesamtheit aller linearen Abbildungen von $\mathbb{R}^N$ in $\mathbb{R}^d$; $N,d \in \mathbb{N}$) stetige Funktionen, und B bezeichnet eine N-dimensionale $(\mathscr{F}_t)$-BM über $(\Omega;\mathscr{F};P;(\mathscr{F}_t)_{t\in\mathbb{R}_+})$. $\beta(t,Y)\,dt$ ist der *systematische Term*, $\sigma(t,Y)\,dB$ der *Rauschterm* oder *Martingalterm* der sogenannten *Itôschen* SDGL (6.1).
Unter einer *Lösung* der SDGL (6.1) zum *Anfangswert* $Y_0 = F$ (mit F: $\Omega \to \mathbb{R}^d$ $\mathscr{F}_0$-meßbar) verstehen wir ein stetiges Semimartingal $Y \in \mathscr{S}(\mathbb{R}^d)$, dessen Itô-Differential Gleichung (6.1) erfüllt, für das also insgesamt gilt

$$Y_t = F + \int_0^t \beta(s,Y_s)\,ds + \int_0^t \sigma(s,Y_s)\,dB_s\,.$$

Verfeinerungen dieses Lösungsbegriffes wie Maximallösung, starke und schwache Lösung, Lösungsfluß werden in den späteren Abschnitten erklärt.

Definition 6.1. (Diffusion, Drift und Kovarianz) Ein stetiger adaptierter Prozeß X_t: $(\Omega;\mathscr{F};P;(\mathscr{F}_t)_{t\in\mathbb{R}_+}) \to \mathbb{R}^d$ auf einem beliebigen filtrierten Wahrscheinlichkeitsraum heißt eine *Diffusion* mit *Drift* b: $\mathbb{R}^d \to \mathbb{R}^d$ und (positiv semidefiniter) *Kovarianz* a: $\mathbb{R}^d \to \mathrm{Lin}(\mathbb{R}^d)$, wenn folgendes gilt: a,b sind stetig, und für den hiermit gebildeten elliptischen Differentialoperator L,

$$Lf := \sum_{k=1}^d b_k \frac{\partial f}{\partial x_k} + \tfrac{1}{2} \sum_{k,\ell=1}^d a_{k\ell} \frac{\partial^2 f}{\partial x_k \partial x_\ell}\,; \quad f \in C^2(\mathbb{R}^d)$$

ist der Prozeß $M(f)$,

$$M(f)_t := f(X_t) - f(X_0) - \int_0^t (Lf)(X_s)\,ds\,; \quad t \in \mathbb{R}_+ \tag{6.2}$$

für jedes $f \in D(\mathbb{R}^d)$ (d.h. f ist C^∞-Funktion mit kompaktem Träger) ein Martingal.

Ist X etwa eine Feller-Dynkin-Diffusion auf $\mathbb{R}^d$ (Definition 3.55) zu einer Halbgruppe $(K_t)_{t\in\mathbb{R}_+}$ von Markovkernen auf $\mathbb{R}^d$ mit

$$\lim_{t\to 0+} \frac{1}{t} \int_{|x-y|\ge r} K_t(x,dy) = 0\,; \quad r > 0\,,$$

(so daß in Gleichung (3.25) $c = 0$ wird, vgl. Bemerkung 3.53), so folgt aus Satz 3.57 in Verbindung mit Gleichung (3.22), daß X eine Diffusion bezüglich der Filtrierung $(\mathscr{F}_t^X)_{t\in\mathbb{R}_+}$ ist; L ist dabei der Erzeuger der Halbgruppe $(K_t)_{t\in\mathbb{R}_+}$.

Auch die Lösung der SDGL (6.1) führt auf Diffusionen, wie der folgende Satz zeigt. Dabei ist $\sigma\sigma^*\colon \mathbb{R}_+ \times \mathbb{R}^d \to \mathrm{Lin}(\mathbb{R}^d)$ durch

$$(\sigma\sigma^*)_{k\ell} = \sum_{i=1}^{N} \sigma_{ki}\sigma_{\ell i}\,; \quad 1 \leq k,\ell \leq d$$

zu $\sigma\colon \mathbb{R}_+ \times \mathbb{R}^d \to \mathrm{Lin}(\mathbb{R}^N, \mathbb{R}^d)$ definiert.

Satz 6.2. *Für* $Y \in \mathscr{S}(\mathbb{R}^d)$ *sind folgende Aussagen äquivalent:*

i) Y *löst die* SDGL (6.1).

ii) *Für jede* C^2*-Funktion* $f\colon \mathbb{R}^d \to \mathbb{R}$ *gilt*

$$df(Y) = (Lf)(t,Y)\,dt + \sum_{k=1}^{d}\sum_{i=1}^{N} \sigma_{ki}(t,Y)\,\frac{\partial f}{\partial x_k}(Y)\,dB^i\,; \tag{6.3}$$

dabei ist $B = (B^1,\dots,B^N)$ *die* BM *in* (6.1), *und* L *bezeichnet den zu* (6.1) *"assoziierten partiellen Differentialoperator"*

$$Lf = \sum_{k=1}^{d} \beta_k\,\frac{\partial f}{\partial x_k} + \tfrac{1}{2}\sum_{k,\ell=1}^{d} (\sigma\sigma^*)_{k\ell}\,\frac{\partial^2 f}{\partial x_k \partial x_\ell}. \tag{6.4}$$

iii) *Aussage* ii) *gilt für jedes* $f \in D(\mathbb{R}^d)$.

Insbesondere ist die Lösung von (6.1) *bei zeitunabhängigen* β *und* σ *eine Diffusion mit Drift* β *und Kovarianz* $\sigma\sigma^*$.

Beweis: Die letzte Aussage ergibt sich aus der Tatsache, daß nach Gleichung (6.3) zunächst $M(f)_t = f(Y_t) - f(Y_0) - \int_0^t (Lf)(Y_s)\,ds$ als Summe von stochastischen Integralen nach BM ein lokales Martingal ist; darin ist bei stetigen Koeffizienten β und σ für $f \in D(\mathbb{R}^d)$ der Integrand beschränkt, so daß $M(f)$ nach Satz 4.13 ii) sogar ein L^2-Martingal ist. Wir zeigen nun die Implikationen des Satzes.

i) $\Rightarrow$ ii): Aus der SDGL (6.1) entnimmt man unmittelbar

$$dY^k\,dY^\ell = (\sigma\sigma^*)_{k\ell}(t,Y)\,dt.$$

Damit folgt aus der Itô-Formel (4.34) zusammen mit (6.1)

$$\begin{aligned} df(Y) &= \sum_{k=1}^{d} \frac{\partial f}{\partial x_k}(Y)\Big(\beta_k(t,Y)\,dt + \sum_{i=1}^{N} \sigma_{ki}(t,Y)\,dB^i\Big) \\ &\quad + \tfrac{1}{2}\sum_{k,\ell=1}^{d} \frac{\partial^2 f}{\partial x_k \partial x_\ell}(Y)(\sigma\sigma^*)_{k\ell}(t,Y)\,dt \\ &= (Lf)(t,Y)\,dt + \sum_{k=1}^{d}\sum_{i=1}^{N} \sigma_{ki}(t,Y)\,\frac{\partial f}{\partial x_k}(Y)\,dB^i, \end{aligned}$$

also Gleichung (6.3).

ii) $\Rightarrow$ iii): Abschwächung der Aussage.

iii) $\Rightarrow$ i): Nach Voraussetzung gilt (6.3) für jedes $f \in D(\mathbb{R}^d)$, also

$$f(Y)_t - f(Y_0) = \int_0^t (Lf)(s,Y_s)\,ds + \sum_{k=1}^d \sum_{i=1}^N \int_0^t \sigma_{ki}(s,Y_s) \frac{\partial f}{\partial x_k}(Y_s)\,dB_s^i .$$

Setzt man hier, für eine beliebige Stopzeit τ, $t \wedge \tau$ für t ein und beachtet die Stopregel Satz 4.35, so erhält man

$$f(Y_t^\tau) - f(Y_0) = \int_0^{\tau\wedge t} (Lf)(s,Y_s^\tau)\,ds + \sum_{k=1}^d \sum_{i=1}^N \int_0^{\tau\wedge t} \sigma_{ki}(s,Y_s)\, \frac{\partial f}{\partial x_k}(Y_s^\tau)\,dB_s^i .$$

Wir wählen nun speziell die Stopzeiten $\tau_n := \inf\{t : |Y_t| > n\}$, $n \in \mathbb{N}$; dann gilt also $\tau_n \nearrow \infty$ und $|Y^{\tau_n}| \le n$ auf $\{|Y_0| \le n\}$. Mit jeweils einer Funktion $v_n \in D(\mathbb{R}^d)$, so daß $v_n(x) = 1$ für $|x| < n+1$ gilt, ergibt sich für $f_n(x) := v_n(x) x_k$ (also $f_n \in D(\mathbb{R}^d)$) offenbar

$$\frac{\partial f_n}{\partial x_i}(x) = \delta_{ik} \quad \text{und} \quad (Lf_n)(s,x) = \beta_k(s,x) \text{ für } |x| < n+1 .$$

Setzt man τ_n (für τ) und f_n (für f) in obige Gleichung ein, so folgt mit Hilfe von Korollar 1 zu Satz 4.40 also f.ü. auf $\{|Y_0| \le n\}$

$$Y^k_{\tau_n\wedge t} - Y_0^k = \int_0^{\tau_n\wedge t} \beta_k(s,Y_s)\,ds + \int_0^{\tau_n\wedge t} \sum_{i=1}^N \sigma_{ki}(s,Y_s)\,dB_s^i; \quad n \in \mathbb{N}.$$

Mit $n \to \infty$ zeigt dies, daß Y die SDGL (6.1) erfüllt. □

Betrachtet man in der SDGL (6.1) dagegen die Stratonovich-Verknüpfung, also

$$dY = \beta(t,Y)\,dt + \sigma(t,Y) * dB \tag{6.5}$$

mit stetigem Koeffizienten β: $\mathbb{R}_+ \times \mathbb{R}^d \to \mathbb{R}^d$ und C^3-Koeffizienten $\sigma: \mathbb{R}_+ \times \mathbb{R}^d \to \mathrm{Lin}(\mathbb{R}^N, \mathbb{R}^d)$, so erhält man statt (6.3) für eine Lösung Y von (6.5) und beliebige C^∞-Funktionen f

$$df(Y) = (\mathscr{L}f)(t,Y)\,dt + \sum_{i=1}^N (A_i f)(t,Y)\,dB^i; \tag{6.6}$$

hierin bezeichnet $\mathscr{L}$ den zu (6.5) "*assoziierten partiellen Differentialoperator in Hörmanderform*"

$$\mathscr{L}f := A_0 f + \tfrac{1}{2} \sum_{i=1}^N A_i(A_i f) \tag{6.7}$$

wobei $A_0, A_1, \dots, A_N$ die Vektorfelder

$$A_0 f := \sum_{k=1}^d \beta_k \frac{\partial f}{\partial x_k}; \quad A_i f := \sum_{k=1}^d \sigma_{ki} \frac{\partial f}{\partial x_k}; \quad 1 \le i \le N \tag{6.8}$$

bedeuten.

Denn: Nach der Itô-Stratonovich-Formel, Satz 4.52, gilt

$$\begin{aligned} df(Y) &= \sum_{k=1}^{d} \frac{\partial f}{\partial x_k}(Y) * dY^k = (A_0 f)(t,Y)\,dt + \sum_{i=1}^{N}(A_i f)(t,Y) * dB^i \\ &= (A_0 f)(t,Y)\,dt + \sum_{i=1}^{N}(A_i f)(t,Y)\,dB^i + \tfrac{1}{2}\sum_{i=1}^{N} d(A_i f)(t,Y)\,dB^i . \end{aligned}$$

Berechnen wir auf gleiche Weise $d(A_i f)(t,Y)$, so folgt

$$\begin{aligned} d(A_i f)(t,Y) &= \frac{\partial}{\partial t}(A_i f)(t,Y)\,dt + \big(A_0(A_i f)\big)(t,Y)\,dt + \\ &\quad + \sum_{\ell=1}^{N}\big(A_\ell(A_i f)\big)(t,Y)\,dB^\ell + \tfrac{1}{2}\sum_{\ell=1}^{N} d\big(A_\ell(A_i f)\big)(t,Y)\,dB^\ell . \end{aligned}$$

Dies in obigen Ausdruck für $df(Y)$ eingesetzt ergibt Gleichung (6.6). □

Umgekehrt erhält man aus (6.6) für die Koordinatenprojektionen $f = \mathrm{pr}_k$ die Gleichung (6.5) zurück: Es ist $A_0 f = \beta_k$, $A_i f = \sigma_{ki}$, somit nach (6.6)

$$\begin{aligned} dY^k &= \beta_k(t,Y)\,dt + \sum_{i=1}^{N} \sigma_{ki}(t,Y)\,dB^i + \tfrac{1}{2}\sum_{i=1}^{N}\sum_{\ell=1}^{d} \sigma_{\ell i}(t,Y)\,\frac{\partial \sigma_{ki}}{\partial x_\ell}(t,Y)\,dt , \\ &= \beta_k(t,Y)\,dt + \sum_{i=1}^{N} \sigma_{ki}(t,Y)\,dB^i + \tfrac{1}{2}\sum_{i=1}^{N} d\sigma_{ki}(t,Y)\,dB^i \\ &= \beta_k(t,Y)\,dt + \sum_{i=1}^{N} \sigma_{ki}(t,Y) * dB^i ; \end{aligned}$$

dabei ergibt sich die zweite Zeile, wenn man in die Itô-Formel

$$d\sigma_{ki}(t,Y) = \frac{\partial \sigma_{ki}}{\partial t}(t,Y)\,dt + \sum_{\ell=1}^{d} \frac{\partial \sigma_{ki}}{\partial x_\ell}(t,Y)\,dY^\ell + \tfrac{1}{2}\sum_{\ell,m=1}^{d} \frac{\partial^2 \sigma_{ki}}{\partial x_\ell \partial x_m}(t,Y)\,dY^\ell\,dY^m$$

nochmals dY^ℓ gemäß der ersten Zeile einsetzt.
Durch Abschneidung von $f = \mathrm{pr}_k$ mittels Multiplikation mit einer geeigneten Funktion $v \in D(\mathbb{R}^d)$ und entsprechender Stoppung von Y wie im Beweis von Satz 6.2 erhält man insgesamt den analogen

Satz 6.3. *Für $Y \in \mathscr{S}(\mathbb{R}^d)$ sind folgende Aussagen äquivalent:*

i) *Y löst* (6.5) (*mit C^3-Koeffizienten β, σ*).

ii) *Es gilt* (6.6) *für alle C^∞-Funktionen $f\colon \mathbb{R}^d \to \mathbb{R}$.*

iii) *Es gilt* (6.6) *für alle $f \in D(\mathbb{R}^d)$.*

Insbesondere ist die Lösung Y von (6.5) ein "Flußprozeß" zu dem in (6.7) definierten Operator $\mathscr{L}$, d. h. für jedes $f \in D(\mathbb{R}^d)$ ist

$$M(f)_t = f(Y_t) - f(Y_0) - \int_0^t (\mathscr{L}f)(s, Y_s)\,ds; \quad t \in \mathbb{R}_+$$

ein Martingal.

Wir schließen diesen einleitenden Abschnitt mit einigen Überlegungen zur linearen Itô-schen Gleichung (6.1). Dies ist die SDGL

$$dY = \big(A(t)Y + a(t)\big)\,dt + \big(S(t)Y + s(t)\big)\,dB, \tag{6.9}$$

worin wiederum B eine N-dimensionale $(\mathscr{F}_t)$-BM bezeichnet und die Koeffizienten stetige Funktionen

$$A\colon \mathbb{R}_+ \to \operatorname{Lin}(\mathbb{R}^d); \quad a\colon \mathbb{R}_+ \to \mathbb{R}^d;$$

$$S\colon \mathbb{R}_+ \to \operatorname{Lin}\big(\mathbb{R}^d; \operatorname{Lin}(\mathbb{R}^N; \mathbb{R}^d)\big); \quad s\colon \mathbb{R}_+ \to \operatorname{Lin}(\mathbb{R}^N; \mathbb{R}^d)$$

sind. Der später (Satz 6.22) bewiesene allgemeine Existenz- und Eindeutigkeitssatz sichert zu jedem $\mathscr{F}_0$-meßbaren Anfangswert die Existenz einer eindeutig (bis auf Nicht-Unterscheidbarkeit) bestimmten Lösung. Wir wollen hier lediglich untersuchen, wie sich der vom deterministischen Fall ($S = 0$, $s = 0$) bekannte Zusammenhang zwischen der allgemeinen Gleichung (6.9) und ihrem *homogenen* Spezialfall ($a = 0$, $s = 0$) überträgt.
Hierzu schreiben wir zunächst mit Hilfe der

$$S_i(t) \in \operatorname{Lin}(\mathbb{R}^d)\colon S_i(t)y = \big(S(t)y\big)e_i \quad \text{bzw.} \quad s_i(t) := s(t)e_i \in \mathbb{R}^d$$

(mit $(e_i)_{1\le i\le N}$ der Standardbasis des $\mathbb{R}^N$) Gleichung (6.9) in der Form

$$dY = \big(A(t)Y + a(t)\big)\,dt + \sum_{i=1}^{N} \big(S_i(t)Y + s_i(t)\big)\,dB^i. \tag{6.9'}$$

Hierin sind also jetzt die Koeffizienten stetige Funktionen

$$A, S_1, \dots, S_N\colon \mathbb{R}_+ \to \operatorname{Lin}(\mathbb{R}^d); \quad a, s_1, \dots, s_N\colon \mathbb{R}_+ \to \mathbb{R}^d.$$

Die hiermit gebildete homogene SDGL

$$dU = \big(A(t)U\big)\,dt + \sum_{i=1}^{N} \big(S_i(t)U\big)\,dB^i \tag{6.10}$$

besitzt, wiederum (als lineare SDGL mit stetigen Koeffizientenfunktionen) nach dem Existenz- und Eindeutigkeitssatz eine eindeutig bestimmte Lösung $U \in \mathscr{S}\big(\operatorname{Lin}(\mathbb{R}^d)\big)$ mit $U_0 = \mathrm{id}_{\mathbb{R}^d}$, die sogenannte *Fundamentallösung* zur SDGL (6.9). Aus ihr ergibt sich natürlich die Lösung von (6.9) im homogenen Fall sofort als $Y_t = U_t F$, wenn $F\colon \Omega \to \mathbb{R}^d$ ein vorgegebener $\mathscr{F}_0$-meßbarer Anfangswert ist. Wir werden dies im nächsten Satz auf den inhomogenen Fall verallgemeinern. Zur Formulierung dieses Ergebnisses benötigen wir zuvor:

Lemma 6.4. *Die Werte U_t der Fundamentallösung sind (bis auf Nicht-Unterscheidbarkeit) invertierbare Endomorphismen des $\mathbb{R}^d$.*

Beweis: Es sei $V \in \mathscr{S}(\mathrm{Lin}(\mathbb{R}^d))$ die Lösung der SDGL

$$dV = -VA(t)\,dt - \sum_{i=1}^{N} VS_i(t)\,dB^i + \sum_{i=1}^{N} VS_i(t)^2\,dt$$

mit $V_0 = \mathrm{id}_{\mathbb{R}^d}$. Wir zeigen, daß der Prozeß $W_t := U_t V_t$ (bis auf Nicht-Unterscheidbarkeit) konstant gleich $\mathrm{id}_{\mathbb{R}^d}$ ist. Hierzu berechnen wir das Differential dW nach der Produktregel des Itô-Kalküls, Gleichung (4.31), unter Beachtung der Nicht-Kommutativität der zugrundeliegenden Multiplikation von Endomorphismen:

$$\begin{aligned}
dW &= (dU)\,V + U\,dV + dU\,dV \\
&= A(t)W\,dt + \sum_{i=1}^{N} S_i(t)\,W\,dB^i - WA(t)\,dt - \sum_{i=1}^{N} WS_i(t)\,dB^i \\
&\quad + \sum_{i=1}^{N} WS_i(t)^2\,dt - \sum_{i,j=1}^{N} S_i(t)\,WS_j(t)\,dB^i dB^j \\
&= \Big(A(t)W - WA(t) + \sum_{i=1}^{N}\big(WS_i(t)^2 - S_i(t)WS_i(t)\big)\Big)\,dt \\
&\quad + \sum_{i=1}^{N} \big(S_i(t)W - WS_i(t)\big)\,dB^i .
\end{aligned}$$

Dies ist offensichtlich eine lineare SDGL für W mit stetigen Koeffizientenfunktionen, die von $W = \mathrm{id}_{\mathbb{R}^d}$ gelöst wird. Nach dem Existenz- und Eindeutigkeitssatz ist dies die einzige Lösung mit $W_0 = \mathrm{id}_{\mathbb{R}^d}$. □

Satz 6.5. *Sei $U \in \mathscr{S}(\mathrm{Lin}(\mathbb{R}^d))$ die Fundamentallösung zur* SDGL (6.9) *(mit stetigen Koeffizientenfunktionen) und $F: \Omega \to \mathbb{R}^d$ ein $\mathscr{F}_0$-meßbarer Anfangswert. Dann ist die Lösung $Y \in \mathscr{S}(\mathbb{R}^d)$ der* SDGL (6.9) *mit $Y_0 = F$ gegeben durch*

(6.11) $$Y_t = U_t\Big(F + \int_0^t U_s^{-1}\,dZ_s\Big);$$

dabei ist zur Abkürzung gesetzt

$$dZ := \Big(a(t) - \sum_{i=1}^{N} S_i(t)s_i(t)\Big)\,dt + \sum_{i=1}^{N} s_i(t)\,dB^i .$$

Beweis: Wir haben nachzurechnen, daß $Y := UV$ mit $V_t := F + \int_0^t U_s^{-1}\,dZ_s$ die SDGL (6.9′) erfüllt. Wir wenden wiederum die Rechenregeln des Itô-Kalküls (unter Beachtung der richtigen Reihenfolge der Faktoren an) und erhalten mit $dV = U^{-1}dZ$, also $U dV = dZ$,

$$\begin{aligned} dY &= U dV + dU dV + (dU)V \\ &= dZ + \sum_{i=1}^{N} S_i(t)\, dZ dB^i + (dU)V \\ &= dZ + \sum_{i=1}^{N} S_i(t)\, s_i(t)\, dt + (dU)V \\ &= a(t)\, dt + \sum_{i=1}^{N} s_i(t)\, dB^i + (dU)V\,. \end{aligned}$$

Andererseits ist nach Gleichung (6.10)

$$(dU)V = A(t)UV\, dt + \sum_{i=1}^{N} S_i(t)UV dB^i = A(t)Y\, dt + \sum_{i=1}^{N} S_i(t)Y dB^i\,.$$

Setzt man dies in die letzte Gleichung ein, so ergibt sich Gleichung (6.9'). □

Der einfachste eindimensionale Fall einer linearen SDGL ist die *Langevin*-Gleichung

$$dY = -\beta Y\, dt + \sigma\, dB$$

mit konstanten Koeffizienten $\beta, \sigma \in \mathbb{R}$, welche die Geschwindigkeitskomponente eines Teilchens in einem zähen Medium unter dem Einfluß fluktuierender Molekülstöße beschreibt. Die Lösung (6.11) ist hier offensichtlich

$$Y_t = e^{-\beta t}\Big(Y_0 + \sigma \int_0^t e^{\beta s} dB_s\Big)\,.$$

In diesem Spezialfall von Gleichung (6.9) ist also $a(t) = 0$ und $S(t) = 0$. Auch der homogene Fall mit $a(t) = 0$ und $s(t) = 0$, also

$$dY = \beta Y\, dt + \sigma Y\, dB$$

mit konstanten Koeffizienten $\beta, \sigma \in \mathbb{R}$ ist von praktischem Interesse: er beschreibt das stochastisch gestörte Wachstum einer Population der Stärke Y. Diese SDGL wird offenbar gelöst durch das exponentielle Semimartingal

$$Y_t = Y_0\, e^{(\beta - \sigma^2/2)\, t + \sigma B_t}$$

Im Gegensatz zur Langevin-Gleichung würde in diesem Beispiel die entsprechende Stratonovich-Gleichung

$$dZ = \beta Z\, dt + \sigma Z * dB$$

eine andere Lösung produzieren, nämlich $Z_t = Z_0\, e^{\beta t + \sigma B_t}$. Nach Satz 5.50 ist

$$M\colon M_t = e^{\sigma B_t - (\sigma^2/2)\, t}$$

ein L^2-Martingal, und wir haben

$$Y_t = Y_0 e^{\beta t} M_t \quad \text{bzw.} \quad Z_t = Z_0 e^{(\beta+\sigma^2/2)t} M_t .$$

Sind nun die Anfangswerte Y_0 bzw. Z_0 in $L^2(P)$, so sind also auch $(Y_0 M_t)_{t\in\mathbb{R}_+}$ bzw. $(Z_0 M_t)_{t\in\mathbb{R}_+}$ Martingale und folglich

$$EY_t = e^{\beta t} EY_0 \quad \text{bzw.} \quad EZ_t = e^{(\beta+\sigma^2/2)t} EZ_0 ;$$

Y und Z unterscheiden sich also bereits in der Asymptotik ihrer Erwartungswerte, die bei Y von der stochastischen Störung des Wachstumsprozesses gänzlich unabhängig sind.

6.2 Existenz und Eindeutigkeit von Lösungen unter globalen Lipschitzbedingungen

Die Itô-Gleichung (6.1) ist nur ein Spezialfall einer sehr viel allgemeineren SDGL der Form $dY = \alpha(Y)\,dX$, die wir in diesem Abschnitt unter globalen Lipschitzbedingungen im Hinblick auf Existenz und Eindeutigkeit (bis auf Nicht-Unterscheidbarkeit) von Lösungen untersuchen.

Diesem Abschnitt liegt wieder ein standard filtrierter Wahrscheinlichkeitsraum $\big(\Omega;\mathcal{F};P;(\mathcal{F}_t)_{t\in\mathbb{R}_+}\big)$ zugrunde. Hierauf beziehen sich die in Abschnitt 4.2 bzw. 4.8 definierten Räume $\mathcal{B}(E), \mathcal{C}(E),\ldots$ von adaptierten E-wertigen Prozessen (E ein endlichdimensionaler $\mathbb{R}$-Vektorraum). Für eine Abbildung

$$\alpha\colon \mathcal{C}(\mathbb{R}^d) \to \mathcal{C}\big(\operatorname{Lin}(\mathbb{R}^n,\mathbb{R}^d)\big)$$

ist dann insbesondere das (bezüglich der kanonischen bilinearen Verknüpfung $\operatorname{Lin}(\mathbb{R}^n,\mathbb{R}^d)\times\mathbb{R}^n \to \mathbb{R}^d\colon (A,x)\mapsto Ax$ gebildete; vgl. Abschnitt 4.8) Itô-Differential $\alpha(Y)\,dX$ für $Y\in\mathcal{C}(\mathbb{R}^d)$ und $X\in\mathcal{S}(\mathbb{R}^n)$ wohldefiniert. In dieser Situation verstehen wir unter einer *Lösung* der SDGL (zu gegebenem α und einem "treibendem Prozeß" $X\in\mathcal{S}(\mathbb{R}^n)$)

$$dY = \alpha(Y)\,dX$$

zum Anfangswert F (mit $F\colon \Omega \to \mathbb{R}^d$ $\mathcal{F}_0$-meßbar) ein stetiges Semimartingal $Y\in\mathcal{S}(\mathbb{R}^d)$ mit $Y_0 = F$, für welches gilt

$$Y_t = F + \int_0^t \alpha(Y)\,dX; \quad t\in\mathbb{R}_+ .$$

Diese Gleichung ist sehr allgemein; wir geben einige Spezialfälle und ordnen insbesondere die Itô-Gleichung (6.1) ein:

Beispiel 6.6. Häufig wird im folgenden $\alpha(Y)$ *punktweise* von Y abhängen, d.h. $\alpha(Y)_t(\omega) = \gamma\big(t, Y_t(\omega)\big)$ mit einer stetigen Funktion $\gamma\colon \mathbb{R}_+\times\mathbb{R}^d \to \operatorname{Lin}(\mathbb{R}^n;\mathbb{R}^d)$ gelten. Von dieser Form ist die Itô-Gleichung (6.1), wenn wir definieren: $n := N + 1$, $X_t := (t, B_t)$ sowie

$$\gamma(s,x)(t,y) := \beta(s,x)t + \sigma(s,x)y; \quad (s,x) \in \mathbb{R}_+ \times \mathbb{R}^d; \ t \in \mathbb{R}; \ y \in \mathbb{R}^N.$$

Allgemeiner kann aber auch $\alpha(Y)$ *pfadweise* von Y abhängen, d.h. $\alpha(Y)_t(\omega) = \gamma\big(t, Y_\bullet(\omega)\big)$ mit einer Abbildung γ: $\mathbb{R}_+ \times C(\mathbb{R}_+;\mathbb{R}^d) \to \mathrm{Lin}(\mathbb{R}^n;\mathbb{R}^d)$, für welche $t \mapsto \gamma(t,h)$ jeweils stetig und $h \mapsto \gamma(t,h)$ meßbar bezüglich der σ-Algebra $\mathcal{G}_t := \sigma(\mathrm{pr}_s : s \le t)$ auf $C(\mathbb{R}_+;\mathbb{R}^d)$ ist; dann ist nämlich wegen $Y_\bullet^{-1}(\mathcal{G}_t) \subset \mathcal{F}_t$ für $Y \in \mathscr{C}(\mathbb{R}^d)$ auch $\alpha(Y)_t$ meßbar bezüglich $\mathcal{F}_t$, d.h. $\alpha(Y) \in \mathscr{C}\big(\mathrm{Lin}(\mathbb{R}^n;\mathbb{R}^d)\big)$.

Wie im deterministischen Fall braucht man für ein Picard-Lindelöf-Theorem über die Existenz und Eindeutigkeit von Lösungen Lipschitzvoraussetzungen.

Definition 6.7. (Globale Lipschitzbedingung) Eine Abbildung

$$\alpha: \mathscr{C}(\mathbb{R}^d) \to \mathscr{C}\big(\mathrm{Lin}(\mathbb{R}^n;\mathbb{R}^d)\big)$$

erfüllt eine *globale Lipschitzbedingung*, wenn mit einer wachsend indizierten Familie von Konstanten $L_t > 0$ gilt

$$\big(\alpha(Y) - \alpha(Z)\big)^*_t \le L_t (Y - Z)^*_t; \quad Y, Z \in \mathscr{C}(\mathbb{R}^d); \ t \ge 0.$$

Hierbei ist für einen Prozeß $H \in \mathscr{C}(\mathbb{R}^d)$

$$H^*_t := \sup_{s \le t} |H_s| \colon \Omega \to \mathbb{R}_+;$$

mit $|\ |$ wird die jeweilige euklidische Norm bezeichnet, wobei $\mathrm{Lin}(\mathbb{R}^n;\mathbb{R}^d)$ mit $\mathbb{R}^{nd}$ identifiziert ist.

Wendet man diese Bedingung speziell auf $Z = Y^\tau$ mit einer beliebigen Stopzeit τ an, so folgt noch

(6.12) $$\alpha(Y)^\tau = \alpha(Y^\tau)^\tau.$$

Wir verwenden im folgenden für einen Prozeß $H \in \mathscr{C}(\mathbb{R}^d)$ die beiden folgenden Funktionale (mit Werten in $\overline{\mathbb{R}}_+$):

$$\|H\|'_t := \sqrt{\textstyle\int (H^*_t)^2(\omega)\, P(d\omega)},$$

$$\|H\|''_t := \sqrt{\textstyle\int_0^t ds \int P(d\omega)\, \big(H^*_s(\omega)\big)^2} = \sqrt{\textstyle\int_0^t ds\, \big(\|H\|'_s\big)^2}.$$

Sie hängen subadditiv und positiv homogen von H sowie monoton wachsend von t ab. $\|\ \|'_t$ wurde bereits (dort für $d = 1$ in der Bezeichnung $\|\ \|_{2,t}$) in Abschnitt 4.3 benötigt. Satz 4.12 zeigt, auch für beliebige Dimensionen d, daß

$$\mathscr{C}^2_{\mathrm{loc}}(\mathbb{R}^d) := \big\{H \in \mathscr{C}(\mathbb{R}^d) : \|H\|'_t < \infty, \forall t \in \mathbb{R}_+\big\}$$

in der durch die Gesamtheit der Halbnormen $\|\ \|'_t$ gegebenen Vektorraumtopologie vollständig ist. Offensichtlich impliziert Konvergenz in dieser Topologie auch lokal gleichmäßige stochastische Konvergenz.

Wir benötigen, um ein iteratives Verfahren zur Approximation einer Lösung der SDGL (6.12) in $\mathscr{C}^2_{\mathrm{loc}}(\mathbb{R}^d)$ durchführen zu können, einige Abschätzungen in diesen Halbnormen.

Lemma 6.8. $X \in \mathscr{S}(\mathbb{R}^n)$ *genüge der "Variationsvoraussetzung"*

$$|A_t^k - A_s^k| \le t - s; \quad [M^k]_t - [M^k]_s \le t - s; \quad s \le t;\ 1 \le k \le n. \tag{6.13}$$

Dabei bezeichnet $X^k = M^k + A^k$ *die Doob-Meyer-Zerlegung der k-ten Komponente von* X, *mit* $M^k \in \mathscr{M}_0$, $A^k \in \mathscr{A}$. *Dann gilt für* $H \in \mathscr{C}(\mathrm{Lin}(\mathbb{R}^n;\mathbb{R}^d))$ (*mit dem bezüglich der kanonischen bilinearen Verknüpfung* $\mathrm{Lin}(\mathbb{R}^n;\mathbb{R}^d)\times\mathbb{R}^n \to \mathbb{R}^d$ *gebildeten unbestimmten stochastischen Integral* $H \bullet X \in \mathscr{S}(\mathbb{R}^d)$)

$$\|H \bullet X\|_t' \le nd\,(2+\sqrt{t})\,\|H\|_t''. \tag{6.14}$$

Beweis: Wir behandeln zunächst den Fall $n = d = 1$. Aufgrund der Variationsvoraussetzung (6.13) über A ist $(V_A)_t - (V_A)_s \le t - s$, also

$$(H \bullet A)_t^* \le \int_0^t |H_s|\,ds \le \sqrt{t}\cdot\sqrt{\textstyle\int_0^t H_s^2\,ds}$$

(Höldersche Ungleichung), und somit

$$\|H \bullet A\|_t' \le \sqrt{t}\,\|H\|_t''.$$

Andererseits ist $H \bullet M \in \mathscr{M}_0$ mit quadratischer Variation

$$[H \bullet M]_t = \int_0^t H^2\,d[M] \le \int_0^t H_s^2\,ds$$

nach (4.23) bzw. (6.13). Ist $E[H \bullet M]_t < \infty$, so ist der bei t gestoppte Prozeß $(H \bullet M)^t$ nach Satz 4.21 ein L^2-Martingal, und die Maximal-Ungleichung (Satz 3.28) ergibt

$$\begin{aligned}\|H \bullet M\|_t' &\le 2\sup_{s\le t}\big\|(H \bullet M)_s\big\|_2\\ &= 2\big\|(H \bullet M)_t\big\|_2 = 2\sqrt{E[H \bullet M]_t}.\end{aligned}$$

Die damit gezeigte Abschätzung $\|H \bullet M\|_t' \le 2\sqrt{E[H \bullet M]_t}$ bleibt trivialerweise auch im Falle $E[H \bullet M]_t = \infty$ für ein $t \in \mathbb{R}_+$ richtig, d.h. es gilt für alle $t \in \mathbb{R}_+$

$$\|H \bullet M\|_t' \le 2\sqrt{E[H \bullet M]_t} \le 2\sqrt{E\textstyle\int_0^t H_s^2\,ds} \le 2\,\|H\|_t''$$

Insgesamt ist damit (6.14) für $d = n = 1$ bewiesen.
Der allgemeine Fall ergibt sich hieraus durch Koordinatendarstellung: Mit der Matrix $(H_{ik})_t(\omega)$ von $H_t(\omega) \in \mathrm{Lin}(\mathbb{R}^n;\mathbb{R}^d)$ ist

$$\begin{aligned}\|H \bullet X\|_t' &\le \sum_{k=1}^d \big\|(H \bullet X)^k\big\|_t' \le \sum_{k=1}^d\sum_{i=1}^n \|H_{ki} \bullet X^i\|_t'\\ &\le (2+\sqrt{t})\sum_{k=1}^d\sum_{i=1}^n \|H_{ki}\|_t'' \le nd\,(2+\sqrt{t})\,\|H\|_t''.\end{aligned}$$ □

Definition 6.9. (Wachstumsbeschränktheit) Eine Abbildung

$$\alpha\colon \mathscr{C}(\mathbb{R}^d) \to \mathscr{C}\big(\mathrm{Lin}(\mathbb{R}^n;\mathbb{R}^d)\big)$$

heißt *wachstumsbeschränkt*, wenn mit einer wachsend indizierten Familie von Konstanten $K_t > 0$ für jedes $t > 0$ gilt

$$\big\|\alpha(Y)\big\|'_t \le K_t\left(1 + \|Y\|'_t\right).$$

Bemerkung 6.10. Erfüllt $\alpha\colon \mathscr{C}(\mathbb{R}^d) \to \mathscr{C}\big(\mathrm{Lin}(\mathbb{R}^n;\mathbb{R}^d)\big)$ eine globale Lipschitzbedingung mit Konstanten $L_t > 0$, und ist $\big\|\alpha(0)\big\|'_t < \infty$ für alle $t > 0$ (0 der konstante Prozeß mit Wert $0 \in \mathbb{R}^d$; also z.B. $\alpha(Y)$ pfadweise von Y abhängig gemäß Beispiel 6.6), so ist α wachstumsbeschränkt mit $K_t = L_t + \big\|\alpha(0)\big\|'_t$.

Beweis: Denn es gilt:

$$\begin{aligned}\big\|\alpha(Y)\big\|'_t &\le \big\|\alpha(0)\big\|'_t + \big\|\alpha(Y) - \alpha(0)\big\|'_t \\ &\le \big\|\alpha(0)\big\|'_t + L_t\|Y\|'_t \le K_t\big(1 + \|Y\|'_t\big).\end{aligned}$$

□

Lemma 6.11. *$X \in \mathscr{S}(\mathbb{R}^n)$ genüge der Variationsvoraussetzung* (6.13), *und es sei $\alpha\colon \mathscr{C}(\mathbb{R}^d) \to \mathscr{C}\big(\mathrm{Lin}(\mathbb{R}^n;\mathbb{R}^d)\big)$ wachstumsbeschränkt (mit Konstanten K_t). Für $F \in L^2(P|\mathscr{F}_0)$ bezeichne $J_F\colon \mathscr{C}(\mathbb{R}^d) \to \mathscr{C}(\mathbb{R}^d)$ den Operator mit*

$$(J_F Y)_t := F + \int_0^t \alpha(Y)\,dX; \quad Y \in \mathscr{C}(\mathbb{R}^d).$$

Es gilt: i) *J_F bildet $\mathscr{C}^2_{\mathrm{loc}}(\mathbb{R}^d)$ in sich selbst ab, und für $Y \in \mathscr{C}^2_{\mathrm{loc}}(\mathbb{R}^d)$ ist*

$$\|J_F Y\|'_t \le \|F\|_2 + nd\left(2 + \sqrt{t}\right) K_t\left(\sqrt{t} + \|Y\|''_t\right); \quad t > 0.$$

Erfüllt α außerdem noch eine Lipschitzbedingung (mit Konstanten L_t), so gilt ferner:

ii) *Für $F, G \in L^2(P|\mathscr{F}_0)$ und $Y, Z \in \mathscr{C}^2_{\mathrm{loc}}(\mathbb{R}^d)$ gilt*

$$\|J_F Y - J_G Z\|'_t \le \|F - G\|_2 + nd\left(2 + \sqrt{t}\right) L_t\,\|Y - Z\|''_t; \quad t \ge 0.$$

iii) *Für jedes $F \in L^2(P|\mathscr{F}_0)$ und jedes $Y \in \mathscr{C}^2_{\mathrm{loc}}(\mathbb{R}^d)$ ist die Folge $(J_F^\ell Y)_{\ell\in\mathbb{N}}$ der iterierten Anwendungen von J_F auf Y eine Cauchy-Folge in $\mathscr{C}^2_{\mathrm{loc}}(\mathbb{R}^d)$.*

Beweis: i) Aufgrund der Wachstumsvoraussetzung ist

$$\big\|\alpha(Y)\big\|''_t \le K_t\sqrt{\textstyle\int_0^t \left(1 + \|Y\|'_s\right)^2 ds} \le K_t\left(\sqrt{t} + \|Y\|''_t\right).$$

Daher folgt die behauptete Abschätzung mit (6.14) für $H = \alpha(Y)$. Da für $Y \in \mathscr{C}^2_{\mathrm{loc}}(\mathbb{R}^d)$ auch $\|Y\|''_t \le \sqrt{t}\,\|Y\|'_t < \infty$ ist, ist also auch $J_F Y \in \mathscr{C}^2_{\mathrm{loc}}(\mathbb{R}^d)$.

ii) Aufgrund der Lipschitzbedingung ist

$$\left\|\alpha(Y)-\alpha(Z)\right\|_t' \le L_t \|Y-Z\|_t',$$

womit die behauptete Abschätzung wiederum aus (6.14) folgt.
iii) Für $\ell \in \mathbb{N}$ sei $\rho_\ell(t) := \left(\|J_F^{\ell+1}Y - J_F^\ell Y\|_t'\right)^2$. Mit $c(t) := \left(nd\,(2+\sqrt{t})\,L_t\right)^2$ folgt dann aus ii)

$$\rho_{\ell+1}(t) \le c(t)\int_0^t \rho_\ell(s)\,ds\,; \quad \ell \in \mathbb{N};\ t \in \mathbb{R}_+ .$$

Nach dem folgenden Lemma (mit $a=0$) ergibt sich, da c wie auch ρ_1 wachsende Funktionen von t sind,

$$\rho_{\ell+1}(t) \le \rho_1(t)\frac{(c(t)\,t)^\ell}{(\ell-1)!}\,; \quad \ell \in \mathbb{N}, t \in \mathbb{R}_+ .$$

Hieraus folgt unmittelbar $\sum_{\ell=1}^\infty \sqrt{\rho_\ell(t)} < \infty$ für alle $t \in \mathbb{R}_+$ und damit die Cauchy-Konvergenz der Folge $(J_F^\ell Y)_{\ell\in\mathbb{N}}$ in $\mathscr{C}^2_{\text{loc}}(\mathbb{R}^d)$:

$$\|J_F^{r+k}Y - J_F^r Y\|_t' \le \sum_{\ell=r+1}^\infty \sqrt{\rho_\ell(t)} \to 0 \quad \text{mit } r \to \infty .$$

□

Lemma 6.12. *Sei $(\rho_\ell)_{\ell\in\mathbb{N}}$ eine Folge lokal integrierbarer Funktionen ρ_ℓ: $\mathbb{R}_+ \to \mathbb{R}_+$. Es gelte, mit wachsenden a, b: $\mathbb{R}_+ \to \mathbb{R}_+$, für alle $t \in \mathbb{R}_+$*

$$\rho_{\ell+1}(t) \le a(t) + b(t)\int_0^t \rho_\ell(s)\,ds\,; \quad \ell \in \mathbb{N}.$$

Dann folgt für $\ell \in \mathbb{N}$, $t \in \mathbb{R}_+$

$$\rho_{\ell+1}(t) \le a(t)\Big(1 + b(t)\,t + \ldots + \frac{(b(t)\,t)^{\ell-1}}{(\ell-1)!}\Big) + \Big(b(t)\int_0^t \rho_1(s)\,ds\Big)\cdot\frac{(b(t)\,t)^{\ell-1}}{(\ell-1)!}\,.$$

Beweis: Vollständige Induktion. □

Im Spezialfall $\rho_\ell = \rho$ für alle $\ell \in \mathbb{N}$ ergibt sich mit $\ell \to \infty$ also die Abschätzung $\rho(t) \le a(t)\,e^{t\,b(t)}$ (*Gronwall-Lemma*).

Nach diesen Vorbereitungen ist der folgende (noch etwas technische) Existenz- und Eindeutigkeitssatz leicht zu beweisen:

Satz 6.13. *Es sei α: $\mathscr{C}(\mathbb{R}^d) \to \mathscr{C}\big(\mathrm{Lin}(\mathbb{R}^n;\mathbb{R}^d)\big)$ wachstumsbeschränkt und genüge einer globalen Lipschitzbedingung (mit Konstanten L_t). $X \in \mathscr{S}(\mathbb{R}^n)$ erfülle die Variationsvoraussetzung* (6.13). *Schließlich sei $F \in L^2(P|\mathscr{F}_0)$ gegeben.*
Dann besitzt die SDGL $dY = \alpha(Y)\,dX$ *eine (bis auf Nicht-Unterscheidbarkeit) eindeutig bestimmte Lösung Y in $\mathscr{C}^2_{\text{loc}}(\mathbb{R}^d)$ mit $Y_0 = F$. Die Lösung Y hängt (in der Topologie von $\mathscr{C}^2_{\text{loc}}(\mathbb{R}^d)$ und insbesondere bezüglich lokal gleichmäßig stochastischer Konvergenz) stetig von $F \in L^2(P|\mathscr{F}_0)$ ab.*

Im einzelnen gilt: Der Operator J: $(JY)_t = F + \int_0^t \alpha(Y)\,dX$ bildet $\mathscr{C}^2_{\text{loc}}(\mathbb{R}^d)$ in sich ab, und bei beliebig fixiertem $Z \in \mathscr{C}^2_{\text{loc}}(\mathbb{R}^d)$ konvergiert die Folge $(J^n Z)_{n\in\mathbb{N}}$ in der Topologie von $\mathscr{C}^2_{\text{loc}}(\mathbb{R}^d)$ gegen einen Fixpunkt $Y = JY \in \mathscr{C}^2_{\text{loc}}(\mathbb{R}^d)$, also eine Lösung von $dY = \alpha(Y)\,dX$ mit $Y_0 = F$. Ist ferner Y' eine weitere Lösung in $\mathscr{C}^2_{\text{loc}}(\mathbb{R}^d)$ mit $Y'_0 = F' \in L^2(P|\mathscr{F}_0)$, so gilt mit $c(t) := \big(nd\,(2+\sqrt{t}\,)\,L_t\big)^2$

$$\|Y - Y'\|'_t \le \sqrt{2}\,\|F - F'\|_{L^2(P)}\, e^{c(t)\,t}; \quad t \in \mathbb{R}_+. \tag{6.15}$$

Beweis: Nach Aussage ii) von Lemma 6.11 für $F = G$ definiert obiger Operator J eine stetige Abbildung des Raumes $\mathscr{C}^2_{\text{loc}}(\mathbb{R}^d)$ in sich; man beachte dabei die triviale Abschätzung $\|Y\|''_t \le \sqrt{t}\|Y\|'_t$. Außerdem konvergiert, da $\mathscr{C}^2_{\text{loc}}(\mathbb{R}^d)$ vollständig ist, bei beliebigem Ausgangsprozeß $Z \in \mathscr{C}^2_{\text{loc}}(\mathbb{R}^d)$ die Folge $(J^n Z)_{n\in\mathbb{N}}$ in $\mathscr{C}^2_{\text{loc}}(\mathbb{R}^d)$ gegen ein Y. Aufgrund der Stetigkeit von J folgt

$$Y = \lim_{n\to\infty} J^{n+1} Z = J\big(\lim_{n\to\infty} J^n Z\big) = JY.$$

Y ist also eine Lösung der SDGL mit $Y_0 = F$ (nach Definition von J).
Wir weisen nun Gleichung (6.15) nach. Hierzu setze $\rho(t) := \big(\|Y - Y'\|'_t\big)^2$. Bezeichnet (neben J) J' den analog zum Anfangswert F' definierten Operator

$$(J'Z)_t := F' + \int_0^t \alpha(Z)\,dX,$$

so gilt nach Lemma 6.11 ii)

$$\begin{aligned}\rho(t) &\le \Big(\|F - F'\|_2 + \sqrt{c(t)}\sqrt{\textstyle\int_0^t \rho(s)\,ds}\Big)^2 \\ &\le 2\Big(\|F - F'\|_2^2 + c(t)\int_0^t \rho(s)\,ds\Big).\end{aligned}$$

Lemma 6.12 ist also auf die konstante Folge $\rho_\ell = \rho$ anwendbar und zeigt mit $\ell \to \infty$

$$\rho(t) \le 2\,\|F - F'\|_2^2\, e^{2c(t)\,t},$$

also gerade Gleichung (6.15). Aus Gleichung (6.15) liest man nun auch die behauptete Eindeutigkeit (mit $F = F'$) und stetige Abhängigkeit der Lösung vom Anfangswert ab. □

Wir bemerken im Hinblick auf die Itô-Gleichung (6.1) und ihre Einordnung in Beispiel 6.6, daß die Variationsvoraussetzungen (6.13) über X insbesondere für $X := (t, B)$ mit einer N-dimensionalen $(\mathscr{F}_t)$-BM B erfüllt sind: $X = A + M$ mit $A^k_t = t$ für $k = 1$ und $= 0$ sonst, sowie $[M^k]_t = 0$ für $k = 1$, und $= t$ sonst.
Der Fall beliebiger $X \in \mathscr{S}(\mathbb{R}^n)$ läßt sich durch einen einfachen Zeitwechsel auf den in Satz 6.13 behandelten reduzieren. Die technischen Einzelheiten stehen im nächsten Lemma, (wobei $\mathscr{S}_{\langle T\rangle}, \mathscr{C}_{\langle T\rangle}$ die entsprechenden Räume bezogen auf die zeittransformierte Filtrierung bezeichnen; vgl. Abschnitt 5.2).

Lemma 6.14. *Zu* $X = M + A$, $M \in \mathscr{M}_0(\mathbb{R}^n)$, $A \in \mathscr{A}(\mathbb{R}^n)$ *bilde den Prozeß* σ:

$$\sigma_t = t + \sum_{k=1}^{n} [M^k]_t + \sum_{k=1}^{n} (V_{A^k})_t \colon \Omega \to \mathbb{R}_+ .$$

σ *ist adaptiert, stetig, streng wachsend, mit* $\sigma_0 = 0$ *und* $\sigma_\infty = \infty$. *Der Prozeß* $\langle\tau\rangle$ *mit* $\tau_t(\omega) := \big(\sigma_\bullet(\omega)^{-1}\big)_t$, *die pfadweise Umkehrfunktion, ist ein endlicher Zeitwechsel über* $\big(\Omega; \mathscr{F}; P; (\mathscr{F}_t)_{t\in\mathbb{R}_+}\big)$, *ebenso* $\langle\sigma\rangle$ *ein solcher über* $\big(\Omega; \mathscr{F}; P; (\mathscr{F}_{\tau_t})_{t\in\mathbb{R}_+}\big)$. *Es gilt:*

i) *Der zeittransformierte Prozeß* $X_{\langle\tau\rangle} := (X_{\tau_t})_{t\in\mathbb{R}_+} \in \mathscr{S}_{\langle\tau\rangle}(\mathbb{R}^n)$ *erfüllt die Variationsvoraussetzungen* (6.13).

ii) *Zu* $\alpha \colon \mathscr{C}(\mathbb{R}^d) \to \mathscr{C}\big(\mathrm{Lin}(\mathbb{R}^n; \mathbb{R}^d)\big)$ *bilde*

$$\alpha_{\langle\tau\rangle} \colon \mathscr{C}_{\langle\tau\rangle}(\mathbb{R}^d) \to \mathscr{C}_{\langle\tau\rangle}\big(\mathrm{Lin}(\mathbb{R}^n; \mathbb{R}^d)\big), \quad \alpha_{\langle\tau\rangle}(Z) = \big(\alpha(Z_{\langle\sigma\rangle})\big)_{\langle\tau\rangle} .$$

Dann gilt für die stochastischen Integrale

$$\int_0^t \alpha_{\langle\tau\rangle}(Y_{\langle\tau\rangle})\, dX_{\langle\tau\rangle} = \int_0^{\tau_t} \alpha(Y)\, dX ; \quad Y \in \mathscr{S}(\mathbb{R}^d). \tag{6.16}$$

Insbesondere löst $Y \in \mathscr{S}(\mathbb{R}^d)$ *genau dann die* SDGL $dY = \alpha(Y)\,dX$, *wenn* $Z := Y_{\langle\tau\rangle} \in \mathscr{S}_{\langle\tau\rangle}(\mathbb{R}^d)$ *die transformierte* SDGL $dZ = \alpha_{\langle\tau\rangle}(Z)\,dX_{\langle\tau\rangle}$ *löst; dabei ist* $Y_0 = Z_0$.

iii) *Erfüllt* α *eine globale Lipschitzbedingung mit Konstanten* L_t, *so auch* $\alpha_{\langle\tau\rangle}$; *gilt* $\|\alpha(0)\|_t' < \infty$ *(für den konstanten Prozeß* 0*), so auch* $\|\alpha_{\langle\tau\rangle}(0)\|_t' < \infty$.

Beweis: Die Eigenschaften von σ sind evident. Nach Gleichung (5.3) und (5.7) ist

$$\tau_t = \inf\{s \in \mathbb{R}_+ : \sigma_s > t\},$$

also nach Beispiel 5.9 $\langle\tau\rangle$ ein Zeitwechsel. Da τ stetig ist, sind alle Prozesse auch $\langle\tau\rangle$-stetig. Anwendung von Lemma 5.12 bzw. Satz 5.16 auf die einzelnen Komponenten A^k bzw. M^k zeigt, daß $X_{\langle\tau\rangle} = M_{\langle\tau\rangle} + A_{\langle\tau\rangle}$ die Doob-Meyer-Zerlegung von $X_{\langle\tau\rangle} \in \mathscr{S}_{\langle\tau\rangle}(\mathbb{R}^n)$ ist. Die Variationsvoraussetzungen (6.13) für $X_{\langle\tau\rangle}$ ergeben sich aus $[M^k_{\langle\tau\rangle}] = [M^k]_{\langle\tau\rangle}$ (Satz 5.16) wegen

$$[M^k]_{\tau_t} - [M^k]_{\tau_s} + |A^k_{\tau_t} - A^k_{\tau_s}| + \tau_t - \tau_s \le \sigma_{\tau_t} - \sigma_{\tau_s} = t - s ; \quad s \le t .$$

Damit ist i) gezeigt.

Die Formel (6.16) von ii) ist die Transformationsformel (5.13) von Satz 5.17 für stochastische Integrale unter Zeitwechsel, da ja $\alpha_{\langle\tau\rangle}(Y_{\langle\tau\rangle}) = \alpha(Y)_{\langle\tau\rangle}$ ist.

Daß sich die in iii) genannten Eigenschaften von α auf $\alpha_{\langle\tau\rangle}$ übertragen, liegt daran, daß $\sigma_t \ge t$ und daher $\tau_t \le t$, also $L_{\tau_t} \le L_t$ gilt. □

Damit erhalten wir folgende Variante von Satz 6.13.

Satz 6.15. *Es sei* $\alpha\colon \mathscr{C}(\mathbb{R}^d) \to \mathscr{C}(\mathrm{Lin}(\mathbb{R}^n;\mathbb{R}^d))$ *wachstumsbeschränkt und genüge einer globalen Lipschitzbedingung; ferner sei* $X \in \mathscr{S}(\mathbb{R}^n)$ *gegeben. Dann besitzt die* SDGL $dY = \alpha(Y)dX$ *für jeden* $\mathscr{F}_0$*-meßbaren Anfangswert* $F\colon \Omega \to \mathbb{R}^d$ *eine eindeutige Lösung* Y^F.
Die Abhängigkeit von F *ist sogar "pfadweise eindeutig", d. h. es gilt für* $\mathscr{F}_0$*-meßbare* $F,G\colon \Omega \to \mathbb{R}^d$

$$Y^F_\bullet = Y^G_\bullet \quad \text{f.ü. auf } \{F = G\}.$$

Darüberhinaus hängt Y^F *in dem Sinne stetig von* F *ab, daß* $F^{(n)} \to F$ *stochastisch mit* $n \to \infty$ *die Konvergenz* $Y^{F^{(n)}} \to Y^F$ *lokal gleichmäßig stochastisch nach sich zieht.*

Beweis: 1. Zunächst zeigen wir, daß die Lösung der SDGL $dY = \alpha(Y)dX$ zum Anfangswert $Y_0 = F$ unter den Voraussetzungen von Satz 6.13 sogar in $\mathscr{S}(\mathbb{R}^d)$ eindeutig bestimmt ist. Neben der in diesem Satz konstruierten Lösung $Y \in \mathscr{C}^2_{\mathrm{loc}}(\mathbb{R}^d)$ sei also $Z \in \mathscr{S}(\mathbb{R}^d)$ eine beliebige weitere Lösung, beide zum gleichen Anfangswert F. Für die Stopzeiten $\tau_n := \inf\{t \in \mathbb{R}_+ : |Z_t| \geq n\}$, $n \in \mathbb{N}$, gilt dann $\tau_n \nearrow \infty$ sowie $|Z^{\tau_n}| \leq |F| \vee n$, insbesondere also $Z^{\tau_n} \in \mathscr{C}^2_{\mathrm{loc}}(\mathbb{R}^d)$ für jedes $n \in \mathbb{N}$. Wir haben ferner

$$Z^{\tau_n}_t = F + \int_0^{\tau_n \wedge t} \alpha(Z)\,dX = F + \int_0^t \alpha(Z^{\tau_n})\,dX^{\tau_n};$$

hierbei wurde die Stopregel für stochastische Integrale (Satz 4.35) und Gleichung (6.12) benutzt. Dies bedeutet, daß Z^{τ_n} (und ebenso natürlich Y^{τ_n}) die SDGL $dW = \alpha(W)dX^{\tau_n}$ mit $W_0 = F$ löst. Aufgrund der Eindeutigkeit der Lösung in $\mathscr{C}^2_{\mathrm{loc}}(\mathbb{R}^d)$ (man beachte, daß auch X^{τ_n} die in Satz 6.13 gemachten Variationsvoraussetzungen (6.13) erfüllt) folgt $Z^{\tau_n} = Y^{\tau_n}$ für jedes n und also $Z = Y$.

2. Wir betrachten jetzt den in Lemma 6.14 beschriebenen Zeitwechsel $\langle\tau\rangle$ und schließen zunächst aus Satz 6.13, daß die transformierte SDGL $dZ = \alpha_{\langle\tau\rangle}(Z)\,dX_{\langle\tau\rangle}$ für jedes $F \in L^2(P|\mathscr{F}_0)$ eine Lösung Z^F besitzt, deren Abhängigkeit von F durch Gleichung (6.15) beschrieben ist. Insbesondere impliziert $F^{(n)} \to F$ in $\|\ \|_2$ die lokal gleichmäßig stochastische Konvergenz $Z^{F^{(n)}} \to Z^F$. Nach Aussage ii) des Lemmas ist $Y^F := Z^F_{\langle\sigma\rangle}$ die eindeutige Lösung von $dY = \alpha(Y)dX$ mit $Y^F_0 = F$; sie hängt in gleicher Weise stetig von $F \in L^2(P|\mathscr{F}_0)$ ab.
Denn es gilt, mit $Z^{(n)} := Z^{F^{(n)}}$ und $Z = Z^F$,

$$\{\sup_{s\leq r}|Z^{(n)}_{\sigma_s} - Z_{\sigma_s}| > \delta\} \subset \{\sup_{s\leq t}|Z^{(n)}_s - Z_s| > \delta\} \cup \{t < \sigma_r\}$$

für beliebige $r,t > 0$; aus $Z^{(n)} \to Z$ lokal gleichmäßig stochastisch folgt also für jedes $\delta > 0$, $r > 0$, $t > 0$

$$\limsup_{n\to\infty} P\{\sup_{s\leq r}|Z^{(n)}_{\sigma_s} - Z_{\sigma_s}| > \delta\} \leq P\{t < \sigma_r\};$$

andererseits konvergiert $P\{t < \sigma_r\} \to 0$ mit $t \to \infty$.

3. Wir zeigen nun die behauptete pfadweise Abhängigkeit der Lösung Y vom Anfangswert zunächst für $F, G \in L^2(P|\mathscr{F}_0)$. Da $Y = Z_{\langle\sigma\rangle}$ ist, genügt es, diese für Z zu zeigen, d. h. wir können hierbei annehmen, daß X die Variationsvoraussetzungen von Satz 6.13 erfüllt. Mit den für $F \in L^2(P|\mathscr{F}_0)$ gebildeten Operatoren

$$J_F\colon \mathscr{C}^2_{\mathrm{loc}}(\mathbb{R}^d) \to \mathscr{C}^2_{\mathrm{loc}}(\mathbb{R}^d), \quad J_F U = F + \int_0^t \alpha(U)\,dX$$

konvergieren dann (bei beliebigem Ausgangsprozeß $U \in \mathscr{C}^2_{\mathrm{loc}}(\mathbb{R}^d)$) lokal gleichmäßig stochastisch die Iterierten $(J_F)^n U \to Y^F$ und $(J_G)^n U \to Y^G$. Wir müssen uns also nur überzeugen, daß für jedes $n \in \mathbb{N}$ gilt

$$\big((J_F)^n U\big)_\bullet = \big((J_G)^n U\big)_\bullet \quad \text{f.ü. auf } \{F = G\}\,.$$

Dies sieht man induktiv: Für $n = 1$ wegen $J_F U - J_G U = F - G$; beim Schluß von n auf $n+1$ beachte man für $V, V' \in \mathscr{C}^2_{\mathrm{loc}}(\mathbb{R}^d)$ die Implikationen: $V_\bullet = V'_\bullet$ f.ü. auf $\{F = G\} \Rightarrow \alpha(V)_\bullet = \alpha(V')_\bullet$ f.ü. auf $\{F = G\}$ (aufgrund der vorausgesetzten Lipschitzbedingung) $\Rightarrow (J_F V)_\bullet = (J_G V')_\bullet$ f.ü. auf $\{F = G\}$ (nach Korollar 1 zu Satz 4.40 über die pfadweise Abhängigkeit stochastischer Integrale vom Integranden). Für $V := (J_F)^n U$ und $V' := (J_G)^n U$ ist dies der Induktionsschritt von n auf $n+1$.

4. Wir wollen nun die für Anfangswerte $F \in L^2(P|\mathscr{F}_0)$ gezeigten Aussagen des Satzes auf beliebige $\mathscr{F}_0$-meßbare F verallgemeinern. Mit den hierzu für $\ell \in \mathbb{N}$ jeweils definierten $F_\ell := F\,1_{\{|F| \le \ell\}}$ (aus $L^2(P|\mathscr{F}_0)$) ist zunächst Y^F durch die Forderungen

$$Y^F_\bullet := Y^{F_\ell}_\bullet \quad \text{f.ü. auf } \big\{|F| \le \ell\big\};\ \ell \in \mathbb{N}$$

bis auf Nicht-Unterscheidbarkeit wohldefiniert. Y^F löst die SDGL $dY = \alpha(Y)\,dX$ zum Anfangswert F, da, wiederum aufgrund der Lipschitzbedingung sowie der pfadweisen Abhängigkeit stochastischer Integrale vom Integranden, für jedes $\ell \in \mathbb{N}$ jeweils f.ü. auf $\big\{|F| \le \ell\big\}$ gilt

$$Y^F_\bullet = Y^{F_\ell}_\bullet = F_\ell + \big(\alpha(Y^{F_\ell}) \bullet X\big)_\bullet = F + \big(\alpha(Y^F) \bullet X\big)_\bullet\,.$$

Wir zeigen die stetige Abhängigkeit von F in der behaupteten Form. Hierzu fixieren wir eine Folge $(F^{(n)})_{n\in\mathbb{N}}$ $\mathscr{F}_0$-meßbarer Anfangswerte, die stochastisch gegen F konvergiert. Um zu zeigen, daß die Folge der Lösungen $Y^{F^{(n)}}$ zum Anfangswert $F^{(n)}$ lokal gleichmäßig stochastisch gegen Y^F konvergiert, dürfen wir aufgrund des Teilfolgenprinzips (vgl. [BA 90], Korollar 20.8) sogar $F^{(n)} \to F$ f.ü. mit $n \to \infty$ annehmen. Wir definieren für $c > 0$ jeweils

$$A(c) := \big\{|F| < c\big\}; \quad A_n(c) := \big\{|F^{(n)}| < c\big\} \cap A(c)\,.$$

Dann konvergiert also $1_{A(c)\setminus A_n(c)} \to 0$ f.ü. und daher auch

$$F^{(n)} 1_{A_n(c)} \to F\,1_{A(c)} \text{ in } L^2(P|\mathscr{F}_0); \quad n \to \infty$$

(nämlich f.ü. und majoriert durch c). Nach der bereits bewiesenen Stetigkeitsaussage wissen wir schon $Y^{(n,c)} \to Y^{(c)}$ lokal gleichmäßig stochastisch (für jedes $c > 0$) für die Lösungsprozesse

$$Y^{(n,c)} := Y^{F^{(n)} 1_{A_n(c)}}, \quad Y^{(c)} := Y^{F\,1_{A(c)}}\,.$$

Aufgrund der pfadweisen Eindeutigkeitsaussage ist aber

$$Y_\bullet^{(n,c)} = Y_\bullet^{F^{(n)}} \text{ f.ü. auf } A_n(c); \quad Y_\bullet^{(c)} = Y_\bullet^F \text{ f.ü. auf } A(c)$$

und somit für feste $t, \delta > 0$

$$P\{\sup_{s\le t} |Y_s^{F^{(n)}} - Y_s^F| \ge \delta\} \le P\{\sup_{s\le t} |Y_s^{(n,c)} - Y_s^{(c)}| \ge \delta\} + P(\complement A_n(c)).$$

Wählt man also zu fixiertem $\varepsilon > 0$ zunächst $c > 0$ so groß, daß $P(A(c)) > 1 - \varepsilon$ wird, dazu $k \in \mathbb{N}$ so groß, daß (wegen $1_{A(c)\setminus A_n(c)} \to 0$ f.ü.)

$$P(A_n(c)) > 1 - \varepsilon \quad \text{und} \quad P\{\sup_{s\le t} |Y_s^{(n,c)} - Y_s^{(c)}| \ge \delta\} < \varepsilon; \quad n \ge k$$

gilt, so folgt endlich auch

$$P\{\sup_{s\le t} |Y_s^{F^{(n)}} - Y_s^F| \ge \delta\} < 2\varepsilon; \quad n \ge k. \qquad \square$$

6.3 Maximallösungen unter lokalen Lipschitzbedingungen

Ohne die im vorigen Abschnitt gemachten globalen Lipschitz- und Wachstumsvoraussetzungen an die SDGL $dY = \alpha(Y)\,dX$ wird eine Lösung Y im allgemeinen "explodieren", d.h. ihre Pfade unter Umständen schon nach endlicher Zeit das Definitionsgebiet der DGL verlassen. Das ist schon im deterministischen Falle so, vgl. etwa $\dot{y}(t) = 1 + y(t)^2$ mit der Lösung $y = \tan$ zum Anfangswert $y(0) = 0$. Dies führt dazu, daß der Lösungsprozeß nur bis zu einer (maximalen) "Lebenszeit" definiert ist.

Es ist wieder ein standard filtrierter Wahrscheinlichkeitsraum $(\Omega; \mathscr{F}; P; (\mathscr{F}_t)_{t\in\mathbb{R}_+})$ zugrundegelegt. Wir studieren in diesem Abschnitt die SDGL

$$dY = \alpha(t, Y_t)\,dX$$

(vgl. Beispiel 6.6) mit einem treibenden Prozeß $X \in \mathscr{S}(\mathbb{R}^n)$ und einer stetigen Abbildung α: $\mathbb{R}_+ \times U \to \mathrm{Lin}(\mathbb{R}^n; \mathbb{R}^d)$ für eine offene Menge $U \subset \mathbb{R}^d$. Wir setzen immer voraus, daß α eine *lokale Lipschitzbedingung* der folgenden Art erfüllt: Für alle $t > 0$ und alle $K \subset U$ kompakt gibt es Konstanten $L(t, K) > 0$, so daß

$$(6.17) \qquad |\alpha(s,y) - \alpha(s,x)| \le L(t,K)\,|y - x|; \quad x, y \in K;\ 0 \le s \le t.$$

($|\ |$ bezeichnet wieder die jeweiligen euklidischen Normen in $\mathbb{R}^d$ bzw. $\mathrm{Lin}(\mathbb{R}^n; \mathbb{R}^d)$, identifiziert mit $\mathbb{R}^{nd}$).
Typische Beispiele für diese sehr natürliche Annahme sind:

i) α ist stetig differenzierbar; oder
ii) (vgl. Gleichung (6.9)) $\alpha(t,y) = R(t)\,y + r(t)$ mit stetigen Abbildungen $t \mapsto R(t) \in \mathrm{Lin}(\mathbb{R}^d; \mathrm{Lin}(\mathbb{R}^n; \mathbb{R}^d))$; $t \mapsto r(t) \in \mathrm{Lin}(\mathbb{R}^n; \mathbb{R}^d)$.

Unter einer (globalen) *Lösung* der SDGL $dY = \alpha(t,Y)\,dX$ zum Anfangswert F (mit $F\colon \Omega \to U$ $\mathscr{F}_0$-meßbar) verstehen wir (wie bisher für $U = \mathbb{R}^d$) einen Prozeß $Y \in \mathscr{S}(\mathbb{R}^d)$ *mit Werten in* U (d.h. $Y_\bullet(\omega) \in U$ für fast alle $\omega \in \Omega$) so, daß

$$Y_t = F + \int_0^t \alpha(s,Y)\,dX\,; \quad t \in \mathbb{R}.$$

Um auch unter nurmehr lokalen Voraussetzungen noch eine Lösungsaussage machen zu können, müssen wir den Vorgang des "Explodierens" einer Lösung genauer formulieren.

Definition 6.16. (Vorhersagbare Stopzeit) Eine Stopzeit $\tau\colon \Omega \to \overline{\mathbb{R}}_+$ heißt *vorhersagbar*, wenn sie eine *ankündigende Folge* $\tau_n \nearrow \tau$ von Stopzeiten τ_n besitzt, für die gilt $\tau_n < \tau$ f.ü. auf $\{0 < \tau < \infty\}$ (wir schreiben hierfür kurz: $\tau_n \nearrow\!\!\!\!\nearrow \tau$).

Typische Beispiele vorhersagbarer Stopzeiten sind Austrittszeiten aus nichtleeren offenen Mengen $U \subset \mathbb{R}^d$. Um dies zu sehen, beschreiben wir die Annäherung an den Rand ∂U durch die (stetige) Funktion $\rho\colon \mathbb{R}^d \to \mathbb{R}_+$:

(6.18) $\quad \rho(x) = \big(1+|x|\big)^{-1} \wedge \operatorname{dist}(x, \mathbb{R}^d \setminus U) \quad \big(:= \big(1+|x|\big)^{-1}$ für $U = \mathbb{R}^d\big).$

Dann bilden die Mengen $\{\rho \geq 1/\ell\} := K_\ell$, $\ell \in \mathbb{N}$, eine *kompakte Ausschöpfung* von U (also K_ℓ kompakt und $K_\ell \subset \operatorname{int} K_{\ell+1} \subset K_{\ell+1} \nearrow U$), und $\mathbb{R}^d \setminus U = \{\rho = 0\}$. Insbesondere gilt für eine Folge (x_n) in U also $\rho(x_n) \to 0 \Leftrightarrow x_n \to \partial U$, wobei die Konvergenz $x_n \to \partial U$ bedeutet, daß für jedes kompakte $K \subset U$ schließlich $x_n \notin K$ gilt.

Beispiel 6.17. Für $\emptyset \neq U \subset \mathbb{R}^d$ offen und $Y \in \mathscr{C}(\mathbb{R}^d)$ mit $Y_0(\omega) \in U$ f.ü. ist $\tau := \inf\{t \in \mathbb{R}_+ : Y_t \notin U\}$ eine vorhersagbare Stopzeit. Wir erhalten eine ankündigende Folge $\tau_n \nearrow\!\!\!\!\nearrow \tau$ in der Form

$$\tau_n := \inf\{t \in \mathbb{R}_+ : \rho(Y_t) \leq 1/n\}.$$

Denn: Da für jedes $\omega \in \Omega$ mit $Y_0(\omega) \in U$ die Funktion $f(t) := \rho\big(Y_t(\omega)\big)$ stetig ist mit $f(0) > 0$, sieht man zunächst, daß im Falle $0 < \tau(\omega) < \infty$ gilt

$$f\big(\tau(\omega)\big) = 0 \quad \text{und} \quad f\big(\tau_n(\omega)\big) = 1/n \text{ für } n > 1/f(0).$$

Dies zeigt, daß für $0 < \tau(\omega) < \infty$ und $n > 1/f(0)$ gilt $0 < \tau_n(\omega) < \tau_{n+1}(\omega) < \tau(\omega)$. Außerdem ist bei beliebigem ω für $t := \sup_n \tau_n(\omega)$ einmal natürlich $t \leq \tau(\omega)$, zum andern bei endlichem t mit $n \to \infty$ auch $f\big(\tau_n(\omega)\big) \leq 1/n \to 0$, also $f(t) = 0$ und daher $t \geq \tau(\omega)$. Somit gilt stets $t = \tau(\omega)$. □

Definition 6.18. (Semimartingale mit Explosionszeit) Sei $U \subset \mathbb{R}^d$ offen und nichtleer und $\zeta\colon \Omega \to \overline{\mathbb{R}}_+$ eine vorhersagbare Stopzeit mit $\zeta > 0$ f.ü. Ein stetiges *Semimartingal* $(Y_t)_{t<\zeta}$ *mit Werten in* U *und Explosionszeit* ζ ist eine Abbildung $Y\colon [0,\zeta[\, \to \mathbb{R}^d$ so, daß für eine ankündigende Folge $\zeta_n \nearrow\!\!\!\!\nearrow \zeta$ gilt

a) $Y^{\zeta_n} := (Y_{\zeta_n \wedge t})_{t \in \mathbb{R}_+}$ ist ein stetiges Semimartingal mit Werten in U;

b) $Y_{\zeta_n(\omega)}(\omega) \to \partial U$ für fast alle $\omega \in \{\zeta < \infty\}$.

Eigenschaft b) ist eine explizite Form der Aussage

$$\liminf_{t\to\zeta,\, t<\zeta} \rho(Y_t) = 0 \quad \text{f.ü. auf } \{\zeta < \infty\}$$

mit ρ aus Gleichung (6.18); für $U = \mathbb{R}^d$ also:

$$\limsup_{t\to\zeta,\, t<\zeta} |Y_t| = \infty \quad \text{f.ü. auf } \{\zeta < \infty\}.$$

Mit der in Beispiel 6.17 für ein $Y \in \mathscr{S}(\mathbb{R}^d)$ betrachteten Austrittszeit τ ist offensichtlich der auf $[0,\tau[$ eingeschränkte Prozeß $(Y_t)_{t<\tau}$ ein Semimartingal mit Werten in U und Explosionszeit τ. Hier gilt offenbar sogar, stärker als in Definition 6.18 b) verlangt, die Konvergenzaussage

$$Y_t \to \partial U \quad \text{mit } t \nearrow \zeta \text{ auf } \{\zeta < \infty\};$$

dies folgt sofort aus der Stetigkeit des Ausgangsprozesses Y auch über ζ hinaus auf $\{\zeta < \infty\}$.

Eine ähnliche Situation, aber aus anderen Gründen, liegt bei Maximallösungen von SDGL vor:

Definition 6.19. (Maximallösung) Sei α: $\mathbb{R}_+ \times U \to \mathrm{Lin}(\mathbb{R}^n;\mathbb{R}^d)$ stetig und $X \in \mathscr{S}(\mathbb{R}^n)$, ferner F: $\Omega \to U$ $\mathscr{F}_0$-meßbar. Eine *Maximallösung* der SDGL $dY = \alpha(t,Y)\,dX$ zum Anfangswert F mit *Lebenszeit* ζ ist ein Semimartingal $(Y_t)_{t<\zeta}$ mit Werten in U und einer vorhersagbaren Stopzeit $\zeta > 0$ f.ü. so, daß für eine (und damit nach der folgenden Bemerkung für jede) ankündigende Folge $\zeta_\ell \nearrow\!\!\!\nearrow \zeta$ die gestoppten $Y^{\zeta_\ell} \in \mathscr{S}(\mathbb{R}^d)$ Lösungen der *gestoppten* SDGL $dY = \alpha(t,Y)\,dX^{\zeta_\ell}$ sind und dabei f.ü. auf $\{\zeta < \infty\}$ gilt $Y_t \to \partial U$ mit $t \nearrow \zeta$.

Bemerkung 6.20. Ist Y eine Maximallösung mit Lebenszeit ζ, so gilt für jede Stopzeit $\eta \le \zeta$ mit $\eta < \zeta$ f.ü. auf $\{\zeta < \infty\}$

$$(6.19) \qquad Y_{\eta\wedge t} = F + \int_0^{\eta\wedge t} \alpha(s, Y^\eta)\,dX \quad \text{f.ü.}; \quad t \in \mathbb{R}_+.$$

Denn dies gilt nach Definition in Verbindung mit der Stopregel von Satz 4.35 zunächst für die ζ_ℓ einer ankündigenden Folge, damit für $\eta \wedge \zeta_\ell$ und also im Limes $\ell \to \infty$ allgemein wegen $\zeta_\ell \nearrow \zeta$. Insbesondere ist "Lösung" (im bisherigen Sinne) gleichbedeutend mit "Maximallösung mit Lebenszeit $\zeta = \infty$." Dagegen erhält man mit Beispiel 6.17 durch Einschränkung einer Lösung Y auf offene Teilmengen $V \subset U$ mit $Y_0(\Omega) \subset V$ Maximallösungen $(Y_t)_{t<\tau}$ der "auf V eingeschränkten SDGL" $dY = \big(\alpha|(\mathbb{R}_+ \times V)\big)(t,Y)\,dX$ mit der Austrittszeit τ von Y aus V als Lebenszeit.

Natürlich ist jede Maximallösung mit Lebenszeit ζ eine Semimartingal mit Explosionszeit ζ im Sinne von Definition 6.18. Umgekehrt gilt

Satz 6.21. *Sei* $(Y_t)_{t<\zeta}$ *ein Semimartingal mit Werten in* U *und Explosionszeit* ζ, *so daß für eine ankündigende Folge* $\zeta_\ell \nearrow\!\!\!\nearrow \zeta$ *gemäß Definition* 6.18 *jeweils* Y^{ζ_ℓ} *die gestoppte* SDGL $dY = \alpha(t,Y)\,dX^{\zeta_\ell}$ *löst (mit* α: $\mathbb{R}_+ \times U \to \mathrm{Lin}(\mathbb{R}^n;\mathbb{R}^d)$ *stetig;* $X \in \mathscr{S}(\mathbb{R}^n)$). *Dann ist* Y *Maximallösung der* SDGL $dY = \alpha(t,Y)\,dX$ *mit* ζ *als Lebenszeit.*

Beweis: Für eine beliebig fixierte kompakte Menge $K \subset U$ ist zu zeigen, daß

$$N := \{\omega : \zeta(\omega) < \infty;\ Y_t(\omega) \in K \text{ immer wieder bei } t \nearrow \zeta(\omega)\}$$

eine Nullmenge ist. Der Grund hierfür muß natürlich darin liegen, daß $Y_{\zeta_\ell} \to \partial U$ auf $\{\zeta < \infty\}$ gilt, so daß für $\omega \in N$ gleichzeitig $Y_t(\omega)$ jedes weitere Kompaktum immer wieder bei $t \nearrow \zeta(\omega)$ verläßt. Um dies genauer zu beschreiben, fixieren wir eine weitere Menge B, B beschränkt, offen, mit $K \subset B \subset \bar{B} \subset U$, und betrachten die sukzessiven Ein- und Austrittszeiten $0 = \sigma_0 = \tau_0 \le \sigma_1 \le \tau_1 \le \ldots$ mit

$$\sigma_n = \inf\{t : \tau_{n-1} \le t < \zeta;\ Y_t \in K\}$$
$$\tau_n := \inf\{t : \sigma_n \le t < \zeta;\ Y_t \notin B\},$$

jeweils mit der Konvention $\inf \emptyset = \zeta$. Dies sind Stopzeiten, wie man aus folgender Darstellung erkennt: $\{t < \sigma_n\} = \{t < \zeta\} \cap A_t$ für

$$A_t := \bigcup_{\ell \in \mathbb{N}} \bigcap_{s \in \mathbb{Q},\, s \le t} \Big(\{s < \tau_{n-1}\} \cup \{s \ge \tau_{n-1};\ \mathrm{dist}\big(Y_s(\cdot), K\big) \ge 1/\ell\}\Big) \in \mathscr{F}_t\,;$$

analog für τ_n. Für diese Stopzeiten gilt folgendes:

a) Wegen $\sum_1^\infty(\tau_n \wedge t - \sigma_n \wedge t) \le t$ konvergiert $\tau_n \wedge t - \sigma_n \wedge t \to 0$ für jedes $t \in \mathbb{R}_+$; insbesondere gilt $\tau_n - \sigma_n \to 0$ auf N.

b) Wegen $Y_{\zeta_\ell} \to \partial U$ f.ü. auf $\{\zeta < \infty\}$ und $\zeta_\ell \nearrow\!\!\!\nearrow \zeta$ haben wir offenbar

$$\sigma_n < \tau_n < \zeta < \infty \quad \text{mit } Y_{\tau_n} \notin B\,, Y_{\sigma_n} \in K \text{ f.ü. auf } N\,.$$

c) Da α stetig ist und $Y_t \in \bar{B}$ auf $\{\sigma_n < t \le \tau_n\}$, ist $U^{(n)}$:

$$U_t^{(n)} := 1_{]\sigma_n,\tau_n]}(t)\,\alpha(t,Y_t)$$

ein wohldefinierter Prozeß in $\mathscr{B}\big(\mathrm{Lin}(\mathbb{R}^n;\mathbb{R}^d)\big)$. Hiermit bilden wir das stochastische Integral $Z^{(n)} := U^{(n)} \bullet X$ und haben dann

$$Z_t^{(n)} = Y_{\tau_n \wedge t} - Y_{\sigma_n \wedge t} \quad \text{auf } \{\tau_n < \zeta\};$$

denn für jede Stopzeit τ ist ja $Y_{\zeta_\ell \wedge \tau} = F + \int_0^{\zeta_\ell \wedge \tau} \alpha(s,Y)\,dX$, also mit $\ell \to \infty$,

$$Y_\tau = F + \int_0^\tau \alpha(s,Y)\,dX \quad \text{auf } \{\tau < \zeta\}.$$

d) Bezeichnet $X = A + M$ die Doob-Meyer-Zerlegung von X und V_{A^k} den Variationsprozeß der k-ten Komponente A^k von A, so ergibt sich mit $V_t := \max\limits_{1 \le k \le n} (V_{A^k})_t$ die Abschätzung

$$\big|(U^{(n)} \bullet A)_t\big| \le \int_0^t |U_s^{(n)}|\,dV_s \le c(t)\,(V_{\tau_n \wedge t} - V_{\sigma_n \wedge t}) \to 0\,,$$

mit $c(t) := \sup\{|\alpha(s,y)| : s \leq t;\ y \in \bar{B}\} < \infty$ nach c).

e) Nach c) ist ferner

$$(U^{(n)} \bullet M)_t = Y_{\tau_n \wedge t} - Y_{\sigma_n \wedge t} - (U^{(n)} \bullet A)_t \quad \text{f.ü. auf } N.$$

Der zweite Ausdruck rechts strebt nach d) gegen 0 mit $n \to \infty$, während der erste auf $N \cap \{\zeta \leq t\}$ gleich $Y_{\tau_n} - Y_{\sigma_n}$ ist und dort also nach b) einen Betrag $\geq \operatorname{dist}(K, \complement B) =: \delta$ hat.

Mit den Stopzeiten $\rho_\ell := \inf\{t \in \mathbb{R}_+ : [M]_t \geq \ell\}$ ist andererseits

$$\begin{aligned}\|(U^{(n)} \bullet M)_{\rho_\ell \wedge t}\|_2^2 &= E[U^{(n)} \bullet M]_{\rho_\ell \wedge t} = E[U^{(n)} \bullet M^{\rho_\ell}]_t \\ &= E\int_0^t |U_s^{(n)}|^2 \, d[M]_s^{\rho_\ell} \leq c(t)^2 E\big([M]_{\tau_n \wedge t}^{\rho_\ell} - [M]_{\sigma_n \wedge t}^{\rho_\ell}\big);\end{aligned}$$

hierin folgt die erste Gleichheit aus Lemma 4.29, die dritte nach Gleichung (4.23). Der Integrand des Erwartungswertes strebt mit $n \to \infty$ gegen 0, majoriert durch ℓ, so daß also auch $(U^{(n)} \bullet M)_{\rho_\ell \wedge t} \to 0$ bei $n \to \infty$ gilt in der Norm $\|\ \|_2$ und somit auch f.ü. für eine Teilfolge. Insgesamt erhalten wir so

$$0 \geq \delta > 0 \quad \text{f.ü. auf } N \cap \{\zeta \leq \rho_\ell \wedge t\}$$

für jedes $\ell \in \mathbb{N}$, $t \in \mathbb{R}_+$, also $P(N) = 0$. □

Satz 6.22. *Sei $U \subset \mathbb{R}^d$ eine nichtleere offene Menge, und die stetige Abbildung*

$$\alpha\colon \mathbb{R}_+ \times U \to \operatorname{Lin}(\mathbb{R}^n; \mathbb{R}^d)$$

erfülle eine lokale Lipschitzbedingung (6.17). *Weiter sei $F\colon \Omega \to \mathbb{R}^d$ $\mathscr{F}_0$-meßbar mit Werten in U und $X \in \mathscr{S}(\mathbb{R}^n)$ gegeben.*

Dann existiert eine (mitsamt ihrer Lebenszeit) eindeutig bestimmte Maximallösung $(Y_t)_{t<\zeta}$ der SDGL $dY = \alpha(t,Y)\,dX$ *mit $Y_0 = F$. Dabei ist $\zeta = \infty$, wenn α kompakten Träger hat, d.h. wenn für ein Kompaktum $K \subset U$ gilt $\alpha(t,x) = 0$ für $(t,x) \in \mathbb{R}_+ \times U$ mit $x \notin K$.*

Beweis: 1. Mit der in Gleichung (6.18) definierten Funktion $\rho\colon \mathbb{R}^d \to \mathbb{R}_+$ betrachten wir wieder die kompakte Ausschöpfung von U durch die $K_\ell := \{\rho \geq 1/\ell\}$. Wir wählen jeweils eine C^∞-Urysohn-Funktion (vgl. [HA 87], §13)

$$\chi_\ell \in D(\mathbb{R}^d) : 1_{K_\ell} \leq \chi_\ell \leq 1_{K_{\ell+1}}$$

und bilden hiermit die

$$\alpha_\ell\colon \mathbb{R}_+ \times \mathbb{R}^d \to \operatorname{Lin}(\mathbb{R}^n; \mathbb{R}^d), \quad \alpha_\ell(t,x) = \chi_\ell(x)\alpha(t,x) \quad (:= 0 \text{ für } x \notin U).$$

α_ℓ ist dann "global Lipschitz": Bei fixiertem t ist nach (6.17) für $s \leq t$, $y \in K_{\ell+1}$ bei beliebigem $x \in \mathbb{R}^d$

$$\begin{aligned}\big|\alpha_\ell(s,x) - \alpha_\ell(s,y)\big| &\leq \big|\alpha(s,x) - \alpha(s,y)\big|\chi_\ell(x) + \big|\alpha(s,y)\big|\,\big|\chi_\ell(x) - \chi_\ell(y)\big| \\ &\leq \Big(L(t, K_{\ell+1}) + \big(\sup_{z \in \mathbb{R}^d} |D\chi_\ell(z)|\big)\big(\sup_{s \leq t;\, z \in K_{\ell+1}} |\alpha(s,z)|\big)\Big)\,|x-y|;\end{aligned}$$

dies gilt natürlich ebenso für $x \in K_{\ell+1}$ bei beliebigem $y \in \mathbb{R}^d$, und trivialerweise auch für $x \notin K_{\ell+1}$ und $y \notin K_{\ell+1}$. Insgesamt gilt somit für geeignete Konstanten $L_{\ell,t} \geq 0$

$$\left|\alpha_\ell(s,x) - \alpha_\ell(s,y)\right| \leq L_{\ell,t}\,|x-y|; \quad s \leq t;\ x,y \in \mathbb{R}^d.$$

Wählen wir dabei

$$L_{\ell,t} := \inf\left\{L > 0 : \left|\alpha_\ell(s,x) - \alpha_\ell(s,y)\right| \leq L\,|x-y|;\ s \leq t;\ x,y \in \mathbb{R}^d\right\},$$

so gilt zusätzlich $L_{\ell,s} \leq L_{\ell,t}$ für $s \leq t$.
Die von den α_ℓ induzierten Abbildungen

$$\tilde{\alpha}_\ell\colon \mathscr{C}(\mathbb{R}^d) \to \mathscr{C}\big(\mathrm{Lin}(\mathbb{R}^n;\mathbb{R}^d)\big), \quad \big(\tilde{\alpha}_\ell(Y)\big)_t = \alpha_\ell(t,Y_t)$$

erfüllen also eine globale Lipschitzbedingung mit Konstanten $L_{\ell,t}$ (Definition 6.7). Die SDGL $dY = \alpha_\ell(s,Y)\,dY = \tilde{\alpha}_\ell(Y)\,dX$ genügt daher für alle $\ell \in \mathbb{N}$ den Voraussetzungen des Existenz- und Eindeutigkeitssatzes 6.15. $Y^{(\ell)} \in \mathscr{S}(\mathbb{R}^d)$ bezeichne die jeweilige Lösung mit $Y_0^{(\ell)} = F$. Wir wollen sie zu der gesuchten Maximallösung zusammensetzen.

2. Wir betrachten die Stopzeiten

$$\zeta_\ell := \inf\left\{t \in \mathbb{R}_+ : \rho(Y_t^{(\ell+1)}) \leq 1/\ell\right\}.$$

Hierfür gilt $\rho(Y_s^{(\ell+1)}) > 1/\ell$ für $0 \leq s < \zeta_\ell$; der gestoppte Prozeß $(Y^{(\ell+1)})^{\zeta_\ell}$ hat somit auf $\{\zeta_\ell > 0\}$ Werte in K_ℓ, genügt also f.ü. auf $\{\zeta_\ell > 0\}$, und trivialerweise auch auf $\{\zeta_\ell = 0\}$, der Gleichung

$$(6.20)\quad Y_{\zeta_\ell \wedge t}^{(\ell+1)} = F + \int_0^{\zeta_\ell \wedge t} \alpha_{\ell+1}(s,Y^{(\ell+1)})\,dX = F + \int_0^{\zeta_\ell \wedge t} \alpha_\ell\big(s,(Y^{(\ell+1)})^{\zeta_\ell}\big)\,dX.$$

Dies ist aber die durch ζ_ℓ gestoppte SDGL $dY = \alpha_\ell(t,Y)\,dX^{\zeta_\ell}$, die eindeutig (zum Anfangswert F) durch $(Y^{(\ell)})^{\zeta_\ell}$ gelöst wird, d.h. es gilt

$$(Y^{(\ell+1)})^{\zeta_\ell} = (Y^{(\ell)})^{\zeta_\ell}.$$

Hieraus folgt zunächst $\zeta_\ell \leq \zeta_{\ell+1}$, so daß die Stopzeit $\zeta := \lim_{\ell\to\infty} \zeta_\ell$ sowie der Prozeß $(Y_t)_{t<\zeta}$ durch $Y := Y^{(\ell)}$ auf $[0,\zeta_\ell[$ wohldefiniert sind; man beachte dabei, daß wegen $\{\zeta_\ell > 0\} = \{F \in \mathrm{int}K_\ell\}$ und somit $\bigcup_{\ell\in\mathbb{N}}\{\zeta_\ell > 0\} = \Omega$ auch $\zeta > 0$ f.ü. ist. Hierfür gilt dann f.ü. auf $\{\zeta_\ell > 0\} \cap \{\zeta < \infty\}$ (wegen Stetigkeit der $Y^{(\ell)}$)

$$\rho(Y_{\zeta_\ell}) = \rho(Y_{\zeta_\ell}^{(\ell+1)}) = 1/\ell \neq \rho(Y_{\zeta_{\ell+1}}) = 1/(\ell+1),$$

also $\zeta_\ell < \zeta_{\ell+1} < \zeta$ und $Y_{\zeta_\ell} \to \partial U$; schließlich folgt aus (6.20) auch f.ü.

$$Y_t^{\zeta_\ell} = F + \int_0^{\zeta_\ell \wedge t} \alpha(s,Y^{\zeta_\ell})\,dX; \quad t \in \mathbb{R}_+.$$

Nach Satz 6.21 ist also Y eine Maximallösung der SDGL $dY = \alpha(t,Y)\,dX$ zum Anfangswert $Y_0 = F$ mit Lebenszeit ζ und (ζ_n) eine ankündigende Folge gemäß Definition 6.16.

3. Sei nun $(Y'_t)_{t<\zeta'}$ eine weitere Maximallösung . Wir bilden die Stopzeiten

$$\eta_n := \inf\{t : t < \zeta' \text{ und } \rho(Y'_t) \leq 1/n\}.$$

Es gilt zunächst wieder $\{\eta_n > 0\} = \{F \in \operatorname{int} K_n\}$ und daher $\zeta' > 0$ f.ü., ferner auf $\{0 < \eta_n < \infty\}$ f.ü. $\rho(Y'_{\eta_n}) = 1/n$ und damit $\eta_n \not\uparrow \zeta'$. Wir wollen $\zeta = \zeta'$ f.ü. zeigen; aus Symmetriegründen genügt der Nachweis von $\zeta \leq \zeta'$ f.ü., und wir zeigen sogar $\zeta_n \leq \eta_n$ f.ü. Nach Gleichung (6.19) lösen $Y^{\eta_n \wedge \zeta_\ell}$ und $(Y')^{\eta_n \wedge \zeta_\ell}$ beide die SDGL

$$dZ = \alpha_\ell(t, Z)\, dX^{\eta_n \wedge \zeta_\ell}$$

zum Anfangswert F und stimmen somit nach Satz 6.15 überein:

$$Y_\bullet^{\eta_n \wedge \zeta_\ell} = (Y')_\bullet^{\eta_n \wedge \zeta_\ell} \quad \text{f.ü.}; \quad n, \ell \in \mathbb{N}. \tag{6.21}$$

Um nun $\zeta_n \leq \eta_n$ f.ü. einzusehen, beachten wir, daß auf $\{\eta_n < \zeta_n\}$ nach (6.21) f.ü. $Y_{\eta_n} = Y'_{\eta_n}$ und also $\rho(Y_{\eta_n}) \leq 1/n$ gelten muß; dies impliziert aber wiederum $\eta_n \geq \zeta_n$ Damit ist $\zeta = \zeta'$ f.ü. gezeigt; aus (6.21) folgt nun auch $Y = Y'$.

4. Wir zeigen nunmehr noch $\zeta = \infty$ unter der Voraussetzung, daß für ein kompaktes $K \subset U$ gilt $\alpha(t,x) = 0$ für $x \notin K$ und alle $t \in \mathbb{R}_+$. Da K ganz in einem K_{ℓ_0} liegt, ist (in der Bezeichnung des ersten Beweisteils)

$$\alpha_{\ell_0}(t,x) = \alpha(t,x) \text{ für } (t,x) \in \mathbb{R}_+ \times U; \quad \alpha_{\ell_0}(t,x) = 0 \text{ sonst,}$$

und wir haben die Lösung $Y := Y^{(\ell_0)} \in \mathscr{S}(\mathbb{R}^d)$ der SDGL $dY = \alpha_{\ell_0}(t,Y)\, dX$ zum Anfangswert $Y_0 = F$. Es bleibt nachzuweisen, daß Y stets Werte in U behält und damit die gegebene SDGL $dY = \alpha(t,Y)\, dX$ löst. Wir fixieren hierzu eine offene Menge V mit $K \subset V \subset \bar{V} \subset U$ und definieren die Stopzeiten $\sigma \leq \tau$ durch

$$\sigma := \inf\{t \in \mathbb{R}_+ : Y_t \notin V\}; \quad \tau := \inf\{t \geq \sigma : Y_t \in K\}.$$

Dann ist zunächst Y konstant auf $[\sigma, \tau[$. Denn auf $\{\sigma < \infty\}$ ist $Y_\sigma \notin V$, also für $\sigma(\omega) \leq t < \tau(\omega)$ jedenfalls $Y_t(\omega) \notin K$ und somit $\alpha\big(t, Y_t(\omega)\big) = 0$. Daher ist f.ü. auf $\{\sigma \leq t < \tau\}$ nach der Stopregel Satz 4.35

$$Y_t - Y_\sigma = Y_t^\tau - Y_t^\sigma = \int_0^t 1_{]\sigma,\tau]}(s, \cdot\,)\, \alpha(s,Y)\, dX = 0.$$

Nunmehr folgt aber $\tau = \infty$, da auf $\{\tau < \infty\}$ einerseits $Y_\tau \in K$, andererseits $Y_\tau = Y_\sigma \notin V$ gelten müßte. Damit verlaufen fast alle Pfade $Y_\bullet(\omega)$ in U, weil $Y_\sigma(\omega) \in U$ gilt; dies stimmt nämlich auf $\{\sigma = 0\}$ wegen $Y_\sigma(\omega) = F(\omega) \in U$, und auf $\{\sigma > 0\}$ ist sogar $Y_\sigma(\omega) \in \bar{V}$, da Y stetig ist. □

Der folgende Satz rundet die Aussagen in Satz 6.22 für SDGL auf $\mathbb{R}^d$ ab.

Satz 6.23. *Es sei* $\alpha\colon \mathbb{R}_+ \times \mathbb{R}^d \to \mathrm{Lin}(\mathbb{R}^n;\mathbb{R}^d)$ *stetig, lokal Lipschitz, und erfülle eine Wachstumsbedingung*

$$\big|\alpha(s,x)\big| \le K_t\big(1+|x|\big); \quad 0 \le s \le t;\ x \in \mathbb{R}^d$$

mit Konstanten $K_t > 0$. *Sei ferner* $X \in \mathscr{S}(\mathbb{R}^n)$. *Dann besitzt die* SDGL

$$dY = \alpha(t,Y)\,dX$$

zu jedem $\mathscr{F}_0$*-meßbaren Anfangswert* $F\colon \Omega \to \mathbb{R}^d$ *eine eindeutige Lösung* Y^F *mit* $Y_0^F = F$. *Hinsichtlich der Abhängigkeit vom Anfangswert gilt dabei einerseits*

$$Y_\bullet^F = Y_\bullet^G \quad \textit{f.ü. auf } \{F = G\};$$

andererseits konvergiert $Y^{F^{(n)}} \to Y^F$ *lokal gleichmäßig stochastisch, falls* $F^{(n)}$ *stochastisch gegen* F *strebt.*

Beweis: 1. Wir betrachten zunächst allgemein eine SDGL $dY = \beta(Y)\,dX$, worin $\beta\colon \mathscr{C}(\mathbb{R}^d) \to \mathscr{C}\big(\mathrm{Lin}(\mathbb{R}^n;\mathbb{R}^d)\big)$ lediglich wachstumsbeschränkt ist (mit Konstanten K_t; Definition 6.9) und $X \in \mathscr{S}(\mathbb{R}^n)$ die Variationsvoraussetzungen (6.13) erfüllt. Wir nehmen an, es gebe (bei fixiertem beschränkten $\mathscr{F}_0$-meßbaren $F\colon \Omega \to \mathbb{R}^d$) ein stetiges Semimartingal $(Y_t)_{t<\zeta}$ mit Werten in $\mathbb{R}^d$, Explosionszeit ζ und ankündigender Folge $\zeta_\ell \uparrow\!\!\!\!\!\uparrow \zeta$ derart, daß Y^{ζ_ℓ} jeweils Lösung der gestoppten SDGL $dY = \beta(Y)\,dX^{\zeta_\ell}$ zum Anfangswert F ist und dabei (mit $\rho(x) := \big(1+|x|\big)^{-1}$, $x \in \mathbb{R}^d$) gilt

$$\rho(Y_{\zeta_\ell}) \le 1/\ell \quad \text{f.ü. auf } \{\zeta_\ell < \infty\} \tag{6.22}$$

für alle $\ell \in \mathbb{N}$. Dann folgt $\zeta = \infty$ f.ü.
Denn nach Lemma 6.11 i) ist, mit $c(t) := nd\big(2+\sqrt{t}\big)\,K_t$, wenn o.E. die Indizierung der K_t wachsend gewählt wird,

$$\|Y^{\zeta_\ell}\|_t' \le \|F\|_2 + c(t)\big(\sqrt{t} + \|Y^{\zeta_\ell}\|_t''\big);$$

dabei ist $\|Y^{\zeta_\ell}\|_t' = \big\|(Y^{\zeta_\ell})_t^*\big\|_2$ und, mit der Abkürzung $\rho_\ell(t) := \big(\|Y^{\zeta_\ell}\|_t'\big)^2$, ist $\big(\|Y^{\zeta_\ell}\|_t''\big)^2 = \int_0^t \rho_\ell(s)\,ds$. Hiermit liefert die vorangehende Abschätzung also

$$\rho_\ell(t) \le 2\big(\|F\|_2 + c(t)\sqrt{t}\big)^2 + 2c(t)^2 \int_0^t \rho_\ell(s)\,ds \equiv a(t) + b(t)\int_0^t \rho_\ell(s)\,ds\,.$$

Aus dem Gronwall-Lemma 6.12 erhalten wir damit $\rho_\ell(t) \le a(t)\,e^{tb(t)}$. Da andererseits nach (6.22) gilt $(\ell-1)\,1_{\{\zeta_\ell<t\}} \le |Y_{\zeta_\ell}|\,1_{\{\zeta_\ell<t\}} \le (Y^{\zeta_\ell})_t^*$, ergibt sich schließlich

$$P\{\zeta_\ell < t\} \le \frac{1}{(\ell-1)^2}\,\rho_\ell(t) \to 0 \quad \text{für } \ell \to \infty; \quad t \in \mathbb{R}_+,$$

also $P\{\zeta < \infty\} = 0$.

2. Wenden wir das soweit Bewiesene an auf

$$\beta\colon \mathscr{C}(\mathbb{R}^d) \to \mathscr{C}\big(\mathrm{Lin}(\mathbb{R}^n;\mathbb{R}^d)\big), \quad \beta(Y)_t = \alpha(t,Y_t),$$

und $(Y_t)_{t<\zeta}$ die im zweiten Teil des vorangehenden Beweises (für $U = \mathbb{R}^d$) konstruierte Maximallösung von $dY = \alpha(t,Y)\,dX = \beta(Y)\,dX$ zum Anfangswert F. Dann ist (6.22) für die dort angegebene ankündigende Folge $\zeta_\ell \nearrow \zeta$ erfüllt. Wir erhalten also $\zeta = \infty$ f.ü., wenn X die Variationsvoraussetzungen (6.13) erfüllt. Ist dies nicht so, dann führen wir zunächst den in Lemma 6.14 beschriebenen Zeitwechsel $\langle\tau\rangle$ durch. Hierbei waren die Pfade $\tau_\bullet(\omega)$ die Umkehrfunktionen der Pfade eines streng wachsenden Prozesses $(\sigma_t)_{t\in\mathbb{R}_+}$ in $\mathscr{C}$ mit $\sigma_0 = 0$, $\sigma_\infty = \infty$. Beachtet man $\{\sigma_\zeta \le t\} = \{\zeta \le \tau_t\}$, so folgt aus Satz 3.15 ii), daß σ_ζ eine vorhersagbare $(\mathscr{F}_{\tau_t})$-Stopzeit ist mit ankündigender Folge $\sigma_{\zeta_\ell} \nearrow \sigma_\zeta$; außerdem, daß gilt

$$\tau_{\sigma_{\zeta_\ell}\wedge t} = \left\{\begin{matrix} \zeta_\ell & \text{auf } \{\sigma_{\zeta_\ell} \le t\} = \{\zeta_\ell \le \tau_t\} \\ \tau_t & \text{sonst} \end{matrix}\right\} = \zeta_\ell \wedge \tau_t\,.$$

Da bei festem ℓ jeweils Y^{ζ_ℓ} die gestoppte SDGL

$$dY^{\zeta_\ell} = \beta(Y^{\zeta_\ell})\,dX^{\zeta_\ell}$$

löst, zeigt Aussage iii) von Lemma 6.14, daß $Z := (Y^{\zeta_\ell})_{\langle\tau\rangle}$ die transformierte Gleichung erfüllt:

$$dZ = \beta_{\langle\tau\rangle}(Z)\,d(X^{\zeta_\ell})_{\langle\tau\rangle} \quad \text{mit } \beta_{\langle\tau\rangle}(Z)_t := \alpha(\tau_t, Z_t)\,.$$

$\beta_{\langle\tau\rangle}$ ist weiterhin wachstumsbeschränkt, da $\tau_t \le t$ ist und daher

$$\beta_{\langle\tau\rangle}(Z)_t^* \le K_t(1 + Z_t^*)$$

gilt. Nach obiger Umrechnung ist ferner

$$(Y^{\zeta_\ell})_{\langle\tau\rangle} = (Y_{\langle\tau\rangle})^{\sigma_{\zeta_\ell}}\,; \quad (X^{\zeta_\ell})_{\langle\tau\rangle} = (X_{\langle\tau\rangle})^{\sigma_{\zeta_\ell}}\,,$$

d.h. $(Y_{\langle\tau\rangle})^{\sigma_{\zeta_\ell}}$ löst

$$dZ = \beta_{\langle\tau\rangle}(Z)\,d(X_{\langle\tau\rangle})^{\sigma_{\zeta_\ell}}\,,$$

wo jetzt nach Lemma 6.14 der Prozeß $X_{\langle\tau\rangle}$ auch die Variationsvoraussetzungen (6.13) erfüllt. Wegen $\tau_{\sigma_{\zeta_\ell}} = \zeta_\ell$ gilt außerdem

$$\rho\big((Y_{\langle\tau\rangle})_{\sigma_{\zeta_\ell}}\big) \le 1/\ell \quad \text{f.ü. auf } \{\zeta_\ell < \infty\}\,.$$

Da schließlich auf $\{\zeta_\ell < \infty\}$ auch $\sigma_{\zeta_\ell} < \infty$ ist (wegen $\tau_\infty = \infty$), folgt aus dem bereits Bewiesenen jetzt $\sigma_\zeta = \infty$ und also wieder $\zeta = \infty$ f.ü.

3. Wir haben bisher gezeigt, daß die SDGL $dY = \alpha(t,Y)\,dX$ zu beliebigem $\mathscr{F}_0$-meßbaren beschränkten Anfangswert F eine eindeutige Lösung Y^F (= Maximallösung mit Lebenszeit $\zeta = \infty$) hat. Dabei gilt für die Stopzeiten $\zeta_\ell \nearrow \infty$, Austrittszeiten von Y^F aus den offenen Kugeln $V(0;\ell-1)$,

$$\big|(Y^F)^{\zeta_\ell}\big| \le \ell - 1 \quad \text{f.ü.}$$

für schließlich alle $\ell \in \mathbb{N}$ (nämlich alle ℓ, für die $F(\Omega) \subset V(0;\ell-1)$ und somit $\zeta_\ell > 0$ f.ü. ist). In der DGL $dY = \alpha(t,Y)\,dX^{\zeta_\ell}$, die von $(Y^F)^{\zeta_\ell}$ gelöst wird, dürfen wir also α ersetzen durch

$$\alpha_\ell\colon \alpha_\ell(t,x) = \chi_\ell(x)\,\alpha(t,x)\,; \quad (t,x) \in \mathbb{R}_+ \times \mathbb{R}^d\,,$$

mit $\chi_\ell \in D(\mathbb{R}^d)$ so gewählt, daß $\chi_\ell(x) = 1$ auf $\{x : |x| \leq \ell - 1\}$ gilt. Da die α_ℓ die Voraussetzungen von Satz 6.15 erfüllen, schließen wir für beliebige beschränkte $\mathscr{F}_0$-meßbare $F, G\colon \Omega \to \mathbb{R}^d$, daß gilt

$$(Y^F)_\bullet^{\zeta_\ell} = (Y^G)_\bullet^{\zeta_\ell} \quad \text{f.ü. auf } \{F = G\}$$

für schließlich alle $\ell \in \mathbb{N}$ und damit auch

$$(6.23) \qquad (Y^F)_\bullet = (Y^G)_\bullet \quad \text{f.ü. auf } \{F = G\}.$$

Für eine beliebige $\mathscr{F}_0$-meßbare Funktion F erhalten wir damit (wie im Beweis von Satz 6.15 im Detail ausgeführt) eine eindeutige Lösung Y^F zum Anfangswert F durch die Forderung

$$Y_\bullet^F = Y_\bullet^{F 1_{\{|F| \leq c\}}} \quad \text{f.ü. auf } \{|F| \leq c\}; \quad c > 0.$$

Weiterhin sagt Satz 6.15, zunächst wiederum nur für schließlich alle $\ell \in \mathbb{N}$, daß für eine Folge $(F^{(n)})_{n \in \mathbb{N}}$ $\mathscr{F}_0$-meßbarer Anfangswerte, die stochastisch gegen F konvergiert, die Folge der gestoppten Lösungen $(Y^{F^{(n)}})^{\zeta_\ell}$ mit $n \to \infty$ lokal gleichmäßig stochastisch gegen $(Y^F)^{\zeta_\ell}$ konvergiert (für schließlich alle ℓ). Dann konvergiert aber auch $Y^{F^{(n)}} \to Y^F$ lokal gleichmäßig stochastisch, da

$$P\{\sup_{s \leq t} |Y_s^{F^{(n)}} - Y_s^F| \geq \delta\} \leq P\{\sup_{s \leq t} |(Y^{F^{(n)}})_s^{\zeta_\ell} - (Y^F)_s^{\zeta_\ell}| \geq \delta\} + P\{\zeta_\ell < t\}$$

für alle ℓ und t gilt und $P\{\zeta_\ell < t\}$ mit $\ell \to \infty$ gegen 0 strebt. □

Wir halten fest, daß die Voraussetzungen des Satzes insbesondere für lineare SDGL $dY = \big(R(t)Y + r(t)\big)\, dX$ mit stetigen

$$R\colon \mathbb{R}_+ \to \operatorname{Lin}\big(\mathbb{R}^d; \operatorname{Lin}(\mathbb{R}^n; \mathbb{R}^d)\big)$$

$$r\colon \mathbb{R}_+ \to \operatorname{Lin}(\mathbb{R}^n; \mathbb{R}^d)$$

erfüllt sind.

6.4 Starke Lösungen

Wir wollen die Gesamtheit aller Lösungspfade $Y_\bullet^x$, $x \in \mathbb{R}^d$, einer SDGL $dY = \alpha(t, Y)\, dX$ zu einer Abbildung $\Phi\colon \mathbb{R}^d \times \Omega \to C(\mathbb{R}_+; \mathbb{R}^d)$ zusammenfassen. Dabei ist die Frage von besonderem Interesse, wann hierbei Φ stetig in $x \in \mathbb{R}^d$ gewählt werden kann. Eine Schwierigkeit besteht darin, daß $Y_\bullet^x$ durch die DGL nur bis auf Nicht-Unterscheidbarkeit, also außerhalb einer von x abhängenden Nullmenge, festliegt, so daß bei der Definition von Φ eine Selektion zu treffen ist. Wir beginnen mit einem Beispiel zu dieser Problematik.

Beispiel 6.24. (Elworthy [EL 82]) Es sei α: $\mathbb{R}^2 \to \mathrm{Lin}(\mathbb{R}^2)$ gegeben durch die Matrix

$$\alpha_{11}(x,y) = y^2 - x^2 = \alpha_{22}(x,y); \quad \alpha_{12}(x,y) = 2xy = -\alpha_{21}(x,y)$$

und X eine zweidimensionale BM. Dann gilt also für eine Lösung $Y \in \mathscr{S}(\mathbb{R}^2)$ von $dY = \alpha(Y)\,dX$ mit $Y_0 = (x,y) \in \mathbb{R}^2$

$$Y_t^1 = x - \int_0^t ((Y_s^1)^2 - (Y_s^2)^2)\,dX_s^1 + 2\int_0^t (Y_s^1 Y_s^2)\,dX_s^2$$

$$Y_t^2 = y - \int_0^t ((Y_s^1)^2 - (Y_s^2)^2)\,dX_s^2 - 2\int_0^t (Y_s^1 Y_s^2)\,dX_s^1,$$

oder, als komplexes Semimartingal zusammengefaßt,

$$Y_t^1 + iY_t^2 = x + iy - \int_0^t (Y_s^1 + iY_s^2)^2\,d(X_s^1 + iX_s^2).$$

$Y := Y^1 + iY^2$ löst daher die SDGL $dY = -Y^2\,dB$ mit der komplexen BM $B = X^1 + iX^2$ zum Anfangswert $z = x + iy$. Diese Lösung läßt sich in geschlossener Form angeben: $Y = z/(1 + zB)$. Denn für $z = 0$ ist dies klar; wir nehmen daher $z \neq 0$ an und betrachten die holomorphe Funktion f: $\mathbb{C} \setminus \{-1/z\} =: U \to \mathbb{C}$, $f(w) = z/(1 + zw)$. Nach Satz 5.31 ist $P\{B_\bullet \in U\} = 1$, so daß die Itô-Formel in der Version des Korollars zu Satz 4.46′ für holomorphe Funktionen komplexer Semimartingale, angewandt auf $Y = f(B)$, ergibt

$$dY = f'(B)\,dB + \tfrac{1}{2} f''(B)\,d[B] = -Y^2\,dB;$$

denn $f'(w) = -f(w)^2$ und $[B]_t = t - t = 0$.

In diesem Beispiel kann es eine im ersten Argument stetige Abbildung Φ: $\mathbb{R}^2 \times \Omega \to \mathscr{C}(\mathbb{R}_+; \mathbb{R}^2)$ mit der Eigenschaft, daß jeweils $\big(\Phi\big((x,y),\cdot\big)_t\big)_{t \in \mathbb{R}_+}$ die bis auf Nicht-Unterscheidbarkeit eindeutig bestimmte Lösung der SDGL $dY = \alpha(Y)\,dX$ zum Anfangswert $(x,y) \in \mathbb{R}^2$ ist, nicht geben. Denn dann wäre

$$\Phi^1\big((x,y),\omega\big) + i\Phi^2\big((x,y),\omega\big) = \frac{x + iy}{1 + (x + iy)B_\bullet(\omega)} \tag{6.24}$$

außerhalb einer von (x,y) abhängigen Nullmenge $N(x,y)$. Fixiert man aber ein $\omega \notin \bigcup_{(x,y) \in \mathbb{Q}^2} N(x,y)$ und ein $t \in \mathbb{R}_+$ mit $B_t(\omega) \neq 0$, so müßte für eine Folge (x_n, y_n) in $\mathbb{Q}^2$ mit $x_n + iy_n \to -1/B_t(\omega)$ aufgrund der Stetigkeit von Φ nach Gleichung (6.24) die Folge

$$\Big(\frac{x_n + iy_n}{1 + (x_n + iy_n)\,B_t(\omega)}\Big)_{n \in \mathbb{N}}$$

konvergieren, ein Widerspruch. Wir geben deshalb das folgende Resultat über die Existenz von Φ für den Fall, daß α: $\mathbb{R}_+ \times \mathbb{R}^d \to \mathrm{Lin}(\mathbb{R}^n; \mathbb{R}^d)$ globale Lipschitzbedingungen erfüllt, also (mit Konstanten $L_t > 0$, die ohne Einschränkung wachsend indiziert sind)

$$\big|\alpha(s,x) - \alpha(s,y)\big| \leq L_t\,|x - y|; \quad x,y \in \mathbb{R}^d;\ 0 \leq s \leq t. \tag{6.25}$$

Der treibende Prozeß $X \in \mathscr{S}(\mathbb{R}^d)$ (und damit die Lösung der SDGL) ist wie immer über einem standard filtrierten Wahrscheinlichkeitsraum $(\Omega;\mathscr{F};P;(\mathscr{F}_t)_{t\in\mathbb{R}_+})$ definiert.
Mit $\mathcal{W}^d$ sei im folgenden der Wienerraum $C(\mathbb{R}_+;\mathbb{R}^d)$ der stetigen Funktionen von $\mathbb{R}_+$ in $\mathbb{R}^d$ bezeichnet, versehen mit der Topologie der gleichmäßigen Konvergenz auf kompakten Intervallen (vgl. Satz 1.20).

Satz 6.25. *Ist α stetig und erfüllt globale Lipschitzbedingungen* (6.25), *und ist $X \in \mathscr{S}(\mathbb{R}^n)$, so gibt es eine meßbare Abbildung*

$$\Phi\colon \mathbb{R}^d \times \Omega \to \mathcal{W}^d,$$

so daß $\Phi(\,\cdot\,,\omega)$ für jedes $\omega \in \Omega$ stetig ist und der Prozeß

$$Y^x\colon Y_t^x = \big(\Phi(x,\cdot)\big)(t); \quad t \in \mathbb{R}_+ \tag{6.26}$$

für jedes $x \in \mathbb{R}^d$ die (bis auf Nicht-Unterscheidbarkeit eindeutige) Lösung der SDGL $dY = \alpha(t,Y)\,dX$ *mit $Y_0^x = x$ ist.*

Beweis: Wir können voraussetzen, daß X zusätzlich die Variationsvoraussetzungen (6.13) erfüllt. Andernfalls führe man zunächst den in Lemma 6.14 beschriebenen stetigen Zeitwechsel $\langle\tau\rangle$ durch. Die zugehörige Abbildung

$$\tilde{\alpha}_{\langle\tau\rangle}\colon C_{\langle\tau\rangle}(\mathbb{R}^d) \to C_{\langle\tau\rangle}\big(\mathrm{Lin}(\mathbb{R}^n;\mathbb{R}^d)\big), \quad \tilde{\alpha}_{\langle\tau\rangle}(Z)_t = \alpha(\tau_t, Z_t)$$

ist dann ebenfalls global Lipschitz, und $X_{\langle\tau\rangle}$ erfüllt die Variationsvoraussetzungen. Mit der für diesen Fall im folgenden konstruierten Abbildung $\Psi\colon \mathbb{R}^d \times \Omega \to \mathcal{W}^d$, Ψ ist stetig im ersten Argument und $Z^x := \Psi(x,\cdot)$ löst die transformierte DGL

$$dZ^x = \tilde{\alpha}_{\langle\tau\rangle}(Z)\,dX_{\langle\tau\rangle}; \quad Z_0^x = x,$$

bildet dann Φ:

$$\Phi(x,\omega)(t) = \Psi(x,\omega)\big(\sigma_t(\omega)\big)$$

$\mathbb{R}^d \times \Omega$ in $\mathcal{W}^d$ ab, ist ebenfalls stetig im ersten Argument und stellt die Lösung Y^x der ursprünglichen Gleichung gemäß (6.26) dar; hieraus ergibt sich die Meßbarkeit von Φ, wie weiter unten ausgeführt wird.
Wir nehmen also an, daß X selbst bereits die Variationsvoraussetzungen erfüllt. $Y^x \in \mathscr{S}(\mathbb{R}^d)$ bezeichne jeweils einen Repräsentanten der Lösung von $dY = \alpha(t,Y)\,dX$ zum Anfangswert x (gemäß Satz 6.15). Wir wollen zeigen, daß der hierdurch gegebene Prozeß

$$Y_\bullet^x\colon (\Omega;\mathscr{F};P) \to \mathcal{W}^d; \quad x \in \mathbb{R}^d$$

stetig modifizierbar ist. Eine solche Modifikation definiert dann durch $\Phi(x,\omega) := Y_\bullet^x(\omega)$ eine in x stetige, in ω meßbare Abbildung $\Phi\colon \mathbb{R}^d \times \Omega \to \mathcal{W}^d$, für welche (6.26) gilt. Sie ist dann auch $\mathscr{B}(\mathbb{R}^d) \otimes \mathscr{F}$-meßbar: Setzt man etwa für $x \in \mathbb{R}^d$

$$I_\ell(x) = k/2^\ell \text{ mit } k \in \mathbb{Z}^d : k_i/2^\ell \le x_i < (k_i+1)/2^\ell,$$

so konvergiert $I_\ell(x) \to x$, also $\Phi\bigl(I_\ell(x),\omega\bigr) \to \Phi(x,\omega)$, $\ell \to \infty$. Andererseits ist natürlich $(x,\omega) \mapsto \Phi\bigl(I_\ell(x),\omega\bigr)$ für jedes $\ell \in \mathbb{N}$ meßbar.
Um den Modifikationssatz Satz 2.11′ anwenden zu können, beweisen wir die Gültigkeit der Abschätzungen (mit Konstanten $c(t) > 0$)

$$\text{(6.27)} \qquad \int \bigl((Y^x - Y^y)_t^*\bigr)^{d+1} dP \le c(t)\,|x-y|^{d+1}; \quad t \in \mathbb{R};\ x,y \in \mathbb{R}^d.$$

Ersetzt man hierzu die beiden Normen $\|\ \|_t'$, $\|\ \|_t''$ in Lemma 6.8 für ein beliebig fixiertes $p \in [2,\infty[$ durch die entsprechend gebildeten

$$\|H\|_t^{\cdot} = \|H_t^*\|_p, \quad \|H\|_t^{\cdot\cdot} := \Bigl(\int_0^t \bigl(\|H\|_s^{\cdot}\bigr)^p ds\Bigr)^{1/p},$$

so verallgemeinert sich zunächst (6.14) zu einer Abschätzung

$$\text{(6.28)} \qquad \|H \bullet X\|_t^{\cdot} \le a(p,t)\,\|H\|_t^{\cdot\cdot}$$

mit Konstanten

$$a(p,t) := n\,d\,t^{(1/2-1/p)}\Bigl(t^{1/2} + \Bigl(\frac{1}{2}\frac{p^{p+1}}{(p-1)^{p-1}}\Bigr)^{1/2}\Bigr).$$

Dies ergibt sich leicht, wenn man im Beweis von Lemma 6.8 statt der Maximal-Ungleichung die Burkholder-Ungleichung (4.62) verwendet. Weiter verallgemeinert sich die Abschätzung (6.15) für beliebige $F, F' \in L^p(P|\mathscr{F}_0)$ zu

$$\text{(6.29)} \qquad \|Y - Y'\|_t^{\cdot} \le 2\,\|F - F'\|_p\, e^{c(p,t)\,t}$$

mit $c(p,t) = \frac{1}{p}\bigl(2a(p,t)\,L_t\bigr)^p$. Man hat hierzu gegenüber dem Beweis von (6.15) nur $\rho(t) := \bigl(\|Y - Y'\|_t^{\cdot}\bigr)^p$ zu nehmen. Dann folgt aus (6.28) zunächst

$$\|Y - Y'\|_t^{\cdot} \le \|F - F'\|_p + a(p,t)\,L_t\,\|Y - Y'\|_t^{\cdot\cdot}$$

und daher

$$\rho(t) \le 2^p\Bigl(\|F - F'\|_p^p + \bigl(a(p,t)\,L_t\bigr)^p \int_0^t \rho(s)\,ds\Bigr);$$

Lemma 6.12 (mit $\rho_\ell := \rho$) ergibt nun (6.29); man beachte, daß sich die Aussagen von Lemma 6.11 unmittelbar von $p = 2$ auf $p \ge 2$ übertragen, insbesondere also ρ endlich ist.
Insbesondere für $F = x$ und $F' = y$ geht (6.29) für $p = d+1$ über in (6.27), mit

$$c(t) = 2^{d+1}\, e^{(d+1)\,c(d+1,t)\,t}. \qquad \square$$

Erfüllt α nur lokale Lipschitzbedingungen, so gibt es, wie das obige Beispiel zeigt, im allgemeinen selbst dann keine Abbildung Φ wie im Satz 6.25 beschrieben mehr, wenn die Lebenszeit ζ^x der in $x \in \mathbb{R}^d$ startenden Maximallösung (siehe Satz 6.22) jeweils f.ü. unendlich ist. Man hat lediglich:

Korollar. *Sei* $\alpha\colon \mathbb{R}_+ \times \mathbb{R}^d \to \mathrm{Lin}(\mathbb{R}^n;\mathbb{R}^d)$ *stetig und genüge der lokalen Lipschitzbedingung* (6.17)*; sei ferner* $X \in \mathscr{S}(\mathbb{R}^d)$. *Dann kann die Maximallösung* $(Y_t^x)_{t<\zeta^x}$ *zum Anfangswert* x *der* SDGL $dY = \alpha(t,Y)\,dX$ *jeweils so gewählt werden, daß sie im folgenden Sinne stetig von* x *abhängt: Für* $x \in \mathbb{R}^d$, $\omega \in \Omega$, $t < \zeta^x(\omega)$ *gilt mit* $x_n \to x$ *auch* $t < \zeta^{x_n}(\omega)$ *für schließlich alle* $n \in \mathbb{N}$ *und* $Y_s^{x_n}(\omega) \to Y_s^x(\omega)$ *mit* $n \to \infty$, *gleichmäßig in* $0 \le s \le t$.

Beweis: Wie im Beweis von Satz 6.22 (jetzt für $U = \mathbb{R}^d$; für diesen Fall wird die Funktion ρ aus Gleichung (6.18) nicht mehr benötigt, und wir haben entsprechend die Indizierung der K_ℓ und ζ_ℓ^x weiter unten um 1 verkleinert) wählen wir zur kompakten Ausschöpfung von $\mathbb{R}^d$ durch die Kugeln $K_\ell := \{x \in \mathbb{R}^d : |x| \le \ell\}$ Urysohn-Funktionen $\chi_\ell \in D(\mathbb{R}^d)$ mit $1_{K_\ell} \le \chi_\ell \le 1_{K_{\ell+1}}$ und betrachten die SDGL

$$dY = \alpha_\ell(t,Y)\,dX \quad \text{mit } \alpha_\ell(t,y) = \alpha(t,y)\cdot\chi_\ell(y); \quad \ell \in \mathbb{N}.$$

Für sie gibt es nach Satz 6.25 jeweils Lösungen $Y^{(\ell)x} \in \mathscr{S}(\mathbb{R}^d)$ zum Anfangswert x so, daß $x \mapsto Y_\bullet^{(\ell)x}(\omega)$ für jedes $\omega \in \Omega$ stetig von $\mathbb{R}^d$ in $\mathcal{W}^d$ abbildet.
Mit den Stopzeiten

$$\zeta_\ell^x := \inf\{t \in \mathbb{R}_+ : |Y_t^{(\ell+1)x}| \ge \ell\}$$

ergab sich dann im Beweis von Satz 6.22 die Lebenszeit ζ^x der Maximallösung als $\zeta^x = \lim_{\ell\to\infty} \zeta_\ell^x$, und die Lösung selbst durch

$$Y^x := Y^{(\ell)x} \quad \text{auf } [0,\zeta_\ell^x[;\ \ell \ge \ell_0 \text{ für alle } x \in K_{\ell_0-1}.$$

Nun hängen die $\zeta_\ell^x(\omega)$ unterhalbstetig von x ab:

$$\liminf_{x\to a} \zeta_\ell^x(\omega) \ge \zeta_\ell^a(\omega); \quad \omega \in \Omega.$$

Denn andernfalls gäbe es eine Folge $x_n \to a$ mit $\lim_{n\to\infty} \zeta_\ell^{x_n}(\omega) =: t < \zeta_\ell^a(\omega)$. Dann wäre aber für schließlich alle n

$$\big|Y^{(\ell+1)x_n}_{\zeta_\ell^{x_n}(\omega)}(\omega)\big| \ge \ell,$$

wobei aufgrund der Stetigkeit der $Y^{(\ell+1)}$ die linke Seite mit $n \to \infty$ gegen $|Y_t^{(\ell+1)a}(\omega)|$ konvergiert; wir hätten also $|Y_t^{(\ell+1)a}| \ge \ell$ und damit doch $t \ge \zeta_\ell^a(\omega)$.
Seien nun $x \in \mathbb{R}^d$, $\omega \in \Omega$ und $t < \zeta^x(\omega)$ fixiert. Wir wählen ein $\ell \in \mathbb{N}$ mit $t < \zeta_\ell^x(\omega)$. Nach dem gerade Gezeigten gilt dann für $x_n \to x$ auch $t < \zeta_\ell^{x_n}(\omega)$ ($\le \zeta^{x_n}(\omega)$) für schließlich alle n und daher (beachte $\zeta_\ell^x > 0 \Rightarrow x \in K_\ell \Rightarrow x_n \in K_{\ell+1}$ für schließlich alle n)

$$Y_s^{x_n}(\omega) = Y_s^{(\ell+2)x_n}(\omega) \to Y_s^{(\ell+2)x}(\omega) = Y_s^x(\omega); \quad s \le t,$$

wobei die Konvergenz mit $n \to \infty$ sogar in $\mathcal{W}^d$, insbesondere gleichmäßig in $s \in [0,t]$ stattfindet. Damit ist alles gezeigt. □

Wir kehren für den Rest dieses Abschnitts zur Itô-Dleichung (6.1) zurück, betrachten also die SDGL

(6.30) $$dY = \beta(t,Y)\,dt + \sigma(t,Y)\,dB$$

mit stetigen β: $\mathbb{R}_+ \times \mathbb{R}^d \to \mathbb{R}^d$ und σ: $\mathbb{R}_+ \times \mathbb{R}^d \to \mathrm{Lin}(\mathbb{R}^N;\mathbb{R}^d)$ und B einer N-dimensionalen BM. Sie ist wieder von der Form $dY = \alpha(t,Y)\,dX$, wenn man setzt $X_t := (t, B_t)$ und

$$\text{(6.31)} \qquad \alpha\colon \mathbb{R}_+ \times \mathbb{R}^d \to \mathrm{Lin}(\mathbb{R}^{N+1};\mathbb{R}^d), \quad \big(\alpha(t,x)\big)(u,y) = \beta(t,x)\,u + \sigma(t,x)\,y$$

$(u \in \mathbb{R};\ y \in \mathbb{R}^N)$.
Man sieht leicht, daß sich globale Lipschitzbedingungen, die für β und σ gelten, auf α übertragen. Ist andererseits B eine $(\mathscr{F}_t)$-BM auf dem (diesem ganzen Abschnitt zugrundeliegenden) standard filtrierten Wahrscheinlichkeitsraum $\big(\Omega;\mathscr{F};P;(\mathscr{F}_t)_{t\in\mathbb{R}_+}\big)$, so ist $X \in \mathscr{S}(\mathbb{R}^{N+1})$.
Daneben betrachten wir die kanonische N-dimensionale BM auf dem Wienerraum, also

$$W_t := \mathrm{pr}_t\colon \big(\mathcal{W}^N;(\mathscr{F}_t^N)_{t\in\mathbb{R}_+};\nu\big) \to \mathbb{R}^N; \quad t \in \mathbb{R}_+,$$

wobei ν das Wienermaß auf $\mathcal{W}^N$ bezeichnet und $(\mathscr{F}_t^N)_{t\in\mathbb{R}_+}$ die Standard-Erweiterung der natürlichen Filtrierung

$$\mathscr{F}_t^{N,0} := \sigma(W_s : s \le t); \quad t \in \mathbb{R}_+$$

auf $\mathcal{W}^N$ ist. Sind β und σ (und damit α) global Lipschitz, so ist Satz 6.25 auf die SDGL $dY = \alpha(t,Y)\,d(t,W_t)$ anwendbar und liefert die meßbare Abbildung

$$\Phi\colon \mathbb{R}^d \times \mathcal{W}^N \to \mathcal{W}^d,$$

stetig in $x \in \mathbb{R}^d$, für welche $\Phi(x,\cdot\,)$ die in $x \in \mathbb{R}^d$ startende Lösung der SDGL

$$dY = \alpha(t,Y)\,d(t,W_t) = \beta(t,Y)\,dt + \sigma(t,Y)\,dW$$

ist, also explizit

$$\Phi(x,\cdot\,)(t) = x + \int_0^t \beta\big(s,\Phi(x,\cdot\,)(s)\big)\,ds + \int_0^t \sigma\big(s,\Phi(x,\cdot\,)(s)\big)\,dW_s\,.$$

Φ heißt auch *starke Lösung* der SDGL (6.30), da man nach folgendem Satz jede Lösung von (6.30) durch "Einsetzen" in Φ gewinnt.

Satz 6.26. (Blagoveščensky, Freidlin) *Seien β und σ stetig und global Lipschitz, mit Φ der starken Lösung der* SDGL (6.30). *Ist B eine N-dimensionale $(\mathscr{F}_t)$-BM auf $\big(\Omega;\mathscr{F};P;(\mathscr{F}_t)_{t\in\mathbb{R}_+}\big)$ und $F\colon \Omega \to \mathbb{R}^d$ $\mathscr{F}_0$-meßbar, so ist die Lösung Y^F von $dY = \beta(t,Y)\,dt + \sigma(t,Y)\,dB$ mit Anfangswert $Y_0^F = F$ gegeben durch*

$$\text{(6.32)} \qquad Y^F = \Phi\big(F(\cdot\,), B_\bullet(\cdot\,)\big).$$

Beweis: Wir zeigen die Behauptung zunächst für konstante $F = x$ und wenden dazu das folgende Lemma an auf die Abbildung $\Psi := B_\bullet$ von $\big(\Omega;\mathscr{F};P;(\mathscr{F}_t)_{t\in\mathbb{R}_+}\big)$ in den standard filtrierten Wienerraum $\big(\mathcal{W}^N;(\mathscr{G}_t)_{t\in\mathbb{R}_+};\nu\big)$, $X_t = W_t$ und den Integranden $F_t := \sigma\big(t,\Phi(x,\cdot\,)(t)\big)$. Man beachte dabei, daß zunächst nur $\Psi^{-1}(\mathscr{G}_t^0) \subset \mathscr{F}_t$ für alle $t \in \mathbb{R}_+$ gilt; hieraus folgt sofort auch $\Psi^{-1}(\mathscr{G}_{t+}^0) \subset \mathscr{F}_t$, da die Filtrierung

$(\mathscr{F}_t)$ rechtsstetig ist, und wegen $P \circ \Psi^{-1} = \nu$ schließlich auch $\Psi^{-1}(\mathscr{G}_t) \subset \mathscr{F}_t$. Nach Definition von Φ erhalten wir dann

$$Y_t := \Phi(x, B_\bullet(\cdot))(t) = \Big(x + \int_0^t \beta(s, \Phi(x,\cdot)(s)\,ds + \int_0^t F\,dW\Big) \circ B_\bullet$$
$$= x + \int_0^t \beta(s,Y)\,ds + \int_0^t \sigma(s,Y)\,dB \quad \text{f.ü.}$$

mit einer wegen Stetigkeit beider Seiten in t von t unabhängigen Ausnahme-Nullmenge. Also ist $Y = Y^x$, wie behauptet.
Mit den schon im Beweis von Satz 6.25 eingeführten Funktionen

$$I_\ell\colon \mathbb{R}^d \to \mathbb{R}^d, \quad I_\ell(x) = k/2^\ell \text{ für } k \in \mathbb{Z}^d \text{ mit } k_i/2^\ell \leq x_i < (k_i+1)/2^\ell$$

folgt nun (6.32) aufgrund der pfadweisen Eindeutigkeitsaussage von Satz 6.15 bei beliebigem Anfangswert F zunächst für die $I_\ell \circ F$ anstelle von F. Läßt man $\ell \to \infty$ streben, so konvergiert $(I_\ell \circ F)(\omega) \to F(\omega)$ und also auch

$$Y_\bullet^{I_\ell \circ F}(\omega) = \Phi\big((I_\ell \circ F)(\omega), B_\bullet(\omega)\big) \to \Phi\big(F(\omega), B_\bullet(\omega)\big)\,; \quad \omega \in \Omega\,.$$

Daher folgt Gleichung (6.32) auch für F selbst, da nach Satz 6.15 ja $Y^{I_\ell \circ F} \to Y^F$ lokal gleichmäßig stochastisch konvergiert. Man beachte, daß das nach Gleichung (6.31) zu β und σ gehörige α ebenfalls global Lipschitz ist, also die Voraussetzungen von Satz 6.15 erfüllt. □

Das folgende Lemma formuliert nur ein fast tautologisches Transformationsargument, das wir später nochmals benötigen werden.

Lemma 6.27. *Sei* $\Psi\colon \big(\Omega; \mathscr{F}; P; (\mathscr{F}_t)_{t\in\mathbb{R}_+}\big) \to \big(\tilde\Omega; \tilde{\mathscr{F}}; \tilde P; (\tilde{\mathscr{F}}_t)_{t\in\mathbb{R}_+}\big)$ *eine meßbare Abbildung zwischen zwei standard filtrierten Wahrscheinlichkeitsräumen, mit*

$$P \circ \Psi^{-1} = \tilde P \quad \textit{und} \quad \Psi^{-1}\tilde{\mathscr{F}}_t \subset \mathscr{F}_t\,; \quad t \in \mathbb{R}_+\,.$$

Für den stetigen adaptierten Prozeß X, $X_t\colon \tilde\Omega \to \mathbb{R}^N$, *sei* $X \circ \Psi$ *ein lokales Martingal (bzw. eine* $(\mathscr{F}_t)$*-BM). Dann ist auch* X *selbst ein lokales Martingal (bzw. eine* $(\tilde{\mathscr{F}}_t)$*-BM), und für* $F \in \mathscr{B}\big(\mathrm{Lin}(\mathbb{R}^N;\mathbb{R}^d)\big)$ *auf* $\big(\tilde\Omega; \tilde{\mathscr{F}}; \tilde P; (\tilde{\mathscr{F}}_t)_{t\in\mathbb{R}_+}\big)$ *gilt f.ü.*

$$\Big(\int_0^t F\,dX\Big) \circ \Psi = \int_0^t (F \circ \Psi)\,d(X \circ \Psi)\,.$$

Beweis: Natürlich kann $X_0 = 0$ angenommen werden. Für die Stopzeiten $\tau_n := \inf\{t \in \mathbb{R}_+ : |X_t| \geq n\}$ gilt dann $|X^{\tau_n}| \leq n$ und $\tau_n \nearrow \infty$. Aufgrund der Meßbarkeitsvoraussetzung über Ψ sind die $\tau_n \circ \Psi$ dann $(\mathscr{F}_t)$-Stopzeiten, die $(X \circ \Psi)^{\tau_n \circ \Psi}$ andererseits beschränkte Martingale. Dann sind aber auch die X^{τ_n} Martingale, da für $s \leq t$ und $A \in \tilde{\mathscr{F}}_s$ wegen $P \circ \Psi^{-1} = \tilde P$ gilt

$$\int_A (X_t^{\tau_n} - X_s^{\tau_n})\,d\tilde P = \int_{\Psi^{-1}(A)} \big((X \circ \Psi)_t^{\tau_n \circ \Psi} - (X \circ \Psi)_s^{\tau_n \circ \Psi}\big)\,dP = 0\,.$$

Ist zusätzlich $P \circ (X_\bullet \circ \Psi)^{-1}$ das Wienermaß, so natürlich auch $\tilde{P} \circ X_\bullet^{-1}$, und die Unabhängigkeit der Zuwächse $X_t \circ \Psi - X_s \circ \Psi$ von $\mathscr{F}_s$ für $s \leq t$ bezüglich P zieht offenbar diejenige der $X_t - X_s$ von $\tilde{\mathscr{F}}_s$ bezüglich $\tilde{P}$ nach sich.
Da mit F auch $F \circ \Psi$ l.c., adaptiert und pfadweise lokal beschränkt ist, existieren die stochastischen Integrale beider Seiten der behaupteten Gleichung; wir können hier ohne Einschränkung noch $d = N = 1$ annehmen. Ihre Gleichheit folgt dann aus dem Approximationssatz und der evidenten Gleichheit der Zerlegungssummen ($\mathscr{Z}$ Zerlegung von $[0,t]$)

$$\sum_{\mathscr{Z}} (F \circ \Psi)\, d(X \circ \Psi) = \Big(\sum_{\mathscr{Z}} F dX\Big) \circ \Psi . \qquad \square$$

6.5 Lösungsfluß und Markoveigenschaft von Lösungen

In diesem Abschnitt werden auch solche Lösungen betrachtet, die zu einem Zeitpunkt $s > 0$ mit einem vorgegebenen Wert starten. Ihre Zusammenfassung zu Abbildungen Φ_s: $\mathbb{R}^d \times \Omega \to \mathcal{W}^d$ gemäß Satz 6.25 führt auf den Lösungsfluß der SDGL.

Wieder liegt ein standard filtrierter Wahrscheinlichkeitsraum $\big(\Omega; \mathscr{F}; P; (\mathscr{F}_t)_{t \in \mathbb{R}_+}\big)$ zugrunde. Mit dem hierüber gegebenen $X \in \mathscr{S}(\mathbb{R}^n)$ und der stetigen Abbildung α: $\mathbb{R}_+ \times \mathbb{R}^d \to \operatorname{Lin}(\mathbb{R}^n; \mathbb{R}^d)$ heißt das Tupel

$$\big(\Omega; \mathscr{F}; P; (\mathscr{F}_t)_{t \in \mathbb{R}_+}; X; \alpha\big)$$

das *Datum* der SDGL $dY = \alpha(t, Y)\, dX$. Aus ihm bilden wir bei fixiertem $t_0 \geq 0$ das t_0-*zeitverschobene Datum* $\big(\Omega; \mathscr{F}; P; (\tilde{\mathscr{F}}_t)_{t \in \mathbb{R}_+}; \tilde{X}; \tilde{\alpha}\big)$ mit

$$\tilde{\mathscr{F}}_t := \mathscr{F}_{t_0 + t}\,; \quad \tilde{X}_t := X_{t_0 + t}\,; \quad \tilde{\alpha}(t, x) := \alpha(t_0 + t, x)\,.$$

Offensichtlich ist $\big(\Omega; \mathscr{F}; P; (\tilde{\mathscr{F}}_t)_{t \in \mathbb{R}_+}\big)$ wieder standard filtriert, hierauf $\tilde{X}$ ein stetiges Semimartingal und $\tilde{\alpha}$ weiterhin stetig (und zugleich mit α auch lokal bzw. global Lipschitz). Ist, zu gegebenem $\mathscr{F}_{t_0}$-meßbaren F: $\Omega \to \mathbb{R}^d$, $\tilde{Y}^F$ eine Lösung von $d\tilde{Y} = \tilde{\alpha}(t, \tilde{Y})\, d\tilde{X}$ mit $\tilde{Y}_0^F = F$, so heißt der hiermit definierte Prozeß

$$Y_t^{t_0, F} := \tilde{Y}_{t - t_0}^F\,; \quad t \geq t_0$$

eine *Lösung* der SDGL $dY = \alpha(t, Y)\, dX$ *mit Anfangswert* F *zur Zeit* t_0.
Ist etwa α (und damit $\tilde{\alpha}$) lokal Lipschitz und wachstumsbeschränkt, so existiert $Y^{t_0, F}$ nach Satz 6.23 zu jedem $\mathscr{F}_{t_0}$-meßbaren Anfangswert F für t_0, und ist bis auf Nicht-Unterscheidbarkeit eindeutig festgelegt durch

$$(6.33) \qquad Y_t^{t_0, F} = F + \int_{t_0}^t \alpha(s, Y_s^{t_0, F})\, dX_s\,; \quad t \geq t_0\,;$$

darin ist das stochastische Integral rechts definiert durch

$$\int_{t_0}^{t} \alpha(s, Y_s^{t_0,F})\, dX_s = \int_0^{t-t_0} \tilde{\alpha}(s, \tilde{Y}_s^F)\, d\tilde{X}_s .$$

Hier kann (da das stochastische Integral rechts ja nicht von $\tilde{X}_0 = X_{t_0}$ abhängt) $\tilde{X}$ auch durch $\hat{X} := \tilde{X} - X_{t_0}$ ersetzt werden. Dieser Prozeß ist ebenso ein stetiges Semimartingal auf $\big(\Omega; \mathscr{F}; P; (\tilde{\mathscr{F}}_t)_{t\in\mathbb{R}_+}\big)$ wie $\tilde{X}$ selbst, und außerdem natürlich adaptiert an die Filtrierung $\big(\sigma(F; X_{t_0+s} - X_{t_0} : 0 \le s \le t)\big)_{t\in\mathbb{R}_+}$, also auch stetiges Semimartingal bezüglich der Standard-Erweiterung dieser Filtrierung, die wir mit $\big(\mathscr{F}(F,X)_{t_0,t_0+t}\big)_{t\in\mathbb{R}_+}$ abkürzen; dabei ist $\mathscr{F}(F,X)_{t_0,t_0+t} \subset \tilde{\mathscr{F}}_t$, $t \in \mathbb{R}_+$. Damit ist auch $\tilde{Y}^F$ als Lösung der SDGL $d\tilde{Y} = \tilde{\alpha}(t,\tilde{Y})\, d\hat{X}$ zum $\mathscr{F}(F,X)_{t_0,t_0}$-meßbaren Anfangswert F ein Semimartingal bezüglich dieser Filtrierung; insbesondere ist also $Y_t^{t_0,F}$ jeweils $\mathscr{F}(F,X)_{t_0,t}$-meßbar. Für konstante F schreiben wir statt $\mathscr{F}(F,X)_{t_0,t_0+t}$ kürzer $\mathscr{F}(X)_{t_0,t_0+t}$, also (mit $\mathscr{N}$ dem σ-Ideal aller P-Nullmengen):

$$\mathscr{F}(X)_{t_0,t_0+t} = \sigma\big(\mathscr{N}, \textstyle\bigcap_{n=1}^{\infty} \sigma(X_{t_0+s} - X_{t_0} : 0 \le s < t + 1/n)\big) . \tag{6.34}$$

Satz 6.28. (Existenz des Lösungsflusses) *Sei* α: $\mathbb{R}_+ \times \mathbb{R}^d \to \mathrm{Lin}(\mathbb{R}^n;\mathbb{R}^d)$ *stetig und global Lipschitz, und sei* $X \in \mathscr{S}(\mathbb{R}^n)$ *gegeben. Dann besitzt die* SDGL $dY = \alpha(t,Y)\, dX$ *einen "Lösungsfluß", d. h. es gibt eine Familie von Abbildungen*

$$\Phi_{s,t}\colon \mathbb{R}^d \times \Omega \to \mathbb{R}^d; \quad 0 \le s \le t$$

mit folgenden Eigenschaften:

a) $x \mapsto \Phi_{s,s+\bullet}(x,\omega)$ *ist stetig von* $\mathbb{R}^d$ *in den Wienerraum* $\mathcal{W}^d$ *für jedes* $\omega \in \Omega$, $s \in \mathbb{R}_+$, *und* $(u,x,\omega) \mapsto \Phi_{s,u}(x,\omega)$ *ist meßbar von* $[s,t] \times \mathbb{R}^d \times \Omega$ *in* $\mathbb{R}^d$ *bezüglich* $\mathscr{B}([s,t]) \otimes \mathscr{B}(\mathbb{R}^d) \otimes \mathscr{F}(X)_{s,t}$, *jeweils für fixierte* $s < t$.

b) $\Phi_{s,s}(x,\omega) = x$ *für alle* $(x,\omega) \in \mathbb{R}^d \times \Omega$. *Bezeichnet* $Y^{s,F}$ *die (bis auf Nicht-Unterscheidbarkeit eindeutige) Lösung mit Anfangswert* F *zur Zeit* s, *so gilt für fast alle* ω

$$Y_{s+\bullet}^{s,F}(\omega) = \Phi_{s,s+\bullet}\big(F(\omega),\omega\big). \tag{6.35}$$

Insbesondere gelten (bei festen $s \le u$*) für fast alle* $\omega \in \Omega$ *die "Flußgleichungen"*

$$\Phi_{s,t}(x,\omega) = \Phi_{u,t}\big(\Phi_{s,u}(x,\omega),\omega\big); \quad t \ge u,\ x \in \mathbb{R}^d . \tag{6.36}$$

Beweis: Der Beweis ergibt sich leicht aus Satz 6.25. Da auch die s-zeitverschobene DGL jeweils die Voraussetzungen dieses Satzes erfüllt, haben wir für jedes $s \in \mathbb{R}_+$ eine Abbildung Φ_s: $\mathbb{R}^d \times \Omega \to C([s,\infty[;\mathbb{R}^d)$, stetig im ersten Argument, mit $\big(\Phi_s(x,\omega)\big)(s) = x$ und

$$Y_t^{s,x}(\omega) = \big(\Phi_s(x,\omega)\big)(t) =: \Phi_{s,t}(x,\omega) \quad \text{f.ü.}; \quad s \le t .$$

Dies ist (da die Ausnahmemenge, aufgrund der Stetigkeit beider Seiten in t, unabhängig von t wählbar ist) bereits Gleichung (6.35) für konstante Anfangswerte F.

Wie im letzten Teil des Beweises von Satz 6.26 folgt daraus die Aussage für beliebige F durch ein Diskretisierungsargument.
Die Ausnahme-Nullmenge N der Gültigkeit von (6.36) hängt zunächst von s, u, t und x ab: $N = N(s,u,t,x)$. Aufgrund der Stetigkeit von $(t,x) \mapsto \Phi_{s,t}(x,\omega)$ gilt (6.36) dann aber simultan für alle $(t,x) \in [u,\infty[\times \mathbb{R}^d$ außerhalb der Nullmenge

(6.37) $$N(s,u) := \bigcup \{N(s,u,t,x) : t \in \mathbb{Q} \cap [u,\infty[;\ x \in \mathbb{Q}^d\}.$$

Damit ist b) und die erste Aussage von a) gezeigt. Da, wie oben ausgeführt, $Y_t^{s,x}$ und also $\Phi_{s,t}(x,\cdot)$ sogar $\mathscr{F}(X)_{s,t}$-meßbar ist, und andererseits $(u,x) \mapsto \Phi_{s,u}(x,\omega)$ für jedes feste ω auf $\mathbb{R}_+ \times \mathbb{R}^d$ stetig ist, folgt auch die Produkt-Meßbarkeit wie im Beweis von Satz 6.25 durch Diskretisierung der Variablen $(u,x) \in \mathbb{R}_+ \times \mathbb{R}^d$. □

Bemerkung 6.29. Ist sogar Stetigkeit von $(s,t,x) \mapsto \Phi_{s,t}(x,\omega)$ gegeben, so gilt (6.36) entsprechend simultan in allen Parametern außerhalb der Nullmenge $N' := \bigcup_{(s,u)\in\mathbb{Q}_+\times\mathbb{Q}_+} N(s,u)$, und wir erhalten durch

$$\Phi_{s,t}(\omega) := \begin{Bmatrix} \Phi_{s,t}(\cdot,\omega) & \text{für } \omega \notin N' \\ \mathrm{id}_{\mathbb{R}^d} & \text{für } \omega \in N' \end{Bmatrix}; \quad s \le t$$

einen stochastischen Fluß auf $\mathbb{R}^d$, bei dem die Flußgleichungen (2.35) für alle $\omega \in \Omega$ und alle $s \le u \le t$ und $x \in \mathbb{R}^d$ gelten.

Wir zeigen nun, daß der Lösungsprozeß Y^F zu beliebigem Anfangswert F ein Markovprozeß ist, wenn der treibende Prozeß $X \in \mathscr{S}(\mathbb{R}^n)$ $(\mathscr{F}_t)$-unabhängige Zuwächse hat (also etwa im Falle der Itôschen DGL (6.30) mit α aus (6.31) und $X_t = (t, B_t)$ für eine $(\mathscr{F}_t)$-BM B). Etwas allgemeiner ergibt sich:

Satz 6.30. (Markovscher Lösungsprozeß) *Sei wieder α stetig und global Lipschitz. $X \in \mathscr{S}(\mathbb{R}^n)$ habe $(\mathscr{F}_t)$-unabhängige Zuwächse. Dann ist für jeden $\mathscr{F}_0$-meßbaren Anfangswert $F\colon \Omega \to \mathbb{R}^d$ die Lösung Y^F der* SDGL $dY = \alpha(t,Y)\,dX$, $Y_0 = F$, *ein Markovprozeß zur Halbgruppe $(K_{s,t})_{s\le t}$ auf $\mathbb{R}^d$:*

$$K_{s,t}(x,A) = P\{\Phi_{s,t}(x,\cdot) \in A\}; \quad x \in \mathbb{R}^d;\ A \in \mathscr{B}(\mathbb{R}^d).$$

(*Dabei bezeichnet $\Phi_{s,t}$ den Lösungsfluß der* DGL *gemäß Satz* 6.28). *Die schwache Markoveigenschaft, Gleichung* (2.28), *gilt sogar in der Form*

(6.38) $$E^{\mathscr{F}_s} 1_{\{Y_t^F \in A\}} = K_{s,t}(Y_s^F(\cdot), A) \quad \textit{f.ü.}; \quad s \le t;\ A \in \mathscr{B}(\mathbb{R}^d).$$

Beweis: Die Borelmeßbarkeit von $x \mapsto K_{s,t}(x,A) = E(1_A \circ \Phi_{s,t}(x,\cdot))$ folgt aus dem Satz von Fubini. Da die rechte Seite von (6.38) somit meßbar ist bezüglich $\mathscr{F}_s^{Y^F} := \sigma(Y_r^F : r \le s) \subset \mathscr{F}_s$, kann links $\mathscr{F}_s$ durch $\mathscr{F}_s^{Y^F}$ ersetzt werden; dies ist die "schwache Markoveigenschaft" (2.28) für Y^F. Wir zeigen (6.38) in der etwas allgemeineren Form mit beliebigem Startzeitpunkt t_0:

(6.39) $$E^{\mathscr{F}_s} 1_{\{Y_t^{t_0,F} \in A\}} = K_{s,t}(Y_s^{t_0,F}(\cdot), A) \quad \text{f.ü.}; \quad t_0 \le s \le t$$

(wobei hier $F\colon \Omega \to \mathbb{R}^d$ nur $\mathscr{F}_{t_0}$-meßbar sein muß).

Zunächst gilt für fast alle $\omega \in \Omega$

$$(6.40) \qquad Y_t^{t_0,F}(\omega) = \Phi_{t_0,t}\big(F(\omega),\omega\big) = \Phi_{s,t}\big(\Phi_{t_0,s}\big(F(\omega),\omega\big),\omega\big);$$

die erste Gleichung ist (6.35); die zweite ist Gleichung (6.36) und gilt, wie im Beweis von Satz 6.28 bemerkt, für $\omega \notin N(t_0,s)$, der in (6.37) gegebenen Nullmenge. Wir definieren zur Abkürzung $g\colon \Omega \to \mathbb{R}^d$ bzw. $G\colon \mathbb{R}^d \times \Omega \to \mathbb{R}$ (bei fixiertem $A \in \mathscr{B}(\mathbb{R}^d)$ und $t_0 \le s \le t$) durch

$$g(\omega) = \Phi_{t_0,s}\big(F(\omega),\omega\big); \quad G(x,\omega) = 1_A \circ \Phi_{s,t}(x,\omega).$$

Dann ist g meßbar bezüglich $\mathscr{F}_s$, G bezüglich $\mathscr{B}(\mathbb{R}^d) \otimes \mathscr{F}(X)_{s,t}$ (nach Aussage a) von Satz 6.28); dabei sind aufgrund der $(\mathscr{F}_t)$-unabhängigen Zuwächse von X die σ-Algebren $\mathscr{F}_s$ und $\mathscr{F}(X)_{s,t}$ unabhängig. Das folgende Lemma ergibt deshalb für fast alle $\omega \in \Omega$ die Beziehung

$$\big(E^{\mathscr{F}_s} G\big(g(\cdot),\cdot\big)\big)(\omega) = \int G\big(g(\omega),\omega'\big)\,P(d\omega').$$

Die linke Seite dieser Gleichung stimmt nach (6.40) f.ü. mit der linken Seite von (6.39) überein. Die rechte Seite ist nach Definition von $K_{s,t}$ gleich

$$K_{s,t}\big(\Phi_{t_0,s}\big(F(\omega),\omega\big),A\big) = K_{s,t}\big(Y_s^{t_0,F}(\omega),A\big),$$

letzteres nach (6.35) wiederum für fast alle $\omega \in \Omega$.
Damit ist (6.39) nachgewiesen. Hieraus ergibt sich auch sofort die Halbgruppeneigenschaft der Kerne $(K_{s,t})_{s \le t}$: Für $t_0 \le s \le t$ gilt bei beliebigen $x \in \mathbb{R}^d$, $A \in \mathscr{B}(\mathbb{R}^d)$

$$\begin{aligned}\int K_{t_0,s}(x,dy)\,K_{s,t}(y,A) &= \int K_{s,t}\big(\Phi_{t_0,s}(x,\omega),A\big)\,P(d\omega)\\ &= \int \big(E^{\mathscr{F}_s} 1_A \circ \Phi_{t_0,t}(x,\cdot)\big)(\omega)\,P(d\omega) = K_{t_0,t}(x,A);\end{aligned}$$

dabei wurde in der zweiten Gleichheit die Beziehung (6.39) eingesetzt. □

Lemma 6.31. *Seien $\mathscr{B}$ und $\mathscr{C}$ unabhängige σ-Unteralgebren eines Wahrscheinlichkeitsraums $(\Omega;\mathscr{F};P)$. $G\colon \mathbb{R}^d \times \Omega \to \mathbb{R}$ sei $\mathscr{B}(\mathbb{R}^d) \otimes \mathscr{B}$-meßbar und beschränkt, $g\colon \Omega \to \mathbb{R}^d$ sei $\mathscr{C}$-meßbar. Dann ist $\omega \mapsto \int G\big(g(\omega),\omega'\big)\,P(d\omega')$ eine Version der bedingten Erwartung $E^{\mathscr{C}} G\big(g(\cdot),\cdot\big)$.*

Beweis: Dies ergibt sich sofort aus dem Monotone-Klasse-Argument Satz 1.4 ii) mit

$$\mathcal{F} := \operatorname{lin}\big\{1_{A\times B} : A \in \mathscr{B}(\mathbb{R}^d);\ B \in \mathscr{B}\big\},$$

$$\begin{aligned}\mathcal{G} := \big\{H\colon \mathbb{R}^d \times \Omega \to \mathbb{R} : H \text{ beschränkt, } \mathscr{B}(\mathbb{R}^d) \otimes \mathscr{B}\text{-meßbar;}\\ \text{für fast alle } \omega \in \Omega \text{ gilt } \big(E^{\mathscr{C}} H\big(g(\cdot),\cdot\big)\big)(\omega) = \textstyle\int H\big(g(\omega),\omega'\big)\,P(d\omega')\big\}.\end{aligned}$$

Offensichtlich ist nämlich $\mathcal{F}$ ein Untervektorraum von $\mathcal{G}$, da gilt $1_{A\times B}\big(g(\cdot),\cdot\big) = (1_A \circ g)\,1_B$, und da $\mathscr{B}, \mathscr{C}$ unabhängig sind. Außerdem enthält $\mathcal{F}$ mit f stets auch

f^2, und es gilt $\sigma(\mathcal{F}) = \mathscr{B}(\mathbb{R}^d) \otimes \mathscr{B}$. Andererseits ist aufgrund der Rechenregeln für bedingte Erwartungen (Satz 1.13) für eine Folge $0 \leq H_n \nearrow H$ mit $H_n \in \mathcal{G}$ und $H_n \leq$ const für alle n, auch $H \in \mathcal{G}$. Damit liegt jede beschränkte, $\mathscr{B}(\mathbb{R}^d) \otimes \mathscr{B}$-meßbare Funktion G in $\mathcal{G}$, erfüllt also die Aussage des Lemmas. □

Das Ergebnis des vorigen Satzes ist im wesentlichen nochmals Satz 2.35: $(\Phi_{s,t})_{s\leq t}$ ist ein Markovscher stochastischer Fluß (Definition 2.34). In Verbindung mit Satz 2.29 ergeben sich die endlichdimensionalen Verteilungen der Lösung Y^F:

$$P\{Y_0^F \in A_0, Y_{t_1}^F \in A_1, \ldots, Y_{t_r}^F \in A_r\}$$
$$= \int_{A_0} (P \circ F^{-1})(dx_0) \int_{A_1} K_{0,t_1}(x_0, dx_1) \ldots \int_{A_r} K_{t_{r-1},t_r}(x_{r-1}, dx_r),$$

für $0 < t_1 < \ldots < t_r$ und $A_0, A_1, \ldots, A_r \in \mathscr{B}(\mathbb{R}^d)$.

Ist der Lösungsfluß $(\Phi_{s,t})_{s\leq t}$ von Satz 6.28 *stationär*, d.h. hängt $P\{\Phi_{s,t}(x,\cdot) \in A\}$ jeweils nur von $t - s$ ab, so bilden unter den Voraussetzungen von Satz 6.30 die Markovkerne K_t: $K_t(x, A) = P\{\Phi_{0,t}(x,\cdot) \in A\}$ also eine Markov-Halbgruppe auf $\mathbb{R}^d$. Die schwache Markoveigenschaft (6.38) der Lösungsprozesse läßt sich im stationären Fall verschärfen; wir wollen dies zum Schluß des Abschnitts noch etwas genauer ausführen.

Aufgrund der in Satz 6.28 a) beschriebenen Abhängigkeit der Lösungen $Y_t^x(\omega) := \Phi_{0,t}(x,\omega)$ vom Startpunkt $x \in \mathbb{R}^d$ ist für beschränkte meßbare H: $\mathcal{W}^d \to \mathbb{R}$ die Abbildung

$$TH: \mathbb{R}^d \to \mathbb{R}, \quad (TH)(x) = E(H \circ Y_\bullet^x)$$

meßbar und für stetige beschränkte H sogar stetig. Ist $H = 1_A \circ \mathrm{pr}_t$, $A \in \mathscr{B}(\mathbb{R}^d)$, so wird $(TH)(x) = P\{Y_t^x \in A\} = K_t(x, A)$, und Gleichung (6.38) schreibt sich in der Form (für eine beliebige Lösung Y)

$$E^{\mathscr{F}_s}(H \circ Y_{s+\bullet}) = (TH) \circ Y_s \quad \text{f.ü.}$$

Die im folgenden Satz formulierte *starke Markoveigenschaft* des Lösungsprozesses Y besagt, daß diese Beziehung nicht nur für beliebige H gilt, sondern außerdem noch s durch eine Stopzeit τ ersetzt werden darf. In Satz 5.23 wurde dies bereits mit anderen Mitteln für die BM gezeigt; der folgende Beweis ist so geführt, daß er sich leicht auch auf Feller-Dynkin-Prozesse übertragen läßt.

Satz 6.32. *Sei* α: $\mathbb{R}^d \to \mathrm{Lin}(\mathbb{R}^n, \mathbb{R}^d)$ *global Lipschitz,* $X \in \mathscr{S}(\mathbb{R}^n)$ *ein Prozeß mit* $(\mathscr{F}_t)$*-unabhängigen Zuwächsen. Der Lösungsfluß der* SDGL $dY = \alpha(Y)dX$ *sei stationär;* T *bezeichne die oben definierte Abbildung, welche beschränkte meßbare* H: $\mathcal{W}^d \to \mathbb{R}$ *in beschränkte meßbare* TH: $\mathbb{R}^d \to \mathbb{R}$ *überführt.*
Dann hat jede Lösung Y *der* SDGL $dY = \alpha(Y)dX$ *die starke Markoveigenschaft, d.h. es gilt für jede Stopzeit* τ *und jede beschränkte meßbare Funktion* H: $\mathcal{W}^d \to \mathbb{R}$

(6.41) $$E^{\mathscr{F}_\tau}(H \circ Y_{\tau+\bullet}) = (TH) \circ Y_\tau \quad \textit{f.ü. auf } \{\tau < \infty\};$$

dabei bezeichnet $Y_{\tau+\bullet}$ *die durch* $\big(Y_{\tau+\bullet}(\omega)\big)(t) := Y_{\tau(\omega)+t}(\omega)$ *gegebene Pfadabbildung von* Ω *in* $\mathcal{W}^d$*, und wir haben* $Y_\infty(\omega) := 0$ *gesetzt (wegen* $\{\tau < \infty\} \in \mathcal{F}_\tau$ *hängt die Aussage von dieser Konvention nicht ab).*

Beweis: Wir betrachten zunächst den Fall konstanter Stopzeiten $\tau = s$. Ein einfaches Monotone-Klasse-Argument zeigt, daß es genügt, "zahme" Funktionen H der Form

$$H = (H_1 \circ \mathrm{pr}_{t_1}) \cdot \ldots \cdot (H_r \circ \mathrm{pr}_{t_r})$$

mit $0 \leq t_1 < \ldots < t_r$ und beschränkten meßbaren $H_k\colon \mathbb{R}^d \to \mathbb{R}$ zu betrachten. Wie bereits vorweg bemerkt wurde, ist der Fall $r = 1$ die Aussage von Gleichung (6.39), in trivialer Weise erweitert von Indikatorfunktionen Borelscher Mengen auf beschränkte meßbare Funktionen. Der allgemeine Fall ergibt sich hieraus induktiv: Wir haben $H \circ Y_{s+\bullet} = (H_1 \circ Y_{s+t_1}) \cdot \ldots \cdot (H_r \circ Y_{s+t_r})$ und somit

$$\begin{aligned} E^{\mathcal{F}_s}(H \circ Y_{s+\bullet}) &= E^{\mathcal{F}_s}\big[(H_1 \circ Y_{s+t_1})\, E^{\mathcal{F}_{s+t_1}}\big((H_2 \circ Y_{s+t_2}) \cdot \ldots \cdot (H_r \circ Y_{s+t_r})\big)\big] \\ &= E^{\mathcal{F}_s}\big[(H_1 \circ Y_{s+t_1})(TH') \circ Y_{s+t_1}\big] \end{aligned}$$

nach Induktionsvoraussetzung, wobei $H' = (H_2 \circ \mathrm{pr}_{t_2-t_1}) \cdot \ldots \cdot (H_r \circ \mathrm{pr}_{t_r-t_1})$ gesetzt ist, so daß gilt $(H_2 \circ Y_{s+t_2}) \cdot \ldots \cdot (H_r \circ Y_{s+tr}) = H' \circ Y_{s+t_1+\bullet}$. Schreibt man

$$(H_1 \cdot TH') \circ Y_{s+t_1} = (H_1 \cdot TH') \circ \mathrm{pr}_{t_1} \circ Y_{s+\bullet}$$

und wendet nochmals den Fall $r = 1$ an, so folgt

$$E^{\mathcal{F}_s}(H \circ Y_{s+\bullet}) = T\big((H_1 \cdot TH') \circ \mathrm{pr}_{t_1}\big) \circ Y_s\,.$$

Dies ist aber die Behauptung für $\tau = s$, da nach Satz 2.29, angewandt auf den Markov-Prozeß Y^x zur Halbgruppe $(K_t)_{t \in \mathbb{R}_+}$ mit Startwahrscheinlichkeit δ_x, gilt

$$\begin{aligned} T\big((H_1 \cdot TH') \circ \mathrm{pr}_{t_1}\big)(x) &= \int K_{t_1}(x, dx_1)\, H_1(x_1)(TH')(x_1) \\ &= \int K_{t_1}(x, dx_1)\, H_1(x_1) \int K_{t_2-t_1}(x_1, dx_2)\, H_2(x_2) \\ &\qquad \ldots \int K_{t_r-t_{r-1}}(x_{r-1}, dx_r)\, H_r(x_r) \\ &= (TH)(x)\,. \end{aligned}$$

Damit ist (6.41) für konstante Stopzeiten bewiesen. Bei der Verallgemeinerung auf beliebige Stopzeiten genügt es (wiederum aufgrund eines Monotone-Klasse-Arguments), stetige beschränkte H zu betrachten. Ist zunächst der Wertebereich von τ abzählbar, $\tau(\Omega) \setminus \{\infty\} = \{s_1, s_2, \ldots\} \subset \mathbb{R}_+$, so folgt die Behauptung in integrierter Form aus dem Fall konstanter τ folgendermaßen: Für beliebiges $A \in \mathcal{F}_\tau \cap \{\tau < \infty\}$ ist zu zeigen, daß gilt

$$\int_A (TH) \circ Y_\tau \, dP = \int_A H \circ Y_{\tau+\bullet} \, dP\,.$$

Aber es ist $A \cap \{\tau = s_k\} \in \mathscr{F}_{s_k}$ und daher

$$\int_A (TH) \circ Y_\tau \, dP = \sum_{k=1}^{\infty} \int_{A \cap \{\tau = s_k\}} (TH) \circ Y_{s_k} \, dP$$
$$= \sum_{k=1}^{\infty} \int_{A \cap \{\tau = s_k\}} H \circ Y_{s_k + \bullet} \, dP = \int_A H \circ Y_{\tau + \bullet} \, dP .$$

Ist τ eine beliebige Stopzeit, so wählen wir gemäß Gleichung (3.5) eine Folge $\tau_n \searrow \tau$ von Stopzeiten τ_n mit abzählbarem Wertebereich $\tau_n(\Omega) \subset \overline{\mathbb{R}}_+$, $\tau_n < \infty$ auf $\{\tau < \infty\}$. Dann folgt aufgrund der angenommenen Stetigkeit von H und damit auch TH mit majorierter Konvergenz

$$\int_A (TH) \circ Y_\tau \, dP = \lim_{n \to \infty} \int_A (TH) \circ Y_{\tau_n} \, dP$$
$$= \lim_{n \to \infty} \int_A H \circ Y_{\tau_n + \bullet} \, dP = \int_A H \circ Y_{\tau + \bullet} \, dP$$

für jedes $A \in \mathscr{F}_\tau \cap \{\tau < \infty\}$ (offensichtlich konvergiert ja $Y_{\tau_n + \bullet}(\omega) \to Y_{\tau + \bullet}(\omega)$ in der Topologie von $\mathcal{W}^d$, d. h. gleichmäßig auf kompakten Intervallen). □

6.6 Schrödinger-Halbgruppe und Feynman-Kac-Formeln

Wir werden im nächsten Abschnitt sehen, daß der Lösungsfluß der autonomen Itô-Gleichung $dY = \beta(Y)\,dt + \sigma(Y)\,dB$ (mit β, σ global Lipschitz) tatsächlich stationär ist. Die hierdurch nach Satz 6.30 gegebene Halbgruppe von Operatoren T_t: $(T_t f)(x) = E(f \circ Y_t^x)$ auf $C_b(\mathbb{R}^d)$ hat als (erweiterten) Erzeuger eine Fortsetzung des bereits in Satz 6.2 zur Itô-Gleichung assoziierten partiellen Differentialoperators

$$L = \sum_{k=1}^{d} \beta_k \frac{\partial}{\partial x_k} + \tfrac{1}{2} \sum_{k,\ell=1}^{d} (\sigma\sigma^*)_{k\ell} \frac{\partial^2}{\partial x_k \partial x_\ell} .$$

Die "funktionalanalytische" Schreibweise $T_t = e^{Lt}$ drückt diesen Zusammenhang aus. In den Feynman-Kac-Formeln wird die Integraldarstellung

$$(e^{Lt} f)(x) = E(f \circ Y_t^x)$$

zu einer Darstellung der Halbgruppe $(e^{(L+v)t})_{t \in \mathbb{R}_+}$ mit einem beschränkten "Potential" v erweitert. Im einfachsten Fall ($\beta = 0$, $\sigma = \mathrm{id}_{\mathbb{R}^d}$, also $L = \frac{1}{2}\Delta$ der Laplaceoperator) ist dies die Schrödinger-Halbgruppe, die in engem Zusammenhang mit der Schrödingergleichung eines freien Teilchens im Potentialfeld $V = -v$ steht.

Zu β: $\mathbb{R}^d \to \mathbb{R}^d$ und σ: $\mathbb{R}^d \to \mathrm{Lin}(\mathbb{R}^N; \mathbb{R}^d)$, beide global Lipschitz vorausgesetzt, betrachten wir in diesem Abschnitt einerseits die Itô-Gleichung

$$dY = \beta(Y)\,dt + \sigma(Y)\,dB$$

(mit B einer N-dimensionalen $(\mathscr{F}_t)$-BM über einem fixierten standard filtrierten Wahrscheinlichkeitsraum $(\Omega; \mathscr{F}; P; (\mathscr{F}_t)_{t\in\mathbb{R}_+})$); andererseits bezeichne L:

$$Lf = \sum_{k=1}^{d} \beta_k \frac{\partial f}{\partial x_k} + \tfrac{1}{2} \sum_{k,\ell=1}^{d} (\sigma\sigma^*)_{k\ell} \frac{\partial^2 f}{\partial x_k \partial x_\ell} \tag{6.42}$$

den assoziierten elliptischen partiellen Differentialoperator (vgl. Abschnitt 6.1). $Y_t^x := \Phi_{0,t}(x,\cdot)$ bezeichnet (wie im vorangehenden Abschnitt) die durch den Lösungsfluß $(\Phi_{s,t})_{s\le t}$ gegebene, stetig vom Startwert $x \in \mathbb{R}^d$ abhängende Lösung der Itô-Gleichung. Dann gilt für C^2-Funktionen $f\colon \mathbb{R}^d \to \mathbb{R}$ Gleichung (6.3), also

$$df(Y^x) = (Lf)(Y^x)\,dt + \sum_{k=1}^{d}\sum_{i=1}^{N} \sigma_{ki}(Y^x) \frac{\partial f}{\partial x_k}(Y^x)\,dB^i .$$

Wir gehen in diesem Abschnitt noch einen Schritt weiter und betrachten zu einer fixierten Funktion $v \in C_b(\mathbb{R}^d;\mathbb{R}) =: C_b$ den Prozeß $A^x \in \mathscr{A}$, $A_t^x := \int_0^t v(Y_s^x)\,ds$, und hiermit die stetigen Semimartingale

$$Z^x(f) := e^{A^x} f(Y^x); \quad f\colon \mathbb{R}^d \to \mathbb{R}\ C^2\text{-Funktion}.$$

Nach der Produktregel des Itô-Kalküls ergibt sich das Differential

$$\begin{aligned} dZ^x(f) &= f(Y^x)\,de^{A^x} + e^{A^x}\,df(Y^x) \\ &= v(Y^x)\,e^{A^x} f(Y^x)\,dt + e^{A^x}\big((Lf)(Y^x)\,dt + dM^x(f)\big), \end{aligned}$$

also

$$dZ^x(f) = e^{A^x}(Lf + v\,f)(Y^x)\,dt + e^{A^x}\,dM^x(f); \tag{6.43}$$

hierin bezeichnet $M^x(f)$ das lokale Martingal

$$M^x(f) = \sum_{k=1}^{d}\sum_{i=1}^{N} \Big(\sigma_{ki}(Y^x)\frac{\partial f}{\partial x_k}(Y^x)\Big) \bullet B^i .$$

Hieraus lassen sich interessante Folgerungen für den Fall ziehen, daß $M^x(f)$ und damit (wegen Beschränktheit von v) auch $e^{A^x} \bullet M^x(f)$ sogar L^2-Martingale sind.

Satz 6.33. (1. Feynman-Kac-Formel) *Sei $\emptyset \neq U \subset \mathbb{R}^d$ beschränkt und offen. Zu der in $x \in U$ startenden Lösung Y^x der Itô-Gleichung $dY = \beta(Y)\,dt + \sigma(Y)\,dB$ (mit β, σ global Lipschitz auf $\mathbb{R}^d$) sei*

$$\tau^x := \inf\{t \ge 0 : Y_t^x \notin U\}$$

die Austrittszeit aus U. Wir setzen $\tau^x < \infty$ f.ü. voraus.
Weiter sei eine stetige Funktion $v\colon \bar{U} \to \mathbb{R}$ gegeben und angenommen, daß entweder $v \le 0$ oder $Ee^{\|v\|\tau^x} < \infty$ ist. Dann gilt die Integraldarstellung

$$f(x) = E\Big\{\exp\big(\textstyle\int_0^{\tau^x} v(Y_s^x)\,ds\big)\, f(Y_{\tau^x}^x)\Big\} \tag{6.44}$$

für jede stetige Funktion $f\colon \bar{U} \to \mathbb{R}$, die auf U zweimal stetig differenzierbare Lösung der Differentialgleichung $Lf + v \cdot f = 0$ ist.

Beweis: Es sei $x \in U$ fixiert. Da Y^x stetig ist, gilt $Y^x_{\tau^x} \in \complement U$ auf $\{\tau^x < \infty\}$, insbesondere also $\tau^x > 0$, so daß $Y^x_{\tau^x \wedge t} \in \bar{U}$ für alle $t \in \mathbb{R}_+$ gilt; außerdem ist $Y^x_{\tau^x} \in \partial U$ auf $\{\tau^x < \infty\}$. Nach Beispiel 6.17 ist τ^x vorhersagbar, und für die dort konstruierte ankündigende Folge $\tau^x_n \nearrow \tau^x$ hat $(Y^x)^{\tau^x_n}$ sogar Werte in einer kompakten (von n abhängenden) Teilmenge K_n von U. Mit der Abkürzung $G = (G_1, \dots, G_N)$: $G_i = \sum_{k=1}^d \sigma_{ki} \frac{\partial f}{\partial x_k}$ folgt wegen $Lf + vf = 0$ auf U aus Gleichung (6.43) (nach Multiplikation mit einer Urysohn-Funktion, die auf K_n gleich 1 und außerhalb von U gleich 0 ist, denken wir uns f zu einer C^2-Funktion auf $\mathbb{R}^d$ fortgesetzt)

$$Z^x(f)_{\tau^x_n \wedge t} = f(x) + \int_0^{\tau^x_n \wedge t} \exp(A^x)\, G(Y^x)\, dB$$
$$= f(x) + \int_0^t \exp\big((A^x)^{\tau^x_n}\big)\, G\big((Y^x)^{\tau^x_n}\big)\, dB^{\tau^x_n}$$

(letzteres nach der Stopformel Satz 4.35). Da G auf U stetig ist, bleibt der Integrand beschränkt, und das stochastische Integral definiert somit ein Martingal. Bildung des Erwartungswertes ergibt

$$f(x) = E\{Z^x(f)_{\tau^x_n \wedge t}\} = E\{\exp(A^x_{\tau^x_n \wedge t})\, f(Y^x_{\tau^x_n \wedge t})\}; \quad t \in \mathbb{R}_+.$$

Ist $v \leq 0$, so gilt $\exp(A^x_{\tau^x_n \wedge t}) \leq 1$, und der Integrand des Erwartungswertes ist majoriert durch $\|f\| \equiv \sup|f(\bar{U})| < \infty$; im allgemeinen ist $\|f\| e^{\|v\| \tau^x}$ eine Majorante. In beiden Fällen kann aufgrund der gemachten Annahmen über v zunächst der Grenzübergang $t \to \infty$ und danach auch $n \to \infty$ unter dem Erwartungswertintegral vollzogen werden; da $\tau^x < \infty$ f.ü. gilt, bleibt $Y^x_{\tau^x}$ in $\bar{U}$, wo f stetig ist. Damit folgt Gleichung (6.44). □

Bemerkung 6.34. Die *Schrödingergleichung* für die Zeitabhängigkeit eines Zustands ψ: $\mathbb{R} \times \mathbb{R}^d \to \mathbb{C}$ eines quantenmechanischen Systems, das durch den selbstadjungierten Hamiltonoperator $\mathcal{H}$ auf dem komplexen Hilbertraum $L^2(\mathbb{R}^d)$ beschrieben wird, lautet bekanntlich (vgl. [PR 81], Kap. I.5)

$$i\hbar \frac{\partial \psi}{\partial t} = \mathcal{H}\psi.$$

Ihre Lösung ist (im Sinne der Spektraltheorie des Operators $\mathcal{H}$) eine Superposition stationärer Zustände $e^{-\frac{i}{\hbar}\lambda t}\psi_\lambda(x)$ mit den Lösungen ψ_λ der "*zeitunabhängigen Schrödingergleichung*"

$$\mathcal{H}\psi_\lambda = \lambda\psi_\lambda.$$

Handelt es sich (im einfachsten Falle) etwa um die Bewegung eines Teilchens der Masse m im Feld eines Potentials V: $\mathbb{R}^3 \to \mathbb{R}$, so ist (bis auf selbstadjungierte Erweiterung)

$$\mathcal{H} = -\frac{\hbar^2}{2m}\Delta + V$$

und damit die zeitunabhängige Schrödingergleichung von der in Satz 6.32 betrachteten Form $Lf + vf = 0$ für $L = \frac{1}{2}\Delta$ und $v = -\frac{m}{\hbar^2}(V - \lambda)$; die zugrundeliegende Itô-Gleichung ist in diesem Falle natürlich die triviale SDGL $dY = dB$.

Gleichung (6.44) ist (man beachte, daß $Y^x_{\tau_x}(\cdot) \in \partial U$ f.ü. gilt) natürlich als Randintegraldarstellung der Lösungen f der DGL $Lf + vf = 0$ aufzufassen und insofern der analogen Aussage in Satz 3.52 nahe verwandt. Allerdings liegt in der jetzigen Situation im allgemeinen keine FD-Halbgruppe auf U vor. In diese Richtung zielt vielmehr das folgende Ergebnis, das die Halbgruppe T_t: $(T_t f)(x) = Ef(Y^x_t)$ verallgemeinert. Wir verstehen dabei unter dem *erweiterten Erzeuger* einer Halbgruppe von Operatoren T_t auf C_b den Operator

$$A\colon D \to C_b\,, \quad Af = \lim_{t\to 0+} \tfrac{1}{t}(T_t f - f)$$

mit dem "natürlichen" Definitionsbereich aller derjenigen $f \in C_b$, für die der Grenzwert punktweise existiert und eine Funktion $Af \in C_b$ ergibt.

Satz 6.35. (2. Feynman-Kac-Formel) *Es sei weiterhin Y^x die stetig von Startpunkt $x \in \mathbb{R}^d$ abhängende Lösung der Itô-Gleichung $dY = \beta(Y)\,dt + \sigma(Y)\,dB$ (β und σ global Lipschitz). Zu $v \in C_b$ sei wieder der Prozeß A^x gegeben durch $A^x_t = \int_0^t v(Y^x_s)\,ds$. Die hiermit durch*

$$\text{(6.46)} \qquad (T_t f)(x) := E\{\exp(A^x_t)\, f(Y^x_t)\}\,; \quad t \in \mathbb{R}_+\,;\; x \in \mathbb{R}^d$$

definierten stetigen linearen Operatoren auf C_b bilden dann eine (im Sinne der Stetigkeit aller $t \mapsto (T_t f)(x)$) stetige Halbgruppe. Dabei liegt $T_t f$ insbesondere für C^2-Funktionen f mit kompaktem Träger im Definitionsbereich des erweiterten Erzeugers A, und es gilt, mit dem der SDGL *in* (6.42) *assoziierten partiellen Differentialoperator L,*

$$\text{(6.47)} \qquad \frac{d}{dt}(T_t f)(x) = \big(A(T_t f)\big)(x) = \big(T_t(Lf + vf)\big)(x).$$

Der Fall $t = 0$ zeigt dabei, daß A eine Fortsetzung des Differentialoperators $L + v$ ist.

Beweis: Nach Gleichung (6.43) gilt für $f \in C^2(\mathbb{R}^d)$

$$\exp(A^x_t)\, f(Y^x_t) - f(x) = \int_0^t \exp(A^x_s)\,(Lf + vf)(Y^x_s)\,ds + \int_0^t \exp(A^x)\,dM^x(f)\,,$$

wobei das lokale Martingal

$$M^x_t(f) = \int_0^t \sum_{k=1}^d \sum_{i=1}^N \Big(\sigma_{ki}\,\frac{\partial f}{\partial x_k}\Big)(Y^x_s)\,dB^i_s$$

ein Martingal und $Lf + vf \in C_b$ ist, wenn f kompakten Träger hat. Dann ist aufgrund der Beschränktheit von v auch $\int_0^t e^{A^x}\, dM^x(f)$ ein Martingal, und Bildung des Erwartungswertes ergibt

$$(6.48) \qquad (T_t f)(x) = f(x) + \int_0^t \big(T_s(Lf + vf)\big)(x)\, ds.$$

Die rechte Seite hängt differenzierbar von t ab, und man erhält die äußere Gleichung (6.47); die innere ergibt sich hieraus nach Definition von A.
Wir wollen nun die Halbgruppeneigenschaft $T_{s+t} = T_s \circ T_t$ nachweisen. Hierzu sei zunächst für $\mathscr{F}_s$-meßbare $F\colon \Omega \to \mathbb{R}^d$ gesetzt

$$A_{s+t}^{s,F} := \int_0^t v(Y_{s+r}^{s,F})\, dr\,; \qquad s,t \in \mathbb{R}_+ .$$

Dann schreibt sich

$$\begin{aligned} A_{s+t}^x &= \Big(\int_0^s + \int_s^{s+t}\Big) v(Y_r^x)\, dr \\ &= A_s^x + \int_0^t v(Y_{s+r}^x)\, dr = A_s^x + A_{s+t}^{s,Y_s^x}\,, \end{aligned}$$

wobei die Flußgleichungen (6.36) in der Form $Y_{s+r}^x = Y_{s+r}^{s,Y_s^x}$ benutzt wurden. Es folgt nun zunächst

$$(T_{s+t}f)(x) = E\big\{\exp(A_s^x + A_{s+t}^{s,Y_s^x})\, f(Y_{s+t}^{s,Y_s^x})\big\}.$$

Wir setzen zur Abkürzung $g(\omega) = Y_s^x(\omega)$ und

$$G(y,\omega) = \exp\big(A_{s+t}^{s,y}(\omega)\big)\, f\big(Y_{s+t}^{s,y}(\omega)\big)\,; \qquad \omega \in \Omega,\ y \in \mathbb{R}^d .$$

Auf diese beiden Funktionen ist Lemma 6.31 anwendbar (mit den unabhängigen σ-Algebren $\mathscr{B} := \mathscr{F}(B)_{s,s+t}$ und $\mathscr{C} := \mathscr{F}_s$) und ergibt

$$\big(E^{\mathscr{F}_s} G(g(\cdot),\cdot)\big)(\omega) = \int G\big(g(\omega),\omega'\big)\, P(d\omega')$$

für fast alle $\omega \in \Omega$.
Setzt man dies in den obigen Ausdruck für $(T_{s+t}f)(x)$ ein und schaltet vor die Bildung des Erwartungswertes noch die bedingte Erwartung $E^{\mathscr{F}_s}$, so folgt

$$\begin{aligned} (T_{s+t}f)(x) &= E\big(e^{A_s^x} E^{\mathscr{F}_s} G(g(\cdot),\cdot)\big) \\ &= \int P(d\omega)\, e^{A_s^x(\omega)} \int P(d\omega')\, G\big(g(\omega),\omega'\big) \\ &= \int P(d\omega)\, e^{A_s^x(\omega)} \int P(d\omega')\, Z_{s+t}^{s,Y_s^x(\omega)}(\omega'), \end{aligned}$$

mit der Abkürzung $Z_{s+t}^{s,y} := \exp(A_{s+t}^{s,y})\, f(Y_{s+t}^{s,y})$. Hieraus folgt dann schließlich $(T_{s+t}f)(x) = \big(T_s(T_t f)\big)(x)$, wenn noch gezeigt ist, daß $Z_{s+t}^{s,y}$ und $Z_t^{0,y}$ gleich verteilt sind; denn dann ist

$$\int P(d\omega')\, Z_{s+t}^{s,Y_s^x(\omega)}(\omega') = \int P(d\omega')\, Z_t^{0,Y_s^x(\omega)}(\omega') = (T_t f)\big(Y_s^x(\omega)\big).$$

Hierzu approximieren wir das (pfadweise) Integral $A^{s,y}_{s+t} = \int_0^t v(Y^{s,y}_{s+r})\,dr$ im Exponenten des ersten Faktors von $Z^{s,y}_{s+t}$ durch Zerlegungssummen: für Zerlegungen $\mathscr{Z}$: $0 = t_0 < t_1 < \ldots < t_\ell = t$ konvergieren die Summen

$$\sum_{\mathscr{Z}} v(Y^{s,y}_{s+r})\,dr := \sum_{k=1}^{\ell} v(Y^{s,y}_{s+t_{k-1}})(t_k - t_{k-1})$$

mit $|\mathscr{Z}| \to 0$ gegen $\int_0^t v(Y^{s,y}_{s+r})\,dr$. Andererseits ist aufgrund der im folgenden Abschnitt bewiesenen Verteilungseindeutigkeit (Korollar 1 zu Satz 6.40) $Y^{s,y}_{s+\bullet}$ gleich verteilt mit $Y^y_\bullet$. Daher sind auch

$$\exp\{\textstyle\sum_{\mathscr{Z}} v(Y^{s,y}_{s+r})dr\}\, f(Y^{s,y}_{s+t}) \quad \text{und} \quad \exp\{\textstyle\sum_{\mathscr{Z}} v(Y^y_r)dr\}\, f(Y^y_t)$$

gleich verteilt. Da die linke Seite (sogar punktweise) mit $|\mathscr{Z}| \to 0$ gegen $Z^{s,y}_{s+t}$, die rechte Seite ebenso gegen $Z^{0,y}_t$ strebt, folgt endlich, daß auch diese beiden Zufallsvariablen die gleiche Verteilung besitzen. Dies war noch zu zeigen. □

Dieser Satz besagt also, daß für $f \in C^2(\mathbb{R}^d)$ mit kompaktem Träger die Funktion

$$u\colon \mathbb{R}_+ \times \mathbb{R}^d \to \mathbb{R}, \quad u(t,x) = (T_t f)(x)$$

im Sinne der Gleichung (6.47) eine (verallgemeinerte) Lösung des *Cauchy-Problems* des (durch A fortgesetzten) Differentialoperators $L + v$ zum Anfangswert f ist:

$$\frac{\partial u}{\partial t} = (L+v)u; \quad u(0,\cdot) = f. \tag{6.49}$$

Besitzt die Halbgruppe eine Dichte p: $]0,\infty[\, \times \mathbb{R}^d \times \mathbb{R}^d \to \mathbb{R}_+$, d.h. ist p meßbar mit

$$(T_t f)(x) = \int p(t,x,y)\, f(y)\, dy; \quad f \in C_b,$$

so besagt die äußere Gleichung (6.47) (also $\frac{d}{dt}T_t = T_t A$; sie wird auch "*Vorwärtsgleichung*" genannt), daß für $t > 0$ und beliebige Testfunktionen $f \in D(\mathbb{R}^d)$ gilt

$$\frac{d}{dt}\int p(t,x,y)\, f(y)\, dy = \int p(t,x,y)\,(Lf + vf)(y)\, dy.$$

Ist β stetig differenzierbar, σ sogar zweimal stetig differenzierbar, so heißt dies, nach Definition von L in Gleichung (6.42), daß p (im distributionellen Sinne; bei hinreichend differenzierbarem p also auch im klassischen Sinne) die *Fokker-Planck-Gleichung* erfüllt:

$$\begin{aligned}\frac{\partial}{\partial t} p(t,x,y) = -\sum_{k=1}^{d} \frac{\partial}{\partial y_k}\big(p(t,x,y)\beta_k(y)\big) + \tfrac{1}{2}\sum_{k,\ell=1}^{d} \frac{\partial^2}{\partial y_k \partial y_\ell}\big(p(t,x,y)(\sigma\sigma^*)_{k\ell}(y)\big)\\ + v(y)p(t,x,y); \quad t > 0;\ x,y \in \mathbb{R}^d.\end{aligned}$$

Die Integraldarstellungen der Feynman-Kac-Formeln sind selbst im einfachsten Fall der Itô-Gleichung ($\beta = 0$, $\sigma = \mathrm{id}_{\mathbb{R}^d}$, also der SDGL $dY = dB$ mit der Lösung $Y^x = x + B$) noch von Interesse. Hier ist $L = \frac{1}{2}\Delta$, und Gleichung (6.49) wird (für $v = 0$) die Wärmeleitungsgleichung. Die Lösung des Cauchy-Problems zum Anfangswert $f \in C_b$ ist (wieder für beliebiges $v \in C_b$) gegeben durch Gleichung (6.46), also explizit:

$$
\begin{aligned}
(T_t f)(x) &= E\{\exp(\int_0^t v(x+B_s)\,ds)\, f(x+B_t)\} \\
&= \int_{\mathcal{W}^d} \exp\{\int_0^t v(x+h(s))\,ds\}\, f(x+h(t))\,\nu(dh)
\end{aligned}
\tag{6.50}
$$

mit dem Wienermaß ν (Definition 2.13), aufgefaßt als Maß auf dem Wienerraum $\mathcal{W}^d$. Wir entnehmen hieraus zunächst (majorierte Konvergenz), daß mit f auch $T_t f$ im Unendlichen verschwindet, daß also T_t als Halbgruppe auf $C_0 := \{f \in C_b : \lim_{|x|\to\infty} f(x) = 0\}$ betrachtet werden kann. Ist $v \leq 0$, so erhalten wir eine Feller-Dynkin-Halbgruppe von Sub-Markovoperatoren, wie sie bereits in Abschnitt 3.7 und 3.8 studiert wurde.
Auch bei beliebigem $v \in C_b$ liest man aufgrund der gleichmäßigen Stetigkeit der $f \in C_0$ aus (6.50) ab, daß $T_t f \to f$ mit $t \to 0+$ sogar in der Norm von C_0 gilt: $(T_t)_{t\in\mathbb{R}_+}$ ist eine *stark stetige Halbgruppe* im Sinne der funktionalanalytischen Halbgruppentheorie (vgl. [DA 80]). Ebenso folgt nun durch Einsetzen von (6.50) in (6.48) für $f \in C^2(\mathbb{R}^d)$ mit kompaktem Träger, daß mit $t \to 0+$ die Konvergenz

$$\tfrac{1}{t}(T_t f - f) \to \tfrac{1}{2}\Delta f + vf\,,$$

wiederum in der Norm von C_0 stattfindet. Solche f sind also sogar im Definitionsbereich des Erzeugers H_v der Halbgruppe $(T_t|C_0)_{t\in\mathbb{R}_+}$ im Sinne der Theorie stark stetiger Halbgruppen auf Banachräumen. Wir haben also insbesondere für C^2-Funktionen auf $\mathbb{R}^d$ mit kompaktem Träger

$$H_v f = \tfrac{1}{2}\Delta f + vf\,.$$

Der in Bemerkung 6.34 erwähnte Schrödingeroperator $\mathcal{H}$ eines freien Teilchens der Masse 1 im Feld eines Potentials $V = -v$ ist dagegen, wenn man $\hbar = 1$ setzt, der selbstadjungierte Abschluß von $-H_v$, aufgefaßt als symmetrischer Operator mit dem in $L^2(\mathbb{R}^d)$ dichten Definitionsbereich der komplexwertigen C^2-Funktionen mit kompaktem Träger.
Wir schreiben die $T_t|C_0$ auch in funktionalanalytischer Notation exponentiell als e^{tH_v} (insbesondere $e^{\frac{t}{2}\Delta} \equiv e^{tH_0}$). Diese sogenannte *Schrödinger-Halbgruppe* [SI 82] ist durch die "*Pfadintegraldarstellung*" (6.50) in sehr expliziter Form gegeben als

$$(e^{tH_v} f)(x) = \int_{\mathcal{W}^d} \exp\{\int_0^t v(x+h(s))\,ds\}\, f(x+h(t))\,\nu(dh)\,; \quad f \in C_0\,.$$

Dies läßt sich auch als Integraldarstellung auf $\mathbb{R}^d$ lesen. Hierzu bezeichne für $t > 0$

$$\rho_t(x) = (1/2\pi t)^{d/2} e^{-|x|^2/2t}\,; \quad x \in \mathbb{R}^d$$

die Dichte der Normalverteilung ν_t zur Varianz t. Dann geht (6.50) zunächst für $v = 0$ über in

$$(e^{\frac{t}{2}\Delta} f)(x) = \int_{\mathcal{W}^d} f(x+h(t))\,\nu(dh) = \int_{\mathbb{R}^d} f(y)\,\rho_t(x-y)\,dy. \tag{6.51}$$

Bei beliebigem $v \in C_b$ wird die Integration in (6.50) zerlegt in eine solche über alle Pfade mit festem Endpunkt $y \in \mathbb{R}^d$ und anschließende Integration über y. Wir benötigen folgendes

Lemma 6.36. *Für $x, y \in \mathbb{R}^d$ und $t > 0$ gibt es auf $C([0,t];\mathbb{R}^d)$ jeweils ein Maß $\mu_{x,y;t}$ mit Gesamtmasse $\rho_t(x-y)$ und den folgenden Werten auf Zylindermengen:*

$$\mu_{x,y;t}\{\mathrm{pr}_{t_1} \in A_1, \mathrm{pr}_{t_2} \in A_2, \dots, \mathrm{pr}_{t_r} \in A_r; \mathrm{pr}_t \in A\} =$$

$$= \int_{A_1} \nu_{t_1}(dz_1 - x) \int_{A_2} \nu_{t_2 - t_1}(dz_2 - z_1) \dots \int_{A_r} \nu_{t_r - t_{r-1}}(dz_r - z_{r-1})\, \rho_{t-t_r}(z_r - y)\, 1_A(y)$$

für $0 \leq t_1 < t_2 < \dots < t_r < t$ und $A_1, \dots, A_r, A \in \mathscr{B}(\mathbb{R}^d)$. Der kanonische Prozeß $(X_s^{x,y;t} \equiv \mathrm{pr}_s)_{0 \leq s \leq t}$ unter der Wahrscheinlichkeit $\nu_{x,y;t} = (1/\rho_t(x-y))\, \mu_{x,y;t}$ ist äquivalent der (verallgemeinerten) Brownschen Brücke (vgl. Abschnitt 2.4)

$$B_s^{x,y;t} := B_s - \tfrac{s}{t} B_t + \tfrac{t-s}{t} x + \tfrac{s}{t} y; \quad 0 \leq s \leq t;$$

dabei ist B eine d-dimensionale BM.

Beweis: Die angegebenen Werte für $\mu_{x,y;t}$ sind aufgrund der Halbgruppeneigenschaft der ν_s, $0 \leq s \leq t$, konsistent und definieren nach dem Kolmogorovschen Satz 1.25 ein Maß auf $(\mathscr{B}(\mathbb{R}^d))^{[0,t]}$. Die Gesamtmasse ist offenbar $\rho_t(y-x)$. Es bezeichne

$$\nu_{x,y;t} := \frac{1}{\rho_t(y-x)}\, \mu_{x,y;t}$$

das entsprechende Wahrscheinlichkeitsmaß. Wir setzen noch

$$a_s := \tfrac{t-s}{t} x + \tfrac{s}{t} y, \quad 0 \leq s \leq t.$$

Dann gilt für $0 < t_1 < \dots < t_r < t$, wie man leicht nachrechnet,

$$\begin{aligned} &\frac{|z_1 + a_{t_1} - x|^2}{t_1} + \frac{|z_2 - z_1 + a_{t_2} - a_{t_1}|^2}{t_2 - t_1} + \dots \\ &\qquad + \frac{|z_r - z_{r-1} + a_{t_r} - a_{t_{r-1}}|^2}{t_r - t_{r-1}} + \frac{|y - z_r - a_{tr}|^2}{t - t_r} - \frac{|x-y|^2}{t} \\ &= \frac{|z_1|^2}{t_1} + \frac{|z_2 - z_1|^2}{t_2 - t_1} + \dots + \frac{|z_r - z_{r-1}|^2}{t_r - t_{r-1}} + \frac{|z_r|^2}{t - t_r}. \end{aligned}$$

Dies bedeutet, daß der kanonische Prozeß $(\mathrm{pr}_s)_{s \leq t}$ unter $\nu_{0,0;t}$ äquivalent ist mit dem Prozeß $(\mathrm{pr}_s - a_s)_{s \leq t}$ bezüglich $\nu_{x,y;t}$. Wir haben nun noch zu verifizieren, daß $(\mathrm{pr}_s)_{0 \leq s \leq t}$ unter $\nu_{0,0;t}$ ebenso äquivalent ist zur Brownschen Brücke $B^{0,0;t}$; dann ist auch der kanonische Prozeß unter $\nu_{x,y;t}$ äquivalent mit $B^{x,y;t}$; also ist $\nu_{x,y;t} = P \circ (B_\bullet^{x,y;t})^{-1}$ und damit auch $\mu_{x,y;t} = \rho_t(y-x)\, \nu_{x,y;t}$ selbst ein Maß auf $C([0,t];\mathbb{R}^d)$.

Es bezeichne $(Y_s)_{0\le s\le t}$ den kanonischen Prozeß unter $\nu_{0,0;t}$. Nach Definition von $\nu_{0,0;t}$ sind die endlichdimensionalen Verteilungen von Y von der Form

$$\nu_{0,0;t}\circ(Y_0,Y_{t_1},\dots,Y_{t_r},Y_t)^{-1}=\delta_0\otimes\gamma\otimes\delta_0\,;\quad 0<t_1<\dots<t_r<t$$

mit $\gamma=\text{const}\; e^{-q(z)}\,dz$, wobei q die durch

$$q(z_1,\dots,z_r)=\frac{|z_1|^2}{2t_1}+\frac{|z_2-z_1|^2}{2(t_2-t_1)}+\dots+\frac{|z_r-z_{r-1}|^2}{2(t_r-t_{r-1})}+\frac{|z_r|^2}{2(t-t_r)}$$

definierte positiv definite quadratische Form auf $(\mathbb{R}^d)^r$ ist. Hauptachsentransformation von q zeigt, daß γ und damit auch $\delta_0\otimes\gamma\otimes\delta_0$ ein Gaußmaß ist. Damit ist Y ein Gaußprozeß (ebenso wie die Brownsche Brücke), und die Äquivalenz ist gezeigt, wenn die Gleichheit der Kovarianzfunktionen, also

$$\text{(6.52)}\qquad EY_s^kY_{s'}^\ell=(s\wedge s'-ss'/t)\,\delta_{k\ell}\,;\quad 0\le s,s'\le t;\ 1\le k,\ell\le d,$$

nachgewiesen ist (Satz 2.20); die Kovarianz der Brownschen Brücke $B^{0,0;t}$ ergibt sich dabei unmittelbar aus Beispiel 2.19. Wir benötigen hierbei die durch Ausmultiplizieren der Exponenten leicht einzusehende Identität

$$\text{(6.53)}\qquad \rho_s(u)\,\rho_{t-s}(v-u)=\rho_t(v)\,\rho_{s(t-s)/t}(u-\tfrac{s}{t}v)\,;\quad u,v\in\mathbb{R}^d;\ 0<s<t.$$

Damit ergibt sich (6.52) zunächst für $0<s<s'<t$: Der Fall $k\ne\ell$ folgt sofort aus der offensichtlichen Unabhängigkeit von Y_s^k und $Y_{s'}^\ell$; für $k=\ell$ sei ohne Einschränkung $d=1$ genommen. Dann ist

$$\begin{aligned}EY_sY_{s'}&=\int uv\,\rho_s(u)\,\rho_{s'-s}(v-u)\,\frac{\rho_{t-s'}(v)}{\rho_t(0)}\,du\,dv\\&=\int dv\,v\,\frac{\rho_{t-s'}(v)}{\rho_t(0)}\int du\,u\,\rho_s(u)\,\rho_{s'-s}(v-u)\\&=\int dv\,v\,\frac{\rho_{t-s'}(v)}{\rho_t(0)}\,\rho_{s'}(v)\int du\,u\,\rho_{s(s'-s)/s'}(u-\tfrac{s}{s'}v)\end{aligned}$$

(nach Gleichung (6.53) für $t=s'$). Hierin ist

$$\int du\,u\,\rho_{s(s'-s)/s'}(u-\tfrac{s}{s'}v)=\int du\,(u+\tfrac{s}{s'}v)\rho_{s(s'-s)/s'}(u)=\frac{s}{s'}\,v\,.$$

Andererseits ergibt (6.53) für $v=0$ noch

$$\frac{\rho_s(u)\,\rho_{t-s}(u)}{\rho_t(0)}=\rho_{s(t-s)/t}(u)\,.$$

Setzt man dies ein, so folgt schließlich

$$EY_sY_{s'}=\frac{s}{s'}\int dv\,v^2\,\rho_{s'(t-s')/t}(v)=\frac{s}{s'}\,\frac{s'(t-s')}{t}=s-\frac{ss'}{t}\,.$$

Damit ist (6.52) für $0<s<s'<t$ bewiesen. Die Fälle $s=0$ bzw. $s'=t$ ergeben sich sofort wegen $Y_0=0=Y_t$ $\nu_{0,0;t}$-f.ü. Der Fall $0<s=s'<t$ (wiederum ohne Einschränkung für $d=1$) folgt schließlich aus

$$EY_s^2=\int u^2\,\rho_s(u)\,\frac{\rho_{t-s}(u)}{\rho_t(0)}\,du=\int u^2\,\rho_{s(t-s)/t}(u)\,du=s-\frac{s^2}{t}\,.\qquad\square$$

Nach diesen Vorbereitungen zur "Desintegration" des Wienermaßes können wir die gesuchte Darstellung der Schrödinger-Halbgruppe durch den *Wärmeleitungskern* geben:

Satz 6.37. (3. Feynman-Kac-Formel) *Für $v \in C_b$ sei der "Wärmeleitungskern" K_v: $\mathbb{R}^d \times \mathbb{R}^d \times]0,\infty[\to \mathbb{R}$ gegeben durch*

$$K_v(x,y;t) = \rho_t(x-y)\, E \exp\Big\{\int_0^t v\big(B_s - \frac{s}{t}B_t + \frac{t-s}{t}x + \frac{s}{t}y\big)\, ds\Big\} \tag{6.54}$$

mit B einer d-dimensionalen BM.
K_v ist stetig und stellt die Schrödinger-Halbgruppe dar:

$$(e^{tH_v} f)(x) = \int_{\mathbb{R}^d} K_v(x,y;t)\, f(y)\, dy\,; \quad f \in C_0\,;\ t > 0. \tag{6.55}$$

Beweis: Die Stetigkeit des Kerns K_v ist aus der angegebenen Darstellung (6.54) evident. Aufgrund des Lemmas haben wir die alternative Darstellung

$$K_v(x,y;t) = \int \exp\Big\{\int_0^t v\big(h(s)\big)\, ds\Big\}\, \mu_{x,y;t}(dh).$$

Für jedes $h \in C\big([0,t];\mathbb{R}^d\big)$ konvergiert (wegen Stetigkeit von v)

$$\frac{t}{n}\sum_{k=1}^{n} v\big(x + h(\tfrac{k}{n}t)\big) \to \textstyle\int_0^t v\big(x + h(s)\big)\, ds$$

mit $n \to \infty$, majoriert durch $\|v\|\, t$. Es folgt einerseits

$$\int_{\mathcal{W}^d} \exp\big\{\tfrac{t}{n}\textstyle\sum_{k=1}^n v\big(x + h(\frac{k}{n}t)\big)\big\}\, f\big(x + h(t)\big)\, \nu(dh) \to (e^{tH_v} f)(x)$$

gemäß Gleichung (6.50). Andererseits schreibt sich die linke Seite als

$$\begin{aligned}
&\int_{\mathbb{R}^{dn}} \rho_{t/n}(y_1)\, \rho_{t/n}(y_2 - y_1) \cdots \rho_{t/n}(y_n - y_{n-1}) \cdot \\
&\qquad\qquad \cdot \exp\big\{\tfrac{t}{n}\textstyle\sum_{k=1}^n v(x + y_k)\big\}\, f(x + y_n)\, dy_1 \ldots dy_n \\
&\quad = \int_{\mathbb{R}^{dn}} \rho_{t/n}(y_1 - x)\, \rho_{t/n}(y_2 - y_1) \cdots \rho_{t/n}(y_n - y_{n-1}) \cdot \\
&\qquad\qquad \cdot \exp\big\{\tfrac{t}{n}\textstyle\sum_{k=1}^n v(y_k)\big\}\, f(y_n)\, dy_1 \ldots dy_n \\
&\quad = \int_{\mathbb{R}^d} dy\, f(y) e^{\frac{t}{n}v(y)} \int \exp\big\{\tfrac{t}{n}\textstyle\sum_{k=1}^{n-1} v\big(h(\frac{k}{n}t)\big)\big\}\, \mu_{x,y;t}(dh),
\end{aligned}$$

und dies konvergiert mit $n \to \infty$ gegen $\int_{\mathbb{R}^d} K_v(x,y;t)\, f(y)\, dy$, da das innere Integral offenbar majoriert durch $e^{\|v\| t}\rho_t(x-y)$ gegen $\int \exp\{\int_0^t v\big(h(s)\big)\, ds\}\, \mu_{x,y;t}(dh) = K_v(x,y;t)$ strebt. □

Der Vorzug der Feynman-Kac-Darstellung (6.50) bzw. (6.55) der Schrödinger-Halbgruppe e^{tH_v} liegt in der übersichlichen Abhängigkeit der Pfadintegrale vom Potential v. Wir haben die Möglichkeit, etwa mit dem Satz von der majorierten Konvergenz zu argumentieren, soeben benutzt und gezeigt, daß mit $n \to \infty$ konvergiert

$$\int_{\mathbb{R}^{dn}} \rho_{t/n}(y_1 - x)\, \rho_{t/n}(y_2 - y_1) \ldots \rho_{t/n}(y_n - y_{n-1}) \cdot$$
$$\cdot \exp\left\{\tfrac{t}{n} \textstyle\sum_{k=1}^{n} v(y_k)\right\} f(y_n)\, dy_1 \ldots dy_n \to (e^{tH_v} f)(x).$$

Setzen wir auf der linken Seite Gleichung (6.51) den von Stochastik freien klassischen Spezialfall der Feynman-Kac-Formel ein, so heißt dies offensichtlich, daß gilt

$$\lim_{n\to\infty} \left((e^{\frac{t}{n}\frac{1}{2}\Delta} e^{\frac{t}{n}v})^n f\right)(x) = (e^{tH_v} f)(x); \quad f \in C_0. \tag{6.56}$$

Das ist die bekannte *Lie-Trotter-Produktformel* der Halbgruppentheorie (vgl. [DA 80], Theorem 3.30; [SI 79], Theorem 6.1).
Schreiben wir dagegen die linke Seite in der Form (vgl. den vorigen Beweis)

$$\int_{\mathbb{R}^{dn}} \rho_{t/n}(y_1)\, \rho_{t/n}(y_2 - y_1) \ldots \rho_{t/n}(y_n - y_{n-1}) \cdot$$
$$\cdot \exp\left\{\tfrac{t}{n} \textstyle\sum_{k=1}^{n} v(x + y_k)\right\} f(x + y_n)\, dy_1 \ldots dy_n\,,$$

und statt v das physikalische Potential $-V$, so ergibt sich

$$\left((e^{\frac{t}{n}\frac{1}{2}\Delta} e^{-\frac{t}{n}V})^n f\right)(x) = (n/2\pi t)^{nd/2} \int_{\mathbb{R}^{dn}} e^{-S_n(x,y;t)} f(x + y_n)\, dy_1 \ldots dy_n$$

mit dem Exponenten (für $x \in \mathbb{R}^d$, $y = (y_1, \ldots, y_n) \in \mathbb{R}^{dn}$, $t > 0$)

$$S_n(x, y; t) = \frac{n}{2t}\left(|y_1|^2 + |y_2 - y_1|^2 + \ldots + |y_n - y_{n-1}|^2\right) - \frac{t}{n} \sum_{k=1}^{n} V(x + y_k).$$

Dieser Ausdruck ist eine Approximation des "*Wirkungsintegrals*"

$$\int_0^t \left(\tfrac{1}{2}\left|\gamma_n(x,y)'(s)\right|^2 - V\big(\gamma_n(x,y)(s)\big)\right) ds$$

längs des in $x \in \mathbb{R}^d$ startenden, stückweise linearen Pfades $\gamma_n(x,y)\colon [0,t] \to \mathbb{R}^d$ mit den jeweils durch $y \in \mathbb{R}^{dn}$ festgelegten Werten

$$\gamma_n(x,y)(s) := \begin{Bmatrix} x + y_k & \text{für } s = \frac{k}{n}t;\ k = 1, \ldots, n \\ x & \text{für } s = 0 \end{Bmatrix}.$$

Denn hierfür ist einerseits

$$\frac{n}{t}\left(|y_1|^2 + |y_2 - y_1|^2 + \ldots + |y_n - y_{n-1}|^2\right) = \int_0^t \left|\gamma_n(x,y)'(s)\right|^2 ds\,,$$

andererseits $\frac{t}{n} \sum_{k=1}^{n} V(x + y_k)$ eine approximierende Summe für das Riemann-integral $\int_0^t V\big(\gamma_n(x,y)(s)\big)\, ds$.

Natürlich kann man durch

$$S(x,h;t) := \int_0^t \left(\tfrac{1}{2}\left|h'(s)\right|^2 - V\big(x+h(s)\big)\right) ds$$

jedem stückweise stetig differenzierbaren Pfad $h \in \mathcal{W}^d$ ein Wirkungsintegral zuordnen. Die Schreibweise

$$\int e^{-S(x,h;t)} f\big(x+h(t)\big)\, dh := \int \exp\Big\{-\int_0^t V\big(x+h(s)\big)\, ds\Big\} f\big(x+h(t)\big)\, \nu(dh)$$

für den Grenzfall $n \to \infty$ in obiger Approximation hat allerdings mehr heuristischen Wert (man beachte die Unterdrückung des von n abhängenden Normierungsfaktors $(n/2\pi t)^{nd/2}$ wie auch die Beschränkung auf stückweise stetig differenzierbare Pfade im Wirkungsintegral auf der linken Seite).

Die Zeitabhängigkeit des Zustandes $\psi(t,x)$ eines quantenmechanischen Systems mit Hamiltonoperator $\mathcal{H} = -\frac{1}{2}\Delta + V$ wird nicht durch die bisher betrachtete Schrödinger-Halbgruppe $(e^{-t\mathcal{H}})_{t\in\mathbb{R}_+}$, sondern (in Übereinstimmung mit dem in Bemerkung 6.34 Gesagten) durch die unitäre "*Schrödinger-Gruppe*" $(e^{-it\mathcal{H}})_{t\in\mathbb{R}}$ gegeben gemäß

$$\psi(t,\cdot) = e^{-it\mathcal{H}}\psi(0,\cdot)\,.$$

Dies ist eine stark stetige Gruppe auf dem Hilbertraum $L^2(\mathbb{R}^d)$. Auch hierfür liefert die Lie-Trotter-Formel, ausgehend von der auch mit $i\cdot t$ anstelle von t gültigen klassischen Kerndarstellung (6.51) im Falle $V=0$, also von

$$(e^{i\frac{t}{2}\Delta} f)(x) = (1/2\pi i t)^{d/2} \int e^{i|x-y|^2/2t} f(y)\, dy$$

(etwa für $f \in D(\mathbb{R}^d)$), eine Approximation von $e^{-it\mathcal{H}} f$ durch die Wirkungsintegrale

$$(n/2\pi i t)^{nd/2} \int_{\mathbb{R}^{dn}} e^{iS_n(\cdot,y;t)} f(\cdot + y_n)\, dy$$

in der Norm von $L^2(\mathbb{R}^d)$. Dies war der Ausgangspunkt der Überlegungen von Dirac und Feynman (vgl. [F-H 65]) zur "Analogie" zwischen klassischer und Quantenmechanik auf der Grundlage von Wirkungsprinzipien.

6.7 Verteilungseindeutigkeit

Die Formel $Y^F = \Phi\big(F(\cdot), B_\bullet(\cdot)\big)$, Gleichung (6.32), für die Lösung Y^F zum Anfangswert F der SDGL $dY = \beta(t,Y)\,dt + \sigma(t,Y)\,dB$ zeigt deutlich die pfadweise Abhängigkeit der Lösung von der treibenden BM B und von F. Der folgende Satz handelt dagegen von der Frage, wie die *Verteilung* einer Lösung Y von der *Verteilung* von Y_0 und der *Verteilung* von B abhängt. Diese Frage ist nicht nur von grundsätzlicher Bedeutung für die Modellierung eines stochastischen dynamischen Systems durch eine SDGL; sie ist ebenso wichtig beim Studium des Lösungsflusses der Itô-Gleichung. Insbesondere erhalten wir dessen Stationarität im autonomen Fall, die Abschnitt 6.6 zugrundelag.

Wir betrachten in diesem Abschnitt weiterhin die Itô-DGL

$$dY = \beta(t,Y)\,dt + \sigma(t,Y)\,dB \tag{6.57}$$

mit stetigen Funktionen β: $\mathbb{R}_+ \times \mathbb{R}^d \to \mathbb{R}^d$ und σ: $\mathbb{R}_+ \times \mathbb{R}^d \to \mathrm{Lin}(\mathbb{R}^N;\mathbb{R}^d)$.

Definition 6.38. (Pfadweise Exaktheit) Das Paar (β,σ) heißt *pfadweise exakt*, wenn die SDGL (6.57) für jedes Datum $\big(\Omega;\mathscr{F};P;(\mathscr{F}_t)_{t\in\mathbb{R}_+};B;F\big)$, bestehend aus einer N-dimensionalen $(\mathscr{F}_t)$-BM B über einem standard filtrierten Wahrscheinlichkeitsraum $\big(\Omega;\mathscr{F};P;(\mathscr{F}_t)_{t\in\mathbb{R}_+}\big)$ und einer $\mathscr{F}_0$-meßbaren Funktion F: $\Omega \to \mathbb{R}^d$, bis auf Nicht-Unterscheidbarkeit genau eine Lösung Y^F mit $Y_0^F = F$ besitzt.

Nach Satz 6.23 ist z.B. (β,σ) pfadweise exakt, wenn β und σ lokale Lipschitzbedingungen und eine Wachstumsbedingung

$$\big|\beta(s,x)\big| + \big|\sigma(s,x)\big| \le K_t\big(1+|x|\big); \quad 0 \le s \le t;\ x \in \mathbb{R}^d$$

mit Konstanten $K_t > 0$ erfüllen, erst recht also, wenn β und σ globale Lipschitzbedingungen erfüllen (Bemerkung 6.10).

Definition 6.39. (Verteilungseindeutigkeit) Das Paar (β,σ) heißt *verteilungseindeutig*, wenn für beliebige Lösungen Y bzw. Y' der SDGL

$$dY = \beta(t,Y)\,dt + \sigma(t,Y)\,dB \quad \text{bzw.} \quad dY' = \beta(t,Y')\,dt + \sigma(t,Y')\,dB'$$

zu einer N-dimensionalen $(\mathscr{F}_t)$-BM B über $\big(\Omega;\mathscr{F};P;(\mathscr{F}_t)_{t\in\mathbb{R}_+}\big)$ bzw. einer N-dimensionalen $(\mathscr{F}'_t)$-BM B' über $\big(\Omega';\mathscr{F}';P';(\mathscr{F}'_t)_{t\in\mathbb{R}_+}\big)$ mit derselben Anfangsverteilung $P \circ Y_0^{-1} = P' \circ (Y'_0)^{-1}$ gilt $P \circ Y_\bullet^{-1} = P' \circ (Y'_\bullet)^{-1}$, d.h. Y und Y' sind äquivalente Prozesse.

Zwischen diesen Begriffen besteht die folgende fundamentale Implikation:

Satz 6.40. *Ist (β,σ) pfadweise exakt, so auch verteilungseindeutig.*

Beweis: Wir fixieren gemäß Definition 6.39 zwei N-dimensionale $(\mathscr{F}_t)$-bzw. $(\mathscr{F}'_t)$-BM B bzw. B' über $\big(\Omega;\mathscr{F};P;(\mathscr{F}_t)_{t\in\mathbb{R}_+}\big)$ bzw. $\big(\Omega';\mathscr{F}';P';(\mathscr{F}'_t)_{t\in\mathbb{R}_+}\big)$ und betrachten Lösungen Y bzw. Y' der zugehörigen Itô-Gleichung (6.57) mit gleicher Anfangsverteilung $P \circ Y_0^{-1} = P' \circ (Y'_0)^{-1} =: \mu$. Wir haben die Äquivalenz von Y und Y' zu zeigen.

Die Idee des Beweises besteht darin, auf dem (polnischen) Produktraum $S := \mathbb{R}^d \times \mathcal{W}^N \times \mathcal{W}^d \times \mathcal{W}^d$ ein Wahrscheinlichkeitsmaß Q und eine standard Filtrierung $(\mathscr{G}_t)_{t\in\mathbb{R}_+}$ so zu definieren, daß für die vier Koordinatenprojektionen

$$p\colon S \to \mathbb{R}^d, \quad b\colon S \to \mathcal{W}^N, \quad y\colon S \to \mathcal{W}^d, \quad y'\colon S \to \mathcal{W}^d$$

von S folgendes gilt: $Q \circ p^{-1} = \mu$; $Q \circ b^{-1} = \nu$ (das Wienermaß auf $\mathcal{W}^N$); $Q \circ y^{-1} = P \circ Y_\bullet^{-1}$, $Q \circ (y')^{-1} = P' \circ (Y'_\bullet)^{-1}$; die BM b, aufgefaßt als Prozeß

$$b_t = \mathrm{pr}_t \circ b\colon \big(S; (\mathscr{G}_t)_{t\in\mathbb{R}_+}; Q\big) \to \mathbb{R}^N; \quad t \in \mathbb{R}_+,$$

soll sogar eine $(\mathscr{G}_t)$-BM sein; schließlich sollen $y \equiv (\mathrm{pr}_t \circ y\colon S \to \mathbb{R}^d;\ t \in \mathbb{R}_+)$ sowie y' beide die Itô-Gleichung $dy = \beta(t,y)\,dt + \sigma(t,y)\,db$ zum Anfangswert p lösen.
Ist dies alles gezeigt, so folgt aus der vorausgesetzten Exaktheit von (β,σ) die Übereinstimmung der Pfade $y = y'$ Q-f.ü. und damit insbesondere ihrer Verteilungen, also auch die behauptete Äquivalenz von Y und Y'.

1. Zur Konstruktion von Q wählen wir (mittels Satz 1.17) faktorisierte bedingte Verteilungen von $Y_\bullet$ unter $(Y_0, B_\bullet)$ bzw. von $Y'_\bullet$ unter $(Y'_0, B'_\bullet)$, also Markovkerne K bzw. K' von $\mathbb{R}^d \times \mathcal{W}^N$ nach $\mathcal{W}^d$ mit

$$K\big((Y_0,B_\bullet)(\cdot),C\big) = E(1_C \circ Y_\bullet | Y_0, B_\bullet); \quad C \in \mathscr{B}(\mathcal{W}^d) \tag{6.58}$$

und analog für K'. Hiermit wird Q als Wahrscheinlichkeitsmaß auf $\mathscr{B}(S)$ definiert durch

$$Q(M) := \int \mu(dx) \int \nu(du) \int K\big((x,u),dv\big) \int K'\big((x,u),dw\big)\, 1_M(x,u,v,w).$$

Hierfür gilt

$$Q \circ (p,b,y)^{-1} = P \circ (Y_0, B_\bullet, Y_\bullet)^{-1} \tag{6.59}$$

und aus Symmetriegründen ebenso $Q \circ (p,b,y')^{-1} = P'(Y'_0, B'_\bullet, Y'_\bullet)^{-1}$. Denn $\mathscr{F}_0$ ist unabhängig von $\sigma(B_\bullet)$, da B eine $(\mathscr{F}_t)$-BM ist; deshalb ist $P \circ (Y_0, B_\bullet)^{-1} = \mu \otimes \nu$, und aus (6.58) folgt damit für beliebige $A \in \mathscr{B}(\mathbb{R}^d)$, $B \in \mathscr{B}(\mathcal{W}^N)$, $C \in \mathscr{B}(\mathcal{W}^d)$

$$\begin{aligned} P \circ (Y_0, B_\bullet, Y_\bullet)^{-1}(A \times B \times C) &= \int_{A\times B} P \circ (Y_0, B_\bullet)^{-1}(dx du)\, K\big((x,u),C\big) \\ &= \int \mu(dx) \int \nu(du) \int K\big((x,u),dv\big)\, 1_{A\times B\times C}(x,u,v) \\ &= Q \circ (p,b,y)^{-1}(A \times B \times C). \end{aligned}$$

2. Als Filtrierung $(\mathscr{G}_t)_{t\in\mathbb{R}_+}$ auf S wählen wir nun die Standard-Erweiterung (bezüglich Q) der Filtrierung

$$\mathscr{G}_t^0 := \sigma(b_s, y_s, y'_s : s \le t).$$

Aus (6.59) folgt insbesondere $Q \circ p^{-1} = \mu$ und $Q \circ b^{-1} = \nu$. Damit ist b bereits als BM erkannt. Um zu zeigen, daß b sogar $(\mathscr{G}_t)$-BM ist, reicht es aufgrund der Lévy-Charakterisierung (Satz 5.3), b noch als $(\mathscr{G}_t^0)$-Martingal nachzuweisen, also zu zeigen $\int_D (b_t - b_s)\,dQ = 0$ für $D \in \mathscr{G}_s^0$ und $s \le t$. Hierbei genügt natürlich ein D aus einem $\cap$-stabilen Erzeuger von $\mathscr{G}_s^0$, also etwa

$$D = b^{-1}(L) \cap y^{-1}(C) \cap (y')^{-1}(C')$$

für $L \in \mathscr{F}_s^N$ und $C, C' \in \mathscr{F}_s^d$, mit $\mathscr{F}_s^N = \sigma(\mathrm{pr}_r : r \le s)$ (und analog $\mathscr{F}_s^d$) der natürlichen Filtrierung des Wienerraums $\mathcal{W}^N$ (und $\mathcal{W}^d$). Hierfür ist

$$\begin{aligned}
&\int_D (b_t - b_s)\,dQ = \\
&= \int \mu(dx) \int_L \nu(du) \int_C K((x,u),dv) \int_{C'} K'((x,u),dw)(b_t - b_s)(x,u,v,w) \\
&= \int \mu(dx) \int_L \nu(du)\, K\big((x,u),C\big)\, K'\big((x,u),C'\big)\big(u(t) - u(s)\big).
\end{aligned}$$

Daß dies tatsächlich $= 0$ ist, ergibt sich, wenn wir zeigen können, daß

$$(x,u) \mapsto K\big((x,u),C\big) \quad \text{und} \quad (x,u) \mapsto K'\big((x,u),C'\big)$$

$\mu \otimes \nu$-f.ü. gleich einer $\mathscr{B}(\mathbb{R}^d) \otimes \mathscr{F}_s^N$-meßbaren Funktion sind. Da nämlich $(\mathrm{pr}_t)_{t \in \mathbb{R}_+}$ eine BM bezüglich ν ist, sind die Zuwächse $\mathrm{pr}_t - \mathrm{pr}_s$ unabhängig von $\mathscr{F}_s^N$, so daß sich (wegen $L \in \mathscr{F}_s^N$) dann ergibt

$$\begin{aligned}
&\int \mu(dx) \int_L \nu(du)\, K\big((x,u),C\big)\, K'\big((x,u),C'\big)\big(u(t) - u(s)\big) \\
&= \int \mu(dx) \int_L \nu(du)\, K\big((x,u),C\big)\, K'\big((x,u),C'\big) \int \nu(du)\big(u(t) - u(s)\big) = 0.
\end{aligned}$$

Wir setzen, bei weiterhin fixiertem $s \in \mathbb{R}_+$,

$$\mathscr{B} := \mathscr{B}(\mathbb{R}^d) \otimes \mathscr{F}_s^N \quad \text{und} \quad f\colon \mathbb{R}^d \times \mathcal{W}^N \to \mathbb{R},\ f(x,u) = K\big((x,u),C\big);$$

das gleiche Argument gilt für $f(x,u) = K'\big((x,u),C'\big)$. Die noch ausstehende Aussage $f = E^{\mathscr{B}} f$ $\mu \otimes \nu$-f.ü. zeigen wir in der Form $\langle f - E^{\mathscr{B}} f, h \rangle = 0$ für alle $h \in H$, wobei $\langle\ ,\ \rangle$ das innere Produkt in $L^2(\mu \otimes \nu)$ bezeichnet und $H \subset L^2(\mu \otimes \nu)$ eine *totale* Teilmenge ist, d.h. eine Teilmenge mit der Eigenschaft, daß $\langle g, h \rangle = 0$ für alle $h \in H$ bereits $g = 0$ f.ü. impliziert. Für H wählen wir

$$\begin{aligned}
H = \{h : h(x,u) = h_1(x)\,h_2(u)\,h_3(u) \text{ mit } h_1, h_2, h_3 \text{ beschränkt},\\
h_1\ \mathscr{B}(\mathbb{R}^d)\text{-meßbar},\ h_2\ \mathscr{F}_s^N\text{-meßbar},\ h_3\ \sigma(\mathrm{pr}_t - \mathrm{pr}_s : t \ge s)\text{-meßbar}\}.
\end{aligned}$$

Denn für $g \in L^2(\mu \otimes \nu)$ mit $\langle g, h \rangle = 0$ für alle $h \in H$ gilt insbesondere

$$\int_{A_1 \times A_2 \cap A_3} g\, d\mu \otimes \nu = 0; \quad A_1 \in \mathscr{B}(\mathbb{R}^d),\ A_2 \in \mathscr{F}_s^N,\ A_3 \in \sigma(\mathrm{pr}_t - \mathrm{pr}_s : t \ge s),$$

und diese Mengen $A_1 \times A_2 \cap A_3$ bilden offensichtlich einen $\cap$-stabilen Erzeuger von $\mathscr{B}(\mathbb{R}^d) \otimes \mathscr{B}(\mathcal{W}^N)$. Da nach Satz 1.13 vii) $E^{\mathscr{B}}$ als Orthogonalprojektion auf $L^2(\mu \otimes \nu)$ selbstadjungiert ist, bleibt also zu zeigen

$$\langle f, h \rangle = \langle f, E^{\mathscr{B}} h \rangle; \quad h \in H.$$

Mit $h(x,u) = h_1(x)\,h_2(u)\,h_3(u)$ wie oben gilt nun

$$\begin{aligned}\langle f,h\rangle &= \int \mu(dx) \int \nu(du)\,h_1(x)\,h_2(u)\,h_3(u)\,K\big((x,u),C\big)\\ &= \int Q(dxdudvdw)\,h_1(x)\,h_2(u)\,h_3(u)\,1_C(v)\\ &= E\big((h_1\circ Y_0)(h_2\circ B_\bullet)(h_3\circ B_\bullet)(1_C\circ Y_\bullet)\big),\end{aligned}$$

letzteres nach Gleichung (6.59). Hierin ist nun $h_2 \circ B_\bullet$ $\mathscr{F}_s$-meßbar, $h_3 \circ B_\bullet$ $\sigma(B_t - B_s : t \geq s)$-meßbar (und also unabhängig von $\mathscr{F}_s$) und $1_C \circ Y_\bullet$ wieder $\mathscr{F}_s$-meßbar (da $C \in \mathscr{F}_s^d$ und Y adaptiert ist). Deshalb ist obiger Erwartungswert weiter gleich

$$\begin{aligned}&E\big((h_1\circ Y_0)(h_2\circ B_\bullet)(1_C\circ Y_\bullet)\big)\,E(h_3\circ B_\bullet)\\ &= \int Q(dxdudvdw)\,h_1(x)\,h_2(u)\,1_C(v) \int \nu(du)\,h_3(u)\\ &= \int \mu(dx) \int \nu(du)\,h_1(x)\,h_2(u)\,f(x,u) \int \nu(du)\,h_3(u) = \langle f, E^{\mathscr{B}} h\rangle\,;\end{aligned}$$

dabei wurde in der ersten Gleichheit wieder (6.59) benutzt und in der letzten

$$(E^{\mathscr{B}} h)(x,u) = h_1(x)\,h_2(u)(E^{\mathscr{B}}\tilde{h}_3)(x,u) = h_1(x)\,h_2(u) \int h_3\,d\nu \quad \text{f.ü.}$$

eingesetzt, wobei die Unabhängigkeit der Funktion $\tilde{h}_3$, $\tilde{h}_3(x,u) = h_3(u)$, von der σ-Algebra $\mathscr{B}(\mathbb{R}^d) \otimes \mathscr{F}_s^N = \mathscr{B}$ bezüglich $\mu \otimes \nu$ berücksichtigt wurde.

3. Es bleibt nun noch zu zeigen, daß der Prozeß $y_t = \mathrm{pr}_t \circ y$: $\big(S; (\mathscr{G}_t)_{t\in\mathbb{R}_+}; Q\big) \to \mathbb{R}^d$ die Itô-Gleichung $dy = \beta(t,y)\,dt + \sigma(t,y)\,db$ zum Anfangswert p löst; gleiches gilt aus Symmetriegründen für y'. Um dies auf die Voraussetzung, daß Y die SDGL $dY = \beta(t,Y)\,dt + \sigma(t,Y)\,dB$ löst, zurückzuführen, betrachten wir die Transformationen

$$\Psi := (Y_0, B_\bullet, Y_\bullet)\colon \Omega \to \bar{S} := \mathbb{R}^d \times \mathcal{W}^N \times \mathcal{W}^d$$

$$\bar{\Psi} := (p,b,y)\colon S \to \bar{S}$$

und versehen $\bar{S}$ mit dem Borelmaß $R := P\circ\Psi^{-1} = Q\circ\bar{\Psi}^{-1}$ (nach Gleichung (6.59)) sowie der Standard-Filtrierung (bezüglich R)

$$\mathscr{H}_t := \big\{M : \Psi^{-1}(M) \in \mathscr{F}_t\big\}; \quad t \in \mathbb{R}_+.$$

Bezeichnen $\bar{p}$: $\bar{S} \to \mathbb{R}^d$, $\bar{b}$: $\bar{S} \to \mathcal{W}^N$ und $\bar{y}$: $\bar{S} \to \mathcal{W}^d$ die zugehörigen Projektionen, so gilt also

$$\bar{p}\circ\Psi = Y_0,\ \bar{p}\circ\bar{\Psi} = p; \quad \bar{b}\circ\Psi = B_\bullet,\ \bar{b}\circ\bar{\Psi} = b; \quad \bar{y}\circ\Psi = Y_\bullet,\ \bar{y}\circ\bar{\Psi} = y.$$

Nach Lemma 6.27 ist nun der Prozeß $\bar{b} \equiv (\mathrm{pr}_t \circ \bar{b})_{t\in\mathbb{R}_+}$ auf $\big(\bar{S}; (\mathscr{H}_t)_{t\in\mathbb{R}_+}; R\big)$ eine N-dimensionale $(\mathscr{H}_t)$-BM, da $\bar{b}\circ\Psi$ eine $(\mathscr{F}_t)$-BM ist, und für $\bar{y} \equiv (\mathrm{pr}_t \circ \bar{y})_{t\in\mathbb{R}_+}$ gilt P-f.ü.

$$\Big(\bar{p} + \int_0^t \beta(s,\bar{y})\,ds + \int_0^t \sigma(s,\bar{y})\,d\bar{b}\Big)\circ\Psi = Y_0 + \int_0^t \beta(s,Y)\,ds + \int_0^t \sigma(s,Y)\,dB.$$

Die rechte Seite ist gleich $Y_t = \mathrm{pr}_t \circ \bar{y} \circ \Psi$ P-f.ü., so daß auch

$$\bar{p} + \int_0^t \beta(s,\bar{y})\,ds + \int_0^t \sigma(s,\bar{y})\,d\bar{b} = \mathrm{pr}_t \circ \bar{y} \quad R\text{-f.ü.}$$

gilt. Nochmalige Anwendung von Lemma 6.27 zeigt nun wegen $\bar{y} \circ \bar{\Psi} = y$ und $\bar{b} \circ \bar{\Psi} = b$ auch

$$p + \int_0^t \beta(s,y)\,ds + \int_0^t \sigma(s,y)\,db = \mathrm{pr}_t \circ y \quad Q\text{-f.ü.},$$

wie behauptet war. □

Korollar 1. *Ist in der autonomen Itô-Gleichung* $dY = \beta(Y)\,dt + \sigma(Y)\,dB$ *das Paar* (β,σ) *pfadweise exakt, so sind, mit den zu Zeitpunkten* t_1 *bzw.* t_2 *in* $x \in \mathbb{R}^d$ *startenden Lösungen* $Y^{t_1,x}$ *bzw.* $Y^{t_2,x}$, $(Y^{t_1,x}_{t_1+t})_{t\in\mathbb{R}_+}$ *und* $(Y^{t_2,x}_{t_2+t})_{t\in\mathbb{R}_+}$ *äquivalente Prozesse.*

Beweis: Ohne Einschränkung kann $t_2 = 0$ angenommen werden. Nach Definition (in Abschnitt 6.5) ist $Z_t := Y^{t_1,x}_{t_1+t}$ die Lösung der SDGL $dZ = \beta(Z)\,dt + \sigma(Z)\,d\tilde{B}$ mit der zeitverschobenen BM $\tilde{B}_t = B_{t_1+t} - B_{t_1}$ (vgl. Satz 5.18) zum Anfangswert $Z_0 = x$. Aufgrund der im vorangehenden Satz bewiesenen Verteilungseindeutigkeit sind Z und $Y^{0,x}$ äquivalent. □

Korollar 2. *Der Lösungsfluß* $(\Phi_{s,t})_{s\le t}$ *der autonomen Itô-Gleichung* $dY = \beta(Y)\,dt + \sigma(Y)\,dB$ *mit* β *und* σ *global Lipschitz-stetig (vgl. Satz 6.28) ist stationär, d. h.* $P\{\Phi_{s,t}(x,\cdot) \in A\} = P\{\Phi_{0,t-s}(x,\cdot) \in A\}$ *für alle* $x \in \mathbb{R}^d$ *und* $A \in \mathscr{B}(\mathbb{R}^d)$.

Beweis: Unter den gemachten Voraussetzungen ist (β,σ) exakt. Da $Y^{s,x}_t = \Phi_{s,t}(x,\cdot)$ ist, folgt die Aussage sofort aus Korollar 1. □

Sind die Koeffizienten $\beta\colon \mathbb{R}^d \to \mathbb{R}^d$ bzw. $\sigma\colon \mathbb{R}^d \to \mathrm{Lin}(\mathbb{R}^N;\mathbb{R}^d)$ der autonomen Itô-Gleichung nur lokal Lipschitz-stetig, so gibt es nach Satz 6.22 lediglich Maximallösungen $(Y_t)_{t<\zeta}$, die in dem Sinne explodieren, daß (mit $\widehat{\mathbb{R}}^d := \mathbb{R}^d \cup \{\Delta\}$ der Einpunktkompaktifizierung von $\mathbb{R}^d$) gilt

$$Y_t \to \Delta \quad \text{bei } t \nearrow \zeta, \quad \text{f.ü. auf } \{\zeta < \infty\}.$$

Durch $Y_t := \Delta$ auf $\{t \ge \zeta\}$ wird also Y zu einem stetigen Prozeß über ganz $\mathbb{R}_+$ fortgesetzt, dessen Pfade nunmehr dem erweiterten Wienerraum

$$\widetilde{W}^d := \{u\colon \mathbb{R}_+ \to \widehat{\mathbb{R}}^d : u \text{ stetig}\}$$

angehören. Nach Fixierung einer Metrik δ auf $\widehat{\mathbb{R}}^d$, welche die Topologie von $\widehat{\mathbb{R}}^d$ beschreibt (etwa mit einer beliebigen stetigen Bijektion $\pi\colon S^d \to \widehat{\mathbb{R}}^d$ die durch $\delta(\pi(x),\pi(y)) := |x-y|$ gegebene), haben wir auf $\widetilde{W}^d$ die zugehörige Topologie der gleichmäßigen Konvergenz auf kompakten Intervallen und die hierdurch festgelegte Borelstruktur $\mathscr{B}(\widetilde{W}^d)$. Sie ist unabhängig von der Wahl von δ, da jede weitere Metrisierung des kompakten Raumes $\widehat{\mathbb{R}}^d$ mit δ uniform äquivalent ist.

Ist $H\colon \widetilde{W}^d \to \mathbb{R}$ beschränkt und meßbar, so bezeichne $TH\colon \mathbb{R}^d \to \mathbb{R}$ die durch $(TH)(x) := E(H \circ Y^x_\bullet)$ mit Y^x der in x startenden Maximallösung gegebene Funktion; dabei ist wieder Y^x zunächst wie oben über die Lebenszeit hinaus fortgesetzt. Mit dieser Bezeichnung haben wir folgende starke Markoveigenschaft der Maximallösung einer autonomen Itô-Gleichung unter nurmehr lokalen Lipschitzbedingungen:

Satz 6.41. *Sei $(Y_t)_{t<\zeta}$ eine beliebige Maximallösung der* SDGL

$$dY = \beta(Y)\,dt + \sigma(Y)\,dB\,,$$

durch $Y_t = \Delta$ für $t \geq \zeta$ fortgesetzt zu einem Prozeß Y mit Pfaden in $\widetilde{W}^d$, β und σ seien lokal Lipschitz-stetig vorausgesetzt. Ist τ eine Stopzeit und $H\colon \widetilde{W}^d \to \mathbb{R}$ beschränkt und meßbar, so gilt

$$E^{\mathscr{F}_\tau}(H \circ Y_{\tau+\bullet}) = (TH) \circ Y_\tau \quad \textit{f.ü. auf } \{\tau < \zeta\}.$$

Wegen $\{\tau < \zeta\} \in \mathscr{F}_\tau$ entfällt die Beschränkung der Aussage auf $\{\tau < \zeta\}$, wenn wir TH durch die Konvention $(TH)(\Delta) := H(\widetilde{\Delta})$ (mit $\widetilde{\Delta} \in \widetilde{W}^d$ der konstanten Funktion mit Wert Δ) auf $\widehat{\mathbb{R}}^d$ fortsetzen.

Beweis: Dies ist aufgrund des vorangehenden Korollars die Aussage von Satz 6.32, wenn β und σ sogar eine globale Lipschitzbedingung erfüllen. Wie bei der Konstruktion der Maximallösung im Beweis zu Satz 6.22 gehen wir zunächst auf diesen Fall zurück. Wir fixieren also eine kompakte Ausschöpfung des $\mathbb{R}^d$ etwa durch die Kugeln K_ℓ vom Radius ℓ, hierzu C^∞-Urysohnfunktionen

$$\chi_\ell\colon 1_{K_\ell} \leq \chi_\ell \leq 1_{K_{\ell+1}}\,,$$

und bezeichnen mit $Y^{(\ell)}$ die Lösung der "abgeschnittenen" SDGL

$$dY = (\beta\chi_\ell)(Y)\,dt + (\sigma\chi_\ell)(Y)\,dB$$

(zum fixierten Anfangswert von Y). Mit den Austrittszeiten

$$\zeta_\ell := \inf\{t \in \mathbb{R}_+ : Y_t \notin \operatorname{int} K_\ell\}$$

ist dann $Y^{\zeta_\ell} = (Y^{(\ell)})^{\zeta_\ell}$; außerdem wurde im Beweis von Satz 6.22 gezeigt, daß mit $\ell \to \infty$ gilt

$$\zeta_\ell \Uparrow \zeta\,;\; Y_{\zeta_\ell} \to \Delta \quad \text{f.ü. auf } \{\zeta < \infty\}.$$

Dies impliziert die Konvergenz fast aller Pfade $Y^{\zeta_\ell}_\bullet(\omega) \to Y_\bullet(\omega)$ in $\widetilde{W}^d$.

Wir kehren nun zur Aussage des Satzes zurück. Ein Monotone-Klasse-Argument zeigt, daß H stetig angenommen werden darf. Wegen $\{\tau < \zeta\} \in \mathscr{F}_\tau$ ist zu zeigen

$$E^{\mathscr{F}_\tau}\big(1_{\{\tau<\zeta\}}\,(H \circ Y_{\tau+\bullet})\big) = 1_{\{\tau<\zeta\}}\,\big((TH) \circ Y_\tau\big) \quad \text{f.ü.}$$

Wir bilden zunächst die $\rho_\ell\colon \widetilde{W}^d \to \overline{\mathbb{R}}_+$,

$$\rho_\ell(u) = \inf\big\{t \in \mathbb{R}_+ : u(t) \notin \operatorname{int} K_\ell\big\}\,,$$

und hiermit die H_ℓ: $\widetilde{W}^d \to \mathbb{R}$, $H_\ell(u) = H\big(u(\rho_\ell(u) \wedge \cdot)\big)$. Da die ρ_ℓ meßbar sind und $(t,u) \mapsto u(t \wedge \cdot)$ stetig von $\overline{\mathbb{R}}_+ \times \widetilde{W}^d$ in $\widetilde{W}^d$ abbildet, ist $u \mapsto u(\rho_\ell(u) \wedge \cdot)$ und damit auch H_ℓ meßbar. Aufgrund von Satz 6.32 gilt nun bereits

$$E^{\mathscr{F}_\tau}\big(1_{\{\tau<\zeta\}}(H_\ell \circ Y^{(\ell)}_{\tau+\bullet})\big) = 1_{\{\tau<\zeta\}}\big((TH_\ell)\circ Y^{(\ell)}_\tau\big) \quad \text{f.ü.}$$

für jedes $\ell \in \mathbb{N}$. Andererseits ist auf $\{\tau < \zeta_\ell\}$

$$H_\ell \circ Y^{(\ell)}_{\tau+\bullet} = H \circ (Y^{(\ell)})^{\zeta_\ell}_{\tau+\bullet} = H \circ Y^{\zeta_\ell}_{\tau+\bullet},$$

und die rechte Seite strebt bei stetigem H mit $\ell \to \infty$ gegen $H \circ Y_{\tau+\bullet}$. Da H beschränkt ist, konvergiert also f.ü.

$$E^{\mathscr{F}_\tau}\big(1_{\{\tau<\zeta\}}(H_\ell \circ Y^{(\ell)}_{\tau+\bullet})\big) \to E^{\mathscr{F}_\tau}\big(1_{\{\tau<\zeta\}}(H \circ Y_{\tau+\bullet})\big).$$

Genauso strebt mit $\ell \to \infty$ auch $H_\ell \circ Y^x_\bullet$ gegen $H \circ Y^x_\bullet$ und daher $(TH_\ell)(x) \to TH(x)$ für jedes $x \in \mathbb{R}^d$. Da andererseits für $\tau(\omega) < \zeta(\omega)$ bereits $Y^{(\ell)}_\tau(\omega) = Y_\tau(\omega)$ für hinreichend großes ℓ ist, konvergiert schließlich auch

$$1_{\{\tau<\zeta\}}\big((TH_\ell)\circ Y^{(\ell)}_\tau\big) \to 1_{\{\tau<\zeta\}}\big((TH)\circ Y_\tau\big). \qquad \square$$

Der vorige Beweis überträgt sich fast wörtlich auf die Situation einer Itô-Gleichung $dY = \beta(Y)\,dt + \sigma(Y)\,dB$ auf einer offenen Teilmenge U des $\mathbb{R}^d$: Auch hier hat die Maximallösung die starke Markoveigenschaft. Insbesondere zeigt der Spezialfall $\beta = 0$, $\sigma = 1$ mit der bei Austritt aus U "gekillten" Brownschen Bewegung als Maximallösung, daß diese die starke Markoveigenschaft besitzt.

Definition 6.42. (Schwache Lösbarkeit) Die Itô-Gleichung (6.57) zu (β,σ) heißt *schwach lösbar zur Anfangsverteilung* μ, μ ein Wahrscheinlichkeitsmaß auf $\mathbb{R}^d$, wenn eine N-dimensionale $(\mathscr{F}_t)$-BM auf einem standard filtrierten Wahrscheinlichkeitsraum $\big(\Omega;\mathscr{F};P;(\mathscr{F}_t)_{t\in\mathbb{R}_+}\big)$ existiert derart, daß hierfür $dY = \beta(t,Y)\,dt + \sigma(t,Y)\,dB$ eine Lösung mit Anfangsverteilung $P \circ Y_0^{-1} = \mu$ besitzt.

Satz 6.43. *Ist (β,σ) pfadweise exakt, so ist die zugehörige Itô-Gleichung schwach lösbar zu jeder Anfangsverteilung.*

Beweis: Auf $\Omega := \mathbb{R}^d \times \mathcal{W}^N$ betrachten wir das Borelmaß $P = \mu \otimes \nu$, ν das Wienermaß auf $\mathcal{W}^N$, und wählen als Filtrierung $(\mathscr{F}_t)_{t\in\mathbb{R}_+}$ die Standard-Erweiterung der Filtrierung $\big(\sigma(\mathrm{pr}_s \circ b : s \le t)\big)_{t\in\mathbb{R}_+}$. Dabei bezeichnet b: $\Omega \to \mathcal{W}^N$ die Projektion auf $\mathcal{W}^N$. Dann ist $B := (\mathrm{pr}_t \circ b)_{t\in\mathbb{R}_+}$ eine $(\mathscr{F}_t)$-BM auf $\big(\Omega;\mathscr{F};P;(\mathscr{F}_t)_{t\in\mathbb{R}_+}\big)$ wegen $P \circ b^{-1} = \nu$ und dem Korollar zu Lemma 5.2. Bezeichnet noch p: $\Omega \to \mathbb{R}^d$ die Projektion auf $\mathbb{R}^d$, so ist also $P \circ p^{-1} = \mu$. Andererseits ist nach Voraussetzung $dY = \beta(t,Y)\,dt + \sigma(t,Y)\,dB$ zum Anfangswert $Y_0 = p$ lösbar. $\square$

6.8 Eindimensionale stochastische Differentialgleichungen

Wir beschließen dieses Kapitel über stochastische Differentialgleichungen mit einer Spezialisierung der Theorie auf den eindimensionalen Fall. Verschiedene Ergebnisse lassen sich dabei beträchtlich verschärfen und in mehrfacher Hinsicht ausbauen. Im zweiten Teil dieses Abschnitts wenden wir uns der qualitativen Theorie eindimensionaler SDGLen zu. Sämtliche Resultate dieses Teils gehen auf W. Feller zurück und wurden zunächst im Rahmen der Theorie der Diffusionsprozesse formuliert. Die Aussagen übertragen sich unmittelbar auf Lösungen eindimensionaler SDGLen.

Wir legen die Situation einer SDGL in Itô-Form

$$dY = \beta(t,Y)\,dt + \sigma(t,Y)\,dB \tag{6.60}$$

mit stetigen Funktionen $\beta,\sigma\colon \mathbb{R}_+ \times \mathbb{R} \to \mathbb{R}$ und einer eindimensionalen Brownschen Bewegung B als treibenden Prozeß zugrunde. Dabei betrachten wir zunächst globale Lösungen von (6.60) mit unendlicher Lebenszeit.

Satz 6.44. *Sind Y^1 und Y^2 zwei Lösungen von* (6.60) *mit $Y_0^1 = Y_0^2$, so ist genau dann auch $Y^1 \vee Y^2$ eine Lösung von* (6.60) *zur gleichen Anfangsbedingung, wenn die Lokalzeit $L^0(Y^2-Y^1)$ bei* 0 *von Y^2-Y^1 bis auf Nicht-Unterscheidbarkeit verschwindet.*

Beweis: Mit der Darstellung der Lokalzeit $\ell_t \equiv L^0(Y^2-Y^1)$ gemäß Formel (4.51) erhält man

$$\begin{aligned}
d(Y^1 \vee Y^2) &= dY^1 + d(Y^2-Y^1)_+ \\
&= \beta(t,Y^1)\,dt + \sigma(t,Y^1)\,dB + 1_{\{Y^2>Y^1\}}\,d(Y^2-Y^1) + \tfrac{1}{2}\,dL^0(Y^2-Y^1) \\
&= \big[\beta(t,Y^1) + \big(\beta(t,Y^2) - \beta(t,Y^1)\big)1_{\{Y^2>Y^1\}}\big]\,dt \\
&\quad + \big[\sigma(t,Y^1) + \big(\sigma(t,Y^2) - \sigma(t,Y^1)\big)1_{\{Y^2>Y^1\}}\big]\,dB + \tfrac{1}{2}\,dL^0(Y^2-Y^1) \\
&= \beta(t,Y^1 \vee Y^2)\,dt + \sigma(t,Y^1 \vee Y^2)\,dB + \tfrac{1}{2}\,dL^0(Y^2-Y^1),
\end{aligned}$$

woraus man die Behauptung abliest. □

Satz 6.45. *Ist für je zwei Lösungen Y^1 und Y^2 von* (6.60) *mit $Y_0^1 = Y_0^2$ stets $L^0(Y^1-Y^2) = 0$ und ist (β,σ) verteilungseindeutig, so ist (β,σ) auch pfadweise exakt.*

Beweis: Sind nämlich Y^1 und Y^2 Lösungen mit $Y_0^1 = Y_0^2$, so ist nach Satz 6.44 auch $Y^1 \vee Y^2$ eine Lösung. Für $t \geq 0$ haben Y_t^1 und $Y_t^1 \vee Y_t^2$ aufgrund der Verteilungseindeutigkeit die gleiche Verteilung, was $Y_t^1 \geq Y_t^2$ f. s. zur Folge hat; analog erhält man $Y_t^1 \leq Y_t^2$ f. s., und aufgrund der Stetigkeit der Pfade folgt die pfadweise Exaktheit. □

Man beachte, daß für eindimensionale SDGLen durch Satz 6.45 eine partielle Umkehrung von Satz 6.43 gegeben wird. In diesem Zusammenhang stellt sich die Frage, wann die in Satz 6.45 geforderte Bedingung an die Lokalzeit erfüllt ist. Das folgende Lemma liefert ein solches Kriterium für das Verschwinden der Lokalzeit $L^0(X)$ bei 0 eines Semimartingals $X \in \mathscr{S}$. Dabei bezeichnet ρ stets eine meßbare Funktion von $\mathbb{R}_+$ in sich mit $\int_0^t \rho(u)^{-1}\,du = \infty$ für jedes $t > 0$, wobei wir diese Eigenschaft kurz als $\int_{0+} \rho(u)^{-1}\,du = \infty$ schreiben.

Lemma 6.46. *Sei $X \in \mathscr{S}$ und ρ: $\mathbb{R}_+ \to \mathbb{R}_+$ eine meßbare Funktion mit $\int_{0+} \rho(u)^{-1}\,du = \infty$. Gibt es dann ein $\varepsilon > 0$, so daß für jedes $t > 0$*

$$\int_0^t 1_{\{0<X_s\le\varepsilon\}}\,\rho(X_s)^{-1}\,d[X]_s < \infty \quad \text{f.s.} \tag{6.61}$$

gilt, dann ist $L^0(X) = 0$ bis auf Nicht-Unterscheidbarkeit.

Beweis: Mit der "occupation time formula" (4.56) erhält man für fixiertes $t > 0$

$$\int_0^t 1_{\{0<X_s\le\varepsilon\}}\,\rho(X_s)^{-1}\,d[X]_s = \int_0^\varepsilon \rho(a)^{-1}\,L_t^a(X)\,da\,.$$

Falls nun $L_t^0(X)$ nicht f. s. verschwindet, ist aufgrund der Rechtsstetigkeit von $L_t^a(X)$ in a die rechte Seite der letzten Formel mit positiver Wahrscheinlichkeit unendlich – im Widerspruch zur Voraussetzung (6.61). □

Satz 6.47. (Yamada-Watanabe) *Seien β,σ: $\mathbb{R}_+ \times \mathbb{R} \to \mathbb{R}$ stetige Funktionen mit den folgenden Eigenschaften:*

(i) *σ ist beschränkt, und es gibt eine meßbare Funktion ρ: $\mathbb{R}_+ \to \mathbb{R}_+$ mit $\int_{0+} \rho(u)^{-1}\,du = \infty$, so daß*

$$\big|\sigma(s,x) - \sigma(s,y)\big|^2 \le \rho\big(|x-y|\big)$$

für alle $s \in \mathbb{R}_+$ und $x,y \in \mathbb{R}$.

(ii) *β ist global Lipschitz, d. h. für jedes $t \ge 0$ gibt es eine Konstante L_t, so daß*

$$\big|\beta(s,x) - \beta(s,y)\big| \le L_t\,|x-y|$$

für alle $0 \le s \le t$ und $x,y \in \mathbb{R}$.

Dann sind Lösungen von (6.60) *pfadweise eindeutig, d. h. (β,σ) ist pfadweise exakt.*

Beweis: Sind Y^1 und Y^2 zwei Lösungen von (6.60) mit $Y_0^1 = Y_0^2$, so folgt aufgrund von $d(Y^1-Y^2) = \big[\beta(t,Y^1) - \beta(t,Y^2)\big]\,dt + \big[\sigma(t,Y^1) - \sigma(t,Y^2)\big]\,dB$

$$\begin{aligned}\int_0^t &\rho(Y_s^1 - Y_s^2)^{-1}\,1_{\{Y_s^1>Y_s^2\}}\,d[Y^1-Y^2]_s \\ &= \int_0^t \rho(Y_s^1 - Y_s^2)^{-1}\,1_{\{Y_s^1>Y_s^2\}}\,\big(\sigma(s,Y_s^1) - \sigma(s,Y_s^2)\big)^2\,ds \le t,\end{aligned}$$

und somit $L^0(Y^1 - Y^2) = 0$ bis auf Nicht-Unterscheidbarkeit gemäß Lemma 6.46. Folglich ist

$$\begin{aligned} |Y_t^1 - Y_t^2| &= \int_0^t \operatorname{sign}(Y_s^1 - Y_s^2)\, d(Y_s^1 - Y_s^2) \\ &= \int_0^t \operatorname{sign}(Y_s^1 - Y_s^2)\, \big[\beta(s, Y_s^1) - \beta(s, Y_s^2)\big]\, ds \\ &\quad + \int_0^t \operatorname{sign}(Y_s^1 - Y_s^2)\, \big[\sigma(s, Y_s^1) - \sigma(s, Y_s^2)\big]\, dB_s \end{aligned}$$

und daher $E|Y_t^1 - Y_t^2| \le L_t \int_0^t E|Y_s^1 - Y_s^2|\, ds$, woraus man mit dem Gronwall-Lemma (Lemma 6.12) $E|Y_t^1 - Y_t^2| = 0$ und mit dem üblichen Stetigkeitsargument dann die Behauptung erhält. □

Beispiel 6.48. (Girsanov) Die eindimensionale SDGL

$$dY = \sigma_\alpha(Y)\, dB, \quad Y_0 = 0 \tag{6.62}$$

mit $\sigma_\alpha(x) = |x|^\alpha \wedge 1$ ist für $\alpha \ge 1/2$ pfadweise exakt, und $Y \equiv 0$ ist die einzige Lösung. Dies folgt unmittelbar aus Satz 6.47: für $1/2 \le \alpha \le 1$ gilt nämlich offenbar $\big|\sigma_\alpha(x) - \sigma_\alpha(y)\big| \le |x - y|^\alpha$, für $\alpha \ge 1$ hingegen ist σ_α sogar global Lipschitz-stetig. Wir verifizieren, daß für $0 < \alpha < 1/2$ pfadweise Exaktheit in Gleichung (6.62) verletzt ist. Dazu betrachten wir

$$T(t) := \int_0^t \big(|B_s|^{2\alpha} \wedge 1\big)^{-1}\, ds, \quad t \in \mathbb{R}_+.$$

Aufgrund von $E[T(t)] < \infty$ ist jedes $T(t)$ f. s. endlich, $t \mapsto T(t)$ ist f. s. streng monoton wachsend, und wegen $T(t) \ge t$ gilt trivialerweise $T(\infty) = \infty$. Somit wird durch $\tau_t := T^{-1}(t) \equiv \inf\{s \in \mathbb{R}_+ : T(s) > t\}$ ein endlicher stetiger Zeitwechsel $\langle \tau \rangle$ definiert, und bezüglich der zeittransformierten Filtrierung $(\mathscr{F}_{\tau_t})_{t \in \mathbb{R}_+}$ ist durch $Y_t := B_{\tau_t}$ eine (nichttriviale) schwache Lösung Y von (6.62) gegeben. Mit der $(\mathscr{F}_{\tau_t})$-Brownschen Bewegung

$$\tilde{B}_t := \int_0^{\tau_t} \big(|B_s|^\alpha \wedge 1\big)^{-1}\, dB_s, \quad t \in \mathbb{R}_+$$

gilt nämlich gemäß Satz 5.17

$$Y_t = B_{\tau_t} = \int_0^{\tau_t} dB_s = \int_0^t \big(|B_{\tau_s}|^\alpha \wedge 1\big)\, d\tilde{B}_s = \int_0^t \big(|Y_s|^\alpha \wedge 1\big)\, d\tilde{B}_s,$$

was die Behauptung zeigt. Damit ist gezeigt, daß $(\beta, \sigma) = (0, \sigma_\alpha)$ für $0 < \alpha < 1/2$ nicht verteilungseindeutig, nach Satz 6.40 also insbesondere nicht pfadweise exakt ist.

An Beispiel 6.48 mag verwundern, daß eindeutige Lösbarkeit von (6.62) in Fällen gegeben ist, in denen bei der analogen gewöhnlichen Differentialgleichung die Lösungseindeutigkeit verletzt ist. So besitzt die Gleichung $y(t) = \int_0^t \big(|y(s)|^\alpha \wedge 1\big)\, ds$

für $\alpha \geq 1$ nur die triviale Lösung $y \equiv 0$, wie man direkt mit dem Gronwall-Lemma sieht, während für $0 < \alpha < 1$ etwa durch

$$y(t) := \begin{cases} (\beta t)^{1/\beta} & \text{für } 0 \leq t \leq 1/\beta \\ (1 - 1/\beta) + t & \text{für } t \geq 1/\beta\,, \end{cases}$$

mit $\beta = 1 - \alpha$ eine weitere Lösung gegeben ist.

Satz 6.47 ließe sich in mehrfacher Hinsicht modifizieren und verschärfen. Wir wollen stattdessen demonstrieren, daß sich mit obiger Technik auch Vergleichssätze für eindimensionale SDGLen gewinnen lassen. Wir legen die Situation zugrunde, daß zwei SDGLen

$$\begin{aligned} dY^1 &= \beta^1(t, Y^1)\,dt + \sigma(t, Y^1)\,dB \\ dY^2 &= \beta^2(t, Y^2)\,dt + \sigma(t, Y^2)\,dB \end{aligned} \tag{6.63}$$

mit stetigen Funktionen $\beta^1, \beta^2, \sigma\colon \mathbb{R}_+ \times \mathbb{R} \to \mathbb{R}$ und der gleichen eindimensionalen Brownschen Bewegung B als treibendem Prozeß gegeben sind.

Satz 6.49. (Vergleichssatz von Ikeda-Watanabe) *Seien Y^1 und Y^2 Lösungen von* (6.63), *wobei die folgenden Bedingungen erfüllt seien:*

(i) *β^1 oder β^2 ist global Lipschitz, und es gilt $\beta^1 \geq \beta^2$,*

(ii) *σ genügt Bedingung* (i) *aus Satz* 6.47.

Dann folgt aus $Y_0^1 \geq Y_0^2$ f.s. bereits $Y_t^1 \geq Y_t^2$ f.s. für jedes $t > 0$.

Beweis: Mit dem gleichen Argument wie im Beweis von Satz 6.47 erhält man wieder $L^0(Y^1 - Y^2) = 0$. Folglich ist nach Gleichung (4.51) wegen $Y_0^1 \geq Y_0^2$ f.s.

$$\begin{aligned} (Y_t^2 - Y_t^1)_+ = &\int_0^t 1_{\{Y_s^2 > Y_s^1\}} \left[\beta^2(s, Y_s^2) - \beta^1(s, Y_s^1)\right] ds \\ &+ \int_0^t 1_{\{Y_s^2 > Y_s^1\}} \left[\sigma(s, Y_s^2) - \sigma(s, Y_s^1)\right] dB_s \end{aligned}$$

und daher

$$\phi(t) := E\left[(Y_t^2 - Y_t^1)_+\right] = E\left[\int_0^t 1_{\{Y_s^2 > Y_s^1\}} \left[\beta^2(s, Y_s^2) - \beta^1(s, Y_s^1)\right] ds\right].$$

Ist nun β^1 global Lipschitz, so folgt

$$\begin{aligned} \phi(t) &\leq E\left[\int_0^t 1_{\{Y_s^2 > Y_s^1\}} \left[\beta^1(s, Y_s^2) - \beta^1(s, Y_s^1)\right] ds\right] \\ &\leq L_t\, E\left[\int_0^t 1_{\{Y_s^2 > Y_s^1\}} \left|Y_s^2 - Y_s^1\right| ds\right] = L_t \int_0^t \phi(s)\, ds\,, \end{aligned}$$

und die Behauptung ergibt sich in der gewohnten Weise mit dem Gronwall-Lemma. Ist andererseits β^2 global Lipschitz, so hat man

$$\begin{aligned}\phi(t) &= E\Big[\int_0^t 1_{\{Y_s^2>Y_s^1\}}\left[\beta^2(s,Y_s^2)-\beta^2(s,Y_s^1)\right]ds\Big]\\ &\quad + E\Big[\int_0^t 1_{\{Y_s^2>Y_s^1\}}\left[\beta^2(s,Y_s^1)-\beta^1(s,Y_s^1)\right]ds\Big]\\ &\leq E\Big[\int_0^t 1_{\{Y_s^2>Y_s^1\}}\left[\beta^2(s,Y_s^2)-\beta^2(s,Y_s^1)\right]ds\Big]\\ &\leq L_t\,E\Big[\int_0^t 1_{\{Y_s^2>Y_s^1\}}\left|Y_s^2-Y_s^1\right|ds\Big],\end{aligned}$$

und die Aussage folgt wie im ersten Fall. □

Wir wenden uns nun dem asymptotischen Verhalten von Lösungen eindimensionaler SDGLen zu. Hierfür erweist es sich als natürlich, SDGLen auf offenen Intervallen und Lösungen mit Lebenszeit zu betrachten.

Sei $I =]c_1,c_2[$ mit $-\infty \leq c_1 < c_2 \leq \infty$ ein Intervall in $\mathbb{R}$ und seien a,b: $I \to \mathbb{R}$ stetige Funktionen mit $a > 0$. Auf I sei ein Diffusionsprozeß Y mit infinitesimalem Erzeuger $L = a\,D^2 + b\,D$ gegeben ($D = d/dt$), den wir uns als Maximallösung einer SDGL der Form

$$dY = b(Y)\,dt + \sigma(Y)\,dB \tag{6.64}$$

mit $\sigma^2 = 2a$, $\sigma > 0$ und B einer eindimensionalen BM realisiert denken. Insbesondere ist Y ein stetiges I-wertiges Semimartingal mit maximaler, aber nicht notwendig unendlicher Lebenszeit ζ derart, daß für jede C^2-Funktion f: $I \to \mathbb{R}$ mit kompaktem Träger $\mathrm{supp}(f) \subset I$ nach Satz 6.2

$$d(f\circ Y) - (Lf\circ Y)\,dt \in d\mathcal{M}$$

gilt. Man beachte, daß auf der Menge $\{\zeta < \infty\}$ gemäß Satz 6.21 $\lim_{t\nearrow\zeta} Y_t$ mit Werten in $\{c_1,c_2\}$ f. s. existiert; durch $Y_t := \lim_{s\nearrow\zeta} Y_s$ für $t \geq \zeta$ auf $\{\zeta < \infty\}$ wird Y zu einem stetigen Prozeß auf ganz $\mathbb{R}_+$ fortgesetzt. Für $x \in \bar{I}$ bezeichnen wir mit $\tau_x = \inf\{t \geq 0 : Y_t = x\}$ die Treffzeit von x und nennen den Randpunkt c_i *erreichbar* für Y, wenn $P\{\tau_{c_i} < \infty\} > 0$ gilt.

Das Problem besteht darin, Bedingungen an die Koeffizienten von (6.64) anzugeben, die Eigenschaften wie Transienz, Rekurrenz, unendliche Lebenszeit von Y charakterisieren. Dabei heißt Y *transient*, wenn Y f. s. schließlich jede kompakte Menge in I verläßt, und *rekurrent*, wenn $P\{\tau_x < \infty\} = 1$ für jedes $x \in I$ gilt. Die Lebenszeit von Y ist offensichtlich durch $\zeta = \tau_{c_1} \wedge \tau_{c_2}$ beschrieben; Transienz von Y bedeutet $Y_t \to \{c_1,c_2\}$ bei $t \nearrow \zeta$ im Sinne von Definition 6.16 und liegt insbesondere dann vor, wenn $\zeta < \infty$ f. s. gilt.

Zu fixiertem c mit $c_1 < c < c_2$ betrachten wir einmal

$$H\colon I \to \mathbb{R},\quad H(r) = \exp\Big\{-\int_c^r \frac{b(\rho)}{a(\rho)}\,d\rho\Big\}, \tag{6.65}$$

sowie $\mathbb{R}$-wertige Funktionen s, m, k auf I, definiert durch

$$s(r) = \int_c^r H(\rho)\,d\rho, \quad m(r) = \int_c^r \frac{1}{a(\rho)H(\rho)}\,d\rho, \quad k(r) = \int_c^r m(\rho)\,s(d\rho),$$

die sich zu $\mathbb{R} \cup \{\pm\infty\}$-wertigen Funktionen auf $\bar{I} = I \cup \{c_1, c_2\}$ fortsetzen; dabei bezeichnet $s(d\rho)$ das Borelmaß auf I mit der Verteilungsfunktion s.

Satz 6.50. *Seien $a, b\colon I \to \mathbb{R}$ stetige Funktionen auf einem Intervall $I =]c_1, c_2[$ mit $-\infty \le c_1 < c_2 \le \infty$ und sei $\sigma^2 = 2a$ mit $\sigma > 0$. Für eine eindimensionale Brownsche Bewegung B und $y \in I$ sei Y die maximale Lösung der* SDGL

$$dY = b(Y)\,dt + \sigma(Y)\,dB, \quad Y_0 = y.$$

Zu fixiertem $c \in I$ sei H gemäß (6.65) *definiert. Dann gelten die folgenden Aussagen:*

(i) *Der Prozeß Y ist entweder rekurrent oder transient, und zwar transient genau dann, wenn $s(c_i) = \int_c^{c_i} H(r)\,dr$ für $i = 1$ oder 2 endlich ist.*

Genauer hat man die folgenden vier Fälle zu unterscheiden:

(1) *Ist $s(c_1) = -\infty$ und $s(c_2) = \infty$, so gilt*

$$P\{\zeta = \infty\} = P\Big\{\inf_{0 \le t < \infty} Y_t = c_1\Big\} = P\Big\{\sup_{0 \le t < \infty} Y_t = c_2\Big\} = 1.$$

(2) *Ist $s(c_1) > -\infty$ und $s(c_2) = \infty$, so gilt*

$$P\Big\{\lim_{t \nearrow \zeta} Y_t = c_1\Big\} = P\Big\{\sup_{0 \le t < \zeta} Y_t < c_2\Big\} = 1.$$

(3) *Ist $s(c_1) = -\infty$ und $s(c_2) < \infty$, so gilt*

$$P\Big\{\inf_{0 \le t < \zeta} Y_t > c_1\Big\} = P\Big\{\lim_{t \nearrow \zeta} Y_t = c_2\Big\} = 1.$$

(4) *Ist $s(c_1) > -\infty$ und $s(c_2) < \infty$, so gilt*

$$P\Big\{\lim_{t \nearrow \zeta} Y_t = c_1\Big\} = 1 - P\Big\{\lim_{t \nearrow \zeta} Y_t = c_2\Big\} = \frac{s(c_2) - s(y)}{s(c_2) - s(c_1)}.$$

(ii) (Fellers Explosionstest) *Y hat f.s. unendliche Lebenszeit genau dann, wenn*

$$k(c_i) = \int_c^{c_i} H(r)\Big\{\int_c^r \frac{1}{a(\rho)H(\rho)}\,d\rho\Big\}\,dr = \infty, \quad i = 1 \text{ und } 2;$$

dabei ist c_i genau dann durch Y erreichbar, wenn $k(c_i) < \infty$ gilt.

(iii) *Die Lebenszeit von Y ist f.s. endlich (d.h. $P\{\zeta < \infty\} = 1$) genau dann, wenn einer der folgenden drei Fälle vorliegt:*

(1) *$k(c_1) < \infty$ und $k(c_2) < \infty$, oder*
(2) *$k(c_1) < \infty$ und $s(c_2) = \infty$, oder*
(3) *$k(c_2) < \infty$ und $s(c_1) = -\infty$.*

Im Fall (1) *gilt darüberhinaus sogar $E\zeta < \infty$.*

Man beachte, daß man stets die folgenden trivialen Implikationen hat:

(6.66) $$s(c_1) = -\infty \Rightarrow k(c_1) = \infty, \quad s(c_2) = \infty \Rightarrow k(c_2) = \infty .$$

Die entscheidende Methode des Beweises besteht darin, den Prozeß Y durch Vorschalten einer isotonen Transformation φ so zu "reskalieren", daß $\varphi \circ Y$ zum lokalen Martingal wird. Man spricht dann von der "natürlichen Skala" der Diffusion Y und nennt φ eine *Skalierungsfunktion* ("scale function") für Y. Wir werden zunächst verifizieren, daß durch s eine Skalierungsfunktion definiert wird.

Beweis (von Satz 6.50): (a) Die Funktion s definiert einen C^2-Diffeomorphismus von $I =]c_1, c_2[$ auf $]s(c_1), s(c_2)[$ derart, daß $\tilde{Y} = s \circ Y$ ein lokales Martingal mit Lebenszeit ζ ist, denn aufgrund von $Ls = as'' + bs' = aH' + bH = 0$ gilt

$$d\tilde{Y} = d(s \circ Y) = (s' \circ Y)\,dY + \tfrac{1}{2}(s'' \circ Y)\,dY dY = (H \circ Y)(\sigma \circ Y)\,dB,$$

was $d\tilde{Y} = (\phi \circ \tilde{Y})\,dB$ mit $\phi := (H \cdot \sigma) \circ s^{-1}$ zeigt. Insbesondere ist also $\tilde{Y}$ nach Satz 5.24 bis auf eine Zeittransformation eine BM, d. h. es gibt eine eindimensionale gestoppte Brownsche Bewegung W, so daß $\tilde{Y}_t = W_{T_t}$ f. s. mit $T_t := \int_0^t (\phi \circ \tilde{Y}_s)^2\, ds$ gilt.

Wir wollen vorab festhalten, daß Y jedes kompakte Teilintervall von I in endlicher Zeit verläßt: es gilt stets $P\{\tau_{a,b} < \zeta\} = 1$ für

$$\tau_{a,b} := \inf\{t \geq 0 : Y_t \notin [a,b]\}, \quad c_1 < a < b < c_2 .$$

Auf $N := \{\tau_{a,b} = \zeta\}$ ist nämlich zum einen $\zeta = \infty$ aufgrund der Maximalität der Lösung; die Pfade von Y verbleiben also im Intervall $[a,b]$, die von $\tilde{Y}$ in $[s(a), s(b)]$, weshalb als Folge von $\tilde{Y}_t = W_{T_t}$ auf N f.s. $T_\zeta < \infty$ gelten muß. Andererseits ist auf dem kompakten Intervall $[s(a), s(b)]$ aber $\phi \geq \varepsilon > 0$ und somit $T_\zeta = \infty$ auf N. Beides zusammen ergibt $P(N) = 0$.

Aus obigem liest man nun unschwer die Aussagen von Teil (i) des Satzes ab. Die maximale Lebenszeit ζ von Y auf $]c_1, c_2[$ stimmt nämlich mit der maximalen Lebenszeit von $\tilde{Y}$ auf $]s(c_1), s(c_2)[$ überein, und Y ist genau dann transient, wenn $\tilde{Y}$ transient ist; hierzu muß natürlich $T_\zeta < \infty$ f. s. sein. Umgekehrt haben wir auf $\{T_\zeta < \infty\}$ Konvergenz von $\tilde{Y}_t$ bei $t \nearrow \zeta$, und zwar f. s. gegen $s(c_1)$ oder $s(c_2)$, weil sonst der Pfad von Y in einem kompakten Teilintervall von I verliefe, was $T_\zeta = \infty$ zur Folge hat, wie wir soeben gesehen haben. Damit liegt Transienz von Y genau dann vor, wenn $T_\zeta < \infty$ f. s. ist, und dies genau dann, wenn $\tilde{Y}_t$ bei $t \nearrow \zeta$ f. s. gegen $s(c_1)$ oder $s(c_2)$ konvergiert, also genau dann, wenn $s(c_1)$ oder $s(c_2)$ endlich ist.

Ist $y \in I$ der Startpunkt von Y und sind $x, z \in I$ mit $x < y < z$, so gilt andererseits

(6.67) $$P\{\tau_x \leq \tau_z\} = P\{\tau_x < \tau_z\} = \frac{s(z) - s(y)}{s(z) - s(x)},$$

wie man aus $s(y) = E(s \circ Y_0) = E(s \circ Y_{\tau_x \wedge \tau_z}) = s(x)P\{\tau_x < \tau_z\} + s(z)P\{\tau_x \geq \tau_z\}$ ableitet. Nun ist Y genau dann rekurrent, wenn für jedes $x \in I$ gilt:

$$P\{\tau_x < \tau_{c_i}\} = 1, \quad i = 1, 2 .$$

Aus (6.67) folgert man aber, daß letzteres zu $s(c_1) = -\infty$, $s(c_2) = \infty$ äquivalent ist; genauer ist nämlich

$$P\{\tau_x < \tau_{c_2}\} = 1 \iff \lim_{z \nearrow c_2} P\{\tau_x < \tau_z\} = 1 \iff s(c_2) = \infty, \qquad c_1 < x < y;$$

$$P\{\tau_x < \tau_{c_1}\} = 1 \iff \lim_{z \searrow c_1} P\{\tau_z \le \tau_x\} = 0 \iff s(c_1) = -\infty, \qquad y < x < c_2.$$

Insbesondere haben wir damit das behauptete Rekurrenzkriterium gezeigt, aber auch die Aussagen (1) – (4) aus Teil (i) ergeben sich durch Kombination des bisher Bewiesenen.

(b) Zur Analyse des Explosionsverhaltens von Y konstruieren wir eine zweimal stetig differenzierbare Funktion ψ: $I \to \mathbb{R}_+$ mit $1 + k \le \psi \le \exp(k)$ derart, daß durch $Z_t := e^{-t}(\psi \circ Y_t)$ ein lokales Martingal auf $[0, \zeta[$ gegeben ist.

Es sei ψ: $I \to \mathbb{R}$ definiert als die eindeutig bestimmte Lösung der linearen DGL

(6.68) $$L\psi = \psi \text{ auf } I \text{ mit } \psi'(c) = 0 \text{ und } \psi(c) = 1.$$

Wir wollen zeigen, daß ψ die behaupteten Eigenschaften besitzt. Für eine stetige Funktion u auf I bezeichne $M(u)$ die durch

$$M(u)(r) := \int_c^r s(d\rho)\Big[\int_c^\rho u(t)\, m(dt)\Big] = \int_c^r H(\rho)\Big[\int_c^\rho \frac{u(t)}{H(t)a(t)}\, dt\Big]\, d\rho$$

auf I definierte Funktion. Mit der Beziehung $aH' + bH \equiv 0$ folgert man unmittelbar $LM(u) = u$ auf I; insbesondere ist also Bedingung (6.68) äquivalent zur Gültigkeit der Gleichung $\psi = 1 + M(\psi)$ auf I. Hieraus erhält man aber die Darstellung

(6.69) $$\psi = \textstyle\sum_{n=0}^\infty M^n(1)$$

mit $M^0(1) := 1$ und $M^{n+1}(1) = M\big(M^n(1)\big)$, denn nach Definition ist $k = M(1)$, trivialerweise ist $M^n(1) \ge 0$, und man verifiziert induktiv

(6.70) $$M^n(1) \le k^n/n!, \quad n = 1, 2, \dots,$$

nämlich mit $M^n(1) \le \frac{k^n}{n!}$ gilt auch

$$\begin{aligned} M^{n+1}(1)(r) &= \int_c^r s(d\rho)\Big[\int_c^\rho M^n(1)(t)\, m(dt)\Big] \le \frac{1}{n!}\int_c^r s(d\rho)\Big[\int_c^\rho k^n(t)\, m(dt)\Big] \\ &\le \frac{1}{n!}\int_c^r s(d\rho)\, k^n(\rho)\Big[\int_c^\rho m(dt)\Big] = \frac{1}{n!}\int_c^r k^n(\rho)\, k(d\rho) \\ &= \frac{1}{n!}\int_c^r k^n(\rho)\, k'(\rho)\, d\rho = \frac{k^{n+1}(r)}{(n+1)!}. \end{aligned}$$

Aufgrund von (6.70) ist die rechte Seite $\psi^* := \sum_{n=0}^\infty M^n(1)$ von (6.69) wohldefiniert und genügt zudem der Abschätzung $1 + k \le \psi^* \le \exp(k)$; zum anderen ist aber offensichtlich $1 + M(\psi^*) = \psi^*$ auf I, woraus man $\psi = \psi^*$ folgert. Insbesondere liest man aus der Darstellung (6.69) ab, daß ψ auf $]c_1, c]$ fallend und auf $[c, c_2[$ wachsend ist.

Die Behauptung, daß durch $(Z_t)_{t<\zeta}$ mit $Z_t = e^{-t}(\psi \circ Y_t)$ ein lokales Martingal gegeben ist, ergibt sich schließlich aufgrund von $a\psi'' + b\psi' = \psi$ unmittelbar aus der Itô-Formel.

(c) Ist $k(c_1) = k(c_2) = \infty$, so gilt $P\{\zeta = \infty\} = 1$ für die Lebenszeit $\zeta \equiv \tau_{c_1} \wedge \tau_{c_2}$. Hierfür wählen wir eine kompakte Ausschöpfung $[a_n, b_n] \nearrow]c_1, c_2[$ mit $a_n < y < b_n$ und betrachten $\sigma_n = \inf\{t \geq 0 : Y_t \notin [a_n, b_n]\} \equiv \tau_{a_n} \wedge \tau_{b_n}$. Da nun Z^{σ_n} ein Martingal ist, hat man für jedes $t \in \mathbb{R}_+$ die Gleichung $\psi(y) = E\big[e^{-(\sigma_n \wedge t)}(\psi \circ Y_{\sigma_n \wedge t})\big]$ und damit

$$P\{\sigma_n < t\} \leq \frac{e^t\,\psi(y)}{\psi(a_n) \wedge \psi(b_n)} \to 0 \quad \text{für } n \to \infty;$$

letzteres aufgrund der Voraussetzung $k(c_1) = k(c_2) = \infty$ und der Abschätzung $1 + k \leq \psi$.

(d) Ist $k(c_i) < \infty$, so ist c_i erreichbar für Y, d.h. es gilt $P\{\tau_{c_i} < \infty\} > 0$. Insbesondere ist $P\{\zeta < \infty\} > 0$, falls $k(c_i)$ für $i = 1$ oder 2 endlich ist.

Es sei etwa $k(c_1)$ endlich; wegen $\psi \leq \exp(k)$ bleibt dann $\psi(x)$ für $x \to c_1+$ beschränkt. Ohne Beschränkung der Allgemeinheit dürfen wir $c_1 < y < c$ annehmen. Neben der in (c) beschriebenen Folge $(\sigma_n)_{n\in\mathbb{N}}$ von Austrittszeiten betrachten wir die Treffzeit $\sigma_0 := \tau_c$ von c. Dann gilt, wenn man wieder $\sigma_n < \zeta$ beachtet,

$$\begin{aligned} 1 < \psi(y) &= E\big[e^{-(\sigma_n \wedge \sigma_0)}(\psi \circ Y_{\sigma_n \wedge \sigma_0})\big] \\ &= E\big[1_{\{\sigma_n \geq \sigma_0\}}\, e^{-\sigma_0}\,\psi(c) + 1_{\{\sigma_n < \sigma_0\}}\, e^{-\sigma_n}(\psi \circ Y_{\sigma_n})\big] \\ &\leq 1 + \psi(c_1+)\,E\big[1_{\{\sigma_n < \sigma_0\}}\, e^{-\sigma_n}\big] \searrow 1 + \psi(c_1+)\,E\big[1_{\{\tau_{c_1} < \sigma_0\}}\, e^{-\tau_{c_1}}\big] \quad \text{für } n \to \infty, \end{aligned}$$

wobei wir benutzt haben, daß ψ auf dem Teilintervall $]c_1, c]$ fallend ist; insbesondere folgt $P\{\tau_{c_1} < \sigma_0\} > 0$. Analog argumentiert man im Fall $k(c_2) < \infty$. Damit ist auch Teil (ii) des Satzes vollständig gezeigt.

(e) Zum Nachweis von (iii) verifizieren wir zunächst: Gilt $P\{\zeta < \infty\} = 1$, so liegt einer der Fälle (1), (2) oder (3) vor.

Gilt $P\{\zeta < \infty\} = 1$, so ist $k(c_1) < \infty$ oder $k(c_2) < \infty$ nach (ii). Es sei etwa $k(c_1) < \infty$; wir nehmen an, keiner der Fälle (1), (2), (3) liege vor. Unter Beachtung von (6.66) sieht man, daß dann

$$s(c_1) > -\infty \quad \text{und} \quad s(c_2) < \infty, \quad k(c_2) = \infty$$

ist. Wir sind also in Situation (4) von Teil (i), und es gilt $P\{\lim_{t\nearrow\zeta} Y_t = c_2\} > 0$. Nun ist aber nach einem geeigneten (Streckungs)-Zeitwechsel $\langle\tau\rangle$ wie am Ende von Abschnitt 5.2 beschrieben $Z_{\langle\tau\rangle} = \big(e^{-\tau_t}(\psi \circ Y_{\tau_t})\big)_{t\in\mathbb{R}_+}$ ein nichtnegatives stetiges lokales Martingal. Nach Bemerkung 5.25 existiert also f. s. der Grenzwert

$$Z_{\tau_\infty} = \lim_{t\nearrow\zeta} e^{-t}(\psi \circ Y_t)$$

in $\mathbb{R}$ und hat auf $\{\lim_{t\nearrow\zeta} Y_t = c_2\}$ den Wert $e^{-\zeta}\psi(c_2+)$. Aufgrund von $1 + k \leq \psi \leq \exp(k)$ und $k(c_2) = \infty$ muß $\psi(c_2-) = \infty$ gelten, was $\zeta = \infty$ auf $\{\lim_{t\nearrow\zeta} Y_t = c_2\}$

zur Folge hat. Letzteres steht aber im Widerspruch zu $P\{\zeta < \infty\} = 1$; es muß also (1), (2) oder (3) vorliegen. Analog argumentiert man im Fall $k(c_2) < \infty$.

(f) Es bleibt $P\{\zeta < \infty\} = 1$ zu zeigen, falls in (iii) einer der Fälle (1), (2), (3) vorliegt. Wir verifizieren zunächst $E\zeta < \infty$ unter der Voraussetzung $k(c_1) < \infty$, $k(c_2) < \infty$.

Dazu konstruieren wir unter der Bedingung $k(c_1) < \infty$, $k(c_2) < \infty$ eine zweimal stetig differenzierbare nichtnegative Funktion $u\colon I \to \mathbb{R}$ mit

$$Lu \equiv -1 \quad \text{und} \quad u(c_1+) = u(c_2-) = 0 .$$

Wir setzen $u(r) = \int_I G(r,t)\, m(dt)$ mit

$$G(r,t) := \frac{\big[s(r \wedge t) - s(c_1)\big]\,\big[s(c_2) - s(r \vee t)\big]}{s(c_2) - s(c_1)}, \qquad (r,t) \in I \times I .$$

Unter der Voraussetzung $k(c_1) < \infty$, $k(c_2) < \infty$ ist $s(c_i) \in \mathbb{R}$ für $i = 1, 2$ und damit G beschränkt. Es gilt

$$\begin{aligned}
u(r) &= \frac{s(c_2) - s(r)}{s(c_2) - s(c_1)} \int_{c_1}^{r} \big[s(t) - s(c_1)\big] m(dt) + \frac{s(r) - s(c_1)}{s(c_2) - s(c_1)} \int_{r}^{c_2} \big[s(c_2) - s(t)\big] m(dt) \\
&= \frac{s(c_2) - s(r)}{s(c_2) - s(c_1)} \int_{c_1}^{r} \big[m(r) - m(\rho)\big] s(d\rho) + \frac{s(r) - s(c_1)}{s(c_2) - s(c_1)} \int_{r}^{c_2} \big[m(\rho) - m(r)\big] s(d\rho) \\
&= -\frac{s(c_2) - s(r)}{s(c_2) - s(c_1)} \int_{c_1}^{r} m(\rho)\, s(d\rho) + \frac{s(r) - s(c_1)}{s(c_2) - s(c_1)} \int_{r}^{c_2} m(\rho)\, s(d\rho) ,
\end{aligned}$$

wobei wir in der zweiten Zeile etwa die Umrechnung

$$\begin{aligned}
\int_r^{c_2} \big[s(c_2) - s(t)\big]\, m(dt) &= \int_r^{c_2} \Big[\int_t^{c_2} H(\rho)\, d\rho\Big]\, m(dt) \\
&= \int_r^{c_2}\int_r^{c_2} H(\rho)\, 1_{\{t \le \rho\}}(t,\rho)\, d\rho\, m(dt) \\
&= \int_r^{c_2} \Big[\int_r^{\rho} m(dt)\Big] H(\rho)\, d\rho = \int_r^{c_2} \big[m(\rho) - m(r)\big]\, s(d\rho)
\end{aligned}$$

benutzt haben. Obige Rechnung zeigt, daß unter der Voraussetzung $k(c_1) < \infty$, $k(c_2) < \infty$ die Funktion u auf I endlich ist; offensichtlich sogar beschränkt und zweimal stetig differenzierbar. Zudem verifiziert man unmittelbar $Lu \equiv -1$; trivialerweise gilt $u(c_1+) = u(c_2-) = 0$. Mit der Itô-Formel erhält man dann

$$d(u \circ Y) = (u' \circ Y)(\sigma \circ Y)\, dB - dt .$$

Wählt man wie in Beweisteil (c) eine kompakte Ausschöpfung $[a_n, b_n] \nearrow\ ]c_1, c_2[$ mit $a_n < y < b_n$, so gilt mit den Stopzeiten $\sigma_n = \inf\{t \ge 0 : Y_t \notin [a_n, b_n]\}$

$$E[u \circ Y_{t \wedge \sigma_n}] = u(y) - E[t \wedge \sigma_n] .$$

Folglich ist $E[t \wedge \sigma_n] \le u(y)$; mit $t \to \infty$, $n \to \infty$ erhält man $E\zeta \le u(y) < \infty$.

(g) Wir zeigen: $k(c_1) < \infty$ und $s(c_2) = \infty$ implizieren $P\{\zeta < \infty\} = 1$.

Ist $(a_n)_{n\in\mathbb{N}}$ eine Folge in I mit $a_n \nearrow c_2$, so gilt $P\{\tau_{c_1} \wedge \tau_{a_n} < \infty\} = 1$ gemäß (f); andererseits impliziert $k(c_1) < \infty$ aber $s(c_1) > -\infty$, so daß Situation (2) aus Teil (i) vorliegt, woraus $\lim_{n\to\infty} P\{\tau_{a_n} > \tau_{c_1}\} = 1$ folgt. Mit der offensichtlichen Identität $\{\tau_{c_1} < \infty\} = \bigcup_n \{\tau_{c_1} < \tau_{a_n}\}$ erhält man daher $P\{\tau_{c_1} < \infty\} = 1$ und somit wie gewünscht $P\{\zeta < \infty\} = 1$.

Analog verifiziert man $P\{\zeta < \infty\} = 1$ im noch verbleibenden Fall $k(c_2) < \infty$ und $s(c_1) = -\infty$. □

7. Stochastische Analysis auf Mannigfaltigkeiten

Ziel dieses Kapitels ist es, Grundbegriffe der stochastischen Analysis auf differenzierbaren Mannigfaltigkeiten zu entwickeln. Dazu wird es erforderlich sein, für den euklidischen Raum $\mathbb{R}^d$ formulierte stochastische Begriffe und Konzepte entsprechend zu verallgemeinern und in koordinatenfreier Darstellung neu zu fassen.

Eine der Hauptschwierigkeiten der stochastischen Analysis auf Mannigfaltigkeiten ist mit der Tatsache verknüpft, daß es im allgemeinen nicht möglich ist, sich mittels Koordinaten auf $\mathbb{R}^d$ zurückzuziehen, oder auf $\mathbb{R}^d$ gegebene Prozesse direkt mit Hilfe von Karten auf die Mannigfaltigkeit zu transportieren. Bereits die Itô-Formel für $\mathbb{R}^d$-wertige Semimartingale zeigt, daß Begriffe wie Brownsche Bewegung, lokales Martingal, usw. unter Koordinatentransformation nicht invariant sind.

Mittels der Itô-Formel läßt sich zwar der Begriff des Semimartingals kanonisch auf Mannigfaltigkeiten übertragen, allerdings wird sich herausstellen, daß Martingaltheorie eine zusätzliche geometrische Struktur in Form eines linearen Zusammenhangs erfordert. Riemannsche Mannigfaltigkeiten besitzen einen kanonischen linearen Zusammenhang, den sogenannten Levi-Civita-Zusammenhang, welcher mit der Geometrie verträglich ist. Bezüglich dieses linearen Zusammenhangs hat man auf jeder Riemannschen Mannigfaltigkeit ausgezeichnete Martingale, nämlich Brownsche Bewegungen, die mittels des Laplace-Beltrami-Operators an die Riemannsche Metrik gekoppelt sind und die bereits eingehend analysierten Brownschen Bewegungen des $\mathbb{R}^d$ verallgemeinern. Brownsche Bewegungen sind per definitionem "lokale Objekte" in dem Sinn, daß sie lokal von der Riemannschen Metrik gesteuert werden; ihr stochastisches Verhalten erfaßt jedoch globale Aspekte der Topologie und Geometrie der Mannigfaltigkeit.

7.1 Stochastische Differentialgleichungen auf Mannigfaltigkeiten

Wir beginnen mit einer kurzen Einführung in Grundbegriffe der Differentialtopologie, im wesentlichen um die nötigen Bezeichnungen festzulegen. Für weitergehende Information sei der Leser auf gängige Lehrbücher verwiesen (etwa [G-P 75] oder [WA 83]).

Definition 7.1. (Topologische Mannigfaltigkeit) Ein Hausdorff-Raum M mit abzählbarer Basis der Topologie heißt *d-dimensionale topologische Mannigfaltigkeit*, wenn es zu jedem Punkt $x \in M$ eine offene Umgebung U in M und einen Homöomorphismus $h\colon U \to U'$ auf eine offene Teilmenge $U' \subset \mathbb{R}^d$ gibt.

Definition 7.2. (Karte, Kartengebiet) Einen Homöomorphismus $h\colon U \to U'$ von einer offenen Teilmenge $U \subset M$, dem *Kartengebiet*, auf eine offene Teilmenge $U' \subset \mathbb{R}^d$ nennt man (*d-dimensionale*) *Karte für M*. Hierfür ist die Kurzbezeichnung (h, U) üblich. Eine Karte für M heißt *Karte um* $x \in M$, wenn $x \in U$ gilt.

Definition 7.3. (Kartenwechsel) Sind (h, U) und (k, V) zwei Karten für M, so heißt der Homöomorphismus

$$k \circ h^{-1}|h(U \cap V)\colon h(U \cap V) \to k(U \cap V)$$

der *Kartenwechsel von h nach k*.

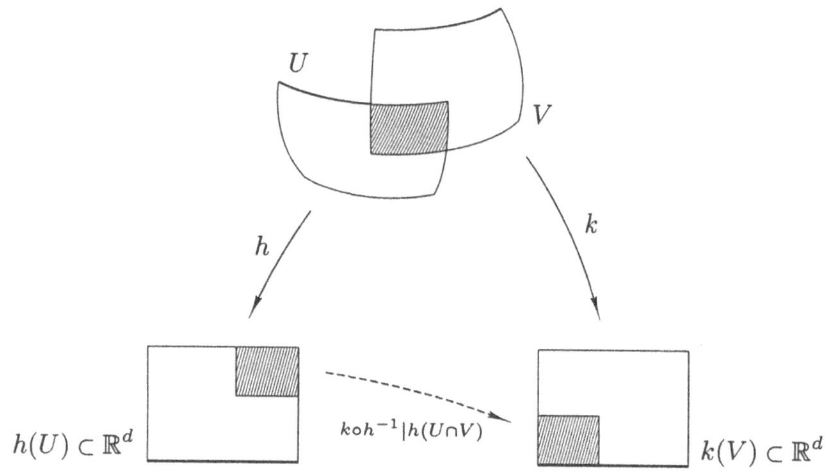

Definition 7.4. (Atlas, differenzierbare Struktur) Eine Familie $(h_i, U_i)_{i \in I}$ von d-dimensionalen Karten für M, deren Kartengebiete M überdecken, nennt man einen *Atlas für M*. Ein Atlas heißt *differenzierbar*, wenn alle seine Kartenwechsel differenzierbar ($\equiv C^\infty$) sind. Einen maximalen differenzierbaren Atlas für M nennt man eine *d-dimensionale differenzierbare Struktur für M*.

Ist $\mathfrak{A}$ ein differenzierbarer Atlas für M, und sind (h, U), (k, V) zwei weitere d-dimensionale Karten, die mit allen Karten von $\mathfrak{A}$ differenzierbar wechseln, so wechseln sie auch untereinander differenzierbar. Insbesondere ist also

$$\mathscr{D}(\mathfrak{A}) := \{(h, U)\ d\text{-dim. Karte für } M : (h, U) \text{ wechselt differenzierbar mit } \mathfrak{A}\}$$

eine d-dimensionale differenzierbare Struktur für M.

Definition 7.5. (Differenzierbare Mannigfaltigkeit) Eine *d-dimensionale differenzierbare Mannigfaltigkeit* ist ein Paar $(M, \mathscr{D})$, bestehend aus einem Hausdorff-Raum M mit abzählbarer Basis der Topologie und einer d-dimensionalen differenzierbaren Struktur $\mathscr{D}$ für M.

Da im folgenden ausschließlich *differenzierbare* Mannigfaltigkeiten vorkommen, erübrigt sich der Zusatz "differenzierbar". In der Regel wird die differenzierbare Struktur $\mathscr{D}$ einer Mannigfaltigkeit $(M, \mathscr{D})$ in der Notation unterdrückt; man schreibt kurz M und bezeichnet die Karten aus $\mathscr{D}$ auch als *Karten für M*. Per Konvention sei ferner der leere topologische Raum als Mannigfaltigkeit beliebiger (auch negativer) Dimension vereinbart; die (wohlbestimmte) Dimension nichtleerer Mannigfaltigkeiten wird mit $\dim M$ bezeichnet.

Beispiel 7.6. Das direkte Produkt $M \times N$ zweier Mannigfaltigkeiten M und N ist in kanonischer Weise eine Mannigfaltigkeit der Dimension $\dim M + \dim N$ (Kartenprodukte definieren einen geeigneten Atlas und damit die erforderliche differenzierbare Struktur).

Definition 7.7. (Untermannigfaltigkeit) Sei M eine d-dimensionale Mannigfaltigkeit und $0 \le k \le d$. Ein Teilraum $M_0 \subset M$ heißt eine *k-dimensionale* (oder *$(d-k)$-kodimensionale*) *Untermannigfaltigkeit von M*, wenn es um jedem Punkt aus M_0 eine Karte (h, U) für M mit $h(U \cap M_0) = h(U) \cap (\mathbb{R}^k \times \{0\})$ gibt. Der Teilraum M_0 ist dann selbst in kanonischer Weise eine k-dimensionale Mannigfaltigkeit.

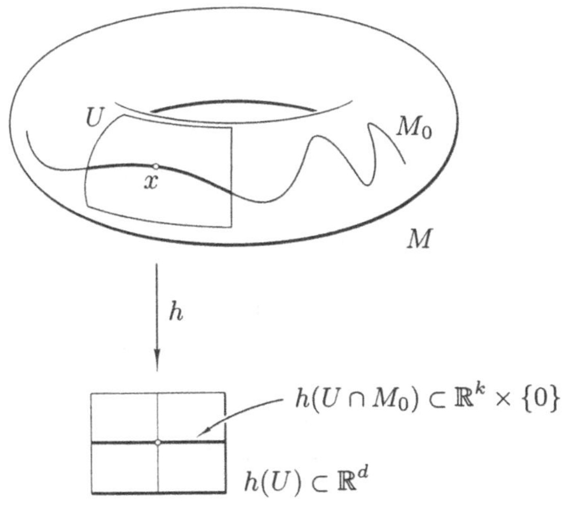

Definition 7.8. (Differenzierbare Abbildung) Ist $f\colon M \to N$ eine stetige Abbildung zwischen Mannigfaltigkeiten und $x \in M$, so heißt f *differenzierbar bei* x, wenn für eine (dann jede) Karte (h, U) um x und für eine (dann jede) Karte (k, V) bei $f(x)$ die "heruntergeholte" Abbildung $k \circ f \circ h^{-1}$ (definiert auf $h(f^{-1}(V) \cap U)$) bei $h(x)$ differenzierbar ist. Ebenso heißt f *k-mal differenzierbar bei* x (für $k \in \mathbb{N}$) bzw. *unendlich oft differenzierbar bei* x, wenn dies jeweils für die heruntergeholte Abbildung bei $h(x)$ gilt. Wir schreiben $f \in C^k(M; N)$ bzw. $f \in C^\infty(M; N)$, wenn f bei jedem Punkt $x \in M$ k-mal bzw. unendlich oft differenzierbar ist. Der Ausdruck "*f ist differenzierbar*" schlechthin ist stets im Sinn von unendlich oft differenzierbar zu verstehen, bedeutet also $f \in C^\infty(M; N)$. Schließlich heißt f ein *Diffeomorphismus*, wenn f bijektiv ist und sowohl f wie f^{-1} differenzierbar sind. Der Raum der reellwertigen differenzierbaren Funktionen auf M wird mit $C^\infty(M)$ bezeichnet; differenzierbare Funktionen auf M mit kompaktem Träger nennt man auch *Testfunktionen* auf M und die Gesamtheit der Testfunktionen auf M bezeichnen wir mit $D(M)$.

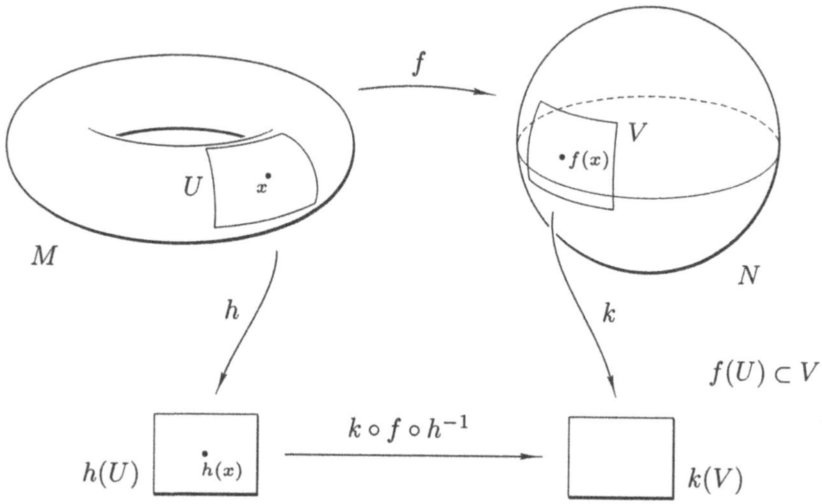

Die Ableitung der heruntergeholten Abbildung bei $h(x)$, beschrieben durch die Jacobi-Matrix $J_{h(x)}(k \circ f \circ h^{-1})$, ist von der speziellen Wahl der Karten abhängig. Der Rang $\mathrm{rg}_x f$ der Ableitung bei $h(x)$ allerdings ist koordinateninvariant.

Nützlich ist die Tatsache (lokaler Umkehrsatz), daß eine differenzierbare Abbildung $f\colon M \to N$ zwischen Mannigfaltigkeiten der gleichen Dimension d genau dann ein lokaler Diffeomorphismus bei x ist, also ein Diffeomorphismus einer offenen Umgebung von x mit einer offenen Umgebung von $f(x)$, wenn $\mathrm{rg}_x f = d$ gilt.

Für die Konstruktion einer kartenunabhängigen Version des Differentials (als kanonischer Linearisierung der differenzierbaren Abbildung $f\colon M \to N$ lokal bei x) ist es erforderlich, zunächst die Mannigfaltigkeit M selbst bei x durch ein lineares Objekt zu approximieren, nämlich den Tangentialraum $T_x M$.

Definition 7.9. (Tangentialraum, geometrische Definition) Sei M eine Mannigfaltigkeit und $x \in M$. Hierzu bezeichne

$$K_xM := \{\alpha\colon]-\varepsilon,\varepsilon[\to M \text{ differenzierbar}: \varepsilon > 0,\, \alpha(0) = x\}$$

die Menge der differenzierbaren Kurvenstücke α mit $\alpha(0) = x$. Zwei differenzierbare Kurven $\alpha, \beta \in K_xM$ heißen *tangential äquivalent*, geschrieben $\alpha \sim \beta$, wenn $(h \circ \alpha)^{\cdot}(0) = (h \circ \beta)^{\cdot}(0)$ für eine (und dann jede) Karte (h,U) um x gilt. Dann heißt $(T_xM)_{\text{geom}} := K_xM/\sim$ der (*geometrische*) *Tangentialraum von* M *in* x, die Klassen $[\alpha] \in (T_xM)_{\text{geom}}$ nennt man die (*geometrischen*) *Tangentialvektoren von* M im Punkte x.

Man beachte, ist $\alpha \in K_xM$ und (h,U) eine Karte um x, so gilt stets $\alpha \sim \alpha_h$ mit $\alpha_h(t) := h^{-1}\big(h(x) + t\,(h \circ \alpha)^{\cdot}(0)\big)$ für t hinreichend klein.

Aus obiger Definition ist nur implizit ersichtlich, daß $(T_xM)_{\text{geom}}$ ein endlichdimensionaler $\mathbb{R}$-Vektorraum ist. Letzteres wird evident, wenn wir eine etwas andere Betrachtungsweise wählen. Hierfür nennen wir zunächst zwei lokal um x definierte reelle differenzierbare Funktionen *äquivalent*, wenn sie auf einer Umgebung von x übereinstimmen, die entstehenden Äquivalenzklassen heißen *Keime differenzierbarer Funktionen bei* x. Die Menge dieser Keime $\mathcal{E}_xM$ bildet in natürlicher Weise eine reelle Algebra. In der Notation wird üblicherweise nicht zwischen einem Keim $\varphi \in \mathcal{E}_xM$ und seinen Repräsentanten (um x definierte differenzierbare Funktionen) unterschieden.

Mit der Skalarmultiplikation $\varphi a = \varphi(x)a$ für $\varphi \in \mathcal{E}_xM$, $a \in \mathbb{R}$ ist $\mathbb{R}$ ein $\mathcal{E}_xM$-Modul. Eine $\mathbb{R}$-*Derivation von* $\mathcal{E}_xM$ *in* $\mathbb{R}$ ist eine $\mathbb{R}$-lineare Abbildung $v\colon \mathcal{E}_xM \to \mathbb{R}$ mit der Produktregel $v(\varphi\psi) = \varphi v(\psi) + \psi v(\varphi)$ für $\varphi, \psi \in \mathcal{E}_xM$. Die Menge $\mathrm{Der}_{\mathbb{R}}(\mathcal{E}_xM, \mathbb{R})$ der $\mathbb{R}$-Derivationen von $\mathcal{E}_xM$ in $\mathbb{R}$ bildet in natürlicher Weise einen $\mathcal{E}_xM$-Modul, insbesondere also einen $\mathbb{R}$-Vektorraum.

Definition 7.10. (Tangentialraum, algebraische Definition) Sei M eine Mannigfaltigkeit und $x \in M$. Den $\mathbb{R}$-Vektorraum

$$(T_xM)_{\text{alg}} := \mathrm{Der}_{\mathbb{R}}(\mathcal{E}_xM, \mathbb{R})$$

nennt man den (*algebraischen*) *Tangentialraum von* M *in* x, die $\mathbb{R}$-Derivationen $v \in (T_xM)_{\text{alg}}$ heißen (*algebraische*) *Tangentialvektoren von* M im Punkte x.

Bemerkung 7.11. Ist M eine Mannigfaltigkeit M, so lassen sich für jedes $x \in M$ die Räume $(T_xM)_{\text{geom}}$ und $(T_xM)_{\text{alg}}$ kanonisch miteinander identifizieren; genauer hat man die zueinander inversen Abbildungen

$$(T_xM)_{\text{geom}} \to (T_xM)_{\text{alg}}, \quad [\alpha] \mapsto \big(\mathcal{E}_xM \to \mathbb{R},\, \varphi \mapsto (\varphi \circ \alpha)^{\cdot}(0)\big),$$

$$(T_xM)_{\text{alg}} \to (T_xM)_{\text{geom}}, \quad v \mapsto \Big[\,]-\varepsilon,\varepsilon[\to M,\, t \mapsto h^{-1}\big(h(x) + tv(h)\big)\Big]$$

mit einer Karte (h,U) für M um x und $v(h) := \big(v(h^1), \dots, v(h^d)\big) \in \mathbb{R}^d$.

Definition 7.12. (Tangentialraum) Sei M eine Mannigfaltigkeit und $x \in M$. Der reelle Vektorraum $T_xM := (T_xM)_{\mathrm{alg}} \equiv (T_xM)_{\mathrm{geom}}$ heißt der *Tangentialraum von M in x*, seine Elemente (je nach Bedarf Derivationen oder repräsentiert durch Kurvenstücke) sind die *Tangentialvektoren von M* im Punkte x.

Beispiel 7.13. Ein d-dimensionaler $\mathbb{R}$-Vektorraum V ist in kanonischer Weise eine d-dimensionale Mannigfaltigkeit, und für $x \in V$ gilt kanonisch $T_xV \cong V$ (als $\mathbb{R}$-Vektorräume): Ist nämlich $h\colon V \xrightarrow{\sim} \mathbb{R}^d$ eine Isomorphie von Vektorräumen (und damit eine globale Karte), so hat man die zueinander inversen, nicht von der speziellen Wahl von h abhängenden Homomorphismen

$$(T_xV)_{\mathrm{alg}} \to V\,, \quad v \mapsto h^{-1}\big(v(h^1),\ldots,v(h^d)\big)$$
$$V \to (T_xV)_{\mathrm{alg}}\,, \quad v \mapsto \big(\mathcal{E}_xV \to \mathbb{R},\, \varphi \mapsto \tfrac{d}{dt}\varphi(x+tv)\big|_{t=0}\big)\,.$$

Definition 7.14. (Differential) Sei $f\colon M \to N$ eine differenzierbare Abbildung zwischen Mannigfaltigkeiten und $x \in M$. Das *Differential von f bei x*

$$df_x \equiv (f_*)_x : T_xM \to T_{f(x)}N$$

ist jeweils geometrisch und algebraisch erklärt durch

$$(df_x)_{\mathrm{geom}}\colon (T_xM)_{\mathrm{geom}} \to (T_{f(x)}N)_{\mathrm{geom}}\,, \quad [\alpha] \mapsto [f\circ\alpha]$$
$$(df_x)_{\mathrm{alg}}\colon (T_xM)_{\mathrm{alg}} \to (T_{f(x)}N)_{\mathrm{alg}}\,, \quad v \mapsto \big(\mathcal{E}_{f(x)}N \to \mathbb{R},\, \varphi \mapsto v(\varphi\circ f)\big)\,.$$

Beide Abbildungen sind wohldefiniert und konsistent bezüglich der kanonischen Identifizierung von geometrischem und algebraischem Tangentialraum.

Bemerkung 7.15. (Funktorialität des Differentials) Es ist $d(\mathrm{id}_M)_x = \mathrm{id}_{T_xM}$ für $x \in M$; ferner gilt für zwei differenzierbare Abbildungen zwischen Mannigfaltigkeiten $f\colon M \to N$, $g\colon N \to L$ die Kettenregel $d(g\circ f)_x = dg_{f(x)} \circ df_x$. Ist speziell f ein lokaler Diffeomorphismus bei x, so ist $df_x\colon T_xM \to T_{f(x)}N$ ein linearer Isomorphismus.

Die Definitionen des Tangentialraums und des Differentials sind natürlich lokaler Natur; ist etwa $U \subset M$ offen und $x \in U$, so gilt in kanonischer (und trivialer) Weise $T_xM \cong T_xU$, nämlich via $(d\iota)_x$ mit $\iota\colon U \hookrightarrow M$, und man identifiziert in der Regel beide Tangentialräume.

Beispiel 7.16. (Basen für T_xM) Sei M eine d-dimensionale Mannigfaltigkeit und (h,U) eine Karte um $x \in M$. Dann ist

$$dh_x\colon T_xM \xrightarrow{\sim} T_{h(x)}\mathbb{R}^d \cong \mathbb{R}^d, \quad v \mapsto \big(v(h^1),\ldots,v(h^d)\big)\,,$$

ein Isomorphismus von $\mathbb{R}$-Vektorräumen und folglich $\dim_{\mathbb{R}} T_xM = d$. Durch

$$\big(\tfrac{\partial}{\partial h^i}\big)_x := (dh_x)^{-1}(e_i) = d(h^{-1})_{h(x)}(e_i)\,, \quad i = 1,\ldots,d\,,$$

ist somit eine $\mathbb{R}$-Basis von T_xM gegeben; dabei beschreibt $\partial_{i,x} \equiv \big(\frac{\partial}{\partial h^i}\big)_x \in T_xM$ gerade die Derivation $\varphi \mapsto \frac{\partial}{\partial x^i}(\varphi\circ h^{-1})\big(h(x)\big)$.

Satz 7.17. (Differentiale in Koordinaten) *Sei M eine d-dimensionale Mannigfaltigkeit, N eine n-dimensionale Mannigfaltigkeit, $f\colon M \to N$ eine differenzierbare Abbildung und $x \in M$. Wählt man Karten (h,U) für M um x und (k,V) für N um $f(x)$, so erhält man das kommutative Diagramm*

$$\begin{array}{cccccc}
\left(\frac{\partial}{\partial h^i}\right)_x & T_xM & \xrightarrow{(df)_x} & T_{f(x)}N & \left(\frac{\partial}{\partial k^j}\right)_{f(x)} \\
\downarrow & \downarrow{\scriptstyle (dh)_x} & & \downarrow{\scriptstyle (dk)_{f(x)}} & \downarrow \\
e_i & \mathbb{R}^d & \xrightarrow[J_{h(x)}(k\circ f\circ h^{-1})]{} & \mathbb{R}^n & e_j
\end{array}$$

mit $J_{h(x)}(k \circ f \circ h^{-1}) \in \mathrm{M}(n \times d; \mathbb{R})$ der Jacobi-Matrix von $k \circ f \circ h^{-1}$ bei $h(x)$.

Beweis: Jedes $v \in T_xM$ schreibt sich als $v = \sum_i v^i \left(\frac{\partial}{\partial h^i}\right)_x$ mit $v^i = v(h^i)$. Nach Definition 7.14 wird $(df)_x v \in T_{f(x)}N$ durch die Derivation $\varphi \mapsto v(\varphi \circ f)$ repräsentiert, so daß $(df)_x v = \sum_j v(k^j \circ f) \left(\frac{\partial}{\partial k^j}\right)_{f(x)}$ gilt. Ist also $v = \sum_i v^i \left(\frac{\partial}{\partial h^i}\right)_x$, so erhält man

$$v(k^j \circ f) = \sum_i v^i \left(\frac{\partial}{\partial h^i}\right)_x (k^j \circ f) = \sum_i \frac{\partial(k^j \circ f \circ h^{-1})}{\partial x^i}\big(h(x)\big)\, v^i,$$

was die Behauptung zeigt. □

Für eine differenzierbare Abbildung $f\colon M \to N$ zwischen Mannigfaltigkeiten und $x \in M$ zeigen die vorangehenden Beispiele insbesondere $\mathrm{rg}_x f = \mathrm{rg}(df_x)$. Ist folglich df_x ein Isomorphismus (dann notwendig $\dim M = \dim N$), so ist nach dem lokalen Umkehrsatz f ein lokaler Diffeomorphismus bei x.

Definition 7.18. (Immersion, Einbettung) Eine Abbildung $f\colon M \to N$ zwischen Mannigfaltigkeiten nennt man *Immersion*, wenn f differenzierbar und für jedes $x \in M$ die lineare Abbildung $df_x\colon T_xM \to T_{f(x)}N$ injektiv ist. Eine Abbildung $f\colon M \to N$ heißt *Einbettung*, wenn $f(M) \subset N$ eine Untermannigfaltigkeit und $f\colon M \to f(M)$ sogar ein Diffeomorphismus ist.

Jede Einbettung ist natürlich eine Immersion. Immersionen sind aber im allgemeinen nicht injektiv; auch eine injektive Immersion ist nicht notwendig eine Einbettung.

Definition 7.19. (Geschwindigkeitsvektor einer Kurve) Sei $\alpha\colon]a,b[\to M$ eine differenzierbare Kurve und $d\alpha_t\colon \mathbb{R} \cong T_t(]a,b[) \to T_{\alpha(t)}M$ das Differential von α bei $t \in]a,b[$. Dann heißt $\dot\alpha(t) := d\alpha_t(1) \in T_{\alpha(t)}M$ der *Geschwindigkeitsvektor von α bei t*; algebraisch ist dies also die Derivation $\varphi \mapsto (\varphi \circ \alpha)^{\cdot}(t)$, geometrisch wird $\dot\alpha(t)$ durch $s \mapsto \alpha(t+s)$ repräsentiert. Umgekehrt läßt sich jede Äquivalenzklasse $[\alpha] \in (T_xM)_{\mathrm{geom}}$ als $\dot\alpha(0)$ schreiben.

Definition 7.20. (Lokaltriviale Faserung, Faserbündel) Seien E, M und F Mannigfaltigkeiten. Eine differenzierbare Abbildung $\pi\colon E \to M$ heißt eine *lokaltriviale Faserung mit typischer Faser* F (oder kurz ein *Faserbündel*), wenn es um jeden Punkt von M eine offene Umgebung U und einen Diffeomorphismus $\varphi\colon \pi^{-1}(U) \xrightarrow{\sim} U \times F$ über U gibt, d.h. derart, daß das Diagramm

$$\begin{array}{ccc} \pi^{-1}(U) & \xrightarrow{\varphi} & U \times F \\ & {\scriptstyle\pi}\searrow \quad \swarrow{\scriptstyle \mathrm{pr}_1} & \\ & U & \end{array}$$

kommutiert. Das Paar (φ, U) heißt eine *Bündelkarte* (*lokale Trivialisierung*) der Faserung, eine Familie $(\varphi_i, U_i)_{i\in I}$ von Bündelkarten mit $M = \bigcup_{i\in I} U_i$ heißt ein *Bündelatlas für* E. Man nennt M die *Basis*, E den *Totalraum*, π die *Projektion*, F die *typische Faser* und $E_x \equiv \pi^{-1}(\{x\})$ die *Faser über* $x \in M$.

Statt $\pi\colon E \to M$ oder $E \to M$ schreibt man auch häufig kurz E/M oder nur E; wir verwenden ferner die Schreibweise $E/M_0 := \pi^{-1}(M_0)$ für $M_0 \subset M$.

Es folgt unmittelbar aus der Definition, daß jede Faser E_x eine Untermannigfaltigkeit von E und diffeomorph zur typischen Faser F ist. Für zwei Bündelkarten (φ_i, U_i), (φ_j, U_j) definiert $\varphi_j \circ \varphi_i^{-1}$ einen Diffeomorphismus auf $(U_i \cap U_j) \times F$; die zugehörigen Abbildungen $\phi_{ij} : U_i \cap U_j \to \mathrm{Diff}(F)$ in die Diffeomorphismengruppe der typischen Faser F nennt man auch *Übergangsfunktionen*.

Ein Bündelatlas liefert natürlich zugleich einen differenzierbaren Atlas für die Mannigfaltigkeit E und bestimmt damit auch die differenzierbare Struktur von E. Ist ferner $U \subset M$ offen, so ist in kanonischer Weise auch $\pi|U\colon E/U \to U$ ein Faserbündel.

Definition 7.21. (Triviales Faserbündel) Ein Faserbündel $\pi\colon E \to M$ heißt *trivial*, wenn es eine *Trivialisierung*, d.h. eine globale Bündelkarte (φ, M) gibt.

Definition 7.22. (Vektorbündel) Eine lokaltriviale Faserung $\pi\colon E \to M$ mit einem n-dimensionalen $\mathbb{R}$-Vektorraum als typischer Faser heißt ein *n-dimensionales Vektorbündel über M*, wenn es einen Bündelatlas $(\varphi_i, U_i)_{i\in I}$ für E gibt derart, daß die Diffeomorphismen

$$\varphi_j \circ \varphi_i^{-1}\colon \{x\} \times F \to \{x\} \times F, \quad x \in U_i \cap U_j,$$

lineare Isomorphismen von F sind.

Jede Faser E_x trägt dann ebenfalls eine $\mathbb{R}$-Vektorraumstruktur, so daß obige Bündelkarten fasernweise linear sind: für $x \in U$ bildet die Restriktion $\varphi|E_x$ die Faser E_x linear auf $\{x\} \times F$ ab. Natürlich kann man ohne Einschränkung stets $F = \mathbb{R}^n$ als typische Faser nehmen.

Definition 7.23. (Untervektorbündel) Sei $\pi\colon E \to M$ ein n-dimensionales Vektorbündel und $k \leq n$. Eine Teilmenge $E_0 \subset E$ heißt ein *k-dimensionales Untervektorbündel von E* oder *k-dimensionales Teilbündel von E*, wenn es um jeden Punkt $x \in M$ eine fasernweise lineare Bündelkarte $\varphi\colon E/U \to U \times \mathbb{R}^n$ für E mit $\varphi(E_0/U) = U \times (\mathbb{R}^k \times \{0\})$ gibt. Dann ist $\pi|E_0\colon E_0 \to M$ selbst ein k-dimensionales Vektorbündel über M.

Definition 7.24. (Bündelhomomorphismus) Seien E, E' Vektorbündel über M. Eine differenzierbare Abbildung $\phi\colon E \to E'$ heißt ein *Bündelhomomorphismus* oder ein *Homomorphismus von Vektorbündeln*, wenn sie eine Abbildung über M ist, d. h. wenn sie jeweils E_x nach E'_x abbildet, und wenn sie in jeder Faser linear ist, d. h. wenn alle $\phi_x = \phi|E_x\colon E_x \to E'_x$ durch lineare Abbildungen gegeben sind. Damit ist die Kategorie $\mathscr{V}_M$ der Vektorbündel über M erklärt.

Definition 7.25. (Schnitt) Sei $\pi\colon E \to M$ ein Vektorbündel. Ein *Schnitt von E* ist eine differenzierbare Abbildung $A\colon M \to E$ mit $\pi \circ A = \mathrm{id}_M$ (also eine Rechtsinverse zu π). Die Menge $\Gamma(E)$ der Schnitte von E bildet in natürlicher Weise einen $C^\infty(M)$-Modul durch $(\varphi A)(x) = \varphi(x)\,A(x)$, $\varphi \in C^\infty(M)$. Oft verwendet man für den Wert eines Schnitts A bei $x \in M$ abkürzend die Notation A_x anstelle von $A(x)$.

Bemerkung 7.26. (Lokales Basissystem) Sei $E \to M$ ein n-dimensionales Vektorbündel und $x_0 \in M$. Ein *lokales Basissystem für E bei x_0* besteht aus einer offenen Umgebung U von x_0 und Schnitten $e_1,\dots,e_n \in \Gamma(E/U)$, so daß für jedes $x \in U$ die Familie $(e_1(x),\dots,e_n(x))$ eine $\mathbb{R}$-Basis von E_x bildet. Mit Hilfe geeigneter Bündelkarten lassen sich bei jedem $x_0 \in M$ lokale Basissysteme für E konstruieren. Zu jedem Schnitt $A \in \Gamma(E)$ gibt es dann eindeutig bestimmte Funktionen $a^i \in C^\infty(U)$ mit $A|U = \sum a^i e_i$.

Bei der Konstruktion von Faserungen sind oft zunächst nur eine Basis M, eine typische Faser F und eine Familie $(E_x)_{x\in M}$ von jeweils zu F diffeomorphen Mannigfaltigkeiten E_x gegeben. Man erhält dann mit $E := \dot{\bigcup}_{x\in M} E_x$ $(\equiv \bigcup_x \{x\} \times E_x)$ und $\pi\colon E \to M$, $E_x \ni e \mapsto x$ einen Totalraum E, vorerst nur als Menge mit der zugehörigen Projektion. Die noch fehlende Topologie und differenzierbare Struktur auf E sowie geeignete Bündelkarten liefern häufig kanonische Präbündelkarten: Eine *Präbündelkarte von E* ist dabei ein Paar (φ, U), bestehend aus einer offenen Teilmenge $U \subset M$ und einer fasernweise diffeomorphen Bijektion $\varphi\colon E/U = \dot{\bigcup}_{x\in U} E_x \to U \times F$ über U. Eine Familie $(\varphi_i, U_i)_{i\in I}$ von Präbündelkarten mit $\bigcup_{i\in I} U_i = M$ heißt ein *Präbündelatlas für E*, wenn die Kartenwechsel

$$\begin{array}{ccc} & E/(U_i \cap U_j) & \\ {\scriptstyle\varphi_i}\swarrow & & \searrow{\scriptstyle\varphi_j} \\ (U_i \cap U_j) \times F & \longrightarrow & (U_i \cap U_j) \times F \end{array}$$

alle differenzierbar, also Diffeomorphismen sind.

Lemma 7.27. *Zu einem Präbündelatlas für E gibt es genau eine Topologie und eine differenzierbare Struktur auf E, die π: $E \to M$ zu einer lokaltrivialen Faserung mit typischer Faser F und den Präbündelatlas zu einem Bündelatlas macht.*

Beweis: Sei $e \in E$ mit $x := \pi(e) \in M$. Vermöge einer Präbündelkarte (φ, U) mit $x \in U$ ist φ: $E/U \xrightarrow{\simeq} U \times F$ und e wird dabei auf einen Punkt $(x,v) \in U \times F$ abbildet. Eine Umgebungsbasis bei $e \in E$ der gesuchten Topologie auf E findet man, indem man eine Umgebungsbasis von (x,v) in $U \times F$ mittels φ zurückzieht. Die übrigen behaupteten Eigenschaften verifiziert man unmittelbar. □

Beispiel 7.28. (Tangentialbündel) Sei M eine d-dimensionale Mannigfaltigkeit. Die Tangentialräume T_pM, $p \in M$ sind als Vektorräume (folglich auch als Mannigfaltigkeiten) isomorph zu $\mathbb{R}^d$ und bilden nunmehr in der oben beschriebenen Weise eine lokaltriviale Faserung $TM := \dot{\bigcup}_{x \in M} T_xM \to M$: Denn zu jeder Karte (h, U) für M erhält man durch

$$\varphi_{(h,U)}\colon TM/U \to U \times \mathbb{R}^d, \quad v \mapsto \big(\pi(v), v(h^1), \dots, v(h^d)\big)$$

eine Präbündelkarte für TM. Für eine weitere Karte (k, V) für M ist dann der Kartenwechsel der Präbündelkarten durch

$$(U \cap V) \times \mathbb{R}^d \to (U \cap V) \times \mathbb{R}^d, \quad (x,w) \mapsto \big(x, J_{h(x)}(k \circ h^{-1})w\big)$$

gegeben, insbesondere differenzierbar, und somit $TM \to M$ ein Faserbündel. Da außerdem die Bündelkarten $\varphi_{(h,U)}$ in jeder Faser linear sind, wird $TM \to M$ ein d-dimensionales Vektorbündel, das *Tangentialbündel von M*.

Definition 7.29. (Induzierte Faserung) Sei f: $M \to N$ eine differenzierbare Abbildung zwischen Mannigfaltigkeiten und π: $E \to N$ eine lokaltriviale Faserung mit typischer Faser F. Dann ist auch $f^*E := \dot{\bigcup}_{x \in M} E_{f(x)} \to M$ mit der kanonischen Projektion eine lokaltriviale Faserung mit typischer Faser F. Dabei liefern Bündelkarten (φ, U) für E fasernweise "induzierte" Präbündelkarten $\big(f^*\varphi, f^{-1}(U)\big)$ für $f^*E \equiv \big\{(x,e) \in M \times E : f(x) = \pi(e)\big\}$, nämlich

$$f^*\varphi\colon f^*E/f^{-1}(U) \to f^{-1}(U) \times F, \quad f^*\varphi|(f^*E)_x \equiv \varphi|E_{f(x)} \text{ für } x \in f^{-1}(U).$$

Diese induzierten Karten wechseln differenzierbar, und nach Lemma 7.27 ist f^*E eine lokaltriviale Faserung mit Basis M. Sie heißt die *von f aus E induzierte Faserung* oder auch die *mit f zurückgezogene Faserung*.

Beispiel 7.30. (Induziertes Vektorbündel) Sei f: $M \to N$ eine differenzierbare Abbildung zwischen Mannigfaltigkeiten. Ist dann $E \to N$ ein Vektorbündel, so ist auch $f^*E \to M$ ein Vektorbündel, das *mit f zurückgezogene Vektorbündel* ("pullback von E mittels f"). Für einen Bündelhomomorphismus ϕ: $E \to E'$ über N ist wiederum fasernweise ein Bündelhomomorphismus $f^*\phi$: $f^*E \to f^*E'$ über M erklärt, genauer also durch $f^*\phi|(f^*E)_x \equiv \phi|E_{f(x)}$. Insgesamt erhält man damit einen kovarianten Funktor f^*: $\mathscr{V}_N \to \mathscr{V}_M$.

Beispiel 7.31. Ist $f: M \to N$ eine differenzierbare Abbildung zwischen Mannigfaltigkeiten, so ist $df: TM \to f^*TN$ ein Bündelhomomorphismus über M, fasernweise erklärt durch das Differential $df_x: T_xM \to T_{f(x)}N$.

Definition 7.32. (Schnitt, Vektorfeld längs einer Abbildung) Sei $f: M \to N$ eine differenzierbare Abbildung zwischen Mannigfaltigkeiten, E ein Vektorbündel über N. Die Elemente des $C^\infty(M)$-Moduls

$$\Gamma(f^*E) \equiv \{A: M \to E \mid A \text{ differenzierbar mit } \pi \circ A = f\}$$

heißen *Schnitte längs* f, und speziell die Elemente des $C^\infty(M)$-Moduls $\Gamma(f^*TN)$ *Vektorfelder längs* f. Ist insbesondere $I \subset \mathbb{R}$ ein Intervall und $\alpha: I \to N$ eine differenzierbare Kurve, so ist

$$\Gamma(\alpha^*E) \equiv \{\sigma: I \to E \mid \sigma \text{ differenzierbar mit } \sigma(t) \in E_{\alpha(t)} \text{ für jedes } t \in I\}.$$

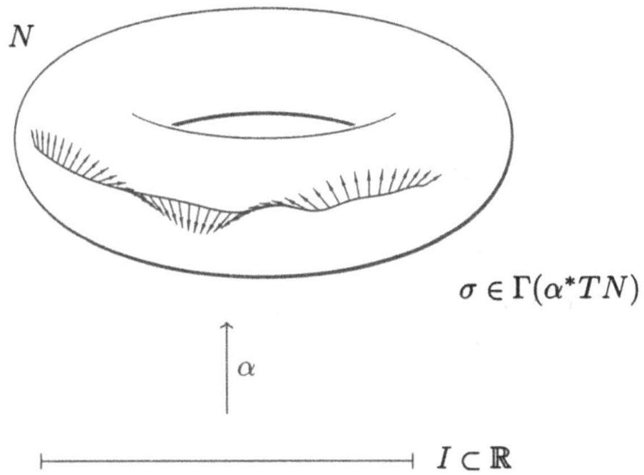

Das durch $\dot\alpha \in \Gamma(\alpha^*TN)$, $\dot\alpha_t := \dot\alpha(t)$, gegebene Vektorfeld längs α heißt *tangentiales Vektorfeld längs* α.

Satz 7.33. (Lineare Algebra für Vektorbündel) *Sei $\mathscr{V}$ die Kategorie der endlichdimensionalen reellen Vektorräume und $\mathscr{V}_M$ die Kategorie der Vektorbündel über einer Mannigfaltigkeit M. Ferner sei*

$$\mathcal{F}: \mathscr{V}^{\times r} \times \mathscr{V}^{\times s} \to \mathscr{V}$$

ein r-fach covarianter und s-fach contravarianter Funktor, der in dem Sinne differenzierbar ist, daß jeweils die durch $\mathcal{F}$ definierten Abbildungen

$$\begin{aligned}\mathrm{Hom}(V_1, V_1') \times \ldots \times \mathrm{Hom}(V_r, V_r') \times \mathrm{Hom}(W_1', W_1) \times \ldots \times \mathrm{Hom}(W_s', W_s) \\ \to \mathrm{Hom}\big(\mathcal{F}(V_1, \ldots, V_r, W_1, \ldots, W_s), \mathcal{F}(V_1', \ldots, V_r', W_1', \ldots, W_s')\big)\end{aligned}$$

differenzierbar sind. Dann induziert $\mathcal{F}$ in kanonischer Weise einen r-fach covarianter und s-fach contravarianten Funktor

$$\mathcal{F}_M: \mathscr{V}_M^{\times r} \times \mathscr{V}_M^{\times s} \to \mathscr{V}_M$$

durch fasernweise Anwendung.

In etwas salopper rezeptmäßiger Form heißt dies: Man zerlege Vektorbündel, Bündelkarten und Bündelhomomorphismen jeweils in ihre Faserbestandteile, führe die Konstruktionsvorschrift $\mathcal{F}$ fasernweise in $\mathscr{V}$ durch, und füge das Ergebnis wieder zu neuen Bündeln, Bündelkarten und Morphismen zusammen. Die Differenzierbarkeitsbedingung an $\mathcal{F}$ sorgt dabei automatisch für die Voraussetzungen von Lemma 7.27, um noch die erforderlichen differenzierbaren Strukturen zu gewinnen. Kanonische Beispiele für geeignete Funktoren sind etwa:

$\mathcal{F}(V_1,\ldots,V_r,W_1,\ldots,W_s)$	r	s
$V_1 \oplus \ldots \oplus V_r$	r	0
$V_1 \otimes \ldots \otimes V_r$	r	0
W^*	0	1
$\mathrm{Hom}(W,V)$	1	1
$\mathrm{Mult}(W_1,\ldots,W_s;V)$	1	s
$\mathrm{Bil}(W_1,W_2;\mathbb{R})$	0	2
$\mathrm{Alt}^k(W,V)$	1	1

Im Fall $W_1 = \ldots = W_s = W$ schreiben wir $\mathrm{Mult}(W^s;V)$ für $\mathrm{Mult}(W_1,\ldots,W_s;V)$. Gewöhnlich schreibt man dann auch weiterhin $\mathcal{F}$ anstelle von $\mathcal{F}_M$, z.B. $E_1 \oplus E_2$ statt $E_1 \oplus_M E_2$ für Vektorbündel E_1, E_2 über M.

Kanonische Isomorphismen in $\mathscr{V}$ übertragen sich auf kanonische Isomorphismen in $\mathscr{V}_M$. Hierzu zählen unter anderem:

$\mathcal{F}(V_1,\ldots,V_r,W_1,\ldots,W_s) \cong$	$\mathcal{F}'(V_1,\ldots,V_r,W_1,\ldots,W_s)$
$\mathrm{Hom}(W,V)$	$W^* \otimes V$
$W_1^* \otimes W_2^*$	$(W_1 \otimes W_2)^*$
$\mathrm{Bil}(W,W;\mathbb{R})$	$W^* \otimes W^*$
$\mathrm{Mult}(W_1,\ldots,W_s;V)$	$W_1^* \otimes \ldots \otimes W_s^* \otimes V$

Definition 7.34. (Vektorfeld) Sei M eine Mannigfaltigkeit und $\pi: TM \to M$ das Tangentialbündel von M. Die Elemente des $C^\infty(M)$-Moduls $\Gamma(TM)$ heißen *Vektorfelder auf* M.

Häufig lesen wir Vektorfelder als Derivationen mit Hilfe des kanonischen $C^\infty(M)$-Isomorphismus

$$\Gamma(TM) \to \mathrm{Der}_{\mathbb{R}}\, C^\infty(M), \quad A \mapsto (f \mapsto Af);$$

dabei ist für $f \in C^\infty(M)$ die Funktion $Af: M \to \mathbb{R}$ durch $Af(x) := A_x(f)$ erklärt, so daß für $f,g \in C^\infty(M)$ dann die Produktregel $A(fg) = f\,Ag + g\,Af$ gilt. Man verifiziert, daß für eine beliebige Abbildung $A: M \to TM$ mit $\pi \circ A = \mathrm{id}_M$ genau dann $A \in \Gamma(TM)$ ist, wenn $Af \in C^\infty(M)$ für jede Funktion $f \in C^\infty(M)$.

Beispiel 7.35. (Vektorfelder in Koordinaten) Ist $A \in \Gamma(TM)$ ein Vektorfeld auf M und (h,U) eine Karte für M, so gibt es eindeutig bestimmte Funktionen $a_i \in C^\infty(U)$ mit $A|U = \sum a_i \partial_i$; für $i = 1,\ldots,d$ ist dabei $\partial_i = \frac{\partial}{\partial h^i}$ die durch

$$\big(\tfrac{\partial}{\partial h^i}\big)_x(f) = \tfrac{\partial}{\partial x^i}(f \circ h^{-1})\big(h(x)\big), \quad x \in U,$$

definierte Derivation (vgl. Beispiel 7.16). Ist speziell $M = U \subset \mathbb{R}^d$, so ist angesichts der kanonischen Trivialisierung $TU \cong U \times \mathbb{R}^d$ (mittels der globalen Karte id_U) jedes Vektorfeld $A \in \Gamma(TU)$ von der Form $A = (\mathrm{id}_U, a)$ mit $a \in C^\infty(U;\mathbb{R}^d)$, und die Abbildung

$$C^\infty(U;\mathbb{R}^d) \xrightarrow{\sim} \Gamma(TU), \quad a \mapsto (\mathrm{id}_U, a)$$

ist ein $C^\infty(U)$-Isomorphismus. Hierbei werden die zu den konstanten Abbildungen $(x \mapsto e_i) \in C^\infty(U;\mathbb{R}^d)$ gehörenden kanonischen Vektorfelder mit D_i bezeichnet (bei $d = 1$ mit D); als Derivationen wirken die D_i gerade durch $D_i f = \frac{\partial}{\partial x^i} f$ für $f \in C^\infty(U)$ (und bei $d = 1$ wieder durch $Df = \frac{d}{dx} f$).

Bemerkung 7.36. (Integralkurve) Vektorfelder lassen sich integrieren: sie besitzen Integralkurven. Eine differenzierbare Kurve $\alpha\colon I \to M$ (mit $I \subset \mathbb{R}$ einem offenen Intervall um 0) heißt *Integralkurve des Vektorfeldes A zum Anfangspunkt x*, wenn gilt:

$$\alpha(0) = x \quad \text{und} \quad \dot\alpha(t) = A\big(\alpha(t)\big) \quad \text{für } t \in I.$$

Definition 7.37. (Lokaler Fluß) Ein *lokaler Fluß* auf einer Mannigfaltigkeit M ist eine differenzierbare Abbildung $\Phi\colon D \to M$, wobei $D \subset \mathbb{R} \times M$ eine offene Umgebung von $\{0\} \times M$ und jedes $I_x := \{t \in \mathbb{R} : (t,x) \in D\}$ ein Intervall ist, so daß die folgenden beiden Bedingungen erfüllt sind:

(i) $\Phi(0,x) = x$

(ii) $\Phi\big(s,\Phi(t,x)\big) = \Phi(s+t,x)$, sofern die linke Seite erklärt ist.

Für jedes $x \in M$ nennen wir $\alpha_x\colon I_x \to M$, $t \mapsto \Phi(t,x)$ *Flußlinie zum Startpunkt x*.

Als Konsequenz von Bedingung (ii) zusammen mit der Offenheit von D sind Flußlinien bereits automatisch maximal.

Mittels Reduktion auf den Satz über die Existenz und Eindeutigkeit für Lösungen gewöhnlicher Differentialgleichungen erster Ordnung erhält man, daß es zu jedem Vektorfeld A auf einer Mannigfaltigkeit M genau einen lokalen Fluß Φ auf M gibt, dessen Flußlinien die maximalen Integralkurven von A sind, d. h. mit $\alpha_x(t) = \Phi(t,x)$ gilt:

$$\dot\alpha_x(t) = A\big(\alpha_x(t)\big), \quad \alpha_x(0) = x. \tag{7.1}$$

Nach diesen Vorbereitungen wenden wir uns wieder der Stochastik zu und beginnen mit dem Problem, in Verallgemeinerung der Integralkurven (Flußlinien) eines Vektorfeldes nun Flußprozesse konstruieren, die zu partiellen Differentialoperatoren zweiter Ordnung assoziiert sind. Solche Prozesse erhält man als Lösungen stochastischer Differentialgleichungen auf M, die im Spezialfall von Vektorfeldern in die Flußgleichung (7.1) übergehen. Der Anteil zweiter Ordnung eines Differentialoperators bedingt, daß die zugehörigen "Flußlinien" nun zusätzlich in diffiziler Weise von einem Zufallsparameter abhängen. Die Pfade eines Flußprozesses sind zwar noch stetig, im allgemeinen aber an keiner Stelle mehr differenzierbar.

Definition 7.38. (PDO in Hörmanderform) Für ein Vektorfeld $A \in \Gamma(TM)$ auf M (gelesen als Derivation) sei $A^2(f) := A(A(f))$, $f \in C^\infty(M)$. Eine Abbildung $L\colon C^\infty(M) \to C^\infty(M)$ heißt *partieller Differentialoperator* (PDO) *in Hörmanderform*, wenn es Vektorfelder $A_0, A_1, \ldots, A_r$ auf M gibt, so daß sich L schreibt als

$$L = A_0 + \sum_{i=1}^{r} A_i^2.$$

Ist z.B. $M = \mathbb{R}^d$ und $A_i := D_i = \frac{\partial}{\partial x^i}$ $(i = 1, \ldots, d)$, so ist $\Delta = \sum_{i=1}^d A_i^2$ gerade der euklidische Laplaceoperator.

Definition 7.39. (Flußprozeß) Sei M eine Mannigfaltigkeit, L ein PDO in Hörmanderform auf M, und $x \in M$. Ein adaptierter stetiger Prozeß X auf einem standard filtrierten Wahrscheinlichkeitsraum $\big(\Omega; \mathscr{F}; P; (\mathscr{F}_t)_{t\in\mathbb{R}_+}\big)$ mit Werten in M und mit $X_0 = x$ heißt *Flußprozeß zu* L (*mit Startpunkt* x), falls für jede Testfunktion $f \in D(M)$ auf M der Prozeß $N(f)$:

$$N(f)_t := f \circ X_t - f \circ x - \int_0^t Lf \circ X_r \, dr, \quad t \in \mathbb{R}_+,$$

ein Martingal definiert, d.h. falls für alle $s \le t$ in $\mathbb{R}$ gilt:

$$E^{\mathscr{F}_s}\big[N(f)_t - N(f)_s\big] \equiv E^{\mathscr{F}_s}\Big[f \circ X_t - f \circ X_s - \int_s^t Lf \circ X_r \, dr\Big] = 0.$$

Wir lassen zu, daß ein Flußprozeß X nur endliche Lebenszeit ζ hat. Dann ist ζ eine vorhersehbare Stopzeit, und X ist auf $[0, \zeta[$ definiert, so daß P-f.s. auf $\{\zeta < \infty\}$ gilt: $X_t \to \infty$ in der Einpunktkompaktifizierung $\hat{M} := M \cup \{\infty\}$ von M bei $t \nearrow \zeta$. In diesem Fall setzen wir X durch $X_t(\omega) := \infty$ für $t \ge \zeta(\omega)$ stetig fort zu einem Prozeß $(X_t)_{t\in\mathbb{R}_+}$ mit Werten in $\hat{M}$ und verwenden die Konvention $f(\infty) := 0$ für $f \in D(M)$.

Ist speziell $L = A \in \Gamma(TM)$ ein Vektorfeld (PDO erster Ordnung) mit lokalem Fluß Φ, so besagt für $\Phi_t := \Phi(t, \cdot)$ die Flußgleichung (7.1):

$$\tfrac{d}{dt}\Phi_t = A \circ \Phi_t, \quad \Phi_0 = \mathrm{id}_M\,.$$

Für Testfunktionen $f \in D(M)$ bedeutet dies

(7.2) $$\tfrac{d}{dt}(f \circ \Phi_t) = Af \circ \Phi_t, \quad f \circ \Phi_0 = f,$$

oder in integrierter Form

$$(f \circ \Phi_t)(x) = f(x) + \int_0^t Af \circ \Phi_r(x)\,dr, \quad t \in \mathbb{R}.$$

Insbesondere erfüllt $T_t f := f \circ \Phi_t$ die Gleichung

(7.3) $$\tfrac{d}{dt}\big|_{t=0} T_t f = Af;$$

$(T_t)_{t\in\mathbb{R}}$ definiert also eine (Halb-)Gruppe auf $D(M)$ mit A als "infinitesimalem Erzeuger", und bei vorgegebenem $f \in D(M)$ löst $u(t,x) = (T_t f)(x)$ das Anfangswertproblem

$$\tfrac{\partial}{\partial t} u = Au, \quad u|_{t=0} = f.$$

Hat man anstatt (deterministischer) Flußlinien $\Phi_\bullet(x)$ nun Flußprozesse $X \equiv X_\bullet^x$, so gelten die Beziehungen (7.2) und (7.3) im allgemeinen nur mehr im Mittel: wegen $EN(f)_t = EN(f)_0 = 0$ für $f \in D(M)$ folgt nämlich

(7.4) $$\tfrac{d}{dt} E[f \circ X_t^x] = E[Lf \circ X_t^x]$$

und mit Hilfe von

(7.5) $$\tfrac{d}{dt}\big|_{t=0} E[f \circ X_t^x] = (Lf)(x)$$

läßt sich somit der Operator L aus dem Prozeß X zurückgewinnen. Ist darüber hinaus X ein Markovprozeß etwa im Sinn, daß $(T_t)_{t\in\mathbb{R}_+}$: $(T_t f)(x) := E[f \circ X_t^x]$ eine Halbgruppe auf dem Banachraum $C_0(M)$ der in ∞ verschwindenden stetigen Funktionen auf M bildet, welche den Unterraum $C_0^\infty(M)$ der in ∞ verschwindenden C^∞-Funktionen invariant läßt, so bleibt Gleichung (7.5) für $f \in C_0^\infty(M)$ erhalten: bei fixiertem $f \in C_0^\infty(M)$ löst $u(t,x) = (T_t f)(x)$ die Wärmeleitungsgleichung

$$\tfrac{\partial}{\partial t} u = Lu, \quad u|_{t=0} = f,$$

mit derselben Rechnung wie im deterministischen Fall ist nämlich

$$\tfrac{d}{dt} T_t f(x) = \tfrac{d}{d\varepsilon}\big|_{\varepsilon=0} T_{t+\varepsilon} f(x) = \tfrac{d}{d\varepsilon}\big|_{\varepsilon=0} T_\varepsilon (T_t f)(x) = L(T_t f)(x).$$

Flußprozesse weisen im Gegensatz zu Flußlinien die für stochastische Phänomene typische Zeitirreversibilität auf: eine Zeitrichtung ist explizit ausgezeichnet; Zeitumkehr erzeugt Drifts und verändert den erzeugenden Operator.

Wir wenden uns nun dem Problem der Konstruktion von Flußprozessen zu vorgegebenem Operator L zu. Dazu betrachten wir geeignete stochastische Differentialgleichungen auf M.

Definition 7.40. (Stochastische Differentialgleichung auf M) Unter einer *stochastischen Differentialgleichung auf einer Mannigfaltigkeit* M (SDGL auf M) versteht man ein Paar (A, Z), so daß gilt:

(i) Z ist ein stetiges Semimartingal mit Werten in einem endlichdimensionalen $\mathbb{R}$-Vektorraum E

(ii) A: $M \times E \to TM$ ist ein Homomorphismus von Vektorbündeln über M.

Wir schreiben die SDGL (A, Z) als $dX = A(X) * dZ$.

Gemäß Bedingung (ii) dieser Definition hat man folgendes kommutative Diagramm

$$\begin{array}{ccc} (x,e) & \longmapsto & A(x)e \\ M \times E & \xrightarrow[A]{} & TM \\ {\scriptstyle \mathrm{pr}_1}\downarrow & & \downarrow{\scriptstyle \pi} \\ M & \xrightarrow[\mathrm{id}_M]{} & M \end{array}$$

und für jedes $x \in M$ ist die faserweise definierte Abbildung $A(x)$: $E \to T_xM$ linear; insbesondere ist also $A(\cdot)e \in \Gamma(TM)$ für $e \in E$.
Das Semimartingal $Z = (Z_t)_{t \in \mathbb{R}_+}$ ist definiert auf einem standard filtrierten Wahrscheinlichkeitsraum $\big(\Omega; \mathscr{F}; P; (\mathscr{F}_t)_{t \in \mathbb{R}_+}\big)$ und schreibt sich mit Hilfe einer Basis $(e_i)_{1 \le i \le r}$ für E als $Z = \sum_1^r Z^i e_i$, wobei Z^i nun reelle Semimartingale sind. Dabei setzen wir voraus, daß Z unendliche Lebenszeit besitzt; dies geschieht ohne Beschränkung der Allgemeinheit und kann gegebenenfalls stets durch eine Zeittransformation erreicht werden.

Definition 7.41. (Lösung einer stochastischen Differentialgleichung) Es sei (A, Z) eine SDGL und x_0: $\Omega \to M$ eine $\mathscr{F}_0$-meßbare Zufallsvariable. Unter einer *Lösung der stochastischen Differentialgleichung*

$$dX = A(X) * dZ \tag{7.6}$$

zur Anfangsbedingung $X_0 = x_0$ versteht man einen stetigen adaptierten Prozeß $X\,|[0, \zeta[\;\equiv (X_t)_{t<\zeta}$ (definiert wie Z auf $\big(\Omega; \mathscr{F}; P; (\mathscr{F}_t)_{t \in \mathbb{R}_+}\big)$ bis zu einer Lebenszeit ζ) mit Werten in M, so daß für jede Testfunktion $f \in D(M)$ der Prozeß $f \circ X$ ein reelles Semimartingal ist und für jede Stopzeit τ mit $0 \le \tau < \zeta$ die Gleichung

$$f \circ X_\tau = f \circ x_0 + \int_0^\tau (df)_X \, A(X) * dZ, \quad P\text{-f.s.}, \tag{7.7}$$

erfüllt. Eine Lösung von (7.6) mit maximaler Lebenszeit heißt *Maximallösung* der SDGL (7.6).In diesem Fall ist dann nach entsprechender Fortsetzung von f auf $\hat{M}$ und von X auf $\mathbb{R}_+ \times \Omega$ bis auf Nicht-Unterscheidbarkeit

$$f \circ X_t = f \circ X_0 + \int_0^t (df)_X \, A(X) * dZ, \quad t \ge 0. \tag{7.8}$$

Maximale Lebenszeit des stetigen M-wertigen Prozesses X bedeutet

$$\{\zeta < \infty\} \subset \left\{\lim_{t \nearrow \zeta} X_t = \infty \text{ in } \hat{M} = M \cup \{\infty\}\right\}, \quad P\text{-f.s.} \tag{7.9}$$

Lösungen der SDGL (7.6) sind per definitionem Semimartingale auf M im Sinn von L. Schwartz; danach nennt man einen stetigen adaptierten Prozeß X mit Werten in M ein *Semimartingal auf* M, wenn für jedes $f \in D(M)$ die Zusammensetzung $f \circ X$ ein stetiges reelles Semimartingal ist. Man beachte, bei maximaler Lebenszeit von X ist $f \circ X$ als Semimartingal auf ganz $\mathbb{R}_+$ wohldefiniert. Ebenso sind die Kompositionen $f \circ X$ mit C^∞-Funktionen f reelle Semimartingale, die aber im allgemeinen nur bis zur Lebenszeit von X definiert sind.

Wir wollen einige formale Erläuterungen zur SDGL (7.6) vorausschicken. Für jedes $x \in M$ ist die Zusammensetzung

$$E \xrightarrow{A(x)} T_x M \xrightarrow{df_x} \mathbb{R}$$

linear; schreibt man folglich das Semimartingal Z mit Hilfe einer fixierten Basis $(e_i)_{1 \le i \le r}$ für E als $Z = \sum_1^r Z^i e_i$, so ist

$$(df)_X\, A(X) * dZ \equiv \sum_{i=1}^r (df)_X\, A(X) e_i * dZ^i.$$

Der Bündelhomomorphismus A ist natürlich durch die Vektorfelder $A_i := A(\cdot)e_i$ $(i = 1, \ldots, r)$ festgelegt. Symbolisch können wir die SDGL (7.6) somit auch als

$$dX = \sum_{i=1}^r A_i(X) * dZ^i \tag{7.10}$$

schreiben, was wiederum so zu interpretieren ist, daß für Testfunktionen $f \in D(M)$

$$d(f \circ X) = \sum_{i=1}^r (df)_X\, A_i(X) * dZ^i$$

gelten soll; wegen $(df)_x A_i(x) = (A_i f)(x)$ ist dies für $f \in D(M)$ gleichbedeutend mit

$$d(f \circ X) = \sum_{i=1}^r (A_i f)(X) * dZ^i.$$

Umgekehrt gibt es bei fixierter Basis $(e_i)_{1 \le i \le r}$ für E zu beliebigen Vektorfeldern $A_1, \ldots, A_r \in \Gamma(TM)$ auf M genau einen Bündelhomomorphismus

$$A \in \Gamma\big(\mathrm{Hom}(M \times E, TM)\big)$$

mit $A_i := A(\cdot)e_i$. Die Gleichungen (7.6) und (7.10) sind somit äquivalent. Ebenso kann man folglich immer ohne Einschränkung $E = \mathbb{R}^r$ annehmen.

Beispiel 7.42. Sei $E = \mathbb{R}^{r+1}$ und sei speziell $Z = (t, Z^1, \ldots, Z^r)$ mit reellen Semimartingalen Z^i. Bei gegebenen $r+1$ Vektorfeldern $A_0, A_1, \ldots, A_r \in \Gamma(TM)$ liest sich Gleichung (7.10) dann als

$$dX = A_0(X)\,dt + \sum_{i=1}^{r} A_i(X) * dZ^i. \tag{7.11}$$

Die Zusammensetzungen $f \circ X$ einer Lösung X von (7.11) mit Testfunktionen $f \in D(M)$ sind dann wieder reelle Semimartingale mit der Eigenschaft

$$\begin{aligned} d(f \circ X) &= \big(A_0 f\big)(X)\,dt + \sum_{i=1}^{r} \big(A_i f\big)(X) * dZ^i \\ &= \big(A_0 f\big)(X)\,dt + \sum_{i=1}^{r} \big(A_i f\big)(X)\,dZ^i + \tfrac{1}{2} d\big((A_i f)(X)\big)\,dZ^i, \end{aligned}$$

wobei die letzte Gleichheit sich durch Umrechnung des Stratonovich-Differentials in ein Itô-Differential ergibt. Wegen

$$d(A_i f) \circ X = (A_0 A_i f)(X)\,dt + \sum_{j=1}^{r} (A_j A_i f)(X) * dZ^j$$

ist daher $d\big((A_i f)(X)\big)\,dZ^i = \sum_{j=1}^{r} (A_j A_i f)(X)\,dZ^j dZ^i$; insgesamt somit

$$d(f \circ X) = \big(A_0 f\big)(X)\,dt + \tfrac{1}{2} \sum_{i,j=1}^{r} \big(A_i A_j f\big)(X)\,d[Z^i, Z^j] + \sum_{i=1}^{r} \big(A_i f\big)(X)\,dZ^i.$$

Ist also speziell $Z = (t, W^1, \ldots, W^r)$ mit W einer r-dimensionalen BM, so folgt dann für Testfunktionen $f \in D(M)$ wegen $dW^i dW^j = \delta_{ij}\,dt$

$$d(f \circ X) = \big(A_0 f\big)(X)\,dt + \tfrac{1}{2} \sum_{i=1}^{r} \big(A_i^2 f\big)(X)\,dt + \sum_{i=1}^{r} \big(A_i f\big)(X)\,dW^i,$$

oder anders ausgedrückt: Bezeichnet $L = A_0 + \frac{1}{2} \sum_{i=1}^{r} A_i^2$, so ist

$$d(f \circ X) - \big(Lf\big)(X)\,dt = d(\text{Martingal}).$$

Korollar. *Jede Maximallösung der* SDGL

$$dX = A_0(X)\,dt + \sum_{i=1}^{r} A_i(X) * dW^i \tag{7.12}$$

zur Anfangsbedingung $X_0 = x \in M$ liefert einen in x startenden Flußprozeß X zum Operator $L = A_0 + \frac{1}{2} \sum_{i=1}^{r} A_i^2$.

Die Konstruktion von Lösungen der SDGL (7.6) reduzieren wir mittels Einbettung von M in einen genügend hochdimensionalen euklidischen Raum auf den Fall $M = \mathbb{R}^d$ (siehe [EL 88]). Wir wollen zunächst die Aussage im Fall $M = \mathbb{R}^d$ präzisieren.

Satz 7.43. (Existenz- und Eindeutigkeitssatz für $M = \mathbb{R}^d$) *Es sei* (A, Z) *eine* SDGL *auf* $M = \mathbb{R}^d$ *und* x_0 *eine* $\mathscr{F}_0$*-meßbare Zufallsvariable. Dann gibt es genau eine Maximallösung* X *(mit Lebenszeit* $\zeta > 0$ *P-f.s.) der* SDGL

$$(*) \qquad dX = A(X) * dZ$$

zur Anfangsbedingung $X_0 = x_0$. *Eindeutigkeit gilt dabei im folgenden Sinn: Ist* $Y\,|[0,\xi[$ *irgendeine andere Lösung von* $(*)$ *zur gleichen Anfangsbedingung, dann gilt* $\xi \leq \zeta$ *P-f.s. und* $X\,|[0,\xi[\, = Y$ *P-f.s.*

Beweis: Die Aussage ist bereits durch die in Paragraph 6.3 behandelten Itô-SDGLen mit lokalen Lipschitz-Koeffizienten (Satz 6.21 und 6.22) abgedeckt. Wir wollen die Argumentation nochmal kurz rekapitulieren. Bezeichnet $B(0,R) \subset \mathbb{R}^d$ die abgeschlossene Kugel um 0 mit Radius R, so wählt man für $R = 1, 2, \ldots$ Testfunktionen $\phi_R \in D(\mathbb{R}^d)$ mit $\phi_R | B(0,R) \equiv 1$, und schneidet

$$A \in \Gamma\big(\mathrm{Hom}(\mathbb{R}^d \times \mathbb{R}^r, T\mathbb{R}^d\big) \equiv C^\infty\big(\mathbb{R}^d; \mathrm{M}(d \times r; \mathbb{R})\big)$$

mittels ϕ_R ab. Die abgeschnittene SDGL

$$(7.13) \qquad dX^R = A_R(X^R) * dZ$$

mit $A_R = \phi_R \cdot A$ besitzt dann zum Anfangswert $X_0^R = x_0$ gemäß Satz 6.15 bzw. Satz 6.22 genau eine globale Lösung X^R, d.h. es gibt ein auf ganz $\mathbb{R}_+$ definiertes stetiges $\mathbb{R}^d$-wertiges Semimartingal mit $X_0^R = x_0$, welches (7.13) im Itô-Sinn erfüllt. Betrachtet man die Stopzeiten $\tau_R = \inf\{t \geq 0 : X_t^R \notin B(0,R)\}$, so ist für $R < R'$:

$$X^{R'}\,|[0,\tau_R] = X^R\,|[0,\tau_R] \qquad P\text{-f.s.}$$

Der Lösungsprozeß X mit Lebenszeit $\zeta \equiv \lim_{R \nearrow \infty} \tau_R$ ist daher durch X^R auf $[0,\tau_R]$ wohldefiniert. Ist folglich $f \in D(\mathbb{R}^d)$, etwa mit $\mathrm{supp}(f) \subset B(0,R)$, so gilt auf $[0,\tau_R]$:

$$\begin{aligned}
d(f \circ X) = d(f \circ X^R) &= \sum_{k=1}^{d} (D_k f)(X^R) * d(X^R)^k \\
&= \big\langle (\mathrm{grad}\, f)(X^R), *d(X^R) \big\rangle \\
&= \big\langle (\mathrm{grad}\, f)(X^R), \phi_R(X^R) A(X^R) * dZ \big\rangle \\
&= \big\langle (\mathrm{grad}\, f)(X), A(X) * dZ \big\rangle \\
&= \sum_{i=1}^{r} \big\langle (\mathrm{grad}\, f)(X), A_i(X) * dZ^i \big\rangle \\
&= \sum_{i=1}^{r} (df)_X\, A_i(X) * dZ^i \equiv (df)_X A(X) * dZ\,. \qquad \square
\end{aligned}$$

Satz 7.44. (Existenz- und Eindeutigkeitssatz für allgemeines M) *Die Aussage von Satz 7.43 im Fall $M = \mathbb{R}^d$ gilt in unveränderter Weise für beliebige Mannigfaltigkeiten.*

Ein Beweis von Satz 7.44 mit Hilfe von Koordinaten ist möglich [I-W 89], aber technisch diffizil. Wir benützen im folgenden

Whitney's Einbettungssatz. *Jede Mannigfaltigkeit M ($\dim M = d$) kann für genügend großes k (z. B. $k = d+1$) als abgeschlossene Untermannigfaltigkeit in $\mathbb{R}^{d+k}$ eingebettet werden.*

Beweis (von Satz 7.44): Wir wählen eine Whitney-Einbettung

$$M \underset{\text{Diffeom.}}{\overset{\iota}{\hookrightarrow}} \iota(M) \subset \mathbb{R}^{d+k}$$

und identifizieren M mit $\iota(M)$; insbesondere ist also für jedes $x \in M$ der Tangentialraum T_xM ein Unterraum von $\mathbb{R}^{d+k}$ gemäß

$$T_xM \overset{(d\iota)_x}{\hookrightarrow} T_x\mathbb{R}^{d+k} = \mathbb{R}^{d+k}.$$

Vektorfelder $A_1, \dots, A_r \in \Gamma(TM)$ lassen sich fortsetzen zu Vektorfeldern $\bar{A}_1, \dots, \bar{A}_r \in \Gamma(T\mathbb{R}^{d+k}) \equiv C^\infty(\mathbb{R}^{d+k}; \mathbb{R}^{d+k})$ mit $\bar{A}_i|M = A_i$ (d. h. $\bar{A}_i \circ \iota = d\iota\, A_i$), wie man direkt mittels einer differenzierbaren Teilung der Eins auf M verifiziert (ein systematisches Verfahren für solche Fortsetzungsprobleme wird in Lemma 7.56 beschrieben). Die gegebene Bündelabbildung

$$A\colon M \times \mathbb{R}^r \to TM, \quad (x,z) \mapsto \sum_{i=1}^r A_i(x) z^i \quad \text{mit } A_i = A(\,\cdot\,)e_i$$

erweitert sich somit zu

$$\bar{A}\colon \mathbb{R}^{d+k} \times \mathbb{R}^r \to \mathbb{R}^{d+k} \times \mathbb{R}^{d+k}, \quad (x,z) \mapsto \big(x, \bar{A}(x)z\big), \text{ wobei } \bar{A}(x)z := \sum_{i=1}^r \bar{A}_i(x) z^i.$$

Statt der ursprünglichen SDGL

$$(*) \qquad dX = A(X) * dZ$$

gehen wir über zur SDGL

$$(\bar{*}) \qquad dX = \bar{A}(X) * dZ.$$

Zunächst ist klar, daß jede Lösung von $(*)$ in M eine Lösung von $(\bar{*})$ im $\mathbb{R}^{d+k}$ liefert. Genauer gilt: Ist X eine Lösung von $(*)$ zum Startwert $X_0 = x_0$, so löst $\bar{X} := \iota \circ X$ die Gleichung $(\bar{*})$ zum Startwert $\bar{X}_0 = \iota \circ x_0$. Ist nämlich $\bar{f} \in D(\mathbb{R}^{d+k})$, so ist $f := \bar{f}|M = \bar{f} \circ \iota \in D(M)$, und es gilt:

$$\begin{aligned} d(\bar{f} \circ \bar{X}) = d(f \circ X) &= \sum_{i=1}^r (df)_X\, A_i(X) * dZ^i = \sum_{i=1}^r (d\bar{f})_{\bar{X}}\, (d\iota)_X\, A_i(X) * dZ^i \\ &= \sum_{i=1}^r (d\bar{f})_{\bar{X}}\, \bar{A}_i(\iota \circ X) * dZ^i = \sum_{i=1}^r (d\bar{f})_{\bar{X}}\, \bar{A}_i(\bar{X}) * dZ^i\,. \end{aligned}$$

Dies impliziert insbesondere die Eindeutigkeit der Lösungen von $(*)$, da Gleichung $(\bar{*})$ bei gegebener Anfangsbedingung eindeutig lösbar ist. Zum Nachweis der Existenz einer Lösung von $(*)$ bemerken wir zunächst, daß zu jeder Testfunktion $f \in D(M)$ eine Fortsetzung $\bar{f} \in D(\mathbb{R}^{d+k})$ existiert derart, daß $\bar{f}|M \equiv \bar{f} \circ \iota = f$ gilt (man zeigt dies wieder direkt mit einer differenzierbaren Teilung der Eins; vgl. Lemma 7.56). Damit ist klar, daß jede Lösung von $(\bar{*})$ im $\mathbb{R}^{d+k}$, die bei Start auf M bis zur Lebenszeit ζ auf M bleibt, eine Lösung von $(*)$ liefert. Zu zeigen ist also noch die folgende Behauptung:

Ist $X\,|[0,\zeta[$ die Maximallösung von $(\bar{*})$ im $\mathbb{R}^{d+k}$ zu $\mathscr{F}_0$-meßbarer Anfangsbedingung $X_0 = x_0\colon \Omega \to M$, dann gilt $\{t < \zeta\} \subset \{X_t \in M\}$ für jedes t P-f.s.

Dabei genügt es offenbar, die Behauptung für eine geeignete spezielle Fortsetzung $\bar{A}$ von A zu verifizieren.

Zunächst ist $M \hookrightarrow \mathbb{R}^{d+k}$ als abgeschlossene Untermannigfaltigkeit, und daher $TM \hookrightarrow \iota^*T\mathbb{R}^{d+k}$ als Teilbündel. Wir betrachten das *Normalenbündel* $\perp M$ der Untermannigfaltigkeit M

$$\perp M \equiv (TM)^{\perp} := \{(x,v) \in M \times \mathbb{R}^{d+k} \colon v \in (T_xM)^{\perp}\} \xrightarrow{\pi} M$$

mit der Projektion $\pi(x,v) = x$. Das Normalenbündel $\perp M$ ist ein Teilbündel von $T\mathbb{R}^{d+k}/M$ mit $M \hookrightarrow \perp M$, $x \mapsto (x,0)$ als Nullschnitt.

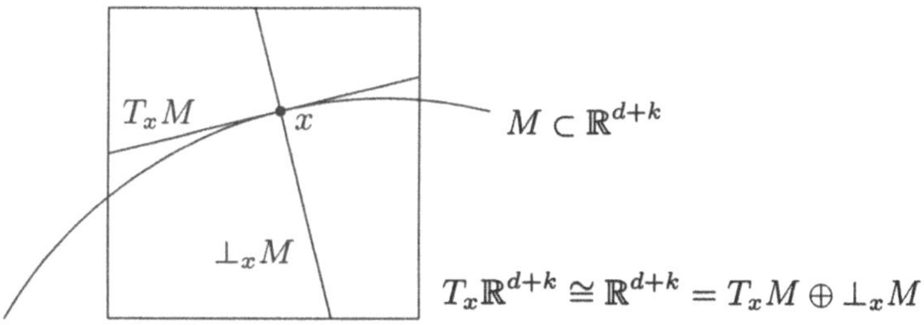

Betrachtet man

$$\exp\colon T\mathbb{R}^{d+k} \cong \mathbb{R}^{d+k} \times \mathbb{R}^{d+k} \longrightarrow \mathbb{R}^{d+k}, \quad (x,v) \to x+v,$$

so hat $\exp|\perp M$ am Nullschnitt $\{(x,0) \in M \times \mathbb{R}^{d+k}\}$ vollen Rang, denn gemäß der Zerlegung $T_{(x,0)}(\perp M) = T_xM \oplus T_0(\perp_x M) = T_xM \oplus \perp_x M$ hat man

$$d(\exp|\perp M)_{(x,0)}\colon T_xM \oplus \perp_x M \longrightarrow T_x\mathbb{R}^{d+k} = \mathbb{R}^{d+k}, \quad (v,w) \longmapsto v+w.$$

Nach dem lokalen Umkehrsatz ist daher exp ein lokaler Diffeomorphismus auf einer offenen Umgebung des Nullschnitts in $\perp M$; da $M \subset \mathbb{R}^{d+k}$ abgeschlossen ist, können wir durch eventuelle Verkleinerung dieser Umgebung sogar eine offene Umgebung des Nullschnitts in $\perp M$ finden, welche durch exp dann diffeomorph auf eine offene Umgebung von M in $\mathbb{R}^{d+k}$ abgebildet wird. Mit Hilfe einer stetigen

Teilung der Eins findet man hierzu eine stetige Funktion $\varepsilon\colon M \to]0,\infty[$ derart, daß durch

$$\varepsilon\mathring{D}\bot M := \{(x,v) \in \bot M\colon \|v\| < \varepsilon(x)\} \xrightarrow{\cong} \tau_\varepsilon(M), \quad (x,v) \longmapsto x+v,$$

ein Diffeomorphismus definiert wird, welcher das ε-Disk-Bündel $\varepsilon\mathring{D}\bot M$ ("Tubenumgebung von M mit Radius ε") mit einer offenen Umgebung $\tau_\varepsilon(M)$ von M in $\mathbb{R}^{d+k}$ identifiziert. Hiermit betrachten wir die differenzierbaren Abbildungen

$$\pi\colon \tau_\varepsilon(M) \to M, \quad (x,v) \mapsto x$$

$$\mathrm{dist}(\cdot,M)^2\colon \tau_\varepsilon(M) \to \mathbb{R}\,, \quad (x,v) \mapsto \|v\|^2\,.$$

Es sei nun $R > 0$ so groß gewählt, daß $M \cap B(0,R) \neq \emptyset$, und dazu sei

$$\varepsilon_R := \inf\{\varepsilon(x)\colon x \in M \cap B(0,R+1)\} > 0\,.$$

Außerdem wählen wir eine C^∞-Funktion $\lambda\colon [0,\infty[\to [0,1]$ mit $\lambda(0) = 1$ derart, daß λ auf $[0,\varepsilon_R^2[$ streng fallend ist und $\{\lambda = 0\} = [\varepsilon_R^2,\infty[$ gilt.

Ebenso wählen wir eine nichtnegative Testfunktion $\varphi \in D(\mathbb{R}^{d+k})$ mit $\varphi|B(0,R) \equiv 1$ und $\mathrm{supp}(\varphi) \subset B(0,R+1)$. Zu $y \in \mathbb{R}^{d+k}$ und $z \in \mathbb{R}^r$ definieren wir

$$\bar{A}_R(y)z := \begin{cases} \varphi(y)\,\lambda\big(\mathrm{dist}(y,M)^2\big)\,A\big(\pi(y)\big)z & \text{für } y \in \tau_\varepsilon(M) \\ 0 & \text{für } y \notin \tau_\varepsilon(M). \end{cases}$$

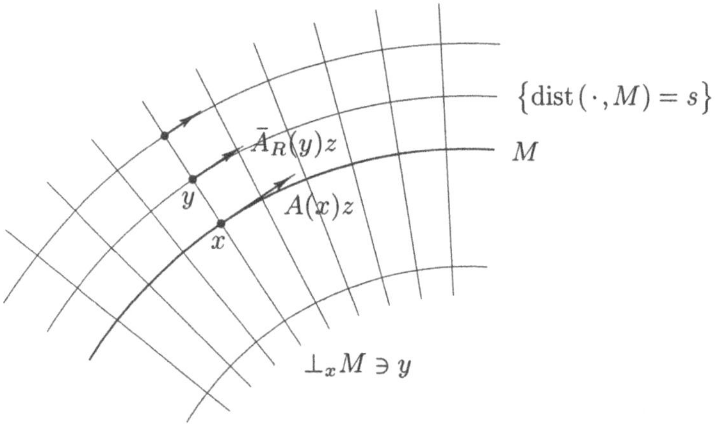

Wir betrachten die Funktion $f \in D(\mathbb{R}^{d+k})$, gegeben durch

$$f(y) := \varphi(y)\,\lambda\big(\mathrm{dist}(y,M)^2\big).$$

Per definitionem ist f konstant auf Mengen der Form $\{\mathrm{dist}(\cdot,M) = s\} \cap B(0,R)$, während die $\bar{A}_R(y)z$ tangential zu solchen Niveaumengen (für $s < \varepsilon_R$) sind. Damit ist für $y \in B(0,R)$ und $z \in \mathbb{R}^r$

$$df_y\,\bar{A}_R(y)z = \big\langle (\mathrm{grad}\,f)(y), \bar{A}_R(y)z \big\rangle = 0\,.$$

Als Konsequenz erhält man: Jede Lösung von $dX = \bar{A}_R(X) * dZ$ mit $X_0 = x_0$ erfüllt $f \circ X = f \circ X_0 = \mathrm{const}$ auf $[0,\tau_R[$ P-f.s. (mit $\tau_R = \inf\{t \geq 0\colon X_t \notin B(0,R)\}$). Da R beliebig groß gewählt werden kann, folgt die Behauptung. □

Korollar. *Sei* $dX = A(X) * dZ$ *wieder die* SDGL $(*)$ *auf einer Mannigfaltigkeit* M *und* $N \subset M$ *eine abgeschlossene Untermannigfaltigkeit mit* $A(x)e \in T_xN$ *für jedes* $x \in N$ *und* $e \in E$. *Dann gilt: Jede Lösung von* $(*)$, *die auf* N *startet, bleibt bis zur Lebenszeit* P*-f.s. auf* N.

Beweis: Gemäß Satz 7.44 gibt es genau eine Maximallösung der Restriktion von $(*)$ auf N; diese Lösung geht also auf N gegen ∞ oder lebt auf N für alle Zeiten. Andererseits löst aber X auch $(*)$ auf M und ist offensichtlich maximal. Daher ist X die eindeutig bestimmte Maximallösung von $(*)$ auf M. □

Bemerkung 7.45. (Semimartingal mit Lebenszeit) Wir haben bereits vermerkt, daß Semimartingale naturgemäß oft nur bis zu einer vorhersehbaren (nicht notwendig unendlichen) Stopzeit $\xi > 0$ definiert sind. Mit einer Zeittransformation kann man aber stets unendliche Lebenszeit erreichen, was aus technischen Gründen gelegentlich vorteilhaft sein kann. Ist etwa X ein Semimartingal, welches auf $[0,\xi[$ definiert ist, und gilt $\tau_n \not\nearrow \xi$ für eine ankündigende Folge $(\tau_n)_{n\in\mathbb{N}}$ von endlichen Stopzeiten mit $\tau_0 = 0$, so wird durch

$$\tau_{n+r} := \left(\tau_n + \tfrac{r}{1-r}\right) \wedge \tau_{n+1}, \quad 0 \le r < 1,$$

ein stetiger Zeitwechsel $(\tau_t)_{t\geq 0}$ mit $\tau_0 = 0$ und $\tau_\infty = \xi$ definiert, und $\hat{X} := X_{\langle\tau\rangle}$ ist ein Semimartingal (bzgl. der zeittransformierten Filtrierung) mit unendlicher Lebenszeit.

Wir wollen an dieser Stelle auch vermerken, daß die Semimartingaleigenschaft von M-wertigen Prozessen lokaler Natur ist, was sich unmittelbar aus entsprechenden Eigenschaften reeller Semimartingale ergibt.

Bemerkung 7.46. Ist X ein auf $[0,\xi[$ definierter M-wertiger Prozeß mit ξ einer vorhersehbaren Stopzeit und ist $(\tau_n)_{n\in\mathbb{N}}$ eine Folge von endlichen Stopzeiten mit $\tau_0 = 0$, $\tau_n \le \tau_{n+1}$ für $n \in \mathbb{N}$ und $\sup_n \tau_n = \xi$, so sind äquivalent:

(i) X ist ein M-wertiges Semimartingal.

(ii) Für jedes $n \in \mathbb{N}$ ist der gestoppte Prozeß X^{τ_n} ein Semimartingal.

(iii) Für jedes $n \in \mathbb{N}$ ist $X|[\tau_n, \tau_{n+1}[$ ein Semimartingal, d.h. der Prozeß $(Y_t^n)_{t\in\mathbb{R}_+}$ mit $Y_t^n := X_{(\tau_n+t)\wedge\tau_{n+1}}$ ist ein Semimartingal bezüglich der um τ_n verschobenen Filtrierung $(\mathscr{F}_t^n)_{t\in\mathbb{R}_+}$, also $\mathscr{F}_t^n := \mathscr{F}_{\tau_n+t}$.

Wir wenden uns nun wieder den SDGLen auf einer Mannigfaltigkeit M zu. In der SDGL (7.6) haben wir uns auf den Fall beschränkt, daß der “treibende” Prozeß Z unendliche Lebenszeit besitzt. Natürlich können wir die Situation, daß Z nur bis zu einer vorhersehbaren Stopzeit definiert ist, mit Bemerkung 7.45 auf den betrachteten Fall reduzieren. Zu beachten ist dabei, daß Lösungsprozesse, aus irgendwelchen Gründen wieder in der ursprünglichen Zeitskala betrachtet, dann nicht mehr notwendig maximale Lebenszeit im Sinn von (7.9) haben müssen.

Generell liefern Lösungen X einer SDGL auf M nach Definition also M-wertige Semimartingale in der Bedeutung, daß alle Kompositionen $f \circ X$ mit C^∞-Funktionen f auf M stetige reelle Semimartingale auf $[0,\zeta[$ (mit ζ der Lebenszeit von X) sind. Umgekehrt erhält man so als Lösung einer SDGL alle M-wertigen Semimartingale.

Satz 7.47. (M-wertige Semimartingale als Lösungen von SDGLen) *Jedes Semimartingal auf einer Mannigfaltigkeit M läßt sich als Lösung einer* SDGL *vom Typ* (7.6) *gewinnen.*

Beweis: Sei X ein beliebiges Semimartingal auf M. Ohne Einschränkung dürfen wir (nach eventueller Zeittransformation) annehmen, daß X unendliche Lebenszeit hat. Wir fixieren wieder eine Whitney-Einbettung $\iota\colon M \hookrightarrow \mathbb{R}^{d+k}$, setzen $E := \mathbb{R}^{d+k}$ und betrachten das E-wertige Semimartingal $Z := \iota \circ X$. Den Bündelhomomorphismus $A\colon M \times E \to TM$ erklären wir faserweise über die Orthogonalprojektion $A(x)\colon \mathbb{R}^{d+k} \to T_xM$ von $\mathbb{R}^{d+k}$ auf $T_xM \subset T_x\mathbb{R}^{d+k} = \mathbb{R}^{d+k}$. Wir wollen zeigen, daß X die SDGL $dY = A(Y) * dZ$ löst.

Ist $f \in D(M)$ gegeben, so können wir eine Fortsetzung $\bar{f} \in D(\mathbb{R}^{d+k})$ mit $\bar{f} \circ \iota = f$ wählen derart, daß $\bar{f}$ lokal um M konstant ist auf den normalen Teilräumen $\perp_x M$ (also mit $\bar{f}(y) = f(x)$ für $y \in \perp_x M$ klein genug). Ist nun $x \in M$ und $z \in \mathbb{R}^{d+k}$, so zerlegt sich $z = z_0 + z^\perp$ mit $z_0 \in T_xM$ und $z^\perp \in \perp_x M$, und es gilt:

$$(df)_x\, A(x)z = (d\bar{f})_{\iota(x)}\, (d\iota)_x\, A(x)z = (d\bar{f})_{\iota(x)}\, z_0 = (d\bar{f})_{\iota(x)}\, z\,.$$

Folglich ist

$$\begin{aligned} d(f \circ X) = d(\bar{f} \circ \iota \circ X) &= \sum_{i=1}^{d+k} (D_i\bar{f})\,(\iota \circ X) * dZ^i \\ &= \sum_{i=1}^{d+k} (df)_X\, A(X)e_i * dZ^i = (df)_X\, A(X) * dZ\,. \end{aligned}$$ □

Bemerkung 7.48. Es seien M und N Mannigfaltigkeiten. Ist X ein Semimartingal auf M und ist X' ein Semimartingal auf N, beide adaptiert an die gleiche Filtrierung, so wird durch $\tilde{X} := (X, X')$ ein Semimartingal auf $M \times N$ definiert. Gilt

(7.14) $$dX = A(X) * dZ \quad \text{bzw.} \quad dX' = A'(X') * dZ'$$

mit Bündelabbildungen $A\colon M \times \mathbb{R}^d \to TM$ über M und $A'\colon N \times \mathbb{R}^n \to TN$ über N, dann löst $\tilde{X}$ die "zusammengesetzte" SDGL

(7.15) $$d\tilde{X} = \tilde{A}(\tilde{X}) * d\tilde{Z}$$

mit dem $\mathbb{R}^d \times \mathbb{R}^n$-wertigen Semimartingal $\tilde{Z} := (Z, Z')$ und der durch

$$\tilde{A}(x,x')\,(z,z') := \big(A(x)z\,,\, A'(x')z'\big) \in T_xM \oplus T_{x'}N \equiv T_{(x,x')}(M \times N)$$

definierten Bündelabbildung $\tilde{A}\colon (\mathbb{R}^d \times \mathbb{R}^n) \times (M \times N) \to T(M \times N)$ über $M \times N$.

Beweis: Sind $\iota\colon M \hookrightarrow \mathbb{R}^\ell$ und $\iota'\colon N \hookrightarrow \mathbb{R}^{\ell'}$ fest gewählte Whitney-Einbettungen, so faktorisiert jede Funktion $f \in C^\infty(M \times N)$ als $f = \bar{f} \circ (\iota, \iota')$ mit $\bar{f} \in C^\infty(\mathbb{R}^\ell \times \mathbb{R}^{\ell'})$. Setzt man $\bar{X} = \iota \circ X$ und $\bar{X}' = \iota' \circ X'$, so ist $f \circ \tilde{X} = \bar{f} \circ (\bar{X}, \bar{Y})$ für $f \in C^\infty(M \times N)$ ein Semimartingal ist, und hierfür gilt:

$$\begin{aligned} d(f \circ \tilde{X}) &= d\big(\bar{f} \circ (\bar{X}, \bar{Y})\big) = (d\bar{f})(\bar{X}, \bar{Y}) * d(\bar{X}, \bar{Y}) = (d\bar{f})(\bar{X}, \bar{Y}) * (d\bar{X}, d\bar{Y}) \\ &= (d\bar{f})(\bar{X}, \bar{Y}) * \big(d(\iota \circ X), d(\iota \circ X')\big) = \bar{f}_*\big(\iota_* A(X) * dZ\,,\, \iota'_* A'(X') * dZ'\big) \\ &= \big(\bar{f}_* \circ (\iota, \iota')_*\big)\, \tilde{A}(\tilde{X}) * d\tilde{Z} = f_*\, \tilde{A}(\tilde{X}) * d\tilde{Z} \equiv \sum_i f_*\, \tilde{A}_i(\tilde{X}) * d\tilde{Z}^i; \end{aligned}$$

dies zeigt die Behauptung. □

Formal schreibt man (7.15) kurz als $d\tilde{X} = (dX, dX')$, was man als

$$(df) * d\tilde{X} = (df) * (dX, dX') \quad \text{für } f \in C^\infty(M \times N)$$

zu lesen hat; letzteres wiederum ist durch formale Substitution der Differentiale (7.14) und (7.15) erklärt.

Definition 7.49. (Γ-Operator) Für eine lineare Abbildung $L\colon C^\infty(M) \to C^\infty(M)$ heißt die bilineare Abbildung

$$\Gamma\colon C^\infty(M) \times C^\infty(M) \to C^\infty(M), \quad \Gamma(f,g) = \tfrac{1}{2}\big[L(fg) - f\,L(g) - g\,L(f)\big],$$

der zu L *assoziierte* Γ*-Operator* (l'operateur carré du champ).

Beispiel 7.50. Sei speziell $L\colon C^\infty(M) \to C^\infty(M)$ ein PDO zweiter Ordnung auf M ohne konstanten Term (d.h. mit $L1 = 0$), der sich also lokal in Koordinaten (h, U) als

$$L\,\big|\,C^\infty_U(M) = \sum_{i,j=1}^d a^{ij}\, \partial_i \partial_j + \sum_{i=1}^d b^i\, \partial_i\,, \quad (a^{ij}) \text{ symmetrisch},$$

schreibt (mit $C^\infty_U(M) = \big\{f \in C^\infty(M)\colon \operatorname{supp}(f) \subset U\big\}$ und $\partial_i = \frac{\partial}{\partial h^i}$). Dann gilt:

$$\Gamma(f,g) = \sum_{i,j=1}^d a^{ij}\, (\partial_i f)\, (\partial_j g), \quad f, g \in C^\infty_U(M).$$

Insbesondere hat man z.B. im Spezialfall $M = \mathbb{R}^d$ für den Laplaceoperator $L = \Delta$ die Identität $\Gamma(f,f) = \|\operatorname{grad} f\|^2$. Allgemein ist für einen PDO L zweiter Ordnung also $\Gamma(f,g) = 0$ für alle $f, g \in C^\infty(M)$ genau dann, wenn L bereits von erster Ordnung (also ein Vektorfeld) ist. Für einen PDO $L = A_0 + \sum_1^r A_i^2$ in Hörmanderform ist somit $\Gamma \equiv 0$ genau dann, wenn $A_1 = \ldots = A_r = 0$ ist.

Satz 7.51. *Es sei* $L\colon C^\infty(M) \to C^\infty(M)$ *eine lineare Abbildung und* X *ein Semimartingal auf* M *derart, daß für jedes* $f \in C^\infty(M)$ *der Prozeß* $N(f)$:

$$N(f)_t = f \circ X_t - f \circ X_0 - \int_0^t (Lf)(X)\,ds$$

(mit der Lebenszeit von X*) ein stetiges lokales Martingal ist. Dann gilt:*

$$d[f \circ X, g \circ X] = d[N(f), N(g)] = 2\Gamma(f,g)(X)\,dt. \tag{7.16}$$

Insbesondere ist also $\Gamma(f,f)(X) \geq 0$.

Beweis: Wir zeigen für $f \in C^\infty(M;\mathbb{R}^r)$ und $\phi \in C^\infty(\mathbb{R}^r)$ die folgende Formel:

$$\Big[L(\phi \circ f) - \sum_{i=1}^r \big((D_i\phi)\circ f\big)(Lf^i)\Big] \circ X\,dt = \tfrac{1}{2} \sum_{i,j=1}^r (D_iD_j\phi)(f \circ X)\,d[f^i \circ X, f^j \circ X].$$

Diese liefert dann unmittelbar die Behauptung, denn mit $r = 2$ und $\phi(x,y) = xy$ erhält man hieraus

$$2\Gamma(f^1 \circ X, f^2 \circ X)\,dt = \big[L(f^1f^2) - f^1L(f^2) - f^2L(f^1)\big] \circ X\,dt = d[f^1 \circ X, f^2 \circ X].$$

Nun gilt aber modulo Differentialen lokaler Martingale:

$$\begin{aligned} L(\phi \circ f)(X)\,dt &\overset{\mathrm{m}}{=} d(\phi \circ f)(X) \\ &= \sum_{i=1}^r (D_i\phi)(f \circ X)\,d(f^i \circ X) + \tfrac{1}{2} \sum_{i,j=1}^r (D_iD_j\phi)(f \circ X)\,d[f^i \circ X, f^j \circ X] \\ &\overset{\mathrm{m}}{=} \sum_{i=1}^r (D_i\phi)(f \circ X)\,(Lf^i)(X)\,dt + \tfrac{1}{2} \sum_{i,j=1}^r (D_iD_j\phi)(f \circ X)\,d[f^i \circ X, f^j \circ X], \end{aligned}$$

woraus man obige Formel abliest. □

Lemma 7.52. *Für eine lineare Abbildung* $L\colon C^\infty(M) \to C^\infty(M)$ *sind äquivalent:*

(i) L *ist ein* PDO *zweiter Ordnung (ohne konstanten Term).*

(ii) L *genügt der einen* PDO *zweiter Ordnung definierenden Kettenregel, d. h. für* $f \in C^\infty(M;\mathbb{R}^r)$ *und* $\phi \in C^\infty(\mathbb{R}^r)$ *ist*

$$L(\phi \circ f) = \sum_{i=1}^r (D_i\phi \circ f)\,(Lf^i) + \sum_{i,j=1}^r (D_iD_j\phi \circ f) \cdot \Gamma(f^i, f^j).$$

Beweis: Die Implikation (i) ⇒ (ii) ist bereits im Beweis von Satz 7.51 gezeigt; die umgekehrte Richtung verifiziert man, indem man auswertet, wie L auf Funktionen in Koordinatendarstellung wirkt. □

Bemerkung 7.53. Es sei $L\colon C^\infty(M) \to C^\infty(M)$ eine lineare Abbildung mit folgender Eigenschaft: Zu jedem $x \in M$ gibt es ein Semimartingal X auf M mit $X_0 = x$ P-f.s. derart, daß für jedes $f \in C^\infty(M)$ der Prozeß $N(f)$:

$$N(f)_t = f \circ X_t - f(x) - \int_0^t (Lf)(X)\,ds$$

zum lokalen Martingal wird. Dann folgt (siehe Beweis von Satz 7.51)

$$\Big[L(\phi \circ f) - \sum_i (D_i\phi \circ f)\,(Lf^i) - \sum_{i,j} (D_iD_j\phi \circ f) \cdot \Gamma(f^i, f^j)\Big] \circ X = 0 \quad P\text{-f.s.}.$$

Gemäß Lemma 7.52 ist L also bereits notwendig ein PDO zweiter Ordnung; zudem gilt $d[f \circ X, g \circ X] = 2\Gamma(f,g)(X)\,dt$ für $f,g \in C^\infty(M)$ nach Gleichung (7.16). Flußprozesse haben daher genau dann "schöne Pfade" (z.B. Pfade von lokal beschränkter Variation), wenn $\Gamma(f,g)(X)\,dt = 0$ für alle $f,g \in C^\infty(M)$, wenn also L längs X bereits erster Ordnung (und somit ein Vektorfeld) ist.

Beispiel 7.54. Sei speziell $M = \mathbb{R}^d$ und $L = \sum_{i,j} a^{ij}\, D_iD_j + \sum_i b^i\, D_i$ ein PDO zweiter Ordnung. Weiter sei X ein stetiges Semimartingal auf $\mathbb{R}^d$ derart, daß

$$d(f \circ X) - (Lf) \circ X\,dt = d(\text{lokales Martingal})$$

für $f \in C^\infty(M)$. Genau dann ist X ein lokales Martingal, wenn L (längs X) keinen Anteil erster Ordnung hat.

Dieses Konzept einer "driftfreien Bewegung" ist koordinatenabhängig: Auf Mannigfaltigkeiten gibt es a priori keine kanonische Zerlegung eines PDO zweiter Ordnung in einen Anteil erster Ordnung und einen Anteil rein zweiter Ordnung.

7.2 Quadratische Variation und Integration von 1-Formen

In diesem Abschnitt wollen wir uns näher mit Semimartingalen auf Mannigfaltigkeiten beschäftigen und einige kanonische Konstruktionen durchführen. Dazu gehört die einem Semimartingal zugeordnete quadratische Variation bezüglich eines Schnitts im Bündel der Bilinearformen auf TM. Im Fall $M = \mathbb{R}^d$ mit der euklidischen Metrik reduziert sich dieses Konzept auf den quadratischen Variationsprozeß eines Semimartingals. Zudem wollen wir 1-Formen auf Mannigfaltigkeiten längs Semimartingalen integrieren. Beide Konzepte (quadratische Variation und Integration von 1-Formen) lassen sich innerhalb des Rahmens einer Differentialgeometrie zweiter Ordnung auf ein einheitliches Konstruktionsprinzip zurückführen. Wir stellen diese Betrachtungsweise zunächst zurück und entwickeln hier die Theorie nur soweit, als dies für die Martingaltheorie auf Mannigfaltigkeiten erforderlich ist.

Im folgenden sei $\big(\Omega;\mathscr{F};P;(\mathscr{F}_t)_{t\in\mathbb{R}_+}\big)$ ein standard filtrierter Wahrscheinlichkeitsraum; dazu sei $\mathscr{S}$ der Vektorraum der $\mathbb{R}$-wertigen stetigen Semimartingale:

$$\mathscr{S} = \mathscr{M} \oplus \mathscr{A}_0$$

mit $\mathscr{M}$ dem Raum der stetigen lokalen Martingale und $\mathscr{A}_0$ dem Raum der stetigen adaptierten Prozesse, welche fast sicher bei 0 starten und pfadweise lokal von beschränkter Variation sind.

Definition 7.55. (Kotangentialbündel, Differentialform) Es sei M eine Mannigfaltigkeit. Das Vektorbündel $T^*M \equiv (TM)^*$ über M heißt das *Kotangentialbündel von* M; die Elemente von $A^1(M) := \Gamma(T^*M)$ heißen *Differentialformen auf* M.

Zu $f \in C^\infty(M)$ bezeichne $df \in A^1(M)$ die durch $(df)_x \equiv T_xf \in T_x^*M$ gegebene Differentialform. Ist $\alpha \in A^1(M)$ und (h,U) eine Karte für M, so gibt es eindeutig bestimmte Funktionen $\alpha_i \in C^\infty(U)$ mit $\alpha|U = \sum \alpha_i\, dh^i$. Für $i,j = 1,\dots,d$ ist dann $dh^i\big(\frac{\partial}{\partial h^j}\big) = \delta_{ij}$.

Wir beginnen mit dem folgenden elementaren, aber nützlichen

Lemma 7.56. *Zu jeder Mannigfaltigkeit* M *gibt es endlich viele Funktionen* $h^1,\dots,h^\ell \in C^\infty(M)$, *so daß gilt:*

(i) *Jede Funktion* $f \in C^\infty(M)$ *läßt sich faktorisieren als* $f = \bar f \circ (h^1,\dots,h^\ell)$ *mit* $\bar f \in C^\infty(\mathbb{R}^\ell)$.

(ii) *Jeder Schnitt* $b \in \Gamma(T^*M \otimes T^*M)$ *schreibt sich als* $b = \sum_{i,j=1}^\ell b_{ij}\, dh^i \otimes dh^j$ *mit Funktionen* $b_{ij} \in C^\infty(M)$.

(iii) *Jede Differentialform* $\alpha \in A^1(M)$ *schreibt sich als* $\alpha = \sum_{i=1}^\ell \alpha_i\, dh^i$ *mit Funktionen* $\alpha_i \in C^\infty(M)$.

(iv) *Ist* X *ein Semimartingal auf* M, *dann besitzt jeder stetige adaptierte* $T^*M \otimes T^*M$*-wertige Prozeß* B *über* X (*d.h.* $B_t \in T^*_{X_t}M \otimes T^*_{X_t}M$ *für* $t \in \mathbb{R}_+$) *eine Darstellung der Form* $B = \sum_{i,j=1}^\ell B_{ij}\,\big(dh^i \otimes dh^j\big)\circ X$ *mit stetigen adaptierten* $\mathbb{R}$*-wertigen Prozessen* B_{ij}.

(v) *Ist* X *ein Semimartingal auf* M, *dann besitzt jeder stetige adaptierte* T^*M*-wertige Prozeß* Ψ *über* X (*d.h.* $\Psi_t \in T^*_{X_t}M$ *für* $t \in \mathbb{R}_+$) *eine Darstellung der Form* $\Psi = \sum_{i=1}^\ell \Psi_i\,(dh^i \circ X)$ *mit stetigen adaptierten* $\mathbb{R}$*-wertigen Prozessen* Ψ_i.

Beweis: Wir realisieren M wieder mittels einer Whitney-Einbettung $h\colon M \hookrightarrow \mathbb{R}^\ell$ als abgeschlossene Untermannigfaltigkeit eines geeigneten $\mathbb{R}^\ell$. Dazu findet man eine differenzierbare Zerlegung $(\varphi_\lambda)_{\lambda\in\Lambda}$ der Eins auf M und eine Familie $(I_\lambda)_{\lambda\in\Lambda}$ von Teilmengen $I_\lambda \subset \{1,\dots,\ell\}$ mit folgender Eigenschaft: für jedes $\lambda \in \Lambda$ liefert $(h^i)_{i\in I_\lambda}$ eine Karte für M auf einer offenen Umgebung von $\operatorname{supp}(\varphi_\lambda)$.

Teil (i) ist evident: Man definiert $\bar{f}|h(M)$ durch $f = \bar{f} \circ h$, setzt dann $\bar{f}$ lokal um $M \cong h(M)$ konstant auf den Normalräumen $\perp_x M$ fort und glättet schließlich durch Multiplikation mit einer Funktion, die lokal um $h(M)$ identisch 1 ist und außerhalb einer geeigneten etwas größeren Umgebung verschwindet.

Zu (ii): Zunächst ist $\varphi_\lambda \cdot b = \sum_{i,j=1}^{\ell} b_{ij}^\lambda \, dh^i \otimes dh^j$ mit $b_{ij}^\lambda \in C^\infty(M)$ derart, daß $\operatorname{supp}(b_{ij}^\lambda) \subset \operatorname{supp}(\varphi_\lambda)$ und $b_{ij}^\lambda := 0$ für $\{i,j\} \not\subset I_\lambda$. Damit folgt aber

$$b = \sum_{i,j=1}^{\ell} b_{ij} \, dh^i \otimes dh^j \quad \text{mit } b_{ij} := \sum_\lambda b_{ij}^\lambda .$$

Völlig analog zu (ii) beweist man (iii).

Zu (iv): Analog zu (ii) ist zunächst $(\varphi_\lambda \circ X) \cdot B = \sum_{i,j=1}^{\ell} B_{ij}^\lambda \left(dh^i \otimes dh^j\right) \circ X$ für geeignete stetige $\mathbb{R}$-wertige Prozesse B_{ij}^λ, nämlich $B_{ij}^\lambda := \left(\frac{\partial}{\partial h^i} \otimes \frac{\partial}{\partial h^j}\right)\left((\varphi_\lambda \circ X)\right)$ für $\{i,j\} \subset I_\lambda$ und $B_{ij}^\lambda = 0$ für $\{i,j\} \not\subset I_\lambda$. Summation über λ ergibt dann die Behauptung. Teil (v) beweist man analog. □

Satz 7.57. *Es sei X ein M-wertiges Semimartingal. Dann gibt es genau eine lineare Abbildung $\Gamma(T^*M \otimes T^*M) \to \mathscr{A}$, $b \mapsto \int b(dX,dX)$, so daß für alle $f,g \in C^\infty(M)$ gilt:*

(7.17) $$df \otimes dg \;\mapsto\; [f \circ X, g \circ X]$$

(7.18) $$f \cdot b \;\mapsto\; \int (f \circ X)\, b(dX,dX).$$

Dabei ist per definitionem $b(dX,dX) := d \int b(dX,dX)$.

Definition 7.58. Wir nennen $\int b(dX,dX)$ das *Integral von b längs X* oder die *b-quadratische Variation von X*. Statt $\left(\int b(dX,dX)\right)_t$ schreiben wir $\int_0^t b(dX,dX)$.

Beweis (von Satz 7.57): Gemäß Lemma 7.56 (ii) besitzt jedes $b \in \Gamma(T^*M \otimes T^*M)$ eine Darstellung als $b = \sum b_{ij}\, dh^i \otimes dh^j$. Wir setzen

(7.19) $$\int b(dX,dX) := \sum \int \left(b_{ij} \circ X\right) d[h^i \circ X, h^j \circ X].$$

Die Eindeutigkeitsaussage ist klar; zum Nachweis der Existenz haben wir zu zeigen, daß (7.19) wohldefiniert ist. Es sei also etwa $b = \sum_{\text{endl.}} u_\nu \, df^\nu \otimes dg^\nu = 0$; zu verifizieren ist, daß auch $\sum (u_\nu \circ X)\, d[f^\nu \circ X, g^\nu \circ X] = 0$. Gemäß Lemma 7.56 (i) schreiben wir $u_\nu = \bar{u}_\nu \circ h$, $f^\nu = \bar{f}^\nu \circ h$ und $g^\nu = \bar{g}^\nu \circ h$ mit geeigneten Fortsetzungen $\bar{u}_\nu, \bar{f}^\nu, \bar{g}^\nu \in C^\infty(\mathbb{R}^\ell)$. Dann gilt mit $\bar{X} = h \circ X$:

$$\begin{aligned}
\sum_\nu (u_\nu \circ X)\, d[f^\nu \circ X, g^\nu \circ X] &= \sum_\nu (\bar{u}_\nu \circ \bar{X})\, d[\bar{f}^\nu \circ \bar{X}, \bar{g}^\nu \circ \bar{X}] \\
&= \sum_{i,j} \sum_\nu (\bar{u}_\nu \circ \bar{X}) \left(D_i \bar{f}^\nu \circ \bar{X}\right)\left(D_j \bar{g}^\nu \circ \bar{X}\right) d[\bar{X}^i, \bar{X}^j] \\
&= \sum_{i,j} \Big(\sum_\nu u_\nu \, df^\nu \otimes dg^\nu \Big) \left(\left(\tfrac{\partial}{\partial h^i}\right)_X, \left(\tfrac{\partial}{\partial h^j}\right)_X \right) d[\bar{X}^i, \bar{X}^j] = 0 .
\end{aligned}$$ □

Korollar. *$\int b(dX,dX)$ hängt nur vom symmetrischen Teil von b ab. Insbesondere ist also $\int b(dX,dX)=0$, falls b antisymmetrisch ist.*

Denn: Definiert man $\bar{b}(A,B):=b(B,A)$, so erfüllt auch $b\mapsto\int\bar{b}(dX,dX)$ die definierenden Eigenschaften (7.17) und (7.18). □

Auch die folgende Bemerkung leitet sich unmittelbar aus den definierenden Eigenschaften (7.17) und (7.18) der b-quadratischen Variation ab.

Bemerkung 7.59. Die b-quadratische Variation eines Semimartingals vertauscht mit Zeitwechsel; genauer gilt: Ist X ein M-wertiges Semimartingal und $(\tau_t)_{t\geq 0}$ ein stetiger endlicher Zeitwechsel, so gilt für das zeittransformierte Semimartingal Y, $Y_t=X_{\tau_t}$ mit der transformierten Filtrierung $(\mathscr{F}_{\tau_t})_{t\geq 0}$, die Formel

$$\int_0^t b(dY,dY)=\int_{\tau_0}^{\tau_t} b(dX,dX).$$

Insbesondere ist also $\int b(dX^\tau,dX^\tau)=\left(\int b(dX,dX)\right)^\tau$ für jede endliche Stopzeit τ.

Bemerkung 7.60. (i) (Induzierte Form) Es sei $\phi\colon M\to N$ eine differenzierbare Abbildung zwischen zwei Mannigfaltigkeiten, E ein Vektorbündel über N und $s\in\mathbb{N}\cup\{0\}$. Zu jeder Multilinearform $L\in\Gamma(T^*N^{\otimes s}\otimes E)$ mit Werten in E ist dann durch

$$(\phi^*L)_p(w_1,\ldots,w_s):=L_{\phi(p)}(d\phi_p w_1,\ldots,d\phi_p w_s),\qquad w_i\in T_pM,\ p\in M,$$

eine Multilinearform $\phi^*L\in\Gamma(T^*M^{\otimes s}\otimes\phi^*E)$ mit Werten in ϕ^*E erklärt. Sie heißt die *durch ϕ induzierte Form (pullback-Form)*. Speziell hat man zu $X\in\Gamma(E)$ den induzierten Schnitt $\phi^*X\in\Gamma(\phi^*E)$ mit $(\phi^*X)_p=X_{\phi(p)}$, $p\in M$.

(ii) (Induziertes Basissystem) Ist $e_1,\ldots,e_n\in\Gamma(E/U)$ ein lokales Basissystem für E, so ist auch $\phi^*e_1,\ldots,\phi^*e_n\in\Gamma\big(\phi^*E/\phi^{-1}(U)\big)$ ein lokales Basissystem für ϕ^*E. Zu jedem Schnitt $Y\in\Gamma(\phi^*E)$ gibt es somit eindeutig bestimmte Funktionen $b^1,\ldots,b^n\in C^\infty\big(\phi^{-1}(U)\big)$ mit $Y|\phi^{-1}(U)=\sum b^i\,\phi^*e_i$.

Satz 7.61. (pullback-Formel für die b-quadratische Variation) *Sei $\phi\colon M\to N$ eine differenzierbare Abbildung und $b\in\Gamma(T^*N\otimes T^*N)$; weiter sei X ein Semimartingal auf M. Dann gilt:*

$$\int(\phi^*b)(dX,dX)=\int b\big(d(\phi\circ X),d(\phi\circ X)\big).\tag{7.20}$$

Beweis: Die linke Seite von (7.20) besitzt die definierenden Eigenschaften der b-quadratischen Variation von $\phi\circ X$. □

Satz 7.62. *Es sei X ein M-wertiges Semimartingal. Dann gibt es genau eine lineare Abbildung $A^1(M) \equiv \Gamma(T^*M) \to \mathscr{S}$, $\alpha \mapsto \int \alpha(*dX) \equiv \int_X \alpha$, so daß für alle $f \in C^\infty(M)$ gilt:*

$$df \mapsto f \circ X - f \circ X_0 \tag{7.21}$$

$$f \cdot \alpha \mapsto \int (f \circ X) * \alpha(*dX). \tag{7.22}$$

Dabei ist per definitionem $(f \circ X) * \alpha(*dX) := (f \circ X) * d\big(\int_X \alpha\big)$.

Definition 7.63. Wir nennen $\int_X \alpha$ das *Stratonovich-Integral von α längs X.*

Beweis (von Satz 7.62): Gemäß Lemma 7.56 (iii) besitzt jede Differentialform $\alpha \in A^1(M)$ eine Darstellung als $\alpha = \sum \alpha_i \, dh^i$ mit Funktionen $\alpha_i \in C^\infty(M)$. Wir definieren

$$\int_X \alpha := \sum \int (\alpha_i \circ X) * d(h^i \circ X). \tag{7.23}$$

Die Eindeutigkeit ist wieder klar; es ist lediglich zu zeigen, daß (7.23) wohldefiniert ist, daß also etwa mit $\alpha = \sum_{\text{endl.}} u_\nu \, df^\nu = 0$ auch $\sum (u_\nu \circ X) * d(f^\nu \circ X) = 0$ ist. Wir argumentieren wie im Beweis von Satz 7.57:

$$\begin{aligned} \sum_\nu (u_\nu \circ X) * d(f^\nu \circ X) &= \sum_\nu (\bar{u}_\nu \circ \bar{X}) * d(\bar{f}^\nu \circ \bar{X}) \\ &= \sum_i \sum_\nu (\bar{u}_\nu \circ \bar{X}) * \big[(D_i \bar{f}^\nu \circ \bar{X}) * d\bar{X}^i\big] \\ &= \sum_i \Big(\sum_\nu u_\nu \, df^\nu\Big) \Big(\big(\tfrac{\partial}{\partial h^i}\big)_X\Big) * d\bar{X}^i = 0. \end{aligned}$$ □

Beispiel 7.64. Im Spezialfall einer differenzierbaren deterministischen M-wertigen Kurve X, also $X_t = x(t)$, hat man

$$\int_X \alpha = \int \alpha\big(\dot{x}(t)\big)\, dt, \quad \alpha \in \Gamma(T^*M); \tag{7.24}$$

da die rechte Seite in (7.24) offensichtlich die definierenden Eigenschaften von $\int_X \alpha$ besitzt.

Bemerkung 7.65. Das Stratonovich-Integral einer Differentialform α längs eines Semimartingals vertauscht mit Zeitwechsel; genauer gilt: Ist X ein M-wertiges Semimartingal und $(\tau_t)_{t \geq 0}$ ein stetiger endlicher Zeitwechsel, so gilt für das zeittransformierte Semimartingal $(Y_t)_{t\geq 0} = (X_{\tau_t})_{t \geq 0}$ mit der transformierten Filtrierung $(\mathscr{F}_{\tau_t})_{t \geq 0}$ die Formel

$$\int_0^t \alpha(*dY) = \int_{\tau_0}^{\tau_t} \alpha(*dX).$$

Insbesondere ist also $\int_{X^\tau} \alpha = \big(\int_X \alpha\big)^\tau$ für jede endliche Stopzeit τ.

Satz 7.66. (pullback-Formel für das Stratonovich-Integral einer Differentialform) *Sei ϕ: $M \to N$ eine differenzierbare Abbildung und $\alpha \in A^1(N) \equiv \Gamma(T^*N)$; weiter sei X ein Semimartingal auf M. Dann gilt:*

$$\int_X \phi^*\alpha = \int_{\phi\circ X} \alpha. \tag{7.25}$$

Beweis: Die linke Seite von Gleichung (7.25) besitzt die definierenden Eigenschaften des Stratonovich-Integrals von α längs $\phi \circ X$. □

Bemerkung 7.67. Sind $\alpha, \beta \in \Gamma(T^*M)$, so ist $\alpha \otimes \beta \in \Gamma(T^*M \otimes T^*M)$, und es gilt:

$$\Big[\int_X \alpha, \int_X \beta\Big] = \int (\alpha \otimes \beta)(dX, dX). \tag{7.26}$$

Bemerkung 7.68. Unter einer *komplexen Differentialform* α auf einer Mannigfaltigkeit M verstehen wir einen Schnitt $\alpha \in \Gamma(T^*M \otimes \mathbb{C})$. Zerlegt man α in Real- und Imaginärteil, also $\alpha = \alpha_1 + i\alpha_2$ mit reellen Differentialformen $\alpha_i \in \Gamma(T^*M)$ auf M, so verallgemeinert sich das Stratonovich-Integral von Differentialformen längs M-wertiger Semimartingale vermöge

$$\int_X \alpha := \int_X \alpha_1 + i \int_X \alpha_2$$

auf komplexe Differentialformen.

Wir wollen als erste Anwendung der Stratonovich-Integration von 1-Formen das Windungsverhalten von Semimartingalen in der Ebene betrachten (vergleiche auch Beispiel 4.53). Diese Anwendung verallgemeinert die aus der Funktionentheorie vertraute Umlaufzahl einer nicht durch den Nullpunkt verlaufenden (geschlossenen) stetigen Kurve. Wir identifizieren dabei stets die komplexe Ebene $\mathbb{C}$ mit dem euklidischen Raum $\mathbb{R}^2$.

Bemerkung 7.69. (Windungsprozeß eines Semimartingals in der Ebene) Sei Z ein stetiges $\mathbb{C}$-wertiges Semimartingal mit $Z_0 \neq 0$ P-f. s., welches den Nullpunkt P-f.s. nicht trifft. Integriert man die komplexe Differentialform $\alpha = dz/z$ auf $\mathbb{C} \setminus \{0\}$ längs Z, so liefert

$$\int_Z \alpha = \int \frac{1}{Z} * dZ \in \mathscr{S}(\mathbb{C})$$

die stetige Bestimmung eines Logarithmus entlang der Pfade von Z durch

$$\log_\omega\big(Z_t(\omega)\big) - \log_\omega\big(Z_0(\omega)\big) := \Big(\int_Z \frac{dz}{z}\Big)_t(\omega), \quad t \geq 0, \quad P\text{-f.a. } \omega \in \Omega.$$

Insbesondere ist also

$$\Theta_t = \Theta_0 + \operatorname{Im}\Big(\int_Z \frac{dz}{z}\Big)_t$$

eine (pfadweise) stetige Festlegung des Arguments von $Z_t \equiv |Z_t| e^{i\Theta_t}$, $t \geq 0$. Wir nennen $\operatorname{Im}\int_Z \frac{dz}{z}$ den *Windungsprozeß* des Semimartingals Z um den Nullpunkt.

Beweis: Es genügt zu zeigen, daß bis auf Nicht-Unterscheidbarkeit

$$\exp\Big(\int_0^{\cdot} \frac{1}{Z} * dZ\Big) = \frac{Z_\cdot}{Z_0}$$

gilt. Setzt man zur Abkürzung $L := \int_Z z^{-1} dz \equiv \int Z^{-1} * dZ$, so folgt aber wegen $de^L = e^L * dL = (e^L/Z) * dZ$ (siehe Abschnitt 4.8) gerade

$$d\Big(\frac{e^L}{Z}\Big) = e^L\Big(-\frac{1}{Z^2}\Big) * dZ + \frac{1}{Z}\Big(\frac{e^L}{Z}\Big) * dZ = 0. \qquad \square$$

Gemäß Definition 5.29 heißt ein lokales Martingal $Z = X + iY \in \mathscr{M}(\mathbb{C})$ konform, wenn $[X,X] = [Y,Y]$ und $[X,Y] = 0$, oder äquivalent, wenn $dZdZ = 0$ gilt.

Bemerkung 7.70. Stratonovich-Integrale von holomorphen Differentialformen längs konformer lokaler Martingale ergeben konforme lokale Martingale. Genauer gilt: Ist Z ein konformes lokales Martingal und ist $D \subset \mathbb{C}$ ein Gebiet, welches von Z f.s. nicht verlassen wird, so ist für jede komplexe Differentialform $\alpha = f(z)\,dz$ auf D (mit $f\colon D \to \mathbb{C}$ einer holomorphen Funktion)

$$\int_Z \alpha \equiv \int (f \circ Z) * dZ = \int (f \circ Z)\,dZ \in \mathscr{M}(\mathbb{C})$$

ein konformes lokales Martingal. Ein lokales Martingal Z in $\mathbb{C}$ ist umgekehrt bereits dann ein konformes lokales Martingal, wenn $\int_Z \alpha \in \mathscr{M}(\mathbb{C})$ für $\alpha = z\,dz$.

Beweis: Es gilt

$$(7.27) \qquad (f \circ Z) * dZ = (f \circ Z)\,dZ + \tfrac{1}{2}(f' \circ Z)\,dZdZ = (f \circ Z)\,dZ\,.$$

Dabei gilt die erste Gleichheit in (7.27) gemäß der Itô-Formel für komplexe Semimartingale (siehe Korollar zu Satz 4.46′), während das zweite Gleichheitszeichen aus der Konformität von Z folgt. Lokale Martingale der Form $N := \int (f \circ Z)\,dZ$ sind darüberhinaus bereits konform, da $dN\,dN = (f \circ Z)^2\,dZdZ = 0$.

Der Zusatz folgt mit $f = \mathrm{id}$. $\square$

Ist also speziell in der Situation der letzten Bemerkung Z eine BM auf $\mathbb{C}$, so ist für jede holomorphe Funktion f der Prozeß $\int_Z f(z)\,dz$ ein konformes lokales Martingal, und es gibt gemäß Satz 5.28 unabhängige eindimensionale Brownsche Bewegungen B und β derart, daß

$$\mathrm{Re}\int_Z f(z)\,dz = B_{T_t}\,, \quad \mathrm{Im}\int_Z f(z)\,dz = \beta_{T_t}\,,$$

mit dem Zeitwechsel $T_t := \int_0^t \big(|f|^2 \circ Z_s\big)\,ds$, $t \geq 0$. Im Fall $f \not\equiv 0$ folgt dabei bereits $T_\infty \equiv \infty$ P-f.s., wie wir kurz begründen wollen.

Lemma 7.71. *Ist Z eine Brownsche Bewegung auf $\mathbb{R}^2$ und $f\colon \mathbb{R}^2 \to \mathbb{R}$ eine nicht identisch verschwindende stetige Funktion, so gilt $\int_0^\infty (|f|^2 \circ Z_s)\, ds \equiv \infty$ P-f.s.*

Beweis: Zu $z_0 \in \mathbb{C}$ mit $f(z_0) \neq 0$ fixieren wir Konstanten $\varepsilon > 0$ und $\delta > 0$, so daß $|f(z)|^2 \geq \varepsilon$ für $|z - z_0| \leq 2\delta$. Definiert man nun sukzessive Stopzeiten

$$\sigma_0 = \tau_0 = 0, \quad \text{sowie}$$

$$\sigma_n = \inf\{t \geq \tau_{n-1} : |Z_t - z_0| = \delta\}, \quad n \geq 1,$$

$$\tau_n = \inf\{t \geq \sigma_n : |Z_t - Z_{\sigma_n}| = \delta\}, \quad n \geq 1,$$

so hat man einerseits aufgrund der Rekurrenz der zweidimensionalen BM (siehe Satz 5.34) und der Stetigkeit ihrer Pfade die Ungleichungen $\sigma_n < \tau_n < \infty$ P-f.s.; andererseits ist $(\tau_n - \sigma_n)_{n \geq 1}$ aufgrund der starken Markoveigenschaft von Z (siehe Satz 5.18) eine i.i.d.-Folge mit $E(\tau_n - \sigma_n) > 0$, so daß nach dem Gesetz der großen Zahlen $\sum_{n=1}^\infty (\tau_n - \sigma_n) \equiv \infty$ P-f.s. folgt. Insbesondere erhält man daraus, wie behauptet,

$$\int_0^\infty (|f|^2 \circ Z_s)\, ds \geq \sum_{n=1}^\infty \int_{\sigma_n}^{\tau_n} (|f|^2 \circ Z_s)\, ds \geq \varepsilon \sum_{n=1}^\infty (\tau_n - \sigma_n) \equiv \infty. \qquad \square$$

Lemma 7.71 überträgt sich natürlich auf stetige Funktionen

$$f\colon \mathbb{R}^2 \setminus \{z_1, \ldots z_n\} \to \mathbb{R},$$

sofern Z nicht in einem der Punkte z_i startet. Wir wollen obige Ergebnisse im Spezialfall $f(z)\, dz = dz/z$ explizit festhalten.

Korollar. *Ist $Z = X + iY$ eine in einem von 0 verschiedenen Punkt z_0 startende* BM *auf $\mathbb{C}$, so folgt $Z_t = |Z_t| e^{i\Theta_t}$ mit*

$$\log|Z_t| - \log|Z_0| = \operatorname{Re} \int_0^t \frac{dZ}{Z} = \int_0^t \frac{X\, dX + Y\, dY}{|Z|^2}$$

$$\Theta_t - \Theta_0 = \operatorname{Im} \int_0^t \frac{dZ}{Z} = \int_0^t \frac{X\, dY - Y\, dX}{|Z|^2}.$$

Zudem gibt es unabhängige eindimensionale Brownsche Bewegungen B und β, so daß

$$\int_0^t \frac{dZ}{Z} = B_{T_t} + i\beta_{T_t}$$

mit dem Zeitwechsel $T_t := \int_0^t |Z_s|^{-2}\, ds$.

Da $T_\infty = \infty$ P-f.s., sieht man einerseits aufgrund von $\Theta_t - \Theta_0 = \beta_{T_t}$, daß BM($\mathbb{C}$) sich um jeden vorgegebenen Punkt mit Wahrscheinlichkeit 1 beliebig oft im Uhrzeigersinn wie auch im Gegenuhrzeigersinn windet, mit Sicherheit sich aber stets wieder entwindet. Andererseits erzeugen $|Z|$ und B die gleiche σ-Algebra, also

$$\mathscr{B}_\infty := \sigma\{|Z_s|\colon s \in \mathbb{R}_+\} = \sigma\{B_s\colon s \in \mathbb{R}_+\} \quad \text{modulo } P\text{-Nullmengen},$$

denn trivialerweise ist zunächst $\sigma\{|Z_s|: s \le t\} = \sigma\{\log|Z_s|: s \le t\} = \sigma\{B_{T_s}: s \le t\}$; andererseits kann der Zeitwechsel $(T_t)_{t\ge 0}$ durch B beschrieben werden, wie etwa die Formel

$$T_t = \inf\left\{s \ge 0: |z_0|^2 \int_0^s \exp(2B_r)\, dr > t\right\} \tag{7.28}$$

zeigt, welche man mit der Substitution $r = T_u$ unmittelbar verifiziert. Als Konsequenz erhält man, daß die den Winkelprozeß beschreibende BM β vom gesamten Radialprozeß, also von $\mathscr{B}_\infty \equiv \sigma\{|Z_s|: s \in \mathbb{R}_+\}$ und insbesondere vom Zeitwechsel $(T_t)_{t\ge 0}$, unabhängig ist. Mit Lemma 6.30 gilt daher für jedes $\xi \in \mathbb{R}$:

$$E^{\mathscr{B}_\infty}\left[\exp\left(i\xi(\Theta_t - \Theta_0)\right)\right] = \exp(-\xi^2/2T_t) \quad P\text{-f.s.},$$

Diese Formel erlaubt nicht nur, die Verteilung von Θ_t für festes t zu bestimmen; sie erweist sich auch für viele weitere explizite Berechnungen im Zusammenhang mit dem stochastischen Verhalten der BM in der Ebene als nützlich.

Wir wollen uns wieder der allgemeinen Theorie zuwenden und bemerken, daß sich die Sätze 7.57 und 7.62 in evidenter Weise geringfügig verallgemeinern lassen. Statt $f \circ X$ mit $f \in C^\infty(M)$ in Gleichung (7.18) und (7.22) können wir offenbar auch stetige adaptierte $\mathbb{R}$-wertige Prozesse K als Multiplier verwenden.

Satz 7.72. *Es sei X ein M-wertiges Semimartingal. Dann gibt es genau eine lineare Abbildung $B \mapsto \int B(dX,dX)$ vom $\mathbb{R}$-Vektorraum der stetigen adaptierten $T^*M \otimes T^*M$-wertigen Prozesse B über X nach $\mathscr{A}$ mit den Eigenschaften:*

$$b \circ X \;\mapsto\; \int b(dX,dX) \quad \textit{für } b \in \Gamma(T^*M \otimes T^*M)$$

$$K\cdot B \;\mapsto\; \int K\, B(dX,dX) \quad \textit{für stetige adaptierte } \mathbb{R}\textit{-wertige Prozesse } K.$$

Dabei ist $\int K\, B(dX,dX) := \int K\, d\left(\int B(dX,dX)\right)$.

Beweis: Gemäß Lemma 7.56 (iv) besitzt jeder stetige adaptierte $T^*M \otimes T^*M$-wertige Prozeß B über X eine Darstellung als endliche Summe der Form

$$B = \sum_\nu B_\nu \left(df^\nu \otimes dg^\nu\right) \circ X.$$

Wir setzen

$$\int B(dX,dX) := \sum_\nu B_\nu\, d[f^\nu \circ X, g^\nu \circ X].$$

Der Nachweis der Wohldefiniertheit erfolgt wie im Beweis von Satz 7.57. □

Satz 7.73. *Es sei X ein M-wertiges Semimartingal. Dann gibt es genau eine lineare Abbildung $\Psi \mapsto \int \Psi(*dX) \equiv \int_X \Psi$ vom $\mathbb{R}$-Vektorraum der stetigen adaptierten T^*M-wertigen Prozesse Ψ über X nach $\mathscr{S}$ mit den Eigenschaften:*

$$\alpha \circ X \mapsto \int \alpha(*dX) = \int_X \alpha \quad \text{für } \alpha \in \Gamma(T^*M)$$

$$K \cdot \Psi \mapsto \int K * \Psi(*dX) \quad \text{für stetige adaptierte } \mathbb{R}\text{-wertige Prozesse } K.$$

Dabei ist $\int K * \Psi(*dX) := \int K * d\big(\int \Psi(*dX)\big)$.

Beweis: Gemäß Lemma 7.56 (v) besitzt jeder stetige adaptierte T^*M-wertige Prozeß Ψ über X eine Darstellung als endliche Summe der Form

$$\Psi = \sum_\nu \Psi_\nu \, (df^\nu \circ X).$$

Wir setzen

$$\int \Psi(*dX) := \sum_\nu \Psi_\nu * d(f^\nu \circ X).$$

Der Nachweis der Wohldefiniertheit erfolgt mit der gleichen Rechnung wie im Beweis von Satz 7.62. □

Die pullback-Formeln (7.20) und (7.25) übertragen sich in evidenter Weise.

Bemerkung 7.74. (pullback-Formeln) Es sei ϕ: $M \to N$ eine differenzierbare Abbildung und X ein Semimartingal auf M.

(i) Ist B ein stetiger adaptierter $T^*N \otimes T^*N$-wertiger Prozeß über $\phi \circ X$, so gilt:

$$\int (\phi^* B)\,(dX, dX) = \int B\big(d(\phi \circ X), d(\phi \circ X)\big).$$

(ii) Ist Ψ ein stetiger adaptierter T^*N-wertiger Prozeß über $\phi \circ X$, so gilt:

$$\int_X \phi^* \Psi = \int_{\phi \circ X} \Psi.$$

7.3 Martingale und Brownsche Bewegungen

In diesem Abschnitt wollen wir Martingale und Brownsche Bewegungen auf Mannigfaltigkeiten einführen. Wie bereits angedeutet, erfordert dies zusätzliche geometrische Strukturen: lineare Zusammenhänge und Riemannsche Metriken. Wir beginnen zunächst mit einem Abriß der nötigen differentialgeometrischen Begriffe; Standardquellen hierzu sind [K-N 63, K-N 69], [G-H-L 90], [KL 82].

Aus geometrischer Sicht haben wir es mit folgendem Grundproblem zu tun: Es sei $\pi\colon E \to M$ ein Vektorbündel über einer Mannigfaltigkeit M, beispielsweise das Tangentialbündel TM von M, und $\alpha\colon [0,1] \to M$ eine differenzierbare Kurve mit $\alpha(0) = p$ und $\alpha(1) = q$. Gesucht ist ein kanonisches Verfahren, Vektoren $v \in E_p$ längs α nach E_q zu verschieben.

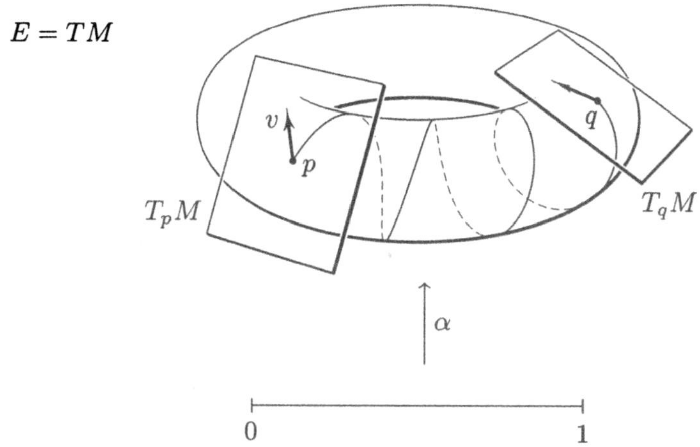

Hat man zusätzlich eine Metrik auf E, ist also jede Faser E_x mit einem Skalarprodukt versehen, so sollen Winkel bei der Verschiebung längs Kurven erhalten bleiben.

Die Fasern eines Vektorbündels sind zwar alle isomorph zu einem festen Vektorraum, was aber nicht bedeutet, daß wir sie kanonisch miteinander identifizieren können. Die erforderliche Zusatzstruktur, um Fasern intrinsisch miteinander in Beziehung setzen zu können, ist ein "linearer Zusammenhang" in E. Er erlaubt, wie gewünscht, Elemente einer Faser von E längs einer Kurve in eine andere Faser zu verschieben.

Es gibt verschiedene (aber äquivalente) Weisen, lineare Zusammenhänge in Vektorbündeln E einzuführen, als Paralleltransport, als covariante Ableitung, als horizontale Spaltung von TE. Am intuitivsten ist der Begriff des Paralleltransports.

Definition 7.75. (Paralleltransport) Es sei $\pi\colon E \to M$ ein Vektorbündel über einer Mannigfaltigkeit M. Ein *Paralleltransport in E* ordnet jedem differenzierbaren Weg α von p nach q in M einen linearen Isomorphismus $L_\alpha\colon E_p \to E_q$ mit folgenden Eigenschaften zu:

(i) (Invarianz gegen Umparametrisierung) Ist $\alpha\colon [a,b] \to M$ eine differenzierbare Kurve und ist $\varphi\colon [a',b'] \to [a,b]$ differenzierbar mit $\varphi(a') = a$ und $\varphi(b') = b$, so gilt $L_{\alpha\circ\varphi} = L_\alpha$.

(Transitivität) Für $\alpha\colon [a,b] \to M$ und $a \le c \le b$ ist $L_\alpha = L_{\alpha|[c,b]} \circ L_{\alpha|[a,c]}$.

(Rücktransport) $L_{\alpha^-} = L_\alpha^{-1}$ für $\alpha^-\colon [a,b] \to M$, $t \mapsto \alpha(a+b-t)$.

(ii) (Abhängigkeit von Parametern) Hängt α differenzierbar von Parametern ab (z.B. ist α eine differenzierbare Schar von Kurven), so hängt auch L_α differenzierbar von diesen Parametern ab.

(iii) (Erste-Ordnung-Axiom) Zu einer differenzierbaren Kurve α: $[a,b] \to M$ und einem C^∞-Schnitt $\sigma \in \Gamma(\alpha^* E)$ betrachten wir die *covariante Ableitung* $\nabla_D \sigma \in \Gamma(\alpha^* E)$ *von σ längs α bezüglich L*, definiert durch

$$(\nabla_D\sigma)(t) := \frac{d}{d\varepsilon}\bigg|_{\varepsilon=0} L^{-1}_{\alpha|[t,t+\varepsilon]}\sigma(t+\varepsilon) \in E_{\alpha(t)}.$$

Das Erste-Ordnung-Axiom besagt dann: Für $X \in \Gamma(E)$ und $v \in T_pM$ ist die *covariante Ableitung $\nabla_v X$ von X in Richtung v*,

$$\nabla_v X := \nabla_D(X\circ\alpha)(0) \in E_p \quad \text{für } \alpha\colon [-\varepsilon,\varepsilon] \to M \text{ differenzierbar mit } \alpha(0) = p \text{ und } \dot\alpha(0) = v,$$

wohldefiniert (d.h. von der Wahl der Kurve α mit $\alpha(0) = p$ und $\dot\alpha(0) = v$ unabhängig).

Bevor wir den abstrakten Begriff der covarianten Ableitung auf einem Vektorbündel einführen, zunächst folgendes

Lemma 7.76. *Es seien E, F Vektorbündel über M, sowie $K\colon \Gamma(E) \to \Gamma(F)$ eine $C^\infty(M)$-lineare Abbildung und $p \in M$. Dann gilt $K(A)_p = K(B)_p$ für alle Schnitte $A, B \in \Gamma(E)$ mit $A_p = B_p$, so daß K als Schnitt im Bündel* $\mathrm{Hom}(E,F) \cong E^* \otimes F$ *aufgefaßt werden kann.*

Beweis: Es genügt zu zeigen, daß aus $A_p = 0$ bereits $K(A)_p = 0$ folgt. Zu einem fixierten lokalen Basissystem $e_1, \ldots, e_n \in \Gamma(E/U)$ bei p existieren eindeutig bestimmte Funktionen $a^1, \ldots, a^n \in C^\infty(U)$ mit $A|U = \sum a^i e_i$. Es gilt $a^1(p) = \ldots = a^n(p) = 0$. Ist nun $\psi \in C^\infty(M)$ mit $\psi(p) = 1$, $\operatorname{supp}\psi \subset U$, so lassen sich jeweils die Abbildungen $\bar e_i := \psi e_i \in \Gamma(E/U)$, $\bar a^i := \psi a^i \in C^\infty(U)$ durch 0 differenzierbar auf ganz M fortsetzen; damit gilt aber nun $\psi^2 A = \sum \bar a^i \bar e_i$, mithin $K(A)_p = \psi(p)^2 K(A)_p = K(\psi^2 A)_p = \sum \bar a^i(p)\, K(\bar e_i)_p = 0$. □

Definition 7.77. (Covariante Ableitung) Sei E ein Vektorbündel über einer Mannigfaltigkeit M. Eine *covariante Ableitung auf E* ist eine $\mathbb{R}$-lineare Abbildung

$$\nabla\colon \Gamma(E) \to \Gamma(T^*M \otimes E),$$

welche der Produktregel $\nabla(fX) = df \otimes X + f\nabla X$ für $X \in \Gamma(E)$, $f \in C^\infty(M)$ genügt. Schnitte $X \in \Gamma(E)$ mit $\nabla X = 0$ werden *parallel* genannt.Da nach Lemma 7.76 $\Gamma(T^*M \otimes E) \cong \mathrm{Hom}_{C^\infty(M)}(\Gamma(TM), \Gamma(E))$ ist, läßt sich eine covariante Ableitung ∇ auf E auch als $\mathbb{R}$-bilineare Abbildung

$$\Gamma(TM) \times \Gamma(E) \to \Gamma(E), \quad (A, X) \mapsto \nabla_A X \equiv (\nabla X)A$$

auffassen. In dieser Notation ist die covariante Ableitung somit $C^\infty(M)$-linear im ersten und (aufgrund der Produktregel) derivativ im zweiten Argument, d.h. für $A \in \Gamma(TM)$, $X \in \Gamma(E)$, $f \in C^\infty(M)$ gilt $\nabla_{fA} X = f\nabla_A X$ und $\nabla_A(fX) = (Af)X + f\nabla_A X$.

Bemerkung 7.78. (i) Für $A \in \Gamma(TM)$, $X \in \Gamma(E)$ und $p \in M$ hängt $(\nabla_A X)_p$ nach Lemma 7.76 nur von $A_p \in T_pM$ ab. Ist daher $v \in T_pM$ und $A \in \Gamma(TM)$ mit $A_p = v$ (so ein A existiert stets), dann ist $\nabla_v X := (\nabla_A X)_p \in E_p$ wohldefiniert und heißt die *covariante Ableitung von X in Richtung v.*

(ii) Für $v \in T_pM$, $X \in \Gamma(E)$ hängt $\nabla_v X$ nur vom Keim von X in p ab.

Denn: Für $p \in U \subset M$ offen und $X|U \equiv 0$ ist $\nabla_v X = 0$ zu zeigen. Sei dazu $\psi \in C^\infty(M)$ mit $\operatorname{supp}\psi \subset U$, $\psi(p) = 1$. Dann gilt $\psi X \equiv 0$, mithin $0 = \nabla_v(\psi X) = v(\psi)X_p + \psi(p)\nabla_v X = \nabla_v X$. □

Bezeichnung. (Christoffel-Symbol) Sei ∇ eine covariante Ableitung auf einem n-dimensionalen Vektorbündel E über M, $d = \dim M$, und $e_1, \dots, e_n \in \Gamma(E/U)$ ein lokales Basissystem für E. Ist außerdem (h, U) eine Karte für M, so bildet $\partial_1, \dots, \partial_d \in \Gamma(TM/U)$ ein lokales Basissystem für TM. Nach Bemerkung 7.78 ist dann der Schnitt $\nabla_{\partial_i} e_j \in \Gamma(E/U)$ wohldefiniert. Die eindeutig bestimmten Funktionen $\Gamma_{ij}^k \in C^\infty(U)$ mit $\nabla_{\partial_i} e_j = \sum_k \Gamma_{ij}^k e_k$ heißen die *Christoffel-Symbole* der covarianten Ableitung ∇ (bzgl. (h, U) und $e_1, \dots, e_n \in \Gamma(E/U)$) und charakterisieren die covariante Ableitung von ∇ in E/U.

Eine covariante Ableitung auf einem Vektorbündel E erlaubt auch Schnitte längs Abbildungen covariant abzuleiten. Wir verwenden im folgenden die in Bemerkung 7.60 über induzierte Formen und induzierte Basissysteme eingeführten Bezeichnungen.

Definition 7.79. (Induzierte covariante Ableitung) Sei $f\colon M \to N$ eine differenzierbare Abbildung zwischen Mannigfaltigkeiten und ∇ eine covariante Ableitung auf einem Vektorbündel E über N. Dann gibt es genau eine covariante Ableitung ∇ auf dem induzierten Bündel f^*E über M mit

$$\nabla_w(f^*X) = \nabla_{df_p w} X \in E_{f(p)}, \quad X \in \Gamma(E),\, w \in T_pM,\, p \in M.$$

Sie heißt die *durch f induzierte covariante Ableitung auf f^*E* und wird wieder mit ∇ bezeichnet.

Es sei $e_1, \dots, e_n \in \Gamma(E/U)$ ein lokales Basissystem für E und $Y \in \Gamma(f^*E)$ ein globaler Schnitt. Auf $f^{-1}(U)$ besitzt Y folglich gemäß Bemerkung 7.60 (ii) eine eindeutige Darstellung der Form $Y|f^{-1}(U) = \sum b^i f^*e_i$ mit $b^i \in C^\infty(f^{-1}(U))$. Für $w \in T_pM$, $p \in f^{-1}(U)$ gilt dann nach der Produktregel und obiger Definition

$$\nabla_w Y = \sum \left(w(b^i)\,(e_i)_{f(p)} + b^i(p) \nabla_{df_p w} e_i \right) \in E_{f(p)}.$$

Dies erklärt die Eindeutigkeit der induzierten covarianten Ableitung. Umgekehrt läßt sich dadurch eine covariante Ableitung auf f^*E definieren und somit die Existenz der induzierten covarianten Ableitung begründen.

Definition 7.80. Es sei ∇ eine covariante Ableitung auf einem Vektorbündel E über M und $\alpha\colon I \to M$ eine differenzierbare Kurve.

(i) (Covariante Ableitung für Schnitte längs Kurven) Für Schnitte $X \in \Gamma(\alpha^* E)$ längs α heißt $\nabla_D X \in \Gamma(\alpha^* E)$ *covariante Ableitung von X längs α.* Dabei ist D das kanonische Vektorfeld auf I.

(ii) (Parallele Schnitte längs Kurven) Ein Schnitt $X \in \Gamma(\alpha^* E)$ längs α heißt (bzgl. ∇) *parallel längs α*, wenn $\nabla_D X = 0$ gilt. Mit $\Gamma_{\text{par}}(\alpha^* E)$ bezeichnen wir den $\mathbb{R}$-Untervektorraum von $\Gamma(\alpha^* E)$ der parallelen Schnitte längs α.

Definition 7.81. (Geodätische) Sei M eine Mannigfaltigkeit und ∇ eine covariante Ableitung auf TM. Eine differenzierbare Kurve $\gamma\colon I \to M$ heißt *geodätische Kurve* (*Geodätische*), wenn $\dot\gamma \in \Gamma(\gamma^* TM)$ bezüglich ∇ parallel längs γ ist, also wenn $\nabla_D \dot\gamma = 0$ gilt.

Bemerkung 7.82. (Covariante Ableitung in Koordinaten) Es seien ∇ eine covariante Ableitung auf einem Vektorbündel E über M und $e_1, \ldots, e_n \in \Gamma(E/U)$ ein lokales Basissystem für E. Ist (h, U) eine Karte für M mit $\partial_i \equiv \frac{\partial}{\partial h^i}$ für $i = 1, \ldots, d$, so schreibt sich:

$$\nabla_{\partial_i} e_j = \sum_k \Gamma_{ij}^k e_k \quad \text{lokal auf } U.$$

Wir betrachten einen Schnitt $X \in \Gamma(\alpha^* E)$ längs einer differenzierbaren Kurve $\alpha\colon I \to M$. Fixiert man $t_0 \in I$ mit $\alpha(t_0) \in U$, so ist folglich $X = \sum_{i=1}^n X^i \alpha^* e_i$ lokal um t_0. Gemäß Definition 7.79 ist daher für t lokal um t_0 (wegen $\dot\alpha(t) = \sum \dot\alpha^i(t)\,(\partial_i)_{\alpha(t)}$):

$$\begin{aligned}(\nabla_D X)(t) &= \sum_{j=1}^n \left[\dot X^j(t)\,(e_j)_{\alpha(t)} + X^j(t) \nabla_{\dot\alpha(t)} e_j\right] \\ &= \sum_{j=1}^n \left[\dot X^j(t)\,(e_j)_{\alpha(t)} + \sum_{i=1}^d X^j(t)\,\dot\alpha^i(t)\,\nabla_{(\partial_i)_{\alpha(t)}} e_j\right].\end{aligned}$$

Insgesamt hat man also lokal um t_0:

$$\nabla_D X = \sum_k \left[D(X^k) + \sum_{i,j} X^j\, D(\alpha^i)\,(\Gamma_{ij}^k \circ \alpha)\right] \alpha^* e_k. \tag{7.29}$$

Satz 7.83. *Sei ∇ eine covariante Ableitung auf einem Vektorbündel E über M, sowie $\alpha\colon I \to M$ eine differenzierbare Kurve, $t_0 \in I$ und $e \in E_{\alpha(t_0)}$. Dann gibt es genau einen parallelen Schnitt $X \in \Gamma_{\text{par}}(\alpha^* E)$ längs α mit $X(t_0) = e$.*

Beweis: Die Behauptung läßt sich leicht auf den Existenz- und Eindeutigkeitssatz für lineare Differentialgleichungen zurückführen: Da es genügt, die lokale Situation zu betrachten, darf man gleich die Existenz einer globalen Karte (h, M) für M und eines globalen Basissystems $e_1, \ldots, e_n \in \Gamma(E)$ für E annehmen. Es gibt zunächst eindeutig bestimmte Koeffizienten $b^i \in \mathbb{R}$ mit $e = \sum b^i e_i$. Definiert man $c_{kj} := -\sum_i \dot{\alpha}^i (\Gamma_{ij}^k \circ \alpha) \in C^\infty(I)$, so ist nach (7.29) die Forderung $\nabla_D X = 0$, $X_{t_0} = e$ äquivalent zum System linearer Differentialgleichungen

$$\dot{X}^k = -\sum\nolimits_j c_{kj} X^j, \quad X^k(t_0) = b^k, \quad k = 1, \ldots, n.$$

Zu beachten bleibt noch, daß die eindeutig bestimmten Lösungen dieses Systems linearer Differentialgleichungen auf ganz I definiert sind. □

Definition 7.84. (Paralleltransport, induziert von ∇) Sei ∇ eine covariante Ableitung auf einem Vektorbündel E über einer Mannigfaltigkeit M und $\alpha\colon I \to M$ eine differenzierbare Kurve. Zu $s, t \in I$ ist dann ein Isomorphismus

$$\sigma_{s,t}\colon E_{\alpha(s)} \to E_{\alpha(t)}$$

durch $\sigma_{s,t}(e) := X(t)$ erklärt, wobei $X \in \Gamma_{\text{par}}(\alpha^* E)$ den parallelen Schnitt längs α mit $X(s) = e$ bezeichnet. Der Isomorphismus $\sigma_{s,t}$ heißt *der Paralleltransport von $E_{\alpha(s)}$ nach $E_{\alpha(t)}$ längs α.*

Bemerkung 7.85. (a) Es gilt $\sigma_{s,t}^{-1} = \sigma_{t,s}$ und $\sigma_{t,t} = \mathrm{id}_{E_{\alpha(t)}}$. Jede Basis $e_1, \ldots, e_n$ von $E_{\alpha(s)}$ läßt sich durch $\bar{e}_{i,t} := \sigma_{s,t}(e_i)$ zu einem globalen Basissystem $\bar{e}_1, \ldots, \bar{e}_n \in \Gamma(\alpha^* E)$ für $\alpha^* E$ fortsetzen.
(b) Die von einer covarianten Ableitung ∇ gemäß Definition 7.84 bestimmten Paralleltransporte liefern einen Paralleltransport in E im Sinn von Definition 7.75; der Paralleltransport bestimmt seinerseits wieder die zugrundeliegende covariante Ableitung: Ist $X \in \Gamma(E)$, $v \in T_p M$ und $\alpha\colon I \to M$ eine differenzierbare Kurve mit $\dot{\alpha}(0) = v$, dann folgt

$$\nabla_v X = \tfrac{d}{dt}\Big|_{t=0} (\sigma_{0,t}^{-1} X_{\alpha(t)}) \in E_p. \tag{7.30}$$

Denn: Sei $e_1, \ldots, e_n$ eine Basis von E_p und $\bar{e}_1, \ldots, \bar{e}_n \in \Gamma(\alpha^* E)$, $\bar{e}_{i,t} := \sigma_{0,t}(e_i)$, die Fortsetzung zu einem globalen Basissystem für $\alpha^* E$, dazu $a^i \in C^\infty(I)$ mit $\alpha^* X = \sum a^i \bar{e}_i$. Es gilt dann $\sigma_{0,t}^{-1}(\alpha^* X)_t = \sum a^i(t) e_i$, folglich $\nabla_v X = \nabla_D(\alpha^* X)_0 = \sum \big(\dot{a}^i(0) e_i + a^i(0)(\nabla_D \bar{e}_i)_0\big) = \frac{d}{dt}\big|_{t=0} (\sigma_{0,t}^{-1} X_{\alpha(t)})$. □

Ein Paralleltransport in E und eine covariante Ableitung auf E definieren somit dieselbe Struktur. Wir wollen noch eine dritte äquivalente Betrachtungsweise anschließen.

Definition 7.86. (Horizontale Spaltung von TE) Sei $\pi\colon E \to M$ ein Vektorbündel über einer Mannigfaltigkeit M. Ein Unterbündel $H \subset TE$ heißt *horizontale Spaltung von* TE, falls gilt:

(i) $TE = H \oplus \pi^*E$ (also $T_eE = H_e \oplus E_{\pi(e)}$ für $e \in E$)

(ii) Für $s \in \mathbb{R}^* \equiv \mathbb{R} \setminus \{0\}$ ist H mit der Operation $\rho_s\colon E \to E$, $e \mapsto se$, verträglich, d. h. $(\rho_s)_* H_e = H_{se}$ für $e \in E$ und $s \in \mathbb{R}^*$.

Bemerkung 7.87. Sei $\pi\colon E \to M$ ein Vektorbündel über M, und $e \in E$ mit $p = \pi(e)$. Die Projektion $\pi\colon E \to M$ ist *submersiv* bei e, also $(d\pi)_e\colon T_eE \to T_pM$ surjektiv, mit $\ker(d\pi)_e = T_e(\pi^{-1}p) = T_e(E_p) \cong E_p \subset T_eE$. Man hat folglich eine exakte Sequenz von Vektorbündeln über E

$$0 \longrightarrow \pi^*E \longrightarrow TE \overset{d\pi}{\longrightarrow} \pi^*TM \longrightarrow 0, \qquad h\colon \pi^*TM \dashrightarrow TE \tag{7.31}$$

welche durch die Zerlegung $TE = H \oplus \pi^*E$ gespalten wird: $h = (d\pi|H)^{-1}$. Zu beachten ist, daß fasernweise durch $(d\pi)_e\colon H_e \xrightarrow{\sim} T_pM$ ein linearer Isomorphismus erklärt ist. Die differenzierbare Spaltung $h\colon \pi^*TM \xrightarrow{\sim} H \subset TE$ der Sequenz (7.31) von Vektorbündeln über M heißt *horizontaler Lift.*

Bezeichnung. Es sei $TE = H \oplus V$ mit $V := \pi^*E$ eine horizontale Spaltung von TE; weiter sei $w \in T_eE$ mit $e \in E$ und $p = \pi(e) \in M$. Wir nennen w *horizontal*, falls $w \in H_e$, und *vertikal* (im Sinn von "tangential an die Untermannigfaltigkeit E_p von E"), falls $w \in V_e \equiv E_p$. Während also in jeder Faser T_eE von TE kanonisch ein Vertikalraum V_e gegeben ist, gibt es keine kanonische Wahl eines Horizontalraums H_e: eine horizontale Spaltung bedeutet gerade die $\mathbb{R}^*$-invariante Wahl eines Komplementärraums H_e zu V_e (differenzierbar von e abhängig) für jedes $e \in E$.

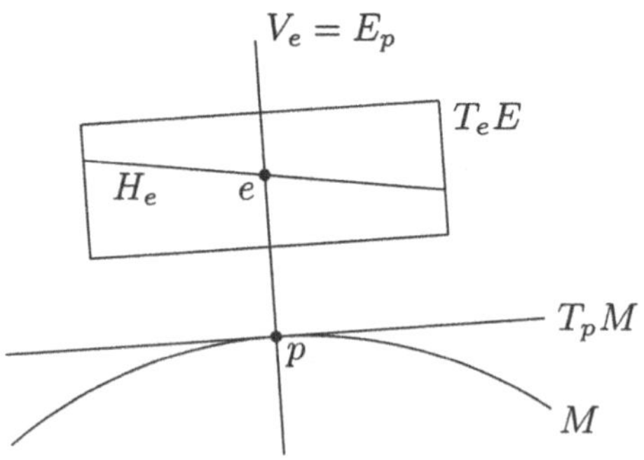

Satz 7.88. *Horizontale Spaltungen von TE und covariante Ableitungen auf E sind äquivalente Strukturen. Genauer gilt für ein Vektorbündel $\pi: E \to M$ über M:*

(i) *Jede covariante Ableitung ∇ auf E liefert kanonisch eine horizontale Spaltung H von TE, nämlich für $e \in E$ mit $p := \pi(e)$ durch*

$$H_e := \left\{X_* v : v \in T_pM,\ X \in \Gamma(E) \text{ mit } X(p) = e \text{ und } \nabla_v X = 0\right\} \subset T_eE.$$

(ii) *Jede horizontale Spaltung H von TE liefert invers zu* (i) *eine covariante Ableitung ∇ auf E, nämlich:*

(a) *Für $X \in \Gamma(E)$ ist $\nabla X \in \Gamma(T^*M \otimes E)$ erklärt durch den folgenden Homomorphismus von Vektorbündeln über M*

$$TM \xrightarrow{X_*} X^*TE \equiv X^*H \oplus X^*V \xrightarrow{\mathrm{pr}_V} X^*V = X^*\pi^*E = E,$$

wobei pr_V die Projektion auf den vertikalen Teilraum bezeichnet.

(b) *Für $\sigma \in \Gamma(\alpha^*E)$ mit α einer differenzierbaren Kurve auf M ist dann $\nabla_D\sigma \in \Gamma(\alpha^*E)$ wie folgt erklärt: $(\nabla_D\sigma)(t_0)$ ist das Bild von $\left(\frac{\partial}{\partial t}\right)_{t_0}$ unter*

$$\mathbb{R} = T\mathbb{R} \xrightarrow{\sigma_*} \sigma^*TE \equiv \sigma^*H \oplus \sigma^*V \xrightarrow{\mathrm{pr}_V} \sigma^*V = \sigma^*\pi^*E = E;$$

dabei wird also $\left(\frac{\partial}{\partial t}\right)_{t_0}$ zuerst auf $\dot\sigma(t_0)$ abgebildet und dann auf die vertikale Komponente projiziert.

Beweis: Zunächst ist zu verifizieren, daß der in (i) definierte Raum H_e ein Vektorraum ist. Dazu zeigt man: Zu jedem $v \in T_pM$ gibt es genau ein $w \in H_e$ mit $\pi_* w = v$, d.h. ist $v \in T_pM$ und sind $X, \tilde X \in \Gamma(E)$ mit $X(p) = \tilde X(p) = e$ und $\nabla_v X = \nabla_v \tilde X = 0$, so folgt $X_* v = \tilde X_* v$. Da dies eine lokale Aussage bei p ist, kann man sich o.E. auf die Situation $E = U \times \mathbb{R}^n$ mit $p \in U \subset \mathbb{R}^d$ zurückziehen, wobei dann $X: U \to \mathbb{R}^n$, $\tilde X: U \to \mathbb{R}^n$ mit $\tilde X = AX$ für eine differenzierbare Funktion $A: U \to \mathrm{GL}(n;\mathbb{R})$, $A(p) =$ Einheitsmatrix. Ist $v \in T_pM$, so folgt aus $\nabla_v \tilde X = 0$ zusammen mit $\nabla_v X = 0$ die Gleichung $v(A)X_p = 0$, wobei in $v(A)$ die Derivation v komponentenweise auf die Matrixfunktion A angewandt wird. Dies ergibt dann, wie gewünscht, $d(AX)_p v = v(A)X_p + A(p)v(X) = A(p)v(X) = v(X) = (dX)_p v$. Damit hat man die alternative Beschreibung $H_e = X_* T_pM = (dX)_p T_pM$ mittels eines fixierten Schnittes $X \in \Gamma(E)$ mit

$$X_p = e \quad \text{und} \quad (\nabla X)_p = 0, \tag{7.32}$$

woraus insbesondere die Vektorraumstruktur von H_e ersichtlich ist. Die Existenz eines solchen Schnittes sieht man so: Es genügt natürlich, sich X auf einem Kartengebiet um p zu verschaffen und dann differenzierbar fortzusetzen; lokal in Koordinaten um p reduziert sich (7.32) auf das Finden einer Funktion mit gegebenem 1-jet bei p.

Injektivität von $(dX)_p$ folgt aus $\pi_*(dX)_p = \mathrm{id}|T_pM$ und impliziert insbesondere $\dim H_e = \dim M$; ebenso ist $H_e \cap V_e = \{0\}$ evident, denn $w \in H_e$, etwa $w = X_* v$, impliziert $\pi_* w = (\pi \circ X)_* v = v$, während aus $w \in V_e$ gerade $\pi_* w = 0$ folgt. Damit ist dann $T_eE = H_e \oplus V_e$.

Wir wollen uns kurz überlegen, daß durch H ein Unterbündel von TE definiert wird, d.h. daß H_e differenzierbar von $e \in E$ abhängt. Hierfür fixieren wir eine Karte (h, U) für M und dürfen ohne Einschränkung $E \cong U \times \mathbb{R}^n$ annehmen. Ist dann $\partial_i = \frac{\partial}{\partial h^i}$ eines der Basisvektorfelder über U und $X \in \Gamma(E)$ ein beliebiger nichtverschwindender Schnitt, also $X\colon U \to \mathbb{R}^n$ differenzierbar mit $X(p) \neq 0$ für jedes $p \in U$, so gibt es hierzu eine C^∞-Funktion $A\colon U \to \mathrm{GL}(n; \mathbb{R})$ derart, daß

$$\nabla_{\partial_i}(A \cdot X) = 0 \quad \text{auf } U \tag{7.33}$$

gilt; denn Bedingung (7.33) ist äquivalent zu

$$\partial_i(A) \cdot X + A \cdot \nabla_{\partial_i} X = 0\,, \tag{7.34}$$

und letzteres ist eine Differentialgleichung für A. Zu $p \in U$ und $g \in \mathrm{GL}(n; \mathbb{R})$ sei nun $A = A_{i,p,g}\colon U \to \mathrm{GL}(n; \mathbb{R})$ die Lösung von (7.34) mit $A(p) = g \cdot X(p)$. Weiter wählen wir zu jedem $e \in E$ ein $g(e) \in \mathrm{GL}(n; \mathbb{R})$ derart, daß $e = g(e) \cdot X_{\pi(e)}$ gilt und $g(e)$ differenzierbar von e abhängt. Damit hat man zu jedem $e \in E$ Vektorfelder

$$X_i^{(e)} := A_{i,\pi(e),g(e)} \cdot X \in \Gamma(TU)\,, \quad 1 \le i \le d\,,$$

und davon induziert Vektorfelder auf E, nämlich

$$\bar{\partial}_i \in \Gamma(E), \quad (\bar{\partial}_i)_e := d(X_i^{(e)})_{\pi(e)} (\partial_i)_{\pi(e)}\,, \quad 1 \le i \le d\,,$$

so daß für jedes $e \in E$ durch $\big((\bar{\partial}_1)_e, \ldots, (\bar{\partial}_d)_e\big)$ eine Basis für H_e gegeben ist.

Daß H mit der Operation von $\mathbb{R}^*$ verträglich ist, ist wiederum offensichtlich. Dies zeigt Teil (i) von Satz 7.88.

Teil (ii) verifiziert man auf elementare Weise; zum Nachweis der Produktregel benötigt man die $\mathbb{R}^*$-Invarianz von H (Bedingung (ii) in Definition 7.86). □

Nach Satz 7.88 (ii) ist ein Schnitt $X \in \Gamma(E)$ parallel (d.h. $\nabla_v X = 0$ für alle $v \in TM$) genau dann, wenn $X_* v$ für jedes $v \in TM$ horizontal ist; ebenso ist ein Schnitt $\sigma \in \Gamma(\alpha^* E)$ längs $\alpha\colon I \to M$ genau dann parallel (d.h. $\nabla_D \sigma = 0$), wenn $\dot{\sigma}(t) \in H_{\sigma(t)}$ für alle $t \in I$. Als Konsequenz von Satz 7.83 erhält man somit den folgenden

Satz 7.89. *Sei $\pi\colon E \to M$ ein Vektorbündel über einer Mannigfaltigkeit M und H eine horizontale Spaltung von TE, weiter sei $\alpha\colon I \to M$ eine differenzierbare Kurve und $e \in E_{\alpha(t_0)}$ für ein $t_0 \in I$. Dann gibt es genau einen Lift von α zu einer "horizontalen" Kurve $u\colon I \to E$ mit $u(t_0) = e$ (d.h. $\pi \circ u = \alpha$ und $\frac{d}{dt} u(t) \in H_{u(t)}$ für $t \in I$, sowie $u(t_0) = e$).*

Definition 7.90. (Linearer Zusammenhang) Sei $\pi\colon E \to M$ ein Vektorbündel über einer Mannigfaltigkeit M. Unter einem *linearen Zusammenhang in E* versteht man eine covariante Ableitung auf E (oder gleichwertig: ein Paralleltransport in E oder eine horizontale Spaltung von TE). Ein linearer Zusammenhang in TM wird gelegentlich auch ein *linearer Zusammenhang auf M* genannt.

Gemäß Definition 7.81 heißen Kurven, deren Geschwindigkeit durch Paralleltransport gegeben ist, geodätische Kurven. Wir wollen einige Bemerkungen über die Existenz geodätischer Kurven anschließen. Sei M eine d-dimensionale Mannigfaltigkeit und ∇ ein linearer Zusammenhang in TM. Für eine differenzierbare Kurve $\gamma\colon I \to M$ bedeutet $\nabla_D \dot\gamma = 0$ nach Bemerkung 7.82, daß in Koordinaten (h, U):

$$\ddot\gamma^k + \sum_{i,j} (\Gamma_{ij}^k \circ \gamma)\, \dot\gamma^i \dot\gamma^j = 0, \quad k = 1, \ldots, d, \tag{7.35}$$

wobei $\gamma^k = h^k \circ \gamma$ und Γ_{ij}^k die durch $\nabla_{\partial_i} \partial_j = \sum_k \Gamma_{ij}^k \partial_k$ festgelegten Christoffelsymbole sind. Nach Satz 7.88 ist $\nabla_D \dot\gamma = 0$ äquivalent zu $\ddot\gamma(t) \in H_{\dot\gamma(t)}$ für jedes $t \in I$. Der vom linearen Zusammenhang ∇ auf M gemäß Diagramm (7.31) induzierte horizontale Lift $h\colon \pi^*TM \xrightarrow{\sim} H \subset TTM$ definiert ein kanonisches (horizontales) Vektorfeld ξ auf TM, nämlich für $v \in TM$ durch

$$T_{\pi(v)}M \xrightarrow{h_v} H_v \hookrightarrow T_vTM, \quad v \longmapsto \xi(v).$$

Offensichtlich ist ξ nicht nur eine *Differentialgleichung zweiter Ordnung* (d.h. ein Vektorfeld auf TM mit $(d\pi)_v \xi(v) = v$ für $v \in TM$), sondern sogar ein *Spray*, d.h. es gilt zusätzlich $\xi(sv) = (d\varrho_s)(s\xi(v))$ für alle $s \in \mathbb{R}^*$ mit der Multiplikation $\varrho_s\colon TM \to TM$, $v \mapsto s\cdot v$. Das Vektorfeld ξ auf TM heißt der zum linearen Zusammenhang ∇ auf TM gehörige *geodätische Spray*. Ist allgemein ξ eine Differentialgleichung zweiter Ordnung, so nennen wir jede Kurve $\gamma\colon I \to M$ mit $\ddot\gamma(t) = \xi(\dot\gamma(t))$ eine *Integralkurve von* ξ. Wegen $\pi \circ \dot\gamma = \gamma$ gilt trivialerweise $\pi_* \ddot\gamma = \dot\gamma$, so daß im Fall des geodätischen Sprays ξ

$$\nabla_D \dot\gamma = 0 \iff \ddot\gamma(t) = \xi(\dot\gamma(t)) \quad \text{für jedes } t \in I.$$

Damit ist also eine Kurve γ in M genau dann eine Geodätische, wenn sie Integralkurve des zugehörigen geodätischen Sprays ist. Als Konsequenz erhält man das folgende

Korollar. *Sei M eine Mannigfaltigkeit und ∇ ein linearer Zusammenhang in TM. Ist dann $p \in M$ und $v \in T_pM$, so gibt es genau eine maximale Geodätische $\gamma = \gamma_v$ mit $\gamma(0) = p$ und $\dot\gamma(0) = v$. Zusätzlich gilt $\gamma_{sv}(t) = \gamma_v(st)$ für $s, t \in \mathbb{R}$, falls eine der beiden Seiten definiert ist.*

Beweis: Ist allgemein ξ eine Differentialgleichung zweiter Ordnung, so gibt es zu jedem $v \in T_pM$ genau eine maximale Integralkurve γ mit $\dot\gamma(0) = v$ (insbesondere also $\gamma(0) = p$); dies ist eine unmittelbare Konsequenz aus dem Existenz- und Eindeutigkeitsresultat für Integralkurven zu Vektorfeldern. Die Bedingung, daß ξ sogar ein Spray ist, ergibt den Zusatz: Die Integralkurve zur s-fachen Anfangsgeschwindigkeit ist die ursprüngliche Integralkurve, aber s-mal so schnell durchlaufen.

□

Definition 7.91. Ist M eine Mannigfaltigkeit, so heißt ein linearer Zusammenhang ∇ in TM *metrisch vollständig*, wenn jede maximale Geodätische auf ganz $\mathbb{R}$ definiert ist.

Definition 7.92. (Tensorfeld) Sei M eine Mannigfaltigkeit und TM bzw. T^*M das Tangential- bzw. Kotangentialbündel von M. Für $r,s \in \mathbb{N} \cup \{0\}$ nennt man die Elemente von $\Gamma(T^*M^{\otimes s} \otimes TM^{\otimes r})$ *Tensorfelder vom Typ* (r,s) oder kurz (r,s)-*Tensoren*. Für $s \in \mathbb{N}$ hat man die kanonischen $C^\infty(M)$-Isomorphismen

$$\Gamma(T^*M^{\otimes s} \otimes TM) \cong \Gamma\big(\mathrm{Mult}_{\mathbb{R}}(TM^s;TM)\big) \cong \mathrm{Mult}_{C^\infty(M)}\big(\Gamma(TM)^s;\Gamma(TM)\big).$$

Hierdurch sind also die Tensorfelder vom Typ $(1,s)$ gerade durch die $C^\infty(M)$-multilinearen Abbildungen $\Gamma(TM)^s \to \Gamma(TM)$ gegeben.

Definition 7.93. (Torsion, Krümmung) Sei M eine Mannigfaltigkeit und ∇ ein linearer Zusammenhang in TM.
(i) Die Abbildung

$$T\colon \Gamma(TM)^2 \to \Gamma(TM), \quad (X,Y) \mapsto \nabla_X Y - \nabla_Y X - [X,Y]$$

ist $C^\infty(M)$-bilinear und repräsentiert einen (1,2)-Tensor $T \in \Gamma(T^*M^{\otimes 2} \otimes TM)$, den *Torsionstensor von* ∇; dabei ist das Lie-Produkt $[X,Y] \in \Gamma(TM)$ der Vektorfelder $X,Y \in \Gamma(TM)$ als Derivation definiert durch

$$[X,Y]f = X(Yf) - Y(Xf), \quad f \in C^\infty(M).$$

Der Zusammenhang ∇ heißt *torsionsfrei* oder *symmetrisch*, wenn $T \equiv 0$ gilt.
(ii) Die Abbildung

$$R\colon \Gamma(TM)^3 \to \Gamma(TM), \quad (X,Y,Z) \mapsto \nabla_X\nabla_Y Z - \nabla_Y\nabla_X Z - \nabla_{[X,Y]}Z$$

ist $C^\infty(M)$-trilinear und repräsentiert einen (1,3)-Tensor $R \in \Gamma(T^*M^{\otimes 3} \otimes TM)$, den *Krümmungstensor von* ∇. Der Krümmungstensor R läßt sich natürlich auch als $C^\infty(M)$-bilineare Abbildung

$$R\colon \Gamma(TM)^2 \to \mathrm{End}_{C^\infty(M)}\Gamma(TM) \cong \Gamma(\mathrm{End}\,TM)$$

auffassen und ist in diesem Sinne als $R \in \Gamma(T^*M^{\otimes 2} \otimes \mathrm{End}\,TM)$ zu lesen. Dies führt zur häufig benutzten Schreibweise $R(X,Y)Z \equiv R(X,Y,Z)$.

Bemerkung 7.94. Ein linearer Zusammenhang ∇ in TM ist genau dann torsionsfrei, wenn für alle Christoffel-Symbole $\Gamma^k_{ij} = \Gamma^k_{ji}$ gilt. Insbesondere kann man einen linearen Zusammenhang ∇ in TM "symmetrisieren" durch Übergang zu $\tilde{\nabla}$ mit den Christoffel-Symbolen $\tilde{\Gamma}^k_{ij} := \frac{1}{2}(\Gamma^k_{ij} + \Gamma^k_{ji})$.

Beweis: Ist (h,U) eine Karte für M mit $\partial_1,\dots,\partial_d$ den zugehörigen Koordinatenvektorfeldern, so sind im Kartengebiet die Christoffel-Symbole durch $\nabla_{\partial_i}\partial_j = \sum_k \Gamma^k_{ij}\partial_k$ festgelegt. Aufgrund der C^∞-Bilinearität von T folgt aus $T(\partial_i,\partial_j) = 0$ für sämtliche Koordinatenvektorfelder ∂_i,∂_j bereits, daß $T(X,Y)|U = 0$ für alle $X,Y \in \Gamma(TM)$. Wegen $[\partial_i,\partial_j] \equiv 0$ ist aber $T(\partial_i,\partial_j) = \nabla_{\partial_i}\partial_j - \nabla_{\partial_j}\partial_i$, woraus sich die Behauptung ableitet. □

Ist $f\colon M \to N$ eine differenzierbare Abbildung und liest man den Krümmungstensor R eines linearen Zusammenhangs in TN als Element von $\Gamma(T^*N^{\otimes 2} \otimes \mathrm{End}\,TN)$, so ist wegen $f^*\,\mathrm{End}\,TN \cong \mathrm{End}(f^*TN)$

$$f^*R \in \Gamma(T^*M^{\otimes 2} \otimes f^*\,\mathrm{End}\,TN) \cong \mathrm{Bil}_{C^\infty(M)}\big(\Gamma(TM),\Gamma(TM);\mathrm{End}_{C^\infty(M)}\, f^*TN\big).$$

Konkret gilt dabei für $A,B \in \Gamma(TM)$, $Y \in \Gamma(f^*TN)$ und $p \in M$

$$\big((f^*R)(A,B)Y\big)_p = R_{f(p)}(df_pA_p, df_pB_p, Y_p) \in T_{f(p)}N.$$

In diesem Kontext hat man nun die folgenden wichtigen Gleichungen:

Satz 7.95. (Cartansche Strukturgleichungen) *Es sei $f\colon M \to N$ eine differenzierbare Abbildung zwischen Mannigfaltigkeiten und ∇ ein linearer Zusammenhang in TN. Dann gilt für $A,B \in \Gamma(TM)$, $Y \in \Gamma(f^*TN)$*

$$(f^*T)(A,B) = \nabla_A(df\,B) - \nabla_B(df\,A) - df\,[A,B] \in \Gamma(f^*TN)$$

$$(f^*R)(A,B)Y = \nabla_A\nabla_B Y - \nabla_B\nabla_A Y - \nabla_{[A,B]}Y \in \Gamma(f^*TN).$$

Hier steht auf der rechten Seite jeweils die induzierte covariante Ableitung auf f^*TM; siehe Definition 7.79.

Beweis: Es genügt, die Gleichungen lokal nachzuprüfen. Sei dazu (h,U) eine Karte für N und $\partial_1,\dots,\partial_d \in \Gamma(TN/U)$ das zugehörige lokale Basissystem für TN. Dann ist auch $f^*\partial_1,\dots,f^*\partial_d \in \Gamma\big(f^*TN/f^{-1}(U)\big)$ ein lokales Basissystem für f^*TN über M, und zwar gilt auf $f^{-1}(U)$

$$df\,A = \sum A(h^i \circ f)\, f^*\partial_i, \quad df\,B = \sum B(h^i \circ f)\, f^*\partial_i$$

$$df\,[A,B] = \sum \big[A\big(B(h^i \circ f)\big) - B\big(A(h^i \circ f)\big)\big]\, f^*\partial_i.$$

Damit berechnet man weiter (stets auf $f^{-1}(U)$)

$$\nabla_A(df\,B) = \sum \big[A\big(B(h^i \circ f)\big)\, f^*\partial_i + B(h^i \circ f)\nabla_A f^*\partial_i\big]$$

$$\nabla_B(df\,A) = \sum \big[B\big(A(h^i \circ f)\big)\, f^*\partial_i + A(h^i \circ f)\nabla_B f^*\partial_i\big].$$

Andererseits ist $T(\partial_i,\partial_j) = \nabla_{\partial_i}\partial_j - \nabla_{\partial_j}\partial_i$ und damit

$$\begin{aligned}(f^*T)(A,B) &= \textstyle\sum_{i,j} A(h^i \circ f)\, B(h^j \circ f)\, f^*\big(T(\partial_i,\partial_j)\big)\\ &= \textstyle\sum_i \big[B(h^i \circ f)\nabla_A f^*\partial_i - A(h^i \circ f)\nabla_B f^*\partial_i\big].\end{aligned}$$

Insgesamt ergibt sich daraus die erste Gleichung. Der Nachweis der zweiten Strukturgleichung verläuft ähnlich. □

Bevor wir weiter auf Torsion und Krümmung eingehen, wollen wir uns einem anderen Aspekt der Theorie zuwenden. Das Messen von Abständen von Punkten und Längen von Kurven auf Mannigfaltigkeiten erfordert als zusätzliche Struktur eine Metrik auf dem Tangentialbündel. Mannigfaltigkeiten mit einer solchen Zusatzstruktur nennt man Riemannsche Mannigfaltigkeiten.

Definition 7.96. (Riemannsche Metrik) Sei E ein Vektorbündel über M. Eine *Riemannsche Metrik auf* E ist ein Schnitt

$$g \in \Gamma(E^* \otimes E^*) \cong \Gamma\big(\mathrm{Bil}(E,E;\mathbb{R})\big) \cong \mathrm{Bil}_{C^\infty(M)}\big(\Gamma(E),\Gamma(E);C^\infty(M)\big)$$

mit der Eigenschaft, daß $g_x \in \mathrm{Bil}(E_x,E_x;\mathbb{R})$ für jedes $x \in M$ symmetrisch und positiv definit ist.

Man schreibt auch $\langle\cdot,\cdot\rangle$ anstelle von g und hat dann auf jeder Faser E_x das (bzgl. Bündelkarten differenzierbar von x abhängige) Skalarprodukt $g_x = \langle\cdot,\cdot\rangle_x$. Ebenso ist für $A \in \Gamma(E)$ die Schreibweise $\|A\|$ statt $\sqrt{g(A,A)}$ (bzw. $\|e\|_x$ statt $\sqrt{g_x(e,e)}$ für $e \in E_x$) gebräuchlich.

Auf jedem Vektorbündel E über M gibt es eine Riemannsche Metrik: Man konstruiert zunächst Metriken auf den Definitionsbereichen geeigneter Bündelkarten und verklebt diese zu einer globalen Metrik mit Hilfe einer Zerlegung der Eins.

Definition 7.97. (Riemannsche Mannigfaltigkeit) Eine *Riemannsche Mannigfaltigkeit* ist ein Paar (M,g), bestehend aus einer Mannigfaltigkeit M und einer Riemannschen Metrik g auf dem Tangentialbündel TM.

Definition 7.98. (Länge von Kurven) Sei α: $[a,b] \to M$ eine stückweise differenzierbare Kurve auf einer Riemannschen Mannigfaltigkeit (M,g), so daß jeweils $\alpha|[t_{i-1},t_i]$ differenzierbar ist für eine Unterteilung $a = t_0 < t_1 < \ldots < t_r = b$ von $[a,b]$. Dann ist

$$L(\alpha) := \sum_{i=1}^{r} \int_{t_{i-1}}^{t_i} \|\dot\alpha(t)\|_{\alpha(t)}\, dt$$

wohldefiniert und wird als die *Länge von* α bezeichnet.

Definition 7.99. (lokale Isometrie, Isometrie) Seien (M,g) und (N,h) Riemannsche Mannigfaltigkeiten. Eine differenzierbare Abbildung f: $M \to N$ heißt *lokale Isometrie*, falls $g = f^*h$, d.h. falls $g_p(u,v) = (f^*h)_p(u,v) \equiv h_{f(p)}\big((df)_p u,(df)_p v\big)$ für alle $u,v \in T_pM$ gilt. Ist f darüberhinaus sogar ein Diffeomorphismus, so nennt man f eine *Isometrie*.

Die Bedingung $g = f^*h$ besagt gerade, daß $(df)_p$: $(T_pM,g_p) \to (T_{f(p)}N,h_{f(p)})$ für jedes $p \in M$ eine Isometrie euklidischer Vektorräume definiert. Lokale Isometrien lassen insbesondere Längen von Kurven invariant.

Definition 7.100. (Riemannscher Zusammenhang) Es sei (M,g) eine Riemannsche Mannigfaltigkeit und ∇ ein linearer Zusammenhang in TM. Dann heißt ∇ ein *Riemannscher Zusammenhang*, wenn alle seine Paralleltransporte

$$\sigma_{s,t}\colon (T_{\alpha(s)}M,g_{\alpha(s)}) \to (T_{\alpha(t)}M,g_{\alpha(t)})$$

längs differenzierbarer Kurven α Isometrien sind.

Satz 7.101. (Charakterisierung Riemannscher Zusammenhänge) *Sei (M,g) eine Riemannsche Mannigfaltigkeit und ∇ ein linearer Zusammenhang in TM. Dann sind folgende Aussagen äquivalent:*

(i) *∇ ist ein Riemannscher Zusammenhang.*

(ii) (Ricci-Identität) *Für $X,Y,Z \in \Gamma(TM)$ gilt $Z\langle X,Y\rangle = \langle\nabla_Z X,Y\rangle + \langle X,\nabla_Z Y\rangle$.*

(iii) *Ist $f\colon N \to M$ eine differenzierbare Abbildung, so gilt für $X,Y \in \Gamma(f^*TM)$, $A \in \Gamma(TN)$ die Gleichung $A\langle X,Y\rangle = \langle\nabla_A X,Y\rangle + \langle X,\nabla_A Y\rangle$.*

Beweis: (i)$\Rightarrow$(ii): Sei $p \in M$ und $\alpha\colon I \to M$ eine differenzierbare Kurve mit $\dot\alpha(0) = Z_p$. Mit den Paralleltransporten $\sigma_{s,t}$ längs α berechnet man nun

$$\begin{aligned} Z_p\langle X,Y\rangle &= \tfrac{d}{dt}\Big|_{t=0}\langle X_{\alpha(t)},Y_{\alpha(t)}\rangle_{\alpha(t)} \\ &= \tfrac{d}{dt}\Big|_{t=0}\langle\sigma_{0,t}^{-1}X_{\alpha(t)},\sigma_{0,t}^{-1}Y_{\alpha(t)}\rangle_p \\ &= \Big\langle \tfrac{d}{dt}\Big|_{t=0}(\sigma_{0,t}^{-1}X_{\alpha(t)}),Y_p\Big\rangle_p + \Big\langle X_p, \tfrac{d}{dt}\Big|_{t=0}(\sigma_{0,t}^{-1}Y_{\alpha(t)})\Big\rangle_p \\ &= \big\langle(\nabla_Z X)_p,Y_p\big\rangle_p + \big\langle X_p,(\nabla_Z Y)_p\big\rangle_p . \end{aligned}$$

(ii)$\Rightarrow$(iii): Es seien $X,Y \in \Gamma(f^*TM)$ und $A \in \Gamma(TN)$. Wegen

$$A\langle\phi X,Y\rangle = (A\phi)\langle X,Y\rangle + \phi A\langle X,Y\rangle \quad \text{und}$$

$$\big\langle\nabla_A(\phi X),Y\big\rangle = (A\phi)\langle X,Y\rangle + \phi\langle\nabla_A X,Y\rangle$$

für $\phi \in C^\infty(N)$ genügt es, die Aussage für $X = f^*U$, $Y = f^*V$ mit $U,V \in \Gamma(TM)$ nachzuprüfen. Mit $q \in N$ und $w := A_q$ erhält man aber

$$\begin{aligned} A_q\langle X,Y\rangle &= w\big(\langle U,V\rangle \circ f\big) = (df_q w)\langle U,V\rangle \\ &= \langle\nabla_{df_q w}U,V_{f(q)}\rangle + \langle U_{f(q)},\nabla_{df_q w}V\rangle = \langle\nabla_w X,Y_q\rangle + \langle X_q,\nabla_w Y\rangle . \end{aligned}$$

(iii)$\Rightarrow$(i): Es seien X,Y parallele Vektorfelder längs einer differenzierbaren Kurve α auf M. Dann gilt $D\langle X,Y\rangle = \langle\nabla_D X,Y\rangle + \langle X,\nabla_D Y\rangle = 0$, folglich ist $\langle X,Y\rangle$ konstant. □

Geodätische bezüglich Riemannscher Zusammenhänge sind stets proportional zur Bogenlänge parametrisiert, denn es gilt $D\langle\dot\gamma,\dot\gamma\rangle = 2\langle\nabla_D\dot\gamma,\dot\gamma\rangle = 0$, folglich ist $\|\dot\gamma\|$ konstant.

Satz 7.102. (von Levi-Civita) *Zu jeder Riemannschen Mannigfaltigkeit (M,g) gibt es genau einen torsionsfreien Riemannschen Zusammenhang ∇ in TM.*

Der nach Satz 7.102 auf einer Riemannschen Mannigfaltigkeit (M,g) eindeutig bestimmte torsionsfreie Riemannsche Zusammenhang in TM heißt *Levi-Civita-Zusammenhang* in TM. Der zugehörige Paralleltransport heißt der *Levi-Civita-Parallelismus*.

Beweis (von Satz 7.102): Zum Nachweis der Eindeutigkeit genügt es zu zeigen, daß $\langle \nabla_X Y, Z\rangle$ für $X, Y, Z \in \Gamma(TM)$ eindeutig bestimmt ist. Die Ricci-Identität ergibt zunächst

$$X\langle Y,Z\rangle = \langle \nabla_X Y, Z\rangle + \langle Y, \nabla_X Z\rangle$$
$$Y\langle X,Z\rangle = \langle \nabla_Y X, Z\rangle + \langle X, \nabla_Y Z\rangle$$
$$Z\langle X,Y\rangle = \langle \nabla_Z X, Y\rangle + \langle X, \nabla_Z Y\rangle .$$

Addiert man die beiden ersten Gleichungen und subtrahiert die letzte, so folgt mit der Torsionsfreiheit von ∇ schließlich

$$\begin{aligned} 2\langle \nabla_X Y, Z\rangle &= X\langle Y,Z\rangle + Y\langle X,Z\rangle - Z\langle X,Y\rangle \\ &\quad + \langle [X,Y],Z\rangle - \langle [X,Z],Y\rangle - \langle [Y,Z],X\rangle . \end{aligned} \tag{7.36}$$

Da die rechte Seite dieser Gleichung $C^\infty(M)$-linear von Z abhängt, läßt sich damit umgekehrt ein Vektorfeld $\nabla_X Y \in \Gamma(TM)$ definieren. Man verifiziert, daß hierdurch ein torsionsfreier Riemannscher Zusammenhang in TM gegeben ist. □

Gleichung (7.36) läßt sich benutzen, um den Levi-Civita-Zusammenhang einer Riemannschen Mannigfaltigkeit (M, g) direkt über die Metrik g auszudrücken: Sei (h, U) eine Karte für M und $\partial_i = \frac{\partial}{\partial h^i} \in \Gamma(TM/U)$ für $i = 1, \ldots, d$; dazu betrachte

$$g_{ij} := \left\langle \tfrac{\partial}{\partial h^i}, \tfrac{\partial}{\partial h^j} \right\rangle \in C^\infty(U),$$

sowie $g^{ij} \in C^\infty(U)$ mit $\sum_j g^{ij} g_{jk} = \delta_{ik}$. Dann folgt mittels Gleichung (7.36)

$$2\langle \nabla_{\partial_i}\partial_j, \partial_k\rangle = \partial_i\langle \partial_j, \partial_k\rangle + \partial_j\langle \partial_k, \partial_i\rangle - \partial_k\langle \partial_i, \partial_j\rangle ,$$

d.h. $2\sum_m \Gamma^m_{ij} g_{mk} = \partial_i g_{jk} + \partial_j g_{ki} - \partial_k g_{ij}$, woraus sich die gewünschte Beziehung ergibt:

$$\Gamma^\ell_{ij} = \tfrac{1}{2}\sum_k g^{k\ell}\left[\partial_i g_{jk} + \partial_j g_{ki} - \partial_k g_{ij}\right]. \tag{7.37}$$

Beispiel 7.103. (Levi-Civita-Zusammenhang auf $\mathbb{R}^d$) Es sei speziell $(M, g) = (\mathbb{R}^d, \text{eukl})$ mit der kanonischen Riemannschen Metrik $\text{eukl}(A, B) \equiv \langle A, B\rangle = \sum A^i B^i$ für Vektorfelder A, B auf $\mathbb{R}^d$. Vektorfelder auf $\mathbb{R}^d$ lesen wir wieder gleichermaßen als $\mathbb{R}^d$-wertige C^∞-Funktionen auf $\mathbb{R}^d$ wie auch als Derivationen von $C^\infty(\mathbb{R}^d)$: wie üblich entsprechen dabei den konstanten Abbildungen $(x \mapsto e_i) \in C^\infty(\mathbb{R}^d)$, $i = 1, \ldots, d$, die Vektorfelder $D_1, \ldots, D_d$ mit $D_i = \frac{\partial}{\partial x^i}$.

(i) Der Levi-Civita-Zusammenhang ∇ auf $(\mathbb{R}^d, \text{eukl})$ ist gemäß Gleichung (7.37) durch $\nabla_{D_i} D_j = 0$ festgelegt; für Vektorfelder A, B auf $\mathbb{R}^d$ heißt dies

$$\nabla_A B = \sum_i A(B^i)\, D_i \equiv \sum_i A(B^i)\, e_i = \big(A(B^1), \ldots, A(B^d)\big). \tag{7.38}$$

Dieser kanonische Zusammenhang auf $\mathbb{R}^d$ wird gelegentlich auch mit D bezeichnet, also $\nabla_A B = D_A B$, denn nach (7.38) ist $\nabla_v B = D_v B$ gerade die Richtungsableitung von $B \in C^\infty(\mathbb{R}^d, \mathbb{R}^d)$ in Richtung $v \in \mathbb{R}^d$.

(ii) Vom Levi-Civita-Zusammenhang auf $(\mathbb{R}^d, \text{eukl})$ induzierte Zusammenhänge lassen sich ähnlich leicht berechnen: Ist M eine Mannigfaltigkeit und $f\colon M \to \mathbb{R}^d$ eine differenzierbare Abbildung, so liest man zunächst mit Hilfe der $C^\infty(M)$-Isomorphismen

$$C^\infty(M; \mathbb{R}^d) \cong \Gamma(M \times \mathbb{R}^d) \cong \Gamma(f^*T\mathbb{R}^d)$$

Vektorfelder auf $\mathbb{R}^d$ längs f als $\mathbb{R}^d$-wertige C^∞-Abbildungen auf M. Dabei entspricht der konstanten Abbildung $x \mapsto e_i$ das induzierte Vektorfeld f^*D_i, allgemeiner also einer Abbildung $A = (A^1, \ldots, A^d) \in C^\infty(M; \mathbb{R}^d)$ das Vektorfeld $\sum A^i f^*D_i \in \Gamma(f^*T\mathbb{R}^d)$ längs f. Ist nun $X \in \Gamma(TM)$, so berechnet sich die covariante Ableitung $\nabla_X A \in \Gamma(f^*T\mathbb{R}^d)$ bezüglich des durch f induzierten linearen Zusammenhangs in $f^*T\mathbb{R}^d$ gemäß

$$(\nabla_X A)^i = XA^i, \quad i = 1, \ldots, d.$$

Nach der Produktregel gilt ja zunächst $\nabla_X A = \sum (XA^i) f^*D_i + A^i D_X f^*D_i$; andererseits ist $D_X f^*D_i = D_{df\,X} D_i = 0$.

Bemerkung 7.104. (Levi-Civita-Zusammenhänge auf Riemannschen Untermannigfaltigkeiten) Es sei (M, g) eine Riemannsche Untermannigfaltigkeit einer Riemannschen Mannigfaltigkeit $(\tilde{M}, \tilde{g})$, es gibt also eine Einbettung $M \overset{\iota}{\hookrightarrow} \tilde{M}$ mit $g = \iota^*\tilde{g}$. Für jedes $x \in M$ ist daher der Homomorphismus $d\iota_x\colon T_xM \to T_x\tilde{M}$ eine Isometrie. Bezeichnet für $x \in M$ ferner $\mathrm{pr}_x^\top\colon T_x\tilde{M} \to T_xM$ die orthogonale Projektion auf den Unterraum $T_xM \equiv d\iota_x T_xM \subset T_x\tilde{M}$, so erhält man einen Homomorphismus von Vektorbündeln $\mathrm{pr}^\top\colon \iota^*T\tilde{M} \to TM$ über M mit $\mathrm{pr}^\top \circ d\iota = \mathrm{id}_{TM}$:

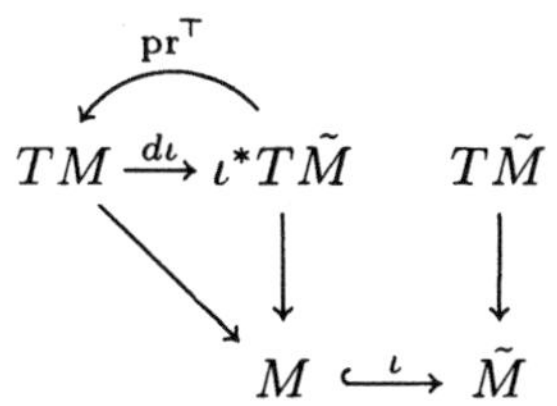

Ist nun ∇ bzw. $\tilde{\nabla}$ der Levi-Civita-Zusammenhang in TM bzw. $T\tilde{M}$, so gilt für $A, B \in \Gamma(TM)$

$$\nabla_A B = \mathrm{pr}^\top \tilde{\nabla}_A (d\iota\, B)\,. \tag{7.39}$$

Somit ist der Zusammenhang ∇ eindeutig durch $\tilde{\nabla}$ bestimmt und läßt sich durch Gleichung (7.39) aus $\tilde{\nabla}$ berechnen.

Beweis: Zunächst ist durch die rechte Seite der obigen Gleichung ein linearer Zusammenhang ∇' in TM erklärt. Aufgrund der Eindeutigkeitsaussage von Satz

7.102 genügt es zu zeigen, daß ∇' ein torsionsfreier Riemannscher Zusammenhang ist: Ist jeweils T' bzw. $\tilde{T}$ der Torsionstensor von ∇' bzw. $\tilde{\nabla}$, so gilt nach Satz 7.95 für $A, B \in \Gamma(TM)$:

$$\begin{aligned} T'(A,B) &= \nabla'_A B - \nabla'_B A - [A,B] \\ &= \mathrm{pr}^{\top}\big(\tilde{\nabla}_A(d\iota\, B) - \tilde{\nabla}_B(d\iota\, A) - d\iota\,[A,B]\big) \\ &= \mathrm{pr}^{\top}(\iota^*\tilde{T})(A,B) = 0, \end{aligned}$$

denn $\tilde{\nabla}$ ist torsionsfrei, also $\tilde{T} \equiv 0$. Daher ist auch ∇' torsionsfrei. Weiter gilt für $A, B, C \in \Gamma(TM)$ nach Satz 7.101

$$\begin{aligned} \langle \nabla'_C A, B\rangle + \langle A, \nabla'_C B\rangle &= \langle \tilde{\nabla}_C(d\iota\, A), d\iota\, B\rangle + \langle d\iota\, A, \tilde{\nabla}_C(d\iota B)\rangle \\ &= C\langle d\iota\, A, d\iota\, B\rangle = C\langle A, B\rangle . \end{aligned}$$

Also erfüllt ∇' auch die Ricci-Identität und ist daher nach Satz 7.101 ein Riemannscher Zusammenhang. □

Beispiel 7.105. (Riemannsche Untermannigfaltigkeiten von $(\mathbb{R}^d, \mathrm{eukl})$) Es sei speziell $(M,g) \overset{\iota}{\hookrightarrow} (\mathbb{R}^d, \mathrm{eukl})$ eine Riemannsche Untermannigfaltigkeit des $\mathbb{R}^d$. Mittels der faserweise isometrischen Bündeleinbettung $d\iota\colon TM \hookrightarrow \iota^*T\mathbb{R}^d$ ist dann $TM \subset \iota^*T\mathbb{R}^d \cong M \times \mathbb{R}^d$ als Untervektorbündel und damit $\Gamma(TM) \subset \Gamma(\iota^*T\mathbb{R}^d) = C^\infty(M; \mathbb{R}^d)$: Vektorfelder auf M sind in diesem Sinne $\mathbb{R}^d$-wertige C^∞-Abbildungen auf M. Mit der orthogonalen Projektion $\mathrm{pr}^{\top}\colon M \times \mathbb{R}^d \to TM$, $(x,v) \mapsto \mathrm{pr}^{\top}_x v$, gilt für Vektorfelder $A, B \in \Gamma(TM)$ gemäß (7.38) und (7.39)

$$\nabla_A B = \mathrm{pr}^{\top}(AB^1, \dots, AB^d). \tag{7.40}$$

Definition 7.106. (Covariante Ableitung von Differentialformen, Hesseform) Sei M eine Mannigfaltigkeit und ∇ ein linearer Zusammenhang in TM. Für eine Differentialform $\alpha \in A^1(M) \equiv \Gamma(T^*M)$ und ein Vektorfeld $A \in \Gamma(TM)$ sei $\nabla_A \alpha \in A^1(M)$ definiert durch

$$(\nabla_A\alpha)(B) := A(\alpha B) - \alpha(\nabla_A B), \quad B \in \Gamma(TM). \tag{7.41}$$

$\nabla_A\alpha$ ist wohldefiniert gemäß Lemma 7.76, da die rechte Seite von (7.41) $C^\infty(M)$-linear von B abhängt. Insbesondere hat man dann

$$\nabla\alpha \in \Gamma(T^*M \otimes T^*M) \equiv \Gamma(\mathrm{Bil}(TM,TM);\mathbb{R}), \quad \nabla\alpha(A,B) := (\nabla_A\alpha)(B).$$

Ist speziell $\alpha = df$ mit $f \in C^\infty(M)$, so heißt

$$\nabla df =: \mathrm{Hess}\, f \in \Gamma(T^*M \otimes T^*M), \quad (\nabla df)(A,B) = ABf - (\nabla_A B)f,$$

zweite Fundamentalform (Hesseform) von f.

Bemerkung 7.107. (a) Sei M eine Mannigfaltigkeit und ∇ ein linearer Zusammenhang in TM. Dann ist

$$\nabla df \in \mathrm{Bil}_{C^\infty(M)}\big(\Gamma(TM),\Gamma(TM);C^\infty(M)\big), \quad (A,B) \mapsto (\nabla df)(A,B),$$

genau dann symmetrisch für jedes $f \in C^\infty(M)$, wenn ∇ torsionsfrei ist, d.h. wenn $T(A,B) \equiv \nabla_A B - \nabla_B A - [A,B] = 0$ für $A,B \in \Gamma(TM)$.

(b) Sei (M,g) eine Riemannsche Mannigfaltigkeit und ∇ ein Riemannscher Zusammenhang in TM. Zu $f \in C^\infty(M)$ betrachte $\operatorname{grad} f \in \Gamma(TM)$, den *Gradienten von* f, definiert durch $\langle \operatorname{grad} f, A\rangle = Af$, $A \in \Gamma(TM)$. Hiermit gilt:

$$(\nabla df)(A,B) = \langle \nabla_A \operatorname{grad} f, B\rangle.$$

Denn: Gemäß Satz 7.101 (ii) (Ricci-Identität) ist $A\langle \operatorname{grad} f, B\rangle = \langle \nabla_A \operatorname{grad} f, B\rangle + \langle \operatorname{grad} f, \nabla_A B\rangle$, und folglich $\langle \nabla_A \operatorname{grad} f, B\rangle = ABf - (\nabla_A B)f$. □

Beispiel 7.108. Ist $M = \mathbb{R}^d$ und ∇ der kanonische lineare Zusammenhang auf $\mathbb{R}^d$ mit $\nabla_{D_i} D_j = 0$, so gilt $(\nabla df)(D_i, D_j) = D_i D_j f$.

Nach diesen differentialgeometrischen Vorbereitungen wenden wir uns einem zentralen Konzept der stochastischen Analysis auf Mannigfaltigkeiten zu, nämlich dem Begriff des Martingals auf einer Mannigfaltigkeit.

Definition 7.109. (∇-Martingal) Sei M eine Mannigfaltigkeit und ∇ ein linearer Zusammenhang in TM; weiter sei auf einem standard filtrierten Wahrscheinlichkeitsraum $\big(\Omega;\mathscr{F};P;(\mathscr{F}_t)_{t\geq 0}\big)$ ein M-wertiges Semimartingal X gegeben. Dann heißt X ein *Martingal*, genauer ein ∇-*Martingal*, falls für jedes $f \in C^\infty(M)$ gilt:

$$d(f \circ X) \overset{\mathrm{m}}{=} \tfrac{1}{2}(\nabla df)(dX, dX), \tag{7.42}$$

wobei $\overset{\mathrm{m}}{=}$ für Gleichheit modulo Differentialen von lokalen Martingalen steht.

Wir wollen nicht ausschließen, daß Martingale auf M nur bis zu einer vorhersehbaren Stopzeit definiert sind. Da der Martingalbegriff jedoch bezüglich Zeittransformation invariant ist (siehe Bemerkung 7.59), und wir durch eine Zeittransformation stets unendliche (oder auch deterministische endliche) Lebenszeit erreichen können, werden wir auf diesen Punkt auch in der Notation nicht weiter eingehen. Man beachte, daß Martingale auf M per definitionem fast sicher stetige Pfade haben.

Da $(\nabla df)(dX,dX)$ in Gleichung (7.42) nur vom symmetrischen Anteil von ∇df abhängt, kann man sich auf torsionsfreie lineare Zusammenhänge beschränken, wobei man nötigenfalls den linearen Zusammenhang symmetrisieren kann. Im Falle Riemannscher Mannigfaltigkeiten werden wir stets mit dem Levi-Civita-Zusammenhang arbeiten.

Beispiel 7.110. Für $M = \mathbb{R}^d$ mit dem kanonischen linearen Zusammenhang ∇ erhält man als ∇-Martingale die Klasse $\mathscr{M}$ der stetigen lokalen Martingale.

Denn: Ein stetiges $\mathbb{R}^d$-wertiges Semimartingal ist gemäß Itô-Formel genau dann ein lokales Martingal, wenn für jedes $f \in C^\infty(\mathbb{R}^d)$

$$d(f \circ X) - \tfrac{1}{2} \sum_{i,j} (D_i D_j f \circ X)\, d[X^i, X^j] \in d\mathscr{M}$$

ist; dies heißt aber gerade $d(f \circ X) \overset{\mathrm{m}}{=} \frac{1}{2}(\mathrm{Hess}\, f)(dX, dX)$. □

Satz 7.111. (Martingale auf Untermannigfaltigkeiten von $(\mathbb{R}^d, \mathrm{eukl})$) *Es sei $M \overset{\iota}{\hookrightarrow} \mathbb{R}^d$ eine Riemannsche Untermannigfaltigkeit des $\mathbb{R}^d$ und ∇ der Levi-Civita-Zusammenhang in TM. Weiter sei X ein M-wertiges Semimartingal und $\bar{X} := \iota \circ X$ mit der Doob-Meyer-Zerlegung $\bar{X} = \bar{X}_0 + N + G$ in $\mathbb{R}^d$, wobei also $N \in \mathscr{M}_0(\mathbb{R}^d)$ und $G \in \mathscr{A}_0(\mathbb{R}^d)$. Genau dann ist X ein ∇-Martingal, wenn es einen pfadweise wachsenden adaptierten reellen Prozeß C und einen beschränkten vorhersagbaren $\mathbb{R}^d$-wertigen Prozeß H gibt, so daß*

$$G = \int H\, dC, \quad H_t \perp T_{X_t}M \quad \textit{für alle } t \in \mathbb{R}_+. \tag{7.43}$$

Insbesondere ist also jedes M-wertige stetige lokale Martingal auf $\mathbb{R}^d$ ein ∇-Martingal auf M (die Umkehrung ist natürlich falsch).

Beweis: Zu $f \in C^\infty(M)$ bezeichne $\bar{f} \in C^\infty(\mathbb{R}^d)$ im gesamten Beweis eine Fortsetzung von f auf ganz $\mathbb{R}^d$, von der wir stets voraussetzen, daß sie lokal um M konstant auf den Fasern von $\perp M$ gewählt sei. Ist dann ∇ der Levi-Civita-Zusammenhang auf $(M, \iota^* \mathrm{eukl})$, so verifiziert man

$$(\nabla df)(A, B) = (\mathrm{Hess}_{\mathbb{R}^d} \bar{f})(\iota_* A, \iota_* B) \tag{7.44}$$

für $A, B \in \Gamma(TM)$, denn zunächst hat man für $f \in C^\infty(M)$

$$\iota_* \operatorname{grad} f = (D_1 \bar{f}, \ldots, D_d \bar{f})|M \in C^\infty(M; \mathbb{R}^d).$$

Mit der Identifizierung von $A \in \Gamma(TM)$ und $\iota_* A \in \Gamma(\iota^* T\mathbb{R}^d) = C^\infty(M; \mathbb{R}^d)$ erhält man daher für Vektorfelder $A, B \in \Gamma(TM)$ gemäß Gleichung (7.40)

$$\begin{aligned}(\nabla df)(A, B) &= \langle \nabla_A \operatorname{grad} f, B \rangle_{TM} = \big\langle \mathrm{pr}^\top \big(A(D_1 \bar{f}), \ldots, A(D_d \bar{f})\big), B \big\rangle_{TM} \\ &= \big\langle \big(A(D_1 \bar{f}), \ldots, A(D_d \bar{f})\big), B \big\rangle_{\mathbb{R}^d} \\ &= \sum_{i,j} A^i B^j\, D_i D_j \bar{f} = (\mathrm{Hess}_{\mathbb{R}^d} \bar{f})(A, B),\end{aligned}$$

was Gleichung (7.44) zeigt. Für $f \in C^\infty(M)$ mit $\bar{f} \in C^\infty(\mathbb{R}^d)$, wie oben beschrieben, ergibt sich also mittels Itô-Formel zusammen mit der pullback-Formel (7.20)

$$\begin{aligned} d(f \circ X) = d(\bar{f} \circ \bar{X}) &= \langle (\operatorname{grad}_{\mathbb{R}^d} \bar{f} \circ \bar{X}), d\bar{X} \rangle + \tfrac{1}{2} (\mathrm{Hess}_{\mathbb{R}^d} \bar{f})(d\bar{X}, d\bar{X}) \\ &= \langle (\operatorname{grad}_{\mathbb{R}^d} \bar{f} \circ \bar{X}), d\bar{X} \rangle + \tfrac{1}{2} (\nabla df)(dX, dX) \\ &\overset{\mathrm{m}}{=} \langle (\operatorname{grad}_{\mathbb{R}^d} \bar{f} \circ \bar{X}), dG \rangle + \tfrac{1}{2} (\nabla df)(dX, dX). \end{aligned}$$

Folglich ist X genau dann ein ∇-Martingal, wenn $\langle(\operatorname{grad}_{\mathbb{R}^d} \bar{f} \circ \bar{X}), dG\rangle = 0$ für sämtliche Fortsetzungen $\bar{f}$ von Funktionen $f \in C^\infty(M)$ gilt.

Ist daher G von der Form (7.43), also $dG = H\,dC$ mit $H_t \perp T_{X_t}M$ für $t \in \mathbb{R}_+$, und ist $f \in C^\infty(M)$ mit Fortsetzung $\bar{f}$, so folgt wegen $\operatorname{grad}_x \bar{f} \in T_xM$ für $x \in M$

$$\langle(\operatorname{grad}_{\mathbb{R}^d} \bar{f} \circ \bar{X}), dG\rangle = \langle(\operatorname{grad}_{\mathbb{R}^d} \bar{f} \circ \bar{X}), H\rangle\, dC = 0\,,$$

und X ist in diesem Fall dann ein ∇-Martingal.

Sei nun umgekehrt X als ∇-Martingal vorausgesetzt, also $\langle(\operatorname{grad}_{\mathbb{R}^d} \bar{f} \circ \bar{X}), dG\rangle = 0$ für alle $f \in C^\infty(M)$ mit Fortsetzung $\bar{f} \in C^\infty(\mathbb{R}^d)$. Wir definieren C durch $C_0 = 0$ und $dC = \sum_i |dG^i|$ und können dann einen beschränkten vorhersagbaren Prozeß H^i finden derart, daß $G^i = \int H^i\, dC$ bis auf Nicht-Unterscheidbarkeit gilt. Letzteres sieht man etwa so: Bezeichnet $\mathscr{P}$ die σ-Algebra der vorhersagbaren Mengen $\Lambda \subset \mathbb{R}_+ \times \Omega$, so ist

$$\mu_{G^i_\bullet(\omega)}\, P(d\omega)|\mathscr{P} \ll \mu_{C_\bullet(\omega)}\, P(d\omega)|\mathscr{P}\,;$$

nach Radon-Nikodym existiert folglich ein vorhersagbarer Prozeß H^i mit

$$E\big[\textstyle\int 1_\Lambda\, dG^i\big] = E\big[\textstyle\int 1_\Lambda H^i\, dC\big]\,, \quad \Lambda \in \mathscr{P}\,; \tag{7.45}$$

aus (7.45) folgt, wie gewünscht, $G^i = \int H^i\, dC$ bis auf Nicht-Unterscheidbarkeit, denn sonst gäbe es beschränkte Stopzeiten $\sigma \leq \tau$ mit $P\{\sigma < \tau\} > 0$ und

$$G^i - \textstyle\int H^i\, dC \geq \varepsilon \quad \text{oder} \quad G^i - \int H^i\, dC \leq -\varepsilon$$

auf $]\sigma < \tau]$ für ein $\varepsilon > 0$, was für $\Lambda =]\sigma, \tau]$ im Widerspruch zu (7.45) steht.

Gemäß Voraussetzung ist damit $\langle(\operatorname{grad}_{\mathbb{R}^d} \bar{f} \circ \bar{X}), H\rangle\, dC = 0$ für jedes $f \in C^\infty(M)$ mit Fortsetzung $\bar{f} \in C^\infty(\mathbb{R}^d)$. Betrachtet man für f die Komponenten von $\operatorname{id}_{\mathbb{R}^d}|M$, so folgt zunächst $H_t(\omega) \perp T_{X_t(\omega)}M$ für jedes (t, ω) außerhalb einer vorhersagbaren $\big(\mu_{C_\bullet(\omega)}\, P(d\omega)\big)$-Nullmenge $N \subset \mathbb{R}_+ \times \Omega$. Setzt man $H_t(\omega) = 0$ für $(t, \omega) \in N$, so gilt Orthogonalität schließlich überall. □

Bemerkung 7.112. (Martingale als Lösungen von SDGLen) Es sei M eine Mannigfaltigkeit und ∇ ein (ohne Einschränkung) torsionsfreier linearer Zusammenhang in TM. Weiter sei X eine Lösung der SDGL

$$dX = A_0(X)\, dt + A(X) * dZ$$

mit $A_0 \in \Gamma(TM)$, $A \in \Gamma\big(\operatorname{Hom}(M \times \mathbb{R}^r, TM)\big)$ und Z einem stetigen $\mathbb{R}^r$-wertigen Semimartingal. Setzt man $A_i := A(\cdot)e_i$, $i = 1, \ldots, r$, so gilt für $f \in C^\infty(M)$:

$$d(f \circ X) = \big(A_0 f\big)(X)\, dt + \sum_{i=1}^r \big(A_i f\big)(X)\, dZ^i + \tfrac{1}{2} \sum_{i,j=1}^r \big(A_i A_j f\big)(X)\, d[Z^i, Z^j].$$

Da einerseits $(\nabla df)(A_i, A_j) = A_i A_j f - (\nabla_{A_i} A_j) f$ und andererseits

$$(\nabla df)(dX, dX) = \sum_{i,j=1}^r (\nabla df)(A_i, A_j)(X)\, d[Z^i, Z^j]\,,$$

berechnet sich $d(f \circ X) - \frac{1}{2}(\nabla df)(dX, dX)$ als

$$(A_0 f)(X)\,dt + \sum_{i=1}^{r} (A_i f)(X)\,dZ^i + \tfrac{1}{2} \sum_{i,j=1}^{r} (\nabla_{A_i} A_j f)(X)\,d[Z^i, Z^j].$$

Bezeichnet Z^{Drift} die Driftkomponente des Semimartingals Z, so ist X genau dann ein ∇-Martingal, wenn für jedes $f \in C^\infty(M)$ gilt:

$$(A_0 f)(X)\,dt + \sum_{i=1}^{r} (A_i f)(X)\,d(Z^{\mathrm{Drift}})^i + \tfrac{1}{2} \sum_{i,j=1}^{r} (\nabla_{A_i} A_j f)(X)\,d[Z^i, Z^j] = 0.$$

Ist also speziell Z eine BM auf $\mathbb{R}^r$, so ist X ein ∇-Martingal, falls

$$A_0 = -\tfrac{1}{2} \sum_i \nabla_{A_i} A_i .$$

Für den Rest dieses Abschnitts sei nun (M, g) eine Riemannsche Mannigfaltigkeit und ∇ ein Riemannscher Zusammenhang in TM, also ohne Einschränkung der eindeutig bestimmte Levi-Civita-Zusammenhang auf M.

Definition 7.113. (Riemannsche quadratische Variation) Ist X ein Semimartingal mit Werten in einer Riemannschen Mannigfaltigkeit $(M, g) = (M, \langle \cdot, \cdot \rangle)$, so heißt

$$[X, X] := \int g(dX, dX) = \int \langle dX, dX \rangle$$

die *Riemannsche quadratische Variation* von X.

Definition 7.114. (Laplace-Beltrami-Operator) Es sei (M, g) eine Riemannsche Mannigfaltigkeit und ∇ der Levi-Civita-Zusammenhang auf M. Für $f \in C^\infty(M)$ mit Hesseform $\nabla df \in \Gamma(T^*M \otimes T^*M)$ sei

$$\Delta f := \operatorname{trace} \nabla df \in C^\infty(M),$$

also $(\Delta f)(x) = \sum_i (\nabla df)(e_i, e_i)$ mit $e_1, \ldots, e_d$ einer Orthonormalbasis für $T_x M$. Der Operator Δ heißt der *Laplace-Beltrami-Operator auf* M.

In lokalen Koordinaten (h, U) für M ist

$$\nabla df | U = \sum_{i,j} \big(\partial_i \partial_j f - \sum_k \Gamma_{ij}^k \partial_k f\big)\, dh^i \otimes dh^j, \tag{7.46}$$

und folglich

$$\Delta f | U = \sum_{i,j} g^{ij} \big(\partial_i \partial_j f - \sum_k \Gamma_{ij}^k \partial_k f\big) \tag{7.47}$$

mit $g_{ij} = g(\partial_i, \partial_j)$ und $(g^{ij}) \equiv (g_{ij})^{-1}$; dabei haben wir $g(\partial_i, \cdot) = \sum_j g_{ij}\, dh^j$ und somit $\sum_i g^{ji} g(\partial_i, \cdot) = dh^j$ benutzt. Insbesondere ist Δ also ein Differentialoperator zweiter Ordnung auf M (ohne konstanten Term).

Definition 7.115. (Brownsche Bewegung auf einer Riemannschen Mannigfaltigkeit) Es sei (M,g) eine Riemannsche Mannigfaltigkeit und X ein adaptierter M-wertiger Prozeß mit maximaler Lebenszeit ζ, definiert auf einem standard filtrierten Wahrscheinlichkeitsraum $(\Omega;\mathscr{F};P;(\mathscr{F}_t)_{t\in\mathbb{R}_+})$. Der Prozeß X heißt *Brownsche Bewegung auf* (M,g), falls für jedes $f \in C^\infty(M)$ der reelle Prozeß

$$f \circ X - \tfrac{1}{2}\int \Delta f \circ X\, dt$$

ein lokales Martingal (mit Lebenszeit ζ) ist. Die Klasse der Brownschen Bewegungen auf (M,g) bezeichnen wir mit $\mathrm{BM}(M,g)$.

Satz 7.116. (Lévy-Charakterisierung von M-wertigen Brownschen Bewegungen) *Es sei X ein Semimartingal mit Werten in einer Riemannschen Mannigfaltigkeit (M,g) und mit maximaler Lebenszeit. Dann sind äquivalent:*

(i) *X ist eine Brownsche Bewegung.*

(ii) *X ist ein ∇-Martingal mit $[f \circ X, f \circ X] = \int \|\operatorname{grad} f \circ X\|^2\, dt$ für jedes $f \in C^\infty(M)$.*

In diesem Fall gilt für Bilinearformen $b \in \Gamma(T^*M \otimes T^*M)$:

$$\int b(dX,dX) = \int (\operatorname{trace} b)(X)\, dt\,. \tag{7.48}$$

Speziell für die Riemannsche quadratische Variation $[X,X] = \int g(dX,dX) \equiv \int \langle dX,dX\rangle$ einer Brownschen Bewegung X folgt also $\int_0^t g(dX,dX) = (\dim M)t$.

Beweis: 1. Es sei X ein beliebiges M-wertiges Semimartingal mit $[f \circ X, f \circ X] = \int \|\operatorname{grad} f \circ X\|^2\, dt$ für jedes $f \in C^\infty(M)$; vermöge Polarisation dann auch mit

$$[f_1 \circ X, f_2 \circ X] = \int \langle \operatorname{grad} f_1 \circ X, \operatorname{grad} f_2 \circ X\rangle_{T_XM}\, dt$$

für $f_1, f_2 \in C^\infty(M)$. Wegen

$$\begin{aligned}\operatorname{trace}(df_1 \otimes df_2) &= \sum_i (df_1 \otimes df_2)(e_i,e_i) = \sum_i (df_1)(e_i)\,(df_2)(e_i)\\ &= \sum_i \langle \operatorname{grad} f_1, e_i\rangle\, \langle \operatorname{grad} f_2, e_i\rangle = \langle \operatorname{grad} f_1, \operatorname{grad} f_2\rangle\end{aligned}$$

ist also $[f_1 \circ X, f_2 \circ X] = \int (df_1 \otimes df_2)(dX,dX) = \int \operatorname{trace}(df_1 \otimes df_2)(X)\, dt$. Aufgrund der Eindeutigkeitsaussage von Satz 7.57 folgt somit

$$\int b(dX,dX) = \int (\operatorname{trace} b)(X)\, dt$$

für beliebige Bilinearformen $b \in \Gamma(T^*M \otimes T^*M)$.

2. (ii) $\Rightarrow$ (i): Teil 1 angewandt auf das gegebene ∇-Martingal X liefert $b(dX,dX) = (\operatorname{trace} b)(X)\, dt$ für Bilinearformen $b \in \Gamma(T^*M \otimes T^*M)$, also speziell für $b = \nabla df$:

$$d(f \circ X) \overset{\mathrm{m}}{=} \tfrac{1}{2}\nabla df(dX,dX) = \tfrac{1}{2}\Delta f \circ X\, dt\,;$$

folglich ist X in $\mathrm{BM}(M,g)$.

3. (i)$\Rightarrow$(ii): Es sei nun X in BM(M,g) und $f \in C^\infty(M)$. Aufgrund der Gleichung $\nabla df^2 = 2(f \cdot \nabla df + df \otimes df)$ ist zunächst $\Delta(f^2) = 2f\,\Delta f + 2\|\operatorname{grad} f\|^2$, also

$$d(f^2 \circ X) \overset{\mathrm{m}}{=} \tfrac{1}{2}(\Delta f^2 \circ X)\,dt = (f\,\Delta f) \circ X\,dt + \|\operatorname{grad} f\|^2 \circ X\,dt.$$

Andererseits ist gemäß Itô-Formel

$$d(f^2 \circ X) = 2(f \circ X)\,d(f \circ X) + d[f \circ X, f \circ X] \overset{\mathrm{m}}{=} (f \circ X)(\Delta f \circ X)\,dt + d[f \circ X, f \circ X].$$

Eindeutigkeit der Doob-Meyer-Zerlegung ergibt $[f \circ X, f \circ X] = \int \|\operatorname{grad} f \circ X\|^2\,dt$; daraus folgt wiederum mit Hilfe des in Teil 1 Gezeigten

$$\nabla df(dX, dX) = (\operatorname{trace} \nabla df)(X)\,dt = (\Delta f \circ X)\,dt;$$

folglich ist X ein ∇-Martingal. □

Beispiel 7.117. Brownsche Bewegungen auf $(\mathbb{R}^d, \text{eukl})$ im Sinn von Definition 7.115 stimmen gemäß Lévy-Charakterisierung mit den üblichen $\mathbb{R}^d$-wertigen Brownsche Bewegungen überein.

Satz 7.118. (Konstruktion M-wertiger Brownscher Bewegungen als Lösungen von SDGLen) *Sei (M,g) eine Riemannsche Mannigfaltigkeit und ∇ der Levi-Civita-Zusammenhang auf M. Wir betrachten die* SDGL

$$dX = A_0(X)\,dt + A(X) * dW \tag{7.49}$$

mit $A_0 \in \Gamma(TM)$, $A \in \Gamma\big(\operatorname{Hom}(M \times \mathbb{R}^r, TM)\big)$ und W einer BM *auf $\mathbb{R}^r$. Dann liefern Maximallösungen von* (7.49) *Brownsche Bewegungen auf (M,g), falls die nachfolgenden beiden Bedingungen erfüllt sind:*

(i) $A_0 = -\frac{1}{2}\sum_i \nabla_{A_i} A_i$ *mit $A_i \equiv A(\cdot)e_i$ für $i = 1, \dots, r$.*

(ii) *Für jedes $x \in M$ "projiziert" $A(x) \in \operatorname{Hom}(\mathbb{R}^r, T_xM)$ auf T_xM im Sinn von $A(x)\,A(x)^* = \mathrm{id}_{T_xM}$ (mit $A(x)^*$ der Adjungierten zu $A(x)$).*

Beweis: Sei X eine Lösung von Gleichung (7.49), so daß (i) und (ii) erfüllt sind. Bedingung (i) sorgt nach Bemerkung 7.112 dafür, daß X ein ∇-Martingal ist. Zudem ist für $f \in C^\infty(M)$

$$d(f \circ X) \overset{\mathrm{m}}{=} \tfrac{1}{2}\sum_{i=1}^{r} (\nabla df)(A_i, A_i)(X)\,dt;$$

es genügt also zu verifizieren, daß $\sum_i (\nabla df)(A_i, A_i) = \Delta f$ ist. Fixieren wir zu $x \in M$ eine Orthonormalbasis $(a_1, \dots, a_d)$ in T_xM, dann berechnet sich

$$\begin{aligned}(\Delta f)(x) = \operatorname{trace}(\nabla df)_x &= \sum_i (\nabla df)_x(a_i, a_i)\\ &= \sum_i (\nabla df)_x\big(A(x)\,A(x)^* a_i, A(x)\,A(x)^* a_i\big);\end{aligned}$$

ergänzt man nun $(A(x)^* a_1, \ldots, A(x)^* a_d)$ zu einer Orthonormalbasis $(\tilde{e}_1, \ldots, \tilde{e}_r)$ von $\mathbb{R}^r$ und bezeichnet man mit $(e_1, \ldots, e_r)$ die Standardbasis von $\mathbb{R}^r$, so folgt

$$\begin{aligned}(\Delta f)(x) &= \sum_{i=1}^{r} (\nabla df)_x \big(A(x)\tilde{e}_i, A(x)\tilde{e}_i\big) \\ &= \sum_{i=1}^{r} (\nabla df)_x \big(A(x)e_i, A(x)e_i\big) = \sum_{i=1}^{r} (\nabla df)_x \big(A_i(x), A_i(x)\big),\end{aligned}$$

was die Behauptung zeigt. □

Die Bedingungen (i) und (ii) in Satz 7.118 sind für hinreichend großes r stets erfüllbar: Es sei etwa $M \hookrightarrow \mathbb{R}^r$ eine Whitney-Einbettung der Mannigfaltigkeit M, so daß also $T_xM \hookrightarrow \mathbb{R}^r$ als Untervektorraum für jedes $x \in M$. Erklärt man $A \in \Gamma\big(\mathrm{Hom}(M \times \mathbb{R}^r, TM)\big)$ fasernweise als Orthogonalprojektion $A(x)\colon \mathbb{R}^r \to T_xM$ auf T_xM und definiert $A_0 \in \Gamma(TM)$ durch $A_0 = -\frac{1}{2}\sum_i \nabla_{A_i} A_i$, so liefert (zu vorgegebener Anfangsbedingung) jede Lösung der SDGL (7.49) eine Brownsche Bewegung auf (M, g).

Allerdings gibt es zu gegebener Riemannscher Mannigfaltigkeit (M, g) keine *natürliche* Wahl der Koeffizienten A_0 und A; es gibt jedoch eine kanonische SDGL auf dem Orthonormalbasenbündel $\mathrm{O}(M)$ über M, deren Lösungen (mit $\pi\colon \mathrm{O}(M) \to M$ auf M projiziert) Brownsche Bewegungen auf (M, g) definieren. Wir wollen diese Konstruktion im nächsten Abschnitt behandeln.

Wir beschließen diesen Abschnitt mit einer Spezialisierung von Satz 7.118 auf Untermannigfaltigkeiten des $\mathbb{R}^d$.

Satz 7.119. (Brownsche Bewegungen auf Untermannigfaltigkeiten des $\mathbb{R}^d$) *Es sei M eine Untermannigfaltigkeit des $\mathbb{R}^d$, versehen mit der vom $\mathbb{R}^d$ induzierten Riemannschen Metrik $g = \iota^*$* eukl. *Wir betrachten die* SDGL

$$dX = A(X) * dW \tag{7.50}$$

mit W einer Brownschen Bewegung auf $\mathbb{R}^d$ und $A \equiv \mathrm{pr}^\top \in \Gamma\big(\mathrm{Hom}(M \times \mathbb{R}^d, TM)\big)$, $(x, v) \mapsto A(x)v$ mit $A(x)\colon \mathbb{R}^d \to T_xM$ der Orthogonalprojektion auf T_xM. Dann liefert (zu gegebener Anfangsbedingung) jede Lösung der SDGL (7.50) *eine Brownsche Bewegung auf (M, g).*

Beweis: Betrachtet man für $i = 1, \ldots, d$ die Vektorfelder $A_i \equiv A(\cdot)e_i \in \Gamma(TM)$, so genügt es gemäß Satz 7.118 zu verifizieren, daß $\sum_i \nabla_{A_i} A_i = 0$ ist. Schreibt man $A_i = \sum_j A_i^j \, \iota^* D_j$ mit $A_i^j := \langle A(\cdot)e_i, e_j\rangle_{\mathbb{R}^d} \in C^\infty(M)$, so gilt gemäß Gleichung (7.40)

$$\nabla_{A_i} A_i = \mathrm{pr}^\top \Big(\sum_j A_i(A_i^j)\, \iota^* D_j\Big) = \sum_{j,\ell} A_i(A_i^j)\, A_j^\ell \, \iota^* D_\ell \,.$$

Da A eine Orthogonalprojektion beschreibt, ist $A_i^j = A_j^i$ und $A_i^\ell = \sum_j A_i^j A_j^\ell$, so daß also

$$\begin{aligned}\sum_i \nabla_{A_i} A_i &= \sum_{i,\ell} \Big[\sum_j A_i(A_i^j)\, A_j^\ell\Big]\, \iota^* D_\ell \\ &= \sum_{i,\ell} \Big[A_i(A_i^\ell) - \sum_j A_i^j\, A_i(A_j^\ell)\Big]\, \iota^* D_\ell \\ &= \sum_\ell \Big[\sum_i A_i(A_i^\ell) - \sum_{i,j} A_i^j\, A_i(A_j^\ell)\Big]\, \iota^* D_\ell \\ &= \sum_\ell \Big[\sum_i A_i(A_i^\ell) - \sum_j A_j(A_j^\ell)\Big]\, \iota^* D_\ell = 0 .\end{aligned}$$ □

7.4 Paralleltransport und stochastisch wandernde Basen

Wir haben im letzten Abschnitt gesehen, daß es möglich ist, Brownsche Bewegungen auf Riemannschen Mannigfaltigkeiten M als Lösungen geeigneter SDGLen auf M (mit dem Wienerprozeß als treibendem Prozeß) zu konstruieren. Allerdings gibt es hierfür im allgemeinen kein kanonisches Verfahren, was darauf zurückzuführen ist, daß der Laplace-Beltrami-Operator auf einer nicht-parallelisierbaren Mannigfaltigkeit (d. h. bei nicht-trivialem Tangentialbündel) keine natürliche Darstellung in Hörmanderform besitzt.

Die fundamentale Beobachtung in diesem Zusammenhang, daß sich Brownsche Bewegungen auf Riemannschen Mannigfaltigkeiten stets zu Semimartingalen auf das Orthonormalbasenbündel $O(M) \to M$ über M liften lassen und dort global definierten kanonischen SDGLen genügen, geht auf Malliavin, Eells und Elworthy zurück. Dieser Sachverhalt legt es nahe, umgekehrt SDGLen auf dem Orthonormalbasenbündel $O(M)$ zu lösen und die Lösungen mittels $\pi\colon O(M) \to M$ auf M zu projizieren; man erhält so Brownsche Bewegungen auf M zusammen mit den horizontal gelifteten Prozessen auf $O(M)$ (vgl. [EL 82], [MA 78]).

Anschaulich entspricht diesem Verfahren ein "Rollen" der Mannigfaltigkeit M mittels Parallelverschiebung längs der Trajektorien einer $\mathbb{R}^d$-wertigen Brownschen Bewegung W. Man sagt, die Brownsche Bewegung auf M geht aus W durch *stochastische Abwicklung* hervor. Die bei Start in $x \in M$ auf M entstehende Brownsche Bewegung X hat man sich dabei als die der Mannigfaltigkeit aufgeprägten Spuren zu denken, welche die Pfade einer euklidischen Brownschen Bewegung W im Tangentialraum $T_xM \cong \mathbb{R}^d$ auf M hinterlassen, wenn "M längs der Trajektorien des ebenen Prozesses W gerollt wird". Die offensichtliche Schwierigkeit, daß nämlich Pfade von W fast sicher nicht differenzierbar sind, macht es erforderlich, anstelle pfadweiser gewöhnlicher Differentialgleichungen mit stochastischen Differentialgleichungen zu arbeiten.

Wir beginnen den Abschnitt mit einer Bereitstellung der erforderlichen Grundtatsachen über Prinzipalbündel und Zusammenhangsformen. Neben den bereits bekannten Vektorbündeln (mit einem endlich-dimensionalen Vektorraum $V \cong \mathbb{R}^n$ als typischer Faser) benötigen wir einen weiteren Typ von Faserbündeln, nämlich Prinzipalbündel mit einer Liegruppe G als typischer Faser. Das wichtigste Beispiel hierfür wird das Orthonormalbasenbündel $\mathrm{O}(M)$ mit der orthogonalen Gruppe $G = \mathrm{O}(d)$ sein. Vektorbündel wie Prinzipalbündel fallen unter die Kategorie der sogenannten Faserbündel mit Strukturgruppe.

Bezeichnungen. Sei G eine Liegruppe und F eine Mannigfaltigkeit. Unter einer *G-Linksaktion* auf F ("G operiert von links auf F") versteht man eine differenzierbare Abbildung

$$G \times F \to F, \quad (g,v) \to gv =: L_g v$$

mit den Eigenschaften:

(a) $ev = v$ für $v \in F$ mit e dem neutralen Element in G,
(b) $g_2(g_1 v) = (g_2 g_1)v$ für alle $g_1, g_2 \in G$ und $v \in F$.

Eine G-Linksaktion auf F ist also ein Gruppenhomomorphismus $G \to \mathrm{Diff}(F)$ derart, daß die Anwendungsabbildung $G \times F \to F$ differenzierbar ist. Eine G-Linksaktion heißt *effektiv*, wenn $G \to \mathrm{Diff}(F)$, $g \mapsto L_g$ injektiv ist, und sie heißt *frei*, wenn aus $gv = v$ für ein $v \in F$ bereits $g = e$ folgt.

Ist speziell $F = V$ ein endlich-dimensionaler $\mathbb{R}$-Vektorraum, so nennt man G-Linksaktionen auf V, die durch differenzierbare Gruppenhomomorphismen $G \to \mathrm{Aut}(V)$ gegeben sind, auch *linear* bzw. *Darstellungen von G*, wenn sie zudem effektiv sind.

Obige Begriffe übertragen sich sinngemäß auf G-Rechtsaktionen ("G operiert von rechts auf F"). Man beachte: Ist $F \times G \to F$, $(v,g) \mapsto vg$ eine G-Rechtsaktion auf F, so definiert $G \times F \to F$, $(g,v) \mapsto vg^{-1}$ eine G-Linksaktion auf F.

Definition 7.120. (Faserbündel mit Strukturgruppe) Sei $\pi\colon E \to M$ ein Faserbündel mit typischer Faser F und G eine Liegruppe mit einer effektiven G-Linksaktion auf F. Ein Bündelatlas für $\pi\colon E \to M$ heißt ein *G-Atlas*, wenn sämtliche Übergangsfunktionen differenzierbare Abbildungen mit Werten in $G \subset \mathrm{Diff}(F)$ sind. Der Kartenwechsel je zweier Karten (φ_i, U_i), (φ_j, U_j) wird also durch eine differenzierbare Abbildung $\phi_{ij}\colon U_i \cap U_j \to G$ gegeben:

$$\begin{array}{ccc} & E/(U_i \cap U_j) & \\ {\scriptstyle \varphi_i} \swarrow & & \searrow {\scriptstyle \varphi_j} \\ (U_i \cap U_j) \times F & \dashrightarrow & (U_i \cap U_j) \times F \\ (x,v) & \longmapsto & (x, \phi_{ij}(x)v) \end{array}$$

Ist $\mathfrak{B}$ ein G-Atlas für $\pi\colon E \to M$, so heißt $(E, M, \pi; \mathfrak{B})$ ein *Faserbündel mit typischer Faser F und Strukturgruppe G.*

Statt $(E, M, \pi; \mathfrak{B})$ schreiben wir meist lediglich $\pi\colon E \to M$ oder auch nur E. Mit Schnitten von E sind differenzierbare Rechtsinverse zu $\pi\colon E \to M$ gemeint; mit $\Gamma(E)$ bzw. $\Gamma(E/U)$ bezeichnen wir die globalen bzw. lokalen Schnitte von E.

Die n-dimensionalen Vektorbündel über einer Mannigfaltigkeit M sind gerade die Faserbündel über M mit typischer Faser $\mathbb{R}^n$ und der allgemeinen linearen Gruppe $\mathrm{GL}(n;\mathbb{R})$ als Strukturgruppe; vergleiche Definition 7.22. Insbesondere ist das Tangentialbündel $TM \to M$ ein Faserbündel mit typischer Faser $\mathbb{R}^d$ und Strukturgruppe $\mathrm{GL}(d;\mathbb{R})$, wobei die Übergangsfunktionen des kanonischen $\mathrm{GL}(d;\mathbb{R})$-Atlas hier jeweils von der Form $x \mapsto J_x(k \circ h^{-1})$ sind.

Definition 7.121. (Prinzipalbündel) Sei G eine Liegruppe. Ein *G-Prinzipalbündel* ist ein Faserbündel $\pi\colon P \to M$ mit typischer Faser G und Strukturgruppe G, die auf G (effektiv) von links durch die Gruppenmultiplikation operiert.

Sei $\pi\colon P \to M$ ein G-Prinzipalbündel. Dann operiert G in natürlicher Weise frei von rechts auf P. Durch Gruppenmultiplikation operiert nämlich G zunächst von rechts auf G selbst, und via Karten setzt sich diese Aktion zu einer differenzierbaren freien G-Rechtsaktion auf P fort: Ist dabei $a \in G$ und liest sich $u \in P/U$ in einer Karte $P/U \to U \times G$ als (x, g), so entspricht also ua dem Element (x, ga),

$$P/U \longrightarrow U \times G, \quad \begin{array}{rcl} u & \longleftrightarrow & (x,g) \\ ua & \longleftrightarrow & (x,ga) \end{array}$$

und diese Zuordnung ist kartenunabhängig, womit eine globale G-Rechtsaktion auf P wohldefiniert ist. Die Orbits dieser Aktion sind dann gerade die Fasern von P. Bündelkarten (φ, U) aus einem G-Atlas

$$\begin{array}{ccc} \pi^{-1}(U) & \xrightarrow{\ \varphi\ } & U \times G \\ & {\scriptstyle\pi}\searrow \quad \swarrow{\scriptstyle \mathrm{pr}_U} & \\ & U & \end{array}$$

sind also stets *G-verträglich* (oder *äquivariant*) im Sinn von

$$\varphi(ua) = \bigl(\pi(u), (\mathrm{pr}_G \circ \varphi)(ua)\bigr), \quad u \in \pi^{-1}U,\ a \in G.$$

Bemerkung 7.122. (Reduktion der Strukturgruppe) Enthält der G-Atlas eines Faserbündels $\pi\colon E \to M$ mit Strukturgruppe G einen G'-Atlas für E, wobei $G' \subset G$ eine Unter-Liegruppe ist, so läßt sich $\pi\colon E \to M$ auch als Faserbündel mit Strukturgruppe G' auffassen: man spricht dann von einer *Reduktion von G auf G'*. Reduktionen sind vor allem dann sinnvoll, wenn auf den Fasern von E zusätzliche Strukturen existieren, die unter geeigneten Karten einer G'-invarianten Struktur in der typischen Faser entsprechen: Ist zum Beispiel auf einem Vektorbündel $\pi\colon E \to M$ eine Riemannsche Metrik fixiert, so liefern die fasernweise linear isometrischen Bündelkarten einen $\mathrm{O}(n)$-Atlas und somit eine Reduktion der Strukturgruppe $\mathrm{GL}(n;\mathbb{R})$ auf $\mathrm{O}(n)$; vorstehende Bündelkarten lassen sich etwa durch Anwendung des Schmidtschen Orthonormalisierungsverfahrens auf einen $\mathrm{GL}(n;\mathbb{R})$-Atlas für $\pi\colon E \to M$ gewinnen. In diesem Sinne tritt das Tangentialbündel einer Riemannschen Mannigfaltigkeit auch als Vektorbündel mit Strukturgruppe $\mathrm{O}(d)$ auf.

Bemerkung 7.123. (a) (Anmontieren der Faser) Sei $\pi\colon P \to M$ ein G-Prinzipalbündel und F eine Mannigfaltigkeit mit einer differenzierbaren effektiven G-Linksaktion. Wir betrachten die G-Rechtsaktion (Diagonalaktion) auf $P \times F$, welche durch

$$(P \times F) \times G \longrightarrow P \times F, \quad (p,v)\cdot g := (pg, g^{-1}v)$$

gegeben ist. Offensichtlich ist die Projektion $P \times F \to P \to M$ invariant unter der Diagonalaktion, und $E \equiv P \times_G F := (P \times F)/G \to M$ definiert ein Faserbündel mit typischer Faser F und Strukturgruppe G. Hierbei liefert jede Karte (φ, U) für P eine Karte für E durch

$$\begin{array}{ccccc} E/U = (P/U) \times_G F & \longrightarrow & (U \times G) \times_G F & \xrightarrow{\simeq} & U \times F, \\ [u,v] & \longmapsto & [\varphi(u), v] & & \end{array}$$

wobei die zweite Bijektion durch

$$(U \times G) \times_G F \longrightarrow U \times F, \quad \begin{array}{ccc} [(x,g),v] & \longmapsto & (x,gv) \\ [(x,1),w] & \longleftarrow & (x,w) \end{array}$$

gegeben ist. Die so entstehenden Karten für E haben dann übrigens die gleichen Übergangsfunktionen wie der G-Atlas für P. Man nennt $P \times_G F \to M$ ein *zu P assoziiertes Faserbündel.*

(b) (Abmontieren der Faser) Sei $\pi\colon E \to M$ ein Faserbündel mit typischer Faser F und Strukturgruppe G. Für $x \in M$ sei

$$P_x \equiv \mathrm{Iso}_G(F; E_x) := \left\{ (\varphi|E_x)^{-1} \circ L_g\colon F \to E_x \;\middle|\; g \in G \right\}$$

die Gesamtheit der Abbildungen $F \to E_x$, die bezüglich einer (und damit jeder) Bündelkarte von E bei x durch Gruppenelemente aus G induziert werden. Dann ist $P \equiv \mathrm{Iso}_G(F; E) := \dot{\bigcup}_{x\in M} P_x$ in natürlicher Weise ein G-Prinzipalbündel. Bündelkarten für P entstehen, indem man jeweils zu einer Karte (φ, U) für E die Bijektion

$$\begin{array}{ccc} P/U \equiv \pi^{-1}U & \longleftarrow & U \times G \\ (\varphi|E_x)^{-1} \circ L_g & \longleftarrow & (x,g) \end{array}$$

erklärt; die zugehörigen Übergangsfunktionen bleiben dann wiederum erhalten. Man nennt $P \to M$ das *zu E assoziierte G-Prinzipalbündel.*

An- und Abmontieren sind zueinander inverse funktorielle Konstruktionen. Genauer sind für ein G-Prinzipalbündel $P \to M$ und ein Faserbündel $E \to M$ mit typischer Faser F und Strukturgruppe G durch

$$\begin{array}{rcllcl} P & \longrightarrow & \mathrm{Iso}_G(F; P \times_G F), & u & \longmapsto & \big(v \mapsto [u,v]\big) \\ E & \longleftarrow & \mathrm{Iso}_G(F;E) \times_G F, & u(v) & \longleftarrow & [u,v] \end{array}$$

funktorielle Bündelisomorphismen erklärt.

Wir werden den Vorgang des An- und Abmontierens vor allem benutzen, um aus einem G-Prinzipalbündel P und einer Darstellung $G \to \mathrm{Aut}(V)$ der Gruppe G das zu P assoziierte Vektorbündel mit Faser V herzustellen bzw. um aus einem Vektorbündel $\pi\colon E \to M$ das zu E assoziierte $\mathrm{GL}(n;\mathbb{R})$-Prinzipalbündel (oder einem Riemannschen Vektorbündel das assoziierte $\mathrm{O}(n)$-Prinzipalbündel) zu konstruieren.

Beispiel 7.124. Sei M eine d-dimensionale Mannigfaltigkeit mit dem Tangentialbündel $TM \to M$. Das durch Abmontieren der Faser $\mathbb{R}^d$ entstehende $\mathrm{GL}(d;\mathbb{R})$-Prinzipalbündel $\mathrm{L}(M) := \mathrm{Iso}_{\mathrm{GL}(d;\mathbb{R})}(\mathbb{R}^d; TM) \to M$ heißt das *Basenbündel über* M; die Faser P_x läßt sich hier ja auch als die Menge aller $\mathbb{R}$-Basen des Vektorraums T_xM interpretieren. Ist zusätzlich eine Riemannsche Metrik g auf TM gegeben, so ist TM ein Vektorbündel mit Strukturgruppe $\mathrm{O}(d)$, und man erhält wie eben durch Abmontieren ein $\mathrm{O}(d)$-Prinzipalbündel $\mathrm{O}(M) := \mathrm{Iso}_{\mathrm{O}(d)}(\mathbb{R}^d; TM) \to M$, das *Orthonormalbasenbündel über* M aller Orthonormalbasen der Fasern T_xM.

Das Basenbündel $P = \mathrm{L}(M)$ über M ist somit erklärt als das zu TM assoziierte $\mathrm{GL}(d;\mathbb{R})$-Prinzipalbündel. Nach Konstruktion ist $u \in P_x$ ein linearer Isomorphismus $u\colon \mathbb{R}^d \to T_xM$, den wir gelegentlich mit der $\mathbb{R}$-Basis für T_xM

$$(u_1, \ldots, u_n) := (ue_1, \ldots, ue_n)$$

identifizieren, wobei e_i der i-te Standardkoordinatenvektor des $\mathbb{R}^d$ ist. Die Gruppe $G = \mathrm{GL}(d;\mathbb{R})$ operiert auf $\mathrm{L}(M)$ von rechts via

$$ug\colon \mathbb{R}^d \xrightarrow{\;g\;} \mathbb{R}^d \xrightarrow{\;u\;} T_xM\,;$$

für $g = (g_{ij}) \in G$ ist also $ug \in \mathrm{L}(M)$ vermöge $(ug)_j = \sum_i g_{ij}\, u_i$ gegeben. Bündelkarten für $\mathrm{L}(M)$ entstehen dabei direkt aus den Karten (h,U) für M; ist nämlich $\big(\frac{\partial}{\partial h^1}, \ldots, \frac{\partial}{\partial h^d}\big)$ der induzierte Schnitt in $\Gamma\big(\mathrm{L}(M)/U\big)$, so ist jedes $u \in \mathrm{L}(M)$ mit $\pi(u) = x \in U$ von der Form $u_j = \sum_i a_{ij}(u) \big(\frac{\partial}{\partial h^i}\big)_x$ mit $a(u) := \big(a_{ij}(u)\big) \in \mathrm{GL}(d;\mathbb{R})$, und durch

$$\pi^{-1}U \xrightarrow{\;\sim\;} U \times \mathrm{GL}(d;\mathbb{R}), \quad u \longmapsto \big(\pi(u), a(u)\big)$$

ist eine Bündelkarte für $P = \mathrm{L}(M)$ festgelegt.

Das Orthonormalbasenbündel $\mathrm{O}(M)$ über einer Riemannschen Mannigfaltigkeit (M,g) ist das zu TM (jetzt aufgefaßt als Vektorbündel mit Strukturgruppe $\mathrm{O}(d)$) assoziierte $\mathrm{O}(d)$-Prinzipalbündel. Zu jeder Karte (h,U) für M liefert das Schmidtsche Orthonormalisierungsverfahren, angewandt auf $\big(\frac{\partial}{\partial h^1}, \ldots, \frac{\partial}{\partial h^d}\big)$, einen Schnitt in $\Gamma\big(\mathrm{O}(M)/U\big)$; analog zu oben ergeben sich so Bündelkarten für $\mathrm{O}(M)$.

Bündelkarten (lokale Trivialisierungen) erlauben, benachbarte Fasern von Prinzipalbündeln zu identifizieren, aber nicht auf kanonische Weise. Um Fasern intrinsisch zueinander in Beziehung setzen, ist wie bei Vektorbündeln eine Zusatzstruktur in Form eines Zusammenhangs (einer covarianten Ableitung, oder eines Paralleltransports) erforderlich. Wir werden aber sehen, daß dies für $\mathrm{GL}(n;\mathbb{R})$-Prinzipalbündel kein grundsätzlich neuer Begriff ist, sondern kanonisch mit Zusammenhängen in assoziierten Vektorbündeln korrespondiert.

Definition 7.125. (Zusammenhang in Prinzipalbündeln) Es sei $\pi\colon P \to M$ ein Prinzipalbündel über M mit Strukturgruppe G. Unter einem *G-Zusammenhang* in P versteht man eine G-invariante differenzierbare Spaltung h der folgenden exakten Sequenz von Vektorbündeln über P:

$$0 \longrightarrow \ker d\pi \longrightarrow TP \xrightarrow{d\pi} \pi^*TM \longrightarrow 0. \qquad h\colon \pi^*TM \dashrightarrow TP \tag{7.51}$$

Die Spaltung (7.51) induziert eine Zerlegung $TP = V \oplus H := \ker d\pi \oplus h(\pi^*TM)$ von TP, oder faserweise $T_uP = V_u \oplus H_u$ für $u \in P$. Die G-Invarianz der Spaltung besagt dabei, daß $H_{u\cdot g} = (dR_g)H_u$ für $u \in P$ gilt, wobei $R_g u := u\cdot g$ die Rechtsaktion von $g \in G$ bezeichnet. Man nennt H_u den *Horizontalraum bei u* und $V_u = \{v \in T_uP\colon (d\pi)v = 0\}$ den *Vertikalraum bei u*. Der Bündelisomorphismus

$$h\colon \pi^*TM \xrightarrow{\sim} H \hookrightarrow TP \tag{7.52}$$

heißt dann der *horizontale Lift* des G-Zusammenhangs; er schreibt sich faserweise als $h_u\colon T_{\pi(u)}M \xrightarrow{\sim} H_u$ für $u \in P$.

Man beachte, daß für jedes $u \in P$ der Vertikalraum V_u kanonisch gegeben und ebenfalls G-invariant ist. Es gibt im allgemeinen aber keine kanonische Wahl eines Komplementärraums H_u: Die Wahl eines G-Zusammenhangs in P ist äquivalent zu einer G-invarianten Festlegung eines Horizontalraums H_u für jedes $u \in P$. Natürlich zerlegt ein G-Zusammenhang in einem Prinzipalbündel jedes Vektorfeld $X \in \Gamma(TP)$ in einen horizontalen und einen vertikalen Anteil: $X = \operatorname{hor} X + \operatorname{vert} X$.

Definition 7.126. (Standardvertikales Vektorfeld) Es sei $\pi\colon P \to M$ ein G-Prinzipalbündel über M. Jedes $u \in P$ definiert eine Einbettung $I_u\colon G \hookrightarrow P$, $g \mapsto u\cdot g$. Das Differential ι_u von I_u beim Einselement $e \in G$,

$$\iota_u \equiv (dI_u)_e\colon T_eG \to T_uP, \quad A \longmapsto \hat{A}(u), \tag{7.53}$$

liefert eine Identifizierung $\kappa_u\colon \mathfrak{g} \xrightarrow{\sim} V_u$ der Liealgebra $\mathfrak{g} := T_eG$ von G mit der vertikalen Faser V_u bei u. Das durch (7.53) festgelegte vertikale Vektorfeld $\hat{A} \in \Gamma(TP)$ nennt man das *zu $A \in \mathfrak{g}$ gehörige standardvertikale Vektorfeld auf P.*

Definition 7.127. (Zusammenhangsform) Sei $\pi\colon P \to M$ ein G-Prinzipalbündel über M mit einem G-Zusammenhang. Durch

$$\omega_u(X_u) := \kappa_u^{-1}(\operatorname{vert} X)_u, \quad X \in \Gamma(TP), \tag{7.54}$$

wird eine $\mathfrak{g}$-wertige 1-Form $\omega \in \Gamma(T^*P \otimes \mathfrak{g})$ auf P definiert; sie heißt die *Zusammenhangsform* des G-Zusammenhangs.

Die Zusammenhangsform ω eines G-Zusammenhangs ist per definitionem *horizontal*, d.h. $\omega(X) = 0$ gilt genau dann, wenn X ein horizontales Vektorfeld auf P ist.

Bemerkung 7.128. Sei $\pi\colon P \to M$ ein G-Prinzipalbündel über M und $\omega \in \Gamma(T^*P \otimes \mathfrak{g})$ die Zusammenhangsform eines G-Zusammenhangs in P. Dann gilt:

(i) $\omega(\hat{A}) = A$ für $A \in \mathfrak{g}$.

(ii) ω ist äquivariant, d.h. $R_g^*\omega = \operatorname{Ad}(g^{-1})\omega$, $g \in G$; dies bedeutet $\omega\big((dR_g)X\big) = \operatorname{Ad}(g^{-1})\omega(X)$ für $X \in \Gamma(TP)$ mit Ad der *adjungierten Darstellung* von G in $\mathfrak{g}$: für $g \in G$ ist $\operatorname{Ad}(g)\colon \mathfrak{g} \to \mathfrak{g}$ definiert als das Differential des Automorphismus $I(g)\colon G \to G$, $h \longmapsto R_{g^{-1}}L_g h := ghg^{-1}$ bei $e \in G$; identifiziert man wie üblich $\mathfrak{g}$ mit den linksinvarianten Vektorfeldern auf G, so folgt wegen $(dL_g)A \equiv A$, d.h. $(dL_g)_h A_h \equiv A_{gh}$, gerade $\operatorname{Ad}(g) = dR_{g^{-1}}$.

Beweis: Die erste Aussage ist eine unmittelbare Konsequenz der Definitionen 7.126 und 7.127. Wir wollen

$$\omega\big((dR_g)X\big) = \operatorname{Ad}(g^{-1})\omega(X), \quad X \in T_uP,\ g \in G, \tag{7.55}$$

verifizieren; dabei genügt es offensichtlich die folgenden beiden Fälle zu betrachten:

(1) X ist horizontal, also $X \in H_u$. Wegen $(dR_g)H_u = H_{u\cdot g}$ ist dann auch $(dR_g)X$ horizontal, so daß beide Seiten von (7.55) verschwinden.

(2) X ist vertikal, also $X \in V_u$, und somit $X = \hat{A}(u)$ für ein $A \in \mathfrak{g}$. Nun ist aber $(dR_g)_u\hat{A}(u) = \big(\operatorname{Ad}(g^{-1})A\big)\hat{}\,(u\cdot g)$ mit $\big(\operatorname{Ad}(g^{-1})A\big)\hat{} \in \Gamma(TP)$ dem standardvertikalen Vektorfeld zu $\operatorname{Ad}(g^{-1})A \in \mathfrak{g}$, und man erhält in diesem Fall

$$\begin{aligned}\big((R_g)^*\omega\big)_u(X) &= \omega_{u\cdot g}\big((dR_g)_uX\big) = \omega_{u\cdot g}\big((dR_g)_u\hat{A}(u)\big)\\ &= \omega_{u\cdot g}\big(\big(\operatorname{Ad}(g^{-1})A\big)\hat{}\,(u\cdot g)\big) = \operatorname{Ad}(g^{-1})A\\ &= \operatorname{Ad}(g^{-1})\omega_u\big(\hat{A}(u)\big) = \operatorname{Ad}(g^{-1})\omega_u(X),\end{aligned}$$

was die Behauptung zeigt. □

Offensichtlich ist ein G-Zusammenhang in P durch seine Zusammenhangsform ω in eindeutiger Weise festgelegt: für $u \in P$ ist $\omega_u\colon T_uP \to \mathfrak{g}$ eine lineare Abbildung mit $\ker\omega_u = H_u$. Umgekehrt definiert jede äquivariante Differentialform

$$\omega \in \Gamma(T^*P \otimes \mathfrak{g}) \quad \text{mit } \omega(\hat{A}) = A \text{ für } A \in \mathfrak{g}$$

einen G-Zusammenhang in P, dessen Zusammenhangsform durch ω gegeben ist.

Spaltungen der exakten Sequenz (7.51), und damit Zusammenhänge in Prinzipalbündeln, kann man also unterschiedlich beschreiben:

$$
\begin{array}{ccccccccc}
 & & P\times\mathfrak{g} & & V\oplus H & & & & \\
 & & \| & & \| & & & & \\
(7.56)\qquad 0 & \longrightarrow & \ker d\pi & \overset{\iota}{\longrightarrow} & TP & \overset{d\pi}{\longrightarrow} & \pi^*TM & \longrightarrow & 0 \\
 & & \nwarrow & \overset{\omega}{\dashleftarrow} & \swarrow\ \nwarrow & \overset{h}{\dashleftarrow} & \swarrow & &
\end{array}
$$

als horizontale Lifts h: $d\pi\circ h=\mathrm{id}$, als Differentialformen $\omega\in\Gamma(T^*P\otimes\mathfrak{g})$: $\omega\circ\iota=\mathrm{id}$, oder schließlich als horizontale Teilbündel H: $V\oplus H=TP$; fasernweise liest sich Diagramm (7.56) als

$$
\begin{array}{ccccccccc}
 & & & & V_u\oplus H_u & & & & \\
 & & & & \| & & & & \\
(7.57)\qquad 0 & \longrightarrow & \mathfrak{g} & \overset{\iota_u}{\longrightarrow} & T_uP & \overset{(d\pi)_u}{\longrightarrow} & T_{\pi(u)}M & \longrightarrow & 0. \\
 & & \nwarrow & \overset{\omega_u}{\dashleftarrow} & \swarrow\ \nwarrow & \overset{h_u}{\dashleftarrow} & \swarrow & &
\end{array}
$$

Die Bedingung der G-Invarianz der Spaltung (7.56) kann man dann in gleicher Weise unterschiedlich ausdrücken, nämlich für jedes $g\in G$ als $(dR_g)h=h$, als $R_g^*\omega=\mathrm{Ad}(g^{-1})\omega$, oder schließlich als $(dR_g)H_u=H_{u\cdot g}$ für jedes $u\in P$.

Wie bereits vermerkt, gibt es eine eineindeutige Korrespondenz zwischen Zusammenhängen in Prinzipalbündeln und linearen Zusammenhängen in assoziierten Vektorbündeln. Genauer gilt:

Bemerkung 7.129. (a) Es sei π: $P\to M$ ein G-Prinzipalbündel, V ein $\mathbb{R}$-Vektorraum, $G\to\mathrm{Aut}(V)$ eine Darstellung von G und $E=P\times_G V$ das assoziierte Vektorbündel mit Faser V. Dann induziert jeder G-Zusammenhang in P einen linearen Zusammenhang in E, wie folgt. Zunächst bezeichnen wir mit

$$P\times V\longrightarrow E=(P\times V)/G,\quad (u,\xi)\longmapsto(u,\xi)\cdot G,$$

die kanonische Projektion und interpretieren Elemente $\xi\in V$ als ξ: $P\to E$, $u\longmapsto u\xi:=(u,\xi)\cdot G$. Per definitionem gilt $(u\cdot g)\xi=u(g\xi)$. Wir fixieren $e\in E$ und wählen $u\in P_{\pi_E(e)}$ beliebig. Dazu existiert genau ein $\xi\in V$ mit $u\xi=e$, und man erhält:

$$
\begin{array}{cccccc}
u & P & \overset{\xi}{\longrightarrow} & E & e \\
\downarrow & \downarrow{\scriptstyle\pi} & & {\scriptstyle\pi_E}\downarrow & \downarrow \\
x & M & \overset{\mathrm{id}}{\longrightarrow} & M & x
\end{array}
$$

Das Differential $(d\xi)_u$ von $\xi\colon P \to E$ bei u liefert eine Abbildung $T_uP \to T_eE$, so daß gilt:

$$\begin{array}{ccccccccc} 0 & \longrightarrow & \ker(d\pi)_u & \longrightarrow & T_uP & \xrightarrow{(d\pi)_u} & T_{\pi(u)}M & \longrightarrow & 0 \\ & & & & \Big\downarrow{\scriptstyle (d\xi)_u} & & \Big\| & & \\ 0 & \longrightarrow & \ker(d\pi_E)_e & \longrightarrow & T_eE & \xrightarrow{(d\pi_E)_e} & T_{\pi_E(e)}M & \longrightarrow & 0 \end{array}$$

Nach Voraussetzung zerlegt sich $T_uP = V_u(P) \oplus H_u(P)$; dies induziert eine Zerlegung $T_eE = V_e(E) \oplus H_e(E)$ mit $V_e(E) = \ker(d\pi_E)_e$ und $H_e(E)$ dem Bild von $H_u(P)$ unter $(d\xi)_u$. Man verifiziert unmittelbar, daß $H_e(E)$ wohldefiniert, also von der Wahl von u unabhängig ist: Denn wählt man etwa $u\cdot g$ anstatt u, so gilt $(u\cdot g)(g^{-1}\xi) = e$; nach Voraussetzung ist aber $(dR_g)H_u(P) = H_{u\cdot g}(P)$ und somit

$$d(g^{-1}\xi)_{u\cdot g}\, H_{u\cdot g}(P) = d\big((g^{-1}\xi)\circ R_g\big)_u\, H_u(P) = (d\xi)_u H_u(P)\,.$$

Durch $H(E)$ wird so ein Unterbündel von TE definiert, welches einen linearen Zusammenhang in E festlegt.

(b) Es sei umgekehrt E ein Vektorbündel über M mit Strukturgruppe G und $\mathrm{Iso}_G(V;E)$ das assoziierte G-Prinzipalbündel über M; ohne Einschränkung dürfen wir $V = \mathbb{R}^n$ annehmen. Dann induziert jeder lineare Zusammenhang in E einen G-Zusammenhang in P, wie folgt. Gemäß Bemerkung 7.88 (i) schreibt sich der vom Zusammenhang in E induzierte Horizontalraum bei $e \in E$ (mit $\pi_E(e) = x$) als

$$H_e(E) = \big\{(dX)_x v : v \in T_xM,\ X \in \Gamma(E/U) \text{ mit } X(x) = e \text{ und } \nabla_v X = 0\big\}\,;$$

jeder lokale Schnitt $\hat{X} \in \Gamma(P/U)$ über einer offenen Menge $U \subset M$ ist von der Gestalt $\hat{X} = (X_1, \ldots, X_n)$ mit $X_i := \hat{X} e_i \in \Gamma(E/U)$ und e_i dem i-ten Standardkoordinatenvektor des $\mathbb{R}^n$. Für $u \in P$ mit $\pi(u) = x$ setzt man nun

$$H_u(P) := \big\{(d\hat{X})_x v : v \in T_xM,\ \hat{X} \in \Gamma(P/U) \text{ mit } \hat{X}(x) = u \\ \text{und } \nabla_v \hat{X} := (\nabla_v X_1, \ldots, \nabla_v X_n) = 0\big\}\,.$$

Dies legt ein horizontales Teilbündel $H(P)$ von TP fest, welches $(dR_g)H_u = H_{u\cdot g}$ für $u \in P$ erfüllt, und somit einen G-Zusammenhang in P definiert.

Man verifiziert, daß (a) und (b) bei An- und Abmontieren (Bemerkung 7.123) zueinander invers sind. Insbesondere entsprechen also lineare Zusammenhänge im Tangentialbündel TM eineindeutig den $\mathrm{GL}(d;\mathbb{R})$-Zusammenhängen im Basenbündel $\mathrm{L}(M)$, und Riemannsche Zusammenhänge in TM eineindeutig den $\mathrm{O}(d)$-Zusammenhängen im Orthonormalbasenbündel $\mathrm{O}(M)$. Wir nennen im folgenden $\mathrm{GL}(d;\mathbb{R})$-Zusammenhänge im Basenbündel $\mathrm{L}(M)$ auch kurz *lineare Zusammenhänge auf M*, und $\mathrm{O}(d)$-Zusammenhänge im Orthonormalbasenbündel $\mathrm{O}(M)$ *Riemannsche Zusammenhänge auf M*.

Satz 7.130. (Horizontale Lifts in Prinzipalbündeln) *Es sei* $\pi\colon P \to M$ *ein* G*-Prinzipalbündel über* M *mit einem* G*-Zusammenhang; weiter sei* $x\colon I \to M$, $t \mapsto x(t)$, *eine differenzierbare Kurve und* $t_0 \in I$. *Dann gibt es zu jedem* $u_0 \in P$ *mit* $\pi(u_0) = x(t_0)$ *genau eine horizontale Kurve* $u\colon I \to P$ *mit* $u(t_0) = u_0$, *welche* $t \mapsto x(t)$ *überlagert, d.h. so daß* $\pi \circ u(t) = x(t)$ *und* $\dot u(t) \in H_{u(t)}$ *für jedes* $t \in I$ *gilt.*

Beweis: Es genügt offenbar, Existenz und Eindeutigkeit des gewünschten horizontalen Lifts lokal bei t_0 zu beweisen; aufgrund der G-Invarianz ist nämlich mit $t \mapsto u(t)$ und $g \in G$ auch $t \mapsto u(t)\cdot g$ eine horizontale Kurve über $t \mapsto x(t)$; man kann folglich lokale horizontale Lifts aneinanderstückeln und erhält so einen auf ganz I definierten horizontalen Lift.

Es bezeichne $\Phi\colon P \times G \to P$, $(u,g) \mapsto u\cdot g$, die Rechtsaktion von G auf P. Für festes $g \in G$ ist also $R_g \equiv \Phi(\,\cdot\,,g)\colon P \to P$ die Rechtsmultiplikation mit g, und für $u \in P$ ist $I_u \equiv \Phi(u,\,\cdot\,)\colon G \to P$ die bereits betrachtete Einbettung. Das Differential $\iota_u \equiv (dI_u)_e\colon \mathfrak{g} \to T_uP$ beim Einselement $e \in G$ identifiziert $\mathfrak{g}$ mit der vertikalen Faser V_u, insbesondere ist $\omega \circ \iota_u = \mathrm{id}_{\mathfrak{g}}$. Es sei $t \mapsto x(t) =: x_t$ die gegebene Kurve auf M, wobei wir ohne Einschränkung annehmen dürfen, daß $x(\cdot)$ Werte im Kartengebiet U einer Bündelkarte (φ, U) annimmt. Mittels $\varphi\colon \pi^{-1}(U) \xrightarrow{\sim} U \times G$ verschaffen wir uns zunächst irgendeine differenzierbare Kurve $t \mapsto v_t$ in P, die über $t \mapsto x_t$ liegt, z.B. $v_t := \varphi^{-1}(x_t, e)$ mit e dem Einselement in G. Hierzu suchen wir eine Kurve $t \mapsto \tilde g_t$ in G derart, daß $t \mapsto u_t := v_t\cdot\tilde g_t$ horizontal (also $\omega(\dot u) \equiv 0$) wird. Schreibt man $v_t = u_t\cdot g_t$ mit $g_t := \tilde g_t^{-1}$, so folgt $\dot v_t = (R_{g_t})_*\dot u_t + (I_{u_t})_*\dot g_t$. Aufgrund der Äquivarianz von ω (Bemerkung 7.128) und der Beziehung $I_{u_t} = I_{u_t g_t} \circ L_{g_t^{-1}}$ gilt dann

$$\omega(\dot v_t) = \mathrm{Ad}(g_t^{-1})\,\omega(\dot u_t) + \big(L_{g_t^{-1}}\big)_*\dot g_t. \tag{7.58}$$

Damit nun $t \mapsto u_t$ horizontal ist, muß folglich $\dot g_t = (L_{g_t})_*\,\omega(\dot v_t)$ erfüllt sein. Dies ist eine Differentialgleichung für $t \mapsto g_t$, die wir zu

$$\dot g_t = A(t, g_t) \tag{7.59}$$

umschreiben, wobei dann $A(t,\cdot) \in \Gamma(TG)$ mit $A(t,h) = (L_h)_*\omega(\dot v_t)$ gerade das zu $\omega(\dot v_t) \in \mathfrak{g}$ gehörige linksinvariante Vektorfeld auf G ist. Gleichung (7.59) besitzt zu gegebener Anfangsbedingung aber genau eine lokale Lösung. □

Man beachte, daß sich die Eindeutigkeitsaussage in Satz 7.130 aus der eindeutigen Lösbarkeit der Differentialgleichung (7.59) bei gegebenem Anfangswert ableitet. Die Eindeutigkeit in Satz 7.130 läßt sich aber auch direkt verifizieren: Sind nämlich $t \mapsto u_t$ und $t \mapsto v_t$ zwei horizontale Lifts, und schreibt man $v_t = u_t\cdot g_t$, dann folgt aufgrund von $\omega(\dot v) = \omega(\dot u) \equiv 0$ aus (7.58) unmittelbar $g_t \equiv \mathrm{const}$; ist somit $u_{t_0} = v_{t_0}$ für ein t_0, so muß $g_t \equiv e$ sein.

Ist in der Situation von Satz 7.130 $G \to \mathrm{Aut}(V)$ eine Darstellung von G und $E = P \times_G V$ das zugehörige zu P assoziiertes Vektorbündel, so gilt $P \cong \mathrm{Iso}_G(V; E)$, und man kann Satz 7.130 auch direkt auf die bereits bekannte Existenz und Eindeutigkeit horizontaler Lifts in Vektorbündeln zurückführen: Nach Bemerkung 7.129 (a) erhält man einen linearen Zusammenhang in E, und gemäß Satz 7.89 gibt es zu $\xi \in V$ genau eine horizontale Kurve $I \to E$, $t \mapsto e_\xi(t)$ über $t \mapsto x(t)$ mit $e_\xi(t_0) = u_0 \xi \equiv (u_0, \xi) \cdot G$. Damit liefert

$$t \mapsto u(t) \in \mathrm{Iso}_G(V; E_{x(t)}), \quad u(t) := (\xi \mapsto e_\xi(t)),$$

eine horizontale Kurve in P, welche die gewünschten Eigenschaften hat.

Korollar. *Es sei P ein G-Prinzipalbündel über einer Mannigfaltigkeit M. Jeder G-Zusammenhang in P definiert kanonisch einen Paralleltransport auf P längs differenzierbarer Kurven $t \mapsto x(t)$ in M, nämlich für $t_0, t_1 \in I$ als*

(7.60) $$\bar{\sigma}_{t_0,t_1}\colon P_{x(t_0)} \xrightarrow{\sim} P_{x(t_1)}, \quad u_0 \longmapsto u(t_1),$$

wobei $t \mapsto u(t)$ den gemäß Satz 7.130 eindeutig bestimmten horizontalen Lift von $t \mapsto x(t)$ auf P mit $u(t_0) = u_0$ bezeichnet.

Ist E ein zu P assoziiertes Vektorbündel mit Faser V, so erhält man aus (7.60) unmittelbar den induzierten Paralleltransport auf E, nämlich als

(7.61) $$\sigma_{t_0,t_1}\colon E_{x(t_0)} \xrightarrow{\sim} E_{x(t_1)}, \quad e_0 \longmapsto u(t_1)\xi,$$

wobei wie in (7.60) $t \mapsto u(t)$ mit $u(t_0) = u_0$ der horizontale Lift von $t \mapsto x(t)$ auf P ist, und $\xi \in V$ so gewählt ist, daß $u(t_0)\xi \equiv u_0 \xi = e_0$ gilt.

Für den Rest des Abschnitts wollen wir uns auf die beiden G-Prinzipalbündel $P = \mathrm{L}(M)$ über einer Mannigfaltigkeit M mit $G = \mathrm{GL}(d; \mathbb{R})$ sowie $P = \mathrm{O}(M)$ über einer Riemannschen Mannigfaltigkeit M mit $G = \mathrm{O}(d)$ beschränken; die zugehörigen Liealgebren sind dann durch die Matrizenalgebren $\mathfrak{g} = \mathrm{M}(d \times d; \mathbb{R})$ bzw. $\mathfrak{g} = \{A \in \mathrm{M}(d \times d; \mathbb{R})\colon A \text{ schiefsymmetrisch}\}$ gegeben. Wir fixieren einen G-Zusammenhang in P mit

(7.62) $$\omega \in \Gamma(T^*P \otimes \mathfrak{g}), \quad \omega_u(X_u) = \kappa_u^{-1}(\mathrm{vert}\, X)_u, \ u \in P \text{ und } X \in \Gamma(TP),$$

der $\mathfrak{g}$-wertigen Zusammenhangsform (siehe Definition 7.127) und

(7.63) $$\vartheta \in \Gamma(T^*P \otimes \mathbb{R}^d), \quad \vartheta_u(X_u) := u^{-1}(d\pi X_u), \ u \in P \text{ und } X \in \Gamma(TP),$$

der sogenannten *kanonischen* 1-*Form* des Prinzipalbündels $\pi\colon P \to M$; dabei lesen wir in (7.63) $u \in P = \mathrm{L}(M), \mathrm{O}(M)$ als Isomorphismus $u\colon \mathbb{R}^d \xrightarrow{\sim} T_{\pi(u)}M$.

Man beachte, daß nur in die Definition der Zusammenhangsform der G-Zusammenhang eingeht, nicht aber in die kanonische 1-Form ϑ.

Satz 7.131. *Die beiden Basenbündel $P = \mathrm{L}(M)$ (M Mannigfaltigkeit) und $P = \mathrm{O}(M)$ (M Riemannsche Mannigfaltigkeit) sind als Mannigfaltigkeiten parallelisierbar, d. h. die Tangentialbündel $T\mathrm{L}(M) \to \mathrm{L}(M)$ und $T\mathrm{O}(M) \to \mathrm{O}(M)$ sind beides triviale Bündel.*

Beweis: Es sei $P = \mathrm{L}(M)$ bzw. $P = \mathrm{O}(M)$. Wir wählen einen G-Zusammenhang in P (mit $G = \mathrm{GL}(d;\mathbb{R})$ bzw. $G = \mathrm{O}(d)$) und zerlegen $TP = V \oplus H$. Eine kanonische Trivialisierung für TP ist dann wie folgt gegeben: das vertikale Teilbündel V wird durch die standardvertikalen Vektorfelder $\hat{A}$ zu A trivialisiert, wobei A eine Basis für $\mathfrak{g}$ durchläuft; das horizontale Teilbündel H wird durch die *standardhorizontalen Vektorfelder* $L_1, \ldots, L_d$ in $\Gamma(TP)$ trivialisiert, welche durch $L_i(u) := h_u(ue_i)$ definiert sind. Für jedes $u \in P$ ist dann durch

$$\big(\hat{A}(u),\ L_i(u):\ A \in \text{Basis für } \mathfrak{g},\ i = 1, \ldots, d\big)$$

eine Basis für $T_uP = V_u \oplus H_u$ gegeben, was aufgrund der Isomorphien $\mathfrak{g} \xrightarrow{\sim} V_u$, $A \mapsto \hat{A}(u)$ und $h_u\colon T_{\pi(u)}M \xrightarrow{\sim} H_u$ evident ist. □

Die standardvertikalen bzw. -horizontalen Vektorfelder sind offensichtlich durch

$$\vartheta(\hat{A}) = 0 \text{ und } \vartheta(L_i) = e_i \text{ bzw. } \omega(\hat{A}) = A \text{ und } \omega(L_i) = 0$$

festgelegt. Den kanonischen Differentialoperator zweiter Ordnung $\Delta^{\text{hor}} := \sum_i L_i^2$ nennt man den *horizontalen Laplaceoperator* auf $\mathrm{L}(M)$ bzw. $\mathrm{O}(M)$.

Bezeichnung. Sei $\pi\colon P \to M$ ein G-Prinzipalbündel über M mit einem G-Zusammenhang. Für Vektorfelder $X \in \Gamma(TM)$ bezeichnen wir mit $\bar{X} \in \Gamma(TP)$ die zugehörigen horizontalen Lifts, $\bar{X}_u = h_u(X_{\pi(u)})$, $u \in P$.

Satz 7.132. *Es sei M eine Mannigfaltigkeit und $P = \mathrm{L}(M)$ das $\mathrm{GL}(d;\mathbb{R})$-Basenbündel über M, bzw. M eine Riemannsche Mannigfaltigkeit und $P = \mathrm{O}(M)$ das zugehörige $\mathrm{O}(d)$-Orthonormalbasenbündel über M, jeweils mit G-Zusammenhang in P (mit $G = \mathrm{GL}(d;\mathbb{R})$ bzw. $G = \mathrm{O}(d)$). Dann erhält man für Vektorfelder $X, Y \in \Gamma(TM)$ die covariante Ableitung $\nabla_X Y \in \Gamma(TM)$ bezüglich des induzierten linearen Zusammenhangs in TM durch*

$$(7.64)\qquad (\nabla_X Y)_x = u\big(\bar{X}_u\, \vartheta(\bar{Y})\big) \quad \textit{für ein } u \in P \textit{ mit } \pi(u) = x.$$

Schreibt man $Y \in \Gamma(TM)$ als äquivariante Funktion $f\colon P \to \mathbb{R}^d$ (d.h. $f(u \cdot g) = g^{-1} f(u)$ für $g \in G = \mathrm{GL}(d;\mathbb{R})$ bzw. $\mathrm{O}(d)$), nämlich als

$$f(u) := u^{-1} Y_{\pi(u)} \equiv \vartheta_u(\bar{Y}_u),$$

so ist folglich $(\nabla_X Y)_x = u(\bar{X}_u f)$, oder äquivalent hierzu:

$$(7.65)\qquad \langle u^{-1}(\nabla_X Y)_x, e_i\rangle = \bar{X}_u(f^i), \quad i = 1, \ldots, d.$$

Beweis: Wir wählen eine Kurve γ auf M mit $\gamma(0) = x$ und $\dot{\gamma}(0) = X_x$. Dann ist gemäß Gleichung (7.30)

$$(7.66)\qquad (\nabla_X Y)_x = \lim_{\varepsilon \to 0+} \frac{\sigma_{\varepsilon,0} Y_{\gamma(\varepsilon)} - Y_{\gamma(0)}}{\varepsilon}$$

mit $\sigma_{\varepsilon,0}$ dem Paralleltransport von $T_{\gamma(\varepsilon)}M$ nach $T_{\gamma(0)}M$ längs γ. Faßt man wieder $u \in \mathrm{L}(M), \mathrm{O}(M)$ als Isomorphismus (bzw. Isometrie) $u\colon \mathbb{R}^d \xrightarrow{\sim} T_{\pi(u)}M$ auf, und ist $t \mapsto u(t)$ ein horizontaler Lift von $t \mapsto \gamma(t)$ auf P mit $u(0) = u$, so hat man nach dem Korollar zu Satz 7.130

$$\sigma_{0,\varepsilon}\colon T_{\gamma(0)}M \xrightarrow{\sim} T_{\gamma(\varepsilon)}M, \quad v \longmapsto u(\varepsilon)u(0)^{-1}v,$$

und folglich $\sigma_{\varepsilon,0} \equiv u(0)u(\varepsilon)^{-1}$. Damit gilt:

$$\begin{aligned}(\nabla_X Y)_{\pi(u)} &= \lim_{\varepsilon \to 0+} \frac{u(0)u(\varepsilon)^{-1}Y_{\pi(u(\varepsilon))} - Y_{\pi(u(0))}}{\varepsilon} \\ &= \lim_{\varepsilon \to 0+} \frac{u\left[u(\varepsilon)^{-1}Y_{\pi(u(\varepsilon))} - u(0)^{-1}Y_{\pi(u(0))}\right]}{\varepsilon} \\ &= u\Big(\lim_{\varepsilon \to 0+} \frac{f\big(u(\varepsilon)\big) - f\big(u(0)\big)}{\varepsilon}\Big) = u\big(\bar{X}_u(f)\big),\end{aligned}$$

denn aus $\dot{u}(t) = h_{u(t)}\dot{\gamma}(t)$ folgt $\dot{u}(0) = h_u(X_x) = \bar{X}_u$, woraus sich die letzte Gleichheit ergibt. □

Analog zu Gleichung (7.65) kann man covariante Ableitungen von Differentialformen beschreiben. Da wir solche Formeln später benötigen, wollen wir hierauf kurz eingehen.

Satz 7.133. *Es sei M eine Mannigfaltigkeit und $P = \mathrm{L}(M)$ das $\mathrm{GL}(d;\mathbb{R})$-Basenbündel über M, bzw. M eine Riemannsche Mannigfaltigkeit und $P = \mathrm{O}(M)$ das zugehörige $\mathrm{O}(d)$-Orthonormalbasenbündel über M, jeweils mit G-Zusammenhang in P ($G = \mathrm{GL}(d;\mathbb{R})$ bzw. $G = \mathrm{O}(d)$). Weiter sei $\alpha \in \Gamma(T^*M)$ eine Differentialform auf M, die wir als äquivariante Funktion $F\colon P \to \mathbb{R}^d$ (d.h. $F(u{\cdot}g) = g^*F(u)$ mit g^* der zu $g \in \mathrm{GL}(d;\mathbb{R})$ bzw. $\mathrm{O}(d)$ dualen linearen Abbildung) schreiben, nämlich als $F = (F^1, \ldots, F^d)$ mit $F^i(u) := \alpha_{\pi(u)}(ue_i)$, $i = 1, \ldots, d$. Dann gilt für $X \in \Gamma(TM)$ mit horizontalem Lift $\bar{X} \in \Gamma(TP)$ und $u \in P$ die Formel:*

$$(\nabla_X \alpha)_{\pi(u)}(ue_i) = \bar{X}_u F^i, \quad i = 1, \ldots, d. \tag{7.67}$$

Man beweist Satz 7.133 analog zu Satz 7.132; dazu notieren wir zunächst das folgende Lemma, welches die zu Gleichung (7.66) analoge Aussage ergibt.

Lemma 7.134. *Es sei M eine Mannigfaltigkeit mit einem linearen Zusammenhang in TM. Ist $\alpha \in \Gamma(T^*M)$ und $X \in \Gamma(TM)$, so gilt*

$$(\nabla_X \alpha)_x = \lim_{\varepsilon \to 0+} \frac{\sigma_{\varepsilon,0}\,\alpha_{\gamma(\varepsilon)} - \alpha_{\gamma(0)}}{\varepsilon},$$

wobei γ eine Kurve auf M mit $\gamma(0) = x$ und $\dot{\gamma}(0) = X_x$ ist.

(Dabei ist für $Y \in \Gamma(TM)$ per definitionem $(\sigma_{\varepsilon,0}\,\alpha_{\gamma(\varepsilon)})(Y_{\gamma(0)}) = \alpha_{\gamma(\varepsilon)}(\sigma_{0,\varepsilon}Y_{\gamma(0)})$ mit $\sigma_{\varepsilon,0} \equiv \sigma_{0,\varepsilon}^{-1}$ dem Paralleltransport längs γ).

Beweis (des Lemmas): Trivialerweise ist zunächst

$$\frac{\sigma_{\varepsilon,0}\,\alpha_{\gamma(\varepsilon)}-\alpha_{\gamma(0)}}{\varepsilon}(Y_{\gamma(0)})=\frac{\alpha_{\gamma(\varepsilon)}(\sigma_{0,\varepsilon}Y_{\gamma(0)})-\alpha_{\gamma(0)}Y_{\gamma(0)}}{\varepsilon}$$
$$=\frac{\alpha_{\gamma(\varepsilon)}\big(\sigma_{0,\varepsilon}Y_{\gamma(0)}-Y_{\gamma(\varepsilon)}\big)}{\varepsilon}+\frac{\alpha_{\gamma(\varepsilon)}Y_{\gamma(\varepsilon)}-\alpha_{\gamma(0)}Y_{\gamma(0)}}{\varepsilon}.$$

Bildet man den Limes für $\varepsilon\to 0+$, so strebt die rechte Seite gegen

$$\lim_{\varepsilon\to 0+}\alpha_{\gamma(0)}\frac{\sigma_{\varepsilon,0}\big(\sigma_{0,\varepsilon}Y_{\gamma(0)}-Y_{\gamma(\varepsilon)}\big)}{\varepsilon}+\lim_{\varepsilon\to 0+}\frac{\alpha_{\gamma(\varepsilon)}Y_{\gamma(\varepsilon)}-\alpha_{\gamma(0)}Y_{\gamma(0)}}{\varepsilon}$$
$$=\alpha_{\gamma(0)}\Big(\lim_{\varepsilon\to 0+}\frac{Y_{\gamma(0)}-\sigma_{\varepsilon,0}Y_{\gamma(\varepsilon)}}{\varepsilon}\Big)+\lim_{\varepsilon\to 0+}\frac{\alpha_{\gamma(\varepsilon)}Y_{\gamma(\varepsilon)}-\alpha_{\gamma(0)}Y_{\gamma(0)}}{\varepsilon}$$
$$=-\alpha_x\big(\nabla_{X_x}Y\big)+X_x(\alpha Y)=(\nabla_X\alpha)_x(Y_x),$$

woraus die Behauptung folgt. □

Beweis (von Satz 7.133): Es sei $u\in P$ und $t\mapsto\gamma(t)$ eine Kurve auf M mit $\gamma(0)=\pi(u)$ und $\dot\gamma(0)=X_{\pi(u)}$, sowie $t\mapsto u(t)\in P$ der horizontale Lift von γ mit $u(0)=u$. Mit Lemma 7.134 erhält man dann:

$$(\nabla_X\alpha)_{\pi(u)}(ue_i)=\lim_{\varepsilon\to 0+}\frac{\big(\sigma_{\varepsilon,0}\,\alpha_{\gamma(\varepsilon)}\big)(ue_i)-\alpha_{\gamma(0)}(ue_i)}{\varepsilon}$$
$$=\lim_{\varepsilon\to 0+}\frac{\alpha_{\gamma(\varepsilon)}\big(\sigma_{0,\varepsilon}(ue_i)\big)-\alpha_{\gamma(0)}(ue_i)}{\varepsilon}$$
$$=\lim_{\varepsilon\to 0+}\frac{\alpha_{\pi\circ u(\varepsilon)}\big(u(\varepsilon)e_i\big)-\alpha_{\pi\circ u(0)}\big(u(0)e_i\big)}{\varepsilon}$$
$$=\lim_{\varepsilon\to 0+}\frac{F^i\big(u(\varepsilon)\big)-F^i\big(u(0)\big)}{\varepsilon}=\bar X_uF^i.$$ □

Definition 7.135. (Horizontaler Lift eines M-wertigen Semimartingals) Es sei P ein G-Prinzipalbündel über einer Mannigfaltigkeit M und $\omega\in\Gamma(T^*P\otimes\mathfrak{g})$ die Zusammenhangsform eines G-Zusammenhangs in P. Für jedes P-wertige Semimartingal U liefert das Stratonovich-Integral $\int_U\omega$ ein Semimartingal mit Werten in der Liealgebra $\mathfrak{g}$, nämlich komponentenweise bzgl. einer Basis für $\mathfrak{g}$ als $\int_U\omega\equiv\big(\int_U\omega^1,\dots,\int_U\omega^r\big)$, falls $\omega=(\omega^1,\dots,\omega^r)$. Wir nennen U *horizontal*, falls $\int_U\omega=0$ f.s. Ist X ein M-wertiges Semimartingal, so heißt ein Semimartingal U mit Werten in P *horizontaler Lift von* X, falls U horizontal ist und zudem $\pi\circ U=X$ f.s. gilt.

Offensichtlich verallgemeinert der Begriff des horizontalen Lifts eines Semimartingals die bereits bekannte Notation des horizontalen Lifts M-wertiger differenzierbarer Kurven (siehe Satz 7.130), wonach eine Kurve $t\mapsto u(t)$ über $t\mapsto x(t)$ horizontal heißt, wenn $\pi\circ u=x$ und $\omega(\dot u)=0$ gilt (vergleiche Beispiel 7.64). Wir werden die Existenz horizontaler Lifts weiter unten beweisen.

Für den Rest dieses Abschnitts konzentrieren wir uns auf die folgende Situation: M sei eine d-dimensionale Mannigfaltigkeit mit einem torsionsfreien linearen Zusammenhang bzw. eine Riemannsche Mannigfaltigkeit mit dem Levi-Civita-Zusammenhang. Über M betrachten wir das $\mathrm{GL}(d;\mathbb{R})$-Basenbündel $P = \mathrm{L}(M)$ bzw. das $\mathrm{O}(d)$-Orthonormalbasenbündel $P = \mathrm{O}(M)$, jeweils mit dem induzierten G-Zusammenhang auf P. Dann haben wir neben der Zusammenhangsform $\omega \in \Gamma(T^*P \otimes \mathfrak{g})$ die kanonische 1-Form $\vartheta \in \Gamma(T^*P \otimes \mathbb{R}^d)$ (siehe Gleichung (7.63)); die zugehörige Zerlegung $TP = V \oplus H$ ist durch $V_u = \ker \vartheta_u$ und $H_u = \ker \omega_u$ für $u \in P$ gegeben.

Definition 7.136. ($\mathbb{R}^d$-Darstellung eines M-wertigen Semimartingals) Die Situation sei wie oben; ferner sei X ein M-wertiges Semimartingal und U ein horizontaler Lift von X mit Werten in $P = \mathrm{L}(M)$ bzw. $\mathrm{O}(M)$. Das $\mathbb{R}^d$-wertige Semimartingal

$$Z = \int_U \vartheta \equiv \int \vartheta(*dU)$$

heißt dann *$\mathbb{R}^d$-Darstellung von X* (zur Anfangsbasis U_0). Bezüglich der Standardbasis des $\mathbb{R}^d$ ist $Z \equiv (Z^1, \ldots, Z^d)$ mit $Z^i = \int_U \vartheta^i$.

Satz 7.137. *Es sei X ein M-wertiges Semimartingal, U ein horizontaler Lift von X auf $P = \mathrm{L}(M)$ bzw. $\mathrm{O}(M)$, sowie Z eine $\mathbb{R}^d$-Darstellung von X. Dann gilt:*

(i) $\int_U \sigma = \sum\limits_{i=1}^{d} \int \sigma(U)\, L_i(U) * dZ^i$ *für jede Differentialform* $\sigma \in \Gamma(T^*P)$.

(ii) $\int_X \alpha = \sum\limits_{i=1}^{d} \int \alpha(X)\, Ue_i * dZ^i$ *für jede Differentialform* $\alpha \in \Gamma(T^*M)$.

Insbesondere hat man also $d(f \circ U) = \sum_{i=1}^d (L_i f)(U) * dZ^i$ für jede Funktion $f \in C^\infty(P)$, oder kurz

$$dU = \sum_{i=1}^{d} L_i(U) * dZ^i, \tag{7.68}$$

sowie $d(f \circ X) = \sum_{i=1}^d (Ue_i)(f) * dZ^i$ für jede Funktion $f \in C^\infty(M)$, oder kurz

$$dX = U * dZ\,. \tag{7.69}$$

Beweis: Die Zusätze folgen unmittelbar aus (i) und (ii) für $\sigma = df$ mit $f \in C^\infty(P)$ bzw. für $\alpha = df$ mit $f \in C^\infty(M)$. Es genügt also, die Formeln (i) und (ii) nachzuweisen.

Zu (i): Gemäß Satz 7.62 reicht es zu zeigen, daß die rechte Seite von (i) die definierenden Eigenschaften des Stratonovich-Integrals $\int_U \sigma$ besitzt. Für $f \in C^\infty(P)$ ist also $d(f \circ U) = \sum_i (df)(U)\, L_i(U) * dZ^i \equiv \sum_i (L_i f)(U) * dZ^i$ zu verifizieren, was gleichbedeutend ist zu

$$f \circ U - f \circ U_0 = \int_U \sigma \quad \text{mit } \sigma \in \Gamma(T^*P),\ \sigma_u := \textstyle\sum_i (L_i f)(u)\, \vartheta^i_u\,. \tag{7.70}$$

Nun ist aber $\sum_i (L_i f)(u)\, \vartheta_u^i = (df)_u \circ \mathrm{pr}_{H_u}$, denn für $A \in T_u P$ ist

$$\begin{aligned}\textstyle\sum_i (L_i f)(u)\, \vartheta_u^i(A) &= \textstyle\sum_i (df)_u\, L_i(u)\, \vartheta_u^i(A) = \sum_i (df)_u\, h_u(ue_i) \left(u^{-1}(d\pi)_u A\right)^i \\ &= (df)_u\, h_u(u u^{-1}(d\pi)_u A) = (df)_u\, h_u\big((d\pi)_u A\big) = \big((df)_u \circ \mathrm{pr}_{H_u}\big)(A).\end{aligned}$$

Andererseits gilt mit den Bezeichnungen der Definitionen 7.126 und 7.127 gerade $(df \circ \mathrm{pr}_V)_u = (df)_u\, \kappa_u\, \omega_u = (df \circ I_u)_e\, \omega_u$. Da nach Voraussetzung U horizontal ist, gilt $\int_U df \circ \mathrm{pr}_V = 0$ und man erhält

$$f \circ U - f \circ U_0 = \textstyle\int_U df = \int_U df \circ \mathrm{pr}_H + \int_U df \circ \mathrm{pr}_V = \int_U df \circ \mathrm{pr}_H = \int_U \sigma,$$

was Gleichung (7.70) zeigt. Die zweite definierende Eigenschaft des Stratonovich-Integrals ist aber evident.

Zu (ii): Es genügt zu zeigen, daß für jede Funktion $f \in C^\infty(M)$ die Gleichheit

$$d(f \circ X) = \sum_i (df)(X)\, Ue_i * dZ^i \equiv \sum_i (Ue_i)(f) * dZ^i$$

gilt. Mit Teil (i) erhält man aber wegen $(d\pi)_u\, L_i(u) = ue_i$

$$\begin{aligned} d(f \circ \pi \circ U) &= \textstyle\sum_i d(f \circ \pi)(U)\, L_i(U) * dZ^i \\ &= \textstyle\sum_i (df)\big(\pi(U)\big)\, (d\pi)(U)\, L_i(U) * dZ^i = \sum_i (df)(X)\, Ue_i * dZ^i, \end{aligned}$$

was die Behauptung zeigt. □

Analog zu Satz 7.137 für das Stratonovichintegral von Differentialformen längs U und X kann man auch die Situation des Integrals längs U und X von Schnitten im Bündel der jeweiligen Bilinearformen betrachten.

Satz 7.138. *Es sei X ein M-wertiges Semimartingal, U ein horizontaler Lift von X auf $P = \mathrm{L}(M)$ bzw. $\mathrm{O}(M)$, sowie Z eine $\mathbb{R}^d$-Darstellung von X. Dann gilt:*

(i) $\int a(dU, dU) = \sum_{i,j=1}^{d} \int a(U)\big(L_i(U), L_j(U)\big)\, d[Z^i, Z^j]$ *für* $a \in \Gamma(T^*P \otimes T^*P)$.

(ii) $\int b(dX, dX) = \sum_{i,j=1}^{d} \int b(X)\big(Ue_i, Ue_j\big)\, d[Z^i, Z^j]$ *für* $b \in \Gamma(T^*M \otimes T^*M)$.

Beweis: Es genügt wieder, den Spezialfall $a = d\varphi_1 \otimes d\varphi_2$ mit $\varphi_1, \varphi_2 \in C^\infty(P)$ bzw. $b = df_1 \otimes df_2$ mit $f_1, f_2 \in C^\infty(M)$ zu betrachten. Hierfür erhält man die Aussage direkt aus den Rechenregeln für die quadratische Variation oder mit Formel (7.26) aus Satz 7.137. □

Bemerkung 7.139. (Linksinvariante SDGLen auf einer Liegruppe) Es sei G eine Liegruppe und $\mathfrak{g}$ die zugehörige Liealgebra. Wie üblich identifizieren wir

$$\mathfrak{g} \xrightarrow{\simeq} \{\text{linksinvariante Vektorfelder auf } G\}, \quad A \longmapsto A(\cdot),$$

wobei $A(g) = (L_g)_*A(e) \equiv (L_g)_*A$ mit $(L_g)_*\colon \mathfrak{g} \xrightarrow{\simeq} T_gG$ dem Differential der Linksmultiplikation L_g. Es seien $A_1, \ldots, A_r \in \mathfrak{g}$ mit den zugeordneten linksinvarianten Vektorfeldern $A_1(\cdot), \ldots, A_r(\cdot) \in \Gamma(TG)$. Ist γ ein stetiges $\mathbb{R}^r$-wertiges Semimartingal, dann besitzt jede Maximallösung der Stratonovich-SDGL

$$dg = \sum\nolimits_{i=1}^r A_i(g) * d\gamma^i \tag{7.71}$$

unendliche Lebenszeit. Genügt $(g_t)_{t\geq 0}$ der SDGL (7.71), so löst das durch $\tilde{g}_t := g_t^{-1}$ definierte Semimartingal $(\tilde{g}_t)_{t\geq 0}$ die SDGL

$$d\tilde{g} = -\sum\nolimits_{i=1}^r \big(\operatorname{Ad}(\tilde{g}^{-1})A_i\big)(\tilde{g}) * d\gamma^i, \quad \tilde{g}_0 = g_0^{-1}. \tag{7.72}$$

Beweis: (a) Die Differentialgleichung in (7.72) ist natürlich äquivalent zu

$$d\tilde{g} = -\textstyle\sum_{i=1}^r (R_{\tilde{g}})_* A_i(e) * d\gamma^i. \tag{7.73}$$

Ist nun $(\tilde{g}_t)_{t\geq 0}$ ein Semimartingal mit (7.73) und $(g_t)_{t\geq 0}$ irgendeine Lösung von (7.71), so folgt:

$$d f(g\cdot\tilde{g}) = f_*(L_g)_* d\tilde{g} + f_*(R_{\tilde{g}})_* dg = 0, \quad f \in C^\infty(G). \tag{7.74}$$

Bezeichnet nämlich $P\colon G \times G \to G$, $(g,\tilde{g}) \mapsto g\cdot\tilde{g} = L_g\tilde{g} = R_{\tilde{g}}g$ die Multiplikation auf G, so genügt es gemäß Bemerkung 7.48 zum Nachweis der ersten Gleichheit in (7.74), für

$$(f\circ P)_*\colon T_{(g,\tilde{g})}(G\times G) \cong T_gG \times T_{\tilde{g}}G \to \mathbb{R}, \quad (v,w) \mapsto (f\circ P)_*(v,w),$$

die folgende Formel zu verifizieren:

$$(f\circ P)_*(v,w) = f_*(L_g)_*w + f_*(R_{\tilde{g}})_*v. \tag{7.75}$$

(7.75) sieht man am einfachsten via Kurventransport: Wird v repräsentiert durch die Kurve α: $\alpha(0) = g$, $\dot{\alpha}(0) = v$, und entsprechend w durch β: $\beta(0) = \tilde{g}$, $\dot{\beta}(0) = w$, so ist nach Definition des Differentials $(f\circ P)_*(v,w)$ durch den Keim der Kurve $t \mapsto f\big(\alpha(t)\beta(t)\big)$ bei 0 repräsentiert. Hierfür gilt aber

$$\tfrac{d}{dt} f(\alpha\beta) = f_*(L_\alpha)_*\dot{\beta} + f_*(R_\beta)_*\dot{\alpha},$$

und folglich

$$\tfrac{d}{dt}\Big|_{t=0} f(\alpha\beta) = f_*(L_g)_*w + f_*(R_{\tilde{g}})_*v.$$

Das zweite Gleichheitszeichen in (7.74) leitet sich unmittelbar aus (7.71) und (7.73) ab.

Ist daher speziell $(g_t)_{t\geq 0}$ eine Lösung zu (7.71) und ist $(\tilde{g}_t)_{t\geq 0}$ die Lösung zu (7.72), so folgt aus (7.74) insbesondere $(\tilde{g}_t) \equiv (g_t^{-1})$ bis auf Nicht-Unterscheidbarkeit.

(b) Offensichtlich genügt es, die Lösungen von (7.71) zur Anfangsbedingung $g_0 = e$ zu kennen, denn löst $(g_t)_{t\geq 0}$ die SDGL (7.71) zur Anfangsbedingung $g_0 = e$ und ist ξ_0 eine $\mathscr{F}_0$-meßbare G-wertige Zufallsvariable, so ist durch $(g'_t)_{t\geq 0}$ mit $g'_t := \xi_0 g_t$ die Lösung zur Anfangsbedingung $g'_0 = \xi_0$ gegeben.

(c) Es bleibt zu verifizieren, daß die Maximallösung von

$$dg = \textstyle\sum_{i=1}^r A_i(g) * d\gamma^i, \quad g_0 = e, \tag{7.76}$$

unendliche Lebenszeit besitzt. Dazu fixieren wir eine relativ kompakte offene Koordinatenumgebung V des Einselements $e \in G$ und konstruieren induktiv eine aufsteigende Folge $(\tau_n)_{n\geq 0}$ von Stopzeiten durch

$$\tau_0 = 0, \text{ und } \tau_{n+1} = \inf\{t \geq \tau_n\colon\ g_t^n \notin V\} \wedge (n+1), \quad n \geq 0,$$

wobei g^n die Lösung von (7.71) auf $[\tau_n, \tau_{n+1}]$ mit $g^n_{\tau_n} = e$ ist, d.h. g^n ist ein Semimartingal auf $[\tau_n, \tau_{n+1}]$ (vergleiche Bemerkung 7.46) mit $g^n_{\tau_n} = e$, so daß (7.71) gilt. Eine globale Lösung $g \equiv (g_t)_{t\geq 0}$ von (7.76) läßt sich dann induktiv durch die Vorschrift $g|[\tau_n, \tau_{n+1}] := g_{\tau_n} \cdot g^n$ zusammensetzen. Zu zeigen bleibt, daß sie unendlich lebt, mit anderen Worten, daß $P\{\sup \tau_n < \infty\} = 0$ ist. Bezeichnet $\gamma = \mu + \beta$ die Doob-Meyer-Zerlegung von γ, so dürfen wir nach eventueller Zeittransformation (siehe Lemma 6.14) ohne Einschränkung $[\mu, \mu]_t + \sum_i \int_0^t |d\beta^i| \leq \text{const} \cdot t$ annehmen. Es genügt zu zeigen, daß $P\{\sup \tau_n < N\} = 0$ für $N \in \mathbb{N}$. Für jedes $f \in C^\infty(G)$ gilt einerseits

$$\int_{\tau_n}^{\tau_{n+1}} \sum_i (A_i f)(g^n) * d\gamma^i = \int_{\tau_n}^{\tau_{n+1}} \sum_i df\, A_i(g^n) * d\gamma^i = f \circ g^n_{\tau_{n+1}} - f(e); \tag{7.77}$$

da die Funktionen $A_i(f) \in C^\infty(G)$ bezüglich einer $\bar V$ umfassenden Karte um e auf $\bar V$ beschränkt sind und da $\tau_{n+1} \wedge N - \tau_n \wedge N \to 0$ für $n \to \infty$, folgt andererseits (wie im Beweis von 6.21) f. s.

$$\int_0^N 1_{]\tau_n, \tau_{n+1}]} \sum_i (A_i f)(g^n) * d\gamma^i \to 0, \quad n \to \infty. \tag{7.78}$$

Die linken Seiten von (7.77) und (7.78) stimmen aber auf $\{\sup \tau_n < N\}$ überein, so daß $P\{\sup \tau_n < N\} = 0$ sein muß. □

Definition 7.140. (Kanonische 1-Form einer Liegruppe) Es sei G eine Liegruppe mit Liealgebra $\mathfrak{g}$. Die 1-Form $\theta \in \Gamma(T^*G \otimes \mathfrak{g})$ mit Werten in $\mathfrak{g}$, welche durch $\theta_g(A_g) := (L_g)_*^{-1} A_g$ gegeben ist, nennen wir die *kanonische 1-Form auf* G.

Ist $g = (g_t)_{t\geq 0}$ ein Semimartingal auf der Liegruppe G, so liefert $\gamma := \int_g \theta$ ein $\mathfrak{g}$-wertiges Semimartingal, welches sich bezüglich einer Basis $A_1, \ldots, A_r$ für $\mathfrak{g}$ als $\gamma = \sum_{i=1}^r \gamma^i A_i$ schreibt. Man erhält aus γ das Semimartingal (g_t) zurück als Lösung der SDGL

$$dX = \textstyle\sum_{i=1}^r A_i(X) * d\gamma^i, \quad X_0 = g_0. \tag{7.79}$$

Dies zeigt, daß jedes Semimartingal (g_t) auf G als Lösung einer SDGL der Form (7.79) aus einem $\mathfrak{g}$-wertigen Semimartingal (γ_t) kommt. Insbesondere genügt dann nach Bemerkung 7.139 der inverse Prozeß $(g_t^{-1})_{t\geq 0}$ (als Zusammensetzung von (g_t) mit der differenzierbaren Transformation $h \mapsto h^{-1}$ auf G wieder ein Semimartingal) der SDGL

$$d\tilde{X} = -\sum_{i=1}^r (R_{\tilde{X}})_* A_i * d\gamma^i, \quad \tilde{X}_0 = g_0 .$$

Die Parallelisierung $A_1, \ldots, A_r \in \Gamma(TG)$ von G liefert einen linearen Zusammenhang ∇ auf G, der durch $\nabla_Z A_i := 0$ für $i = 1, \ldots, r$ und $Z \in \Gamma(TG)$ festgelegt ist. Es ist leicht ersichtlich, daß bezüglich dieses linearen Zusammenhangs ∇-Martingale auf G mittels (7.79) gerade lokalen Martingalen γ auf $\mathfrak{g}$ entsprechen. Zu beachten ist, daß ∇ bezüglich jeder linksinvarianten Riemannschen Metrik auf G zwar stets ein Riemannscher Zusammenhang, aber im allgemeinen nicht torsionsfrei ist: $T(A_i, A_j) = -[A_i, A_j]$.

Satz 7.141. (Existenz horizontaler Lifts zu M-wertigen Semimartingalen) *Es sei P ein G-Prinzipalbündel über einer Mannigfaltigkeit M mit einem G-Zusammenhang. Sei x_0 eine M-wertige Zufallsvariable und u_0 eine P-wertige Zufallsvariable über x_0, also $\pi \circ u_0 = x_0$ f.s. Dann gibt es zu jedem M-wertigen Semimartingal X mit $X_0 = x_0$ genau einen horizontalen Lift U auf P mit $U_0 = u_0$ f.s.*

Wir schicken dem Beweis ein elementares technisches Lemma über stetige Prozesse voraus, welches auch für sich genommen interessant und gelegentlich sehr nützlich ist, da es neben der bereits vertrauten zeitlichen Lokalisierung (durch eine lokalisierende Folge von Stopzeiten) eine räumliche Lokalisierung stetiger adaptierter Prozesse gestattet.

Lemma 7.142. *Es sei $(V_k)_{k\in\mathbb{N}}$ eine abzählbare offene Überdeckung von M und X ein stetiger adaptierter M-wertiger Prozeß. Dann gibt es eine aufsteigende Folge $(\tau_n)_{n\geq 0}$ von Stopzeiten mit $\tau_0 = 0$ und $\sup_n \tau_n = \infty$, so daß auf jedem der Intervalle $[\tau_n, \tau_{n+1}] \cap \big(\mathbb{R}_+ \times \{\tau_n < \tau_{n+1}\}\big)$ der Prozeß X Werte in einem der V_k annimmt.*

Beweis (des Lemmas): Zunächst wählen wir zu $(V_k)_{k\in\mathbb{N}}$ eine Verfeinerung $(W_k)_{k\in\mathbb{N}}$ mit der Eigenschaft, daß für jedes $k \in \mathbb{N}$ der Abschluß $\bar{W}_k$ ganz in einem $V_{n(k)}$ enthalten ist. Wir konstruieren eine Folge $(\tau_n^k)_{0\leq k\leq n,\, n\geq 0}$ von Stopzeiten, die nach geeigneter Durchnumerierung dann die Behauptung erfüllt. Es sei $\tau_0^0 := 0$. Sind die τ_n^k bis zu einem bestimmten n bereits konstruiert, so setzen wir

$$\tau_{n+1}^0 := \tau_n^n, \text{ und } \tau_{n+1}^k := \inf\{t \geq \tau_{n+1}^{k-1}\colon X_t \notin W_k\} \quad \text{für } k = 1, \ldots, n+1 .$$

Es bleibt zu verifizieren, daß $\sup_{n\geq 0} \sup_{k\leq n} \tau_n^k = \infty$ gilt. Ist aber $\omega \in \Omega$ mit $t_0 := \sup_{n\geq 0} \sup_{k\leq n} \tau_n^k(\omega) < \infty$, so ist $X_{t_0}(\omega) \in W_\ell$ für ein ℓ, und aus Stetigkeitgründen dann sogar $X_t(\omega) \in W_\ell$ für jedes $t \in [t_0 - \varepsilon, t_0 + \varepsilon]$ bei hinreichend kleinem

$\varepsilon > 0$. Nach Definition von t_0 gibt es ein $n_0 \in \mathbb{N}$, $n_0 \geq \ell$ mit $\tau^0_{n_0}(\omega) > t_0 - \varepsilon$; nach obigem müßte dann aber $\tau^\ell_{n_0}(\omega) \geq t_0 + \epsilon$ sein – ein Widerspruch. □

Beweis (von Satz 7.141): Wir orientieren uns am Beweis von Satz 7.130 (der entsprechenden Aussage für differenzierbare Kurven). Ohne Einschränkung darf man annehmen, daß die Lebenszeit von X unendlich ist. Fixiert man eine abzählbare Überdeckung $(V_k)_{k\geq 0}$ von M durch Bündelkartengebiete, so erlaubt Lemma 7.142 induktiv mit Hilfe der Bündelkarten $\varphi\colon \pi^{-1}(V_k) \xrightarrow{\sim} V_k \times G$ zunächst X irgendwie auf P zu liften, also ein P-wertiges Semimartingal $\tilde{U}$ zu finden, welches $\pi \circ \tilde{U} = X$ und $\tilde{U}_0 = u_0$ erfüllt. Das Problem besteht nun darin, ein G-wertiges Semimartingal $(\tilde{g}_t)_{t\geq 0}$ so bestimmen, daß $U := \tilde{U}\cdot\tilde{g}$ die gewünschten Eigenschaften hat. Zunächst liefert die Zusammenhangsform $\omega \in \Gamma(T^*P \otimes \mathfrak{g})$ ein Semimartingal $\gamma := \int_{\tilde{U}} \omega \equiv \int \omega(*d\tilde{U})$ mit Werten in $\mathfrak{g}$, welches wir bei fixierter Basis $A_1, \ldots, A_r$ für $\mathfrak{g}$ als $\gamma = \sum_{i=1}^r A_i \gamma^i$ schreiben. Dazu definieren wir $(g_t)_{t\geq 0}$ als die Maximallösung der SDGL

$$dg = \sum_{i=1}^r A_i(g) * d\gamma^i, \quad g_0 = e,$$

wobei Bemerkung 7.139 sicherstellt, daß (g_t) unendliche Lebenszeit besitzt. Wir setzen $\tilde{g}_t := g_t^{-1}$ und wollen verifizieren, daß dann U mit $U_t = \tilde{U}_t\cdot\tilde{g}_t$ horizontal ist. Gemäß Bemerkung 7.139 genügt $(\tilde{g}_t)_{t\geq 0} \equiv (g_t^{-1})_{t\geq 0}$ der SDGL

$$d\tilde{g} = -\sum_{i=1}^r \bigl(\mathrm{Ad}(\tilde{g}^{-1})A_i\bigr)(\tilde{g}) * d\gamma^i, \quad \tilde{g}_0 = e.$$

Bezeichnen wir mit $\Phi\colon P \times G \to P$, $(u,g) \mapsto u\cdot g$, wieder die Rechtsaktion von G auf P, und ist $R_g \equiv \Phi(\,\cdot\,,g)$ und $I_u \equiv \Phi(u,\,\cdot\,)$, so gilt:

$$(\Phi^*\omega)_{(u,g)} = (R_g^*\omega)_u + (I_u^*\omega)_g = (R_g^*\omega)_u + \theta_g$$

mit $\theta \in \Gamma(T^*G \otimes \mathfrak{g})$ der in Definition 7.140 definierten kanonischen 1-Form auf G. Mit Hilfe der pullback-Formel (7.25) für Stratonovich-Integrale von Differentialformen längs Semimartingalen und Bemerkung 7.128 (ii) erhält man also

$$\begin{aligned}\int_U \omega = \int_{\Phi(\tilde{U},\tilde{g})} \omega = \int_{(\tilde{U},\tilde{g})} \Phi^*\omega &= \int_{(\tilde{U},\tilde{g})} (R^*\omega + \theta)\\ &= \int (R_{\tilde{g}}^*\omega)(*d\tilde{U}) + \int \theta(*d\tilde{g})\\ &= \int \mathrm{Ad}(\tilde{g}^{-1})\omega(*d\tilde{U}) + \int \bigl(L_{\tilde{g}^{-1}}\bigr)_*(*d\tilde{g}) = 0,\end{aligned}$$

da $\omega(*d\tilde{U}) = \sum A_i * d\gamma^i$ und $d\tilde{g} = -\sum \mathrm{Ad}(\tilde{g}^{-1})A_i(\tilde{g}) * d\gamma^i = -\sum (R_{\tilde{g}})_* A_i * d\gamma^i$ ist. Dies zeigt, daß U in der Tat ein horizontaler Prozeß ist.

Die Eindeutigkeit von U ist aber klar, denn sind U und $\tilde{U}$ zwei Lifts mit den gewünschten Eigenschaften, dann ist $U = \tilde{U}\cdot g$ mit $g \equiv (g_t)_{t\geq 0}$ einem G-wertigen Semimartingal und $g_0 = e$ fast sicher. Nach obiger Rechnung erhält man also

$$\omega(*dU) = \mathrm{Ad}(g^{-1})\omega(*d\tilde{U}) + \theta(*dg).$$

Nun sind aber U und $\tilde{U}$ nach Voraussetzung horizontal, also muß $\theta(*dg) \equiv (L_{g^{-1}})_*(*dg) = 0$ sein, was $dg = 0$ und daher $g_t \equiv g_0 = e$ f. s. impliziert. □

Man hätte den Beweis von Satz 7.141 auch anders aufbauen können. Gemäß Satz 7.47 kann man das Semimartingal X als Lösung einer Stratonovich-SDGL der Form

$$dX = \textstyle\sum_{i=1}^{\ell} A_i(X) * dZ^i, \quad X_0 = x_0, \tag{7.80}$$

erhalten (mit Z einem $\mathbb{R}^r$-wertigen Semimartingal). Ist dann $\bar{A}_i \in \Gamma(TP)$ der horizontale Lift von $A_i \in \Gamma(TM)$, also $\bar{A}_i(u) = h_u\big(A_i(\pi u)\big)$ für $u \in P$, so liegt es nahe, die "horizontal geliftete SDGL" auf P zu betrachten, nämlich

$$dU = \textstyle\sum_{i=1}^{\ell} \bar{A}_i(U) * dZ^i, \quad U_0 = u_0, \tag{7.81}$$

deren Lösung der kanonische Kandidat für den gesuchten horizontalen Lift ist. Zum einen ist nämlich $d(\pi \circ U) = \sum_i (d\pi)_U \bar{A}_i(U) * dZ^i \equiv \sum_i A_i(\pi \circ U) * dZ^i$ mit $\pi \circ U_0 = x_0$, aufgrund der eindeutigen Lösbarkeit von (7.80) somit $\pi \circ U = X$; andererseits ist natürlich $\int_U \omega = \sum_i \int \omega(U)\, \bar{A}_i(U) * dZ^i = 0$. Es bliebe zu zeigen, daß U genau so lange lebt wie X, was zwar richtig, aber nicht ganz leicht zu begründen ist; zudem wäre die Eindeutigkeit des so konstruierten U nicht mehr evident.

Der ausgeführte Beweis von Satz 7.141 liefert zudem eine Strukturaussage für Semimartingale auf P, die wir im Fall der Basenbündel festhalten wollen.

Korollar. *Es sei M eine Mannigfaltigkeit und $P = \mathrm{L}(M)$, bzw. M eine Riemannsche Mannigfaltigkeit und $P = \mathrm{O}(M)$, jeweils mit einem G-Zusammenhang in P ($G = \mathrm{GL}(d;\mathbb{R})$ bzw. $G = \mathrm{O}(d)$). Es sei $\tilde{U}$ ein beliebiges Semimartingal auf P mit $\tilde{U}_0 = u$ einer P-wertigen Zufallsvariable. Integriert man die Zusammenhangsform $\omega \in \Gamma(T^*P \otimes \mathfrak{g})$ bzw. die kanonische 1-Form $\vartheta \in \Gamma(T^*P \otimes \mathbb{R}^d)$ längs $\tilde{U}$, so erhält man die beiden Semimartingale $\gamma = \int_{\tilde{U}} \omega$ mit Werten in $\mathfrak{g}$ bzw. $Z = \int_{\tilde{U}} \vartheta$ mit Werten in $\mathbb{R}^d$. Wir definieren Semimartingale $g \equiv (g_t)_{t \geq 0}$ mit Werten in G und U mit Werten in P als Lösungen der folgenden* SDGL*en:*

$$dg = \textstyle\sum_{i=1}^{r} A_i(g) * d\gamma^i, \quad g_0 = e, \quad \text{bzw.}$$

$$dU = \textstyle\sum_{i=1}^{d} L_i(U) * dZ^i, \quad U_0 = u_0$$

mit $A_1, \ldots, A_r$ einer Basis für $\mathfrak{g}$ (aufgefaßt als linksinvariante Vektorfelder auf G), $\gamma = \gamma^1 A_1 + \ldots + \gamma^r A_r$ und $L_1, \ldots, L_d$ den standardhorizontalen Vektorfeldern auf P. Dann ist U trivialerweise horizontal und es gilt $\tilde{U} = U \cdot g$ bis auf Nicht-Unterscheidbarkeit.

Beweis: Neben U ist nämlich auch $\tilde{U} \cdot g^{-1}$ ein horizontaler Lift von $\pi \circ \tilde{U}$; da beide für $t = 0$ übereinstimmen, müssen sie gleich sein. □

Wir wollen die bisher entwickelte Theorie kurz resümieren. Gegeben sei also eine Mannigfaltigkeit M mit einem torsionsfreien linearen Zusammenhang bzw. dem Levi-Civita-Zusammenhang, falls auf M eine Riemannsche Metrik ausgezeichnet ist. Über M haben wir das Basenbündel $P = \mathrm{L}(M)$ mit dem induzierten $\mathrm{GL}(d;\mathbb{R})$-Zusammenhang bzw. das Orthonormalbasenbündel $P = \mathrm{O}(M)$ mit dem induzierten $\mathrm{O}(d)$-Zusammenhang.

(1) Es sei u_0 eine P-wertige Zufallsvariable und $x_0 = \pi \circ u_0$. Ist X ein M-wertiges Semimartingal mit $X_0 = x_0$, so gibt es nach Satz 7.141 genau einen P-wertigen horizontalen Lift U von X mit $U_0 = u_0$; hiermit ist nach Definition 7.136 die $\mathbb{R}^d$-Darstellung Z von X (zur Anfangsbasis u_0) als $Z = \int_U \vartheta$ gegeben. Es ist leicht zu sehen, daß durch jeden der Prozesse X, U, Z die beiden anderen festgelegt sind:

(a) Z bestimmt U als Lösung der SDGL $dU = \sum_{i=1}^d L_i(U) * dZ^i$ mit $U_0 = u_0$,

(b) U bestimmt X gemäß $X = \pi \circ U$,

(c) X bestimmt Z als $Z = \int_U \vartheta$, wobei U der eindeutig bestimmte horizontale Lift von X mit $U_0 = u_0$ ist.

Man beachte, daß diese Prozedur nur in trivialer Weise von der Wahl von u_0 über x_0 abhängt. Wählt man etwa eine andere $\mathscr{F}_0$-meßbare P-wertige Zufallsvariable $\tilde{u}_0$ mit $\pi \circ \tilde{u}_0 = x_0$ f.s. anstelle von u_0, so ist $u_0 = \tilde{u}_0 \cdot g_0$ für eine $\mathscr{F}_0$-meßbare Zufallsvariable g_0 mit Werten in der Liegruppe G der invertierbaren bzw. orthogonalen $(d \times d)$-Matrizen, und U ändert sich folglich zu $\tilde{U} = U \cdot g_0$. Aufgrund von $R_g^* \vartheta = g^{-1} \vartheta$ für $g \in G$ transformiert sich Z deshalb zu

$$\tilde{Z} = \int_{\tilde{U}} \vartheta = \int_U R_{g_0}^* \vartheta = \int_U g_0^{-1} \vartheta = g_0^{-1} Z. \tag{7.82}$$

(2) Meist startet man umgekehrt mit einem stetigen $\mathbb{R}^d$-wertigen Semimartingal Z (o.E. $Z_0 = 0$) und fixiert eine $\mathscr{F}_0$-meßbare Zufallsvariable $u_0 \colon \Omega \to P$ als Anfangswert. Dazu definiert man U auf P als die Maximallösung von

$$dU = \textstyle\sum_{i=1}^d L_i(U) * dZ^i, \quad U_0 = u_0,$$

und $X := \pi \circ U$ als die Projektion von U auf M mit Startwert $X_0 = \pi \circ u_0$. Man erhält so mit X zugleich den horizontalen Prozeß U über X mit $U_0 = u_0$. Insbesondere ist dann $dX = \sum_i U e_i * dZ^i \equiv U * dZ$, in suggestiver Schreibweise wegen $L_i(U) * dZ^i = h_U(U e_i) * dZ^i$ also

$$dU = h_U(*dX),$$

und man gewinnt über die $\mathbb{R}^d$-Darstellung $Z = \int_U \vartheta$ von X den ursprünglichen Prozeß bis zur Lebenszeit von U zurück. Wir sagen, X geht durch *stochastische Abwicklung* ("stochastic development") aus Z hervor.

Fixiert man $u \in P$, gelesen als Isomorphismus (Isometrie) $u \colon \mathbb{R}^d \xrightarrow{\sim} T_x M$ mit $x = \pi(u)$, so entspricht Z dem $T_x M$-wertigen Semimartingal $\tilde{Z} = uZ$. Das Verfahren der stochastischen Abwicklung liefert dann eine eineindeutige Korrespondenz zwischen den stetigen Semimartingalen $\tilde{Z} \equiv \tilde{Z}^1(ue_1) + \ldots + \tilde{Z}^d(ue_d)$ auf dem Tangentialraum $T_x M$ mit $\tilde{Z}_0 = 0$ und den Semimartingalen X auf der Mannigfaltigkeit M mit $X_0 = x$, wobei man $\tilde{Z} \longmapsto X = \pi \circ U$ zuordnet, und U als Lösung der SDGL

$$dU = \textstyle\sum_{i=1}^d L_i(U) u^{-1} * d\tilde{Z}^i$$

mit Startwert $U_0 = u$ festgelegt ist.

Wir wollen uns den Vorgang der stochastischen Abwicklung geometrisch veranschaulichen. Es sei etwa $P = \mathrm{O}(M)$ über einer Riemannschen Mannigfaltigkeit M. Wir fixieren $u \in \mathrm{O}(M)$ als Isometrie $u\colon \mathbb{R}^d \xrightarrow{\sim} T_{\pi(u)}M$ und setzen $x := \pi(u)$.

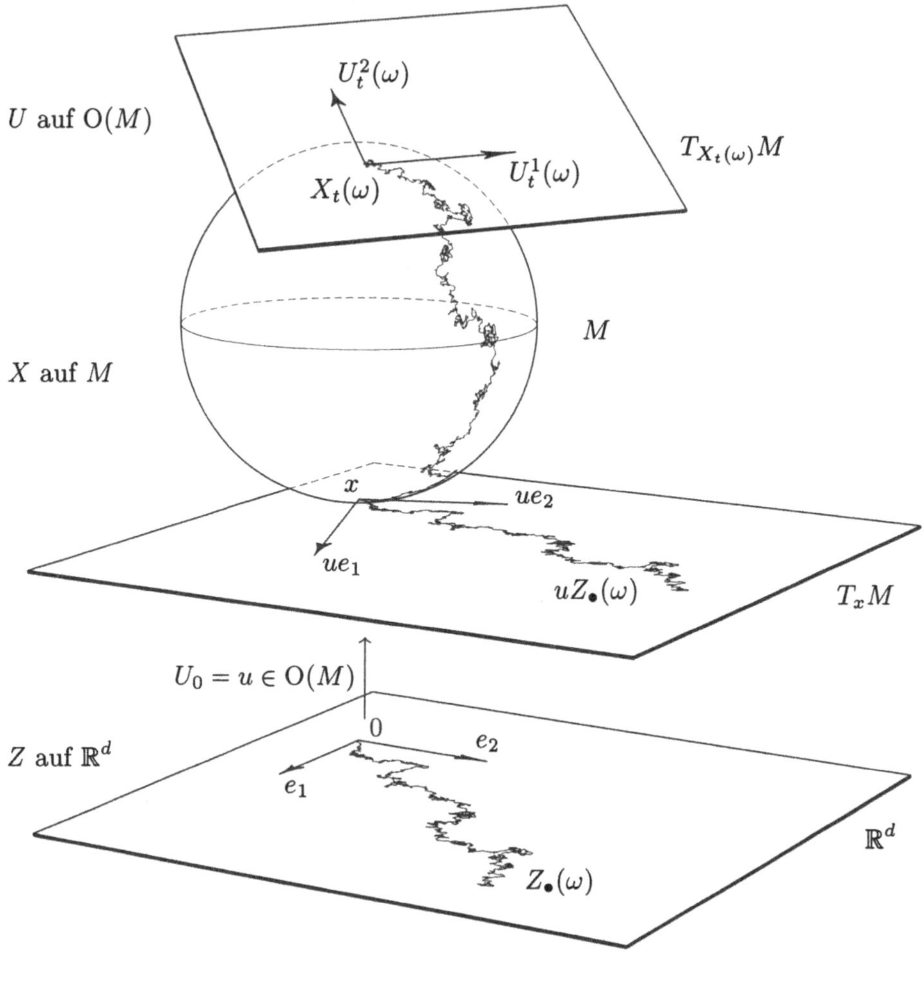

Man muß sich dann X als die bei Berührung von M mit T_XM auf M entstehende Spur vorstellen, welche die Pfade von Z vermöge der Identifizierung $U^{-1}\colon T_XM \xrightarrow{\sim} \mathbb{R}^d$ auf M hinterlassen, wenn M längs $t \mapsto Z_t$ "gerollt" wird ("rolling without slipping").

Diese Interpretation ist allerdings insofern vage, als die Trajektorien von Z im allgemeinen nicht differenzierbar sind und pfadweises Vorgehen a priori keinen Sinn ergibt.

Wir wollen uns deshalb zunächst am deterministischen Spezialfall einer differenzierbaren Kurve $Z\colon t \mapsto z(t)$ obiges Verfahren klarmachen. In diesem Fall reduziert sich die Prozedur der "stochastischen Abwicklung" der Kurve $t \mapsto z(t)$ auf die klassische Cartan-Abwicklung von $t \mapsto z(t)$.

Unter der *Cartan-Abwicklung* einer $\mathbb{R}^d$-wertigen Kurve $t \mapsto z(t)$ versteht man dabei die Konstruktion einer Kurve $x\colon t \mapsto x(t) \in M$ und einer Kurve $u\colon t \mapsto u(t) \in P$ mit $P = \mathrm{L}(M)$ (bzw. $P = \mathrm{O}(M)$ im Riemannschen Fall) derart, daß $u(\cdot)$ über $x(\cdot)$ liegt und die beiden folgenden Bedingungen erfüllt sind:

(i) $\dot{x} = u\,\dot{z}$, oder in äquivalenter Schreibweise $dx(t) = u(t)\,dz(t)$,
(ii) u ist parallel längs x, d.h. $\nabla_D u \equiv (\nabla_D u^1, \dots, \nabla_D u^d) = 0$.

Bedingung (ii) besagt zunächst, daß $u(\cdot)$ eine horizontale Kurve ist; dies bedeutet $\dot{u} \in H_u \equiv h_u(T_{\pi(u)}M)$, was $\dot{u} = h_u(\dot{x})$ zur Folge hat. Mit Hilfe von (i) erhält man daher

$$\dot{u} = h_u(u\,\dot{z}). \tag{7.83}$$

Gleichung (7.83) ist umgekehrt sogar äquivalent zu den Bedingungen (i) und (ii), denn (7.83) impliziert zum einen $\dot{x} = (\pi \circ u)^{\cdot} = \pi_* \dot{u} = u\,\dot{z}$, zum anderen zeigt (7.83), daß u horizontal über $\pi \circ u = x$ ist. Wegen $\dot{u} = h_u(u\,\dot{z}) = \sum_i h_u(u\,e_i)\,\dot{z}^i = \sum_i L_i(u)\,\dot{z}^i$ besagen die Bedingungen (i) und (ii) somit

$$\begin{cases} du = \sum_i L_i(u)\,dz^i, \\ x(\cdot) = \pi \circ u(\cdot). \end{cases} \tag{7.84}$$

Dies ist aber genau unsere Stratonovich-SDGL im deterministischen Spezialfall, weshalb in diesem Fall obige Prozedur mit der klassischen Cartan-Abwicklung übereinstimmt. Man beachte, $L_i(u_0)$ gibt gerade die infinitesimale Richtung des Paralleltransports von $u_0 \in P$ längs einer Kurve auf M mit Anfangsgeschwindigkeit $u_0 e_i$ bei $\pi(u_0)$ an, nämlich

$$\tfrac{d}{d\varepsilon}\Big|_{\varepsilon=0} (\sigma_{0,\varepsilon} u_0) = L_i(u_0)\,.$$

Im allgemeinen Fall eines nichttrivialen Semimartingals Z haben wir lediglich die gewöhnliche Differentialgleichung (7.84) der Cartan-Abwicklung in eine invariante SDGL vom Stratonovich-Typ umgeschrieben.

Wie bereits erläutert, sind wir vor allem am Fall von Basenbündeln über M interessiert. Wir haben dabei bisher unterschieden zwischen dem Basenbündel $\mathrm{L}(M)$ bzw. dem Orthonormalbasenbündel $P = \mathrm{O}(M)$, falls auf M eine Riemannsche Metrik ausgezeichnet ist. Im Fall einer Riemannschen Mannigfaltigkeit (M,g) mit dem Levi-Civita-Zusammenhang auf M und dem hiervon auf $P = \mathrm{O}(M)$ induzierten Zusammenhang können wir also stochastische Abwicklung, horizontale Lifts, $\mathbb{R}^d$-Darstellung bezüglich $P = \mathrm{O}(M)$ betrachten; man kann aber auch ignorieren, daß der Levi-Civita-Zusammenhang ein Riemannscher Zusammenhang ist und bezüglich $P = \mathrm{L}(M)$ arbeiten. Wir wollen uns kurz klarmachen, daß beide Vorgehensweisen kompatibel sind.

Bemerkung 7.143. Es sei M eine Riemannsche Mannigfaltigkeit mit dem Levi-Civita-Zusammenhang. Die Inklusion $\big(\mathrm{O}(M),\mathrm{O}(d)\big) \overset{j}{\hookrightarrow} \big(\mathrm{L}(M),\mathrm{GL}(d;\mathbb{R})\big)$ definiert einen Homomorphismus von Prinzipalbündeln mit $\mathfrak{g} = \mathfrak{o}(d) \overset{j_0}{\hookrightarrow} \bar{\mathfrak{g}} := \mathfrak{gl}(d;\mathbb{R})$ der Inklusion der zugehörigen Liealgebren. Damit erhält man:

$$
\begin{array}{ccccccccc}
 & & \mathrm{O}(M)\times\mathfrak{g} & & V\oplus H & & & & \\
 & & \| & & \| & & & & \\
0 & \longrightarrow & \mathfrak{g} & \longrightarrow & T\mathrm{O}(M) & \longrightarrow & \pi^*TM & \longrightarrow & 0 \\
 & & {\scriptstyle j_0}\downarrow & \overset{\omega}{\dashleftarrow} & \downarrow{\scriptstyle j_*} & & \downarrow{\scriptstyle \mathrm{id}} & & \\
0 & \longrightarrow & \bar{\mathfrak{g}} & \longrightarrow & T\mathrm{L}(M) & \longrightarrow & \pi^*TM & \longrightarrow & 0 \\
 & & \| & \overset{\bar\omega}{\dashleftarrow} & \| & & & & \\
 & & \mathrm{O}(M)\times\bar{\mathfrak{g}} & & \bar V\oplus \bar H & & & &
\end{array}
$$

Es sei nun X ein M-wertiges Semimartingal und u_0 eine $\mathscr{F}_0$-meßbare $\mathrm{O}(M)$-wertige Zufallsvariable. Dazu sei U der horizontale Lift von X auf $\mathrm{O}(M)$ und $\bar U$ der horizontale Lift von X auf $\mathrm{L}(M)$, mit $U_0 = \bar U_0 = u_0$ f. s. Ist dann $Z = \int_U \vartheta$ und $\bar Z = \int_{\bar U} \bar\vartheta$, so gilt $Z = \bar Z$; ebenso gilt $j \circ U = \bar U$ bis auf Nicht-Unterscheidbarkeit.

Beweis: Wie man unmittelbar verifiziert, gilt $j_* H = \bar H$, $j^*\bar\omega = j_0\omega$ und $j^*\bar\vartheta = \vartheta$ mit ω, ϑ (bzw. $\bar\omega, \bar\vartheta$) der jeweiligen Zusammenhangsform und kanonischen 1-Form auf $P = \mathrm{O}(M)$ bzw. $P = \mathrm{L}(M)$. Damit erhält man

$$\int_{j\circ U} \bar\omega = \int_U j^*\bar\omega = j_0 \int_U \omega = 0,$$

was aufgrund der Eindeutigkeit des horizonalen Lifts $j \circ U = \bar U$ zur Folge hat; andererseits ist

$$\int_{j\circ U} \bar\vartheta = \int_U j^*\bar\vartheta = \int_U \vartheta,$$

was $\bar Z = Z$ zeigt. □

Definition 7.144. (Paralleltransport längs eines Semimartingals) Es sei M eine Mannigfaltigkeit mit einem torsionsfreien linearen Zusammenhang bzw. dem Levi-Civita-Zusammenhang, falls auf M eine Riemannsche Metrik ausgezeichnet ist. Sei X ein Semimartingal auf M und U ein beliebiger horizontaler Lift von X auf $\mathrm{L}(M)$ bzw. $\mathrm{O}(M)$. Für beliebige $0 \le s \le t$ sei $\sigma_{s,t} := U_t \circ U_s^{-1}$:

$$
\begin{array}{ccc}
T_{X_s}M & \xrightarrow{\;\sim\;} & T_{X_t}M \\
{\scriptstyle U_s}\nwarrow & & \nearrow{\scriptstyle U_t} \\
 & \mathbb{R}^d &
\end{array}
$$

und $\sigma_{t,s} := (\sigma_{s,t})^{-1}$. Die Isomorphismen $\sigma_{0,t}\colon T_{X_0}M \to T_{X_t}M$ (im Riemannschen Fall sogar Isometrien) werden (*stochastischer*) *Paralleltransport längs* X genannt.

Die Paralleltransporte $\sigma_{0,t}$ setzen sich kanonisch von TM auf die Tensoren vom Typ (p,q), also auf $TM^{\otimes p} \otimes (T^*M)^{\otimes q}$, und damit auf

$$\bigoplus_{p,q\geq 0}^{N} TM^{\otimes p} \otimes (T^*M)^{\otimes q}, \quad N \in \mathbf{N},$$

fort. Man beachte, für $\alpha \in \Gamma(T^*M)$ und $A \in \Gamma(TM)$ ist per definitionem

$$(\sigma_{0,t}\alpha_{X_0})(A_{X_t}) = \alpha_{X_0}(\sigma_{t,0}A_{X_t}).$$

Satz 7.145. (Geometrische Itô-Formel) *Es sei M eine Mannigfaltigkeit mit einem (o. E. torsionsfreien) linearen Zusammenhang ∇ auf M. Es sei X ein M-wertiges Semimartingal, dazu U ein horizontaler Lift von X auf* $\mathrm{L}(M)$ *und $Z = \int_U \vartheta$ die zugehörige $\mathbb{R}^d$-Darstellung von X. Dann hat man für jedes $f \in C^\infty(M)$ die Formel:*

$$d(f\circ X) = \sum_{i=1}^{d} (df)(X)(Ue_i)\, dZ^i + \tfrac{1}{2} \sum_{i,j=1}^{d} (\nabla df)(X)(Ue_i, Ue_j)\, d[Z^i, Z^j], \tag{7.85}$$

oder in Kurzschreibweise (vergleiche Satz 7.138),

$$d(f\circ X) = (df)(U\,dZ) + \tfrac{1}{2}\nabla df(dX, dX). \tag{7.86}$$

Beweis: Aus $dU = \sum_i L_i(U) * dZ^i$ folgt zunächst

$$\begin{aligned} d(f\circ X) = d(f\circ\pi\circ U) &= \sum_i L_i(f\circ\pi)(U) * dZ^i \\ &= \sum_i L_i(f\circ\pi)(U)\, dZ^i + \tfrac{1}{2}\sum_{i,j} L_iL_j(f\circ\pi)(U)\, d[Z^i, Z^j]. \end{aligned}$$

Nun ist aber $L_i(f\circ\pi)(u) = d(f\circ\pi)_u L_i(u) = (df)_{\pi(u)}(d\pi)_u h_u(ue_i) = (df)_{\pi(u)}(ue_i)$, also hat man $L_i(f\circ\pi)(u) = F^i(u)$ mit F: $\mathrm{L}(M) \to \mathbb{R}^d$ der zu df gehörigen äquivarianten Funktion $F^i(u) = (df)_{\pi(u)}(ue_i)$ (siehe Satz 7.133). Bezeichnet daher $(ue_i)^- := h_u(ue_i)$, so erhält man mit Gleichung (7.67) gerade

$$L_iL_j(f\circ\pi)(u) = (L_iF^j)(u) = (ue_i)^- F^j = \left(\nabla_{ue_i} df\right)_{\pi(u)}(ue_j) = \nabla df(ue_i, ue_j),$$

woraus sich Formel (7.85) ergibt. □

Die letzte Gleichung im obigen Beweis liefert zudem eine Eigenschaft des horizontalen Laplaceoperators auf $\mathrm{O}(M)$, die wir notieren wollen.

Bemerkung 7.146. Es sei M eine Riemannsche Mannigfaltigkeit mit dem Levi-Civita-Zusammenhang. Ist $\Delta^{\text{hor}} = \sum_i L_i^2$ der horizontale Laplaceoperator auf $\mathrm{O}(M)$ und Δ der Laplace-Beltrami-Operator auf M, so gilt für jedes $f \in C^\infty(M)$ die Beziehung

$$\Delta^{\text{hor}}(f\circ\pi) = (\Delta f)\circ\pi.$$

Beweis: Für $u \in \mathrm{O}(M)$ ist $\sum_i L_i^2(f\circ\pi)(u) = \sum_i \nabla df(ue_i, ue_i) = (\operatorname{trace}\nabla df)\pi(u) = (\Delta f)\circ\pi(u)$. □

Notation. Bezeichnet $(\nabla)\int_X df := \int df(UdZ)$ das sogenannte *Itô-Integral der 1-Form df längs X*, so schreibt sich Gleichung (7.86) als

$$\int_X df = (\nabla)\int_X df + \tfrac{1}{2}\int \nabla df(dX,dX). \tag{7.87}$$

Die Methode der stochastischen Abwicklung von $\mathbb{R}^d$-wertigen Semimartingalen (mit der $\mathbb{R}^d$-Darstellung von M-wertigen Semimartingalen als Umkehroperation) erlaubt, zu jeder Klasse $\mathbb{R}^d$-wertiger Semimartingale eine entsprechende Klasse M-wertiger Semimartingale zu konstruieren. Wir wollen uns zunächst klarmachen, daß vermöge stochastischer Abwicklung die lokalen Martingale auf $\mathbb{R}^d$ den ∇-Martingalen auf M entsprechen; ebenso korrespondieren für Riemannsche Mannigfaltigkeiten $\mathrm{BM}(\mathbb{R}^d)$ und $\mathrm{BM}(M,g)$ via stochastischer Abwicklung miteinander.

Satz 7.147. *Es sei M eine Mannigfaltigkeit mit einem torsionsfreien linearen Zusammenhang ∇. Sei X ein M-wertiges Semimartingal und U_0 eine $\mathrm{L}(M)$-wertige $\mathscr{F}_0$-meßbare Zufallsvariable mit $\pi \circ U_0 = X_0$ f.s.; dazu sei $Z = \int_U \vartheta$ die $\mathbb{R}^d$-Darstellung von X zur Startbasis U_0. (Äquivalent: Sei Z ein $\mathbb{R}^d$-wertiges Semimartingal und X die stochastische Abwicklung von Z auf M mit der Basis U_0 über X_0). Dann gilt:*

(i) *X ist genau dann ein ∇-Martingal auf M, wenn Z ein lokales Martingal auf $\mathbb{R}^d$ ist.*

(ii) *Hat man auf M eine Riemannsche Metrik, ist ∇ der Levi-Civita-Zusammenhang und nimmt U_0 Werte in $\mathrm{O}(M)$ an, so ist X genau dann in $\mathrm{BM}(M,g)$, wenn Z in $\mathrm{BM}(\mathbb{R}^d)$ (genauer eine bei ζ gestoppte $\mathbb{R}^d$-wertige Brownsche Bewegung mit ζ der Lebenszeit von X) ist.*

Beweis: (i) Gemäß Definition 7.109 ist X ein ∇-Martingal, falls für jedes $f \in C^\infty(M)$ gilt:

$$d(f \circ X) - \tfrac{1}{2}(\nabla df)(dX,dX) \overset{\mathrm{m}}{=} 0.$$

Nach der geometrischen Itô-Formel 7.145 heißt dies $\sum_i (df)(X)(Ue_i)\,dZ^i \overset{\mathrm{m}}{=} 0$ für jedes $f \in C^\infty(M)$; letzteres ist aber dazu äquivalent, daß Z ein lokales Martingal ist, wie man sich etwa unter Zuhilfenahme von Lemma 7.142 überlegt.

(ii) Gemäß Definition 7.115 ist X in $\mathrm{BM}(M,g)$, wenn für jedes $f \in C^\infty(M)$ gilt:

$$d(f \circ X) - \tfrac{1}{2}(\Delta f \circ X)\,dt \overset{\mathrm{m}}{=} 0$$

Ist Z in $\mathrm{BM}(\mathbb{R}^d)$, so muß daher X in $\mathrm{BM}(M,g)$ sein, wie Formel (7.85) zeigt. Es sei nun umgekehrt X in $\mathrm{BM}(M,g)$; nach der Lévy-Charakterisierung von M-wertigen Brownschen Bewegungen (Satz 7.116) ist zunächst X ein ∇-Martingal, und nach Teil (i) also Z ein lokales Martingal. Per definitionem ist $Z^i = \int_U \vartheta^i$ mit

$\vartheta_u^i = \langle d\pi(\,\cdot\,), ue_i\rangle = \pi^*\langle\,\cdot\,, ue_i\rangle$, so daß man die quadratische Variation von Z mit Formel (7.26) und Bemerkung 7.74 (i) wie folgt berechnet:

$$\begin{aligned} d[Z^i, Z^j] &= \left[\int_U \vartheta^i, \int_U \vartheta^i\right] = (\vartheta^i \otimes \vartheta^j)(dU, dU) \\ &= \pi^*\big(\langle\,\cdot\,, Ue_i\rangle \otimes \langle\,\cdot\,, Ue_j\rangle\big)(dU, dU) \\ &= \big(\langle\,\cdot\,, Ue_i\rangle \otimes \langle\,\cdot\,, Ue_j\rangle\big)(dX, dX) \\ &= \operatorname{trace}\big(\langle\,\cdot\,, Ue_i\rangle \otimes \langle\,\cdot\,, Ue_j\rangle\big)(X)\,dt = \delta_{ij}\,dt. \end{aligned}$$

Mit der Lévy-Charakterisierung für $\mathrm{BM}(\mathbb{R}^d)$ folgt, daß Z eine Brownsche Bewegung ist. □

Wir wollen kurz auf den deterministischen Spezialfall der Abwicklung von differenzierbaren Kurven zurückkommen und uns klarmachen, daß via Abwicklung und $\mathbb{R}^d$-Darstellung Geodätische auf M genau den Geraden durch den Nullpunkt im $\mathbb{R}^d$ entsprechen.

Bemerkung 7.148. Es sei M eine Mannigfaltigkeit, ∇ ein linearer Zusammenhang auf M und $u_0 \in \mathrm{L}(M)$ fest gewählt. Zu jeder Kurve $t \mapsto z(t)$ im $\mathbb{R}^d$ mit $z(0) = 0$ betrachte die Abwicklung $t \mapsto \gamma(t)$ auf M mit $\dot\gamma(0) = u_0\dot z(0)$. (Oder umgekehrt: Zu einer beliebigen Kurve $t \mapsto \gamma(t)$ auf M mit $\gamma(0) = \pi(u_0)$ betrachte die "Anti-Abwicklung" $z(\,\cdot\,) = \int_u \vartheta$ mit $t \mapsto u(t)$ dem horizontalen Lift von γ auf $\mathrm{L}(M)$ zum Anfangswert $u(0) = u_0$). Dann ist $t \mapsto \gamma(t)$ genau dann eine Geodätische auf M, wenn $z(t) = \dot z(0)\,t$ für jedes t gilt.

Beweis: Sei zunächst $t \mapsto \gamma(t)$ eine Geodätische auf M. Dann ist neben $\dot\gamma$ auch $u(\,\cdot\,)\,\dot z(0)$ ein paralleler Schnitt längs γ mit $\dot\gamma(0) = u(0)\,\dot z(0)$. Aufgrund von Satz 7.83 ist somit $\dot\gamma(s) = u(s)\,\dot z(0)$, und es gilt daher:

$$\begin{aligned} \Big(\int_u \vartheta\Big)(t) &= \int_0^t \vartheta\big(\dot u(s)\big)\,ds = \int_0^t u(s)^{-1}\pi_*\dot u(s)\,ds \\ &= \int_0^t u(s)^{-1}\dot\gamma(s)\,ds = \int_0^t \dot z(0)\,ds = \dot z(0)\,t. \end{aligned}$$

Ist umgekehrt $z(t) = \dot z(0)\,t$, so folgt $\dot u(t) = h_{u(t)}\big(u(t)\,\dot z(t)\big) = h_{u(t)}\big(u(t)\,\dot z(0)\big)$ und somit $\dot\gamma(t) = (\pi \circ u)^{\boldsymbol{\cdot}}(t) = \pi_* h_{u(t)}\big(u(t)\,\dot z(0)\big) = u(t)\,\dot z(0) \equiv \sigma_{0,t}\,\dot\gamma(0)$; folglich ist $\dot\gamma$ parallel längs γ. □

Satz 7.147 liefert ein kanonisches Verfahren, Brownsche Bewegungen auf Riemannschen Mannigfaltigkeiten zu konstruieren. Konkret erhält man $\mathrm{BM}(M,g)$ mit Startpunkt $x \in M$ wie folgt. Es sei W eine d-dimensionale Brownsche Bewegung über einem standard filtrierten Wahrscheinlichkeitsraum. Wir wählen $u \in \mathrm{O}(M)$ mit $\pi(u) = x$ und lösen die SDGL

$$dU = \textstyle\sum_{i=1}^d L_i(U) * dW^i, \quad U_0 = u.$$

Gemäß Satz 7.147 ist dann $X = \pi \circ U$ in $\mathrm{BM}(M,g)$ mit Startpunkt $X_0 = x$. Man beachte, daß in diese Konstruktion sowohl die Wahl von $u \in \pi^{-1}\{x\}$, wie auch die Wahl einer euklidischen Brownschen Bewegung W als treibenden Prozeß eingeht. Aber für jedes $g \in \mathrm{O}(M)$ ist mit W auch gW in $\mathrm{BM}(\mathbb{R}^d)$, und X konstruiert mit ug und W ist bis auf Nicht-Unterscheidbarkeit gleich X konstruiert mit u und gW, d.h. unterschiedliche Wahlen von $u \in \pi^{-1}\{x\}$ bedingen lediglich eine Änderung der zugrundeliegenden euklidischen Brownschen Bewegung W; insbesondere ist die Verteilung von X unabhängig von diesen Wahlen.

Allgemeiner gilt folgendes: Für eine beliebige $\mathscr{F}_0$-meßbare $\mathrm{O}(d)$-wertige Zufallsvariable g_0 ist mit W auch g_0W eine $\mathbb{R}^d$-wertige Brownsche Bewegung. Ist also U die Lösung von $dU = \sum_i L_i(U) * d(g_0W)^i$ mit $U_0 = u_0$, dann löst $\tilde{U} := Ug_0$ die SDGL $d\tilde{U} = \sum_i L_i(\tilde{U}) * dW^i$ zum Anfangswert $\tilde{U}_0 = u_0 g_0$, denn wegen $(R_g)_* h_u = h_{ug}$ für $g \in \mathrm{O}(d)$ ist

$$\begin{aligned} d(Ug_0) &= d(R_{g_0}U) = (dR_{g_0})_U * dU = \textstyle\sum_i (R_{g_0})_* L_i(U) * d(g_0W)^i \\ &= (R_{g_0})_* h_U\big(U * d(g_0W)\big) = h_{Ug_0}(Ug_0 * dW) = \textstyle\sum_i L_i(Ug_0) * dW^i; \end{aligned}$$

man vergleiche hierzu auch die Argumentation in Verbindung mit Formel (7.82).

Definition 7.149. Sei M eine Mannigfaltigkeit, ∇ ein torsionsfreier linearer Zusammenhang auf M und $x \in M$; weiter sei X ein M-wertiges Semimartingal mit $X_0 = x$ und U ein horizontaler Lift von X auf $\mathrm{L}(M)$ mit $U_0 = u_0 \in \pi^{-1}\{x\}$. Das Semimartingal X heißt *eindimensional*, wenn es ein reelles Semimartingal Z^1 und $a \in \mathbb{R}^d$ gibt, so daß die $\mathbb{R}^d$-Darstellung $Z = \int_U \vartheta$ von X von der Form $Z = Z^1 a$ ist. Darüberhinaus heißt X ein *eindimensionales Martingal* bzw. *eindimensionale Brownsche Bewegung*, falls Z^1 sogar ein lokales Martingal bzw. in $\mathrm{BM}(\mathbb{R})$ ist.

Obige Eigenschaften sind offensichtlich von der Wahl von $u \in \pi^{-1}\{x\}$ unabhängig.

Satz 7.150. (Eindimensionale Semimartingale bewegen sich auf Geodätischen) *Sei M eine Mannigfaltigkeit, ∇ ein torsionsfreier linearer Zusammenhang auf M und X ein Semimartingal auf M mit $X_0 = x \in M$. Dann gilt:*

(i) *X ist genau dann ein eindimensionales Semimartingal, wenn es eine Geodätische $\gamma\colon I \to M$ (mit $I \subset \mathbb{R}$ ein offenes Intervall) und ein reelles I-wertiges Semimartingal X' mit $X'_0 = \mathrm{const}$ und $X = \gamma \circ X'$ gibt.*

(ii) *X ist genau dann ein eindimensionales Martingal (eindimensionale Brownsche Bewegung), wenn $X = \gamma \circ X'$ wie in* (i) *und X' darüberhinaus sogar ein stetiges lokales Martingal (Brownsche Bewegung) ist.*

Beweis: Es sei X ein M-wertiges Semimartingal mit $X_0 = x$ und U ein horizontaler Lift von X auf $\mathrm{L}(M)$ mit $U_0 = u_0$ für ein $u_0 \in \pi^{-1}\{x\}$; dazu betrachten wir die $\mathbb{R}^d$-Darstellung $Z = \int_U \vartheta$ von X.

(1) Es gelte zunächst $Z = Z'a$ (mit $Z'_0 = 0$). Dann genügt U der SDGL

(7.88) $$dU = \sum_{i=1}^d L_i(U) * dZ^i = L_a(U) * dZ', \quad U_0 = u_0,$$

mit dem horizontalen Vektorfeld $L_a \in \Gamma(T\mathrm{L}(M))$ auf $\mathrm{L}(M)$, $L_a(u) := h_u(ua)$. Ist nun $t \mapsto u(t)$ die maximale Flußlinie zu L_a zum Startwert $u(0) = u_0$, d.h. $\dot{u}(t) = L_a(u(t))$ mit $u(0) = u_0$, so wird einerseits durch $\gamma := \pi \circ u$ eine Geodätische auf M definiert, denn wegen $\dot{\gamma} = (d\pi)_u \dot{u} = (d\pi)_u h_u(ua) = ua$ ist $\dot{\gamma}$ parallel längs γ. Andererseits ist aber

$$d(u \circ Z') = \dot{u}(Z') * dZ' = L_a(u \circ Z') * dZ', \quad (u \circ Z')_0 = u(0) = u_0,$$

so daß aufgrund der eindeutigen Lösbarkeit von (7.88) bis auf Nicht-Unterscheidbarkeit $U = u \circ Z'$ gelten muß. Daraus erhält man $X = \pi \circ u \circ Z' = \gamma \circ Z'$ und mit $X' := Z'$ die Behauptung.

(2) Sei umgekehrt $X = \gamma \circ X'$ mit einer Geodätischen γ und einem reellen Semimartingal X', wobei nach Voraussetzung $X'_0 = \text{const}$ ist; wir dürfen ohne Einschränkung $X'_0 = 0$ annehmen. Ist $t \mapsto u(t)$ der horizontale Lift von γ auf $\mathrm{L}(M)$ mit $u(0) = u_0$, so wird durch $\tilde{U} := u \circ X'$ ein $\mathrm{L}(M)$-wertiges Semimartingal definiert, das über X liegt und gemäß pullback-Formel (7.25) $\int_{\tilde{U}} \omega = 0$ erfüllt, denn trivialerweise ist $\omega(\dot{u}) \equiv 0$. Folglich ist $\tilde{U}$ ein horizontaler Lift von X mit $U_0 = \tilde{U}_0$ f. s., so daß aufgrund der Eindeutigkeit bereits $U = \tilde{U}$ bis auf Nicht-Unterscheidbarkeit gilt. Andererseits ist $\dot{\gamma}$ parallel längs γ und daher $\dot{\gamma}(\cdot) = u(\cdot)a$ für ein $a \in \mathbb{R}^d$, womit man $\dot{\gamma} \circ X' = Ua$ erhält. Letzteres impliziert dann

$$dX = (\dot{\gamma} \circ X') * dX' = Ua * dX' = U * d(X'a) = \sum_i (Ue_i) * d(X'a)^i$$

und somit $dU = \sum_i L_i(U) * d(X'a)^i$, was wiederum $Z = X'a$ zur Folge hat. Folglich ist X ein eindimensionales Semimartingal.

(3) Teil (ii) der Aussage ist evident, da gemäß (1) und (2) $X' = Z^1$ gewählt werden kann. □

7.5 Morphismen von Martingalen und Brownschen Bewegungen

Wir haben in Abschnitt 7.4 in großer Allgemeinheit gesehen, wie man Martingale und Brownsche Bewegungen auf Mannigfaltigkeiten konstruieren kann. Dieser Abschnitt dient nun dazu, funktionale Charakterisierungen von Martingalen und Brownschen Bewegungen zu geben, nämlich ihr Transformationsverhalten unter Abbildungen zwischen Mannigfaltigkeiten zu betrachten. Es wird sich herausstellen, daß lediglich ganz spezielle Abbildungen, nämlich sogenannte harmonische Morphismen, die in höheren Dimensionen selten zu finden sind, Brownsche Bewegungen auf Brownsche Bewegungen abbilden. Verlangt man aber etwa nur, daß

Brownsche Bewegungen in Martingale übergehen, so erhält man die große Klasse der harmonischen Abbildungen, die umgekehrt dadurch vollständig charakterisiert ist. Allgemein liegt es nahe, Abbildungen zwischen Mannigfaltigkeiten dadurch genauer zu analysieren, daß man untersucht, wie sie das stochastische Verhalten gewisser Klassen von stochastischen Prozessen verändern.

Bevor wir das nötige Begriffsvokabular einführen, wollen wir nochmal kurz zusammenstellen, wie sich lineare Zusammenhänge in Vektorbündeln unter Vektorbündeloperationen kanonisch auf neue Vektorbündel übertragen.
Es sei $\pi\colon E \to M$ ein Vektorbündel über einer Mannigfaltigkeit M und

$$\Gamma(TM)\times\Gamma(E)\to\Gamma(E), \quad (V,A)\mapsto \nabla_V A,$$

ein linearer Zusammenhang in E. Dann setzt sich ∇ kanonisch (gemäß Leibniz-Formel) zu einem linearen Zusammenhang auf

$$\bigoplus_{r,s=0}^{N} (\underbrace{E\otimes\ldots\otimes E}_{r}\otimes\underbrace{E^*\otimes\ldots\otimes E^*}_{s})$$

fort. Sind nämlich allgemein ∇^E, ∇^F lineare Zusammenhänge in E bzw. F (beides Vektorbündel über der Mannigfaltigkeit M), so hat man den *direkten Summenzusammenhang* ∇ in $E\oplus F$ mit $\nabla_V(A\oplus B)=\nabla_V^E A\oplus\nabla_V^F A$, den *Produktzusammenhang* ∇ in $E\otimes F$ mit $\nabla_V(A\otimes B)=\big(\nabla_V^E A\big)\otimes B + A\otimes\big(\nabla_V^F B\big)$, den *dualen Zusammenhang* ∇^{E^*} in E^* mit $\big(\nabla_V^{E^*}\alpha\big)(A)=V(\alpha A)-\alpha(\nabla_V A)$ für $V\in\Gamma(TM)$, $\alpha\in\Gamma(E^*)$ und $A\in\Gamma(E)$ (vgl. Definition 7.106). Ist andererseits $f\colon M\to N$ eine differenzierbare Abbildung und E ein Vektorbündel über N, so ist der *mittels f zurückgezogene Zusammenhang* $\nabla=\nabla^{f^*E}$ in f^*E (vgl. Definition 7.79) durch $\nabla_v f^*A=\nabla^E_{f_*v}A$ für $v\in TM$ und $A\in\Gamma(E)$ festgelegt (mit $f^*A=A\circ f\in\Gamma(f^*E)$). Man überlegt sich leicht, daß das Zurückziehen von Zusammenhängen mit obigen Vektorbündeloperationen verträglich ist.

Lemma 7.151. *Es seien E, F Vektorbündel über einer Mannigfaltigkeit M und ∇^E,∇^F lineare Zusammenhänge in E bzw. F; weiter sei $\phi\in\Gamma(E^*\otimes F)$, also $\phi\colon E\to F$ ein Homomorphismus von Vektorbündeln über M. Für $B\in\Gamma(E)$ ist $\phi B\in\Gamma(F)$ mit $(\phi B)_x := \phi_x B_x$, und es gilt:*

$$\nabla_A^F(\phi B)=(\nabla_A^{E^*\otimes F}\phi)B+\phi\nabla_A^E B, \quad A\in\Gamma(TM).$$

Beweis: Aufgrund der Linearität genügt es den Fall $\phi=e\otimes\varphi$ mit $e\in\Gamma(E^*)$ und $\varphi\in\Gamma(F)$ zu betrachten. Damit berechnet man:

$$\begin{aligned}\nabla_A^F\big((e\otimes\varphi)B\big) &= \nabla_A^F\big((eB)\cdot\varphi\big)=A(eB)\cdot\varphi+(eB)\nabla_A^F\varphi\\ &= \big[(\nabla_A^{E^*}e)B+e\nabla_A^E B\big]\varphi+(eB)\nabla_A^F\varphi\\ &= \Big[\big((\nabla_A^{E^*}e)B\big)\varphi+(eB)\nabla_A^F\varphi\Big]+e(\nabla_A^E B)\cdot\varphi\\ &= \big(\nabla_A^{E^*\otimes F}(e\otimes\varphi)\big)B+(e\otimes\varphi)(\nabla_A^E B).\end{aligned}$$

□

Definition 7.152. (Affine und konvexe Abbildungen) Seien M und N Mannigfaltigkeiten, jeweils mit einem torsionsfreien linearen Zusammenhang im Tangentialbündel, und $f\colon M \to N$ eine differenzierbare Abbildung. Für jedes $x \in M$ ist das Differential $(df)_x\colon T_xM \to T_{f(x)}N$ bei x eine lineare Abbildung; durch covariante Ableitung des Schnittes $df \in \Gamma(T^*M \otimes f^*TN)$ erhält man die *Hesseform* oder *zweite Fundamentalform* von f als

$$\nabla df \in \Gamma(T^*M \otimes T^*M \otimes f^*TN), \quad (\nabla df)(A,B) = \big(\nabla_A df\big)B \in \Gamma(f^*TN);$$

für jedes $x \in M$ ist folglich $(\nabla df)_x\colon T_xM \times T_xM \to T_{f(x)}N$ eine Bilinearform. Die Abbildung f heißt *affin* oder *total geodätisch*, wenn $\nabla df \equiv 0$ ist. Im Spezialfall $N = \mathbb{R}$ nennt man f *konvex bei* x, falls $(\nabla df)_x \geq 0$ (d.h. positiv semidefinit), und *strikt konvex bei* x, falls $(\nabla df)_x > 0$ (d.h. positiv definit) ist. Schließlich heißt f schlechthin *konvex* bzw. *strikt konvex*, wenn f bei jedem $x \in M$ konvex bzw. strikt konvex ist.

Beachte: Ist $\pi\colon O(M) \to M$ das Orthonormalbasenbündel über M, so ist wegen $L_iL_j(f\circ\pi)(u) = \nabla df(ue_i, ue_j)$ (siehe Beweis von Satz 7.145) f genau dann konvex bei x, wenn $\big(L_iL_j(f\circ\pi)\big)_{1\leq i,j\leq d}$ längs der Faser $\pi^{-1}\{x\}$ positiv semidefinit ist.

Definition 7.153. (Energiedichte, Spannungsfeld und harmonische Abbildungen) Seien (M,g) und (N,h) Riemannsche Mannigfaltigkeiten, jeweils mit Levi-Civita-Zusammenhang, und $f\colon M \to N$ eine differenzierbare Abbildung. Dazu hat man die beiden Fundamentalformen, nämlich

(i) die erste Fundamentalform von f als pullback f^*h der Metrik h unter f, also $f^*h \in \Gamma(T^*M \otimes T^*M)$ mit $(f^*h)_x(u,v) = h_{f(x)}(f_*u, f_*v)$ für $u,v \in T_xM$,

(ii) die zweite Fundamentalform $\nabla df \in \Gamma(T^*M \otimes T^*M \otimes f^*TN)$ von f als covariante Ableitung von $df \in \Gamma(T^*M \otimes f^*TN)$.

Mittels Spurbildung bezüglich der gegebenen Metriken erhält man

$$\operatorname{trace} f^*h = \|df\|^2 \in C^\infty(M) \quad \text{(die \textit{Energiedichte von} } f\text{)},$$

$$\operatorname{trace} \nabla df = \tau(f) \in \Gamma(f^*TN) \quad \text{(das \textit{Spannungsfeld von} } f\text{)}.$$

Abbildungen f mit verschwindendem Spannungsfeld $\tau(f) = 0$ heißen *harmonisch*. Im Spezialfall $N = \mathbb{R}$ nennt man f *subharmonisch*, falls $\tau(f) = \Delta f \geq 0$ ist.

Lemma 7.154. *Seien M und N Mannigfaltigkeiten, jeweils mit einem torsionsfreien linearen Zusammenhang im Tangentialbündel, und $f\colon M \to N$ eine differenzierbare Abbildung. Zu $B \in \Gamma(TM)$ sei $df\,B \in \Gamma(f^*TN)$ der durch $(df\,B)_x = (df)_xB_x \in T_{f(x)}N$ gegebene Schnitt. Dann gilt für $A, B \in \Gamma(TM)$:*

$$\nabla_A^{f^*TN}(df\,B) = \big(\nabla_A df\big)B + df\,\nabla_A B; \tag{7.89}$$

oder anders ausgedrückt: $(\nabla df)(A,B) = \nabla_A^{f^*TN}(df\,B) - df\,\nabla_A B$.

Beweis: Die Aussage folgt direkt aus Lemma 7.151 mit $E = TM$, $F = f^*TN$ und $\phi = df$. □

Korollar. *In der Situation von Lemma* 7.154 *ist* ∇df *symmetrisch, d.h. für* $A, B \in \Gamma(TM)$ *ist* $\nabla df(A,B) = \nabla df(B,A)$.

Beweis: Nach der ersten Cartanschen Strukturgleichung (siehe Satz 7.95) ist aufgrund der Torsionsfreiheit des linearen Zusammenhangs auf N

$$\nabla_A^{f^*TN}(df\,B) - \nabla_B^{f^*TN}(df\,A) = df\,[A,B].$$

Da auch der lineare Zusammenhang auf M torsionsfrei ist, gilt $\nabla_A B - \nabla_B A = [A,B]$, und die Behauptung folgt aus Gleichung (7.89):

$$\begin{aligned}\nabla df(A,B) - \nabla df(B,A) &= \nabla_A^{f^*TN}(df\,B) - \nabla_B^{f^*TN}(df\,A) - df\left(\nabla_A B - \nabla_B A\right)\\ &= df\,[A,B] - df\,[A,B] = 0.\end{aligned}$$

□

Satz 7.155. (Kompositionsformel) *Es seien* $M \xrightarrow{f} N \xrightarrow{\varphi} P$ *differenzierbare Abbildungen zwischen Mannigfaltigkeiten, jeweils mit einem torsionsfreien linearen Zusammenhang im Tangentialbündel. Dann gilt für die Hesseform von* $\varphi \circ f$:

$$\nabla d(\varphi \circ f) = \varphi_* \nabla df + f^* \nabla d\varphi. \tag{7.90}$$

Im Fall Riemannscher Mannigfaltigkeiten hat man insbesondere die Gleichung

$$\tau(\varphi \circ f) = \varphi_* \tau(f) + \operatorname{trace}(f^* \nabla d\varphi). \tag{7.91}$$

Beweis: Zum Nachweis von Gleichung (7.90) verwenden wir Lemma 7.151 mit $E = f^*TN$, $F = (\varphi \circ f)^*TP \equiv f^*(\varphi^*TP)$ und $\phi = f^*d\varphi$ (also $\phi_x = (d\varphi)_{f(x)}$ für $x \in M$; siehe Beispiel 7.30). Hiermit erhält man für Vektorfelder $A, B \in \Gamma(TM)$ die Formel

$$\begin{aligned}\nabla_A^F\left(d(\varphi \circ f)\,B\right) &= \nabla_A^F\left((f^*d\varphi)\,df\,B\right)\\ &= \left(\nabla_A^{E^*\otimes F}(f^*d\varphi)\right)(df\,B) + (f^*d\varphi)\,\nabla_A^E(df\,B)\\ &= (f^*\nabla d\varphi)(A,B) + (f^*d\varphi)\,\nabla_A^E(df\,B),\end{aligned}$$

wobei wir beim letzten Gleichheitszeichen die Definition des zurückgezogenen Zusammenhangs auf $E^* \otimes F \cong f^*(T^*N \otimes \varphi^*TP)$ benutzt haben. Insgesamt folgt

$$\begin{aligned}\nabla d(\varphi \circ f)(A,B) &= \left(\nabla_A d(\varphi \circ f)\right) B = \nabla_A\left(d(\varphi \circ f)\,B\right) - d(\varphi \circ f)\,\nabla_A B\\ &= (f^*\nabla d\varphi)(A,B) + (f^*d\varphi)\,\nabla_A^E(df\,B) - (f^*d\varphi)\,df\,\nabla_A B\\ &= (f^*\nabla d\varphi)(A,B) + (f^*d\varphi)\,\nabla df\,(A,B).\end{aligned}$$

Gleichung (7.91) schließlich ergibt sich unmittelbar aus Gleichung (7.90) durch Spurbildung. □

Insbesondere zeigt Satz 7.155, daß mit f und φ affin auch die Zusammensetzung $\varphi \circ f$ affin ist. Ist f harmonisch und φ affin, so ist auch $\varphi \circ f$ harmonisch; allerdings ist die Zusammensetzung von harmonischen Abbildungen im allgemeinen nicht wieder harmonisch.

Korollar 1. *Sei M eine Mannigfaltigkeit mit einem torsionsfreien linearen Zusammenhang und $f\colon M \to \mathbb{R}$ eine differenzierbare Funktion. Dann gilt:*

(i) *f ist genau dann affin, wenn für jede Geodätische $\gamma\colon I \to M$ ($I \subset \mathbb{R}$ Intervall) die Zusammensetzung $f \circ \gamma$ affin, d. h. $(f \circ \gamma)'' \equiv 0$, ist.*

(ii) *f ist genau dann konvex [strikt konvex], wenn für jede Geodätische $\gamma\colon I \to M$ die Zusammensetzung $f \circ \gamma$ konvex [strikt konvex], d. h. $(f \circ \gamma)'' \geq 0$ [bzw. > 0], ist.*

Beweis: Für eine beliebige Kurve γ auf M ist gemäß Gleichung (7.90) zunächst

$$(f \circ \gamma)'' = f_* \nabla d\gamma + \gamma^* \nabla df\,.$$

Wegen $(\nabla d\gamma)(D,D) = \nabla_D \dot\gamma$ ist γ genau dann geodätisch, wenn γ affin ist. Andererseits ist $(\gamma^* \nabla df)(D,D) = (\nabla df)(\dot\gamma,\dot\gamma)$, so daß für Geodätische $\gamma\colon I \to M$ die Gleichung $(f \circ \gamma)''(t) = (\nabla df)\big(\dot\gamma(t),\dot\gamma(t)\big)$ folgt, woraus man unmittelbar alle Behauptungen abliest. □

Korollar 2. *Sei $f\colon M \to N$ eine differenzierbare Abbildung zwischen Mannigfaltigkeiten, jeweils mit einem torsionsfreien linearen Zusammenhang. Dann ist f genau dann affin, wenn f Geodätische in Geodätische überführt.*

Beweis: Wie bereits notiert, bedeutet für Kurven γ auf M affin dasselbe wie geodätisch, so daß die Aussage aus $\nabla d(f \circ \gamma) = f_* \nabla d\gamma + \gamma^* \nabla df$ folgt. □

Wir wenden uns nun wieder der Stochastik zu und wollen Abbildungen zwischen Mannigfaltigkeiten unter dem Aspekt betrachten, wie sie kanonische Klassen von Prozessen, etwa $\mathrm{BM}(M,g)$ oder $\mathrm{Mart}(M,g)$ transformieren. Wir erläutern zunächst das allgemeine Vorgehen am Beispiel von Brownschen Bewegungen auf M.

Seien (M,g) und (N,h) Riemannsche Mannigfaltigkeiten, jeweils mit Levi-Civita-Zusammenhang, und $f\colon M \to N$ eine differenzierbare Abbildung. Ist X eine in $x \in M$ startende $\mathrm{BM}(M,g)$ und ist $u \in \mathrm{O}(M)$ über x, so gibt es einen horizontalen Lift U von X auf $\mathrm{O}(M)$ mit $U_0 = u$. Die geliftete Brownsche Bewegung U ist ein Flußprozeß zum horizontalen Laplaceoperator $\Delta^{\mathrm{hor}} \equiv \sum_i L_i^2$ und wird auch *horizontale Brownsche Bewegung* auf $\mathrm{O}(M)$, kurz $\mathrm{BM}^{\mathrm{hor}}\big(\mathrm{O}(M)\big)$, genannt. Andererseits geht X durch stochastische Abwicklung aus einer euklidischen Brownschen Bewegung Z hervor, die wir uns bei Identifikation von $\mathbb{R}^d$ und T_xM mittels $u \in \mathrm{O}(M)$ mit Werten in T_xM realisiert denken.

$$\begin{array}{llcccll}
 & U & \mathrm{O}(M) & & \mathrm{O}(N) & \tilde U & \\
 & \Big\downarrow & \Big\downarrow{\scriptstyle \pi_M} & & {\scriptstyle \pi_N}\Big\downarrow & \Big\downarrow & \\
 & & M & \xrightarrow{\;f\;} & N & & \\
\mathrm{BM}(M,g) & X & \longmapsto & & & \tilde X & \text{Semimartingal auf } N \\
\mathrm{BM}(T_xM) & Z & & & & \tilde Z & \text{Semimartingal auf } T_{f(x)}N
\end{array}$$

Der Bildprozeß $\tilde{X} := f \circ X$ auf N ist dann im allgemeinen keine Brownsche Bewegung mehr; er ist aber stets ein Semimartingal auf N (mit $f(x)$ als Startpunkt) und geht als solches per stochastischer Abwicklung aus einem euklidischen Semimartingal $\tilde{Z}$ hervor, das wir uns bei Identifikation von $\mathbb{R}^n$ $(n = \dim N)$ und $T_{f(x)}N$ mittels einer fixierten Orthonormalbasis $\tilde{u} \in \mathrm{O}(N)$ über $f(x)$ als $T_{f(x)}N$-wertiges Semimartingal realisiert denken.

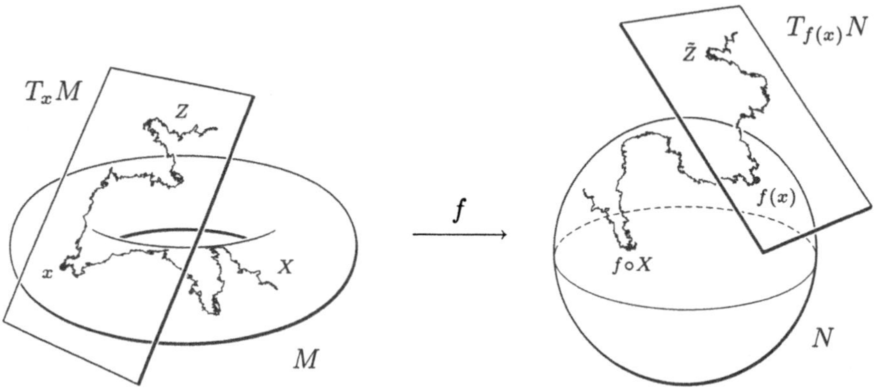

Die Grundidee besteht nun darin, die Doob-Meyer-Zerlegung $d\tilde{Z} = d\tilde{Z}^{\mathrm{Mart}} + d\tilde{Z}^{\mathrm{Drift}}$ von $\tilde{Z}$ heranzuziehen, um Information über f zu gewinnen. Unter anderem wollen wir überlegen, wie man die Energiedichte $\|df\|^2$ und das Spannungsfeld $\tau(f)$ aus der Kenntnis von $\tilde{Z}$ zurückgewinnt. Zunächst wenden wir uns aber wieder der allgemeinen Situation zu.

Satz 7.156. *Sei M eine d-dimensionale und N eine n-dimensionale Mannigfaltigkeit, jeweils mit einem torsionsfreien linearen Zusammenhang, und $f\colon M \to N$ eine differenzierbare Abbildung. Es sei X ein Semimartingal auf M, sowie U ein horizontaler Lift von X auf $\mathrm{L}(M)$ und $Z = \int_U \vartheta$ die $\mathbb{R}^d$-Darstellung von X zu einer Anfangsbasis U_0 über X_0. Entsprechend sei $\tilde{U}$ auf $\mathrm{L}(N)$ ein horizontaler Lift des N-wertigen Bild-Semimartingals $\tilde{X} := f \circ X$ und analog $\tilde{Z} = \int_{\tilde{U}} \tilde{\vartheta}$ die $\mathbb{R}^n$-Darstellung von $\tilde{X}$ zu einer Anfangsbasis $\tilde{U}_0$ über $\tilde{X}_0$. Dann gilt*

$$d\tilde{Z} = \tilde{U}^{-1} f_* U * dZ = \tilde{U}^{-1} f_* U\, dZ + \tfrac{1}{2} \tilde{U}^{-1} \nabla df(dX, dX) \tag{7.92}$$

mit $\tilde{U}^{-1} f_* U * dZ \equiv \sum_i \tilde{U}^{-1} f_* U e_i * dZ^i$ bzw. $\tilde{U}^{-1} f_* U\, dZ \equiv \sum_i \tilde{U}^{-1} f_* U e_i\, dZ^i$; ebenso ist $\tilde{U}^{-1} \nabla df(dX, dX)$ als $\sum_{i,j} \tilde{U}^{-1} \nabla df(Ue_i, Ue_j)\, dZ^i dZ^j$ zu lesen.

Beweis: Zunächst ist $dX = U * dZ \equiv \sum_{i=1}^d U e_i * dZ^i$ und

$$\sum_{i=1}^n \tilde{U} e_i * d\tilde{Z}^i \equiv \tilde{U} * d\tilde{Z} = d\tilde{X} = d(f \circ X) = f_* U * dZ \equiv \sum_{i=1}^d f_* U e_i * dZ^i.$$

Mit Hilfe der geometrischen Itô-Formel (7.86) erhält man für $\varphi \in C^\infty(N)$ daher einerseits

$$\begin{aligned} d(\varphi \circ \tilde{X}) &= \varphi_* \tilde{U}\, d\tilde{Z} + \tfrac{1}{2} \nabla d\varphi(d\tilde{X}, d\tilde{X}) \\ &= \sum_{k=1}^{n} \varphi_* \tilde{U} e_k\, d\tilde{Z}^k + \sum_{i,j=1}^{d} \tfrac{1}{2} \nabla d\varphi(f_* U e_i, f_* U e_j)\, dZ^i dZ^j , \end{aligned}$$

andererseits aber zusammen mit der Kompositionsformel (7.90)

$$\begin{aligned} d(\varphi \circ \tilde{X}) &= d(\varphi \circ f \circ X) = (\varphi \circ f)_* U\, dZ + \tfrac{1}{2} \nabla d(\varphi \circ f)(dX, dX) \\ &= \sum_{i=1}^{d} (\varphi \circ f)_* U e_i\, dZ^i + \tfrac{1}{2} \sum_{i,j=1}^{d} \nabla d(\varphi \circ f)(U e_i, U e_j)\, dZ^i dZ^j \\ &= \sum_{i=1}^{d} (\varphi \circ f)_* U e_i\, dZ^i + \tfrac{1}{2} \sum_{i,j=1}^{d} \left[\varphi_* \nabla df(U e_i, U e_j) + \nabla d\varphi(f_* U e_i, f_* U e_j) \right] dZ^i dZ^j . \end{aligned}$$

Man erhält also für $\varphi \in C^\infty(N)$

$$\sum_{k=1}^{n} \varphi_* \tilde{U} e_k\, d\tilde{Z}^k = \sum_{i=1}^{d} \varphi_* f_* U e_i\, dZ^i + \tfrac{1}{2} \sum_{i,j=1}^{d} \varphi_* \nabla df(U e_i, U e_j)\, dZ^i dZ^j .$$

Dies impliziert

$$\sum_{k=1}^{n} \tilde{U} e_k\, d\tilde{Z}^k = \sum_{i=1}^{d} f_* U e_i\, dZ^i + \tfrac{1}{2} \sum_{i,j=1}^{d} \nabla df(U e_i, U e_j)\, dZ^i dZ^j ,$$

folglich $\tilde{U}\, d\tilde{Z} = f_* U\, dZ + \frac{1}{2} \nabla df(dX, dX)$, und damit schließlich

$$d\tilde{Z} = \tilde{U}^{-1} f_* U\, dZ + \tfrac{1}{2} \tilde{U}^{-1} \nabla df(dX, dX) . \qquad \square$$

Wir betrachten den Spezialfall eines Semimartingals X auf M mit f.s. konstantem Startpunkt $X_0 = x \in M$. Identifiziert man

$$u \colon \mathbb{R}^d \xrightarrow{\sim} T_x M \quad \text{bzw.} \quad \tilde{u} \colon \mathbb{R}^n \xrightarrow{\sim} T_{f(x)} N$$

mittels fixierter Basen $U_0 = u \in \mathrm{L}(M)$ über x bzw. $\tilde{U}_0 = \tilde{u} \in \mathrm{L}(N)$ über $f(x)$ und betrachtet Z mit Werten in $T_x M$ bzw. $\tilde{Z}$ mit Werten in $T_{f(x)} N$, so schreibt sich mit Hilfe der kanonischen Paralleltransporte $\sigma_{0,t} := U_t \circ U_0^{-1}$ längs X, bzw. $\tilde{\sigma}_{0,t} := \tilde{U}_t \circ \tilde{U}_0^{-1}$ längs $\tilde{X}$, Gleichung (7.92) in suggestiver Form als

(7.93) $$d\tilde{Z} = \tilde{\sigma}_{t,0} f_* \sigma_{0,t}\, dZ + \tfrac{1}{2} \tilde{\sigma}_{t,0} \nabla df(dX, dX) .$$

Korollar. *Seien (M, g) und (N, h) Riemannsche Mannigfaltigkeiten, jeweils mit Levi-Civita-Zusammenhang, und $f \colon M \to N$ eine differenzierbare Abbildung. Ist X eine in $x \in M$ startende Brownsche Bewegung auf (M, g), so gilt für die $\mathbb{R}^n$-Darstellung $\tilde{Z}$ des Bildprozesses $\tilde{X} = f \circ X$ die Beziehung*

(7.94) $$d\tilde{Z} = \tilde{\sigma}_{t,0} f_* \sigma_{0,t}\, dW + \tfrac{1}{2} \tilde{\sigma}_{t,0} \tau(f) \circ X\, dt ,$$

wobei W eine Brownsche Bewegung auf T_xM *ist. Die quadratische Variation von* $\tilde{X}$ *beschreibt somit die "Energie von f längs X", nämlich*

$$h(d\tilde{X},d\tilde{X}) \equiv d[\tilde{Z},\tilde{Z}] = \left(\|df\|^2 \circ X\right) dt. \tag{7.95}$$

Beweis: Wir verwenden die Bezeichnungen aus Satz 7.156, arbeiten aber mit dem Orthonormalbasenbündel $O(M)$ über M. Aufgrund von $d\tilde{X} = \sum_i f_* Ue_i * dW^i$ erhält man

$$\begin{aligned} h(d\tilde{X},d\tilde{X}) &= \sum_{i,j} h_{f\circ X}(f_*Ue_i, f_*Ue_j)\, dW^i dW^j \\ &= \sum_i h_{f\circ X}(f_*Ue_i, f_*Ue_i)\, dt = \left(\|df\|^2 \circ X\right) dt, \end{aligned}$$

andererseits gilt aber auch $d[\tilde{Z},\tilde{Z}] = \sum_{i,j} \langle \tilde{U}^{-1} f_* Ue_i, \tilde{U}^{-1} f_* Ue_j\rangle_{\mathbb{R}^n}\, dW^i dW^j = \sum_i \langle \tilde{U}^{-1} f_* Ue_i, \tilde{U}^{-1} f_* Ue_i\rangle_{\mathbb{R}^n}\, dt = \sum_i h_{f\circ X}(f_*Ue_i, f_*Ue_i)\, dt = h(d\tilde{X},d\tilde{X})$. □

Satz 7.157. (Stochastische Charakterisierung affiner/harmonischer Abbildungen)

(i) *Sei* $f\colon M \to N$ *eine differenzierbare Abbildung zwischen Mannigfaltigkeiten, und seien* ∇^M *auf M bzw.* ∇^N *auf N torsionsfreie lineare Zusammenhänge. Dann ist f genau dann affin, wenn* ∇^M*-Martingale durch f in* ∇^N*-Martingale überführt werden.*

(ii) *Sei* $f\colon (M,g) \to (N,h)$ *eine differenzierbare Abbildung zwischen Riemannschen Mannigfaltigkeiten und* ∇^M *auf M bzw.* ∇^N *auf N, jeweils der Levi-Civita-Zusammenhang. Dann ist f genau dann harmonisch, wenn* $\mathrm{BM}(M,g)$ *durch f in die Klasse* $\mathrm{Mart}(N,h)$ *der* ∇^N*-Martingale auf N überführt wird.*

Beweis: (i) Da gemäß Satz 7.147 X genau dann ein ∇^M-Martingal auf M ist, wenn jede $\mathbb{R}^d$-Darstellung Z von X ein stetiges lokales Martingal ist, und ebenso $\tilde{X} = f \circ X$ genau dann ein ∇^N-Martingal auf N ist, wenn jede $\mathbb{R}^n$-Darstellung $\tilde{Z}$ von $\tilde{X}$ ein stetiges lokales Martingal ist, überführt f gemäß Gleichung (7.93) genau dann ∇^M-Martingale in ∇^N-Martingale, wenn für jedes $\mathbb{R}^d$-wertige stetige lokale Martingal Z mit stochastischer Abwicklung X und zugehörigem horizontalen Lift U gilt:

$$\tilde{U}^{-1}\nabla df(dX,dX) \equiv \sum_{i,j} \tilde{U}^{-1}\nabla df(Ue_i,Ue_j)\, d[Z^i,Z^j] = 0.$$

Letzteres ist aber zu $\nabla df \equiv 0$ gleichbedeutend, wie man mit $Z = (W,0,\ldots,0)$ und W $\mathrm{BM}(\mathbb{R})$ sieht, da man etwa bei konstantem Startpunkt $X_0 = x \in M$ eine Basis $U_0 = u \in L(M)$ über x beliebig wählen kann.

(ii) Gemäß Formel (7.94) überführt f genau dann $\mathrm{BM}(M,g)$ in $\mathrm{Mart}(N,h)$, wenn $\tau(f) \circ X = 0$ längs jeder Brownschen Bewegung X auf M. Dies ist aber nur möglich, wenn bereits $\tau(f) \equiv 0$ ist, denn mit $X_0 = x$ muß auch $\tau(f)(x) = 0$ sein.

□

Der Beweis von Satz 7.157 zeigt, daß f bereits dann affin ist, wenn eindimensionale Martingale auf M durch f in eindimensionale Martingale auf N überführt werden.

Korollar. *Seien M und N differenzierbare Mannigfaltigkeiten, jeweils versehen mit einem torsionsfreien linearen Zusammenhang. Für eine differenzierbare Abbildung $f\colon M \to N$ sind dann äquivalent:*

(a) *f ist affin.*

(b) *f überführt eindimensionale Martingale in eindimensionale Martingale.*

(c) *f bildet eindimensionale Brownsche Bewegungen in eindimensionale Brownsche Bewegungen ab.*

Beweis: Gemäß Korollar 2 zu Satz 7.155 ist f genau dann affin, wenn f Geodätische in Geodätische überführt; andererseits bewegen sich nach Satz 7.150 eindimensionale Martingale und eindimensionale Brownsche Bewegungen auf Geodätischen. Affine Abbildungen f überführen daher eindimensionale Martingale (bzw. eindimensionale Brownsche Bewegungen) in eindimensionale Martingale (bzw. eindimensionale Brownsche Bewegungen). Ist umgekehrt f eine differenzierbare Abbildung mit dieser Eigenschaft, so bildet für jede Geodätische γ auf M die Zusammensetzung $f \circ \gamma$ stetige reelle lokale Martingale (bzw. reelle Brownsche Bewegungen) in $\mathrm{Mart}(N,h)$ ab; für jede Geodätische γ auf M ist nach Satz 7.157 somit $f \circ \gamma$ affin ($\equiv$ harmonisch), folglich ist f selbst affin. □

Definition 7.158. (Horizontal konforme Abbildung, harmonischer Morphismus) Seien (M,g) und (N,h) Riemannsche Mannigfaltigkeiten und $f\colon M \to N$ eine differenzierbare Abbildung. Dann heißt f *horizontal konform*, wenn für jedes $x \in M$ mit $(df)_x \neq 0$ gilt:

(a) $(df)_x\colon T_xM \to T_{f(x)}N$ ist surjektiv.

(b) Es gibt eine Funktion $\lambda\colon M \to \mathbb{R}_+$ derart, daß $h_{f(x)}(f_*v, f_*w) = \lambda^2(x)\, g_x(v,w)$ für $v,w \in \big(\ker(df)_x\big)^{\perp}$.

Die Funktion $\lambda\colon M \to \mathbb{R}_+$ nennt man *Dilatation* von f, wenn aus $(df)_x = 0$ zusätzlich $\lambda(x) = 0$ folgt. Die Abbildung $f\colon M \to N$ heißt ein *harmonischer Morphismus* (*mit Dilatation* λ), wenn f harmonisch und horizontal konform (mit Dilatation λ) ist.

Lemma 7.159. *Sei $f\colon (M,g) \to (N,h)$ eine differenzierbare Abbildung zwischen Riemannschen Mannigfaltigkeiten und sei $\lambda\colon M \to \mathbb{R}_+$ eine Funktion. Dann sind äquivalent:*

(i) *f ist horizontal konform mit Dilatation λ.*

(ii) *$df \circ (df)^{\mathrm{ad}} = \lambda^2\, \mathrm{id}\,|\,f^*TN$, wobei der Homomorphismus von Vektorbündeln $(df)^{\mathrm{ad}}\colon f^*TN \to TM$ als fasernweise adjungiert zu df definiert ist.*

(iii) *$g\big(\mathrm{grad}(\varphi \circ f), \mathrm{grad}(\psi \circ f)\big) = \lambda^2 \cdot h(\mathrm{grad}\,\varphi, \mathrm{grad}\,\psi) \circ f$ für alle $\varphi, \psi \in C^\infty(N)$.*

Es ist dann notwendig $\lambda^2 = \|df\|_{\mathrm{op}}^2$ *mit* $\|df\|_{\mathrm{op}}$ *der Operatornorm von* df *und es gilt* $n \cdot \|df\|_{\mathrm{op}}^2 = \|df\|^2$ *mit* $n = \dim N$.

Beweis: (i) $\Leftrightarrow$ (ii): Die Adjungierte $(df)_x^{\mathrm{ad}}\colon T_{f(x)}N \to T_xM$ zu $(df)_x$ ist durch

$$h_{f(x)}\big((df)_x v, u\big) = g_x\big(v, (df)_x^{\mathrm{ad}} u\big), \quad v \in T_xM,\ u \in T_{f(x)}N,$$

festgelegt, und f ist daher genau dann horizontal konform, wenn für $x \in M$ gilt:

$$(df)_x \circ (df)_x^{\mathrm{ad}} = \lambda^2(x)\,\mathrm{id}\,|T_{f(x)}N\,.$$

(ii) $\Leftrightarrow$ (iii): Da $g\big(A, (df)^{\mathrm{ad}}(f^*\operatorname{grad}\varphi)\big) = A(f \circ \varphi)$ für $A \in \Gamma(TM)$ ist, erhält man $(df)^{\mathrm{ad}}(f^*\operatorname{grad}\varphi) = \operatorname{grad}(f \circ \varphi)$ für jedes $\varphi \in C^\infty(N)$, woraus die Äquivalenz folgt. Der Zusatz ist dann offensichtlich. □

Satz 7.160. (Analytische Charakterisierung harmonischer Morphismen) *Sei* $f\colon (M,g) \to (N,h)$ *eine differenzierbare Abbildung zwischen Riemannschen Mannigfaltigkeiten und* $\lambda\colon M \to \mathbb{R}_+$ *eine Funktion. Dann sind äquivalent:*

(i) f *ist ein harmonischer Morphismus (mit Dilatation* λ*).*

(ii) $\Delta_M(\varphi \circ f) = \lambda^2 \cdot (\Delta_N\varphi \circ f)$ *für* $\varphi \in C^\infty(N)$.

Beweis: (i) $\Rightarrow$ (ii): Da f harmonisch ist, folgt mit Kompositionsformel (7.91)

$$\tau(\varphi \circ f) = \varphi_*\tau(f) + \operatorname{trace}(f^*\nabla d\varphi) = \operatorname{trace}(f^*\nabla d\varphi)\,.$$

Wir wollen $\Delta_M(\varphi \circ f)(x) = \lambda^2(x)\,(\Delta_N\varphi \circ f)(x)$ für $x \in M$ zeigen; dazu sei ohne Einschränkung $(df)_x \neq 0$ vorausgesetzt. Ist nun $(a_1, \ldots, a_\ell)$ eine Orthonormalbasis für $\big(\ker(df)_x\big)^\perp$, so erhält man aufgrund der horizontalen Konformität von f durch

$$\Big(\tfrac{1}{\lambda(x)}(df)_x\, a_i :\ 1 \le i \le \ell\Big)$$

eine Orthonormalbasis für $T_{f(x)}N$, und damit also

$$\Delta_M(\varphi \circ f)(x) = \sum_{i=1}^{\ell} (\nabla d\varphi)(f_*a_i, f_*a_i) = \lambda^2(x)\,(\Delta_N\varphi \circ f)(x)\,.$$

(ii) $\Rightarrow$ (i): Für $\varphi, \psi \in C^\infty(N)$ haben wir die Formel

$$\begin{aligned}\Delta_M\big[(\varphi\psi) \circ f\big] &= (\varphi \circ f)\,\Delta_M(\psi \circ f) + (\psi \circ f)\,\Delta_M(\varphi \circ f)\\ &\quad + 2g\big(\operatorname{grad}(\varphi \circ f), \operatorname{grad}(\psi \circ f)\big),\end{aligned}$$

andererseits ist aber $\Delta_N(\varphi\psi) = \varphi\,\Delta_N\psi + \psi\,\Delta_N\varphi + 2h(\operatorname{grad}\varphi, \operatorname{grad}\psi)$. Setzt man die letzte Gleichung mit f zusammen, multipliziert mit λ^2, so ergibt sich durch Subtraktion von der ersten Gleichung

$$g\big(\operatorname{grad}(\varphi \circ f), \operatorname{grad}(\psi \circ f)\big) = \lambda^2 \cdot h(\operatorname{grad}\varphi, \operatorname{grad}\psi) \circ f\,,$$

was zeigt, daß f horizontal konform ist. Es bleibt $\tau(f) = 0$ zu verifizieren. Zunächst folgt aus der horizontalen Konformität von f für $\varphi \in C^\infty(N)$ wieder

$$\operatorname{trace}(f^*\nabla d\varphi) = \lambda^2 \cdot (\Delta_N\varphi \circ f)\,.$$

Wegen $\varphi_*\tau(f) + \operatorname{trace}(f^*\nabla d\varphi) = \Delta_M(\varphi \circ f) = \lambda^2 \cdot (\Delta_N\varphi \circ f)$, ist also $\varphi_*\tau(f) = 0$ für jedes $\varphi \in C^\infty(N)$, und somit notwendig $\tau(f) = 0$. □

Satz 7.161. *Sei $f\colon (M,g) \to (N,h)$ eine differenzierbare Abbildung zwischen Riemannschen Mannigfaltigkeiten. Dann sind äquivalent:*

(i) *f ist ein harmonischer Morphismus (mit Dilatation λ).*

(ii) *f überführt bis auf Zeittransformation $\mathrm{BM}(M,g)$ in $\mathrm{BM}(N,h)$, d. h. genauer: Für jedes X in $\mathrm{BM}(M,g)$ ist $f \circ X_t = \tilde{X}_{T_t}$ f.s. mit $\tilde{X}$ in $\mathrm{BM}(N,h)$ und $T_t = \int_0^t (\lambda^2 \circ X_s)\, ds$.*

Man beachte, daß die N-wertige Brownsche Bewegung $\tilde{X}$ in (ii) durch die Bedingung $f \circ X_t = \tilde{X}_{T_t}$ nur bis T_∞ festgelegt ist; man kann sie aber stets durch "Anstückeln" einer unabhängigen Brownschen Bewegung auf maximale Lebenszeit ausdehnen: Über eine $\mathbb{R}^n$-Darstellung von $\tilde{X}$ erhält man zunächst eine gestoppte $\mathrm{BM}(\mathbb{R}^n)$, die man dann gemäß Satz 5.7 auf ganz $\mathbb{R}_+$ ausdehnt, erneute stochastische Abwicklung liefert die gewünschte Fortsetzung von $\tilde{X}$. In diesem Fall hat man somit die Gleichheit $f \circ X_t = \tilde{X}_{T_t}$ genau genommen auf dem vergrößerten Wahrscheinlichkeitsraum zu lesen.

Beweis: (von Satz 7.161) Gemäß Satz 7.157 (ii) ist zunächst f genau dann harmonisch, wenn für jede Brownsche Bewegung X auf M der Bildprozeß $f \circ X$ (bzgl. des Levi-Civita-Zusammenhangs) ein Martingal auf N ist, was nach Satz 7.147 bedeutet, daß $\mathbb{R}^n$-Darstellungen $\tilde{Z}$ von $f \circ X$ lokale Martingale sind. Da modulo Zeittransformation $f \circ X$ genau dann in $\mathrm{BM}(N,h)$ liegt, wenn $\tilde{Z}$ in $\mathrm{BM}(\mathbb{R}^n)$ liegt, bleibt zu zeigen, daß die $\mathbb{R}^n$-Darstellungen $\tilde{Z}$ aller $f \circ X$ genau dann bis auf Zeittransformation bereits Brownsche Bewegungen sind, wenn f zusätzlich horizontal konform ist. Nun ist aber mit den Bezeichnungen von Satz 7.156

$$\begin{aligned} d\tilde{Z}^k\, d\tilde{Z}^\ell &= \sum_i \langle \tilde{U}^{-1} f_* U e_i, e_k \rangle \, \langle \tilde{U}^{-1} f_* U e_i, e_\ell \rangle \, dt \\ &= \sum_i g\big(Ue_i, (df)^{\mathrm{ad}} \tilde{U} e_k\big)\, g\big(Ue_i, (df)^{\mathrm{ad}} \tilde{U} e_\ell\big)\, dt \\ &= g\big((df)^{\mathrm{ad}} \tilde{U} e_k, (df)^{\mathrm{ad}} \tilde{U} e_\ell\big)\, dt \overset{(*)}{=} (\lambda^2 \circ X)\, \delta_{k\ell}\, dt, \end{aligned}$$

wobei $\overset{(*)}{=}$ dann und nur dann für sämtliche horizontalen Lifts $\tilde{U}$ von Semimartingalen der Art $\tilde{X} = f \circ X$ mit X in $\mathrm{BM}(M,g)$ gilt, wenn f horizontal konform mit Dilatation λ ist. □

Satz 7.157 (i) zeigt insbesondere, daß die Zusammensetzung $\varphi \circ X$ eines M-wertigen Martingals mit einer affinen Funktion $\varphi \in C^\infty(M;\mathbb{R})$ stets ein reelles lokales Martingal ist. Der Ansatz, umgekehrt affine Funktionen als "Martingaltester" zu benutzen und M-wertige Martingale durch diese Eigenschaft zu charakterisieren, scheitert üblicherweise an der fehlenden Reichhaltigkeit affiner Funktionen: Nichtkonstante reelle affine Funktionen gibt es im allgemeinen nicht einmal lokal. Als nächstbester Ersatz für affine Funktionen bieten sich die konvexen Funktionen an.

Zwar gibt es auch für die Existenz global definierter nichttrivialer konvexer Funktionen topologische und geometrische Hindernisse, lokal hat man aber stets das folgende

Lemma 7.162. *Sei M eine Mannigfaltigkeit mit einem torsionsfreien linearen Zusammenhang. Dann gibt es zu jedem $x \in M$ eine offene Umgebung U und eine strikt konvexe Funktion $\varphi \in C^\infty(U;\mathbb{R})$ mit vorgeschriebenem 2-jet, d.h. zu $a \in \mathbb{R}$, $b \in T_x^*M$ und positiv definitem $C \in T_x^*M \otimes T_x^*M$ gibt es stets eine offene Umgebung U von x und eine Funktion $\varphi \in C^\infty(U;\mathbb{R})$ mit $\varphi(x) = a$, $(d\varphi)_x = b$, $(\nabla d\varphi)_x = C$ und $\nabla d\varphi > 0$ auf U.*

Beweis: Wir wählen sogenannte Normalkoordinaten h bei x wie folgt. Die Exponentialabbildung

$$\exp_x\colon (T_xM, 0) \to (M, x), \quad v \mapsto \gamma_v(1),$$

wobei γ_v für die durch $\gamma_v(0) = x$ und $\dot\gamma_v(0) = v$ festgelegte Geodätische steht, ist lokal um 0 wohldefiniert und hat bei 0 vollen Rang, denn es gilt:

$$(d\exp_x)_0 v = \tfrac{d}{dt}\big|_{t=0} \exp_x(tv) = \tfrac{d}{dt}\big|_{t=0} \gamma_{tv}(1) = \tfrac{d}{dt}\big|_{t=0} \gamma_v(t) = v.$$

Fixiert man also einen linearen Isomorphismus $\iota\colon \mathbb{R}^d \xrightarrow{\sim} T_xM$, so bildet nach dem lokalen Umkehrsatz $\exp_x \circ \iota$ eine offene ε-Kugel V_ε um 0 in $\mathbb{R}^d$ diffeomorph auf eine offene Umgebung von x in M ab und durch $h := (\exp_x \circ \iota | V_\varepsilon)^{-1}$ wird eine Karte bei x definiert.

Ist dann $b = \sum_i b_i \, (dh^i)_x$ und $C = \sum_{i,j} C_{ij} \, (dh^i \otimes dh^j)_x$, und setzt man

$$\varphi = a + \sum_i b_i \, h^i + \sum_{i,j} C_{ij} \, h^i h^j,$$

so hat $\varphi|U$ mit U einer hinreichend kleinen offenen Umgebung um x die gewünschten Eigenschaften. Denn mit $\partial_i = \frac{\partial}{\partial h^i}$ und $(\nabla d\varphi)_{ij} = (\nabla d\varphi)(\partial_i, \partial_j)$ gilt

$$\nabla d\varphi | U = \sum_{i,j} (\nabla d\varphi)_{ij} \, dh^i \otimes dh^j = \sum_{i,j} \big(\partial_i \partial_j \varphi - \sum_k \Gamma_{ij}^k \, \partial_k \varphi\big) \, dh^i \otimes dh^j,$$

wobei nach Konstruktion der Karte $\Gamma_{ij}^k(x) = 0$ ist. Letzteres sieht man etwa wie folgt: Ist $\gamma_v(t) = \exp_x(tv)$ wieder die lokal um $t = 0$ definierte Geodätische mit $\gamma_v(0) = x$ und $\dot\gamma_v(0) = v$, so hat man für jedes $v \in T_xM$

$$0 = \frac{d^2}{dt^2}\Big|_{t=0} \gamma_v^k(t) = \sum_{i,j} \Gamma_{ij}^k(x) \, v^i v^j,$$

was $\Gamma_{ij}^k(x) = 0$ zu Folge hat, da ∇ torsionsfrei ist. □

Mit der in Lemma 7.162 formulierten Reichhaltigkeitsaussage von Keimen konvexer Funktionen können wir affine und harmonische Abbildungen durch ihr funktionales Verhalten bei pullbacks neu charakterisieren.

Satz 7.163. (pullback-Eigenschaften affiner/harmonischer Abbildungen)
(i) *Sei* $f\colon M \to N$ *eine differenzierbare Abbildung zwischen Mannigfaltigkeiten mit torsionsfreien linearen Zusammenhängen. Dann sind äquivalent:*

(a) f *ist affin.*

(b) *pullbacks* $f^*\varphi$ *von Keimen konvexer Funktionen auf* N *sind konvex, d. h. für jede auf einer offenen Teilmenge* $V \subset N$ *definierte konvexe Funktion* $\varphi \in C^\infty(V;\mathbb{R})$ *ist* $\varphi \circ f$ *konvex auf* $f^{-1}V$.

(ii) *Sei* $f\colon (M,g) \to (N,h)$ *eine differenzierbare Abbildung zwischen Riemannschen Mannigfaltigkeiten. Dann sind äquivalent:*

(a) f *ist harmonisch.*

(b) *pullbacks* $f^*\varphi$ *von Keimen konvexer Funktionen auf* N *sind subharmonisch, d. h. für jede auf einer offenen Teilmenge* $V \subset N$ *definierte konvexe Funktion* $\varphi \in C^\infty(V;\mathbb{R})$ *ist* $\varphi \circ f$ *subharmonisch auf* $f^{-1}V$.

Beweis: Die Implikationen (a) $\Rightarrow$ (b) sind jeweils eine direkte Konsequenz der Kompositionsformeln (7.90) und (7.91)

$$\nabla d(\varphi \circ f) = \varphi_* \nabla df + f^*\nabla d\varphi \quad \text{bzw.} \quad \tau(\varphi \circ f) = \varphi_* \tau(f) + \operatorname{trace}(f^*\nabla d\varphi).$$

Die Implikationen (b) $\Rightarrow$ (a) beruhen jeweils auf der in Lemma 7.162 formulierten Reichhaltigkeit von Keimen konvexer Funktionen. Ist etwa wie in Teil (i) stets $\nabla d(\varphi \circ f) \geq 0$, sofern $\nabla d\varphi \geq 0$ ist, so muß bereits $\nabla df = 0$ sein, denn sonst findet man $x \in M$ und $v \in T_xM$ mit $w := (\nabla df)_x(v,v) \neq 0$ in $T_{f(x)}N$. Dazu gäbe es nach Lemma 7.162 eine offene Umgebung V von $f(x)$ in N und eine konvexe Funktion $\varphi \in C^\infty(V;\mathbb{R})$ mit $(d\varphi)_{f(x)}w < -\|(df)_x v\|^2$ und $(\nabla d\varphi)_{f(x)} = h_{f(x)}$, woraus

$$\big(\nabla d(\varphi \circ f)\big)_x(v,v) = (d\varphi)_{f(x)}w + \|(df)_x v\|^2 < 0$$

folgen würde — im Widerspruch zu $\nabla d(\varphi \circ f) \geq 0$.
Die Implikation (b) $\Rightarrow$ (a) in (ii) beweist man analog. □

Im stochastischen Kontext erlaubt die Reichhaltigkeit von Keimen konvexer Funktionen eine Charakterisierung von Martingalen, wie sie zuerst von Darling [DA 82] zur Definition von ∇-Martingalen benutzt wurde.

Satz 7.164. (Darling's Charakterisierung von ∇-Martingalen) *Sei* M *eine Mannigfaltigkeit,* ∇ *ein torsionsfreier linearer Zusammenhang auf* M *und* X *ein* M*-wertiges Semimartingal. Dann ist* X *genau dann ein* ∇*-Martingal, wenn für jedes* $\varphi \in C^\infty(M)$ *und jedes offene* $V \subset M$ *mit der Eigenschaft, daß* $\varphi|V$ *konvex ist, folgendes gilt: Ist*

$$\varphi \circ X = \varphi \circ X_0 + N + A$$

die Doob-Meyer-Zerlegung des reellen Semimartingals $\varphi \circ X$ *und sind* σ, τ *Stopzeiten mit* $\sigma \leq \tau$ *derart, daß* $X|[\sigma,\tau[$ *nur Werte in* V *annimmt, so ist* A *auf* $[\sigma,\tau[$ *f.s. isoton.*

Beweis: Entsprechend der geometrischen Itô-Formel (Satz 7.145) und mit den dortigen Bezeichnungen hat man für jedes $\varphi \in C^\infty(M)$ die Formel

$$d(\varphi \circ X) = \sum_i (d\varphi)(X)\,(Ue_i)\,dZ^i + \tfrac{1}{2}(\nabla d\varphi)(dX,dX),$$

woraus sich mit der Doob-Meyer-Zerlegung $Z = Z^{\text{Mart}} + Z^{\text{Drift}}$ des $\mathbb{R}^d$-wertigen Semimartingals Z für den "Driftteil" A von $\varphi \circ X$ die Darstellung

$$dA = \sum_i (d\varphi)(X)\,(Ue_i)\,d(Z^{\text{Drift}})^i + \tfrac{1}{2}(\nabla d\varphi)(dX,dX) \tag{7.96}$$

ergibt. Da nun X nach Satz 7.147 (i) genau dann ein ∇-Martingal auf M ist, wenn $Z^{\text{Drift}} \equiv 0$ bis auf Nicht-Unterscheidbarkeit, ist die Notwendigkeit der angegebenen Bedingung klar. Man beachte, $1_{[\sigma,\tau[}\,(\nabla d\varphi)(dX,dX)$ ist das Differential eines isotonen Prozesses, sofern $X|[\sigma,\tau[$ Werte in V annimmt und $(\nabla d\varphi)_x$ für $x \in V$ positiv semidefinit ist; dies ist eine unmittelbare Folge aus der Definition der b-quadratischen Variation, vgl. Formel (7.19).

Es gelte also umgekehrt für jedes $\varphi \in C^\infty(M)$ und jede offene Teilmenge $V \subset M$ die Bedingung: Ist $\varphi|V$ konvex und nimmt $X|[\sigma,\tau[$ nur Werte in V an, so ist $A|[\sigma,\tau[$ f.s. isoton. Wir müssen zeigen, daß dies bereits $Z^{\text{Drift}} \equiv 0$ zur Folge hat. Mittels Lemma 7.142 läßt sich die Aussage räumlich lokalisieren, und wir dürfen daher ohne Einschränkung annehmen, daß X Werte in einer festen relativ kompakten offenen Teilmenge V annimmt, deren Abschluß $\bar{V}$ ganz im Gebiet einer Karte h für M liegt. Wir fixieren einen positiv definiten Schnitt $g \in \Gamma\big((T^*M \otimes T^*M)/V\big)$ über V, etwa $g = \sum_i (dh^i \otimes dh^i)$, und werden zeigen, daß für jedes $f \in C^\infty(M)$ und $\varepsilon > 0$ der Prozeß

$$\int \sum_i (df)(X)\,(Ue_i)\,d(Z^{\text{Drift}})^i + \tfrac{1}{2}\varepsilon \int g(dX,dX) \tag{7.97}$$

f.s. isoton ist. Daraus ergibt sich dann jedenfalls sofort die Behauptung, denn mit $\varepsilon \to 0$ in (7.97) sieht man, daß bereits

$$\int (df)(X)\,(U dZ^{\text{Drift}}) \equiv \int \sum_i (df)(X)\,(Ue_i)\,d(Z^{\text{Drift}})^i$$

f.s. isoton ist, der Übergang von f zu $-f$ ergibt, daß $\int (df)(X)\,(U\,dZ^{\text{Drift}})$ f.s. konstant ist, und da letzteres für beliebiges $f \in C^\infty(M)$ der Fall ist, muß modulo Nicht-Unterscheidbarkeit $Z^{\text{Drift}} \equiv 0$ sein.

Es sei also im folgenden $f \in C^\infty(M)$ und $g \in \Gamma\big((T^*M \otimes T^*M)/V\big)$ ein beliebiger positiv definiter Schnitt über V; es bleibt die fast sichere Isotonie von

$$N := \int (df)(X)\,(U dZ^{\text{Drift}}) + \tfrac{1}{2} \int g(dX,dX) \tag{7.98}$$

zu verifizieren.

Hierzu konstruieren wir eine Familie $(N^\delta)_{\delta>0}$ von isotonen Prozessen mit der Eigenschaft, daß bei $\delta \to 0$ fast sicher $N^\delta \to N$ gleichmäßig auf kompakten

Zeitintervallen der Form $[0,t]$ konvergiert. An dieser Stelle kommt nun die lokale Reichhaltigkeit konvexer Funktionen zum Tragen, nämlich zu jedem Punkt $a \in V$ gibt es nach Lemma 7.162 eine offene Umgebung V_a und eine strikt konvexe Funktion φ^a auf V_a mit den Eigenschaften

$$\varphi^a(a) = 0, \quad (d\varphi^a)_a = (df)_a, \quad (\nabla d\varphi^a)_a = g_a,$$

und so daß weiter bei fixiertem $\delta > 0$ nach eventueller Verkleinerung von V_a zudem

$$\text{(7.99)} \qquad \begin{aligned} &\sup_{x\in V_a} \big\| d(\varphi^a \circ h^{-1}) - d(f \circ h^{-1}) \big\| \big(h(x)\big) \leq \delta, \\ &\sup_{x\in V_a} \big| (\nabla d\varphi^a)_x(\partial_i, \partial_j) - g_x(\partial_i, \partial_j) \big| \leq \delta \end{aligned}$$

gilt, wobei die $\partial_i = \frac{\partial}{\partial h^i}$ in der fest gewählten Karte (h, V) gebildet werden. Bei festem $\delta > 0$ wird dann V bereits durch endlich viele der V_a's überdeckt, und hierzu wählen wir gemäß Lemma 7.142 eine Folge $(\tau_n)_{n\geq 0}$ von Stopzeiten mit

$$0 = \tau_0 \leq \tau_1 \leq \tau_2 \leq \ldots \quad \text{und} \quad \sup_n \tau_n = \infty,$$

so daß X auf jedem Intervall $[\tau_n, \tau_{n+1}[$ nur Werte in einem der endlich vielen $V_{a(n)}$ annimmt. Damit definieren wir schließlich den Prozeß

$$N^\delta = \int \sum_n 1_{[\tau_n, \tau_{n+1}[} (d\varphi^{a(n)})(X)\,(U dZ^{\text{Drift}}) + \tfrac{1}{2} \int \sum_n 1_{[\tau_n, \tau_{n+1}[} (\nabla d\varphi^{a(n)})(dX, dX),$$

der offensichtlich f.s. isoton ist, da er dies gemäß Konstruktion auf jedem Teilintervall $[\tau_n, \tau_{n+1}[$ ist. Wir wollen verifizieren, daß bei $\delta \to 0$ fast sicher $N^\delta \to N$ gleichmäßig auf $[0,t]$ konvergiert. Nun ist aber

$$\text{(7.100)} \qquad \begin{aligned} N_t^\delta - N_t = &\int_0^t \sum_n 1_{[\tau_n, \tau_{n+1}[} (d\varphi^{a(n)} - df)(X)\,(U dZ^{\text{Drift}}) \\ &+ \tfrac{1}{2} \int_0^t \sum_n 1_{[\tau_n, \tau_{n+1}[} (\nabla d\varphi^{a(n)} - g)(dX, dX), \end{aligned}$$

so daß wir mit Hilfe von (7.99) abschätzen können. Zum einen ist

$$\begin{aligned} &\Big| \int_0^t \sum_n 1_{[\tau_n, \tau_{n+1}[} (d\varphi^{a(n)} - df)(X)\,(U dZ^{\text{Drift}}) \Big| \\ &\quad = \Big| \int_0^t \sum_n 1_{[\tau_n, \tau_{n+1}[} \big[d(\varphi^{a(n)} \circ h^{-1}) - d(f \circ h^{-1}) \big]\, (dh)(X)(U dZ^{\text{Drift}}) \Big| \\ &\quad \leq \delta \sum_i \sup_{[0,t]} \big| (dh)(X)(U e_i) \big| \int_0^t \big| d(Z^{\text{Drift}})^i \big|; \end{aligned}$$

setzt man $X^i = h^i \circ X$, so erhält man auf ähnliche Weise ebenfalls mit (7.99) für den zweiten Term in (7.100) die Abschätzung

$$\begin{aligned}
&\left|\int_0^t \sum_n 1_{[\tau_n,\tau_{n+1}[}(\nabla d\varphi^{a(n)} - \nabla df)(dX,dX)\right| \\
&\quad = \left|\sum_{i,j}\int_0^t \sum_n 1_{[\tau_n,\tau_{n+1}[}\left[\nabla d\varphi^{a(n)}(\partial_i,\partial_j) - \nabla df(\partial_i,\partial_j)\right] d[X^i,X^j]\right| \\
&\quad \le \delta \sum_{i,j}\int_0^t \left|d[X^i,X^j]\right|,
\end{aligned}$$

woraus sich insgesamt die Behauptung ergibt. □

7.6 Stochastische Differentiale und Tangentialräume zweiter Ordnung

Dieser Abschnitt dient weniger der Weiterführung als vielmehr der Abrundung und Einordnung der bisher entwickelten Methoden der stochastischen Analysis auf Mannigfaltigkeiten. Er enthält also inhaltlich keine grundsätzlich neuen Konzepte, sondern soll die bislang gewonnenen Ergebnisse aus einer etwas anderen Perspektive beleuchten.

So haben wir etwa bisher für ein M-wertiges Semimartingal X das Symbol dX nie als eigenständiges mathematisches Objekt betrachtet, sondern mehr im Sinn einer formalen Notation verwendet, die erst durch Vorschalten skalarer Funktionen eine präzise Bedeutung erhielt. Das Objekt dX als solches ist aber nicht uninteressant, denn es verhält sich weniger als gewöhnlicher Tangentialvektor, etwa im vagen Sinn von "$dX_t \in T_{X_t}M$", wie man vielleicht vermuten könnte, sondern hat die formalen Eigenschaften eines Tangentialvektors zweiter Ordnung. Ein Ziel dieses Abschnittes wird unter anderem sein zu erläutern, wie man dX als "Schnitt des Tangentialbündels zweiter Ordnung $T^2M \to M$ längs X", also in der Bedeutung $dX_t \in T^2_{X_t}M$, zu verstehen hat (man vergleiche hierzu auch [EM 89], [ME 81a], [ME 81b] sowie [SCH 80], [SCH 82]).

Da Differentialgeometrie zweiter Ordnung wenig bekannt ist, entsteht durch die Verwendung von Konzepten zweiter Ordnung in der stochastischen Analysis gelegentlich der Eindruck, als würde stochastische Differentialgeometrie eine Neufassung differentialgeometrischer Grundbegriffe erfordern. Wir haben uns bisher bemüht, diesem Eindruck durch konsequente Verwendung von Standardbegriffen der modernen Differentialgeometrie entgegenzuwirken; nichtsdestoweniger scheint es doch nützlich zu erläutern, daß es genau der einfache Begriff des Tangentialraums zweiter Ordnung ist, der das durch die Itô-Formel vertraute Transformationsverhalten geometrisch zu erfassen gestattet.

In diesem Abschnitt sei M stets eine Mannigfaltigkeit, für $x \in M$ bezeichne $\mathscr{E}_x(M)$ den Ring der Keime von C^∞-Funktionen auf M im Punkte x, und $\mathfrak{m}_x(M) \subset \mathscr{E}_x(M)$ sei das maximale Ideal der Keime $[\varphi]$ mit $\varphi(x) = 0$.

Definition 7.165. (Tangentialraum k-ter Ordnung) Sei M eine Mannigfaltigkeit und $k \in \mathbb{N}$. Der endlichdimensionale $\mathbb{R}$-Vektorraum

$$\begin{aligned} T_x^k M :&= \left(\mathfrak{m}_x(M)/\mathfrak{m}_x(M)^{k+1}\right)^* \\ &\equiv \left\{v \in \mathscr{E}_x(M)^*\colon\ v(1) = 0 \text{ und } v(\varphi^{k+1}) = 0, \text{ falls } \varphi(x) = 0\right\} \end{aligned}$$

heißt der *Tangentialraum k-ter Ordnung von M* im Punkte x.

Tangentialräume erster Ordnung im Sinn von Definition 7.165 stimmen mit den üblichen Tangentialräumen überein:

Bemerkung 7.166. Für eine Mannigfaltigkeit M gilt $T_x^1 M = T_x M$ für jedes $x \in M$.

Beweis: Die Inklusion $T_x M \subset T_x^1 M$ ist klar, denn $T_x^1 M$ ist per definitionem der $\mathbb{R}$-Vektorraum der Derivationen bei x, also

$$T_x M = \left\{v \in \mathscr{E}_x(M)^*\colon\ v(\varphi\psi) = \varphi(x)\, v(\psi) + \psi(x)\, v(\varphi)\right\}.$$

Es sei umgekehrt $v \in T_x^1 M$; wir wollen zeigen, daß $v(\varphi\psi) = \varphi(x)\, v(\psi) + \psi(x)\, v(\varphi)$ für alle $\varphi, \psi \in \mathscr{E}_x(M)$ gilt. Aufgrund der Gleichung $2\varphi\psi = (\varphi + \psi)^2 - \varphi^2 - \psi^2$ genügt es, $v(\varphi^2) = 2\varphi(x) v(\varphi)$ für $\varphi \in \mathscr{E}_x(M)$ zu verifizieren. Nach Voraussetzung ist $v\big(\varphi - \varphi(x)\big)^2 = 0$, woraus

$$0 = v\big(\varphi^2 - 2\varphi(x)\varphi + \varphi(x)^2\big) = v(\varphi^2) - 2\varphi(x)v(\varphi) + v\big(\varphi(x)^2\big) = v(\varphi^2) - 2\varphi(x)v(\varphi)$$

folgt. Dies zeigt die Inklusion $T_x^1 M \subset T_x M$. □

Definition 7.167. (Kotangentialraum k-ter Ordnung, Differential k-ter Ordnung) Sei M eine Mannigfaltigkeit und $k \in \mathbb{N}$. Der endlich-dimensionale $\mathbb{R}$-Vektorraum

$$T_x^{*k} M := (T_x^k M)^* = \mathfrak{m}_x(M)/\mathfrak{m}_x(M)^{k+1}$$

heißt der *Kotangentialraum k-ter Ordnung* von M im Punkte x. Für $\varphi \in C^\infty(M)$ bzw. $\varphi \in \mathscr{E}_x(M)$, heißt $(d^k\varphi)_x := [\varphi - \varphi(x)] \in \mathfrak{m}_x(M)/\mathfrak{m}_x(M)^{k+1}$ das *Differential k-ter Ordnung* von φ im Punkte x.

Offensichtlich ist $(d^1\varphi)_x \equiv d\varphi_x \in T_x^* M$. Zudem ist leicht zu verifizieren, daß durch $T^k M \to M$ und $T^{*k} M \to M$ Vektorbündel über M festgelegt sind. Differenzierbare Schnitte dieser Bündel, also Elemente in $\Gamma(T^k M)$ bzw. $\Gamma(T^{*k} M)$, heißen *Vektorfelder k-ter Ordnung* bzw. *Differentialformen k-ter Ordnung*.

Bemerkung 7.168. (push-forward und pull-back) Jede differenzierbare Abbildung $f\colon M \to N$ zwischen Mannigfaltigkeiten induziert kanonische Vektorbündelhomomorphismen über f

$$f_*\colon T^kM \to f^*T^kN \quad \text{bzw.} \quad f^*\colon f^*(T^{*k}N) \to T^{*k}M,$$

nämlich $(f_*)_x\colon T^k_xM \to T^k_{f(x)}N$, $v \longmapsto (f_*)_x v$ mit $(f_*)_x v(\varphi) := v(\varphi \circ f)$ für jedes $\varphi \in \mathscr{E}_{f(x)}(N)$, bzw. $(f^*)_x\colon T^{*k}_{f(x)}N \to T^{*k}_xM$, $\vartheta \longmapsto \vartheta \circ (f_*)_x$.

Im folgenden wollen wir uns auf den Fall $k = 2$ beschränken und uns zunächst klarmachen, daß Vektorfelder zweiter Ordnung genau den Differentialoperatoren (höchstens) zweiter Ordnung ohne konstanten Term entsprechen. Für $L \in \Gamma(T^2M)$ und $\varphi \in \mathscr{E}_x(M)$ sei $(L\varphi)(x) := L_x\varphi$. Dabei ist $L_x \in T^2_xM$, also $L_x \in \mathscr{E}_x(M)^*$ mit $L_x 1 = 0$ und $L_x\varphi^3 = 0$, falls $\varphi(x) = 0$. Schreibt man nun $\varphi = \bar\varphi \circ h$ in einer Karte h bei x mit $h(x) = 0$ und $\bar\varphi \in \mathscr{E}_0(\mathbb{R}^d)$, so besitzt $\bar\varphi$ gemäß Taylorformel eine Darstellung der Form

$$\bar\varphi(y) = \bar\varphi(0) + \sum_i (D_i\bar\varphi)(0)\, y^i + \sum_{i,j} \gamma_{ij}(y)\, y^i y^j$$

mit $\gamma_{ij} \in \mathscr{E}_0(\mathbb{R}^d)$ derart, daß $\gamma_{ij}(0) = \frac12 (D_iD_j\bar\varphi)(0)$ gilt. Folglich ist

$$\begin{aligned}(L\varphi)(x) &= L_x\Big(\sum_i (D_i\bar\varphi)(0)\, h^i + \sum_{i,j} (\gamma_{ij} \circ h)\, h^i h^j\Big)\\ &= \sum_i (D_i\bar\varphi)(0)\, L_x h^i + \tfrac12 \sum_{i,j} (D_iD_j\bar\varphi)(0)\, L_x(h^ih^j)\\ &\qquad + \sum_{i,j} L_x\Big(\big[\gamma_{ij} \circ h - \tfrac12 (D_iD_j\bar\varphi)(0)\big]\, h^ih^j\Big).\end{aligned}$$

Nun ist aber $L_x(fgh) = 0$ für lokal um x definierte Funktionen f, g, h mit der Eigenschaft $f(x) = g(x) = h(x) = 0$, womit sich $L_x\big(\big[\gamma_{ij} \circ h - \frac12 (D_iD_j\bar\varphi)(0)\big]\, h^ih^j\big) = 0$ ergibt. Man erhält daher mit $b^i(x) = L_x h^i$ und $a^{ij}(x) = \frac12 L_x(h^ih^j)$, wie gewünscht, eine Darstellung der Form

$$L_x = \sum_i b^i(x) \Big(\frac{\partial}{\partial h^i}\Big)_x + \sum_{i,j} a^{ij}(x) \Big(\frac{\partial}{\partial h^i}\Big)_x \Big(\frac{\partial}{\partial h^j}\Big)_x. \tag{7.101}$$

Dies zeigt auch, daß $TM \hookrightarrow T^2M$ in kanonischer Weise ein Unterbündel von T^2M ist.

Bemerkung 7.169. Für eine Mannigfaltigkeit M induzieren Funktionen $\varphi, \psi \in C^\infty(M)$ kanonische Schnitte von $T^{*2}M \to M$, nämlich

$$\begin{aligned} d^2\varphi &\in \Gamma(T^{*2}M), \quad L \mapsto (d^2\varphi)L = L\varphi,\\ d\varphi \cdot d\psi &\in \Gamma(T^{*2}M), \quad L \mapsto \Gamma(\varphi, \psi) \equiv \tfrac12 \big[L(\varphi\psi) - \varphi\, L(\psi) - \psi\, L(\varphi)\big],\end{aligned}$$

wobei jeweils $L \in \Gamma(T^2M)$ ist. Insbesondere gilt dann für $A, B \in \Gamma(TM)$

$$d^2\varphi(A) = A(\varphi), \quad d^2\varphi(A \cdot B) = AB(\varphi), \tag{7.102}$$

$$d\varphi \cdot d\psi(A) = 0, \quad d\varphi \cdot d\psi(A \cdot B) = \tfrac12 \big[A(\varphi)\, B(\psi) + A(\psi)\, B(\varphi)\big], \tag{7.103}$$

wodurch umgekehrt $d^2\varphi$ und $d\varphi \cdot d\psi$ wegen (7.101) bereits festgelegt sind. Hierbei bezeichnet $A \cdot B \in \Gamma(T^2M)$ die Hintereinanderschaltung der Derivationen A, B.

Wie man leicht sieht, gilt für Funktionen $\varphi, \psi \in C^\infty(M)$

$$d^2(\varphi\psi) = \varphi\, d^2\psi + \psi\, d^2\varphi + 2\, d\varphi \cdot d\psi . \tag{7.104}$$

Ebenso beachte man, daß $d^2\varphi | \Gamma(TM) = d\varphi$ und $d\varphi \cdot d\psi | \Gamma(TM) = 0$.

Korollar. *Ist M eine Mannigfaltigkeit und (h, U) eine Karte bei x, so sind durch*

$$\Big(\tfrac{\partial}{\partial h^i},\ \tfrac{\partial^2}{\partial h^i \partial h^i} : 1 \le i \le d;\quad \tfrac{\partial^2}{\partial h^i \partial h^j} : 1 \le i < j \le d\Big) \quad bzw.$$
$$\big(d^2h^i,\ dh^i \cdot dh^i : 1 \le i \le d;\quad 2\,dh^i \cdot dh^j : 1 \le i < j \le d\big)$$

zueinander duale Basissysteme für das Tangentialbündel zweiter Ordnung T^2M über U bzw. das Kotangentialbündel zweiter Ordnung $T^{*2}M$ über U gegeben.

Beispiel 7.170. Sei $L \in \Gamma(T^2M)$ mit $\Gamma(\varphi, \psi) = (d\varphi \cdot d\psi)L$ für $\varphi, \psi \in C^\infty(M)$. Wie oben interpretieren wir L vermöge $(L\varphi)(x) = L_x\varphi$, $\varphi \in C^\infty(M)$, als PDO zweiter Ordnung.

(a) Ist $L = A_0 + \sum_i A_i^2$ ein PDO in Hörmanderform mit $A_0, A_i \in \Gamma(TM)$, so folgt

$$\Gamma(\varphi, \psi) = \sum_i (A_i\varphi)(A_i\psi) .$$

(b) Ist (h, U) eine Karte derart, daß $L|U = \sum_i b^i \frac{\partial}{\partial h^i} + \sum_{i,j} a^{ij} \frac{\partial}{\partial h^i}\frac{\partial}{\partial h^j}$, so gilt

$$\Gamma(\varphi, \psi)|U = \sum_{i,j} a^{ij} (\partial_i\varphi)(\partial_j\psi) \quad \text{mit } \partial_i = \tfrac{\partial}{\partial h^i} .$$

Allgemeiner besitzt jeder Schnitt $L \in \Gamma(T^2M)$ eine Darstellung als $L = \sum_{\text{endl.}} L^\nu$, wobei $L^\nu = A \in \Gamma(TM)$ oder $L^\nu = A \cdot B$ mit $A, B \in \Gamma(TM)$. Es gilt $\Gamma(\varphi, \psi) = 0$ für alle $\varphi, \psi \in C^\infty(M)$ genau dann, wenn bereits $L \in \Gamma(TM)$ ist.

Bezeichnung. Zu je zwei Vektorfeldern $A, B \in \Gamma(TM)$ haben wir $A \cdot B \in \Gamma(T^2M)$, definiert als Hintereinanderschaltung der Derivationen A nach B; zu je zwei Differentialformen $\alpha, \beta \in \Gamma(T^*M)$ ist (etwas allgemeiner als in Bemerkung 7.169) $\alpha \cdot \beta \in \Gamma(T^{*2}M)$ durch $(\alpha \cdot \beta)_x := (d\varphi \cdot d\psi)_x$, falls $\alpha_x = (d\varphi)_x$ und $\beta_x = (d\psi)_x$, wohldefiniert.

Analog zu Lemma 7.56 hat man für Differentialformen zweiter Ordnung das folgende

Lemma 7.171. *Zu jeder Mannigfaltigkeit M gibt es endlich viele Funktionen $\varphi^1,\dots,\varphi^k \in C^\infty(M)$, so daß gilt:*

(i) *Jedes $\vartheta \in \Gamma(T^{*2}M)$ schreibt sich als $\vartheta = \sum_{\nu=1}^k \vartheta_\nu\, d^2\varphi^\nu$ mit $\vartheta_\nu \in C^\infty(M)$.*

(ii) *Ist X ein Semimartingal auf M, dann besitzt jeder stetige adaptierte $T^{*2}M$-wertige Prozeß Θ über X (d. h. $\Theta_t \in T^{*2}_{X_t}M$ für $t \in \mathbb{R}_+$) eine Darstellung der Form $\Theta = \sum_{\nu=1}^k \Theta_\nu\,(d^2\varphi^\nu \circ X)$ mit stetigen adaptierten $\mathbb{R}$-wertigen Prozessen Θ_ν.*

Beweis: Der Beweis verläuft nach dem bereits vertrauten Schema; siehe Beweis von Lemma 7.56. Wir realisieren M wieder mittels einer Whitney-Einbettung $h\colon M \hookrightarrow \mathbb{R}^\ell$ als abgeschlossene Untermannigfaltigkeit eines geeigneten $\mathbb{R}^\ell$. Dazu gibt es dann eine Zerlegung $(\phi_\lambda)_{\lambda\in\Lambda}$ der Eins auf M und eine Familie $(I_\lambda)_{\lambda\in\Lambda}$ von Teilmengen $I_\lambda \subset \{1,\dots,\ell\}$ mit folgender Eigenschaft: Für jedes $\lambda \in \Lambda$ liefert $(h^i)_{i\in I_\lambda}$ eine Karte für M auf einer offenen Umgebung von $\operatorname{supp}(\phi_\lambda)$.

Zu (i): Gemäß obigem Korollar ist damit $\phi_\lambda\cdot\vartheta = \sum_{i=1}^\ell \vartheta_i^\lambda\, d^2h^i + \sum_{i,j=1}^\ell \vartheta_{ij}^\lambda\, dh^i\!\cdot\! dh^j$ mit $\vartheta_i^\lambda, \vartheta_{ij}^\lambda \in C^\infty(M)$ derart, daß $\operatorname{supp}(\vartheta_i^\lambda)$, $\operatorname{supp}(\vartheta_{ij}^\lambda) \subset \operatorname{supp}(\phi_\lambda)$ mit $\vartheta_i^\lambda := 0$ für $i \notin I_\lambda$, sowie $\vartheta_{ij}^\lambda := 0$ für $\{i,j\} \not\subset I_\lambda$. Dies ergibt dann also mit $\tilde\vartheta_i := \sum_\lambda \vartheta_i^\lambda$ und $\tilde\vartheta_{ij} := \sum_\lambda \vartheta_{ij}^\lambda$ die Darstellung

$$\begin{aligned}
\vartheta &= \sum_{i=1}^{\ell} \tilde\vartheta_i\, d^2h^i + \sum_{i,j=1}^{\ell} \tilde\vartheta_{ij}\, dh^i\cdot dh^j \\
&= \sum_{i=1}^{\ell} \tilde\vartheta_i\, d^2h^i + \tfrac12 \sum_{i,j=1}^{\ell} \tilde\vartheta_{ij}\left[d^2(h^ih^j) - h^i\, d^2h^j - h^j\, d^2h^i)\right],
\end{aligned}$$

woraus ersichtlich ist, daß ϑ auch eine Darstellung der behaupteten Form besitzt. Teil (ii) beweist man analog. □

Wir wollen uns nun dem eingangs skizzierten Problemkreis zuwenden und den Status von Differentialen M-wertiger Semimartingale genauer untersuchen. Ist X ein M-wertiges Semimartingal, so definieren wir zunächst

$$(dX)(\varphi) := d(\varphi\circ X), \quad \varphi \in C^\infty(M).$$

Ist (h,U) eine Karte für M und sind σ,τ Stopzeiten mit der Eigenschaft, daß $X|[\sigma,\tau[$ nur Werte in U annimmt, so gilt mit $\partial_i = \frac{\partial}{\partial h^i}$ und $X^i = h^i \circ X$

$$1_{[\sigma,\tau[}\, d(\varphi\circ X) = 1_{[\sigma,\tau[} \sum_i (\partial_i\varphi\circ X)\, dX^i + 1_{[\sigma,\tau[}\, \tfrac12 \sum_{i,j} (\partial_i\partial_j\varphi\circ X)\, d[X^i,X^j]. \tag{7.105}$$

Da nun die linke Seite von (7.105) koordinateninvariant ist, hängt auch die rechte Seite nicht von der Wahl der Karte h auf U ab, und für $\varphi \in C^\infty(M)$ gilt

$$\begin{aligned} d(\varphi \circ X) &= \sum_i (\partial_i \varphi \circ X)\, dX^i + \tfrac{1}{2} \sum_{i,j} (\partial_i \partial_j \varphi \circ X)\, d[X^i, X^j] \\ &\equiv \sum_n 1_{[\tau_n, \tau_{n+1}[} \Big(\sum_i (\partial_i \varphi \circ X)\, dX^i + \tfrac{1}{2} \sum_{i,j} (\partial_i \partial_j \varphi \circ X)\, d[X^i, X^j] \Big), \end{aligned}$$

wobei man in der letzten Zeile zu einer abzählbaren Überdeckung durch Kartengebiete die Folge $(\tau_n)_{n \geq 0}$ von Stopzeiten etwa gemäß Lemma 7.142 wählen kann. Formal können wir letzteres schreiben als

$$dX = \sum_i (dX^i)\, \partial_i + \tfrac{1}{2} \sum_{i,j} d[X^i, X^j]\, \partial_i \partial_j, \qquad \varphi \in C^\infty(M),$$

was bereits erkennen läßt, daß sich dX zumindest in einem formalen Sinn wie ein Schnitt von $T^2M \to M$ längs X verhält. Der präzise Gehalt dieser Aussage wird durch den folgenden Satz gegeben.

Satz 7.172. (Das Prinzip von L. Schwartz) *Sei X ein M-wertiges Semimartingal. Dann gibt es genau eine lineare Abbildung*

$$\Theta \longmapsto \int \langle \Theta, dX \rangle$$

vom $\mathbb{R}$-Vektorraum der stetigen adaptierten $T^{*2}M$-wertigen Prozesse Θ über X (d. h. $\Theta_t \in T^{*2}_{X_t}M$ für $t \in \mathbb{R}_+$) nach $\mathscr{S}$ mit den Eigenschaften:

(7.106) $\quad d^2\varphi \circ X \mapsto \varphi \circ X - \varphi \circ X_0, \quad \varphi \in C^\infty(M),$

(7.107) $\quad K \cdot \Theta \mapsto \int K \langle \Theta, dX \rangle, \quad$ *K stetig, adaptiert, $\mathbb{R}$-wertig.*

Dabei ist per definitionem $\langle \Theta, dX \rangle = d \int \langle \Theta, dX \rangle$.

Bezeichnung. Wir nennen $\int \langle \Theta, dX \rangle$ das *Integral von Θ längs X*. Ist speziell $\Theta = \vartheta \circ X$ mit $\vartheta \in \Gamma(T^{*2}M)$, so schreiben wir auch $\int \langle \vartheta, dX \rangle$ anstelle von $\int \langle \Theta, dX \rangle$.

Beweis (von Satz 7.172): Gemäß Lemma 7.171 (ii) besitzt Θ eine Darstellung der Form $\Theta = \sum_{\text{endl.}} \Theta_\nu \, (d^2 \varphi^\nu \circ X)$; somit ist notwendigerweise

(7.108) $$\int \langle \Theta, dX \rangle = \sum_\nu \int \Theta_\nu \, d(\varphi^\nu \circ X).$$

Es bleibt zu zeigen, daß $\int \langle \Theta, dX \rangle$ durch (7.108) wohldefiniert ist. Sei also etwa $\sum_{\text{endl.}} K_\nu \, (d^2 \varphi^\nu \circ X) = 0$; zu verifizieren ist, daß bereits $\sum K_\nu \, d(\varphi^\nu \circ X) = 0$. Ohne Einschränkung dürfen wir dabei K_ν durch $K_\nu \cdot 1_{[\sigma, \tau[}$ ersetzen und annehmen, daß X auf $[\sigma, \tau[$ nur Werte im Kartengebiet U einer festen Karte (h, U) annimmt. Mit $\varphi^\nu | U = \bar{\varphi}^\nu \circ h$ hat man zunächst über U

$$\begin{aligned} d^2 \varphi^\nu &= d^2 (\bar{\varphi}^\nu \circ h) \\ &= \sum_i (D_i \bar{\varphi}^\nu \circ h)\, d^2 h^i + \sum_i (D_i^2 \bar{\varphi}^\nu \circ h)\, dh^i \cdot dh^i + \sum_{i<j} (D_i D_j \bar{\varphi}^\nu \circ h)\, 2\, dh^i \cdot dh^j \\ &= \sum_i (D_i \bar{\varphi}^\nu \circ h)\, d^2 h^i + \sum_{i,j} (D_i D_j \bar{\varphi}^\nu \circ h)\, dh^i \cdot dh^j, \end{aligned}$$

und daher mit $\bar{X} := h \circ X$ nach Voraussetzung

$$\begin{aligned}0 &= \sum_\nu K_\nu (d^2\varphi^\nu \circ X)\\ &= \sum_i \sum_\nu K_\nu (D_i \bar{\varphi}^\nu \circ \bar{X})(d^2 h^i) \circ X + \sum_{i,j}\sum_\nu K_\nu (D_i D_j \bar{\varphi}^\nu \circ \bar{X})(dh^i \cdot dh^j) \circ X,\end{aligned}$$

woraus sich $\sum_\nu K_\nu (D_i \bar{\varphi}^\nu \circ \bar{X}) \equiv 0$ und $\sum_\nu K_\nu (D_i D_j \bar{\varphi}^\nu \circ \bar{X}) \equiv 0$ f.s. für alle i, j ergibt. Andererseits folgt daraus

$$\begin{aligned}\sum_\nu K_\nu\, d(\varphi^\nu \circ X) &= \sum_\nu K_\nu\, d(\bar{\varphi}^\nu \circ \bar{X})\\ &= \sum_i \Big[\sum_\nu K_\nu (D_i \bar{\varphi}^\nu \circ \bar{X})\Big] d\bar{X}^i + \tfrac{1}{2}\sum_{i,j}\Big[\sum_\nu K_\nu (D_i D_j \bar{\varphi}^\nu \circ \bar{X})\Big] d[\bar{X}^i, \bar{X}^j] = 0,\end{aligned}$$

was die Behauptung zeigt. □

Satz 7.173. (pullback-Formel) *Es sei $\phi\colon M \to N$ eine differenzierbare Abbildung zwischen Mannigfaltigkeiten und Θ ein stetiger adaptierter $T^{*2}N$-wertiger Prozeß über $\phi \circ X$ (d.h. $\Theta_t \in T^{*2}_{\phi \circ X_t} N$ für $t \in \mathbb{R}_+$). Dann ist $\phi^*\Theta$ ein $T^{*2}M$-wertiger Prozeß über X und es gilt:*

$$\int \langle \phi^*\Theta, dX\rangle = \int \langle \Theta, d(\phi \circ X)\rangle. \tag{7.109}$$

Speziell für $\vartheta \in \Gamma(T^{*2}N)$ ist also $\int \langle \phi^*\vartheta, dX\rangle = \int \langle \vartheta, d(\phi \circ X)\rangle$.

Beweis: Die linke Seite von (7.109) besitzt wegen $\phi^* d^2\varphi = d^2(\varphi \circ \phi)$ die definierenden Eigenschaften des Integrals von Θ längs $\phi \circ X$. □

Bevor wir obiges Integral $\int \langle \vartheta, dX\rangle$ einer Differentialform $\vartheta \in \Gamma(T^{*2}M)$ zweiter Ordnung längs X im Vergleich mit den in Abschnitt 7.2 behandelten Integralen $\int b(dX, dX)$ für $b \in \Gamma(T^*M \otimes T^*M)$ bzw. $\int_X \alpha$ für $\alpha \in \Gamma(T^*M)$ untersuchen, wollen wir einige Aspekte von Tangentialräumen zweiter Ordnung weiter vertiefen.

Bemerkung 7.174. Ist $TM \odot TM$ für eine Mannigfaltigkeit M das Vektorbündel über M mit den symmetrischen Tensorprodukten $T_xM \odot T_xM$ als Faser bei x, so gibt es eine kanonische $C^\infty(M)$-lineare Abbildung

$$\hat{}\ : \Gamma(T^2M) \to \Gamma(TM \odot TM), \quad L \mapsto \hat{L}, \tag{7.110}$$

welche festgelegt ist durch

$$\hat{A} = 0, \quad (A \cdot B)^\wedge = \tfrac{1}{2}\big[A \otimes B + B \otimes A\big] \equiv A \odot B, \quad A, B \in \Gamma(TM).$$

Schreibt sich $L \in \Gamma(T^2M)$ in einer Karte (h, U) als $L|U = \sum_i b^i \partial_i + \sum_{i,j} a^{ij} \partial_i \partial_j$ mit $\partial_i = \frac{\partial}{\partial h^i}$, so ist folglich $\hat{L}|U = \sum_{i,j} a^{ij} (\partial_i \odot \partial_j)$.

Die Abbildung (7.110) ist offensichtlich charakterisiert durch

$$(d\varphi \odot d\psi)\, \hat{L} = (d\varphi \cdot d\psi) L = \Gamma(\varphi, \psi), \quad \varphi, \psi \in C^\infty(M).$$

Bemerkung 7.175. Für eine Mannigfaltigkeit M hat man folgende exakte Sequenz von Vektorbündeln über M

$$0 \longrightarrow TM \hookrightarrow T^2M \xrightarrow{\wedge} TM \odot TM \longrightarrow 0. \tag{7.111}$$

Durch Dualisieren von (7.111) erhält man die exakte Sequenz

$$\begin{array}{c} 0 \longrightarrow T^*M \odot T^*M \xrightarrow{H} T^{*2}M \xrightarrow{R} T^*M \longrightarrow 0, \\ \alpha_x \odot \beta_x \longmapsto (\alpha \cdot \beta)_x \end{array} \tag{7.112}$$

wobei R für die Restriktion auf das Unterbündel TM von T^2M steht.

Satz 7.176. *Für eine Mannigfaltigkeit M hat man folgende exakte Sequenz*

$$0 \longrightarrow \Gamma(T^*M \odot T^*M) \xrightarrow{H} \Gamma(T^{*2}M) \xrightarrow{R} \Gamma(T^*M) \longrightarrow 0 \tag{7.113}$$

mit $H(\alpha \odot \beta) = \alpha \cdot \beta$, sowie $R(d^2\varphi) = d\varphi$ und $R(d\varphi \cdot d\psi) = 0$.
Diese Sequenz von $C^\infty(M)$-Moduln besitzt eine $\mathbb{R}$-lineare Spaltung

$$0 \longrightarrow \Gamma(T^*M \odot T^*M) \xrightarrow{H} \Gamma(T^{*2}M) \underset{\nwarrow \text{---}d\text{---}\swarrow}{\xrightarrow{R}} \Gamma(T^*M) \longrightarrow 0; \tag{7.114}$$

nämlich: Es gibt eine $\mathbb{R}$-lineare Abbildung d: $\Gamma(T^*M) \to \Gamma(T^{*2}M)$ mit $d(d\varphi) = d^2\varphi$ und $d(\varphi\alpha) = d\varphi \cdot \alpha + \varphi \cdot d\alpha$, und die somit insbesondere $R \circ d = \mathrm{id}$ erfüllt.

Beweis: Ist $\alpha = \sum_\nu \varphi_\nu \, dh^\nu \in \Gamma(T^*M)$, so wollen wir zeigen, daß

$$d\alpha := \sum_\nu d\varphi_\nu \cdot dh^\nu + \sum_\nu \varphi_\nu \, d^2h^\nu$$

wohldefiniert ist. Sei also etwa $\alpha = \sum_\nu \varphi_\nu \, dh^\nu = 0$; wir haben zu verifizieren, daß

$$\vartheta := \sum_\nu d\varphi_\nu \cdot dh^\nu + \sum_\nu \varphi_\nu \, d^2h^\nu = 0.$$

Hierzu genügt es, $\vartheta(L) = 0$ für jeden Schnitt $L \in \Gamma(T^2M)$ nachzuweisen, wobei wir ohne Einschränkung annehmen dürfen, daß entweder $L = A$ oder $L = A \cdot B$ mit $A, B \in \Gamma(TM)$ ist.

(1) $L = A \in \Gamma(TM)$: Hier ist $\vartheta(A) = \sum_\nu (d\varphi_\nu \cdot dh^\nu)A + \sum_\nu (\varphi_\nu \, d^2h^\nu)A = 0$, wobei der erste Term verschwindet, da $d\varphi_\nu \cdot dh^\nu | \Gamma(TM) = 0$ gilt, während der zweite Term gleich $\alpha(A)$ ist und verschwindet, da nach Voraussetzung $\alpha = 0$ ist.

(2) $L = A \cdot B$ mit $A, B \in \Gamma(TM)$: Zunächst ist $\vartheta(AB - BA) = \vartheta\big([A,B]\big) = 0$ nach (1), und es gilt daher

$$\begin{aligned} 2\vartheta(A \cdot B) &= \vartheta(AB + BA) + \vartheta\big([A,B]\big) \\ &= \sum_\nu (d\varphi_\nu \cdot dh^\nu)(A \cdot B + B \cdot A) + \sum_\nu (\varphi_\nu \, d^2h^\nu)(A \cdot B + B \cdot A) \\ &= \sum_\nu \Big[(A\varphi_\nu)(Bh^\nu) + (B\varphi_\nu)(Ah^\nu) + \varphi_\nu (A \cdot B)(h^\nu) + \varphi_\nu (B \cdot A)(h^\nu) \Big) \\ &= \sum_\nu \Big[A\big(\varphi_\nu (Bh^\nu)\big) + B\big(\varphi_\nu (Ah^\nu)\big)\Big] = A\big(\alpha(B)\big) + B\big(\alpha(A)\big) = 0, \end{aligned}$$

was die Behauptung zeigt. □

Lemma 7.177. *Sei X ein M-wertiges Semimartingal.*

(i) *Für $\varphi, \psi \in C^\infty(M)$ ist $\int\langle d\varphi \cdot d\psi, dX\rangle = \frac{1}{2}[\varphi \circ X, \psi \circ X]$.*

(ii) *Für $\vartheta, \sigma \in \Gamma(T^{*2}M)$ sind $R\vartheta, R\sigma \in \Gamma(T^*M)$, und es gilt:*

$$\int\langle R\vartheta \cdot R\sigma, dX\rangle = \tfrac{1}{2}\left[\int\langle\vartheta, dX\rangle, \int\langle\sigma, dX\rangle\right].$$

Ist insbesondere $\vartheta \in \Gamma(T^{*2}M)$ mit $R\vartheta = 0$, so folgt $\int\langle\vartheta, dX\rangle \in \mathscr{A}$.

Beweis: Zu (i): Aufgrund von $d\varphi \cdot d\psi = \frac{1}{2}\left[d^2(\varphi\psi) - \varphi\, d^2\psi - \psi\, d^2\varphi\right]$ erhält man

$$\begin{aligned} 2\int\langle d\varphi \cdot d\psi, dX\rangle &= \left[(\varphi\psi)\circ X - (\varphi\psi)\circ X_0\right] - \int(\varphi\circ X)\, d(\psi\circ X) - \int(\psi\circ X)\, d(\varphi\circ X) \\ &= [\varphi\circ X, \psi\circ X]. \end{aligned}$$

Zu (ii): Gemäß Lemma 7.171 besitzen ϑ und σ Darstellungen der Form $\vartheta = \sum_\nu \vartheta_\nu\, d^2\varphi^\nu$ bzw. $\sigma = \sum_\mu \sigma_\mu\, d^2\psi^\mu$. Folglich ist

$$R\vartheta = \sum_\nu \vartheta_\nu\, d\varphi^\nu, \quad R\sigma = \sum_\mu \sigma_\mu\, d\psi^\mu, \quad R\vartheta \cdot R\sigma = \sum_{\nu,\mu} \vartheta_\nu \sigma_\mu\, d\varphi^\nu \cdot d\psi^\mu,$$

mit Hilfe von (i) erhält man daher

$$\begin{aligned} \int\langle R\vartheta \cdot R\sigma, dX\rangle &= \tfrac{1}{2}\sum_{\nu,\mu}\int(\vartheta_\nu\circ X)(\sigma_\mu\circ X)\, d[\varphi^\nu\circ X, \psi^\mu\circ X] \\ &= \tfrac{1}{2}\Big[\sum_\nu\int(\vartheta_\nu\circ X)\, d(\varphi^\nu\circ X), \sum_\mu\int(\sigma_\mu\circ X)\, d(\psi^\mu\circ X)\Big] \\ &= \tfrac{1}{2}\left[\int\langle\vartheta, dX\rangle, \int\langle\sigma, dX\rangle\right]. \end{aligned}$$

Der Zusatz folgt aus Teil (ii) mit $\vartheta = \sigma$. □

Satz 7.178. *Sei X ein M-wertiges Semimartingal.*

(i) *Für $b \in \Gamma(T^*M \odot T^*M)$ gilt $\int\langle Hb, dX\rangle = \frac{1}{2}\int b(dX, dX)$.*

(ii) *Für $\alpha \in \Gamma(T^*M)$ gilt $\int\langle d\alpha, dX\rangle = \int_X \alpha$.*

Beweis: Es genügt, jeweils die definierenden Eigenschaften zu verifizieren.

Zu (i): Für $b = d\varphi \odot d\psi$ hat man $Hb = d\varphi \cdot d\psi$ und gemäß Lemma 7.177 (i) ist dann $\int\langle Hb, dX\rangle = \frac{1}{2}[\varphi\circ X, \psi\circ X]$. Andererseits ist $H(\varphi b) = \varphi H(b)$, so daß $\int\langle H(\varphi b), dX\rangle = \int(\varphi\circ X)\, b(dX, dX)$ folgt.

Zu (ii): Ist $\alpha = d\varphi$, so hat man $d(d\varphi) = d^2\varphi$ und somit $\int\langle d\alpha, dX\rangle = \varphi\circ X - \varphi\circ X_0$. Andererseits ist $d(\varphi\alpha) = \varphi \cdot d\alpha + d\varphi \cdot \alpha$, und daher berechnet man mit Hilfe von

Lemma 7.177 (ii), angewandt auf $d\varphi\cdot\alpha = R(d^2\varphi)\cdot R(d\alpha)$,

$$\begin{aligned}\textstyle\int\langle d(\varphi\alpha), dX\rangle &= \textstyle\int\langle \varphi\cdot d\alpha, dX\rangle + \int\langle d\varphi\cdot\alpha, dX\rangle\\ &= \textstyle\int(\varphi\circ X)\langle d\alpha, dX\rangle + \frac{1}{2}\left[\int\langle d^2\varphi, dX\rangle, \int\langle d\alpha, dX\rangle\right]\\ &= \textstyle\int(\varphi\circ X)\, d(\int\langle d\alpha, dX\rangle) + \frac{1}{2}\left[\varphi\circ X, \int\langle d\alpha, dX\rangle\right]\\ &= \textstyle\int(\varphi\circ X) * d(\int\langle d\alpha, dX\rangle),\end{aligned}$$

was die definierenden Eigenschaften und daher die Aussage beweist. □

Beispiel 7.179. Ist X ein M-wertiges Semimartingal, welches lokal von beschränkter Variation ist, in der Bedeutung, daß alle Zusammensetzungen $\varphi\circ X$ mit Funktionen $\varphi\in C^\infty(M)$ in $\mathscr{A}$ liegen, dann gilt

$$\textstyle\int\langle\Theta, dX\rangle = \int\langle dR\Theta, dX\rangle = \int(R\Theta)(*dX) \tag{7.115}$$

für jeden stetigen adaptierten $T^{*2}M$-wertigen Prozeß Θ über X, denn sowohl $\int(R\Theta)(*dX)$, wie auch $\int\langle dR\Theta, dX\rangle$, besitzen offensichtlich die definierenden Eigenschaften für $\int\langle\Theta, dX\rangle$. Insbesondere hat man also in diesem Fall

$$\textstyle\int\langle\vartheta, dX\rangle = \int_X R\vartheta, \quad \vartheta\in\Gamma(T^{*2}M),$$

– eine Formel, die erkennen läßt, warum in der klassischen Differentialgeometrie Formen zweiter Ordnung nicht explizit in Erscheinung treten.

Satz 7.180. *Sei M eine Mannigfaltigkeit. Dann hat man kanonische eineindeutige Korrespondenzen zwischen den folgenden Objekten:*

(i) *Torsionsfreie lineare Zusammenhänge ∇ auf M.*

(ii) *Bündelhomomorphismen $F\colon T^2M\to TM$ mit $F\circ\iota = \mathrm{id}$ (wobei ι die kanonische Inklusion $TM \hookrightarrow T^2M$ bezeichnet), d. h. Spaltungen der folgenden exakten Sequenz von Vektorbündeln über M*

$$0 \longrightarrow TM \xrightarrow{\ \iota\ } T^2M \longrightarrow TM\odot TM \longrightarrow 0. \qquad (F\colon T^2M \dashrightarrow TM) \tag{7.116}$$

(iii) *Bündelhomomorphismen $G\colon T^*M\to T^{*2}M$ mit $R\circ G = \mathrm{id}$ (wobei R die Restriktion auf TM bezeichnet), d. h. Spaltungen der folgenden exakten Sequenz von Vektorbündeln über M*

$$0 \longrightarrow T^*M\odot T^*M \xrightarrow{\ H\ } T^{*2}M \xrightarrow{\ R\ } T^*M \longrightarrow 0. \qquad (G\colon T^*M \dashrightarrow T^{*2}M) \tag{7.117}$$

Beweis: Evidenterweise entsprechen (ii) und (iii) einander mittels Dualisierung.

(i) $\to$ (ii): Sei ∇ ein torsionsfreier linearer Zusammenhang auf M; nach Bemerkung 7.107 (a) bedeutet Torsionsfreiheit, daß $(A,B) \mapsto \nabla d\varphi(A,B)$ für jedes $\varphi \in C^\infty(M)$ symmetrisch ist. Wir definieren $F\colon \Gamma(T^2M) \to \Gamma(TM)$ vermöge

(7.118) $$(FL)(\varphi) = L\varphi - \langle H\nabla d\varphi, L\rangle, \quad L \in \Gamma(T^2M),\ \varphi \in C^\infty(M),$$

mit $\langle\cdot,\cdot\rangle$ der dualen Paarung zwischen $T^{*2}M$ und T^2M. Offenbar gilt

$$FL = \begin{cases} L & \text{für } L = A \in \Gamma(TM), \\ \nabla_A B & \text{für } L = A\cdot B \text{ mit } A,B \in \Gamma(TM), \end{cases}$$

denn für $L = A \in \Gamma(TM)$ ist $\langle H\nabla d\varphi, A\rangle = 0$; für $L = A\cdot B$ hingegen ist

$$F(A\cdot B)(\varphi) = (A\cdot B)(\varphi) - \langle H\nabla d\varphi, A\cdot B\rangle = (A\cdot B)(\varphi) - \nabla d\varphi(A,B) = (\nabla_A B)(\varphi),$$

wobei wir ausgenutzt haben, daß $\langle Hb, A\cdot B\rangle = \frac{1}{2}\big(b(A,B) + b(B,A)\big) = b(A,B)$ für jedes $b \in \Gamma(T^*M \odot T^*M)$ gilt.

Insbesondere zeigt dies, daß $F\colon \Gamma(T^2M) \to \Gamma(TM)$ durch Gleichung (7.118) wohldefiniert ist und $F|\Gamma(TM) = \mathrm{id}$ gilt; evidenterweise ist F zudem $C^\infty(M)$-linear und definiert folglich einen Bündelhomomorphismus $F\colon T^2M \to TM$ mit den gewünschten Eigenschaften.

(ii) $\to$ (i): Gegeben sei nun ein Bündelhomomorphismus $F\colon T^2M \to TM$ mit $F|TM = \mathrm{id}$, und hiervon induziert $F\colon \Gamma(T^2M) \to \Gamma(TM)$ auf dem Niveau der Schnitte. Invers zu (7.118) induziert F einen linearen Zusammenhang ∇ auf M, nämlich als

(7.119) $$\nabla_A B := F(A\cdot B), \quad A,B \in \Gamma(TM).$$

Evidenterweise ist ∇ nämlich $C^\infty(M)$-linear in A und derivativ in B, denn $\nabla_A(\varphi B) = F\big(A\cdot(\varphi B)\big) = F\big(\varphi A\cdot B + A(\varphi)B\big) = \varphi F(A\cdot B) + A(\varphi)F(B) = \varphi\nabla_A B + A(\varphi)B$. Darüberhinaus gilt

$$\nabla_A B - \nabla_B A = F(AB) - F(BA) = F(AB - BA) = F([A,B]) = [A,B],$$

was zeigt, daß ∇ torsionsfrei ist. □

Wir können die $C^\infty(M)$-lineare Abbildung

$$H\colon \Gamma(T^*M \odot T^*M) \to \Gamma(T^{*2}M), \quad H(\alpha \odot \beta) = \alpha\cdot\beta,$$

durch Symmetrisierung fortsetzen zu einer $C^\infty(M)$-linearen Abbildung

$$H\colon \Gamma(T^*M \otimes T^*M) \to \Gamma(T^{*2}M), \quad H(\alpha\otimes\beta) := H(\alpha\odot\beta) = \alpha\cdot\beta.$$

Bemerkung 7.181. Der von einem torsionsfreien linearen Zusammenhang ∇ auf M gemäß Satz 7.180 (iii) induzierte Bündelhomomorphismus $G\colon T^*M \to T^{*2}M$ ist explizit gegeben durch

(7.120) $$G\alpha = d\alpha - H\nabla\alpha, \quad \alpha \in \Gamma(T^*M).$$

Beweis: Per Konstruktion ist G zunächst festgelegt durch

$$\langle G\alpha, L\rangle = \langle \alpha, FL\rangle := \alpha(FL), \quad \alpha \in \Gamma(T^*M),\ L \in \Gamma(T^2M),$$

wobei FL mittels Gleichung (7.118) definiert ist. Da die rechte Seite von (7.120) aufgrund von $\nabla(\varphi\alpha) = d\varphi \otimes \alpha + \varphi \nabla\alpha$ offensichtlich $C^\infty(M)$-linear von α abhängt, genügt es, Gleichung (7.120) für $\alpha = d\varphi$ mit $\varphi \in C^\infty(M)$ zu zeigen. Hierfür ist aber

$$\langle G\,\mathrm{d}\varphi, L\rangle = \langle d\varphi, FL\rangle = (FL)(\varphi) = \langle d^2\varphi - H\nabla d\varphi, L\rangle, \quad L \in \Gamma(T^2M),$$

woraus $Gd\varphi = d^2\varphi - H\nabla d\varphi$ folgt. □

Satz 7.180 zeigt unter anderem explizit, daß torsionsfreie lineare Zusammenhänge auf M genau die nötige Zusatzstruktur sind, um Differentialoperatoren zweiter Ordnung, also $L \in \Gamma(T^2M)$, kanonisch in einen Anteil erster Ordnung (*Drift von* L), nämlich FL, und einen Anteil rein zweiter Ordnung, nämlich $L - FL = L - \iota FL$, zu spalten. Dabei nennen wir einen PDO $L \in \Gamma(T^2M)$ *rein zweiter Ordnung*, falls $FL \equiv 0$ gilt.

Schreibt man L in einer Karte (h, U) als $L|U = \sum_i b^i \frac{\partial}{\partial h^i} + \sum_{i,j} a^{ij} \frac{\partial}{\partial h^i}\frac{\partial}{\partial h^j}$, so ist

$$(FL)|U = \sum_k \Big(b^k + \sum_{i,j} a^{ij}\Gamma^k_{ij}\Big)\frac{\partial}{\partial h^k}$$

der zugehörige Anteil erster Ordnung.

Satz 7.182. *Sei M eine Mannigfaltigkeit, ∇ ein torsionsfreier linearer Zusammenhang auf M und γ eine differenzierbare M-wertige Kurve. Dann sind äquivalent:*

(i) *γ ist eine Geodätische.*

(ii) *$\ddot\gamma \equiv \gamma_*\big(\frac{d^2}{dt^2}\big)$ ist rein zweiter Ordnung, d. h. $F(\ddot\gamma) \equiv 0$.*

Beweis: Ist (h, U) eine Karte für M, so gilt für $t \in \mathbb{R}$ mit $\gamma(t) \in U$

$$\dot\gamma(t) = \sum_i \dot\gamma^i(t)\big(\tfrac{\partial}{\partial h^i}\big)_{\gamma(t)},$$

$$\ddot\gamma(t) = \sum_i \ddot\gamma^i(t)\big(\tfrac{\partial}{\partial h^i}\big)_{\gamma(t)} + \sum_{i,j}\dot\gamma^i(t)\dot\gamma^j(t)\big(\tfrac{\partial}{\partial h^i}\big)_{\gamma(t)}\big(\tfrac{\partial}{\partial h^j}\big)_{\gamma(t)};$$

folglich ist

$$F(\ddot\gamma(t)) = \sum_k \Big[\ddot\gamma^k(t) + \sum_{i,j}\Gamma^k_{ij}(\gamma(t))\,\dot\gamma^i(t)\dot\gamma^j(t)\Big]\big(\tfrac{\partial}{\partial h^k}\big)_{\gamma(t)},$$

woraus man mit Gleichung (7.35) die Behauptung abliest. □

Satz 7.183. *Sei M eine Mannigfaltigkeit und L: $C^\infty(M) \to C^\infty(M)$ ein* PDO *zweiter Ordnung ohne konstanten Term, also $L \in \Gamma(T^2M)$ mit $(L\varphi)(x) = L_x(\varphi)$. Sei X ein M-wertiges Semimartingal, welches das Martingalproblem zu L löst, d. h.*

(7.121) $$d(\varphi \circ X) - (L\varphi) \circ X\,dt \overset{m}{=} 0 \quad \text{für jedes } \varphi \in C^\infty(M),$$

und ∇ ein torsionsfreier linearer Zusammenhang auf M. Dann sind äquivalent:

(i) *X ist ein ∇-Martingal auf M*

(ii) *L ist rein zweiter Ordnung längs X, also $(FL) \circ X \equiv 0$ P-f.s.*

Beweis: Wir wollen uns vorab überlegen, daß aus Eigenschaft (7.121) bereits

(7.122) $$\langle \vartheta, dX\rangle \overset{m}{=} \langle \vartheta \circ X, L \circ X\rangle\,dt, \quad \vartheta \in \Gamma(T^{*2}M),$$

folgt: Jedes $\vartheta \in \Gamma(T^{*2}M)$ besitzt gemäß Lemma 7.171 nämlich eine Darstellung der Form $\vartheta = \sum_\nu \vartheta_\nu\, d^2\varphi^\nu$ mit $\vartheta_\nu \in C^\infty(M)$, und man berechnet damit

$$\langle \vartheta, dX\rangle = \sum_\nu (\vartheta_\nu \circ X)\, d(\varphi^\nu \circ X) \overset{m}{=} \sum_\nu (\vartheta_\nu \circ X)\,(L\varphi^\nu \circ X)\,dt = \langle \vartheta, L\rangle \circ X\,dt.$$

Gemäß Definition ist nun X ist ein ∇-Martingal, wenn gilt:

$$d(\varphi \circ X) \overset{m}{=} \tfrac{1}{2}(\nabla d\varphi)(dX, dX), \quad \varphi \in C^\infty(M).$$

Nach Satz 7.178 (i) ist $\nabla d\varphi(dX, dX) = 2\langle H\nabla d\varphi, dX\rangle$, und gemäß Beziehung (7.122) ist $\langle H\nabla d\varphi, dX\rangle \overset{m}{=} \langle H\nabla d\varphi, L \circ X\rangle\,dt$, so daß X genau dann ein ∇-Martingal ist, wenn gilt:

$$d(\varphi \circ X) - \langle H\nabla d\varphi \circ X, L \circ X\rangle\,dt \overset{m}{=} 0, \quad \varphi \in C^\infty(M).$$

Aufgrund von $d(\varphi \circ X) \overset{m}{=} (L\varphi) \circ X\,dt$ ist folglich X genau dann ein ∇-Martingal, wenn für jedes $\varphi \in C^\infty(M)$ gilt:

$$\left[L\varphi - \langle H\nabla d\varphi, L\rangle\right] \circ X\,dt = 0;$$

wegen $L\varphi - \langle H\nabla d\varphi, L\rangle = FL$ ist dies gerade die Behauptung. □

Wir wollen abschließend Beziehung (7.87) zum Ausgangspunkt nehmen und das Itô-Integral von 1-Formen längs Semimartingalen im allgemeineren Rahmen beschreiben.

Definition 7.184. (Itô-Integral längs eines Semimartingals) Sei M eine Mannigfaltigkeit, ∇ ein torsionsfreier linearer Zusammenhang auf M und X ein M-wertiges Semimartingal. Für einen T^*M-wertigen Prozeß Ψ über X heißt dann

$$\int \langle \Psi, F\,dX\rangle := \int \langle G\Psi, dX\rangle$$

das *Itô-Integral von Ψ längs X*. Ist speziell $\Psi = \alpha \circ X$ mit $\alpha \in \Gamma(T^*M)$, so nennen wir $\int \langle \alpha \circ X, F\,dX\rangle$ auch kurz *Itô-Integral von α längs X* und verwenden hierfür die Schreibweisen

$$(\nabla)\int_X \alpha = \int \langle \alpha, F\,dX\rangle = \int \langle G\alpha, dX\rangle.$$

Gemäß (7.120) gilt $G\alpha = d\alpha - H\nabla\alpha$ und $\Psi \mapsto I_\Psi := \int\langle G\Psi, dX\rangle$ ist somit durch die beiden folgenden Eigenschaften festgelegt:

(i) $I_{d\varphi\circ X} = \varphi\circ X - \varphi\circ X_0 - \frac{1}{2}\int \nabla d\varphi(dX,dX)$ für $\varphi \in C^\infty(M)$,

(ii) $I_{K\cdot\Psi} = \int K\,dI_\Psi$ für jeden stetigen adaptierten $\mathbb{R}$-wertigen Prozeß K.

Insbesondere hat man für jede Differentialform $\alpha \in \Gamma(T^*M)$ die folgende Beziehung zwischen dem Itô-Integral und Stratonovich-Integral von α längs X:

$$(\nabla)\int_X \alpha = \int_X \alpha - \tfrac{1}{2}\int \nabla\alpha(dX,dX). \tag{7.123}$$

Satz 7.185. *Sei M eine Mannigfaltigkeit, ∇ ein torsionsfreier linearer Zusammenhang auf M und X ein M-wertiges Semimartingal. Dann sind äquivalent:*

(i) *X ist ein ∇-Martingal.*

(ii) *$(\nabla)\int_X \alpha$ ist ein lokales Martingal für jede Differentialform $\alpha \in \Gamma(T^*M)$.*

(iii) *$\int\langle\Psi, F\,dX\rangle$ ist ein lokales Martingal für jeden stetigen adaptierten T^*M-wertigen Prozeß Ψ über X.*

Beweis: Für $\alpha = d\varphi$ bzw. $\Psi = \alpha\circ X$ reduzieren sich die Aussagen auf die Definition von ∇-Martingalen. Der allgemeine Fall folgt mit Lemma 7.171. □

Die nachfolgende abschließende Bemerkung rechtfertigt schließlich die Bezeichnungen Itô-Integral und Stratonovich-Integral von α längs X.

Satz 7.186. *Sei M eine Mannigfaltigkeit, ∇ ein torsionsfreier linearer Zusammenhang auf M und X ein M-wertiges Semimartingal. Weiter sei U ein horizontaler Lift von X auf $\mathrm{L}(M)$ und $Z = \int_U \vartheta$ die zugehörige $\mathbb{R}^d$-Darstellung von X. Dann hat man für das Itô-Integral bzw. Stratonovich-Integral einer Differentialform $\alpha \in \Gamma(T^*M)$ längs X die Formeln:*

$$\int_X \alpha = \sum_i \int \alpha(X)Ue_i * dZ^i, \quad \textit{sowie} \quad (\nabla)\int_X \alpha = \sum_i \int \alpha(X)Ue_i\,dZ^i.$$

Beweis: Die erste Formel ist in Satz 7.137 (ii) bereits gezeigt; die zweite reduziert sich für $\alpha = d\varphi$ mit Gleichung (7.123) auf die geometrische Itô-Formel (7.86); der allgemeine Fall folgt wieder mit Lemma 7.171. □

7.7 Konvergenz und Konfluenz von Martingalen

Wir wollen in diesem Abschnitt die Martingaltheorie auf Mannigfaltigkeiten vertiefen und weiterentwickeln. Eine der Schwierigkeiten dieser Theorie liegt darin begründet, daß es auf Mannigfaltigkeiten für das per definitionem lineare Konzept der Bildung bedingter Erwartungen keine offensichtliche Entsprechung gibt. Dieser scheinbare Nachteil liegt in der Natur der Sache begründet, macht aber andererseits Martingaltheorie zu einem interessanten nichtlinearen Instrument.

So wird schnell die enge Verknüpfung des Verhaltens von Martingalen auf Mannigfaltigkeiten mit Fragen der konvexen Geometrie sichtbar werden, wie etwa Fragestellungen der Approximierbarkeit der über eine Riemannsche Metrik gegebenen Distanzfunktion auf einer Mannigfaltigkeit durch konvexe Funktionen. Solche Fragen sind bekanntlich eng an die Krümmung einer Riemannschen Mannigfaltigkeit gekoppelt.

Eines der wichtigsten Hilfsmittel der skalaren Martingaltheorie ist der Martingalkonvergenzsatz, durch den insbesondere sichergestellt wird, daß jedes beschränkte Martingal konvergiert, also für $t \to \infty$ f.s. einen Limes besitzt. In dieser Form überträgt sich der Konvergenzsatz jedoch nicht auf Mannigfaltigkeiten, so müssen zum Beispiel Martingale auf M mit Werten in einer relativ kompakten Teilmenge keineswegs konvergieren, wie bereits einfache Beispiele zeigen: etwa Brownsche Bewegungen auf kompakten Riemannschen Mannigfaltigkeiten oder eindimensionale Brownsche Bewegungen $X = \gamma \circ B$ mit einer geschlossenen Geodätischen γ.

Gemäß dem Korollar zu Satz 5.24 stimmen für jedes reelle lokale Martingal $X \in \mathscr{M}$ die folgenden Mengen bis auf Nullmengen überein:

$$\big\{\lim_{t\to\infty} X_t \text{ existiert in } \mathbb{R}\big\}, \quad \big\{[X,X]_\infty < \infty\big\}, \quad \big\{\sup_{t\in\mathbb{R}_+} X_t < \infty\big\}, \quad \big\{\inf_{t\in\mathbb{R}_+} X_t > -\infty\big\}.$$

Mit der quadratischen Variation M-wertiger Semimartingale steht uns bereits ein Begriff zur Verfügung, der es erlaubt, die "Größe" M-wertiger Martingale zu erfassen. Da andererseits jedes M-wertige Martingal X via stochastischer Abwicklung aus einem $\mathbb{R}^d$-wertigen Martingal Z hervorgeht und für Riemannsche Mannigfaltigkeiten etwa die Riemannsche quadratische Variation von X mit der quadratischen Variation von Z übereinstimmt, nämlich

$$g(dX,dX) = \sum_{i,j} g(Ue_i, Ue_j)\, dZ^i dZ^j = \sum_i d[Z^i, Z^i] = d[Z,Z],$$

ist es mehr als naheliegend, daß sich Konvergenz von Martingalen in der Endlichkeit der quadratischen Variation ausdrücken läßt. Wir wollen einige Bezeichnungen voranstellen.

Bezeichnungen. Für einen Prozeß $A \in \mathscr{A}$ bezeichnen wir mit $V_A = \int |dA|$ den zugehörigen Variationsprozeß. Für ein M-wertiges Semimartingal X und eine Bilinearform $b \in \Gamma(T^*M \otimes T^*M)$ sei $\int b(dX,dX) \in \mathscr{A}$ die b-quadratische Variation mit Variationsprozeß $\int |b(dX,dX)|$. Sind $b,g \in \Gamma(T^*M \otimes T^*M)$, so schreiben wir $b \leq g$, falls $g - b$ positiv semidefinit ist; letzteres bedeutet, daß für jedes $x \in M$ die Bilinearform $(g-b)_x \in T_x^*M \otimes T_x^*M$ positiv semidefinit ist.

Sind S,T $\mathbb{R}_+$-wertige Zufallsvariable (nicht notwendig Stopzeiten) mit der Eigenschaft, daß $X|[S,T[$ Werte in einer offenen Menge U annimmt, und ist $b \in \Gamma(T^*M \otimes T^*M)$ mit $b \geq 0$ auf U (also b_x positiv semidefinit für $x \in U$), dann ist der Prozeß $\int b(dX,dX)$ f. s. isoton auf $[S,T[$. Gilt zudem $-g \leq b \leq g$ auf U mit $g \in \Gamma(T^*M \otimes T^*M)$, so folgt $\int |b(dX,dX)| \leq \int g(dX,dX)$ f. s. auf $[S,T[$.

Lemma 7.187. *Sei M eine Mannigfaltigkeit und ∇ ein torsionsfreier linearer Zusammenhang auf M. Dann besitzt jeder Punkt in M eine offene Umgebung U mit der Eigenschaft, daß jedes M-wertige ∇-Martingal X f.s. konvergiert auf der Menge*

$$\begin{aligned}\Omega_0 :&= \{X_t \in U \text{ schließlich}\}\\ &\equiv \big\{\omega \in \Omega\colon \exists t(\omega) \in \mathbb{R}_+ \text{ mit } X_s(\omega) \in U \text{ für alle } s \geq t(\omega)\big\}.\end{aligned}$$

Beweis: Zu $x \in M$ wählen wir eine hinreichend kleine offene Umgebung U, auf der wir mittels Lemma 7.162 eine beschränkte Funktion $\varphi = (\varphi^1, \ldots, \varphi^d) \in C^\infty(M;\mathbb{R}^d)$ mit folgenden Eigenschaften finden können:

(a) $\varphi^i|U$ ist konvex für $1 \leq i \leq d = \dim M$,

(b) $(\varphi|U, U)$ definiert eine Karte für M bei x.

Da X ein Martingal ist, erhält man gemäß geometrischer Itô-Formel (7.86)

$$\varphi^i \circ X - \varphi^i \circ X_0 = M^i + A^i$$

mit einem lokalen Martingal $M^i \in \mathcal{M}$ und $dA^i = \frac{1}{2}\nabla d\varphi^i(dX,dX)$. Nach Konstruktion ist $\varphi^i|U$ konvex, so daß der Prozeß A^i auf Ω_0 f. s. schließlich isoton und insbesondere nach unten beschränkt ist. Da die Funktionen φ^i beschränkt sind, ist also für jedes i das lokale Martingal

$$M^i = \varphi^i \circ X - \varphi^i \circ X_0 - A^i$$

f. s. auf Ω_0 nach oben beschränkt und folglich auf Ω_0 konvergent. Dies zeigt aber umgekehrt, daß auch jedes A^i f. s. auf Ω_0 beschränkt und (da schließlich f. s. isoton auf Ω_0) auch konvergent sein muß. □

Der letzte Beweis zeigt darüber hinaus, daß $\varphi^i \circ X$ sogar ein *Semimartingal bis* ∞ auf $\Omega_0 = \{X_t \in U \text{ schließlich}\}$ ist, d. h. ist $\varphi^i \circ X = \varphi^i \circ X_0 + M^i + A^i$ die Doob-Meyer-Zerlegung von $\varphi^i \circ X$, so existieren M^i_∞ und A^i_∞ f. s. auf Ω_0, und für f. a. $\omega \in \Omega_0$ hat $[0,\infty] \to \mathbb{R}$, $t \mapsto A^i_t(\omega)$, beschränkte Variation; letzteres sieht man aus der Tatsache, daß auf Ω_0 für hinreichend großes s gilt:

$$\int_0^\infty |dA^i| = \int_0^s |dA^i| + A^i_\infty - A^i_s.$$

Wir wollen den Begriff des Semimartingals bis ∞ auch für M-wertige Semimartingale erklären.

Definition 7.188. (M-wertiges Semimartingal bis ∞) Ist $\Omega_0 \subset \Omega$ eine meßbare Teilmenge, so nennen wir ein M-wertiges Semimartingal X ein *Semimartingal bis ∞ auf Ω_0*, wenn für jedes $\varphi \in C^\infty(M)$ die Zusammensetzung $\varphi \circ X$ ein Semimartingal bis ∞ auf Ω_0 ist.

Die Aussage, daß ein reelles Semimartingal Y ein Semimartingal bis ∞ auf ganz Ω ist, bedeutet offenbar dasselbe wie die Bedingung, daß f. s. $\lim_{t\to\infty} Y_t$ existiert und der zeittransformierte Prozeß $\tilde{Y}$ mit

$$\tilde{Y}_t := \begin{cases} Y_{t/(1-t)} & \text{für } 0 \le t < 1 \\ Y_\infty & \text{für } t \ge 1 \end{cases}$$

ein Semimartingal (zur Filtrierung $\tilde{\mathscr{F}}_t = \mathscr{F}_{t/(1-t)}$ für $0 \le t < 1$ und $\tilde{\mathscr{F}}_t = \mathscr{F}_\infty$ für $t \ge 1$) ist.

Lemma 7.189. *Sei M eine Mannigfaltigkeit und ∇ ein torsionsfreier linearer Zusammenhang auf M. Dann ist jedes M-wertige Martingal X ein Semimartingal bis ∞ auf* $\{\lim_{t\to\infty} X_t \text{ existiert in } M\}$.

Beweis: Es sei $(U_n)_{n\in\mathbb{N}}$ eine Überdeckung von M durch offene Teilmengen U_n, welche die in Lemma 7.187 angegebene Eigenschaft besitzen. Wie im Beweis von Lemma 7.187 ausgeführt, gibt es zu jedem U_n eine Funktion $\varphi_n \in C^\infty(M;\mathbb{R}^d)$ derart, daß $(\varphi_n|U_n, U_n)$ eine Karte für M definiert und $\varphi_n \circ X$ ein Semimartingal bis ∞ auf $\Omega_n := \{X_\infty \text{ existiert in } U_n\}$ ist. Damit ist X selbst ein Semimartingal bis ∞ auf Ω_n, und folglich auch auf $\bigcup_n \Omega_n \equiv \{X_\infty \text{ existiert in } M\}$. □

Satz 7.190. (Konvergenzsatz von Darling-Zheng) *Sei M eine Mannigfaltigkeit, ∇ ein torsionsfreier linearer Zusammenhang auf M und X ein ∇-Martingal auf M. Sei g eine beliebige Riemannsche Metrik auf M und $[X,X] = \int g(dX,dX)$ die g-quadratische Variation von X. Dann bestehen (modulo Nullmengen) die folgenden Inklusionen:*

$$\{X_\infty \text{ existiert in } M\} \subset \{[X,X]_\infty < \infty\} \subset \{X_\infty \text{ existiert in } \hat{M} \equiv M \cup \{\infty\}\}.$$

Beweis: Die erste Inklusion ist eine direkte Folgerung aus Lemma 7.189, wonach X ein Semimartingal auf $\{X_\infty \text{ existiert in } M\}$ ist, was $\int_0^\infty \nabla d\varphi(dX,dX) < \infty$ f. s. für jedes $\varphi \in C^\infty(M)$ und damit auch $\int_0^\infty g(dX,dX) < \infty$ f. s. auf der Menge $\{X_\infty \text{ existiert in } M\}$ zur Folge hat.

Für den Nachweis der zweiten Inklusion bemerken wir, daß modulo Nullmengen

$$\{X_\infty \text{ existiert in } \hat{M}\} = \{\varphi \circ X \text{ konvergiert in } \mathbb{R} \text{ für jedes } \varphi \in D(M)\}$$

(mit $D(M)$ dem Raum der Testfunktionen auf M). Fixiert man aber eine Testfunktion $\varphi \in D(M)$, so gilt aus Kompaktheitsgründen mit einer Konstanten $c > 0$

$$-cg \leq \nabla d\varphi \leq cg \quad \text{und} \quad d\varphi \otimes d\varphi \leq cg,$$

und man kann somit abschätzen:

$$\int_0^t |\nabla d\varphi(dX,dX)| \leq c \int_0^t g(dX,dX) = c[X,X]_t, \quad \text{sowie}$$

$$[\varphi \circ X, \varphi \circ X]_t = \int_0^t (d\varphi \otimes d\varphi)(dX,dX) \leq c[X,X]_t.$$

Bezeichnet nun $\varphi \circ X = \varphi \circ X_0 + N + A$ die Doob-Meyer-Zerlegung von $\varphi \circ X$, dann besitzt sowohl $[N,N] = [\varphi \circ X, \varphi \circ X]$, wie auch $A = \frac{1}{2} \int \nabla d\varphi(dX,dX)$, f. s. auf $\{[X,X]_\infty < \infty\}$ einen Limes für $t \to \infty$, folglich konvergiert auch $\varphi \circ X$ selbst f. s. auf $\{[X,X]_\infty < \infty\}$. □

Korollar. *Sei* (M,g) *eine Riemannsche Mannigfaltigkeit und* X *eine Brownsche Bewegung* BM(M,g) *mit maximaler Lebenszeit* ζ. *Dann bestehen für jede vorhersagbare Stopzeit* ξ *mit* $\xi \leq \zeta$ *f.s. die folgenden Inklusionen modulo* P*-Nullmengen:*

$$\{X_{\xi-} \text{ existiert in } M\} \subset \{\xi < \infty\} \subset \{X_{\xi-} \text{ existiert in } \hat{M}\}. \tag{7.124}$$

Beweis: Mittels einer Zeittransformation (siehe Bemerkung 7.45), welche das stochastische Intervall $[0,\xi[$ in $[0,\infty[$ überführt, transformiert sich die Brownsche Bewegung $X|[0,\xi[$ in ein auf ganz $\mathbb{R}_+$ definiertes Martingal $\hat{X}$. Hierfür gilt dann $[\hat{X},\hat{X}]_\infty = [X,X]_\xi = d\cdot\xi$ (mit $d = \dim M$), und der Konvergenzsatz 7.190 von Darling-Zheng liefert die Behauptung. □

Definition 7.191. Sei (M,g) eine Riemannsche Mannigfaltigkeit und ∇ der Levi-Civita-Zusammenhang auf M.

(i) (M,g) heißt *stochastisch vollständig*, falls für jedes M-wertige ∇-Martingal X

$$\{[X,X]_\infty < \infty\} \subset \{X_\infty \text{ existiert in } M\} \quad \text{modulo } P\text{-Nullmengen.}$$

(ii) (M,g) heißt BM-*vollständig*, falls für jede vorhersagbare Stopzeit $\xi > 0$ und jede auf $[0,\xi[$ definierte M-wertige Brownsche Bewegung X

$$\{\xi < \infty\} \subset \{X_{\xi-} \text{ existiert in } M\} \quad \text{modulo } P\text{-Nullmengen.}$$

(iii) (M,g) heißt *metrisch vollständig* (oder *geodätisch vollständig*), wenn für jedes $x \in M$ und $v \in T_xM$ die eindeutig bestimmte Geodätische γ mit $\gamma(0) = x$ und $\dot\gamma(0) = v$ auf ganz $\mathbb{R}$ definiert ist.

BM-Vollständigkeit einer Riemannschen Mannigfaltigkeit (M,g) bedeutet, daß jede Brownsche Bewegung auf (M,g) mit maximaler Lebenszeit unendlich lebt, oder anders ausgedrückt, in endlicher Zeit nicht explodieren kann. Stochastische Vollständigkeit von (M,g) bedeutet, daß Martingale X auf (M,g) in endlicher "intrinsischer Zeit" $T_t = \int_0^t g(dX,dX)$ nicht explodieren können.

Kompakte Riemannsche Mannigfaltigkeiten (M,g) sind stets metrisch vollständig, ebenso stochastisch vollständig nach dem Martingalkonvergenzsatz 7.190 von Darling-Zheng. Allgemein impliziert trivialerweise stochastische Vollständigkeit stets BM-Vollständigkeit, aber nicht umgekehrt, wie man anhand einfacher Beispiele sehen kann: $M = \mathbb{R}^2 \setminus \{(1,0)\}$ etwa ist BM-vollständig, aber nicht stochastisch vollständig, wie z.B. $X = (X^1, X^2)$ mit X^1 einer BM($\mathbb{R}$) und $X^2 = 0$ zeigt.

Bemerkung 7.192. Stochastisch vollständige Riemannsche Mannigfaltigkeiten sind stets metrisch vollständig.

Beweis: Ist (M,g) nicht metrisch vollständig, so gibt es eine Geodätische $\gamma\colon]a,b[\to M$ mit $-\infty \le a < 0 < b \le \infty$, deren Definitionsbereich $]a,b[$ eine echte Teilmenge von $\mathbb{R}$ ist und nicht weiter ausgedehnt werden kann. Es sei $Y \in \mathscr{M}$ ein konvergentes $]a,b[$-wertiges lokales Martingal mit $Y_0 = 0$ und $Y_\infty \in \{a,b\} \cap \mathbb{R}$ f. s.; ein solches lokales Martingal kann man sich zum Beispiel per Zeitwechsel aus einer geeignet gestoppten BM($\mathbb{R}$) verschaffen. Insbesondere ist dann $[Y,Y]_\infty < \infty$ f. s. Die Zusammensetzung $X := \gamma \circ Y$ ist gemäß Satz 7.150 (ii) ein (eindimensionales) M-wertiges Martingal mit $P\{X_t$ konvergiert für $t \to \infty\} = 0$; andererseits berechnet man gemäß pullback-Formel (7.20)

$$[X,X]_\infty \equiv \int_0^\infty g(dX,dX) = \int_0^\infty \|\dot\gamma(Y_s)\|^2 \, d[Y,Y] = \|\dot\gamma(0)\|^2 \, [Y,Y]_\infty < \infty,$$

was zeigt, daß (M,g) nicht stochastisch vollständig ist. □

Die Umkehrung in Bemerkung 7.192 ist nicht richtig: metrisch vollständige Riemannsche Mannigfaltigkeiten sind nicht einmal BM-vollständig; Brownsche Bewegung kann auch auf metrisch vollständigen Riemannschen Mannigfaltigkeiten in endlicher Zeit explodieren, wie wir im nächsten Abschnitt sehen werden. Ebenso impliziert BM-Vollständigkeit natürlich nicht metrische Vollständigkeit, wie man an BM($\mathbb{R}^d \setminus \{\text{Punkt}\}$) für $d \ge 2$ sehen kann.

Unter einer *Ausschöpfungsfunktion* einer Mannigfaltigkeit M verstehen wir eine eigentliche Abbildung $\varphi \in C^\infty(M;\mathbb{R}_+)$; dabei heißt φ eigentlich, wenn alle Subniveaumengen $\{\varphi \le c\}$ kompakt sind, oder mit anderen Worten, falls $\varphi(x) \to \infty$ bei $x \to \infty$ in $\hat{M}$.

Satz 7.193. *Sei (M,g) eine Riemannsche Mannigfaltigkeit, auf der es eine Ausschöpfungsfunktion $\varphi \in C^\infty(M;\mathbb{R}_+)$ mit beschränktem Gradienten gibt (also mit $\|\operatorname{grad}\varphi\| \le \text{const}$). Dann gilt:*

(i) *(M,g) ist metrisch vollständig.*

(ii) *Ist $\Delta\varphi$ nach oben beschränkt, so ist (M,g) BM-vollständig.*

(iii) *Ist $\nabla d\varphi$ nach oben beschränkt (d. h. $\nabla d\varphi \le cg$ für ein $c > 0$), so ist (M,g) stochastisch vollständig.*

Beweis: (i) Wir nehmen an, es gibt eine Geodätische γ: $[0,b[\ \to M$ auf M, die nicht über b hinaus fortgesetzt werden kann. Hierfür ist

$$\left|(\varphi\circ\gamma)'\right| = \left|\langle(\operatorname{grad}\varphi)_{\gamma(t)},\dot\gamma(t)\rangle\right| \le \text{const}\,\|\dot\gamma(t)\| = \text{const}\,\|\dot\gamma(0)\| < \infty,$$

so daß $(\varphi\circ\gamma)|[0,b[$ beschränkt, und da φ als eigentlich vorausgesetzt ist, $\gamma\big([0,b[\big)$ relativ kompakt sein muß. Daraus ergibt sich unmittelbar ein Widerspruch: man findet eine Folge (t_n) in $[0,b[$ mit $t_n \nearrow b$ und der Eigenschaft, daß $\dot\gamma(t_n)$ einen Limes $v_0 \in TM$ besitzt; hierzu gibt es eine Umgebung V von v_0 in TM und $\varepsilon > 0$, so daß jede Geodätische α mit $\alpha(0) = \pi(v)$ und $\dot\alpha(0) = v \in V$ auf dem Intervall $]-\varepsilon,\varepsilon[$ wohldefiniert ist; wählt man nun $t_{n_0} > b-\varepsilon$ mit $\dot\gamma(t_{n_0}) \in V$, so sieht man, daß γ über b hinaus fortsetzbar ist.

(ii) Es sei $\Delta\varphi$ nach oben beschränkt und X eine BM(M,g) mit maximaler Lebenszeit ζ. Wir wollen zeigen, daß $P\{\zeta=\infty\}=1$ gilt.

Bezeichnet $\varphi\circ X = \varphi\circ X_0 + N + A$ die Doob-Meyer-Zerlegung von $\varphi\circ X$, so ist

$$[N,N] = [\varphi\circ X,\varphi\circ X] = \textstyle\int\big(\|\operatorname{grad}\varphi\|^2\circ X\big)\,dt, \qquad A = \frac12\int(\Delta\varphi\circ X)\,dt,$$

woraus $[N,N]_\zeta \le \text{const}\cdot\zeta$ und $\limsup_{t\nearrow\zeta} A_t \le \text{const}\cdot\zeta$ folgt. Daher gilt P-f. s.

$$\{\zeta<\infty\} \subset \big\{(\varphi\circ X)_{\zeta-} \text{ existiert in } \mathbb{R}\big\}.$$

Nun ist ζ aber die maximale Lebenszeit von X und auf $\{\zeta<\infty\}$ gilt fast sicher $X_t\to\infty$ in $\hat M$ für $t\nearrow\zeta$, also $\varphi\circ X_t\to\infty$; folglich muß $P\{\zeta<\infty\}=0$ sein.

(iii) Sei nun $\nabla d\varphi$ nach oben beschränkt und X ein Martingal auf (M,g). Gemäß dem Konvergenzsatz 7.190 von Darling-Zheng genügt es zu zeigen, daß f. s.

$$\big\{[X,X]_\infty<\infty\big\} \subset \big\{\varphi\circ X \not\to \infty\big\}.$$

Aufgrund der Voraussetzungen können wir eine Konstante $c>0$ finden, so daß $d\varphi\otimes d\varphi \le c\cdot g$ und $\nabla d\varphi \le c\cdot g$ erfüllt ist. Bezeichnet daher $\varphi\circ X = \varphi\circ X_0 + N + A$ die Doob-Meyer-Zerlegung von $\varphi\circ X$, so folgt

$$[N,N] = \textstyle\int(d\varphi\otimes d\varphi)(dX,dX) \le c[X,X], \quad \text{sowie}$$
$$A = \tfrac12\textstyle\int\nabla d\varphi(dX,dX) \le \tfrac12 c[X,X],$$

woraus man unmittelbar die Behauptung ableitet. □

Wir wollen bereits an dieser Stelle vermerken, wie Satz 7.193 üblicherweise angewandt wird. Ist (M,g) eine zusammenhängende Riemannnsche Mannigfaltigkeit, so verschafft man sich eine Ausschöpfungsfunktion φ über eine geeignete Glättung der Distanzfunktion $\varphi_0 = d_M(x_0,\cdot)$ zu einem fixierten Punkt x_0 in M; dabei ist für zwei Punkte x_0,x_1 die Distanz $d_M(x_0,x_1)$ als das Infimum der Längen aller x_0 und x_1 verbindenden (stückweise) differenzierbaren Kurven erklärt (vgl. Definition 7.98). Wir werden im nächsten Abschnitt sehen, daß $\|\operatorname{grad}\varphi_0\|=1$ gilt, wo φ_0 differenzierbar ist, und sich dort zudem $\Delta\varphi_0$ bzw. $\nabla d\varphi_0$ durch Krümmungsschranken abschätzen lassen (Vergleichssatz für die Hesseform).

Wie bereits ausgeführt, schließt der Begriff des ∇-Martingals die Klasse der reellen lokalen Martingale mit ein. Die Unterscheidung lokales Martingal versus Martingal in der skalaren Theorie ist aber keineswegs nur technischer Natur, etwa wenn es um Fragen geht, ob sich aus der Kenntnis von X_t für ein fixiertes $t > 0$ und der Kenntnis der Filtrierung $(\mathscr{F}_s)_{0 \le s \le t}$ bis zur Zeit t der Gesamtprozeß $X|[0,t]$ rekonstruieren läßt. In der skalaren Martingaltheorie wird die "Größe" eines (lokalen) Martingals durch den quadratischen Variationsprozeß erfaßt; dieser Aspekt der Martingaltheorie läßt sich über die quadratische Variation auf Mannigfaltigkeiten übertragen.

Definition 7.194. (H^p-Martingal) Sei (M,g) eine Riemannsche Mannigfaltigkeit, ∇ der Levi-Civita-Zusammenhang auf M und $1 \le p \le \infty$. Ein ∇-Martingal X auf M mit Riemannscher quadratischer Variation $[X,X] = \int g(dX,dX)$ heißt *H^p-Martingal*, falls $[X,X]_\infty^{1/2} \in L^p(P)$, also $E\big(([X,X]_\infty)^{p/2}\big) < \infty$ ist.

Man beachte, daß für stochastisch vollständige Mannigfaltigkeiten durch die Bedingung $[X,X]_\infty < \infty$ f. s. gemäß Konvergenzsatz von Darling-Zheng gerade die konvergenten Martingale X festgelegt sind. Da jedes ∇-Martingal X durch stochastische Abwicklung aus einem $\mathbb{R}^d$-wertigen lokalen Martingal Z hervorgeht und die Riemannsche quadratische Variation $[X,X]$ von X mit der quadratischen Variation $[Z,Z] \equiv \sum_i [Z^i, Z^i]$ von Z übereinstimmt, ist insbesondere $E\big(([X,X]_\infty)^{p/2}\big) = E\big(([Z,Z]_\infty)^{p/2}\big)$, und Definition 7.194 entspricht dem generellen Ansatz, $\mathbb{R}^d$-wertige Konzepte via stochastischer Abwicklung auf Mannigfaltigkeiten zu übertragen.

Beispiel 7.195. Im Spezialfall $M = \mathbb{R}^d$ ist $X \in \mathscr{M}_0(\mathbb{R}^d)$ genau dann ein H^2-Martingal (d. h. $E[X,X]_\infty < \infty$), wenn $X_\infty^* \in L^2(P;\mathbb{R}^d)$, wobei X^* den komponentenweise gebildeten Maximalprozeß von X bezeichnet, oder äquivalent, wenn $X_t = E^{\mathscr{F}_t}(X_\infty)$ mit $X_\infty \in L^2(P;\mathbb{R}^d)$. In diesem Fall stimmen also die H^2-Martingale mit der Klasse der L^2-beschränkten Martingale überein. Allgemein sind folglich H^2-Martingale auf einer d-dimensionalen Riemannschen Mannigfaltigkeit genau diejenigen Martingale, welche durch stochastische Abwicklung aus L^2-beschränkten $\mathbb{R}^d$-wertigen Martingalen hervorgehen.

Da die Klasse der H^p-Martingale unter Zeitwechsel invariant ist, überträgt sich Definition 7.194 in evidenter Weise auf Martingale, die nur auf einem endlichen Zeitintervall $[0,t]$ oder bis zu einer vorhersagbaren Stopzeit ξ definiert sind.

Satz 7.196. *Sei (M,g) eine Riemannsche Mannigfaltigkeit und ∇ der Levi-Civita-Zusammenhang auf M. Es sei $U \subset M$ eine offene Teilmenge, $\lambda\colon U \to \mathbb{R}_+$ eine stetige Funktion und $\varphi \in C^\infty(U)$ mit $\alpha \le \varphi \le \beta$ (für Konstanten $\alpha, \beta > 0$) derart,* *daß* $\nabla d\varphi + 2\lambda\varphi g \leq 0$ *gilt. Dann gilt für jedes* ∇*-Martingal* X *auf* M *mit Werten in* U

$$E\Big[\exp\Big(\int_0^\infty (\lambda\circ X)\,d[X,X]\Big)\Big] < \infty;$$

hat man zusätzlich $\lambda \geq \varepsilon > 0$ *für eine Konstante* ε*, so ist* X *ein* H^p*-Martingal für* $1 \leq p < \infty$*; insbesondere ist* X *fast sicher konvergent.*

Beweis. Ist X ein U-wertiges ∇-Martingal, so definiert der reelle Prozeß $S := (\varphi\circ X)\exp\big(\int(\lambda\circ X)\,d[X,X]\big)$ ein lokales Supermartingal, denn gemäß Itô-Formel gilt:

$$\begin{aligned} dS &= \exp(\ldots)\,d(\varphi\circ X) + (\varphi\circ X)\exp(\ldots)\,(\lambda\circ X)\,d[X,X] \\ &\overset{\mathrm{m}}{=} \exp(\ldots)\left[\tfrac{1}{2}\nabla d\varphi(dX,dX) + (\varphi\circ X)(\lambda\circ X)\,g(dX,dX)\right] \\ &= d(\text{fallender Prozeß}). \end{aligned}$$

Mit einer lokalisierenden Folge von Stopzeiten $\tau_n \nearrow \infty$ für S folgt für jedes $t \geq 0$ die Abschätzung $E\,S_t^{\tau_n} \leq E\,S_0^{\tau_n} = E\,S_0 \leq \beta$; mit dem Lemma von Fatou ist folglich

$$\beta \geq \liminf_{n\to\infty} E\,S_t^{\tau_n} \geq E\,\liminf_{n\to\infty} S_t^{\tau_n} = E\,S_t \geq \alpha\,E\exp\big(\textstyle\int_0^t(\lambda\circ X)\,d[X,X]\big),$$

woraus man die Behauptung abliest. □

Satz 7.197. *Sei* (M,g) *eine Riemannsche Mannigfaltigkeit und* ∇ *der Levi-Civita-Zusammenhang auf* M*. Es sei* K *eine kompakte Teilmenge von* M *derart, daß es eine auf einer offenen Umgebung von* K *definierte strikt konvexe* C^∞*-Funktion gibt. Dann ist jedes Martingal auf* M *mit Werten in* K *ein* H^p*-Martingal für* $1 \leq p < \infty$ *und ist insbesondere fast sicher konvergent.*

Beweis. Nach Voraussetzung gibt es eine offene Menge U mit $K \subset U$ und eine strikt konvexe Funktion auf U; durch Multiplikation mit -1 erhalten wir daraus eine Funktion $\varphi \in C^\infty(U)$ mit $\nabla d\varphi < 0$. Wir dürfen ohne Einschränkung annehmen, daß φ beschränkt ist, und daß nach eventueller Addition einer positiven Konstanten $\alpha \leq \varphi \leq \beta$ mit $\alpha, \beta > 0$ gilt. Aus Kompaktheitsgründen können wir weiter annehmen, daß nach eventueller Verkleinerung von U auch noch $\nabla d\varphi + 2\varepsilon\varphi g \leq 0$ für ein hinreichend kleines $\varepsilon > 0$ ist. Die Behauptung folgt dann aus Satz 7.196 mit $\lambda \equiv \varepsilon$. □

Natürlich liefert Satz 7.197 auch die wohlbekannte Tatsache, daß beschränkte $\mathbb{R}^d$-wertige lokale Martingale fast sicher konvergieren. Wie aber bereits eingangs festgestellt, sind auf einer Riemannschen Mannigfaltigkeit im allgemeinen Martingale mit Werten in einer kompakten Teilmenge keineswegs konvergent.

Wir wollen eine weitere wichtige Eigenschaft stetiger reeller Martingale auf M-wertige Martingale übertragen. So läßt sich für ein reelles Martingal X aus der Kenntnis von X_t für ein fixiertes $t > 0$ und der Kenntnis der Filtrierung $(\mathscr{F}_s)_{0\leq s\leq t}$ das Martingal $(X_s)_{0\leq s\leq t}$ bis zur Zeit t rekonstruieren, nämlich als $X_s = E^{\mathscr{F}_s} X_t$ f.s. Man kann dies in äquivalenter Weise auch so formulieren: sind X und Y stetige reelle Martingale zur gleichen Filtrierung und gilt $X_t = Y_t$ für ein $t > 0$, so folgt bereits $X|[0,t] = Y|[0,t]$ bis auf Nicht-Unterscheidbarkeit. Wir nennen diese Eigenschaft *Nichtkonfluenz* von reellen Martingalen. Dies führt zum Problem, inwieweit auf Mannigfaltigkeiten Konfluenz von Martingalen möglich ist, nämlich ein Zusammenfließen von nichtidentischen Martingalen zu einem bestimmten Zeitpunkt.

Satz 7.198. (Minimumsprinzip) *Sei (M,g) eine Riemannsche Mannigfaltigkeit und ∇ der Levi-Civita-Zusammenhang auf M. Ferner sei $\varphi \in C(M;\mathbb{R})$ und $U := \{\varphi > 0\}$, $D := \{\varphi \leq 0\}$, sowie $\lambda: U \to \mathbb{R}_+$ eine stetige Funktion. Es sei $\varphi|U \in C^\infty(U)$, zudem beschränkt, und es gelte $\nabla d\varphi + 2\lambda\varphi g \geq 0$ auf U. Setzt man λ durch $\lambda|D := 0$ auf ganz M fort, dann gilt: Konvergiert ein ∇-Martingal X mit*

$$E\Big[\exp\Big(\int_0^\infty (\lambda \circ X)\, d[X,X]\Big)\Big] < \infty \tag{7.125}$$

gegen eine D-wertige Zufallsvariable, so lebt X bereits vollständig in D.

Beweis: Sei X ein ∇-Martingal mit der Eigenschaft (7.125) derart, daß $X_t \to X_\infty$ f. s. mit X_∞ einer D-wertigen Zufallsvariable. Da X stetige Pfade hat und U offen ist, genügt es zu zeigen, daß $P\{X_{t_0} \in U\} = 0$ für jedes fixierte $t_0 \geq 0$.

Hierzu sei $S := (\varphi \circ X) \exp\big(\int (\lambda \circ X)\, d[X,X]\big)$, sowie $\tau = \inf\{t \geq t_0\colon X_t \notin U\}$. Wie im Beweis von Satz 7.196 (zusammen mit einer kleinen Zusatzüberlegung) verifiziert man nun, daß durch

$$Y_t := 1_{\{X_{t_0} \in U\}}\, S^\tau_{t_0+t}, \quad t \geq 0,$$

ein nichtnegatives lokales Submartingal Y (zur Filtrierung $(\hat{\mathscr{F}}_t)_{t\geq 0}$ mit $\hat{\mathscr{F}}_t := \mathscr{F}_{t_0+t}$) definiert wird. Nach Voraussetzung ist mit $\alpha := \sup(\varphi|U)$

$$Y_t \leq \alpha \exp\big(\textstyle\int_0^\infty (\lambda \circ X)\, d[X,X]\big) \in L^1(P),$$

so daß Y folglich gleichgradig integrierbar ist. Zusammen mit $Y_\infty = 0$ f. s. folgt daher $0 \leq EY_0 \leq EY_\infty = 0$; wegen $Y_0|\{X_{t_0} \in U\} > 0$ muß also $P\{X_{t_0} \in U\} = 0$ sein. □

Definition 7.199. (Konvexe Geometrie) Sei M eine Mannigfaltigkeit mit einem torsionsfreien linearen Zusammenhang, sowie V eine offene Teilmenge von M. Man sagt, V hat *konvexe Geometrie*, falls es eine nichtnegative konvexe differenzierbare Funktion

$$\phi\colon V \times V \to \mathbb{R}_+$$

gibt, die genau auf der Diagonalen $\Delta = \{(x,x) : x \in V\}$ verschwindet.

Die Konvexität von ϕ in Definition 7.199 ist bezüglich des kanonischen Summenzusammenhangs auf $M \times M$ zu verstehen. Sind allgemein ∇, ∇' lineare Zusammenhänge auf Mannigfaltigkeiten M bzw. M', so ist der lineare Summenzusammenhang $\bar{\nabla}$ auf der Produktmannigfaltigkeit $\bar{M} = M \times M'$ wie folgt erklärt:

Jedes Vektorfeld $\bar{A} \in \Gamma(\bar{\alpha}^* T\bar{M})$ längs einer Kurve $\bar{\alpha} = (\alpha, \alpha')$ auf $\bar{M}$ zerlegt sich in $\bar{A} = (A, A')$ mit einem Vektorfeld A längs α auf M und einem Vektorfeld A' längs α' auf M'; die covariante Ableitung von $\bar{A}$ längs $\bar{\alpha}$ ist dann definiert durch

$$\bar{\nabla}_D \bar{A} := (\nabla_D A, \nabla_D A'). \tag{7.126}$$

Als unmittelbare Konsequenz aus (7.126) folgt, daß eine Kurve $\bar{\gamma} = (\gamma, \gamma')\colon I \to \bar{M}$ genau dann eine Geodätische ist, wenn $\gamma\colon I \to M$ und $\gamma'\colon I \to M'$ beides geodätische Kurven sind. Nach Korollar 1 zu Satz 7.155 bedeutet demnach Konvexität für eine differenzierbare Funktion $\phi\colon M \times M' \to \mathbb{R}$, daß für alle Geodätischen γ auf M und γ' auf M' die Kurve $t \mapsto \phi \circ (\gamma(t), \gamma'(t))$ konvex ist, d.h. nichtnegative zweite Ableitung hat.

Andererseits zeigt obige Überlegung zusammen mit Korollar 2 zu Satz 7.155, daß sowohl die Projektionen pr: $\bar{M} \to M$ und pr$'$: $\bar{M} \to M'$, wie auch für $x \in M$ bzw. $x' \in M'$ die kanonischen Einbettungen $\iota_x\colon M' \to \bar{M}$ und $\iota_{x'}\colon M \to \bar{M}$ affine Abbildungen sind.

Aus stochastischer Perspektive ist gemäß Satz 7.157 (i) somit $\bar{X} = (X, X')$ genau dann ein $\bar{\nabla}$-Martingal auf $\bar{M}$, wenn X und X' Martingale auf M bzw. M' (adaptiert an die gleiche Filtrierung) sind.

Sind darüberhinaus M und M' Riemannsche Mannigfaltigkeiten mit den Riemannschen Metriken g und g', so ist auch $\bar{M} = M \times M'$ in kanonischer Weise eine Riemannsche Mannigfaltigkeit, wobei die Metrik $\bar{g}$ durch

$$\bar{g}_{\bar{x}}(\bar{v}, \bar{w}) := g_x(v, w) + g'_{x'}(v', w'), \quad \bar{x} = (x, x'),\ \bar{v} = (v, v'),\ \bar{w} = (w, w')$$

gegeben ist; durch (7.126) wird dann der Levi-Civita-Zusammenhang auf $\bar{M}$ festgelegt, wie man leicht verifiziert.

Wir wollen den Summenzusammenhang $\bar{\nabla}$ auch direkt über die Zusammenhänge in den zugehörigen Basenbündeln beschreiben. Durch Abmontieren erhält man aus dem Tangentialbündel $E := TM \to M$ das G-Prinzipalbündel

$$P := \mathrm{Iso}_G(\mathbb{R}^d; E) \to M,$$

nämlich $P = \mathrm{L}(M)$ für $G = \mathrm{GL}(d; \mathbb{R})$ bzw. $P = \mathrm{O}(M)$ für $G = \mathrm{O}(d)$ im Fall einer Riemannschen Mannigfaltigkeit (M, g). Mit den analogen Bezeichnungen hat man über M' das G'-Prinzipalbündel

$$P' := \mathrm{Iso}_{G'}(\mathbb{R}^{d'}; E') \to M'.$$

Die linearen Zusammenhänge in E und E' liefern einen G-Zusammenhang H in P und einen G'-Zusammenhang H' in P'. Mit der Produktgruppe $\tilde{G} := G \times G'$ ist dann das Produkt $\tilde{P} := P \times P' \to \bar{M}$ ein $\tilde{G}$-Prinzipalbündel und

$$\tilde{H} := H \times H' \subset TP \times TP' = T\tilde{P}$$

ein $\tilde{G}$-Zusammenhang in $\tilde{P}$. Durch Zusammensetzen erhält man unmittelbar die zu $\tilde{H}$ gehörige Zusammenhangsform $\tilde{\omega} = (\omega, \omega') \in \Gamma(T^*\tilde{P} \otimes \tilde{\mathfrak{g}})$ und ebenso die kanonische 1-Form $(\vartheta, \vartheta') \in \Gamma(T^*\tilde{P} \otimes \mathbb{R}^{k+k'})$ von $\tilde{P}$.

Ist nun $\bar{E} := E \times E'$ und $\bar{k} := k + k'$, sowie $\bar{G} = \mathrm{GL}(\bar{k};\mathbb{R})$ bzw. $\bar{G} = \mathrm{O}(\bar{k})$, so hat man einmal den kanonischen Liegruppenhomomorphismus

$$\alpha\colon \tilde{G} \to \bar{G}, \quad (A_1, A_2) \mapsto \begin{pmatrix} A_1 & 0 \\ 0 & A_2 \end{pmatrix};$$

andererseits erhält man zu $(u, u') \in \tilde{P}$ durch Zusammensetzen eine lineare Isomorphie $\bar{u}\colon \mathbb{R}^{\bar{k}} \to \bar{E}_{\bar{\pi}(u,u')}$, die so entstehende Abbildung über $\bar{M}$

$$\sigma\colon \tilde{P} \to \bar{P}, \quad \tilde{u} = (u, u') \mapsto \bar{u},$$

ist bezüglich Bündelkarten durch α gegeben und äquivariant: $\sigma(\tilde{u}\tilde{g}) = \sigma(\tilde{u})\alpha(\tilde{g})$ für $\tilde{u} \in \tilde{P}$ und $\tilde{g} \in \tilde{G}$. Formal genauer ist

$$\sigma(u, u') = (d\iota_{x'})_x \circ u \circ \mathrm{pr} + (d\iota_x)_{x'} \circ u' \circ \mathrm{pr}' \quad \text{für } (u, u') \in \tilde{P}_{(x,x')}.$$

Der durch $\tilde{H}$ induzierte $\bar{G}$-Zusammenhang $\bar{H}$ in $\bar{P}$ ist schließlich durch

$$\bar{H}_{\sigma(\tilde{u})\cdot g} = (R_g \circ \sigma)_* \tilde{H}_{\tilde{u}}, \quad g \in \bar{G},$$

gegeben. Für die zu $\bar{H}$ gehörige Zusammenhangsform $\bar{\omega} \in \Gamma(T^*\bar{P} \otimes \bar{\mathfrak{g}})$ und die kanonische 1-Form $\bar{\vartheta} \in \Gamma(T^*\bar{P} \otimes \mathbb{R}^{\bar{k}})$ von $\bar{P}$ gilt dann offensichtlich

$$\sigma^*\bar{\omega} = (d\alpha)_1 \circ (\omega, \omega') \quad \text{und} \quad \sigma^*\bar{\vartheta} = (\vartheta, \vartheta'). \tag{7.127}$$

Es seien nun X und X' Semimartingale mit Werten in M bzw. M' (adaptiert an die gleiche Filtrierung), dazu U und U' horizontale Lifts in P bzw. P', sowie $Z = \int_U \vartheta$ und $Z' = \int_{U'} \vartheta'$ die zugehörigen $\mathbb{R}^d$- bzw. $\mathbb{R}^{d'}$-Darstellungen. Dann ist $\bar{X} := (X, X')$ ein $\bar{M}$-wertiges Semimartingal und es gilt:

Lemma 7.200. *Sei $\bar{M} = M \times M'$ mit dem kanonischen Summenzusammenhang. Das Semimartingal $\bar{U} := \sigma \circ (U, U')$ mit Werten in $\mathrm{L}(\bar{M})$ bzw. $\mathrm{O}(\bar{M})$ ist ein horizontaler Lift von $\bar{X}$. Das $\mathbb{R}^{\bar{k}}$-wertige Semimartingal (Z, Z') ist die zugehörige $\mathbb{R}^{\bar{k}}$-Darstellung von $\bar{X}$.*

Beweis: Natürlich ist $\bar{\pi} \circ \bar{U} = (\pi, \pi') \circ (U, U') = (X, X')$. Mit Hilfe von (7.127) berechnet man

$$\int_{\bar{U}} \bar{\omega} = \int_{(U,U')} \sigma^*\bar{\omega} = (d\alpha)_1\Big(\int_{(U,U')} (\omega, \omega')\Big) = (d\alpha)_1\Big(\int_U (\omega, 0) + \int_{U'} (0, \omega')\Big) = 0 \quad \text{und}$$

$$\int_{\bar{U}} \bar{\vartheta} = \int_{(U,U')} \sigma^*\bar{\vartheta} = \int_{(U,U')} (\vartheta, \vartheta') = \int_U (\vartheta, 0) + \int_{U'} (0, \vartheta') = (Z, 0) + (0, Z') = (Z, Z'),$$

was die Behauptung verifiziert. □

Wir wollen uns nach diesen technischen Erläuterungen wieder dem in Definition 7.199 eingeführten Begriff der konvexen Geometrie zuwenden.

Satz 7.201. (Nichtkonfluenz von Martingalen) *Sei M eine Mannigfaltigkeit mit einem torsionsfreien linearen Zusammenhang und $K \subset M$ eine kompakte Teilmenge derart, daß eine offene Umgebung V von K konvexe Geometrie besitzt. Sind dann zu gegebener Filtrierung X und X' ∇-Martingale auf M mit Werten in K, die konvergieren und für die $X_\infty = X'_\infty$ f.s. gilt, so sind X und X' bereits gleich, also nichtunterscheidbar.*

Beweis: Beschreibt $\phi\colon V \times V \to \mathbb{R}_+$ die konvexe Geometrie auf V, so dürfen wir nach eventueller Verkleinerung von V annehmen, daß ϕ beschränkt ist. Für Riemannsche Mannigfaltigkeiten folgt die Behauptung als Korollar aus dem Minimumsprinzip (Satz 7.198) mit $\lambda := 0$ (angewandt auf die Produktmannigfaltigkeit $V \times V$); im allgemeinen Fall überträgt sich der Beweis von Satz 7.198 wörtlich mit $\lambda = 0$. Es ist nämlich (X, X') ein Martingal auf $M \times M$ mit Werten in $V \times V$ und $Y := \phi \circ (X, X')$ ein beschränktes nichtnegatives Submartingal. Nach Voraussetzung gilt $Y_\infty = 0$ f. s., somit ist für jedes $t \geq 0$

$$0 \leq Y_t \leq E^{\mathscr{F}_t} Y_\infty = 0 \quad \text{f. s.}$$

und damit $X_t = X'_t$ f. s., da ϕ nur auf der Diagonalen verschwindet. □

Definition 7.202. (Total geodätische Untermannigfaltigkeit) Seien M_0 und M Mannigfaltigkeiten, jeweils versehen mit einem torsionsfreien linearen Zusammenhang, sowie $M_0 \overset{\iota}{\hookrightarrow} M$ eine Einbettung. Dann heißt M_0 eine *total geodätische Untermannigfaltigkeit* von M, wenn ι affin ist.

Eine Einbettung $M_0 \overset{\iota}{\hookrightarrow} M$ liefert folglich genau dann eine total geodätische Untermannigfaltigkeit M_0 von M, wenn M_0-Geodätische durch ι in M-Geodätische überführt werden, oder äquivalent hierzu, wenn folgendes gilt: Ist $x_0 \in M_0$ und $v_0 \in T_{x_0} M_0$, sowie γ eine Geodätische auf M mit $\gamma(0) = \iota(x_0)$ und $\dot\gamma(0) = \iota_* v_0$, dann folgt $\gamma\big(]-\varepsilon, \varepsilon[\big) \subset \iota(M_0)$ für ein $\varepsilon > 0$.

Wir können natürlich ohne Einschränkung M_0 stets als Teilraum von M auffassen.

Beispiel 7.203. Ist M eine zusammenhängende Mannigfaltigkeit und $\varphi\colon M \to \mathbb{R}$ eine affine Funktion, so definiert $M_0 = \{\varphi = c\}$ eine total geodätische Untermannigfaltigkeit von M für jedes $c \in \mathbb{R}$.

Beweis: Zunächst bemerken wir, daß für affine Funktionen φ aus $(d\varphi)_x = 0$ für ein $x \in M$ bereits $d\varphi = 0$ lokal um x folgt, denn für jede geodätische Kurve γ in M mit $\gamma(0) = x$ ist $\varphi \circ \gamma$ eine Gerade mit Steigung $(\varphi \circ \gamma)'(0) = 0$, folglich ist φ konstant lokal um x. Da M als zusammenhängend vorausgesetzt ist, hat die Existenz eines kritischen Punktes für φ bereits $\varphi \equiv \text{const}$ zur Folge.

Es sei also $(d\varphi)_x \neq 0$ für jedes $x \in M$ und $M_0 = \varphi^{-1}\{c\}$; insbesondere ist dann c ein regulärer Wert für φ. Zu $x_0 \in M_0$ und $v \in T_{x_0}M_0$ betrachten wir die Geodätische in M mit $\gamma(0) = x_0$ und $\dot\gamma(0) = v$; hierfür ist $(\varphi \circ \gamma)'(0) = 0$ und folglich $\varphi \circ \gamma \equiv \varphi \circ \gamma(0) = c$, was zeigt, daß γ in M_0 liegt. □

Lemma 7.204. *Sei M eine Mannigfaltigkeit mit einem torsionsfreien linearen Zusammenhang auf M und M_0 eine total geodätische Untermannigfaltigkeit von M, sowie $x_0 \in M_0$. Dann gibt es eine offene Umgebung V von x_0 in M und eine konvexe Funktion $\varphi \in C^\infty(V)$ mit*

$$\{\varphi = 0\} = V \cap M_0 \quad \textit{und} \quad \{\varphi > 0\} = V \backslash M_0 .$$

Beweis: Bezeichnet $\operatorname{codim}(M_0) = \dim M - \dim M_0 = d - d_0$ die Kodimension von M_0, so dürfen wir ohne Einschränkung $0 < \operatorname{codim}(M_0) < d$ annehmen. Wie im Beweis von Lemma 7.162 führen wir über die Exponentialabbildung Normalkoordinaten (h, V) für M bei x_0 ein; da M_0 total geodätisch ist, können wir dies derart machen, daß $h = (\phi, \psi)$ ist und $V \cap M_0 = \{\psi = 0\}$ gilt. Dann verschwinden zum einen alle Christoffelsymbole Γ_{ij}^k im Punkte x_0; nun ist M_0 als total geodätisch vorausgesetzt, so daß Geodätische $t \mapsto \gamma(t)$ auf M mit Anfangsbedingung $\gamma(0) = x \in M_0$ und $\dot\gamma(0) \in T_x M_0$ für kleine Werte von t in M_0 verlaufen, was zudem

$$\Gamma_{ij}^k(x) = 0\,, \quad 1 \le i,j \le d_0, \quad d_0 + 1 \le k \le d\,, \tag{7.128}$$

für $x \in V \cap M_0$ zur Folge hat, wie man leicht aus der Beschreibung geodätischer Kurven in Koordinaten

$$\ddot\gamma^k(t) + \sum_{i,j} \Gamma_{ij}^k\big(\gamma(t)\big)\,\dot\gamma^i(t)\,\dot\gamma^j(t) = 0$$

abliest. Wir zeigen, daß bei geeigneter Wahl der Konstanten $c > 0$ die Funktion

$$\varphi := \tfrac{1}{2}\left(c + \|\phi\|^2\right)\|\psi\|^2 \tag{7.129}$$

auf dem eventuell noch zu verkleinernden V die Behauptung erfüllt; dazu müssen wir verifizieren, daß φ auf einer Umgebung von x_0 konvex ist.

Wir berechnen zunächst $(\nabla d\varphi)_{ij} = \partial_i \partial_j \varphi - \sum_k \Gamma_{ij}^k\, \partial_k \varphi$ in der Karte (h, V); siehe (7.46). Notiert man die Komponenten von h als $(\phi^1, \ldots, \phi^{d_0}, \psi^{d_0+1}, \ldots, \psi^d)$, so ist

$$\partial_i \partial_j \varphi = \begin{cases} \delta_{ij}\,\|\psi\|^2 & \text{für } 1 \le i,j \le d_0, \\ 2\,\phi^i \psi^j & \text{für } 1 \le i \le d_0, \quad d_0 + 1 \le j \le d, \\ \delta_{ij}\left(c + \|\phi\|^2\right) & \text{für } d_0 + 1 \le i,j \le d\,; \end{cases}$$

ebenso erhält man

$$\sum_{k=1}^{d} \Gamma_{ij}^k\, \partial_k \varphi = \|\psi\|^2 \sum_{k=1}^{d_0} \Gamma_{ij}^k\, \phi^k + \left(c + \|\phi\|^2\right) \sum_{k=d_0+1}^{d} \Gamma_{ij}^k\, \psi^k .$$

Bezeichnet zur Abkürzung $H_{ij} := (\nabla d\varphi)_{ij}$, so genügt es zu verifizieren, daß H auf $V \backslash M_0 = V \cap \{\psi \neq 0\}$ für eine genügend kleine offene Umgebung des Punktes

x_0 positiv definit ist. Mit der Zerlegung von $\{1,\ldots,d\}$ in $I = \{1,\ldots,d_0\}$ und $J = \{d_0+1,\ldots,d\}$ ist H genau dann auf $V \cap \{\psi \neq 0\}$ positiv definit, wenn

$$H^* := \begin{pmatrix} \frac{1}{\|\psi\|^2}(H_{ij})_{(i,j)\in I\times I} & \frac{1}{\|\psi\|}(H_{ij})_{(i,j)\in I\times J} \\ \frac{1}{\|\psi\|}(H_{ij})_{(i,j)\in J\times I} & (H_{ij})_{(i,j)\in J\times J} \end{pmatrix},$$

auf $V \cap \{\psi \neq 0\}$ positiv definit ist. Wie leicht ersichtlich ist, kann man aber erreichen, daß H^* auf $V \cap \{\psi \neq 0\}$ beliebig nahe bei der Matrix

$$\begin{pmatrix} 1 & 0 \\ 0 & c1 \end{pmatrix}$$

liegt, sofern man nur die Umgebung V von x_0 hinreichend verkleinert und die Konstante $c > 0$ in (7.129) entsprechend klein wählt. Um dies für die Koeffizienten des ersten Quadranten von H^* zu sehen, hat man zu verwenden, daß man als Konsequenz von (7.128) auf jeder genügend kleinen Umgebung von x_0

$$|\Gamma_{ij}^k| \leq C\,|\psi^k|, \quad 1 \leq i,j \leq d_0, \quad d_0+1 \leq k \leq d,$$

mit einer Konstanten $C > 0$ abschätzen kann. □

Korollar. *Sei M eine Mannigfaltigkeit mit einem torsionsfreien linearen Zusammenhang auf M und M_0 eine total geodätische Untermannigfaltigkeit von M. Dann besitzt jeder Punkt in M_0 eine offene Umgebung V in M mit der Eigenschaft: Ist X ein Martingal auf M mit Werten in V derart, daß X_t für ein $t > 0$ f.s. Werte in M_0 annimmt, so lebt $X|[0,t]$ bereits ganz in M_0.*

Beweis: Wählt man φ wie in Lemma 7.204 und ohne Einschränkung beschränkt, so ist $\varphi \circ X$ ein beschränktes nichtnegatives Submartingal mit $\varphi \circ X_t = 0$ f.s., folglich ist bereits $\varphi \circ X \equiv 0$ auf $[0,t]$ bis auf Nicht-Unterscheidbarkeit. □

Satz 7.205. *Sei M eine Mannigfaltigkeit mit einem torsionsfreien linearen Zusammenhang auf M. Dann besitzt jeder Punkt eine Umgebung V mit konvexer Geometrie. Insbesondere besitzt jeder Punkt eine Umgebung V mit der Eigenschaft: Sind X und X' zwei V-wertige Martingale auf M (adaptiert an die gleiche Filtrierung) mit $X_t = X'_t$ für ein $t > 0$ f. s., so gilt bereits $X = X'$ auf $[0,t]$ bis auf Nicht-Unterscheidbarkeit.*

Beweis: Der erste Teil der Behauptung folgt aus Lemma 7.204, angewandt auf die Diagonalmannigfaltigkeit $M \overset{\iota}{\hookrightarrow} M \times M$, $x \mapsto (x,x)$ als total geodätischer Untermannigfaltigkeit der Produktmannigfaltigkeit $M \times M$; letztere versehen mit dem kanonischen Summenzusammenhang. Der zweite Teil folgt aus obigem Korollar oder auch direkt aus Satz 7.201. □

Die Ergebnisse dieses Abschnitts zeigen, daß sich das Verhalten von Martingalen auf Mannigfaltigkeiten in Bereichen kontrollieren läßt, die "klein" sind in dem Sinn, daß man darauf konvexe Funktionen mit bestimmten Eigenschaften finden kann. Aspekte einer globalen Martingaltheorie, etwa das Zusammenwirken von Martingaltheorie und globaler Geometrie, sind davon allerdings unberührt.

Lokal ist die Existenz geeigneter konvexer Funktionen durch Satz 7.201 und Satz 7.205 sichergestellt und es stellt sich natürlich die Frage, wie groß die Definitionsbereiche dieser "Konvexitätsgebiete" im Einzelfall gewählt werden können. Der nächste Paragraph wird unter anderem solche Fragen mit dem Begriff der Krümmung einer Riemannschen Mannigfaltigkeit in Verbindung bringen.

7.8 Brownsche Bewegung und Krümmung

In diesem abschließenden Abschnitt wollen wir Fragen der Geometrie Riemannscher Mannigfaltigkeiten im Zusammenhang mit der Langzeitasymptotik Brownscher Bewegungen näher untersuchen und dabei die Grundidee der stochastischen Riemannschen Geometrie, nämlich differentialgeometrische Probleme in stochastische Fragestellungen zu übersetzen und mit stochastischen Methoden zu bearbeiten, an einigen ausgewählten Problemstellungen veranschaulichen (man vergleiche hierzu [MA 78], sowie [KE 87b], [KE 88]).

Der Begriff der Krümmung einer Riemannschen Mannigfaltigkeit ist einer der Schlüsselbegriffe zur Beschreibung des asymptotischen Verhaltens von Brownschen Bewegungen für große Zeiten; Brownsche Bewegung reagiert empfindlich auf Krümmung, wobei negative Krümmung die Tendenz der Brownschen Bewegung verstärkt, kompakte Mengen zu verlassen und nach ∞ abzudriften, sofern dies topologisch möglich ist. So kann etwa stark divergierende negative Krümmung zur Folge haben, daß $\mathrm{BM}(M,g)$ auch auf metrisch vollständigen Mannigfaltigkeiten in endlicher Zeit explodiert.

Brownsche Bewegung auf Riemannschen Mannigfaltigkeiten kann weitere von der euklidischen Brownschen Bewegung her unbekannte asymptotische Eigenschaften haben; beispielsweise verbleiben die Pfade von $\mathrm{BM}(M,g)$ auf gewissen negativ gekrümmten Mannigfaltigkeiten M von einem fixierten Punkt aus betrachtet mit hoher Wahrscheinlichkeit schließlich in dem einmal betretenen Winkelsektor und steuern eine asymptotische Richtung an.

Bevor wir näher auf den Krümmungsbegriff eingehen, wollen wir Riemannsche Mannigfaltigkeiten unter dem Aspekt von metrischen Räumen betrachten; die Distanz $d(x,y)$ von zwei Punkten x und y ist dabei definiert als

$$d(x,y) := \inf\{L(\alpha) \mid \alpha\colon [0,1] \to M \text{ stückweise } C^\infty \text{ mit } \alpha(0) = x \text{ und } \alpha(1) = y\}.$$

Im Zusammenhang mit Fragen der Asymptotik Brownscher Bewegungen ist vor allem das Distanzverhalten von BM(M,g) zu fixierten Punkten x von besonderer Bedeutung, also Eigenschaften von "Radialprozessen" der Form $d(x,X_t)$, $t \geq 0$.

Beispiel 7.206. (Besselprozeß) Sei $M = \mathbb{R}^d$ mit der euklidischen Metrik. Die Funktion $r(x) := d(0,x) = \|x\|$ ist C^∞ auf $\mathbb{R}^d \setminus \{0\}$ mit

$$(\operatorname{grad} r)(x) = \tfrac{x}{\|x\|} \quad \text{und} \quad \Delta r = \tfrac{d-1}{r}\,.$$

Ist folglich X eine BM$(\mathbb{R}^d)$ mit $X_0 \neq 0$ f. s. $(d \geq 2)$, so liefert die Itô-Formel

$$d(r \circ X) = dN + dA = \sum_{i=1}^{d} \frac{X^i}{\|X\|}\, dX^i + \frac{1}{2}\,\frac{d-1}{r \circ X}\,;$$

wegen $d[N,N] = \sum\limits_{i,j} X^i X^j \, \|X\|^{-2} dX^i dX^j = \sum\limits_{i,j} X^i X^j \, \|X\|^{-2} \delta_{ij}\, dt = dt$ ist N eine eindimensionale Brownsche Bewegung, und man erhält

$$r \circ X = r \circ X_0 + W + \frac{1}{2} \int_0^t \frac{d-1}{r \circ X}\, ds \quad \text{mit } W \text{ in BM}(\mathbb{R})\,.$$

Mit anderen Worten, $r \circ X$ ist Lösung einer SDGL der Form

$$dR = dW + \frac{d-1}{2} R^{-1}\, dt\,. \tag{7.130}$$

Jeden solchen Prozeß nennt man einen *d-dimensionalen Besselprozeß* oder einen *Besselprozeß vom Index* $d/2 - 1$.

Beispiel 7.206 legt die Frage nahe, inwieweit allgemein für X in BM(M,g) und $x \in M$ Radialprozesse der Form $r(X) := d(x,X)$ Semimartingale sind und mittels Itô-Formel beschrieben werden können. Hierfür ist zunächst erforderlich, Fragen der Differenzierbarkeit der Abstandsfunktionfunktion $r(\cdot) := d(x,\cdot)$ auf M zu klären.

Definition 7.207. (Variation einer Kurve) Sei (M,g) eine Riemannsche Mannigfaltigkeit und γ: $[a,b] \to M$ eine nichtkonstante differenzierbare Kurve, parametrisiert proportional zur Bogenlänge, also $0 < \ell := \|\dot\gamma\| = \text{const}$. Eine (*freie*) *Variation* von γ ist eine differenzierbare Abbildung α: $[a,b] \times \,]-\varepsilon,\varepsilon[\, \to M$ mit $\alpha(\cdot\,,0) = \gamma$.

Mit den kanonischen Vektorfeldern $\frac{\partial}{\partial t} = D_1$ und $\frac{\partial}{\partial s} = D_2$ auf $[a,b] \times \,]-\varepsilon,\varepsilon[$ hat man zu jeder Variation α von γ die Vektorfelder

$$T := \alpha_* D_1 \equiv \tfrac{\partial}{\partial t}\alpha \in \Gamma(\alpha^* TM) \quad \text{und} \quad V := \alpha_* D_2 \equiv \tfrac{\partial}{\partial s}\alpha \in \Gamma(\alpha^* TM)\,.$$

Wir setzen $\gamma_s := \alpha(\cdot\,,s)$ für $-\varepsilon < s < \varepsilon$; insbesondere ist also $\gamma = \gamma_0$. Weiter sei $Y := V(\cdot\,,0) \in \Gamma(\gamma^* TM)$ das "Variationsfeld" von α und $\dot\gamma = T(\cdot\,,0) \in \Gamma(\gamma^* TM)$ das tangentiale Vektorfeld längs γ.

Satz 7.208. (Erste Variation der Länge) *Sei* (M,g) *eine Riemannsche Mannigfaltigkeit mit dem Levi-Civita-Zusammenhang und* $\alpha\colon [a,b]\times\,]-\varepsilon,\varepsilon[\,\to M$ *die Variation einer differenzierbaren Kurve* $\gamma\colon [a,b]\to M$ *mit* $\ell = \|\dot\gamma\| = \text{const} > 0$ *; hierzu sei* $Y = (\alpha_* D_2)(\,\cdot\,,0) \in \Gamma(\gamma^* TM)$. *Dann gilt für die Längen* $L(\gamma_s) = \int_a^b \|\dot\gamma_s(t)\|\,dt$ *der Kurven* $\gamma_s = \alpha(\,\cdot\,,s)\colon [a,b]\to M$ *die "Variationsformel":*

$$\frac{d}{ds}\Big|_{s=0} L(\gamma_s) = \frac{1}{\ell}\Big\{\langle Y,\dot\gamma\rangle\Big|_{t=a}^{t=b} - \int_a^b \langle Y,\nabla_D\dot\gamma\rangle\,dt\Big\}. \tag{7.131}$$

Beweis: Aufgrund von Satz 7.101 (iii) (über die Charakterisierung Riemannscher Zusammenhänge) hat man $\frac{\partial}{\partial s}\langle T,T\rangle \equiv D_2\langle T,T\rangle = 2\,\langle\nabla_{D_2}T,T\rangle$; damit erhält man

$$\begin{aligned}\frac{d}{ds}L(\gamma_s) &= \frac{d}{ds}\int_a^b \langle T,T\rangle^{1/2}\,dt = \int_a^b \tfrac12\langle T,T\rangle^{-1/2}\,\tfrac{\partial}{\partial s}\langle T,T\rangle\,dt\\ &= \int_a^b \tfrac{1}{\|T\|}\,\langle\nabla_{D_2}T,T\rangle\,dt = \int_a^b \tfrac{1}{\|T\|}\,\langle\nabla_{D_1}V,T\rangle\,dt\\ &= \int_a^b \tfrac{1}{\|T\|}\,\big[D_1\langle V,T\rangle - \langle V,\nabla_{D_1}T\rangle\big]\,dt;\end{aligned} \tag{7.132}$$

dabei leitet sich das vorletzte Gleichheitszeichen aus der ersten Cartanschen Strukturgleichung (Satz 7.95) ab, nämlich $\nabla_{D_1}(\alpha_*D_2) - \nabla_{D_2}(\alpha_*D_1) = \alpha_*[D_1,D_2] = 0$, während das letzte Gleichheitszeichen auf $D_1\langle V,T\rangle = \langle\nabla_{D_1}V,T\rangle + \langle V,\nabla_{D_1}T\rangle$ beruht, was wieder aus Satz 7.101 (iii) folgt.

Für $s=0$ ergibt sich daraus die gewünschte Gleichung

$$\frac{d}{ds}\Big|_{s=0} L(\gamma_s) = \frac{1}{\ell}\Big\{\langle V,\dot\gamma\rangle(t,0)\Big|_{t=a}^{t=b} - \int_a^b \langle V,\nabla_D\dot\gamma\rangle(t,0)\,dt\Big\}. \qquad \square$$

Ist speziell $(\gamma_s)_{-\varepsilon<s<\varepsilon}$ eine Variation von γ mit festem Anfangs- und Endpunkt, also $\gamma_s(a) = \gamma(a)$ und $\gamma_s(b) = \gamma(b)$ für jedes s, so ist $V_{(a,\cdot)} = 0$ und $V_{(b,\cdot)} = 0$, und man erhält aus Gleichung (7.131) (zusammen mit einer kleinen Reichhaltigkeitsüberlegung) die folgende Charakterisierung geodätischer Kurven:

Korollar. (Geodätische als kritische Punkte des Längenfunktionals) *Sei* (M,g) *eine Riemannsche Mannigfaltigkeit und* $\gamma\colon [a,b]\to M$ *eine differenzierbare Kurve. Genau dann ist* γ *eine geodätische Kurve, also* $\nabla_D\dot\gamma = 0$, *wenn* $\frac{d}{ds}\big|_{s=0} L(\gamma_s) = 0$ *für alle Variationen* (γ_s) *von* γ *mit festem Anfangs- und Endpunkt gilt.*

Wir gehen zunächst auf einige lokale Eigenschaften geodätischer Kurven ein. Ist (M,g) eine Riemannsche Mannigfaltigkeit, so gibt es zu $x\in M$ und $v\in T_xM$ genau eine Geodätische γ_v mit $\gamma_v(0) = x$ und $\dot\gamma_v(0) = v$; wegen $\|\dot\gamma_v\| \equiv \|v\|$ ist insbesondere γ_v genau dann eine *normale* Geodätische, d.h. $\|\dot\gamma_v\| \equiv 1$, wenn $\|v\| = 1$

gilt. Wir betrachten $\mathcal{O}(M) := \{v \in TM : \gamma_v \text{ ist für } t = 1 \text{ definiert}\}$ und hierzu die Exponentialabbildung von (M, g)

$$\exp\colon \mathcal{O}(M) \to M \times M\,, \quad v \mapsto \bigl(\pi(v), \gamma_v(1)\bigr)\,.$$

Aus der Theorie gewöhnlicher Differentialgleichungen ergibt sich, daß $\mathcal{O}(M)$ in TM offen ist, und natürlich den Nullschnitt in TM umfaßt. Gemäß Definition 7.191 ist (M, g) genau dann metrisch vollständig, wenn $\mathcal{O}(M) = TM$ gilt. Wie bereits erläutert (siehe Beweis von Lemma 7.162), ist das Differential von

$$\exp_x = \exp\bigl|\bigl(T_xM \cap \mathcal{O}(M)\bigr)\colon T_xM \cap \mathcal{O}(M) \to \{x\} \times M \equiv M$$

beim Nullelement $0_x \in T_xM$ durch die Identität gegeben. Allgemein zerlegen sich längs des Nullschnitts eines Vektorbündels E über M die Tangentialräume $T_{0_x}E$ kanonisch als $T_{0_x}E = T_xM \oplus E_x$ mit E_x dem Anteil in Faserrichtung, und $(d\exp)_{0_x}$ ist in diesem Sinn gelesen als Abbildung $(d\exp)_{0_x}\colon T_xM \oplus T_xM \to T_xM \oplus T_xM$ durch die Matrix

$$\begin{pmatrix} \mathrm{id} & 0 \\ \mathrm{id} & \mathrm{id} \end{pmatrix}$$

gegeben. Daher hat $d\exp$ am Nullschnitts vollen Rang und exp bildet folglich nach dem lokalen Umkehrsatz eine offene Umgebung des Nullschnitts in TM lokal diffeomorph auf eine offene Umgebung der Diagonalen in $M \times M$ ab. Fixiert man $x \in M$ und bezeichnet $V_\varepsilon(0) := \{v \in T_xM : \|v\| < \varepsilon\}$, so heißt

$$\varrho(x) := \sup\bigl\{\varepsilon > 0 : \exp_x|V_\varepsilon(0) \text{ ist eine Einbettung}\bigr\} \in \,]0, \infty]$$

der *Injektivitätsradius bei* x und für $0 < \varepsilon \le \varrho(x)$ hat man folglich Diffeomorphismen

$$\exp_x|V_\varepsilon(0)\colon V_\varepsilon(0) \xrightarrow{\sim} \exp_x\bigl(V_\varepsilon(0)\bigr) =: B_\varepsilon(x)\,.$$

Man beachte, die Abbildung $\varrho\colon M \to \overline{\mathbb{R}}$ ist unterhalbstetig: für jedes $c \ge 0$ ist $\{\varrho > c\}$ offen in M.

Für $\varepsilon < \varrho(x)$ betrachten wir neben den Normalkoordinaten $\bigl(h, B_\varepsilon(x)\bigr)$ bei x mit $h = \bigl(\exp_x|V_\varepsilon(0)\bigr)^{-1}$ sogenannte "geodätische Polarkoordinaten" mit Zentrum x, womit einfach der Diffeomorphismus

$$\begin{aligned} B_\varepsilon(x)\backslash\{x\} \xrightarrow{\sim} V_\varepsilon(0)\backslash\{0\} &\xrightarrow{\sim} \,]0,\varepsilon[\, \times S^{d-1} \\ x &\longmapsto \bigl(\|x\|, \tfrac{x}{\|x\|}\bigr) \end{aligned} \tag{7.133}$$

gemeint ist; die Umkehrabbildung zu (7.133) ist durch $\phi\colon (r, v) \mapsto \exp_x(r\,v) = \gamma_v(r)$ gegeben. Durch

$$S_r(x) := \bigl\{\exp_x(v) : v \in T_xM,\ \|v\| = r\bigr\} \equiv \phi\bigl(\{r\} \times S^{d-1}\bigr)\,, \quad 0 < r < \varrho(x)\,,$$

sind dann Hyperflächen (also 1-kodimensionale Untermannigfaltigkeiten) in M festgelegt.

Satz 7.209. (Gaußsches Lemma) *Sei (M,g) eine Riemannsche Mannigfaltigkeit mit dem Levi-Civita-Zusammenhang, $x \in M$ und $v \in T_xM \cap \mathscr{O}(M)$, so daß also* $\exp_x v$ *definiert ist. Für jedes $w \in T_xM \cong T_v(T_xM)$ gilt dann*

$$\big((d\exp_x)_v v, (d\exp_x)_v w\big) = \langle v, w\rangle\,. \tag{7.134}$$

Insbesondere stehen die Geodätischen durch den Punkt x senkrecht auf den Hyperflächen $S_r(x)$ für $0 < r < \varrho(x)$.

Beweis: Zerlegt man $w = w' + w^\perp$ mit w' parallel und $w^\perp$ orthogonal zu v, so folgt

$$\big\langle (d\exp_x)_v v, (d\exp_x)_v w'\big\rangle = \langle v, w'\rangle$$

unmittelbar aus der Definition von $\exp_x$. Aufgrund der Linearität von $d\exp_x$ genügt es zum Nachweis von (7.134) daher, den Fall $\langle v, w\rangle = 0$ zu betrachten.

Wir zeigen folgendes: Ist $c\colon\,]-\varepsilon,\varepsilon[\, \to T_xM$ eine Kurve in $T_xM \cap \mathscr{O}(M)$ mit $\|c(s)\| = \text{const}$, $c(0) = v$ und $\dot c(0) = w$, so gilt für jedes $0 < t_0 \le 1$

$$\frac{d}{ds}\Big|_{s=0} \exp_x\big(t_0\, c(s)\big) \perp \frac{d}{dt}\Big|_{t=t_0} \exp_x\big(t\, c(0)\big)\,;$$

für $t_0 = 1$ ergibt dies dann wie gewünscht $(\exp_x)_* w \perp \dot\gamma_v(1) = (\exp_x)_* v$.

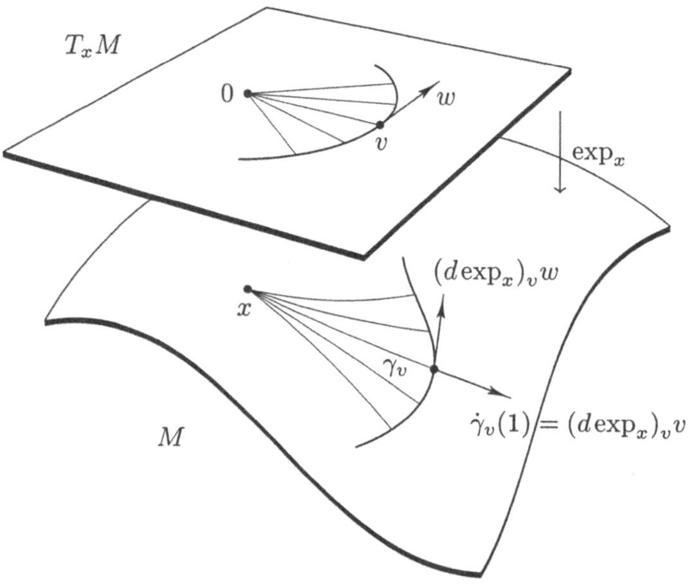

Bezeichnet nun $\alpha_s(t) = \exp_x\big(t\,c(s)\big)$ für $0 \le t \le 1$, so ist zum einen $L\big(\alpha_s|[0,t_0]\big)$ unabhängig von s und mit Hilfe von Formel (7.131) (erste Variation der Länge)

gilt

$$0 = \frac{d}{ds}\Big|_{s=0} L\big(\alpha_s|[0,t_0]\big) = \Big\langle \frac{d}{ds}\Big|_{s=0} \alpha_s(t)\,,\, \dot\alpha_0(t)\Big\rangle\Big|_{t=0}^{t=t_0}$$
$$= \Big\langle \frac{d}{ds}\Big|_{s=0} \exp_x\big(t_0\, c(s)\big)\,,\, \dot\gamma_v(t_0)\Big\rangle\,.$$

Der zweite Teil der Aussage schließlich ist evident: Ist nämlich $s \mapsto c(s)$ eine differenzierbare Kurve in $S^{d-1} \subset T_xM$ und $\beta(s) := \exp_x\big(r\, c(s)\big)$ die entsprechende Kurve in $S_r(x)$, so gilt nach obigem $\dot\beta(s) \perp \dot\gamma_{c(s)}(r)$. □

Satz 7.210. *Sei (M,g) eine Riemannsche Mannigfaltigkeit und $x \in M$. Weiter sei $V_\varepsilon(0) \subset T_xM$ eine offene ε-Kugel derart, daß $\exp_x|V_\varepsilon(0)$ eine Einbettung ist. Dann besitzt für jedes $v \in V_\varepsilon(0)$ die geodätische Kurve*

$$\gamma_v\colon [0,1] \to M\,, \quad t \mapsto \exp_x(tv)\,, \tag{7.135}$$

Länge $L(\gamma_v) = \|v\| = d(x, \exp_x v)$. Sie ist modulo Parametrisierung die einzige x und $y := \exp_x v$ verbindende Kurve der Länge $d(x,y)$. Zudem gilt

$$\exp_x\big(V_\varepsilon(0)\big) = \big\{p \in M : d(x,p) < \varepsilon\big\}\,.$$

Bezeichnung. Man nennt $B_r(x) = \{p \in M : d(x,p) < r\}$ die *geodätische Kugel* um x mit Radius r; für $\varepsilon < \varrho(x)$ ist nach obigem Satz $B_\varepsilon(x) = \exp_x\big(V_\varepsilon(0)\big)$ und die Hyperfläche

$$S_\varepsilon(x) = \big\{p \in M : d(x,p) = \varepsilon\big\}$$

heißt die *geodätische Sphäre* um x mit Radius ε. Die im Punkte x beginnenden Geodätischen in $B_\varepsilon(x)$ heißen *radiale Geodätische*; nach dem Gaußschen Lemma durchdringen sie geodätische Sphären um x orthogonal.

Beweis (von Satz 7.210): Wir benutzen "geodätische Polarkoordinaten" mit Zentrum x auf $B_\varepsilon(x)\setminus\{x\} = \exp_x\big(V_\varepsilon(0)\setminus\{0\}\big)$ und identifizieren

$$\phi\colon\,]0,\varepsilon[\, \times S^{d-1} \xrightarrow{\sim} B_\varepsilon(x)\setminus\{x\}\,, \quad (r,\vartheta) \mapsto \exp_x(r\vartheta)\,.$$

Nach dem Gaußschen Lemma gilt dann

$$\phi^*\big(g|(B_\varepsilon(x)\setminus\{x\})\big) = dr \otimes dr + h_r\,,$$

wobei h_r für die Riemannsche Metrik auf S^{d-1} steht, die man durch pullback unter ϕ aus der von g auf der geodätischen r-Sphäre $S_r(x)$ induzierten Riemannschen Metrik erhält.

(1) Wir zeigen zunächst, daß jede in x startende stückweise differenzierbare Kurve $c\colon [0,1] \to M$, die $B_\varepsilon(x) = \exp_x\big(V_\varepsilon(0)\big)$ verläßt, Länge $\geq \varepsilon$ hat.

Bezeichnet hierfür etwa $t_1 \in\,]0,1]$ den ersten Zeitpunkt mit $c(t_1) \in \partial B_\varepsilon(x) = S_\varepsilon(x)$, so besitzt $c|\,]0,t_1]$ eine eindeutige Darstellung der Form

$$c(t) = \exp_x\big(r(t)\cdot\vartheta(t)\big) \equiv \phi\big(r(t),\vartheta(t)\big)\,, \quad 0 < t \leq t_1\,,$$

mit stückweise differenzierbaren Kurven $t \mapsto \vartheta(t)$ in $S^{d-1} \subset T_xM$ und $t \mapsto r(t)$ in $]0,\infty[$ (dabei haben wir ohne Beschränkung der Allgemeinheit $c(t_0) \neq x$ für $t_0 \in]0,t_1]$ angenommen; andernfalls vernachlässigen wir das Intervall $[0,t_0[$, was die Länge von c höchstens verkürzt). Damit hat man bis auf endlich viele Punkte

$$\|\dot{c}(t)\|^2 = |\dot{r}(t)|^2 + h_{r(t)}\big(\dot{\vartheta}(t)\,,\dot{\vartheta}(t)\big)\,,$$

und man kann daher abschätzen

$$L(c) \geq \int_0^{t_1} \|\dot{c}(t)\|\,dt = \int_0^{t_1} \Big[|\dot{r}(t)|^2 + h_{r(t)}\big(\dot{\vartheta}(t)\,,\dot{\vartheta}(t)\big)\Big]^{1/2} dt \geq \int_0^{t_1} |\dot{r}(t)|\,dt \geq \varepsilon\,.$$

(2) Sei nun $\gamma = \gamma_v$ wie in (7.135) die Geodätische von x nach $y := \exp_x v$ und c: $[0,1] \to M$ irgendeine stückweise differenzierbare Kurve, die x und y verbindet. Dann ist $L(c) \geq L(\gamma)$ mit Gleichheit genau dann, wenn $c = \gamma$ modulo Parametrisierung. Nach (1) können wir nämlich zunächst annehmen, daß c ganz in $B_\varepsilon(x)$ verläuft und folglich wie in (1) von der Form $c(t) = \exp_x\big(r(t)\cdot\vartheta(t)\big)$ ist. Daraus folgt wieder

$$L(c) = \int_0^1 \Big[|\dot{r}(t)|^2 + h_{r(t)}\big(\dot{\vartheta}(t)\,,\dot{\vartheta}(t)\big)\Big]^{1/2} dt \geq \int_0^1 |\dot{r}(t)|\,dt \geq r(1) - r(0) = L(\gamma)\,,$$

wobei Gleichheit genau dann gilt, wenn $\dot{\vartheta}(t) \equiv 0$ und $t \mapsto r(t)$ isoton ist. □

Geodätische Kurven, welche die Distanz zwischen zwei Punkten realisieren, nennt man *minimale Geodätische.* Satz 7.210 liefert außerdem, daß jede Kurve, welche die Distanz zwischen ihren Endpunkten realisiert, (nach Reparametrisierung) bereits eine minimale Geodätische ist.

Korollar. (Geodätische als lokal kürzeste Kurven) *Sei (M,g) eine Riemannsche Mannigfaltigkeit und c: $I \to \mathbb{R}$ eine differenzierbare Kurve auf M (mit $I \subset \mathbb{R}$ einem offenen Intervall), die proportional zur Bogenlänge parametrisiert sei. Die Kurve c ist genau dann eine Geodätische, wenn es zu jedem $t \in I$ ein $\varepsilon > 0$ derart gibt, daß $d\big(c(t), c(t+\varepsilon)\big) = L\big(c|[t,t+\varepsilon]\big)$ gilt.*

Zusammenfassend läßt sich auf die eingangs gestellte Frage nach der Differenzierbarkeit der Distanzfunktion $d(x,\cdot)$ bereits folgende Teilantwort geben: Ist $V_\varepsilon(0) \subset T_xM$ eine offene ε-Kugel mit $\varepsilon \leq \varrho(x)$, dann ist jedenfalls

$$d(x,\cdot)|B_\varepsilon(x) = \|\ \ \| \circ \big(\exp_x|V_\varepsilon(0)\big)^{-1}$$

differenzierbar auf der punktierten geodätischen Kugel $B_\varepsilon(x) \setminus \{x\}$ um x mit Radius ε. Die Frage, wie groß dabei ε gewählt werden darf, erfordert also Information über den Injektivitätsradius $\varrho(x)$ bei x.
Bevor wir auf solche Fragestellungen eingehen, wollen wir noch einige Tatsachen über die metrische Struktur Riemannscher Mannigfaltigkeiten festhalten. Zunächst verifiziert man leicht, daß die Distanzfunktion d: $M \times M \to \mathbb{R}_+$ tatsächlich eine Metrik auf M definiert und die Topolgie von M mit der metrischen Topologie von (M,d) übereinstimmt. Nützlich ist der folgende klassische Satz, dessen Beweis wir der Vollständigkeit halber kurz skizzieren.

Satz 7.211. (Hopf-Rinow) *Für eine zusammenhängende Riemannsche Mannigfaltigkeit* (M,g) *sind äquivalent:*

(i) (M,d) *ist ein vollständiger metrischer Raum (d. h. jede Cauchyfolge in* M *ist konvergent).*

(ii) (M,g) *ist metrisch vollständig (d. h. der Definitionsbereich jeder Geodätischen kann auf ganz* $\mathbb{R}$ *ausgedehnt werden).*

(iii) *Für mindestens ein* $x \in M$ *ist* $\exp_x$ *auf ganz* T_xM *definiert.*

Alle drei Bedingungen implizieren, daß je zwei Punkte in M *durch eine minimale Geodätische verbunden werden können.*

Beweis: (i) $\Rightarrow$ (ii): Sonst gibt es eine maximale Geodätische γ: $]a,b[\to M$ mit $b < \infty$; ohne Einschränkung sei $\|\dot\gamma\| \equiv 1$. Wir wählen eine monotone Folge $(t_n)_{n\in\mathbb{N}}$ in $]a,b[$ mit $t_n \to b$. Wegen $d\big(\gamma(t_m), \gamma(t_n)\big) \le |t_m - t_n|$ ist dann $\big(\gamma(t_n)\big)_{n\in\mathbb{N}}$ eine Cauchyfolge, so daß nach Voraussetzung $x := \lim_{n\to\infty} \gamma(t_n)$ existiert.

Um den Punkt x wählen wir eine geodätische Kugel $B_\varepsilon(x)$ mit Radius $\varepsilon > 0$ derart, daß für den Injektivitätsradius ϱ die Ungleichung $\varrho|B_\varepsilon(x) > 2\varepsilon$ erfüllt ist. Für großes n gilt dann $\gamma(t_n) \in B_\varepsilon(x)$, und $\gamma|[t_n, t_{n+k}]$ ist die minimale Geodätische, die $\gamma(t_n)$ und $\gamma(t_{n+k})$ verbindet, insbesondere also

$$d\big(\gamma(t_{n+k}), \gamma(t_n)\big) = t_{n+k} - t_n\,,$$

mit $k \to \infty$ folglich $d\big(x, \gamma(t_n)\big) = b - t_n$. Somit ist $\gamma|[t_n, t_{n+k}]$ eine Kurve der Länge $t_{n+k} - t_n$, die auf der geodätischen Sphäre $S_{b-t_n}(x)$ mit Radius $b - t_n$ startet und auf der geodätischen Sphäre $S_{b-t_{n+k}}(x)$ mit Radius $b - t_{n+k}$ endet. Nach Satz 7.210 liegt daher $\gamma|[t_n, t_{n+k}]$ auf einer in x startenden radialen Geodätischen, und es folgt

$$\gamma(t) = \exp_x\big((b-t)v\big), \quad b - \varepsilon < t < b,$$

für ein $v \in T_xM$ mit $\|v\| = 1$. Dies zeigt aber, daß γ vermöge

$$\gamma(t) = \exp_x\big((b-t)v\big), \quad b \le t < b + \varepsilon,$$

über b hinaus fortgesetzt werden kann — im Widerspruch zur Maximalität von γ.

(ii) $\Rightarrow$ Aussage des Zusatzes: Seien $x,y \in M$ mit $d(x,y) = r > 0$; zu zeigen ist, daß x und y durch eine Geodätische der Länge r verbindbar sind. Wir fixieren dazu eine geodätische Kugel $B_\varepsilon(x)$ um x mit Radius $\varepsilon < \varrho(x)$ und $y \notin B_\varepsilon(x)$. Aufgrund der Kompaktheit von $S_\varepsilon(x)$ gibt es ein $x_0 \in S_\varepsilon(x)$ mit minimalem Abstand zu y; es ist $x_0 = \exp_x(\varepsilon v)$ für ein $v \in T_xM$ mit $\|v\| = 1$.

Wir betrachten die nach Voraussetzung für $t \in \mathbb{R}_+$ wohldefinierte Geodätische $\gamma(t) = \exp_x(tv)$ und wollen zeigen, daß $y = \exp_x(rv)$ gilt.

Wegen $r = d(x,y) \le d\big(x, \gamma(t)\big) + d\big(\gamma(t), y\big) \le t + d\big(\gamma(t), y\big)$ ist $d\big(\gamma(t), y\big) \ge r - t$. Wir zeigen, daß für jedes t mit $\varepsilon \le t \le r$ sogar

$$d\big(\gamma(t), y\big) = r - t \tag{7.136}$$

gilt, was für $t = r$ dann insbesondere die Behauptung liefert. Zunächst verifiziert man (7.136) für $t = \varepsilon$: man erhält $d(x_0, y) = r - \varepsilon$ aufgrund von

$$r = d(x,y) = \min_{x' \in S_\varepsilon(x)} \big[d(x,x') + d(x',y)\big] = \varepsilon + d(x_0,y).$$

Gilt aber (7.136) für $t \in [\varepsilon, r]$, so auch für alle t' mit $\varepsilon \le t' \le t$, nämlich

$$d\big(\gamma(t'),y\big) \le d\big(\gamma(t'),\gamma(t)\big) + d\big(\gamma(t),y\big) \le (t-t') + (r-t) = r - t'.$$

Es sei nun $t_0 := \sup\{t \in [\varepsilon, r] : d\big(\gamma(t),y\big) = r - t\}$; dann gilt (7.136) insbesondere auch für t_0 und zu zeigen bleibt $t_0 = r$. Angenommen $t_0 < r$, so wählt man wieder eine hinreichend kleine geodätische Kugel $B_{\varepsilon_1}\big(\gamma(t_0)\big)$ um $\gamma(t_0)$ und $x_1 \in S_{\varepsilon_1}\big(\gamma(t_0)\big)$ mit minimalem Abstand zu y. Wegen $d(x_1,y) = d\big(\gamma(t_0),y\big) - \varepsilon_1 = (r - t_0) - \varepsilon_1$ ist dann

$$d(x,x_1) \ge d(x,y) - d(x_1,y) = r - (r - t_0 - \varepsilon_1) = t_0 + \varepsilon_1.$$

Da die Kurve $\gamma|[0,t_0]$ von x nach $\gamma(t_0)$, verlängert um die radiale Geodätische von $\gamma(t_0)$ nach x_1, aber Länge $t_0 + \varepsilon_1$ besitzt, realisiert sie die Distanz $d(x,x_1)$; sie muß folglich nach obigem Korollar geodätisch sein und daher mit $\gamma|[0,t_0+\varepsilon_1]$ übereinstimmen. Insbesondere ist dann $x_1 = \gamma(t_0 + \varepsilon_1)$ und

$$d\big(\gamma(t_0+\varepsilon_1),y\big) = d(x_1,y) = r - (t_0 + \varepsilon_1),$$

im Widerspruch zur Definition von t_0.

(ii) $\Rightarrow$ (iii) ist eine Abschwächung.

(iii) $\Rightarrow$ (i): Da Cauchyfolgen beschränkt sind, genügt es natürlich zu zeigen, daß jede beschränkte Teilmenge A von M in einer kompakten Teilmenge $K \subset M$ enthalten ist. Es sei $x \in M$ derart, daß $\exp_x\colon T_xM \to M$ auf ganz T_xM wohldefiniert ist, und es gelte etwa $d(a,x) \le r$ für alle $a \in A$. Gemäß Zusatz ist dann $a = \exp_x v$ für ein $v \in T_xM$ mit $\|v\| \le r$, so daß $A \subset \exp_x\big(\bar V_r(0)\big)$, wobei $K := \exp_x\big(\bar V_r(0)\big)$ als stetiges Bild einer kompakten Menge kompakt ist. □

Im folgenden sei (M,g) stets als metrisch vollständig und ohne Einschränkung als zusammenhängend vorausgesetzt. Für jedes $x \in M$ ist dann $\exp_x$ auf ganz T_xM definiert und liefert für $r \le \varrho(x)$ einen Diffeomorphismus von $V_r(0)$ auf $B_r(x)$. Ein Punkt $x \in M$ heißt ein *Pol* für (M,g), falls $\varrho(x) = \infty$ gilt.

Definition 7.212. (Schnittort) Sei (M,g) eine metrisch vollständige Riemannsche Mannigfaltigkeit. Zu $x \in M$ und $v \in T_xM$ mit $\|v\| = 1$ bezeichne γ_v die in x startende Geodätische mit $\dot\gamma_v(0) = v$, also $\gamma_v(t) = \exp_x(tv)$, und dazu

$$\begin{aligned} s(v) &:= \sup\{t \ge 0 : d\big(x,\gamma_v(t)\big) = t\} \\ &\equiv \sup\{t \ge 0 : \gamma_v|[0,t] \text{ ist minimale Geodätische}\} \in \,]0,\infty]. \end{aligned}$$

Dann heißt $C_x := \{s(v)\cdot v : v \in T_xM,\ \|v\| = 1,\ s(v) < \infty\}$ der *Schnittort von* $\exp_x$ *in* x und die Menge

$$\mathrm{Cut}(x) := \exp_x(C_x) \subset M$$

der *Schnittort* (cut locus) *von* M *bezüglich* x.

Ist $s(v) < \infty$, so hört also $\gamma_v|[0,t]$ für $t > s(v)$ auf, kürzeste Verbindung zwischen $x = \gamma_v(0)$ und $\gamma_v(t)$ zu sein. Den Punkt $\gamma_v\big(s(v)\big)$ nennt man deshalb auch *Schnittpunkt von x längs γ_v*. Nach dem Satz von Hopf-Rinow wird also γ_v in jedem Punkt $\gamma_v\big(s(v)+\varepsilon\big)$ (für $\varepsilon > 0$) durch eine kürzere von x ausgehende geodätische Kurve geschnitten.

Es wird sich im folgenden herausstellen, daß stets $\varrho(x) = d\big(x, \mathrm{Cut}(x)\big)$ gilt; aufgrund von Satz 7.210 ist jedenfalls klar, daß $\exp_x|V_r(0)$ für $r > d\big(x, \mathrm{Cut}(x)\big)$ keine Einbettung mehr ist, also entweder nicht mehr injektiv ist oder kritische Punkte besitzt. Wir wollen uns zunächst mit kritischen Punkten der Exponentialfunktion befassen.

Definition 7.213. (Konjugierter Ort) Sei (M,g) eine metrisch vollständige Riemannsche Mannigfaltigkeit und $x \in M$. Kritische Punkte $v \in T_xM$ von $\exp_x\colon T_xM \to M$ nennt man *zu x konjugierte Vektoren*. Dann heißt

$$K_x := \{v \in T_xM : v \text{ ist ein zu } x \text{ konjugierter Vektor}\}$$

der *konjugierte Ort von $\exp_x$ in T_xM* und die Menge

$$\mathrm{Konj}(x) := \exp_x\big(K_x\big) \equiv \{y \in M : y \text{ ist kritischer Wert von } \exp_x\}$$

der *konjugierte Ort in M bezüglich x*. Ist $y \in \mathrm{Konj}(x)$ und gilt $y = \exp_x v$ mit $v \in K_x$, so sagt man "y ist längs der Geodätischen $\gamma_v(t) = \exp_x(tv)$ $(0 \le t \le 1)$ zu x konjugiert".

Der nächste Satz liefert eine fundamentale Charakterisierung des Schnittorts.

Satz 7.214. *Sei (M,g) eine metrisch vollständige Riemannsche Mannigfaltigkeit, γ eine normale geodätische Kurve auf M und $\gamma(t_0)$ ein Schnittpunkt von $x = \gamma(0)$ längs γ. Dann gilt entweder*

(i) *$\gamma(t_0)$ ist längs γ zu $\gamma(0)$ konjugiert, oder*

(ii) *es gibt eine geodätische Kurve $\sigma \neq \gamma$ von x nach $\gamma(t_0)$ mit $L(\sigma) = L\big(\gamma|[0,t_0]\big)$.*

Beweis: Es sei $\gamma(t_0)$ wie angegeben und $(\varepsilon_n)_{n\in\mathbb{N}}$ eine Folge reeller Zahlen mit $0 < \varepsilon_n \to 0$. Für jedes $n \in \mathbb{N}$ sei σ_n eine normale minimale Geodätische, die x und $\gamma(t_0+\varepsilon_n)$ verbindet. Dann ist $\dot\sigma_n(0) \in T_xM$ mit $\|\dot\sigma_n(0)\| = 1$; aufgrund der Kompaktheit der Einheitssphäre $S^{d-1} \subset T_xM$ dürfen wir (nach eventuellem Übergang zu einer Teilfolge) annehmen, daß $\dot\sigma_n(0)$ in S^{d-1} konvergiert. Folglich gibt es eine in x startende geodätische Kurve σ mit $\dot\sigma_n(0) \to \dot\sigma(0)$. Aufgrund der Stetigkeit der Exponentialfunktion ist σ eine minimale Geodätische von x nach $\gamma(t_0)$ und folglich $L\big(\sigma|[0,t_0]\big) = L\big(\gamma|[0,t_0]\big)$. Gilt nun $\sigma \neq \gamma$, so ist Teil (ii) der Behauptung erfüllt; es genügt somit, im Fall $\sigma = \gamma$ Aussage (i) zu verifizieren; zu zeigen ist also, daß $d\exp_x$ bei $t_0\dot\gamma(0)$ singulär ist, sofern $\sigma = \gamma$ gilt.

Wir nehmen an, es gelte $\dot\sigma(0) = \dot\gamma(0)$ mit $d\exp_x$ nicht singulär bei $t_0\,\dot\gamma(0)$. Dann gibt es eine offene Umgebung V von $t_0\,\dot\gamma(0)$, auf der $\exp_x$ eine Einbettung ist. Nach Definition von σ_n ist $\gamma(t_0+\varepsilon_n) = \sigma_n(t_0+\tilde\varepsilon_n)$ mit $\tilde\varepsilon_n \le \varepsilon_n$, da σ_n eine minimale Geodätische ist, und $\tilde\varepsilon_n \to 0$ für $n\to\infty$. Für hinreichend großes n liegen somit $(t_0+\tilde\varepsilon_n)\dot\sigma_n(0)$ und $(t_0+\varepsilon_n)\dot\gamma(0)$ in V, und es gilt

$$\exp_x\big((t_0+\varepsilon_n)\dot\gamma(0)\big) = \gamma(t_0+\varepsilon_n) = \sigma_n(t_0+\tilde\varepsilon_n) = \exp_x\big((t_0+\tilde\varepsilon_n)\dot\sigma_n(0)\big);$$

folglich $(t_0+\varepsilon_n)\dot\gamma(0) = (t_0+\tilde\varepsilon_n)\dot\sigma_n(0)$ und damit $\dot\gamma(0) = \dot\sigma_n(0)$ für großes n, im Widerspruch zur Definition von σ_n. □

Ist (M,g) eine metrisch vollständige Riemannsche Mannigfaltigkeit, $x\in M$ ein fixierter Punkt und $S^{d-1} = \{v\in T_xM : \|v\| = 1\}$ die Einheitssphäre in T_xM, so kann man zeigen (z.B. [K-N 69], p. 98), daß die in Definition 7.212 betrachtete Abbildung

$$s\colon S^{d-1}\to \overline{\mathbb{R}}_+,\quad s(v) = \sup\big\{t\ge 0 : \gamma_v|[0,t] \text{ ist minimale Geodätische}\big\},$$

stetig ist. Da s zudem strikt positiv ist, definiert

$$U_x := \big\{t\,v\in T_xM : v\in S^{d-1},\ 0\le t< s(v)\big\}$$

folglich eine offene sternförmige Nullumgebung in T_xM mit $\partial U_x = C_x$; gemäß Definition 7.212 ist somit $\mathrm{Cut}(x) = \exp_x(\partial U_x)$.

Satz 7.215. *Ist (M,g) eine metrisch vollständige Riemannsche Mannigfaltigkeit und $x\in M$, so gilt*

$$M = \exp_x(U_x)\,\dot\cup\,\mathrm{Cut}(x).$$

Beweis: Sei $y\in M$. Nach Satz 7.211 (Hopf-Rinow) gibt es eine minimale Geodätische

$$\gamma_v\colon \gamma_v(t) = \exp_x(tv),\quad \|v\| = 1,\quad 0\le t\le b,$$

die x und y verbindet; folglich ist $b\le s(v)$. Es bleibt die Disjunktheit der Vereinigung zu zeigen. Ist etwa $y\in \exp_x(U_x)\cap\mathrm{Cut}(x)$, so gilt $y = \exp_x(t_0v_0) = \exp_x(t_1v_1)$ mit $v_0,v_1\in S^{d-1}\subset T_xM$, sowie $t_0< s(v_0)$ und $t_1 = s(v_1)$. Sowohl $\gamma_{v_0}|[0,t_0]$ wie auch $\gamma_{v_1}|[0,t_1]$ sind dann minimale Geodätische, die x und y verbinden, folglich ist $t_0 = t_1$. Zudem ist $\gamma_{v_0}|[0,t_0+\varepsilon]$ auch für hinreichend kleines $\varepsilon>0$ noch minimal. Wie aber das folgende Lemma zeigt, kann γ_{v_0} über das Intervall $[0,t_0]$ hinaus nicht minimal sein. □

Lemma 7.216. *Sei $\gamma\colon\mathbb{R}\to M$ eine Geodätische auf einer Riemannsche Mannigfaltigkeit (M,g). Gibt es eine geodätische Kurve $\sigma\ne\gamma$, die $\gamma(0)$ und $\gamma(t_0)$ mit gleicher Länge wie γ verbindet, so kann $\gamma|[0,t_0+\varepsilon]$ für $\varepsilon>0$ nicht minimal sein.*

Beweis: Sei etwa σ: $[0,t_0] \to M$ eine weitere $\gamma(0)$ und $\gamma(t_0)$ verbindende Geodätische mit Länge $L(\sigma) = L(\gamma|[0,t_0])$; weiter sei auch $\gamma|[0,t_0+\varepsilon]$ für ein $\varepsilon > 0$ noch minimal. Dann ist aber c: $[0,t_0+\varepsilon] \to M$, definiert durch $c|[0,t_0] = \sigma|[0,t_0]$ und $c|[t_0,t_0+\varepsilon] = \gamma|[t_0,t_0+\varepsilon]$, ebenfalls eine x und $\gamma(t_0+\varepsilon)$ verbindende Kurve mit derselben Länge wie $\gamma|[0,t_0+\varepsilon]$. Folglich ist auch c eine minimale Geodätische und muß wegen $c|[t_0,t_0+\varepsilon] = \gamma|[t_0,t_0+\varepsilon]$ mit γ übereinstimmen. Dann stimmt aber auf $[0,t_0]$ auch γ mit σ überein. □

Satz 7.215 zusammen mit Lemma 7.216 ergibt insbesondere das folgende

Korollar. *Sei (M,g) eine metrisch vollständige Riemannsche Mannigfaltigkeit und $x \in M$. Dann gibt es zu jedem Punkt $y \in M \setminus \mathrm{Cut}(x)$ genau eine minimale Geodätische, die x und y verbindet.*

Beispiel 7.217. Ist $M = S^d$ die d-dimensionale Sphäre (aufgefaßt als Teil des $\mathbb{R}^{d+1}$ mit der induzierten kanonischen Riemannschen Metrik), so gilt für jeden Punkt $x \in S^d$

$$\mathrm{Konj}(x) = \mathrm{Cut}(x) = \{-x\}.$$

Ist $y \in \mathrm{Konj}(x)$, etwa $y = \exp_x v$, so sagt man, "v liegt im ersten konjugierten Ort in T_xM", wenn $\exp_x$ bei tv für $0 \le t < 1$ regulär ist. Wir werden sehen, daß jede von x ausgehende geodätische Kurve γ auf M den Schnittort $\mathrm{Cut}(x)$ notwendig nicht später trifft als den ersten zu x konjugierten Punkt längs γ. Dies zeigt dann, daß $\exp_x|U_x$ nicht nur injektiv, sondern auch ein lokaler Diffeomorphismus ist, und damit einen Diffeomorphismus von U_x auf $\exp_x(U_x)$ definiert. Folglich ist $M \setminus \mathrm{Cut}(x)$ diffeomorph zu einer offenen Kugel im $\mathbb{R}^d$, und $\mathrm{Cut}(x)$ selbst ist starker Deformationsretrakt von $M \setminus \{x\}$. In diesem Sinn enthält der Schnittort $\mathrm{Cut}(x)$ die Topologie von M; er wird also im allgemeinen eine komplizierte Struktur aufweisen, was darauf hindeutet, daß Beispiel 7.217 nicht typisch ist.

$M \setminus \mathrm{Cut}(x)$ läßt sich charakterisieren als die maximale offene Teilmenge von M mit der Eigenschaft, daß jeder ihrer Punkte in eindeutiger Weise durch eine minimale Geodätische mit x verbindbar ist.

Bevor wir uns mit einer der Grundfragen für das weitere beschäftigen, nämlich dem Problem, wann längs eines radialen Strahls $t \mapsto tv$ in T_xM der erste konjugierte Vektor in T_xM kommt, wollen wir einen Exkurs über den Begriff der Krümmung einer Riemannschen Mannigfaltigkeit einschieben. Die grundlegende Antwort auf obige Frage wird dann durch das sogenannte Vergleichsprinzip gegeben, welches grob gesprochen besagt, daß der erste konjugierte Vektor umso später kommt, je kleiner die Krümmung ist.

Sei (M,g) eine Riemannsche Mannigfaltigkeit mit $\dim M \geq 2$ und ∇ der Levi-Civita-Zusammenhang auf M. Gemäß Definition 7.93 ist der Krümmungstensor $R \in \Gamma(T^*M^{\otimes 3} \otimes TM)$ durch

$$R(X,Y,Z) \equiv R(X,Y)Z := \nabla_X \nabla_Y Z - \nabla_Y \nabla_X Z - \nabla_{[X,Y]} Z$$

für $X,Y,Z \in \Gamma(TM)$ festgelegt; gelesen entweder als $C^\infty(M)$-trilineare Abbildung $\Gamma(TM)^3 \to \Gamma(TM)$ oder als

$$\Gamma(TM \otimes TM) \longrightarrow \mathrm{Hom}_{C^\infty(M)}\big(\Gamma(TM), \Gamma(TM)\big).$$

Lemma 7.218. (Krümmungsidentitäten) *Für $X,Y,Z,U \in \Gamma(TM)$ gilt:*

(i) $\langle R(X,Y)Z,U\rangle = -\langle R(Y,X)Z,U\rangle = -\langle R(X,Y)U,Z\rangle$

(ii) $\langle R(X,Y)Z,U\rangle = \langle R(Z,U)X,Y\rangle$

(iii) $R(X,Y)Z + R(Y,Z)X + R(Z,X)Y = 0$ (Bianchi-Identität).

Beweis: (i): Die Antisymmetrie im ersten und zweiten Argument ist trivial, im dritten und vierten Argument gilt sie wegen

$$\langle \nabla_X \nabla_Y Z, Z\rangle = \tfrac{1}{2} X\big(Y\langle Z,Z\rangle\big) - \langle \nabla_Y Z, \nabla_X Z\rangle$$
$$\langle \nabla_{[X,Y]} Z, Z\rangle = \tfrac{1}{2}[X,Y]\langle Z,Z\rangle .$$

(iii): Die Bianchi-Identität folgt aus der Tatsache, daß für $X,Y,Z \in \Gamma(TM)$ stets $\big[X,[Y,Z]\big] + \big[Y,[Z,X]\big] + \big[Z,[X,Y]\big] = 0$ ist (Jacobi-Identität für das Lieprodukt von Vektorfeldern); aufgrund der Torsionsfreiheit von ∇ ist nämlich gerade

$$R(X,Y)Z + R(Y,Z)X + R(Z,X)Y = \big[X,[Y,Z]\big] + \big[Y,[Z,X]\big] + \big[Z,[X,Y]\big] = 0.$$

(ii): Gemäß Bianchi-Identität ist zunächst

$$\langle R(X,Y)Z,U\rangle + \langle R(Y,Z)X,U\rangle + \langle R(Z,X)Y,U\rangle = 0$$
$$-\langle R(X,Y)U,Z\rangle + \langle R(Y,U)X,Z\rangle + \langle R(U,X)Y,Z\rangle = 0$$
$$-\langle R(Z,U)X,Y\rangle + \langle R(U,X)Z,Y\rangle + \langle R(X,Z)U,Y\rangle = 0$$
$$\langle R(Z,U)Y,X\rangle + \langle R(U,Y)Z,X\rangle + \langle R(Y,Z)U,X\rangle = 0.$$

Addition der vier Gleichungen ergibt nun unter Beachtung von i) direkt

$$2\langle R(X,Y)Z,U\rangle - 2\langle R(Z,U)X,Y\rangle = 0$$

und damit die Behauptung. □

Weitere Krümmungsgrößen erhält man durch Kontraktion aus dem Riemannschen Krümmungstensor.

Definition 7.219. (Ricci-Krümmung, skalare Krümmung) Für eine Riemannsche Mannigfaltigkeit (M,g) heißt $\mathrm{Ric}^M \in \Gamma(T^*M \otimes T^*M)$, definiert durch

$$\mathrm{Ric}_x^M(u,v) := \mathrm{trace}\big(T_xM \to T_xM\,,\ w \mapsto R(w,u,v)\big) \equiv \sum_{i=1}^d \big\langle R(e_i,u)v\,,e_i\big\rangle\,,$$

wobei $(e_1,\dots,e_d)$ eine Orthonormalbasis für T_xM bezeichnet, der *Ricci-Tensor* von (M,g); die symmetrische Bilinearform

$$\mathrm{Ric}_x^M\colon T_xM \times T_xM \to \mathbb{R}$$

nennt man auch *Ricci-Krümmung* bei x. Die skalare Funktion k^M schließlich,

$$k^M(x) := \mathrm{trace}\,\mathrm{Ric}_x^M = \sum_{j=1}^d \mathrm{Ric}_x^M(e_j,e_j) \equiv \sum_{i=1}^d\sum_{j=1}^d \big\langle R(e_i,e_j)e_j\,,e_i\big\rangle\,,$$

wobei $(e_1,\dots,e_d)$ wieder eine Orthonormalbasis für T_xM ist, heißt die *skalare Krümmung* von (M,g).

Definition 7.220. (Schnittkrümmung) Sei (M,g) eine Riemannsche Mannigfaltigkeit mit $\dim M \geq 2$. Weiter sei $G_2TM \to M$ das Graßmann 2-Bündel, (hier nur als Menge) definiert durch $G_2TM := \bigcup_{x\in M} G_2T_xM$ mit

$$G_2T_xM := \{E \subset T_xM : E \text{ zweidimensionaler } \mathbb{R}\text{-Untervektorraum}\}\,.$$

Dann ist die Abbildung $\mathrm{Riem}^M\colon G_2TM \to \mathbb{R}$,

$$\mathrm{Riem}^M\big|G_2T_xM \equiv \mathrm{Riem}_x^M\colon\ E = \mathrm{lin}\{u,v\} \mapsto \frac{\langle R(u,v)v,u\rangle}{\|u\|^2\|v\|^2 - \langle u,v\rangle^2}\,,$$

wohldefiniert (also unabhängig von der speziellen Wahl von u und v) und heißt die *Riemannsche Schnittkrümmung auf* M. Dabei ist $\|u\|^2\|v\|^2 - \langle u,v\rangle^2 = \|u\wedge v\|^2$ das Quadrat der Fläche des von u und v aufgespannten Parallelogramms in T_xM.

Bemerkung 7.221. Die Schnittkrümmung bestimmt den Krümmungstensor.

Beweis: Für $X,Y \in \Gamma(TM)$ ist zunächst $k(X,Y) := \langle R(X,Y)Y,X\rangle$ durch Riem^M eindeutig bestimmt. Aufgrund der Krümmungsidentitäten gilt aber nun

$$\begin{aligned}6\,\langle R(X,Y)Z,U\rangle = {}& k(X+U,Y+Z) - k(X+U,Y) - k(X+U,Z)\\ &- k(X,Y+Z) - k(U,Y+Z) + k(X,Z) + k(U,Y)\\ &- k(Y+U,X+Z) + k(Y+U,X) + k(Y+U,Z)\\ &+ k(Y,X+Z) + k(U,X+Z) - k(Y,Z) - k(U,X)\,,\end{aligned}$$

und R wiederum ist durch k vollständig bestimmt. □

Definition 7.222. Die Riemannsche Mannigfaltigkeit (M,g) hat *konstante (positive, negative) Krümmung*, wenn die Schnittkrümmung Riem^M konstant (positiv, negativ) ist. (M,g) heißt *flach*, wenn $\mathrm{Riem}^M \equiv 0$ (dazu äquivalent $R \equiv 0$) ist.

Wir wenden uns nun wieder dem Konjugationsverhalten der Exponentialfunktion zu. Ist γ eine geodätische Kurve auf M und $\gamma(t_0)$ ein Schnittpunkt von $x = \gamma(0)$ längs γ, so ist $\gamma|[0, t_0 + \varepsilon]$ für $\varepsilon > 0$ nicht mehr kürzeste Verbindung zwischen $x = \gamma(0)$ und $\gamma(t_0 + \varepsilon)$, was zum einen daran liegen kann, daß man durch eine Deformation von γ kürzere Kurven erhalten kann, oder daß es nichtbenachbarte Kurven gibt, die $\gamma(0)$ und $\gamma(t_0 + \varepsilon)$ für $\varepsilon > 0$ mit kürzerer Länge verbinden. Wir werden sehen, daß im ersten Fall $\gamma(t_0)$ längs γ zu x konjugiert sein muß, d.h. $\gamma(t_0) \in \operatorname{Konj}(x)$. Allgemein wird sich herausstellen, daß eine von x ausgehende geodätische Kurve γ, die bis t_0 den konjugierten Ort $\operatorname{Konj}(x)$ nicht trifft, kürzeste Verbindung von x nach $\gamma(t_0)$ ist, jedoch nur verglichen mit allen zu $\gamma|[0, t_0]$ hinreichend benachbarten (stückweise differenzierbaren) Kurven von x nach $\gamma(t_0)$.

Im Korollar zu Satz 7.208 haben wir Geodätische als kritische Punkte des Längenfunktionals bei Variation von Kurven eingeführt. Obige Diskussion legt nahe, neben der ersten Ableitung (erste Variation) auch die zweite Ableitung des Längenfunktionals in die Betrachtung einzubeziehen.

Satz 7.223. (Zweite Variation der Länge) *Sei (M, g) eine Riemannsche Mannigfaltigkeit mit dem Levi-Civita-Zusammenhang, γ: $[a, b] \to M$ eine normale Geodätische und α: $[a, b] \times]-\varepsilon, \varepsilon[\to M$ eine Variation von γ. Bezeichnet $\gamma_s = \alpha(\cdot, s)$, sowie $T = \frac{\partial}{\partial t}\alpha \equiv \alpha_* D_1 \in \Gamma(\alpha^* TM)$ und $V = \frac{\partial}{\partial s}\alpha \equiv \alpha_* D_2 \in \Gamma(\alpha^* TM)$, so gilt für die zweite Ableitung des Längenfunktionals $L(s) := L(\gamma_s) \equiv \int_a^b \|\dot\gamma_s(t)\|\, dt$ bei $s = 0$ die sogenannte Synge-Formel:*

$$L''(0) = \langle \nabla_{D_2} V, T\rangle(t,0)\Big|_{t=a}^{t=b} + \int_a^b \Big\{\|\nabla_{D_1} V\|^2 - \big\langle R(V,T)T, V\big\rangle - \big(D_1\langle V, T\rangle\big)^2\Big\}(t,0)\, dt.$$

Beweis: Zunächst hat man $L'(s) = \frac{d}{ds} L(\gamma_s) = \int_a^b \frac{1}{\|T\|} \langle \nabla_{D_1} V, T\rangle\, dt$ gemäß (7.132). Damit erhält man mit Hilfe der Cartanschen Strukturgleichungen (Satz 7.95) und der in Satz 7.101 (iii) gegebenen Charakterisierung Riemannscher Zusammenhänge

$$\begin{aligned} L''(s) &= \int_a^b \left\{ \frac{D_2\langle \nabla_{D_1} V, T\rangle}{\|T\|} - \frac{1}{2}\frac{\langle \nabla_{D_1} V, T\rangle\, D_2\langle T, T\rangle}{\|T\|^3} \right\} dt \\ &= \int_a^b \left\{ \frac{\langle \nabla_{D_2}\nabla_{D_1} V, T\rangle + \langle \nabla_{D_1} V, \nabla_{D_2} T\rangle}{\|T\|} - \frac{\langle \nabla_{D_1} V, T\rangle \langle \nabla_{D_2} T, T\rangle}{\|T\|^3} \right\} dt \\ &= \int_a^b \left\{ \frac{\big\langle R(V,T)V, T\big\rangle + \langle \nabla_{D_1}\nabla_{D_2} V, T\rangle + \langle \nabla_{D_1} V, \nabla_{D_2} T\rangle}{\|T\|} - \frac{\langle \nabla_{D_1} V, T\rangle^2}{\|T\|^3} \right\} dt. \end{aligned}$$

Da nun $\nabla_{D_1} T = 0$ und $\|T\| = 1$ längs γ ist, folgt für $s = 0$ die Formel

$$\begin{aligned} L''(0) &= \int_a^b \Big\{ \langle \nabla_{D_1} V, \nabla_{D_2} T\rangle - \big\langle R(V,T)T, V\big\rangle + D_1\langle \nabla_{D_2} V, T\rangle - \big(D_1\langle V, T\rangle\big)^2\Big\}(t,0)\, dt \\ &= \langle \nabla_{D_2} V, T\rangle(t,0)\Big|_{t=a}^{t=b} + \int_a^b \Big\{\|\nabla_{D_1} V\|^2 - \big\langle R(V,T)T, V\big\rangle - \big(D_1\langle V, T\rangle\big)^2\Big\}(t,0)\, dt, \end{aligned}$$

was zu zeigen war. □

Ist γ: $[a,b] \to M$ eine geodätische Kurve und α: $[a,b] \times]-\varepsilon,\varepsilon[\to M$ eine Variation von γ, so nennt man α eine *Jacobivariation*, falls die zu γ benachbarten Kurven $\gamma_s = \alpha(\cdot\,,s)$ geodätisch sind. Für $t \in [a,b]$ sagt man, α *variiert geodätisch bei* t, wenn das induzierte Kurvenstück $\alpha(t,\cdot)\colon]-\varepsilon,\varepsilon[\to M$ geodätisch ist.

Ist in der Situation von Satz 7.223 α: $[a,b] \times]-\varepsilon,\varepsilon[\to M$ eine Variation von γ: $[a,b] \to M$ mit festem Anfangs- und Endpunkt (d.h. $\alpha(a,s) \equiv \alpha(a,0)$ und $\alpha(b,s) \equiv \alpha(b,0)$ für $-\varepsilon < s < \varepsilon$), oder allgemeiner, variiert α geodätisch an den Endpunkten $t = a$ und $t = b$, so verschwindet in der Synge-Formel für die zweite Variation der Länge der Term $\langle \nabla_{D_2} V, T\rangle(t,0)\big|_{t=a}^{t=b}$, und man leitet aus Satz 7.223 das folgende Korollar ab.

Korollar. *Sei (M,g) eine Riemannsche Mannigfaltigkeit, γ: $[a,b] \to M$ eine normale Geodätische und α: $[a,b] \times]-\varepsilon,\varepsilon[\to M$ eine Variation von γ, die bei a und b geodätisch variiert. Ist $Y = \alpha_* D_2(\cdot\,,0) \in \Gamma(\gamma^*TM)$ das zugehörige Variationsfeld längs γ und $Y^\perp := Y - \langle Y,\dot\gamma\rangle\,\dot\gamma \in \Gamma(\gamma^*TM)$ dessen orthogonaler Anteil, so hat man für die zweite Variation der Länge die Formel:*

$$L''(0) = \int_a^b \Big\{ \|\nabla_D Y^\perp\|^2 - \big\langle R(Y^\perp,\dot\gamma)\dot\gamma\,, Y^\perp\big\rangle \Big\}\, dt\,. \tag{7.137}$$

Beweis: Es ist nämlich $\nabla_D Y^\perp = \nabla_D Y - \langle \nabla_D Y,\dot\gamma\rangle\,\dot\gamma = (\nabla_D Y)^\perp$ und somit

$$\|\nabla_D Y^\perp\|^2 = \|\nabla_D Y\|^2 - \langle \nabla_D Y,\dot\gamma\rangle^2\,,$$

woraus wegen $\big\langle R(Y,\dot\gamma)\dot\gamma\,, Y\big\rangle = \big\langle R(Y^\perp,\dot\gamma)\dot\gamma\,, Y^\perp\big\rangle$ die Behauptung folgt. □

Bemerkung 7.224. Ist α: $[a,b] \times]-\varepsilon,\varepsilon[\to M$ eine Jacobivariation der Geodätischen γ: $[a,b] \to M$ und bezeichnet $Y = (\alpha_* D_2)(\cdot\,,0) \in \Gamma(\gamma^*TM)$, so ist $D\langle Y,\dot\gamma\rangle$ konstant längs $\gamma = \alpha(\cdot\,,0)$. Verschwindet also etwa $\langle Y,\dot\gamma\rangle$ an den Endpunkten a und b, dann verschwindet $\langle Y,\dot\gamma\rangle$ bereits identisch auf $[a,b]$.

Beweis: Es bezeichne wieder $T = \alpha_* D_1 \in \Gamma(\alpha^*TM)$, sowie $V = \alpha_* D_2 \in \Gamma(\alpha^*TM)$. Aus $\nabla_{D_1} V - \nabla_{D_2} T = \alpha_*[D_1,D_2] = 0$ und $\nabla_{D_1} T = 0$ folgt zunächst

$$\nabla_{D_1}\nabla_{D_1} V = \nabla_{D_1}\nabla_{D_2} T = \nabla_{D_1}\nabla_{D_2} T - \nabla_{D_2}\nabla_{D_1} T = R(T,V)T \tag{7.138}$$

und daher

$$D_1 D_1 \langle V,T\rangle = D_1 \langle \nabla_{D_1} V,T\rangle = \langle \nabla_{D_1}\nabla_{D_1} V,T\rangle = \big\langle R(T,V)T,T\big\rangle = 0\,,$$

wobei sich das letzte Gleichheitszeichen aus Lemma 7.218 (i) ableitet. □

Ist somit γ: $[a,b] \to M$ eine normale geodätische Kurve und α eine an den Endpunkten geodätisch variierende Jacobivariation von γ derart, daß $\langle Y,\dot\gamma\rangle(a) = \langle Y,\dot\gamma\rangle(b) = 0$ für das Variationsvektorfeld $Y = (\alpha_* D_2)(\cdot\,,0) \in \Gamma(\gamma^*TM)$ gilt, so vereinfacht sich nach Bemerkung 7.224 die Synge-Formel zu

$$\frac{d^2}{ds^2}\Big|_{s=0} L(\gamma_s) = \int_a^b \Big\{ \|\nabla_D Y\|^2 - \big\langle R(Y,T)T\,, Y\big\rangle \Big\}\, dt\,. \tag{7.139}$$

Es liegt nahe, die Synge-Formel (7.139) für die zweite Variation der Bogenlänge zu bilinearisieren, was zur sogenannten Indexform von γ führt.

Definition 7.225. (Indexform) Sei (M,g) eine Riemannsche Mannigfaltigkeit, γ: $[a,b] \to M$ eine normale Geodätische und $\Gamma^\perp(\gamma^*TM)$ der $\mathbb{R}$-Vektorraum aller stückweise differenzierbaren Vektorfelder X längs γ mit $\langle X,\dot\gamma\rangle \equiv 0$. Die durch

$$(7.140) \qquad I(X,Y) := \int_a^b \Big\{\langle\nabla_D X,\nabla_D Y\rangle - \big\langle R(X,\dot\gamma)\dot\gamma, Y\big\rangle\Big\}\,dt$$

gegebene symmetrische Bilinearform auf $\Gamma^\perp(\gamma^*TM)$ ist wohldefiniert und heißt die *Indexform* von γ. Der *Nullraum* von I besteht aus dem Untervektorraum der $X \in \Gamma^\perp(\gamma^*TM)$ mit der Eigenschaft, daß $I(X,Y)=0$ für alle $Y \in \Gamma^\perp(\gamma^*TM)$.

Die Indexform I einer normalen geodätischen Kurve γ: $[a,b] \to M$ ordnet also jedem differenzierbaren Vektorfeld $Y \in \Gamma^\perp(\gamma^*TM)$ die zweite Variation $L''(0)$ der Länge L zu bezüglich der (von Y induzierten) Variation

$$(7.141) \qquad \alpha\colon [a,b]\times\,]-\varepsilon,\varepsilon[\, \to M, \quad \alpha(t,s) = \exp_{\gamma(t)}(sY_t),$$

von γ, also $L''(0) = I(Y,Y)$ und $(\alpha_* D_2)(\cdot,0) = Y$. Man beachte, (7.141) ist für hinreichend kleines $\varepsilon > 0$ aufgrund der Kompaktheit des Intervalls $[a,b]$ wohldefiniert.

Ist $I(Y,Y) < 0$ für ein differenzierbares Vektorfeld $Y \in \Gamma^\perp(\gamma^*TM)$ mit $Y_a = 0$ und $Y_b = 0$, so gibt es beliebig nahe bei γ Kurven, die $\gamma(a)$ und $\gamma(b)$ mit kürzerer Länge als γ verbinden. Ist hingegen I positiv definit auf dem Unterraum der differenzierbaren Vektorfelder $Y \in \Gamma^\perp(\gamma^*TM)$, die an den Endpunkten verschwinden, so ist die Länge von γ ein Minimum im Vergleich zu allen hinreichend nahe bei γ liegenden Variationskurven mit den gleichen Endpunkten.

Definition 7.226. (Jacobifeld) Sei (M,g) eine Riemannsche Mannigfaltigkeit und γ: $[a,b] \to M$ eine Geodätische. Ein Vektorfeld $J \in \Gamma(\gamma^*TM)$ längs γ heißt *Jacobifeld* längs γ, wenn es die "Jacobigleichung"

$$(7.142) \qquad \nabla_D\nabla_D J + R(J,\dot\gamma)\dot\gamma = 0$$

erfüllt. Ein Jacobifeld J längs γ heißt *eigentlich* , wenn zusätzlich $\langle J,\dot\gamma\rangle = 0$ gilt.

Man verifiziert leicht, daß die Jacobigleichung (7.142) zu einem linearen Differentialgleichungssystem zweiter Ordnung äquivalent ist. Fixiert man nämlich einen parallelen Schnitt e in $O(M)$ längs γ, so ist $\big(e_1(t),\dots,e_d(t)\big)$ eine Orthonormalbasis für $T_{\gamma(t)}M$ und J schreibt sich als $J = \sum_i \langle J,e_i\rangle e_i$.

Für die skalaren Funktionen $\langle J,e_i\rangle$ gilt dann $\langle J,e_i\rangle' \equiv D\langle J,e_i\rangle = \langle\nabla_D J,e_i\rangle$ und $\langle J,e_i\rangle'' \equiv DD\langle J,e_i\rangle = \langle\nabla_D\nabla_D J,e_i\rangle$, und die Jacobigleichung (7.142) ist somit äquivalent zum linearen Differentialgleichungssystem

$$(7.143) \qquad \langle J,e_j\rangle'' = \sum_{i=1}^d \langle R(\dot\gamma,e_i)\dot\gamma,e_j\rangle\,\langle J,e_i\rangle, \quad j=1,\dots,d.$$

Nach der Theorie gewöhnlicher linearer Differentialgleichungen besitzt das System (7.143) einen $2d$-dimensionalen Lösungsraum, und es gibt zu gegebenem Anfangswert und erster Ableitung genau eine Lösung; dies entspricht der Vorgabe von $J|_{t=t_0}$ und $J'|_{t=t_0} := (\nabla_D J)(t_0)$ für ein t_0.

Aufgrund von $\nabla_D\dot\gamma = 0$ gilt außerdem $\langle J,\dot\gamma\rangle'' = \langle\nabla_D\nabla_D J,\dot\gamma\rangle = \langle R(\dot\gamma,J)\dot\gamma,\dot\gamma\rangle = 0$, und jedes Jacobifeld J längs γ besitzt folglich eine eindeutige Darstellung als

$$J = J^\perp + (c_1 + t\,c_2)\,\dot\gamma \tag{7.144}$$

mit $J^\perp$ einem eigentlichen Jacobifeld (also $\langle J^\perp,\dot\gamma\rangle = 0$) und reellen Konstanten c_1, c_2.

Bemerkung 7.227. Sei (M,g) eine Riemannsche Mannigfaltigkeit, γ: $[0,b] \to M$ eine Geodätische und α: $[0,b]\times\,]-\varepsilon,\varepsilon[\, \to M$ eine Jacobivariation von γ. Dann ist das "Variationsfeld"

$$J := (\alpha_* D_2)(\,\cdot\,,0) \equiv \tfrac{\partial}{\partial s}\big|_{s=0}\alpha(\,\cdot\,,s) \in \Gamma(\gamma^*TM) \tag{7.145}$$

ein Jacobifeld längs γ, und so erhält man alle Jacobifelder längs γ.

Beweis: Daß durch (7.145) ein Jacobifeld längs γ gegeben ist, folgt aus der Formel (7.138) für Jacobivariationen. Sei also umgekehrt J ein beliebiges Jacobifeld längs γ. Zu zeigen ist, daß sich J aus einer Variation geodätischer Kurven (Jacobivariation) ergibt.

Wir fixieren zunächst eine Kurve c: $]-\varepsilon,\varepsilon[\, \to M$ mit $c(0) = \gamma(0)$ und $\dot c(0) = J_0$. Längs c wählen wir ein Vektorfeld W mit $W(0) = \dot\gamma(0)$ und $(\nabla_D W)_0 = (\nabla_D J)_0$ (etwa $W_s := \sigma_{0,s}\dot\gamma(0) + s\,\sigma_{0,s}(\nabla_D J)_0 \in \Gamma(c^*TM)$ mit $\sigma_{0,s}$ dem Paralleltransport von $T_{c(0)}M$ nach $T_{c(s)}M$ längs c). Damit liefert $\alpha(t,s) := \exp_{c(s)}(t\,W_s)$ eine Jacobivariation von γ und folglich $\bar J = (\alpha_* D_2)(\,\cdot\,,0)$ ein Jacobifeld längs γ. Nun ist aber $\bar J_0 = J_0$ und $(\nabla_D \bar J)_0 = (\nabla_D J)_0$ (letzteres folgt mit $T = \alpha_* D_1$ und $V = \alpha_* D_2$ gemäß $(\nabla_D\bar J)_0 = (\nabla_{D_1}V)_{(0,0)} = (\nabla_{D_2}T)_{(0,0)} = (\nabla_D W)_0 = (\nabla_D J)_0$); daher muß $\bar J = J$ gelten. □

Der Beweis von Bemerkung 7.227 liefert insbesondere ein Verfahren zur Konstruktion von Jacobifeldern. Als nützlich erweist sich vor allem der im folgenden Beispiel ausgeführte Spezialfall.

Beispiel 7.228. Sei (M,g) eine Riemannsche Mannigfaltigkeit, γ: $[0,b] \to M$ eine Geodätische und $J \in \Gamma(\gamma^*TM)$ ein Jacobifeld längs γ mit $J(0) = 0$. Dann ist J das Variationsfeld zur Variation

$$\alpha\colon [0,b]\times\,]-\varepsilon,\varepsilon[\, \to M\,, \quad \alpha(t,s) = \exp_x\big[t\,\big(\dot\gamma(0) + s\,J'(0)\big)\big]\,,$$

wobei $\gamma(0) = x$ und $J'(0) := (\nabla_D J)_0$ bezeichnet; es gilt mit anderen Worten:

$$J(t) = \tfrac{\partial}{\partial s}\big|_{s=0}\alpha(t,s) = (d\exp_x)_{t\dot\gamma(0)}\big(t\,J'(0)\big) \in T_{\gamma(t)}M\,.$$

Wir betrachten nun die in (7.140) definierte Indexform I auf dem $\mathbb{R}$-Vektorraum $\Gamma_0^\perp(\gamma^*TM)$ der stückweise differenzierbaren Vektorfelder X längs einer normalen Geodätischen γ: $[a,b] \to M$ mit $\langle X, \dot\gamma\rangle \equiv 0$, die zusätzlich $X_a = 0$ und $X_b = 0$ erfüllen. Sind $X, Y \in \Gamma_0^\perp(\gamma^*TM)$ und ist $a = t_0 < t_1 < \ldots < t_n = b$ eine Unterteilung des Intervalls $[a,b]$ derart, daß X und Y auf den Subintervallen $[t_i, t_{i+1}]$ differenzierbar sind, so gilt $\langle \nabla_D X, \nabla_D Y\rangle = D\langle \nabla_D X, Y\rangle - \langle \nabla_D \nabla_D X, Y\rangle$ auf $[t_i, t_{i+1}]$ und daher für die Indexform:

$$\begin{aligned} I(X,Y) &= \int_a^b \Big\{\langle \nabla_D X, \nabla_D Y\rangle - \langle R(X,\dot\gamma)\dot\gamma, Y\rangle\Big\}\,dt \\ &= \sum_{i=1}^{n-1} \langle \nabla_D X, Y\rangle\Big|_{t_i+}^{t_i-} - \int_a^b \Big\{\langle \nabla_D\nabla_D X, Y\rangle + \langle R(X,\dot\gamma)\dot\gamma, Y\rangle\Big\}\,dt. \end{aligned}$$

Für den Fall, daß $X|[t_i, t_{i+1}]$ ein Jacobifeld ist, erhält man somit

$$I(X,Y) = \textstyle\sum_i \langle \Delta_{t_i}(\nabla_D X), Y_{t_i}\rangle := \sum_i \langle \nabla_D X, Y\rangle\Big|_{t_i+}^{t_i-}.$$

Satz 7.229. (Jacobifelder als Nullraum der Indexform) *Sei (M,g) eine Riemannsche Mannigfaltigkeit, γ: $[a,b] \to M$ eine normale Geodätische und I die Indexform auf $\Gamma_0^\perp(\gamma^*TM)$. Dann besteht der Nullraum von I genau aus den Jacobi-Feldern J längs γ, die an den Endpunkten verschwinden: $J(a) = 0$ und $J(b) = 0$.*

Beweis: Es genügt zu zeigen: Aus $I(X,Y) = 0$ für alle $Y \in \Gamma_0^\perp(\gamma^*TM)$ folgt, daß X ein Jacobifeld ist. Es sei $a = t_0 < t_1 < \ldots < t_n = b$ eine Zerlegung von $[a,b]$ derart, daß X auf $[t_i, t_{i+1}]$ differenzierbar ist, sowie φ: $[a,b] \to \mathbb{R}$ eine differenzierbare Funktion, die genau an den Stellen t_i für $i = 0, \ldots, n$ verschwindet. Mit

$$Y := \varphi \cdot \big[\nabla_D\nabla_D X + R(X,\dot\gamma)\dot\gamma\big] \in \Gamma_0^\perp(\gamma^*TM)$$

sieht man dann zunächst, daß jeweils $X|[t_i, t_{i+1}]$ ein Jacobifeld ist. Betrachtet man dann $I(X, Y^0)$ für ein beliebiges Vektorfeld $Y^0 \in \Gamma_0^\perp(\gamma^*TM)$ mit $Y^0(t_i) = \Delta_{t_i}(\nabla_D X)$, so erhält man die Behauptung. □

Der folgende Satz schließlich verbindet Jacobifelder mit dem Konjugationsverhalten der Exponentialfunktion.

Satz 7.230. *Sei (M,g) eine Riemannsche Mannigfaltigkeit und $x, y \in M$; weiter sei $v \in T_xM$ mit $y = \exp_x v$ und γ: $[0,1] \to M$, $\gamma(t) := \exp_x(tv)$ das verbindende geodätische Segment. Dann sind äquivalent:*

(i) *y ist längs γ zu x konjugiert (d. h. v ist ein kritischer Punkt von $\exp_x$).*

(ii) *Es existiert ein nicht identisch verschwindendes Jacobifeld J längs γ mit $J(0) = 0$ und $J(1) = 0$.*

Insbesondere ist $x \in \mathrm{Konj}(y)$ genau dann, wenn $y \in \mathrm{Konj}(x)$ ist.

Beweis: (i) ⇒ (ii): Sei $y = \exp_x v$ und v ein kritischer Punkt von $\exp_x$; es gibt somit ein $w \in T_v(T_xM) \cong T_xM$ derart, daß $(d\exp_x)_v w = 0$. Die Variation

$$\alpha\colon [a,b] \times]-\varepsilon,\varepsilon[\to M \qquad \alpha(t,s) := \exp_x\big(t(v+sw)\big),$$

von γ ist eine Jacobivariation, so daß durch $J := \alpha_* D_2(\cdot,0)$ gemäß Bemerkung 7.227 ein Jacobifeld längs γ gegeben ist; hierfür ist $J(0) = 0$ und

$$J(1) = \tfrac{\partial}{\partial s}\big|_{s=0} \exp_x(v+sw) = (d\exp_x)_v w = 0.$$

(i) ⇒ (i): Es sei nun umgekehrt $0 \neq J \in \Gamma(\gamma^*TM)$ ein Jacobifeld längs γ mit $J(0) = 0$ und $J(1) = 0$. Nach Beispiel 7.228 ist

$$J(t) = (d\exp_x)_{t\dot\gamma(0)}(tw), \quad w = J'(0) \neq 0.$$

Wegen $J(1) = (d\exp_x)_v w = 0$ ist aber v kritischer Punkt von $\exp_x$, und folglich $y = \exp_x v$ konjugiert zu x. □

Korollar. *Sei (M,g) eine Riemannsche Mannigfaltigkeit und $\gamma\colon [a,b] \to M$ eine Geodätische mit der Eigenschaft, daß $\gamma(a)$ und $\gamma(b)$ längs γ nicht zueinander konjugiert sind. Dann ist jedes Jacobifeld J längs γ bereits eindeutig durch die Werte $J(a)$ und $J(b)$ festgelegt.*

Beweis: Die Differenz zweier Jacobifelder längs γ mit den gleichen Randwerten definiert ein Jacobifeld, welches bei a und b verschwindet, und daher nach Satz 7.230 identisch verschwindet. □

Der nächste Satz, das sogenannte Indexlemma, erweist sich als entscheidendes Hilfsmittel für das weitere Vorgehen. Es zeigt, daß Jacobifelder in einem gewissen Sinn die Indexform minimieren.

Im Beweis verwenden wir folgenden elementaren Sachverhalt:

Lemma 7.231. *Sei $I \subset \mathbb{R}$ ein offenes Intervall um 0 und $h\colon I \to \mathbb{R}$ eine differenzierbare Funktion. Dann gibt es eine differenzierbare Funktion $\phi\colon I \to \mathbb{R}$ mit $h(t) = h(0) + t\phi(t)$ für $t \in I$.*

Beweis: Die Funktion $\phi(t) = \int_0^1 h'(st)\,ds$ erfüllt die Behauptung. □

Wir legen folgende Situation zugrunde: (M,g) sei eine Riemannsche Mannigfaltigkeit, $\gamma\colon [0,b] \to M$ eine normale geodätische Kurve und $\Gamma^\perp(\gamma^*TM)$ der $\mathbb{R}$-Vektorraum aller stückweise differenzierbaren Vektorfelder X längs γ mit $\langle X,\dot\gamma\rangle \equiv 0$. Auf $\Gamma^\perp(\gamma^*TM)$ hat man gemäß Definition 7.225 die Indexform von γ:

$$I(X,Y) = \int_0^b \Big\{\langle \nabla_D X, \nabla_D Y\rangle - \big\langle R(X,\dot\gamma)\dot\gamma, Y\big\rangle\Big\}\,dt, \quad X,Y \in \Gamma^\perp(\gamma^*TM).$$

Satz 7.232. (Indexlemma) *Sei* (M,g) *eine Riemannsche Mannigfaltigkeit und* $\gamma\colon [0,b] \to M$ *eine normale geodätische Kurve, die längs* γ *keine zu* $\gamma(0)$ *konjugierten Punkte besitzt. Sei* J *ein Jacobifeld längs* γ *mit* $\langle J,\dot\gamma\rangle = 0$ *und* X *ein Vektorfeld in* $\Gamma^{\perp}(\gamma^*TM)$. *Es gelte* $J(0) = X(0) = 0$ *und* $J(b) = X(b)$. *Dann gilt*

$$I(J,J) \le I(X,X)$$

mit Gleichheit genau dann, wenn $J = X$ *ist.*

Beweis: (1) Der $\mathbb{R}$-Vektorraum $\mathcal{J}$ der Jacobifelder J längs γ mit $J(0) = 0$ und $\langle J,\dot\gamma\rangle = 0$ hat Dimension $d-1$ mit $d = \dim M$. Sei $(J_1,\ldots,J_{d-1})$ eine Basis für $\mathcal{J}$. Dann ist zum einen $J = \sum_i \alpha_i J_i$ mit reellen Konstanten $\alpha_1,\ldots,\alpha_d$. Da $\gamma(t)$ für kein t längs γ zu $\gamma(0)$ konjugiert ist, bildet $\big(J_1(t),\ldots,J_{d-1}(t)\big)$ gemäß Satz 7.230 für jedes $t \in\,]0,b]$ eine Basis des Orthokomplements $\{\dot\gamma(t)\}^{\perp}$ von $\dot\gamma(t)$ in $T_{\gamma(t)}M$. Folglich besitzt X für jedes $t \in\,]0,b]$ eine Darstellung als

$$X(t) = \sum_{i=1}^{d-1} f_i(t)\, J_i(t) \tag{7.146}$$

mit f_i stückweise differenzierbaren Funktionen auf $]0,b]$. Wir wollen uns zunächst überlegen, daß man jedes f_i differenzierbar nach $t = 0$, und damit zu einer stückweise differenzierbaren Funktion auf $[0,b]$ fortsetzen kann. Lemma 7.231, angewandt auf die Komponentenfunktionen $\langle J_i, e_k\rangle$ bezüglich einer parallelen Orthonormalbasis $e = (e_1\ldots,e_d) \in \Gamma\big(\gamma^*\,\mathrm{O}(M)\big)$ längs γ, ergibt $J_i(t) = t\,A_i(t)$ mit Vektorfeldern $A_i \in \Gamma(\gamma^*TM)$. Insbesondere ist dann $(\nabla_D J_i)(0) = A_i(0)$, was die lineare Unabhängigkeit von $\big(A_1(0),\ldots,A_{d-1}(0)\big)$ zeigt. Für jedes $t \in [0,b]$ ist folglich $\big(A_1(t),\ldots,A_{d-1}(t)\big)$ eine Basis für $\{\dot\gamma(t)\}^{\perp}$ in $T_{\gamma(t)}M$, und man erhält $X(t) = \sum_i g_i(t)\,A_i(t)$ für $t \in [0,b]$, wobei g_i stückweise differenzierbare Funktionen auf $[0,b]$ mit $g_i(0) = 0$ sind. Erneute Anwendung von Lemma 7.231 liefert $g_i(t) = t\,h_i(t)$ mit h_i stückweise differenzierbaren Funktionen auf $[0,b]$. Da aber $f_i(t) = h_i(t)$ für $t \neq 0$ ist, zeigt dies die gewünschte Fortsetzbarkeit.

(2) Als nächstes zeigen wir, daß im Innern jedes Subintervalls, auf dem die f_i differenzierbar sind, folgende Formel gilt:

$$\begin{aligned} &\langle \nabla_D X, \nabla_D X\rangle - \big\langle R(X,\dot\gamma)\dot\gamma, X\big\rangle \\ &\qquad = \big\langle \textstyle\sum_i f_i' J_i, \sum_i f_i' J_i\big\rangle + D\big\langle \sum_i f_i J_i, \sum_i f_i \nabla_D J_i\big\rangle. \end{aligned} \tag{7.147}$$

Wir schreiben zur Abkürzung $\langle A,A\rangle + D\langle X,B\rangle$ für die rechte Seite von (7.147) mit $A := \sum_i f_i' J_i$ und $B := \sum_i f_i \nabla_D J_i$. Zunächst ist

$$R(X,\dot\gamma)\dot\gamma = \textstyle\sum_i f_i R(J_i,\dot\gamma)\dot\gamma = -\sum_i f_i \nabla_D\nabla_D J_i = -C$$

mit $C = \sum_i f_i \nabla_D \nabla_D J_i$, und folglich gilt für die linke Seite von (7.147):

$$\begin{aligned} \langle \nabla_D X, \nabla_D X\rangle - \big\langle R(X,\dot\gamma)\dot\gamma, X\big\rangle &= \langle A+B, A+B\rangle - \big\langle R(X,\dot\gamma)\dot\gamma, X\big\rangle \\ &= \langle A,A\rangle + \langle A,B\rangle + \langle B,A\rangle + \langle B,B\rangle + \langle C,X\rangle. \end{aligned}$$

Andererseits berechnet man mit $Q := \sum_i f_i' \nabla_D J_i$ für die rechte Seite von (7.147):

$$\begin{aligned}\langle A,A\rangle + D\langle X,B\rangle &= \langle A,A\rangle + \langle A+B,B\rangle + \langle X,Q+C\rangle \\ &= \langle A,A\rangle + \langle A,B\rangle + \langle B,B\rangle + \langle X,Q\rangle + \langle X,C\rangle .\end{aligned}$$

Zum Nachweis von (7.147) genügt es also, $\langle B,A\rangle = \langle X,Q\rangle$, oder äquivalent:

(7.148) $$\big\langle \textstyle\sum_i f_i \nabla_D J_i , \sum_i f_i' J_i \big\rangle = \big\langle \sum_i f_i J_i , \sum_i f_i' \nabla_D J_i \big\rangle ,$$

zu verifizieren. Zum Nachweis von (7.148) betrachten wir zu fixierten Indizes i,j die Funktion

$$h\colon [0,b] \to \mathbb{R}, \quad h := \langle \nabla_D J_i , J_j\rangle - \langle J_i , \nabla_D J_j\rangle ;$$

wegen $h(0) = 0$ und

$$\begin{aligned} h' &= \langle \nabla_D \nabla_D J_i , J_j\rangle + \langle \nabla_D J_i , \nabla_D J_j\rangle - \langle \nabla_D J_i , \nabla_D J_j\rangle - \langle J_i , \nabla_D \nabla_D J_j\rangle \\ &= \big\langle R(\dot\gamma, J_i)\dot\gamma , J_j\big\rangle - \big\langle J_i , R(\dot\gamma, J_j)\dot\gamma\big\rangle = 0 \end{aligned}$$

ist aber $h \equiv 0$ auf $[0,b]$. Dies zeigt Gleichung (7.148), nämlich

$$\sum_{i,j} f_i f_j' \langle \nabla_D J_i , J_j\rangle = \sum_{i,j} f_i f_j' \langle J_i , \nabla_D J_j\rangle ,$$

womit schließlich Formel (7.147) vollständig bewiesen ist.

(3) Integration von (7.147) ergibt

$$I(X,X) = \big\langle \textstyle\sum_i f_i J_i , \sum_j f_j \nabla_D J_j \big\rangle(b) + \displaystyle\int_0^b \big\langle \textstyle\sum_i f_i' J_i , \sum_j f_j' J_j \big\rangle \, dt ;$$

entsprechend erhält man für das Jacobifeld J die Gleichung

$$I(J,J) = \big\langle \textstyle\sum_i \alpha_i J_i , \sum_j \alpha_j \nabla_D J_j \big\rangle(b) .$$

Nun gilt aber nach Voraussetzung $J(b) = X(b)$, und folglich $\alpha_i = f_i(b)$, was

(7.149) $$I(X,X) = I(J,J) + \int_0^b \big\| \textstyle\sum_i f_i' J_i \big\|^2 dt \geq I(J,J)$$

zur Folge hat. Damit ist der erste Teil der Aussage des Indexlemmas gezeigt.

(4) Ist nun $I(X,X) = I(J,J)$, so folgt $\sum_i f_i' J_i = 0$ aus (7.149).

Nach (1) ist $\big(J_1(t), \ldots, J_{d-1}(t)\big)$ linear unabhängig für jedes $t \in \,]0,b]$, somit erhält man $f_i' = 0$ zunächst auf $]0,b]$ und aus Stetigkeitsgründen dann auch auf $[0,b]$. Dies zeigt $f_i = \text{const}$ für jedes i, wegen $f_i(b) = \alpha_i$ also $f_i \equiv \alpha_i$ für jedes i, und folglich $J = X$. □

Eine erste Folgerung aus dem Indexlemma ist, daß Geodätische γ bis zum ersten konjugierten Punkt die Länge minimieren im Vergleich zu allen hinreichend nahe bei γ liegenden Nachbarkurven mit denselben Endpunkten. Betrachtet man nämlich im Indexlemma (ohne Einschränkung sei γ normal) den Fall $J(b) = 0$, so sieht man: Ist $\gamma(t_0)$ der erste zu $\gamma(0)$ konjugierte Punkt längs γ, dann gilt $I(X,X) > 0$

für jedes Vektorfeld $X \neq 0$ längs $\gamma|[0,t]$ mit $\langle X, \dot\gamma\rangle = 0$, sofern $t < t_0$ ist und X an den Endpunkten verschwindet, d.h. $X(0) = 0$ und $X(t) = 0$. Dies zeigt $L''(0) > 0$ für alle Variationen von $\gamma|[0,t]$, welche die Endpunkte fest lassen. Darüber hinaus hat man die folgende Umkehrung:

Korollar. *Ist (M,g) eine Riemannsche Mannigfaltigkeit, γ: $[0,\infty[\ \to M$ eine geodätische Kurve derart, daß $\gamma(t_0)$ längs γ zu $\gamma(0)$ konjugiert ist, so ist $\gamma|[0,t]$ für $t > t_0$ nicht minimal.*

Beweis: Ohne Einschränkung sei γ normal und $\gamma(t_0)$ der erste zu $\gamma(0)$ konjugierte Punkt auf γ. Nach Satz 7.230 gibt es ein Jacobifeld $J \neq 0$ längs $\gamma|[0,t_0]$ mit $J(0) = 0$ und $J(t_0) = 0$. Wir wählen $\varepsilon > 0$ so klein, daß es auf $\gamma|[t_0-\varepsilon, t_0+\varepsilon]$ kein Paar zueinander konjugierter Punkte gibt, und erweitern J zu einem stückweise differenzierbaren Vektorfeld X längs $\gamma|[0,t_0+\varepsilon]$ vermöge

$$X|[0,t_0] = J \quad \text{und} \quad X|[t_0, t_0+\varepsilon] = 0\,.$$

Neben X betrachten wir ein weiteres stückweise differenzierbares Vektorfeld Y längs $\gamma|[0,t_0+\varepsilon]$, nämlich

$$Y|[0,t_0-\varepsilon] = J \quad \text{und} \quad Y|[t_0-\varepsilon, t_0+\varepsilon] = \tilde J\,,$$

wobei $\tilde J$ das eindeutig bestimmte Jacobifeld längs $\gamma|[t_0-\varepsilon,t_0+\varepsilon]$ mit $\tilde J(t_0-\varepsilon) = J(t_0-\varepsilon)$ und $\tilde J(t_0+\varepsilon) = 0$ ist. Man beachte: $\langle X,\dot\gamma\rangle = \langle Y,\dot\gamma\rangle = 0$. Da X und Y auf $[0,t_0-\varepsilon]$ übereinstimmen, aber $X|[t_0-\varepsilon,t_0+\varepsilon]$ kein Jacobifeld ist, folgt

$$I(Y,Y) < I(X,X) = 0$$

nach dem Indexlemma 7.232. Da Y gemäß (7.141) eine Variation von $\gamma|[0,t_0+\varepsilon]$ mit festen Endpunkten induziert, so daß für die zugehörige zweite Variation der Länge $L''(0) = I(Y,Y)$ gilt, gibt es also eine Variation von $\gamma|[0,t_0+\varepsilon]$, welche die Endpunkte festläßt und die Länge von $\gamma|[0,t_0+\varepsilon]$ verkürzt. □

Jacobifelder lassen sich aufgrund von Krümmungsrelationen dem Betrage nach vergleichen. Dies ist der Inhalt des Vergleichssatzes von Rauch.

Satz 7.233. (Vergleichssatz von Rauch) *Seien (M,g) und $(\tilde M,\tilde g)$ Riemannsche Mannigfaltigkeiten mit $2 \le \dim M \le \dim \tilde M$ und γ: $[0,b] \to M$ bzw. $\tilde\gamma$: $[0,b] \to \tilde M$ normale geodätische Kurven. Weiter seien J und $\tilde J$ Jacobifelder längs γ bzw. $\tilde\gamma$ mit $J(0), \tilde J(0)$ parallel zu $\gamma(0)$ bzw. $\tilde\gamma(0)$ derart, daß gilt:*

$$\|J(0)\| = \|\tilde J(0)\|, \quad \langle \nabla_D J(0), \dot\gamma(0)\rangle = \langle \nabla_D \tilde J(0), \dot{\tilde\gamma}(0)\rangle, \quad \|\nabla_D J(0)\| = \|\nabla_D \tilde J(0)\|\,.$$

Gibt es dann längs $\tilde\gamma$ keine zu $\tilde\gamma(0)$ konjugierten Punkte und ist die Krümmung von M längs γ nicht größer als die Krümmung von $\tilde M$ längs $\tilde\gamma$, d.h. gilt für jedes $t \in [0,b]$ und alle Ebenen $E \subset T_{\gamma(t)}M$ mit $\dot\gamma(t) \in E$ bzw. $\tilde E \subset T_{\tilde\gamma(t)}\tilde M$ mit $\dot{\tilde\gamma}(t) \in \tilde E$ für die Schnittkrümmungen die Ungleichung $\mathrm{Riem}^M(E) \le \mathrm{Riem}^{\tilde M}(\tilde E)$, so folgt

$$\|J(t)\| \ge \|\tilde J(t)\|, \quad t \in [0,b]\,.$$

Beweis: (1) Es genügt, die Aussage für Jacobifelder $J, \tilde{J}$ mit $J(0) = 0$, $\tilde{J}(0) = 0$ und $\langle J, \dot{\gamma}\rangle = \langle \tilde{J}, \dot{\tilde{\gamma}}\rangle \equiv 0$ zu zeigen, denn gemäß (7.144) hat man

$$J = J^{\perp} + (c_1 + t\,c_2)\,\dot{\gamma} \quad \text{und} \quad \tilde{J} = \tilde{J}^{\perp} + (\tilde{c}_1 + t\,\tilde{c}_2)\,\dot{\tilde{\gamma}};$$

nach Voraussetzung ist aber $J_0^{\perp} = 0$, $\tilde{J}_0^{\perp} = 0$, sowie $c_1 = \|J(0)\| = \|\tilde{J}(0)\| = \tilde{c}_1$ und

$$c_2 = D\langle J, \dot{\gamma}\rangle = \langle \nabla_D J, \dot{\gamma}\rangle = \langle \nabla_D J(0), \dot{\gamma}(0)\rangle = \langle \nabla_D \tilde{J}(0), \dot{\tilde{\gamma}}(0)\rangle = \langle \nabla_D \tilde{J}, \dot{\tilde{\gamma}}\rangle = \tilde{c}_2\,.$$

Ist somit $\|J^{\perp}(t)\| \geq \|\tilde{J}^{\perp}(t)\|$ gezeigt, so folgt wegen $\langle J, \dot{\gamma}\rangle(t) = \langle \tilde{J}, \dot{\tilde{\gamma}}\rangle(t)$ auch $\|J(t)\| \geq \|\tilde{J}(t)\|$ für $t \in [0,b]$. Andererseits erfüllen wegen $\nabla_D(J^{\perp}) = (\nabla_D J)^{\perp}$ bzw. $\nabla_D(\tilde{J}^{\perp}) = (\nabla_D \tilde{J})^{\perp}$ mit J und $\tilde{J}$ auch $J^{\perp}$ und $\tilde{J}^{\perp}$ die Voraussetzungen des Satzes, wie man unmittelbar verifiziert.

Zudem dürfen wir $\|\nabla_D J(0)\| = \|\nabla_D \tilde{J}(0)\| > 0$ annehmen, denn im Fall $\|\nabla_D J(0)\| = \|\nabla_D \tilde{J}(0)\| = 0$ hat man $\|J\| = \|\tilde{J}\| = 0$, und die Behauptung gilt trivialerweise.

(2) Bezeichnet $h(t) := \|J(t)\|^2$ und $\tilde{h}(t) := \|\tilde{J}(t)\|^2$, so ist $h(t)/\tilde{h}(t)$ für $t \in\,]0,b]$ wohldefiniert, da es längs $\tilde{\gamma}$ keine zu $\tilde{\gamma}(0)$ konjugierten Punkte gibt. Mit der Regel von l'Hospital folgt dann

$$\lim_{t\to 0}\frac{h(t)}{\tilde{h}(t)} = \lim_{t\to 0}\frac{h''(t)}{\tilde{h}''(t)} = \lim_{t\to 0}\frac{\langle \nabla_D\nabla_D J, J\rangle(t) + \langle \nabla_D J, \nabla_D J\rangle(t)}{\langle \nabla_D\nabla_D \tilde{J}, \tilde{J}\rangle(t) + \langle \nabla_D \tilde{J}, \nabla_D \tilde{J}\rangle(t)} = \frac{\|\nabla_D J(0)\|^2}{\|\nabla_D \tilde{J}(0)\|^2} = 1\,,$$

und zum Nachweis von $\|\tilde{J}\| \leq \|J\|$ genügt es folglich, $\frac{d}{dt}\left(\frac{h(t)}{\tilde{h}(t)}\right) \geq 0$ auf $]0,b]$ zu verifizieren, oder was äquivalent ist: $h'\tilde{h} \geq h\tilde{h}'$ auf $]0,b]$.

Wir fixieren $t_0 \in\,]0,b]$ für den Rest des Beweises und haben zu zeigen, daß

$$h'(t_0)\,\tilde{h}(t_0) \geq h(t_0)\,\tilde{h}'(t_0)\,. \tag{7.150}$$

Ohne Einschränkung dürfen wir $h(t_0) > 0$ und $\tilde{h}(t_0) > 0$ annehmen: Ist etwa $h(t_0) = 0$, so folgt $h'(t_0) = 2\big\langle \nabla_D J(t_0), J(t_0)\big\rangle = 0$ und (7.150) ist trivialerweise erfüllt; analog für $\tilde{h}(t_0) = 0$.

(3) Wir betrachten die Vektorfelder $X := \frac{J}{\|J(t_0)\|}$ und $\tilde{X} := \frac{\tilde{J}}{\|\tilde{J}(t_0)\|}$ längs γ bzw. längs $\tilde{\gamma}$. Hiermit berechnet man:

$$\begin{aligned}\frac{h'(t_0)}{h(t_0)} &= \langle X, X\rangle'(t_0) = \int_0^{t_0} \langle X, X\rangle''\,dt \\ &= 2\int_0^{t_0} \Big\{\langle \nabla_D X, \nabla_D X\rangle - \big\langle R(X,\dot{\gamma})\dot{\gamma}, X\big\rangle\Big\}\,dt = 2\,I_{t_0}(X,X)\end{aligned}$$

mit $I_{t_0}(X,X) = I\big(X|[0,t_0], X|[0,t_0]\big)$; analog gilt $\tilde{h}'(t_0)/\tilde{h}(t_0) = 2\,I_{t_0}(\tilde{X},\tilde{X})$.

Zum Nachweis von (7.150) genügt es also, $I_{t_0}(\tilde{X},\tilde{X}) \leq I_{t_0}(X,X)$ zu verifizieren.

(4) Wir fixieren $e = (e_1,\ldots,e_d)$ und $\tilde{e} = (\tilde{e}_1,\ldots,\tilde{e}_{d+k})$ (mit $d+k = \dim\tilde{M}$) parallele Orthonormalbasen längs γ bzw. $\tilde{\gamma}$ mit

$$e_1 = \dot{\gamma}, \quad e_2(t_0) = X(t_0) \quad \text{und} \quad \tilde{e}_1 = \dot{\tilde{\gamma}}, \quad \tilde{e}_2(t_0) = \tilde{X}(t_0)\,.$$

Zu jedem Vektorfeld $A \in \Gamma(\gamma^* TM)$ assoziieren wir ein Vektorfeld $\iota A \in \Gamma(\tilde{\gamma}^* T\tilde{M})$ vermöge

$$A = \sum_{i=1}^{d} a^i e_i \mapsto \iota A = \sum_{i=1}^{d} a^i \tilde{e}_i .$$

Bezeichnet also $\iota_0 \colon T_{\gamma(0)} M \to T_{\tilde{\gamma}(0)} \tilde{M}$ die durch $e_i(0) \mapsto \tilde{e}_i(0)$ definierte isometrische Einbettung, so ist $(\iota A)(t) = (\tilde{\sigma}_{0,t} \circ \iota_0 \circ \sigma_{t,0}) A(t) =: \iota_t A(t)$ mit $\sigma_{t,0}$ und $\tilde{\sigma}_{0,t}$ den entsprechenden Paralleltransporten längs γ bzw. längs $\tilde{\gamma}$. Insbesondere hat man für $A, B \in \Gamma(\gamma^* TM)$

$$\langle \iota A, \iota B \rangle = \langle A, B \rangle \quad \text{und} \quad \nabla_D(\iota A) = \iota \nabla_D A .$$

Aufgrund der Krümmungsvoraussetzung und der Tatsache, daß beide Geodätische normal sind, folgt somit $I_{t_0}(\iota X, \iota X) \leq I_{t_0}(X, X)$.

Andererseits sind $\tilde{X}, \iota X$ beides Vektorfelder längs $\tilde{\gamma}$, zudem $\tilde{X}$ ein Jacobifeld, und die Voraussetzungen des Indexlemmas (Satz 7.232) sind erfüllt. Das Indexlemma liefert dann in dieser Situation

$$I_{t_0}(\tilde{X}, \tilde{X}) \leq I_{t_0}(\iota X, \iota X) \leq I_{t_0}(X, X) ,$$

womit der Satz vollständig bewiesen ist. □

Korollar. (Vergleichsprinzip) *Seien (M, g), $(\tilde{M}, \tilde{g})$ Riemannsche Mannigfaltigkeiten mit $2 \leq \dim M \leq \dim \tilde{M}$ und $\gamma \colon [0, b] \to M$ bzw. $\tilde{\gamma} \colon [0, b] \to \tilde{M}$ normale geodätische Kurven. Ist dann*

$$\mathrm{Riem}^M(E) \leq \mathrm{Riem}^{\tilde{M}}(\tilde{E})$$

für alle Ebenen $E \subset T_{\gamma(t)} M$ mit $\dot{\gamma}(t) \in E$ bzw. $\tilde{E} \subset T_{\tilde{\gamma}(t)} \tilde{M}$ mit $\dot{\tilde{\gamma}}(t) \in \tilde{E}$ und alle $t \in [0, b]$, so kommt längs γ der erste zu $\gamma(0)$ konjugierte Punkt nicht vor dem ersten zu $\tilde{\gamma}(0)$ konjugierten Punkt längs $\tilde{\gamma}$.

Beweis: Wir nehmen an, $\tilde{\gamma}$ besitzt auf $[0, t_0]$ keine zu $\tilde{\gamma}(0)$ längs $\tilde{\gamma}$ konjugierten Punkte. Es sei J ein Jacobifeld längs γ mit $J(0) = 0$, aber $J \neq 0$. Dann ist $\nabla_D J(0) \neq 0$, und wir wählen ein Jacobifeld $\tilde{J}$ längs $\tilde{\gamma}$ mit $\tilde{J}(0) = 0$ derart, daß

$$\langle \nabla_D J(0), \dot{\gamma}(0) \rangle = \langle \nabla_D \tilde{J}(0), \dot{\tilde{\gamma}}(0) \rangle , \quad \|\nabla_D J(0)\| = \|\nabla_D \tilde{J}(0)\|$$

gilt. Dann ist $\|J(t)\| \geq \|\tilde{J}(t)\| > 0$ für $t \in \,]0, t_0]$, wobei die erste Ungleichung aufgrund des Vergleichssatzes von Rauch, die zweite Ungleichung gemäß Satz 7.230 gilt. Wiederum Satz 7.230 ergibt dann aber, daß auch $\gamma | [0, t_0]$ längs γ keine zu $\gamma(0)$ konjugierten Punkte aufweist. □

Bei gegebener Mannigfaltigkeit gibt es für die Existenz Riemannscher Metriken mit bestimmten Krümmungsbedingungen im allgemeinen topologische Hindernisse. So sind negativ gekrümmte, metrisch vollständige Riemannsche Mannigfaltigkeiten, die zudem einfach zusammenhängend sind, notwendig topologisch trivial, wie der nächste Satz zeigt. Man beachte, metrisch vollständige Riemannsche Mannigfaltigkeiten sind stets als zusammenhängend vorausgesetzt.

Satz 7.234. (Hadamard-Cartan) *Jede einfach zusammenhängende, metrisch vollständige Riemannsche Mannigfaltigkeit* (M,g) *mit* $\mathrm{Riem}^M \leq 0$ *ist diffeomorph zu* $\mathbb{R}^d$. *Genauer gilt: Für eine metrisch vollständige Riemannsche Mannigfaltigkeit* (M,g) *mit* $\mathrm{Riem}^M \leq 0$ *und* $x \in M$ *ist* $\exp_x\colon T_xM \to M$ *eine Überlagerung und folglich ein Diffeomorphismus, wenn* M *zusätzlich einfach zusammenhängend ist.*

Eine differenzierbare Abbildung $f\colon \tilde{M} \to M$ zwischen Mannigfaltigkeiten heißt dabei *Überlagerung*, wenn jeder Punkt $x \in M$ eine offene Umgebung U mit der Eigenschaft besitzt, daß $f^{-1}U = \dot{\bigcup}_{i\in I}\tilde{U}_i$ gilt, wobei $(\tilde{U}_i)_{i\in I}$ eine disjunkte Familie von offenen Mengen $\tilde{U}_i$ in $\tilde{M}$ und $f|\tilde{U}_i\colon \tilde{U}_i \xrightarrow{\sim} U$ für jedes $i \in I$ ein Diffeomorphismus ist.

Beweis (von Satz 7.234): (1) Es sei (M,g) metrisch vollständig und $x \in M$. Nach dem Satz von Hopf-Rinow ist $\exp_x$ auf ganz T_xM definiert und surjektiv. Ist zudem $\mathrm{Riem}^M \leq 0$, so folgt $\mathrm{Konj}(x) = \emptyset$ gemäß Vergleichsprinzip mit $(\mathbb{R}^d, \mathrm{eukl})$ als Vergleichsmannigfaltigkeit. Damit ist dann $\exp_x\colon T_xM \to M$ ein lokaler Diffeomorphismus und $(T_xM, \exp_x^* g)$ eine metrisch vollständige Riemannsche Mannigfaltigkeit: Metrische Vollständigkeit sieht man wieder mit dem Satz von Hopf-Rinow, denn die in $0 \in T_xM$ startenden geodätischen Kurven entsprechen den vom Nullpunkt ausgehenden Halbstrahlen.

(2) Es genügt somit zu zeigen: Jede lokale Isometrie $f\colon (\tilde{M},\tilde{g}) \to (M,g)$ zwischen Riemannschen Mannigfaltigkeiten gleicher Dimension ist bereits eine Überlagerung, falls $(\tilde{M},\tilde{g})$ metrisch vollständig ist. Sei also $x \in M$; wir zeigen, daß es eine zusammenhängende offene Umgebung U von x in M gibt, so daß f jede Zusammenhangskomponente $\tilde{U}_i$ von $f^{-1}U$ diffeomorph auf U abbildet. Dazu wählen wir $r > 0$ so klein, daß $\exp_x$ die r-Kugel $V_r(0_x)$ um $0_x \in T_xM$ diffeomorph auf die geodätische r-Kugel $B_r(x) =: U \subset M$ um x abbildet. Ist $f^{-1}\{x\} = \{\tilde{x}_i : i \in I\}$, so sei $\tilde{U}_i := B_r(\tilde{x}_i) \subset \tilde{M}$; wir behaupten

$$\dot{\bigcup}_{i\in I}\tilde{U}_i = f^{-1}U \quad \text{und} \quad f|\tilde{U}_i\colon \tilde{U}_i \xrightarrow{\sim} U.$$

Für fixiertes $i \in I$ gilt zunächst $\exp_x \circ df_{\tilde{x}_i} = f \circ \exp_{\tilde{x}_i}$, denn ist $v \in T_{\tilde{x}_i}\tilde{M}$ und γ die Geodätische mit $\dot{\gamma}(0) = v$, so ist $f \circ \gamma$ eine Geodätische auf M, da f als lokale Isometrie Geodätische auf Geodätische abbildet, also ist $(f\circ\gamma)(t) = \exp_x(tw)$ mit $w := df_{\tilde{x}_i}v \in T_xM$ und folglich $(f \circ \exp_{\tilde{x}_i})(v) = (f\circ\gamma)(1) = \exp_x(df_{\tilde{x}_i}v)$. Damit kommutiert

$$\begin{array}{ccc} T_{\tilde{x}_i}(\tilde{M}) & \xrightarrow{\exp_{\tilde{x}_i}} & \tilde{M} \\ {\scriptstyle df_{\tilde{x}_i}}\downarrow\wr & & \downarrow{\scriptstyle f} \\ T_xM & \xrightarrow{\exp_x} & M \end{array} \tag{7.151}$$

und insbesondere ist auch (M, g) metrisch vollständig. Durch Restriktion der Abbildungen in (7.151) erhält man

$$\begin{array}{ccc} V_r(0_{\tilde{x}_i}) & \xrightarrow{\exp_{\tilde{x}_i}} & B_r(\tilde{x}_i) = \tilde{U}_i \\ {\scriptstyle df_{\tilde{x}_i}}\big\downarrow \wr & & {\scriptstyle f}\big\downarrow \\ V_r(0_x) & \xrightarrow[\sim]{\exp_x} & B_r(x) = U, \end{array} \tag{7.152}$$

da $\exp_x \circ df_{\tilde{x}_i}$ nämlich $V_r(0_{\tilde{x}_i})$ diffeomorph auf $B_r(x) = U$ abbildet, muß $V_r(0_{\tilde{x}_i})$ durch $\exp_{\tilde{x}_i}$ diffeomorph auf $B_r(\tilde{x}_i)$ abgebildet werden und folglich $f|\tilde{U}_i : \tilde{U}_i \xrightarrow{\sim} U$ ein Diffeomorphismus sein.

Trivialerweise ist $\bigcup_{i\in I} \tilde{U}_i \subset f^{-1}U$; wir wollen $f^{-1}U \subset \bigcup_{i\in I} \tilde{U}_i$ verifizieren. Sei also $\tilde{y} \in f^{-1}U$ und $y := f(\tilde{y})$. Wir betrachten die minimale normale Geodätische c: $[0, t_0] \to M$, die y mit x verbindet; es ist $t_0 = d(x, y) < r$. Zu $w = \dot{c}(0) \in T_yM$ gibt es genau einen Tangentialvektor $v \in T_{\tilde{y}}\tilde{M}$ mit $df_{\tilde{y}}v = w$. Die Geodätische $\tilde{c}(t) := \exp_{\tilde{y}}(tv)$ auf $\tilde{M}$ ist aufgrund der metrischen Vollständigkeit von $\tilde{M}$ auf ganz $\mathbb{R}$ definiert; nach Konstruktion gilt $f \circ \tilde{c} = c$. Folglich ist $(f \circ \tilde{c})(t_0) = c(t_0) = x$, und daher $\tilde{c}(t_0) = \tilde{x}_i$ für ein $i \in I$. Wegen $d(\tilde{x}_i, \tilde{y}) \le t_0 < r$ ist damit aber $\tilde{y} \in B_r(\tilde{x}_i) = \tilde{U}_i$.

Es bleibt $\tilde{U}_i \cap \tilde{U}_j = \emptyset$ für $i \neq j$ zu zeigen. Sei γ: $[0, t_1] \to \tilde{M}$ die minimale normale Geodätische, die $\tilde{x}_i$ und $\tilde{x}_j$ verbindet. Dann ist $f \circ \gamma$ eine geschlossene geodätische Kurve auf M mit Anfangs- und Endpunkt x. Somit kann $f \circ \gamma$ nicht in der geodätischen Kugel $U = B_r(x)$ liegen und muß also Länge $> 2r$ haben. Dies zeigt aber $t_1 = d(\tilde{x}_i, \tilde{x}_j) > 2r$. □

Sei (M, g) eine metrisch vollständige Riemannsche Mannigfaltigkeit, $x_0 \in M$ und γ: $[0, b] \to M$ eine normale geodätische Kurve mit $\gamma(0) = x_0$. Ist für $t_0 \in]0, b]$ der Punkt $x := \gamma(t_0)$ längs γ nicht konjugiert zu $x_0 = \gamma(0)$, so bildet $\exp_{x_0}: T_{x_0}M \to M$ eine offene Umgebung von $t_0\dot{\gamma}(0)$ diffeomorph auf eine offene Umgebung von x in M ab. Gibt es also längs γ auch keine zu $\gamma(0)$ konjugierten Punkte, so wird durch $\exp_{x_0}$ eine offene Umgebung V des Strahls $\{t\dot{\gamma}(0) : 0 \le t \le b\}$ lokal diffeomorph auf eine offene Umgebung U von $\gamma\big([0, b]\big)$ in M abgebildet.

Ist etwa γ: $[0, b] \to M$ eine von x_0 ausgehende normale Geodätische, die den Schnittort $C(x_0)$ nicht trifft, so gibt es nach dem Korollar zu Satz 7.232 längs γ keine zu $\gamma(0) = x_0$ konjugierten Punkte; zudem können V und U derart gewählt werden, daß V durch $\exp_{x_0}$ diffeomorph auf U abgebildet wird. Insbesondere ist $r = \|\cdot\| \circ (\exp_{x_0}|V)^{-1}$ auf U wohldefiniert, stimmt dort mit der Distanzfunktion $d(x_0, \cdot)$ überein, also

$$r = d(x_0, \cdot) = \|\cdot\| \circ (\exp_{x_0}|V)^{-1}, \tag{7.153}$$

und ist auf $U \backslash \{x_0\}$ differenzierbar.

Wir nehmen also an, daß $\gamma\colon [0,b] \to M$ den Schnittort zu $\gamma(0)$ nicht trifft, fixieren $x = \gamma(t_0)$ für ein $t_0 \in\,]0,b]$ und betrachten zu $u \in T_xM$ das geodätische Kurvenstück $c\colon]-\varepsilon,\varepsilon[\, \to U \subset M$ mit $c(0) = x$ und $\dot{c}(0) = u$. Über die induzierte Kurve $\beta := \frac{1}{t_0}(\exp_{x_0}|V)^{-1} \circ c$ in T_xM erhält man hiermit eine Jacobivariation von $\gamma|[0,t_0]$, nämlich

$$\alpha\colon [0,t_0] \times\,]-\varepsilon,\varepsilon[\, \to M\,, \quad \alpha(t,s) := \exp_{x_0}\bigl(t\beta(s)\bigr)\,.$$

Es gilt $\alpha(0,\cdot\,) = x_0$ und $\alpha(t_0,\cdot\,) = c$; somit ist $X := \alpha_* D_2(\,\cdot\,,0) \in \Gamma(\gamma^*TM)$ das eindeutig bestimmte Jacobifeld mit $X(0) = 0$ und $X(t_0) = u$. Ferner hat man

$$L\bigl(\alpha(\,\cdot\,,s)\bigr) = t_0\,\|\beta(s)\| = \|\cdot\| \circ (\exp_{x_0}|V)^{-1}\bigl(c(s)\bigr) = (r \circ c)(s)\,.$$

Mit den Formeln (7.131) und (7.137) für die erste und zweite Variation der Länge ergibt sich daher:

$$\text{(7.154)} \qquad \begin{aligned} (dr)_x(u) &= (r\circ c)'(0) = \langle X,\dot{\gamma}\rangle\big|_0^{t_0} \\ (\nabla dr)_x(u,u) &= (r\circ c)''(0) = I_{t_0}(X^\perp, X^\perp)\,, \end{aligned}$$

wobei $X^\perp$ die orthogonale Komponente des Jacobifelds X längs $\gamma|[0,t_0]$ bezeichnet.

Wir wollen (7.154) benützen, um basierend auf Krümmungsrelationen Vergleichssätze für die Hesseform ∇dr zu gewinnen.

Sei also $(\tilde{M},\tilde{g})$ eine weitere metrisch vollständige Riemannsche Mannigfaltigkeit mit $\dim M \le \dim \tilde{M}$ und $\tilde{\gamma}\colon [0,b] \to \tilde{M}$ eine weitere normale geodätische Kurve. Um eine Verbindung zwischen M und $\tilde{M}$ herzustellen, wählen wir wie in Teil (4) des Beweises von Satz 7.233 eine isometrische Einbettung $\iota_0\colon T_{\gamma(0)}M \to T_{\tilde{\gamma}(0)}\tilde{M}$ mit $\iota_0\bigl(\dot{\gamma}(0)\bigr) = \dot{\tilde{\gamma}}(0)$ und setzen diese mittels Paralleltransport zu isometrischen Einbettungen $\iota_t\colon T_{\gamma(t)}M \to T_{\tilde{\gamma}(t)}\tilde{M}$ fort:

$$\text{(7.155)} \qquad \begin{array}{ccc} T_{\gamma(0)}M & \xhookrightarrow{\;\iota_0\;} & T_{\tilde{\gamma}(0)}\tilde{M} \\ {\scriptstyle \sigma_{0,t}}\big\downarrow\wr & & \wr\big\downarrow{\scriptstyle \tilde{\sigma}_{0,t}} \\ T_{\gamma(t)}M & \xhookrightarrow{\;\iota_t\;} & T_{\tilde{\gamma}(t)}\tilde{M} \end{array}$$

Auf diese Weise entsteht eine isometrische Bündeleinbettung $\iota\colon \gamma^*TM \to \tilde{\gamma}^*T\tilde{M}$ über $\mathbb{R}$ mit den Eigenschaften:

$$\iota\dot{\gamma} = \dot{\tilde{\gamma}} \quad \text{und} \quad \nabla_D(\iota A) = \iota\nabla_D A \quad \text{für } A \in \Gamma(\gamma^*TM)\,.$$

Wir setzen voraus, daß es längs γ keinen Schnittpunkt von $x_0 = \gamma(0)$ und längs $\tilde{\gamma}$ keinen Schnittpunkt von $\tilde{x}_0 = \tilde{\gamma}(0)$ gibt, und fixieren für ein $t_0 \in\,]0,b]$ die Punkte $x = \gamma(t_0) \in M$ bzw. $\tilde{x} = \tilde{\gamma}(t_0) \in \tilde{M}$. Die Funktionen

$$\text{(7.156)} \qquad r = \|\cdot\| \circ (\exp_{x_0}|V)^{-1} \quad \text{und} \quad \tilde{r} = \|\cdot\| \circ (\exp_{\tilde{x}_0}|\tilde{V})^{-1}$$

seien gemäß (7.153) erklärt. Definitionsgemäß ist dann $r(x) = \tilde{r}(\tilde{x}) = t_0$, und für die Differentiale von r und $\tilde{r}$ bei x bzw. $\tilde{x}$ hat man das folgende Resultat:

Lemma 7.235. *Mit den obigen Bezeichnungen ist*

$$d(f\circ r)_x = \iota_{t_0}^* \, d(f\circ \tilde r)_{\tilde x} \equiv d(f\circ \tilde r)_{\tilde x} \circ \iota_{t_0}$$

für jede C^1-Funktion f: $[0,\infty[\,\to \mathbb{R}$.

Beweis: Mittels Kettenregel reduziert man sofort auf den Fall $f(t)=t$. Sei nun $u\in T_xM$; hierzu betrachten wir längs $\gamma|[0,t_0]$ das Jacobifeld X mit $X(0)=0$ und $X(t_0)=u$, sowie längs $\tilde\gamma|[0,t_0]$ das Jacobifeld $\tilde X$ mit $\tilde X(0)=0$ und $\tilde X(t_0)=\iota_{t_0}u$. Wegen $\langle X,\dot\gamma\rangle = \langle \iota X, \iota\dot\gamma\rangle = \langle \tilde X, \dot{\tilde\gamma}\rangle$ erhält man mit dem ersten Teil von (7.154) die Behauptung:

$$(dr)_x(u) = \langle X,\dot\gamma\rangle\big|_0^{t_0} = \langle \tilde X,\dot{\tilde\gamma}\rangle\big|_0^{t_0} = (d\tilde r)_{\tilde x}(\iota_{t_0}u)\,. \qquad \square$$

Die Hesseformen sind jedoch im allgemeinen nicht mehr gleich im obigen Sinne, lassen sich aber aufgrund von Krümmungsrelationen gegeneinander abschätzen. Hierzu dient die folgende Notation: Für symmetrische Bilinearformen

$$b\in\Gamma\big(\gamma^*(T^*M\otimes T^*M)\big)\,,\quad \tilde b\in\Gamma\big(\tilde\gamma^*(T^*\tilde M\otimes T^*\tilde M)\big)$$

längs γ bzw. längs $\tilde\gamma$ schreiben wir

$$b \succcurlyeq \tilde b,$$

falls für jedes $t\in[0,b]$ und jede isometrische Bündeleinbettung ι: $\gamma^*TM\to\tilde\gamma^*T\tilde M$ über $\mathbb{R}$, die vermöge Paralleltransport wie in (7.155) aus einer isometrischen Einbettung ι_0: $T_{\gamma(0)}M \to T_{\tilde\gamma(0)}\tilde M$ mit $\iota_0(\dot\gamma(0)) = \dot{\tilde\gamma}(0)$ entsteht, die symmetrische Bilinearform $b_{\gamma(t)} - \iota_t^*\tilde b_{\tilde\gamma(t)}$ auf $T_{\gamma(t)}M$ positiv semidefinit ist. Mit anderen Worten:

$$b\succcurlyeq\tilde b \iff b_{\gamma(t)}(u,u)\ge \tilde b_{\tilde\gamma(t)}(\tilde u,\tilde u) \quad \text{für } t\in[0,b],\ u\in T_{\gamma(t)}M,\ \tilde u\in T_{\tilde\gamma(t)}\tilde M: \ \|u\|=\|\tilde u\|,\ \ \langle u,\dot\gamma(t)\rangle = \langle\tilde u,\dot{\tilde\gamma}(t)\rangle\,.$$

Satz 7.236. (Vergleichssatz für die Hesseform) *Seien (M,g) und $(\tilde M,\tilde g)$ Riemannsche Mannigfaltigkeiten mit $2\le \dim M\le\dim\tilde M$ und γ: $[0,b]\to M$, bzw. $\tilde\gamma$: $[0,b]\to\tilde M$ minimale normale geodätische Kurven. Ist dann die Krümmung von M längs γ nicht größer als die Krümmung von $\tilde M$ längs $\tilde\gamma$, d.h. ist stets*

$$\mathrm{Riem}^M(E)\le \mathrm{Riem}^{\tilde M}(\tilde E)$$

für $t\in[0,b[$ und Ebenen $E\subset T_{\gamma(t)}M$ mit $\dot\gamma(t)\in E$ bzw. $\tilde E\subset T_{\tilde\gamma(t)}\tilde M$ mit $\dot{\tilde\gamma}(t)\in\tilde E$, so gilt für jede isotone C^2-Funktion f: $[0,\infty[\,\to\mathbb{R}$

$$\nabla d(f\circ r)_{\gamma(t)} \succcurlyeq \nabla d(f\circ\tilde r)_{\tilde\gamma(t)}\,,\quad t\in\,]0,b[\,, \tag{7.157}$$

mit $r=d(x_0,\cdot)$ und $\tilde r=\tilde d(\tilde x_0,\cdot)$ den Abstandsfunktionen von $x_0=\gamma(0)$ in M bzw. von $\tilde x_0=\tilde\gamma(0)$ in $\tilde M$.

Man beachte: (1) Die Voraussetzung der Minimalität von $\gamma\colon [0,b] \to \tilde{M}$ hat zur Folge, daß kein $\gamma(t)$ für $t < b$ ein Schnittpunkt von $\gamma(0)$ ist; analog für $\tilde{\gamma}$. Natürlich gilt (7.157) auch für $t = b$, falls r und $\tilde{r}$ bei $\gamma(b)$ bzw. $\tilde{\gamma}(b)$ differenzierbar sind.

(2) Es würde genügen zu fordern, daß es längs $\tilde{\gamma}$ keine zu $\tilde{\gamma}(0)$ konjugierten Punkte gibt. Dann ist nach dem Vergleichssatz von Rauch zusammen mit Satz 7.230 auch kein $\gamma(t)$ längs γ zu $\gamma(0)$ konjugiert. Allerdings können $\exp_{x_0}|V$ und $\exp_{\tilde{x}_0}|\tilde{V}$ dann nicht mehr notwendig invertierbar gewählt werden; bei fixiertem t hätte man $\nabla d(f \circ r)_{\gamma(t)}$ zu ersetzen durch $\nabla d(f \circ \rho)_{\gamma(t)}$ mit $\rho = (\exp_{x_0}|V_{\mathrm{loc}})^{-1}$ und V_{loc} einer genügend kleinen Umgebung von $t\dot{\gamma}(0)$, die durch $\exp_{x_0}$ diffeomorph auf eine offene Umgebung von $\gamma(t)$ abgebildet wird; entsprechend wäre die rechte Seite von (7.157) zu interpretieren.

Beweis (von Satz 7.236): Sei $t_0 \in]0,b]$, dazu $x = \gamma(t_0)$ und $\tilde{x} = \tilde{\gamma}(t_0)$. Weiter sei $u \in T_xM$ und $\iota\colon \gamma^*TM \to \tilde{\gamma}^*T\tilde{M}$ eine gemäß (7.155) konstruierte isometrische Bündeleinbettung über $\mathbb{R}$. Zu zeigen ist dann

$$\nabla d(f \circ r)_x(u,u) \geq \nabla d(f \circ \tilde{r})_{\tilde{x}}(\iota_{t_0}u, \iota_{t_0}u).$$

Mit Formel (7.90) erhält man zunächst

$$\nabla d(f \circ r)_x(u,u) = f''(t_0)\,(dr)_x(u) + f'(t_0)\,(\nabla dr)_x(u,u)$$

$$\nabla d(f \circ \tilde{r})_{\tilde{x}}(\iota_{t_0}u, \iota_{t_0}u) = f''(t_0)\,(d\tilde{r})_{\tilde{x}}(\iota_{t_0}u) + f'(t_0)\,(\nabla d\tilde{r})_{\tilde{x}}(\iota_{t_0}u, \iota_{t_0}u).$$

Die ersten beiden Summanden sind nach Lemma 7.235 gleich; da ferner $f'(t_0) \geq 0$ vorausgesetzt ist, bleibt $(\nabla dr)_x(u,u) \geq (\nabla d\tilde{r})_{\tilde{x}}(\iota_{t_0}u, \iota_{t_0}u)$, nach (7.154) also

$$I_{t_0}(X^\perp, X^\perp) \geq I_{t_0}(\tilde{X}^\perp, \tilde{X}^\perp)$$

nachzuweisen; dabei ist $X \in \Gamma(\gamma^*TM)$ das Jacobifeld mit $X(0) = 0$, $X(t_0) = u$ und $\tilde{X} \in \Gamma(\tilde{\gamma}^*T\tilde{M})$ das Jacobifeld mit $\tilde{X}(0) = 0$, $\tilde{X}(t_0) = \iota_{t_0}u$. Mit dem Vektorfeld $Y := \iota X^\perp \in \Gamma(\tilde{\gamma}^*T\tilde{M})$ gilt aber

$$I_{t_0}(X^\perp, X^\perp) \geq I_{t_0}(Y,Y) \geq I_{t_0}(\tilde{X}^\perp, \tilde{X}^\perp)$$

und damit die Behauptung: Die erste Ungleichung folgt direkt aus der Definition der Indexform mit den Beobachtungen, daß $\|\nabla_D X^\perp\| = \|\nabla_D Y\|$ und aufgrund der Voraussetzungen an die Schnittkrümmungen $\langle R(X^\perp, \dot{\gamma})\dot{\gamma}, X^\perp\rangle \leq \langle R(Y, \dot{\tilde{\gamma}})\dot{\tilde{\gamma}}, Y\rangle$ gilt; die zweite Ungleichung ist eine Konsequenz des Indexlemmas (Satz 7.232), denn Y stimmt bei 0 und t_0 mit $\tilde{X}^\perp$ überein. □

Korollar. (Vergleichssatz für den Laplaceoperator: Grundversion) *Seien* (M,g), $(\tilde{M},\tilde{g})$ *Riemannsche Mannigfaltigkeiten mit* $2 \leq \dim M \leq \dim \tilde{M}$ *und* $\gamma\colon [0,b] \to M$ *bzw.* $\tilde{\gamma}\colon [0,b] \to \tilde{M}$ *minimale normale geodätische Kurven. Ist dann*

$$\mathrm{Riem}^M(E) \leq \mathrm{Riem}^{\tilde{M}}(\tilde{E})$$

für alle Ebenen $E \subset T_{\gamma(t)}M$ *mit* $\dot\gamma(t) \in E$ *bzw.* $\tilde E \subset T_{\tilde\gamma(t)}\tilde M$ *mit* $\dot{\tilde\gamma}(t) \in \tilde E$ *und alle* $t \in [0,b]$, *so gilt für jede isotone* C^2*-Funktion* $f\colon [0,\infty[\to \mathbb{R}$ *die Ungleichung:*

$$\Delta(f\circ r)(\gamma(t)) \geq \Delta(f\circ\tilde r)(\tilde\gamma(t)), \quad t \in]0,b[,$$

mit $r = d(x_0,\cdot)$ *und* $\tilde r = \tilde d(\tilde x_0,\cdot)$ *den Abstandsfunktionen von* $x_0 = \gamma(0)$ *in* M *bzw. von* $\tilde x_0 = \tilde\gamma(0)$ *in* $\tilde M$.

Beweis: Die Aussage folgt durch Spurbildung aus Satz 7.236. □

Obige Vergleichssätze werden vor allem so angewendet, daß man eine gegebene Riemannsche Mannigfaltigkeit mit einer einfach strukturierten Vergleichsmannigfaltigkeit in Beziehung setzt. Die Nützlichkeit dieses Vorgehens hängt natürlich von der expliziten Kenntnis geeigneter Vergleichsmodelle ab. Ein wichtiger Typ solcher Modellmannigfaltigkeiten wird durch die nachfolgende Definition erfaßt (siehe [G-W 79]).

Definition 7.237. (Modell) Sei $(\mathbb{M},g)$ eine d-dimensionale ($d \geq 2$) Riemannsche Mannigfaltigkeit und $0 \in \mathbb{M}$ ein ausgezeichneter Punkt. Dann heißt $(\mathbb{M},g)$ ein *Modell* mit Zentrum 0, wenn 0 ein Pol für $(\mathbb{M},g)$ ist und $\mathbb{M}$ dahingehend rotationssymmetrisch um 0 ist, daß sich jede lineare Isometrie $\varphi\colon T_0\mathbb{M} \to T_0\mathbb{M}$ als Differential einer Isometrie $\phi\colon \mathbb{M} \to \mathbb{M}$ realisieren läßt, d.h. derart daß $\phi(0) = 0$ und $(d\phi)_0 = \varphi$ gilt.

Bevor wir uns näher mit Eigenschaften von Modellen befassen, wollen wir einige allgemeine Bemerkungen über Isometrien voranstellen. Isometrien sind nach Definition 7.99 lokale Isometrien mit der Eigenschaft, daß sie zusätzlich Diffeomorphismen sind.

Bemerkung 7.238. (über lokale Isometrien) Sei (M,g) eine metrisch vollständige Riemannsche Mannigfaltigkeit und $\phi\colon M \to M$ eine lokale Isometrie, d.h. $\phi^*g = g$. Dann gilt:

(i) ϕ erhält die Längen von Kurven und, falls ϕ sogar eine Isometrie ist, damit auch Distanzen, d.h. es ist dann $d(\phi(x),\phi(y)) = d(x,y)$ für $x,y \in M$.

(ii) ϕ überführt Geodätische in Geodätische; es gilt daher:
$$\phi\circ\exp_x(tv) = \exp_{\phi(x)}(t\phi_*v), \quad x \in M,\ v \in T_xM.$$

(iii) ϕ erhält den Levi-Civita-Zusammenhang, d.h. es gilt:
$$d\phi\,\nabla_A B = \nabla_A(d\phi B), \quad A,B \in \Gamma(TM).$$
Insbesondere hat man $d\phi\,\nabla_D X = \nabla_D(d\phi X)$ für Vektorfelder X längs einer Kurve c, und X ist somit genau dann parallel längs c, wenn $d\phi X$ parallel längs $\phi\circ c$ ist.

(iv) ϕ erhält die Riemannsche Schnittkrümmung, d.h. ist $E = \mathrm{lin}\{v,w\} \subset T_xM$ und ist $E' = \mathrm{lin}\{\phi_*v,\phi_*w\} \subset T_{\phi(x)}M$, so gilt $\mathrm{Riem}^M_x(E) = \mathrm{Riem}^M_{\phi(x)}(E')$.

Beweis: (i) folgt unmittelbar aus der Definition des Längenfunktionals. (ii) ist eine Folge von (i), da ϕ ein lokaler Diffeomorphismus ist. (iii) erhält man aus Formel (7.89) mit der Beobachtung, daß ϕ affin ist, da es nach (ii) Geodätische in Geodätische überführt. (iv) schließlich ist eine direkte Folge von (iii) und der zweiten Cartanschen Strukturgleichung (siehe Satz 7.95). □

Satz 7.239. *Sei* $(\mathbb{M}, g)$ *ein Modell und* $\gamma\colon [0,b] \to \mathbb{M}$ *eine vom ausgezeichneten Punkt* $0 \in \mathbb{M}$ *ausgehende geodätische Kurve. Dann ist jedes eigentliche Jacobifeld längs* γ*, welches bei* 0 *verschwindet, bis auf eine skalare Funktion ein paralleles Vektorfeld längs* γ*. Insbesondere sind zwei Jacobifelder längs* γ*, die bei* 0 *verschwinden, bereits dann orthogonal längs* γ*, wenn sie an einer Stelle orthogonal sind.*

Beweis: Es sei J ein Jacobifeld längs γ mit $\langle J, \dot\gamma\rangle = 0$ und $J(0) = 0$; dazu sei $v = \dot\gamma(0) \in T_0\mathbb{M}$ und $w = J'(0)$. Da J ein eigentliches Jacobifeld ist, gilt $v \perp w$ in $T_0\mathbb{M}$. Mit den Identifizierungen $\mathbb{M} \cong T_0\mathbb{M}$ via $\exp_0$ und entsprechend $T_{\gamma(t)}\mathbb{M} \cong T_{tv}T_0\mathbb{M} \cong T_0\mathbb{M}$ ist $\gamma(t) = \exp_0(tv) \equiv tv$ und $J(t) = (d\exp_0)_{tv}(tw) \equiv tw \in T_{tv}\mathbb{M}$. Zu zeigen ist also, daß das durch $W(t) := w \in T_{tv}\mathbb{M}$ gegebene Vektorfeld W längs γ bis auf Multiplikation mit einer skalaren Funktion mit dem Paralleltransport von $w \in T_0\mathbb{M}$ längs γ übereinstimmt. Dazu betrachten wir die zweidimensionale Untermannigfaltigkeit

$$\mathbb{M}_0 := \exp_0(\mathbb{R}v + \mathbb{R}w) \cong \mathbb{R}v + \mathbb{R}w \subset \mathbb{M}$$

mit der induzierten Riemannschen Metrik. Nun ist γ auch geodätisch in $\mathbb{M}_0$ und es ist $W(t) \perp \dot\gamma(t)$ in $T_0\mathbb{M}_0$. Aufgrund der Isometrie des Paralleltransports bezüglich des Levi-Civita-Zusammenhangs muß dann aber $\bar W := W/\|W\|$ parallel längs γ in $\mathbb{M}_0$ sein. Es bleibt zu verifizieren, daß $\bar W$ auch parallel längs γ in $\mathbb{M}$ ist. Hierfür reicht es zu zeigen, daß $\mathbb{M}_0$ als Untermannigfaltigkeit von $\mathbb{M}$ total geodätisch ist, denn aufgrund der Affinität der Inklusion $\iota\colon \mathbb{M}_0 \hookrightarrow \mathbb{M}$ ist dann auch

$$\nabla_D \iota_* \bar W = \iota_* \nabla_D \bar W = 0\,.$$

Nach Definition ist $\mathbb{M}_0 = \exp_0(\mathbb{R}v + \mathbb{R}w)$ mit $v \perp w$ in $T_0\mathbb{M}$. Wir wählen eine lineare Isometrie $\varphi\colon T_0\mathbb{M} \to T_0\mathbb{M}$ mit $\varphi(v) = v$ und $\varphi(w) = w$, aber $\varphi(u) \neq u$ für jedes $u \in \{\mathbb{R}v + \mathbb{R}w\}^\perp$. Hierzu gibt es eine Isometrie $\phi\colon \mathbb{M} \to \mathbb{M}$ mit $\phi(0) = 0$ und $d\phi_0 = \varphi$. Gemäß 7.238 (ii) ist $\mathbb{M}_0$ gerade die Fixpunktmenge von ϕ, d.h. $\mathbb{M}_0 = \{x \in \mathbb{M} : \phi(x) = x\}$. Dies zeigt aber bereits die Behauptung, denn ist c eine Geodätische auf $\mathbb{M}$ mit $c(0) \in \mathbb{M}_0$, also $c(t) = \exp_{c(0)}\big(t\dot c(0)\big)$, so liegt c genau dann bereits ganz in $\mathbb{M}_0$, wenn $\phi \circ c = c$ ist; wegen $(\phi \circ c)(t) = \exp_{c(0)}\big(t\phi_*\dot c(0)\big)$ ist letzteres genau dann der Fall, wenn $\phi_*\dot c(0) = \dot c(0)$, oder mit anderen Worten, wenn $\dot c(0) \in T_{c(0)}\mathbb{M}_0$ gilt.

Allgemein ist nämlich für $X \in T_x\mathbb{M}$ mit $x \in \mathbb{M}_0$ genau dann $X \in T_x\mathbb{M}_0$, wenn $X = \dot\beta(0)$ für eine Kurve β in M_0 mit $\beta(0) = x$ gilt; wegen $\phi \circ \beta = \beta$ impliziert letzteres $\phi_*X = X$, umgekehrt erhält man aus $\phi_*X = X$ die Existenz einer M_0-wertigen Kurve β mit $X = \dot\beta(0)$, z.B. $\beta(t) = \exp_x(tX)$ gemäß 7.238 (ii). □

Lemma 7.240. *Sei* $(\mathbb{M}, g)$ *ein Modell und* $0 \in \mathbb{M}$ *das Zentrum. Es seien* $x, \tilde{x} \in \mathbb{M}$ *mit* $r = d(x,0) = d(\tilde{x},0)$ *und dazu* γ *bzw.* $\tilde{\gamma}$ *die von* 0 *ausgehenden normalen geodätischen Kurven mit* $\gamma(r) = x$ *und* $\tilde{\gamma}(r) = \tilde{x}$. *Ist dann* $(u_1, \ldots, u_d)$ *eine Orthonormalbasis für* $T_x\mathbb{M}$ *mit* $u_1 = \dot{\gamma}(r)$ *und* $(\tilde{u}_1, \ldots, \tilde{u}_d)$ *eine Orthonormalbasis für* $T_{\tilde{x}}\mathbb{M}$ *mit* $\tilde{u}_1 = \dot{\tilde{\gamma}}(r)$, *so gibt es eine Isometrie* $\phi\colon \mathbb{M} \to \mathbb{M}$ *mit* $\phi(x) = \tilde{x}$, *so daß*

$$d\phi_x\, u_i = \tilde{u}_i\,, \quad i = 1, \ldots, d.$$

Beweis: Es sei $v := u_1 = \dot{\gamma}(r)$ und $\tilde{v} := \tilde{u}_1 = \dot{\tilde{\gamma}}(r)$. Wir identifizieren $\mathbb{M} \cong T_0\mathbb{M}$, also ist $x = \exp_0\bigl(r\,\dot{\gamma}(0)\bigr) \equiv r\,\dot{\gamma}(0)$ und

$$T_x\mathbb{M} \cong T_{r\dot{\gamma}(0)}T_0\mathbb{M} \cong T_0\mathbb{M}.$$

In diesem Sinn verstehen wir $u_1, \ldots, u_d$ als Elemente von $T_0\mathbb{M}$; insbesondere ist dabei $v \equiv \dot{\gamma}(0)$. Nach dem Gaußschen Lemma gilt $v \perp u_i$ für $i = 2, \ldots, d$ in $T_0\mathbb{M}$ und entsprechend $\tilde{v} \perp \tilde{u}_i$ für $i = 2, \ldots, d$ in $T_0\mathbb{M}$. Andererseits sind die Jacobifelder $J_2, \ldots, J_d$ mit

$$J_i(t) = (d\exp_0)_{tv}(tu_i) \equiv t\,u_i \in T_{tv}\mathbb{M}$$

gemäß Satz 7.239 paarweise orthogonal längs γ; folglich ist $(u_2, \ldots, u_d)$ auch orthogonal in $T_0\mathbb{M}$. Mit dem gleichen Argument erhält man die Orthogonalität von $(\tilde{u}_2, \ldots, \tilde{u}_d)$ in $T_0\mathbb{M}$. Wir können also eine lineare Isometrie $\varphi\colon T_0\mathbb{M} \to T_0\mathbb{M}$ mit $\varphi(v) = \tilde{v}$ und $\varphi(u_i) = \lambda_i\,\tilde{u}_i$ für $i = 2, \ldots, d$ finden, wobei jeweils $\lambda_i > 0$ sei. Da $\mathbb{M}$ ein Modell ist, gibt es dazu eine Isometrie $\phi\colon \mathbb{M} \to \mathbb{M}$ mit $\phi(0) = 0$ und $d\phi_0 = \varphi$. Wegen

$$\phi \circ \exp_0(tv) = \exp_{\phi(0)}(t\,\phi_* v) = \exp_{\phi(0)}(t\,\varphi v) = \exp_{\phi(0)}(t\,\tilde{v})$$

ist $\phi \circ \gamma = \tilde{\gamma}$, insbesondere also $\phi(x) = \tilde{x}$ und $d\phi_x\, v = \tilde{v}$.

Es bleibt somit, $d\phi_x\, u_i = \tilde{u}_i$ für $i = 2, \ldots, d$ zu verifizieren. Dazu betrachten wir bei fixiertem i das Jacobifeld J längs γ mit $J(0) = 0$, $J'(0) = u_i$ und analog $\tilde{J}$ das Jacobifeld längs $\tilde{\gamma}$ mit $\tilde{J}(0) = 0$, $\tilde{J}'(0) = \tilde{u}_i$. Gemäß Beispiel 7.228 ist

$$J(t) = \tfrac{\partial}{\partial s}\Big|_{s=0} \exp_0\bigl(t\,(v + su_i)\bigr) = (d\exp_0)_{tv}(tu_i) \equiv tu_i \in T_{tv}\mathbb{M},$$

sowie $\tilde{J}(t) \equiv t\,\tilde{u}_i \in T_{t\tilde{v}}\mathbb{M}$. Nun gilt aber

$$\phi \circ \exp_0\bigl(t\,(v + su_i)\bigr) = \exp_0\bigl(t\,\varphi(v + su_i)\bigr) = \exp_0\bigl(t\,(\tilde{v} + s\,\lambda_i \tilde{u}_i)\bigr),$$

woraus man durch Differenzieren nach s an der Stelle $s = 0$ die Beziehung

$$(d\phi)_{tv}\, J(t) = \lambda_i\, \tilde{J}(t),$$

also $(d\phi)_{tv}\, tu_i = \lambda_i\, t\tilde{u}_i$ erhält. Dies zeigt insbesondere $(d\phi)_{rv}\, u_i \equiv d\phi_x\, u_i = \lambda_i\, \tilde{u}_i$. Aufgrund der Isometrie von $d\phi_x\colon T_x\mathbb{M} \to T_{\tilde{x}}\mathbb{M}$ ist aber notwendig $\lambda_i = 1$. □

Ist (M, g) eine metrisch vollständige Riemannsche Mannigfaltigkeit und $x_0 \in M$, so hat man auf $M\backslash\bigl(C(x_0) \cup \{x_0\}\bigr)$ das *radiale Vektorfeld* $\frac{\partial}{\partial r}$ mit $\bigl(\frac{\partial}{\partial r}\bigr)_x = \dot{\gamma}(t_0)$, wobei γ die eindeutig bestimmte minimale normale Geodätische mit $\gamma(0) = x_0$ und $\gamma(t_0) = x$ ist. Offensichtlich ist $\frac{\partial}{\partial r} = \operatorname{grad} r$ auf $M\backslash\bigl(C(x_0) \cup \{x_0\}\bigr)$ mit

$r := d(x_0, \cdot)$, denn $\operatorname{grad} r$ ist durch $\langle \operatorname{grad} r, Y\rangle = Y(r)$ für jedes Vektorfeld Y auf $M\backslash(C(x_0) \cup \{x_0\})$ festgelegt; andererseits hat man $Y = Y(r)\frac{\partial}{\partial r} + Y^\perp$ mit $\langle \frac{\partial}{\partial r}, Y^\perp\rangle = 0$ nach dem Gaußschen Lemma, so daß auch $\langle \frac{\partial}{\partial r}, Y\rangle = Y(r)$ gilt.
Man beachte: Für ein beliebiges Vektorfeld X auf $M\backslash(C(x_0) \cup \{x_0\})$ gilt stets

$$(7.158) \qquad (\nabla dr)\big(X, \tfrac{\partial}{\partial r}\big) = 0,$$

denn zunächst ist $(\nabla dr)\big(X, \frac{\partial}{\partial r}\big) = X\big(\frac{\partial}{\partial r} r\big) - \big(\nabla_X \frac{\partial}{\partial r}\big) r$ und wegen $\frac{\partial}{\partial r} r = 1$ somit

$$(\nabla dr)\big(X, \tfrac{\partial}{\partial r}\big) = -\big\langle \nabla_X \tfrac{\partial}{\partial r}, \operatorname{grad} r\big\rangle = -\big\langle \nabla_X \tfrac{\partial}{\partial r}, \tfrac{\partial}{\partial r}\big\rangle = -\tfrac{1}{2} X\big\langle \tfrac{\partial}{\partial r}, \tfrac{\partial}{\partial r}\big\rangle = 0.$$

Statt $\frac{\partial}{\partial r}$ schreiben wir gelegentlich auch ∂ oder ∂^M. Ist speziell x_0 ein Pol für (M, g), so ist das zugehörige radiale Vektorfeld ∂^M auf ganz $M\backslash\{x_0\}$ definiert.
Unter der *radialen Krümmung* von (M, g) bezüglich x_0 versteht man die Einschränkung der Schnittkrümmung Riem^M auf radiale Ebenen, also Ebenen $E \subset T_x M$ mit $\partial^M_x = \big(\frac{\partial}{\partial r}\big)_x \in E$; Ebenen in $T_{x_0}M$ seien per Konvention radial.

Bemerkung 7.241. In jedem Modell $(\mathbb{M}, g)$ hängt bezüglich des ausgezeichneten Punktes 0 die radiale Krümmung bei x nur von $r = r_M(x)$ mit $r_M(x) = d(0, x)$ ab.

Beweis: Dies folgt aus Lemma 7.240 und der in Bemerkung 7.238 (iv) formulierten Tatsache, daß Isometrien die Riemannsche Schnittkrümmung erhalten. □

Definition 7.242. (Radiale Krümmungsfunktion) Ist $(\mathbb{M}, g)$ ein Modell, so heißt die gemäß Bemerkung 7.241 wohldefinierte Funktion

$$k_{\mathbb{M}}\colon \mathbb{R}_+ \to \mathbb{R}, \quad k_{\mathbb{M}}(t) := \text{radiale Krümmung bei } x \in \mathbb{M} \text{ mit } r_M(x) = t,$$

die *radiale Krümmungsfunktion* des Modells $(\mathbb{M}, g)$.

Der Vergleichssatz für den Laplaceoperator (Korollar zu Satz 7.236) läßt sich im Fall eines Modells als Vergleichsmannigfaltigkeit verbessern: Es genügt dann die Ricci-Krümmungen längs normaler Geodätischer zu vergleichen.

Satz 7.243. (Vergleichssatz für den Laplaceoperator: spezielle Version) *Sei (M, g) eine metrisch vollständige Riemannsche Mannigfaltigkeit mit $d = \dim M \geq 2$ und $x_0 \in M$, sowie $\mathbb{M}$ ein Modell gleicher Dimension mit Rotationszentrum $0 \in \mathbb{M}$. Es seien $r_M = d(x_0, \cdot)$ und $r_{\mathbb{M}} = d(0, \cdot)$ die Abstandsfunktionen von x_0 in M bzw. von 0 in $\mathbb{M}$ und ∂^M bzw. $\partial^{\mathbb{M}}$ die entsprechenden radialen Vektorfelder. Ist dann $R > 0$ und gilt*

$$\operatorname{Ric}^M(\partial^M, \partial^M)(x) \geq \operatorname{Ric}^{\mathbb{M}}(\partial^{\mathbb{M}}, \partial^{\mathbb{M}})(\tilde{x}) \ \big(\equiv (d-1)k_{\mathbb{M}}(r)\big)$$

für alle $x \in M\backslash(C(x_0) \cup \{x_0\})$ und $\tilde{x} \in \mathbb{M}\backslash\{0\}$ mit $r = r_M(x) = r_{\mathbb{M}}(\tilde{x}) < R$, so gilt für jede isotone C^2-Funktion $f\colon [0, R[\to \mathbb{R}$ und alle x, $\tilde{x}$ wie oben

$$\Delta(f \circ r_M)(x) \leq \Delta(f \circ r_{\mathbb{M}})(\tilde{x}).$$

Beweis: Wir orientieren uns am Beweis von 7.236. Zunächst stellen wir fest, daß es wieder genügt, den Fall $f(r) = r$ zu betrachten, denn aus

$$\nabla d(f \circ r_M)_x(u,u) = (f'' \circ r_M)(dr_M)_x(u) + (f' \circ r_M)(\nabla dr_M)_x(u,u)$$

für $u \in T_xM$ leitet man unmittelbar $\Delta(f \circ r_M) = f'' \circ r_M + (f' \circ r_M)\Delta r_M$ und analog $\Delta(f \circ r_{\mathbb{M}}) = f'' \circ r_{\mathbb{M}} + (f' \circ r_{\mathbb{M}})\Delta r_{\mathbb{M}}$ ab.

Seien nun $x \in M\backslash(C(x_0) \cup \{x_0\})$ und $\tilde{x} \in \mathbb{M}\backslash\{0\}$ mit $r = r_M(x) = r_{\mathbb{M}}(\tilde{x}) < R$; dazu sei γ: $[0,r] \to M$ die von x_0 ausgehende Geodätische mit $\gamma(r) = x$ und entsprechend $\tilde{\gamma}$: $[0,r] \to \mathbb{M}$ die von 0 ausgehende Geodätische mit $\tilde{\gamma}(r) = \tilde{x}$. Wir fixieren Orthonormalbasen $(u_1,\ldots,u_d)$ für T_xM mit $u_1 = \partial_x^M$ und $(\tilde{u}_1,\ldots,\tilde{u}_d)$ für $T_{\tilde{x}}\mathbb{M}$ mit $\tilde{u}_1 = \partial_{\tilde{x}}^{\mathbb{M}}$. Für $i = 2,\ldots,d$ sei jeweils X_i das eindeutig bestimmte (eigentliche) Jacobifeld längs γ mit $X_i(0) = 0$, $X_i(r) = u_i$ und analog $\tilde{X}_i$ das entsprechende Jacobifeld längs $\tilde{\gamma}$ mit $\tilde{X}_i(0) = 0$, sowie $\tilde{X}_i(r) = \tilde{u}_i$. Stellt man zusätzlich (7.158) in Rechnung, so erhält man

$$\Delta r_M(x) = \sum_{i=2}^{d} (\nabla dr_M)(u_i,u_i) = \sum_{i=2}^{d} I(X_i,X_i),$$

bzw.

$$\Delta r_{\mathbb{M}}(\tilde{x}) = \sum_{i=2}^{d} (\nabla dr_{\mathbb{M}})(\tilde{u}_i,\tilde{u}_i) = \sum_{i=2}^{d} I(\tilde{X}_i,\tilde{X}_i).$$

Nun ist aber $\mathbb{M}$ ein Modell, so daß für jedes $0 < t \leq r$ die $\tilde{X}_i(t)$ paarweise orthogonal sind und zudem $\|\tilde{X}_i(t)\| = \|\tilde{X}_j(t)\|$ erfüllen: ersteres nach Satz 7.239 und letzteres, da jedes $\tilde{X}_i(t)$ durch das Differential einer Isometrie, die $\tilde{\gamma}$ fest läßt, in $\tilde{X}_j(t)$ überführt werden kann. Folglich ist

$$\begin{aligned}\Delta r_{\mathbb{M}}(\tilde{x}) = \sum_{i=2}^{d} I(\tilde{X}_i,\tilde{X}_i) &= \sum_{i=2}^{d} \int_0^r \Big\{\|\nabla_D\tilde{X}_i\|^2 - \big\langle R(\tilde{X}_i,\partial^{\mathbb{M}})\partial^{\mathbb{M}},\tilde{X}_i\big\rangle\Big\}\,dt \\ &= \int_0^r \Big\{\sum_{i=2}^{d} \|\nabla_D\tilde{X}_i\|^2 - \|\tilde{X}_2\|^2\,\mathrm{Ric}^{\mathbb{M}}(\partial^{\mathbb{M}},\partial^{\mathbb{M}})\Big\}\,dt.\end{aligned}$$

Ist nun ι_r: $T_{\tilde{x}}\mathbb{M} \to T_xM$ die lineare Isometrie mit $\iota_r(\tilde{u}_i) = u_i$ für $i = 1,\ldots,d$ und setzt man diese kanonisch fort via Paralleltransport gemäß

$$\begin{array}{ccc} T_{\tilde{\gamma}(r)}\mathbb{M} & \xhookrightarrow{\ \iota_r\ } & T_{\gamma(r)}M \\ {\scriptstyle \sigma_{t,r}}\uparrow\wr & & \wr\uparrow{\scriptstyle \sigma_{t,r}} \\ T_{\tilde{\gamma}(t)}\mathbb{M} & \overset{\iota_t}{\dashrightarrow} & T_{\gamma(t)}M, \end{array}$$

so entsteht eine isometrische Bündeleinbettung ι: $\tilde{\gamma}^*T\mathbb{M} \to \gamma^*TM$ über $\mathbb{R}$, die mit der covarianten Ableitung ∇_D von Vektorfeldern vertauscht und das radiale Vektorfeld längs $\tilde{\gamma}$ in das radiale Vektorfeld längs γ überführt. Man schließt nun wieder mit dem Indexlemma (Satz 7.232):

$$\begin{aligned}
\Delta r_M(x) &= \sum_{i=2}^{d} I(X_i, X_i) \le \sum_{i=2}^{d} I(\iota\tilde{X}_i, \iota\tilde{X}_i) \\
&= \sum_{i=2}^{d} \int_0^r \left\{ \|\nabla_D \iota\tilde{X}_i\|^2 - \left\langle R(\iota\tilde{X}_i, \partial^M)\partial^M, \iota\tilde{X}_i \right\rangle \right\} dt \\
&= \int_0^r \left\{ \sum_{i=2}^{d} \|\iota\nabla_D \tilde{X}_i\|^2 - \sum_{i=2}^{d} \|\iota\tilde{X}_i\|^2 \operatorname{Ric}^M(\partial^M, \partial^M) \right\} dt \\
&= \int_0^r \left\{ \sum_{i=2}^{d} \|\nabla_D \tilde{X}_i\|^2 - \|\tilde{X}_2\|^2 \operatorname{Ric}^M(\partial^M, \partial^M) \right\} dt \\
&\le \int_0^r \left\{ \sum_{i=2}^{d} \|\nabla_D \tilde{X}_i\|^2 - \|\tilde{X}_2\|^2 \operatorname{Ric}^{\mathbb{M}}(\partial^{\mathbb{M}}, \partial^{\mathbb{M}}) \right\} dt = \Delta r_{\mathbb{M}}(\tilde{x}),
\end{aligned}$$

wobei die letzte Ungleichung auf der Voraussetzung an die Ricci-Krümmung basiert. □

Ein wichtiger Baustein zur expliziten Beschreibung und Konstruktion von Modellen sind die euklidischen Sphären, obgleich sie nicht selbst in die Klasse der Modelle fallen. Für $a > 0$ sei

$$\mathbb{S}_a^d := \{x \in \mathbb{R}^{d+1} : \|x\| = a\} \overset{\iota}{\hookrightarrow} \mathbb{R}^{d+1}$$

die Sphäre mit Radius a versehen mit der vom $(\mathbb{R}^{d+1}, \text{eukl})$ induzierten Riemannschen Metrik $g = \iota^*\,\text{eukl}$ (siehe Beispiel 7.105), wobei man aus historischen Gründen üblicherweise $g = d\vartheta^2$ schreibt. Man identifiziert für $x \in \mathbb{S}_a^d$ kanonisch

$$T_x\mathbb{S}_a^d \cong \{x\}^\perp \subset \mathbb{R}^{d+1},$$

wobei $\{x\}^\perp$ das Orthokomplement von $\mathbb{R}x$ in $\mathbb{R}^{d+1}$ bezeichnet. Jede orthogonale Transformation $A \in \mathrm{O}(d+1)$ liefert durch Einschränkung

$$A|\mathbb{S}_a^d \colon \mathbb{S}_a^d \to \mathbb{S}_a^d$$

eine Isometrie von $\mathbb{S}_a^d$. Insbesondere hat $(\mathbb{S}_a^d, d\vartheta^2)$ konstante Schnittkrümmung, denn sind $x, y \in \mathbb{S}_a^d$ und sind $u_1, u_2 \in T_x\mathbb{S}_a^d$ bzw. $v_1, v_2 \in T_y\mathbb{S}_a^d$ jeweils orthonormale Vektoren, so gibt es eine orthogonale Transformation $A \in \mathrm{O}(d+1)$ mit $Ax = y$ und $A_*u_i = v_i$ für $i = 1, 2$. Modulo Multiplikation mit Konstanten ist $d\vartheta^2$ offensichtlich die einzige Riemannsche Metrik auf $\mathbb{S}_a^d$, die unter der vollen orthogonalen Gruppe $\mathrm{O}(d+1)$ invariant ist. Für $a = 1$ schreiben wir kurz $\mathbb{S}^d$ statt $\mathbb{S}_1^d$.

Als kompakte Mannigfaltigkeit ist $(\mathbb{S}_a^d, d\vartheta^2)$ metrisch vollständig und die maximalen Geodätischen stimmen mit den Großkreisen auf $\mathbb{S}_a^d$ überein: Man fixiere etwa $x, y \in \mathbb{S}_a^d$, $x \neq y$ und $r = d(x, y)$ so klein, daß es genau eine Geodätische $\gamma\colon [0, r] \to \mathbb{S}_a^d$ mit $\gamma(0) = x$ und $\gamma(r) = y$ gibt. Zu der Ebene $E = \mathbb{R}x + \mathbb{R}y$ betrachte man eine orthogonale Transformation $A \in \mathrm{O}(d+1)$, die genau E als Fixpunktmenge hat, z.B. die Spiegelung an E. Dann ist auch $A \circ \gamma$ eine x und y verbindende minimale Geodätische, folglich ist $A \circ \gamma = \gamma$ und γ liegt somit im Großkreis $E \cap \mathbb{S}_a^d$.

Es sei nun $(\mathbb{M}, g)$ wieder ein Modell und $0 \in \mathbb{M}$ das Zentrum. Dann definiert

$$\exp_0\colon (T_0\mathbb{M}, \exp_0^* g) \to (\mathbb{M}, g)$$

eine Isometrie Riemannscher Mannigfaltigkeiten. Ohne Einschränkung können wir deshalb $\mathbb{M} \cong \mathbb{R}^d$ identifizieren, wobei das Zentrum $0 \in \mathbb{M}$ dem Nullpunkt im $\mathbb{R}^d$ entspricht und wir $T_0\mathbb{M}$ mit $\mathbb{R}^d$ als euklidische $\mathbb{R}$-Vektorräume $(T_0\mathbb{M}, g_0) \cong (\mathbb{R}^d, \langle\ ,\ \rangle)$ isometrisch identifizieren. Die Metrik $\exp_0^* g$ eingeschränkt auf $\mathbb{R}^d\backslash\{0\}$ ist via pull-back mit $]0,\infty[\, \times \mathbb{S}^{d-1} \xrightarrow{\sim} \mathbb{R}^d\backslash\{0\}$, $(r,v) \mapsto r\cdot v$ nach dem Gaußschen Lemma von der Form $dr \otimes dr + h_r$ mit h_r der Metrik auf der $(d-1)$-dimensionalen Einheitssphäre $\mathbb{S}^{d-1}$, die man dabei aus der von $\exp_0^* g$ auf $\mathbb{S}_r^{d-1}$ induzierten Metrik erhält.

Nun ist $\mathbb{M}$ ein Modell und die Metrik h_r ist daher unter der vollen d-dimensionalen orthogonalen Gruppe invariant: h_r stimmt also bis auf eine positive von r abhängige Konstante mit der Standardmetrik $d\vartheta^2$ auf $\mathbb{S}^{d-1}$ überein. Wir schreiben $h_r = f(r)^2\, d\vartheta^2$. In diesem Sinne ist also mit der so definierten positiven Funktion $f\colon]0,\infty[\, \to \mathbb{R}$ jedes d-dimensionale Modell $(\mathbb{M}, g)$ von der Form

$$\left(\mathbb{R}^d,\, dr \otimes dr + f(r)^2\, d\vartheta^2\right).$$

Satz 7.244. (Elementare Eigenschaften von Modellen) *Sei $(\mathbb{M}, g)$ ein Modell mit $\mathbb{M} \cong \mathbb{R}^d$ und $g = dr \otimes dr + f(r)^2\, d\vartheta^2$ auf $\mathbb{R}^d\backslash\{0\}$, sowie $k = k_{\mathbb{M}}$ die radiale Krümmungsfunktion von $\mathbb{M}$. Dann gilt:*

(i) (Jacobigleichung) *$f''(t) + k(t)\, f(t) \equiv 0$ mit $f(0) = 0$ und $f'(0) = 1$.*

(ii) *$\nabla dr = \left[(f'/f) \circ r\right](g - dr \otimes dr)$ mit $r = d(0,\cdot\,)$ der Radialfunktion des Modells. Insbesondere ist $\Delta r = (d-1)\,(f'/f) \circ r$.*

Die Aussagen $f(0) = 0$ und $f'(0) = 1$ sind als $f(0+) = 0$ und $f'(0+) = 1$ zu lesen.

Beweis: (i) Es seien zunächst $v, w \in T_0\mathbb{M}$ mit $\|v\| = \|w\| = 1$ und $v \perp w$. Wir betrachten das Jacobifeld J längs der durch $\gamma(t) = tv$ definierten Geodätischen γ mit $J(0) = 0$ und $J'(0) = w$. Nach Satz 7.239 ist J bis auf eine skalare Funktion ein paralleles Vektorfeld längs γ, also $J(t) = c(t)\, W(t)$ mit $\nabla_D W = 0$ und o.E. $\|W\| \equiv 1$ sowie $c(t) > 0$ für $t > 0$; andererseits ist $J(t) = (d\exp_0)_{tv}(tw) \equiv tw \in T_{tv}\mathbb{M}$. Folglich ist $c(t)^2 = \|c(t)\, W(t)\|^2 = \|tw\|^2 = f(t)^2$, somit $J(t) = f(t)\, W(t)$ und insbesondere $f(0) = 0$. Zudem ist $(\nabla_D J)(t) = f'(t)\, W(t)$; wegen $(\nabla_D J)(0) = w = W(0)$ (siehe Beweis von Satz 7.239) gilt $f'(0) = 1$.

Nun ist $J = fW$ ein Jacobifeld längs γ und nach (7.142) somit

$$\langle \nabla_D \nabla_D J, J\rangle = -\langle R(J,\dot\gamma)\dot\gamma, J\rangle.$$

Dies bedeutet $\langle f''W, fW\rangle = -\langle R(fW,\dot\gamma)\dot\gamma, fW\rangle = -f^2\langle R(W,\dot\gamma)\dot\gamma, W\rangle$, woraus man aufgrund von

$$\langle R(W,\dot\gamma)\dot\gamma, W\rangle(t) = k(t)\, \|W(t)\|^2 = k(t)$$

die Beziehung $f''(t)\, f(t) = -f^2(t)\, k(t)$ oder äquivalent $f''(t) + k(t)\, f(t) = 0$ erhält.

(ii) Gemäß (7.158) ist $\nabla dr(\partial^{\mathbb{M}}, X) = 0$ für jedes Vektorfeld X auf $\mathbb{M}\setminus\{0\}$, so daß insbesondere $\nabla dr(\partial^{\mathbb{M}}, \partial^{\mathbb{M}}) = 0$ gilt. Es genügt somit,

$$(\nabla dr)_x(u,u) = (f'/f)\big(r(x)\big) \quad \text{für } u \in T_x\mathbb{M},\ x \neq 0,\ \|u\| = 1 \text{ und } u \perp \partial^{\mathbb{M}}_x$$

zu zeigen. Es sei γ: $[0,b] \to \mathbb{M}$ die normale Geodätische mit $\gamma(0) = 0$ und $\gamma(b) = x$, sowie J das eindeutig bestimmte Jacobifeld längs γ mit $J(0) = 0$ und $J(b) = u$. Dann ist gemäß (7.154) zusammen mit der Jacobigleichung für J

$$\begin{aligned}(\nabla dr)_x(u,u) &= \int_0^b \Big\{\|\nabla_D J\|^2 - \big\langle R(J,\dot\gamma)\dot\gamma, J\big\rangle\Big\}\,dt \\ &= \int_0^b \Big\{\|\nabla_D J\|^2 + \langle \nabla_D\nabla_D J, J\rangle\Big\}\,dt = \langle \nabla_D J, J\rangle(b) = \big\langle (\nabla_D J)(b), u\big\rangle.\end{aligned}$$

Andererseits ist gemäß Satz 7.239 und Teil (i) $J = fW$ mit W einem parallelen Vektorfeld längs γ; insbesondere also $\nabla_D J = f'W$ und $f(b)W(b) = u$. Dies zeigt

$$(\nabla dr)_x(u,u) = \big\langle (\nabla_D J)(b), u\big\rangle = \big\langle f'(b)W(b), u\big\rangle = \big\langle f'(b)/f(b)\,u, u\big\rangle = f'(b)/f(b)$$

und damit die Behauptung. □

Umgekehrt eröffnet Satz 7.244 (i) eine einfache Strategie zur Konstruktion von Modellen: Zu gegebener differenzierbarer Funktion k: $[0,\infty[\, \to \mathbb{R}$ bestimmt man f als Lösung von

$$f''(t) = -k(t)f(t) = 0, \quad f(0) = 0,\ f'(0) = 1. \tag{7.159}$$

Gilt dann $f > 0$ auf $]0,\infty[$, so definiert $dr \otimes dr + f(r)^2\, d\vartheta^2$ eine Riemannsche Metrik auf $\mathbb{R}^d\setminus\{0\}$, und man zeigt, daß sich die so definierte Metrik aufgrund von $f(0) = 0$ und $f'(0) = 1$ differenzierbar auf $\mathbb{R}^d$ fortsetzt, d.h. daß es eine Riemannsche Metrik g auf $\mathbb{R}^d$ gibt, die eingeschränkt auf $\mathbb{R}^d\setminus\{0\}$ mit $dr \otimes dr + f(r)^2\, d\vartheta^2$ übereinstimmt (siehe [G-W 79] p. 60). Offensichtlich ist dann $(\mathbb{R}^d, g)$ ein Modell mit $k_{\mathbb{M}} = k$ als radialer Krümmungsfunktion. Das Problem, welche Funktionen k: $\mathbb{R}_+ \to \mathbb{R}$ als radiale Krümmungsfunktion eines Modells auftreten können, reduziert sich somit auf die Frage, ob die zugehörige Lösung von (7.159) auf ganz $]0,\infty[$ positiv bleibt.

Lemma 7.245. *Sei $d \geq 2$ und k: $[0,\infty[\, \to \mathbb{R}$ eine C^∞-Funktion mit*

(a) $k \leq 0$, *oder*

(b) $k \geq 0$ *und* $\int_0^\infty s k(s)\,ds \leq 1$.

Dann gibt es bis auf Isometrie genau ein Modell $(\mathbb{R}^d, g)$ mit k als radialer Krümmungsfunktion.

Beweis: Wir zeigen, daß in beiden Fällen $f' > 0$ auf $[0,\infty[$ gelten muß; wegen $f(0) = 0$ ist dann auch $f > 0$ auf $]0,\infty[$. Angenommen, $r := \inf\{t > 0 : f'(t) = 0\}$ ist endlich. Wegen $f'(0) = 1$ ist $r > 0$, und man hat $f > 0$ sowie $f' > 0$ auf $]0,r[$.

(a) Aus $k \le 0$ folgt $f'' \ge 0$ auf $]0,r[$ und damit $f'(r) - f'(0) = \int_0^r f''(s)\,ds \ge 0$, im Widerspruch zur Definition von r.

(b) Aus $k \ge 0$ folgt $f'' \le 0$ auf $]0,r[$ und damit $f' \le 1$ auf $]0,r[$. Folglich ist $f(s) \le s$ für $s \in [0,r]$ und daher $\int_0^r f(s)k(s)\,ds \le \int_0^r sk(s)\,ds$ mit Gleichheit genau dann, wenn $f(s) = s$ für jedes $s \in [0,r]$ gilt. Letzteres hätte aber $f'(r) = 1$ zur Folge und kommt nach Definition von r nicht in Betracht. Damit ist dann aber

$$-1 = f'(r) - f'(0) = \int_0^r f''(s)\,ds = -\int_0^r f(s)k(s)\,ds > -\int_0^r sk(s)\,ds \ge -1\,,$$

was einen Widerspruch darstellt. □

Von besonderem Interesse ist der Fall konstanter radialer Krümmung. Sei $c > 0$ eine Konstante und es gelte $f''(t) = -k(t)f(t) = 0$ mit $f(0) = 0$ und $f'(0) = 1$. Dann ist:

(i) $f(t) = t$ für $t \in [0,\infty[$, falls $k \equiv 0$ auf $[0,\infty[$.

(ii) $f(t) = (1/c)\sin ct$ für $t \in [0,r]$, falls $k \equiv c^2$ auf $[0,r]$ mit $r < \pi/c$.

(iii) $f(t) = (1/c)\sinh ct$ für $t \in [0,\infty[$, falls $k \equiv -c^2$ auf $[0,\infty[$.

Wir wollen die einzelnen Fälle genauer diskutieren und verschiedene Beschreibungen für Räume konstanter Krümmung geben.

A. (Euklidischer Raum) Sei $(\mathbb{M},g) = (\mathbb{R}^d,\text{eukl})$ der euklidische Raum $\mathbb{R}^d$ mit der Standardmetrik. Natürlich ist $(\mathbb{R}^d,\text{eukl})$ ein Modell: es gilt

$$\exp_0|(\mathbb{R}^d\setminus\{0\})\colon]0,\infty[\times \mathbb{S}^{d-1} \to \mathbb{R}^d, \quad (t,v)\mapsto tv\,;$$

folglich ist $\exp_0^* g = dr\otimes dr + r^2\,d\vartheta^2$. Dies entspricht Fall (i) und ergibt das bis auf Isometrie eindeutige Modell mit radialer Krümmung $k \equiv 0$; darüber hinaus verschwindet auch die Schnittkrümmung von $(\mathbb{R}^d,\text{eukl})$.

B. (Sphäre) Es sei $\mathbb{S}^d_a = \{x \in \mathbb{R}^{d+1} : \|x\| = a\} \subset \mathbb{R}^{d+1}$ die Sphäre mit Radius $a > 0$, versehen mit der von $\mathbb{R}^{d+1}$ induzierten Riemannschen Metrik g. Geodätische verlaufen auf Großkreisen; fixiert man also einen beliebigen Punkt auf $\mathbb{S}^d_a$, der Einfachheit halber den Nordpol N, und ist $v \in T_{\mathrm{N}}\mathbb{S}^d_a \cong \{\mathrm{N}\}^\perp$ mit $\|v\| = 1$, so gilt

$$\exp_{\mathrm{N}}(tv) = \cos(t/a)\,\mathrm{N} + a\sin(t/a)\,v\,.$$

Folglich ist $\exp_{\mathrm{N}}^* g = dr\otimes dr + a^2\sin^2(r/a)\,d\vartheta^2$ auf $]0,a\pi[\times\mathbb{S}^{d-1}$. Wir haben bereits aus Symmetrieüberlegungen abgeleitet, daß $(\mathbb{S}^d_a,g)$ konstante Schnittkrümmung hat. Die Darstellung der Metrik in Polarkoordinaten lokal um den Nordpol als $dr\otimes dr + f(r)^2\,d\vartheta^2$ mit $f(r) = a\sin(r/a)$ ergibt aber für radiale Ebenen $E \subset T_x\mathbb{S}^d_a$ als Wert der Schnittkrümmung

$$k(r) = -f''(r)/f(r) = 1/a^2$$

mit $r = d(N,x) < a\pi$; folglich ist die Schnittkrümmung von $(\mathbb{S}^d_a,g)$ konstant gleich $1/a^2$. Allerdings gibt es kein Modell mit konstanter positiver radialer Krümmung.

C. (Hyperbolischer Raum) Für $a > 0$ sei $M = \mathbb{B}_a^d = \{x \in \mathbb{R}^d : \|x\| < a\}$ die offene Einheitskugel mit der durch

$$g_x(u,v) := \frac{4\,\langle u,v\rangle}{\left(1-\|x\|^2/a^2\right)^2}, \quad u,v \in T_xM \cong \mathbb{R}^d,$$

gegebenen Riemannschen Metrik g. Die von 0 ausgehenden normalen Geodätischen γ mit $\dot\gamma(0) = v \in T_0M$ sind offensichtlich von der Form $\gamma(t) = \kappa(t)\,v$, wobei κ für eine skalare Funktion mit $\kappa(0) = 0$ und $\dot\kappa(0) = 1$ steht; aus $\|\dot\gamma(t)\| = 1$ erhält man unmittelbar $\dot\kappa(t) = 1 - \kappa(t)^2/(4a^2)$ und daher $\kappa(t) = 2a\tanh(t/2a)$. Somit hat man

$$\begin{array}{lccccc}
 & \mathbb{R}^d\backslash\{0\} & & T_0M & & \\
 & \| & & \| & & \\
\exp_0\big|(\mathbb{R}^d\backslash\{0\}): &]0,\infty[\times\mathbb{S}^{d-1} & \xrightarrow{\ \sim\ } &]0,\infty[\times S_1(0) & \longrightarrow & M \\
 & (t,v) & \longmapsto & (2t,v/2) & \longmapsto & \kappa(2t)\,v/2 = a\tanh(t/a)\cdot v
\end{array}$$

und es gilt $\exp_0^* g = dr\otimes dr + f(r)^2\,d\vartheta^2$ mit $f(r) = a\sinh(r/a)$. Folglich ist $(\mathbb{B}_a^d, g)$ mit dem Ursprung als ausgezeichnetem Punkt das bis auf Isometrie eindeutig bestimmte Modell mit radialer Krümmung $k \equiv -1/a^2$. Aus Invarianzeigenschaften der Metrik g leitet man unschwer ab, daß $(\mathbb{B}_a^d, g)$ zudem konstante Schnittkrümmung $-1/a^2$ hat. Man nennt $(\mathbb{B}_a^d, g)$ den *d-dimensionalen hyperbolischen Raum mit Krümmung* $-1/a^2$; im Fall konstanter negativer Krümmung -1 spricht man kurz vom (d-dimensionalen) *hyperbolischen Raum* und schreibt dann $\mathbb{B}^d$ anstelle von $\mathbb{B}_1^d$.

Es gibt weitere klassische Realisierungen des hyperbolischen Raums; $(\mathbb{B}_a^d, g)$ wird meist das *Kugelmodell* der hyperbolischen Geometrie genannt. Wir wollen zwei äquivalente Modelle skizzieren, wobei wir uns aber auf den Fall der Krümmung -1 beschränken:

(a) Sei $(\mathbb{H}^d, h)$ der obere Halbraum $\mathbb{H}^d = \{x \in \mathbb{R}^d : x^d > 0\}$ mit der Metrik

$$h_x(u,v) = \langle u,v\rangle/(x^d)^2, \quad u,v \in T_x\mathbb{H}^d \cong \mathbb{R}^d.$$

$(\mathbb{H}^d, h)$ heißt das *Poincaré-Modell* des d-dimensionalen hyperbolischen Raums.

(b) Es sei $\mathbb{R}^{d+1} = \mathbb{R}\times\mathbb{R}^d$ mit der "Lorentz-Metrik" $\langle x|y\rangle = -x^0y^0 + \sum_{i=1}^d x^iy^i$ und

$$\mathbb{L}^d := \{x \in \mathbb{R}^{d+1} : \langle x|x\rangle = -1,\ x^0 > 0\}.$$

Als Urbild eines regulären Wertes einer differenzierbaren Funktion ist $\mathbb{L}^d$ eine d-dimensionale Untermannigfaltigkeit des $\mathbb{R}^{d+1}$: die durch das positive Vorzeichen von x^0 festgelegte Schale des zweischaligen Hyperboloids $\{x \in \mathbb{R}^{d+1} : \langle x|x\rangle = -1\}$. Für $x \in \mathbb{L}^d$ identifiziert sich

$$T_x\mathbb{L}^d \cong \{y \in \mathbb{R}^{d+1} : \langle x|y\rangle = 0\} =: \{x\}^\perp.$$

Wegen $\langle x|x\rangle = -1$ ist für $x \in \mathbb{L}^d$ die Restriktion von $\langle\cdot|\cdot\rangle$ auf $\{x\}^\perp$ positiv definit, nämlich

$$\langle y|y\rangle = \sum_{i=1}^d (y^i)^2 - \Big(\frac{1}{x^0}\sum_{i=1}^d x^i y^i\Big)^2 \geq \sum_{i=1}^d (y^i)^2 - \frac{1}{(x^0)^2}\sum_{i=1}^d (x^i)^2 \sum_{i=1}^d (y^i)^2 = \sum_{i=1}^d \Big(\frac{y^i}{x^0}\Big)^2 \geq 0,$$

und $\langle\cdot|\cdot\rangle$ liefert so in kanonischer Weise eine Riemannsche Metrik k auf $\mathbb{L}^d$. Man nennt $(\mathbb{L}^d, k)$ das *Hyperboloid-Modell* des d-dimensionalen hyperbolischen Raums.

Satz 7.246. *$(\mathbb{B}^d, g)$, $(\mathbb{H}^d, h)$ und $(\mathbb{L}^d, k)$ sind isometrische Modelle der hyperbolischen Geometrie.*

Beweis: Die Abbildung $f(x) := \dfrac{(x^1,\dots,x^d)}{1+x^0}$ definiert eine Isometrie $f\colon \mathbb{L}^d \to \mathbb{B}^d$, d.h. f ist ein Diffeomorphismus und es gilt:

$$g_{f(x)}(df_x u, df_x v) = k_x(u,v), \quad u,v \in T_x\mathbb{L}^d,\ x \in \mathbb{L}^d.$$

Ebenso ist durch $\phi\circ\sigma\colon \mathbb{H}^d \to \mathbb{B}^d$ mit σ der Spiegelung an der Ebene $x^d = 0$ und

$$\phi(x) := e_d + \frac{2(x-e_d)}{\|x-e_d\|^2}$$

eine Isometrie $\mathbb{H}^d \to \mathbb{B}^d$ festgelegt; dabei bezeichnet $e_d = (0,\dots,0,1) \in \mathbb{R}^d$. Der rechnerische Nachweis dieser Eigenschaften sei dem Leser überlassen. □

Wir wenden uns nach diesen eingehenden differentialgeometrischen Vorbereitungen nun wieder der Stochastik zu und beginnen mit der Beschreibung des Abstandsprozesses $d_M(o,X)$ einer M-wertigen Brownschen Bewegung X von einem fixierten Punkt $o \in M$. Hierbei werden wir auch auf elementare Tatsachen über eindimensionale Diffusionsprozesse zurückgreifen, wie sie in Abschnitt 6.8 entwickelt wurden.

Satz 7.247. (über den radialen Anteil einer Brownschen Bewegung) *Sei (M,g) eine metrisch vollständige Riemannsche Mannigfaltigkeit mit $d = \dim M \geq 2$ und $o \in M$ ein fixierter Punkt. Sei $r(\cdot) = d_M(o,\cdot)$ die Distanzfunktion zu o und X eine Brownsche Bewegung auf (M,g) mit $X_0 = x_0 \neq o$ f.s. Ist dann*

$$\tau = \inf\{t \geq 0 : X_t \in \mathrm{Cut}(o)\}$$

die Eintrittszeit von X in den Schnittort $\mathrm{Cut}(o)$ von M bezüglich o, so gibt es eine eindimensionale Brownsche Bewegung $\hat{W}$ (auf einem erweiterten filtrierten Wahrscheinlichkeitsraum) derart, daß auf $[0,\tau[$ gilt:

$$d(r\circ X) = d\hat{W} + \tfrac{1}{2}(\Delta r\circ X)\,dt. \tag{7.160}$$

Beweis: Es sei zunächst $\tau' = \inf\{t \geq 0 : X_t \in \mathrm{Cut}(o) \cup \{o\}\}$. Da $r = d_M(o,\cdot)$ auf $M\backslash(\mathrm{Cut}(o) \cup \{o\})$ differenzierbar ist, läßt sich die geometrische Itô-Formel anwenden und man erhält auf $[0,\tau'[$

$$d(r \circ X) = (dr)(X)(UdW) + \tfrac{1}{2}(\Delta r \circ X)\,dt.$$

Betrachtet man $d\hat{W} := (dr)(X)(UdW) \equiv \sum_i (dr)(X)(Ue_i)\,dW^i$ mit $\hat{W}_0 = 0$, so gilt hierfür

$$d[\hat{W},\hat{W}] = \sum_i [(dr)(X)\,Ue_i]^2\,dt = \sum_i \langle(\mathrm{grad}\,r)\circ X, Ue_i\rangle^2\,dt = \|(\mathrm{grad}\,r)\circ X\|^2 = dt.$$

Folglich ist durch $\hat{W}$ eine (gestoppte) Brownsche Bewegung definiert, die man mit den üblichen Methoden auf ganz $\mathbb{R}_+$ fortsetzen kann.

Es bleibt, $\tau' = \tau$ f. s. zu verifizieren; dazu haben wir zu zeigen, daß X den Punkt o f. s. nicht trifft. Wir fixieren $\varepsilon > 0$ mit $B_{2\varepsilon}(o) \cap \mathrm{Cut}(o) = \emptyset$, so daß $d_M(o,x_0) > \varepsilon$ ist, und betrachten für $R := d_M(o,X)$ induktiv die folgenden Stopzeiten

$$\begin{aligned}&\sigma_0 = \tau_0 = 0\,, \quad \text{und}\\ &\sigma_n = \inf\{t \geq \tau_{n-1} : R_t = \varepsilon\} \wedge \tau'\,, \quad \tau_n = \inf\{t \geq \sigma_n : R_t = 2\varepsilon\} \wedge \tau'\,, \quad n \geq 1\,.\end{aligned}$$

Es genügt offensichtlich zu zeigen, daß $R|[\sigma_n,\tau_n[$ für jedes n den Nullpunkt f. s. nicht trifft; ohne Einschränkung sei $\sigma_n < \infty$ f. s. Nun ist die Riemannsche Schnittkrümmung auf $B_{2\varepsilon}(o)$ beschränkt, also $\mathrm{Riem}^M |B_{2\varepsilon}(o) \leq c^2$ für ein $c > 0$. Nach eventueller Verkleinerung von ε dürfen wir zudem $\varepsilon < \pi/2c$ annehmen. Durch Vergleich mit der Sphäre $S^d_{1/c}$ erhält man mit den Sätzen 7.243 und 7.244 (ii)

$$(\Delta r)(x) \geq (d-1)\,c\cot ct\,, \quad t = d(x,o) < 2\varepsilon\,, \quad x \in B_{2\varepsilon}(o) \subset M\,.$$

Setzt man zur Abkürzung $\tilde{X}_t = X_{(\sigma_n+t)\wedge\tau_n}$ und $\tilde{R}_t = R_{(\sigma_n+t)\wedge\tau_n}$, so hat man mit der bei σ_n neu startenden Brownschen Bewegung $\tilde{W}_t = \hat{W}_{\sigma_n+t} - \hat{W}_{\sigma_n}$ und der Stopzeit $\tilde{\tau} = \inf\{t \geq 0 : \tilde{R}_t = 2\varepsilon \text{ oder } \tilde{R}_0 = 0\}$ (beides bzgl. der transformierten Filtrierung) auf dem Intervall $[0,\tilde{\tau}[$ die Gleichung

$$d\tilde{R} = d\tilde{W} + \tfrac{1}{2}(\Delta r \circ \tilde{X})\,dt\,, \quad \tilde{R}_0 = \varepsilon\,. \tag{7.161}$$

Wir vergleichen $\tilde{R}$ mit der Lösung der SDGL

$$dY = d\tilde{W} + \tfrac{(d-1)}{2}\,c\cot(cY)\,dt\,, \quad \tilde{Y} = \varepsilon\,, \tag{7.162}$$

auf dem reellen Intervall $]0,2\varepsilon[$. Zunächst liefert Satz 6.50 (ii) für die SDGL (7.162), daß 0 ein nicht erreichbarer Randpunkt für Y ist. Es genügt somit zu zeigen, daß $\tilde{R} \geq Y$ auf $[0,\tilde{\tau}[$ gilt, woraus natürlich folgt, daß auch $\tilde{R}$ den Nullpunkt f. s. nicht trifft. Hier kann man wie im Vergleichssatz 6.49 schließen: Ist $[a_n,b_n] \nearrow\,]0,2\varepsilon[$ eine kompakte Ausschöpfung mit $a_n < \varepsilon < b_n$, so hat man zunächst für

$$t \leq \inf\{s \geq 0 : \tilde{R}_s \notin [a_n,b_n] \text{ oder } Y_s \notin [a_n,b_n]\}$$

die pfadweisen Ungleichungen

$$\begin{aligned}(Y_t - \tilde{R}_t)_+ &= \int_0^t 1_{\{Y_s > \tilde{R}_s\}}\, d(Y - \tilde{R})_s \\ &= \int_0^t 1_{\{Y_s > \tilde{R}_s\}}\, \tfrac{1}{2}\big[(d-1)\,c\cot(cY_s) - (\Delta r \circ \tilde{X}_s)\big]\, ds \\ &\le \int_0^t 1_{\{Y_s > \tilde{R}_s\}}\, \tfrac{1}{2}(d-1)\,c\big[\cot(cY_s) - \cot(c\tilde{R}_s)\big]\, ds \\ &\le C_n \int_0^t 1_{\{Y_s > \tilde{R}_s\}}\, |Y_s - \tilde{R}_s|\, ds = C_n \int_0^t (Y_s - \tilde{R}_s)_+\, ds\end{aligned}$$

mit einer reellen Konstante C_n, woraus mit dem Gronwall-Lemma $(Y_t - \tilde{R}_t)_+ = 0$, also $Y_t \le \tilde{R}_t$, und mit $n \to \infty$ die Behauptung folgt. □

Durch Satz 7.247 ist das weitere Vorgehen nahegelegt: Der Distanzprozeß $r \circ X = d_M(o, X)$ einer M-wertigen Brownschen Bewegung X zu einem fixierten Punkt o ist (zumindest bis zum Eintritt in den Schnittort $\mathrm{Cut}(o)$ von M bezüglich o) von der Form

(7.163) $$r \circ X_t = r \circ X_0 + \hat{W}_t + \tfrac{1}{2}\int_0^t (\Delta r \circ X_s)\, ds$$

mit einer eindimensionalen Brownschen Bewegung $\hat{W}$, wobei der Driftteil in (7.163) durch Krümmungsschranken gemäß Satz 7.243 kontrolliert werden kann.

Satz 7.248. (Vergleichssatz für die Brownsche Bewegung) *Sei (M, g) eine metrisch vollständige Riemannsche Mannigfaltigkeit mit $d = \dim M \ge 2$ und $B_\rho(o)$ eine offene geodätische Kugel um einen fixierten Punkt $o \in M$ mit Radius $\rho > 0$, die den Schnittort* Cut(o) *von M bezüglich o nicht trifft. Dazu gebe es ein Modell $\mathbb{M}$ gleicher Dimension mit Zentrum 0 und radialer Krümmungsfunktion $k_{\mathbb{M}}$, so daß für jedes $x \in M \backslash \{o\}$ mit $0 < d_M(o, x) = r < \rho$ gilt:*

$$\mathrm{Ric}_x^M(\partial^M, \partial^M) \ge (d-1)\, k_{\mathbb{M}}(r),$$

[*bzw.* $\mathrm{Riem}_x^M(E) \le k_{\mathbb{M}}(r)$ *für jede radiale Ebene E in $T_x M$*].

Sei X eine Brownsche Bewegung auf (M, g), startend in einem Punkt $x_0 \in B_\rho(o)$, und τ_ρ die zugehörige Austrittszeit aus $B_\rho(o)$. Entsprechend sei $\tilde{X}$ eine Brownsche Bewegung auf $\mathbb{M}$, startend in $\tilde{x}_0 \in \mathbb{M}$ mit $d_{\mathbb{M}}(0, \tilde{x}_0) = d_M(o, x_0)$, und $\tilde{\tau}_\rho$ die Austrittszeit von $\tilde{X}$ aus der offenen geodätischen ρ-Kugel um 0. Dann gilt für jede antitone Funktion φ: $[0, \rho[\to \mathbb{R}$

(7.164) $$E\big[(\varphi \circ d_M(o, X_t))\, 1_{\{t < \tau_\rho\}}\big] \underset{[\le]}{\ge} E\big[(\varphi \circ d_{\mathbb{M}}(0, \tilde{X}_t))\, 1_{\{t < \tilde{\tau}_\rho\}}\big];$$

insbesondere hat man für $0 < \rho' < \rho$ die Ungleichungen:

$$P\{d_M(o, X_t) < \rho' \text{ und } t < \tau_\rho\} \underset{[\le]}{\ge} P\{d_{\mathbb{M}}(0, \tilde{X}_t) < \rho' \text{ und } t < \tilde{\tau}_\rho\}.$$

Beweis: Bezeichnen $r_M(\cdot) = d_M(o,\cdot)$ und $r_{\mathbb{M}}(\cdot) = d_{\mathbb{M}}(0,\cdot)$ die Abstandsfunktionen von den ausgezeichneten Punkten $o \in M$, $0 \in \mathbb{M}$ und ist $r_0 := r_M(x_0) = r_{\mathbb{M}}(\tilde{x}_0)$, so gilt für $t < \tau_\rho$, bzw. $t < \tilde{\tau}_\rho$

$$r_M \circ X_t = r_0 + \hat{W}_t + \tfrac{1}{2}\int_0^t (\Delta r_M \circ X_s)\,ds. \tag{7.165}$$

$$r_{\mathbb{M}} \circ \tilde{X}_t = r_0 + \tilde{W}_t + \tfrac{1}{2}\int_0^t (\Delta r_{\mathbb{M}} \circ \tilde{X}_s)\,ds \tag{7.166}$$

Da $\mathbb{M}$ ein Modell ist, gilt $\Delta r_{\mathbb{M}} = (d-1)(f'/f)\circ r_{\mathbb{M}} =: a \circ r_{\mathbb{M}}$ mit f der Radialfunktion des Modells. Läßt sich die Krümmung von M nun etwa in der angegebenen Weise nach unten abschätzen, so kann man gemäß Satz 7.243 (Vergleichssatz für den Laplaceoperator) wie im Beweis von Satz 7.247 den Radialprozeß $r_M \circ X$ mit der Lösung der SDGL

$$dY = d\hat{W} + \tfrac{1}{2}(a \circ Y)\,dt, \quad Y_0 = r_0 \tag{7.167}$$

vergleichen und man erhält $r_M \circ X_t \le Y_t$ für $t < \tau_\rho$ f. s. Ist somit φ antiton, also monoton fallend, so gilt $\varphi \circ r_M \circ X_t \ge \varphi \circ Y_t$ für $t < \tau_\rho$ f. s. Aufgrund der Verteilungseindeutigkeit für (7.167) gilt dann aber auch wie behauptet

$$E\big[(\varphi \circ d_M(o,X_t))\,1_{\{t<\tau_\rho\}}\big] \ge E\big[(\varphi \circ d_{\mathbb{M}}(0,\tilde{X}_t))\,1_{\{t<\tilde{\tau}_\rho\}}\big].$$

Den Fall von Krümmungsschranken für M nach oben behandelt man völlig analog mit dem Korollar zu Satz 7.236. □

Korollar. *Mit den Voraussetzungen und Bezeichnungen von Satz* 7.248 *gilt zudem*

$$P\{\tau_\rho \le t\} \underset{[\ge]}{\le} P\{\tilde{\tau}_\rho \le t\}$$

für jedes $t \ge 0$, *und aufgrund von* $E\tau_\rho = \int_0^\infty P\{\tau_\rho > t\}\,dt$ *dann insbesondere*

$$E\tau_\rho \underset{[\le]}{\ge} E\tilde{\tau}_\rho.$$

Beispiel 7.249. *Sei* (M,g) *eine einfach zusammenhängende, metrisch vollständige Riemannsche Mannigfaltigkeit mit* $d = \dim M \ge 2$ *und* $o \in M$ *ein fixierter Punkt. Es gelte* $\mathrm{Riem}^M \le 0$. *Ist dann* X *eine Brownsche Bewegung auf* (M,g) *mit* $X_0 = x_0 \in M$, *so gilt*

$$P\{d_M(o,X_t) < \rho\} \le P\{R_t < \rho\},$$

für jedes $\rho > 0$ *und* $t > 0$ *mit* R *einer schwachen Lösung der* SDGL

$$dR = dW + (d-1)/(2R)\,dt, \quad R_0 = d_M(o,x_0),$$

wobei W *für eine eindimensionale Brownsche Bewegung steht.*

Beweis: Nach Satz 7.234 (Cartan-Hadamard) ist der Schnittort von M bezüglich eines jeden Punktes leer, und die Aussage folgt aus Satz 7.248 durch Vergleich mit $(\mathbb{R}^d, \text{eukl})$. □

Bevor wir mit der Diskussion des Radialteils M-wertiger Brownscher Bewegungen fortfahren, notieren wir einige allgemeine Eigenschaften der Brownschen Bewegung auf Riemannschen Mannigfaltigkeiten.

Bemerkung 7.250. (Starke Markoveigenschaft der Brownschen Bewegung) Sei (M,g) eine Riemannsche Mannigfaltigkeit. Zu $x \in M$ sei jeweils X^x eine Brownsche Bewegung auf (M,g) mit Startpunkt x, die wir stetig zu einem auf ganz $\mathbb{R}_+$ definierten Prozeß mit Werten in der Einpunktkompaktifizierung $\hat{M}$ von M fortsetzen. Ist dann $H\colon C(\mathbb{R}_+;\hat{M}) \to \mathbb{R}_+$ eine beschränkte meßbare Funktion, so gilt für jede Brownsche Bewegung X auf (M,g) und jede Stopzeit τ

$$E^{\mathscr{F}_\tau}[H \circ X_{\tau+\bullet}] = E[H \circ X^y_\bullet]\big|_{y=X_\tau} \quad \text{f.s. auf } \{\tau < \infty\}. \tag{7.168}$$

Beweis: Die Aussage reduziert sich unter Berücksichtigung der speziellen Konstruktion von Brownschen Bewegungen über Lösungen von SDGLen auf dem Orthonormalbasenbündel unmittelbar auf die in Satz 6.41 formulierte starke Markoveigenschaft der Maximallösungen von SDGLen mit lokal Lipschitz-stetigen Koeffizienten. □

Im allgemeinen ist der Schnittort $\mathrm{Cut}(x)$ einer metrisch vollständigen Riemannschen Mannigfaltigkeit (M,g) bezüglich eines Punktes x keine polare Menge; er kann von Brownschen Bewegungen mit positiver Wahrscheinlichkeit getroffen werden, wie bereits einfache Beispiele zeigen. Jedoch ist für fast alle Pfade einer M-wertigen Brownschen Bewegung die Verweildauer auf dem Schnittort gleich Null, wobei letzteres auf der Tatsache basiert, daß der Schnittort stets eine Nullmenge bezüglich des kanonischen Riemannschen Volumenmaßes ist. Wir wollen auf diesen Punkt kurz eingehen.

Definition 7.251. (Riemannsches Volumenmaß) Ist (M,g) eine Riemannsche Mannigfaltigkeit, so gibt es genau ein Maß Vol auf der Borelschen σ-Algebra $\mathscr{B}(M)$ mit der Eigenschaft, daß für jede meßbare Funktion $f\colon M \to \mathbb{R}_+$ mit $\mathrm{supp}(f)$ im Gebiet einer Karte (φ,U) für M

$$\int f\,d\mathrm{Vol} = \int_{\varphi(U)} \big(f\sqrt{g^{(\varphi)}}\big) \circ \varphi^{-1}\,dx \tag{7.169}$$

gilt; dabei ist $g^{(\varphi)} = \det G^{(\varphi)} > 0$ mit $G^{(\varphi)}_{ij} = g(\partial_i,\partial_j) \in C^\infty(U)$ und $\partial_i = \partial/\partial\varphi^i$. Man nennt Vol das *Riemannsche Volumenmaß* auf (M,g).

Man beachte, ist (ψ,V) eine weitere Karte, so verifiziert man unschwer

$$\sqrt{g^{(\varphi)}} = \sqrt{g^{(\psi)}}\,|\det J(\psi\circ\varphi^{-1})| \circ \varphi \quad \text{auf } U \cap V.$$

Ist andererseits $\phi\colon D_1 \to D_2$ ein Diffeomorphismus zweier Gebiete im $\mathbb{R}^d$, so gilt für jede nichtnegative meßbare Funktion $f\colon \mathbb{R}^d \to \mathbb{R}$ nach der Transformationsformel

$$\int_{D_1} (f \circ \phi)\,|\det J(\phi)|\,dx = \int_{D_2} f\,dx$$

mit $J(\phi)$ der Jacobimatrix von ϕ. Beides zusammen zeigt, daß (7.169) von der Wahl der Karte unabhängig ist. Durch (7.169) ist somit Vol zunächst auf Borelmengen, die in einem Kartengebiet enthalten sind, und damit auf ganz $\mathscr{B}(M)$ wohldefiniert. Das Riemannsche Volumenmaß auf $(\mathbb{R}^d, \mathrm{eukl})$ ist natürlich gerade das d-dimensionale Lebesguemaß.

Auf einer vollständigen Riemannschen Mannigfaltigkeit (M,g) erzeugt der Laplaceoperator eine kanonische Halbgruppe von Operatoren auf dem Raum $B(M)$ der beschränkten meßbaren Funktionen auf M in Form einer Familie von linearen Operatoren

(7.170) $$P_t\colon B(M) \to B(M), \quad t \geq 0,$$

mit folgenden Eigenschaften:

(a) $P_s P_t f = P_{s+t} f$ für $f \in B(M)$.

(b) $P_t f \geq 0$ für $0 \leq f \in B(M)$, sowie $P_t 1 \leq 1$.

(c) $(P_t f)(x) - f(x) = \frac{1}{2}\int_0^t (P_s \Delta f)(x)\,ds$ für jede Testfunktion $f \in D(M)$.

(d) $(P_t)_{t\geq 0}$ ist minimal, d. h. ist $(Q_t)_{t\geq 0}$ eine weitere Familie von positiven linearen Operatoren auf $B(M)$ mit (a), (b), (c), so folgt
$$P_t f \leq Q_t f, \quad 0 \leq f \in B(M),\ t \geq 0.$$

Darüberhinaus besitzt $(P_t)_{t\geq 0}$ einen C^∞-Kern $p \in C^\infty(]0,\infty[\times M \times M)$, so daß

(7.171) $$(P_t f)(x) = \int p(t,x,y)\,f(y)\,\mathrm{Vol}(dy), \quad f \in B(M),\ t > 0,$$

gilt, und $u(t,x) := (P_t f)(x)$ definiert eine klassische Lösung der Wärmeleitungsgleichung

(7.172) $$\begin{cases} \frac{\partial}{\partial t} u - \frac{1}{2}\Delta u = 0 \\ u|_{t=0} = f\,. \end{cases}$$

Dies sind wohlbekannte Tatsachen aus der Spektraltheorie des Wärmeleitungskerns (vgl. etwa [CH 84], p. 187 ff.). Wir wollen kurz den Bezug zur Brownschen Bewegung herstellen.

Satz 7.252. *Sei (M,g) eine metrisch vollständige Riemannsche Mannigfaltigkeit und $(P_t)_{t\geq 0}$ die von $\frac{1}{2}\Delta$ erzeugte minimale Halbgruppe* (7.170). *Dann gilt*

(7.173) $$(P_t f)(x) = E\big((f \circ X_t^x)\,1_{\{t<\zeta^x\}}\big), \quad f \in B(M),$$

wobei X^x für eine in x startende Brownsche Bewegung mit Lebenszeit ζ^x steht. Insbesondere ist (M,g) genau dann BM*-vollständig, wenn $P_t 1 = 1$ ist.*

Beweis: Es bezeichne $(Q_t f)(x) := E\big((f \circ X_t^x) 1_{\{t<\zeta^x\}}\big)$. Wir fixieren ein nichtnegatives $f \in B(M)$, sowie $t \geq 0$. Da $u(t,x) := (P_t f)(x)$ die Wärmeleitungsgleichung (7.172) löst, definiert gemäß Itô-Formel

$$(Y_s)_{0 \leq s < t \wedge \zeta^x}, \quad Y_s := (P_{t-s} f)(X_s^x),$$

ein nichtnegatives lokales Martingal. Es gibt daher eine lokalisierende Folge von Stopzeiten $(\zeta_n^x)_{n \in \mathbb{N}}$ mit $\zeta_n^x \nearrow \zeta^x$ derart, daß

$$(P_t f)(x) = Y_0 = E(Y_{t\wedge\zeta_n^x}) \geq E(\liminf_{n\to\infty} Y_{t\wedge\zeta_n^x}) \geq E(Y_t 1_{\{t<\zeta^x\}}) = (Q_t f)(x).$$

Nun erfüllt auch $(Q_t)_{t\geq 0}$ die oben aufgeführten Bedingungen (a), (b), (c), wobei sich etwa (a) aus der starken Markoveigenschaft (Bemerkung 7.250) ableitet. Aufgrund der Minimalität von $(P_t)_{t\geq 0}$ muß also $P_t = Q_t$ sein. □

Korollar. *Für eine metrisch vollständige Riemannsche Mannigfaltigkeit* (M,g) *sind äquivalent:*

(i) *Beschränkte Lösungen* u *der Wärmeleitungsgleichung* $\frac{\partial}{\partial t}u - \frac{1}{2}\Delta u = 0$ *sind in eindeutiger Weise durch die Anfangsbedingung* $u(0,\cdot)$ *festgelegt.*

(ii) (M,g) *ist* BM-*vollständig.*

Beweis: (i) ⇒ (ii): Für $x \in M$ sei wieder X^x eine in x startende Brownsche Bewegung mit Lebenszeit ζ^x. Dann löst $u(t,x) := (P_t 1)(x) = P\{\zeta^x > t\}$ die Wärmeleitungsgleichung zur Anfangsbedingung $u(0,\cdot) \equiv 1$. Aufgrund der eindeutigen Lösbarkeit ist somit $P\{\zeta^x > t\} = 1$ für jedes $t \geq 0$ und daher $P\{\zeta^x = \infty\} = 1$.

(ii) ⇒ (i): Sei umgekehrt u eine beschränkte Lösung der Wärmeleitungsgleichung mit Anfangsbedingung $f = u(0,\cdot)$. Für festes $t > 0$ und $x \in M$ definiert dann

$$(Y_s)_{0\leq s<t}, \quad Y_s := u(t-s, X_s^x),$$

ein beschränktes Martingal; es ist daher $u(t,x) = EY_0 = EY_t = E(f \circ X_t^x)$, was die Behauptung zeigt. □

Satz 7.253. *Auf einer metrisch vollständigen Riemannschen Mannigfaltigkeit* (M,g) *ist der Schnittort* $\mathrm{Cut}(x)$ *von* M *bezüglich eines jeden Punktes* x *eine Nullmenge des Riemannschen Volumenmaßes.*

Beweis: Für $x \in M$ ist $\mathrm{Cut}(x) = \exp_x(C_x)$ (gemäß Definition 7.212) mit

$$C_x = \{s(v)v : v \in T_x M,\ \|v\| = 1,\ s(v) < \infty\}$$

und der durch $s(v) = \sup\{t \geq 0 : d\big(x, \exp_x(tv)\big) = t\}$ gegebenen strikt positiven stetigen Funktion $s\colon \{v \in T_x M : \|v\| = 1\} \to \overline{\mathbb{R}}_+$. Nun ist $C_x \subset T_x M$ eine Lebesgue-Nullmenge, denn C_x stellt sich in Polarkoordinaten als Graph einer (stetigen) Funktion dar. Damit ist aber auch $\mathrm{Cut}(x) \subset M$ als Bild unter der auf ganz $T_x M$ definierten differenzierbaren Abbildung $\exp_x$ eine Nullmenge bezüglich des Riemannschen Volumenmaßes, wobei sich die letzte Aussage aufgrund der Definition des Riemannschen Volumenmaßes unmittelbar aus der Tatsache ableitet, daß differenzierbare Transformationen des $\mathbb{R}^d$ Lebesgue-Nullmengen erhalten. □

Korollar. *Die Verweildauer Brownscher Bewegungen auf dem Schnittort* Cut(x) *einer metrisch vollständigen Riemannschen Mannigfaltigkeit* (M,g) *bezüglich eines Punktes* $x \in M$ *beträgt Null, d. h. für jede Brownsche Bewegung* X *auf* (M,g) *mit Lebenszeit* ζ *gilt*

$$\int_0^{\zeta} 1_{\{t:X_t \in \mathrm{Cut}(x)\}}\, dt = 0 \quad \text{f.s.}$$

Beweis: Sei X eine Brownsche Bewegung auf (M,g); aufgrund der Markoveigenschaft (7.168) (mit $\tau = 0$) ohne Einschränkung mit deterministischem Startpunkt. Dann gilt

$$E\int_0^{\zeta} 1_{\{t:X_t \in \mathrm{Cut}(x)\}}\, dt = \int_0^{\infty} E\big((1_{\mathrm{Cut}(x)} \circ X_t)\, 1_{\{t<\zeta\}}\big)\, dt = 0\,;$$

die letzte Gleichheit wegen (7.171) und (7.173) als Folge von Satz 7.253. □

Wir wollen nun für Brownsche Bewegungen X auf einer Riemannschen Mannigfaltigkeit (M,g) Eigenschaften des Distanzprozesses $d_M(o,X)$ relativ zu einem fixierten Punkt $o \in M$ über den ersten Eintritt der Brownschen Bewegung in den Schnittort Cut(o) von M bezüglich o hinaus klären. Die dabei auftretende grundsätzliche Schwierigkeit, daß nämlich die Distanzfunktion $d_M(o,\cdot)$ lediglich auf $M\backslash(\mathrm{Cut}(o) \cup \{o\})$ differenzierbar ist, mit der Konsequenz, daß nicht einmal klar ist, ob $d_M(o,X)$ global überhaupt ein Semimartingal darstellt, kann auf verschiedene Arten in Angriff genommen werden. So ist etwa wohlbekannt, daß Abschätzungen für $\Delta d_M(o,\cdot)$ auf $M\backslash(\mathrm{Cut}(o) \cup \{o\})$ stets auch global auf ganz M gelten, wenn man sie im distributionellen Sinn versteht (vgl. [YAU 76], p. 669-70). Wir folgen demgegenüber dem Ansatz von W. S. Kendall (vgl. [KE 87b]) und nutzen die oben gemachte Beobachtung, daß Brownsche Bewegungen den Schnittort im allgemeinen zwar treffen, aber "keine Zeit darauf verbringen" (siehe Korollar zu Satz 7.253).

Satz 7.254. *Sei* (M,g) *eine metrisch vollständige Riemannsche Mannigfaltigkeit mit* $d = \dim M \geq 2$ *und* $r = d_M(o,\cdot)$ *die Abstandsfunktion von einem fixierten Punkt* $o \in M$. *Sei* X *eine Brownsche Bewegung auf* (M,g) *mit Startpunkt* $x_0 \in M$ *und Lebenszeit* ζ, *sowie* U *ein horizontaler Lift von* X *auf* $\mathrm{O}(M)$ *und* W *die als* $\mathbb{R}^d$*-Darstellung von* X *(zur Anfangsbasis* U_0*) gegebene* $\mathbb{R}^d$*-wertige* BM. *Dann gilt für* $t < \zeta$

$$r(X_t) - r(x_0) = \sum_{i=1}^{d} \int_0^t dr(X)(Ue_i)\, dW^i + \tfrac{1}{2}\int_0^t \Delta r(X)\, dt - L_t^{(o)}\,, \tag{7.174}$$

wobei dr *und* Δr *auf* $\mathrm{Cut}(o) \cup \{o\}$ *Null gesetzt seien; dabei ist* $L^{(o)}$ *ein adaptierter isotoner Prozeß, der nur dann wächst, wenn* X *den Schnittort* Cut(o) *trifft, d. h. mit der Eigenschaft*

$$\int_0^{\zeta} 1_{\{t:X_t \notin \mathrm{Cut}(o)\}}\, dL_t^{(o)} = 0 \quad \textit{f.s.} \tag{7.175}$$

Die Festlegung $dr = 0$ und $\Delta r = 0$ an Stellen, wo r nicht differenzierbar ist, ist gemäß Korollar zu Satz 7.253 unwesentlich.

Satz 7.254 verallgemeinert die geometrische Itô-Formel (Satz 7.145) für den Radialteil einer Brownschen Bewegung X auf das ganze Lebensintervall einschließlich der Treffzeiten des Schnittorts. Die dabei erforderliche Subtraktion eines "Korrekturterms" in Form des isotonen Prozesses $L^{(o)}$, der nur dann wächst, wenn sich X im Schnittort aufhält, legt die Interpretation von $L^{(o)}$ als einer Art Lokalzeit der Brownschen Bewegung auf dem Schnittort Cut(o) nahe. Dies wird in [C-K-M 93] präzisiert; dort ist auch die geometrische und stochastische Natur von $L^{(o)}$ genauer analysiert.

Beweis (von Satz 7.254) (vgl. [KE 87b]): (1) Die Lebenszeit von X (aufgefaßt als stetiger Prozeß mit Werten in der Einpunktkompaktifizierung) ist durch

$$\zeta = \sup\{t > 0 : r \circ X \text{ ist auf } [0,t] \text{ beschränkt}\}$$

gegeben; es genügt somit, (7.174) bis zum ersten Austritt aus einer geodätischen Kugel zu verifizieren, also bis zum ersten Zeitpunkt, zu dem $r \circ X$ einen gewissen Wert überschreitet. Die zu verifizierende Aussage spielt sich dann jedenfalls in einer hinreichend großen geodätischen Kugel B ab. Eine elementare Überlegung zeigt, daß man (M, g) außerhalb von B stets zu einer kompakten Riemannschen Mannigfaltigkeit abändern kann. Zur Vereinfachung der Bezeichnungen dürfen wir also ohne Einschränkung annehmen, daß M bereits kompakt ist; insbesondere ist dann $\mathrm{Riem}^M \geq -c^2$ für ein $c > 0$, und der Injektivitätsradius von M ist strikt positiv, d.h. $\varrho = \inf\{d(x, \mathrm{Cut}(x)) : x \in B\} > 0$.

(2) Wir wollen zunächst verifizieren, daß $r \circ X$ ein Semimartingal definiert; dazu zeigen wir, daß für eine geeignete Funktion V auf M durch

$$r(X_t) - r(x_0) - \int_0^t V(X_s)\, ds, \quad t \geq 0, \tag{7.176}$$

ein Supermartingal gegeben ist. Dies reicht aus, da nach dem allgemeinen Zerlegungssatz von Doob-Meyer (vgl. etwa [KO 84], section 3.7) jedes Supermartingal insbesondere ein Semimartingal darstellt. Mit (7.176) ist dann trivialerweise auch $r \circ X$ ein Semimartingal und zerlegt sich gemäß

$$r \circ X = r(x_0) + N + A, \quad N \in \mathscr{M}_0,\ A \in \mathscr{A}_0. \tag{7.177}$$

Wir betrachten

$$V\colon M\backslash\{o\} \to \mathbb{R}, \quad V(x) := \begin{cases} \frac{d-1}{2}\, c \coth cr(x) & \text{für } r(x) \leq \varrho/3, \\ \frac{d-1}{2}\, c \coth c\varrho/3 & \text{für } r(x) \geq \varrho/3. \end{cases}$$

Der Vergleich mit dem d-dimensionalen hyperbolischen Raum konstanter Krümmung $-c^2$, also dem Modell mit radialer Funktion $f(t) = (1/c) \sinh ct$, ergibt gemäß Satz 7.243 (Vergleichssatz für den Laplaceoperator) und Satz 7.244

$$\tfrac{1}{2}(\Delta r)(x) \leq V(x) \quad \text{für } x \notin \mathrm{Cut}(o) \cup \{o\}. \tag{7.178}$$

Wie bereits im Beweis von Satz 7.247 verifiziert, wird der fixierte Punkt o von der Brownschen Bewegung $X = (X_t)_{t\geq 0}$ für $t > 0$ f. s. nicht getroffen. Wir haben zu zeigen, für beliebige $0 < t_1 \leq t_2$ gilt stets

$$E^{\mathscr{F}_{t_1}}\Big[r(X_{t_2}) - r(X_{t_1}) - \int_{t_1}^{t_2} V(X_s)\,ds\Big] \leq 0. \tag{7.179}$$

Aufgrund der starken Markoveigenschaft der Brownschen Bewegung (Bemerkung 7.250) genügt es hierzu, für jede Brownsche Bewegung X auf (M,g) mit deterministischen Startpunkt (ungleich o) in M

$$E\Big[r(X_t) - r(X_0) - \int_0^t V(X_s)\,ds\Big] \leq 0, \quad t \geq 0, \tag{7.180}$$

zu verifizieren. Wir gliedern den Nachweis in mehrere Schritte.

(3) Ist $x_0 \in \mathrm{Cut}(o)$ ein beliebiger Punkt, und

$$\gamma_v(t) = \exp_o(tv), \quad 0 \leq t \leq s(v),\ v \in T_oM,\ \|v\| = 1,$$

eine minimale Geodätische von o nach x_0, so gilt $\gamma_v(\varrho/3) \notin \mathrm{Cut}(x_0)$ und (äquivalent hierzu) $x_0 \notin \mathrm{Cut}\big(\gamma_v(\varrho/3)\big)$. Folglich sind die folgenden beiden Teilmengen von $M \times M$,

$$\mathrm{Cut} := \big\{(x,y) \in M \times M : y \in \mathrm{Cut}(x)\big\}$$

$$C := \big\{\big(\gamma_v(s(v)), \gamma_v(\varrho/3)\big) : v \in T_oM,\ \|v\| = 1\big\}$$

disjunkt und besitzen bezüglich der Produktmetrik auf $M \times M$ positiven Abstand. Es gibt somit ein $\delta > 0$ mit folgender Eigenschaft: Ist $x_0 = \gamma_v(s(v)) \in \mathrm{Cut}(o)$, so folgt $x \notin \mathrm{Cut}\big(\gamma_v(\varrho/3)\big)$ für jedes $x \in M$ mit $d(x,x_0) < \delta$. Wir wählen solch ein $\delta > 0$, so daß zusätzlich $\delta < \varrho/3$ gilt. Dies führt dann zu der folgenden

Zwischenbehauptung: Ist X eine Brownsche Bewegung mit $X_0 = x_0 \in \mathrm{Cut}(o)$ und $\tau := \inf\{t \geq 0 : d(X_0, X_t) = \delta\}$, so gilt

$$E\Big[r(X_{t\wedge\tau}) - r(X_0) - \int_0^{t\wedge\tau} V(X_s)\,ds\Big] \leq 0, \quad t \geq 0. \tag{7.181}$$

Fixiert man nämlich eine minimale Geodätische $\gamma_v(t) = \exp_o(tv)$ von o nach x_0, so ist mit $\hat{o} := \gamma_v(\varrho/3)$ gemäß der Wahl von δ die Funktion

$$\hat{r}(x) := d(x, \hat{o})$$

auf der geodätischen Kugel $B_\delta(x_0)$ um x_0 mit Radius δ differenzierbar, und nach Satz 7.247 gilt

$$E\Big[\hat{r}(X_{t\wedge\tau}) - \hat{r}(X_0) - \tfrac{1}{2}\int_0^{t\wedge\tau} (\Delta\hat{r})(X_s)\,ds\Big] = 0, \quad t \geq 0. \tag{7.182}$$

Das gleiche Vergleichsargument, welches zu (7.178) führte, zeigt nun

$$\tfrac{1}{2}(\Delta\hat{r})(x) \leq \hat{V}(x) \quad \text{für } x \notin \mathrm{Cut}(\hat{o}) \cup \{\hat{o}\} \tag{7.183}$$

mit der modifizierten Funktion

$$\hat{V}\colon M\backslash\{\hat{o}\} \to \mathbb{R}, \quad \hat{V}(x) := \begin{cases} \frac{d-1}{2}\, c \coth c\hat{r}(x) & \text{für } \hat{r}(x) \le \varrho/3\,, \\ \frac{d-1}{2}\, c \coth c\varrho/3 & \text{für } \hat{r}(x) \ge \varrho/3\,, \end{cases}$$

wobei man aufgrund von $\delta < \varrho/3$ für $x \in B_\delta(x_0)$ definitionsgemäß $\hat{V}(x) = V(x)$ hat. Betrachtet man schließlich die Funktion

$$r_+(x) := \hat{r}(x) + \varrho/3$$

so gilt nach der Dreiecksungleichung $r_+(x) \ge r(x)$ mit $r_+(x_0) = r(x_0)$. Damit ist

$$\tfrac{1}{2}(\Delta r_+)(x) = \tfrac{1}{2}(\Delta\hat{r})(x) \le \hat{V}(x) = V(x)\,, \qquad x \in B_\delta(x_0)\,,$$

und es folgt Behauptung (7.181):

$$\begin{aligned} E\Big[r(X_{t\wedge\tau}) - r(X_0) - \int_0^{t\wedge\tau} V(X_s)\,ds\Big] \qquad & \\ \le E\Big[r_+(X_{t\wedge\tau}) - r_+(X_0) - \int_0^{t\wedge\tau} V(X_s)\,ds\Big] & \\ = E\Big[\hat{r}(X_{t\wedge\tau}) - \hat{r}(X_0) - \int_0^{t\wedge\tau} \hat{V}(X_s)\,ds\Big] & \le 0\,; \end{aligned}$$

die letzte Ungleichung nach (7.182) und (7.183). Damit ist zunächst die Zwischenbehauptung bewiesen.

(4) Mit der Zwischenbehauptung aus Beweisteil (3) können wir nun auch (7.180) verifizieren: Für jede Brownsche Bewegung X auf (M,g) mit $X_0 = x_0 \neq o$ gilt

$$E\Big[r(X_t) - r(X_0) - \int_0^t V(X_s)\,ds\Big] \le 0\,, \quad t \ge 0. \tag{7.184}$$

Definiert man nämlich induktiv Folgen von Stopzeiten $(\tau_n)_{n\ge 0}$ und $(\sigma_n)_{n\ge 1}$ gemäß $\tau_0 = 0$ und

$$\begin{aligned} \sigma_n &= \inf\{t \ge \tau_{n-1} : X_t \in \mathrm{Cut}(o)\}\,, \\ \tau_n &= \inf\{t \ge \sigma_n : d(X_t, X_{\sigma_n}) = \delta\}\,, \quad n \ge 1\,, \end{aligned} \tag{7.185}$$

so erhält man unter Ausnutzung der starken Markoveigenschaft (Bemerkung 7.250) für jedes $n \in \mathbb{N}$

$$E^{\mathscr{F}_{\tau_{n-1}}}\Big[r(X_{t\wedge\sigma_n}) - r(X_{t\wedge\tau_{n-1}}) - \int_{t\wedge\tau_{n-1}}^{t\wedge\sigma_n} V(X_s)\,ds\Big] \le 0\,, \tag{7.186}$$

$$E^{\mathscr{F}_{\sigma_n}}\Big[r(X_{t\wedge\tau_n}) - r(X_{t\wedge\sigma_n}) - \int_{t\wedge\sigma_n}^{t\wedge\tau_n} V(X_s)\,ds\Big] \le 0. \tag{7.187}$$

Hierbei ist (7.186) eine Konsequenz aus Satz 7.247 (über den radialen Anteil einer Brownschen Bewegung) und Abschätzung (7.178), während sich (7.187) mit der starken Markoveigenschaft auf die Zwischenbehauptung reduziert. Um den Nachweis von (7.184) zu vervollständigen, bleibt lediglich $\tau_n \nearrow \infty$ f. s. nachzutragen.

Hierfür betrachten wir zu fixiertem $\varepsilon > 0$ die unabhängige Folge von Ereignissen

$$A_n := \{\tau_n - \sigma_n \geq \varepsilon\}, \quad n \in \mathbb{N}.$$

Nach dem Lemma von Borel-Cantelli genügt es, $\sum_{n=1}^{\infty} P(A_n) = \infty$ zu verifizieren. Wir vergleichen mit dem d-dimensionalen hyperbolischen Raum $\mathbb{H}^d(-c^2)$ konstanter Krümmung $-c^2$: Ist B die geodätische Kugel in $\mathbb{H}^d(-c^2)$ um 0 mit Radius δ, so folgt mit Satz 7.248 (Vergleichssatz für die Brownsche Bewegung) unter erneuter Ausnutzung der starken Markoveigenschaft für die Brownsche Bewegung X auf M

$$\begin{aligned} &E^{\mathscr{F}_{\sigma_n}}[1_{\{\tau_n - \sigma_n \geq \varepsilon\}}] \\ &\geq P\{\text{Austrittszeit von BM}(\mathbb{H}^d(-c^2)) \text{ bei Start in 0 aus } B \text{ ist mindestens } \varepsilon\} \\ &\geq 1/2 \quad \text{bei hinreichend kleinem } \varepsilon > 0\,. \end{aligned}$$

Damit ist nachgewiesen, daß sich $r \circ X$ schreibt als Summe eines Supermartingals mit einem isotonen Prozeß; insbesondere ist daher $r \circ X$ ein Semimartingal. Es bleibt, die einzelnen Bestandteile in (7.177) genauer zu beschreiben.

(5) Mit der Konvention $dr = 0$ auf $\mathrm{Cut}(o) \cup \{o\}$ ist

$$\sum_{i=1}^{d} \int_0^t dr(X)(Ue_i)\, dW^i \equiv \int_0^t dr(X)U dW, \quad t \geq 0,$$

der Martingalteil von $r \circ X$.

Bezeichnet nämlich $r \circ X = r(x_0) + N + A$ die Zerlegung von $r \circ X$ als Semimartingal, so besitzt der Martingalteil N nach Satz 5.37 eine Integraldarstellung der Form

$$N_t = \int_0^t F\, dW \equiv \int_0^t \tilde{F} U dW$$

mit einem eindeutig bestimmten vorhersehbaren $\mathbb{R}^d$-wertigen Prozeß F und dem dazu gebildeten T^*M-wertigen Prozeß $\tilde{F} := FU^{-1}$ über X. Betrachtet man die Differenz

$$\bar{N}_t := \int_0^t \tilde{F} U dW - \int_0^t dr(X) U dW,$$

so ist das lokale Martingal $\bar{N}$ zunächst auf jedem stochastischen Intervall konstant, innerhalb dessen X den Schnittort $\mathrm{Cut}(o)$ nicht trifft; da nämlich X den Punkt o f. s. vermeidet, gilt auf dem besagten Intervall nach der geometrischen Itô-Formel

$$d(r \circ X) = (dr)(X)(U dW) + \tfrac{1}{2}(\Delta r \circ X)\, dt\,.$$

Wir betrachten zu hinreichend kleinem $\delta > 0$ nun wieder die Stopzeiten (7.185) und setzen

$$I_\delta := \bigcup\nolimits_{n \in \mathbb{N}}]\tau_{n-1}, \sigma_n[\ \nearrow I_* \quad \text{für } \delta \searrow 0\,.$$

Offensichtlich ist $I_* = \{(t,\omega) : X_t(\omega) \notin \mathrm{Cut}(o)\}$. Wie bereits festgestellt, ist $[\bar{N}, \bar{N}]$ auf jedem I_δ konstant und somit $\int_{I_\delta} d[\bar{N}, \bar{N}] = 0$; hieraus folgt $\int_{I_*} d[\bar{N}, \bar{N}] = 0$ f. s.

Darüberhinaus verschwindet auch $\int_0^\infty 1_{\{X_t\in\mathrm{Cut}(o)\}}\,d[\bar N,\bar N]$ f. s., da nämlich $[\bar N,\bar N]$ absolutstetig bezüglich des Lebesgue-Maßes ist und gemäß Korollar zu Satz 7.255 $\int_0^\infty 1_{\{t:X_t\in\mathrm{Cut}(0)\}}\,dt = 0$ f. s. gilt. Zusammen ergibt dies $[\bar N,\bar N]=0$ f. s. und somit $\bar N = 0$ bis auf Nicht-Unterscheidbarkeit; dies zeigt wie gewünscht

$$N = \int dr(X)\,U\,dW\,.$$

(6) Mit der zusätzlichen Konvention $\Delta r = 0$ auf $\mathrm{Cut}(o)\cup\{o\}$ ist der Prozeß $L^{(o)}$,

$$L_t^{(o)} = \int_0^t dr(X)\,U\,dW + \tfrac12\int_0^t \Delta r(X)\,ds - \big(r(X_t)-r(x_0)\big),$$

ein isotoner Prozeß mit der Eigenschaft $\int_0^\infty 1_{\{t:X_t\notin\mathrm{Cut}(o)\}}\,dL_t^{(o)} = 0$ f. s.
Es sei I_δ wie in (5) mit $\delta = 1/n$, $n\in\mathbb N$. Zunächst ist für hinreichend großes n durch

$$L_t^{(o,n)} := \int_0^t dr(X)\,U\,dW + \tfrac12\int_{[0,t]\cap I_{1/n}} \Delta r(X)\,ds + \int_{[0,t]\setminus I_{1/n}} V(X)\,ds - \big(r(X_t)-r(x_0)\big)$$

ein isotoner Prozeß $L^{(o,n)}$ festgelegt. Aufgrund von (7.178) gilt $L_t^{(o,n)} \ge L_t^{(o,n+1)}$, und folglich ist durch

$$L_t^{(o,\infty)} := \lim_{n\to\infty} L_t^{(o,n)}$$

ein isotoner Prozeß $L^{(o,\infty)}$ gegeben. Hierfür verifiziert man

$$\begin{aligned} L_t^{(o,\infty)} &= \int_0^t dr(X)\,U\,dW + \tfrac12\int_{[0,t]\cap I_*} \Delta r(X)\,ds + \int_{[0,t]\setminus I_*} V(X)\,ds - \big(r(X_t)-r(x_0)\big)\\ &= \int_0^t dr(X)\,U\,dW + \tfrac12\int_0^t \Delta r(X)\,ds - \big(r(X_t)-r(x_0)\big); \end{aligned}$$

letzteres aufgrund von $I_* = \{(t,\omega) : X_t(\omega)\notin \mathrm{Cut}(o)\}$ zusammen mit dem Korollar zu Satz 7.256. Dies zeigt $L^{(o,\infty)} = L^{(o)}$.
Die noch fehlende Eigenschaft $\int_0^\infty 1_{\{t:X_t\notin\mathrm{Cut}(o)\}}\,dL_t^{(o)} = 0$ f. s. überträgt sich aus der für jedes $\delta>0$ geltenden Gleichheit $\int_0^\infty 1_{I_\delta}(t,\cdot\,)\,dL_t^{(o)} = 0$ f. s. □

Satz 7.254 gestattet eine Verschärfung des Vergleichssatzes für die Brownsche Bewegung (Satz 7.248) im Fall von Krümmungsschranken nach unten: man kann in diesem Fall beliebige geodätische Kugeln betrachten, auch solche die den Schnittort treffen.

Satz 7.257. (Vergleichssatz für die Brownsche Bewegung; verschärfte Version) *Sei (M,g) eine metrisch vollständige Riemannsche Mannigfaltigkeit der Dimension $d\ge 2$ und $B_\rho(o)$ die offene geodätische Kugel um einen fixierten Punkt $o\in M$ mit Radius $\rho>0$. Dazu gebe es ein Modell $\mathbb M$ gleicher Dimension mit Zentrum 0 und radialer Krümmungsfunktion $k_{\mathbb M}$, so daß für jedes $x\in M\setminus(\mathrm{Cut}(o)\cup\{o\})$ mit $0<d_M(o,x)=r<\rho$ gilt:*

$$\mathrm{Ric}_x^M(\partial^M,\partial^M) \ge (d-1)\,k_{\mathbb M}(r).$$

Sei X eine Brownsche Bewegung auf (M,g), startend in einem Punkt $x_0 \in B_\rho(o)$, und τ_ρ die zugehörige Austrittszeit aus $B_\rho(o)$. Entsprechend sei $\tilde{X}$ eine Brownsche Bewegung auf $\mathbb{M}$, startend in $\tilde{x}_0 \in \mathbb{M}$ mit $d_{\mathbb{M}}(0,\tilde{x}_0) = d_M(o,x_0)$, und $\tilde{\tau}_\rho$ die Austrittszeit von $\tilde{X}$ aus der offenen geodätischen ρ-Kugel um 0. Dann gilt für jede antitone Funktion $\varphi\colon [0,\rho[\to \mathbb{R}$

$$E\big[(\varphi \circ d_M(o,X_t))\, 1_{\{t<\tau_\rho\}}\big] \geq E\big[(\varphi \circ d_{\mathbb{M}}(0,\tilde{X}_t))\, 1_{\{t<\tilde{\tau}_\rho\}}\big]\,;$$

insbesondere hat man für $0 < \rho' < \rho$ die Ungleichungen:

$$P\big\{d_M(o,X_t) < \rho' \text{ und } t < \tau_\rho\big\} \geq P\big\{d_{\mathbb{M}}(0,\tilde{X}_t) < \rho' \text{ und } t < \tilde{\tau}_\rho\big\}\,.$$

Beweis: Gemäß (7.174) ist nun für $t < \tau_\rho$

$$r_M(X_t) \leq r_M(x_0) + \hat{W}_t + \tfrac{1}{2}\int_0^t \Delta r_M(X)\, dt\,,$$

wobei durch $\hat{W}_t := \sum_{i=1}^d \int_0^t dr_M(X)\,(Ue_i)\, dW^i$ eine (bei ζ gestoppte) eindimensionale Brownsche Bewegung definiert ist. Der Rest des Beweises von Satz 7.248 überträgt sich wörtlich. □

Bevor wir weiter asymptotische Eigenschaften von Brownschen Bewegungen diskutieren, seien einige grundlegende Tatsachen über harmonische Funktionen notiert.

Lemma 7.258. *Sei (M,g) eine Riemannsche Mannigfaltigkeit und $h\colon M \to \mathbb{R}$ eine beschränkte meßbare Funktion. Dann sind äquivalent:*

(i) *h ist harmonisch (d. h. $h \in C^\infty(M)$ und $\Delta h = 0$).*

(ii) *$h(x) = E[h \circ X_\tau^x]$ für jedes $x \in M$ und jede Stopzeit τ mit $0 \leq \tau < \zeta$ f. s.*

(iii) *h besitzt die Mittelwerteigenschaft, d. h. für jedes $x_0 \in M$ und jede hinreichend kleine geodätische ε-Kugel $B_\varepsilon(x_0) \subset M$ um x_0 gilt*

$$h(x) = E[h \circ X_{\tau^x}^x]\,, \quad x \in B_\varepsilon(x_0)\,,$$

mit $\tau^x = \inf\big\{t \geq 0 : X_t^x \notin B_\varepsilon(x_0)\big\}$ der Austrittszeit aus $B_\varepsilon(x_0)$.

Beweis: (i) ⇒ (ii) ist eine direkte Folge der Itô-Formel in Verbindung mit dem Optional Sampling Theorem.

(ii) ⇒ (iii) ist eine Abschwächung; die fast sichere Endlichkeit der Austrittszeit Brownscher Bewegungen aus kleinen geodätischen Kugeln ergibt sich unmittelbar aus Satz 7.247.

(iii) ⇒ (i): Wir verwenden die Lösbarkeit des Dirichletproblems für kleine geodätische Kugeln im folgenden Sinn (vgl. z. B. [B-K-S 84]): Zu fixiertem $x_0 \in M$ und hinreichend kleinem $\varepsilon > 0$ gibt es eine Familie $\big(k_\varepsilon(x,dy)\big)_{x\in B_\varepsilon(x_0)}$ von "harmonischen" Maßen $k_\varepsilon(x,dy)$ auf $S_\varepsilon(x_0) = \partial B_\varepsilon(x_0)$, nämlich $k_\varepsilon(x,dy) = P \circ (X_{\tau^x}^x)^{-1}(dy)$ (vgl. Satz 6.33), so daß zu jeder beschränkten meßbaren Randfunktion $f\colon S_\varepsilon(x_0) \to \mathbb{R}$ durch

$$\varphi_f(x) = \int k_\varepsilon(x,dy)\, f(y) \equiv E[f \circ X_{\tau^x}^x]$$

eine harmonische Funktion φ_f auf $B_\varepsilon(x_0)$ gegeben ist; für $f \in C\big(S_\varepsilon(x_0);\mathbb{R}\big)$ ist φ_f die eindeutig bestimmte harmonische Fortsetzung von f auf $B_\varepsilon(x_0)$. Zudem ist der Träger von $P \circ (X^x_{\tau x})^{-1}$ ganz $S_\varepsilon(x_0)$, d.h. es gilt $P\{X^x_{\tau x} \in U\} > 0$ für jede nichtleere offene Teilmenge $U \subset S_\varepsilon(x_0)$.
Angewandt auf unsere Situation heißt dies $h = \varphi_h$ auf $B_\varepsilon(x_0)$ für jedes $x_0 \in M$ und entsprechend kleines $\varepsilon > 0$; insbesondere ist also h harmonisch. □

Man beachte, die Äquivalenz (i) $\Leftrightarrow$ (iii) in Lemma 7.258 gilt auch für nicht notwendig beschränkte Funktionen.

Korollar. (Maximumprinzip) *Sei (M,g) eine Riemannsche Mannigfaltigkeit und h: $M \to \mathbb{R}$ eine harmonische Funktion. Bezeichnet dann $m = \sup_{x\in M} h(x) \in \overline{\mathbb{R}}$ und gilt $h(x_0) = m$ für ein $x_0 \in M$, so ist h bereits konstant.*

Beweis: Die Menge $M_0 := \{x \in M : h(x) = m\}$ ist offen in M als Folge der Mittelwerteigenschaft; trivialerweise ist M_0 aufgrund der Stetigkeit von h aber auch abgeschlossen. Da alle Mannigfaltigkeiten als zusammenhängend vereinbart sind, folgt die Behauptung. □

Der nächste Satz erläutert, wie allgemein auf einer Riemannschen Mannigfaltigkeit (M,g) asymptotische Eigenschaften von $\mathrm{BM}(M,g)$ und Reichhaltigkeit harmonischer Funktionen auf M miteinander korrespondieren.

Satz 7.259. *Für eine Riemannsche Mannigfaltigkeit (M,g) sind die beiden folgenden Aussagen äquivalent:*

(i) $\mathrm{BM}(M,g)$ *hat triviale Austrittsmengen, d.h. ist X eine Brownsche Bewegung auf (M,g) mit deterministischem Startwert und $U \subset \hat{M}$ eine offene Teilmenge der Einpunktkompaktifizierung $\hat{M}$ von M, so gilt*
$$P\{X_t \in U \text{ schließlich}\} \in \{0,1\}.$$

(ii) (M,g) *ist eine Liouville-Mannigfaltigkeit, d.h. jede beschränkte harmonische Funktion auf M ist konstant.*

Ist X eine Brownsche Bewegung auf (M,g) mit Lebenszeit ζ, so verwenden wir erneut die Konvention $X_t(\omega) = \infty$ in $\hat{M}$ für $t > \zeta(\omega)$. Gilt $X_0 = x \in M$, so schreiben wir $X = X^x$ und bezeichnen die zugehörige Lebenszeit mit ζ^x.

Beweis: Für $U \subset \hat{M}$ sei $\mathscr{H}_U := \big\{\alpha \in C(\mathbb{R}_+;\hat{M}) : \alpha(t) \in U \text{ schließlich}\big\}$; damit ist
$$\begin{aligned} X_\bullet^{-1}(\mathscr{H}_U) &= \{X_t \in U \text{ schließlich}\} \\ &= \big\{\omega \in \Omega : \exists\ t_0(\omega) > 0, \text{ so daß } X_t(\omega) \in U \text{ für alle } t \ge t_0(\omega)\big\}. \end{aligned}$$

Wir bemerken vorab, daß für offenes $U \subset \hat{M}$ die Funktion h_U: $M \to \mathbb{R}$,
$$h_U(x) := P\{X^x_t \in U \text{ schließlich}\} = E[1_{\mathscr{H}_U} \circ X^x_\bullet],$$

harmonisch ist, denn gemäß Bemerkung 7.250 (starke Markoveigenschaft der Brownschen Bewegung) gilt für jede Stopzeit τ mit $0 \leq \tau < \zeta^x$

$$h_U \circ X^x_\tau = E[1_{\mathscr{H}_U} \circ X^y_\bullet]|_{y=X^x_\tau} = E^{\mathscr{F}_\tau}[1_{\mathscr{H}_U} \circ X^x_{\tau+\bullet}] = E^{\mathscr{F}_\tau}[1_{\mathscr{H}_U} \circ X^x_\bullet] \quad \text{f. s.}$$

und damit $h_U(x) = E[h_U \circ X^x_\tau]$; gemäß Lemma 7.258 (ii) ist h_U folglich harmonisch. Gilt zudem $h_U(x) \in \{0,1\}$ für ein $x \in M$, so bereits $h_U \equiv 0$ oder $h_U \equiv 1$ nach dem Maximumprinzip.

(i) $\Rightarrow$ (ii): Sei h eine beschränkte harmonische Funktion auf M. Dann ist zunächst $h \circ X^x$ ein beschränktes und damit f. s. konvergentes Martingal; es bezeichne $\xi^x := \lim_{t \nearrow \zeta^x}(h \circ X^x_t)$. Zu $\alpha \in \mathbb{R}$ betrachten wir die offene Menge $U_\alpha := \{h > \alpha\}$; nach Voraussetzung und Maximumprinzip gilt für jede der harmonischen Funktionen h_{U_α} auf M,

$$h_{U_\alpha}(x) = P\{X^x_t \in U_\alpha \text{ schließlich}\} = P\{h \circ X^x_t > \alpha \text{ schließlich}\},$$

entweder $h_{U_\alpha} \equiv 0$ oder $h_{U_\alpha} \equiv 1$. Für jedes reelle α ist somit $P\{\xi^x \leq \alpha\} \in \{0,1\}$ und unabhängig von x. Dies zeigt $\xi^x \equiv \lambda$ f. s. mit einer von x unabhängigen Konstanten λ. Folglich ist h konstant, nämlich $h(x) = E[\xi^x] \equiv \lambda$.

(ii) $\Rightarrow$ (i): Da nach Voraussetzung beschränkte harmonische Funktionen auf M konstant sind, gilt insbesondere für eine offene Teilmenge $U \subset \hat{M}$

$$h_U(x) = P\{X^x_t \in U \text{ schließlich}\} \equiv \lambda \in [0,1];$$

zu zeigen ist $h_U(M) \subset \{0,1\}$. Es ist aber

$$\lambda \equiv h_U \circ X^x_t = E^{\mathscr{F}_t}[1_{\mathscr{H}_U} \circ X^x_\bullet] \to 1_{\mathscr{H}_U} \circ X^x_\bullet \quad \text{f. s. bei } t \to \infty,$$

und damit $\lambda \in \{0,1\}$. □

Satz 7.260. BM(M,g) *ist entweder rekurrent oder transient, d. h. für jede Brownsche Bewegung X auf einer metrisch vollständigen Riemannschen Mannigfaltigkeit (M,g) besteht die folgende Dichotomie: Entweder gilt*

(i) $\liminf_{t \nearrow \zeta} d(X_0, X_t) = 0$ *f. s. oder* (ii) $\liminf_{t \nearrow \zeta} d(X_0, X_t) = \infty$ *f. s.*

Beweis: Für $x \in M$ sei X^x eine in x startende Brownsche Bewegung auf (M,g) und

$$A_x := \{\liminf_{t \nearrow \zeta^x} d(X^x_0, X^x_t) = 0\} \subset \{\zeta^x = \infty\}.$$

Die Funktion h_1 auf M mit $h_1(x) := P(A_x)$ ist unabhängig von der konkreten Wahl der in x startenden Brownschen Bewegung und als Folge der starken Markoveigenschaft (Bemerkung 7.250) gemäß Lemma 7.258 (ii) harmonisch auf M. Aus

$$P\{\liminf_{t \nearrow \zeta^x} d(X^x_0, X^x_t) = 0\} > 0 \tag{7.188}$$

für ein $x \in M$ folgt daher (7.188) bereits für jedes $x \in M$. Zudem gilt dann bei beliebigem nichtleeren $U \subset M$ für jedes $x \in M$

$$P\{X^x_t \in U \text{ immer wieder}\} > 0,$$

denn auch $h_2(x) := P\{X_t^x \in U \text{ immer wieder}\}$ ist harmonisch und nach obigem ist $h_2|U > 0$. Dann muß bei beliebigem nichtleeren $U \subset M$ aber schon

$$P\{X_t^x \in U \text{ immer wieder}\} = 1$$

für jedes $x \in M$ sein, denn $h_2 \circ X$ ist ein f. s. konvergentes Martingal und X^x erreicht mit positiver Wahrscheinlichkeit jede nichtleere offene Teilmenge immer wieder, woraus h_2 konstant und damit notwendig $h_2 \equiv 1$ folgt.

Die Alternative zu $\liminf_{t\nearrow\zeta^x} d(X_0^x, X_t^x) = 0$ f. s. für jedes $x \in M$ lautet folglich $\liminf_{t\nearrow\zeta^x} d(X_0^x, X_t^x) > 0$ f. s. für ein (und dann jedes) $x \in M$. Mit der starken Markoveigenschaft der Brownschen Bewegung folgt aus $\liminf_{t\nearrow\zeta^x} d(X_0^x, X_t^x) > 0$ f. s. aber unmittelbar $X_t^x \to \infty$ f. s. bei $t \nearrow \zeta^x$, und da (M,g) als metrisch vollständig vorausgesetzt ist, bedeutet letzteres $\liminf_{t\nearrow\zeta^x} d(X_0^x, X_t^x) = \infty$ f. s.

Auch die Verallgemeinerung obiger Dichotomie auf Brownsche Bewegungen mit nicht notwendig deterministischen Startwerten ist eine direkte Folge der starken Markoveigenschaft. □

Rekurrenz impliziert also, daß Brownsche Bewegungen in jede fixierte nichtleere offene Teilmenge immer wieder zurückkehren; die Lebenszeit ist dann notwendig unendlich. Transienz hingegen bedeutet, daß Brownsche Bewegungen schließlich jede kompakte Menge verlassen. Gelegentlich nennt man Riemannsche Mannigfaltigkeiten mit transienter Brownscher Bewegung *hyperbolisch*, Riemannsche Mannigfaltigkeiten mit rekurrenter Brownscher Bewegung hingegen *parabolisch*.

Wir wenden uns nun der Asymptotik Brownscher Bewegungen auf Modellen zu. Modelle sind unter anderem als Vergleichsmannigfaltigkeiten von Bedeutung. Sie haben stochastisch gesehen die Eigenschaft, daß sich Radial- und Winkelprozeß durch eine geeignete Zeittransformation entkoppeln und vollständig charakterisieren lassen (vgl. auch [MA 86]). Dabei wird das Winkelverhalten durch ein Martingal auf der Sphäre beschrieben, und der Martingalsatz erlaubt zu entscheiden, ob die Brownsche Bewegung schließlich eine asymptotische Richtung einschlägt oder jeden Winkelsektor immer wieder verläßt. Der gleiche Problemkreis, nämlich die Existenz eines asymptotischen Winkels der Brownschen Bewegung, wird für einfach zusammenhängende negativ gekrümmte Riemannsche Mannigfaltigkeiten mit $-a^2 \le \mathrm{Riem}^M \le -b^2 < 0$ in [SU 83], [A-S 85] diskutiert; siehe auch [L-S 84].

Sei (M,g) eine d-dimensionale Riemannsche Mannigfaltigkeit mit $d \geq 2$ und $x \in M$ derart, daß die Exponentialabbildung in x einen Diffeomorphismus bildet; wir ziehen die Metrik auf T_xM zurück und identifizieren $T_xM \cong \mathbb{R}^d$ durch die Wahl einer Orthonormalbasis in T_xM:

$$(\mathbb{R}^d, \exp_x^* g) \cong (T_xM, \exp_x^* g) \xrightarrow[\exp_x]{\sim} (M,g); \tag{7.189}$$

in diesem Sinn identifizieren wir auch M und $\mathbb{R}^d$ als Mengen. In geodätischen Polarkoordinaten auf $M\backslash\{0\} =]0,\infty[\times \mathbb{S}^{d-1}$ um $0 \in M$ ist dann $g = dr \otimes dr + h_r$ mit einer von r abhängigen Riemannschen Metrik auf $\mathbb{S}^{d-1}$, wobei wir die folgenden Spezialfälle betrachten wollen:

(a) $g = dr \otimes dr + f^2(r,\cdot)\,h$ mit $f\colon]0,\infty[\times \mathbb{S}^{d-1} \to]0,\infty[$ einer skalaren Funktion und h einer von r unabhängigen Riemannschen Metrik auf $\mathbb{S}^{d-1}$.

(b) $g = dr \otimes dr + f^2(r)\,d\vartheta^2$ mit $d\vartheta^2$ der Standardmetrik auf $\mathbb{S}^{d-1}$ und einer skalaren Funktion $f\colon]0,\infty[\to]0,\infty[$.

Fall (b) entspricht den bereits behandelten Modellen, während in (a) die auf $\mathbb{S}^{d-1}$ induzierte Metrik über die Funktion $f\colon]0,\infty[\times \mathbb{S}^{d-1} \to]0,\infty[$ mit dem Winkel variieren darf. Da wir am Winkelverhalten von $\mathrm{BM}(M,g)$ relativ zu 0 interessiert sind, wollen wir zunächst geometrische Eigenschaften der durch (7.189) festgelegten Abbildung

(7.190) $$q\colon M\backslash\{0\} \to \mathbb{S}^{d-1}, \quad (r,\vartheta) \mapsto \vartheta$$

untersuchen.

Lemma 7.261. *Sei* $q\colon M\backslash\{0\} \to \mathbb{S}^{d-1}$ *die in* (7.190) *definierte Winkelabbildung. In der Situation* (a) *ist* $q\colon (M\backslash\{0\}, g) \to (\mathbb{S}^{d-1}, h)$ *genau dann harmonisch, wenn* $(d-3)\,\mathrm{grad}\, f_r = 0$ *ist, wobei* $\mathrm{grad}\, f_r$ *das Gradientenvektorfeld von* $f_r = f(r,\cdot)$ *auf* (S^{d-1},h) *bezeichnet. In der Situation* (b) *ist* $q\colon (M\backslash\{0\}, g) \to (\mathbb{S}^{d-1}, d\vartheta^2)$ *affin und darüberhinaus ein harmonischer Morphismus.*

Beweis: Wir wollen die zweite Fundamentalform von $q\colon (M\backslash\{0\}, g) \to (\mathbb{S}^{d-1}, h)$ bezüglich der fixierten Riemannschen Metrik auf $\mathbb{S}^{d-1}$ berechnen. Wie man leicht aus (7.90) ableitet, hat man allgemein in Karten (φ, U) für $M\backslash\{0\}$ und (ψ, V) für $\mathbb{S}^{d-1}$ mit $\varphi(U) \subset V$ die Koordinatendarstellung

$$(\nabla dq)^k_{ij} = \partial_i\partial_j q^k - \sum_\alpha \Gamma^\alpha_{ij}\,(\partial_\alpha q^k) + \sum_{\alpha,\beta} \bar\Gamma^k_{\alpha\beta}\,(\partial_i q^\alpha)(\partial_j q^\beta)$$

mit Indizes $1 \le i,j \le d$, $1 \le k \le d-1$ und Γ bzw. $\bar\Gamma$ den Christoffelsymbolen bezüglich des Levi-Civita-Zusammenhangs auf $(M\backslash\{0\}, g)$ bzw. auf $(\mathbb{S}^{d-1}, h)$. Wählt man speziell Koordinaten der Form $\varphi = (\theta^1, \dots, \theta^{d-1}, r)$ für $M\backslash\{0\}$ mit $r(\cdot) = d(0,\cdot)$ und $\psi = (\theta^1, \dots, \theta^{d-1})$ für $\mathbb{S}^{d-1}$, so erhält man folglich

$$(\nabla dq)^k_{ij} = \begin{cases} -\Gamma^k_{ij} & i = d \text{ oder } j = d \\ -\Gamma^k_{ij} + \bar\Gamma^k_{ij} & 1 \le i,j \le d-1\,. \end{cases}$$

Nun lassen sich die Christoffelsymbole des Levi-Civita-Zusammenhangs gemäß (7.37) über die Riemannsche Metrik durch

$$\Gamma^k_{ij} = \tfrac{1}{2} \sum_\ell g^{k\ell}\{\partial_i g_{\ell j} + \partial_j g_{i\ell} - \partial_\ell g_{ij}\}$$

ausdrücken, woraus man $(\nabla dq)^k_{ij} = 0$ für $i = d$ oder $j = d$, sowie

$$(\nabla dq)^k_{ij} = (1/f) \sum_{\ell=1}^{d-1} h^{k\ell}\{h_{\ell j}\,\partial_i f + h_{i\ell}\,\partial_j f - h_{ij}\partial_\ell f\}, \quad 1 \le i,j \le d-1,$$

erhält. Dies zeigt zum einen, daß q im Fall (b) affin ist, während man in (a)

$$\tau(q)^k = \sum_{i,j=1}^{d} g^{ij} (\nabla dq)^k_{ij} = -(d-3)\, f^{-3} \sum_{i=1}^{d-1} h^{ki}\, \partial_i f$$

und damit $\tau(q)(r,\cdot\,) = -(d-3)\, f_r^{-3} \operatorname{grad} f_r$ erhält. Es bleibt zu zeigen, daß q im Fall (b) zudem einen harmonischen Morphismus definiert. Ist Δ der Laplaceoperator auf (M,g) und entsprechend $\bar{\Delta}$ auf $(\mathbb{S}^{d-1},h)$, so verifiziert man leicht

$$f^2\, \Delta(\varphi \circ q) = (\bar{\Delta}\varphi) \circ q$$

für jede differenzierbare Funktion $\varphi \in C^\infty(\mathbb{S}^{d-1})$, woraus gemäß Satz 7.160 folgt, daß q ein harmonischer Morphismus mit Dilatation f^{-1} ist. □

Aus stochastischer Perspektive zeigt Lemma 7.261 insbesondere, daß der Winkelprozeß einer Brownschen Bewegung auf einem Modell ein $\mathbb{S}^{d-1}$-wertiges Martingal bezüglich der Standardmetrik ist. Diese Beobachtung gestattet es, die Asymptotik des Winkelverhaltens vollständig zu charakterisieren.

Satz 7.262. (Brownsche Bewegung auf Modellen) *Sei M ein d-dimensionales Modell mit Zentrum $0 \in M$ und Riemannscher Metrik $g = dr \otimes dr + f^2(r)\, d\vartheta^2$. Sei X eine Brownsche Bewegung auf (M,g) mit $X_0 = x_0 \neq 0$, die wir gemäß $M\backslash\{0\} =]0,\infty[\times \mathbb{S}^{d-1}$ in Radial- und Winkelprozeß $X = (R,\Theta)$ zerlegen.*

(i) *Für den Radialprozeß gilt $R_t \to \infty$ f.s. (d.h. X ist transient) genau dann, wenn*
$$\int_1^\infty f^{1-d}(r)\, dr < \infty.$$

(ii) *Die Lebenszeit ζ von X ist entweder f.s. endlich oder f.s. unendlich, und zwar f.s. endlich genau dann, wenn*
$$\int_1^\infty f^{d-1}(r) \left\{ \int_r^\infty f^{1-d}(\rho)\, d\rho \right\} dr < \infty.$$

(iii) *Der Winkelprozeß Θ konvergiert genau dann auf $\mathbb{S}^{d-1}$ für $t \nearrow \zeta$ f.s., wenn*
$$\int_1^\infty f^{d-3}(r) \left\{ \int_r^\infty f^{1-d}(\rho)\, d\rho \right\} dr < \infty.$$
Letzteres ist äquivalent dazu, daß M keine Liouville-Mannigfaltigkeit ist.

Man beachte, daß im Fall $d = 2$ insbesondere (M,g) genau dann eine Liouville-Mannigfaltigkeit ist, wenn $\mathrm{BM}(M,g)$ rekurrent ist.

Beweis: (1) Gemäß Satz 7.247 gilt $dR = dW + \frac{1}{2}(\Delta r \circ X)\,dt$ mit W einer eindimensionalen Brownschen Bewegung. Wegen $\Delta r \circ X = (d-1)\left[(f'/f) \circ R\right]$ genügt der Radialprozeß R der SDGL

$$dR = dW + \tfrac{1}{2}\left[(d-1)(f'/f) \circ R\right] dt.$$

Folglich ist R eine eindimensionale Diffusion mit infinitesimalem Erzeuger

$$\tfrac{1}{2}\{D^2+(d-1)(f'/f)\,D\}.$$

Wir wollen die Riemannsche quadratische Variation des Martingals Θ berechnen. Hierfür bemerken wir zunächst, daß in jeder Karte (φ,U) der Form $\varphi=(r,\theta)$ und $U=]0,\infty[\times U'$ mit (θ,U') einer Karte für $\mathbb{S}^{d-1}$ offensichtlich

$$1_{\{X\in U\}}\,d[X,X]=1_{\{X\in U\}}\sum_{i,j=1}^{d}g_{ij}(X)\,d[X^i,X^j]=1_{\{X\in U\}}\left\{d[R,R]+f^2(R)\,d[\Theta,\Theta]\right\}$$

gilt, woraus unmittelbar

$$d[X,X]=d[R,R]+f^2(R)\,d[\Theta,\Theta]$$

folgt. Nun ist aber $d[X,X]=(\dim M)\,dt=d\cdot dt$ sowie $d[R,R]=dt$, und man erhält schließlich

(7.191) $$d[\Theta,\Theta]=(d-1)\,(f^{-2}\circ R)\,dt\,.$$

Gemäß Satz 7.190 (Konvergenzsatz von Darling-Zheng) konvergiert somit Θ genau dann für $t\nearrow\zeta$ auf $\mathbb{S}^{d-1}$ f. s., wenn $\int_0^\zeta f^{-2}(R_t)\,dt<\infty$ f. s. ist. Wir betrachten

$$T(t)=\int_0^t f^{-2}(R_s)\,ds\,,\quad t<\zeta\,,$$

und bilden den stetigen Zeitwechsel $\langle\tau\rangle$ mit $\tau_t:=T^{-1}(t)\equiv\inf\{s\in\mathbb{R}_+:T(s)\ge t\}$ für $t<T_\zeta$. Offensichtlich ist T_ζ die maximale Lebenszeit des zeittransformierten Radialprozesses $\tilde R_t:=R_{\tau_t}$, mit der Konsequenz, daß Θ genau dann für $t\nearrow\zeta$ konvergiert, wenn die Lebenszeit von $\tilde R$ f. s. endlich ist.

Man beachte, daß q nach Lemma 7.261 ein harmonischer Morphismus mit Dilatation f^{-1} ist; folglich zerlegt sich X als $X_t=(R_t,B_{T(t)})$ mit B einer Brownschen Bewegung auf $(\mathbb{S}^{d-1},d\vartheta^2)$. Durch den Zeitwechsel $\langle\tau\rangle$ entkoppeln sich Radial- und Winkelprozeß gemäß $X_{\tau_t}=(R_{\tau_t},B_t)$ für $t<T_\zeta$; in der neuen Zeitskala wird die Winkelkomponente durch $\mathrm{BM}(\mathbb{S}^{d-1},d\vartheta^2)$ beschrieben und läuft bis zur Zeit T_ζ; sie konvergiert folglich genau dann, wenn T_ζ f. s. endlich ist.

(2) Gemäß Beziehung (7.160) und Satz 7.244 (ii) löst der Radialprozeß R die eindimensionale SDGL

$$dR=d\hat W+\tfrac{1}{2}(d-1)\left[(f'/f)\circ R\right]dt\,;$$

folglich ist R eine Diffusion auf $]0,\infty[$ mit infinitesimalem Erzeuger

$$\tfrac{1}{2}\left[D^2+(d-1)(f'/f)\,D\right].$$

Entsprechend wird durch den zeittransformierten Prozeß $\tilde R$ eine Diffusion auf $]0,\infty[$ mit Erzeuger

$$\tfrac{1}{2}f^2\left[D^2+(d-1)(f'/f)\,D\right]$$

definiert. Die uns interessierenden Fragen hinsichtlich Transienz und Lebenszeit von R bzw. $\tilde R$ können daher mit Satz 6.50 beantwortet werden. Es sei $c_1=0$, $c_2=\infty$ und ohne Einschränkung $c=1$, sowie

$$H(r)=\exp\left[-(d-1)\int_1^r\frac{f'}{f}(s)\,ds\right]=f^{1-d}(r)\,f^{d-1}(1)\,,\quad 0<r<\infty\,.$$

Wir haben uns bereits im Beweis von Satz 7.247 überlegt, daß Brownsche Bewegungen jeden Nichtstartpunkt f. s. nicht treffen; somit ist 0 für R und $\tilde{R}$ ein nicht erreichbarer Randpunkt, und es genügt, das jeweilige Verhalten am rechten Randpunkt $c_2 = \infty$ zu untersuchen. Im einzelnen gilt nun:

$$\begin{aligned}
R_t \to \infty \text{ f. s. } (R \text{ ist transient}) &\iff \int_1^\infty f^{1-d}(r)\,dr < \infty; \\
R \text{ hat f. s. endliche Lebenszeit} &\iff \int_1^\infty H(r)\left[\int_1^r \frac{d\rho}{H(\rho)}\right] dr < \infty \\
&\iff \int_1^\infty \frac{1}{H(r)}\left[\int_r^\infty H(\rho)\,d\rho\right] dr < \infty \\
&\iff \int_1^\infty f^{d-1}(r)\left[\int_r^\infty f^{1-d}(\rho)\,d\rho\right] dr < \infty; \\
\tilde{R} \text{ hat f. s. endliche Lebenszeit} &\iff \int_1^\infty f^{d-3}(r)\left[\int_r^\infty f^{1-d}(\rho)\,d\rho\right] dr < \infty.
\end{aligned}$$

(3) Es bleibt zu zeigen, daß es genau dann auf M nichtkonstante beschränkte harmonische Funktionen gibt, wenn der Winkelprozeß Θ für $t \nearrow \zeta$ auf der Sphäre $\mathbb{S}^{d-1}$ f. s. konvergiert.

Wir betrachten zunächst den Fall, daß es auf M nichtkonstante beschränkte harmonische Funktionen gibt. Dann ist also (M,g) keine Liouville-Mannigfaltigkeit, und nach Satz 7.260 gibt es nichttriviale Austrittsmengen für $\mathrm{BM}(M,g)$, unter denen solche von der Form $\mathbb{R}_+ \times V$ mit offenem $V \subset \mathbb{S}^{d-1}$ sein müssen, wie eine kleine Zusatzüberlegung zeigt. Dies schließt aus, daß $T_\zeta \equiv \infty$ f. s. gilt, wie man aufgrund der Rekurrenz von $\mathrm{BM}(\mathbb{S}^{d-1}, d\vartheta^2)$ sieht. Nun ist aber T_ζ die Lebenszeit des zeittransformierten Radialprozesses $\tilde{R}$ und als solche f. s. unendlich oder f. s. endlich. Also muß T_ζ f. s. endlich sein, was nach dem bereits Gezeigten zur Konvergenz des Winkelprozesses Θ auf $\mathbb{S}^{d-1}$ äquivalent ist.

Es sei nun umgekehrt Θ auf der Sphäre $\mathbb{S}^{d-1}$ für $t \nearrow \zeta$ f. s. konvergent. Wir schreiben Θ^x für den Winkelanteil einer bei $x \in M$ startenden Brownschen Bewegung X^x. Zu jeder Funktion $\varphi \in (\mathbb{S}^{d-1})$ ist dann gemäß

$$u(x) := E\big[\varphi \circ \Theta^x_\zeta\big]$$

eine beschränkte harmonische Funktion u auf M definiert. Aufgrund von

$$u \circ X^x_{t\wedge\zeta} \to \varphi \circ \Theta^x_\zeta \quad \text{f. s. bei } t \to \infty$$

ist u genau dann nichtkonstant, wenn $\varphi \circ \Theta^x_\zeta$ als Zufallsvariable auf $\mathbb{S}^{d-1}$ nicht degeneriert ist, d. h. nicht f. s. konstant ist. Ist aber das "Austrittsmaß" $P \circ (\Theta^x_\zeta)^{-1}$ das Diracmaß δ in einem Punkt auf $\mathbb{S}^{d-1}$, dann sind nach dem Maximumprinzip die Maße $P \circ (\Theta^x_\zeta)^{-1}$ für $x \in M$ identisch, also $P \circ (\Theta^x_\zeta)^{-1} = \delta$, unabhängig von x. Dies steht aber im Widerspruch zur Rotationsinvarianz von $P \circ (\Theta^0_\zeta)^{-1}$ auf $\mathbb{S}^{d-1}$, die sich aus der Tatsache ergibt, daß (M,g) ein Modell ist. □

Die Integralbedingungen in Satz 7.262 können in elementarer Weise in Krümmungsschranken übersetzt werden. Man erhält so eine geometrische Charakterisierung der Liouville-Eigenschaft.

Satz 7.263. *Sei (M,g) ein d-dimensionales Modell mit Zentrum $0 \in M$ und Riemannscher Metrik $g = dr \otimes dr + f^2(r)\,d\vartheta^2$. Für die radiale Krümmungsfunktion $k_M(r) = -f''(r)/f(r)$ von (M,g) gelte $k_M(\cdot) \leq 0$. Weiter sei $c = 1$ im Fall $d = 2$ bzw. $c = 1/2$ im Fall $d \geq 3$. Dann gibt es nichtkonstante harmonische Funktionen auf M, falls $k_M(r) \leq -\dfrac{(c+\varepsilon)}{r^2 \log r}$ für ein $\varepsilon > 0$ und hinreichend große r gilt. Ist hingegen $k_M(r) \geq -\dfrac{(c-\varepsilon)}{r^2 \log r}$ für ein $\varepsilon > 0$ und hinreichend große r, so ist M eine Liouville-Mannigfaltigkeit.*

Man beachte, daß beispielsweise konstante negative Krümmung außerhalb eines Kompaktums nicht ausreicht, um die Existenz beschränkter harmonischer Funktionen sicherzustellen; aus der genannten Bedingung folgt nicht einmal Transienz der Brownschen Bewegung, wie das folgende Beispiel zeigt: Es sei etwa $M = \mathbb{R}^2$ ein zweidimensionales Modell, beispielsweise mit radialer Funktion $f(r) = \exp(-r)$ für $r > 1$ und einer differenzierbaren Interpolation für $0 \leq r \leq 1$, so daß $f(0) = 0$ und $f'(0) = 1$ gilt. Dann hat (M,g) konstante negative Krümmung -1 außerhalb der Einheitsscheibe, aber $\mathrm{BM}(M,g)$ ist gemäß Satz 7.262 rekurrent; folglich ist (M,g) keine Liouville-Mannigfaltigkeit.

Wir schicken dem Beweis von Satz 7.263 ein elementares Lemma voraus.

Lemma 7.264. *Sei $d \geq 2$ und (M,g) ein d-dimensionales Modell mit Riemannscher Metrik $g = dr \otimes dr + f^2(r)\,d\vartheta^2$. Es bezeichne $k = -f''/f$ die radiale Krümmungsfunktion von (M,g) und*

$$I(f) = \int_1^\infty f^{d-3}(r) \left[\int_r^\infty f^{1-d}(\rho)\,d\rho\right] dr\,.$$

Sei $(\tilde{M},\tilde{g})$ ein weiteres d-dimensionales Modell mit $\tilde{g} = dr \otimes dr + \tilde{f}^2(r)\,d\vartheta^2$; dazu $\tilde{k} = -\tilde{f}''/\tilde{f}$ und $I(\tilde{f})$ entsprechend.

(i) *Aus $\tilde{k} \leq k$ auf $]0,\infty[$ folgt $f \leq \tilde{f}$ und $f'/f \leq \tilde{f}'/\tilde{f}$ auf $]0,\infty[$.*

(ii) *Ist $\tilde{k} \leq k$ auf $]\rho_0,\infty[$ für ein $\rho_0 > 0$, so gilt mit $(f'/f)(\rho_0) \leq (\tilde{f}'/\tilde{f})(\rho_0)$ bereits $f'/f \leq \tilde{f}'/\tilde{f}$ auf ganz $[\rho_0,\infty[$.*

(iii) *Ist $k,\tilde{k} \leq 0$ und gilt $\tilde{k} \leq k$ auf $]\rho_0,\infty[$ für ein $\rho_0 > 0$, so gibt es eine Konstante $c > 0$ derart, daß $f \leq c\tilde{f}$ auf $[0,\infty[$ gilt.*

(iv) *Ist $k,\tilde{k} \leq 0$ und gilt $\tilde{k} \leq k$ auf $]\rho_0,\infty[$ für ein $\rho_0 > 0$, dann ist mit $I(f) < \infty$ auch $I(\tilde{f}) < \infty$.*

Beweis: (1) Die Behauptungen in (i) und (ii) folgert man unmittelbar aus

(7.192) $$(f^2(\tilde{f}/f)')' = (f\tilde{f}' - \tilde{f}f')' = \tilde{f}f\,(\tilde{f}''/\tilde{f} - f''/f) = \tilde{f}f\,(k - \tilde{k})\,.$$

(2) Es sei nun $k, \tilde{k} \leq 0$. Aus $k \leq 0$ folgt $r \leq f(r)$ und $1/r \leq f'(r)/f(r)$ für $0 < r < \infty$ gemäß (i); entsprechendes für $\tilde{f}$. Insbesondere sind also f' und $\tilde{f}'$ auf $]0,\infty[$ strikt positiv. Wir setzen $k_+ := k \vee \tilde{k}$, $k_- := k \wedge \tilde{k}$ und betrachten die C^2-Lösungen $u_\pm$ von

$$u'' + k_\pm u = 0 \quad \text{mit } u(0) = 0,\ u'(0) = 1\,.$$

Wie oben folgert man, daß $u_\pm$ und $u'_\pm$ auf $]0,\infty[$ strikt positiv sind; insbesondere gilt also mit geeigneten Konstanten $c_1, c_2 > 0$

$$c_1 u_+(\rho_0) \leq f(\rho_0) \leq c_2 u_+(\rho_0)$$
$$c_1 u'_+(\rho_0) \leq f'(\rho_0) \leq c_2 u'_+(\rho_0)\,.$$

Auf $]\rho_0,\infty[$ genügen u_+ und f derselben Differentialgleichung, woraus folgt

$$c_1 u_+(r) \leq f(r) \leq c_2 u_+(r)\,, \quad r \geq \rho_0\,. \tag{7.193}$$

Analog erhält man für geeignete Konstanten $\tilde{c}_1, \tilde{c}_2 > 0$ die Ungleichung

$$\tilde{c}_1 u_-(r) \leq \tilde{f}(r) \leq \tilde{c}_2 u_-(r)\,, \quad r \geq \rho_0\,. \tag{7.194}$$

Aus (7.192) mit u_+, u_- anstelle $f, \tilde{f}$ liest man $u_+ \leq u_-$ auf $[0,\infty[$ ab; die Kombination von (7.193) und (7.194) ergibt somit $f \leq c\tilde{f}$ mit einer Konstanten $c > 0$; zunächst auf $[\rho_0,\infty[$ und nach eventueller Vergrößerung von c dann auf ganz $[0,\infty[$.

(3) Die Aussage in Teil (iv) reduziert man mit den in (2) benutzten Argumenten unmittelbar auf den Fall $\rho_0 = 0$: Gemäß (7.193) ist nämlich $I(f) < \infty$ äquivalent zu $I(u_+) < \infty$; man kann folglich f durch u_+ ersetzen, mit der Konsequenz, daß dann $\tilde{k} \leq k_+$ auf ganz $]0,\infty[$ gilt. Ohne Einschränkung sei also $\rho_0 = 0$ angenommen. Wir setzen

$$I_s(f) = \int_1^s f^{d-3}(r) \Big[\int_r^\infty f^{1-d}(\rho)\,d\rho\Big]\,dr\,, \quad s \geq 1$$

und werden zeigen, daß unter der Voraussetzung $\tilde{k} \leq k \leq 0$

$$I_s(\tilde{f}) \leq I_s(f)\,, \quad s \geq 1$$

gilt. Ohne Beschränkung der Allgemeinheit dürfen wir dabei $\int_1^\infty f^{1-d}(\rho)\,d\rho < \infty$ und $d \geq 3$ annehmen. Zunächst ist dann

$$\frac{d}{ds} I_s(f) = f^{d-3}(s) \Big[\int_s^\infty f^{1-d}(\rho)\,d\rho\Big] \geq 0$$

und somit

$$f^{3-d}(s) \frac{d}{ds} I_s(f) = \int_s^\infty f^{1-d}(\rho)\,d\rho \searrow 0 \quad \text{bei } s \nearrow \infty\,. \tag{7.195}$$

Differentiation von (7.195) ergibt

$$\frac{d}{ds}\Big[f^{3-d}(s) \frac{d}{ds} I_s(f)\Big] = -f^{1-d}(s)$$

und folglich

$$\frac{d^2}{ds^2} I_s(f) - (d-3)\frac{f'(s)}{f(s)} \frac{d}{ds} I_s(f) + \frac{1}{f(s)^2} = 0\,.$$

Aufgrund der Voraussetzungen und dem in Teil (i) Gezeigten hat man

$$\frac{d^2}{ds^2} I_s(f) - (d-3)\frac{\tilde{f}'(s)}{\tilde{f}(s)}\frac{d}{ds} I_s(f) + \frac{1}{\tilde{f}(s)^2} \leq 0$$

und somit

$$-\tilde{f}^{1-d}(s) \geq \tilde{f}^{3-d}(s)\frac{d^2}{ds^2} I_s(f) - (d-3)\frac{\tilde{f}'(s)}{\tilde{f}^{d-2}(s)}\frac{d}{ds} I_s(f) = \frac{d}{ds}\left[\tilde{f}^{3-d}(s)\frac{d}{ds} I_s(f)\right].$$

Integration ergibt

$$-\int_r^\infty \tilde{f}^{1-d}(\rho)\,d\rho \geq \lim_{u\to\infty}\left[\tilde{f}^{3-d}(s)\frac{d}{ds} I_s(f)\right]_{s=r}^{s=u}$$

und damit

$$\tilde{f}^{d-3}(r)\int_r^\infty \tilde{f}^{1-d}(\rho)\,d\rho \leq \frac{d}{dr} I_r(f).$$

Erneute Integration liefert schließlich für $s \geq 1$

$$I_s(\tilde{f}) = \int_1^s \tilde{f}^{d-3}(r)\left[\int_r^\infty \tilde{f}^{1-d}(\rho)\,d\rho\right]dr \leq I_s(f) - I_1(f) = I_s(f),$$

was zu zeigen war. □

Beweis (von Satz 7.263): Für $\alpha > 0$ und $\varrho > 1$ sei $\Phi(r) := r(\log r)^\alpha$ sowie $F(r) := (\Phi(r+\varrho) - \Phi(\varrho))/\Phi'(\varrho)$. Dann ist $F(0) = 0$, $F'(0) = 1$ und $-(F''/F)(r) \leq 0$ für $r > 0$, sowie $-(F''/F)(r) \sim -\alpha/(r^2 \log r)$ bei $r \to \infty$. Benutzt man, daß

$$\int_2^\infty \frac{dr}{r(\log r)^a} < \infty \iff a > 1,$$

so erhält man im Fall $d = 2$, daß $I(F) < \infty$ genau dann gilt, wenn $\alpha > 1$ ist. Entsprechend sieht man im Fall $d \geq 3$ aufgrund von

$$\int_r^\infty F(\rho)^{1-d} d\rho \sim \left[(d-2)r^{d-2}(\log r)^{(d-1)\alpha}\right]^{-1} \quad \text{bei } r \to \infty,$$

daß $I(F) < \infty$ genau dann gilt, wenn $\alpha > 1/2$ ist. □

Durch die Krümmungsabhängigkeit der Austrittszeit von Brownschen Bewegungen aus geodätischen Kugeln kommt in Verbindung mit der expliziten Kenntnis des asymptotischen Verhaltens Brownscher Bewegungen auf Modellen Vergleichssätzen eine besondere Bedeutung zu (siehe [IC 82]).

Satz 7.265. (Vergleichskriterien für BM-Vollständigkeit und Transienz)
A. *Sei* (M,g) *eine metrisch vollständige Riemannsche Mannigfaltigkeit der Dimension* $d \geq 2$. *Es gebe einen Punkt* $o \in M$ *und ein Modell* $(\mathbb{M},\tilde{g})$ *gleicher Dimension mit Zentrum* 0, *so daß*

$$\mathrm{Ric}_x^M(\partial^M,\partial^M) \geq (d-1)\,k_{\mathbb{M}}(r)$$

für $x \in M\backslash\mathrm{Cut}(o)$ *und* $0 < r = d_{\mathbb{M}}(0,x)$ *gilt. Dann ist mit* $(\mathbb{M},\tilde{g})$ *auch* (M,g) BM-*vollständig; ist* BM$(\mathbb{M},\tilde{g})$ *rekurrent, so auch* BM(M,g).

B. *Sei* (M, g) *eine metrisch vollständige Riemannsche Mannigfaltigkeit der Dimension* $d \geq 2$. *Es gebe einen Punkt* $o \in M$ *und ein Modell* $(\mathbb{M}, \tilde{g})$ *gleicher Dimension, so daß*

$$\mathrm{Riem}_x^M(E) \leq k_{\mathbb{M}}(r)$$

für jede radiale Ebene E *in* T_xM *mit* $x \in M\backslash\mathrm{Cut}(o)$ *und* $0 < r = d_{\mathbb{M}}(0, x)$ *gilt. Ist dann* M *einfach zusammenhängend, so ist mit* $(\mathbb{M}, \tilde{g})$ *auch* (M, g) *nicht* BM-*vollständig und* $\mathrm{BM}(M, g)$ *besitzt dann fast sicher endliche Lebenszeit; ebenso ist in diesem Fall* $\mathrm{BM}(M, g)$ *transient, sofern* $\mathrm{BM}(\mathbb{M}, \tilde{g})$ *transient ist.*

Beweis: Teil A folgt aus Satz 7.257; Teil B aus Satz 7.248 zusammen mit der Zusatzüberlegung, daß unter den gegebenen Voraussetzungen $\mathrm{Cut}(o) = \emptyset$ ist. Wir führen Teil B genauer aus. Nach der dortigen Krümmungsbedingung gilt längs normaler minimaler geodätischer Kurven $\gamma\colon [0, a] \to M$ mit $\gamma(0) = o$ stets

$$\mathrm{Riem}_{\gamma(r)}^M(E) \leq k_{\mathbb{M}}(r)$$

für jede Ebene $E \subset T_{\gamma(r)}M$ mit $\dot{\gamma}(r) \in E$. Nach dem Vergleichsprinzip (Korollar zu Satz 7.233) ist dann $\mathrm{Konj}(o) = \emptyset$. Somit ist $\exp_o\colon (T_oM, \exp_o^* g) \to (M, g)$ eine lokale Isometrie und (wie bereits im Beweis von Satz 7.234 begründet) daher eine Überlagerung. Bei einfach zusammenhängendem M ist also durch $\exp_o\colon T_oM \to M$ ein Diffeomorphismus definiert, was dann insbesondere $\mathrm{Cut}(o) = \emptyset$ zeigt. Die Aussagen folgen nun aus dem Vergleichssatz für die Brownsche Bewegung (Satz 7.248), denn ist etwa $(\mathbb{M}, \tilde{g})$ nicht BM-vollständig, so leben Brownsche Bewegungen auf $(\mathbb{M}, \tilde{g})$ f. s. nur endliche Zeit, und man schließt mit Satz 7.248 (und der dortigen Notation), daß dann auch die Lebenszeit $\zeta \equiv \sup_\rho \tau_\rho$ für jede Brownsche Bewegung auf (M, g) f. s. endlich sein muß; sicherere Explosion erhält man dabei zunächst für Brownsche Bewegungen mit deterministischem Startpunkt, mit der Markoveigenschaft (7.168) dann aber auch allgemein. □

Korollar. (Test für BM-Vollständigkeit) *Sei* (M, g) *eine metrisch vollständige Riemannsche Mannigfaltigkeit der Dimension* $d \geq 2$. *Für einen ausgezeichneten Punkt* $o \in M$ *sei die Ricci-Krümmung in radialer Richtung nach unten durch eine quadratische Funktion des Abstands* $r_M = d_M(o, \cdot)$ *von* o *beschränkt, also*

$$\mathrm{Ric}_x^M(\partial^M, \partial^M) \geq -c_1 - c_2 r_M^2(x), \quad c_1, c_2 > 0.$$

Dann ist (M, g) BM-*vollständig, d. h. Brownsche Bewegungen auf* (M, g) *besitzen unendliche Lebenszeit.*

Beweis: Wir vergleichen (M, g) mit dem Modell $(\mathbb{M}, \tilde{g}) = (\mathbb{R}^d, dr \otimes dr + f^2(r)\, d\vartheta^2)$, wobei $f(r) = r \exp(cr^2)$ mit $c > 0$ ist. Damit ist $-(f''/f)(r) = -(6c + 4c^2r^2)$, und bei geeigneter Wahl von c gilt

$$\mathrm{Ric}_x^M(\partial^M, \partial^M) \geq -(d-1)(f''/f)\big(r_M(x)\big).$$

Die Behauptung folgt dann wegen

$$\int_1^\infty f^{d-1}(r) \Big\{ \int_r^\infty f^{1-d}(\rho)\, d\rho \Big\}\, dr = \infty$$

(was man leicht verifiziert) aus Satz 7.265 A. □

Notationen

$\mathbb{R}_+$	$\{ t \in \mathbb{R} : t \geq 0 \}$
$\overline{\mathbb{R}}$	$\mathbb{R} \cup \{\pm\infty\}$
o. E.	ohne Einschränkung der Allgemeinheit
$f_n \to f$	punktweise Konvergenz
$f_n \nearrow f$	punktweise Konvergenz mit $f_n \leq f_{n+1}$
$\tau_n \Nearrow \tau$	$\tau_n \nearrow \tau$ mit $\tau_n < \tau$ f.ü. auf $\{0 < \tau < \infty\}$; S. 298
$\wedge, \vee$	punktweise gebildetes Infimum (Supremum) von reellwertigen Funktionen
$\langle\ ,\ \rangle$	inneres Produkt (auf $\mathbb{R}$-Vektorräumen, insbesondere $\mathbb{R}^d$); bei Riemannschen Mannigfaltigkeiten auch Bezeichnung für die Metrik
$\langle E, F \rangle$	Dualität zwischen $\mathbb{R}$-Vektorräumen E und F; S. 36
$\\| \ \\|$	Norm
$\lvert x \rvert$	$(\sum_1^d x_i^2)^{1/2}$, $x \in \mathbb{R}^d$
$\lvert f \rvert$	$\lvert f \rvert(s) = \lvert f(s) \rvert$, Betrag einer $\mathbb{R}^d$-wertigen Funktion
$\widehat{\mu}$	Fouriertransformierte eines Maßes μ auf $\mathbb{R}^d$; S. 37
μ^*	äußeres Maß zu μ
$\mu \ll \lambda$	μ absolutstetig zu λ $(\lambda(N) = 0 \Rightarrow \mu(N) = 0)$
$\dot{\alpha}$	Geschwindigkeitfeld längs einer M-wertigen Kurve α als Element in $\Gamma(\alpha^* TM)$; S. 359
$\dot{\alpha}(t)$	Geschwindigkeit der Kurve α bei t; S. 355
$\mathscr{A}$	stetige adaptierte reellwertige Prozesse, lokal von beschränkter Variation; S. 159
$\mathscr{A}_0$	$\{ X \in \mathscr{A} : X_0 = 0 \}$
$\mathscr{B}$	linksstetige adaptierte reellwertige Prozesse, lokal beschränkt; S. 159
$\mathscr{B}_0$	$\{ X \in \mathscr{B} : X_0 = 0 \}$
$\mathscr{B}(S)$	Borelsche σ-Algebra auf einem topologischen Raum S
BM	Brownsche Bewegung
BM(M,g)	Klasse der Brownschen Bewegungen auf einer Riemannschen Mannigfaltigkeit (M, g); S. 405
$\complement A$	$\Omega \setminus A$; mengentheoretisches Komplement
c. (r.c., l.c., r.c.l.l.)	pfadweise stetig (rechtsstetig, linksstetig, rechtsstetig mit linksseitigen Grenzwerten)
$\mathscr{C}$	stetige adaptierte reellwertige Prozesse; S. 159
$\mathscr{C}_0$	$\{ X \in \mathscr{C} : X_0 = 0 \}$
$C(S)$	Raum der stetigen reellwertigen Funktionen auf einem topologischen Raum S
$C_0(S)$	$\{ f \in C(S) : \{\lvert f \rvert \geq \varepsilon\}$ kompakt, jedes $\varepsilon > 0 \}$ für S lokalkompakt
$C(S_1; S_2)$	Raum der stetigen Abbildungen von S_1 nach S_2
$C(\mathbb{R}_+; \mathbb{R}^d)$	$\{ f : \mathbb{R}_+ \to \mathbb{R}^d : f$ stetig $\}$
$C_0(\mathbb{R}_+; \mathbb{R}^d)$	$\{ f \in C(\mathbb{R}_+; \mathbb{R}^d) : f(0) = 0 \}$

$C^k(U)$	$\{f\colon U \to \mathbb{R} : f$ k-mal stetig differenzierbar$\}$
$C^\infty(M)$	Raum der (unendlich oft) differenzierbaren reellwertigen Funktionen auf einer Mannigfaltigkeit M; S. 352
$C^\infty(M;N)$	Raum der (unendlich oft) differenzierbaren Abbildungen von M nach N; S. 352
$\mathrm{Cut}(x)$	Schnittort einer Riemannschen Mannigfaltigkeit bezüglich x; S. 488
$df \equiv f_*$	Differential einer Abbildung $f\colon M \to N$ als Element in $\Gamma(TM \otimes f^*TN)$; S. 359
$df_x \equiv (f_*)_x$	Differential der Abbildung f bei x; S. 354
$\dim M$	Dimension der Mannigfaltigkeit M
$D(U)$	$\{f \in C^\infty(U) :$ Träger von f kompakt$\}$
$D(M)$	Raum der Testfunktionen auf einer Mannigfaltigkeit M; S. 352
$d_M(x,y) \equiv d(x,y)$	mittels der Riemannschen Metrik gemessene Distanz zweier Punkte $x,y \in M$; S. 480
Δ	Laplace-Beltrami-Operator; S. 404
$\partial/\partial h^i \equiv \partial_i$	Koordinatenvektorfelder zu einer Karte (h,U); S. 354
$\partial^M \equiv \partial/\partial r$	radiales Vektorfeld bezüglich eines ausgezeichneten Punktes; S. 512
EX	Erwartungswert von X
$E^{\mathscr{B}}X$	bedingte Erwartung von X zur σ-Algebra $\mathscr{B}$; S. 18
$\pi\colon E \to M$; E/M	lokaltriviale Faserung über M, z. B. Vektorbündel über M
$\operatorname{grad} f$	Gradient von $f \in C^\infty(M)$; S. 401
FD-Halbgruppe	Feller-Dynkin-Halbgruppe; S. 116
$\mathscr{F}/\mathscr{G}$-meßbar	meßbar bezüglich der σ-Algebren $\mathscr{F}$ im Definitions- und $\mathscr{G}$ im Bildraum
$\mathrm{GL}(n;\mathbb{R})$	Gruppe der invertierbaren $n \times n$-Matrizen mit Koeffizienten aus $\mathbb{R}$
γ_Q	Gaußsches Zylindermaß zur Kovarianz Q; S. 39
$\Gamma(E)$	$C^\infty(M)$-Modul der Schnitte im Vektorbündel $\pi\colon E \to M$; S. 357
$\Gamma(f^*E)$	$C^\infty(M)$-Modul der Schnitte längs $f\colon M \to N$; S. 359
$\Gamma(P)$	Raum der Schnitte in einem Prinzipalbündel $\pi\colon P \to M$
$\Gamma(TM)$	$C^\infty(M)$-Modul der Vektorfelder auf M
$\Gamma(f^*TN)$	$C^\infty(M)$-Modul der Vektorfelder längs $f\colon M \to N$
Γ^k_{ij}	Christoffel-Symbole einer covarianten Ableitung; S. 387
$\mathrm{Konj}(x)$	konjugierter Ort bezüglich x; S. 489
$k_{\mathbb{M}}$	radiale Krümmungsfunktion eines Modells $\mathbb{M}$; S. 513
$L(\alpha)$	Länge der Kurve α; S. 396
$\mathrm{L}(M)$	Basenbündel über M; S. 412
(M,g)	Riemannsche Mannigfaltigkeit M mit g; S. 396
$\mathscr{M}$	$\{X \in \mathscr{C} : X - X_0$ stetiges lokales Martingal$\}$; S. 159
$\mathscr{M}_0$	$\{X \in \mathscr{M} : X_0 = 0\}$
$\mathscr{M}_0^2$	$\{X \in \mathscr{M}_0 : X$ $\Vert\ \Vert_2$-beschränktes Martingal$\}$; S. 177
ν	Wienermaß; S. 54
ν_t	Gaußmaß zur Varianz $t \geq 0$ auf $\mathbb{R}^d$; S. 52
$\mathrm{O}(M)$	Orthonormalbasenbündel über M; S. 412
$\mathrm{O}(n)$	Gruppe der orthogonalen $n \times n$-Matrizen mit Koeffizienten aus $\mathbb{R}$
∇	covariante Ableitung auf einem Vektorbündel; S. 386

$\nabla_X Y$	covariante Ableitung eines Schnitts Y in Richtung X; S. 386
$\nabla_D \sigma$	covariante Ableitung eines Schnitts σ längs einer Kurve; S. 386
$\nabla df \equiv \operatorname{Hess} f$	zweite Fundamentalform (Hesseform) einer Abbildung $f\colon M \to N$; S. 400
PDO	partieller Differentialoperator
$\mathbb{P}(S)$	Potenzmenge von S
$\mathrm{pr}_t\colon S^T \to S$	Koordinatenprojektion $f \mapsto f(t)$
$]\rho, \sigma]$	stochastisches Intervall; S. 179
Ric^M	Ricci-Tensor einer Riemannschen Mannigfaltigkeit (M,g); S. 493
Riem^M	Riemannsche Schnittkrümmung auf (M,g); S. 493
SDGL	stochastische Differentialgleichung
$\mathscr{S}$	$\mathscr{A} + \mathscr{M}$; S. 159
$\widehat{S}$	$S \cup \{\Delta\}$ Einpunkterweiterung (bei lokalkompaktem Raum S: Einpunktkompaktifzierung); S. 81
S^T	$\{f : f$ Abbildung von T nach $S\}$
$\mathscr{S}^T$	T-fache Produkt-σ-Algebra einer σ-Algebra $\mathscr{S}$
$\sigma(\mathfrak{F})$	von einer Familie $\mathfrak{F}$ von Mengen bzw. Funktionen erzeugte σ-Algebra
$\tau(f) \equiv \operatorname{trace} \nabla df$	Spannungsfeld einer Abbildung $f\colon M \to N$; S. 439
Θ_s	Zeit-Shift um s; S. 124
$T_x M$	Tangentialraum von M im Punkte x; S. 354
$V(a;r)$	offene Kugel um a mit Radius r; S. 25
$\mathcal{W}^d$	$C(\mathbb{R}_+;\mathbb{R}^d)$, Wienerraum, versehen mit der Topologie der gleichmäßigen Konvergenz auf kompakten Intervallen
X_t^*	$\sup\{\lvert X_s\rvert : 0 \le s \le t\}$ zu einem $\mathbb{R}^d$-wertigen Prozeß X
dX	Itô-Differential; S. 194
X_+	Positivteil des reellwertigen Prozesses X
$X_\bullet$	$(X_\bullet(\omega))_t = X_t(\omega)$ Pfadabbildung zum Prozeß X; S. 42
$f(X) \equiv f \circ X$	$(f \circ X_t)_{t \in \mathbb{R}_+}$; S. 196
$L^2(X)$, $L^2_{\mathrm{loc}}(X)$	Räume stochastischer Integranden zu $X \in \mathscr{M}$; S. 179
$(F \bullet X)_t$	$\int_0^t F_s\, dX_s = \int_0^t F\, dX$ stochastisches Integral; S. 181
$[X,Y]$	quadratischer Kovariationsprozeß zu $X,Y \in \mathscr{S}$; S. 173
$[X]$	$[X,X]$, quadratischer Variationsprozeß zu $X \in \mathscr{S}$
$[X,X]$	$\int g(dX,dX)$ Riemannsche quadratische Variation eines M-wertigen Semimartingals X; S. 404
$\int b(dX,dX)$	b-quadratische Variation eines M-wertigen Semimartingals; S. 377
$\int_X \alpha$	Stratonovich-Integral einer Differentialform α längs X; S. 379
$dX\, dY$	$d[X,Y]$ zu $X,Y \in \mathscr{S}$; S. 194
$X\, dY$	$d(X \bullet Y)$ zu $X,Y \in \mathscr{S}$; S. 194
$X * dY$	$X\, dY + \frac{1}{2} dX\, dY$ zu $X,Y \in \mathscr{S}$; S. 200
$\mathscr{E}(X)$	$e^{X - \frac{1}{2}[X]}$ zu $X \in \mathscr{S}$; S. 199
V_X	Variationsprozeß zu X; S. 159
Vol	Riemannsches Volumenmaß; S. 524
$\mathscr{Z}$	Zerlegung eines Intervalls; S. 156
$\lvert\mathscr{Z}\rvert$	Feinheitsmaß von $\mathscr{Z}$; S. 156

Literaturverzeichnis

[AL 71] E. M. ALFSEN. *Compact Convex Sets and Boundary Integrals*. Berlin: Springer, 1971.

[A-S 85] M. T. ANDERSON & R. SCHOEN. Positive harmonic functions on complete manifolds of negative curvature. *Ann. Math. II. Ser.* **121** (1985) 429–461.

[AS 72] R. B. ASH. *Real Analysis and Probability*. New York: Academic Press, 1972.

[BA 90] H. BAUER. *Maß- und Integrationstheorie*. Berlin: W. de Gruyter, 1990.

[BA 91] ———. *Wahrscheinlichkeitstheorie*. Berlin: W. de Gruyter, 1991.

[B-K-S 84] G. BEN AROUS, S. KUSUOKA & D. W. STROOCK. The Poisson kernel for certain degenerate elliptic operators. *J. Funct. Anal.* **56** (1984), 171–209.

[BI 81] K. BICHTELER. Stochastic integration and L^p-theory of semimartingales. *Ann. of Prob.* **9** (1981), 49–89.

[B-G 68] R. BLUMENTHAL & R. K. GETOOR. *Markov Processes and Potential Theory*. New York: Academic Press, 1968.

[BOU 69] N. BOURBAKI. *Éléments de Mathématique. Intégration.* Chapitre IX. Paris: Hermann, 1969.

[CA 92] M. P. DO CARMO. *Riemannian Geometry*. New York: Birkhäuser 1992.

[CH 84] I. CHAVEL. *Eigenvalues in Riemannian Geometry*. Orlando: Academic Press, 1984.

[CH-E 75] J. CHEEGER & D. EBIN. *Comparison Theorems in Riemannian Geometry*. Amsterdam: North-Holland Publ. Comp. 1975.

[CH 82] K. L. CHUNG. *Lectures from Markov Processes to Brownian Motion*. New York: Springer, 1982.

[CH-W 69] K. L. CHUNG & J. B. WALSH. To reverse a Markov process. *Acta Math.* **123** (1969), 225–251.

[CH-W 90] K. L. CHUNG, R. T. WILLIAMS. *Introduction to Stochastic Integration*. 2nd Edition. Boston: Birkhäuser, 1990.

[C-K-M 93] M. CRANSTON, W. S. KENDALL & P. MARCH. The radial part of Brownian motion II. Its life and times on the cut locus. *Probab. Theory Relat. Fields* **96** (1993) 353–368.

[DA 82] R. W. R. DARLING. Martingales in manifolds – definition, examples, and behaviour under maps. In J. AZÉMA & M. YOR (Eds.) *Séminaire de Probabilités* XVI, 1980/81. *Supplement: Géométrie Différentielle Stochastique*. Lect. Notes in Math. **921** (1982) 217–236.

[DA 83] ———. Convergence of martingales on a Riemannian manifold. *Publ. Res. Inst. Math. Sci.* **19** (1983) 753–763.

[DA 80] E. B. DAVIES. *One-Parameter Semigroups*. New York: Academic Press, 1980.

[D-G-M 76] A. DEBIARD, B. GAVEAU & E. MAZET. Théorèmes de comparaison en géométrie riemannienne. *Publ. Res. Inst. Math. Sci.* **12** (1976) 391–425.

[DE 80] C. DELLACHERIE. Un survol de la théorie de l'intégrale stochastique. *Stoch. Processes Appl.* **10** (1980), 115–144.

[D-M 78] C. DELLACHERIE & P. A. MEYER. *Probabilities and Potential.* Mathematics Studies. Vol. 29. Amsterdam: North-Holland Publ. Comp. 1978

[D-M 82] ———. *Probabilities and Potential B.* Mathematics Studies. Vol. 72. Amsterdam: North-Holland Publ. Comp. 1982

[D-M 88] ———. *Probabilities and Potential C.* Mathematics Studies. Vol. 151. Amsterdam: North-Holland Publ. Comp. 1988

[DO 69] W. F. DONOGHUE. *Distributions and Fourier Transforms.* New York: Academic Press, 1969.

[DO 84] J. L. DOOB. *Classical Potential Theory and its Probabilistic Counterpart.* New York: Springer, 1984.

[D-S 65] L. DUBINS & G. SCHWARTZ. On continuous martingales. *Proc. Nat. Acad. Sci. USA* **53** (1965), 913–916.

[D-S 58] N. DUNFORD & J. T. SCHWARTZ. *Linear Operators.* Part I. New York: Interscience Publishers, 1958.

[DU 84] R. DURRETT. *Brownian Motion and Martingales in Analysis.* Belmont: Wadsworth, 1984.

[DY 65] E. B. DYNKIN. *Markov Processes.* Vol. I, II. Berlin: Springer, 1965.

[EL 80] K. D. ELWORTHY. Stochastic methods and differential geometry. *Séminaire Bourbaki* 1980/81, n^0 567. Lect. Notes in Math. **901** (1981) 95–100.

[EL 82] ———. Stochastic Differential Equations on Manifolds. *London Math. Soc. Lecture Notes Series* **70**. Cambridge: Cambridge University Press, 1982.

[EL 88] ———. Geometric aspects of diffusions on manifolds. In P. L. HENNEQUIN (Ed.) *École d'Été de Probabilités de Saint-Flour* XV–XVII. Lect. Notes in Math. **1362** (1988) 277–425.

[EM 89] M. EMERY. *Stochastic Calculus in Manifolds* (with an appendix by P. A. Meyer). Berlin: Springer 1989.

[FE 70] M. X. FERNIQUE. Intégrabilité des vecteurs Gaussiens. *C. R. Acad. Sc. Paris* **270** (1970), 1698–1699.

[F-H 65] R. P. FEYNMAN & A. HIBBS. *Quantum Mechanics and Path Integrals.* New York: McGraw-Hill, 1965.

[G-H-L 90] S. GALLOT, D. HULIN & J. LAFONTAINE. *Riemannian Geometry.* 2nd Edition. Berlin: Springer 1990.

[G-W 79] R. E. GREENE & H. WU. *Function Theory on Manifolds which Possess a Pole.* Lect. Notes in Math. **699** (1979).

[GU 72] A. GUICHARDET. *Symmetric Hilbert Spaces and Related Topics.* Lect. Notes in Math. **261** (1972).

[G-P 75] V. GUILLEMIN & A. POLLACK. *Differential Topology.* New Jersey: Prentice Hall, Inc. 1975.

[HA 87] W. HACKENBROCH. *Integrationstheorie.* Stuttgart: Teubner, 1987.

[HE 73] L. L. HELMS. *Einführung in die Potentialtheorie.* Berlin: W. de Gruyter, 1973.

[IC 82] K. ICHIHARA. Curvature, geodesics and the Brownian motion on a Riemannian manifold. I. Recurrence properties. *Nagoya Math. J.* **87** (1982) 101–114; II. Explosion properties. *Nagoya Math. J.* **87** (1982) 115–125.

[I-M 79] N. IKEDA & S. MANABE. Integral of differential forms along the path of diffusion processes. *Publ. Res. Inst. Math. Sci.* **15** (1979) 827–852.

[I-W 89] N. IKEDA & S. WATANABE. *Stochastic Differential Equations and Diffusion Processes.* 2nd Edition. Amsterdam: North Holland Publ. Comp. 1989.

[IT 44] K. ITÔ. Stochastic integral. *Proc. Imp. Acad. Tokyo* **20** (1944), 519–524.

[IT 51] ______. On Stochastic Differential Equations. *Amer. Math. Soc. Memoirs* **4** (1951).

[IT 61] ______. Wiener Integral and Feynman Integral. *Proc. 4th Berkely Symp. Math. Stat. Prob.* Vol. II (1961), 227–238.

[J-H 63] G. JOHNSON & L. L. HELMS. Class (D) supermartingales. *Bull. Amer. Math. Soc.* **69** (1963), 59–62.

[KA 59] M. KAC. *Probability and Related Topics in Physical Sciences.* New York: Interscience, 1959.

[KA 80] G. KALLIANPUR. *Stochastic Filtering Theory* Berlin: Springer, 1980.

[K-S 88] I. KARATZAS & S. E. SHREVE. *Brownian Motion and Stochastic Calculus.* Berlin: Springer, 1988.

[K-N 63] S. KOBAYASHI & K. NOMIZU. *Foundations of Differential Geometry.* Vol. I. New York: Interscience Publishers 1963.

[K-N 69] ______. *Foundations of Differential Geometry.* Vol. II. New York: Interscience Publishers 1969.

[KE 87a] W. S. KENDALL. Stochastic differential geometry: An introduction. *Acta Appl. Math.* **9** (1987) 29–60.

[KE 87b] ______. The radial part of Brownian motion on a manifold: a semimartingale property. *Ann. Probab.* **15** (1987) 1491–1500.

[KE 88] ______. Martingales on manifolds and harmonic maps. In R. DURRETT & M. A. PINSKY (Eds.) *Geometry of Random Motion.* Contemporary Mathematics. Vol. 73. American Mathematical Society 1988 , 121-157.

[KE 90] ______. Probability, convexity, and harmonic maps with small image I: Uniqueness and fine existence. *Proc. London Math. Soc.* **61** (1990) 371–406.

[KL 82] W. KLINGENBERG. *Riemannian Geometry.* Berlin: Walter de Gruyter, 1982.

[KN 70] F. B. KNIGHT. A reduction of continuous square-integrable martingales to Brownian motion. *Lecture Notes in Mathematics* **190** (1970), 19–31.

[KO 84] P. E. KOPP. *Martingales and Stochastic Integrals.* Cambridge: Cambridge University Press, 1984.

[LS 86] T. LYONS & D. SULLIVAN. Function theory, random path and covering spaces. *J. Differ. Geom.* **19** (1984) 299–323.

[MA 78] P. MALLIAVIN. *Géométrie différentielle stochastique.* Séminaire de mathématiques supérieures. Montréal: Les presses de l'Université de Montréal 1978.

[MA 86] P. MARCH. Brownian motion and harmonic functions on rotationally symmetric manifolds. *Ann. Probab.* **11** (1986) 793–801.

[MK 69] H. P. MCKEAN. *Stochastic Integrals.* New York: Academic Press, 1969.

[ME 82] M. MÉTIVIER. *Semimartingales: A Course on Stochastic Processes.* Berlin: W. de Gruyter, 1982.

[ME 81a] P. A. MEYER. Géométrie stochastique sans larmes. In J. AZÉMA & M. YOR (Eds.) *Séminaire de Probabilités* XV, 1979/80. Lect. Notes in Math. **850** (1981) 44 -102.

[ME 81b] ______. A differential geometric formalism for the Itô calculus. In D. WILLIAMS (Ed.) *Stochastic integrals.* Proc. LMS Durham Symp. 1980. Lect. Notes in Math. **851** (1981) 256 -270.

[MI 77] J. MILNOR. On deciding whether a surface is parabolic or hyperbolic. *Am. Math. Mon.* **84** (1977) 43–46.

[NE 69] J. NEVEU. *Mathematische Grundlagen der Wahrscheinlichkeitstheorie.* München: R. Oldenbourg, 1969.

[P-S 78] S. PORT & C. STONE. *Brownian Motion and Classical Potential Theory.* New York: Academic Press, 1978.

[PR 90] P. PROTTER. *Stochastic Integration and Differential Equations. A New Approach.* Berlin: Springer, 1990.

[PR 81] E. PRUGOVEČKI. *Quantum Mechanics in Hilbert Space.* New York: Academic Press, 1981.

[R-Y 91] D. REVUZ & M. YOR. *Continuous Martingales and Brownian Motion.* Berlin: Springer, 1991.

[R-W 87] L. C. G. ROGERS & D. WILLIAMS. *Diffusions, Markov Processes, and Martingales.* Vol. 2. Chichester: Wiley, 1987.

[SCH 80] L. SCHWARTZ. *Semi-martingales sur des variétés, et martingales conformes sur des variétés analytiques complexes.* Lect. Notes in Math. **780** (1980).

[SCH 82] ———. Géométrie différentielle du 2ème ordre, semi-martingales et équations différentielles stochastiques sur une variété différentielle. In J. AZÉMA & M. YOR (Eds.) *Séminaire de Probabilités* XVI, 1980/81. *Supplement: Géométrie Différentielle Stochastique.* Lect. Notes in Math. **921** (1982) 1–150.

[SH 82] I. SHIGEKAWA. On stochastic horizontal lifts. *Z. Wahrscheinlichkeitstheor. Verw. Geb.* **59** (1982) 211–221.

[SI 79] B. SIMON. *Functional Integration and Quantum Physics.* New York: Acacdemic Press, 1979.

[SI 82] ———. Schrödinger semigroups. *Bull. Ann. Math. Soc.* **7** (82), 447–526.

[S-V 79] D. W. STROOCK & S. R. S. VARADHAN. *Multidimensional Diffusion Processes.* Berlin: Springer-Verlag 1979.

[SU 83] D. SULLIVAN. The Dirichlet problem at infinity for a negatively curved manifold. *J. Differ. Geom.* **18** (1983) 723–732.

[TH 89] A. THALMAIER. Asymptotik Brownscher Bewegungen. *Regensburger Mathematische Schriften* **22** (1989).

[WA 83] F. W. WARNER. *Differential Topology.* New York: Springer-Verlag 1983.

[W-W 90] H. v. WEIZSÄCKER & G. WINKLER. *Stochastic Integrals. An Introduction.* Braunschweig: Vieweg, 1990.

[WI 30] N. WIENER. The homogeneous chaos. *Amer. J. Math.* **60** (1930), 897–936.

[WI 79] D. WILLIAMS. *Diffusions, Markov Processes and Martingales.* Chichester: Wiley, 1979.

[YAU 76] S. T. YAU. Some function-theoretic properties of complete Riemannian manifolds and their applications to geometry. *Indiana Univ. Math. J.* **25** (1976) 659–670.

[ZH 83] W. A. ZHENG. Sur la convergence des martingales dans une variété riemannienne. *Z. Wahrscheinlichkeitstheor. Verw. Geb.* **63** (1983) 511–515.

Sachregister

GPSR Compliance

The European Union's (EU) General Product Safety Regulation (GPSR) is a set of rules that requires consumer products to be safe and our obligations to ensure this.

If you have any concerns about our products, you can contact us on ProductSafety@springernature.com

In case Publisher is established outside the EU, the EU authorized representative is:

Springer Nature Customer Service Center GmbH
Europaplatz 3
69115 Heidelberg, Germany

Batch number: 10584556

Printed by Printforce, the Netherlands